SCHÄFFER
POESCHEL

Rainer Bokranz / Kurt Landau

Produktivitätsmanagement von Arbeitssystemen

MTM-Handbuch

Unter fachlicher Mitwirkung von:
Carl Becks, Dr. Bernd Britzke, Dr. Hans Fischer,
Knuth Jasker, Dr. Liesbeth Sackewitz,
Gerhard Sanzenbacher, Rainer Schosnig, Thomas Weber

Herausgeber:
Deutsche MTM-Vereinigung e.V.

2006
Schäffer-Poeschel Verlag · Stuttgart

Autoren:
Prof. Dr. Rainer Bokranz, Fachhochschule Wiesbaden
Prof. Dr.-Ing. Kurt Landau, Technische Universität Darmstadt

Bibliografische Information der Deutschen Nationalbibliothek:
Die Deutsche Nationalbibliothek verzeichnet diese Publikation in der
Deutschen Nationalbibliografie; detaillierte bibliografische Daten sind
im Internet über http://dnb.d-nb.de abrufbar.

ISBN-10: 3-7910-2133-8
ISBN-13: 978-37910-2133-1

Gedruckt auf chlorfrei gebleichtem, säurefreiem und
alterungsbeständigem Papier.

© 2006 Schäffer-Poeschel Verlag für Wirtschaft · Steuern · Recht GmbH
www.schaeffer-poeschel.de
info@schaeffer-poeschel.de

Einbandgestaltung: Willi Löffelhardt
Illustrationen: Atelier f:50, Berlin
Satz: Fotosatz Griesheim GmbH, Griesheim
Koordination: Kerstin Heuse-Mönnich, Dresden
Druck und Bindung: Ebner & Spiegel GmbH, Ulm

Printed in Germany
September 2006

Schäffer-Poeschel Verlag Stuttgart
Ein Tochterunternehmen der Verlagsgruppe Handelsblatt

Vorwort des Herausgebers

Eine große Innovationskraft und die Fähigkeit, diese Kraft mit hoher Produktivität und exzellenter Qualität für die Erfüllung relevanter Kundenerwartungen einzusetzen, gilt seit jeher als maßgeblicher Erfolgsfaktor für ein Unternehmen. Die Deutsche MTM-Vereinigung e.V. hat sich als gemeinnützige Institution der Unterstützung von Unternehmen verschrieben, die den Erfolgsfaktor Produktivität systematisch erhöhen wollen. MTM verkennt dabei nicht die große Bedeutung der übrigen Erfolgsfaktoren, sondern bündelt die eigenen Kräfte, um der Wirtschaft eine höchstmögliche Kompetenz auf dem Gebiet des Produktivitätsmanagements zu bieten. Die Deutsche MTM-Vereinigung versteht sich von daher als Teamplayer, denn das Konzept und Instrumentarium von MTM entwickelt erst im abgestimmten Kontext mit anderen bewährten Ansätzen der Geschäftsprozessoptimierung seine bestmögliche Wirkung. Das zeigt sich im MTM-Konzept des Produktivitätsmanagements, in dem z. B. Schnittstellen zum Qualitätsmanagement bedient oder Integrationen in vorhandene Unternehmensstrategien vorgenommen werden.

MTM entstand vor etwa sechzig Jahren aus einer noch isolierten Betrachtung der Produktivität einzelner Arbeitsplätze als ein so genanntes »System vorbestimmter Zeiten« und stand dabei deutlich in Tradition der Arbeiten und Ideen von Taylor und Gilbreth. Dem damaligen Erkenntnisstand und den praktischen Aufgabenstellungen entsprechend, betrachtete man in erster Linie die menschliche Arbeitsleistung und widmete sich ausschließlich der Produktivitätsförderung manueller Arbeit. Schon bald nach Gründung der Deutschen MTM-Vereinigung im Jahre 1962 forderten ihre Mitgliedsunternehmen eine konzeptionelle und instrumentelle Erweiterung von MTM. Über mehrere Jahre hinweg wandelte sich MTM von einem System vorbestimmter Zeiten hin zu einem Produktivitätsmanagementsystem, nicht über theoriegeleitete Entwicklungsvorhaben, sondern empirisch-induktiv.

Seit der Gründung der Deutschen MTM-Vereinigung wurden Bausteinsysteme für unterschiedliche Prozesstypen (Massenfertigung, Serienfertigung, Einzelfertigung) entwickelt. Dies waren Meilensteine dafür, dass MTM heute mehr und mehr als Prozesssprache und als weltweiter Standard für die Beschreibung manueller Arbeitsabläufe genutzt wird.

Den Kern des 1948 entwickelten MTM-Verfahrens hat man erhalten: Prozesse mit Hilfe analytisch begründeter und von jedermann prüfbarer, allgemeingültiger Standards beschreiben, gestalten und quantifizieren zu können. Auf der Nutzung dieses Alleinstellungsmerkmals beruht maßgebend der weltweite Erfolg von MTM. In diesem Buch wird der heutige Entwicklungsstand des von MTM vertretenen Produktivitätsmanagements von Arbeitssystemen dargelegt. Produktivitätsmanagement wird dabei als wichtiger Teil des Industrial Engineering verstanden.

Im ersten Teil werden konzeptionelle Sachverhalte behandelt und aufgezeigt, wie man MTM zur Umsetzungsunterstützung für unternehmensspezifische Strategien verwenden kann. MTM bedient diese Schnittstelle mit Hilfe seines Konzepts des Produktionssystems. Ferner wird erläutert, was zum Managen der Produktivität von Arbeitssystemen gehört und wie der Erfolg mit Hilfe eines regelkreisgesteuerten Ergebniscontrollings sichergestellt wird.

Im zweiten Teil wird die Gestaltung von Arbeitssystemen als eine Symbiose aus aktuellem arbeitswissenschaftlichen Erkenntnisstand und der Reflexion mannigfaltiger praktischer Erfahrungen behandelt. Darin liegt ein Schwerpunkt des Produktivitätsmanagements, weil hier die Voraussetzungen für hohe Produktivität, aber auch für hohe Prozesssicherheit und Qualität geschaffen werden.

Im dritten Teil wird die Entwicklung und Verwendung von Prozessbausteinen dargelegt. MTM-Bausteinsysteme erfüllen in ihrer festen Verbindung von Arbeitsinhalt und Zeit bei zunehmendem Wettbewerbsdruck durch nationale und internationale Konkurrenz die Forderung nach einfacher und dabei transparenter Gestaltung effizienter Prozesse. Die Nutzung einer gleich bleibenden Messlatte für die Leistung wirkt stabilisierend, während die graduierte Erfassung der Einflussgrößen ein beständiger Impulsgeber für Innovation und damit produktivitätstreibend ist.

Im Anhang wird ein Glossar mit den wichtigsten deutschen und englischen Fachtermini zum Produktivitätsmanagement von Arbeitssystemen angeführt, um ohne Einstieg in den Langtext schnell zu Begriffserläuterungen zu gelangen.

Das Lesen dieses Buches ersetzt keine zertifizierte MTM-Ausbildung, denn nur dort werden jene Fertigkeiten vermittelt, die notwendig sind, um die hier vorgestellten Methoden und Werkzeuge sachgerecht anzuwenden.

Neben den Autoren, deren fundierte Fachkenntnis, jahrzehntelange Praxiserfahrung und exzellente Fähigkeit der Darstellung des komplexen Stoffes dieses Buch erst möglich machten, haben wir einem engagierten Team von Mitarbeitern zu danken, das intensiv in die Erstellung eingebunden war:

Dipl.-Ing. Carl Becks (ehem. Geschäftsführer der Deutschen MTM-Vereinigung),
Dr.-Ing. Bernd Britzke (Leiter des MTM-Instituts),
Dr.-Ing. Hans Fischer (Geschäftsführer der Deutschen MTM-Vereinigung),
Dipl-oec. Andrea Hilliger (Managementassistentin am MTM-Institut),
Dipl.-Ing. Knuth Jasker (Geschäftsführer der Deutschen MTM-Gesellschaft),
Dr.-oec. Liesbeth Sackewitz (Lehrbeauftragte der Deutschen MTM-Vereinigung),
Dipl.-Ing. Gerhard Sanzenbacher (Geschäftsführer der Deutschen MTM-Gesellschaft),
Dipl.-Ing. Thomas Weber (wiss. Mitarbeiter der Deutschen MTM-Vereinigung).

Dr.-Ing. Thomas Wagner
Vorstandsvorsitzender der Deutschen MTM-Vereinigung e.V.

Gliederung

Inhalt

Teil II MTM-Gestaltungsgrundlagen

Teil III MTM-Prozessbausteinsystem

Teil I

MTM-Konzept des Produktivitätsmanagements

1 Einleitung

1.1 Produktivität aus volkswirtschaftlicher Sicht

Volkswirtschaften werden als ökonomisch erfolgreich angesehen, wenn es gelingt, vier Größen in ein Gleichgewicht zu bringen: das Bruttoinlandsprodukt, das Preisniveau, die Beschäftigung und die Export-Import-Relation. Das Inlands- oder Sozialprodukt kann man von der

1. Verwendungsseite her betrachten, in Form des Bruttoinlandsprodukts (zu Marktpreisen), das sich aus dem privaten und staatlichen Konsum, den Bruttoinvestitionen und dem Import-/Exportsaldo zusammensetzt,
2. Entstehungsseite her betrachten, in Form des Nettoinlandsprodukts (zu Faktorpreisen), das sich aus dem Volkseinkommen (Erwerbs- und Vermögenseinkommen) und dem Indirektsteuer-/Subventionssaldo zusammensetzt.[1]

Um das Nettoinlandsprodukt zu erhöhen, bedarf es ceteris paribus (= unter sonst gleichen Umständen) steigender Erträge der Unternehmen und daraus folgend steigender Einkommen der privaten Haushalte. Beide tragen über steigendes Steueraufkommen zu wachsenden Staatseinnahmen bei. Die Initialzündung geht dabei von der Steigerung der Unternehmenserträge durch Steigerung der volkswirtschaftlichen Produktivität aus.

Mit dem Begriff *Produktivität* kennzeichnet man in der Volkswirtschaftslehre die Ergiebigkeit der Produktionsfaktoren Arbeit, Boden und Kapital und spricht von *Arbeitsproduktivität*, wenn man damit die Ergiebigkeit des Wirkens der Beschäftigten meint. Steigende Arbeitsproduktivität ist also ein Zeichen dafür, dass die Effektivität und Effizienz des Produktionsfaktors Arbeit verbessert wird.[2] Das kann z. B. durch technische Verbesserungen, durch rationellere Produktionsweisen, durch verbesserte Qualifikation der Beschäftigten oder durch Erhöhung ihrer Anstrengungen erfolgen.[3] Steigende Arbeitsproduktivität führt ceteris paribus direkt zu steigenden Erträgen von Unternehmen und indirekt zu steigenden Einkommen privater Haushalte sowie über dadurch steigende Investitions- bzw. Konsumausgaben zu steigendem Aufkommen an indirekten Steuern und damit zu steigendem Nettoinlandsprodukt.

Die Erhöhung der Arbeitsproduktivität ist nicht der einzige, aber ein wichtiger Hebel zur Entwicklung einer Volkswirtschaft. Die Förderung der Produktivität der

---

1 Brutto- und Nettoinlandsprodukt unterscheiden sich betragsmäßig um die Höhe der Abschreibungen.
2 Wir sprechen von Effektivität, wenn es um die wertrationale Seite geht, also darum, »die richtigen Dinge zu tun«. Von Effizienz sprechen wir, wenn es um die zweckrationale Seite geht, also darum, »die Dinge richtig zu tun«.
3 Arbeitsproduktivität ist also keine Kenngröße für Fleiß und Können der Beschäftigten, sondern für die Wirksamkeit der in den Unternehmen einer Volkswirtschaft installierten Arbeitssysteme. Die dort wirkenden Menschen können nur im Kontext zu den anderen Bestimmungsgrößen des Arbeitssystemmodells und dessen Verknüpfung mit anderen Arbeitssystemen im Unternehmen agieren.

Unternehmen ist eine notwendige, wenn auch nicht hinreichende Bedingung für den ökonomischen Erfolg einer Volkswirtschaft. Mit anderen Worten: Produktivität ist ökonomisch nicht alles, aber ohne hohe Produktivität ist ökonomisch alles nichts.

1.2 Produktivität aus betriebswirtschaftlicher Sicht

Aus betriebswirtschaftlicher Sicht steht *Produktivität* für die Ergiebigkeit der Produktionsfaktoren (Einsatzfaktoren) menschliche Arbeit (Personal), Betriebsmittel (Arbeits-/Sachmittel oder Maschinen/Anlagen) und Material. Diese Ergiebigkeit drückt man durch ein Output-Input-Verhältnis aus, indem der Quotient aus Arbeitsergebnis, z. B. »Anzahl gewarteter Fahrzeuge«, und Personaleinsatz, z. B. »Anzahl dafür aufgewandter Arbeitsstunden«, gebildet und als Produktivitätskenngröße, bei diesem Beispiel die »Anzahl gewarteter Fahrzeuge pro Arbeitsstunde«, ausgewiesen wird.

Der Abbildung I-1 ist ein Erklärungsmodell für die Produktivität zu entnehmen. Darin wird dargestellt, dass

1. die Höhe der Produktivität eines Unternehmens, seiner Betriebe oder Subsysteme, von einer Reihe von Einflussfaktoren abhängt, die entweder primär auf den Output, den Input oder auf beides zielen,
2. sich Produktivität auf die beiden Ressourcen Personal und Betriebsmittel oder auf das Material beziehen kann, also eine Kenngröße für die Einsatzwirkung der betriebswirtschaftlichen Produktionsfaktoren ist.[4]

Abbildung I-1

Erklärungsmodell für die betriebswirtschaftliche Produktivität (in Anlehnung an Nebl, Produktivitätsmanagement, 2002, S. 126)

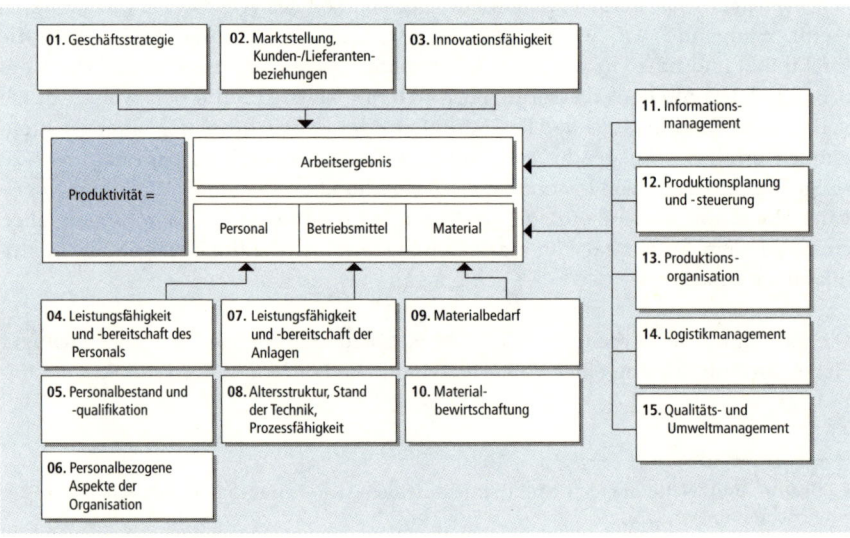

----

4 Es gibt auch Vorschläge, Produktivität auf die finanzielle Sphäre des Unternehmens auszudehnen und Kapital- oder Vermögensproduktivitäten auszuweisen. Wir folgen dem nicht und schränken den Produktivitätsbegriff auf die drei Gutenbergschen Einsatzfaktoren ein, weil es für Finanzkenngrößen prägnantere Kennzahlen gibt.

In Abbildung I-1 steht im Zähler als Output-Kenngröße ein »Arbeitsergebnis«. Das kann z. B. sein:

1. Umsatzerlös[5],
2. Wertschöpfung[6],
3. Produktionsergebnismenge.

Im Abschnitt 3.1 wird begründet, warum wir die beiden erstgenannten Output-Kenngrößen nicht verwenden und die Produktivitätsbetrachtung auf die Ressourcen Personal und Betriebsmittel beschränken.[7]

Die Produktivität beeinflusst direkt die Profitabilität und Wettbewerbsfähigkeit der Unternehmen und steckt deren Verteilungsspielraum ab. Steigende Produktivität eröffnet die Möglichkeit zu steigenden Entgelten, ohne Einbußen an Profitabilität und Wettbewerbsfähigkeit. Die Produktivitätsförderung ist deshalb betriebswirtschaftlich eine notwendige, aber noch nicht hinreichende Bedingung für den ökonomischen Erfolg eines Unternehmens. Zum Beispiel kann das Image der vom Unternehmen erstellten Leistungen, deren Nutzengeltung, bei den Kunden eine höhere Erfolgswirkung als die Produktivität haben. Deshalb gilt auch aus betriebswirtschaftlicher Sicht, dass eine hohe Produktivität nicht alles, ohne diese aber alles nichts ist.[8]

Die Deutsche MTM[9]-Vereinigung hat seit ihrer Gründung im Jahre 1962 kontinuierlich ein Konzept zur Produktivitätsförderung entwickelt. Dieses Konzept bezieht nicht alle in Abbildung I-1 angeführten Aspekte und Einflussfaktoren ein, weil das zu komplex wäre und einige dieser Aspekte in anderen Konzepten gut aufgehoben sind.[10] Das *MTM-Konzept* beschränkt sich auf das Produktivitätsmanagement von Arbeitssystemen. In Kapitel 2 wird dargelegt, was ein Arbeitssystem ist, und in Kapitel 3, was unter Produktivitätsmanagement zu verstehen ist. Daraus ergibt sich dann, welche der in Abbildung I-1 angeführten Aspekte und Einflussfaktoren im MTM-Konzept eingeschlossen und welche ausgeschlossen sind.

---

5 Beispielsweise verwendet man als Kenngrößen für die Arbeitsproduktivität den Umsatz pro Beschäftigtem, Umsatz pro Arbeitsstunde, für die Betriebsmittelproduktivität z. B. den Umsatz pro € Anlagevermögen.

6 Beispielsweise verwendet man für die Arbeitsproduktivität die Wertschöpfung pro Beschäftigtem, für die Betriebsmittelproduktivität die Wertschöpfung pro € Anlagevermögen.

7 Der in Abbildung I-1 verwendeten Einflussfaktorenstruktur kann man eine gewisse Logik und praktische Bewährung zubilligen. Es gibt aber auch andere Sichten und Begrifflichkeiten, die letztendlich zu keinen grundlegend anderen Konsequenzen führen.

8 Zum funktionellen Zusammenhang zwischen Produktivität, Wirtschaftlichkeit und Rentabilität vgl. z. B. Nebl, T.: Produktivitätsmanagement. München: Hanser, 2002.

9 MTM steht für Methods-Time Measurement. Damit wollten die Verfahrensentwickler zum Ausdruck bringen, dass die Produktivität eines Arbeitsprozesses davon abhängt, wie effektiv und effizient dieser vollzogen wird und dass man dessen Zeitbedarf prognostizieren kann, wenn der Arbeitsprozess detailliert geplant ist.

10 So ist z. B. der Aspekt des Qualitäts- und Umweltmanagements im DGQ-Konzept (Deutsche Gesellschaft für Qualität e. V., Frankfurt) und EFQM-Konzept (European Foundation for Quality Management, Brüssel) überzeugend gelöst.

Unternehmen, die systematisch und nachhaltig ein Produktivitätsmanagement von Arbeitssystemen betreiben wollen, erhalten mit dem MTM-Konzept einen

1. wissenschaftsbasierten Ansatz: Es wird der wissenschaftliche Erkenntnisstand nachvollziehbar berücksichtigt, sofern die Erkenntnisse praktisch nützlich sind.
2. praxisbasierten Ansatz: Es wird nichts empfohlen, was nicht in zahlreichen betrieblichen Anwendungen erprobt wurde.
3. methodischen Ansatz: Es wird ein hohes Maß an Reproduzierbarkeit, Objektivität und Reliabilität gewährleistet und damit ein hohes Qualitätsniveau bei den Ergebnissen sichergestellt.[11]
4. integrativen Ansatz: Das Produktivitätsmanagement wird mit vorhandenen Systemen im Unternehmen verknüpft, baut auf diesen auf, insbesondere auf der Geschäftsstrategie und dem Produktionssystem.

Durch diesen integrativen Ansatz harmoniert das MTM-Konzept mit anderen Ansätzen zur Produktivitätsförderung.

1.3 Grundsätze und Aufgaben des Managements

Der *Managementbegriff* wird wie kaum ein anderer Fachterminus in der Literatur und im Betriebsalltag strapaziert. Er steht dabei, wie der Organisationsbegriff, sowohl für eine Institution als auch für eine Funktion.

1. Institutioneller Managementbegriff: Es gibt in Unternehmen ein Management, und damit meint man einen Personenkreis, dessen Mitglieder als Manager bezeichnet werden.
2. Funktioneller Managementbegriff: Es wird ein Management betrieben, es wird »gemanagt«, und damit meint man das Erfüllen von Leitungsaufgaben.

Wir verwenden hier überwiegend den funktionellen Managementbegriff und verstehen dabei unter Management den effektiven Einsatz von Ressourcen zum Erzielen beabsichtigter Ergebnisse. Gute Manager sind danach solche Personen, die hohe Wirksamkeiten erzielen. Damit ist Managen mehr als Führen, aber Führen ist ein wichtiger Teil des Managens.

Die wesentlichen Inhalte der heutigen *Managementlehre* entwickelten sich in den letzten hundert Jahren, aufgrund sich verändernder Problemstellungen in den Volkswirtschaften und in den Unternehmen. Das erste weltweit bekannt gewordene Konzept einer Managementlehre wurde von dem Amerikaner Frederick Winslow Taylor (1856–1915) mit seinem Scientific Management (wissenschaftliche Betriebs-

---

11 Ein Instrument besitzt eine hohe Objektivität (Vergleichbarkeit), wenn die mit ihm ermittelten Ergebnisse von der anwendenden Person weitgehend unabhängig sind, verschiedene Anwender in einer Situation zum nahezu gleichen Ergebnis gelangen (interpersonelle Stabilität). Es besitzt eine hohe Reliabilität (Wiederholbarkeit, Zuverlässigkeit), wenn ermittelte Ergebnisse von unveränderter weiterer Anwendung des Instruments nicht beeinflusst werden, also jeder Anwender bei wiederholter Anwendung zum nahezu gleichen Ergebnis gelangt (intrapersonelle Stabilität). In Teil III, Abschnitt 2.5 wird erläutert, welche Bedeutung diese beiden Qualitätsmerkmale bei der Qualitätsbeurteilung von Prozessbausteinen haben.

führung)[12] vorgelegt. Taylor war Ingenieur und wollte methodische Hilfen für Fragen der Arbeitsorganisation und der technischen Rationalisierung geben. Die wichtigsten zu dieser Zeit wahrgenommenen Problemstellungen waren die organisatorische Beherrschung immer größerer Fabriken, die Gestaltung des Zusammenwirkens von Menschen und Arbeitsmitteln oder die Rationalisierung von Fertigungsprozessen. Heute dominante Themen wie z. B. Marketing, Qualitätsmanagement oder Informationsverteilung fehlten in Taylors Managementlehre.

Ab Mitte des vergangenen Jahrhunderts gewann neben dem warenwirtschaftlichen Sektor zunehmend der Dienstleistungssektor an Bedeutung. Neben der Produktion trat immer mehr der Absatz in den Mittelpunkt des Interesses, und das Management sah sich zunehmend vor dem Problem gestellt, akquirierte Unternehmen[13] zu integrieren. Damit entstand ein starkes Interesse am Management indirekter und administrativer Bereiche, wie Instandhaltung und Service oder Personalwesen, Beschaffung und Controlling. In dieser Zeit wurden die vielen populären »Management by ... - Prinzipien.«[14] kreiert, aus heutiger Sicht nicht mehr als nützliche »Tipps und Tricks«, ähnlich dem »Best Practice-Prinzip«. Das Management fokussierte sich bei organisatorischen Fragestellungen primär auf hierarchische Sachverhalte.[15]

In den letzten 20 Jahren versuchten immer mehr Unternehmen Lösungen für Probleme zu finden, die sich z. B. aus ihrem internationalen Auftritt ergaben, dem Eingehen strategischer Allianzen, der Erhöhung von Markteintrittsgeschwindigkeiten (Time to market), dem Zusammenwirken mit anderen Unternehmen im Rahmen organisationaler Netzwerke, dem Rückzug aus unattraktiven Geschäftsfeldern oder der Verlagerung von Produktionsstandorten über Ländergrenzen hinweg. Es entstanden zudem, einem generellen »Auditierungs-Trend« folgend, Empfehlungen, die Führung der Unternehmen auf den Prüfstand zu stellen, indem man Management Audits durchführt und deren Ergebnisse strategiekonform umzusetzen versucht.[16] Das Management fokussierte sich seit den neunziger Jahren bei organisatorischen Fragestellungen zunehmend auf prozessuale Sachverhalte.

Seit den achtziger Jahren hat das *Best Practice-Prinzip* zunehmend Beachtung gefunden, ohne dass es seinen Verfechtern nachhaltigen Erfolg beschert hätte. Der Grund

---

12 Taylor, F. W.: Principles of Scientific Management, 1911. Ins Deutsche übersetzt von Roeseler, R.: Die Grundsätze wissenschaftlicher Betriebsführung. München: Oldenbourg, 1913. Neu herausgegeben und eingeleitet von Bungard, W.; Volpert, W.: Die Grundsätze wissenschaftlicher Betriebsführung. Weinheim, Basel: Beltz, 1977.

13 Wir sprechen von einer Unternehmung (Unternehmen), wenn wir eine organisatorisch-rechtliche Einheit, die primär wirtschaftliche Absichten verfolgt, kennzeichnen wollen. Als Betrieb bezeichnen wir den Ort der Leistungserstellung und Leistungsverwertung in einem räumlich und technisch zusammenhängenden Bereich, gleichzusetzen mit der Arbeitsstätte.

14 Beispielsweise Management by Delegation (Abgrenzen von Aufgaben, Kompetenzen, Verantwortungen), Management by Exceptions (Eingreifen nur im definierten Ausnahmefall), Management by Objectives (Führen durch Zielvereinbarung), Management by Participation (Mitarbeiterbeteiligung an sie betreffenden Zielentscheidungen).

15 Ein Kennzeichen dafür war die zu dieser Zeit populäre Gemeinkosten-Wertanalyse, die mehr zu Diskussionen als zu nachhaltigen Wirkungen führte.

16 Vgl. z. B. Wübbelmann, K.: Management Audit. Unternehmenskontext, Teams und Managerleistung systematisch analysieren. Wiesbaden: Gabler, 2001.

liegt vermutlich darin, dass Best Practice-Fälle oft als Kopiervorlagen verstanden wurden, wozu die Versuchung zugegebenermaßen auch groß ist. Davor sei jedoch ausdrücklich gewarnt, und man sollte sich vergegenwärtigen, dass von den über 40 Unternehmen, die Peters und Waterman in ihrem Bestseller aus dem Jahre 1982[17] als »Best-Run Companies« herausstellten, die meisten heute nicht mehr existieren. Von den Besten zu lernen ist dennoch richtig, wenn man Best Practices als identifizierte Handlungsgrundsätze erfolgreicher Unternehmen in bestimmten Situationen interpretiert.[18]

In Wissenschaft und Praxis besteht keine Einigkeit darüber, was die wichtigsten Grundsätze, Prinzipien, Elementarregeln sind, um die bestmöglichen Voraussetzungen für das Entstehen hoher Wirksamkeiten zu schaffen. Ebenso bestehen unterschiedliche Auffassungen darüber, in wie weit Managementgrundsätze, Managementaufgaben oder Managementwerkzeuge transferierbar und interkulturell gültig seien. Malik[19] empfiehlt z. B. die Berücksichtigung von fünf *Managementgrundsätzen* (Handlungsprinzipien):

1. Alles Handeln an Ergebnissen, also an der Handlungswirkung, orientieren und den Handlungserfolg daran messen.
2. Alles Handeln am Ganzen orientieren, die Leistungen aller im Interesse des Ganzen sehen.
3. Sich eher auf Weniges konzentrieren, als sich mit Vielem befassen.
4. Die eigenen Stärken nutzen und die Schwächen nur im Ausnahmefall zu beseitigen versuchen.
5. Unter dem Primat der Stärkung gegenseitigen Vertrauens handeln.[20]

Die Transferierbarkeit dieser Grundsätze auf das Managen von Arbeitssystemen wird man nicht uneingeschränkt, aber weitgehend akzeptieren. Viele werden sie für vernünftig und praktikabel halten.

Auch zu den wichtigsten *Managementaufgaben* (Handlungsfeldern) gibt es verschiedene Vorschläge. Wübbelmann schlägt z. B. vor, folgende acht Managementaufgaben in Management Context Audits, d. h. im Rahmen von Wirksamkeitsprüfungen zum Management, zu betrachten:

1. Aufgabenorientierte Aspekte, das sind die Aufgaben:
   - für Zielsetzungen und Zielverpflichtungen sorgen,
   - Feedback zu Leistungen und Verhalten geben,
   - Leistungen und Verhalten beurteilen und belohnen
   - Entscheiden.

---

17 Peters, T. J.; Waterman, R. H.: In Search of Excellence. Lessons from America's best-Run Companies. New York: Harpers & Row, 1982.
18 Vgl. Jahns, C.: 12 Grundsätze erfolgreichen Managements – Orientierung an Best Practices. In: Jahns, C.; Hein, G. (Hrsg.): Handbuch Management. Mit Best Practice zum Managementerfolg, Stuttgart: Schäffer-Poeschel, 2003, S. 23–45.
19 Malik, F.: Führen, Leisten, Leben. Wirksames Management für eine neue Zeit; 9. Auflage. Stuttgart, München: DVA, 2001.
20 Jahns empfiehlt z. B. 12 Managementgrundsätze, die teilweise bereits Managementaufgaben enthalten: Jahns, C. : 12 Grundsätze …, a. a. O., S. 33 f.

2. Personenorientierte Aspekte, das sind die Aufgaben:
   - Mitarbeiter informieren und kommunizieren,
   - Konflikte lösen,
   - Führungsleitbilder und Führungsgrundsätze entwickeln und anwenden.
3. Übergeordneter Aspekt der Umsetzung einer strategisch begründeten Unternehmenskultur.

Malik unterscheidet zwischen folgenden fünf Managementaufgaben und zudem noch zwischen sieben Managementwerkzeugen[21], die teilweise Aspekte der vorstehend angeführten Managementaufgaben enthalten:

1. Ziele schaffen,
2. Organisieren,
3. Entscheiden,
4. Kontrollieren,
5. Menschen fördern.

Beide Vorschläge unterscheiden sich formal, inhaltlich jedoch nur geringfügig. Welche Managementaufgaben man auch für relevant hält: sie sind, anders als die Sachaufgaben im Rahmen der Leistungserstellungsprozesse, in jedem Unternehmen gleich, und sie stehen in keinem kulturellen Kontext. So braucht jedes Unternehmen ein Management seiner Ziele, und nur die Ziele selbst sind von Unternehmen zu Unternehmen verschieden. Interkulturell verschieden sind z. B. Umgangsformen, Leidensbereitschaft gegenüber Dilettantismus, religiös begründete Gepflogenheiten oder soziale Werte. Die Managementaufgaben sind dagegen kulturell unabhängig.

Wir haben eingangs Management als den wirksamen Einsatz von Ressourcen zum Erzielen beabsichtigter Ergebnisse gekennzeichnet. Management soll zu Ergebnissen führen, ist also Mittel zum Zweck, und es sollen dabei Ressourcen (Informationen, Menschen, Arbeits-/Sachmittel und Material) wirksam eingesetzt werden. Management wird nach diesem Verständnis auf allen Unternehmensebenen betrieben und kann auf komplexe Systeme[22] und weniger komplexe Systeme zielen. Wir setzen uns mit jenem Teilgebiet des Managements auseinander, dem sich die Deutsche MTM-Vereinigung verpflichtet sieht, dem *Produktivitätsmanagement von Arbeitssystemen*. Mit der Begrenzung auf Arbeitssysteme wird eine Fokussierung auf das Objekt des Managens und mit der Ausrichtung auf die Produktivität eine Fokussierung auf die dabei primär verfolgte Absicht vorgenommen.

In den folgenden Kapiteln wird dargelegt:

1. in welchem Kontext das Arbeitssystem beim MTM-Konzept des Produktivitätsmanagements zu anderen Systemen im Unternehmen steht (Kapitel 2) und
2. welche Aktivitäten beim Produktivitätsmanagement von Arbeitssystemen gefordert sind (Kapitel 3).

---

21 Das sind Sitzungen, Berichte, Job Design – Assignment Control, Persönliche Arbeitsmethodik, Budget und Budgetierung, Leistungsbeurteilung, Systematische Müllabfuhr.
22 Vgl. z. B. Malik, F.: Strategie des Managements komplexer Systeme. Ein Beitrag zur Management-Kybernetik evolutionärer Systeme, 5. Auflage. Bern, Stuttgart, Wien: Haupt, 1996.

2 Geschäftsstrategie, Produktionssystem und Arbeitssystem

2.1 Zusammenhänge beim MTM-Konzept des Produktivitätsmanagements

In diesem Handbuch wird mit MTM (Methods-Time Measurement) ein *Konzept zum Produktivitätsmanagement von Arbeitssystemen* beschrieben. Das MTM-Konzept des Produktivitätsmanagements basiert auf einer Verknüpfung von drei Systemen: dem System der Geschäftsstrategie, dem daraus deduzierten Produktionssystem des Unternehmens und dessen Arbeitssystemen. Der mit der Anwendung von MTM entstehende Nutzen ist dann am höchsten, wenn Unternehmen ihre Absichten in Form einer Geschäftsstrategie und daraus deduziert, in Form eines Produktionssystems, dargelegt haben. Je klarer für ein Unternehmen festgelegt wird, auf welchen Wegen man was erreichen will, desto wirksamer lässt sich ein Produktivitätsmanagement für Arbeitssysteme einrichten. Mit anderen Worten: Ein Produktivitätsmanagement von Arbeitssystemen kann man auch ohne dokumentierte Geschäftsstrategie und formuliertes Produktionssystem praktizieren, nur mit dem Risiko, dass eventuell nicht jenes Ausmaß an Unterstützung beim Erreichen der Unternehmensziele geboten wird, das man hätte bieten können, wenn die verfolgten Absichten klar gewesen wären. Darlegungen von Geschäftsstrategien und Produktionssystemen sollen also helfen, »maßgeschneiderte« Lösungen beim Produktivitätsmanagement von Arbeitssystemen zu entwickeln.

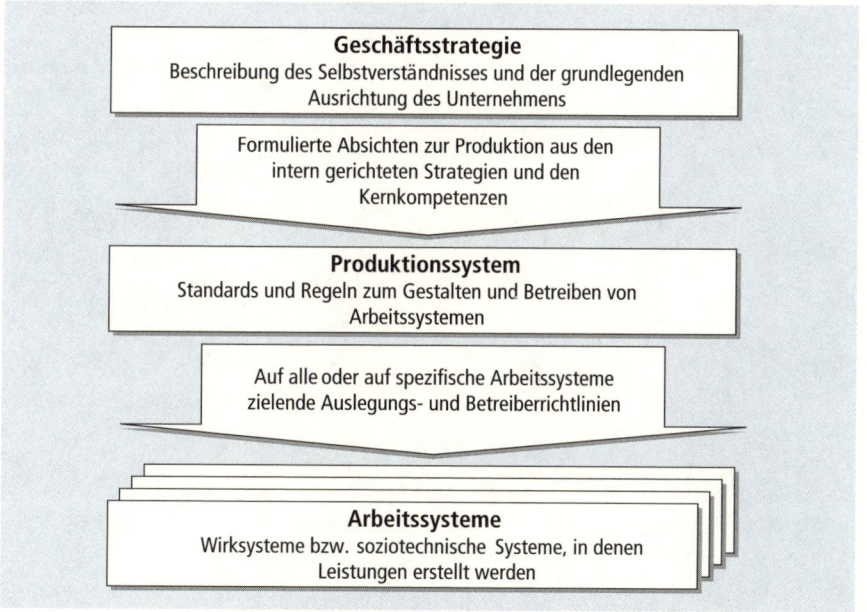

Abbildung I-2

Die Zusammenhänge zwischen den drei beim MTM-Konzept des Produktivitätsmanagements verknüpften Systemen

In den folgenden Abschnitten wird zuerst erläutert, was wir unter einer Geschäftsstrategie verstehen und welche Bedeutung sie für das Management allgemein hat. Ferner wird gezeigt, was Produktionssysteme sind, nämlich in erster Linie operationale Verfeinerungen interner Strategien (Wertschöpfungsstrategien), und welche Vorgaben man in einem Produktionssystem zum Managen von Arbeitssystemen einstellen kann. Dann wird das Konzept des Arbeitssystems behandelt, im Kontext zum Produktionssystem.

2.2 Geschäftsstrategie

2.2.1 Überblick

Die Begriffe Strategie und Management haben eines gemeinsam: sie sind zum Modewort geworden und stehen damit bei vielen Benutzern für alles Beliebige. Der *Strategiebegriff* ist dem Griechischen entlehnt und wurde ursprünglich als Synonym für Kriegs- und Staatsführung verwendet. Breite Beachtung fand er erst im 19. Jahrhundert durch seine Verwendung in der militärischen Literatur[23], wo Strategie für ein Rahmenkonzept von Taktiken[24] stand und im Lichte taktischer Erfolge und Misserfolge permanent auf seine Nützlichkeit zu überprüfen war. Damit war man nicht weit von dem entfernt, was heute von vielen darunter verstanden wird, nämlich die Festlegung:

1. wie man eigene Ressourcen und Potenziale unter Nutzung eigener Stärken einsetzen will, um längerfristige Absichten zu verwirklichen,
2. in welche Richtung sich ein Unternehmen langfristig entwickeln soll und
3. wie man nachhaltig Erfolgspotenziale durch Ausnutzung von Wettbewerbsvorteilen generieren will.[25]

Der folgenden Abbildung I-3 ist ein konzeptioneller Rahmen für die Entwicklung und Darlegung von Geschäftsstrategien zu entnehmen, abgestimmt auf das in Abbildung I-2 angeführte MTM-Konzept des Produktivitätsmanagements von Arbeitssystemen. Danach verstehen wir unter einer *Geschäftsstrategie* die Gesamtheit des Ausrichtungssystems eines Unternehmens, im Idealfall bestehend aus der Vision, dem Wertesystem, den Kernkompetenzen und den Strategien im engeren Sinne. Sie ist eine Dokumentation des Wollens, des elementaren Selbstverständnisses und der Grundausrichtung von Unternehmungen. Geschäftsstrategien entstehen nicht durch intensives Nachdenken begabter Strategen. Sie entwickeln sich emergent, d. h. im Laufe der Zeit aus dem Tagesgeschäft heraus und prägen sich z. B. im Verhalten gegenüber Wettbewerbern oder in der Produktpalette aus. In vielen Unternehmungen geht es zuerst einmal darum, eine nicht formalisierte Geschäftsstrategie zu systematisieren und zu dokumentieren, also das zu ordnen, was ein wenig unsystematisch und nicht bei allen in gleicher Weise in den Köpfen bereits vorhanden ist. Die Dokumentation und Publikation der Geschäftsstrategie ist immer dann wichtig, wenn sie von den Mitgliedern des Managements nicht einheitlich, in gleicher Weise, reflektiert wird.

Nicht die Entwicklung, sondern das Verständnis von und der Rückgriff auf das »System der Geschäftsstrategie« ist Bestandteil des *MTM-Konzepts des Produktivitätsmanagements von Arbeitssystemen*, weil es als Basis für die systematische Entwicklung des unternehmensspezifischen Produktionssystems dient (vgl. Abbildung I-3).

---

23 Vgl. Clausewitz, C. v.: Vom Kriege. Frankfurt, Berlin Wien: Ullstein, 1980 (Erstauflage 1832).
24 Ein erstes geschlossenes Konzept taktischer Empfehlungen hat Machiavelli bereits vor fast fünfhundert Jahren vorgelegt. Vgl. Machiavelli, N.: Il Principe e Pagine Dei »Discorsi« Delle »Istorie«. Florenz: Dodicesima Edizione, 1532. Erstmals ins Deutsche übersetzt im Jahre 1923.
25 Vgl. Kreikebaum, H.: Strategische Unternehmensplanung, 6. Auflage. Stuttgart, Berlin, Köln: Kohlhammer, 1997, S. 19.

Abbildung I-3

Konzeptioneller
Rahmen für die
Entwicklung und
Darlegung von
Geschäftsstrategien

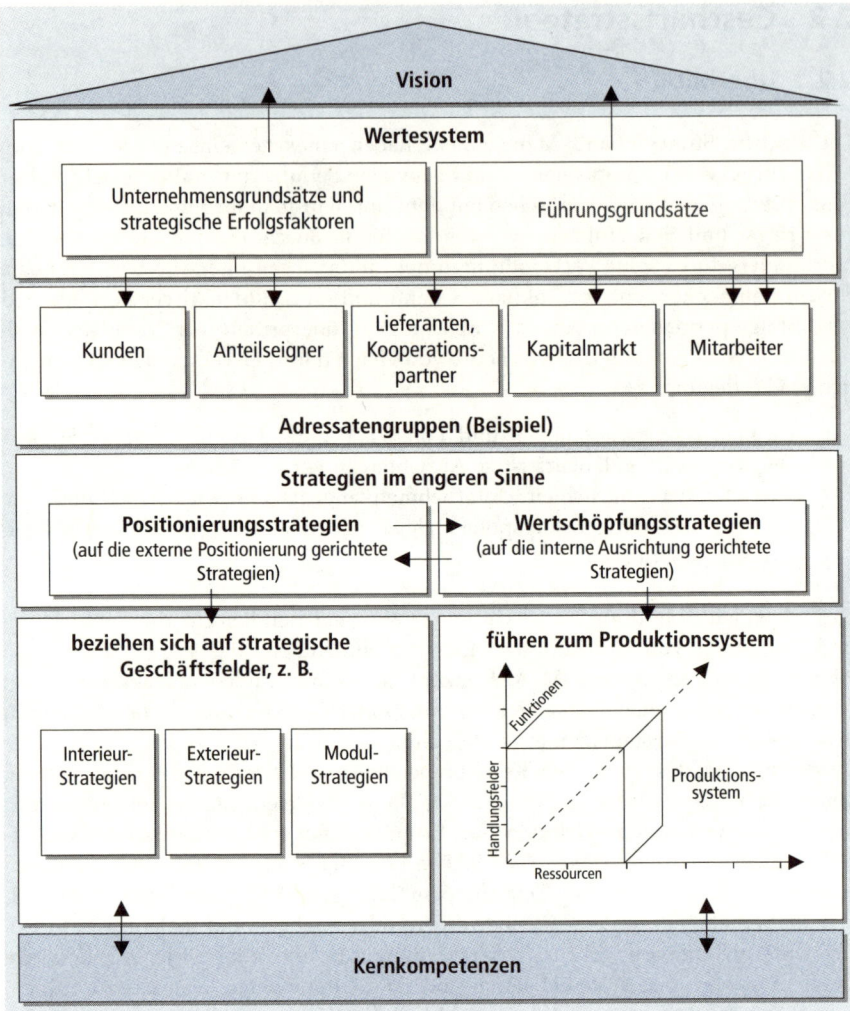

Abbildung I-3

Konzeptioneller Rahmen für die Entwicklung und Darlegung von Geschäftsstrategien

2.2.2 Vision

Ausgangspunkt von Geschäftsstrategien sind Leit- oder Zukunftsbilder, in denen auf meist hohem Abstraktionsniveau beschrieben wird, wo man hin will, auf welchem elementaren Wollen die Geschäftsstrategie basiert. Diese bezeichnet man als *Vision*.[26] Visionen sollen keine weltentrückten Heilsbotschaften sein, sondern in der griffigsten, kürzesten Form ausdrücken, was ein Unternehmen letztlich will.[27]

---

26 Manche Unternehmen formulieren auch eine Mission, eine unverwechselbare Botschaft, die man den Leistungsempfängern überbringen möchte. Z. B. lautet die Mission von Wal-Mart: »To give ordinary folk the chance to buy the same things as rich people«.

27 Beispielsweise von einem Telekommunikationsunternehmen: »Wir wollen das kundenfreundlichste, sympathischste und erfolgreichste Unternehmen der Branche sein.« Aber: Wer wollte das nicht?

Die Vision sollte nicht »frei schweben«, sondern sich aus dem Wertesystem des Unternehmens begründen lassen. Die Vision eines Automobil-Zulieferunternehmens könnte z. B. lauten: »Wir wollen auf unseren drei strategischen Geschäftsfeldern der schnellste und preiswerteste Systempartner sein, unsere Ressourcen und Prozesse laufend darauf ausrichten und eine über dem Branchenniveau liegende Profitabilität erzielen.«

2.2.3 Wertesystem und Adressatengruppen

Als *Werte* bezeichnen die meisten jene Sachverhalte, die man »hoch hält«, zu denen man sich bekennt, weil man der Auffassung ist, seine Vision nur dann verwirklichen zu können, wenn im Tagesgeschäft jene Werte gelebt werden, die der Vision zu Grunde liegen.[28] Werte sind Ausdruck des eigenen Selbstverständnisses und der unternehmerischen Absichten, also Grundsätze, zu denen man sich gegenüber definierten Adressatengruppen verpflichtet fühlt. Werte müssen untereinander und gegenüber der Vision widerspruchsfrei sein.

In Abbildung I-3 werden als Beispiel fünf Adressatengruppen unterschieden. *Adressatengruppen* sind Gruppen von Personen oder Institutionen, die gleichartige Ansprüche an das Unternehmen richten und die als so relevant erachtet werden, dass man ihnen gegenüber Werte festlegt. Abbildung I-3 ist ferner zu entnehmen, dass wir zwei Wertekategorien unterscheiden:

1. *Unternehmensgrundsätze*: sie richten sich an alle Adressatengruppen. Es wird das Selbstverständnis ausgedrückt und dargelegt, was man anstrebt. Zu ihnen sollten (strategische) Erfolgsfaktoren definiert werden, mit deren Hilfe festzustellen ist, ob man den Unternehmensgrundsätzen wie beabsichtigt folgt.
2. *Führungsgrundsätze*: sie richten sich an nur eine Adressatengruppe, die Mitarbeiter. Es wird dargelegt, wie man miteinander umgehen und zielgerichtet zusammenarbeiten will.

---

28 Vgl. Kreikebaum, H.: a. a. O., 1997, S. 53 f. Müller-Stewens, G.; Lechner, C.: Strategisches Management. Wie strategische Initiativen zum Wandel führen, 2. Auflage, Stuttgart: Schäffer-Poeschel, 2003, S. 238 f.

Abbildung I-4 ist ein Beispiel für Unternehmensgrundsätze gegenüber Lieferanten und potenziellen Kooperationspartnern zu entnehmen. Abbildung I-5 ist ein Beispiel für Führungsgrundsätze (Ausschnitt aus 14 Führungsgrundsätzen zu drei Führungsaspekten) zu entnehmen.

Abbildung I-4

Beispiel für lieferanten- und kooperationspartner-bezogene Unternehmensgrundsätze und strategische Erfolgsfaktoren

Adressatengruppe »3. Lieferanten und Kooperationspartner«		strategische Erfolgsfaktoren (Zeitbezug: Geschäftsjahr)
3.1	Wir arbeiten als First-tier-Lieferant mit unseren Lieferanten in gleichem Maße partnerschaftlich zusammen wie mit unseren Kunden.	Anzahl Verbesserungs-vorschläge der Lieferanten erhöht
3.2	Wir arbeiten vorzugsweise mit Lieferanten zusammen, für die wir strategische Kunden sind.	Anzahl und Umsatz der OEM-nominierten Lieferanten erhöht
3.3	Wir arbeiten mit Lieferanten und Kooperationspartnern zusammen, die uns mit ihrem innovativen Know-how unterstützen.	Anzahl Initiativen für Innovationen erhöht
3.4	Wir betreiben eine proaktive Entwicklung von Stammlieferanten, indem wir Zukunftstrends unserer Lieferanten aus unseren Audits antizipieren.	Anzahl System-Audits und Lieferantenbewertungen erhöht
3.5	Wir gehen Kooperationen mit Partnern ein, wenn wir dadurch unsere SGF ausbauen bzw. uns darin stärken oder wenn wir gemeinsam neue Märkte erschließen.	Anzahl Kooperationen erhöht

Zu dem in Abbildung I-4 angeführten Unternehmensgrundsatz »3.1 Wir arbeiten als First-tier-Lieferant mit unseren Lieferanten in gleichem Maße partnerschaftlich zusammen wie mit unseren Kunden« wird als strategischer Erfolgsfaktor die Erhöhung der Anzahl Verbesserungsvorschläge der Lieferanten verwendet. Dazu könnte das strategisches Ziel z. B. lauten: »Im Geschäftsjahr 2005 (= Zeitbezug) wird die Anzahl verwertbarer Verbesserungsvorschläge (= Ausmaß) auf im Mittel 0,25 Vorschläge pro Lieferant (= Erfüllungsgrad) erhöht.«

Das *Wertesystem* ist die Basis für die Formulierung der Vision, für die Darlegung der Kernkompetenzen und die Entwicklung der Strategien im engeren Sinne. Nun ist es nicht so, dass Unternehmen ihre Kernkompetenzen oder ihre Strategien im engeren Sinne nicht ohne Basis eines Wertesystems entwickeln könnten. Sie tun es nur gründlicher und methodischer, wenn sie sich dem Zwang aussetzen, Unternehmens- und Führungsgrundsätze zu formulieren und daraus die Strategien im engeren Sinne zu deduzieren.

Ferner kann man das Wertesystem dazu verwenden, Revisionsgrundsätze für die Geschäftsstrategie abzuleiten. Anhand der »Werte-Erfüllungen«, also dem Erreichen von (strategischen) Zielen zu den betreffenden (strategischen) Erfolgsfaktoren, ist zu prüfen, ob die Strategie das bringt, was beabsichtigt war.[29]

---

29 Der Begriff Erfolgsfaktor steht für eine formulierte Ausrichtungsabsicht, der Zielbegriff dagegen für das dabei erwartete oder angestrebte Ausmaß. An Erfolgsfaktoren richtet man sein Handeln aus und strebt dabei Ziele an.

1. *Strategische Erfolgsfaktoren* sind Merkmale, mit denen durch Angabe von Inhalt, Art und Richtung beschrieben wird, woran zu erkennen ist, ob man sich adäquat zu seinen Unternehmensgrundsätzen verhält.[30]
2. *Strategische Ziele* sind Beschreibungen von Merkmalsausprägungen, die das Ausmaß (= was?), den Zeitbezug (= bis wann?) und den Erfüllungsgrad (= wie viel?) der Ziele betreffen.

1. Führungsaspekt: Durch Persönlichkeit überzeugen, Führung vorleben	
1.1	Vorbild sein und Grundwerte vorleben: Führungskräfte sind in Verhalten und fachlicher Leistung Vorbild.
1.2	Persönlichkeit achten und Motivation verstehen: Führungskräfte verstehen und berücksichtigen die jeweilige Persönlichkeit und die Motivationen der Mitarbeiter(innen).
1.3	Für Neues aufgeschlossen sein und Chancen erkennen: Führungskräfte fördern Veränderungsprozesse zur Steigerung der Produktivität und Wettbewerbsfähigkeit. Sie leiten die dazu erforderlichen Schritte ein und unterstützen aktiv die Projekte und Maßnahmen.
1.4	Ausgleich der Interessen suchen und Konsens anstreben und Kompromissfähigkeit zeigen: Führungskräfte folgen stets dem Leitgedanken, Unternehmens- und Mitarbeiterinteressen sowie die Interessen der einzelnen Teilfunktionen im Unternehmen untereinander in Einklang zu bringen.
1.5	Entscheidungen treffen und Führungsverantwortung übernehmen: Führungskräfte treffen zeitlich angemessene, klare, eindeutige und verlässliche Entscheidungen, haben dabei den Mut zum vertretbaren Risiko und begründen ihre Entscheidungen, wenn es erforderlich ist.
2. Führungsaspekt: Informieren und Mitarbeiter entwickeln	
3. Führungsaspekt: Ziele setzen, verfolgen und aus Ergebnissen Konsequenzen ziehen	

Abbildung I-5

Beispiel (Ausschnitt) für Führungsgrundsätze

2.2.4 Kernkompetenzen

Um den Strategien im engeren Sinne zu folgen, das Wertesystem zu leben und dadurch die Vision zu verwirklichen, benötigt eine Unternehmung bestimmte kollektive Fähigkeiten (das Unternehmen muss »es drauf haben«), die wir Kernkompetenzen[31] nennen. Wir sprechen von einer *Kernkompetenz* dann, wenn eine bestimmte Art von Leistungsvermögen

1. so wertvoll ist, dass es vom Markt bzw. den Adressatengruppen als interessante, bemerkenswerte Leistung wahrgenommen und honoriert wird,
2. so selten und rar ist, dass kaum ein Wettbewerber darüber verfügt (ansonsten wäre es kein Alleinstellungsmerkmal),

---

30 Oft wird zwischen »harten« und »weichen« Erfolgsfaktoren unterschieden. Manche subsumieren unter »harten« Erfolgsfaktoren jene, die unmittelbar und unter »weichen« Erfolgsfaktoren solche, die nur mittelbar erfolgswirksam sind, ohne dabei deren Bedeutung zu beurteilen. Andere verstehen dagegen unter »weichen« Erfolgsfaktoren jene, die sie eigentlich nicht für besonders wichtig halten. Dagegen ist einzuwenden, dass man sie dann nicht als Erfolgsfaktoren verwenden sollte.

31 In diesem Zusammenhang wird von Fähigkeiten gesprochen, wenn man etwas kann, von Kompetenzen, wenn einem etwas zugebilligt wird. Fähigkeiten sind also zu erwerben, Kompetenzen müssen dagegen durch Dritte zugebilligt werden.

3. auch längerfristig nur schwer zu imitieren ist (ansonsten würden Wettbewerber rasch dafür sorgen, dass es kein Alleinstellungsmerkmal mehr ist),
4. nicht substituierbar ist und ein äquivalenter Ersatz wie eine Imitation wirkt.

Abbildung I-6

Beispiel für die Formulierung von Kernkompetenzen

Kernkompetenz	ist zu erkennen …
1. Professionelles Management von Prozessschnittstellen	indem in allen Leistungserstellungsphasen, also nicht nur in der Entwicklung, antizipiert wird, wir also über begabte und motivierte Mitarbeiter verfügen, die sich für das Unternehmen einsetzen.
	indem Fehlhandlungen vermieden werden und nur i. O.-Ergebnisse zu den Leistungsempfängern gelangen. Dazu verfügen wir über abgesicherte Prozesse, und nur i. O.-Ergebnisse durchlaufen die Schnittstellen.
	indem alle Reaktions-/Durchlaufzeiten minimiert sind und alle Outputs den Leistungsempfängern zum vereinbarten Zeitpunkt zugehen. Dazu sind alle Leistungs- und Supportprozesse von Zeit verzögernden Phasen (z. B. Medienwechsel, Abstimmungen) freigestellt.
2. Beherrschung von Änderungs- und Anpassungsmanagement	indem wir flexibel und ohne zeitliche Verzögerungen auf kundeninduzierte Änderungen reagieren und das keine störende Besonderheit ist, sondern der Normalfall und eine permanente Profilierungschance.
3. Technologische Führerschaft	indem wir unsere Kunden und unsere Kunden uns kennen. Wir sind für unsere Kunden ein Synonym für ein Unternehmen, das »Kunststoff verarbeitende und veredelnde Technologien sowie die innovative (individuelle Kundenforderungen umsetzende) Entwicklung von Produkten beherrscht«.

Man spricht auch dann von Kernkompetenzen, wenn die betreffenden Fähigkeiten noch nicht verfügbar sind, sondern erst angestrebt werden. Methodisch wünschenswert ist, dass sich die definierten Kernkompetenzen aus dem Wertesystem begründen lassen. Als Verhaltensregeln gelten (vgl. dazu auch Abbildung I-6):

- nicht zu viele Kernkompetenzen anzustreben,
- diese widerspruchsfrei zu halten und
- ihr Erreichen mit Hilfe festgelegter Erfolgsfaktoren sicher feststellen zu können.

2.2.5 Strategien im engeren Sinne

Als *Strategien im engeren Sinne* bezeichnen wir beabsichtigte Verhaltensweisen, die geeignet sind,

- angestrebte Kernkompetenzen zu erringen und die vorhandenen Kernkompetenzen zu erhalten,
- vorhandene Kernkompetenzen einzusetzen und sich dadurch Wettbewerbsvorteile zu verschaffen,
- Zielerreichungen zu den Erfolgsfaktoren zu unterstützen und damit die Umsetzung des Wertesystem zu unterstützen,

was letztlich dazu führen soll, dass man die Vision verwirklicht.

In Abbildung I-3 wird bei den Strategien im engeren Sinne zwischen zwei Kategorien unterschieden:[32]

1. *Positionierungsstrategien*, die auf unternehmensexterne Adressaten und Objekte zielen. Sie stehen insbesondere für Prinzipien im Umgang mit Kunden und Wettbewerbern. Mit Hilfe von Positionierungsstrategien wird für jedes strategische Geschäftsfeld[33] festgelegt, wie man sich insbesondere auf dem wichtigsten externen Markt, dem Absatzmarkt, so aufstellt, dass die zu den strategischen Erfolgsfaktoren bestehenden Ziele nachhaltig erfüllt werden. Zum Strategischen Geschäftsfeld »Exterieur« (vgl. Abbildung I-3) könnten die Positionierungsstrategien und die zugehörige Umsetzungstaktik z. B. lauten:

   - Wir wollen ein intensives Beziehungsmanagement auf allen Ebenen und in allen relevanten Funktionsbereichen unseres Unternehmens zu unseren Kunden und Lieferanten unterhalten, uns in diesem Rahmen in die OEM-Entwicklungsteams personell integrieren und gleiches mit unseren Lieferanten praktizieren.
   - Wir wollen durch vernunftgetriebene strategische Partnerschaften einen Verdrängungswettbewerb vermeiden und außerhalb des deutschen Marktes durch lokale strategische Partnerschaften eine globale Präsenz erreichen.
   - Unsere Umsetzungstaktik besteht darin, dass wir eine Marktdurchdringung anstreben, indem die bestehenden Marktsegmente mit der derzeitigen Produktpalette stärker ausgeschöpft werden. Das wollen wir mit einer Umgehungstaktik schaffen, also direkte Konfrontationen mit Wettbewerbern vermeiden, stattdessen neue Technologien anbieten und uns im Vertrieb entsprechend gerieren.[34]

2. *Wertschöpfungsstrategien*, die auf unternehmensinterne Adressaten und Objekte zielen. Wenn dabei Ressourcen (z. B. Mitarbeiter, Projekte / Wissen) betrachtet werden, bezeichnet man sie als Ressourcenstrategien und spricht z. B. von Personalstrategien oder Investitionsstrategien. Bei den Ressourcenstrategien kann man z. B. bei der Ressource »Mitarbeiter« festlegen, welche Qualifizierungskonzepte anstrebt werden, wie man mit Anreiz- und Belohnungssystemen umgehen, welche Personengruppen man bevorzugt einstellen und welche Leistungen man unter Einsatz eigener Mitarbeiter oder durch Externe (z. B. Leihkräfte, Unterlieferanten) erstellen will. Welche Ressourcen man verwendet und wie man Ressourcen gegeneinander abgrenzt, hängt davon ab, welchen Stellenwert man einer Ressource gegenüber anderen Ressourcen beimisst.

---

32 Vgl. zur Begründung dieser Unterscheidung z. B. bei Müller-Stewens, G.; Lechner, C.: a. a. O., 2003, S. 27 f.

33 Strategische Geschäftsfelder dienen der externen Segmentierung des Unternehmens, meist unter Verwendung der Abgrenzungskriterien Kundenbedürfnisse / Abnehmerfunktionen, eingesetzten Produktionstechnologien und Abnehmergruppen / -regionen. Bei dem in Abbildung I-3 angeführten Beispiel sind nach diesem Prinzip drei strategische Geschäftsfelder gebildet. Strategische Geschäftseinheiten dienen dagegen der internen Segmentierung des Unternehmens, indem Organisationseinheiten unter den Aspekten Leistungen, Markt, Wettbewerber und Erfolgs-Zuordnung gegeneinander abgegrenzt werden. Dabei versucht man, strategische Geschäftseinheiten auf strategische Geschäftsfelder auszurichten.

34 Zur Entwicklung und Umsetzung von Positionierungsstrategien vgl. z. B. bei Müller-Stewens, G.; Lechner, C.: a. a. O. Welge, M. K.; Al-Laham, A.: Strategisches Management. Grundlagen – Prozess – Implementierung, 2. Auflage. Wiesbaden: Gabler, 1999.

Richten sich Wertschöpfungsstrategien auf Funktionen (z. B. Entwicklung, Produktion), so bezeichnet man sie als funktionale Strategien und spricht z. B. von Entwicklungsstrategien oder Servicestrategien. Wenn bei den Positionierungsstrategien z. B. der im vorstehenden Beispiel angeführte Aspekt der Integration in Kundenteams eine Rolle spielt, sollte er bei den Ressourcenstrategien zu den Ressourcen »Organisation« und »Projekt/Wissen«, bei den funktionalen Strategien bei der Funktion »Entwicklung« gebührend berücksichtigt werden. Auch für die Verwendung und Abgrenzung der Funktionen und Ressourcen lassen sich keine generischen (in hohem Maße allgemeingültigen) Konzepte verwenden.

Das MTM-Konzept enthält eine Systematik zur Operationalisierung von Wertschöpfungsstrategien, die zur Entwicklung unternehmensspezifischer Produktionssysteme führt.[35] Im Abschnitt 2.3 wird erläutert, wie Wertschöpfungsstrategien in ein unternehmensspezifisches Produktionssystem zu überführen sind. Dem MTM-Konzept liegt dafür ein Lösungsschema zugrunde, das als Ganzheitliches Produktionssystem (GPS) bezeichnet wird.

2.2.6 Schlussfolgerungen

Jedes Unternehmen verfolgt Geschäftsstrategien, aber nicht alle sehen die Notwendigkeit, diese schriftlich darzulegen. Nur dokumentierte Geschäftsstrategien können jedoch ein Mindestmaß an Verbindlichkeit und Akzeptanz erlangen, was eine notwendige Bedingung dafür ist, dass ihm im Tagesgeschäft, auf allen Unternehmensebenen, gefolgt wird. Verhalten sich die Mitarbeiter nicht strategiekonform, hat die Geschäftsstrategie entweder keine Verbindlichkeit und Akzeptanz erlangt, oder sie ist untauglich, und die Mitarbeiter erkennen das.

Im ersten Kapitel haben wir dargelegt, was wir unter Management verstehen. Am Ende dieses Abschnitts können wir uns vorstellen, dass man zielgerichteter managen kann, wenn man das auf der Grundlage einer verständlichen und umsetzbaren Geschäftsstrategie tut.

---

35 Ein praktisches Problem liegt darin, eine Schlüssigkeit zwischen den Positionierungs- und den Wertschöpfungsstrategien zu erreichen. Nimmt man sich z. B. bei den Positionierungsstrategien große Kundennähe vor, muss sich das bei den Wertschöpfungsstrategien durch eine dezentralisierte Organisation widerspiegeln.

2.3 Produktionssystem

2.3.1 Überblick

Abbildung I-2 ist zu entnehmen, wie das *Produktionssystem*[36] im MTM-Konzept des Produktivitätsmanagements von Arbeitssystemen eingeordnet ist, nämlich als eine wohl strukturierte Dokumentation von Standards und Regeln zum Gestalten und Betreiben von Arbeitssystemen. Dabei sind zwei Anforderungen zu erfüllen:

1. Vorhandene Wertschöpfungsstrategien (z. B. »Arbeitssysteme, in denen keine Kernkompetenzen zum Tragen kommen, möglichst durch Externe betreiben lassen«) sind zu adaptieren, indem sie im Rahmen des Produktionssystems detailliert und operationalisiert werden. Damit stellt man sicher, dass ein Produktionssystem Ausrichtungsregeln enthält, mit deren Hilfe die Wertschöpfungsstrategie des Unternehmens umzusetzen ist.

2. Die zu den Ressourcen und Funktionen formulierten Absichten aus den Wertschöpfungsstrategien sind eventuell anders zu gliedern, weil die Gliederungsstruktur von Produktionssystemen nach dem MTM-Konzept der Wertschöpfungskette des Unternehmens folgt. Diese Wertschöpfungskette ist jedoch eine Abstraktion, steht also für ein »durchschnittliches, unbestimmtes« Unternehmen. Das Produktionssystem eines Dienstleistungsunternehmens, z. B. eine Reparaturwerkstatt, unterscheidet sich grundlegend von dem eines Konsum- oder Investitionsgüterherstellers.[37] Aber auch zwischen einem Hersteller von Massenkonsumgütern und einem Automobilzulieferer bestehen gravierende Unterschiede, die sich in ihren Produktionssystemen ausprägen müssen.

Bis Mitte des vergangenen Jahrhunderts wurde das Produktivitätsmanagement durch den schon von Taylor propagierten Grundgedanken geprägt, analytische Lösungsmethoden auf gleichartige Problemstellungen anzuwenden. Wir bezeichnen das als den induktiven Lösungsansatz, und der wird bei einem Übergang von Einzel- auf Gruppenarbeit ebenso wie auf eine Verkürzung der Durchlaufzeit angewandt: Man identifiziert ein Problem, analysiert die Ursachen und entwirft einen Lösungsweg, den man für geeignet hält, diese abzustellen.

Ab Mitte des vergangenen Jahrhunderts wurden, zuerst in Japan, zunehmend Konzepte zu deduktiven Lösungsansätzen publiziert, denen generische Lösungsprinzipien zu Grunde lagen. Beispielsweise entstanden mit dem Lösungskonzept

---

36 Der Begriff »Produktionssystem« wird hier verwendet, weil er sich in der Praxis eingebürgert hat und nicht, weil er besonders sinnfällig ist. Der Produktionsbegriff steht nicht als Synonym für die Erstellung warenwirtschaftlicher Leistungen (Fertigung), sondern ganz allgemein für Leistungserstellung. Deshalb wäre der Begriff »Leistungserstellungssystem« eigentlich treffender.

37 Beispielsweise kommt in einer Retailbank das Prinzip der Auftragsbildung nur in vernachlässigbar wenigen Fällen zum Tragen, so dass es praktisch keine Rüstzeiten gibt. Es gibt ferner kein lagerhaltiges Produktionsmaterial, und die erstellten Leistungen können auch nicht gelagert werden, so dass gänzlich andere logistische Optionen als in der Warenwirtschaft bestehen.

SMED (= Single Minute Exchange of Die) standardisierte, auf nachvollziehbaren Prinzipien beruhende Regeln zur Minimierung von *Rüstzeiten*.[38]

Darin wird nicht mehr empfohlen, sich »auch mit Rüstvorgängen intensiv auseinander zu setzen« und die Notwendigkeit im Einzelfall mit Istzustands-Analysen zu begründen, sondern es wird

1. eine schlüssige Argumentation zur strategischen Bedeutung des Rüstens vorgelegt, und
2. es werden klare Handlungsanweisungen gegeben, wie man bei der Reduzierung von Rüstzeiten vorzugehen hat. MTM setzt an dieser Stelle das Konzept COE (Change Over Efficiency) ein, das sehr praxisorientiert dazu dient, den Rüstaufwand zeitlich, technisch und organisatorisch zu optimieren.

Die Argumentation lautet:

- Um die Kapitalbindung zu reduzieren, hat man Lagerhaltung zu vermeiden.
- Um Lagerhaltung zu vermeiden, hat man in kleinstmöglichen Losen zu fertigen.
- Um das wirtschaftlich verkraften zu können, sollte die Stückzeit nicht entscheidend länger als die Rüstzeit sein, im Idealfall dieser ungefähr entsprechen.[39]

Deshalb gilt als »Praktikerregel«, dass Rüstzeiten nicht im Stundenbereich, sondern im Minutenbereich liegen müssen. Dazu wird eine detaillierte Handlungsanweisung gegeben, nach der man das Thema Rüsten zu bearbeiten hat, z. B. wie internes durch externes Rüsten zu ersetzen ist. Bei den deduktiven Lösungsansätzen werden also »standardisierte Abstellungs-Lösungen« und keine »Problemerhellungsmethoden« angeboten. Letztere werden dadurch nicht überflüssig, aber es wird vermieden, dass sie auch dann noch angewandt werden, wenn nichts mehr zu analysieren, sondern nur noch zu gestalten ist.

Für mehr oder weniger geschlossene Sammlungen solcher deduktiven Standards und Regeln zum Gestalten und Betreiben von Arbeitssystemen hat sich der Begriff Produktionssystem durchgesetzt. Besonders verbreitet ist die Berücksichtigung verallgemeinerbarer Elemente, wie z. B.

- Gruppenarbeit,
- Kontinuierlicher Verbesserungsprozess,
- Total Quality Management,
- Zielvereinbarungsmanagement.[40]

In den neunziger Jahren haben, durch japanische Vorbilder animiert, zahlreiche deutsche Unternehmungen unternehmensspezifische Produktionssysteme entwickelt.

---

38 Vgl. z. B. Arai, K.: Kaizen für schnelles Umrüsten. Landsberg: Moderne Industrie, 1995.

39 Die Begründung dafür ist, dass die Rüstzeit die losgrößenfixen Kosten determiniert und die Stückzeit die losgrößenvariablen Kosten. Deshalb ist der Degressionseffekt bei den Stückkosten umso höher (oder: »führt Kleinlosigkeit zu Wettbewerbsverlusten«), je ungünstiger das Verhältnis von Rüstzeit zu Stückzeit und je geringer die Stückzahl ist.

40 Maßgebend beeinflusst sein dürfte das durch die Schrift von Shingo: Study of »Toyota« Production System from Industrial Engineering Viewpoint. Cambridge (USA): Productivity Press, S. 1989. Ferner: Ohno, T.: Das Toyota-Produktionssystem. Frankfurt: Campus, 1993.

2.3.2 Ganzheitliches Produktionssystem

Das *Ganzheitliche Produktionssystem* (GPS)[41] dient der Verfeinerung und Operationalisierung interner Strategien (Wertschöpfungsstrategien), indem es diese so weit konkretisiert, bis praktisch nützliche Standards und Regeln zum Gestalten und Betreiben von Arbeitssystemen entstanden sind.

1. Als Gestaltungsstandard wird eine auf gleich gelagerte Fälle übertragbare Musterlösung bezeichnet, z. B. eine standardisierte Werkstückaufnahme-Vorrichtung.
2. Als Gestaltungsregel bezeichnet man eine fachliche Regel, mit der Lösungs- oder Ausrichtungsprinzipien so darlegt werden, dass sie auf vergleichbare Fälle zu übertragen sind, z. B. Bedingungen, bei denen Mehrstellenarbeit zu praktizieren und wie die Stellenzahl zu bestimmen ist.[42]

Das GPS ist ein universelles Konzept, weil es einen fest vorgegebenen logischen Ordnungsrahmen hat. Innerhalb dieses Ordnungsrahmens können die Unternehmen jedoch beliebige Spezifikationen vornehmen. Der Inhalt *unternehmensspezifischer Produktionssysteme* ist nach drei Ordnungskriterien gegliedert: Funktionen, Ressourcen und Handlungsfelder. Das Produktionssystem soll eine Operationalisierung der Wertschöpfungsstrategie (vgl. Abbildung I-3) des Unternehmens sein, indem unter den

1. Funktionen die funktionalen Strategien,
2. Ressourcen die Ressourcenstrategien,
3. Handlungsfeldern die Erfolgsfaktoren und Kernkompetenzen

aufgenommen werden.

In Abbildung I-7 werden, den Phasen der *Wertschöpfungskette des Unternehmens* folgend, fünf Funktionen unterschieden.[43] Diese Betrachtung »an der Wertschöpfungskette entlang« wird auch als *Tryout-Konzept* bezeichnet.[44] Abbildung I-7 ist ferner zu entnehmen, dass das GPS, so bereits in Abbildung I-3 dargestellt, in die Geschäftsstrategie des Unternehmens integriert ist. Die Zielvorstellungen für die Funktionen resultieren aus dem Wertesystem, z. B. für die Entwicklungsphase aus

---

41 Zum GPS der Deutschen MTM-Vereinigung vgl. z. B. Deutsche MTM-Vereinigung, Hrsg.: Das Ganzheitliche Produktionssystem. Expertenwissen für neue Konzepte, Management-Leitfaden. Hamburg: Deutsche MTM-Vereinigung, 2001.
42 Die Gestaltungsregeln entsprechen dem, was man in der Wirtschaftsinformatik als Geschäftsregeln bezeichnet. Das sind aus Geschäftsstrategien, fachlichen Anforderungen oder Pflichtenheften, rechtlichen Anforderungen oder einfach nur als sinnvoll erachteten Restriktionen resultierende Beschreibungen, wie ein Unternehmen zu operieren und zu interagieren hat.
43 Das ist beim Toyota-Produktionssystem nicht der Fall. Zudem werden dort phasenübergreifende Prinzipien verwendet, wie z. B. Vermeidung von Verschwendung, die wir als Bestandteil der Geschäftsstrategie ansehen würden. Das zeigt, dass der Übergang von der Geschäftsstrategie zum Produktionssystem fließend ist und von Unternehmen zu Unternehmen auch ein wenig anders interpretiert wird.
44 In der Praxis werden beim Tryout-Konzept auch andere Funktionsschemata verwendet, z. B. die Kette »Entwicklung – Planung – Produktion« oder »Entwicklung – Beschaffung – Logistik – Produktion – Absatz«. In das Ordnungskriterium »Funktionen« des GPS kann für die Entwicklung unternehmensspezifischer Produktionssysteme jedes beliebige Funktionsschema eingestellt werden.

den Führungsgrundsätzen und aus jenen strategischen Erfolgsfaktoren, die deutliche Bezüge zur Entwicklungsphase haben, z. B. »Anteil Kunden co-finanzierter Entwicklungsprojekte«, »Zeitabstand zwischen Bauteilfreigabe, Null-Serie und SOP (Start of Production)«. Der folgenden Abbildung ist ferner zu entnehmen, dass den Funktionen Gestaltungsprinzipien zugewiesen werden, einschließlich der einzusetzenden Methoden und zugehörigen Werkzeuge. Bei dem in Abbildung I-7 dargestellten Funktionenschema sind die fünf Phasen wie folgt gekennzeichnet:

1. In der ersten Phase werden Absatzleistungen (Produkte, Erzeugnisse, aber auch Serviceleistungen) entwickelt.
2. Während noch die Absatzleistungen entwickelt werden, setzt – wenn man sich entschlossen hat, die Absatzleistung zu vermarkten – die Planung des Leistungserstellungsprozesses (Fertigungsplanung, Ablaufplanung) ein. Das zeigt, dass die Wertschöpfungskettenphasen nicht streng hintereinander, sondern überlappt ablaufen.
3. Dann folgt die dritte Phase, in der die Absatzleistung erstellt wird (laufende Fertigung, Herstellung). In vielen Unternehmen definiert man den Beginn dieser Phase mit dem SOP (Start of Production). Auch nach Beginn der dritten Phase fallen noch Aktivitäten aus der zweiten Phase an.
4. In der vierten Phase geht es um den Absatz, das kann vom Liefern im Kundenverbrauchstakt bis hin zum Lagerverkauf gehen.
5. Während der dritten Phase läuft bereits die fünfte Phase an, nämlich das Erbringen von Serviceleistungen (After Sales Service, Kundendienste), z. B. in Form von Kundenbetreuungen oder Wartungen.

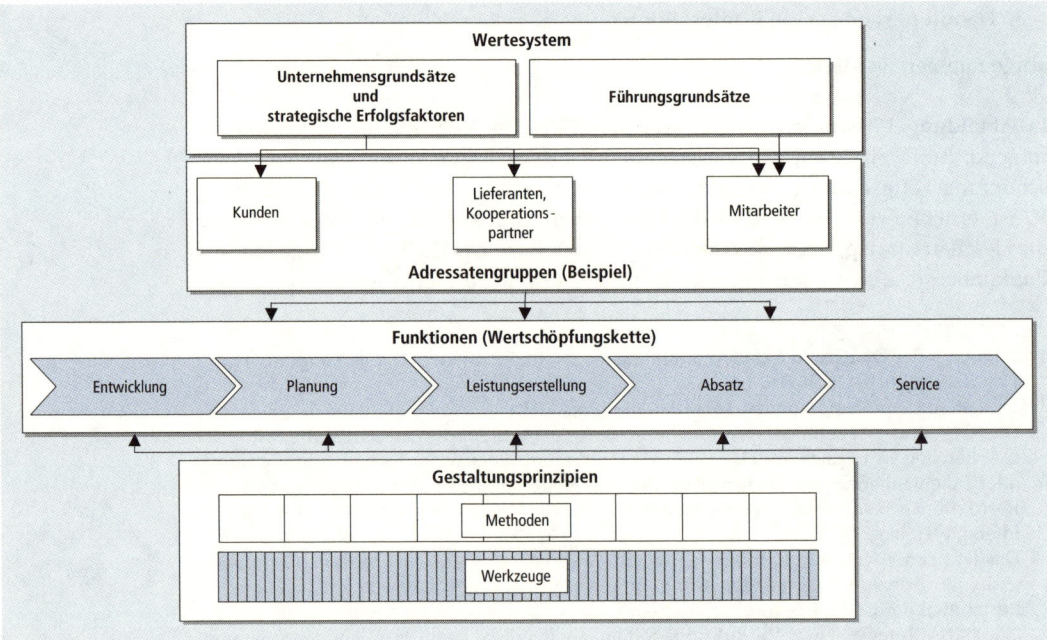

Abbildung I-7

An der Wertschöpfungskette orientierte Betrachtung der Funktionen beim GPS

Die auf die Funktionen angewandten Gestaltungsprinzipien sollten auf die *Kernkompetenzen* abgestimmt werden, und die formulierten Standards geeignet sein, die Entwicklung bzw. Erhaltung der Kernkompetenzen zu unterstützen, z. B. das in Abbildung I-6 angeführte »professionelle Management von Prozess-Schnittstellen«.

In Abbildung I-8 werden fünf *Ressourcen* unterschieden: Management, Mitarbeiter, Organisation/IT, Planung/Kontrolle und Sachmittel-Investment. Diesem Beispiel werden manche Unternehmen folgen, andere werden bei ihrem Produktionssystem davon abweichende Ressourcenstrukturen verwenden. Der Grundgedanke hierbei ist, dass man sich im betriebswirtschaftlichen Sinne an Produktionsfaktoren (Einsatzfaktoren) orientiert.

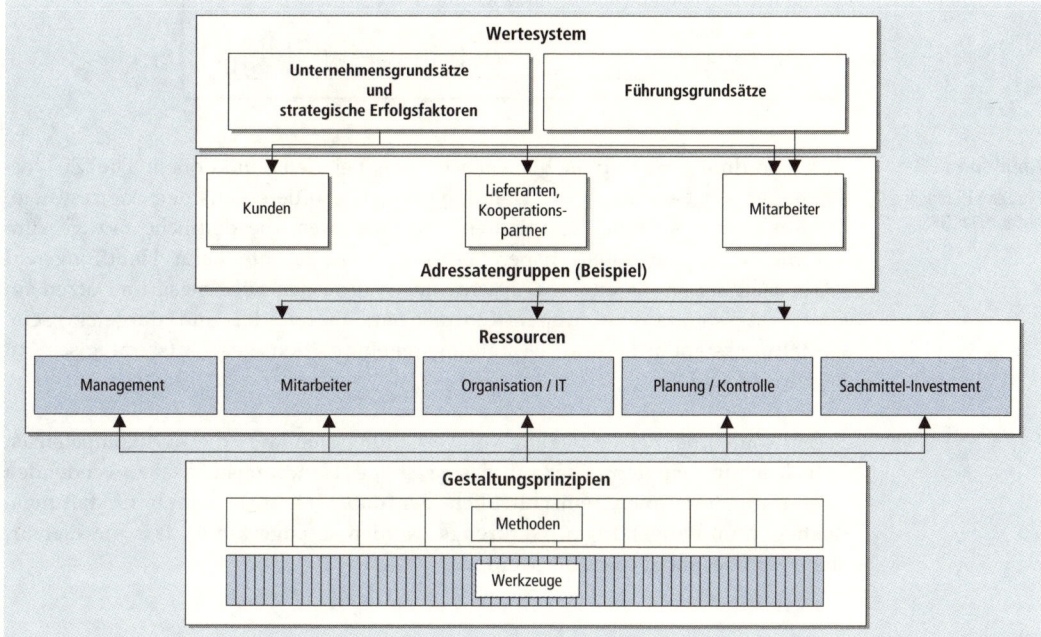

Abbildung I-8

Die Betrachtung der
Ressourcen beim GPS

In Abbildung I-9 werden die zehn *Handlungsfelder beim GPS* angeführt, die sich zur Entwicklung unternehmensspezifischer Produktionssysteme beliebig verändern und ergänzen lassen.

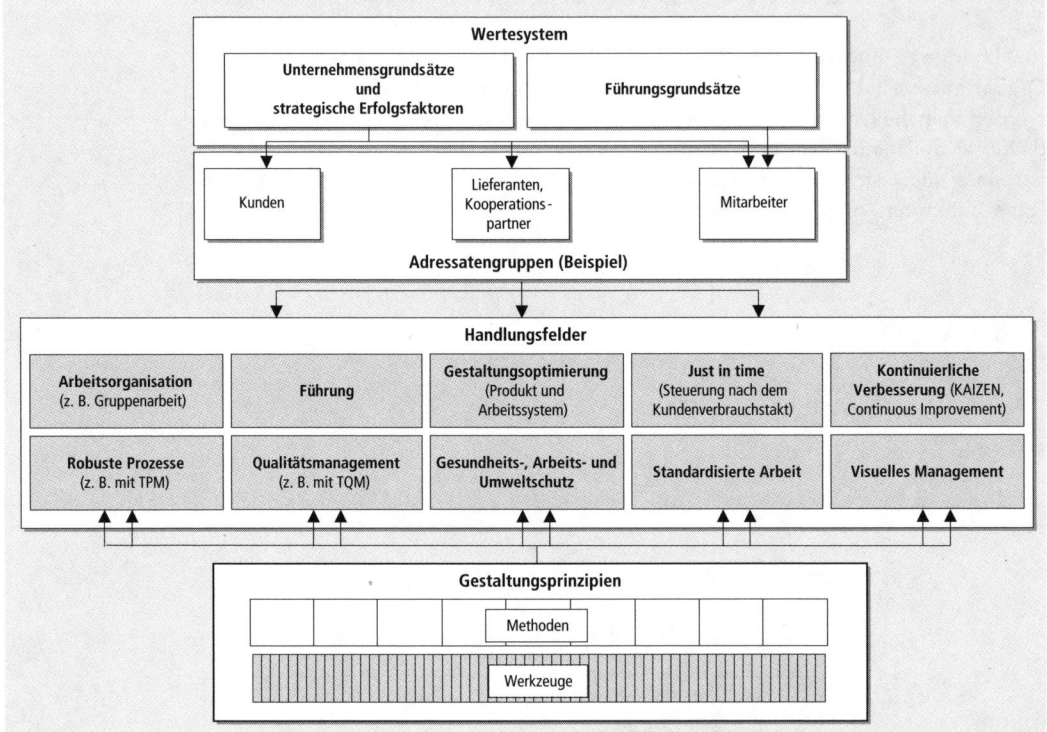

Abbildung I-9

Die zehn Handlungsfelder beim GPS

Das Zuordnungsprinzip ist das gleiche wie bei den Funktionen: Die Zielvorstellungen zur Gestaltung der Handlungsfelder resultieren aus dem Wertesystem, insbesondere aus jenen strategischen Erfolgsfaktoren, die deutliche Bezüge zum jeweiligen Handlungsfeld haben. Beispielsweise könnte beim Handlungsfeld »Arbeitsorganisation« aus den Unternehmens- und den Führungsgrundsätzen ein Gestaltungsstandard »Gruppen-Kontraktlohn« begründet und dargelegt sein. Gestaltungsstandards und Gestaltungsregeln sollten geschäftsstrategisch zu begründen sein.

Ferner sollten bei der Festlegung von Gestaltungsstandards die Kernkompetenzen berücksichtigt werden. Die auf das jeweilige Handlungsfeld anzuwendenden Gestaltungsprinzipien, einschließlich der dabei einzusetzenden Gestaltungsmethoden und zugehörigen Werkzeuge, werden so angewandt, dass die Zielvorstellungen bestmöglich erfüllt werden.

In Abbildung I-10 werden für Methoden und auch für Werkzeuge einige Beispiele angeführt, um die jeweilige Ebene im Produktionssystem zu illustrieren.

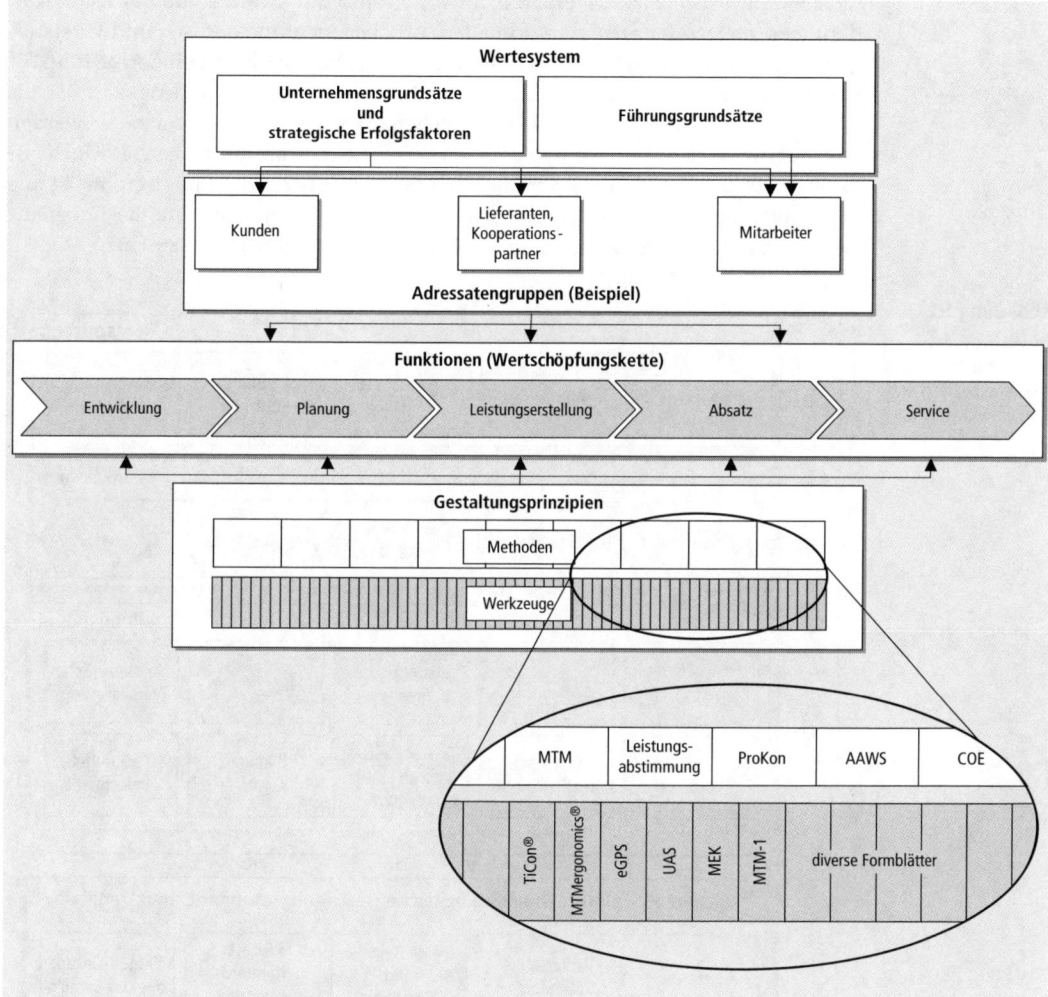

Eine Aufstellung der 50 am häufigsten angewandten Methoden ist 2003 im Wirtschaftsverlag Bachem, Köln, unter dem Titel »Methodensammlung zur Unternehmens-Prozess-Optimierung« erschienen. Die Darstellung der Methoden in dieser Publikation folgt dabei einem einheitlichen Raster, wodurch die Bewertung und Auswahl für den Praktiker erleichtert wird.

Abbildung I-10

Beispiele für Methoden und Werkzeuge

2.3.3 Unternehmensspezifische Produktionssysteme

Ebenso wie Strategien entstehen auch Produktionssysteme in den Unternehmen nicht »am grünen Tisch«, werden nicht von Grund auf erfunden und erdacht, sondern sind mehr oder weniger vorhanden, oft aber nicht methodisch und verständlich dargelegt und so nur eingeschränkt nützlich. Das GPS liefert eine Anleitung für das Entwickeln eines unternehmensspezifischen Ordnungsrahmens und ist als grundsätzliches Lösungsmuster zu verstehen. Mit diesem Lösungsmuster werden *unternehmensspezifische* Konfigurationen und Ausgestaltungen von *Produktionssystemen* unterstützt. Ziel jeder unternehmensspezifischen Konfiguration ist die Festlegung genau jener Gestaltungsstandards und -regeln, die eine bestmögliche Umsetzung der Wertschöpfungsstrategien des Unternehmens versprechen.

Abbildung I-11

Prinzip der Entwicklung unternehmensspezifischer Produktionssysteme

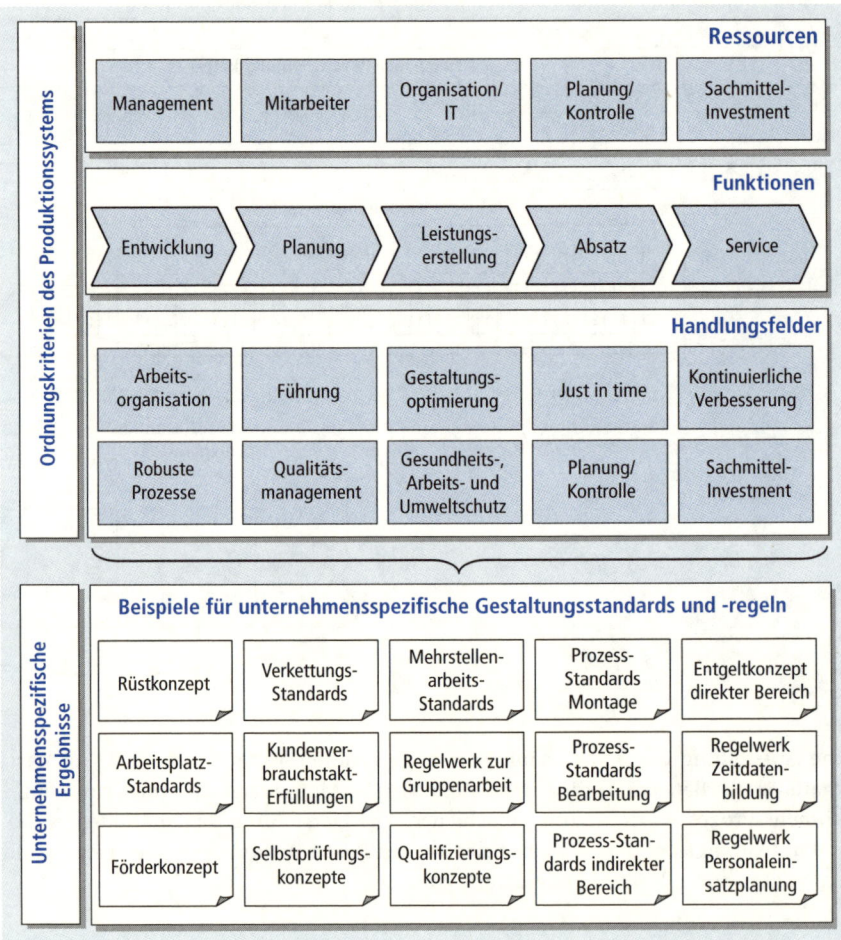

Unternehmensspezifische Produktionssysteme bestehen typischerweise aus zwei Grundelementen (vgl. Abbildung I-11):

1. *Gestaltungsstandards* (Lösungsstandards, auf gleich gelagerte Fälle übertragbare Musterlösungen, z. B. für alle Werke verbindliche Werkstückträger für eine Teilemontage), in denen man so genannte »Best in class-Lösungen« festlegt. Diese sind jedermann zugänglich, werden permanent weiterentwickelt und dokumentiert, weil man nur so unternehmensweit zu Bestlösungen gelangt.

2. *Gestaltungsregeln* (auf vergleichbare Fälle übertragbare Lösungs- oder Ausrichtungsprinzipien z. B. zur Erfolgskontrolle von Gestaltungsstandards oder nach welchen Grundsätzen man sich an Kundenverbrauchstakte anpasst), mit denen man die Verwendung unternehmenseinheitlicher Arbeits- und Verfahrensprinzipien erreichen will. Die meisten Regeln werden als Konzepte erarbeitet und liegen dann bei Veröffentlichung des Produktionssystems als Empfehlungen und Anwendungsmuster vor.

Das Konzept des GPS soll dabei als Leitlinie dienen und die Systematisierung des Entwicklungsprozesses unterstützen.

Die Erfahrungen mit unternehmensspezifischen Produktionssystemen zeigen, dass es meist um einen Balanceakt geht, bei dem man

- einerseits versucht, Gestaltungsstandards und -regeln verständlich und nutzungsfreundlich darzulegen, um eine hohe Akzeptanz zu schaffen, aber
- andererseits zu vermeiden versucht, diese Darlegung zu einem Lehrbuch ausufern zu lassen.

2.3.4 Schlussfolgerungen

Je größer Unternehmungen sind und an je mehr Standorten sie agieren, desto notwendiger ist es, Bestlösungen zu entwickeln und diese nach dem Schneeballprinzip unternehmensweit einzusetzen. Dabei geht es nicht darum, durch Zentralismus dezentrale Engagements und Ideen einzuengen oder ungute Gleichmacherei zu betreiben. Vielmehr geht es darum, sicherzustellen, dass einheitliche Grundsätze und Prinzipien sowie Lösungsstandards immer dann angewandt werden, wenn damit nachweislich Verbesserungen erzielt werden. Insofern sind Produktionssysteme auch Unterstützungsinstrumente für das Betreiben kontinuierlicher Verbesserungsprozesse nach dem Benchmarking-Prinzip.

Im vorhergehenden Abschnitt haben wir dargelegt, was wir unter einer Geschäftsstrategie verstehen. In diesem Abschnitt wurde gezeigt, wie man die Geschäftsstrategie aufnehmen und ihren internen Teil präzisieren, konkretisieren und damit zum Produktionssystem gelangen kann. Produktionssysteme sind umso nützlicher, je stringenter mit ihnen die Geschäftsstrategie umgesetzt wird. Im folgenden Abschnitt zeigen wir, was Arbeitssysteme sind und inwieweit man beim Management von Arbeitssystemen auf das Produktionssystem zurückgreifen kann.

2.4 Arbeitssystem und Prozess

2.4.1 Überblick

Unter einem *Arbeitssystem* wird ein Beschreibungsmodell für den Vollzug menschlicher Arbeitshandlungen verstanden. Mit Modellen arbeiten heißt,

1. sich auf das vermutlich Wesentlichste beschränken, weil tagesgeschäftliche Arbeitshandlungen so komplex sind, dass man sie real gar nicht beschreiben könnte. Man nimmt Informationsverluste durch bewusste Vereinfachungen der Realität hin, indem nur eine gefilterte Teilmenge dieser Realität abgebildet wird.
2. zu akzeptieren, dass bei einer vollständigen Beschreibung menschlicher Arbeitshandlungen die meisten Informationen keinen nennenswerten Informationswert hätten. Man verzichtet also auch deshalb auf die Abbildung der Realität, weil nur ein »wohlüberlegt gefilterter Extrakt« daraus benötigt wird.

Die bewussten Vereinfachungen eines Modells gegenüber der Realität werden mit dem Begriff »ceteris paribus«[45] belegt, womit man darauf hinweisen will, dass im Modell bestimmte Sachverhalte unberücksichtigt bleiben und damit aus der Betrachtung ausgeschlossen sind. Diese Sachverhalte könnten im Einzelfall zwar eine Rolle spielen, man hält sie jedoch generell für vernachlässigbar. In den folgenden Abschnitten wird erläutert, was ein Arbeitssystem ist und wie es beschrieben wird. Dann wird dargelegt, was ein (Arbeits-) Prozess ist und welche begrifflichen Zusammenhänge zwischen dem Arbeitssystem und dem Prozess bestehen.

2.4.2 Arbeitssystemmodell

Der Begriff des Arbeitssystems wurde 1984 in die Normung (vgl. DIN 33400, 1984) übernommen. Arbeitssysteme werden mit Hilfe der sieben, Abbildung I-12 zu entnehmenden, Bestimmungsgrößen (Determinanten) beschrieben:[46]

1. *Aufgabe:* Aufforderung an eine Ressource, Aktionen auszuführen, die der Zielerreichung dienen. Aufgaben kennzeichnen den Zweck eines Arbeitssystems.
2. *Eingabe oder Input:* Arbeitsvoraussetzungen in Form von Arbeitsobjekten, Informationen, Energie, die in das Arbeitssystem gelangen und dort im Sinne der Aufgabe verändert oder verwendet werden.
3. *Mensch:* Jene Ressource, die Aktionen in Form von Arbeitshandlungen vollzieht. Da dem Menschen oder dem Arbeits-/Sachmittel Aufgaben zugewiesen werden, bezeichnet man sie auch als Aufgabenträger.
4. *Arbeits- oder Sachmittel:* Jene Ressource, die Aktionen in Form technischer Operationen vollzieht.
5. *Ablauf:* Das räumliche und zeitliche Zusammenwirken beider Ressourcen, bei dem diese die Eingabe in die Ausgabe transformieren. Die Handlungen des Menschen bzw. die technischen Operationen des Arbeits-/Sachmittels werden an Arbeitsobjekten vollzogen.

---

45 Lateinisch: »unter sonst gleichen Bedingungen«.
46 Vgl. ENV 26385: Ergonomic principles of the design of work systems, 1990.

6. *Ausgabe oder Output:* Arbeitsergebnisse in Form von Arbeitsobjekten, Informationen, Energie, Abfällen, die aufgabengemäß verändert, verwendet oder erstellt werden.

7. *Umwelt:* Physikalische, chemische, biologische, aber auch organisatorische und soziale Wirkungsgrößen, die das Systemverhalten und die Eigenschaften der Bestimmungsgrößen, insbesondere der beiden Ressourcen, beeinflussen.

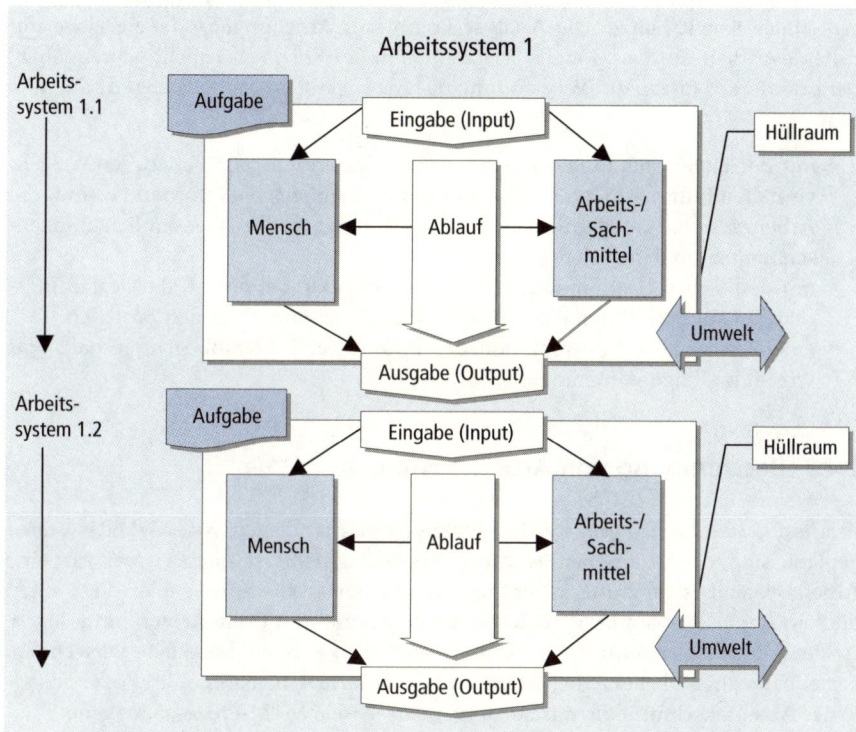

Abbildung I-12

Das Beschreibungsmodell Arbeitssystem

In Abbildung I-12 ist das Arbeitssystem als statisches Modell, d. h. ohne Regelungsbeziehungen, dargestellt. Dem sind fünf wesentliche Sachverhalte zu entnehmen:[47]

1. Arbeitssysteme können in Subsysteme deduziert werden, und zwar hierarchisch (z. B. als Fließmontageprozess, der aus mehreren Montageoperationen besteht) oder nicht-hierarchisch (z. B. als Gruppenprozess, der aus dem Zusammenwirken mehrerer Gruppenmitglieder entsteht).

2. Mit dem Hüllraum, der Abgrenzung des Arbeitssystems, werden drei Schnittstellen festgelegt, die Eingabe (Input) in das Systeminnere, die daraus herausgehende Ausgabe (Output) sowie die aus dem Hüllraum nach außen und von außen in den Hüllraum hineinwirkenden Umwelteinflüsse.

3. Es gibt zwei *Ressourcen:* Menschen und Arbeits-/Sachmittel. Manche betrachten das Arbeitsobjekt zudem als passive Bestimmungsgröße.

---

47 Vgl. Bokranz, R. und Landau, K.: Einführung in die Arbeitswissenschaft. Analyse und Gestaltung von Arbeitssystemen, Stuttgart: Ulmer, 1991, S. 35 f.

4. Die Arbeitssystem-Struktur wird durch die Beziehungen zwischen der Eingabe, den Ressourcen und der Ausgabe gebildet.
5. Die Eingabe-Ausgabe-Transformation wird in Form des Ablaufs beschrieben.

Mit Hilfe des Arbeitssystem-Modells sind beliebig komplexe Arbeitsprozesse zu beschreiben, die an einem Arbeitsplatz aber auch über mehrere Arbeitsplätze vollzogen werden, wie dem in Abbildung I-13 angeführten Beispiel zu entnehmen ist. In der Praxis dient es überwiegend der Beschreibung von Prozessen einzelner oder verketteter Arbeitsplätze. Die Analyse komplexer Abteilungen oder Bereiche mit Hilfe des Arbeitssystem-Modells ist möglich, in der Praxis aber nicht gebräuchlich. Der praktische Nutzen der Verwendung des Arbeitssystem-Modells liegt darin, dass man

- mit der Unterscheidung nach den sieben Bestimmungsgrößen zu jenen Sachverhalten Informationen beschafft und dokumentiert, die erforderlich sind, um Arbeitssysteme verständlich zu beschreiben, sie nach ihren wesentlichen Eigenschaften zu inventarisieren.
- mit den sieben Bestimmungsgrößen jene Aspekte betrachtet, die gestaltungsrelevant sind. Zu ihnen identifizierte Mängel lassen sich gezielt abstellen.
- eine anschauliche Interpretation des Prozess- und Ablaufbegriffs erhält, was wir in der Folge vornehmen.

2.4.3 Beschreibung von Arbeitssystemen

Arbeitssystembeschreibungen werden erstellt, um darzulegen, wie Arbeitssysteme geplant sind oder betrieben werden. Abbildung I-13 ist ein Beispiel für eine Arbeitssystembeschreibung zu entnehmen. In der Praxis würde man diese nicht bildhaft darstellen, sondern tabellarisch anlegen und mit Dokumenten hinterlegen. Anstelle der hier angeführten Eingabe würde man z. B. die Stückliste verwenden, anstelle der angeführten Arbeitsmittel die detaillierte Arbeitsmittelliste oder anstelle der Ablaufabschnitte die mit Sollzeiten versehenen MTM-Prozessbausteine.

Im linken Bildteil wird der Überblick über das Arbeitssystem »Front-End-Modul-Montage« gegeben. Im rechten Bildteil wird gezeigt, wie dieses in Subsysteme aufzulösen ist, indem auf das beim vierten Ablaufschritt vorliegende Sub-Arbeitssystem »gezoomt« wird, die »Radiator- und Kondensator-Vormontage«.

Die zum Arbeitssystem gegebenen Informationen sind grob, wenn man eine Überschau wählt. Sie werden immer detaillierter, je weiter man sich in Subsysteme hinunter zoomt. Dieses Prinzip ist zweckmäßig, weil z. B. bei der Betrachtung der gesamten Front-End-Modul-Montage nur interessiert, dass pro Schicht acht Personen (ohne Springer) benötigt werden, nicht jedoch, unter welchen Rahmenbedingungen der Radiator aus dem Anstellbehälter entnommen wird. Das könnte dagegen interessieren, wenn man das Subsystem »Radiator und Kondensator vormontieren« betrachtet. Gleichgültig, welche Betrachtungsebene man wählt: mit der Beschreibung nach den sieben Bestimmungsgrößen liegt stets das gleiche Beschreibungskonzept vor. Es ist zudem gewährleistet, dass nur das beschrieben wird, was notwendig und nützlich ist.

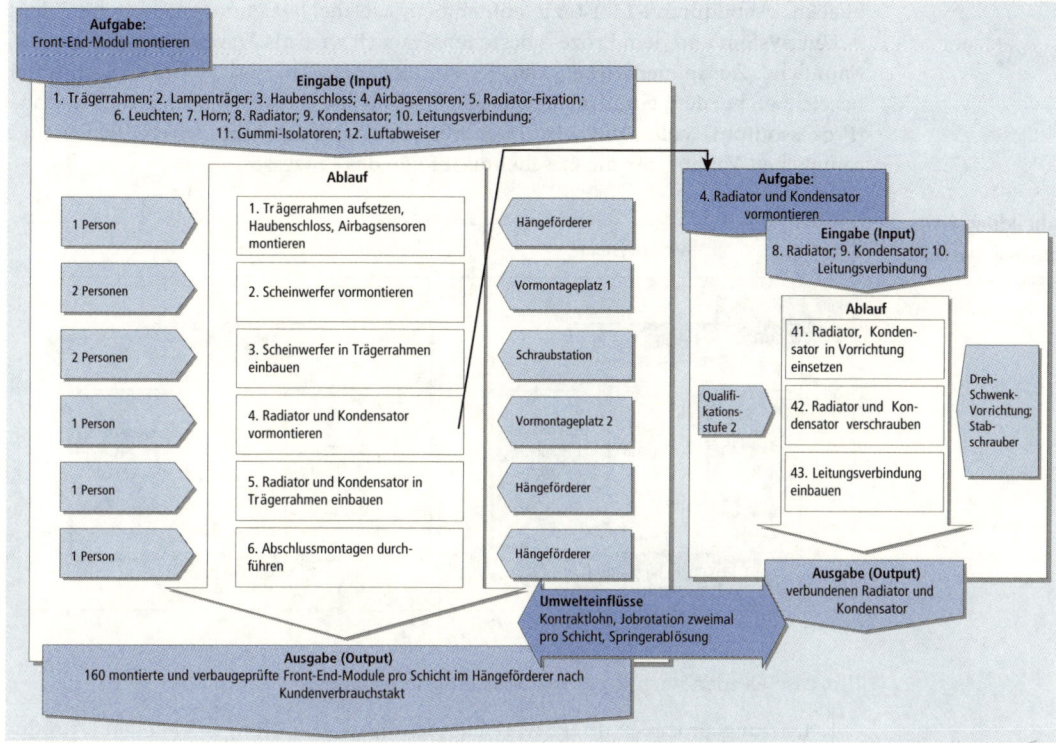

Abbildung I-13

Beispiel für eine Arbeitssystem-Beschreibung

Der Zweck von Arbeitssystembeschreibungen liegt in erster Linie darin, zu dokumentieren, unter welchen Rahmenbedingungen gearbeitet werden sollte. Wenn man Arbeitssysteme managen will, bedarf es konkreter Vorstellungen, wie man sich deren grundsätzliches Funktionieren vorstellt. Ein dafür taugliches Beschreibungskonzept ist das Arbeitssystem-Modell.

2.4.4 Prozess

Der *Prozessbegriff* wird von Vertretern verschiedener Fachdisziplinen verwendet, was zur Folge hat, dass dazu kein einheitliches Begriffsverständnis vorliegt.[48] Allerdings ist das hier vertretene Konzept verbreitet. Den Begriffen Arbeitsprozess und Geschäftsprozess liegt meist kein anderes Grundverständnis als dem Begriff Prozess zugrunde.

Teilweise werden auch die Begriffe Prozess und Ablauf synonym verwandt. Dem folgen wir nicht, um konform zu den Begriffen des Arbeitssystem-Modells zu

---

48 Die z. B. einem Informatiker, einem Psychologen oder einem Controller vorliegenden Problemstellungen sind andere als die eines Arbeitswirtschaftlers, weil diese anderen Erkenntnisobjekten verpflichtet sind.

bleiben. Abbildung I-14 ist zu entnehmen, welche Beziehungen zwischen dem Arbeitssystem und dem Prozess bestehen. Danach wird als *Prozess* das zeitliche und räumliche Zusammenwirken der Ressourcen Mensch und Arbeits-/Sachmittel bezeichnet, bei dem eine Transformation der Eingabe (Prozessinput) in die Ausgabe (Prozessoutput) vollzogen wird. Der Begriff *Ablauf* steht für den zeitlichen und räumlichen Verlauf, für die Geschehnisabfolge des Prozesses.

Abbildung I-14
Arbeitssystem und Prozess

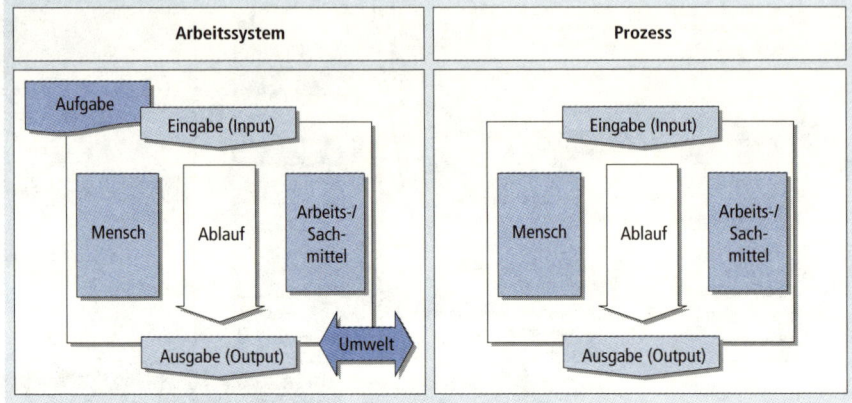

Prozesse werden nach drei Prozessarten unterschieden:

1. Leistungsprozesse: direkt wertschöpfend, Absatzleistungen erstellend, produzierend.
2. Unterstützungsprozesse: den Leistungsprozessen zuarbeitend.
3. Führungsprozesse: die Leistungs- und Unterstützungsprozesse managend.[49]

Häufig werden auch die Begriffe Kernprozess und erfolgskritischer Prozess verwendet. Als *Kernprozess* wird ein Prozess bezeichnet, in dem sich die Kernkompetenzen (vgl. Abschnitt 2.2.4) eines Unternehmens ausprägen. *Erfolgskritisch* ist ein *Prozess* dann, wenn er für den Erfolg eines Unternehmens entscheidend ist, weil davon kritische, maßgebende Erfolgsfaktoren berührt werden.[50] Nicht jeder Leistungsprozess ist auch ein Kernprozess und nicht jeder Kernprozess auch ein erfolgskritischer Prozess. Im Idealfall sollten die erfolgskritischen Prozesse auch Kernprozesse sein. Bei der Prozessgestaltung ist es zweckmäßig, das Hauptaugenmerk auf die Kernprozesse und die erfolgskritischen Prozesse zu richten.

---

49 Dabei werden auch andere Typisierungsbegriffe verwendet. Beispielsweise werden Unterstützungsprozesse auch als Supportprozesse oder Leistungsprozesse auch als Wertschöpfungsprozesse bezeichnet.
50 Vgl. Bokranz, R.; Kasten, L.: Organisations-Management in Dienstleistung und Verwaltung. Gestaltungsfelder, Instrumente und Konzepte, 4. Aufl., Wiesbaden: Gabler, 2003, S. 233 f.

2.4.5 Management von Arbeitssystemen

Im Abschnitt 1 wurden die wichtigsten Managementaufgaben ausgewiesen und unter Management der »effektive Einsatz von Ressourcen zum Erzielen beabsichtigter Ergebnisse« verstanden. In Anlehnung an die beiden dort angeführten Vorschläge zur Definition von Managementaufgaben sind der folgenden Abbildung vier Aufgaben zum *Management von Arbeitssystemen*[51] zu entnehmen. Die allgemeinen Managementaufgaben »Entscheiden« und »Konflikte lösen« werden nicht besonders benannt, weil sie bei jeder der vier berücksichtigten Managementaufgaben vorkommen.

Arbeitssysteme sind über alle Phasen (Funktionen) des Produktionssystems zu betrachten (vgl. Abbildung I-7). Sie können im F&E-Bereich (1. Phase), in der Betriebsmittelplanung (2. Phase), in der Montage (3. Phase), im Vertrieb (4. Phase) oder im Kundendienst (5. Phase) angesiedelt sein. Dabei besteht unter dem Gesichtspunkt des Arbeitssystemmanagements kein nennenswerter Unterschied zwischen einem Arbeitssystem »CAD-Gruppe« und einem Arbeitssystem »Kundendienstmonteur-Team«.

Zu den *Managementaufgaben* werden in Abbildung I-15 beispielhaft wichtige Teilaufgaben angeführt und Handlungsempfehlungen gegeben, um zu verdeutlichen, was darunter subsumiert wird.

1. Beim *Zielmanagement* geht es um das Kreieren und Verwenden von Erfolgsfaktoren und Zielen, um das methodische Feedback und um Belohnungen[52]. Hierzu zählen z. B. auch Themen wie Zeitstandards, Verbesserungsideen oder ergebnisbezogenes Entgelt. Mit anderen Worten: es geht hier um die Festlegung, wo man hin will. Das Zielmanagement wird im Abschnitt 3.2 erläutert.
2. Beim *Ergebniscontrolling* geht es um die Steuerung des Arbeitssystems mit Hilfe eines Regelkreiskonzepts, aufbauend auf den beim Zielmanagement erarbeiteten Grundlagen. Mit anderen Worten: es geht hier um das systematische Entdecken von Veränderungs- und Anpassungsnotwendigkeiten. Das wird im Abschnitt 3.3 erläutert. Das Ergebniscontrolling wird instrumentell durch das MTM-Prozessbausteinsystem unterstützt.
3. Beim *Gestaltungs- und Organisationsmanagement* geht es im Schwerpunkt um die Entwicklung und das Betreiben effektiver und effizienter Arbeitssysteme. Mit anderen Worten: es geht hier um den klassischen Ansatz der Anpassung der Arbeit an den Menschen. Das wird im Abschnitt 3.4 erläutert.

---

51 Beim Management von Arbeitssystemen ist zuerst zu klären, welche Komplexität dabei unterstellt wird, denn man könnte auch einen ganzen Betrieb als Arbeitssystem betrachten. Wir unterstellen hier, dass es sich um Einzelarbeitsplätze, verkettete Einzelplätze sowie um Arbeitsgruppen, aber nicht um Organisationseinheiten einer Größenordnung handelt, die als Abteilungen oder Bereiche bezeichnet werden.

52 Das muss keine monetäre Belohnung sein. Lob und Anerkennung werden in diesem Sinne auch als Belohnung verstanden. Es geht hier also nicht um die Art der Belohnung, sondern darum, dass diese in irgendeiner Weise erfolgt.

4. Bei der *Personalentwicklung* geht es um die Qualifizierung der Mitarbeiter und ihrer Vorgesetzten. Mit anderen Worten: es geht – in Ergänzung zum Gestaltungs- und Organisationsmanagement – um die Anpassung des Menschen an die Arbeit.

Abbildung I-15

Die vier Hauptaufgaben zum Management von Arbeitssystemen

Managementaufgaben und Handlungsempfehlungen (Beispiele)

1. Zielmanagement:	Ziele vorgeben, Kontrakte schließen, Zielerfüllung kontrollieren, Feedback geben, belohnen (Zweck: erfolgsorientierte Führung)

- relevante, nicht zu viele, möglichst quantifizierbare Erfolgsfaktoren bestimmen, insbesondere solche, deren Zielerfüllung kurzfristig zu beurteilen ist
- hierarchische Beziehungen der Erfolgsfaktoren aufzeigen
- Ziele finanzieller, kundenbezogener und organisatorischer Erfolgsfaktoren vorgeben, Ziele personaler Erfolgsfaktoren (z. B. Wissen, Verhalten) vereinbaren
- mit der Vorgabe bzw. Vereinbarung von Zielen auch Belohnungen festlegen
- Erfolgsfaktoren so langfristig wie möglich festlegen – Ziele um so kurzfristiger festlegen, je kurzfristiger sie zu erreichen sind
- Erfolgsfaktoren und zugehörige Ziele stets schriftlich festlegen
- Feedback so kurzfristig wie möglich geben – Belohnungen so schnell wie möglich auf Feedback-Informationen folgen lassen

2. Ergebniscontrolling:	Ergebnisse der Arbeitssysteme zu deren Steuerung verwenden (Zweck: permanente Verbesserung der Produktivität)

- permanent prüfen, ob vorgegebene Freiräume richtig genutzt werden
- den Betreibern permanent vermitteln, dass Risikobeherrschung vor persönlichen Befindlichkeiten rangiert
- sicherstellen, dass ein Ergebnis- und kein Personalcontrolling betrieben wird
- aus Kostengründen zwar Minimalprüfungen, aber stets persönliche Inaugenscheinnahme sicherstellen
- Eingriffe in Arbeitssysteme nur dann zulassen, wenn bei Anwendung des Regelkreis-Konzepts die Notwendigkeit begründet wird

3. Gestaltungs- und Organisationsmanagement:	effektive und effiziente Leistungserstellung durch Gestaltung und Organisation erreichen (Zweck: Anpassung der Arbeit an den Menschen)

- Arbeitssysteme an Kundenanforderungen, rechtlichen Anforderungen und Produktionssystem-Standards und -Regeln ausrichten
- Revisionen vorsehen, um dauerhafte Effektivität und Effizienz zu sichern
- Arbeitssysteme auf Notfall- und Eskalationsszenarien einstellen
- aus vielen Abstimmungsnotwendigkeiten gestalterische Schwachpunkte identifizieren
- vergleichbare Arbeitssysteme Benchmarkings unterziehen

4. Personalentwicklung:	in den Arbeitssystemen tätige Personen qualifizieren (Zweck: Anpassung des Menschen an die Arbeit)

- sicherstellen, dass für die in den Arbeitssystemen tätigen Personen klare Aufgabenstellungen vorliegen
- Aufgaben stellen, welche die Chance bieten, ein wichtiges Ergebnis zu erbringen und zu verantworten
- sicherstellen, dass die Betreiber im Zweifelsfall eher ihre Stärken nutzen können, als gegen ihre Schwächen vorgehen zu müssen
- sicherstellen, dass in den Arbeitssystemen involvierte oder für diese zuständige Vorgesetzte Fachkompetenz genießen und charakterlich integer sind

Zwischen dem Ergebniscontrolling und dem Zielmanagement bestehen enge Beziehungen, weil man Erfolgsfaktoren und Ziele nicht losgelöst von wichtigen Ergebnissen vorgeben oder vereinbaren wird. Zusammenhänge bestehen aber auch zwischen dem Ziel- sowie dem Gestaltungs- und Organisationsmanagement, weil gestalterische Festlegungen und organisatorische Regelungen das Erreichen wichtiger Ziele unterstützen müssen. Ferner bestehen zwischen dem Ergebniscontrolling und der Personalentwicklung Zusammenhänge, weil Fördermaßnahmen sowohl personen- als auch ergebnisförderlich sein müssen. Zwischen den vier Aufgaben beim Management von Arbeitssystemen bestehen also vielfältige und wechselseitige Zusammenhänge.

2.4.6 Schlussfolgerungen

Will man Arbeitsprozesse bzw. den Vollzug menschlicher Arbeit im Betrieb beschreiben, verwendet man als standardisiertes Beschreibungsinstrument das Arbeitssystem-Modell. Mit Hilfe dieses Beschreibungsmodells wird dokumentiert, wie gearbeitet werden soll.

Bei allen Phasen der Produktion (vgl. Abbildung I-7) bedeutet Arbeitssystemmanagement, dass geplante bzw. bereits betriebene Arbeitssysteme durch professionelle Gestaltung und Organisation sowie effektiven und effizienten Ressourceneinsatz (Mensch und Arbeits-/Sachmittel) höchst wirksam werden. Dabei sollte man sich auf vier Managementaufgaben konzentrieren, indem man Zielmanagement und Ergebniscontrolling praktiziert, Gestaltungs- und Organisationsmanagement betreibt und die in den Arbeitssystemen tätigen Menschen fördert.

Im folgenden Kapitel werden hauptsächlich zwei Aspekte beleuchtet:

1. was im Rahmen dieser vier Managementaufgaben zu beachten und
2. wie beim MTM-Konzept das Produktivitätsmanagement von Arbeitssystemen zu betreiben ist.

3 Produktivitätsmanagement von Arbeitssystemen

3.1 Überblick

In den folgenden Abschnitten wird das MTM-Konzept des Produktivitätsmanagements von Arbeitssystemen erläutert. Während im vorigen Kapitel die beim Arbeitssystemmanagement zu erfüllenden Aufgaben beschrieben wurden, wird in diesem Kapitel diskutiert, welche Einflussnahmemöglichkeiten dabei auf die Produktivität bestehen.

Wenn wir Zielmanagement und Ergebniscontrolling, Gestaltungs- und Organisationsmanagement sowie Personalentwicklung unter das Primat der Produktivität stellen, verkennen wir nicht die herausragende Bedeutung insbesondere eines zweiten Aspekts, des Qualitätsmanagements. Produktivität und Qualität stehen in einer symbiotischen Beziehung, und keinem gebührt der Vorrang. Wenn Qualität beim MTM-Konzept des Produktivitätsmanagements nur am Rande behandelt wird, so deshalb, weil es zum Qualitätsaspekt bewährte Konzepte gibt, z. B. die der DGQ oder der EFQM[53].

In dem in Abbildung I-1 angeführten Erklärungsmodell für die Produktivität werden die relevanten Einflussfaktoren auf die Produktivität dargelegt. Die drei ausschließlich auf den Output, das Arbeitsergebnis, gerichteten Faktoren liegen außerhalb des Aufgaben- und Einflussnahmespektrums eines Arbeitssystemmanagements. Das gilt auch für die beiden auf den Input »Material« gerichteten Faktoren. Von den fünf auf den Output und Input gerichteten Einflussfaktoren ist nur die Produktionsorganisation relevant.[54] Somit verbleiben von den 15 in Abbildung I-1 angeführten Einflussfaktoren des Erklärungsmodells für das *Produktivitätsmanagement von Arbeitssystemen* sechs Einflussfaktoren:

1. Leistungsfähigkeit und -bereitschaft des Personals,
2. Personalbestand und -qualifikation,
3. personalbezogene Aspekte der Organisation,
4. Leistungsfähigkeit und -bereitschaft der Anlagen,
5. Altersstruktur der Anlagen, Stand der Technik, Prozessfähigkeit,
6. Produktionsorganisation.

Beim Produktivitätsmanagement von Arbeitssystemen geht es um zwei Ansätze:

1. Förderung des Arbeitsergebnisses (der Arbeitssystemausgabe, des Outputs).[55] Das geschieht, indem die anderen sechs Bestimmungsgrößen (vgl. die sechs Spalten in Abbildung I-16) gestaltet, unterstützt und gefördert werden.

---

53 DGQ: Deutsche Gesellschaft für Qualität e. V., Frankfurt. EFQM: European Foundation for Quality Management, Brüssel.
54 Dabei wird vernachlässigt, dass beim Management von Arbeitssystemen auch logistische und informationstechnische Aspekte zu berücksichtigen sind. Nur bilden sie keinen Schwerpunkt, und es gibt andere Konzepte, bei denen diese Aspekte den Schwerpunkt bilden.
55 Der Output des Arbeitssystems repräsentiert die im Zähler der Produktivitätsgleichung stehende Größe, vgl. Abschnitt 3.2.2.

2. Förderung der Wirksamkeit des Arbeitssystems durch Gestaltung, Organisation, Förderung von Aufgabe, Eingabe (Input), Menschen (Personal), Arbeits-/Sachmittel, Ablauf und Umwelteinflüssen.[56]

		Einflussnahme auf die Bestimmungsgrößen des Arbeitssystems					
		Aufgabe	Eingabe	Mensch	Arbeits-/Sachmittel	Ablauf	Umwelt
Einflussfaktoren auf die Produktivität	04. Leistungsfähigkeit und -bereitschaft des Personals						
	05. Personalbestand und -qualifikation						
	06. Personalbezogene Aspekte der Organisation						
	07. Leistungsfähigkeit und -bereitschaft der Anlagen						
	08. Altersstruktur, Stand der Technik, Prozessfähigkeit						
	13. Produktionsorganisation						

Produktivitätsmanagement erschöpft sich also nicht im Umgang mit Ergebnissen, weil Ergebnisse nur Wirksamkeitskennzeichen sind. Es geht primär um das Schaffen der Voraussetzungen für hohe Wirksamkeiten, um die professionelle Gestaltung/Organisation und den effektiven und effizienten Betrieb der Arbeitssysteme. Das wird im Teil II dieses Handbuchs behandelt. Abbildung I-16 ist zu entnehmen, auf welche Bestimmungsgrößen des Arbeitssystems die Produktivitäts-Einflussfaktoren hauptsächlich wirken.

Im folgenden Abschnitt geht es beim Zielmanagement darum, Rechengrößen für das Produktivitätsmanagement von Arbeitssystemen zu definieren. An Hand der folgenden Abbildung soll noch einmal begründet werden, warum wir uns dabei weitestgehend auf Mengenrelationen beschränken und auf Wertrelationen verzichten.

Der Abbildung I-17 sind vier Sachverhalte zu entnehmen:

1. Von den vier Arten von Ergebnisparametern ist nur der Ergebnisparameter (mengenbezogene) Produktivität universell geeignet, weil er

   • sowohl bei Gesamtanalysen (das gesamte Arbeitssystem betreffend),
   • als auch bei Partialanalysen (einzelne Bestimmungsgrößen des Arbeitssystems betreffend)

   als Kenngröße zu verwenden ist.

---

56 Die Wirksamkeitsförderung ist kein Selbstzweck, sondern Mittel zum Zweck, und dieser liegt in der Förderung der Arbeitsergebnisse, der Verbesserung der Arbeitssystemausgabe.

2. Wir verzichten auf die Verwendung kostenbezogener Produktivitätskenngrößen, wie Kostenverrechnungssätzen pro Arbeitsstunde, weil Kosten oft nicht Arbeitssystemen, geschweige denn einer Bestimmungsgröße, zuzurechnen sind.[57]

Ergebnis-parameter	verwendete Rechengröße	Bestimmungs-gleichung	Beurteilung der Wirksamkeit von Arbeitssystemen hinsichtlich					
			Aufgabe	Eingabe	Umwelt	Mensch	Arbeits-/Sachmittel	Ablauf
1. Produktivität	• Outputmenge • Faktoreinsatzmenge	$\dfrac{\text{Outputmenge}}{\text{Einsatzmenge}}$	ist möglich.					
2. Kosten	• zusätzliche Faktorpreise (z. B. Lohnsatz, Abschreibungsrate)	$\dfrac{\text{Einsatzmenge}}{\text{x Faktorpreis}}$	ist nicht möglich, da es keinen quantifizierbaren Bezug gibt.			ist möglich.		
3. Wirtschaft-lichkeit	• zusätzliche Erlöse	$\dfrac{\text{Umsatzerlös}}{\text{Einsatzfaktorkosten}}$	Zur Beurteilung einzelner Aspekte von Arbeitssystemen (Partialanalysen) ungeeignet. Zur Beurteilung von Arbeitssystemen (Gesamtanalysen) selten geeignet, weil Erlöse meist nicht den zu managenden Arbeitssystemen zuzurechnen sind.					
4. Rentabilität	• eingesetztes Kapital • damit erwirtschaftetes finanzielles Ergebnis	$\dfrac{\text{finanzielles Ergebnis}}{\text{eingesetztes Kapital}}$	Finanzielle Ergebnisse (z. B. Gewinn n. St. aus gewöhnlicher Geschäftstätigkeit) sind fast nie den zu managenden Arbeitssystemen zuzurechnen.					

3. Auf die Verwendung von Wirtschaftlichkeitskenngrößen verzichten wir, über den vorstehend angeführten Grund hinaus, weil

- es keine ursächlichen Zusammenhänge zwischen z. B. dem Stückerlös und der Wirksamkeit einzelner Arbeitssysteme gibt und
- Kosten zwar durch die Faktoreinsatzmengen oder Kostentreiber (z. B. Arbeitsstundenzahl) beeinflusst werden, diese aber bereits mit der Produktivität erfasst werden[58] und
- die Beeinflussung der Faktorpreise (z. B. der Entgeltsatzhöhe oder der Veränderung der Abschreibungsdauer) eher unternehmensweite Vorgaben darstellen, als dass man sie als auf bestimmte Arbeitssysteme gerichtete Ansätze praktizieren würde.

4. Rentabilitätsbetrachtungen klammern wir aus, weil sie nicht der Wirksamkeitsbeurteilung von Arbeitssystemen dienen.

Abbildung I-17

Ergebnisparameter und ihre Brauchbarkeit zur Wirksamkeitsbeurteilung der Bestimmungsgrößen des Arbeitssystems

---

57 Die lokale Abgrenzung in der Kostenrechnung, die Kostenstelle, entspricht mitunter, aber nicht grundsätzlich, der Abgrenzung von Arbeitssystemen.

58 Wenn es um die Kostenanalyse und das Kosten-Benchmarking von Prozessphasen oder Geschäftsprozessen geht, wird man eine Prozesskostenrechnung anwenden. Obwohl es zur Prozesskostenrechnung zahlreiche Berührungspunkte gibt, wird sie aus unserer Betrachtung ausgeklammert.

3.2 Zielmanagement

3.2.1 Erfolgsfaktoren zum Arbeitssystem

Im Abschnitt 2.4.2 wurden die sieben Bestimmungsgrößen des Arbeitssystems erläutert. Im Abschnitt 2.2.3 wurde dargelegt, was Erfolgsfaktoren und was Ziele sind. Beim Zielmanagement sind zuerst die Erfolgsfaktoren allgemein verbindlich festzulegen und dann, ggf. zwischen den Arbeitssystemen unterschiedliche, Ziele zu verwenden. Wurde z. B. als Erfolgsfaktor der »Maschinen-Nutzungsgrad« festgelegt, könnte man dazu z. B. für eine Pressenstraße einen Nutzungsgrad von 92 %, dagegen für eine 500-Tonnen-Presse einen Nutzungsgrad von 88 % vorgeben.

Beim Produktivitätsmanagement von Arbeitssystemen stehen jene *Erfolgsfaktoren* im Mittelpunkt, die unmittelbare Beziehungen zur (Arbeits-) Produktivität haben. Deshalb wird im folgenden Abschnitt dargelegt, welche *Produktivitätskenngrößen* es gibt, und inwieweit sich diese als Erfolgsfaktoren eignen.

3.2.2 Produktivitätskenngrößen als Erfolgsfaktoren

Im vorhergehenden Abschnitt wurde begründet, warum wir uns auf Ergiebigkeitsquotienten in Form einfacher Output-Input-Mengenrelationen beschränken und ausschließlich die Ergiebigkeit von Ressourceneinsätzen ausweisen, also von Menschen oder Arbeits-/Sachmitteln.

Die *Durchschnittsproduktivität* PD gibt an, welche Ergebnismenge (z. B. Anzahl Teile, Stück) pro Einheit einer Ressourceneinsatzmenge (z. B. Anzahl Arbeitsstunden) erstellt wird.

Beispielsweise werden in einem Betrieb 60.000 Teile p. a. hergestellt, von 500 Mitarbeitern, bei einer Arbeitszeit von 1.500 Stunden p. a.

$$PD = \frac{60.000 \text{ Stück p.a.}}{500 \text{ Personen} \cdot 1.500 \text{ Stunden/Person p.a.}} = \frac{60.000 \text{ Stück p.a.}}{750.000 \text{ Stunden p.a.}} = 0{,}08 \text{ Stück/Stunde}$$

Im Mittel wurden hier 0,08 Stück pro Arbeitsstunde erstellt bzw. 12,5 Arbeitsstunden pro Stück aufgewandt.

Die *Grenzproduktivität PG* gibt an, um wie viele Einheiten sich die Ergebnismenge (hier: Stück) pro Einsatzmengeneinheit (hier: 1 Arbeitsstunde) ändert, wenn diese um eine Einheit geändert wird.

$$\text{Grenzproduktivität PG einer Ressource} = \frac{\text{Änderung der Produktionsergebnismenge}}{\text{Änderung der Ressourceneinsatzmenge}}$$

In diesem Betrieb seien auf Grund erhöhter Nachfrage 12.000 Teile p. a. mehr herzustellen, wozu man 50 weitere Mitarbeiter einsetzen will.

$$PG = \frac{(72.000 - 60.000) \text{ Stk. p.a.}}{(550 - 500) \text{ Pers.} \cdot 1.500 \text{ Std./Pers. p.a.}} = \frac{12.000 \text{ Stk. p.a.}}{75.000 \text{ Std. p.a.}} = 0{,}16 \text{ Stk./Std.}$$

Die Produktivität beim 72.000sten Teil ist danach doppelt so hoch wie beim »Durchschnittsteil« vor dieser Maßnahme. Auch die Durchschnittsproduktivität steigt bei dieser Maßnahme um ca. 10 %.

An diesem Beispiel sollen folgende Regeln verdeutlicht werden:

1. Durchschnittsproduktivitäten von Arbeitssystemen oder Organisationen sind als Erfolgsfaktoren geeignet, wenn Produktivitätsvergleiche zwischen Arbeitssystemen anzustellen sind.
2. Grenzprodutivitäten von Arbeitssystemen sind als Erfolgsfaktoren geeignet, wenn man die Produktivitätswirksamkeit von Änderungsmaßnahmen bei einem Arbeitssystem feststellen will.
3. So lange nach Durchführung einer Änderungsmaßnahme die Grenzproduktivität höher als die Durchschnittsproduktivität vor Durchführung dieser Maßnahme ist, liegt eine Produktivitätsverbesserung vor.

Beim Kreieren von *Produktivitätskenngrößen* sind drei Bezugsaspekte zu berücksichtigen:

1. Ressourcenbezug: Sie können sich auf einen oder mehrere Menschen oder auf ein oder mehrere Arbeits-/Sachmittel beziehen.
2. Bezugseinheit: Sie können sich auf eine Zeiteinheit (z. B. pro Min.) oder eine Mengeneinheit beziehen (z. B. pro 100 Stück).
3. Bezugsbasis: Sie können sich auf eine Ist-Situation, eine Soll-Situation oder eine Kombination daraus beziehen.

In Abbildung I-18 werden in der Praxis gebräuchliche Produktivitätskenngrößen angeführt. Jede dieser Kenngrößen könnte als Erfolgsfaktor beim Produktivitätsmanagement von Arbeitssystemen verwendet werden.

1. Der *Zeitgrad* weist eine relative Produktivität aus und ist ein absoluter[59] Erfolgsfaktor für die Ressource Mensch. Er wird auch durch andere Bestimmungsgrößen des Arbeitssystems beeinflusst, insbesondere durch die Eingabe (z. B. gut versus schlecht zu verarbeitendes Material). Dennoch gilt der Zeitgrad als valideste Kenngröße für die menschliche Effizienz.
2. Der *Nutzungsgrad* weist ebenfalls eine relative Produktivität aus und ist ein absoluter Erfolgsfaktor für die Ressource Arbeits-/Sachmittel. Er wird auch durch andere Bestimmungsgrößen des Arbeitssystems beeinflusst, insbesondere den Menschen (z. B. routinierter versus unversierter Umgang mit der Technik). Dennoch gilt der Nutzungsgrad als valideste Kenngröße für einen effizienten Arbeits-/Sachmitteleinsatz.

Der Zeitgrad und der Nutzungsgrad werden oft mit Hilfe von Zeitreihenanalysen überwacht, um aus erhobenen Datenanomalien auf Störeinflüsse zu schließen.

---

59 Absolut in dem Sinne, als ein Zeitgrad von 125 % oder ein Nutzungsgrad von 75 % aussagen, wie weit sie vom Normalen (100 %) entfernt sind. Absolute Erfolgsfaktoren haben »eingebaute Vergleichsmaßstäbe«.

3. Die *Stückzeit* und die *Durchlaufzeit* stehen für absolute Produktivitäten, sind jedoch relative[60] Erfolgsfaktoren des Arbeitssystems. Relative Erfolgsfaktoren sind sie deshalb, weil sie nur dann nützliche Informationen liefern, wenn man sie mit Stückzeiten bzw. Durchlaufzeiten vergleichbarer Arbeitssysteme vergleicht.

4. Stück- und Durchlaufzeiten können als Soll-Soll-Relation (Soll-Produktivitäten) oder als Ist-Ist-Relation (Ist-Produktivitäten) verwendet und als Stück- oder als Stunden-Produktivität ausgedrückt werden, indem man den Kehrwert aus der jeweils anderen Größe bildet.[61]

Die relative Produktivität

Menschen als Soll-Ist-Relation	Arbeits-/Sachmittel als Ist-Soll-Relation
$= \dfrac{\text{geplante Faktoreinsatzzeit}}{\text{geleistete Faktoreinsatzzeit}}$	$= \dfrac{\text{geleistete Faktoreinsatzzeit}}{\text{geplante Faktoreinsatzzeit}}$
Zeitgrad $= \dfrac{\text{Soll-Einsatzzeit}}{\text{Ist-Einsatzzeit}} \cdot 100\,\%$	Nutzungsgrad $= \dfrac{\text{Ist-Maschinenlaufzeit}}{\text{Soll-Maschinenlaufzeit}} \cdot 100\,\%$
Beispiel: $\dfrac{25\ \text{Stunden}}{20\ \text{Stunden}} \cdot 100\,\% = 125\,\%$	Beispiel: $\dfrac{120\ \text{Stunden}}{160\ \text{Stunden}} \cdot 100\,\% = 75\,\%$

Die absolute Produktivität als

Soll-Soll-Relation	Ist-Ist-Relation
$= \dfrac{\text{geplante Faktoreinsatzzeit}}{\text{geplante Produktionsmenge}}$	$= \dfrac{\text{erfasste Faktoreinsatzzeit}}{\text{erstellte Produktionsmenge}}$
Stückzeit $= \dfrac{\text{Zeit je Einheit x Auftragsmenge}}{\text{Soll-Produktionsmenge}}$	Produktivität $= \dfrac{\text{Ist-Bearbeitungszeit}}{\text{Ist-Produktionsmenge}}$
Beispiel: $\dfrac{25\ \text{Stunden}}{100\ \text{Stück}} = 0{,}25\ \text{Stunden/Stück}$	Beispiel: $\dfrac{120\ \text{Stunden}}{1.200\ \text{Stück}} = 0{,}10\ \text{Stunden/Stück}$
Durchlaufzeit $= \dfrac{\text{Durchführungs-Stückzeit}}{\text{Soll-Bezugsmenge}}$	Stunden-Produktivität $= \dfrac{\text{Ist-Produktionsmenge}}{\text{Ist-Bearbeitungszeit}}$
Beispiel: $\dfrac{13\ \text{Stunden}}{11\ \text{Stück}} = 1{,}18\ \text{Stunden/Stück}$	Beispiel: $\dfrac{1.200\ \text{Stück}}{80\ \text{Stunden}} = 15\ \text{Stück/Stunde}$

Abbildung I-18

Gebräuchliche Kenngrößen für die Produktivität

60 Relativ in dem Sinne, als z. B. eine Stückzeit von 0,25 min/Stück erst dann eine Bewertung zulässt, wenn man über einen Vergleichsmaßstab verfügt, entweder unternehmensintern oder durch Vergleich mit Stückzeiten anderer Unternehmen.

61 Für Unternehmen, nicht aber für Arbeitssysteme, werden auch so genannte Kopf-Produktivitäten ermittelt. Bei dem vorstehenden Beispiel zur Durchschnittsproduktivität würde man eine Kopf-Produktivität von 60.000 Stück p. a./500 Personen = 120 Stück pro Jahr und Person ausweisen.

3.2.3 Erfolgsfaktoren zu den Bestimmungsgrößen des Arbeitssystems

Die im vorhergehenden Abschnitt angeführten Produktivitäts-Kenngrößen sind universell gültig, also weder von der Geschäftsstrategie, noch vom Produktionssystem abhängig. Das ist bei den Erfolgsfaktoren zu den Bestimmungsgrößen des Arbeitssystems oft, aber nicht immer der Fall. Beispielsweise wird

- jedes Unternehmen zur Bestimmungsgröße »Mensch« einen Erfolgsfaktor »Absenzquote« als zweckmäßig betrachten.
- jedes Unternehmen zur Bestimmungsgröße »Arbeits-/Sachmittel« einen Erfolgsfaktor »man-machine-ratio« oder »Stellenzahl« verwenden, wenn Mehrstellenarbeit technisch möglich ist und angestrebt wird.
- man zur Bestimmungsgröße »Aufgabe« die »Übernahme von Reparaturaufgaben« durch eine Arbeitsgruppe nur dann als Erfolgsfaktor in Betracht ziehen, wenn Gruppenarbeit als erstrebenswerte Form der Arbeitsorganisation im Produktionssystem vorgesehen ist.

Welche Erfolgsfaktoren man zu den Bestimmungsgrößen des Arbeitssystems verwendet, sollte möglichst aus dem Produktionssystem abzuleiten sein.

3.2.4 Hierarchische Kennzahlensysteme

In den letzten Jahren[62] haben unter dem Begriff *Balanced Scorecard*[63] hierarchische Kennzahlensysteme an Beliebtheit gewonnen. Die Grundgedanken des Balanced Scorecard-Ansatzes sind:

1. Die Wirkungsrichtungen von Kennzahlen und damit deren wechselseitige Abhängigkeiten sind zu verdeutlichen, damit alle erkennen können, welche Kennzahlen miteinander zusammenhängen. Isolierte Betrachtungen von Kennzahlen können zu falschen Schlüssen führen.
2. Jedem Mitarbeiter ist anhand des Kennzahlensystems zu verdeutlichen, welche Möglichkeiten für ihn bestehen, durch eigene Leistungen die Kennzahlen zu beeinflussen.

Verbreitet ist die Gliederung von Kennzahlensystemen nach folgenden vier hierachischen Perspektiven:

1. Finanzwirtschaftliche Erfolgsfaktoren (z. B. ROI, ROCE, EBIT, EVA).
2. Kundenbezogene Erfolgsfaktoren (z. B. Schnelligkeit des Kundendienstes, PPM), unter der Annahme, dass Zielerfüllungen auf dieser Ebene die Voraussetzung für finanziellen Erfolg sind.

---

62 Hierarchische Kennzahlensysteme waren bereits in der ersten Hälfte des vergangenen Jahrhunderts bekannt, z. B. das DuPont-Schema. Die Hierachieebenen standen dabei jedoch nicht für verschiedene Perspektiven/Sichten, wie es für die Balanced Scorecard typisch ist, sondern für verschiedene Auflösungsgrade ausschließlich finanzwirtschaftlicher Kennzahlen.

63 Vgl. z. B. Kaplan, R. S.; Norton, D. P.: Balanced Scorecard. Strategien erfolgreich umsetzen. Stuttgart: Schäffer-Poeschel, 1997. Horvath & Partner; Hrsg.: Balanced Scorecard umsetzen. Stuttgart: Schäffer-Poeschel, 2000.

3. Organisationale Erfolgsfaktoren (z. B. kurze Durchlaufzeit, ständige Erfüllung von Kundenverbrauchstakten), unter der Annahme, dass sich Erfolge zur Kundenperspektive nur dann einstellen, wenn die Organisation über eine entsprechende Leistungsfähigkeit verfügt.
4. Erfolgsfaktoren zur Potenzial-/Wissensperspektive (z. B. Erfüllung von Qualifizierungsplänen, Befähigung zur Selbstprüfung), unter der Annahme, dass Erfolge zur Organisationsperspektive nur möglich sind, wenn bei der Potenzial-/Wissensperspektive die notwendigen Voraussetzungen erfüllt sind.

Abbildung I-19

Beispiel einer hierarchischen Struktur von Erfolgsfaktoren für das Betreiben von Arbeitssystemen

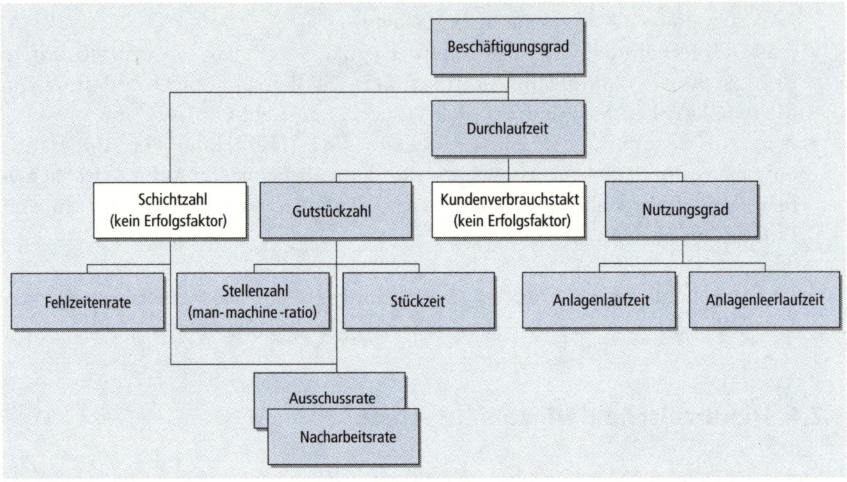

Werden im Unternehmen bereits hierarchische Kennzahlensysteme verwendet, sollte man prüfen, ob die verwendeten Erfolgsfaktoren für das Betreiben von Arbeitssystemen ebenfalls hierarchisch zu strukturieren sind. Der Nachteil hierarchischer Kennzahlen- und Erfolgsfaktorensysteme liegt darin, dass lange, leidige Diskussionen darüber ausgelöst werden, ob eine ganz andere Zusammenhangsstruktur nicht viel sinnvoller wäre. Der Vorteil liegt darin, dass den in den Arbeitssystemen tätigen Personen besser zu verdeutlichen ist, wie sich ihre Leistungsbeiträge auf die Produktivität und damit auf die Wettbewerbsfähigkeit des Unternehmens auswirken.

3.2.5 Kontrakte und Zielerfüllungskontrolle

Gegenstand von *Kontrakten* mit den Personen in den Arbeitssystemen müssen Erfolgsfaktoren und die zu ihnen geltenden Ziele sein. Kontrakte werden für die Planung und Implementierung von Arbeitssystemen mit dem dafür zuständigen Personenkreis geschlossen. Maßgebend für die Auswahl der Erfolgsfaktoren sollten die Gestaltungsstandards und -regeln des Produktionssystems sein (vgl. Abschnitt 2.3.3). Es können mehrere, aber es sollten nicht zu viele Erfolgsfaktoren verwendet werden. Die Erfolgsfaktoren sollten auch Bestandteil von Pflichtenheften zur Planung und Implementierung von Arbeitssystemen sein, und es sollten Erfolgsfaktoren verwendet werden, deren Zielerfüllungen im Planungsverlauf und nicht erst nach der Implementierung zu kontrollieren sind.

Kontrakte mit den in Arbeitssystemen tätigen Personen sollten nur zwischen diesen und ihren Vorgesetzten geschlossen werden. Verwendet man z. B. den »Zeitgrad« als Erfolgsfaktor, sollte das für einen längeren Zeitraum erfolgen. Das gilt in diesem Fall auch für das dazu vereinbarte Ziel, z. B. »115 %«. Bei einem anderen Erfolgsfaktor, z. B. der »Anzahl prämierungswürdiger Verbesserungsvorschläge«, sollte man dagegen das Ziel, z. B. »0,2 Vorschläge pro Mitarbeiter und Jahr«, verändern, wenn erkennbar ist, dass sich die Rahmenbedingungen deutlich verändert haben.

Zielerfüllungskontrollen zu Kontrakten sind notwendig, um den in den Arbeitssystemen tätigen Personen ein Feedback zu geben und ein Ergebniscontrolling (vgl. Abschnitt 3.3) durchführen zu können. Dort wird ein Prozedere für die Durchführung von Zielerfüllungskontrollen vorgeschlagen.

In Abbildung I-15 werden als Reaktion auf Zielerfüllungen Belohnungen angeführt. Unter Belohnungen wird hier ein weites Feld möglicher Bestätigungsreaktionen verstanden, also verbale Anerkennung ebenso wie die Gewähr von Auszeichnungen oder monetären Belohnungen. Produktivitätsmanagement ohne jegliche Belohnungsinstrumente ist nur schwer vorstellbar.

3.3 Ergebniscontrolling

3.3.1 Prinzipien

Bei der Managementaufgabe »*Ergebniscontrolling*« wird die »Ausgabe« von Arbeitssystemen betrachtet, das sind Arbeitsergebnisse. Im Abschnitt 1.3 wurde Managen interpretiert als das Erreichen wirksamen Ressourceneinsatzes zum Erzielen beabsichtigter Ergebnisse. Deshalb wird versucht, aus Arbeitsergebnissen systematisch Hinweise auf die Effektivität und Effizienz der Bestimmungsgrößen der Arbeitssysteme und damit auf die Wirksamkeit des Ressourceneinsatzes abzuleiten.[64]

Das *Ergebniscontrolling* wird professionell und wirksam betrieben, wenn es

1. auf dem Zielmanagement basiert,
2. umsetzbare Hinweise zum Gestaltungs- und Organisationsmanagement und zur Personalentwicklung liefert und
3. weitestgehend auf Daten zurückgreift, die bei Nutzung des MTM-Prozessbausteinsystems ohnehin vorhanden sind.

Ergebniscontrolling sollte sich nicht allein auf Daten stützen. Manager müssen sich von Zeit zu Zeit durch persönliche Inaugenscheinnahme davon überzeugen, ob das Controllingsystem valide Ergebnisse liefert. Damit ist gemeint, ob die Ergebnisse wirklich das aussagen, was sie vorgeblich aussagen sollen.

3.3.2 Regelkreis zum Ergebniscontrolling

Der folgenden Abbildung I-20 ist der *Regelkreis zum Ergebniscontrolling* zu entnehmen[65], bestehend aus den Teilsystemen:

- System der Ergebnisstandards,
- Controllingsystem,
- Arbeitssystem.

---

64 Beim Ergebniscontrolling sind personenbezogene Informationen nicht zu vermeiden, auch wenn das erklärtermaßen nicht die Absicht ist. Da viele Menschen Prüfungen jeglicher Art nicht schätzen, muss ihnen vermittelt werden, warum die Sicherheit und Beherrschung der Arbeitssysteme Vorrang vor persönlichen Befindlichkeiten hat.

65 In Klammern sind die in der Kybernetik üblichen Begriffe angeführt, die teilweise anschaulich (z. B. Regler), teilweise nicht sehr anschaulich (z. B. Führungsgrößengeber) sind.

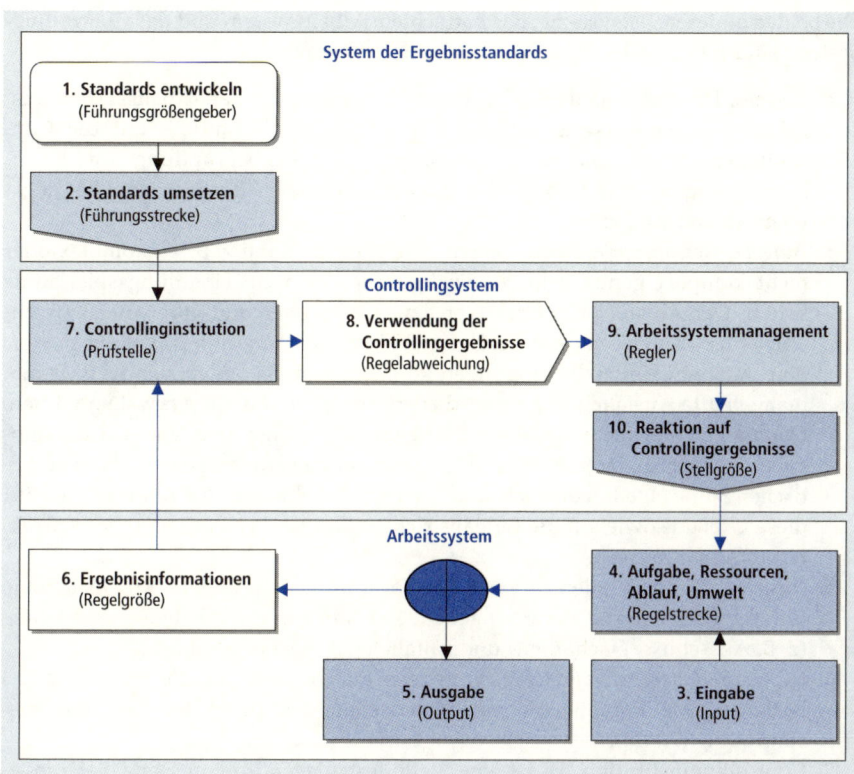

Abbildung I-20

Regelkreis zum
Ergebniscontrolling
beim Produktivitäts-
management von
Arbeitssystemen

Ausgangspunkt ist das System der *Ergebnisstandards*:

1. Ergebnisstandards entwickeln: Ergebnisstandards sind Kenngrößen zur Beschreibung der geplanten Effektivität und/oder Effizienz eines Arbeitssystems. Das können z. B. Sollzeiten, Kundenverbrauchstakte, Nutzungsgrade, Personalbedarfszahlen oder Qualitätskennzahlen sein. Wichtig ist, dass man nicht zu viele Kenngrößen verwendet, maximal drei. Mit Hilfe von Ergebnisstandards werden Produktivitäts-Referenzwerte gebildet.
2. Ergebnisstandards umsetzen: Die Standards müssen eingeführt werden. Das bedeutet, dass sie den in den Arbeitssystemen tätigen Personen sowie jener Instanz (z. B. Prozessmanager, Abteilungsleiter) zu vermitteln sind, welche die Ergebnisse des Arbeitssystems zu vertreten haben.

In diesem System der Ergebnisstandards prägt sich das zentrale Element beim *MTM-Konzept des Produktivitätsmanagements* aus: Bei der Arbeitssystemplanung wird durch professionelle Vorgehensweisen bereits ein bestmögliches Produktivitätsniveau der Arbeitssysteme etabliert (Grundsatz: »Von Anfang an richtig«). Dieses wird dann, mit Unterstützung durch das Ergebniscontrolling, in der Betriebsphase der Arbeitssysteme durch die dort tätigen Personen permanent verbessert. Im Teil III wird die Entwicklung von Ergebnisstandards ausführlich behandelt.

Die beiden anderen Teilsysteme, das betrachtete Arbeitssystem und das Controlling-system, sind miteinander in einem Regelkreis verknüpft:

3. *Eingabe:* Der Arbeitsablauf wird durch die Eingabe in das Arbeitssystem aus-gelöst. Die Arbeitssystemeingabe (Input) hat einen Einfluss auf die Con-trollingergebnisse und wird deshalb zur Ursachenbegründung von Regel-abweichungen herangezogen, ist also ein potenzielles Reaktionsfeld bei nega-tiven Abweichungen.

4. *Aufgabe, Ressourcen, Ablauf, Umwelt:* Die Aufgabe kann z. B. zu komplex oder nicht komplex genug sein, zu wenige oder zu viele Handlungsspielräume bieten. Der Ablauf kann effektiver bzw. ineffektiver und effizienter bzw. in-effizienter als geplant (und durch Ergebnisstandards normiert) vollzogen wer-den. Aus den Umweltbedingungen können ebenfalls Störgrößen (z. B. Staub, mangelhafte Ausleuchtung von Arbeitsflächen) auf das Arbeitssystem wirken. Daraus entstehende Regelabweichungen sind, ebenso wie jene aus der Ein-gabe, zu identifizieren.[66] Diese vier Bestimmungsgrößen stellen im kyberne-tischen Sinne eine Regelstrecke dar, weil sich beschlossene Reaktionen (10.) auf diese Größen sowie auf die Eingabe richten und dort zu Änderungen / Korrek-turen führen müssen.

5. *Ausgabe:* Outputs fallen in zweierlei Form an, als an andere Arbeitssysteme (interne oder externe Kunden) gehende Leistungen und als Leistungsausfälle (z. B. Ausschuss, Nacharbeit) und Abfälle (z. B. Späne, Beschnitt)[67].

6. Es werden *Ergebnisinformationen* abgegeben, die sich auf die Standards (2.) beziehen. Die Ergebnisinformationen stellen den Input für das Ergebnis-controlling (7.) dar.

7. Controllinginstitution: Es ist jene Stelle festzulegen, die an Hand der umge-setzten Standards (2.) zu prüfen hat, ob sich diese signifikant von den Arbeits-ergebnisinformationen (5.) unterscheiden. Im einfachsten Falle wird das durch einen ohnehin vorhandenen Prozess mit erfüllt, z. B. in Form einer permanen-ten, automatisierten Stückzahlrückmeldung[68].

8. Verwendung der Controllingergebnisse: Je nachdem, wie sich die Standards und Prozessergebnisse unterscheiden, wird eine Information an das Manage-ment (9.) des Arbeitssystems gegeben. Ferner sind die in den Arbeitssystemen tätigen Personen zu informieren.

9. Arbeitssystemmanagement: Das ist jene Stelle, die bezüglich der Reaktion auf die Controlling-Ergebnisse (10.) entscheidungsbefugt ist.

---

66 In der Praxis wird oft verkannt, dass mit Hilfe des Ablaufs »lediglich« das Arbeitsverhalten der Menschen, die Funktionswirkung der Arbeits-/Sachmittel sowie deren Zusammen-wirken bei der Transformation der Arbeitssystemeingabe in die Arbeitssystemausgabe, also beim Entstehen der Arbeitsergebnisse, beschrieben wird. Der Ablauf ist deshalb nur durch Einwirkung auf diese Arbeitssystemaspekte zu gestalten.

67 Beim Management von Arbeitssystemen kommt Leistungsausfällen und Abfällen, z. B. unter logistischen Gesichtspunkten, erhebliche Bedeutung zu.

68 Das kann z. B. erfolgen, indem die geplanten Stückzahlen den zurückgemeldeten gegen-über gestellt werden.

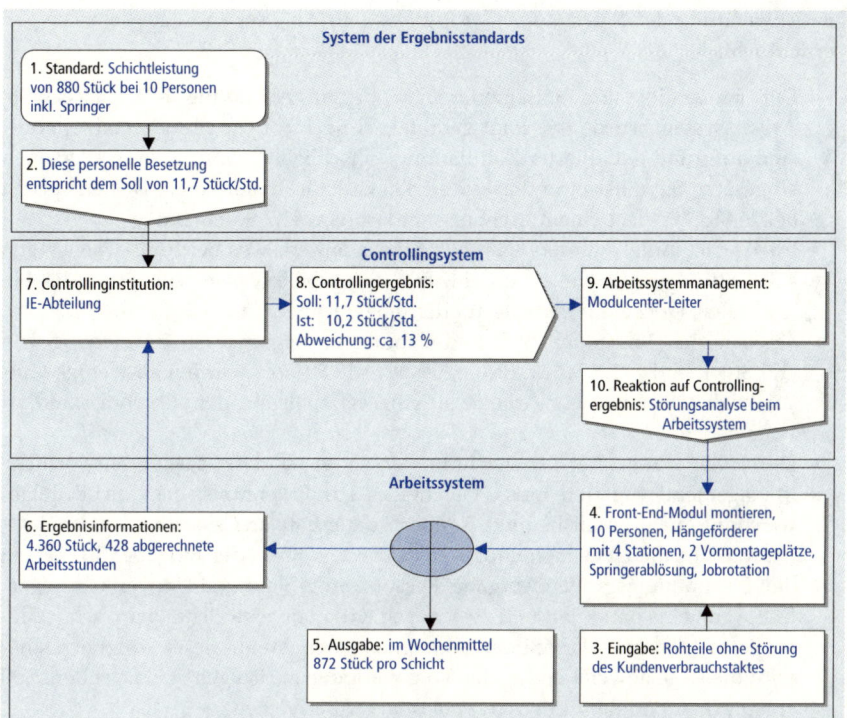

10. Reaktion auf Controllingergebnisse: Durch das Management wird entschieden, ob Reaktionen notwendig sind und wenn ja, welcher Art diese sein sollen. Auch wenn man die in den Arbeitssystemen tätigen Personen in die Durchführung von Abstell- und Verbesserungsmaßnahmen involviert: die Verantwortung für die Produktivität verbleibt beim Management und ist nicht zu delegieren.

In Abbildung I-21 wird gezeigt, wie aus dem Ergebniscontrolling gewonnene Erkenntnisse zur Verbesserung der Arbeitsprozesse zu nutzen sind.

Das Controllingsystem erhält aus dem Arbeitssystem *Ergebnisinformationen*. Wurde z. B. als Ergebnisstandard der Maschinennutzungsgrad verwendet, sind jetzt die im Berichtsmonat angefallenen Einsatz-/Beschäftigungszeiten sowie die Störungs-/Stillstandzeiten zurück zu melden. Ob man das Ergebniscontrolling einer Controllinginstitution (7.) oder der Managementinstitution (9.) überträgt, ist eine praktische, aber keine methodische Frage.

Die Anwendung des *Regelkreises zum Ergebniscontrolling* sei an folgendem Beispiel verdeutlicht:

- Der verwendete Ergebnisstandard für das in Abbildung I-21 dargestellte Arbeitssystem wurde wie folgt gebildet: Pro Schicht (7,5 Stunden Arbeitszeit) sind aufgrund detaillierter Zeitplanung, einschließlich Springern, 10 Personen eingesetzt. Sie müssen in dieser Zeit 880 Gutstücke montieren. Das entspricht bei 75 Std./Schicht einem Ergebnisstandard von 11,7 Stück/Std.
- Im Wochenmittel wurden 872 Gutstücke montiert, was bei fünf Arbeitstagen 4.360 Stück pro Woche entspricht. Für das Arbeitssystem wurden in der betrachteten Woche 428 Arbeitsstunden abgerechnet. Aus 4.360 Stück/428 Std. ergeben sich 10,2 Stück/Std. und damit eine negative Ist-Abweichung von (1,5 Stück/Std./11,7 Stück/Std. · 100 % =) 12,8 %. Es wurden zu wenige Gutstücke erstellt und mehr Arbeitszeit eingesetzt, als mit dem Ergebnisstandard vorgegeben.
- Die Höhe dieser Regelabweichung ist so groß, dass das verantwortliche Management reagieren muss. Gelangt es zur Erkenntnis, dass die Regelabweichung nicht zufallsbedingt, sondern dauerhaft und systemisch begründet ist, muss es die Ursache identifizieren. Diese kann in der Eingabe (3.) oder in den Bestimmungsgrößen Aufgabe, Ressourcen, Ablauf und Umwelt (4.) liegen. Erst wenn eine dauerhaft und systemisch wirkende Abweichungsursache identifiziert ist, kann es Abstellmaßnahmen einleiten. Wenn diese erfolgreich sind, wird die Regelabweichung in den Folgeperioden zurückgehen, das Ist dem Soll entsprechen und damit den Ergebnisstandard erreichen.

3.3.3 Absichten beim Ergebniscontrolling

Im Abschnitt 4.2.1 wird der Entwicklungsgang von MTM erläutert, von einem System vorbestimmter Zeiten hin zu einem Konzept integrierten Produktivitätsmanagements von Arbeitssystemen. Zeitbedarfs-Informationen bilden die zentrale Richtgröße beim Produktivitätsmanagement, indem sie beim Regelkreis zum Ergebniscontrolling als Maßstab absichtsgeleiteter Entwicklung der Produktionsbedingungen in Arbeitssystemen dienen.[69] Nur wenn diese verbessert werden, sind auch die Ergebnisse zu verbessern.

Die beiden wichtigsten Absichten bei der Anwendung des Regelkreises zum Ergebniscontrolling sind:

1. Arbeitssysteme wirkungsorientiert steuern, mit Hilfe ergebnisorientierter Standards.
2. Soll-Ist-Abweichungen darlegen und Begründungsargumentationen für beabsichtigte Gestaltungs- und Organisationsmaßnahmen liefern.

---

69 In Übereinstimmung mit den Standards und Regeln des Produktionssystems und ggf. Anforderungen aus der Geschäftsstrategie, z. B. in Bezug auf Kernkompetenzen.

Mit den vorstehend dargelegten Anwendungsabsichten werden die beiden instrumentellen Schwerpunkte beim *MTM-Konzept des Produktivitätsmanagements* deutlich:

1. Planung, Implementierung und permanente Verbesserung von Arbeitssystemen. Dieser Sachverhalt wird in Teil II behandelt.
2. Entwicklung von Standards zur Planung und Steuerung der Ergebnisse von Arbeitssystemen. Das ist Gegenstand des Teils III.

3.4 Gestaltungs- und Organisationsmanagement

3.4.1 Phasen-Konzept des Arbeitssystemmanagements

In der Planung und Implementierung von Arbeitssystemen, dem konzeptiven Organisationsmanagement, geht es um Themen, die in der Arbeitswissenschaft unter den Begriff Arbeitssystemgestaltung subsumiert werden. Dabei stehen folgende Bestimmungsgrößen des Arbeitssystems im Vordergrund:

1. Aufgabe,
2. Eingabe,
3. Arbeits-/Sachmittel,
4. Ablauf,
5. Umwelt, und hier primär die Arbeitsumgebung.

Das zentrale Element des *MTM-Produktivitätsmanagements von Arbeitssystemen* liegt in der unter dem Slogan »Von Anfang an richtig« publizierten Vorgehensweise[70]. Die sich darin ausprägende Idee eines Phasen-Konzepts des Arbeitssystemmanagements besteht darin, dass

1. bei dem MTM-Planungskonzept der Arbeitssystemplanung höchste Priorität eingeräumt wird und durch Einsatz hochprofessionellen Engineerings bereits zum SOP (Start of Production) auf ein bestmögliches, durch Benchmarks und Best Practice-Recherchen abgesichertes Produktivitätsniveau gebracht wird und
2. beim MTM-Optimierungskonzept nach dem SOP in der Betriebsphase der Arbeitssysteme die Prozesse durch die Betreiber mit Unterstützung des Ergebniscontrollings permanent verbessert werden.

Dieses ausdrückliche Bekenntnis zum konzeptiven *Gestaltungs- und Organisationsmanagement* durch Einsatz professionellen Engineerings[71] unterscheidet das MTM-Konzept von Ansätzen, die von Beginn an auf die Innovationskraft und Professionalität der Arbeitssystembetreiber setzen. Diesen kommt beim MTM-Konzept die wichtige Rolle der »fortwährenden Verbesserer über die gesamte Lebensdauer des Arbeitssystems« hinweg zu. Diese setzt erst nach dem SOP ein. Sie haben einen Anspruch darauf, zum SOP ein hochprofessionell gestaltetes und organisiertes Arbeitssystem zu übernehmen.

Aus ergonomischer Sicht geht es bei der Arbeitssystemplanung um die Anpassung der Arbeit an den Menschen. Die Planung und Implementierung von Arbeitssystemen, also das konzeptive Gestaltungs- und Organisationsmanagement, wird in Teil II behandelt. Die praktische Bedeutung dieser Phase ist deshalb so groß, weil dabei die Grundlage für menschengerechte und produktive Prozesse geschaffen und das Prinzip des »Von Anfang an richtig« konsequent angewandt wird. Hier ent-

---

70 Deutsche MTM-Vereinigung: MTM – Von Anfang an richtig. Hamburg: Deutsche MTM-Vereinigung, 2003.
71 Dazu gehört auch, die späteren Betreiber, soweit es zweckmäßig und Erfolg versprechend ist, in die Planung einzubeziehen. Verantwortlich für den Planungserfolg sind jedoch stets die Planungsbeauftragten.

standene oder übersehene gravierende Mängel lassen sich später durch korrektives Gestaltungs- und Organisationsmanagement nicht oder nur mit unverhältnismäßig hohem Aufwand beseitigen.

In der Phase des Betreibens von Arbeitssystemen (MTM-Optimierungskonzept) geht es um den »Feinschliff«, die Beseitigung von Mängeln, die erst nach dem SOP zu erkennen sind. Dabei stehen beim korrektiven Organisationsmanagement drei Ansätze im Vordergrund:

1. Aus dem Ergebniscontrolling (vgl. Abschnitt 3.3) wird versucht, Hinweise auf Schwachstellen bei den oben angeführten Bestimmungsgrößen des Arbeitssystems zu erhalten.
2. Mit Hilfe von Revisionen, unter Einbeziehung der in den Arbeitssystemen tätigen Personen, wird versucht, Schwachstellen zu entdecken, die sich im Zeitverlauf eingestellt haben.
3. Aus dem Qualitätsmanagement und aus Kundenreaktionen wird versucht, Mängel zu erkennen, die in Planungsergebnissen nicht zu erkennen sind.

3.4.2 Stellenwert des Gestaltungs- und Organisations- managements beim Produktivitätsmanagement

Das Gestaltungs- und Organisationsmanagement ist neben der Personalentwicklung die am stärksten direkt auf die Produktivitätsverbesserung gerichtete Managementaufgabe. Ob Verbesserungen z. B. als Belastungsminderungen, Beseitigung von Fehlerrisiken, Erhöhung des Mitarbeiterengagements, Vereinfachung des Ablaufs wirken: Sie nehmen, anders als das Zielmanagement oder das Ergebniscontrolling, direkt Einfluss auf die Produktivität. Das gilt für das konzeptive wie für das korrektive Gestaltungs- und Organisationsmanagement.

Der hohe Stellenwert des konzeptiven Gestaltungs- und Organisationsmanagements, des »Von Anfang an richtig«, resultiert daraus, dass Unternehmen, die hier Überdurchschnittliches leisten, mit einer überdurchschnittlichen Produktivität starten. Schwächen bei der Arbeitssystemgestaltung lassen sich durch andere Managementansätze, z. B. gekonnt betriebenes Zielmanagement, nicht kompensieren.

3.4.3 Bereitstellung zeitbasierter Planungs- und Steuerungsinformationen

Mit dem *MTM-Prozessbausteinsystem* wird nicht nur das Produktivitätsmanagement von Arbeitssystemen unterstützt, sondern die Informationsbasis für technische und betriebswirtschaftliche Instrumente und Maßnahmen geschaffen. Bei einer Reihe von Instrumenten und Maßnahmen wird vorausgesetzt, dass die dabei benötigten zeitbasierten Planungs- und Steuerungsinformationen zur Verfügung stehen. Die häufigsten Verwendungszwecke zeitbasierter Planungs- und Steuerungsinformationen sind:

- Bereitstellung von Zeitbedarfsinformationen für die Kostenträgervorrechnung (Vorkalkulation),

- Versorgung der Arbeitspläne mit arbeitsvorgangsbezogenen Sollzeiten und Gewährleistung eines zuverlässigen Änderungsdienstes,
- Bereitstellung von Zeitbedarfsinformationen oder Produktivitätsstandards für die ergebnisbezogene Entgeltdifferenzierung (sog. Leistungslohn),
- Produktivitätsbezogene Bewertung von konstruktiven Lösungen oder Lösungs- alternativen,
- Produktivitäts- und ergonomiebezogene Bewertung von Abläufen, Prozessen und Arbeitssystemen.

Im Teil III, Kapitel 6 (ProKon) und Kapitel 8 (Unternehmensspezifische Prozess- bausteine), wird erläutert, wie solche zeitbasierten Planungs- und Steuerungs- informationen entwickelt und angewendet werden. Zielsetzung beim MTM- Konzept ist, dabei auf die gleichen Daten wie beim Produktivitätsmanagement von Arbeitssystemen zurückzugreifen. Diese Zielsetzung war ein wesentlicher Grund für das Engagement der Deutschen MTM-Vereinigung bei der Entwicklung der inte- grativen Software TiCon®.

3.5 Personalentwicklung

In Abbildung I-15 wird die *Personalentwicklung* als vierte Aufgabe des Managements von Arbeitssystemen angeführt. Bei der Personalentwicklung geht es, in Ergänzung zum Gestaltungs- und Organisationsmanagement, um die Anpassung des Menschen an die Arbeit. Dabei stehen insbesondere die nachfolgend dargelegten Absichten im Mittelpunkt.

Aus dem Produktionssystem ist abzuleiten, welches Arbeitsstrukturierungs- oder Jobdesign-Konzept zu verfolgen ist. Sind z. B. Gruppenarbeitskonzepte umzusetzen, stellt das andere Anforderungen an die in den Arbeitssystemen tätigen Personen als bei Einzelarbeitsplätzen. Ferner sind dann komplexere und miteinander verknüpfte Aufgaben zu schaffen und Kompetenz und Verantwortung entsprechend zu entwickeln.

Es ist zu prüfen, inwieweit in der Geschäftsstrategie *Kernkompetenzen* ausgewiesen werden, z. B. in Bezug auf logistische Fähigkeiten des Unternehmens. Gibt es Berührungspunkte mit Kernkompetenzen, sind die Mitarbeiter in ihrem Bemühen zu unterstützen, ihre Beiträge zum Erringen von Kernkompetenzen zu leisten.

Es muss sichergestellt werden, dass sich die in den Arbeitssystemen wirkenden Menschen mit den Ergebnissen identifizieren können. In der industriellen Arbeitswelt wird es eher wenigen Menschen möglich sein, aus ihren Arbeitshandlungen Zufriedenheit zu gewinnen. Sie sollten sich jedoch unbedingt mit den erstellten Arbeitsergebnissen identifizieren können. Deshalb wird man solche Personen bevorzugen, bei denen man sich eine Identifikation mit den Ergebnissen ihres Handelns verspricht.

Beim *Zielmanagement* (vgl. Abschnitt 3.2) wurde bereits darauf hingewiesen: Personalentwicklung wird durch Kontrakte und Zielerfüllungskontrollen unterstützt. Deshalb müssen Konzepte zur Personalentwicklung vorliegen, bevor man mit Kontrakten und Zielerfüllungskontrollen arbeitet. Die verbreitetsten Instrumente sind Personalentwicklungs- und Qualifizierungspläne.

Beim *Ergebniscontrolling* (vgl. Abschnitt 3.3) wird vom Management gefordert, dass es auf Grund nachhaltiger Soll-Ist-Abweichungen korrigierend in den Betrieb des Arbeitssystems eingreift. Dazu ist das Management zu befähigen.

3.6 Schlussfolgerungen

Das *Produktivitätsmanagement von Arbeitssystemen* prägt sich in vier Hauptaufgaben aus, zwischen denen wechselseitige Abhängigkeiten (vgl. Abbildung I-22) bestehen. So hängt z. B. das Zielmanagement inhaltlich davon ab, welche Absichten mit der Personalentwicklung verfolgt werden, aber auch davon, welche Führungsgrößen im Controlling-Regelkreis verwendet werden oder welche Gestaltungsstandards und -regeln dem Organisationsmanagement zu Grunde liegen.

Abbildung I-22

Die Zusammenhänge zwischen den Aufgaben beim Produktivitätsmanagement von Arbeitssystemen

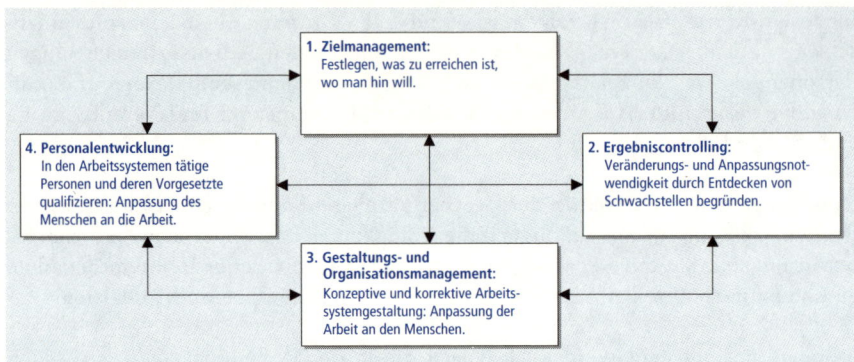

Die Herausforderung beim Management von Arbeitssystemen liegt weniger darin, jede dieser vier Managementaufgaben zu erfüllen, obwohl das bereits schwierig genug ist. Sie liegt in der Notwendigkeit, diese vier Aufgaben aufeinander abzustimmen und nicht z. B. ein Zielmanagement zu betreiben, das nur schwache Zusammenhänge mit der Personalentwicklung oder dem Gestaltungs- und Organisationsmanagement hat. So stellt sich auch nicht die Frage nach den Managementprioritäten, also ob das Ergebniscontrolling oder die Personalentwicklung wichtiger sind. Es stellt sich vielmehr die Frage nach dem Managementgleichgewicht, also ob es gelingt, diese vier Aufgaben harmonisiert zu erfüllen. Schließlich ist zu beachten, dass es beim MTM-Konzept nicht nur um das Produktivitätsmanagement von Arbeitssystemen, sondern auch um die Versorgung des Unternehmens mit zeitbasierten Planungs- und Steuerungsinformationen geht.

4 MTM in der Praxis

4.1 Überblick

Zur Frage, wer als Begründer eines systematischen Produktivitätsmanagements anzusehen ist, gehen die Auffassungen auseinander. In der Literatur werden folgende drei Ansätze am stärksten berücksichtigt:

1. *Produktivitätsmanagement aus volkswirtschaftlicher Sicht* als makroökonomische Aufgabe: Der englische Volkswirt Adam Smith (1723–1790) legte in seinem Hauptwerk »An Inquiry into the Nature and Causes of the Wealth of Nations« (1776) die zentrale Bedeutung der Arbeitsteilung für die Steigerung der Produktivität dar und erklärte diese zum Schlüssel jedes technischen und menschlichen Fortschritts.

2. *Produktivitätsmanagement aus betriebswirtschaftlicher Sicht* als primär zeitwirtschaftliche und lohnanreiztechnische Aufgabe: Der amerikanische Ingenieur Frederick Winslow Taylor (1856–1915) war der erste, der ein nachvollziehbares Konzept für ein betriebliches Produktivitätsmanagement vorlegte. Er wird heute als Begründer eines primär zeitwirtschafts- und lohnanreizbasierten Produktivitätsmanagements angesehen.[72]

3. *Produktivitätsmanagement aus arbeitswissenschaftlicher Sicht* als primär arbeitsgestalterische Aufgabe: Der amerikanische Autodidakt Frank Bunker Gilbreth[73] (1868–1924), der als Vater des Bewegungsstudiums[74] und der Systeme vorbestimmter Zeiten anzusehen ist[75], ging, obwohl mit Taylor bekannt, eigene Wege. Er wird heute als Begründer eines primär arbeitsgestaltungsbasierten Produktivitätsmanagements angesehen.

Die Deutsche MTM-Vereinigung sieht sich mehr in Gilbreth'scher als in Taylor'scher Tradition. Gilbreth löste mit seinen Arbeiten die Entwicklung der Systeme vorbestimmter Zeiten aus. Schlaich kennzeichnete die *Systeme vorbestimmter Zeiten* als aus Vorschriften und Zeitwerten bestehende arbeitswirtschaftliche Verfahren, mit denen »Arbeitszeiten für manuelle Verrichtungen, wie sie bei Montagearbeiten und bei der Bedienung von Maschinen in der Industrie üblich sind, im Voraus, d. h. vor ihrer tatsächlichen Ausführung durch eine Arbeitsperson, bestimmt werden können.«[76]

---

72 Vgl. dazu Deutsche MTM-Vereinigung: a. a. O., 2003, S. 13 f. Hamburg: Deutsche MTM-Vereinigung. Taylor, F. W.: a. a. O, 1911.

73 Gilbreth qualifizierte sich nicht über einen universitären Ausbildungsgang, sondern erarbeitete sich als gelernter Maurer sein Wissen weitgehend durch praktisches Tun und durch Experimentieren in Beratungsprojekten.

74 Vgl. Gilbreth, F. B.: Bewegungsstudien. Berlin: Springer, 1921.

75 Vgl. Brink, H.-J.; Fabry, P.: Die Planung von Arbeitszeiten unter besonderer Berücksichtigung der Systeme vorbestimmter Zeiten, Wiesbaden: Gabler, 1974, S. 36 f. Deutsche MTM-Vereinigung: a. a. O., 2003, S. 15 f.

76 Vgl. Schlaich, K.: Vergleich von beobachteten und vorbestimmten Elementarzeiten manueller Willkürbewegungen bei Montagearbeiten. Entwurf eines neuen Systems vorbestimmter Zeiten. Berlin, Köln, Frankfurt: Beuth, 1967, S. 11.

Abbildung I-23 ist zu entnehmen, dass im Jahre 1926 mit *Motion-Time Analysis* (MTA) das erste System vorbestimmter Zeiten veröffentlicht wurde. Sein Entwickler, Asa B. Segur, war ein Schüler von Gilbreth. Er verfolgte mit seiner Arbeit das primäre Ziel, Arbeitsmethoden nachvollziehbar zu dokumentieren und als sekundäres Ziel, sie zeitlich zu bewerten. MTA wurde bis in die dreißiger Jahre in einer Reihe US-amerikanischer Unternehmen verwendet.

Abbildung I-23

Wichtige instrumentelle Entwicklungsschritte von MTM

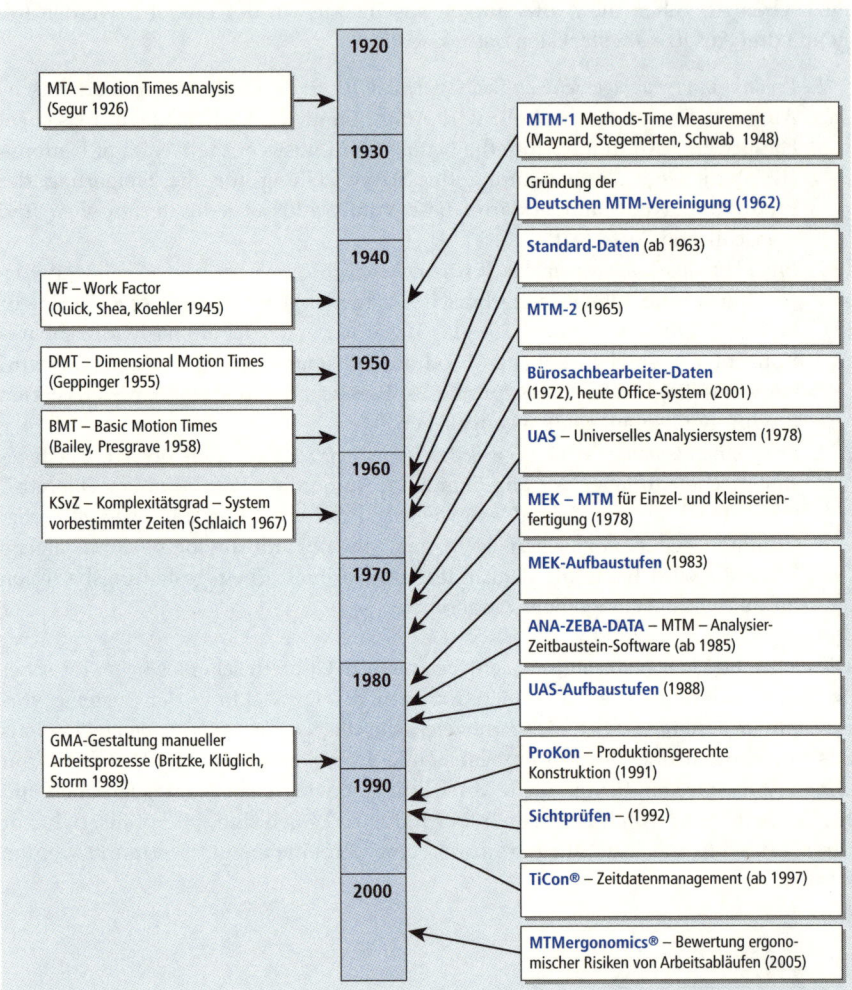

In den dreißiger Jahren begann eine Gruppe um Quick mit der Entwicklung eines Systems vorbestimmter Zeiten, dem *Work-Factor-Verfahren* (WF), mit dem primären Ziel, Sollzeiten für Montagearbeiten zu bestimmen und veröffentlichte das Ergebnis seiner Arbeit im Jahre 1945 in der amerikanischen Zeitschrift »Factory Management and Maintenance«[77]. Das Work-Factor-Verfahren hatte in Deutschland bis in die

---

77 Vgl. Quick, J. H.; Duncan, J. H.; Malcolm, J. A.: Das Work-Factor-Buch. München: Hanser, 1965.

achtziger Jahre in der Metall- und Elektroindustrie sowie in der Holzindustrie Bedeutung und wurde bereits zu Beginn der siebziger Jahre in mehreren Komplexitätsstufen, als WF-Grundverfahren, WF-Schnellverfahren und WF-Kurz-verfahren publiziert.

Drei Jahre nach Veröffentlichung des Work-Factor-Verfahrens wurde *MTM-1 (MTM-Grundverfahren)*[78] als universell anwendbares System vorbestimmter Zeiten ver-öffentlicht.[79] Von den in Abbildung I-23 im linken Bildteil angeführten Systemen vorbestimmter Zeiten unterscheidet sich MTM in zweierlei Hinsicht:

1. Es ist von den dort angeführten und etwa einem Dutzend weiterer Systeme vorbestimmter Zeiten[80] das einzige, das sich weltweit durchgesetzt und nach-haltig praktische Bedeutung erlangt hat.
2. Es wurde schrittweise von einem System vorbestimmter Zeiten zum Produk-tivitätsmanagement von Arbeitssystemen weiter entwickelt. Darauf gehen wir im folgenden Abschnitt näher ein, indem die im rechten Bildteil von Abbildung I-23 dargestellte Entwicklung von MTM ihren Schwerpunkten nach erläutert wird.

Im Jahre 1967 hatte Schlaich eine wissenschaftliche Untersuchung über die Ent-wicklung eines Systems vorbestimmter Zeiten sowie über methodische Unter-schiede zwischen dem WF-Verfahren und dem MTM-Verfahren veröffentlicht.[81] Dabei entwickelte Schlaich wichtige theoretische Grundlagen, auf denen in den siebziger und achtziger Jahren jene MTM-Entwicklungsprojekte basierten, die schließlich zu den Bausteinsystemen UAS und MEK führten. Neben Gilbreth war Schlaich der zweite Forscher, der wichtige Impulse für die Entwicklung des *MTM-Prozessbausteinsystems* in seiner heutigen Form gab.

78 Vgl. Maynard, H. B.; Stegemerten, G. J.; Schwab, J. L.: Methods-Time Measurement, 1948. London: McGraw-Hill. Antis, W.; Honeycutt, L. M.; Koch, E. N.: Die MTM-Grund-bewegungen, 2. Auflage. Düsseldorf: Maynard, 1972.
79 Anders als bei WF haben die Entwickler von MTM beim Greifen und Fügen mehr qualita-tive als quantitative Zeiteinflussgrößen verwendet. Der Vorteil dieses MTM-Konzepts liegt darin, dass es auch in Branchen, in denen z. B. Durchmesser-Verhältnisse beim Fügen irre-levant sind (so z. B. im gesamten Bürobereich), anwendbar ist. Vgl. dazu auch bei Schlaich, K.: a. a. O., 1967, S. 210 f.
80 Vgl. dazu Geppinger, H. C.: Dimensional Motion-Times – DMT. New York: Wiley and Sons, 1955. Bailey, G. B.; Presgrave, R.: Basic Motion Times. New York, Toronto, London: McGraw-Hill, 1958.
81 Vgl. Schlaich, K: a. a. O. Deutsche MTM-Vereinigung: a. a. O., 1967, S. 26.

In den folgenden Abschnitten wird erläutert, was MTM ist. Dabei wird MTM unterschieden nach seinem

1. instrumentellen Aspekt und
2. institutionellen Aspekt.

Beim *instrumentellen Aspekt* geht es einmal um fachliche Gesichtspunkte der Anwendung des MTM-Konzepts, wie es in den vorhergehenden Kapiteln beschrieben wurde. Ferner geht es um die Anwendung der in den Teilen II und III dieser Schrift dargestellten MTM-Methoden und -Werkzeuge. Unter dem instrumentellen Aspekt ist MTM also ein Konzept zum Produktivitätsmanagement von Arbeitssystemen mit dafür entwickelten Methoden und Werkzeugen.

Beim *institutionellen Aspekt* geht es um Fragen der Autorisierung zur Verbreitung und Weiterentwicklung des MTM-Konzepts und der MTM-Methoden und -Werkzeuge.

Abbildung I-24

Die beiden Aspekte von MTM

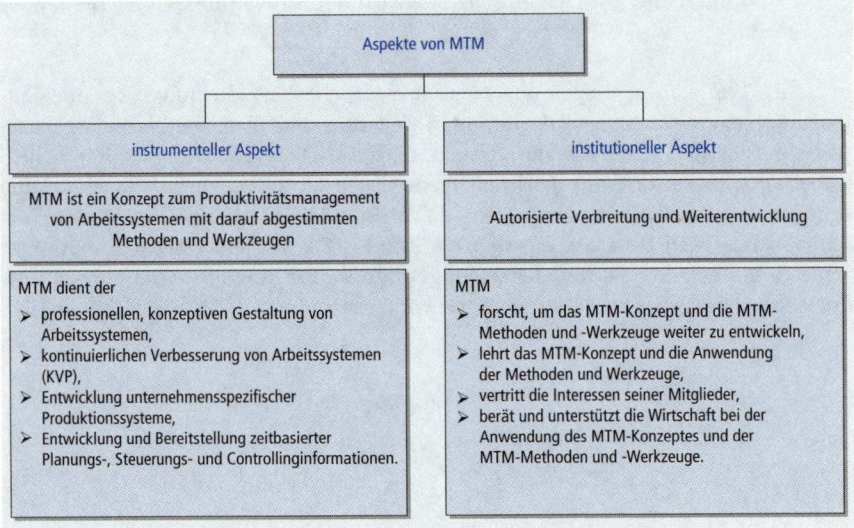

4.2 MTM als Instrument

4.2.1 Vom System vorbestimmter Zeiten zum Produktivitätsmanagement

Bis zu Beginn der achtziger Jahre bestand MTM »lediglich« aus einem *System vorbestimmter Zeiten*. Den Anwendern diente das MTM-Prozessbausteinsystem in erster Linie zwei Zwecken:

1. Arbeitsmethoden unter dem Primat der Produktivitätsmaximierung und Menschengerechtigkeit zu gestalten.
2. Für die so gestalteten Arbeitsmethoden Sollzeiten bestimmen.

Die Mitgliedsunternehmen der *Deutschen MTM-Vereinigung* forderten ab Anfang der achtziger Jahre zunehmend eine konzeptionelle und instrumentelle Erweiterung von MTM. Deshalb wurde MTM in seiner heutigen konzeptionellen Form des Produktivitätsmanagements nicht über theoriegeleitete Entwicklungsvorhaben, sondern empirisch-induktiv entwickelt. Mit fortschreitendem Umfang verfügbarer Methoden und Werkzeuge und immer komplexeren und anspruchsvolleren Anforderungen und Anwendungen wurde auch das *MTM-Konzept* erweitert.[82]

Wichtige Entwicklungsetappen dabei waren:

1. Kurz nach ihrer Gründung im Jahre 1962 begann die Deutsche MTM-Vereinigung mit der Entwicklung der Standard-Daten, einem auf MTM-1 basierenden System komplexerer Prozessbausteine. In den USA lagen zu dieser Zeit bereits von dortigen Beratungsunternehmen entwickelte Standard-Daten-Systeme vor, die sich letztlich nicht durchsetzen konnten.[83]
2. Als schwedisch-britische Entwicklung wurde im Jahre 1966 MTM-2 veröffentlicht, konzeptionell dem UAS ähnlicher als den Standard-Daten.[84]
3. In den Jahren 1972 bis 1975 wurden, als Vorläufer des heutigen Office-Systems, die Bürosachbearbeiter-Daten entwickelt.[85] Damit sollten Unternehmen unterstützt werden, die MTM-Prozessbausteine in ihren administrativen Bereichen anwenden wollten.

---

[82] Vgl. dazu Britzke, B.; Fischer, H.; Jasker, K.; Sanzenbacher, G.; Schosnig, R.: MTM – gestern – heute – morgen. In: Personal – MTM-Report. In dem Umfang, wie man instrumentell »aufrüstete«, konnte man darauf basierend auch konzeptionell «abrunden», 2003, S. 3–10.

[83] Vgl. z. B. Crossan, R. M.; Nance, H. W.: Master Standard Data. The Economic Approach to Work Measurement. New York, Toronto, London: McGraw-Hill, 1962.

[84] Noch heute interessant ist das theoretische Konzept, weil es die Entwicklung von MTM UAS und MTM MEK maßgebend beeinflusst hat. Vgl. dazu Evans, F.: MTM-2, Based Maintenance Work-Measurement. Basic concepts and mathematical models. London: United Kingdom MTM-Association, 1969.

[85] Vgl. Bokranz, R.: MTM-Applications Today – The MTM-Office-Data-System of the German MTM-Association. In: The MTM-Journal, No. 3/1979, S. 2–6.

4. Einer der wichtigsten Meilensteine bei der Entwicklung des MTM-Prozess-bausteinsystems war die Veröffentlichung von UAS (Universelles Analysiersystem, 1978) und MEK (MTM für die Einzel- und Kleinserienfertigung, 1978)[86], weil mit beiden Bausteinsystemen neue Anwendungsfelder erschlossen wurden, z. B. im Flugzeugbau.

5. Ab Mitte der achtziger Jahre begann die Entwicklung von MTM-Software. Damit wurde unter anderem eine wichtige Voraussetzung für einen professionellen Änderungsdienst von Prozessbausteinen und deren direkte Übernahme in Arbeitspläne geschaffen. Ferner führte dieser Entwicklungsschritt zur Integration von MTM in die rechnergesteuerten Planungsprozesse der Unternehmen.[87]

6. Mit der Entwicklung von ProKon[88] wurde, dem Gedanken des Tryout-Konzepts folgend, die Anwendung des MTM-Prozessbausteinsystems auf die erste Phase der Wertschöpfungskette, die Entwicklung, ausgedehnt.

7. Die primäre Gestaltung der Bewegungsabläufe wurde bereits in den achtziger Jahren zur Arbeitssystemgestaltung erweitert.[89] Das fand im Jahr 2004 mit der Veröffentlichung von MTMergonomics® auch einen sichtbaren methodischen Ausdruck.

8. Immer komplexere Anwendungen führten dazu, mit Hilfe des Ganzheitlichen Produktionssystems (GPS) eine Integration in die unternehmensspezifischen Produktionssysteme zu vollziehen[90] und die notwendigen Bezüge zur Geschäftsstrategie sicherzustellen.

Während sich die anderen Systeme vorbestimmter Zeiten nicht durchsetzen konnten und heute nur noch dogmengeschichtliche Bedeutung haben, entwickelte sich MTM vom Instrument zur Produktivitätsmessung hin zu einem Konzept integrierten Produktivitätsmanagements von Arbeitssystemen.

MTM steht heute für ein einzigartiges Angebot zum Produktivitätsmanagement von Arbeitssystemen. Seine wichtigsten Alleinstellungsmerkmale sind:

1. Das *MTM-Konzept des Produktivitätsmanagements*: MTM ist ein geschlossenes Konzept umfassenden Produktivitätsmanagements von Arbeitssystemen. Geschlossen bedeutet, dass alle praxisrelevanten Aspekte der Arbeitsproduktivität berücksichtigt werden. Umfassend bedeutet, dass es sowohl die Planung und Implementierung als auch den Betrieb und die permanente Verbesserung von Arbeitssystemen einschließt.

---

86 Vgl. Helms, W.: Neuentwicklungen und Aktivitäten der Deutschen MTM-Vereinigung. In: Mitteilungen des Instituts für angewandte Arbeitswissenschaft, Heft 85, 1980.

87 Vgl. Deutsche MTM-Vereinigung: Die Softwareentwicklung war ein entscheidender Meilenstein für die instrumentelle Weiterentwicklung von MTM, a. a. O., 2003, S. 55.

88 Vgl. Sanzenbacher, G.: ProKon – wenig Aufwand, große Wirkung. In: Personal – MTM-Report, 2003, S. 26–31.

89 Vgl. Landau, K.: MTM als Beitrag zur Erhöhung des Niveaus der Arbeitsgestaltung. In: Personal – MTM-Report, 2003, S. 11–14.

90 Vgl. Salwiczek, P.; Fischer, H.: Auf neuen Wegen zu neuen Zielen – Ganzheitliches Produktionssystem für eine stetige Verbesserung der Geschäftsprozesse. In: Personal – MTM-Report, 2003, S. 42–46.

2. Das *MTM-Prozessbausteinsystem*: In Verbindung mit darauf abgestimmten Methoden und Werkzeugen dient es der produktivitätsstringenten Planung und Steuerung von Arbeitssystemen. Allen auf der Basis des MTM-Prozessbausteinsystems erstellten Planungen ist eine weltweit (vgl. Abschnitt 4.3.2) akzeptierte, einheitliche Normleistung immanent.[91]

Im folgenden Abschnitt werden jene funktionellen Eigenschaften des MTM-Prozessbausteinsystems dargelegt, die seine Alleinstellung begründen.

4.2.2 Funktionelle Eigenschaften des MTM-Prozessbausteinsystems

Das MTM-Prozessbausteinsystem ist durch vier funktionelle Eigenschaften gekennzeichnet, die in Teil III ausführlich behandelt werden und auf denen die *Alleinstellungsmerkmale des MTM-Prozessbausteinsystems* wesentlich beruhen.

1. *Modellbildungsimmanenz:* Produktivitätsmanagement basiert auf Ergebnisstandards (vgl. Abbildung I-22), das sind Sollergebnisse für den Betrieb von Arbeitssystemen. Ein Arbeitssystem ist ein Modell, weshalb man Sollergebnisse besser direkt bildet und nicht indirekt aus Istergebnissen ableitet[92]. Dem folgt man bei der Anwendung des MTM-Prozessbausteinsystems[93], denn dabei werden »automatisch« Modellbildungen vorgenommen, also direkt Sollergebnisse bestimmt[94]. Die Eigenschaft der Modellbildungsimmanenz unterscheidet das MTM-Prozessbausteinsystem von den in Teil III, Kapitel 7, angeführten Ergänzungstechniken, wie z. B. der Zeitmessung.

2. *Simulationsfähigkeit:* Die Anwendung des MTM-Prozessbausteinsystems ist auch bei virtuellen Arbeitssystemen möglich, z. B. wenn Arbeitssysteme in der Phase des Produktentstehungsprozesses noch in der Planungsphase sind oder wenn man Alternativen »durchspielen« will. Das ist möglich, weil bei der Anwendung des MTM-Prozessbausteinsystems kein real existierendes Arbeitssystem vorausgesetzt wird. Es ist also simulationsfähig.

---

91 Vgl. Becks, C.: Zur Historie des Prinzips vorbestimmter Zeiten oder eine Methode entwickelt sich zum Maßstab. Schriftenreihe der Bundesanstalt für Arbeitsschutz und Arbeitsmedizin, Tb 119 Arbeitsschutz-Ergonomie-Normleistung, Kolloquium des MTM-Instituts und der BAuA in Dresden, 2001.

92 Vgl. zu diesem Thema Becks, C.: a. a. O., 2003.

93 Beim MTM-Prozessbausteinsystem handelt es sich aus theoretischer Sicht um eine Sammlung von Instrumenten für die Modellierung von Arbeitsabläufen. Diese dienen wiederum als Basis zur Planung von Prozessen und Arbeitssystemen. Deshalb betreibt man bei dessen Anwendung zur Bestimmung von Sollzeiten zwangsläufig eine Modellbildung.

94 Das ist grundsätzlich anders, wenn man Sollzeiten mit Hilfe empirischer Verfahren, z. B. durch Selbstaufschreibung oder Zeitmessung, auf indirekte Weise, bestimmt: Es werden Istzeiten erhoben, mit Hilfe so genannter »Bezugsleistungs-Transformationen« in Sollzeiten gewandelt und als Modellbildungsergebnis verwendet. Da man am Ende in Form von Sollzeiten stets eine Modellbildung vornehmen muss, ist den empirischen Verfahren ein Umweg immanent: Erst wird das Ist erhoben, um es dann zu transformieren und das Transformationsergebnis als Soll zu verwenden. Das ist zwar methodisch unbefriedigend, aber praktisch noch immer verbreitet.

3. *Komplexitätsvariation:* Das MTM-Prozessbausteinsystem ist durch die verschiedenen, untereinander abgestimmten Komplexitätsgrade der MTM-Bausteinsysteme hierarchisch organisiert. Damit kann die Granularität der Prozessmodellierung beliebigen praktischen Anforderungen gerecht werden.

4. *Bezugsleistungstreue:* Dem MTM-Prozessbausteinsystem ist als Bezugsleistung die MTM-Normleistung zu Grunde gelegt. Dabei handelt es sich um eine weltweit verwendete Bezugsleistung (»Produktivitätsniveau«). Die damit innerbetrieblich entwickelten Prozessbausteine haben eine einheitliche und auf ein weltweit geltendes Niveau referenzierte Bezugsleistung.

Abschließend soll noch einmal die Bedeutung der in Kapitel 2 dargelegten Standards und Regeln zur Arbeitssystemgestaltung herausgestellt werden. In Abschnitt 2.4 wurde erläutert, dass nach dem MTM-Konzept des Produktivitätsmanagements Arbeitssysteme nach den Standards und Regeln eines unternehmensspezifischen Produktionssystems zu planen sind. Klein- und Mittelbetriebe verfügen heute im Allgemeinen noch nicht über formulierte Produktionssysteme. Sie sollten für ihre Planung dann auf Gestaltungsstandards und -regeln zurückgreifen, die in Teil II behandelt werden. Somit werden diese auf zweierlei Weise genutzt:

1. Nutzung bei der Entwicklung *unternehmensspezifischer Produktionssysteme:* Bei der Entwicklung unternehmensspezifischer Produktionssysteme dient das MTM-Konzept als Basis für die Entwicklung unternehmensspezifischer Gestaltungsstandards und -regeln. Diese sind dann wiederum die Grundlage für die Planung, die Implementierung, den Betrieb und die Revision der Arbeitssysteme.

2. Nutzung zur *Arbeitssystemgestaltung*: Verfügen Unternehmen noch nicht über ein eigenes Produktionssystem, sind dem MTM-Konzept Anleitungen für die Planung, Implementierung, den Betrieb und die Revision von Arbeitssystemen zu entnehmen.

Die Planung von Arbeitssystemen geht der Anwendung des MTM-Bausteinsystems voraus, denn auch virtuelle Arbeitssysteme müssen zumindest in groben Zügen dokumentiert sein. Deshalb wird zuerst im Teil II die Planung und Implementierung von Arbeitssystemen erläutert, bevor im Teil III die Anwendung des MTM-Prozessbausteinsystems behandelt wird.

4.3 MTM als Institution

4.3.1 Verbreitung von MTM

Im Jahre 1951 wurde durch einen der drei Entwickler von MTM, Harold B. Maynard, in New York die U. S. MTM-Association for Standards and Research gegründet. Dieser Institution wurden alle Rechte an dem drei Jahre zuvor veröffentlichten Verfahren übertragen. Durch amerikanische Beratungsunternehmen wurde MTM bereits in der ersten Hälfte der fünfziger Jahre nach Europa gebracht. Im Jahre 1955 wurde als erste europäische nationale MTM-Vereinigung die schwedische MTM-Vereinigung gegründet. Im Jahre 1957 entstanden in der Schweiz, den Niederlanden und Frankreich weitere nationale MTM-Vereinigungen. Im Jahre 1957 beschlossen die bis dahin entstandenen nationalen MTM-Vereinigungen die Gründung eines *Internationalen MTM-Direktorats*[95]. Diesem wurden durch die U. S. MTM-Association for Standards and Research die Urheberrechte an MTM sowie dessen Verbreitung und die Überwachung der sachgerechten Anwendung übertragen. Zu dieser Zeit ging es in erster Linie darum, eine sachgerechte Anwendung von MTM sicherzustellen.

Seit 1958 gab es MTM-Anwendungen auch in Deutschland, und Initiativen deutscher Unternehmen führten im Jahre 1962 zur Gründung der *Deutschen MTM-Vereinigung e. V.*[96], um sicherzustellen, dass auch in Deutschland MTM im Sinne der Verfahrensentwickler angewandt wird.[97]

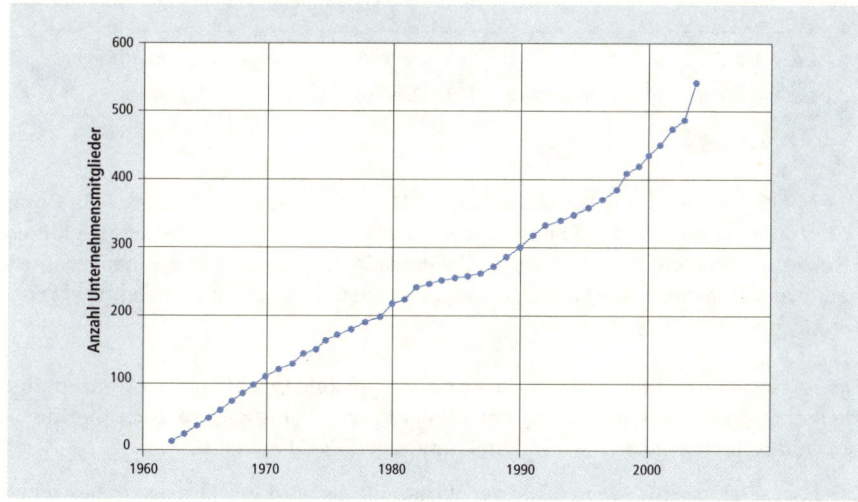

Abbildung I-25

Entwicklung der Anzahl Unternehmensmitglieder der Deutschen MTM-Vereinigung (Stand: Ende 2004)

---

95 Das Internationale MTM-Direktorat wurde im Jahre 1968 als Non-Profit-Organisation in das Vereinsregister von Ohio (USA) eingetragen.

96 Die Deutsche MTM-Vereinigung e. V. ist als gemeinnütziger Verein in das Vereinsregister des Amtsgerichts Frankfurt am Main eingetragen.

97 In den Jahren 1962 bis 1992 lag die Geschäftsführung in den Händen von Dr. Winfried Helms. Vom Jahre 1992 bis zum Jahre 2000 lag diese in den Händen von Carl Becks, der seit der Gründungsphase die MTM-Arbeit in Deutschland mit prägte. Seit dem Jahre 2000 ist Dr. Hans Fischer Geschäftsführer der Deutschen MTM-Vereinigung.

Der Abbildung I-25 ist zu entnehmen, dass die Anzahl Unternehmensmitglieder (juristische Personen) seit Gründung der Deutschen MTM-Vereinigung stetig zunahm und Ende 2004 fast 550 Mitglieder (juristische Personen) erreicht hatte. Ende 2004 hatte die Deutsche MTM-Vereinigung zudem etwa 160 Einzel- und Ehrenmitglieder (natürliche Personen).[98] In gleicher Weise haben sich andere Kenngrößen zur Verbreitung von MTM entwickelt, z. B. die Anzahl MTM-Ausbildungen mit Qualifikationsnachweisen oder die Mitarbeiterzahl bei der Deutschen MTM-Vereinigung.

Abbildung I-26

Verteilung der Unternehmensmitglieder der Deutschen MTM-Vereinigung nach Branchen (Stand: Ende 2004)

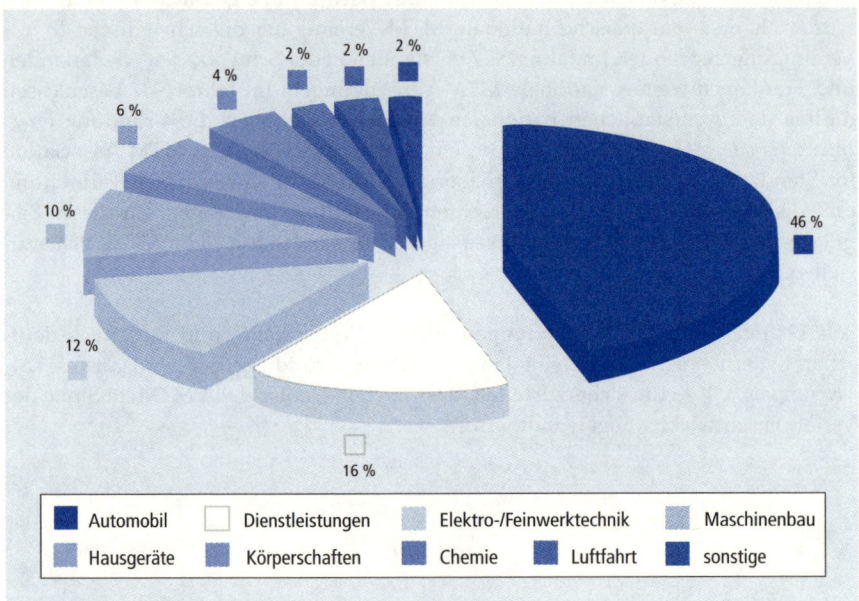

Die *Mitgliedsunternehmen der Deutschen MTM-Vereinigung* stammen, so Abbildung I-26 zu entnehmen, aus einem breiten Branchenspektrum. Allerdings gibt es Schwerpunktbranchen, denn fast drei Viertel der Mitgliedsunternehmen gehören den drei Branchen Automobilindustrie, Dienstleistungen und Elektro-/Feinwerktechnik an.

Der folgenden Abbildung I-27 ist das Ausbildungs- und Qualifizierungskonzept der Deutschen MTM-Vereinigung zu entnehmen[99], mit dem diese, so auch die Intentionen des Internationalen MTM-Direktorats, *zwei Funktionen* erfüllt:

1. Garantenfunktion gegenüber der Wirtschaft: Es wird gewährleistet, dass jenes Wissen und Können sowie jene Qualifikationen vermittelt werden, welche die Wirtschaft, vertreten durch die Mitgliedsunternehmen, abfordert.[100]

---

98 Nach § 4 ihrer Satzung können Unternehmen, Körperschaften und Behörden, Einzelmitglieder und Ehrenmitglieder eine Mitgliedschaft bei der Deutschen MTM-Vereinigung erlangen.

99 Vgl. dazu Fischer, H.: Das Ausbildungsprogramm der Deutschen MTM-Vereinigung e. V. In: Personal – MTM-Report, 2003, S. 53–56.

100 Vgl. dazu § 2, Ziffer 4 der Satzung der Deutschen MTM-Vereinigung.

2. Verbreiterfunktion im Auftrage des Internationalen MTM-Direktorats: Es wird gewährleistet, dass MTM im Sinne der Verfahrensschöpfer auf gemeinnütziger Basis weiter entwickelt und verbreitet wird.[101]

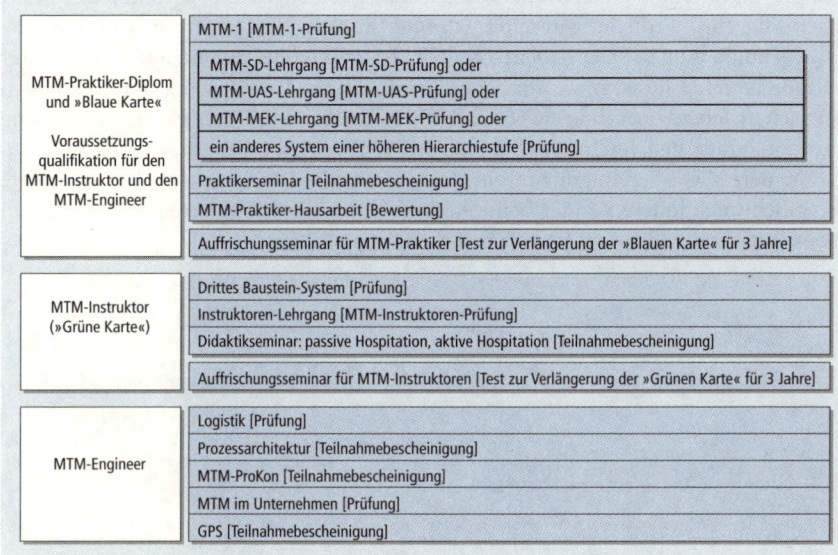

Abbildung I-27

Das Ausbildungs- und Qualifizierungskonzept der Deutschen MTM-Vereinigung (Stand: Ende 2004)

Ein Maßstab für die Verbreitung von MTM ist neben der steten Zunahme der Anzahl Firmenmitglieder die Qualifikationenstatistik (vgl. Abbildung I-28). Danach wurden seit Bestehen der Deutschen MTM-Vereinigung bis zum Ende des Jahres 2004 ca. 60.000 Qualifikationen vergeben und ca. 10.000 Personen bis zum MTM-Praktiker-Diplom geführt.

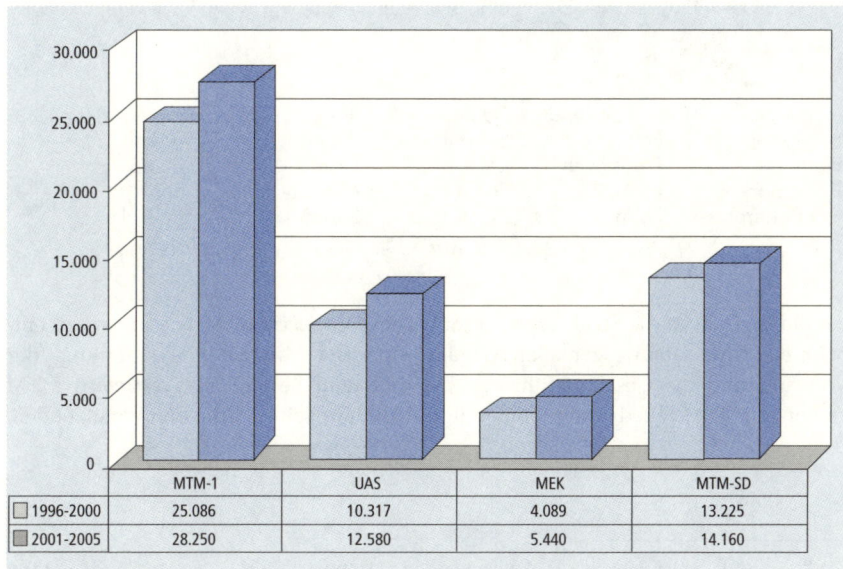

Abbildung I-28

Von der Deutschen MTM-Vereinigung vergebene Qualifikationen und deren zeitliche Verteilung (Stand: Ende 2004)

	MTM-1	UAS	MEK	MTM-SD
1996-2000	25.086	10.317	4.089	13.225
2001-2005	28.250	12.580	5.440	14.160

101 Vgl. dazu § 2, Ziffern 1 bis 3 der Satzung der Deutschen MTM-Vereinigung.

4.3.2 Organisation von MTM

Der folgenden Abbildung I-29 ist zu entnehmen, welche nationalen MTM-Vereinigungen im Internationalen MTM-Direktorat zusammengeschlossen sind, dass MTM über alle fünf Erdteile verbreitet ist und Europa derzeit einen Verbreitungsschwerpunkt bildet.[102] Die Deutsche MTM-Vereinigung nimmt auf Grund ihrer Mitgliederzahl, ihres Innovationspotenzials, ihrer Verankerung im nationalen Wirtschaftsleben und ihrer wirtschaftlichen Unabhängigkeit eine herausragende Position unter den im Internationalen MTM-Direktorat zusammengeschlossenen nationalen MTM-Vereinigungen ein. Daraus begründet sich die selbst auferlegte Verpflichtung, andere Länder beim Aufbau nationaler MTM-Vereinigungen durch Kooperationen und Know-how-Transfer zu unterstützen.

Kanada	Norwegen	(Niederlande)	Deutschland	Slowakei	(Russland)
USA	Schweden	Belgien	Schweiz	(Ungarn)	(Türkei)
Brasilien	Finnland	Frankreich	Österreich	Serbien-	(China)
	Dänemark	Portugal	Polen	Montenegro	Japan
	Großbritannien	Spanien	Tschechien	Südafrika	(Australien)

(...) = Länder mit MTM-Anwendung ohne eigene MTM-Vereinigung

Abbildung I-29

Die weltweite Verbreitung von MTM, mit und ohne Unterstützung durch nationale MTM-Vereinigungen (Stand: Ende 2004)

Abbildung I-30 ist die Strukturorganisation der *Deutschen MTM-Vereinigung* zu entnehmen. Ihre satzungsgemäßen Organe sind die Mitgliederversammlung, der Vorstand und die Geschäftsführung. Der Vorstand besteht aus Vertretern MTM anwendender Mitgliedsunternehmen und wählt aus seiner Mitte den Vorsitzenden,

---

102 Es sind die im Internationalen MTM-Direktorat (IMD) organisierten nationalen MTM-Vereinigungen gekennzeichnet. Die dänische, norwegische und schwedische MTM-Vereinigung sind dort als »MTM-föreningen i Norden« vertreten.

der unter Votumsmehrheit der Vorstandsmitglieder den Geschäftsführer bestellt. Während der Vorstandsvorsitzende die Außenvertretung im Sinne des § 26 BGB wahrnimmt, übt der Geschäftsführer die operative Leitung der Deutschen MTM-Vereinigung aus.

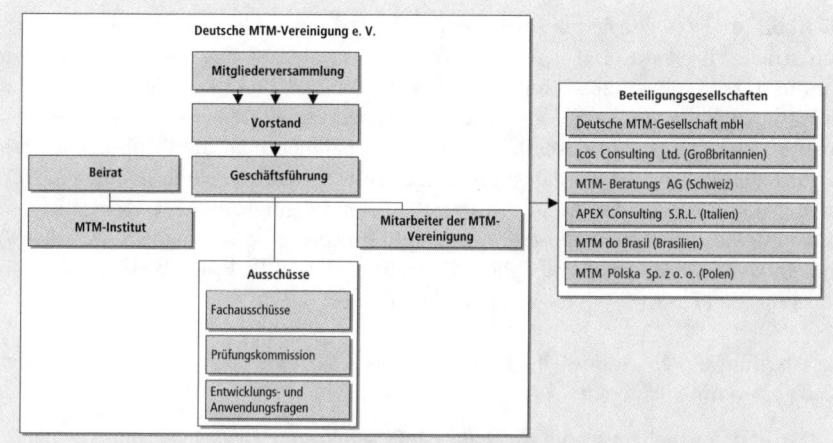

Abbildung I-30

Strukturorganisation der Deutschen MTM-Vereinigung e.V.

Der Geschäftsführer wird durch die Mitarbeiter der Deutschen MTM-Vereinigung unterstützt sowie durch Ausschüsse, in denen diese mit Vertretern von Mitgliedsunternehmen zusammenarbeiten. Darin kommt die im vorhergehenden Abschnitt beschriebene Garantenfunktion zum Tragen: Bei allen Ausbildungsfragen werden die Bedürfnisse der Mitgliedsunternehmen berücksichtigt, um sicherzustellen, dass man sich auf diese genügend fokussiert.

Im Jahre 1999 wurde das *MTM-Institut*[103] gegründet, mit der Absicht, die im vorhergehenden Abschnitt angeführte Verbreiterfunktion zu verstärken, indem insbesondere folgende Arbeiten geleistet werden:

1. Weiterentwicklung von MTM hin zu einem geschlossenen Konzept des Produktivitätsmanagements von Arbeitssystemen, wie es in dieser Schrift dargelegt wird,
2. Verbreitung von MTM durch wissenschaftliche und populärwissenschaftliche Publikationen sowie Kooperation mit Hochschulen, Tarifvertragsparteien und anderen Institutionen,
3. Initiierung von Forschungsprojekten und Verknüpfung institutseigener und institutsfremder Forschungsergebnisse mit dem Ziel, MTM weiter zu entwickeln.[104]

Die Deutsche MTM-Vereinigung hat ab dem Jahre 1982 zur Unterstützung betrieblicher MTM-Anwendungen Beratungsgesellschaften und ein Softwarehaus gegründet. Darin sind unter anderem auch alle Aktivitäten im Zusammenhang mit der MTM-Software TiCon® gebündelt.

---

103 Die Leitung des MTM-Instituts in Zeuthen bei Berlin obliegt seit seiner Gründung Dr. Bernd Britzke. Die Deutsche MTM-Vereinigung ist die einzige nationale MTM-Vereinigung, die eine derartige Institution unterhält.

104 Vgl. dazu Gründungsschrift des MTM-Institutes, Deutsche MTM Vereinigung, 1999.

4.4 MTM – Institutionalisierung im Unternehmen

4.4.1 Institutionalisierung des Produktivitätsmanagements im Unternehmen

In Abbildung I-1 wurde ein umfassendes Erklärungsmodell für die betriebswirtschaftliche Produktivität geboten. Versucht man auf alle dort angeführten Einflussfaktoren[105] einzuwirken, um alle Chancen zur Produktivitätsförderung zu nutzen, entsteht ein sehr komplexes Aufgabenbündel und die Frage, welchen Institutionen (Organisationseinheiten) im Unternehmen man die Erfüllung so vielfältiger und komplexer Aufgaben übertragen soll. Zudem ist zu entscheiden, in welchem Ausmaß man die Aufgaben des Produktivitätsmanagements zentralisieren (z. B. in einer Zentralabteilung »Industrial Engineering« oder »Arbeitswirtschaft«) und in welchem Ausmaß man sie dezentralisieren will (z. B. in Werksabteilungen »Technische Planung« oder »Arbeitsvorbereitung«).

In Abbildung I-1 werden die Einflussfaktoren auf die Produktivität nach vier Kategorien unterschieden:

1. Auf das Arbeitsergebnis wirkende Einflussfaktoren: Geschäftsstrategie; Marktstellung, Kunden-/Lieferantenbeziehungen; Innovationspotenzial.
2. Auf die Ressourcen wirkende Einflussfaktoren: Leistungsfähigkeit/-bereitschaft der Mitarbeiter und der Anlagen; Personalbestand/-qualifikation; personalbezogene Organisationsaspekte; Altersstruktur und Stand der Technik, Prozessfähigkeit.
3. Auf das Material wirkende Einflussfaktoren: Materialbedarf und -bewirtschaftung.
4. Auf die Produktionsbedingungen wirkende Einflussfaktoren: Informationsmanagement; Produktionsplanung und -steuerung; Produktionsorganisation; Logistik; Qualitäts- und Umweltmanagement.

In der Praxis findet man verschiedene Institutionalisierungskonzepte für die Funktionen und Aufgaben des Produktivitätsmanagements. Unseres Wissens gibt es kein Konzept, bei dem alle wesentlichen dem Produktivitätsmanagement dienenden Aufgaben bei einer Institution im Unternehmen zentralisiert sind. Das wäre bei dem weiten Themenspektrum auch nicht zweckmäßig. Es verbleiben also nur die beiden Fragen,

1. welche dem Produktivitätsmanagement dienenden Aufgaben zu institutionalisieren sind und
2. welche dieser institutionalisierten Aufgaben zu zentralisieren und welche zu dezentralisieren sind.

Am verbreitetsten dürfte in Deutschland als plakativer Sammelbegriff für eine Institutionalisierung von Aufgaben zum Produktivitätsmanagement die Bezeichnung »Industrial Engineering« sein. Dieser Begriff wurde seit Mitte der sechziger Jahren

---

105 Diese Einflussfaktoren repräsentieren betriebliche Funktionen bzw. im Unternehmen zu erfüllende Aufgaben mit direktem Bezug zum Produktivitätsmanagement.

durch die Übersetzung des Industrial Engineering Handbook von Maynard[106] ins Deutsche zunehmend populärer. Er ist allerdings auch heute noch in den USA verbreiteter als in Europa.[107]

Zum Begriff des *Industrial Engineering* oder des Industrial Engineer liegt weder in den USA noch in Deutschland ein einheitliches Verständnis vor. Dazu einige Beispiele:

1. REFA definiert: Industrial Engineering als Anwendung von Methoden und Erfahrungen zur Untersuchung und Gestaltung komplexer betrieblicher Zusammenhänge, mit den Zielen der Verbesserung der Wirtschaftlichkeit des Betriebes und der menschengerechten Arbeitsgestaltung.[108]
2. Das Department of Industrial Engineering der North Carolina State University (2005) versteht Industrial Engineering als ein dem Design von Produktionssystemen dienendes Methodenangebot. Der Industrial Engineer analysiert und entwickelt dabei Symbiosen von Menschen, Maschinen und Liegenschaften und schafft effektive und effiziente Produktionssysteme, mit denen verbraucherdienliche Waren und Dienstleistungen zu erzeugen sind.
3. Das Department of Industrial Engineering der University of Tennessee (2005) versteht Industrial Engineering als Entwicklung von Arbeits- und Produktionssystemen mit effizienten und menschengerechten Systemfunktionen. Der Industrial Engineer hat dabei Aufgaben zu lösen, bei denen der Mensch im Mittelpunkt steht, und sein Fähigkeitsspektrum ermöglicht es ihm, auch mit außergewöhnlichen Rahmenbedingungen fertig zu werden.
4. Das Department of Industrial Engineering der Mississippi State University (2005) sieht in den Industrial Engineers jene Personen, die Arbeits- und Produktionssysteme konzipieren, implementieren und verbessern dabei die Brücke zwischen den Unternehmenszielen und den betrieblichen Gegebenheiten schlagen. Sie betreiben Produktivitätsmanagement durch eine optimale Verknüpfung von Menschen, Geschäftsprozessen und Technologie.
5. Das amerikanische Institute of Industrial Engineers (www.iienet.org) kennzeichnet die Aufgaben des Industrial Engineers wie folgt (2005): »Der Industrial Engineer verbindet Menschen, Informationen, Material, finanziell und technologische Ressourcen zur optimalen Erstellung von Waren und Dienstleistungen.«

Wir verwenden den Begriff des *Industrial Engineering* für ein *Aufgabengebiet*, bei dem die Planung und Durchführung komplexer Rationalisierungsvorhaben anfällt. Dabei sind typischerweise technische, arbeitswirtschaftliche, organisatorische, betriebswirtschaftliche und juristische Probleme zu lösen, mit dem Ziel, die Produktivität, Wirtschaftlichkeit oder Rentabilität eines Unternehmens oder seiner Betriebe zu verbessern. Industrial Engineering stellt nach dieser Sicht eine funktionelle Erweiterung

---

106 Vgl. Maynard, H. B. (Hrsg.): Industrial Engineering Handbook, 2. Auflage. New York: McGraw-Hill, 1956. Zandin, K. B.: Maynard's Industrial Engineering Handbook, 5. Auflage. New York: McGraw-Hill, 2001.
107 Vgl. Salvendy, G.; (Hrsg.): Handbook of Industrial Engineering, Technology and Operations Management, 3 Bände, 3. Aufl. New York: Wiley & Sons, 2001.
108 Vgl. REFA (Hrsg.): Methodenlehre des Arbeitsstudiums, Teil 1 Grundlagen, 7. Auflage. München: Hanser, 1984, S. 37.

des klassischen Engineering insbesondere um arbeitswirtschaftliche, betriebswirtschaftliche und juristische Sichtweisen dar. Im Aufgabenspektrum der Rationalisierung[109] sehen wir das Produktivitätsmanagement gut aufgehoben.

Auf Grund dieses Begriffsverständnisses wird unter einem Industrial Engineer eine Person verstanden, der die Planung und Durchführung komplexer Vorhaben zum Produktivitätsmanagement obliegt und die über ein profundes technisches, arbeits- und wirtschaftswissenschaftliches Wissen verfügt. Manche werden hier starke Ähnlichkeiten zum Berufsbild des Wirtschaftsingenieurs sehen.

4.4.2 Zentralisierungswürdige Funktionen

Eine Abteilung »Industrial Engineering« ist in vielen Unternehmen jene Organisationseinheit, in der die meisten professionalisierten Funktionen und Aufgaben zum Produktivitätsmanagement institutionalisiert sind. Institutionalisieren heißt nicht zwingend auch zentralisieren, denn eine Reihe von Funktionen und Aufgaben findet man in vielen Unternehmen dezentralisiert:

- beim Linienmanagement (z. B. alle Aspekte zur kontinuierlichen Verbesserung von Arbeitssystemen),
- in anderen zentralen Fachabteilungen (z. B. Qualitätsaspekte beim Qualitätsmanagement, Entgeltaspekte beim Personalwesen) oder
- in dezentralen Fachabteilungen (z. B. Werks-Logistik, Werks-Arbeitsvorbereitung).

Die Unternehmen verwenden verschiedene Institutionsbezeichnungen, z. B. »Arbeitswirtschaft«, »Technische Planung«, »Industrial Engineering« »Zeitwirtschaft«, »Technische Organisation« oder »Arbeitsstudium« und verschiedene Zentralisierungskonzepte. Im Einzelfall ist zu hinterfragen, welche Funktionen und Aufgaben sich hinter solchen Bezeichnungen verbergen und welchem Zentralisierungskonzept man folgt.

Die in den folgenden Abschnitten zu beantwortenden Fragen lauten:

1. Welche Aufgaben sollen in einem Fachgebiet »Industrial Engineering« zusammengefasst werden? Auf diese Frage versuchen wir in den beiden folgenden Abschnitten beispielhaft Antworten zu geben.
2. Welche der zu diesem Fachgebiet zusammengefassten Aufgaben sollen in einer Zentralabteilung »Industrial Engineering« erfüllt und damit zentralisiert und welche sollten dezentralisiert werden? Dazu diskutieren wir nachfolgend den Zentralisierungsgedanken und stellen im Abschnitt 4.5 ein Lösungsbeispiel vor.

---

109 Eine einheitliche Interpretation des Rationalisierungsbegriffs gibt es nicht. Meistens werden unter den Begriff Rationalisierung technische, arbeitswirtschaftliche, organisatorische und betriebswirtschaftliche Maßnahmen subsumiert, die mit der Absicht durchgeführt werden, die Produktivität, Wirtschaftlichkeit oder Rentabilität eines Unternehmens oder seiner Betriebe zu verbessern.

In den Unternehmen wird derzeit nur selten ein Bedarf an verstärkter Zentralisation, aber allenthalben Zweifel an der Sinnhaftigkeit des Ausmaßes erreichter Zentralisation artikuliert. Zentralisierungen werden meist unter Synergieeffektaspekten argumentiert und kaum unter den ggf. viel wichtigeren Aspekten der Demotivation dezentraler Einheiten und daraus resultierenden Blindleistungen. Dezentralisation birgt aber auch Gefahren, insbesondere, dass Aufgaben nur verschoben werden, ohne Effektivitäts- und Effizienzverbesserung, dass die Unternehmenszentrale den Überblick über das Geschehen im Unternehmen verliert und zum Moderator verkommt. Wenn es um Zentralisierung[110] geht, sollten nur solche Aufgaben zentralisiert werden, die einer der drei folgenden Funktionen zuzuordnen sind:

1. Grundsatzfunktion: Unternehmerische Ziele sind nur dann zu fixieren und zu steuern, wenn die Unternehmensleitung auf gebündelte Informationen und Ressourcen zurückgreifen kann. Deshalb sollte man Aufgaben von allgemeiner und grundsätzlicher Bedeutung zentralisieren, ferner solche Aufgaben, deren Erfüllung ein besonders hohes Maß an Fachwissen und Erfahrung erfordert.
2. Interventionsfunktion: Ein Mindestmaß an Aufgabenzentralisierung ist erforderlich, um die Stabilität gefährdende Eigenwilligkeiten dezentraler Einheiten zu erkennen. Deshalb sollte ein Minimum an Kontrollaufgaben zentralisiert werden.
3. Servicefunktion: Ohne jegliche Aufgabenzentralisierung lassen sich Größen- und Spezialisierungsvorteile nicht erzielen. Deshalb sollten solche Aufgaben zentralisiert werden, die eine Zentrale wirtschaftlicher für alle als jeder für sich selbst erstellt. Zu beachten ist aber, dass den dezentralen Geschäftseinheiten, die näher am Geschehen sind, authentischere Informationen zur Verfügung stehen. Ferner besteht die Gefahr von Demotivation auf Grund eingeschränkter Handlungsspielräume.

4.4.3 Institutionalisierung des Industrial Engineering

Die in den Teilen II und III behandelten MTM-Methoden und -Werkzeuge sind in den Unternehmen in Organisationseinheiten etabliert, die häufig als »Industrial Engineering-Abteilung« bezeichnet werden. Bei Institutionalisierungen kommt es weniger auf den Namen an, als auf die erfüllten Funktionen, die aufbauorganisatorische Einbindung, die Qualifikationsprofile der Mitarbeiter und die Angemessenheit der personellen Besetzung. Es geht also um die zweite, im vorhergehenden Abschnitt gestellte Frage nach den in einer Zentralabteilung »Industrial Engineering« zu erfüllenden Aufgaben. Das *Aufgabenspektrum des Industrial Engineering* lässt sich

---

110 Bei der Zentralisierung ist zu unterscheiden, ob man nach Objekten oder nach Verrichtungen zentralisieren will. Eine Zentralisierung auf eine Organisationseinheit nach Objekten (z. B. Prozessbausteine) führt dazu, dass die dafür anfallenden Verrichtungen dezentralisiert werden. Die Folge ist dann z. B., dass eine Abteilung Prozessbausteine jeder Art für bestimmte Arbeitssysteme (z. B. Wartungen) erstellen würde. Eine Zentralisierung auf eine Organisationseinheit nach Verrichtungen führt dazu, dass die Objekte dezentralisiert werden. Die Folge ist dann z. B., dass eine Abteilung alle Prozessbausteine für technische Prozesse erstellen würde, gleichgültig, in welchem Arbeitssystem diese anfallen. Es ist also stets zu berücksichtigen, wonach man in welchem Ausmaß zentralisieren will.

nicht allgemeingültig definieren, weil es durch zahlreiche unternehmensspezifische Gegebenheiten bestimmt wird, z. B. durch die Unternehmensgröße und unternehmensinternen Verflechtungen, die Branche, das Geschäftsmodell, die Kunden-Lieferanten-Verflechtungen, die Geschäftsstrategie bzw. das Produktionssystem oder durch aktuelle Schwerpunktthemen.

Trotz dieser Einschränkungen folgt die Deutsche MTM-Vereinigung seit dem Jahre 1994 einem *Industrial Engineering-Konzept*, das seinen sichtbaren Ausdruck im Ausbildungsgang zum European Industrial Engineer fand (vgl. Abbildung I-31). Diese Ausbildung wurde vom Europäischen Verband für Produktivitätsförderung (EFPS) initiiert und wird in Deutschland von den EFPS-Mitgliedern MTM und REFA angeboten. Das Konzept ist zwar im Schwerpunkt auf die im vorhergehenden Abschnitt angeführte Grundsatzfunktion fokussiert, bezieht aber auch Aspekte der Interventionsfunktion ein.

Abbildung I-31

Themenkreiskonzept der Deutschen MTM-Vereinigung zum Industrial Engineering

1. Operatives Management

Menschenführung, Motivation, Kommunikation, Interkulturelles Handeln, Konfliktmanagement, Teamarbeit, Sitzungen und Berichte, Moderation und Präsentation.

6. Unternehmen, und Markt

Geschäftsstrategie und Produktionssystem, Benchmarking, Marketing, Globalisierung der Weltwirtschaft, Unternehmenssicherung und Wachstum, Investitionsplanung und -rechnung.

2. Projektmanagement

Projektorganisation, -planung und -controlling, Persönliches Zeitmanagement, Kreativität, Ideenfindung, Produkt- und Gemeinkostenwertanalyse, Nutzwertanalyse, Logistik.

Themenkreise des Industrial Engineering

5. Produkt- und Prozessmanagement

Analyse und Gestaltung von Prozessen, Produkt- und Prozessanalyseinstrumente (FMEA, ProKon, COE), Prozesssteuerung und -optimierung, Qualitätsmanagement, Revision von Prozessbausteinsystemen.

4. Rechnungswesen und Controlling

Voll- und Teilkostenrechnung, Target Costing, Prozesskostenrechnung, Operatives und Strategisches Controlling, Kurzfristige Erfolgsrechnung, Sonderrechnungen, Jahresabschluss und Finanzierung, Portfolio-Analysen.

3. Personal- und Arbeitswirtschaft

Individual- und Kollektivarbeitsrecht, Organe der Europäischen Union, Arbeitsrecht in Europa, Arbeitszeitgestaltung, Zielvereinbarung und Leistungsbeurteilung, Entgeltdifferenzierung, Arbeitssicherheit.

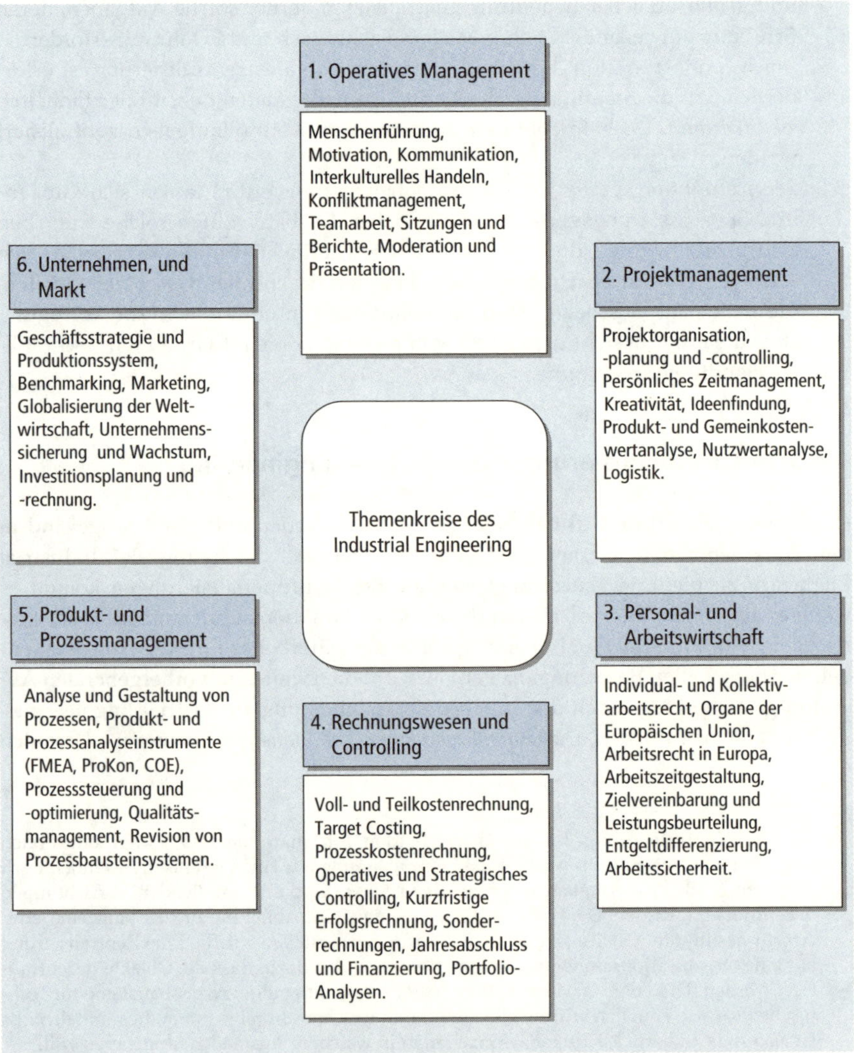

Aufgaben zum Produktivitätsmanagement werden nach dem MTM-Konzept umso eher als zentralisierungswürdig angesehen, je mehr sie grundsätzliche Bedeutung haben und der einheitlichen Ausrichtung des Unternehmens zu Fragen des Produktivitätsmanagements dienen. Wie Abbildung I-31 zu entnehmen, werden die Aufgaben durch Themen repräsentiert, die zu Themenkreisen zusammengefasst sind. Die sechs Themenkreise stehen nicht für ein mehr oder weniger vollständiges Aufgabeninventar, sondern für einen lehrbaren Themenrahmen zum Industrial Engineering. Nach diesem Begriffsverständnis der Deutschen MTM-Vereinigung stellt das Industrial Engineering eine funktionelle Erweiterung des Wirkungsfeldes klassischer Ingenieure dar, das dabei insbesondere um arbeitswirtschaftliche, betriebswirtschaftliche und juristische Sichtweisen ergänzt wird.

4.4.4 MTM und Industrial Engineering

Im *Ausbildungs- und Qualifizierungskonzept* der *Deutschen MTM-Vereinigung* wurden mit dem MTM-Praktiker, dem MTM-Instruktor und dem MTM-Engineer drei Qualifikationsstufen und fachliche Funktionalitäten geschaffen, die geeignet sind, die Integration des MTM-Konzepts in das Industrial Engineering zu unterstützen (vgl. dazu auch das in Abbildung I-3 angeführte Beispiel).

1. Der *MTM-Praktiker* ist eine Qualifikationsstufe, mit der gewährleistet wird, dass die dazu lizenzierten Personen die MTM-Methoden und -Werkzeuge sachgerecht anwenden können. Das MTM-Praktiker-Diplom (und der Befähigungsnachweis, dokumentiert durch die sog. »Blaue Karte«) wird durch die Deutsche MTM-Vereinigung nach erfolgreichem Absolvieren der Praktiker-Ausbildung erteilt. Nach einem bestandenen Auffrischungstest wird der Nachweis für jeweils weitere drei Jahre verlängert.

2. Der *MTM-Instruktor* ist eine Qualifikationsstufe, zu der gewährleistet wird, dass die dazu lizenzierten Personen die MTM-Methoden und -Werkzeuge nach den Ausbildungsrichtlinien der Deutschen MTM-Vereinigung unternehmens-intern sachgerecht lehren können. Das MTM-Instruktoren-Diplom (und die Lehrlizenz, dokumentiert durch die sog. »Grüne Karte«) wird durch die Deutsche MTM-Vereinigung nach erfolgreichem Absolvieren der Instruktoren-Ausbildung für eine Dauer von drei Jahren erteilt. Nach einem bestandenen Test wird diese für jeweils weitere drei Jahre verlängert.

3. Der *MTM-Engineer* ist eine Qualifikationsstufe, mit der gewährleistet wird, dass die Inhaber des MTM-Engineer-Diploms das MTM-Konzept und die MTM-Methoden und -Werkzeuge beim Management von MTM-Projekten umfassend und sachgerecht anwenden können. Voraussetzungen für die Vergabe des MTM-Engineer-Diploms durch die Deutsche MTM-Vereinigung sind der Besitz des MTM-Praktiker-Diploms sowie die erfolgreiche Absolvierung der Engineering-Ausbildung[111].

---

111 Dabei sind zwei Lehrgänge, »MTM-Logistiker« und »MTM im Unternehmen«, erfolgreich abzuschließen und drei Seminare zu absolvieren, »Prozessarchitektur«, »ProKon« und »GPS«.

Im Teil I, Abschnitt 4.3.1, wurde darauf hingewiesen, dass die *Deutsche MTM-Vereinigung* eine *Garantenfunktion* zu erfüllen hat. Das geschieht wesentlich auch mit Hilfe der vermittelten fachlichen Funktionalitäten, und zwar auf folgende Weise:

1. Umfassendes Wissensmanagement: Die zeitliche Begrenzung der Diplome übt einen heilsamen Zwang aus, sich selbst und die im Unternehmen installierten Instrumente auf aktuellem Stand zu halten. Durch die regelmäßigen Trainingsseminare zur Lizenzverlängerung besteht die Gewähr, dass die Unternehmen stets auf Mitarbeiter zurückgreifen können, die über ein aktuelles und professionelles Können verfügen.

2. Professionelle Anwendung der MTM-Methoden und -Werkzeuge: Die Qualifizierung zum MTM-Praktiker gewährleistet, dass diese Personen das MTM-Prozessbausteinsystem regelgerecht anwenden und die damit verbundenen Qualifikationsanforderungen erfüllen können. Die Qualifizierung zum MTM-Engineer gewährleistet, dass diese Personen Projekte managen können, in deren Mittelpunkt die MTM-Anwendung steht[112].

3. Praxisorientiertes Ausbildungskonzept: Die Qualifizierung zum MTM-Instruktor schafft die Möglichkeit, dass unternehmensinterne MTM-Ausbildungen durch eigene Mitarbeiter nach den Richtlinien der Deutschen MTM-Vereinigung durchzuführen sind. Die zum MTM-Instruktor qualifizierten Mitarbeiter sollen das Wissen um die Anwendung von MTM-Methoden und -Werkzeugen nach dem »Schneeballprinzip« im Unternehmen verbreiten. Wenn das Management und die in den Arbeitssystemen operativ tätigen Mitarbeiter nach dem SOP korrektive Arbeitssystemverbesserungen erzielen sollen, bedarf es solcher Ausbildungs-Investitionen.

4.4.5 Beispiel für die organisatorische Einbindung des Industrial Engineering

Im Abschnitt 4.4.2 wurden mit der Grund-, Interventions- und Servicefunktion Prüffilter für die Zentralisierung von Industrial Engineering-Aufgaben eingeführt. In diesem Abschnitt wird am Beispiel eines Automobilzulieferers, einem Mitgliedsunternehmen der Deutschen MTM-Vereinigung, gezeigt, wie man das Industrial Engineering in einer Zentralabteilung organisatorisch einbinden kann, unter Nutzung dieser Prüffilter. Das geht von der Einbindung in die hierarchische Organisationsstruktur bis hin zur Formulierung von Stellenbeschreibungen.

---

112 Der MTM-Engineer ist qualifiziert, das MTM-Konzept in prospektiv und korrektiv ausgerichteten Projekten, unter Beteiligung der Arbeitssystembetreiber, anzuwenden.

Abbildung I-32 ist zu entnehmen, dass die Industrial Engineering-Abteilung nicht als zentrale Stabsstelle der Geschäftsführung, sondern der Produktionsbereichsleitung unterstellt ist. Zwei Voraussetzungen für diese aufbauorganisatorische Positionierung waren, dass man bei den Themen

- Werkzeug- und Vorrichtungsbau nicht eingebunden ist, sondern diese dem Bereich Entwicklung / Engineering zugeordnet sind (was nicht unstrittig ist) und
- Material und Logistik, für die es einen eigenen Bereich gibt, eine Schnittstelle hat, die zuverlässig zu regeln ist, um Interessenkonflikte kanalisieren zu können.

Abbildung I-32

Beispiel für die aufbauorganisatorische Eingliederung der Industrial Engineering-Abteilung

Abbildung I-33 ist das *Aufgabenspektrum der Industrial Engineering-Abteilung* zu entnehmen. Es umfasst vier Aufgabenblöcke mit je drei Aufgaben. Aufgabenspektren des Industrial Engineering lassen sich, wie vorstehend bereits erwähnt, nicht verallgemeinern, sondern werden z. B. durch die Unternehmensgröße, die unternehmensinternen Verflechtungen, die Branche, die Kunden-Lieferanten-Verflechtungen, die Geschäftsstrategie bzw. das Produktionssystem oder die aktuellen Schwerpunkte[113] bestimmt. Dem Aufgabenspektrum ist die Themenbreite zu entnehmen, und es sind eventuelle potenzielle Konflikte zu erkennen. Man erkennt jedoch nicht, ob es Aufgabenschwerpunkte gibt oder welche personellen Anforderungen bestehen.

---

113 Beispielsweise sind bei Unternehmen, die sich in einer Fusions-, Insolvenz- oder Sanierungsphase befinden, andere Aufgaben gefordert, als bei Unternehmen, die sich in wohl geordneten Bahnen bewegen.

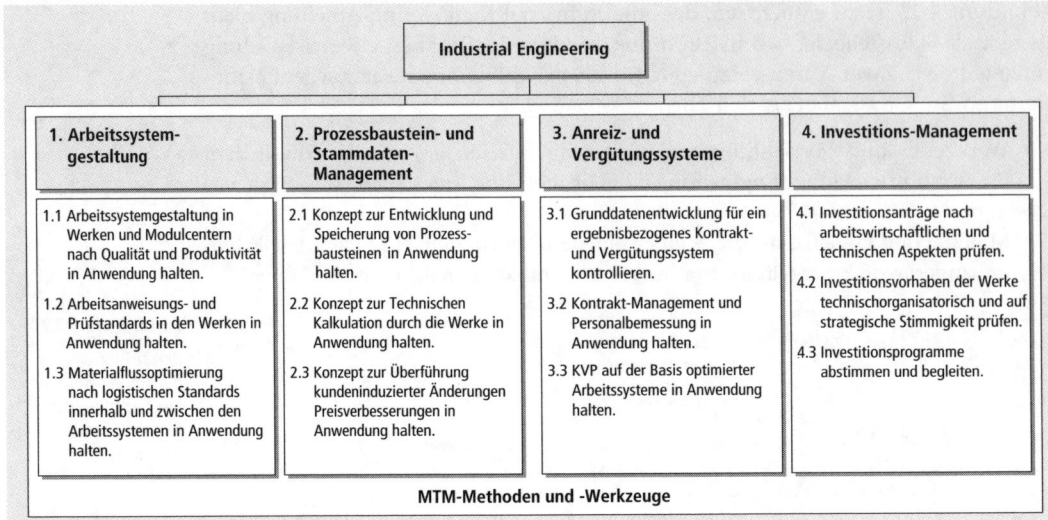

Abbildung I-33

Beispiel für das Aufgabenspektrum einer Industrial Engineering-Abteilung, gegliedert nach Aufgabenblöcken und Aufgaben

Im vorliegenden Beispiel ist bei der aufbauorganisatorischen Einbindung der Aufgabe 1.3 zu erkennen, dass zwischen dem Produktionsbereich und der Materialwirtschaft/Logistik Konflikte entstehen könnten. Folglich ist die Schnittstelle zwischen dem Industrial Engineering und der Logistik sorgfältig zu regeln. Solcher Überlegungen wegen werden Aufgaben weiter deduziert und damit detaillierter beschrieben.

Abbildung I-34 ist eine Beschreibung der Wirkungsschwerpunkte zum Aufgabenblock »Arbeitssystemgestaltung« zu entnehmen. Während dem Aufgabenspektrum die Wirkungsbreite des Industrial Engineering zu entnehmen ist, wird je Aufgabenblock die Wirkungstiefe präzisiert, indem man

1. die Arbeitsgrundsätze beim Aufgabenblock »Arbeitssystemgestaltung« dargelegt,
2. zum in Abbildung I-33 angeführten Aufgabenblock 1 die Teilaufgaben beschreibt und
3. die zu deren Erfüllung notwendigen Kompetenzen und Verantwortungen definiert[114].

Liegen derart ausführliche Dokumentationen zur organisatorischen Einbindung der Industrial Engineering-Abteilung vor, lassen sich auch personelle Planungen anstellen, zur Qualifikation von Abteilungsleitung und Mitarbeitern sowie zu deren Anzahl.[115]

---

114 Dieses Prinzip, den Aufgaben die zugebilligten Kompetenzen und auferlegten Verantwortungen zuzuordnen, wird als AKV-Prinzip bezeichnet.

115 Dabei ist auch darüber zu befinden, welche Aufgaben eigene Mitarbeiter und welche Aufgaben Externe erfüllen sollen.

Arbeitsgrundsätze zum Aufgabenblock »Arbeitssystemgestaltung«:
Richtlinienkompetenz gegenüber den Werken in Sachverhalten ausüben, wenn diese aus Rechtsvorschriften, Kunden-/Lieferantenabsprachen resultieren oder weil sie Bestandteil des Produktionssystems sind.
Die Werke in methodischen Fragen der Arbeitssystemgestaltung fachlich anweisen, um unternehmenseinheitliche Lösungsmuster zu gewährleisten.
Die Entwicklung in Fragen der Feasibility/Assemblebility beraten und ggf. durch Voten technisch-wirtschaftlich riskante Lösungen verhindern.
Die Strategie des »One best Way« verfolgen, also der professionell erarbeiteten bestmöglichen Lösung, basierend auf den Gestaltungsrichtlinien des Produktionssystems. Erst auf dieser Lösung setzt das Konzept des kontinuierlichen Verbesserungsprozesses (KVP) auf.
Die Arbeitssystemgestaltung umfasst die Produktivität und Qualität. Jede zur Umsetzung freigegebene Maßnahme ist nach beiden Aspekten zu prüfen. Es findet eine enge Kooperation mit dem »QM« statt.

Aufgabe 1.1 »Arbeitssystemgestaltung in den Werken und Modulcentern nach Qualität und Produktivität in Anwendung halten« prägt sich in drei Teilaufgaben aus:
• Entwicklung von Gestaltungsstandards für Arbeitsplätze, diese den Werken zugänglich machen und die Werke in der Anwendung coachen.
• Standardisierung des Arbeitsplatz-Equipments, die Anwendung dieser Standards in den Werken kontrollieren und unterstützen.
• Förderung der Anwendung kontinuierlicher Verbesserung (KVP) durch Werksmitarbeiter (Basis: bestgestaltete Arbeitsplätze).

Aufgabe 1.1 bedingt folgende Kompetenzen und Verantwortungen:
• Die Werke bei der Verwendung von Standards mit Hilfe von Audits überwachen.
• In den Werken nur dann KVP zulassen, wenn es auf professionell durchgeführten Bestgestaltungen basiert.
• Die Werke müssen die Standards weitest möglich nutzen und KVP einleiten, jedoch nur auf Bestgestaltungsbasis.

Aufgabe 1.2 »Arbeitsanweisungs- und Prüfstandards in den Werken in Anwendung halten« prägt sich in drei Teilaufgaben aus:
• Auf der Basis der Kundenanforderungen, der Vorgaben des »QM« und des Prüfkonzepts des Produktionssystems die Werke in der Standardisierung der Prüfprozesse und der personellen Zuordnung von Prüfaufgaben (Prüf-Assessment) betreuen und laufend stichprobenweise überwachen.
• Durch Betreuung und interne Auditierung sicher stellen, dass die Arbeitsanweisungen in den Werken auf den vom »QM« freigegebenen Qualitätsmerkmalen basieren und jene Arbeitsmethoden angewiesen werden, die den Zeitstandards zu Grunde liegen.
• Durch Coaching und laufende stichprobenweise Überwachung sicherstellen, dass die Ergebnisse der Prüfprozesse nachweisbar zur Prozessverbesserung verwendet werden.

Aufgabe 1.2 bedingt folgende Kompetenzen und Verantwortungen:
• Die Werke bei der Anwendung des Prüf-Assessments überwachen und diese ggf. zur Anwendung zwingen, weil dieses Bestandteil des Produktionssystems ist.
• Die Werke anweisen, die formalen Anforderungen an Arbeitsanweisungen und deren zeitnahe Anpassungsänderungen zu erfüllen.
• Die Werke müssen die aus dem Produktionssystem resultierenden Anforderungen erfüllen.

Aufgabe 1.3 »Materialflussoptimierung nach logistischen Standards innerhalb und zwischen den Arbeitssystemen in Anwendung halten« prägt sich in zwei Teilaufgaben aus:
• Weiterentwicklung der arbeitswirtschaftlichen Segmente der Modulcenterplanung und -steuerung im Produktionssystem.
• Umsetzung der Logistikkonzepte des Produktionssystems bei der Arbeitssystemgestaltung (z. B. in Bezug auf Transportmittel und Behälter) in den Werken betreuen und überwachen.

Aufgabe 1.3 bedingt folgende Kompetenzen und Verantwortungen:
• Die Werke bei der Modulcenterplanung ggf. anweisen, die Standards anzuwenden.
• Durch Audits die Anwendung der Standards durch die Werke überwachen.
• Dass die Werke keine Lösungen entwickeln, die konzeptionell nicht vorgesehen sind.
• Die Aufnahme von konzeptionellen Änderungen in die Standards, wenn es dafür zwingende Gründe gibt.

Abbildung I-34
Beispiel für eine Beschreibung der Wirkungsschwerpunkte zum Aufgabenblock »Arbeitssystemgestaltung« bei einer Industrial Engineering-Abteilung

Abbildung I-35

Beispiel für eine
Stellenbeschreibung
des Leiters einer
Industrial Engineering-
Abteilung

		Stellenbeschreibung Angestellte	Versions-Nr.:	02	Bearbeiter:	Wenner
			Freigabedatum:	31.3.05	Datum:	30.3.05

I. Einbindung der Stelle in die Organisation

Stellenbezeichnung		Leiter Industrial Engineering
Bereich		Produktion
Abteilung		Industrial Engineering
Stellentyp		Abteilungsleiter
Unterstellung	disziplinarisch	Bereichsleitung Produktion
	fachlich	dto.
Überstellung	disziplinarisch	Mitarbeiter der Abteilung Industrial Engineering
	fachlich	diesen und den Industrial Engineers in den Werken
vertritt		–
wird vertreten durch		eigene(n) Mitarbeiter

II. Anforderungen an den/die Stelleninhaber(in)

Eingangsvoraussetzungen Arbeits-/Fachkenntnisse	Wirtschaftsingenieurstudium, verhandlungssichere Englischkenntnisse Methoden der Arbeitssystemgestaltung, des Prozessbausteinmanagements, des Qualitätsmanagements, des Stammdatenmanagements, der Anreiz- und Vergütungssysteme sowie des Investitions-Managements
Berufserfahrung	5 Jahre in einem größeren Unternehmen der Automobil- oder Automobil-Zulieferindustrie im Industrial Engineering
spezielle Anforderungen	mindestens grundlegende Kenntnisse über SAP, kollektives Arbeitsrecht, Produktionslogistik und moderne Methoden des Qualitätsmanagments
verantwortete finanzielle Größe	Investitionsvolumen 25 bis 70 Mio. € p. a.
Endergebnis der Stelle	konzeptadäquate Wirksamkeit des Produktionssystems

III. Zu erfüllende stellenspezifische Fachaufgaben (ohne Führungs- und Adminaufgaben)

1. Das Produktionssystem weiter entwickeln und permanent geänderten Rahmenbedingungen anpassen.

2. Die zum Produktionssystem adäquate Arbeitssystemgestaltung, inkl. Materialflussgestaltung, in den Werken fördern. Dabei auch die unternehmenseinheitliche Anwendung der darin festgelegten Gestaltungsstrategien (z. B. zum Rüsten, Prüfen, zur Wertschöpfungsstringenz oder Platzgestaltung) unterstützen.

3. Unternehmenseinheitliches Prozessbausteinmanagement realisieren und steuern. Prozessbaustein-Entwicklungsprojekte über alle Werke hinweg steuern.

4. Unternehmenseinheitliche Handhabung und Pflege der Produktionsstammdaten unterstützen und sicherstellen.

5. Konzept der Technischen Kalkulation und der Überführung kundeninduzierter Änderungen in Preisverbesserungen in Anwendung halten.

6. Unternehmenseinheitliche Stellenbeschreibungen und Arbeitsbewertungen sicherstellen.

7. Die einheitliche technische Umsetzung von Anreiz- und Belohnungssystemen (z. B. Leistungslohn) initiieren und unterstützen.

8. Prozesse zur ständigen Verbesserung der Arbeitssysteme nach Qualität und Produktivität fördern und darauf ausgerichtete Maßnahmen durch Beratungsleistungen unterstützen.

9. Investitionsplanungen der Werke abstimmen und deren Übereinstimmung mit der Investitionsstrategie und den Leitlinien des Produktionssystems sicherstellen.

10. Die Entwicklung Technischer Standards voranbringen und deren Umsetzung überwachen.

11. Produktivitäts-Benchmarkings und -reportings durchführen und daraus zusammen mit den Werken Maßnahmenprogramme einleiten, unterstützen und kontrollieren.

12. Sicherstellen, dass in den Werken ein Kapazitäts-Management nach einheitlichen Grundsätzen betrieben wird.

13. Fachkontakte zu Verbänden, Hochschulen und anderen Institutionen entwickeln und nützlich machen.

Abbildung I-35 ist das Beispiel einer Stellenbeschreibung für einen Leiter der Industrial Engineering-Abteilung zu entnehmen. Die von diesem zu erfüllenden Aufgaben sind durch das vorliegende Aufgabenspektrum, die damit repräsentierten Aufgabenblöcke und die dazu gehörenden Arbeitsgrundsätze, Aufgaben, Kompetenzen und Verantwortungen begründet. Insofern besteht eine »organisatorische Durchgängigkeit« von der aufbauorganisatorischen Einbindung bis hin zu den Stellenbeschreibungen.[116]

---

116 Durch das Vorliegen auf dem AKV-Prinzip (Aufgaben, Kompetenz, Verantwortung) basierender Stellenbeschreibungen ist auch das dem Stelleninhaber zu gewährende Entgelt leicht zu bestimmen.

4.5 Einführung von MTM im Unternehmen

4.5.1 Rahmenkonzept der Deutschen MTM-Vereinigung

Der folgenden Abbildung ist ein Vorgehensplan zur *Einführung von MTM im Unternehmen* zu entnehmen. Dieses Konzept beruht auf langjährigen Erfahrungen der Deutschen MTM-Vereinigung. Es ist insofern ein Rahmenkonzept, als die Einführungsvoraussetzungen und Randbedingungen in jedem Unternehmen andere sind, was den folgenden Hinweisen zu entnehmen ist:

- Bei der Entwicklung des Fachkonzepts kommt es darauf an, was man bisher schon auf dem Gebiet des Produktivitätsmanagements getan hat.
- Es spielt ferner eine Rolle, ob das Unternehmen auf einige oder sogar nur einen Standort konzentriert ist oder ob es ein weit verzweigtes Netz von Standorten gibt.
- Aus einer »gelebten« Geschäftsstrategie können klare Anforderungen an das Produktivitätsmanagement vorliegen. Dann geht es nur darum, diese bestmöglich zu erfüllen. Es kann aber auch die Notwendigkeit bestehen, zu Beginn der MTM-Einführung ein strategisches Anforderungsprofil zu formulieren, weil keine dezidierten strategischen Vorgaben existieren.
- Es ist ein Unterschied, ob man sich, zumindest für einen absehbaren Zeitraum, auf den Produktionsbereich beschränkt oder die so genannten indirekten Bereiche ihrer Schnittstellen wegen mit einbezieht.
- Die Branche und der Fertigungstyp üben auf alle drei Einführungsphasen einen Einfluss aus. Bei Kundenauftragsfertigungen spielen Rüstprobleme, bei im Kundenverbrauchstakt fertigenden Betrieben Notfallpläne und bei anderen Unternehmen vielleicht logistische Fragen eine entscheidende Rolle. Daraus ergeben sich unterschiedliche instrumentelle Schwerpunkte und Akzente im Fachkonzept.
- Die Prozesse können mehr oder weniger technologiedominiert sein, was sich auf das Fachkonzept und die Anwendungsschwerpunkte der MTM-Methoden und -Werkzeuge auswirkt.
- Wenn ein Unternehmen eine eigene Produktentwicklung hat, kann eine Einführung »entlang der Wertschöpfungskette« zweckmäßig sein. Wenn es dagegen keine eigene Produktentwicklung gibt, weil diese z. B. das Stammhaus durchführt, wird man sich mit diesem Konzept nicht näher auseinander setzen.
- Wenn der durch die MTM-Einführung zu erwartende Nutzen bereits identifiziert und quantifiziert ist, wird man auf ein Performance-Audit verzichten. Zudem, wenn man auch weiß, ob Gestaltungsschwerpunkte bei der Mikroergonomie oder bei der Makroergonomie liegen werden, und welches MTM-Bausteinsystem wo zu präferieren ist.

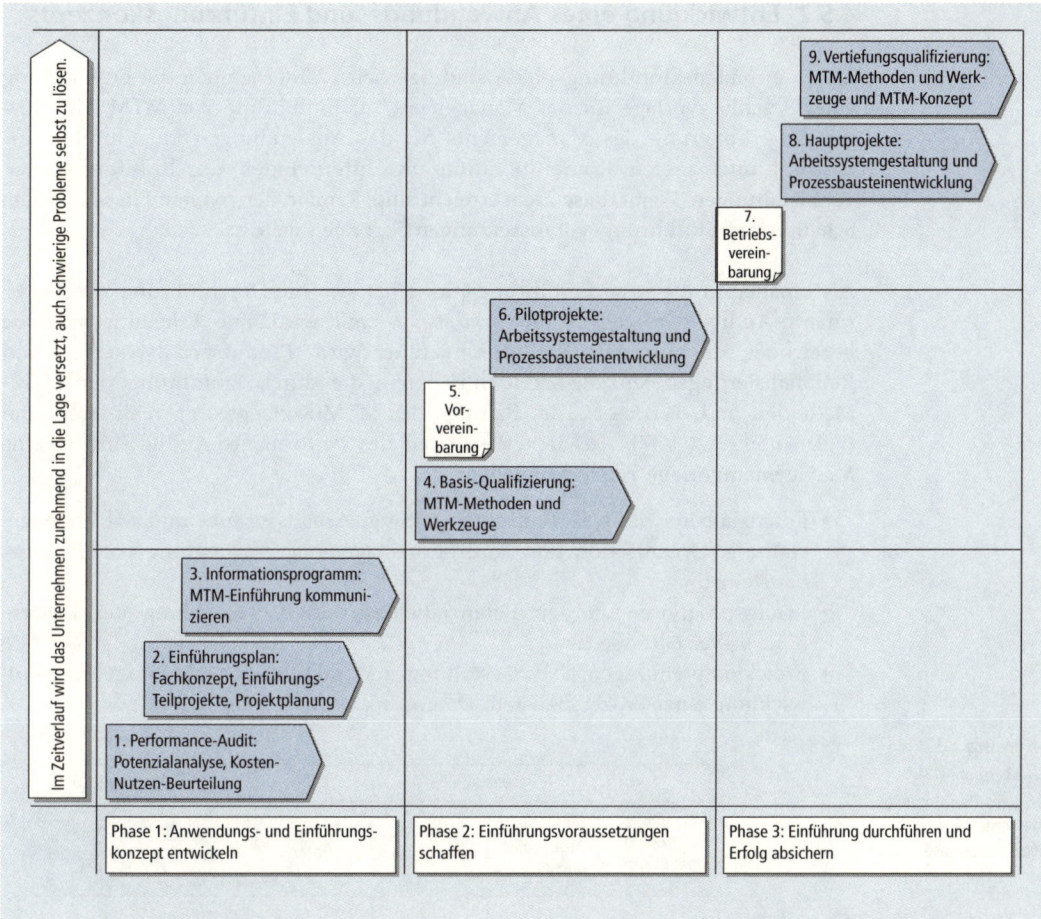

Abbildung I-36
Rahmenkonzept zur
MTM-Einführung im
Unternehmen

Trotz unterschiedlicher Voraussetzungen und Bedingungen in den Unternehmen hat sich das *Rahmenkonzept zur MTM-Einführung* als brauchbares Planungskonzept erwiesen, weil nicht für die Durchführung genau bestimmter Maßnahmen zu bestimmten Zeitpunkten votiert wird. Es wird lediglich gezeigt, dass im Zeitverlauf bestimmte Ergebnisse vorliegen müssen und wo man nicht den zweiten vor dem ersten Schritt machen darf. Das in den folgenden Abschnitten erläuterte Rahmenkonzept ist ein erfahrungsbegründeter Vorschlag zur MTM-Einführung im Unternehmen. Er basiert auf allgemeinen Prinzipien des Projektmanagements, die hier als bekannt vorausgesetzt werden.[117]

---

117 Vgl. z. B. bei Maddaus, B. J.: Handbuch Projektmanagement, 6. Auflage. Stuttgart: Schäffer
 Poeschel, 2000. Zum Projektmanagement von Organisationsprojekten vgl. z. B. bei
 Bokranz, R.; Kasten, L.: Organisations-Management in Dienstleistung und Verwaltung,
 4. Auflage. Wiesbaden: Gabler, 2003.

4.5.2 Entwicklung eines Anwendungs- und Einführungskonzepts

Ziele der ersten Einführungsphase sind bei vielen Unternehmen die Entwicklung einer Beschlussvorlage für das Management zur Einführung von MTM, eine verbindliche Votierung des Managements für das Anwendungs- und Einführungskonzept und dessen Kommunikation im Unternehmen durch Informationsveranstaltungen. Wenn diese Ziele erreicht sind, kann in der zweiten Phase mit dem Schaffen von Einführungsvoraussetzungen begonnen werden.

Als Einstieg in die erste Einführungsphase hat sich die Durchführung von Performance-Audits[118] bewährt. Als *Performance-Audit* wird eine Erhebungsmethode bezeichnet, die mit dem Ziel durchgeführt wird, Produktivitätsreserven und Rationalisierungspotenziale zu identifizieren, die durch Einführung der MTM-Methoden und -Werkzeuge im Rahmen des MTM-Konzeptes zu realisieren sind (vgl. Abbildung I-37). Aus den Resultaten des Performance-Audits sind in eine Managementvorlage z. B. einzustellen:

- Potenzialbereiche, z. B. Produktgestaltung, Arbeitssystem- und Methodengestaltung, Organisation und Auftragsmanagement, Anwendung von Prozessbausteinen.
- Erfolgsprognosen zu den Potenzialfeldern sowie Beurteilung der Kosten-Nutzen-Verhältnisse.
- Projektempfehlungen, z. B. Gestaltung und Taktung einer Montagelinie, Entwicklung einer Prozessbaustein-Datenbank.

Abbildung I-37

Beispiel für eine mit Hilfe eines Performance-Audits entwickelte Potenzialprognose

	Potenzialfelder				Erfolgsprognose	
	Erzeugnis-/Produkt-design	Methoden-/Arbeitsplatz-gestaltung	Arbeits-organisation	Soll-Daten	Potenzial gesamt	Potenzial realisiert
Montage	X	X		X	18–22 %	15 % bis 11/05
Presswerk			X	X	8–10 %	6 % bis 12/05
Vormontage		X		X	20–25 %	15 % bis 02/05
Logistik				X	25 %	18 % bis 03/05

Ein positives Votum des Managements zu diesen Einstiegserkenntnissen eröffnet den Übergang zum nächsten Schritt, der Entwicklung des Einführungsplans. Beim

---

118 Das Konzept des Performance-Audits basiert auf den Kriterienskalen von Due Diligence, also Kriterien, die für Investoren relevant sind, um Hintergrundwissen über ein zu akquirierendes Unternehmen zu gewinnen. Vgl. dazu z. B. Koch, W.; Wegmann, J.: Praktiker-Handbuch Due Diligence, 2. Aufl., Stuttgart: Schäffer-Poeschel, 2002.

Einführungsplan sind drei Teilaufgaben zu erfüllen (vgl. Abbildung I-36): Es ist ein Fachkonzept zu entwickeln, es sind die Einführungs-Teilprojekte zu definieren und die Projektplanung im engeren Sinne durchzuführen.

Nukleus des zu planenden Einführungsprojekts ist das Fachkonzept. Als *Fachkonzept* wird die Festlegung der mit MTM zu entwickelnden gestalterischen und organisatorischen Lösungen sowie die Art und Weise der Entwicklung und Verwendung von Prozessbausteinen bezeichnet. Um das Fachkonzept zu erstellen und zu begründen, greift man auf das Performance-Audit zurück, denn dort war bereits z. B. zu erkennen, was man sich von einem Ergebniscontrolling versprechen kann, welche zeitbasierten Planungs- und Steuerungsinformationen zu liefern sind, welche der im vorhergehenden Abschnitt angeführten Einführungsvoraussetzungen und Rahmenbedingungen wirken oder welche Defizite bei der Arbeitssystemgestaltung und -organisation zu beheben sind. Hier ist auch zu entscheiden, inwieweit man sich auf Benchmarkings stützen kann und will.[119] Ferner ist im Fachkonzept festzulegen, in welchem Ausmaß konzeptionelle Grundlagenarbeit zu leisten ist. Sollen z. B. die betrieblichen Führungskräfte künftig die unternehmensspezifischen Prozessbausteine dafür verwenden, in ihrem Zuständigkeitsbereich ein Ergebniscontrolling zu betreiben und damit permanente Verbesserungsprozesse anzustoßen, muss das organisatorisch gelöst werden. Es bedarf also eines entsprechenden Teilprojektes.

Auf der Grundlage des Performance-Audits und des Fachkonzepts werden die Einführungs-Teilprojekte definiert. Sie sind die Basis für die Projektplanung im engeren Sinne, die mit der Vorlage des Einführungsplans abgeschlossen wird (vgl. Abbildung I-38). Um die Einführungs-Teilprojekte zu identifizieren und abzusichern, sind mehr oder weniger umfängliche Vorstudien durchzuführen. In Vorstudien werden alle Informationen beschafft, die erforderlich sind, um Projektplanungen durchzuführen, z. B. verfügbare Ressourcen, Besetzung des Lenkungsgremiums, Delegationsprinzipien bei den Beteiligten, Budget, Berichterstattungen. Über die üblichen Aufgaben bei der Projektplanung sind die im Fachkonzept festgelegten fachspezifischen Aufgaben in den Einführungs-Teilprojekte zu berücksichtigen, z. B.

- die Verwendungszwecke der Prozessbausteine,
- die Anwendungen der MTM-Bausteinsysteme in den Prozessbausteinbereichen,
- die hierarchische Struktur der Prozessbausteine und die daraus resultierende Kodierungssssystematik,
- Ergonomie im Rahmen der MTM-Arbeitssystemgestaltung,
- Informations- und Ausbildungsnotwendigkeiten,
- Software-Einsatz mit geeigneten Schnittstellen.

---

119 Vgl. dazu z. B. Sabisch, H; Tintelnot, C.: Integriertes Benchmarking für Produkte und Produktentwicklungsprozesse. Berlin, Heidelberg, New York: Springer, 1997.

In die *Managementvorlage* sind über die Planung des Projektablaufs hinaus auch die wichtigsten Rahmenbedingungen einzustellen. Das sind z. B. die wichtigsten Risiken, der Ressourcenbedarf, die Umsetzbarkeit von Maßnahmen oder die Glaubhaftigkeit der Kosten-Nutzen-Verhältnisse. Vorstudien haben deshalb drei Funktionen zu erfüllen:

1. wichtige Informationen für die Projektplanung beschaffen,
2. Machbarkeiten nachweisen,
3. prognostizierte Ergebnisse glaubhaft machen.

Um einen überzeugenden Einführungsplan in Form einer Road Map zu entwickeln, sind Machbarkeitsnachweise und exemplarische Erfolgsnachweise meist unentbehrlich. Wird zur Managementvorlage positiv votiert, ist der Einführungsplan freigegeben. Dem Projekt-Fristenplan ist der wichtige Teil der Einführungsphase zu entnehmen.

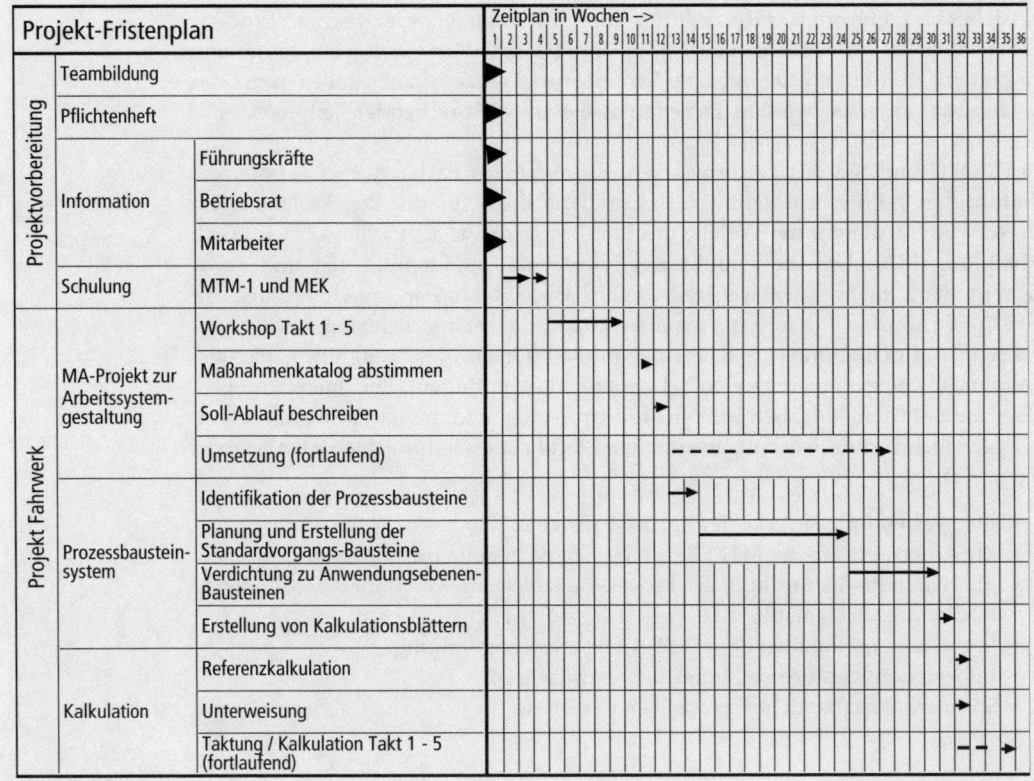

Abbildung I-38

Beispiel für die Darstellung des Projekt-Fristenplans als wichtigstem Teil des Einführungsplans

Im dritten Schritt wird die erste Einführungsphase mit einem Informationsprogramm abgeschlossen. Dafür gibt es drei Adressatengruppen:

1. Management: Das Management wird über das MTM-Konzept und die MTM-Methoden und -Werkzeuge informiert. Es soll erkennen, welche Bedeutung die MTM-Einführung für das Unternehmen und den eigenen Bereich hat und welche Unterstützungsbeiträge von ihm erwartet werden. Ein Teil des Managements hat später Rollen als Fach- und Machtpromotoren[120] zu übernehmen und ist dafür zu motivieren.

2. Operative Mitarbeiter: Die operativen Mitarbeiter müssen die Möglichkeit haben, Vorbehalte zu artikulieren und stichhaltige Argumentationen einzufordern. Sie sind von dem erläuterten Zwei-Phasen-Konzept des Arbeitssystemmanagements zu überzeugen (vgl. Abschnitt 3.4.1). Dieses weist ihnen die Rolle zu, nach dem SOP, in der Betriebsphase der Arbeitssysteme, diese mit Unterstützung des Ergebniscontrollings permanent zu verbessern.

3. Betriebsrat: Der Betriebsrat wird stets über das Konzept und die MTM-Methoden und -Werkzeuge informiert. Er muss erkennen, welche Änderungen sich für die von ihm vertretenen Arbeitnehmer durch die MTM-Einführung ergeben und welche Beteiligungsrechte[121] für den Betriebsrat bestehen. Insbesondere muss der Betriebsrat erkennen, welche Aspekte der MTM-Anwendung für gegebenenfalls abzuschließende Betriebsvereinbarungen oder Haustarifverträge relevant sind.

4.5.3 Schaffen der Einführungsvoraussetzungen

Ziel der zweiten Einführungsphase bei vielen Unternehmen ist, die Mitarbeiter so weit zu qualifizieren, dass sie ausgewählte MTM-Methoden und -Werkzeuge anwenden, für später notwendige und beabsichtigte Betriebsvereinbarungen den Regelungsrahmen entwerfen und in Form von Pilotprojekten erforderliche Einführungstests durchführen können. Wenn dieses Ziel erreicht ist, kann in der dritten Phase mit der eigentlichen MTM-Einführung begonnen werden.

In der dritten Phase wird die MTM-Einführung im engeren Sinne mit weiteren Qualifizierungsmaßnahmen abgeschlossen, der Vertiefungs-Qualifizierung. Der Inhalt der Basis-Qualifizierung wird durch das Fachkonzept bestimmt und nach Personengruppen differenziert. Beispielsweise benötigen Personen, die Prozessbausteine entwickeln[122], eine weitergehende Qualifikation als jene Personen, die Prozessbausteine lediglich verwenden.

---

120 Vgl. zur Bedeutung unternehmensinterner Promotoren z. B. Hauschildt, J.; Gemünden, H. G.; (Hrsg.): Promotoren, Champions der Innovation, 2. Aufl. Wiesbaden: Gabler, 1999.

121 Diese Beteiligungsrechte resultieren hauptsächlich aus dem Tarifvertrag und dem Betriebsverfassungsgesetz. Sie können die Unterrichtung, Anhörung, Beratung oder Mitbestimmung umfassen. Auch wenn im Zusammenhang mit der MTM-Einführung keine Mitbestimmungsrechte aus § 87, Ziffer I, Nr. 11, 12 BetrVG (Entlohnungsgrundsatz) entstehen, sind fast immer die drei anderen Beteiligungsrechtsformen relevant. Ferner gebietet der betriebsverfassungsrechtliche Grundsatz der vertrauensvollen Zusammenarbeit (§ 2, Ziffer I BetrVG) die Einbeziehung des Betriebsrats.

122 Im Allgemeinen werden diese mindestens zum MTM-Praktiker qualifiziert, vgl. Abschnitt 4.3.1.

In vielen Unternehmen wird mit der MTM-Einführung auch ein leistungsbezogener Entlohnungsgrundsatz eingeführt oder das MTM-basierte Prozessbausteinsystem auf einen bestehenden leistungsbezogenen Entlohnungsgrundsatz angewandt. Im ersten Fall ist der Abschluss einer neuen, im zweiten Fall eventuell die Änderung oder Ergänzung einer vorhandenen *Betriebsvereinbarung* erforderlich. In beiden Fällen steht man vor dem Problem, in Pilotprojekten (vgl. Schritt 6 in Abbildung I-36) Prozessbausteine ohne Vorliegen einer rechtsgültigen Betriebsvereinbarung entwickeln zu müssen. Dazu haben Unternehmen in der Vergangenheit so genannte *Vorvereinbarungen* abgeschlossen. Als Vorvereinbarungen werden Übereinkünfte zwischen Arbeitgeber und Betriebsrat bezeichnet, in denen die Art und Weise der vorläufigen, auf seine Erprobung abzielenden Anwendung des MTM-Prozessbausteinsystems geregelt wird. Damit sollen vorschnelle und sich später als unzweckmäßig erweisende Präjudizierungen vermieden, aber der Wille zum Abschluss einer Betriebsvereinbarung bekundet werden. Vorvereinbarungen stellen aus projekttechnischer Sicht einen Meilenstein dar.

Bevor die »flächendeckende« Anwendung des MTM-Prozessbausteinsystems beginnt, führt man meist Pilotprojekte durch. Als *Pilotprojekte* werden kleinere Vorhaben bezeichnet, die den eigentlichen Anwendungen vorgeschaltet werden, um Arbeitsprinzipien zu erproben, exakte Aufwandsabschätzungen zu erarbeiten oder akzeptanzdienliche »Beweise« anzutreten. Ein Pilotprojekt könnte z. B. die Personalbemessung in einer Reparaturabteilung mit Hilfe von Prozessbausteinen aus einem vergleichbaren Bereich sein. Ein anderes Pilotprojekt könnte die Auswirkung einer UAS-Schulung auf das Aufkommen an Verbesserungsvorschlägen in dieser Reparaturabteilung sein. Pilotprojekte haben meist die Funktion von Einführungstests: Wenn es gut geht und damit vorhandene Zweifel zerstreut werden, wagt man sich an komplexe Projekte.

Nach Abschluss der Pilotprojekte werden in einer Managementvorlage zwei Arten von Entscheidungen abgefordert:

- ob man bestimmte Hauptprojekte durchführen und
- welchen durch Pilotprojekte abgesicherten Arbeitsprinzipien man folgen will.

4.5.4 Einführung und Absicherung des Erfolgs

In der dritten Phase findet die MTM-Einführung im engeren Sinne statt. Wenn es in der zweiten Phase zum Abschluss einer durch Mitbestimmung begründeten Vorvereinbarung kam, ist diese jetzt durch eine Betriebsvereinbarung[123] abzulösen. Der Abschluss einer Betriebsvereinbarung ist die Voraussetzung für den Beginn der als achten Schritt durchzuführenden Hauptprojekte. Betriebsvereinbarungen sind wie Vorvereinbarungen aus projekttechnischer Sicht Meilensteine.

---

123 Bis Mitte 2005 gab es in Deutschland über 200 Betriebsvereinbarungen über die Verwendung der MTM-Bausteinsysteme und von MTM-Prozessbausteinen bei leistungsbezogenen Entlohnungsgrundsätzen.

In den Hauptprojekten wird das *MTM-Prozessbausteinsystem* wie im Fachkonzept vorgesehen »flächendeckend« eingeführt. In vielen Projekten hat sich die Einführung des *Ergebniscontrolling* als notwendig und entscheidend für die Nachhaltigkeit der Einführungserfolge erwiesen. Durch den »Regelkreiseffekt« des Ergebniscontrolling (vgl. Abschnitte 3.3 und 3.4) kommt es zu einem dauerhaften Funktionieren der zweiten Phase des Produktivitätsmanagements von Arbeitssystemen, der permanenten Verbesserung ihrer Gestaltung und Organisation durch die Betreiber der Arbeitssysteme.

Als letzter Schritt ist in Abbildung I-36 eine Vertiefungs-Qualifizierung vorgesehen. Diese entsteht aus Problemschwerpunkten, dient der Weiterqualifizierung der Mitarbeiter (vgl. Abschnitt 4.3.1) und soll sicherstellen, dass die im Fachkonzept festgelegten Entwicklungsschritte wie geplant absolviert werden. Eine im vorhergehenden Kapitel erläuterte Eigenheit des Ausbildungs- und Qualifizierungskonzepts der Deutschen MTM-Vereinigung ist das Schaffen unternehmensinterner Ausbildungskompetenz. Das erfolgt z. B. durch Vertiefungs-Qualifizierung von Mitarbeitern zu *MTM-Instruktoren.* Diese sollen dann immer breitere Mitarbeiterschichten nach dem »Schneeballprinzip« qualifizieren und so Nachhaltigkeit absichern.

Literaturverzeichnis Teil I

Antis, W.; Honeycutt, L. M.; Koch, E. N.: Die MTM-Grundbewegungen, 2. Auflage. Düsseldorf: Maynard, 1972.

Arai, K.: KAIZEN für schnelles Umrüsten. Landsberg: Moderne Industrie, 1995.

Bailey, G. B.; Presgrave, R.: Basic Motion Times. New York, Toronto, London: McGraw-Hill, 1958.

Becks, C.: Zur Historie des Prinzips vorbestimmter Zeiten oder eine Methode entwickelt sich zum Maßstab. In: Personal – MTM-Report 2003, S. 15–20.

Bokranz, R.: MTM-Applications Today – The MTM-Office-Data-System of the German MTM-Association. In: The MTM-Journal, No. 3/1979, S. 2–6.

Bokranz, R.; Landau, K.: Einführung in die Arbeitswissenschaft. Analyse und Gestaltung von Arbeitssystemen. Stuttgart: Ulmer, 1991.

Bokranz, R.; Kasten, L.: Organisations-Management in Dienstleistung und Verwaltung. Gestaltungsfelder, Instrumente und Konzepte, 4. Aufl. Wiesbaden: Gabler, 2003.

Brink, H.-J.; Fabry, P.: Die Planung von Arbeitszeiten unter besonderer Berücksichtigung der Systeme vorbestimmter Zeiten. Wiesbaden: Gabler, 1974.

Britzke, B.; Klüglich, U.; Storm, P.: Rationalisierung manueller Arbeitsprozesse. Dresden: Zentrales Forschungsinstitut für Arbeit, 1989.

Britzke, B.; Fischer, H.; Jasker, K.; Sanzenbacher, G.; Schosnig, R.: MTM – gestern – heute – morgen. In: Personal – MTM-Report 2003, S. 3–10.

Clausewitz, C. v.: Vom Kriege (Erstauflage 1832). Frankfurt, Berlin, Wien: Ullstein, 1980.

Crossan, R. M.; Nance, H. W.: Master Standard Data. The Economic Approach to Work Measurement. New York, Toronto, London: McGraw-Hill, 1962.

Deutsche MTM-Vereinigung e.V. (Hrsg.): Das Ganzheitliche Produktionssystem. Expertenwissen für neue Konzepte, Management-Leitfaden. Hamburg: Deutsche MTM-Vereinigung e.V., 2001.

Deutsche MTM-Vereinigung e.V. (Hrsg.): MTM – Von Anfang an richtig. Hamburg: Deutsche MTM-Vereinigung e.V., 2003.

Evans, F.: MTM-2, Based Maintenance Work-Measurement. Basic concepts and mathematical models. London: United Kingdom MTM-Association, 1969.

Fischer, H.: Das Ausbildungsprogramm der Deutschen MTM-Vereinigung e.V. In: Personal – MTM-Report 2003, S. 53–56.

Geppinger, H. C.: Dimensional Motion-Times – DMT. New York: Wiley and Sons, 1955.

Gilbreth, F. B.: Bewegungsstudien. Berlin: Springer, 1921.

Helms, W.: Neuentwicklungen und Aktivitäten der Deutschen MTM-Vereinigung. In: Mitteilungen des Instituts für angewandte Arbeitswissenschaft, Heft 85, 1980.

Horvath & Partner; (Hrsg.): Balanced Scorecard umsetzen. Stuttgart: Schäffer-Poeschel, 2000.

Jahn, C.; Hein, G.; (Hrsg.): Handbuch Management. Mit Best Practice zum Managementerfolg. Stuttgart: Schäffer-Poeschel, 2003.

Kaplan, R. S.; Norton, D. P.: Balanced Scorecard. Strategien erfolgreich umsetzen. Stuttgart: Schäffer-Poeschel, 1997.

Kreikebaum, H: Strategische Unternehmensplanung, 6. Auflage. Stuttgart, Berlin, Köln: Kohlhammer, 1997.

Landau, K.: MTM als Beitrag zur Erhöhung des Niveaus der Arbeitsgestaltung. In: Personal – MTM-Report 2003, S. 11–14.

Machiavelli, N. (1532): Il Principe e Pagine Dei »Discorsi« Delle »Istorie«. Florenz: Dodicesima Edizione. Erstmals ins Deutsche übersetzt im Jahre 1923.

Malik, F.: Strategie des Managements komplexer Systeme. Ein Beitrag zur Management-Kybernetik evolutionärer Systeme, 5. Auflage. Bern, Stuttgart, Wien: Haupt, 1996.

Malik, F.: Führen, Leisten, Leben. Wirksames Management für eine neue Zeit, 9. Auflage. Stuttgart, München: DVA, 2001.

Maynard, H. B.; Stegemerten, G. J.; Schwab, J. L.: Methods-Time Measurement. London: McGraw-Hill, 1948.

Maynard, H. B. (Hrsg.): Industrial Engineering Handbook, 2. Auflage, New York: McGraw-Hill, 1956.

Müller-Stewens, G; Lechner, C.: Strategisches Management. Wie strategische Initiativen zum Wandel führen, 2. Auflage. Stuttgart: Schäffer-Poeschel, 2003.

Nebl, T.: Produktivitätsmanagement. Theoretische Grundlagen, methodische Instrumentarien, Analyseergebnisse und Praxiserfahrungen zur Produktivitätssteigerung in produzierenden Unternehmen. München: Hanser, 2002.

Ohno, T: Das Toyota-Produktionssystem. Frankfurt: Campus, 1993.

Peters, T. J.; Waterman, R. H.: In Search of Excellence. Lessons from America's best-Run Companies. New York: Harpers & Row, 1982.

Quick, J. H.; Duncan, J. H.; Malcolm, J. A.: Das Work-Factor-Buch. München: Hanser, 1965.

Salwiczek, P.; Fischer, H.: Auf neuen Wegen zu neuen Zielen – Ganzheitliches Produktionssystem für eine stetige Verbesserung der Geschäftsprozesse. In: Personal – MTM-Report 2003, S. 42–46.

Sanzenbacher, G.: ProKon – wenig Aufwand, große Wirkung. In: Personal – MTM-Report 2003, S. 26–31.

Schlaich, K.: Vergleich von beobachteten und vorbestimmten Elementarzeiten manueller Willkürbewegungen bei Montagearbeiten. Entwurf eines neuen Systems vorbestimmter Zeiten. Berlin, Köln, Frankfurt: Beuth, 1967.

Shingo, S.: Study of »Toyota« Production System from Industrial Engineering Viewpoint. Cambridge (USA): Productivity Press, 1989.

Taylor, F. W. (1911): Principles of Scientific Management. Ins Deutsche übersetzt von R. Roeseler (1913): Die Grundsätze wissenschaftlicher Betriebsführung. München: Oldenbourg. Neu herausgegeben und eingeleitet von W. Bungard und W. Volpert: Die Grundsätze wissenschaftlicher Betriebsführung. Weinheim, Basel: Beltz, 1977.

Welge, M. K.; Al-Laham, A.: Strategisches Management. Grundlagen – Prozess – Implementierung, 2. Auflage. Wiesbaden: Gabler, 1999.

Wübbelmann, K.: Management Audit. Unternehmenskontext, Teams und Managerleistung systematisch analysieren. Wiesbaden: Gabler, 2001.

Teil II

MTM-Gestaltungs-grundlagen

1 Einleitung

1.1 Motivation zur Arbeitsgestaltung

Die Motivation zur *Arbeitsgestaltung* hat zwei wesentliche Aspekte:

1. Verbesserung der *Produktivität* und
2. Verbesserung der Leistungsbedingungen für die Mitarbeiter.

In den meisten Fällen stehen die beiden Aspekte in enger Wechselwirkung.

So wird bspw. durch Arbeitsgestaltung die Flexibilität der *Arbeitssysteme* erheblich erweitert. Arbeitssysteme sollen so eingerichtet und ausgestattet werden, dass sie in relativ kurzer Zeit an

- veränderte Fertigungs- und Arbeitsbedingungen und
- andere Arbeitspersonen angepasst werden können.

Die variablen Größen dabei sind:

- das Ausmaß der Anpassung und
- die Zeitspanne für die Realisierung der Anpassung.

Die Anpassung selbst kann in folgenden Bereichen und deren Kombinationen erfolgen:

örtlich	=	Anpassungsfähigkeit hinsichtlich örtlicher Verfügbarkeit (Mobilität)
zeitlich	=	Anpassungsfähigkeit hinsichtlich zeitlicher Verfügbarkeit
quantitativ	=	Anpassungsfähigkeit hinsichtlich Größe und Menge (Erweiterungs- und Reduzierungsfähigkeit)
qualitativ	=	Anpassungsfähigkeit hinsichtlich unterschiedlicher Arbeitsaufgaben, Arbeitsgegenstände und Arbeitspersonen

Die richtig gewählte Kombination der o. g. Kriterien sichert gleichermaßen wirtschaftliche als auch an Humanzielen orientierte Arbeitssysteme.

Im Ergebnis der Optimierung sollen erzielt werden:

- eine Erhöhung der Qualität (Produkt und Prozess),
- eine Reduzierung von Störungen im Fertigungsprozess,
- eine Erhöhung der Lieferbereitschaft,
- eine steilere Anlaufkurve bei der Einführung neuer Produkte,
- eine Verbesserung der Möglichkeiten zur individuellen Leistungsentfaltung,
- eine positive Beeinflussung der Belastungssituation.

In diesem Kontext entwickeln sich Produktivität und Arbeitsbedingungen positiv. Verbesserte Arbeitsbedingungen resultieren mittel- und langfristig auch in einer Verbesserung der betrieblichen und volkswirtschaftlichen Wettbewerbsfähigkeit.

Unfall- und krankheitsbedingte Folgen aus Arbeitstätigkeit verursachen in der Bundesrepublik Deutschland jährliche Kosten in Milliardenhöhe, mit entsprechenden Belastungen der Leistungs- und Wettbewerbsfähigkeit aller Unternehmen und Institutionen. Möglicherweise könnte bis zu einem Drittel der Arbeitsunfähigkeitsfälle durch bessere Ergonomie und Arbeitsorganisation vermieden werden.[1] Großes Augenmerk muss daher der ergonomischen Arbeitsgestaltung gelten.

Die Folgen von Fehlern bei der Planung von Arbeitssystemen und Arbeitsprozessen machen sich in der Regel erst in der Einsatzphase durch verminderte Leistung, ergonomisch nicht vertretbare körperliche Belastungen und unnötige Ermüdung, aber auch durch erhöhte Ausfallzeiten bemerkbar. Konstrukteure und Planer haben hier hervorragende Möglichkeiten, durch ergonomisch optimierte Arbeitsplätze menschliches Leid und gesellschaftliche Folgekosten erheblich zu reduzieren.

Die Umsetzung des *Arbeitsschutzgesetzes* in den Betrieben zeigt, dass von ergonomisch und arbeitsorganisatorisch optimierten Arbeitssystemen und -prozessen im Regelfall nicht ausgegangen werden kann. Es fehlt häufig nicht nur an Zeit im Tagesgeschäft und an Investitionsbereitschaft zur Umsetzung ergonomischer Erkenntnisse; es fehlen auch die notwendigen arbeitswissenschaftlichen Grundkenntnisse bei Konstrukteuren und Fertigungsplanern.

Seit vielen Jahren vorhandene gesicherte arbeitswissenschaftliche Erkenntnisse werden in den Betrieben nur teilweise umgesetzt – oft handelt es sich um singuläre Verbesserungen einzelner Komponenten, zum Beispiel das Anschaffen ergonomiegerechter Stühle, aber von einer integrierten Ergonomielösung kann bisher keine Rede sein. Ein Beispiel aus dem *Automobilbau* soll das Potenzial, das in der ergonomischen Arbeitgestaltung steckt, verdeutlichen: Abbildung II-1 zeigt eine Körperhaltung an einer Fertigungslinie vor der ergonomischen Umgestaltung.

Ein geschlossenes Front-Ende am Fahrzeug zwingt bei Arbeiten im Motorraum zum Einsteigen oder bewirkt vornübergeneigte, zum Teil asymmetrische Körperhaltungen, die durchaus mehrere hundert- oder tausendmal während einer Arbeitsschicht vorkommen können und starke, negative Auswirkungen auf die Gesundheit des Werkers, aber auch auf die Leistung haben können. Eine Höhenverstellung im Gehänge gestattet es dem Werker dagegen, nahezu aufrecht stehend in den Motorraum »einzutauchen«, wo dann in aufrechter, ergonomisch günstiger Körperhaltung gearbeitet werden kann (Abbildung II-2).

Solche Beispiele ließen sich an vielen Arbeitsplätzen im Automobilbau in ähnlicher Weise finden. Allerdings müssen Ingenieure über die notwendigen Kenntnisse der *Mensch-Maschine-Schnittstelle* verfügen, um einen Blick für das Zusammenwirken von Produkt- und Produktionseigenschaften zu gewinnen und diesen zu schärfen.

---

1 Landau, K.; Luczak, H.: Ergonomie und Organisation in der Montage. München: Hanser, 2001.

Abbildung II-1

Alte Situation –
Montagetätigkeiten
unter körperlichen
Zwangshaltungen

Abbildung II-2

Neue Lösung –
Werker »taucht« mit
Hilfe der Höhen-
verstellung des
Gehänges in den
Motorraum ein

1.2 Kosten arbeitsbedingter Erkrankungen

Krankheitsbedingte Fehlzeiten sind für die Unternehmen ein erheblicher Kosten-faktor. Allein die Kosten der Entgeltfortzahlung betragen in Deutschland etwa 25 bis 30 Mrd. Euro pro Jahr. Neben diesen direkten Kosten fallen in den Unternehmen auch schwer quantifizierbare indirekte Kosten an. Vor allem sind es die Defizite in der Fertigungsqualität, Probleme bei der Terminplanung, Lieferschwierigkeiten und organisatorische Probleme bei der Vertretung von fehlenden Mitarbeitern.

Die krankheitsbedingten Fehlzeiten in Deutschland liegen bei bis zu 60 Ausfall-stunden pro Arbeitnehmer und Jahr – je nach Branche und Konjunkturlage. Krank-heitsfälle von über sechs Wochen machen mit etwa 40 % den größten Anteil am gesamten Fehlzeitvolumen aus. Für die gesamte Volkswirtschaft kann das bis zu 2 Mrd. Ausfallstunden an Arbeitszeit betragen. Zwischen West und Ost gibt es bei den Fehlzeiten kaum noch Unterschiede, jedoch international gesehen sind bei den Krankenständen die Unterschiede beträchtlich.

Die Ursachen für den krankheitsbedingten Arbeitsausfall sind vielfältig. Es können Krankheiten sein, die aus Anlagen oder Lebensgewohnheiten resultieren oder die saisonal bedingt sind, wie z. B. Erkältungskrankheiten. Es kann sich aber auch um *arbeitsbedingte Erkrankungen* handeln.

Die Branchenzugehörigkeit ist für die Fehlzeitenquoten der bedeutendste Einfluss-faktor. Es liegt auf der Hand, dass aus den unterschiedlichen Arbeitsinhalten und Arbeitsabläufen in den einzelnen Branchen unterschiedliche Gesundheitsrisiken resultieren. Diese sind sowohl in der physischen Umwelt (Klima, Nässe, Schmutz, Staub, Erkältungsgefahr etc.) als auch in den psychischen Umwelt (geistig-nervliche Anforderungen, Arbeitsintensität, Sozialsituation etc.) zu finden. Auswirkungen schlechter Arbeitsbedingungen lassen sich bis hin zum subjektiven Befinden der Arbeitspersonen nachweisen.

Neben den Fehlzeiten muss man auch die Arbeitsunfälle diskutieren. So geht man in manchen Unternehmen der Automobilindustrie davon aus, dass ein Drittel der Erste-Hilfe-Fälle auf ergonomische Fehlgestaltung zurückzuführen seien (Angaben von General Motors).

Betrachtet man die Unfallfolgen aus monetärer Sicht – auf das menschliche Leid soll hier gar nicht eingegangen werden – dann schlägt jeder Unfall mit etwa 7.000 Euro direkten Kosten für den Betrieb zu Buche. Die Unfall-Einzelkosten betragen ca. 250 Euro pro Tag (die Gemeinkosten etwa 400 Euro). Das sind natürlich stark branchen-abhängige Zahlen.[2]

Wenn die Beitragslasten und betrieblichen Unfallkosten eines Unternehmens im Schnitt etwa 14 % der Umsatzrendite ausmachen, dann sind diese direkten und in-direkten Folgewirkungen im Regelfall ein Vielfaches dessen, was für eine sicher-heits- und menschengerechte Arbeitsgestaltung aufzuwenden gewesen wäre.

---

2 Landau, K. (Hrsg.): Montageprozesse gestalten. Stuttgart: Ergonomia Verlag, 2004.

Doch nicht nur bei den Fehlzeiten und Unfällen kann ein Einfluss von technischer, ergonomischer und organisatorischer Arbeitsgestaltung vermutet werden. Auch die allgemeine Leistungsentfaltung am Arbeitsplatz ist von der Berücksichtigung gesicherter arbeitswissenschaftlicher Erkenntnisse abhängig. Der Planer kann durch geschickte Arbeitsgestaltung Art und Umfang der psycho-physischen Belastung bestimmen, und zwar im gesamten Spektrum statischer und dynamischer Anteile bei schwerer körperlicher Arbeit[3] bis hin zum Montieren kleinster Bauteile unter dem Mikroskop[4].

Die Beanspruchungswirkungen einzelner Gestaltungslösungen sind also durchaus bekannt oder zumindest abschätzbar, die Kombination einzelner Gestaltungsmaßnahmen in ihrer Wirkung auf den Mitarbeiter aber oft nicht. Sie sind auch vielfach so komplex, dass eine umfassende Gestaltung eines Arbeitsplatzes oder eines Fertigungsnestes kaum noch von einem Planer allein ohne Unterstützung durchgeführt werden kann. Betriebsmittelkonstrukteure und Einkäufer von Ausrüstungen für den Arbeitsplatz müssen mit weiteren Spezialisten zusammenwirken. In jedem Fall sollte eine intelligente Planungssoftware (s. Abschnitt 4.3.3) zur Verfügung stehen, die dem Arbeitsgestalter ergonomische Daten und Regeln mitteilt, die in der betrieblichen Praxis erprobt sind.

---

3 Zu den Begriffen s. Abschnitt 4.1.2.
4 Landau, K. (Hrsg.): Good Practice: Ergonomie und Arbeitsgestaltung. Stuttgart: Ergonomia Verlag, 2003.

1.3 Gestaltungsmängel und Verantwortungsbereiche

Es kann leicht anhand von Beispielen gezeigt werden, dass von einer systematischen und institutionalisierten ergonomischen Arbeitsgestaltung in der Mehrzahl der Betriebe nicht ausgegangen werden kann. Zum einen hat der Konstrukteur eines Bauteils, eines Erzeugnisses oder einer Vorrichtung oft nur unzureichend Kenntnis über das Arbeitssystem, in dem seine Konstruktion später eingesetzt wird. Zum anderen kann es auch bei ergonomisch optimierter Konstruktion eines einzelnen Systemelements zu:

- Fehlentscheidungen bei der Selektion von weiteren Systemelementen und
- Kombinationsunverträglichkeiten zwischen den Systemelementen eines Arbeitssystems kommen.

Eine empirische Untersuchung zu ergonomischen Mängeln an Arbeitsplätzen zeigte folgende Mängelschwerpunkte:[5]

- Nichtbeachtung des Funktionsraumes der Extremitäten,
- räumliche Behinderungen,
- fehlende oder mangelhafte Verstellbarkeit,
- Fehlen von Systemelementen (insbesondere Stützen),
- ungeeignete Formgebung in Bezug auf Verletzungsgefahren,
- Nichtbeachtung der Sichtgeometrie,
- mangelhafte Stabilität bzw. Fixierung von Objekten,
- Mängel bezüglich der physikalisch-chemischen Umgebungseinflüsse.

Eine mit dem ABBA-Verfahren[6] an 609 *Montagearbeitsplätzen* aus unterschiedlichen Betrieben durchgeführte Belastungsanalyse ergab im Sinne von Best practice der *Ergonomie* ein sehr schlechtes Bild: Nur 7 % der Arbeitsplätze erfüllten die Best-practice-Kriterien. Bei den über 90 % der restlichen Arbeitsplätze standen entweder tayloristische Arbeitsorganisationen mit sehr kurzen Zykluszeiten, ergonomische *Gestaltungsmängel*, Schwächen in der Arbeitsplatzlogistik oder Kombinationen dieser Mängel im Vordergrund (Abbildung II-3).

Zumindest für diese Stichprobe kann daraus geschlossen werden, dass Ergonomiekenntnisdefizite bei den Konstrukteuren und Fertigungsplanern vorliegen, dass möglicherweise aber auch in Unternehmensleitung und -controlling das Verständnis für Ursache-Wirkungs-Zusammenhänge von Arbeitsgestaltung, Arbeitszufriedenheit und arbeitsbedingten Erkrankungen fehlt und daher die Bereitstellung der notwendigen finanziellen Mittel für die Arbeitsgestaltung unterbleibt.

---

5 Gutberlet, T.: Konzeptentwicklung zur informationellen Unterstützung ergonomiegerechten Konstruierens unter Einsatz rechnergestützter Wissensverarbeitung. Düsseldorf: VDI, 1990.
6 Landau, K.; Maas, C.; Marquard, E.; Fischer, T.: Softwarewerkzeuge – Tätigkeitsanalyse – Rechnergestützte Belastungsanalysen von Arbeitsplätzen mit der ABBA-Software. In: Software-Werkzeuge zur ergonomischen Arbeitsgestaltung. Bad Urach: Institut für Arbeitsorganisation (IfAO), 1997, S. 18–33.

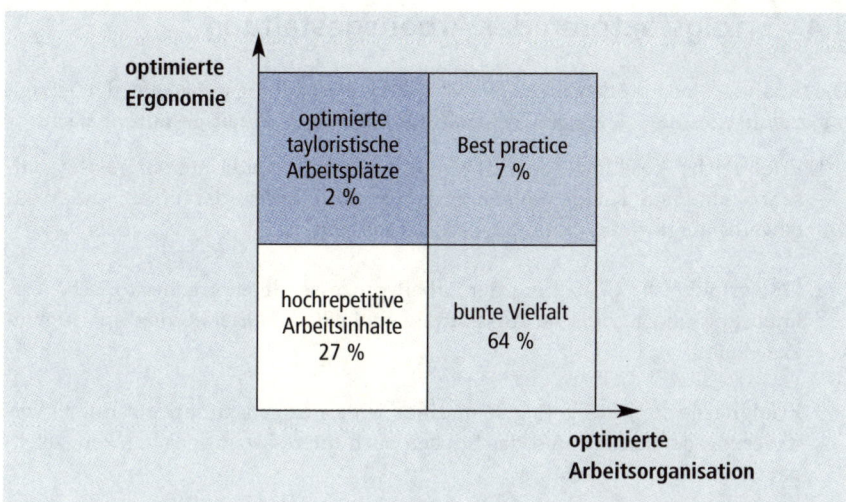

Abbildung II-3

Ergonomische Best-
practice-Analyse von
609 Montagearbeits-
plätzen mit ABBA-
Verfahren

1.4 Erfolgsfaktoren der Arbeitsgestaltung

Die Analyse einer größeren Anzahl von Arbeitsgestaltungsprojekten der letzten Jahrzehnte wies die folgenden Grundsätze erfolgreicher Arbeitsgestaltung nach[7]:

1. Erfolgreiche Projekte der Arbeitsgestaltung, Arbeits- und Unternehmensorganisation sind am Kundennutzen orientiert und zielen darauf ab, die Wettbewerbsfähigkeit des Unternehmens zu steigern.

2. Eine erfolgreiche Gestaltung der Arbeitsprozesse, deren organisatorische Verknüpfung und technische Ausstattung schließt die Orientierung an Humanzielen ein.

3. Erfolgreiche Projekte gelingen in einer Unternehmenskultur, die durch Veränderungsbereitschaft und das Streben nach Interessenausgleich gekennzeichnet ist.

4. Erfolgreiche Projekte erfordern eine problemangepasste Organisation, interne Promotoren und externe Experten/Coaches sowie die Einbeziehung der Mitarbeiter und ihrer betrieblichen Vertretung.

5. Projekte einer innovativen Arbeitsgestaltung, Arbeits- und Betriebsorganisation können nur in förderlichem (politischem, unternehmerischem) Umfeld erfolgreich sein.

Die Bewertungsmaßstäbe, nach denen die projektbezogenen Ableitungen der Erfolgskriterien innovativer Unternehmenskonzepte und Modelle erfolgen, lauten also:

- *Wirtschaftlichkeit* und *Humanität* gleichgewichtig anstreben,
- volkswirtschaftliche Wirkungen beachten,
- soziale Akzeptanz fördern,
- auf ökologische Nachhaltigkeit hinwirken,
- für Beschäftigungswirksamkeit sorgen.

Im Vordergrund stehen demnach neben den bereits genannten ökonomischen Dimensionen (s. Teil I, Abschnitt 3.2) die Aspekte Humanität und soziale Akzeptanz, die Zielkriterien einer menschengerechten Arbeitsgestaltung und -organisation sind. Insbesondere die Anpassung der Arbeitsbedingungen im Bereich Fertigung und Montage an die Bedürfnisse und Interessen der Beschäftigten bei gleichzeitigem Verlangen nach Wirtschaftlichkeit sind anzustrebende Ziele.

---

7 Winter, G.; Landau, K.; Schaub, K.; Keith, H.; Rösler, D.; Luczak, H.: Arbeitswissenschaftliche Konzepte, Erfolgsfaktoren und Transfermechanismen für die Entwicklung und Verbreitung ganzheitlicher Innovationsprozesse. Kurzfassung des Berichts zum gleichnamigen Forschungsprojekt beim BMBF. Stuttgart: Ergonomia, 2003.

Arbeitsgestaltung unter Beachtung humanitärer Aspekte beinhaltet damit die folgenden *Erfolgsfaktoren*:

- Arbeitssysteme bestehen aus ergonomisch gestalteten Systemelementen (z. B. Betriebsmittel und Vorrichtungen).
- Die Abstimmung zwischen den Systemelementen erfolgt ebenfalls nach den gesicherten ergonomischen Erkenntnissen.
- Die Arbeitsaufgaben sind möglichst umfassend (z. B. umfasst das Tätigkeitsspektrum prüfende und dispositive Anteile).
- Die Werker haben erweiterte zeitliche Freiräume bei der Ausführung.
- Arbeitsgestaltungsprojekte sehen die Information aller vom Projekt Betroffenen vor.
- Die Gestaltungsansätze sind übergreifend: Veränderung der umzugestaltenden Bereiche ebenso wie angrenzender Bereiche (organisatorisch vor- und nachgeschaltet).
- Die Beteiligung der Mitarbeiter an den Lösungsfindungs- und Bewertungsprozessen ist notwendig (führt zu besseren Resultaten mit gesteigerter Akzeptanz).

2 MTM-Gestaltungssystem

2.1 Der Weg zu einem MTM-Gestaltungssystem

MTM hat, wie in Teil I, Abschnitt 2.3 bereits deutlich gemacht wurde, der Prozessorientierung mit dem Ganzheitlichen Produktionssystem[8] einen sinnfälligen und im Unternehmensalltag notwendigen Ordnungsrahmen gegeben. Wesentlicher Bestandteil dabei ist die bessere Verzahnung der Teile der Wertschöpfungskette. Das geschieht maßgeblich durch den Übergang vom bisher üblichen Fokus auf Einzel- oder Teilsystemen zu einer Betrachtung des Gesamtsystems bzw. des Wertstromes[9].

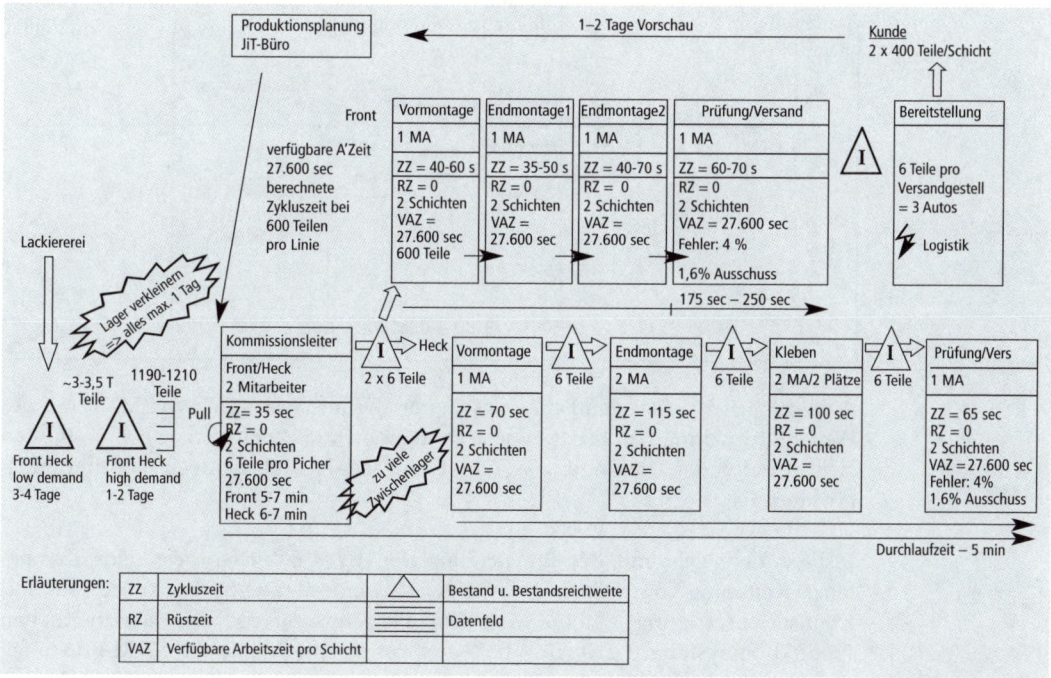

Abbildung II-4

Wertstromanalyse bei einem Automobilzulieferer

8   MTM (Hrsg.): Das Ganzheitliche Produktionssystem. Auf neuen Wegen zu neuen Zielen. Hamburg: Deutsche MTM-Vereinigung e.V., 2002.
9   Rother, M.; Shook, J.: Sehen lernen mit Wertstromdesign. Stuttgart: LOG_X, 2000.

MTM hat damit den Gestaltungsschwerpunkt vom anfänglich einzelnen Arbeitsplatz auf die gesamte Wertschöpfungskette erweitert. Auch wenn MTM in der äußeren Wahrnehmung in der Vergangenheit lediglich den Systemen vorbestimmter Zeiten[10] und damit der Zeitfindung zugeordnet wurde[11], hat MTM selbst stets einen wesentlich erweiterten Wirkbereich sichtbar gemacht[12]. Die Eigensicht beruht auf der Entwicklung und Erweiterung der MTM-Kernkompetenzen in der Wechselwirkung zum Umfeld (Abbildung II-5).

Abbildung II-5

Kontinuierliche Entwicklung von MTM im Kontext zur Umfeldentwicklung

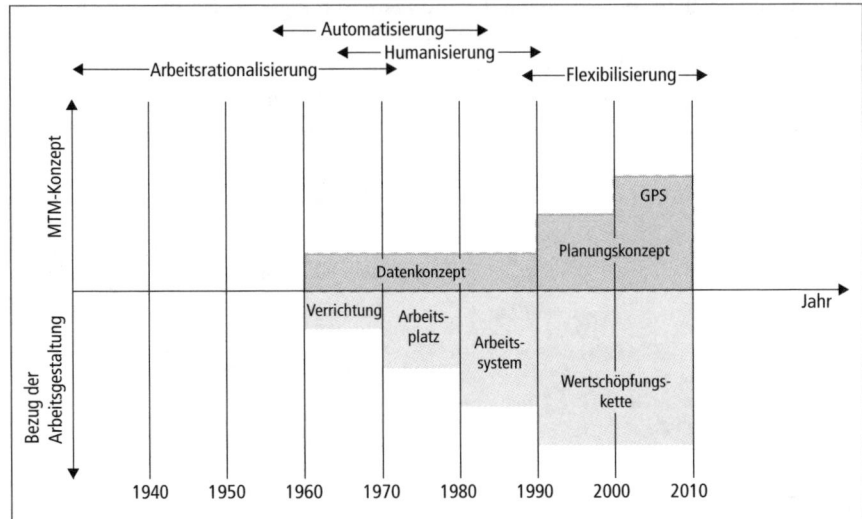

Abbildung II-5 macht deutlich, wie sich der Gestaltungsbereich von MTM mit der Weiterentwicklung von Produktionstechnik und Produktionsmanagement und den sich wandelnden Bedingungen von Gesellschaft und Umwelt kontinuierlich erweitert hat.

Insbesondere geht mit der Entwicklung der *MTM-Bausteinsysteme* eine Kompetenzerweiterung vom Ausgangspunkt der Massenfertigung bis hin zur Einzel- und Kleinserienfertigung einher. Mit dem Planungskonzept des Ganzheitlichen Produktionssystems (GPS) wird die Wertstromgestaltung mit den MTM-Prinzipien zur Synthese von Arbeitsabläufen und den Vorzügen der Prozesssprache MTM verzahnt.

---

10 Vgl. Teil I, Abschnitt 4.2.1.
11 Vgl. dazu u. a.: Luczak, H.: Arbeitswissenschaft. 2. vollst. neub. Aufl., Springer, 1998; Steinbuch, P.A.: Fertigungswirtschaft. 7. Aufl., Kiehl, 1999.
12 Vgl. dazu z. B.: Becks, C.: Investitionsarme Gestaltung zukunftsorientierter Montagestrukturen – MTM-Planungssystematik in der Serienfertigung. In: Personal Nr. 9/93, Köln: Bachem, 1993, S. 400–403.
    Britzke, B.: Mehrfachnutzung von Planungsgrundlagen. In: Planung + Produktion. Nr. 4/96. Winterthur: PPH, 1996.
    Britzke, B.; Fischer, H.; Jasker, K., Sanzenbacher, G.; Schosnig, R.: MTM – gestern – heute – morgen. In: Personal – MTM-Report 2003. Düsseldorf: Verlagsgruppe Handelsblatt, 2003.

Das Verständnis von MTM als Prozesssprache ist entwicklungsbedürftig, obwohl die kodierte Darstellung des Arbeitsablaufes eine solche Sichtweise nahe legt. Diese Sicht auf MTM ist auch deshalb wichtig, weil es ein ursächliches Anliegen der Arbeitsgestaltung ist, den Arbeitsablauf in Form eines Planes (Soll) bzw. einer Analyse (Ist) sichtbar zu machen. Dieses Sichtbarmachen dient in erster Linie dem Erkenntnisgewinn hinsichtlich Struktur, Einflussgrößen und Dauer von Arbeitsprozessen. Im Vergleich mit anderen Möglichkeiten der Analyse und Synthese von Arbeitsprozessen beinhaltet MTM eine durch ständige Optimierungsiterationen gekennzeichnete Vorgehensweise. Diese erzeugt alle benötigten Informationen für die seriöse und glaubhafte Darstellung von Prozesskosten und damit eine neue Qualität der Prozessgestaltung und -optimierung.

Mit Hilfe der Prozesssprache können nicht nur die Prozesskosten als Gesamtsumme generiert werden, sondern aus der Prozessstruktur und den Einflussgrößen sind insbesondere Erkenntnisse zur Kostenstruktur ableitbar. Fallen in einem Arbeitsablauf beispielsweise 30 % für Gehen an, weiß der Fachmann, dass dieser Zeitanteil weder wertschöpfend ist noch eine Qualifikation erfordert, aber dennoch bezahlt werden muss und zumindest teilweise aus ergonomischer Sicht sinnvoll sein kann.

Exkurs: Historische Entwicklung der Arbeitsgestaltung mit MTM[13]

Der Ursprung der detaillierten und filigranen Beschreibung von Arbeitsprozessen mit Hilfe von Symbolen liegt bei Gilbreth. Frank Bunker Gilbreth erkannte als Maurerlehrling im Jahre 1884, dass bei der Errichtung von Ziegelmauern jeder Maurer für die gleiche Aufgabenstellung andere Bewegungen ausführte. Gilbreths Ziel war es deshalb, festzustellen, welches der sinnvollste Ablauf sei. Unterstützt wurde Frank Bunker Gilbreth später von seiner Ehefrau Lillian Evelyn Moeller Gilbreth, die seine Arbeit nach seinem Tode fortsetzte und auch das Arbeitsstudium in Deutschland beeinflusste. Er stellte fest, dass bei gleicher Fertigkeit, gleicher Fähigkeit und gleicher Anstrengung die Ausführungszeit für einen Arbeitsablauf des arbeitsausführenden Menschen innerhalb bestimmter Grenzen nur von der eingesetzten Methode abhängt.

Gilbreth filmte zahlreiche Bewegungsabläufe. Aufgrund seiner Analysen unterstellte er, dass sich alle menschlichen Bewegungen mit 15 bis 18 Bewegungselementen beschreiben lassen (vgl. Abbildung II-6).

---

13 Natürlich ist es nicht möglich, an dieser Stelle die historische Entwicklung des Bewegungsstudiums auch nur annähernd vollständig zu beschreiben. Stattdessen sei verwiesen auf Landau, K.; Becks, C.: Vom Bewegungsstudium zur Bewegungsgestaltung. Stuttgart: Ergonomia, 2006.

Therbligs		Engl. Bezeichnung	Zeichen	Erklärung	Farben
I. Hauptbegriffe	1. Greifen	Grasp	G. ∩	Unbelasteter Magnet	Rot-Blau (1—7)
	2. Voreinrichten	Preposition	PP. ☽	Hand plaziert einen Gegenstand	
	3. Einrichten	Position	P. ⚇	Kegel aufgestellt	
	4. Benutzen	Use	U. U	Vom englischen „USE"	
	5. Zusammenfügen	Assemble	A. ⧺	Zusammenfügen zum Gestell	
	6. Auseinandernehmen	Disassemble	DA. ++	Gegenstand vom Gestell entfernt	
	7. Loslassen	Release Load	RL. ⌢	Umgekehrte Handfläche	
II. Grobe Bewegungen	8. Transport unbeladen	Transport Empty	TE. ⌣	Hohle Hand	Grün (8—9)
	9. Transport beladen	Transport Loaded	TL. ⌣	Hand mit Inhalt	
III. Zögernde Bewegungen	10. Suchen	Search	SH. ⊃	Suchendes Auge	Grau-Schwarz (10—11)
	11. Heraussuchen	Select	ST. —	Zeigt auf einen Gegenstand	
IV. Verluste	12. Halten	Hold	H. Ⴖ	Haltender Magnet	Gelb-Orange (12—15)
	13. Unvermeidbare Verzögerung	Unavoidable Delay	UD. ⌒o	Strichmann fällt auf die Nase	
	14. Vermeidbare Verzögerung	Avoidable Delay	AD. ⊢o	Schlafender Strichmann	
	15. Erholungsausgleich	Rest for overcoming fatigue	R. ⅃	Ruhender Strichmann	
V. Von Überlegungen begleitet	16. Planen	Plan	PN. ⟨	Strichmann tippt an die Stirn	Braun (16—17)
	17. Prüfen	Inspect	I. ⟨	Linse	

Abbildung II-6

Symbole der Therbligs nach Gilbreth[14]

In Umkehrung seines Namens bezeichnete *Gilbreth* die Bewegungselemente als Therbligs. Diese gelten als die Vorläufer von MTM. Einige der Grundelemente gelten jedoch als schwierig zu verallgemeinern und andere können noch in weitere Arbeitsbewegungen und Griffelemente unterteilt werden, wodurch der obigen Erkenntnis Gilbreths zumindest teilweise widersprochen wird. Dennoch gilt Gilbreth als der an der Entwicklung der Systeme vorbestimmter Zeiten maßgeblich beteiligte Arbeitsforscher. Das System der Therbligs wurde erst nach dem Tod von Gilbreth im Jahre 1924 präsentiert. Es ist wichtig darauf hinzuweisen, dass die Therbligs keine Beziehung zu Zeitstudien haben.

Durch Gilbreth und seine Mitarbeiter erfolgten zahlreiche Mikro-Bewegungsstudien mit Hilfe der Therbligs, unterstützt durch Filmaufnahmen. Da die Bewegungsanalyse (z. B. für den in Abbildung II-7 dargestellten Golfer) für die rechte und die linke Hand erfolgte, wird diese Analyse als Beidhandanalyse bezeichnet. Die aufgezeichnete Bewegungsspur ist auch als Gilbrethsche Lichtkurve bekannt.

---

14 Hilf, H. H.: Arbeitswissenschaft. Grundlagen der Leistungsforschung und Arbeitsgestaltung. München: Hanser, 1957.

Abbildung II-7
Gilbrethsche
Bewegungsstudien
bei einem Golfer

National Museum of American History

Eine wichtige Erkenntnis der Bewegungsstudien war, dass bei allen wiederkehren-den Verrichtungen von Menschen ein großes Verbesserungspotenzial vorherrscht, unabhängig davon, ob dabei Maschinen zum Einsatz kommen oder nicht. Dies ist auch unabhängig davon, ob es sich um Produktions-, Lagerhaltungs- oder Ver-waltungsvorgänge handelt. Bekannt wurde in diesem Zusammenhang auch die Aussage »the one best way«. Es ging Gilbreth dabei weniger um die Steigerung der Arbeitsleistung als um die Optimierung der Arbeitsmethode und die Arbeits-platzgestaltung. Aber auch ermüdungsfreies Arbeiten und die Anleitung der Mit-arbeiter waren wichtig für ihn.

Gilbreth war also mehr als ein Analytiker von Elementarbewegungen, er war in der Geschichte des Arbeitsstudiums der Neuzeit einer der ersten Arbeitsgestalter. So bezog sich das erste Patent, das er erhielt, auch auf die Gestaltung eines Bau-gerüstes.

Ebenso wäre es falsch, auch MTM einschränkend als *System vorbestimmter Zeiten* zu benennen. Das volle Potenzial von MTM wird erst durch die Nutzung für die Prozess- und Arbeitssystemgestaltung deutlich.

Um die versteckten Verbesserungspotenziale zu erkennen, erwiesen sich damals folgende Arbeitsschritte als sinnvoll:

1. Wiederkehrende *Arbeitsabläufe* sind genau zu beobachten und kritisch zu hinterfragen. Mögliche Fragestellungen sind dabei: Welche Vorgänge tragen zur Wertschöpfung bei? Welche Vorgänge sind nicht wertschöpfend? Welche Vorgänge sind umständlich und aufwendig?

2. Die Arbeitsabläufe sind zu dokumentieren. Zur standardisierten Beschreibung der menschlichen Bewegungsabläufe verwendete Gilbreth die Therbligs. Die Therbligs sind geeignet, die Verbesserungsansätze zu verdeutlichen. Jedes Therblig, das nicht dem Arbeitsfortschritt dient, wird eliminiert.

Die Arbeit von Gilbreth wurde in vielfacher Hinsicht weiter fortgesetzt. Es gibt eine Bewegungsstudienschule in Montclair, ein Gilbreth network, das über das Internet zugänglich ist, eine Gilbreth Sammlung in Purdue sowie eine Fotosammlung im Smithsonian-National History Museum in Washington D.C.

Insbesondere mit dem heutigen Erkenntnisstand ist klar, dass die bloße Symbolsprache von Gilbreth zahlreiche Nachteile hatte. Die Bedingungen und Einflussgrößen wurden lediglich verbal beschrieben, die Zeit fehlte gänzlich. Gilbreth stellte aber fest, dass bei gleichen Bedingungen die Zeit für das Ausführen der Arbeitselemente für eine bestimmte Handfertigkeit, Geschicklichkeit und Kraftanstrengung gleich ist. Aus dieser Erkenntnis entstanden später die so genannten Systeme vorbestimmter Zeiten[15].

Die Aktualität von Gilbreths Systematik wird insbesondere im Vergleich mit den japanischen Methoden zur Produktionsoptimierung deutlich. Fast hundert Jahre vor der »japanischen Herausforderung« sind Taylor und Gilbreth[16] bereits ähnliche Wege der Produktivitätsverbesserung gegangen.

Imai bemerkt bezugnehmend auf ein Beispiel bei Nissan Motors: »Die kleinste Zeiteinheit menschlicher Arbeit ... ist ein Hundertstel einer Minute bzw. 0,6 Sekunden. Jeder Verbesserungsvorschlag, welcher zumindest 0,6 Sekunden einspart, also die Zeit, die ein Arbeiter zum Ausstrecken seiner Hand oder zum Zurücklegen eines Schrittes braucht, wird vom Management berücksichtigt.« Natürlich werden in diesem Buch die exklusive Zeitoptimierung relativiert und Methoden der gleichgerichteten Optimierung von Arbeits- und Prozesszeit und Werkerbelastung behandelt. Imai[17], Ishiwata[18] und Sekine[19] greifen in ihren Ausführungen zur Strukturierung und Visualisierung der Arbeitsabläufe ebenso auf die Erkenntnisse von Gilbreth zurück. Dabei geht es durchweg um drei wesentliche Dinge:

1. Prozessbeschreibung und Prozessvisualisierung, um besser und einfacher zu erkennen, welche Aktivitäten in welcher Reihenfolge bzw. Parallelität im Ist-Zustand realisiert werden. Durch die Benennung und Visualisierung der einzelnen Prozessabschnitte wird die Aufmerksamkeit der Arbeitsgestalter, Fertigungsplaner und der Linienmanager auf die Aspekte der Wertschöpfung oder – gegenteilig – der Verschwendung gerichtet.

2. Vereinheitlichung des Prozesswissens, um ähnliche Denkweisen bei Prozessplanungen bzw. bei anderen Restrukturierungsprojekten zu nutzen.

3. Erkennen von Einflussgrößen, um manuelle Abläufe sicherer, ergonomischer und effizienter zu machen.

---

15 Vgl. Teil I, Abschnitt 4.2.1.
16 Gilbreth, F.B.: Bewegungsstudien. Berlin: Verlag Julius Springer, 1921.
17 Imai, M.: KAIZEN. Der Schlüssel zum Erfolg der Japaner im Wettbewerb. München: Wirtschaftsverlag Langen Müller Herbig, 1992.
18 Ishiwata, J.: Die flexible Fabrik. Verlag moderne Industrie, Landsberg, 2001, S. 191 ff.
19 Sekine, K.: Produzieren ohne Verschwendung. Verlag moderne Industrie, Landsberg, 1995, S. 177 ff.

Das sehr erfolgreiche und vermeintlich einfache Vorgehen insbesondere bei Toyota zog und zieht noch heute viel Aufmerksamkeit auf sich. Natürlich versuchten auch europäische Unternehmen diese Vorgehensweisen zu adaptieren. Damit wurde häufig ein Umfeld geschaffen, welches dem Industrial Engineering bzw. der Arbeitsvorbereitung in modernen Produktionskonzepten kaum noch Platz einräumte. Vielmehr wurde darauf gesetzt, dass das Feintuning und die Optimierung der Arbeitsabläufe in Eigenregie der Mitarbeiter am besten aufgehoben sei. Auch wurde MTM – zumindest teilweise – als Sinnbild kurzzyklischer und monotoner Arbeit verstanden und deshalb in der Ausbildung eher als antiquierte Methode oder gar nicht mehr vorgestellt. Trotzdem wurden weiterhin im Automobilbau, in der Zulieferindustrie und im Flugzeugbau Ablaufplanungen mit MTM durchgeführt.

Einen Aufrütteleffekt hatte in dieser Zeit die MIT-Studie[20]. Darin wurde deutlich, dass dem Industrial Engineering eine Hauptträgerschaft für Prozessgestaltung und Prozessoptimierung zukommt. Dies hat vor allem damit zu tun, dass für den Erfolg von Produktionssystemen die richtige Auswahl von Methoden und Werkzeugen für die Prozessplanung und -optimierung sowie die Konstanz und Konsequenz ihrer Anwendung maßgeblich ist.

In dieser Zeit entstand ein neues Bild von MTM, welches vor allem durch folgende Punkte charakterisiert werden kann:

1. MTM-Anwendung heißt Planung und Optimierung der Arbeitsabläufe über die gesamte Prozesskette.
   Mit ProKon (vgl. Teil III, Kapitel 6) und den MTM-Bausteinsystemen für unterschiedliche Prozesstypen (vgl. Abbildung III-34) steht eine durchgängige instrumentalisierte Strategie zur Prozessplanung, Prozessoptimierung bzw. Prozessverbesserung zur Verfügung. Würde man die MTM-Anwendung auf das Thema Zeitermittlung reduzieren, ließe man den größten Anteil des Potenzials für Produktivitätsverbesserung ungenutzt.

2. Zentraler Punkt der MTM-Anwendung ist die Verwendung von *Prozessbausteinen*. Integrierter Bestandteil ist dabei das planerische Durchdenken und Optimieren der künftigen Arbeitsabläufe, als dessen Ergebnis eine transparente und nachvollziehbare Beschreibung des Arbeitsablaufs entsteht. Mit dieser Beschreibung werden die wesentlichen Eckpunkte für die Gestaltung der Arbeitssysteme festgelegt.

3. MTM-Prozessbausteine (das betrifft vor allem die höher aggregierten MTM-Bausteine) sind ihrem Charakter nach inhaltlich und zeitlich definierte Arbeitsstandards.[21] Voraussetzung für deren Anwendung sind Arbeitsbedingungen, die anerkannten Normen entsprechen. Der geplante MTM-Ablauf entspricht der Arbeitsmethode, mit der das Zeitziel erreicht werden kann.

---

20 Vgl. Womack, J.P.; Jones, D.T.; Roos, D.: Die zweite Revolution in der Atomobilindustrie. Campus Verlag, Frankfurt/M., 1995.
21 Vgl. Schultetus, W.: Arbeitsstandards – Anforderungen und Notwendigkeiten. In: Arbeitsschutz-Ergonomie-Normleistung. TB 119, BauA, 2001.

4. Durch den klaren Ausweis der Zeiteinflussfaktoren bzw. von Ablaufindikatoren hat sich MTM als wirkungsvolles Diagnoseinstrument etabliert. Verschwendung wird sichtbar gemacht und quantifiziert. Mittels Variantenvergleichen im Planungsstadium wird eine ausgewogene Optimierung gesichert. Die Auflösung des Arbeitsablaufs in gestaltungsrelevante Einflussgrößen gibt Zielrichtungen vor und ist erkenntnisfördernd.

5. MTM-gestaltete Arbeitsabläufe entsprechen Soll-Abläufen und sind somit Benchmark. Sie bieten die Möglichkeit zum Vergleich mit den praktisch realisierten Abläufen. Durch die hohe Transparenz bestehen gute Chancen, Defizite und Abweichungen vom Soll, ggf. auch Planungsfehler, zu erkennen.

6. Mit der Festlegung des *Prozesstyps* und des zugehörigen *Bausteinsystems* (z. B. UAS, MEK) werden sowohl der Organisationsgrad des Arbeitssystems als auch Perfektion und Routine des Mitarbeiters in Form der MTM-Normleistung berücksichtigt. Wenn MTM eingeführt ist, sind Produktivitätsentwicklungen ausschließlich durch Arbeitsgestaltung und Prozessverbesserungen, nicht aber durch Intensitätserhöhung realisierbar. Die Anwendung von MTM schließt somit permanentes Drehen an der Intensitätsschraube aus. Wenn dieser Zusammenhang den Mitarbeitern bekannt ist, entsteht eine Motivation für den Kontinuierlichen Verbesserungsprozess (KVP) und ähnliche Aktivitäten.

7. MTM fungiert in der Unternehmenspraxis als Kommunikationshilfe. Es eröffnet Chancen, qualifiziert darüber zu sprechen, ob der Soll-Ablauf mit der Realität übereinstimmt. Dies objektiviert auch die Diskussion um Zeitvorgaben, denn in erster Linie wird über die Zweckmäßigkeit der Arbeitsmethode und nicht über die Zumutbarkeit von Vorgabezeiten diskutiert. Die Kenntnis von MTM eröffnet die Möglichkeit, alle Beteiligten besser in die Prozessgestaltung einzubinden. Denn die Mitarbeiter vor Ort sind damit in der Lage, die Arbeitsabläufe gemeinsam mit den Planern sowohl ablauftechnisch als auch ergonomisch zu optimieren, indem sie in qualifizierter Weise ihre Arbeitserfahrungen einbringen.

Insbesondere mit der Entwicklung von *ProKon* ist der MTM-Ansatz einer montagegerechten Konstruktion in der Prozesskette von der Planungsphase in die Konstruktionsphase transferiert worden. Das in diesem Zusammenhang entwickelte MTM-Planungskonzept (Abbildung II-8) hat heute eine herausragende Bedeutung. Es sichert neben der Verzahnung der wichtigen Prozesskettenglieder

- Entwicklung,
- Planung und
- Fertigung

eine sich zwischen diesen Bereichen herausbildende gemeinsame Vorstellung zu Art und Weise von Ablaufplanung und der schlussendlich durchzuführenden Personalbedarfsermittlung.

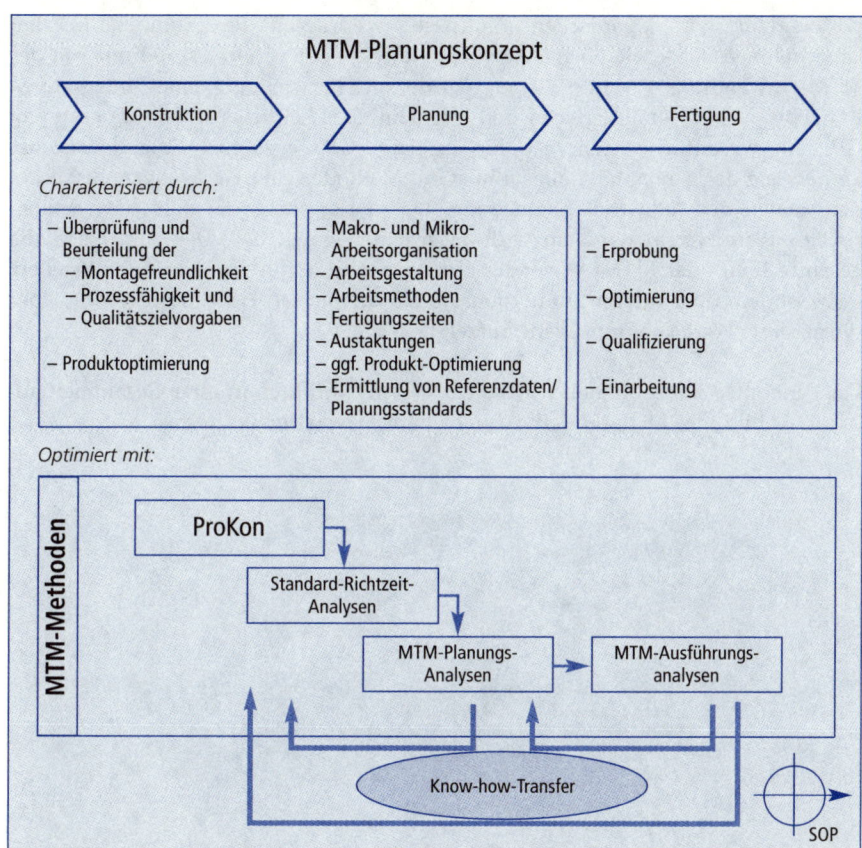

Abbildung II-8
MTM-Planungs-
konzept

Logischerweise entstanden mit der Orientierung auf die gesamte Wertschöpfungskette auch Erfordernisse, neue Methoden und Werkzeuge zu entwickeln. Ausgehend von seinem Kern – dem MTM-Prozessbausteinsystem – hat sich MTM kontinuierlich entwickelt. Dem praktischen Bedarf entsprechend wurde primär dahingehend gearbeitet, das Gestaltungspotenzial von MTM intensiver zu nutzen. Es folgte eine Integration der MTM-Anwendung in verschiedenen Bereichen der Prozesskette und die Nutzung der Vorteile von MTM als Prozesssprache, beispielsweise in Form der Integration in Softwaresysteme für die Digitale Fabrik. Ergebnisse der Erweiterung der MTM-Anwendung sind das Planungskonzept zur durchgängigen Gestaltung und Optimierung der Prozesskette (Abbildung II-8) und die Nutzung von MTM für den Kontinuierlichen Verbesserungsprozess (KVP). Getragen wird die Kontinuität vor allem durch die gleichbleibend hohen MTM-Ausbildungszahlen[22].

Wichtig war es, die MTM-typische Vorgehensweise der Prozesssynthese (bottom-up) mit einem top-down-Ansatz zu kombinieren. Vor dem Hintergrund der Etablierung von Lean Management, Total Quality Management, KAIZEN und weiteren,

---

22 Vgl. Teil I, Abschnitt 4.3.

vorwiegend von japanischen Einflüssen geprägten Philosophien in den Unternehmen, die – wie oben ausgeführt – direkt oder zumindest indirekt mit der MTM-Anwendung verknüpft sind, wurde die Entwicklung eines integrativen Konzepts weiter vorangetrieben und mit dem Ganzheitlichen Produktionssystem GPS ein wesentlicher Schritt dahin erreicht. GPS ermöglicht die konsistente Vernetzung der genannten Philosophien mit Methoden und Werkzeugen, insbesondere denen des Industrial Engineering. Durch Kopplung mit dem unternehmerischen Wertesystem wird ein Ordnungsrahmen geschaffen, der zum einen die gesamte Breite der MTM-Anwendung integriert und zum anderen Schnittstellen, insbesondere über die im Produktionssystem definierten Handlungsfelder[23], über die gesamte Wertschöpfungskette aufzeigt.

Die genannten konzeptionellen Arbeiten von MTM führen in ihrer Gesamtheit auf das in Abbildung II-9 dargestellte durchgängige Gestaltungssystem.

Abbildung II-9
Das MTM-Gestaltungssystem

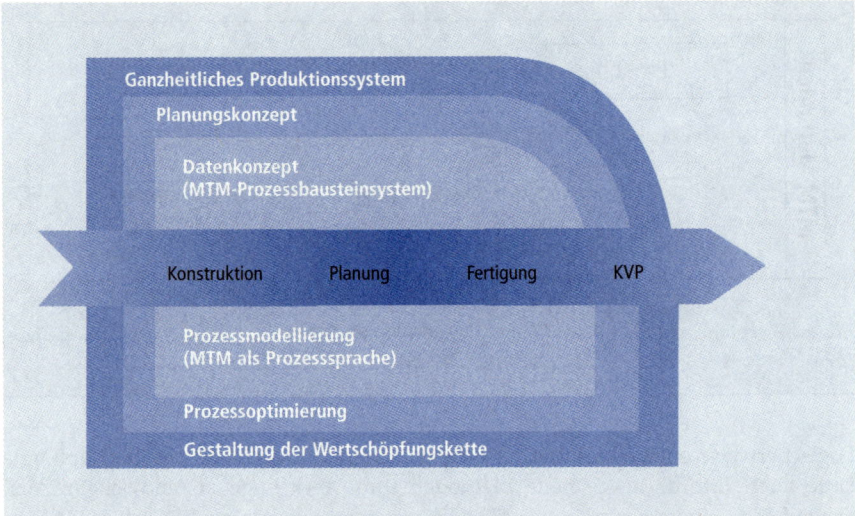

Grundsätzlich erweist sich die Wirkung von MTM als Prozesssprache als ein wichtiges Alleinstellungsmerkmal. Im Wettbewerb mit vermeintlichen »Management-Patentrezepten« kommt MTM eine Schlüsselrolle zu. Viele dieser Initiativen beinhalten die logischen Prinzipien der Ablaufverbesserung und Ablaufgliederung. Deshalb wird auch zunehmend erkannt, dass insbesondere bei international agierenden Unternehmen eine einheitliche Sprache bzw. ein Standard für Ablaufbeschreibungen ein strategischer Vorteil ist. MTM-Bausteine dienen als Muster für die Prozessentwicklung.[24] MTM als gesamtes Prozessbaustein-System ist quasi ein kleiner Satz leistungsfähiger Muster, der es ermöglicht, die teilweise sehr hohe Prozesskomplexität aufzulösen und Abläufe sichtbar zu machen.

---

23 Vgl. Teil I, Abschnitt 2.3.2.
24 Vgl. Reinertsen, D.: Die neuen Werkzeuge der Produktentwicklung. München: Hanser Verlag, 1998.

2.2 Leitgedanken zum MTM-Gestaltungssystem

Das Produktivitätsmanagement von Arbeitssystemen (vgl. Teil I, Kapitel 3) umfasst die Nutzung des MTM-Gestaltungssystems einschließlich der Nutzung des Mitarbeiterpotenzials. Das bedeutet die aktive Einbindung der Mitarbeiter in den Gestaltungsprozess, z. B. im Rahmen von KVP.

In der Vergangenheit standen dabei die Gestaltungsmaßnahmen:

- Ersetzen (z. B. Ersatz von Handarbeit durch Mechanisierung),
- Ordnen (z. B. griffgünstige Anordnung von Teilen und Werkzeugen),
- Erleichtern (z. B. Nutzung der Schwerkraft oder Einsatz von Arbeitshilfen),
- Vereinfachen (z. B. Verringerung der Zahl von Einzelteilen),
- Vereinheitlichen (z. B. Vereinheitlichung von Schrauben),
- Verdichten (z. B. Einsatz von Mehrfachschraubern)

im Vordergrund.

Die praktische Umsetzung dieser Prinzipien beinhaltet durchweg gleichermaßen Produktivitätszuwachs und Arbeitserleichterung, wenngleich bei einzelnen dieser Prinzipien auch Vorbehalte anzubringen sind. So können z. B. beim Verdichten erholungswirksame Mikro-Pausen für den Werker entfallen, eine Erhöhung der Belastung wäre die Folge. Das MTM-Gestaltungssystem geht daher über die o. g. Prinzipien hinaus und stellt die Gestaltungsfelder:

- Layoutgestaltung,
- Lastenhandhabung,
- Griffgünstigkeit, Bedienbarkeit,
- Montierbarkeit/Demontierbarkeit,
- Kontroll- und Prüfaufwände,
- Wertschöpfungsbeurteilung,
- Mehraufwendungen für Handhabung

in den Vordergrund.

Der Anwender wird durch präzise Kenntnis der Einflussgrößen auf Arbeitssystem und -prozess zu diesen Gestaltungsfeldern hingeführt (Abbildung II-10).

Das Ineinandergreifen von intuitiver und systematischer Gestaltung führt zur besseren Durchdringung von Planungs- und Optimierungsaufgaben. Zahlreiche, insbesondere dem Gedanken des KVP, lean management oder Wertstromdesign folgende und durchaus erfolgreiche Projektinitiativen in Industrieunternehmen belegen das.

Abbildung II-10

Wichtige Gestaltungs-
und Bewertungs-
kriterien von MTM[25]

	Gestaltungs- und Bewertungskriterien	Details	Dimension/Maßstab
Direkte Bewertungskriterien	Layout/Anordnung	Wege, Umwege, Höhen, Stufen, Bücken …	Häufigkeiten, Wege
	Lastenhandhabung	Schwere und Art der Lastenhandhabung (z.B. von Tisch zu Tisch, Boden zu Boden)	Häufigkeiten, Mengen, Verbindung mit Bücken
	Griffgünstigkeit/Bedienbarkeit	Greifsituation – Lage der Teile – Größe der Teile – Anordnung der Teile	Greifgenauigkeit – einfach ⋮ – schwierig graduierte zeitliche Bewertung
	Montierbarkeit/ Demontierbarkeit	Bewertung der Fügesituation – Kraftaufwand – Symmetrie – Montagefreiheit – Fügeerschwernisse	Fügeaufwand, graduierte zeitliche Bewertung
	Kontroll- und Prüfaufwände	Strukturierung der Kontroll- und Prüfsituation – Fehlerbenennung – Klassifizierung	Häufigkeiten, Merkmale
	wertschöpfend oder nicht wertschöpfend		prozentuale Aufwände
	Handlingsmehraufwände	zusätzliche Bewegungen – Drücken – Nachgreifen – zusätzliches Fügen	Häufigkeiten, Zeitaufwand
Indirekte Bewertungskriterien	Fehlerentstehung/ Fehlervermeidung	infolge: – mangelnder Ordnung – ungenügender Montierbarkeit – ungenügender differenzierter Prüfkriterien	anteilmäßige Nacharbeit, Wiederholung des Hauptprozesses
	Ordnungsgrad/Übersichtlichkeit	– Teilebereitstellung – Greifsituation – Erreichbarkeit	
	Produktgestaltung	– Montierbarkeit – Demontierbarkeit – planerischer Variantenvergleich	Vergleich von Montageaufwänden
	körperliche Belastung	– Lastenhandhabung – Bücken – Körperdrehung	Anteile am Gesamtprozess, transportierte Masse
	Gefährdungen	– Transporttätigkeiten – Handlingoperationen	

---

25 Vgl. Britzke, B.; Lorenz, D.: Ergonomie und MTM. Ein Beitrag zur Ganzheitlichen Arbeitsgestaltung. In: Angewandte Arbeitswissenschaft Nr. 161. 1999, S. 56.

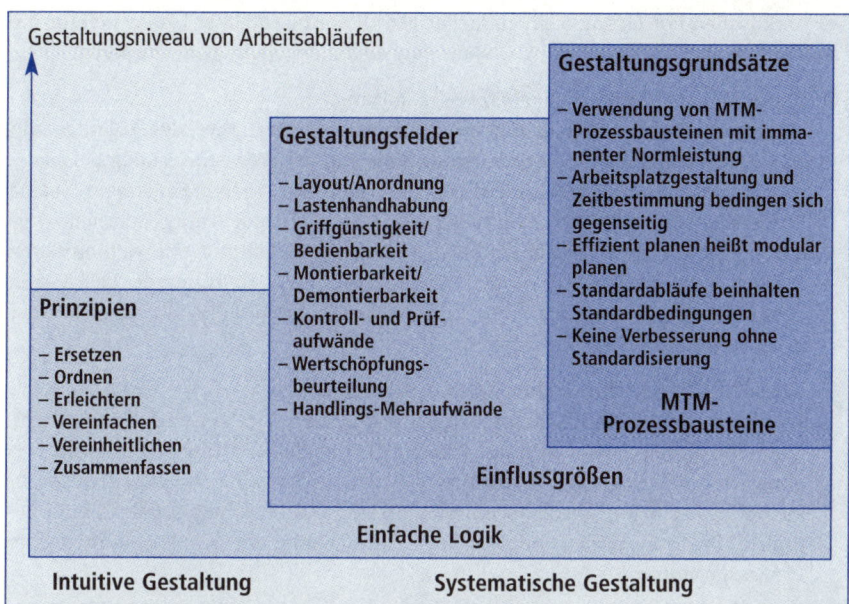

Abbildung II-11

Bestandteile des MTM-Gestaltungssystems

Nahezu beispielgebend ist die Suche nach Verschwendung zu nennen. Identifiziert und beseitigt werden hier z. B. Laufwege, Transporte, Nacharbeit und ähnliche, »nicht wertschöpfende« Anteile im Arbeitsablauf. Doch allein die Zuordnung von Ablaufanteilen zu »Verschwendungsarten« rechtfertigt den Aufwand ihrer »Beseitigung« zunehmend weniger, je höher das Gestaltungsniveau der Arbeitssysteme wird. Um so mehr gewinnt eine objektive Bewertung der Verschwendungsquantität an Bedeutung. *MTM-Prozessbausteine* werden dieser Anforderung in besonderem Maße gerecht, denn in Form der jedem Prozessbaustein immanenten *MTM-Normleistung* ist jede planerische oder reale Veränderung an einem Arbeitsablauf sofort in Zeit quantifizierbar. Es bietet sich so die Möglichkeit, ein qualitativ neues arbeits- und fertigungsorganisatorisches Denken und Verständnis zu entwickeln. Die Kenntnis von MTM und die damit verbundene Systematik zur Ermittlung von Arbeitsaufwänden bringt Transparenz und schafft Vertrauen zwischen Arbeitgebern und Arbeitnehmern.

Die Optimierung der Arbeits- und Prozessgestaltung mit MTM basiert also auf:

- Gestaltungsprinzipien,
- Gestaltungsfeldern und
- Gestaltungsgrundsätzen.

Die systematische Anwendung von MTM-Prozessbausteinen legt den Grundstein ganzheitlicher Gestaltung (s. Abbildung II-11).

Der praktischen Forderung nach einfacher Handhabung folgend, lassen sich für die ganzheitliche MTM-Anwendung *Gestaltungsgrundsätze* wie folgt formulieren:[26]

1. Keine Zeitbestimmung ohne Arbeitsgestaltung:
   Häufig ist es üblich, Erfahrungszeiten ohne ein Hinterfragen des Ablaufes und der Einflüsse als Vorgabe in die Zukunft zu transferieren bzw. analog beispielsweise der Forderung vieler OEM prozentuale Abschläge vorzunehmen. Solche Vorgehensweisen können als Inkompetenz der Führung wahrgenommen werden; gegebenenfalls führen sie zu Leistungszurückhaltung und demotivieren Werker, Fertigungsplaner und Gruppenleiter. Eine zielführende Diskussion über Zeitvorgaben bedarf einer differenzierten Prozessgliederung und einer Bereitstellung von Einflussgrößen.

2. Keine Arbeitsgestaltung ohne Zeitbestimmung:
   Werden selbst kleinste Verbesserungen sofort (vorgabe-)zeitwirksam gemacht, wird den Arbeitspersonen quasi ständig die gleiche Leistung abgefordert. Das ohne ein solches Vorgehen geförderte Ausfüllen von Leerzeiten durch ineffiziente Bewegungen, Kurzpausen oder verlangsamter Arbeit entfällt. Eine integrierte Prozess- und Zeitdatenpflege ist deshalb ein Kernstück moderner Prozessgestaltung.

3. Effizient planen heißt Planen mit modularen Prozessstandards:
   Ein durchgängiges Prozessbausteinsystem für die Planung ermöglicht eine einfache und schnelle Anpassung an veränderte Verhältnisse.

4. Standardabläufe beinhalten Standardbedingungen:
   Das MTM-Gestaltungssystem fordert die Standardisierung von Layout, Werkzeugen und Vorrichtungen. Sie müssen den Planungen entsprechen. Das gilt auch für das Arbeitsumfeld (Klima, Lärm, etc.).

5. Wertschöpfungsprozesse immer zusammen mit der Peripherie planen:
   Die Aufmerksamkeit der Planer lag in der Vergangenheit häufig nur auf den Fertigungsabläufen. Rüstvorgänge, Logistikabläufe und andere Arbeiten (Nebentätigkeiten) standen nicht so im Fokus der Arbeitsgestaltung. Es ist eine Gleichwertigkeit zwischen allen Arbeiten notwendig, um gleiche Anforderungen und Lohngerechtigkeit herzustellen.

6. Keine Verbesserung ohne Standardisierung:
   Wird der Verbesserungskreislauf (PDCA) permanent aktiviert, ohne Erreichtes zu dokumentieren und nachnutzungsfähig zu machen, besteht die Gefahr der zyklischen Wiederholung gleicher Verbesserungsansätze (Verbesserungsschleife) und des Rückfalls in den (gewohnten) Ausgangszustand. Dem ist mit stets aktuellen Prozessstandards entgegen zu wirken (Abbildung II-12).

---

26 Glatz, H.: Zeitwirtschaft – Ein Erfolgspotenzial wieder entdecken! In: io Management Zeitschrift 55; Zürich: Verlag Industrielle Organisation, 1986, S. 290 f.

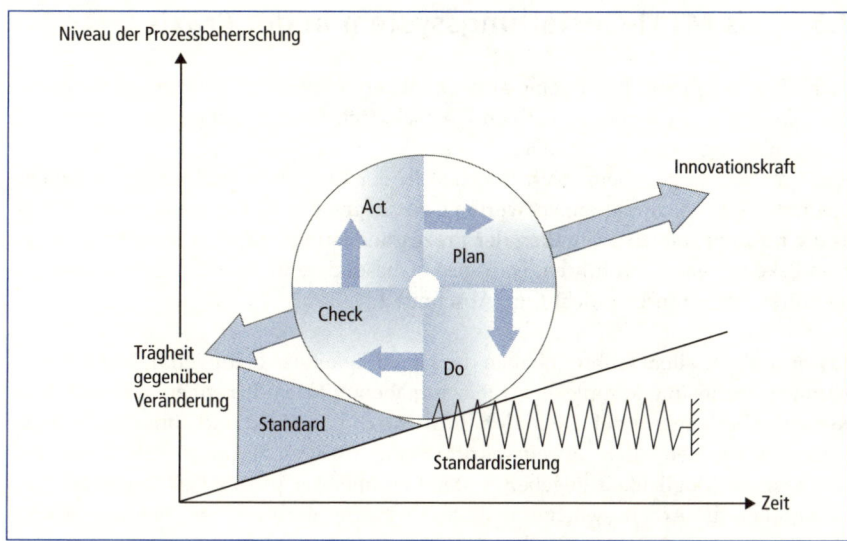

Abbildung II-12
Keine nachhaltige
Verbesserung ohne
Standardisierung

Die genannten Gestaltungsgrundsätze begründen die MTM-Gestaltungssystematik insbesondere aus betriebswirtschaftlicher Sicht. Diese Sichtweise ist ursächlich für die MTM-Anwendung im Unternehmen. Der Nutzen aus MTM erwächst jedoch zunehmend aus dem Informationspotenzial der spezifischen MTM-Ablaufbeschreibung für die ergonomische Arbeitsgestaltung einschließlich der daraus resultierenden volkswirtschaftlichen Effekte[27]. Eine Vielzahl der mit MTM beschriebenen Einflussgrößen sind ergonomische Gestaltungsparameter. Beispielhaft sind:

- Greifräume,
- Greifbedingungen,
- Sichtfelder,
- Bewegungsbahnen,
- Gewichte und Kräfte sowie
- Rhythmik und Belastungswechsel.

Sie sind gerade in Wechselwirkung von zeitlicher und ergonomischer Bewertung zu gestalten. Mit der im Teil II erörterten Methodik ergänzt, wird mit MTM-generierten Prozessbausteinen gleichermaßen ein betriebswirtschaftlich und ergonomisch begründetes Optimum in der Arbeitsgestaltung angestrebt.

---

27 Vgl. Abschnitt 1.2

2.3 Das MTM-Gestaltungssystem in der Praxis

In der Praxis gab und gibt es eine große Zahl vermeintlicher Managementmethoden und Konzepte, die unter plakativen Überschriften neue Zugänge und effizientere Problemlösung versprechen. Die Wirksamkeit dieser Ankündigungen beschreibt Sprenger wie folgt: »Beim Salto mortale in der Operettenwelt der Management-methoden gibt es kaum nennenswerten Geländegewinn.«[28] Denn nach wie vor sind es die traditionenellen Techniken der Prozessauflösung und Ablaufdarstellung, die zum Erkenntnisgewinn führen. Das wird insbesondere in der japanischen Manage-mentliteratur veranschaulicht (vgl. Abschnitt 2.1).

Taylor und vor allem Gilbreth haben die Sinnfälligkeit und Notwendigkeit der fein-körnigen Auflösung komplexer Arbeitsaufgaben mit dem Erkennen von Zeit- bzw. Kostentreibern begründet. Denn den Entwicklern von MTM und ähnlicher Systeme gelang es, für elementare Arbeitsschritte Standardzeiten zu erforschen. Damit war erstmals die Möglichkeit gegeben, unter Kenntnis der prozessbestimmenden Ein-flussgrößen die Arbeitssysteme in Wechselwirkung mit den entstehenden Arbeits-abläufen planerisch-systematisch zu optimieren.

Letztlich bleibt es dem Nutzer vorbehalten zu entscheiden, wie die Arbeitsaufgaben und Arbeitsabläufe im Unternehmen strukturiert, aufgelöst und dargestellt werden sollen und welcher Zweck damit verfolgt wird. Jedoch bleibt festzustellen, dass durch die immensen Möglichkeiten, die DV-Systeme heute bieten, eine hohe Prozessauflösung keine Frage des Aufwandes mehr ist (vgl. Teil III, Abschnitt 3.7.3).

Insbesondere unter dem Blickwinkel des schnellen Erreichens des geplanten Wirkungsgrades eines Arbeitssystems empfehlen Praktiker die Anwendung von MTM.[29] Gegenüber anderen Vorgehensweisen wird zum SOP durch Methoden-planung und gezielte Einweisung der Mitarbeiter eine höhere Wirksamkeit und beim Systembetrieb die so genannte Kammlinie, d. h. das Erreichen der geplanten Systemleistung nach Serienanlauf, schneller erreicht (Abbildung II-13).

Abbildung II-13

Effizienzgewinn durch MTM-Einsatz im Serienlauf

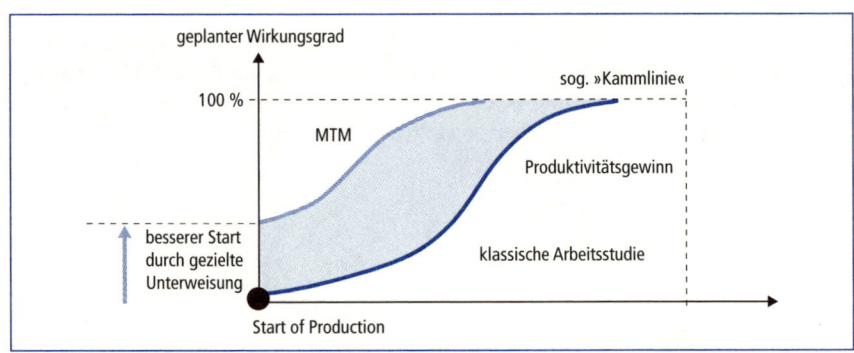

28 Sprenger, R.: Das Prinzip der Selbstverantwortung. Campus: Frankfurt/M., New York, 1997, S. 10.

29 Wilhelm, B.: Advanced Industrial Engineering – Ein neuer Ausbildungsschwerpunkt an deutschen Universitäten. (unveröffentlicht)

Gerade hier wird deutlich, dass nicht allein die Anwendung eines MTM-Bausteinsystems bereits wirtschaftlich wirksam wird. Es ist insbesondere die betriebsorganisatorische Integration von MTM in Verbindung mit einer systematischen Nutzung des Informationspotenzials von MTM zur Ablaufgestaltung, die schneller zu nachhaltigem Produktivitätsgewinn führt.

3   Arbeitsaufgabe

3.1   Überblick

In Teil I, Abschnitt 2.4.2 wurde der Begriff der Aufgabe eingeführt, als eine Aufforderung an eine Ressource, Aktionen auszuführen, die der Zielerreichung dienen. Aufgaben kennzeichnen damit den gewollten Arbeitsinhalt und Zwecke von Arbeitssystemen. Wir setzen uns in diesem Kapitel daher zuerst damit auseinander, was eine Aufgabe ist und wie diese organisatorisch zu gestalten ist. Dazu werden zwei Erhebungstechniken zur Aufgabenanalyse erläutert, das Mind Mapping und die Aufgabenstrukturerhebung. Als *Arbeitsinhalt* werden Art, Umfang, Dauer und Reihenfolge der Arbeitsaufgaben in einem Arbeitssystem bezeichnet.

Für die Dokumentation von *Aufgaben* werden drei Prinzipien vorgestellt: die Baumstruktur, die tabellarische und die numerische Darstellung. Die Aufgabenanalyse dient der Vorbereitung der Aufgabensynthese, und es werden die Ausgangsdaten für die Ermittlung von Produktivitäts-Kenngrößen erhoben.

Bei der Aufgabensynthese werden Arbeitssystemen bzw. deren Ressourcen Aufgaben zugeordnet (verteilt) und damit Schnittstellen geschaffen. Dabei ist das Arbeitsteilungsprinzip zu wählen: Art- oder Mengenteilung. Ferner ist zu entscheiden, inwieweit Aufgaben zu zentralisieren oder zu dezentralisieren sind und auf welchem Wege man das erreichen will. Schließlich ist darüber zu befinden, welche Handlungsspielräume den Menschen einzuräumen sind und mit Hilfe welcher Konzepte, unter welchen Bedingungen, Handlungsspielräume gegenüber dem gegenwärtigen Zustand auszuweiten sind.

Nach der Aufgabensynthese geht es oft um die Feststellung, ob und warum bestimmte Aufgaben und damit auch bestimmte Arbeitssysteme oder Aufgabenträger (Ressourcen, Stellen) einen besonderen Stellenwert unter dem Gesichtspunkt der Produktivitätsförderung haben. Besondere Relevanz haben Aufgaben, wenn sie einen hohen Anteil an Ressourcenkapazitäten binden (Paretoanalyse), wenn ihre Erfüllung besonderen Risiken unterliegt (FMEA) oder wenn sie dazu führen, dass bestimmte Funktionen tendenziell über- oder unterrepräsentiert werden (Funktionsanalyse).

3.2 Aufgabe, Kompetenz und Verantwortung

3.2.1 Aufgabenbegriff

Im Produktionssystem werden Handlungen von Menschen oder Operationen von Arbeits-/Sachmitteln in Form von Aufgaben beschrieben. Für Aufgaben ist kennzeichnend, dass sie nicht irgendwie, sondern geplant entstehen, d. h. die durch Menschen oder von Arbeits-/Sachmitteln auszuführenden Aktionen sind gewollt. Aufgaben sind also Beschreibungen von Gewolltem. Tätigkeiten sind dagegen Beschreibungen von Geschehenem bei der Ressource Mensch. Wir definieren eine Aufgabe als die Beschreibung einer vorgesehenen, zielgeleiteten Aktion und als Aufforderung an einen Aktionsträger, eine Aktion auszuführen. Als Aktion wird bezeichnet, was getan, vollzogen werden soll, als Aufgabe, was mit einer Aktion zu erreichen ist.[30]

Aufgaben müssen eindeutig beschrieben sein, mindestens[31] nach den Merkmalen Objekt (Aktionspunkt: Woran ist die Aktion zu vollziehen?) und Verrichtung (Aktionsart: Worin besteht der Aktionsvollzug?) und das auch in genau dieser Reihenfolge[32]. Zweckmäßig wäre also z. B. die Beschreibung »Auftrag fertig melden«. Nicht zweckmäßig wäre dagegen z. B. »fertig melden des Auftrages«.

In den folgenden Abschnitten wird erläutert, wie Aufgaben zu erheben und auf Aufgabenträger (Arbeitssysteme, Ressourcen) zu verteilen sind. Dabei geht es nicht allein darum, diesen lediglich die Aufgaben, sondern mit den Aufgaben auch jene Befugnisse zu übertragen, die sie benötigen, um die Aufgaben zu erfüllen. Mit den Befugnissen sind auch Verpflichtungen zu übertragen. Das Übertragen von Befugnissen und Verpflichtungen auf Aufgabenträger wird als Delegation bezeichnet.

Die Befugnisse eines *Aufgabenträgers* werden als Kompetenz bezeichnet. Im Rahmen ihrer Kompetenz sollen Aufgabenträger ihre Aufgaben erfüllen. Mit dem Übertragen von Aufgaben ist, ausgesprochen oder unausgesprochen, eine Delegation von Kompetenzen verbunden. Aufgabenträgern sind so viele Kompetenzen einzuräumen, dass sie ihre Aufgabe erfüllen können. Kompetenzen sind also Voraussetzungen für die Erfüllung von Aufgaben. Die Verpflichtungen der Aufgabenträger werden als Verantwortung bezeichnet. Das Ausmaß an Verantwortung hängt direkt von den erwarteten Ergebnissen, indirekt vom Kompetenzrahmen ab.

---

30 Bokranz, R.; Kasten, L.: Organisations-Management in Dienstleistung und Verwaltung. Gestaltungsfelder, Instrumente und Konzepte, 4. Auflage. Wiesbaden: Gabler, 2003, S. 37 f.

31 Mindestens bedeutet zweierlei: Es kann erforderlich sein, eine Aufgabe mit Hilfe mehrerer Objekte (z. B. Schraube und Schraubendreher) und Verrichtungen (z. B. Ansetzen) zu beschreiben. Man kann über die Nennung von Objekt und Verrichtung hinaus weitere Merkmale zur Aufgaben-Beschreibung verwenden (was in der Praxis selten vorkommt), z. B. die räumlichen Verhältnisse, den Aufgabenträger (Person, Arbeits-/Sachmittel) oder den Rang (Entscheiden oder Ausführen).

32 Hill, W.; Fehlbaum, R.; Ulrich, O.: Organisationslehre, Band 1, 4. Auflage. Bern, Stuttgart: UTB, 1989, S. 122 f.

3.2.2 Kompetenzbegriff

Wir unterscheiden zwischen formalen und informalen *Kompetenzen*. Unter einer formalen Kompetenz wird eine Befugnis verstanden, die einem Aufgabenträger ausdrücklich übertragen oder deren Ausübung akzeptiert wird. Unter einer informalen Kompetenz wird die durch Bildung und Persönlichkeit erworbene und von anderen anerkannte Geltung eines Menschen verstanden.[33] Der Unterschied zu den informalen Kompetenzen liegt darin, dass formale Kompetenzen aus Befugnissen und nicht aus Akzeptanzen resultieren. In der Praxis werden auch die Begriffe Handlungsbefugnis und Handlungsbeauftragter verwendet. Personen, auf die diese Begriffe angewandt werden, wurden mit der Erfüllung bestimmter Aufgaben beauftragt. Wir befassen uns hier nur mit formalen Kompetenzen, und diese beziehen sich stets auf Handlungen und damit auf Aufgaben.

In Abbildung II-14 werden sieben formale Kompetenzarten[34] unterschieden. Dem ist zu entnehmen, dass

1. die Übertragung formaler Kompetenzen bereits bei der Arbeitsteilung (vgl. Abschnitt 7.3) mit der Vergabe der Ausführungsbefugnis beginnt;
2. Anordnungs- und Vertretungskompetenzen Folgen aufbauorganisatorischer Festlegungen sind;
3. man alle weiteren formalen Kompetenzen dagegen ausdrücklich delegieren muss.

Kompetenz zur	beinhaltet	wird vergeben bei der
Ausführung	im Rahmen einer übertragenen Aufgabe tätig werden	Arbeitsteilung
Anordnung	andere veranlassen, Entscheidungen umzusetzen	aufbauorganisatorischen Festlegung
Vertretung	andere nach außen vertreten	
Verfügung	über Ressourcen auch dann verfügen, wenn sie nicht zum eigenen Zuständigkeitsbereich gehören	Delegation
Antragstellung	beantragen, dass über einen Sachverhalt entschieden wird	
Entscheidung	zwischen Alternativen wählen können	
Mitsprache	an einer Entscheidung mitwirken, sie jedoch nicht unabhängig von anderen fällen können	

Abbildung II-14
Kompetenzarten[35]

Die wichtigste ausdrückliche Delegationsmaßnahme ist die Vergabe aufgabenbezogener Entscheidungskompetenzen.[36] Um eine Handlung so zu vollziehen, wie es in der Aufgabe vorgesehen ist, kann es erforderlich sein, mit der Aufgabe auch besondere Befugnisse zu übertragen, in erster Linie Entscheidungskompetenzen. Erst mit dem Übertragen von Entscheidungskompetenzen entstehen oft »runde Aufgaben«.

33 Fuchs, J.; Besier, K.: Personalentwicklung mit Perspektive. In: Fuchs, J. (Hrsg.): Das biokybernetische Modell. Unternehmen als Organismen. Wiesbaden: Gabler, 1996, S. 181–204.
34 Höhn, R.: Stellenbeschreibung und Führungsanweisung. Bad Harzburg: Wissenschaft, Wirtschaft und Technik, 1976.
35 Bokranz, R.; Kasten, L.: a. a. O., S. 93.
36 Frese, E.: Grundlagen der Organisation. Konzept – Prinzipien – Strukturen, 6. Auflage. Wiesbaden: Gabler, 1995, S. 67 f.

Beispiel: Es ist die Aufgabe »Wareneingang prüfen« zu erfüllen. Diese ist erfüllt, wenn als Arbeitsergebnis auf Annahme oder Ablehnung des Lieferpostens entschieden wird. Dazu ist eine Entscheidungskompetenz einzuräumen (z. B. »nach Arbeitsanweisung auf Annahme oder Rückweisung entscheiden«), was dazu führt, dass der Aufgabenträger nicht nur berechtigt ist, den ersten Teil des Prozesses (= Ware prüfen), sondern den gesamten Prozess eigenverantwortlich durchzuführen.

Dem Beispiel ist zu entnehmen, dass der Handlungsspielraum eines Aufgabenträgers durch das Ausmaß seiner Entscheidungskompetenzen bestimmt wird.

3.2.3 Verantwortungsbegriff

Die Verpflichtungen eines Aufgabenträgers werden als *Verantwortung* bezeichnet. Aufgabenträger haben ihre Arbeitsergebnisse zu vertreten, sofern

- die notwendigen sachlichen Voraussetzungen erfüllt sind und
- sie über die formalen Kompetenzen verfügen, um die Aufgabe erfüllen zu können.

Im vorliegenden Beispiel könnte die Verantwortung mit »sachlich richtiger Annahme oder Ablehnung des Lieferpostens« beschrieben werden. Verpflichtungen auf ein definiertes Arbeitsergebnis bezeichnen wir als Ergebnisverantwortung. Die Ergebnisverantwortung ist nicht die einzige, aber die wichtigste Verantwortungsart. Die Handlungsverantwortung, als Rechenschaftspflicht bezüglich regel- und anweisungsgerechter Erfüllung übertragener Aufgaben, wird mit der Aufgabenübertragung mit delegiert. Diese Verantwortungsart wird vermutlich ebenso wie die Führungsverantwortung[37] (Rechenschaftspflicht bezüglich sach- und personenbezogener Führungsaufgaben) von vielen gar nicht bewusst angenommen.

Seit der Verbreitung des Harzburger Modells[38] ist die so genannte Kongruenzregel von Aufgabe, Kompetenz und Verantwortung eine weitgehend akzeptierte Organisationsregel. Diese besagt, dass die Aufgabe dafür maßgeblich ist, welche Kompetenzen Aufgabenträger benötigen; die vergebenen Kompetenzen sollen wiederum das Ausmaß an Verantwortung bestimmen. Damit ist nicht gemeint, dass man hier eine Deckungsgleichheit erzielen könnte, sondern dass Adäquanz entsteht, sich Aufgabe, Kompetenz und Verantwortung wechselseitig entsprechen.[39]

Beispiel: Bei dem vorstehend angeführten Beispiel der Wareneingangsprüfung hätte man auch nur das reine Prüfen auf den Aufgabenträger übertragen und keine

---

[37] Mit Führungsaufgaben werden zudem spezifische Befugnisse delegiert, z. B. Vertretungs- oder Verfügungskompetenzen, woraus spezifische Verantwortungen entstehen. Führungsverantwortungen sind nicht delegierbar.

[38] Höhn, R.: Führungsmodelle – Harzburger Modell. In: Kieser, A.; Reber, G.; Wunderer, R. (Hrsg.): Handwörterbuch der Führung. Stuttgart: Poeschel, 1987, S. 615 f.

[39] Liegen Aufgaben ohne adäquate Kompetenzen und Verantwortungen vor, entsteht der »Frühstücksdirektor-Effekt«. Liegen Kompetenzen ohne adäquate Aufgaben vor, entsteht der »Amtsanmaßungs-Effekt« und bei Verantwortungen ohne adäquate Aufgaben und Kompetenzen der »Sündenbock-Effekt«.

Entscheidungskompetenzen auf ihn delegieren können. Dann hätte dieser nur das Arbeitsergebnis »sachlich richtig durchgeführte Prüfung« und nicht »sachlich richtige Annahme und Ablehnung des Lieferpostens« zu verantworten. Die praktische Konsequenz ist hierbei, dass dann mindestens eine weitere Aufgabe für einen weiteren Aufgabenträger entsteht, nämlich eine Entscheidungsaufgabe, und mit dem Aufgabenträgerwechsel entsteht eine Schnittstelle.

Eine weitere Organisationsregel beim Harzburger Modell ist, dass beim Management stets die »Verantwortung für das Gesamtergebnis« verbleibt. Das kann, muss aber nicht zutreffen, weil es von den Kompetenzen des Managements abhängt. Nur wenn dieses im Rahmen seiner Anordnungskompetenz die personelle Besetzung der betreffenden Arbeitssysteme beeinflussen kann und keinen gravierenden marktseitigen Einflüssen unterworfen ist, kann es auch Gesamtergebnisse verantworten.

3.2.4 Aufgabendeduzierung

In den folgenden Abschnitten wird erläutert, wie Aufgaben erhoben und dokumentiert werden.[40] Dabei kann man, wie der folgenden Abbildung II-15 zu entnehmen ist, der mit dem Produktionssystem vorgegebenen Struktur folgen und diese zunächst in Arbeitssysteme auflösen. Die *Deduzierung der Aufgaben* führt, je nach Betriebsgröße, über mehrere hierarchische Ebenen zu Aufgaben, die Zwecke von Arbeitssystemen beschreiben bzw. für Arbeitssysteme stehen. Ist man bei der untersten Arbeitssystemebene angelangt, führen weitere Deduzierungen zur Inventarisierung der Aufgaben in den Arbeitssystemen.

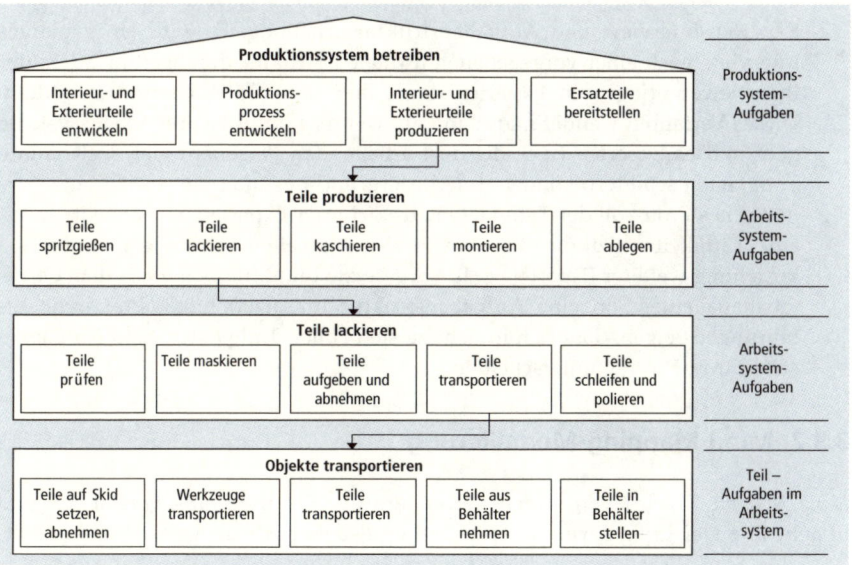

Abbildung II-15

Prinzip der hierarchischen Aufgabendeduzierung

---

40 In Teil III wird gezeigt, wie man in Prozessbaustein-Datenbanken gezielt nach Aufgaben suchen kann, unter der Voraussetzung, dass alle dort gespeicherten Aufgaben nach einer gleichartigen Syntax beschrieben sind.

3.3 Aufgabenanalyse

3.3.1 Erhebungsarten

Als *Aufgabenanalyse* wird die Erhebung und Dokumentation der Aufgaben eines Arbeitssystems bezeichnet. Aufgabenanalysen werden typischerweise zu Beginn von Organisationsprojekten durchgeführt, wenn man wissen will, was in einem Arbeitssystem »zu tun« ist. Beispielsweise lassen sich ohne Kenntnis der zu erfüllenden Aufgaben keine Abläufe modellieren oder Produktivitäts-Kenngrößen bestimmen. Bei der Aufgabenanalyse wird festgelegt, was zu tun ist, nicht aber festgestellt, was tatsächlich getan wird (das wären Tätigkeiten und keine Aufgaben) oder wer es tun soll (dieser Aspekt wird erst bei der Aufgabensynthese betrachtet, vgl. Abschnitt 3.4).

Beim Erheben von Aufgaben unterscheiden wir zwei Erhebungssituationen und die dabei angewandten Erhebungstechniken:

1. Mind Mapping-Modellierung: Ohne vorbereitete Fragen werden Aufgaben auf dem Wege der »Innenschau«, des Sich-selbst-Befragens, ohne vorgegebene Struktur gesammelt. Die Ergebnisse werden, sofern das möglich ist, mit Sachkundigen diskutiert. Im Vordergrund steht die Ideenfindung oder die Modellierung. Die angewandte Erhebungstechnik bezeichnet man als Mind Mapping (MM). Mind Maps, ob am Flipchart oder am Computer, sollten zum Zwecke der Aufgabenerhebung nur dann erstellt werden, wenn eine Aufgabenanalyse für ein geplantes, virtuelles Arbeitssystem durchzuführen ist und man nur vage Vorstellungen über die zu erfüllenden Aufgaben besitzt.

2. Experten-Interview und Aufgabenstruktur-Erhebung: Es wird ein geplantes Interview nach einer vorgegebenen formalen Struktur durchgeführt, d. h. der Interviewer bringt den Experten dazu, ihm seine Tätigkeiten zu schildern. Dieses Verfahren wendet man dann an, wenn es um existente Arbeitssysteme geht und es Experten (z. B. die dort arbeitenden Personen) gibt, welche ihre Tätigkeiten schildern können. Im Vordergrund des Interviews steht ein systematisches Protokoll der Tätigkeiten aus Sicht der Experten. So entsteht zuerst eine Tätigkeitenstruktur, die man in einem zweiten Schritt, ggf. unter Einbeziehung weiterer Experten, z. B. Vorgesetzte und Mitarbeiter aus dem Qualitätsmanagement, in eine Aufgabenstruktur umsetzen muss. Praktische Erfahrungen zeigen, dass sich in den meisten Fällen Tätigkeiten- und Aufgabenstruktur nur wenig unterscheiden.

3.3.2 Mind Mapping-Modellierung

Mind Mapping[41] wird von seinen Verbreitern als Kreativtechnik verstanden und besteht in erster Linie darin, unter Nutzung visueller Hilfen Assoziationen zu er-

---

41 Beyer, M: Brain Land. Mind Mapping in Aktion. Paderborn: Junfermann, 1983. Buzan, T.; Buzan, B.: Das Mind-Map-Buch, 4. Auflage. Landsberg: Moderne Industrie, 1999. Buzan, T., North, V.: Business Mind Mapping. Wien: Überreuter, 1999.

zeugen. Bei der Erhebung von Aufgaben geht es nur begrenzt um Kreativität im Sinne des Findens von Neuartigem. Vielmehr geht es um eine Prognose des Mutmaßlichen, denn es sind die später einmal zu erfüllenden Aufgaben zu antizipieren.

Zu Beginn der Arbeit wird ein Zentralbild entwickelt (s. Abbildung II-14), in dem der Zweck des Arbeitssystems definiert wird, was es unbedingt zu erreichen und was es tunlichst zu vermeiden gilt. Dann werden Hauptäste für die groben, zum Output führenden Phasen angelegt. Dieses »Phasendenken« ist empfehlenswert, weil Menschen in Abläufen oder Geschehnisfolgen und nicht in hierarchischen Strukturen denken.

Um die Hauptäste weiter aufzugliedern und über die Teilaufgaben zu den Unteraufgaben zu gelangen, können folgende Prüffragen zweckmäßig sein:

1. Nach den auslösenden Dingen fragen: Was, wie, warum, wo, wann, wer, welches?
2. Nach den Eigenschaften der Dinge fragen: Was bewirken sie, wie funktionieren sie?
3. Nach der Reihenfolge fragen: Was muss zu Beginn vorhanden sein und was muss erfolgen, damit ein nächster Schritt beginnen kann, und woran ist zu erkennen, dass ein Abschluss vorliegt?

Ferner sollte man nach den Ablaufarten fragen:

1. Was sind die Hauptaufgaben, mit denen ein direkter Arbeitsfortschritt erzielt wird?
2. Was sind die Nebenaufgaben, mit denen Hauptaufgaben vorbereitet und ein indirekter Arbeitsfortschritt erzielt wird?
3. Gibt es ablaufbedingte Unterbrechungen, die zu »erzwungenem« Warten führen?
4. Ist zwischen Rüsten und Ausführen zu unterscheiden?

Die so deduzierten Aufgaben werden so lange in ihre Bestandteile zerlegt, bis man zu derart kleinen Aktionen gelangt, dass es sich nicht lohnt, sie weiter zu gliedern. Die so ausgewiesenen Enden der Gliederungsäste werden als Unteraufgaben und die bei den vorhergehenden Zerlegungsschritten angefallenen Bestandteile als Teilaufgaben bezeichnet.

Für Objekt- und Verrichtungs-Bezeichnungen (s. Abschnitt 3.2.1) sollte eine semantische[42] Standardisierung vorgenommen werden, um zu gewährleisten, dass man für gleiche Objekte und Verrichtungen stets die gleichen Bezeichnungen benutzt. Gleiche Teil- und Unteraufgaben sind nur dann zu identifizieren, wenn ein semantischer Standard eingehalten wird. Dem kommt beim Arbeiten mit Prozessbausteinen (Teil III, Kapitel 9) eine große Bedeutung zu, so dass die Beherrschung semantischer Standards eine Schlüsselkompetenz beim Produktivitätsmanagement ist.

---

42 Semantik: Wissenschaft der Bedeutung sprachlicher Ausdrücke.

Die Objektbegriffe sind nur branchen- oder sogar nur unternehmensspezifisch zu standardisieren. Begriffe wie »Haubenschloss« oder »Kondensatorgehäuse« kommen in Unternehmen der Fahrzeugindustrie, nicht aber bei Finanzdienstleistern vor. Bei den Verrichtungen kann man eher auf standardisierte Begriffe zurückgreifen. Beispielsweise kommen »ansetzen«, »ablegen«, »eindrehen« oder »kopieren« zwar nicht bei allen, aber bei vielen Unternehmen vor.

Das Aufzählen der Aufgaben an einem Verzweigungspunkt kann nach zwei logischen Prinzipien erfolgen:

- Und-Prinzip: aufzählend, sowohl als auch, einander nicht ausschließend
  (z. B. Ware verpacken, Ware versenden);
- Oder-Prinzip: alternierend, entweder-oder, einander ausschließend
  (z. B. Ware frei versenden, Ware unfrei versenden).

Abbildung II-16

Introspektive Erhebung von Aufgaben nach dem Mind Mapping-Prinzip

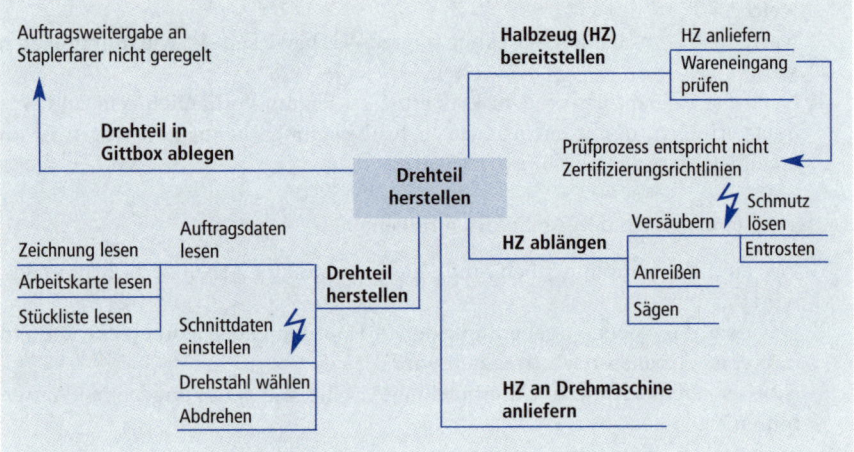

An einem Verzweigungspunkt sollte man stets nur ein Prinzip anwenden und zwei Verzweigungspunkte einrichten, wenn man mit beiden Prinzipien konfrontiert wird.[43]

Teilaufgaben sollten so weit gegliedert werden, bis zu den Unteraufgaben keine Varianten mehr bestehen und sie so für jeden Zweck zu verwenden sind. Letztendlich interessiert man sich zwar nur für die Unteraufgaben. Um die Erhebung der Aufgaben auf Logik und Vollständigkeit zu prüfen, muss man jedoch den Deduktionsprozess nachvollziehen können, und dazu benötigt man den gesamten Aufgabenstring, also die Gliederungskette.

---

43 Der Grund für diese Empfehlung liegt darin, dass beim späteren Rechnen mit Zeiten die nach dem Und-Prinzip gegliederten Aufgaben mit der Häufigkeit 1 und nach dem Oder-Prinzip gegliederten Aufgaben mit der Häufigkeit < 1 anzusetzen sind. Trennt man diese, verringert man die Gefahr, dass sich hier Rechenfehler einschleichen.

Das Mind Map in Abbildung II-16 bezieht sich auf das Herstellen eines Drehteils. Insgesamt werden fünf Hauptzweige dargestellt. Die Teilaufgabe »HZ versäubern« und die Unteraufgabe »Schnittdaten einstellen« sind mit einem Symbol markiert, das auf ein Fehlerrisiko hinweist. Beim ersten und letzten Aufgabenstring sind Hinweise auf Verbesserungsmöglichkeiten angeführt.

3.3.3 Aufgabenstruktur-Erhebung

Aufgabenstrukturen werden durch Interviews erhoben. Das setzt voraus, dass sachkundige und artikulationsfähige Gesprächspartner zur Verfügung stehen. Der Interviewer muss das betreffende Arbeitssystem nicht im Detail, jedoch grundlegend kennen. Er sollte mit Hilfe offener Fragen[44] schrittweise Gliederungsebene für Gliederungsebene erheben. Das Interviewergebnis wird, wie Abbildung II-17 zu entnehmen, in einfache Vordrucke, so genannte Rasterblätter, eingetragen.

Die Gliederungstechnik zum Erzeugen der Aufgabenstrings bereits beim Notieren des Interviews und zur eindeutigen Identifikation jeder Teil- und Unteraufgabe besteht darin,

- die Gliederungsebene (Buchstaben-Spalten in der Darstellung des Gliederungsbaums) durch die Stellenzahl der Aufgabenstrukturnummer und
- die Gliederungszeile (Ziffern-Zeilen in der Darstellung des Gliederungsbaums) durch die Reihenfolge des Erreichens der Enden der Aufgabenstrings festzulegen.

Ist das Ende eines Aufgabenstrings erreicht, wird das durch einen (waagerechten) Abblockungsstrich markiert und daneben die Abblock-Reihenfolgenummer eingetragen. Die Vergabe dieser Nummer ist nur bei manueller Erstellung von Aufgabenstrukturen erforderlich. Bei Softwareeinsatz werden die Rasterblattdaten allein aufgrund der Aufgabenstrukturnummern in eine Gliederungsstruktur umgesetzt.

Sind alle Unteraufgaben erfasst, ist also die vorliegende Teilaufgabe gegliedert, wird diese mit einem Erledigungsstrich (Schrägstrich) versehen, um den Überblick über den Arbeitsstand zu behalten. Die Aufgabenstruktur ist erhoben, wenn die (Haupt-)Aufgabe mit einem Erledigungsstrich versehen ist und damit auch alle Teilaufgaben der zweiten Ebene aus dem Rasterblatt in die Strukturdarstellung (Baumstruktur) übernommen sind.

Beim Gliedern von Aufgaben sind lange Aufgabenstrings ein »Gütezeichen«, weil sie ein Zeichen dafür sind, dass die Struktur systematisch erarbeitet und logisch abgesichert wurde. Sehr kurze Aufgabenstrings (geringe Gliederungstiefe) lassen den Verdacht aufkommen, dass man sich lediglich mit Aufzählungen begnügt hat.

---

44 Offene Fragen, z. B. »Alle wie viele Teile führen Sie eine Prüfung durch?«, animieren den Interviewpartner eher nachzudenken, leiten das Interview fort. Im Gegensatz zu geschlossenen Fragen, z. B. »Prüfen Sie jedes zwanzigste Teil?« Eine besonders kontraproduktive Form geschlossener Fragen sind Suggestivfragen, z. B. »Meinen Sie nicht auch, dass es zu wenig ist, nur jedes zwanzigste Teil zu prüfen?«

	a	b	c	d	e	f	g
1	1 Drehteil herstellen						1
2	11 Halbzeug (HZ) bereitstellen	12 HZ ablängen	13 HZ an Drehmaschine anliefern ___7	14 Drehteil herstellen	15 Drehteil in Gitterbox ablegen ___14		2
3	111 HZ anliefern ___1	112 Wareneingang prüfen ___2					3
4	121 Versäubern	122 Anreißen ___5	123 Sägen ___6				4
5	121.1 Schmutz lösen ___3	121.2 Entrosten ___4					5
6	141 Auftragsdaten lesen	142 Schnittdaten einstellen ___11	143 Drehstahl wählen ___12	144 Abdrehen ___13			6
7	141.1 Zeichnung lesen ___8	141.2 Arbeitskarte lesen ___9	141.3 Stückliste lesen ___10				7

3.3.4 Dokumentationsprinzipien

Bevor Aufgaben dokumentiert werden, ist zu prüfen, ob es sich wirklich um Aufgaben oder – bedingt durch die Erhebungstechnik des Interviews – um Tätigkeiten handelt. Beim Bilden von Produktivitäts-Kenngrößen geht es um Modellbildung, also wie gearbeitet werden sollte und nicht, wie gearbeitet wird. Interviewergebnisse sind deshalb daraufhin zu prüfen, inwieweit die erfassten Tätigkeiten als Aufgaben zu übernehmen oder zu modifizieren sind.

Die erhobenen Aufgaben können, je nachdem, wie sie weiter verwendet werden, nach drei Prinzipien dokumentiert werden. Jedes dieser *Dokumentationsprinzipien* kann manuell oder softwaregestützt angewandt werden.

1. Baumstruktur-Darstellung: Sie bietet die beste Übersichtlichkeit und ist deshalb z. B. geeignet, wenn es um eine Präsentation oder Diskussion des Analyseergebnisses geht.
2. Tabellarische Darstellung: Sie bietet die beste Verarbeitbarkeit des gesamten Analyseergebnisses und ist deshalb z. B. geeignet, wenn die Aufgabenstruktur im Rahmen einer Tabellenkalkulations-Anwendung weiterverwendet wird.
3. Numerische Darstellung: Sie bietet die beste Verarbeitbarkeit einzelner Aufgaben und ist deshalb z. B. geeignet, wenn man ausgewählte Unteraufgaben direkt in DV-Anwendungen kopieren will.

Bei der Dokumentation in Form einer Baumstruktur-Darstellung lässt sich ein MM-Ergebnis direkt als Baumstruktur ausdrucken, unter automatischer Erzeugung der Gliederungs- oder String-Nummern.

In Rasterblättern ausgewiesene Aufgabenstrukturerhebungen (vgl. Abbildung II-17) lassen sich manuell oder durch Nutzung von Software nach einem einfachen Algorithmus in Baumstruktur-Darstellungen umsetzen (Abbildung II-18):

- Die abgeblockten (Unter-)Aufgaben weisen die Zeilennummern aus.
- Die Stellenzahl der Gliederungs- oder String-Nummern weisen die Spalten (-zahl) aus, in der die betreffende (Unter-)Aufgabe einzustellen ist.

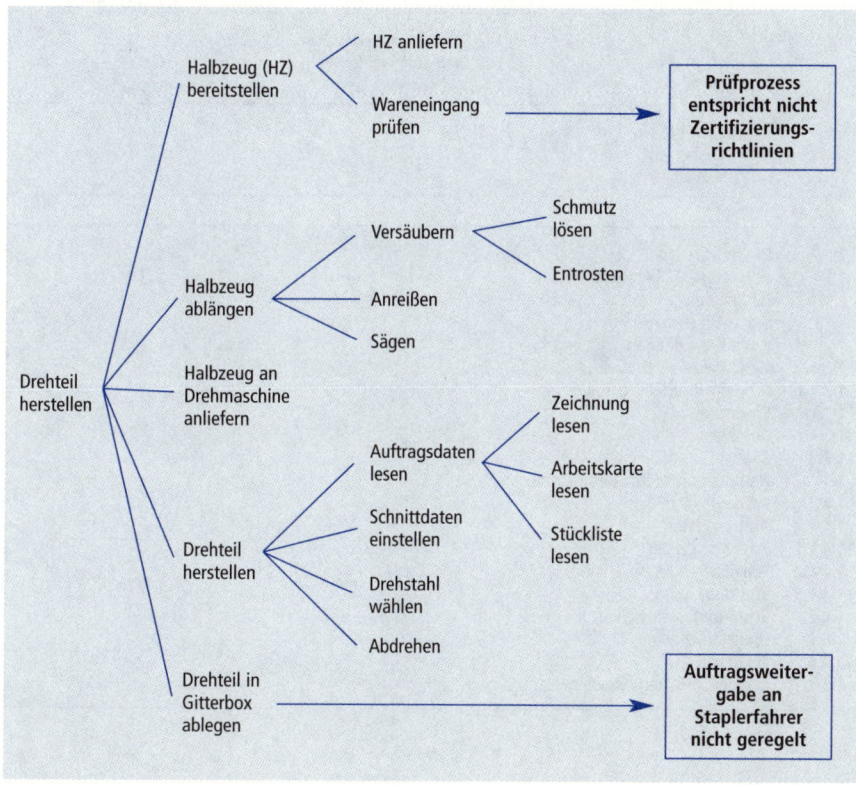

Abbildung II-18

Dokumentation von Aufgaben in einer Baumstruktur-Darstellung (Ausschnitt)

Wie Abbildung II-19 zu entnehmen ist, sind Baumstruktur-Darstellungen leicht in tabellarische Darstellungen umzusetzen. Dabei bleibt die Zeilen-Spalten-Ordnung erhalten, jedoch ist jede Unteraufgabe in der letzten Spalte verfügbar, was bei Tabellenkalkulations-Anwendungen (z. B. für überschlägige Personalbedarfsrechnungen) zweckmäßig ist.

Baumstrukturen und tabellarische Darstellungen lassen sich leicht in numerische Darstellungen umsetzen (Abbildung II-20). Bei den meisten Programmen erfolgt das automatisch, weil die numerische Struktur die Basis für die Darstellung einer Baumstruktur ist.

Abbildung II-19

Dokumentation von Aufgaben in einer tabellarischen Darstellung (Ausschnitt)

1 Drehteil erstellen	11 Halbzeug (HZ) bereitstellen	111 HZ anliefern	
		112 Wareneingang prüfen	
	12 Halbzeug ablängen	121 Versäubern	121.1 Schmutz lösen 121.2 Entrosten
		122 Anreißen 123 Sägen	
	13 Halbzeug an Drehmaschine anliefern		
	14 Drehteil herstellen	141 Auftragsdaten lesen	141.1 Zeichnung lesen 141.2 Arbeitskarte lesen 141.3 Stückliste lesen
		142 Schnittdaten einstellen 143 Drehstahl wählen 144 Abdrehen	
	15 Drehteil in Gitterbox ablegen		

Abbildung II-20

Dokumentation von Aufgaben in einer numerischen Darstellung

1.	Drehteil erstellen
1.1	Halbzeug (HZ) bereitstellen
1.1.1	HZ anliefern
1.1.2	Wareneingang prüfen
1.2	Halbzeug ablängen
1.2.1	Versäubern
1.2.1.1	Schmutz lösen
1.2.1.2	Entrosten
1.2.2	Anreißen
1.2.3	Sägen
1.3	Halbzeug an Drehmaschine anliefern
1.4	Drehteil herstellen
1.4.1	Auftragsdaten lesen
1.4.1.1	Zeichnung lesen
1.4.1.2	Arbeitskarte lesen
1.4.1.3	Stückliste lesen
1.4.2	Schnittdaten einstellen
1.4.3	Drehstahl wählen
1.4.4	Abdrehen
1.5	Drehteil in Gitterbox ablegen

3.4 Aufgabensynthese

3.4.1 Arbeitsteilung

Als *Aufgabensynthese* wird das Zuordnen bzw. Verteilen von Aufgaben auf verschiedene Aufgabenträger bezeichnet. Aufgabenträger können *Arbeitssysteme* oder innerhalb eines Arbeitssystems verschiedene Ressourcen sein.[45] Abbildung II-21 ist ein Beispiel für eine Aufgabenverteilung zu entnehmen.

Nr.	Bezeichnung	Wareneingang	Sägerei	Mechanische Fertigung	Innerbetrieblicher Transport
1	Halbzeug bereitstellen	x			
2	Halbzeug ablängen		x		
3	Halbzeug an Drehmaschine anliefern				x
4	Drehteil herstellen			x	
5	Drehteil ablegen			x	

Abbildung II-21

Verteilung der Aufgaben auf Arbeitssysteme und Ressourcen (Ausschnitt)

Aufgabenverteilungen führen zu Schnittstellen[46], an denen Arbeitsergebnisse von einem zu einem anderen Aufgabenträger übergehen. Dabei bestehen mehr oder weniger weite Wahlmöglichkeiten:[47]

1. Bedingt durch technische Restriktionen oder Rechtsvorschriften können Schnittstellen vorgegeben sein.
2. Es kann zwischen den Arbeitsteilungsprinzipien der Artteilung und der Mengenteilung gewählt werden.
3. Konzepte zur Zentralisation oder Dezentralisation können Schnittstellen implizieren (s. Abschnitt 3.4.2).
4. Konzepte zur Gestaltung von Handlungsspielräumen können sogar dazu führen, dass es zur Variabilisierung von Schnittstellen kommt (s. Abschnitt 3.4.3).

Eine Aufgabenverteilung wird als *Artteilung* (qualitative Differenzierung) vorgenommen, wenn die Aufgaben und die dazu anfallenden Arbeitsmengen nur einem oder wenigen Aufgabenträgern zugeordnet werden. Artteilung führt zu Spezialisierung, wenn dem Einzelnen nur ein relativ geringer Teil der Gesamtaufgabe übertragen wird.

Eine Aufgabenverteilung wird als *Mengenteilung* (quantitative Differenzierung) vorgenommen, wenn die Aufgaben und die dazu anfallenden Arbeitsmengen mehreren Aufgabenträgern zugeordnet werden. Mengenteilung führt dann zu Generalisierung, wenn dabei dem Einzelnen ein großer Teil der Gesamtaufgabe übertragen wird.

---

45 In der Organisationslehre wird die Verteilung von Aufgaben auf Stellen als Aufgabensynthese oder Arbeitsverteilung bezeichnet.
46 Schnittstellen werden oft als etwas Negatives, Risikobehaftetes angesehen, weil dort erfahrungsgemäß Konflikte besonders häufig auftreten. Daraus entstand für viele die Maßgabe, so wenige Schnittstellen wie möglich zu schaffen und dem Management von Schnittstellen einen besonderen Stellenwert beizumessen. Vgl. Frese, E.: a. a. O., 1995, S. 124 f.
47 Diese Aufzählung zeigt, dass es vorteilhaft ist, Aufgaben eher fein als nur grob zu strukturieren, um bei der Aufgabensynthese alle denkbaren Konzepte bedienen zu können.

Arbeitsteilung kann zu Spezialisierung oder zu Generalisierung führen. Als Vorteile der Spezialisierung gelten z. B.:

- aus der häufigen Wiederholung gleicher Verrichtungen steigende Übung (s. Abschnitt 5.5), was zur Zeitbedarfsdegression führt,
- der Einsatz von »maßgeschneidert« qualifizierten Mitarbeitern,
- die Beschränkung auf weniger und besser ausgelastete Arbeits-/Sachmittel.

Als Nachteile der Spezialisierung können z. B. entstehen:

- Unterforderungen der Mitarbeiter, mit der Gefahr von Monotonieerleben und sinkender Motivation (s. Abschnitt 5.6),
- schwerer zu lösende Stellvertretungen,
- erhöhter Koordinierungsaufwand durch Zunahme der Schnittstellen und daraus wiederum höherer Managementaufwand,
- Risiko gleichmäßiger Kapazitätsauslastung bei Nachfragerückgang in einem Partialmarkt.

3.4.2 Zentralisation und Dezentralisation

Durch Arbeitsteilung kann es zur Aufgabenzentralisation oder zur Aufgabendezentralisation kommen.[48] Mit den Begriffen *Zentralisation* und *Dezentralisation* werden die Zuordnungs-Absichten ausgedrückt.

1. Zentralisation liegt bei einer Bündelung von Aufgaben auf einen oder nur wenige Aufgabenträger vor, und zwar durch Objekt- oder Verrichtungsbündelungen. Zentralisation führt zur Spezialisierung.
2. Dezentralisation liegt bei einer Verteilung von Aufgaben auf mehrere oder alle Aufgabenträger vor, und zwar durch Objekt- oder Verrichtungsverteilungen. Dezentralisation führt zur Generalisierung.

Verrichtungsorientierte Zentralisation: Aufgaben werden nach gleichen Verrichtungen (z. B. Spritzgießmaschinen »rüsten«) zusammengefasst und einem Aufgabenträger übertragen, gleichgültig, an welchen Objekten (z. B. kleine, mittlere, große Anlagen) diese zu vollziehen sind. Das ist zu erwägen, wenn z. B.

- hochgradig entwickelte Fertigkeiten zu nutzen sind,
- die Nähe zum Kunden nicht erforderlich ist,
- sich die Verrichtungen zwischen den Objekten nicht zu stark unterscheiden,
- eine hohe Zahl an Schnittstellen akzeptiert wird,
- den Aufgabenträgern die Ergebnisse nicht zugerechnet werden müssen.

Objektorientierte Zentralisation: Aufgaben werden nach gleichartigen Objekten (z. B. Lackieranlagen betreuen) zusammengefasst und einem Aufgabenträger übertragen, gleichgültig, welche Verrichtungen (z. B. regeln, anfahren, Roboter umrüsten) dazu anfallen. Das ist zu erwägen, wenn z. B.

---

48 Bleicher, K.: Organisation. Strategien – Strukturen – Kulturen, 2. Auflage. Wiesbaden: Gabler, 1991, S. 48 f.

- genaue Kenntnisse der Objekte (z. B. Kunden, Produkte) zu nutzen sind,
- die Nähe zum Kunden nicht erforderlich ist,
- eine hohe Transparenz bei mehreren Geschäftsfeldaktivitäten zu schaffen ist.

Verrichtungsorientierte Dezentralisation: Aufgaben werden nach gleichartigen Verrichtungen auf mehrere Aufgabenträger verteilt, gleichgültig, an welchen Objekten diese zu vollziehen sind. Das ist zu erwägen, wenn z. B.

- die Verfügbarkeit bestimmter Fertigkeiten in der Nähe des Kunden gefragt ist,
- sich die Verrichtungen zwischen den Objekten nicht zu stark unterscheiden,
- man sich schnell und wirksam an veränderte Marktverhältnisse anpassen will.

Objektorientierte Dezentralisation: Aufgaben werden nach gleichartigen Objekten auf mehrere Aufgabenträger verteilt, gleichgültig, welche Verrichtungen dazu anfallen. Das ist zu erwägen, wenn z. B.

- es darauf ankommt, genaue Kenntnisse der Objekte (z. B. Kunden, Produkte) zu nutzen,
- die Nähe zum Kunden erforderlich ist,
- keine suboptimalen Betriebsgrößen und Effizienzverluste durch Nichtteilbarkeit von Ressourcen zu befürchten sind.

Neben den vorstehend angeführten Kriterien »Objekt« und »Verrichtung« wird gelegentlich nach vier weiteren Kriterien zentralisiert:[49]

1. Personale Zentralisation: Aufgaben werden entsprechend dem Vermögen oder Verhalten von Personen zusammengefasst. Personale Zentralisation kann sich an einer Berufsgruppe (Stellenbildung »ad rem«) oder an Einzelpersonen (Stellenbildung »ad personam«) orientieren. Es können sowohl quantitative Überlegungen (z. B. Überlastung eines und mangelhafte Auslastung eines anderen Arbeitssystems) als auch qualitative Überlegungen (z. B. sehr breite technische Kenntnisse bei einer Person) Anlass für personale Zentralisation sein. Da bei der personalen Zentralisation die Gefahr besteht, Unteraufgaben zusammenzufassen, die sachlich nicht zusammengehören, sollte sie nur ergänzend zur objekt- und verrichtungsorientierten Zentralisation angewandt werden.
2. Instrumentale Zentralisation: Man orientiert sich an der Arbeits-/Sachmittelausstattung und zentralisiert Aufgaben dort, wo diese zur Verfügung stehen (z. B. in einem Prüflabor prüfen). Anlass für instrumentale Zentralisierungen sind meist Wirtschaftlichkeitsüberlegungen.
3. Informationelle Zentralisation: Hierbei geht es darum, Wissen an einer Stelle zusammenzufassen, z. B. bei schwierigen Fachthemen oder Geheimhaltungsbedürftigkeit.
4. Lokale Zentralisation: Hierbei geht es darum, Aufgaben räumlich zu zentralisieren, z. B. um Wege zu minimieren oder Durchlaufzeiten zu reduzieren. Eine lokale Zentralisation ist oft die Folge einer der vorstehend angeführten Zentralisierungsaspekte. Es gibt aber auch lokale Dezentralisationen, z. B. in Form von Telearbeit.

---

49 Bleicher, K.: a. a. O., S. 49

Mit zunehmender Spezialisierung besteht die Gefahr, dass Aufgabenträger unterfordert oder einseitig belastet und damit kontraproduktiv sind. Dem versucht man durch Maßnahmen zur Erweiterung von Handlungsspielräumen (s. Abschnitt 8.2) zu begegnen. Eine hochgradige Zentralisation oder Dezentralisation in einem Arbeitssystem sagt noch nichts über die Handlungsspielräume der Aufgabenträger aus.

Das Thema Gruppenarbeit (s. Abschnitt 8.4) hatte bereits in den siebziger Jahren bei der Debatte um die »Humanisierung der Arbeitswelt« eine begrenzte Publizität erfahren und wurde mit der Diskussion um die »schlanke Produktion« zu einem teilweise mystisch verklärten Wunderwerkzeug stilisiert. Einer der Vorzüge von Gruppenarbeit ist, dass dort Handlungsspielräume einfacher als bei Einzelarbeit zu erweitern sind. Überzeugende Anwendungen von Gruppenarbeits-Konzepten findet man überwiegend in Produktionsbetrieben; und dort werden häufig organisatorische Lösungen als Gruppenarbeit bezeichnet, bei denen dessen Wesensmerkmal fehlt: die gemeinsame Verantwortung der Gruppenmitglieder für Erfolg und Misserfolg.

3.5 Aufgabenrelevanz

3.5.1 Relevanzaspekte

Nach der Aufgabensynthese geht es oft darum festzulegen, welchen Aufgaben besondere Bedeutung zukommt. Sind nur wenige Aufgaben zu erfüllen, stellt sich die Frage nach der *Aufgabenrelevanz* nicht. Je umfangreicher das Aufgabeninventar jedoch ist, desto notwendiger ist es zu erkennen, welche Aufgaben eine besonders intensive Betrachtung rechtfertigen. In der Praxis werden drei Relevanzaspekte bevorzugt betrachtet:

1. Ressourcenbindung: Liegt die Situation vor, dass relativ wenige Aufgaben einen relativ hohen Teil der Ressourcenkapazität binden? Eine Antwort auf diese Frage lässt sich mit Hilfe der Paretoanalyse geben.
2. Risikoneigung: Gibt es »fehler- und folgengeneigte« Aufgaben und daraus erwachsende hohe Chancen für das Entstehen von Produktivitätsverlusten? Eine Antwort auf diese Frage ist mit Hilfe von Risikoanalysen zu finden.
3. Funktionsplausibilisierung: Sind die sich aus den Aufgaben ergebenden Verpflichtungen der Betreiber von Arbeitssystemen der Produktivität förderlich? Das ist durch Funktionsanalysen zu prüfen.

Aufgaben, denen unter diesen Aspekten eine besondere Relevanz beizumessen ist, verdienen beim Produktivitätsmanagement besondere Betrachtung. In den folgenden Abschnitten wird erläutert, wie diese drei Relevanzaspekte zu bearbeiten sind.

3.5.2 Paretoanalyse

Eine hohe Aufgabenkonzentration liegt vor, wenn relativ wenige Aufgaben einen relativ hohen Anteil an der Ressourcenkapazität binden. Die Methode, mit der man diesen Sachverhalt prüft und die betreffenden Aufgaben klassifiziert, wird als *Paretoanalyse* oder ABC-Analyse bezeichnet. Vilfredo Pareto (1848–1923) hatte bei seinen Arbeiten zur Wohlfahrtsökonomik an der Lausanner Schule für Nationalökonomie festgestellt, dass in entwickelten Staaten etwa 20 Prozent der Bevölkerung etwa 80 Prozent des Volksvermögens besaßen. Daraus entwickelte sich in der Praxis als Sinnbild für starke Konzentration die »80:20-Regel«. Durch die nicht zwingende, jedoch verbreitete Verwendung von drei Konzentrationsklassen (A, B und C)[50] entstand später der Begriff ABC-Analyse. Der in Abbildung II-22 ausgewiesene Funktionsverlauf wurde erstmals 1905 von dem deutschen Volkswirt M. E. Lorenz mathematisch definiert und deshalb später als Lorenzkurve bezeichnet. Sie weist bei unserem Thema, der Aufgabenrelevanz-Ermittlung, auf folgende Sachverhalte hin:

1. Wenn der Zeitbedarf für relativ wenige Aufgaben (auf der Abszisse dargestellt) einen relativ hohen Anteil der Ressourcenkapazität (auf der Ordinate dargestellt) bindet, entsteht eine stark durchgebogene Lorenzkurve (linker Bildteil).

---

50 A-Klassifikationen stehen meist für »sich damit unbedingt beschäftigen«. B-Klassifikationen stehen meist für »wenn noch möglich, sich auch damit beschäftigen«. C-Klassifikationen stehen dann für »lohnt nicht, sich damit zu beschäftigen«.

Es liegt dann im statistischen Sinne eine hohe Konzentration[51] vor.

2. Das Ausmaß der Kurvendurchbiegung ist mit Hilfe einer Kennzahl zu quantifizieren, die als Gini-Koeffizient bezeichnet wird, zwischen 0 und 0,5 liegt (Gini-Koeffizienten ab etwa 0,25 weisen eine nennenswerte Konzentration aus) und manuell relativ aufwendig zu ermitteln ist.

3. Eine Gerade würde dann entstehen, wenn alle Aufgaben den gleichen Anteil an Ressourcenkapazitäten binden[52].

4. Hohe Konzentrationen haben den Vorteil, dass man sich ggf. auf die nähere Betrachtung nur weniger Aufgaben beschränken kann und dennoch den größten Teil der Ressourcenkapazität betrachtet. Diese Aufgaben besitzen dann eine hohe Aufgabenrelevanz.

Abbildung II-22

Verlauf der Lorenzkurve bei hoher und geringer Konzentration

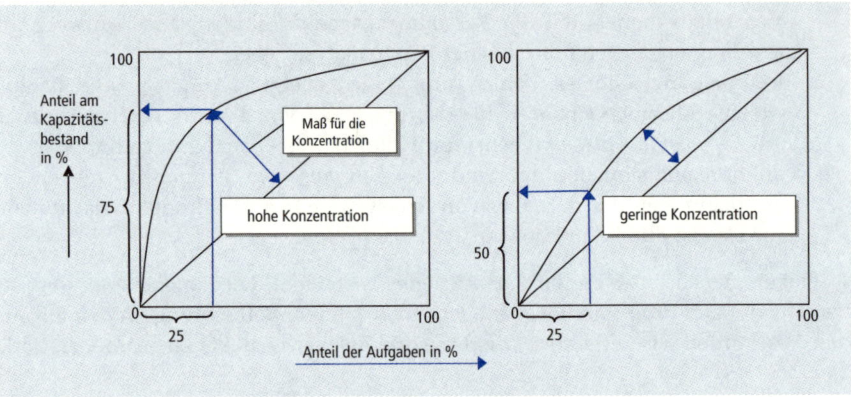

Dem in der folgenden Abbildung II-23 dargestellten Beispiel ist der Rechengang zur Bestimmung der Punkte der *Lorenzkurve* zu entnehmen. Für die Aufgaben ist der Zeitbedarf zu bestimmen. Das kann überschlägig, z. B. durch Interviews und Schätzen erfolgen, weil es nur um eine Rangreihenbildung geht.

Nur dann, wenn die Durchbiegung der *Lorenzkurve* eine brauchbare Konzentration ausweist, ist es sinnvoll, Aufgabenrelevanzen auszuweisen. In den meisten Unternehmen wird nach drei Relevanzkategorien klassiert: A-, B- und C-Aufgaben.

1. Als A-Aufgaben werden jene relativ wenigen Aufgaben bezeichnet, die man detaillierter betrachten will. Bei sehr starken Konzentrationen kann der A-Aufgabenanteil nur 20 % und der damit gebundene Ressourcenanteil bis zu 80 % betragen, was zu einem Quotienten von 20 % / 80 % = 0,25 führt. Bei dem nachfolgend angeführten Beispiel wird eine mittlere Konzentration ausgewiesen. 30 % der Aufgaben werden als A-Aufgaben klassifiziert, und sie binden 67 % der Ressourcenkapazität, was einen Quotienten von 0,45 ergibt.

---

51 Damit ist gemeint, dass ein relativ geringer Anteil an Abszissenelementen einen relativ hohen Anteil an Ordinatenelementen bindet.

52 Das ist bei Gestaltungs- und Organisationsprojekten insofern problematisch, als keine Aufgabenschwerpunkte zu identifizieren sind und man sich allen Aufgaben mit gleicher Intensität widmen müsste, was ceteris paribus zu hohem Untersuchungsaufwand führt.

2. Als B-Aufgaben werden jene Aufgaben klassiert, in denen, über die A-Aufgaben hinaus, der größte Teil der Ressourcen gebunden ist. Es ist fallweise zu entscheiden, wie detailliert man sich damit beschäftigen will. In dem nachfolgenden Beispiel könnte man die Aufgaben 1 und 7 oder zusätzlich noch die Aufgabe 5 als B-Aufgaben betrachten. Das ergäbe einen Quotienten von 60 % / 93 % = 0,65.

3. Den verbleibenden C-Aufgaben wird man dagegen nicht weiter nachgehen, weil sie keine nennenswerten Ressourcen binden.

Bei dem in Abbildung II-23 angeführten Beispiel werden drei A-Aufgaben identifiziert, die etwa 2/3 der Ressourcenkapazität binden. Gelänge es, bei diesen Aufgaben durch Gestaltung eine 10 %ige Produktivitätserhöhung zu realisieren, so führte das zu einem Produktivitätsgewinn beim betrachteten Arbeitssystem von 6 bis 7 %. Würde man den gleichen Gestaltungserfolg bei den drei B-Aufgaben realisieren, so stiege die Produktivität des betrachteten Arbeitssystems nur um 2 bis 3 %. Mit Hilfe der Paretoanalyse ist die Relevanz von Aufgaben in Bezug auf die Ressourcenbindung zu bestimmen. Überzogen könnte man sagen, dass die Art und

erfasste Daten				sortierte und kumulierte Daten		
Aufgabe	Aufgaben-anteil in %	Zeitbedarf in Stunden	Zeitbedarfs-anteil in %	Aufgabe Nr.	Aufgaben-anteil in %	Zeitbedarfs-Nr.
1 Teile prüfen		326	7,5	9	10	29,0
2 Teile einlegen, entnehmen		698	16,0	3	20	50,9
3 Teile montieren		956	21,9	2	30	67,0
4 Teile auf Skid geben, entnehmen		126	2,9	7	40	80,8
5 Teile verpacken	jeweils 10	223	5,1	1	50	88,3
6 Teile von Hand grundieren, lackieren		54	1,2	5	60	93,4
7 Teile entgraten, polieren		603	13,8	4	70	96,3
8 Maschine ein-/nachstellen		19	0,4	10	80	98,3
9 Teile transportieren		1.263	29,0	6	90	99,6
10 sonstige Aufgaben erfüllen		88	2,0	8	100	100,0
	100	4.356	100			

Abbildung II-23

Beispiel für die Ermittlung der Lorenzkurve und die Durchführung der Aufgaben-klassifizierung

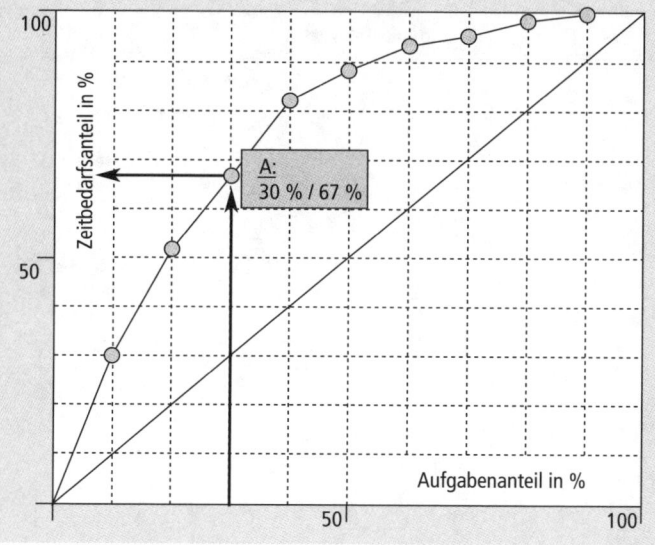

Weise der Aufgabenerfüllung bei C-Aufgaben kaum noch einen Einfluss auf die Produktivität des betreffenden Arbeitssystems hat. Das kann zutreffen, kann aber auch ein Trugschluss sein, denn bisher wurde nur das Relevanzkriterium der Ressourcenbindung betrachtet. Eine C-Aufgabe könnte sehr risikogeneigt sein. So ist bei dem vorstehenden Beispiel die Aufgabe »Teile prüfen« nur eine B-Aufgabe. Sie könnte aber unter Risikoaspekten eine sehr wichtige Aufgabe sein, weil hier die letzte Chance zu nutzen ist, Fehler nicht an den Kunden weiterzureichen. Deshalb werden im folgenden Abschnitt Relevanzbestimmungen unter Risikoaspekten behandelt.

3.5.3 Risikoanalyse

Aufgaben können unter verschiedenen *Risiken* betrachtet werden. Unter Produktivitätsaspekten hat das Fehlerfolgenrisiko, also die Wahrscheinlichkeit dafür, dass bei der Erfüllung einer Aufgabe ungeplante und unerwünschte Arbeitsergebnisse entstehen, die größte praktische Bedeutung. Seit den siebziger Jahren werden derartige Risiken mit einer einfachen Analysemethode herausgearbeitet, die als *FMEA* (= Failure Mode and Effects Analysis) bezeichnet wird. Die Grundidee der FMEA ist, das Entstehen von Fehlern durch vorbeugende Gestaltungsmaßnahmen zu vermeiden und, falls das nicht möglich ist, ihre Entdeckung zu verbessern.

Abbildung II-24
Prinzip der FMEA

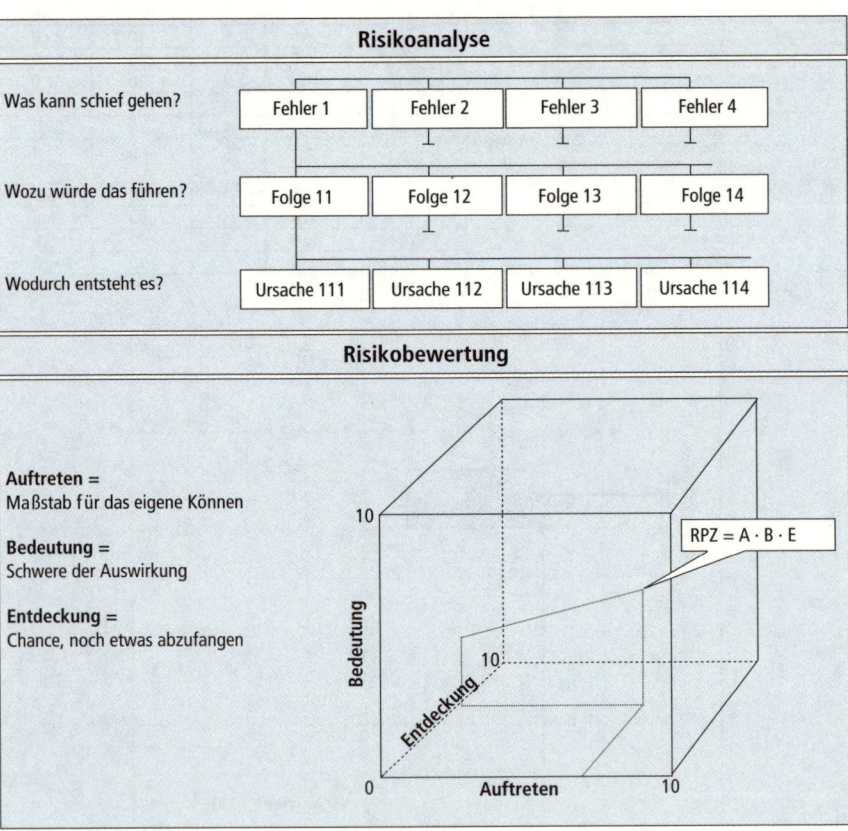

Die Methode bei der FMEA ist der Abbildung II-25 zu entnehmen. Danach besteht sie aus einem analytischen und einem bewertenden Teil. Beim analytischen Teil geht man nach folgenden drei Schritten vor:

1. Zu jeder Aufgabe wird geprüft, was man falsch machen kann, was schief gehen könnte, welche Fehlhandlungen oder Fehloperationen entstehen könnten; aber auch, was aus der Vergangenheit bekannt ist, welche potenziellen Fehler man kennt.
2. Zu jedem potenziellen Fehler wird geprüft, zu welchen unerwünschten Resultaten er führen könnte, welches Wirkungspotenzial er besitzt, welche potenziellen Folgen aus seinem Auftreten resultieren können.
3. Zu jeder potenziellen Folge wird geprüft, warum der Fehler überhaupt auftritt, welche Gründe es dafür geben könnte, welche potenziellen Ursachen es für sein Auftreten gibt.

Auftreten des Fehlers ist …		Bedeutung von Fehlerfolgen …		Entdeckung des Fehlers …	
1	ist unbedeutend und nahezu auszuschließen, wurde bei vergleichbaren Aufgaben nie beobachtet.	1	ist ohne Auswirkung auf das Ergebnis, Kunden bemerken die Folgen vermutlich nicht.	1 – 2	erfolgt zwangsläufig, z. B. bei der folgenden Aufgabe.
2	unwahrscheinlich, die Aufgabenerfüllung wird sicher beherrscht.	2 – 3	Ist unbedeutend und belästigt bzw. stört Kunden nur geringfügig.	3 – 4	erfolgt mit hoher Wahrscheinlichkeit, z. B. bei der folgenden Aufgabe.
3	gering wahrscheinlich, die Aufgabenerfüllung wird überwiegend beherrscht.	4 – 6	wird bei einigen Kunden Probleme auslösen bzw. zu Ablaufstörungen führen.	5 – 6	ist nur im Rahmen gezielter Prüfungen noch vor dem Kunden möglich.
4 – 6	gelegentlich zu beobachten die Aufgabenerfüllung wird nur begrenzt beherrscht.	7 – 8	ist erheblich, weil sich Kunden ärgern und nur eingeschränkte Leistungen erkennen; Vorschriften werden noch nicht verletzt.	7 – 8	ist nicht mehr vor dem Kunden möglich, der ihn vermutlich bemerken wird.
7 – 8	häufig zu beobachten, die Aufgabenerfüllung wird nicht beherrscht.	9 – 10	ist gravierend, Vorschriften werden verletzt, es kann zu finanziellen Schäden beim Kunden und/oder bei uns führen.	9	ist wahrscheinlich dem »normalen« Kunden nicht möglich, ggf. aber Sachkundigen.
9 – 10	ständig zu beobachten.		$$RPZ = A \cdot B \cdot E$$ $$1000 \geq RPZ \geq 1$$	10	ist nicht möglich, wird sich erst im Laufe der Zeit zeigen.

Abbildung II-25

FMEA-Bewertungsskalen zur Risikobetrachtung von Aufgaben (Erläuterung zur Risiko-Prioritätszahl RPZ im Text)

Beim bewertenden Teil werden drei Sachverhalte beurteilt:

1. Wie wahrscheinlich ist es, dass ein potenzieller Fehler auftritt, welche Auftretens-Wahrscheinlichkeit (A) hat er? Hohe Auftretens-Wahrscheinlichkeiten sind ein Äquivalent für organisatorisches, technisches oder sonstiges Unvermögen.
2. Wie wahrscheinlich ist es, dass das Auftreten des Fehlers bemerkt wird, welche Entdeckungs-Wahrscheinlichkeit (E) besteht zu dem Fehler? Die Notwendigkeit, überhaupt Fehler entdecken zu müssen, ist zwar der Gesamtproduktivität

des Unternehmens abträglich, aber das wird überkompensiert von der Fähigkeit des betrachteten Arbeitssystems, den Fehler vor dem Kunden zu entdecken.

3. Welche Wirkungen gehen von einer Folge aus, welche Bedeutung (B) hat diese Folge? Es gibt Fehler, die unschön, aber verzeihlich sind, und es gibt unverzeihliche Fehler. Letztentscheidend ist also nicht der Fehler, sondern die fehlerinduzierte Auswirkung, die Folge.

Abbildung II-26

Beispiel (Ausschnitt) für eine FMEA von Aufgaben

Aufgabe	1 Getriebe auf Bandwagen legen						
potentielle Fehler	potentielle Folgen	potentielle Ursachen	Prüfmaßnahmen	A	B	E	PRZ
11 nicht passgenaues Aufsetzendes Getriebes auf den Bandwagen	111. Lackabrieb an Kupplungsglocke und Tragrohren	111.1 zu schnelles Absenken des Krans	Kupplungsglocke im Kraftsatz, Tragrohre in Endrüstung nachstreichen	10	3	7	210
		111.2 Schaukelbewegung des Krans beim Absenken	Kupplungsglocke im Kraftsatz, Tragrohre in Endrüstung nachstreichen	10	3	7	210
		111.3. ungenaues Ausrichten des Krans beim Absenken	Kupplungsglocke im Kraftsatz, Tragrohre in Endrüstung nachstreichen	10	3	7	210

Aufgabe	2 Schlagstelle für Fahrgestell-Nr. schleifen						
potentielle Fehler	potentielle Folgen	potentielle Ursachen	Prüfmaßnahmen	A	B	E	PRZ
21 mit Flex beim Schleifen abrutschen	211. Zentrierrand für Motoranbau beim Schlagstelle schleifen beschädigt	211.1 fehlende Werkzeugführung	keine	1	1	6	6
22 zu wenig Lack abschleifen	221. Farbreste verbleiben auf der Schlagstelle	221.1 zu kurze Schleifzeit	keine	6	5	4	120
		221.2 zu geringer Anpressdruck	keine				

Aufgabe	3 Gummimuffe mit Schlauchschellen über Saugleitung schieben						
potentielle Fehler	potentielle Folgen	potentielle Ursachen	Prüfmaßnahmen	A	B	E	PRZ
31 falsches Entfernen des Stopfens an Saugleitung / Pumpe	311. Fremdstoffverückstand in Saugleitung / Pumpe	311.1 durch Schraubendreher abgelöste Kunststoffteile in Saugleitung / Pumpe	keine	5	5	3	75
	312. Metallspäne in Saugleitung / Pumpe	312.1 Span von innerer Rohroberfläche von Saugleitung / Pumpe abgehoben	keine	3	1	8	24
32 Stopfen von Saugleitung / Pumpe nicht entfernt	321. Hydraulikanlage ohne Funktion	321.1 Gummimuffe an Saugleitung montiert, ohne Stopfen zu entfernen	Starten des Fahrzeugs	4	8	3	96

1 Getriebe auf Bandwagen legen									
potentielle Ursachen	Prüfmaßnahmen	A	B	E	RPZ	Verbesserungsmaßnahmen	A	B	E	RPZ
111.1 zu schnelles Absenken des Krans	Kupplungsglocke im Kraftsatz, Tragrohre in Endrüstung nachstreichen	10	3	7	210	langsame Schalterstufe des Krans benutzen, Aufnahmestellen mit Kunststoff belegen	1	1	7	7
111.2 Schaukelbewegung des Krans beim Absenken	Kupplungsglocke im Kraftsatz, Tragrohre in Endrüstung nachstreichen	10	3	7	210	Anschlag an Laufkatze anbringen, um das Getriebe mittag zu richten	4	3	7	84
111.3. ungenaues Ausrichten des Krans beim Absenken	Kupplungsglocke im Kraftsatz, Tragrohre in Endrüstung nachstreichen	10	3	7	210	Anschlag am Kran, in Abstimmung mit der Bandwagen-Arretierung	1	1	7	7

2 Schlagstelle für Fahrgestell-Nr. schleifen									
potentielle Ursachen	Prüfmaßnahmen	A	B	E	RPZ	Verbesserungsmaßnahmen	A	B	E	RPZ
211.1 fehlende Werkzeugführung	keine	1	1	6	6	Aufsteckvorrichtung an der Flex anbringen	1	1	6	6
221.1 zu kurze Schleifzeit	keine	6	5	4	120	Arbeitsanweisung um diesen Sachverhalt ergänzen	1	1	4	4
221.2 zu geringer Anpressdruck	keine									

3 Gummimuffe mit Schlauchschellen über Saugleitung schieben									
potentielle Ursachen	Prüfmaßnahmen	A	B	E	RPZ	Verbesserungsmaßnahmen	A	B	E	RPZ
311.1 durch Schraubendreher abgelöste Kunststoffteile in Saugleitung / Pumpe	keine	5	5	3	75	Stopfen mit größerem Rand verwenden	1	1	3	3
312.1 Span von innerer Rohroberfläche von Saugleitung / Pumpe abgehoben	keine	3	1	8	24	Stopfen mit größerem Rand verwenden	1	1	8	8
321.1 Gummimuffe an Saugleitung montiert, ohne Stopfen zu entfernen	Starten des Fahrzeugs	4	8	3	96	Arbeitsanweisung ergänzen um: Stopfen erst zu Beginn der Leitungsmontage abziehen	1	1	3	3

Jeder dieser drei Größen ist eine zehnstufige, original skalierte Bewertungsskala (s. Abbildung II-25) zugeordnet. Um das aus einem potenziellen Fehler resultierende potenzielle Risiko zu quantifizieren, wird das Produkt $(A \cdot B \cdot E)$ gebildet und als Risiko-Prioritätszahl (RPZ) bezeichnet, mit $(1.000 \geq RPZ \geq 1)$.

Die meisten potenziellen Fehler werden mehrere potenzielle Ursachen haben. Zu jeder potenziellen Ursache interessieren wir uns für Verbesserungsmaßnahmen, die geeignet sind, das Entstehen des Fehlers zu verhindern, zumindest aber eine abschwächende Wirkung auszuüben. Der Abbildung II-26 ist zu entnehmen, wie versucht wird, die Ausgangs-RPZ durch gestalterische Maßnahmen in eine möglichst niedrige Rest-RPZ zu überführen. Die Differenz zwischen Ausgangs-RPZ und Rest-RPZ, wie sie sich nach Durchführung der Verbesserungsmaßnahme ergibt, ist ein Maßstab für die erreichbare Qualitäts- und Produktivitätsverbesserung. Die Rest-RPZ ist Ausdruck des verbleibenden Fehlerrisikos. In Abbildung II-26 werden im oberen Bildteil die Risiken von drei Aufgaben analysiert und im unteren Bildteil wird gezeigt, wie durch Verbesserungsmaßnahmen die Ausgang-RPZ deutlich reduziert werden.

Bei der FMEA sollten alle Festlegungen mit Notizen begründet sein, weil sonst Vollständigkeit und Widerspruchsfreiheit, ohnehin nicht einfach zu prüfen, im Nachhinein nicht mehr zu überprüfen sind. Die FMEA wird gelegentlich wegen ihrer Inkonsistenzen bei der Produktbildung, der Multiplikation ordinal skalierter Daten und der stark eingeschränkten Objektivität und Reliabilität kritisiert. Dem ist nicht zu widersprechen. Dennoch ist die FMEA eine akzeptable Technik für prophylaktische und korrektive Risikoanalysen von Aufgaben. Für praktische Belange ist nicht entscheidend, ob eine RPZ 230 oder 180 beträgt, denn beide werden die meisten Anwender als zu hoch ansehen.

3.5.4 Funktionsanalyse

Als dritter Relevanzaspekt wurde in Abschnitt 3.5.1 die Funktionsplausibilisierung angeführt. Dabei geht es um die Frage, ob die sich aus den Aufgaben ergebenden Verpflichtungen[53] der Betreiber von Arbeitssystemen der Produktivität förderlich sind. Unter einer Funktion im organisatorischen Sinne wird eine aufgabenbezogene Verpflichtung verstanden. *Funktionsanalysen* dienen der Erhebung und Darlegung der Funktionen je Aufgabe.[54]

Der folgenden Abbildung sind die klassischen Funktionen nach Nordsiek[55] zu entnehmen. Diese sechs Funktionen werden den in der Aufgabensynthese entwickelten Aufgabenverteilungen zugeordnet. Dabei sind drei Dinge zu beachten:

1. Wenn offensichtlich nur Ausführungsfunktionen vorliegen, sollte auf eine Funktionsanalyse verzichtet werden, weil sie zu keinen Erkenntnissen führt.
2. Funktionsanalysen sollten nicht auf zu tief gegliederte Aufgaben (zu lange Aufgabenstrings) angewandt werden, weil es irgendwann einmal nur noch Ausführungsfunktionen gibt.

---

53 Verpflichtungen der Menschen im Arbeitssystem, die sich auf die Aufgabenerfüllung beziehen, werden als Funktionen bezeichnet. Verpflichtungen, die sich auf die Arbeitsergebnisse beziehen, nennt man Verantwortungen.
54 Bokranz, R.; Kasten, L: a. a. O., S. 187.
55 Nordsiek, F.: Betriebsorganisation, 2. Auflage. Stuttgart: Poeschel, 1972. Es gibt Vorschläge für spezielle (z. B. Informationsverarbeitung) und tiefer gehende Funktionsstrukturen, die sich in der Praxis jedoch nicht durchsetzen konnten.

3. Sie sollten auch nicht auf zu wenig gegliederte Aufgaben (zu kurze Aufgabenstrings) angewandt werden, weil dann häufig Mischfunktionen auftreten.

Abbildung II-27

Die aufgabenbezogenen Funktionen nach Nordsiek

Funktion		Funktionsinhalt	Symbol	Kürzel
1 Leiten		Entscheiden, Anordnen, Verantworten, Initiativ werden		L
2 Ausführen		Aufgaben direkt, operativ erfüllen		A
3 Kontrollieren	3.1 Überwachen	während der Aufgabenerfüllung kontrollieren		UE
	3.2 Prüfen	das Arbeitsergebnis kontrollieren		PR
4 Informieren	4.1 Rat erteilen	Informationen abgeben		RE
	4.2 Kenntnis nehmen	Informationen aufnehmen		KN

Abbildung II-28 ist ein Beispiel einer Funktionsanalyse zu entnehmen. Dabei sind folgende Sachverhalte in Bezug auf die zugeordneten Funktionen zu prüfen:

1. Gibt es Managementaufgaben, die bei der *Aufgabenanalyse* nicht erfasst wurden, insbesondere in Form von Kontrollverpflichtungen?
2. Liegen bei Mitgliedern des Managements auffällig viele Ausführungsverpflichtungen, aber nur wenige Leitungsverpflichtungen vor?
3. Bestehen Ungleichgewichte bei den Kontrollverpflichtungen, indem z. B. zwar Prüffunktionen, aber keine Überwachungsfunktionen anfallen?
4. Bestehen Ungleichgewichte bei den Informationsverpflichtungen, indem z. B. Kenntnisnahmefunktionen, aber keine Raterteilungsfunktionen (oder umgekehrt) anfallen?
5. Entsprechen die Anteile der Funktionen dem, was man für die betreffenden Arbeitssysteme und Stellen vorgesehen hat?

Folgende Sachverhalte sind in Bezug auf die zugrunde liegenden Aufgaben zu prüfen:

1. Gibt es viele Aufgaben, bei denen keine Leitungsverpflichtung anfällt? Das kann ein Hinweis auf nicht wahrgenommene oder nicht vorgesehene Managementaufgaben sein.
2. Gibt es viele Aufgaben, zu denen nur ein Arbeitssystem oder nur eine Stelle Verpflichtungen hat? Das weist dort auf große Handlungsspielräume hin, wenn neben Ausführungs auch Kontrollverpflichtungen anfallen.
3. Gibt es viele Aufgaben, zu denen viele Arbeitssysteme oder Stellen Verpflichtungen haben oder bei denen die gleiche Funktion bei mehreren Arbeitssystemen oder Stellen liegt? Das ist ein Hinweis auf geringe Handlungsspielräume oder eine prüfenswerte Kompetenzverteilung.

Bei dem in Abbildung II-28 angeführten Beispiel wird eine Funktionsanalyse für die Gründung einer regionalen Vertriebs- und Service-Niederlassung durchgeführt. Die Niederlassung soll gemietete Räume beziehen, allerdings sind noch umfangreiche Bau- und Renovierungsarbeiten durchzuführen. Aus der graphischen Darstellung wird deutlich, dass

- Leistungsverpflichtungen lediglich in einem Falle beim Vorstand, in einem Fall bei der Niederlassung und in drei Fällen bei der Bauabteilung bestehen,
- die Handlungsspielräume vor allem der Bauabteilung (in der Umsetzungsphase) groß sind – bei einem solchen Projekt keine Überraschung,
- die Kompetenzverteilung akzeptabel erscheint, da gleiche Funktionen bei mehreren Stellen kaum vorkommen.

Funktionsanalysen werden, anders als FMEA, nur auf real existierende Arbeitssysteme angewandt. Ihre Anwendung ist z. B. dann zu erwägen, wenn

- es um die Gestaltung von Handlungsspielräumen geht,
- die Kongruenz von Aufgaben, Kompetenzen und Verantwortung zu prüfen ist,
- der Verdacht besteht, dass Blindleistungen erstellt werden,
- zu prüfen ist, ob Fließfertigungen in Bezug auf gleichmäßige Verteilung von Funktionen ausbalanciert sind,
- zu prüfen ist, ob alle in einen Prozess eingebundenen Arbeitssysteme, Stellen, Ressourcen unter Funktionsaspekten zwingend einzubinden sind.

Phase, Aufgabe		Allgemeine Verwaltung	Bauabteilung	Betriebsrat	Datentechnik	Kundenbetreuung	Konzernplanung	Niederlassung	Organisation-Managem. System	Vorstand
1	**Anstoßphase**									
11	Standort nach strategischer Vorgabe suchen									
12	Standort aufgrund einer Mängelsituation suchen									
2	**Planungsphase**									
21	Mietvertrag bearbeiten									
22	Grundrisspläne beschaffen									
23	Aufmaßplan erstellen, wenn kein Grundrissplan existiert									
24	Vorentwurf erstellen									
25	Votum für weitere Verfolgung des Vorhabens abgeben									
26	Vorstandsvorlage erstellen									
27	Entscheidung fällen, ggf. Modifikation aufgeben									
3	**Umsetzungsphase**									
31	**Umsetzungsvorbereitung**									
311	Mietvertrag abschließen									
312	Bauantrag einreichen									
313	Ausführungsplanung erstellen									
314	Votum abgegeben, Planung durch Unterschrift freigegeben									
315	Betriebsrat über Ausführungsplanung informieren									
316	Ausschreibung erstellen									
32	**Umsetzung**									
321	Auftragsvergabe duchführen									
322	Bauausführung begleiten									
323	Hardware bestellen									
324	Verkabelung und Vernetzung ausführen lassen									
325	Mobiliar bestellen									
326	Endabnahme durchführen									

Abbildung II-28

Funktionsanalyse auf Arbeitssysteme und Ressourcen (Ausschnitt, zu den verwendeten Symbolen s. Abb. II-27)

3.6 Checkliste zur Gestaltung der Arbeitsaufgabe

- Nach der Kongruenzregel den Mitarbeitern neben der Aufgabe auch die dazu notwendige Kompetenz und Verantwortung zuordnen.
- Mit Experten-Interviews die Tätigkeitsstruktur erheben und darstellen und bezüglich Schwachstellen interpretieren.
- Mit Mind Mapping Aufgaben für geplante Arbeitssysteme modellieren.
- Bei Objekt- und Verrichtungsbezeichnungen branchen- oder unternehmensspezifisch standardisieren.
- Das Aufzählen von Aufgaben an Verzweigungspunkten konsequent nach dem Und-Prinzip oder dem Oder-Prinzip strukturieren.
- Interviewergebnisse prüfen, inwieweit die erfassten Tätigkeiten als (künftige und geplante) Aufgaben zu übernehmen sind oder modifiziert werden müssen.
- Eine Aufgabenverteilung als Artteilung dann vornehmen, wenn die Aufgaben und die dazu anfallenden Arbeitsmengen nur einem oder wenigen Aufgabenträgern zugeordnet werden können, also »Spezialisten« eingesetzt werden müssen. Artteilung führt i. d. R. zu kleinen Arbeitsinhalten.
- Mengenteilung dann vorsehen, wenn Generalisierung und Belastungswechsel erwünscht sind.
- Verrichtungsorientierte Zentralisation dann vornehmen, wenn
  - hochgradig entwickelte Fertigkeiten zu nutzen sind,
  - die Nähe zum Kunden nicht erforderlich ist,
  - eine hohe Zahl an Schnittstellen akzeptiert wird.
- Objektorientierte Zentralisation dann vornehmen, wenn
  - genaue Kenntnisse der Objekte (z. B. Kunden, Produkte) erforderlich sind,
  - sich Verrichtungen zwischen Objekten nicht stark unterscheiden.
- Personale Zentralisation dann, wenn Aufgaben nach der Qualifikation von Personen oder deren Auslastung gebündelt werden sollen.
- Instrumentale Zentralisation dann, wenn Aufgaben dort gebündelt werden sollen, wo auch die angemessene Sachmittelausstattung zur Verfügung steht.
- Informationelle Zentralisation dann, wenn Wissen an einer Stelle gebündelt werden soll (bei schwierigen Fachthemen oder Geheimhaltung).
- Lokale Zentralisation dann, wenn Wege minimiert oder Durchlaufzeiten reduziert werden sollen.
- Die Relevanz von Aufgaben mit Paretoanalyse bzw. ABC-Analyse, Risikoanalyse (FMEA) oder Funktionsanalyse ermitteln.
  - Maßnahmen zur Produktivitätsverbesserung vor allem bei A-Aufgaben durchführen;
  - zu jeder Aufgabe prüfen, welche potenziellen Fehler, potenziellen Folgen und potenzielle Ursachen vorliegen;
  - Managementaufgaben auf Ungleichgewichte zwischen Leitungs-, Ausführungs-, Informations- und Kontrollverpflichtungen prüfen;
  - mit Funktionsanalysen auf Blindleistungen prüfen.

4 Arbeitsprozess

4.1 Überblick

Im folgenden Kapitel geht es um die organisatorische und ergonomische Gestaltung der *Arbeitsprozesse*.

Dazu werden

- Arbeitsablauf und Arbeitsprozess definiert,
- Methoden und Beispiele für die Prozessanalyse erstellt,
- ein Überblick über die verschiedenen Konzepte der Prozessgestaltung gegeben.

Es wird zwischen der Prozessgestaltung innerhalb eines (Mikro-)Arbeitssystems und der Gestaltung der Arbeitsprozesse zwischen Arbeitssystemen unterschieden. Dementsprechend werden die Begriffe intrasystemisch und intersystemisch verwendet.

Intersystemische Prozessgestaltung bezieht sich auf:

- Anordnungskonzepte (Wanderprinzip, Verrichtungsprinzip, Flussprinzip),
- Versorgungskonzepte (Materialfluss, Manufacturing Ressource Planning, KANBAN).

Bei der intrasystemischen Prozessgestaltung werden behandelt:

- Mensch-Maschine-Relationen (Einzelarbeit, Gruppenarbeit),
- Sicherungskonzepte (Rüsten, Instandhaltung),
- Anordnungskonzepte und
- Versorgungskonzepte.

4.2 Aufgabe, Ablauf und Prozess

Als *Prozess* wird die Beschreibung des zu erzielenden Outputs (Ergebnis), entsprechend der gestellten *Aufgabe*, des Ressourceneinsatzes (Aufgabenträger), des Inputs (Voraussetzungen) und der geplanten Aktionenfolge (Ablauf) bezeichnet. Anders ausgedrückt: Mit Hilfe der Prozessbeschreibung wird die aufgabenbegründete und durch die Ressourcen betriebene Input-Output-Transformation dargelegt.

Der *Ablauf* ist danach jener Prozessaspekt, bei dem die zur Erfüllung einer Aufgabe vorgesehene Aktionenkette beschrieben wird, d.h. in welchen Schritten, unter Abarbeitung welcher Teilaufgaben die Aufgabenerfüllung erfolgen soll. Abbildung II-27 ist zu entnehmen, dass im einfachsten Fall ein Ablauf durch Hintereinanderfolge von Teilaufgaben zu beschreiben ist. Durch Verwendung logischer Elemente lassen sich weitergehende Bedingungen, logische Beziehungen, modellieren, was später noch ausführlicher erläutert wird. Werden dem Ablauf

1. die Eingabe (Input) vorangestellt, mit dem die Voraussetzungen zum Auslösen des Ablaufs beschrieben werden,
2. je Teilaufgabe die beteiligten Ressourcen (Aufgabenträger) ausgewiesen und
3. die Ausgabe (Output, Ergebnis) beschrieben, mit der der Ablauf abgeschlossen ist,

liegt eine Prozessbeschreibung vor.

Abbildung II-29

Zusammenhänge zwischen Aufgabe, Ablauf und Prozess

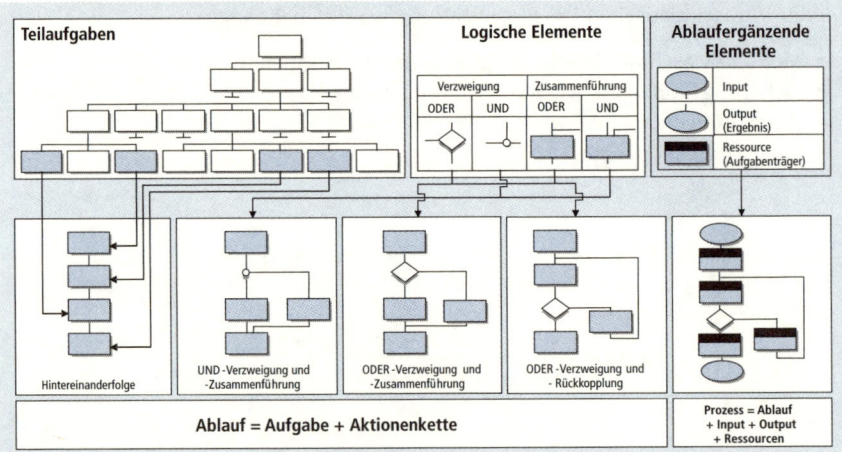

Der Abbildung II-30 ist zu entnehmen, dass Abläufe nur dann zu modellieren sind, wenn ein umfänglicher Informationsstand über das Arbeitssystem vorliegt und es unter allen Aspekten transparent ist. Ferner muss eine hinreichende Prognostizierbarkeit gegeben sein, wovon man in der Mehrzahl praktischer Fälle ausgehen kann.

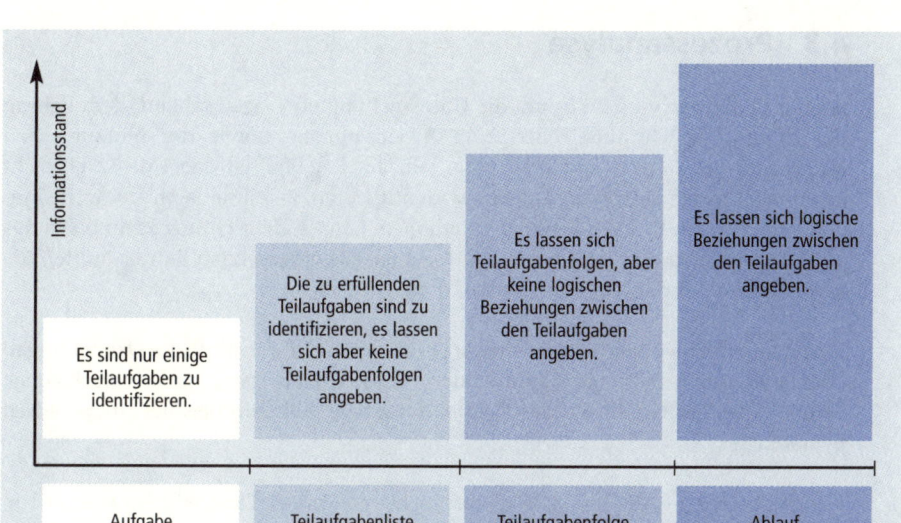

Es gibt aber Arbeitssysteme, bei denen beides nicht gegeben ist, und in solchen Fällen verzichtet man auf Ablaufbeschreibungen.

Abbildung II-30

Informationsstände über Aufgaben und Abläufe bestimmen die Art der Dokumentation

1. Bei manchen Entwicklungsaufgaben[56] ist ungewiss, welche Probleme und zusätzlich aufzunehmende Fragestellungen im Zeitablauf entdeckt werden. Da man hier nur einen Teil zu erfüllender Teilaufgaben kennt, sollte man es bei einer Aufgabenbeschreibung belassen.

2. Bei manchen Dienstleistungen[57] hängt die Arbeitsfolge von Kundenreaktionen ab, die nicht sicher zu prognostizieren sind. Da man die Reihenfolge der Teilaufgaben nicht verlässlich planen kann, sollte man es dann bei einer Listung der Teilaufgaben belassen, was für manche Zwecke, z. B. Kalkulationen[58], auch ausreicht.

3. Bei geplanten Arbeitssystemen[59], zu denen man Teilaufgabenfolgen schon genau festgelegt hat, fehlt es oft noch an Informationen z. B. über Häufigkeiten von Nacharbeit oder den Anfall nicht sofort verbaubarer Teile. Dann sollte man es bei einer Beschreibung der Teilaufgabenfolge belassen.

4. Für Arbeitssysteme, die in der Fertigung dem Erstellen von Absatzleistungen dienen[60], muss dagegen ein Informationsstand vorhanden sein, der eine Ablaufbeschreibung zulässt.

---

56 Das betrifft die erste Phase beim MTM-Konzept des prozessstrukturierten Produktionssystems.

57 Das betrifft z. B. Arbeitssysteme zur vierten Phase beim MTM-Konzept des prozessstrukturierten Produktionssystems.

58 Ungeachtet dieses begrenzten Informationsstandes zum Ablauf lassen sich Zeitstandards für die Teilaufgaben meist schon ziemlich zuverlässig bilden, weil man über die Erfüllung jeder einzelnen Teilaufgabe durchaus detaillierte Informationen besitzt.

59 Das betrifft z. B. geplante, noch nicht installierte Arbeitssysteme, was Gegenstand der zweiten Phase des MTM-Konzepts des prozessstrukturierten Produktionssystems ist.

60 Beim MTM-Konzept des prozessstrukturierten Produktionssystems betrifft das die dritte Phase.

4.3 Prozessanalyse

Bei der *Prozessanalyse* geht es um die Untersuchung von Arbeitsablauf, dem Beitrag der Input- und Output-Größen zum Arbeitsergebnis sowie der Nutzung von Mitarbeiter-Ressourcen und Betriebsmitteln. Im Regelfall ist dabei das Ziel, nicht ergebnisrelevante Fertigungsanteile zu identifizieren, zu eliminieren – soweit sinnvoll – und damit die Produktivität zu erhöhen. Je nach Zielrichtung kann dabei das zu fertigende Produkt im Vordergrund stehen, die eingesetzten Betriebsmittel, die involvierten Mitarbeiter oder Kombinationen davon.

Prozessanalysen können durch verbale Beschreibung, durch bildliche Darstellungen oder aber durch Symbole dokumentiert werden. Dabei sind ganz verschiedene Symbologien entwickelt worden.[61] Abbildung II-31 zeigt ein Beispiel einer solchen Symbologie.

Für das bereits in Abbildung II-16 besprochene Beispiel (Drehteil herstellen) ist in Abbildung II-32 eine Prozessanalyse durchgeführt worden. Die einzelnen Arbeitsschritte werden mit ihrem jeweiligen Grundsymbol dargestellt. Weiterhin geben die verwendeten Betriebsmittel, die zurückzulegenden Entfernungen, der Zeitbedarf und der Personaleinsatz Aufschluss über mögliche Schwachstellen im Arbeitsprozess.

Ergebnisrelevante Prozessschritte werden im Regelfall sofort deutlich. Gegebenenfalls kann man zusätzlich das 6W-Fragen-Arbeitsblatt für die Prozessanalyse einsetzen (Abbildung II-33).

---

61 DIN 30600 Graphische Symbole; VDI 2411 Begriffe und Erläuterungen im Förderwesen; VDI 2689 Leitfaden für Materialflussuntersuchungen; s. a. Kühn, F. M.; Littmann, R.; Preuß, W.; Steinert, W.: Neue Technologien im innerbetrieblichen Materialfluss, Köln: TÜV Rheinland, 1990.

Nr.	Basis-schritt	Spezifischer Schritt	Symbol	Bedeutung	Anmerkung
1	Operation	Operation	◯	Ändert die Umrissform oder auch andere charakteristische Eigenschaften eines Werkstoffs, Halberzeugnisses oder Erzeugnisses	
2	Transport	Transport	◦	Ändert den Standort eines Werkstoffs, Halberzeugnisses oder Erzeugnisses	Als Transportsymbol wird ein Kreis verwendet, dessen Durchmesser halb so groß wie der als Operationssymbol verwendete Kreis ist. An Stelle des kleineren Kreises kann genauso gut ein Pfeil gesetzt werden. Die Richtung, in die dieser Pfeil zeigt, verweist nicht auf die Transportrichtung.
3	Retentionsphase	Lagerung	▽	Planmäßiges Anhäufen von Werkstoffen, Teilen und Erzeugnissen	
4		Verzögerung	◻	Außerplanmäßiges Anhäufen von Werkstoffen, Teilen und Erzeugnissen	
5	Prüfung	Mengenprüfung	☐	Mengenmessung von Werkstoffen, Teilen und Erzeugnissen. Spezifizierte Mengen werden zur Überprüfung einer etwaigen Diskrepanz miteinander verglichen.	
6		Qualitätsprüfung	◇	Püfung und Augenscheinlichkeiten von Werkstoffen, Teilen und Erzeugnissen. Qualitätsstandards werden zur Überprüfung gefertigter Ausschussware miteinander verglichen.	

Abbildung II-31

Symbole für die Prozessanalyse[62]

---

62 Nach der japanischen Industrienorm JIS Z 8206 (als Beispiel).

Abbildung II-32

Prozessanalyse für das Herstellen von 50 Drehteilen

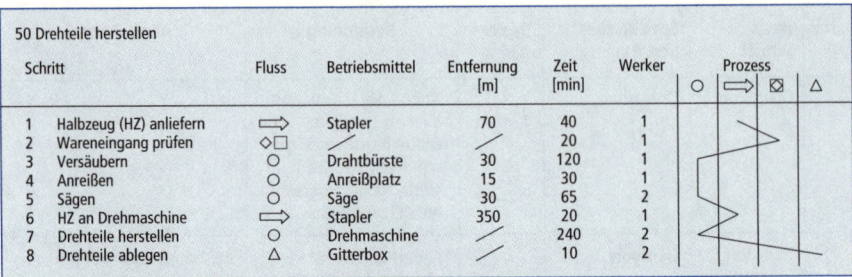

50 Drehteile herstellen								
Schritt	Fluss	Betriebsmittel	Entfernung [m]	Zeit [min]	Werker	Prozess ○ ⇨ ⊠ △		
1 Halbzeug (HZ) anliefern	⇨	Stapler	70	40	1			
2 Wareneingang prüfen	◇□			20	1			
3 Versäubern	○	Drahtbürste	30	120	1			
4 Anreißen	○	Anreißplatz	15	30	1			
5 Sägen	○	Säge	30	65	2			
6 HZ an Drehmaschine	⇨	Stapler	350	20	1			
7 Drehteile herstellen	○	Drehmaschine		240	2			
8 Drehteile ablegen	△	Gitterbox		10	2			

Abbildung II-33

6W-Fragen-Arbeitsblatt für die Prozessanalyse[63]

Schritt	Maßnahme (auch: Warum?)	Personal (Wer?)	Maschine/ Betriebsmittel (Was?)	Standort (Wo?)	Zeit (Wann?)	Methode (Wie?)
Operation	Spezifische Beschreibung der Operation	Arbeitsbezeichnung, Anzahl der Arbeiter, Namen der Arbeiter etc.	Bezeichnung der Maschinen und Betriebsmittel, Bezeichnung der Vorrichtungen, Anzahl der Einheiten etc.	Spezifische Beschreibung des Operationsbereichs	Durchlaufzeit, Ausbringungsmenge (aufgewendete Zeit pro Einheit) etc.	Spezifische Beschreibung der Operationsabfolge
Transport	Spezifische Beschreibung der Transportleistung	Siehe oben	Bezeichnung der sich im Einsatz befindlichen Betriebsmittel	Transportausgangs- und -endpunkt sowie Länge des Transportwegs	Transportzeit	Einheiten pro Transportfahrt, Be- und Entladeverfahren etc.
Prüfung	Spezifische Beschreibung der Prüfposten	Siehe oben	Prüfungsausrüstung, Prüfwerkzeuge etc.	Ort der Prüfung	Prüfzeit	Prüfverfahren, Kriterien über das Bestehen/Nichtbestehen der Prüfung, Bearbeitung der Ausschussteile etc.
Lagerung/ Verzögerung	Klare Beschreibung der Lagerung, Verzögerung	Lagerpersonal etc.	Lagerstandort, Lagerausrüstung etc.	Lagerstandort	Verzögerungszeit	Art der Lagerung (Behälter etc.)

63   Ishiwata, J.: Die flexible Fabrik. Landsberg/Lech: Moderne Industrie, 2001.

4.4 Gestaltungsaspekte und -konzepte

Die Gestaltung des Arbeitsprozesses bezieht sich auf die Ordnung des Arbeitsinhalts, von Input, Output und Ressourcen bezüglich Reihenfolge, Arbeitszeit und Arbeitsort.[64]

In der Sprache des Operations Research[65] geht es darum, die Zielfunktion

$$Z = \sum_{i=l}^{n} \sum_{j=l}^{n} d_{ij}\, x_{ij} \text{ für } i, j = 1,2,\ldots\ldots n$$

zu minimieren. Mit d_{ij} bezeichnet man Kosten[66], die beim Übergang von einem Systemelement i zu einem anderen Systemelement j entstehen. Mit der Variablen x_{ij} wird festgehalten, ob es zwischen den beiden Elementen i und j überhaupt eine Verbindung gibt. Diese Optimierung ist sowohl intersystemisch als auch intrasystemisch möglich (Abbildung II-34). Die intrasystemische Prozessgestaltung bezieht sich auf Optimierungsaufgaben innerhalb eines (Mikro-)Arbeitssystems, die intersystemische Prozessgestaltung behandelt die Verbindung zwischen den einzelnen Arbeitssystemen, es geht dabei also um die Optimierung des Makro-Arbeitssystems.

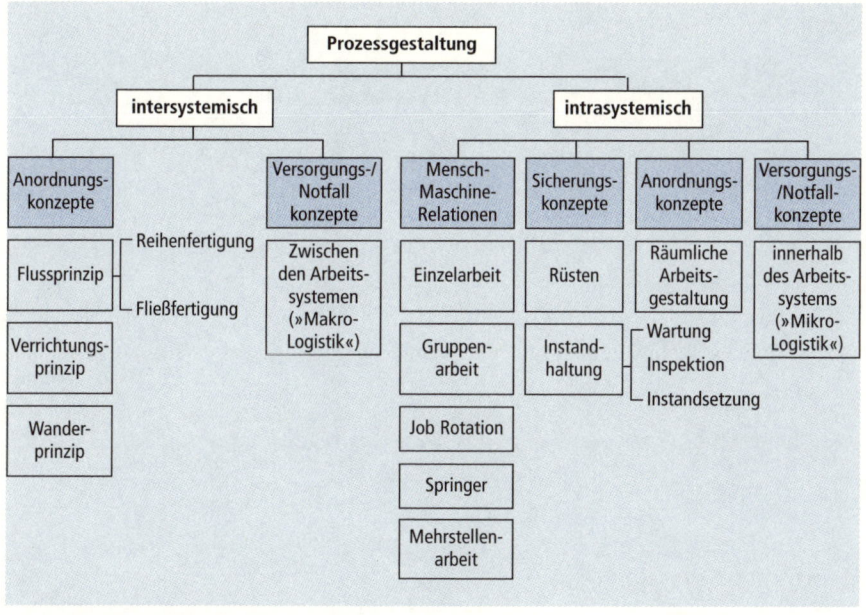

Abbildung II-34

Aspekte und Konzept der Prozessgestaltung

---

64 In diesem Kapitel wird nur auf Arbeitsprozesse eingegangen. Übergeordnete Geschäftsprozesse werden in Teil I, Abschnitt 2.3.2 behandelt.

65 Operations Research: Anwendung mathematischer Methoden zur Vorbereitung optimaler Entscheidungen. Häufig geht es bei der Optimierung von Anordnungskonzepten und der daraus resultierenden Arbeitsprozesse um Reihenfolgeprobleme, z. B. um das Traveling Salesman Problem als Modell der ganzzahligen linearen Planungsrechnung, siehe z. B. Müller-Merbach, H.: Operations Research. München: Vahlen, 1973.

66 Kosten sind im wörtlichen und im übertragenen Sinne gemeint. Es können z. B. Transportkosten in Euro sein, aber auch »physiologische Kosten« in einer nicht-monetären Einheit sind denkbar.

Ein Beispiel möge dies verdeutlichen: Bei der Herstellung eines Drehteils (s. Abbildung II-18) werden in verschiedenen Arbeitssystemen Leistungen erbracht; mehrere Mitarbeiter sind daran beteiligt. Wenn zum Beispiel nach dem Verrichtungsprinzip an unterschiedlichen Stellen in der Betriebsstätte gefertigt wird, dann sind Transportvorgänge beispielsweise zwischen Versäubern, Anreißen und Sägen erforderlich. Es gibt Fälle, wo nach dem Versäubern (Arbeitsgang i) und vor dem Sägen (Arbeitsgang j) nicht in allen Fällen ein Anreißen erfolgt. Bei großen zulässigen Toleranzen wird darauf verzichtet. Dieser Sachverhalt kann über die Variable x_{ij} berücksichtigt werden. Mit d_{ij} können in diesem Beispiel folgende Kosten ausgedrückt werden: Transportkosten von Arbeitsort i zu Arbeitsort j, Lohn- und Lohnzusatzkosten für den Staplerfahrer, der die Werkstücke vom Versäubern zum Sägen bringt oder Energieumsatz (s. Abschnitt 6.2) des Staplerfahrers beim Verladen der Werkstücke[67].

Bei einer intrasystemischen Betrachtungsweise kann man eine ebensolche Optimierung für das Handhaben der Arbeitsgegenstände von Gitterbox zum Maschinentisch und danach wieder in eine weitere Gitterbox durchführen.

---

67 Das wären dann physiologische Kosten.

4.5 Intersystemische Prozessgestaltung

4.5.1 Anordnungskonzepte

Bei intersystemischer Betrachtungsweise lässt sich nach den Anordnungs- und den Versorgungskonzepten folgendermaßen unterscheiden:

Arbeitsplätze können ortsgebunden oder ortsveränderlich in den Betriebsablauf eingebunden sein. Der bekannteste Fall der ortsveränderlichen Einbindung ist die Baustellenfertigung. Sie gehört zum Wanderprinzip. Bei Ortsgebundenheit können zwei Prinzipien unterschieden werden: das Verrichtungs- und das Flussprinzip.

Beim *Verrichtungsprinzip* (Werkstättenprinzip) werden vergleichbare Arbeitssysteme räumlich zusammenhängend angeordnet, z. B. Fräserei, Dreherei, Stanzerei. Das Verrichtungsprinzip hat eine lange Tradition; man kennt es in ähnlicher Weise aus dem Handwerk und den Manufakturen. Es ist relativ unabhängig von den gerade produzierten Baugruppen und Produkten und kann sich daher wesentlich besser an organisatorische Veränderungen im Unternehmen anpassen. Ein gravierender Nachteil des Verrichtungsprinzips besteht darin, dass zusätzlicher Transportaufwand dadurch entsteht, dass Einzelteile und vormontierte Baugruppen einen wesentlich höheren Transportaufwand erforderlich machen als beim Flussprinzip. Die Teile werden zwischen den einzelnen Werkstätten zum Teil mehrfach hin und her transportiert. Diese Transporttätigkeiten erhöhen jedoch nicht die Wertschöpfung. Das Ratio-Potenzial ist beim Beibehalten der Werkstättenfertigung daher gering.

Die wesentlichen Vorteile des Verrichtungsprinzips gegenüber dem *Flussprinzip* bestehen also darin, dass

- eine hohe Anpassungsfähigkeit an Änderungen bei veränderten Produktionsanforderungen und Personalbestand besteht,
- Störungen an einem Arbeitsplatz sich nicht auf alle anderen Stellen auswirken.

Die wesentlichen Nachteile gegenüber dem Flussprinzip sind demnach:

- lange Durchlaufzeiten und höhere Kapitalbindung,
- hoher Aufwand bei der Produktionsplanung und -steuerung sowie
- schwieriges Qualitätsmanagement

Abbildung II-35 zeigt eine Fertigung nach dem Verrichtungsprinzip in schematischer Darstellung. Es werden zwei Halbzeuge verwendet, eines davon stammt aus eigener Vorfertigung, das andere wird zugeliefert. Die Wege der beiden Halbzeuge über Wareneingang, Sägerei, Dreherei, Zwischenlagerung usw. erfolgen nicht nach dem Arbeitsfortschritt am Produkt, sondern nach der Lage der verschiedenen Werkstätten. Zum Zeitpunkt der Gebäudeplanung und des Fabrikbaus mag die Platzierung der Werkstätten vielleicht sinnvoll gewesen sein, nach den heutigen Produktverrichtungen jedoch nicht. Es kommt zu überaus komplizierten und langen, nichtwertschöpfenden Materialflüssen.

Abbildung II-35

Suboptimale
Materialflüsse bei
Anordnung nach dem
Verrichtungsprinzip

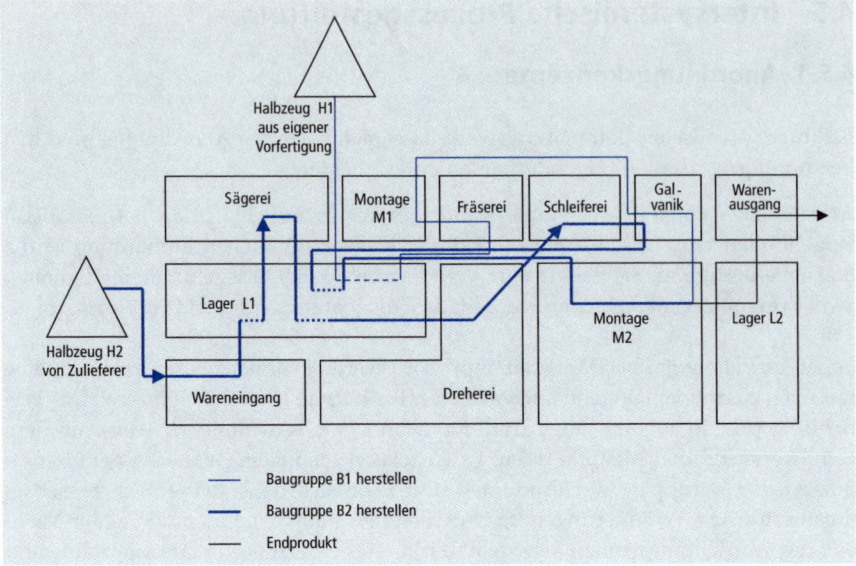

Beim Flussprinzip werden die Arbeitssysteme in der Reihenfolge ihrer Mitwirkung bei der Erzeugnisherstellung angeordnet, so dass die Arbeitsplätze erzeugnisgebunden aufeinander folgen. Häufig wird das Flussprinzip nach dem Ausmaß zeitlicher Bindung des Menschen unterschieden in:

1. *Reihenfertigung* (keine direkte zeitliche Bindung des Menschen am Arbeitsplatz) und
2. *Fließfertigung* (zeitliche Bindung des Menschen am Arbeitsplatz)[68].

Kennzeichnend für die Reihenfertigung ist das Fehlen eines Arbeitstaktes, d.h. des Zwangs, Arbeitsaufgaben in einer bestimmten konstanten Zeitdauer (Taktzeit) erfüllen zu müssen. Um eine strikte Taktbindung zu verhindern, werden Vorratspuffer (Teilepuffer, Arbeitspuffer, Zwischenpuffer) gebildet. Puffer sollen insbesondere

- Störungswirkungen lokal begrenzen und damit zu einer besseren Arbeitsmittelnutzung führen und
- den Menschen von technisch bedingten Zwängen befreien[69].

Abbildung II-36 verdeutlicht die Reihenfertigung am Beispiel eines Automobilzulieferers. Die Arbeitsplätze sind entsprechend der Folge der einzelnen Arbeitsaufgaben angeordnet. Der Materialfluss findet daher nur in einer Richtung statt. Förderprozesse werden dadurch erleichtert. Es wird mit Transportwägen gearbeitet, die gleichzeitig eine Pufferfunktion haben. Damit sind die einzelnen Arbeitsplätze in ihrer Arbeitsgeschwindigkeit nur bedingt voneinander abhängig.

---

68 Umgangssprachlich oft: Fließbandfertigung; auf Fließfertigung wird weiterhin auch in Teil III, Abschnitt 2.4.4 eingegangen.
69 Vgl. z. B. auch Warnecke, H. J.; Lederer, K. G.: Neue Arbeitsformen in der Produktion. Düsseldorf: VDI, 1982.

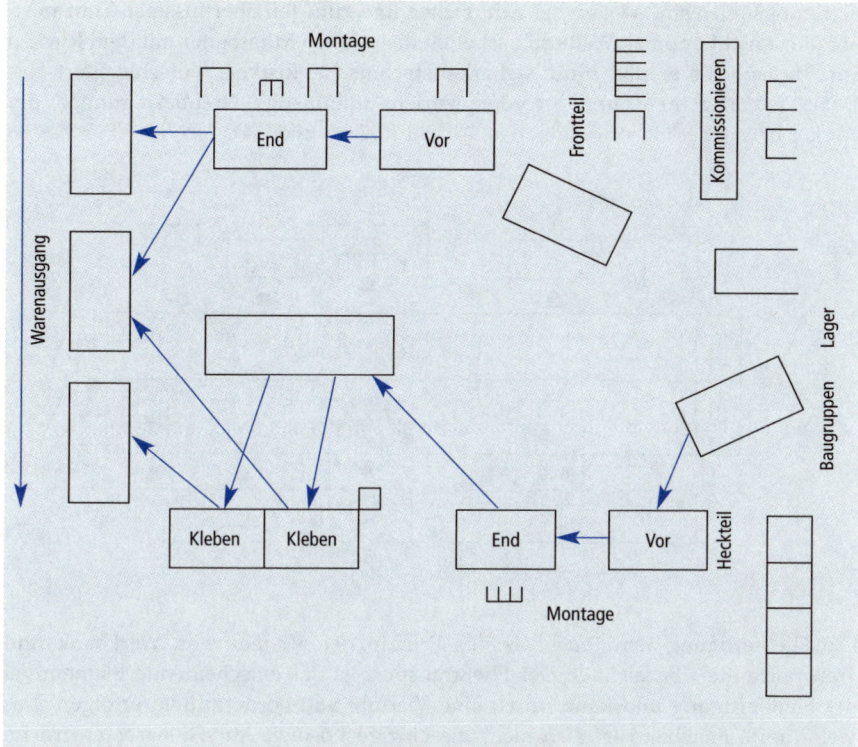

Abbildung II-36
Reihenfertigung eines
Automobilzulieferers

Bei der Fließfertigung gelangen die Arbeitsgegenstände selbsttätig von Arbeitsplatz zu Arbeitsplatz. Die einzelnen Arbeitssysteme sind also durch Transportmittel miteinander verkettet. Dem Mitarbeiter steht lediglich der Arbeitstakt für seine Arbeitsaufgaben zur Verfügung. Hält er den Takt nicht ein, muss er entweder noch ein Stück mit dem Transportmittel mitlaufen, um den Arbeitsgegenstand fertigzustellen, oder aber das Transportmittel muss zum Stillstand gebracht werden. Insoweit unterliegt der Werker also einer strengen Zeitbindung.

Kennzeichnend für die Fließfertigung ist damit, dass

- die Arbeitsgegenstände zeitlich determiniert an Arbeitsplätze gelangen, die mit Transportmitteln verkettet sind,
- die am Arbeitsgegenstand vorzunehmenden Veränderungen in einer begrenzten Zeit durchzuführen sind,
- sie diese Arbeitsplätze also auch zeitlich determiniert wieder verlassen und dabei örtlich fortschreiten.

Die strenge zeitliche Bindung des Menschen am Arbeitsplatz macht Abbildung II-37 deutlich. Auf zwei parallel laufenden Linien werden die beiden Halbzeuge H1 und H2 zu den Baugruppen B1 und B2 weiterverarbeitet. Es besteht keine Möglichkeit zur Pufferung. Lediglich zwischen den Arbeitssystemen b1 und b2 sowie f1 und f2 gibt es eine Mengenteilung. Die Arbeitsverrichtungen an diesen Arbeitssystemen erfordern mehr Zeit, so dass die Werker nicht in jedem Takt ein Werkstück bewältigen können. Die Arbeitsorganisation und der Materialfluss der beiden

Fertigungslinien sind wegen der zahlreichen und zum Teil überflüssigen Transport-vorgänge nicht optimal. Weiterhin arbeiten die meisten Mitarbeiter mit dem Rücken zur Transportlinie; das birgt sicherheitstechnische Risiken, verschlechtert das Qualitätsmanagement und erfordert zudem ungünstige Drehbewegungen der Werker bzw. Oberkörpertorsionen (s. Abschnitt 7.1.3 und 7.4).

Abbildung II-37

Suboptimales Fließprinzip bei der Baugruppenfertigung eines Automobil-zulieferers

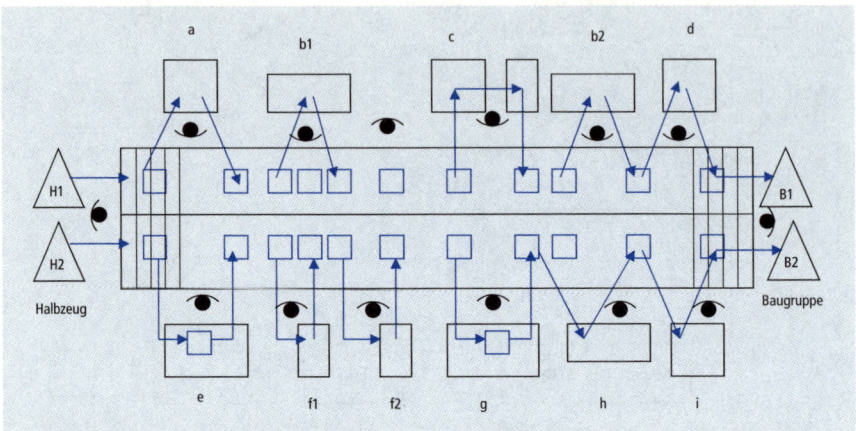

Die Fließfertigung wird auch als das Prinzip der »Einheit von Werkbank und Transportmittel« bezeichnet. Der Fließtransport ist das entscheidende Element bei der Fließfertigung und kann durch eine Vielzahl von Fördermitteln erfolgen. Das viel zitierte Fließband ist also nicht die einzige Lösung. Auf Fließarbeit wird im Einzelnen noch in Teil III, Abschnitt 2.4.4 eingegangen.

So weist Abbildung II-38 auf die verschiedenen Formen der intersystemischen *Verkettung* hin: An einem Arbeitstisch sind mehrere (Mikro-) Arbeitssysteme ange-ordnet. Teile oder Baugruppen können sich auf dem Tisch von Mitarbeiter zu Mitarbeiter bewegen. Dieser Transport wird in der Regel manuell vorgenommen und ist nur bei Kleinteilen sinnvoll. Größere Teile und hoher Materialdurchsatz erfordern den Transport um den oder die Tische, z. B. mit Hand(-hub)wagen oder Körben. Der untere Teil von Abbildung II-38 kennzeichnet dagegen den gezielten Einsatz eines Fördermittels für Transport, Pufferung und Montage.

Beim Flussprinzip ist es also von Bedeutung, zu einer Entkopplung einzelner Arbeitssysteme zu kommen. Damit werden die gegenseitige Abhängigkeit und die Taktbindung der betroffenen Werker gemildert. Das herkömmliche Hauptfluss-prinzip mit einer starren Vorgabe des Arbeitstempos und einem hohen Zeitzwang wird dadurch vermieden (Abbildung II-39).

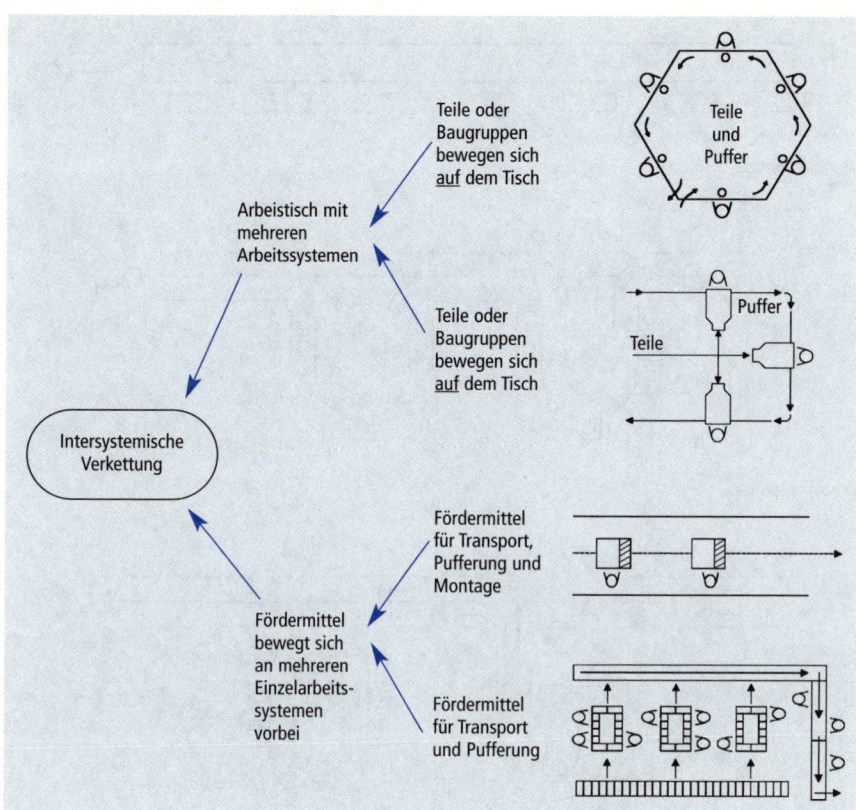

Abbildung II-38
Möglichkeiten der
intersystemischen
Verkettung

Abbildung II-39

Hauptflussprinzip,
Nebenflussprinzip und
Umlaufprinzip[70]

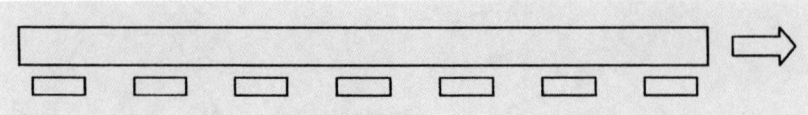

Hauptflussprinzip

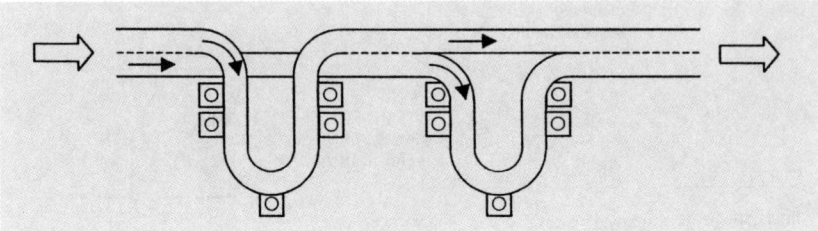

Nebenflussprinzip

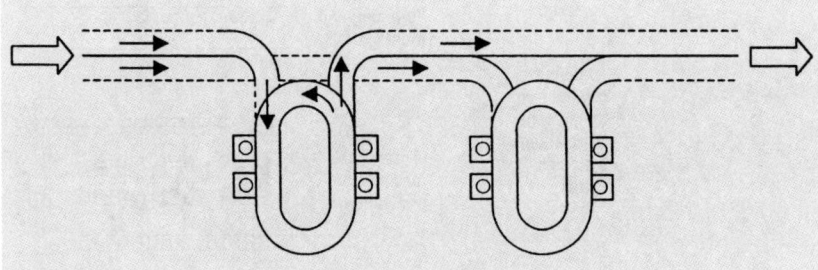

Umlaufprinzip

Durch mehrere Schleifen werden beim Nebenflussprinzip und beim Umlaufprinzip Materialfluss und Montagevorgang weitgehend entkoppelt. Es kommt zur individuellen Leistungsentfaltung und oft auch zu größeren Arbeitsinhalten. Beim Nebenflussprinzip sind die Arbeitsbereiche voneinander unabhängig, beim Umlaufprinzip bleiben die Werkstücke so lange in der Schleife, bis sie bearbeitet sind und weiter befördert werden können.

---

70 Zink, K. J.: Arbeitsstrukturierung. In: Landau, K.; Luczak, H.: a. a. O., S. 363–364.

Abbildung II-40 zeigt eine weitere Möglichkeit, die Zeitzwänge in der Fließfertigung durch flexible Verkettungs- und *Puffersysteme* zu senken. Werkstücke werden
vor und hinter einer automatischen Bearbeitung bzw. Montage gepuffert, die beiden
manuellen Abschnitte sind entkoppelt.

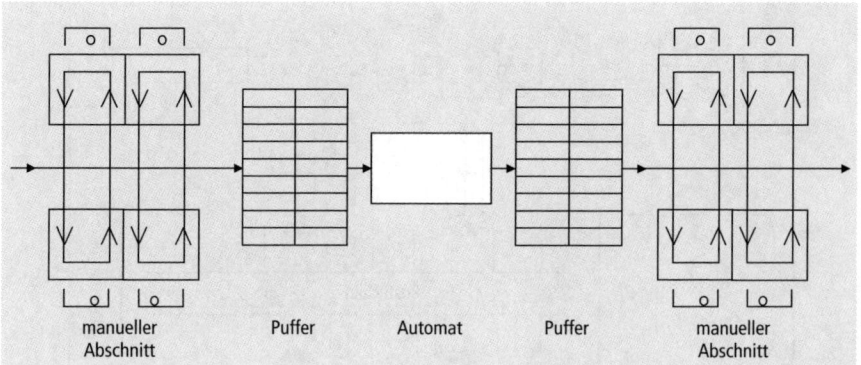

Abbildung II-40

Flexibles
Verkettungs- und
Puffersystem[71]

Puffer sind technische Einrichtungen zur Zwischenlagerung von Bauteilen und
Baugruppen, die das eine Arbeitssystem verlassen und entsprechend dem Bedarf
nach einem bestimmten Rhythmus an nachgelagerte Arbeitssysteme weitergegeben
werden.[72]

Man unterscheidet die folgenden Pufferformen:

- Bereichspuffer,
  (z. B. zwischen Teilefertigung und Montage)
- Abschnittspuffer
  (z. B. zwischen aufeinander folgenden Makro-Arbeitssystemen einer Fertigungslinie) und
- Arbeitssystempuffer,
  unmittelbar vor oder hinter dem Mikro-Arbeitssystem.

Mit der Einrichtung eines Puffers wird eine möglicherweise enge Zeitbindung von
Mitarbeitern gemildert. Maschinenstillstände und weitere Störungen wirken sich
nicht sofort auf den Produktionsfluss aus. Pausenzeiten und persönliche Verteilzeiten von Mitarbeitern können aufgefangen werden.

Neben der Einrichtung von Puffern kann eine Entkopplung auch durch Blockbildung herbeigeführt werden. Hierbei kann sich ein Makro-Arbeitssystem beispielsweise in der Elektrotechnik oder Feinwerktechnik aus folgenden Blöcken
zusammensetzen: Bauelemente-Vorbereitung, maschinelle Bestückung, manuelle
Fertigungslinie mit Bestücken, Löten und Montieren. Die Bauelemente-Vorbereitung und die manuelle Bestückung sind als Gruppenarbeit (s. Abschnitt 8.3) organisiert (Abbildung II-41).

---

71 Zink, K.J.: Arbeitsstrukturierung. In: Landau, K.; Luczak, H.: a. a. O., S. 365.
72 Vgl. auch Eissing, G.: Arbeitsorganisation in Klein- und Mittelbetrieben. Köln: Bachem,
    1993.

Abbildung II-41

Entkopplung der
Arbeitsprozesse und
Pufferung durch
Blockbildung[73]

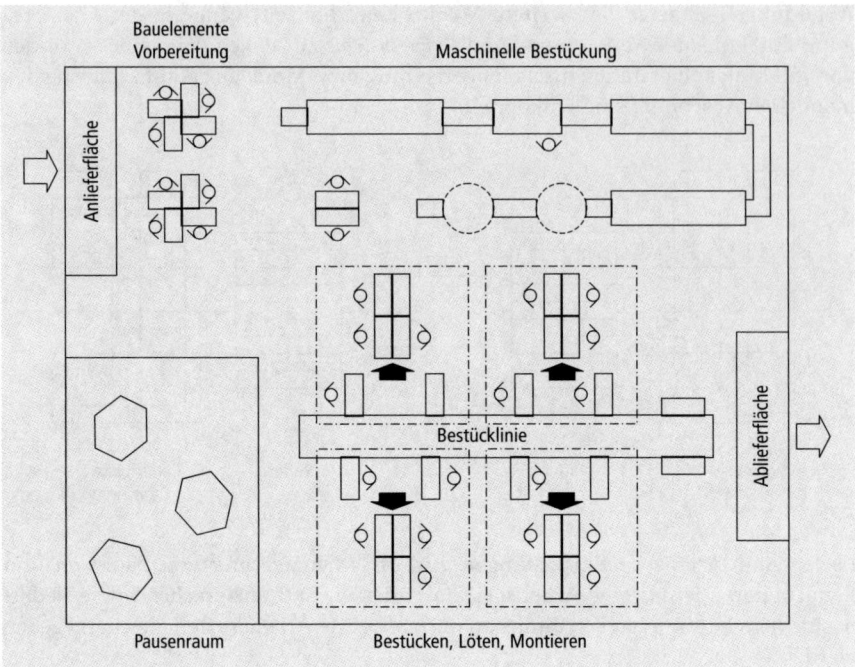

Mit der Einrichtung von *Fertigungsinseln* wird versucht, die Nachteile der Fließfertigung, aber auch der Werkstattfertigung zu vermeiden.

Unter einer Fertigungsinsel versteht man ein Makro-Arbeitssystem, das nach den zu fertigenden Produkten und nicht nach Verrichtungen strukturiert ist. Möglichst alle für eine Teilefamilie benötigten Betriebsmittel sind in der Fertigungsinsel vertreten.

Üblicherweise haben Fertigungsinseln einen hohen Autonomiegrad; Planung, Materialdisposition, Ver- und Bearbeitung, Qualitätsmanagement und Administration werden direkt in der Fertigungsinsel erledigt (s. Abschnitt 8.2). Mitarbeiter mit verschiedenen, sich ergänzenden Qualifikationen arbeiten in Teams zusammen. Dabei gibt es zwischen den Teammitgliedern keine oder nur geringe Hierarchieunterschiede. Es wird ein kooperativer Führungsstil praktiziert.

Für Fertigungsinseln gelten die Vorteile, die weiter unten bei der Behandlung der Gruppenarbeit aufgeführt werden (s. Abschnitt 8.3). Man geht im Regelfall davon aus, dass sich durch die Einrichtung eines Inselkonzepts

- der Materialfluss vereinfachen und übersichtlich gestalten lässt,
- nicht wertschöpfende Tätigkeiten, vor allem in der innerbetrieblichen Logistik, abnehmen,
- Transportzeiten und Durchlaufzeiten kürzer werden und
- die Kapitalbindung durch weniger Zwischenlager geringer wird.

---

73 Zülch, G.; Starringer, M.: Differentielle Arbeitsgestaltung in Fertigungen für elektronische Flachbaugruppen. Z. f. Arb.wiss., 1994, 4, S. 211–216.

Die Informationsflüsse vereinfachen sich, da nur die Fertigstellung des Auftrags an die zentrale Fertigungssteuerung gemeldet werden muss. Die klassischen, zentralen Funktionen der Auftragsveranlassung und -überwachung reduzieren sich zu Fertigungsinsel-Aufträgen. Durch die Gruppenbildung entfällt die exakte Kapazitätsabstimmung von Einzel-Arbeitssystemen. Oft genügt eine Grobabstimmung der Fertigungszellen. Innerhalb der Zellen wird die Feinabstimmung in Selbststeuerung vorgenommen.

Als Nachteil ist festzuhalten, dass – wegen des Anspruchs der Komplettbearbeitung in der Fertigungsinsel – die gleichen Betriebsmittel mehrfach im Betrieb vorhanden sein müssen, dann oft mit schlechter Auslastung.

4.5.2 Versorgungskonzepte

Der Bewirtschaftung mit Material kommt im verarbeitenden Gewerbe eine zentrale Bedeutung zu. Im Maschinen- und Anlagenbau müssen durchschnittlich 3.000 Einzelteile pro Auftrag bereitgestellt werden; mehr als 60 % der Störungen des Montageablaufs sind auf den Faktor Material zurückzuführen[74].

Bis zu 90 % der Montagedurchlaufzeiten in Maschinenbauunternehmen entfallen auf Lagerprozesse. Die *Materialbewirtschaftung* ist deshalb von zentraler Bedeutung für die Produktivität (Abbildung II-42).

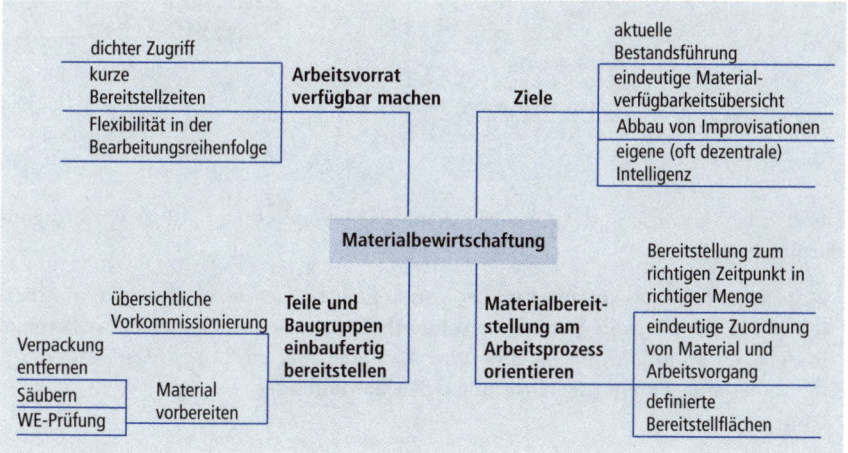

Abbildung II-42
Aufgaben der Material-
bewirtschaftung[75]

74 Eversheim, W.; von Pathow, C.: Montagestruktur- und Arbeitsplatzgestaltung in der Einzel- und Kleinserienproduktion. In: Landau, K.; Luczak, H.: a. a. O., S. 600.
75 In Anlehnung an Eversheim, W.; von Pathow, C.: Montagestruktur- und -Arbeitsplatzgestaltung in der Einzel- und Kleinserienproduktion. In: Landau, K.; Luczak, H.: a. a. O., S. 600.

Ziel der Materialbereitstellung ist die termingerechte Bereitstellung des zur Aufgabendurchführung benötigten Materials (Werkstücke, Betriebsmittel, Werkzeuge, Vorrichtungen, Montagehilfsstoffe etc.) an dem dafür vorgesehenen Bereitstellungsplatz. Die Materialbereitstellung ist die zentrale logistische Aufgabe in Mikro- und Makro-Arbeitssystemen.

Sie kann in mehrere Teilaufgaben gegliedert werden (Abbildung II-43):

- Planen der Materialbereitstellung,
- Festlegen von organisatorischen Bereitstellungsprinzipien,
- Festlegung organisatorischer Abläufe.

Abbildung II-43

Aufgaben der Material-
bereitstellung[76]

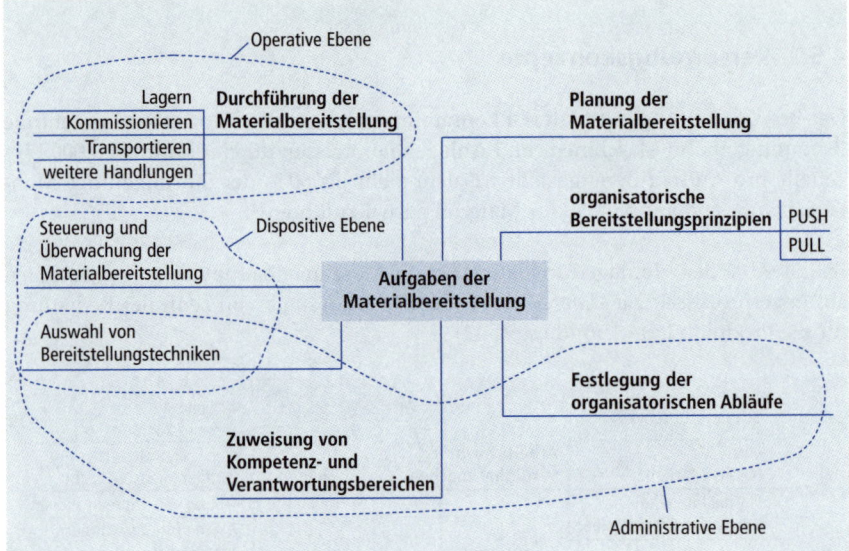

Der bei der Versorgung der Arbeitssysteme entstehende Materialfluss wird folgendermaßen definiert[77]:

Materialfluss ist die Verkettung aller Vorgänge beim Gewinnen, Be- und Verarbeiten sowie beim Verteilen von Gütern innerhalb festgelegter Bereiche. Der Bereich, in dem der Materialfluss gestaltet wird, kann beliebig groß sein. Man unterscheidet daher eine stufenartige Ordnung des Materialflusses.

---

76 Vgl. auch Bullinger, H.-J.; Lung, M.: Planung der Materialbeschaffung, a. a. O., S. 17.
77 VDI 2411: Begriffe und Erläuterungen im Förderwesen, 1970.

Diese Definition gliedert die Materialflüsse in einem Unternehmen weiter auf:

- Der Materialfluss erster Ordnung umfasst die Transporte zwischen dem Werk und seinen Lieferanten oder Abnehmern oder zwischen Werken allgemein (Gesamtsystem).
- Der Materialfluss zweiter Ordnung umfasst die Transporte innerhalb eines Werksgeländes zwischen verschiedenen Betriebsbereichen (Betriebs- bzw. Werkstätten).
- Der Materialfluss dritter Ordnung umfasst die Transporte zwischen einzelnen Abteilungen eines Betriebsbereiches oder zwischen einzelnen Betriebsmitteln innerhalb einer Abteilung (Arbeitsplätze, Maschinen).
- Der Materialfluss vierter Ordnung umfasst den Transport an einem Arbeitsplatz (Handhabung am Arbeitsplatz).

Da häufig unter Materialfluss lediglich die körperlichen Bewegungen von Einzelteilen, Baugruppen und Fertigwaren verstanden wird, fasst man in den letzten Jahren oft Materialfluss und Informationsfluss unter dem Stichwort Logistik[78] zusammen.

Unter *Logistik* versteht man die Steuerung des Güterstroms von der Rohstoffquelle bis zum Verbraucher und darüber hinaus bis zum Recycling.

Zur betrieblichen Logistik gehören Infomations- und Materialflussprozesse zum

- Transportieren,
- Handhaben,
- Lagern.

Die Logistikstrukturen benötigen (s. Abbildung II-44)

- Transport- und Fördersysteme,
- Handhabungssysteme,
- Lagersysteme.

Die Logistik ist eine wichtige Querschnittsfunktion im Unternehmen.

---

78 Der Begriff Logistik stammt aus dem Französischen: »loger« = unterbringen.

Abbildung II-44
Betriebsmittel für den
Materialfluss

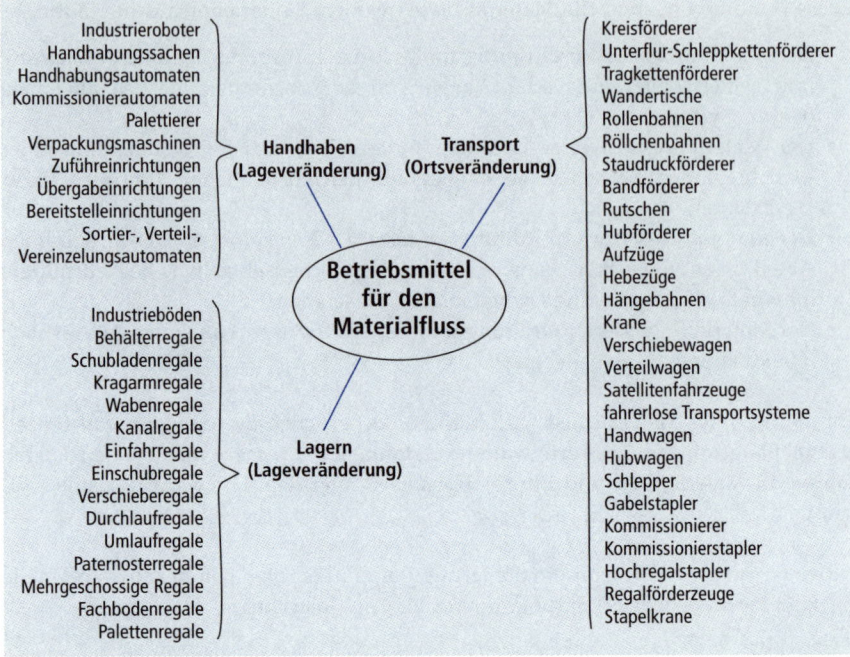

Abbildung II-44
Betriebsmittel für den Materialfluss

Von den in Abbildung II-44 dargestellten Betriebsmitteln für den *Materialfluss* sollen fahrerlose Transportsysteme hervorgehoben werden. Mit ihnen sind viele technische und sicherheitstechnische Problemstellungen verknüpft, die in Teilaspekten auch auf andere technische Entwicklungen, insbesondere hinsichtlich der Steuerung, übertragen werden können.

Fahrerlose Transportsysteme (FTS) sind selbstfahrend, transportieren Lasten, Fahrweg und Fahrziel werden selbstständig angesteuert. Im Regelfall handelt es sich dabei um elektrisch angetriebene Fahrzeuge.

FTS bewegen sich mit

- Leitvorrichtungen, die in den Fußboden eingelassen oder auf den Fußboden aufgebracht sind (induktive Leitdrähte, Magnetstreifen, reflektierende Leitlinien, Raster- Positionsmarken),
- GPS-Satelliten-Navigationssystemen,
- Navigationssystemen auf Ultraschall- oder optischer Basis,
- mechanischen Bodenführungsschienen.

Fahrerlose Transportsysteme weisen eine zunehmende Verbreitung vor allem in der Automobilindustrie, im Maschinenbau, in der Werkzeugmaschinenindustrie sowie in der Herstellung von Gebrauchs- und Verbrauchsgütern auf. Sie bieten die Möglichkeit, bestimmte Orte und Funktionsbereiche individuell und automatisch zu verknüpfen. Im Fahrzeug-, Maschinen- und Anlagenbau werden sie zusätzlich häufig als Montageplattform verwendet. Weiterhin können sie auch zur Materialpufferung herangezogen werden. Funktionen der Orts- und Lageveränderung sowie der Zeitüberbrückung können mit fahrerlosen Transportsystemen gleichermaßen erreicht werden. Insbesondere wird auch deutlich, dass hier die Input-Größen in Arbeitssysteme, nämlich Material, Energie und Information, in integrierter Weise gesehen werden müssen.

Die Auslegung solcher fahrerlosen Transportsysteme beinhaltet die folgenden Funktionsblöcke:[79]

- Personen- und Kollisionsschutz,
- Parcourssteuerung mit Navigationssensorik,
- Lastübergabesteuerung mit Andocksensorik,
- Steuerung angrenzender Systemelemente,
- Sensordateninterpretation,
- Datenübertragung und Zielsteuerung,
- Antriebsüberwachung,
- Fehlerdiagnosesystem.

Abbildung II-45 zeigt in Form einer Schemazeichnung ein fahrerloses Transportsystem, das auch als Montageplattform benutzt wird.

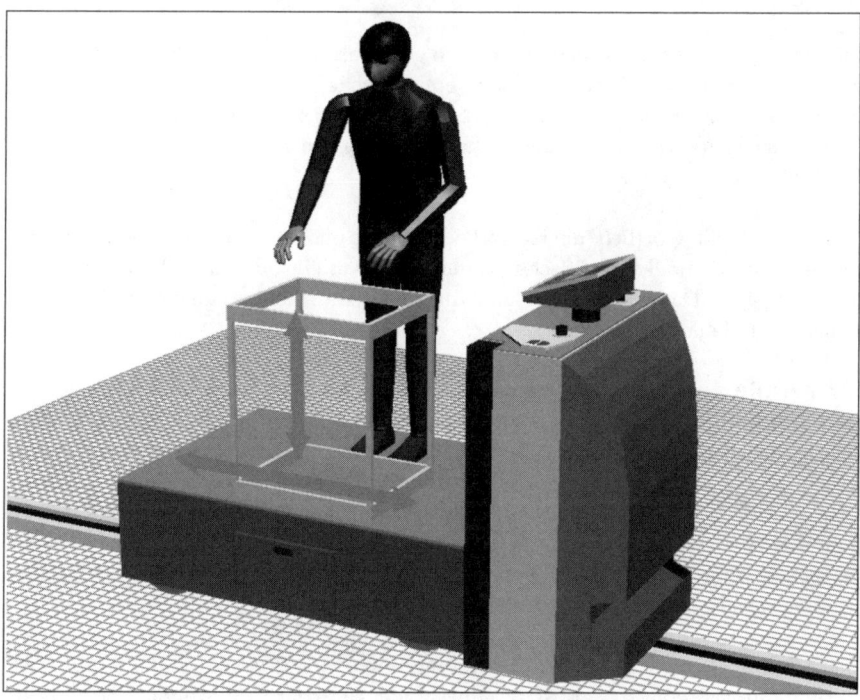

Abbildung II-45

Fahrerloses Transportsystem und Montageplattform

Für intersystemische und intrasystemische Versorgung und Montage kommen auch selbstfahrende Montageplattformen infrage. Damit können wechselnde Produktionsanforderungen und -kapazitäten bewältigt werden. Auf einer Montageplattform können zusätzlich Teile und Baugruppen sowie das notwendige Montage-

---

79 Kühn, F. M.; Littmann, R.; Preuß, W.; Steinert, W.: Neue Technologien im innerbetrieblichen Materialfluss. Köln, TÜV Rheinland, 1990, S. 42.

zubehör untergebracht werden. Mit selbstfahrenden Montagestationen wird die Lagerhaltung reduziert und es kommt zu einem möglichst geringen Materialumlauf und damit auch gesenkten Kapitalkosten.

Über mehrere Jahrzehnte beherrschten so genannte Push-Systeme die Materialflusssteuerung und die Versorgung der Arbeitssysteme. Unter dem Stichwort *Manufacturing Ressource Planning (MRP)* wurde versucht, an jedem Ort im Betrieb Bauteile und Baugruppen in der erforderlichen Menge und zur richtigen Zeit festzulegen. Durch eine zentrale Steuerungseinheit wurde also der Materialverbrauch über die betroffenen Abteilungen

- Verkauf,
- Konstruktion und Entwicklung,
- Einkauf,
- Fertigungsplanung und -steuerung,
- Teilefertigung, Vor- und Endmontage,
- Lager und Transport,
- Qualitätssicherung und Instandhaltung und
- Versand

möglichst punktgenau zeitlich und örtlich gesteuert. Die betriebliche Realität zeigte jedoch, dass dieses Versorgungskonzept zwischen den Arbeitssystemen eines Betriebes zu anspruchsvoll war. Das japanische *KANBAN*-System hat sich im letzten Jahrzehnt als Alternative zu der früheren komplexen Auftragsabwicklung in der Produktion durchgesetzt.

KANBAN heißt wörtlich übersetzt Pendelkarte und steht für ein Informationsmedium, auf dem alle spezifischen Daten eines Bauteils oder einer Baugruppe verzeichnet sind. Dazu gehören Name des Bauteils, Menge, Lieferzeit in Tagen, Behälterart, Behältergröße usw.

Mit KANBAN wird beabsichtigt, ein ganzheitliches, kundenorientiertes Logistiknetzwerk für die Produktion einzuführen. Dabei werden durch eine Reduzierung der Materialbestände und durch Vermeidung von Blindleistungen die Herstellkosten gesenkt und die Lieferbereitschaft erhöht.[80] Das hervorstechende Merkmal von KANBAN ist das so genannte Pull-System, bei dem die neue Materialversorgung durch den gerade stattgefundenen Materialverbrauch ausgelöst wird. Im Gegensatz dazu steht das oben bereits erwähnte Push-System. Hierbei werden Produktion und Bestellungen durch den Planbedarf angestoßen.

Beim Pull-System wird auf allen Fertigungsstufen eine Produktion auf Abruf (just-in-time) angestrebt, damit Materialbestände reduziert und hohe Termintreue erreicht werden können. Dabei werden die Lagerkosten auf den Zulieferer abgewälzt, der durch das KANBAN-System gezwungen wird, die Teile kurzfristig bereitzustellen. Abbildung II-46 zeigt eine Fertigungszelle, die nach dem KANBAN-Prinzip in Form der *Gruppenarbeit* verwirklicht wurde, als Beispiel.

---

80 Weber, R.: KANBAN. Renningen: Expert, 2001.

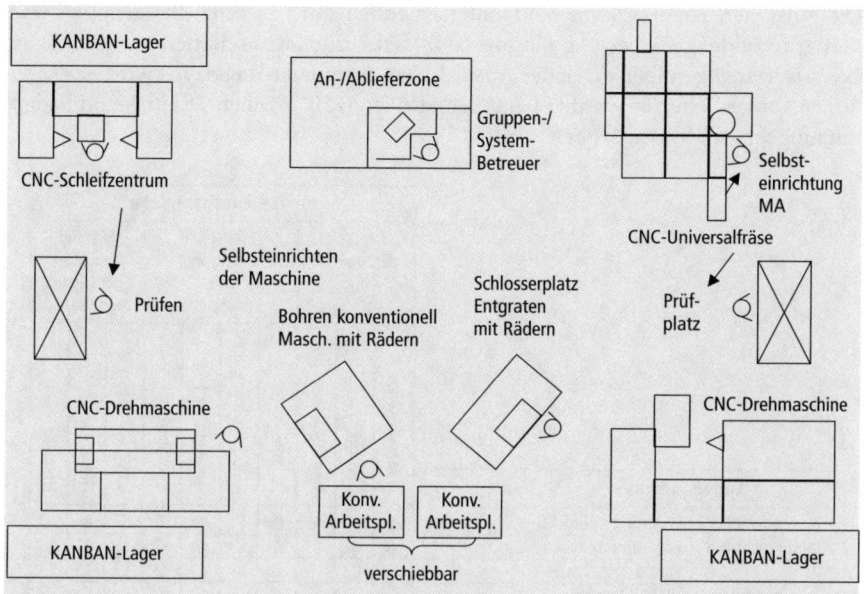

Das Besondere an dieser Fertigungszelle ist, dass die bisher vorhandene Fertigung nach dem Verrichtungsprinzip durch KANBAN in ein Flussprinzip umgewandelt wird. Das Team wird für den gesamten Arbeitsprozess eines Bauteils oder eines Endproduktes zuständig, die Verantwortung für die termingerechte Fertigstellung der Aufträge liegt in den Händen der Fertigung. Dadurch entfallen auch eine Reihe von nicht wertschöpfenden Tätigkeiten, im Regelfall wird zudem die Durchlaufzeit verkürzt. Liegezeiten, die durch Transportvorgänge zwischen den einzelnen Werkstätten zwangsläufig entstehen, entfallen.[82]

Steht in einem Unternehmen die dezentrale, an Produktgruppen bzw. Teilefamilien orientierte Fertigung im Vordergrund, dann können *Logistik*-Inseln für die Auftragsabwicklung sinnvoll sein. Hier werden die Logistikaufgaben Vertriebsverwaltung, Einkauf, Auftragsklärung und Materialdisposition nach Produktgruppen zusammengefasst. Die übliche funktionale unternehmens- oder werksweite Logistik mit dem damit verbundenen Bereichsdenken tritt dann in ihrer Bedeutung zurück. Die Steuerung nach Produkten und Fristigkeiten in einer ganzheitlichen, teamorientierten Arbeitsweise mit umfassenden Arbeitsinhalten für die betroffenen Mitarbeiter macht Produktivitätszuwächse wahrscheinlich.

Zu den intersystemischen Versorgungskonzepten gehört auch die Zeitüberbrückung durch Lagern (s. Abbildung II-44).

---

81 Weber, R.: KANBAN. a. a. O., S. 26.
82 Zu weiteren Informationen zum KANBAN-Prinzip vgl. beispielsweise Louis, R. S.: Effiziente Materialflusssteuerung mit KANBAN und MRP II. Landsberg/Lech: Moderne Industrie, 2000.

Die einzelnen Lagersysteme sind unterschiedlich gut für Teile, Baugruppen und Fertigprodukte geeignet. Abbildung II-47 stellt die Eigenschaften verschiedener *Lagersysteme* gegenüber. Nach der Auswahl des geeigneten Lagertyps wird das *Lager* dimensioniert. Hierfür werden Lagerkenngrößen (z. B. Flächen-, Raum- und Lagernutzungsgrade) herangezogen.

Abbildung II-47

Eigenschaften verschiedener Lagersysteme[83]

Lagersysteme		Eignung bezüglich des Lagerguts			Eigenschaft bezüglich der Lagerstelle				Eignung bezüglich der Lagerorganisation		
		Abmessungen	Gewicht	Stapelfähigkeit	Lagerfläche	Automatisierungsgrad	Zugänglichkeit	Tragfähigkeit	Stückzahl Lagergut	Flexibilität	Frequenz
Bodenlager ohne Einrichtung	Lagerung in Blöcken	●	●	◉	●	○	●	●	◉	●	○
	Lagerung in Zeilen	●	◉	◉	●	○	◉	◉	◉	○	○
ortsfestes Lagergut	Palettenregallager	◉	◉	○	◉	◉	○	◉	◉	◉	◉
	Fachregallager	◉	◉	◉	◉	◉	○	◉	◉	◉	◉
	Hochregallager	◉	◉	●	○	◉	◉	◉	●	◉	●
	Sondergestelle	◉	◉	●	◉	◉	◉	◉	●	○	◉
ortsverändertes Lagergut	Paternosterregal	○	◉	◉	○	●	○	○	◉	○	◉
	Power- and Free-Förderer	○	◉	◉	◉	●	○	○	◉	◉	●
	Wandertische	○	◉	○	◉	◉	○	○	◉	◉	◉
	Verschieberegallager	○	○	◉	◉	◉	○	○	◉	○	◉
	Kreisförderer	○	○	●	◉	◉	○	○	◉	○	●

Legende: ● groß ◉ mittel ○ gering

Einen Ausschnitt aus einem Kommissionier- und Transportarbeitsprozess zeigt Abbildung II-48.

Abbildung II-48

Auszug aus einem Kommissionierungs- und Transportarbeitsprozess

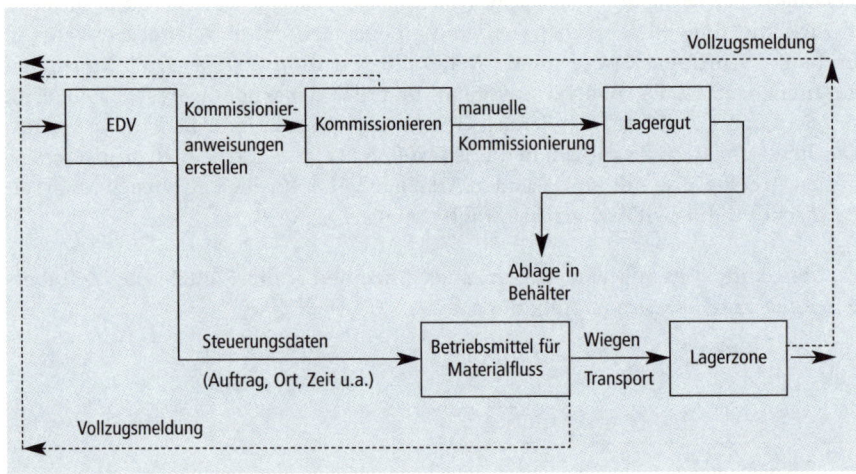

---

83 Eversheim, W.; von Pathow, C.: a. a. O., S. 596.

Aus der EDV werden Kommissionieranweisungen für die Kommissionierer erstellt, ebenso werden Steuerungsdaten an die verschiedenen Betriebsmittel für den Materialfluss übertragen. Insbesondere gehören dazu Auftragsdetails, Ortsinformationen (von/nach), frühest- und spätestmögliche Abfahrtzeiten usw.

Soweit manuelles Kommissionieren vorgesehen ist, erfolgt durch den Kommissionierer die auftragsabhängige Ablage des Lagerguts in die Transportbehälter. Durch Wiegen der Transportbehälter oder des gesamten Betriebsmittels für den Materialfluss wird der Vollzug der Kommissionieraufträge festgestellt, anschließend erfolgt der Transport zur vorgesehenen Lagerzone. Sowohl von der Lagerzone als auch vom Betriebsmittel und vom Kommissionierer können Vollzugsmeldungen an die EDV erfolgen, so dass damit der Kommissionier- und Transportauftrag abgeschlossen ist.

Neben den fahrerlosen Transportsystemen haben in den letzten Jahrzehnten Hochregallager eine besonders wichtige Rolle in der innerbetrieblichen Logistik gespielt. Die Forderungen hierbei waren[84]:

- Konzentration der zu lagernden Güter auf engstem Raum,
- gute Übersicht über den Lagerbestand,
- direkter Zugriff auf die einzelnen Lagereinheiten,
- Vermeidung von Transportschäden,
- Reduzierung des Lagerpersonals.

Mechanisierung und Automatisierung im Hochregallager können helfen, einen Teil der Lastenhandhabung und ungünstige Körperstellungen zu vermeiden (Abbildung II-49).

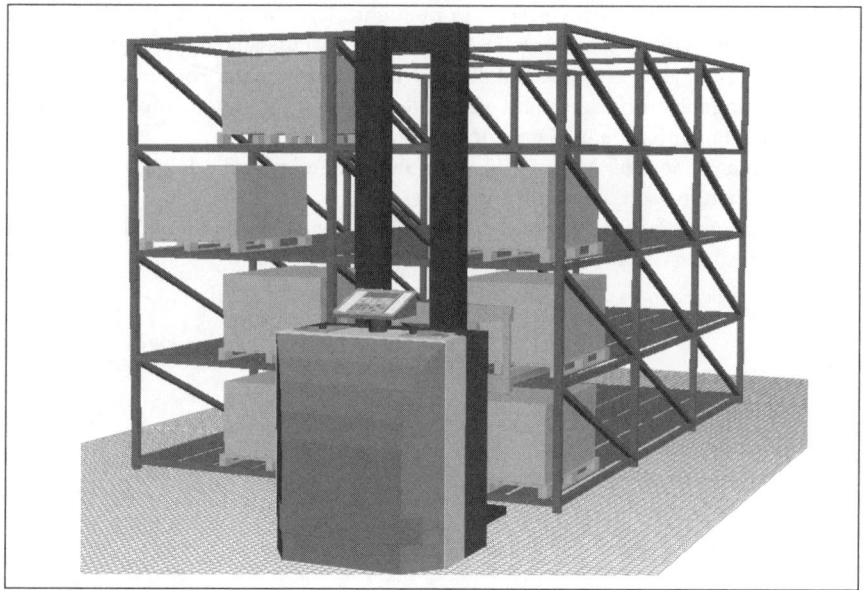

Abbildung II-49

Schema eines teil-automatisierten Regallagers

---

84 Kühn, F. M.; Littmann, R.; Preuß, W.; Steinert, W.: Neue Technologien im innerbetrieblichen Materialfluss, a. a. O., S. 61.

Insbesondere dann, wenn eine große Vielfalt von Kleinteilen im Hochregalager gelagert werden, spielt die Kommissionierung nach der Teileentnahme eine große Rolle. Üblicherweise ist dann der Entnahme-Arbeitsplatz zugleich Kommissionierplatz. Der Einsatz einer leistungsfähigen Software zur Zusammenstellung der Kommissionierungsaufträge ist zwingend.

Insbesondere vollautomatisierte Hochregallager sind für komplexe Kommissionierungs- und Warenverteilungsaufgaben von großer Bedeutung. Aufgaben des Qualitätsmanagements können ebenfalls mit den Einlagerungsvorgängen im Hochregallager verbunden werden.

Bei der Auswahl der »richtigen« Systemsteuerung spricht vieles für eine dezentralisierte Lösung (»verteilte Intelligenz«). Hohe Störanfälligkeit und lange Reaktionszeiten stellen zentral gesteuerte Systeme infrage. Dies bedeutet, dass in den fahrerlosen Transportsystemen und den Lagersystemen eigene Intelligenz vorhanden sein muss, die in ein Gesamtkonzept eingebunden wird. Häufige Fehler beim Transportieren, Handhaben und Lagern können sein:

- fehlerhafte Ladehilfsmittel (z. B. Paletten),
- mangelhafte Ladungssicherung,
- ungenaues Positionieren,
- zu häufige Leerfahrten,
- Fehleinlagerungen,
- Personenunfälle verschiedenster Art.

Für den Sonderfall eines *Fertigungsinselkonzeptes* in der Betriebsstätte ist zu beachten[85]:

- Das Bestellwesen selbst verbleibt in der zentralen Materialbewirtschaftung. Es wird nicht an die Fertigungszelle delegiert, da dort die Spezialkenntnisse fehlen.
- Der Wareneingang erfolgt ebenfalls zentral und nicht in der Fertigungszelle. Die Wareneingangsprüfungen und das Belegwesen im Zusammenhang mit dem Wareneingang würde die Fertigungszelle überfordern.
- Die Organisation der Materialflüsse in die Fertigungsinsel erfolgt zweckmäßigerweise nach dem Pull-Prinzip.
- Ein Fertigungsinsel-Lager kann für die Zwischenlagerung sinnvoll sein, allerdings resultiert daraus eine entsprechende Kapitalbindung.

---

85 Ruffing, T.: Fertigungssteuerung bei Fertigungsinseln. Köln: TÜV Rheinland, 1991.

4.6 Intrasystemische Prozessgestaltung

4.6.1 Mensch-Maschine-Relationen

Intrasystemische Prozessgestaltung umfasst die Zuordnungen zwischen den einzelnen Arbeitspersonen sowie zwischen Arbeitspersonen und Arbeitsmitteln (Abbildung II-50). Bei den *Mensch-Maschine-Relationen* wird zwischen Einzelarbeit, Gruppenarbeit und Job Rotation unterschieden.

Bei der Einzelarbeit erfüllt eine einzige Arbeitsperson die Arbeitsaufgabe eines *Arbeitssystems*.

Die *Gruppenarbeit* steht für Arbeitsprozesse, in denen kleine, eng zusammenarbeitende Teams von etwa 6 bis 12 Mitgliedern weitgehend selbstständig die Arbeitsprozesse organisieren, durchführen und kontrollieren. Zielsetzungen sind hier eine möglichst menschengerechte Arbeitsgestaltung bei hoher Wirksamkeit und Wirtschaftlichkeit.

Bei *Mehrstellenarbeit* wird dementsprechend die Arbeitsaufgabe eines Arbeitssystems mit Hilfe mehrerer gleichzeitig eingesetzter Betriebsmittel oder mehrerer Stellen eines Betriebsmittels erfüllt, wobei dieses durch eine Arbeitsperson oder bei mehrstelliger Gruppenarbeit durch mehrere Arbeitspersonen geschieht.[86] Handelt es sich bei den einzelnen Arbeitsstellen um voneinander unabhängige Maschinen, wird auch häufig der Begriff »Mehrmaschinenbedienung« benutzt.

Bei *Job Rotation* kommt es zu einem regelmäßigen Wechsel der Arbeitspersonen zwischen mehreren Arbeitssystemen in einer Abteilung oder einem Werk.

Ein Springer ist eine Arbeitsperson, die für die Ablösung und/oder zur Unterstützung von Mitarbeitern an einem oder mehreren Arbeitsplätzen eingesetzt wird.[87]

Die Einflussgrößen bei der Optimierung der organisatorischen Arbeitsgestaltung (z. B. bei der Gruppenarbeit) werden im Einzelnen diskutiert in Abschnitt 8.3 und Teil III, Abschnitt 2.4.2.

Abbildung II-50 weist auf die unterschiedlich großen Arbeitsinhalte der verschiedenen Mensch-Maschine-Relationen hin.

---

86   REFA (Hrsg.): Grundlagen der Arbeitsgestaltung. München: Hanser, 1993.
87   Vgl. z. B. DIN 33415, Fließarbeit, 1984.

Abbildung II-50

Mensch-Maschine-Relationen mit unterschiedlich großen Arbeitsinhalten (Schemabeispiel)

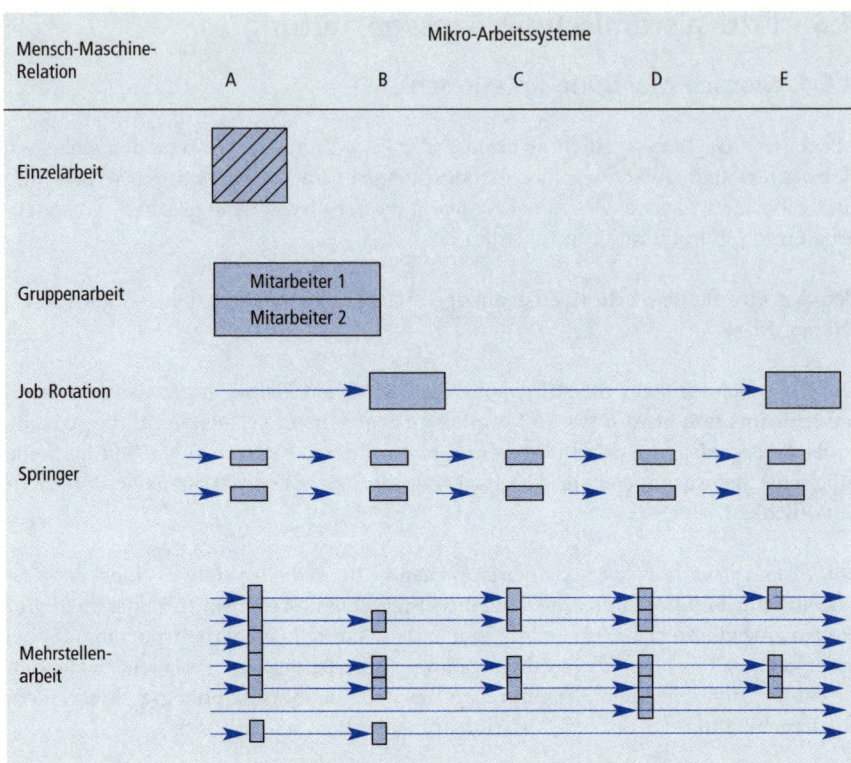

Bei der Einzelarbeit ist der Werker allein am Arbeitssystem A über die gesamte Schichtzeit tätig.[88] Die sozialen Beziehungen am Einzelarbeitsplatz können (müssen aber nicht) eingeschränkt sein. Bei der Gruppenarbeit teilen sich die beiden Mitarbeiter 1 und 2 die Arbeit an den Mikroarbeitssystemen A und B. Es kann sich hierbei um eine Gruppenarbeit mit gemeinsamem Ablauf handeln (z. B. die Endmontage eines schweren Maschinenteils, die nur zu zweit durchzuführen ist), es können jedoch auch nur einzelne Ablaufabschnitte für die beiden Gruppenmitglieder am gleichen Arbeitsobjekt zu leisten sein (z. B. wird ein Vorratsbehälter gemeinsam aufgefüllt, anschließende Arbeitsgänge geschehen getrennt).

Bei der Gruppenarbeit können sehr umfangreiche *Arbeitsinhalte* entstehen, die Möglichkeit zum gegenseitigen Lernen und zur Weiterqualifikation ist in vielen Fällen gegeben.

Im Falle von Job Rotation wechselt der Mitarbeiter planmäßig zwischen den beiden Arbeitssystemen B und E. Die Verweildauer in einem Arbeitssystem beträgt im Regelfall mehrere Stunden oder Tage. Dabei kommt es häufig auch zu einem Belastungsartenwechsel (s. Abschnitt 6.4 sowie Abschnitt 8.3).

Der Springer vertritt beispielsweise die planmäßigen Mitarbeiter an den Arbeitssystemen A bis E während kurzer Abwesenheit. Die Verweildauer in einem Arbeits-

---

88 Die schraffierte Fläche stellt das Arbeitsvolumen eines 8-Stunden-Tages dar.

system bewegt sich dann in der Größenordnung von 15 oder 30 Minuten. Dabei kann es zu einem Belastungsartenwechsel kommen. Das muss jedoch nicht der Fall sein.

Bei der Mehrstellenarbeit bedient und überwacht der Mitarbeiter gleichzeitig die Arbeitssysteme A bis E. Die Arbeit an einem einzigen Arbeitssystem würde ihn nicht ausfüllen. Oft kommt es dabei aber nicht zu einem Belastungsartenwechsel. Der Mitarbeiter verbleibt einige Minuten in jedem Arbeitssystem.

Typisch für Mehrstellenarbeit sind beispielsweise Webereien oder Spinnereien: Der Mitarbeiter knüpft an der gerade stillstehenden Maschine den gerissenen Faden an, setzt die Maschine wieder in Betrieb und geht zur nächsten still stehenden Maschine.

Bei der Mehrstellenarbeit kann man folgende zwei Fälle unterscheiden:

Bei der rhythmischen Mehrstellenarbeit wird die Bedienungsfolge der Arbeitsperson periodisch wiederholt, bei der unrhythmischen Mehrstellenarbeit hängt die Bedienungsfolge des Menschen von stochastisch verteilten Ereignissen (z. B. Unterbrechung des Maschinenlaufs infolge einer Störung) ab.

Bei der Mehrstellenarbeit ist die Auslegung des Arbeitssystems eine zentrale Herausforderung. Dabei bieten sich zwei alternative Sichtweisen an[89]:

1. Für eine gegebene Anzahl von Arbeitsstellen ist die optimale Zahl der Arbeitspersonen zu ermitteln.
2. Für eine Arbeitsperson oder eine Arbeitsgruppe ist die Anzahl der zu bedienenden Maschinen zu optimieren.

Abhängig von der jeweiligen Sichtweise ergeben sich unterschiedliche Zielsetzungen. Bei der Bestimmung der Anzahl der Arbeitspersonen für eine vorgegebene Maschinenkonfiguration können hierbei im Vordergrund stehen[90]:

- Minimierung der Wartezeiten der Arbeitsperson,
- Minimierung der Unterbrechungszeiten,
- Minimierung der Fertigungskosten,
- Maximierung des Fertigungsgewinns.

Mehrstellenarbeit kann dazu dienen, einen Bediener an Maschinen mit hohen Prozesszeiten (und damit einem hohen Anteil an ablaufbedingten Wartezeiten) besser auszulasten. Abbildung II-51 zeigt als Beispiel die Interaktion zwischen Haupt- und Nebentätigkeit an einer CNC-Fräse und einer Ständerbohrmaschine. Während der Hauptnutzungszeit der CNC-Fräse entgratet der Mitarbeiter Messfedern an der unmittelbar neben der Fräse stehenden Ständerbohrmaschine. Dabei gilt es jedoch, sorgfältig abzuwägen zwischen zusätzlicher wertschöpfender Arbeit an der Ständerbohrmaschine und der damit verbundenen Aufmerksamkeitsablenkung und den eventuell zusätzlichen Wegezeiten.

---

89 Weinrich, H.-W.: Untersuchung der Mehrmaschinenbedienung von Einspindel-Drehautomaten mit Hilfe der Simulationstechnik. Diss., TU Braunschweig, 1978.
90 Fuchs, W.: Methodik zur Erstellung von Zeitmodellen zur Ablaufplanung in Arbeitssystemen. Berlin: Beuth, 1972.

Abbildung II-51

Interaktion zwischen Haupt- und Nebentätigkeit an einer CNC-Fräse und einer Ständerbohrmaschine

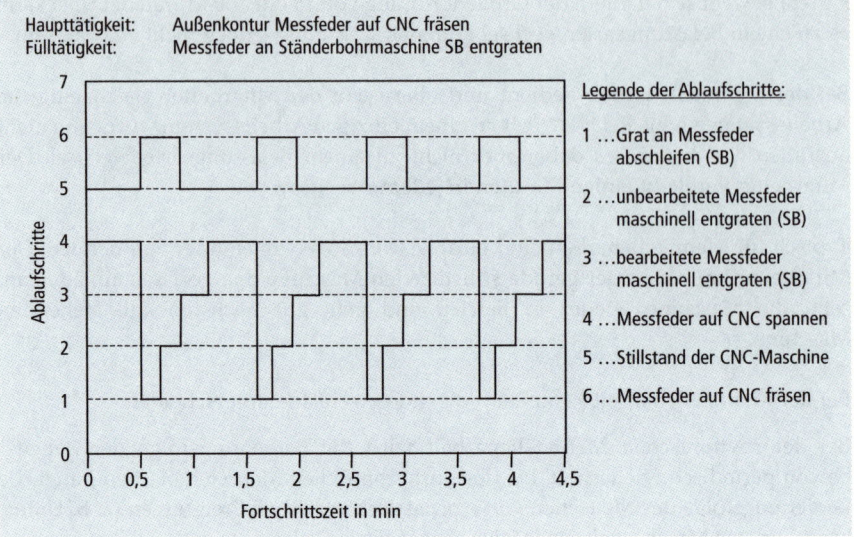

Haupttätigkeit: Außenkontur Messfeder auf CNC fräsen
Fülltätigkeit: Messfeder an Ständerbohrmaschine SB entgraten

Legende der Ablaufschritte:

1 …Grat an Messfeder abschleifen (SB)

2 …unbearbeitete Messfeder maschinell entgraten (SB)

3 …bearbeitete Messfeder maschinell entgraten (SB)

4 …Messfeder auf CNC spannen

5 …Stillstand der CNC-Maschine

6 …Messfeder auf CNC fräsen

Ablaufschritte (y-Achse) / *Fortschrittszeit in min* (x-Achse)

Abbildung II-52

Optimierung der Arbeitswege bei Mehrstellenarbeit

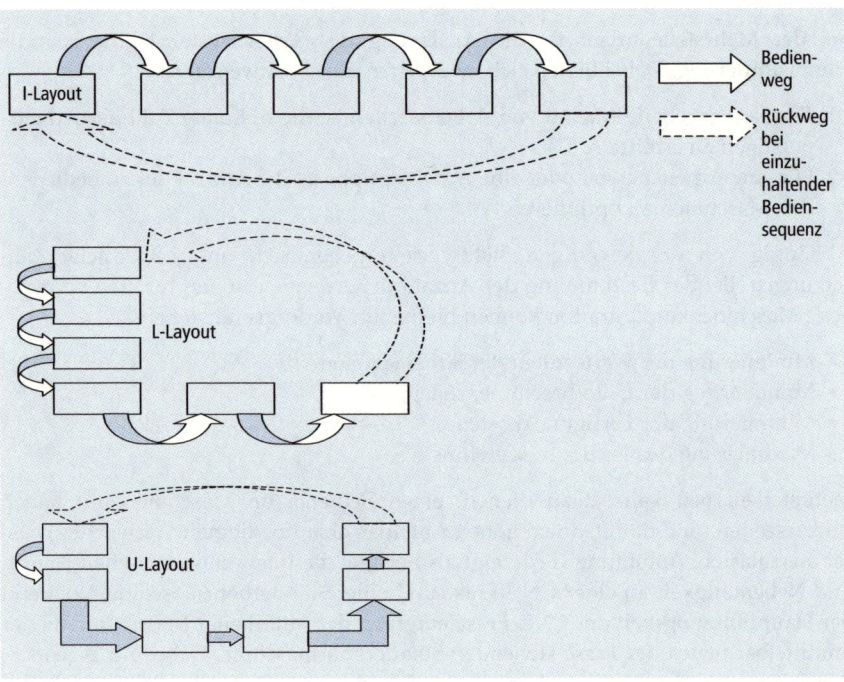

I-Layout

L-Layout

U-Layout

Bedienweg

Rückweg bei einzuhaltender Bediensequenz

Bei der Mehrstellenarbeit ist besonders auf die zurückgelegten Wegstrecken des Mitarbeiters zu achten. Abbildung II-52 macht den Zusammenhang zwischen Mehrstellen-Layout und den zurückgelegten Wegstrecken des Mitarbeiters deutlich.

Die lineare Ausrichtung bei der Mehrstellenarbeit führt im Regelfall zu beträchtlichen Wegstrecken bzw. Wegzeiten. Insbesondere, wenn die Bedienungssequenz vorgegeben bzw. einzuhalten ist, kann es zu langen, unproduktiven Rückwegen kommen.

Bereits eine L-Anordnung der Arbeitssysteme vermindert die unproduktiven Wege, oft ist jedoch ein U-förmiges Layout das Optimum.

Abbildung II-53 zeigt für das Beispiel einer Bedientätigkeit an Kunststoffgießspritzmaschinen die Profile der Arbeitsaufgaben im Vergleich. Dabei wurde die Einstufung für die Varianten Einzelarbeit, Gruppenarbeit, Job rotation, Springer und Mehrstellenarbeit anhand des Arbeitswissenschaftlichen Erhebungsverfahrens zur Tätigkeitsanalyse (AET) vorgenommen[91]. Einzelarbeit zeichnet sich dadurch aus, dass für alle hier analysierten Arbeitsaufgaben vom Einrichten/Vorbereiten bis hin zum Analysieren möglicher Fehler eine mittlere bis hohe Einstufung zustande kommt. Die Ordinate kennzeichnet die Wichtigkeit und die Bedeutung der einzelnen Arbeitsaufgaben (sind auf der Abszisse aufgeführt) für die jeweilige Tätigkeit.[92]

Charakteristisch für die *Einzelarbeit* ist demnach ein sehr breiter Arbeitsinhalt über ganz verschiedene Arbeitsaufgaben. Für die Gruppenarbeit ist es ähnlich, allerdings können einzelne Aufgaben vom jeweils anderen Gruppenmitglied übernommen werden. Es können sich also durch Absprache zwischen den Gruppenmitgliedern »Spezialisten« herausbilden, die immer wieder die gleiche Arbeitsaufgabe erledigen. Im Falle der Job Rotation geht man davon aus, dass der Mitarbeiter nur einen Teil seiner Tätigkeit in diesem Arbeitssystem abwickelt, deshalb überwiegen hier mittlere Einstufungen. Der Springer kann jeweils nur kurze Zeitintervalle an diesem Gießaggregat verbringen, sein Aufgabenrepertoire ist deshalb sehr beschränkt. Anspruchsvolle Arbeitsaufgaben, die vielleicht auch eine Spezialisierung erfordern würden, kann er nicht erbringen. Im Falle der Mehrstellenarbeit beschränken sich die Aktivitäten des Werkers im Wesentlichen auf Bedien- und Eingabefunktionen. Einrichtungs-, Justier- und Messaufgaben müssen von speziell geschulten Einrichtern übernommen werden. Die Optimierungsfragen zur Mehrstellenarbeit werden z. B. in Teil III, Abschnitt 2.4.3 angesprochen.

---

91 Landau, K.: Das Arbeitswissenschaftliche Erhebungsverfahren zur Tätigkeitsanalyse (AET). Darmstadt, 1978.
92 Bei der Ordinate handelt es sich um eine Ordinalskala. Es kann nicht von gleichmäßigen Stufenabständen (Äquidistanz) ausgegangen werden. In Abbildung II-53 wurde jedoch Äquidistanz unterstellt. Deshalb sind solche Profildarstellungen mit der gebotenen Vorsicht zu interpretieren.

Abbildung II-53

Aufgabenprofil für
Bedientätigkeiten an
Kunststoffspritz-
maschine

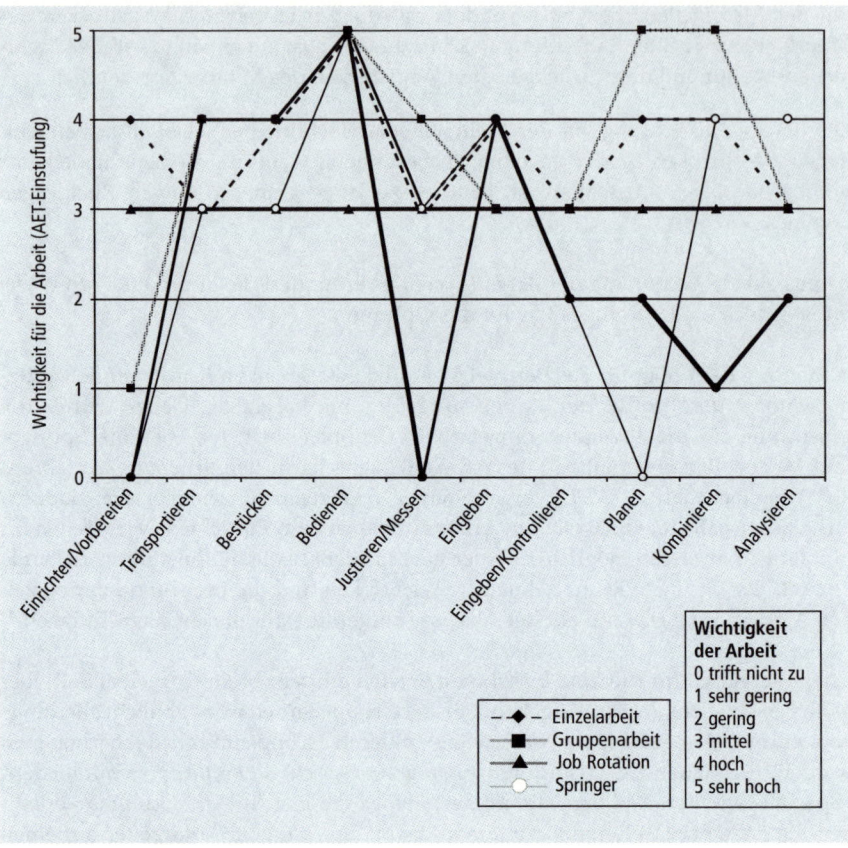

4.6.2 Sicherungskonzepte

Auch die Optimierung der Rüst- und Ausführungsvorgänge ist eine Frage der intra-systemischen Prozessgestaltung.

Rüsten ist das Vorbereiten des Arbeitssystems für die Erfüllung der Arbeitsaufgabe sowie (soweit erforderlich) das Rückversetzen des Arbeitssystems in den ursprünglichen Zustand.[93]

Beim *Ausführen* wird die Eingabe in das Arbeitssystem im Sinne der Arbeitsaufgabe verändert. Hier findet demnach die Wertschöpfung (im engeren Sinne) statt.

---

93 Vgl. zu diesen Definitionen REFA (Hrsg.): Methodenlehre des Arbeitsstudiums, Teil II. München: Hanser, 1985.

Arbeitsprozesse sind weiterhin im Sinne der Störungs- und Instandhaltungszeiten zu optimieren. Man unterscheidet dabei:

- Das ablaufbedingte *Unterbrechen* ist ein planmäßiges Warten des Menschen auf das Ende von Ablaufabschnitten, die beim Betriebsmittel oder Arbeitsgegenstand selbstständig ablaufen.
- Das störungsbedingte Unterbrechen der Tätigkeit ist ein zusätzliches Warten des Menschen infolge von technischen und organisatorischen Störungen sowie Mangel an Informationen.
- Erholen im Sinne des Arbeitsstudiums ist ein Unterbrechen der Tätigkeit, um damit die infolge der Tätigkeit aufgetretene Arbeitsermüdung abzubauen.
- Ein persönlich bedingtes Unterbrechen der Tätigkeit liegt vor, wenn der Mensch seine Tätigkeit unterbricht und die Ursache persönliche Gründe hat.

Auf diese Zeitarten wird im Detail in Teil III, Abschnitt 2.2 und 2.3 eingegangen. Im Folgenden wird das Thema Rüstarbeit behandelt.

Ein stark diversifiziertes Angebot gegenüber dem Kunden hat nicht nur dazu geführt, dass zu fertigende Losgrößen immer kleiner werden, sondern dass damit auch die Rüstvorgänge in ihrer Zahl und in ihrem Zeitbedarf zunehmen. Da Rüstzeiten nicht direkt wertschöpfend sind, sind sie nach Möglichkeit zu minimieren. Verkürzte Rüstzeiten machen sich in verringerter Kapitalbindung und einer geringeren Durchlaufzeit positiv für das Betriebsergebnis bemerkbar.

Der Verkürzung der *Rüstzeit* dienen folgende Maßnahmen[94]:

- Arbeiten, die unbedingt bei stillstehender Maschine zu erledigen sind, sind von denjenigen Arbeiten zu trennen, die auch während des Maschinenbetriebs durchgeführt werden können.
- Rüstarbeiten bei stillstehender Maschine sind durch bessere Arbeitsvorbereitung zu reduzieren.
- Justiervorgänge sind überflüssig zu machen, Befestigungen und Lösevorrichtungen sind zu vereinfachen.
- Auch die Rüstarbeiten während laufender Maschine sind zu reduzieren, da hier ebenfalls zusätzliches Maschinenpersonal gebunden wird. Da Stillstandszeiten von sehr kapitalintensiven Fertigungsanlagen im Regelfall teurer zu Buche schlagen als eine für die Rüstarbeiten zusätzlich bereitgestellte Arbeitskraft, macht es oft Sinn, die Rüstarbeit bei stillstehendem Aggregat durch Einsatz eines zweiten Mitarbeiters zu verkürzen (Abbildung II-54).

---

94 Suzaki, K.: Modernes Management im Produktionsbetrieb. München: Hanser, 1989.

Abbildung II-54

Beispiele für die Verkürzung der Rüstarbeit an einer Presse durch Einsatz eines zweiten Mitarbeiters[95]

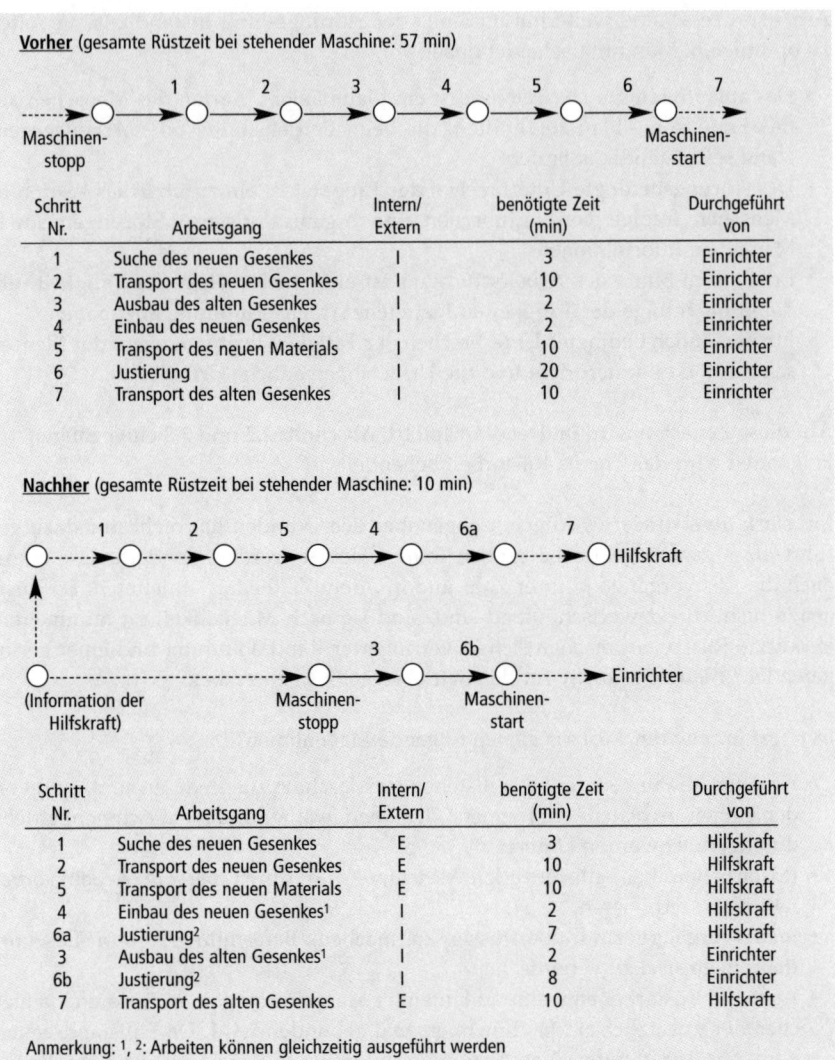

Vorher (gesamte Rüstzeit bei stehender Maschine: 57 min)

Schritt Nr.	Arbeitsgang	Intern/ Extern	benötigte Zeit (min)	Durchgeführt von
1	Suche des neuen Gesenkes	I	3	Einrichter
2	Transport des neuen Gesenkes	I	10	Einrichter
3	Ausbau des alten Gesenkes	I	2	Einrichter
4	Einbau des neuen Gesenkes	I	2	Einrichter
5	Transport des neuen Materials	I	10	Einrichter
6	Justierung	I	20	Einrichter
7	Transport des alten Gesenkes	I	10	Einrichter

Nachher (gesamte Rüstzeit bei stehender Maschine: 10 min)

Schritt Nr.	Arbeitsgang	Intern/ Extern	benötigte Zeit (min)	Durchgeführt von
1	Suche des neuen Gesenkes	E	3	Hilfskraft
2	Transport des neuen Gesenkes	E	10	Hilfskraft
5	Transport des neuen Materials	E	10	Hilfskraft
4	Einbau des neuen Gesenkes[1]	I	2	Hilfskraft
6a	Justierung[2]	I	7	Hilfskraft
3	Ausbau des alten Gesenkes[1]	I	2	Einrichter
6b	Justierung[2]	I	8	Einrichter
7	Transport des alten Gesenkes	E	10	Hilfskraft

Anmerkung: [1], [2]: Arbeiten können gleichzeitig ausgeführt werden

Mit dem Einsatz einer zusätzlichen Arbeitskraft wurde eine Umgestaltung verbunden; die Wege des Personals wurden durch eine zweite Werkzeugvorrichtung deutlich verkürzt. Rüstarbeiten haben also oft ein beträchtliches Rationalisierungspotenzial.

Es handelt sich bei Rüstarbeiten häufig um abwechslungsreiche Tätigkeiten ganz unterschiedlicher Arbeitsformen. Handwerklich hoch qualifizierte Mitarbeiter (Elektriker, Mechaniker) strukturieren den Rüstablauf allerdings oft nach althergebrachten Mustern, ohne die Sinnhaftigkeit der einzelnen Arbeitsabläufe zu hinterfragen. Abbildung II-55 entstammt einer Multimomentstudie (s. Teil III, Abschnitt 6.5) in einem Unternehmen, das Nahrungsmittelverpackungen durch Tiefziehen

---

95 Suzaki, K.: a. a. O, S. 35.

und Spritzgießen herstellt und bedruckt. Knapp 15 % der Tätigkeiten der Rüst-
mitarbeiter entfallen auf Wegezeiten (das entspricht 1 Stunde, 12 Minuten pro
Person und Arbeitstag), etwa 14 % für Dienstgespräche mit Vorgesetzten oder
Mitarbeitern. Es ist zu erwarten, dass durch eine bessere Einsatzplanung und eine
optimierte Arbeitsplatzorganisation diese nur bedingt wertschöpfenden Tätigkeiten
vermindert werden können.

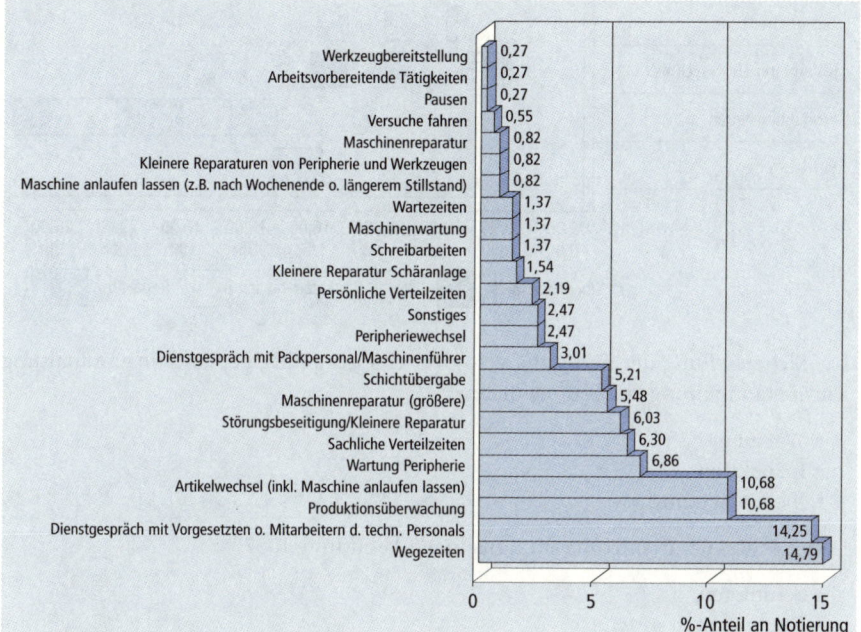

Abbildung II-55

Tätigkeitsprofil von
14 Einrichtern im
Bereich Tiefziehen/
Druck von
Nahrungsmittel-
verpackungen,
erhoben über zwei
Wochen im Rahmen
einer Multimoment-
studie (1.188
Beobachtungen)

Videoanalysen zur Dokumentation des gesamten Rüstablaufs eignen sich hervor-
ragend dazu, ablauforganisatorische Schwachstellen aufzudecken. Abbildung II-56
zeigt als Ergebnis einer Videoanalyse den Arbeitseinsatz von insgesamt acht
Mitarbeitern eines Kunststoffherstellers beim Umrüsten, der Störungssuche und
Reparatur eines Tiefzieh- und Druckaggregates. Es kann davon ausgegangen werden, dass ein Zuviel an »Zuständigen« das Umrüsten bzw. die dabei vorzunehmen-
de Reparatur eher behindert hat. Von einem geordnet ablaufenden Umrüstvorgang
kann hier nicht gesprochen werden.

Abbildung II-56

Ratiopotenzial beim
Umrüsten:
Auswertung einer
Videoanalyse über
16 Stunden bei der
Umrüstung und
Reparatur eines
Tiefzieh- und Druck-
aggregates für Kunst-
stoffverpackungen

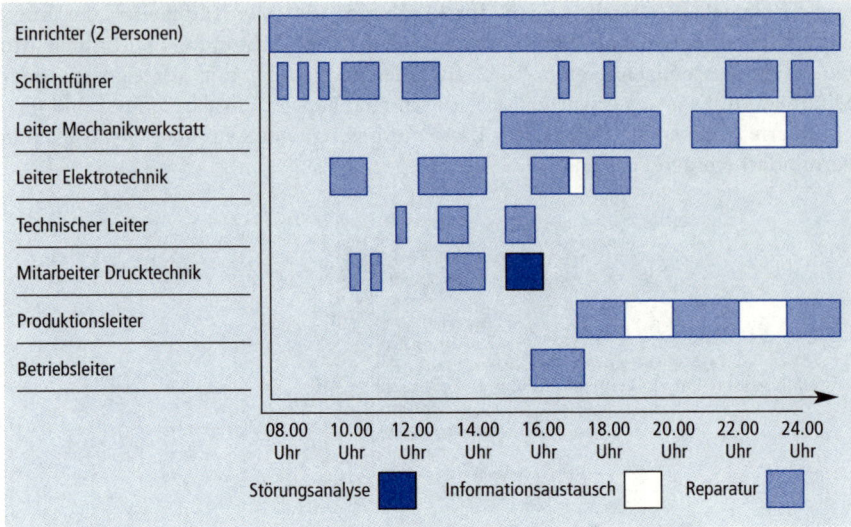

Die Sicherstellung der Fertigung erfordert eine sorgfältig geplante Instandhaltung.
Zur Instandhaltung sind zu rechnen:

- Wartung,
- Inspektion,
- Instandsetzung.

Dabei gehören zur Wartung im Einzelnen (Abbildung II-57)[96]:

- Schmieren,
- Ergänzen,
- Auswechseln,
- Nachstellen,
- Reinigen,
- Konservieren.

96 Jakobi, H. F.: Nutzen-Wirkungen bei der Wartung und Inspektion. In: Biedermann, H.
(Hrsg.): Inspektion und Wartung, Techniken, Organisation und Wirtschaftlichkeit, 5.
Instandhaltungsforum. Köln: TÜV Rheinland, 1989.

Bei der Durchführung der *Wartung* ist festzulegen, ob sie im Betriebszustand oder im Stillstand vorzunehmen ist. Die Wartung kann in regelmäßigen Intervallen vorgenommen werden, sie kann jedoch auch vom augenblicklichen Maschinenzustand abhängig gemacht werden.

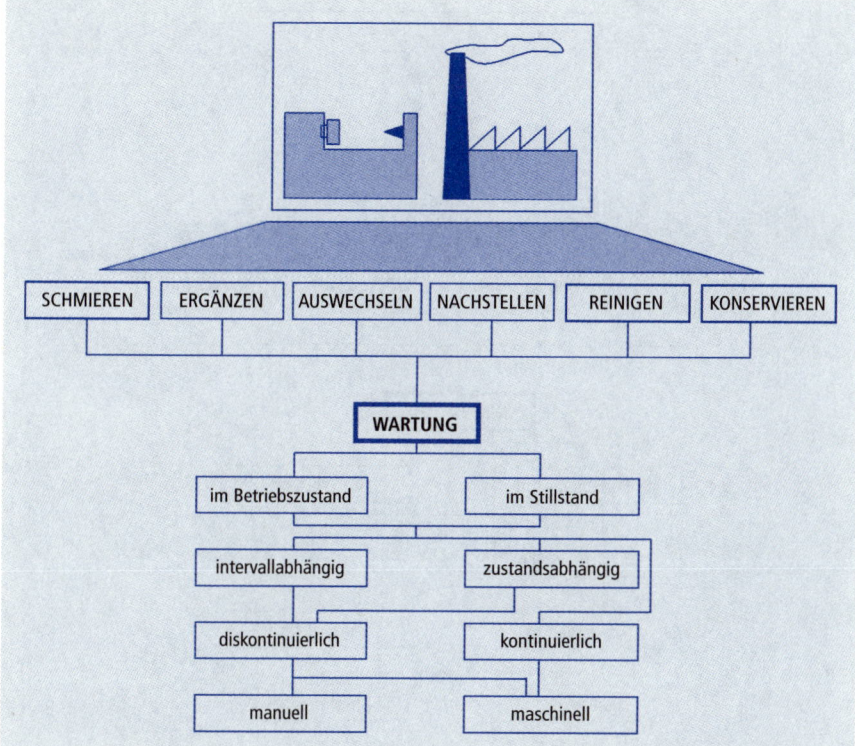

Abbildung II-57
Bestandteile und Merkmale der Wartung[97]

Primärer Nutzen einer regelmäßigen, geplanten Wartung ist[97]:

- die Verringerung der Verschleiß- und Korrosionsgeschwindigkeit und dadurch
- die Sicherstellung der Funktionsfähigkeit,
- die Reduzierung der technischen Störungs- und Ausfallzeit und damit
- nicht nur die Einhaltung der geplanten Fertigungsdurchlaufzeit, sondern auch die Reduzierung dieser Zeit.

Mit ordnungsgemäßer Wartung soll sich also die ausfallbedingte Instandsetzungszeit vermindern.

Während die Wartungsmaßnahmen manuell oder maschinell durchgeführt werden, handelt es sich bei der *Inspektion* um eine Informationsverarbeitungsaufgabe mit Entscheidungsfindung (Abbildung II-58). Die technischen Zustände (Soll und Ist) eines Aggregates oder einer größeren Fertigungseinrichtung sind zu beobachten

97 Jakobi, H. F.: a. a. O., S. 32.

und eventuell erforderliche Maßnahmen sind abzuleiten. Auch dabei muss unterschieden werden, ob die Inspektion im normalen Betriebszustand oder im Stillstand durchzuführen ist. Ebenso unterscheidet man auch hier diskontinuierliche und kontinuierliche Inspektionsmaßnahmen.

Abbildung II-58

Bestandteile und Merkmale der Inspektion[98]

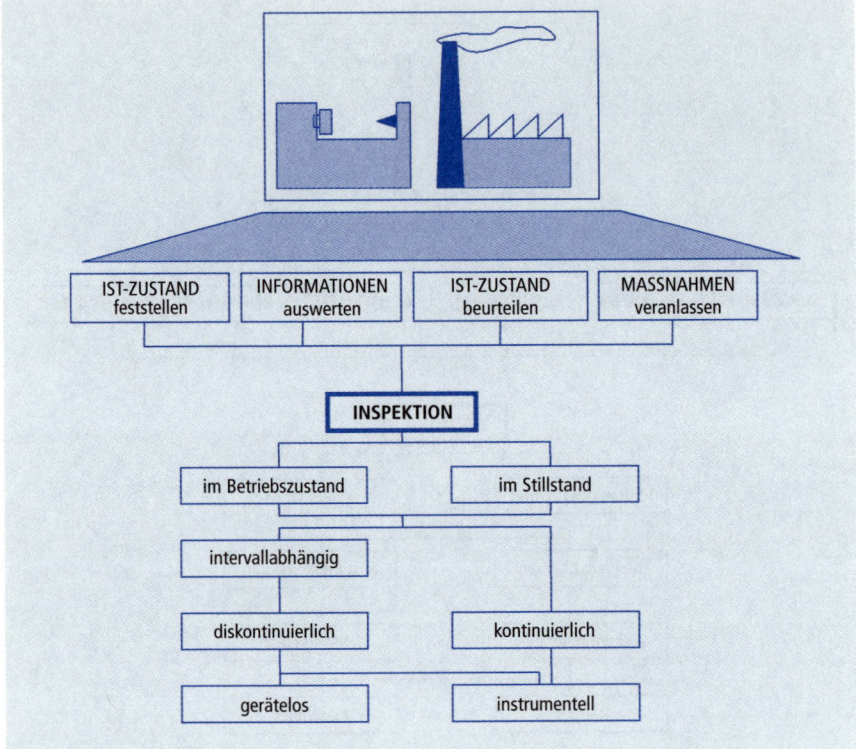

Abbildung II-59

Optimierung von Wartung, Inspektion und Instandsetzung

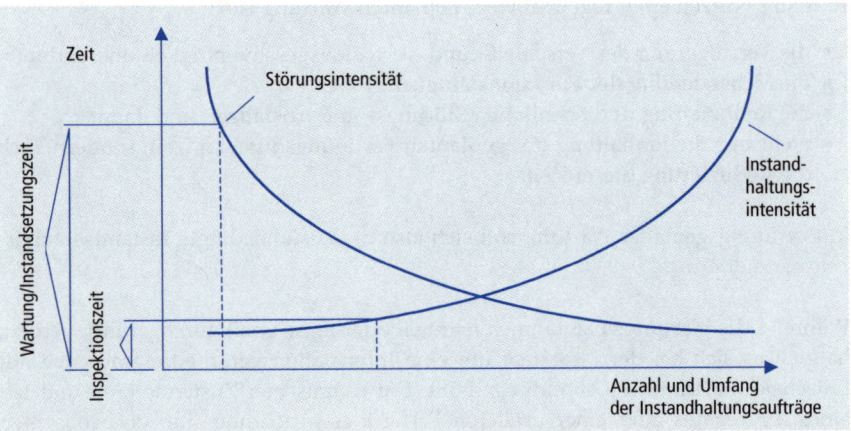

---

98 Jakobi, H. F.: a. a. O., S. 22.

Die Zusammenhänge zwischen Wartung, Inspektion und Instandsetzung werden in Abbildung II-59 und Abbildung II-60 erläutert. Es ist das Optimum zwischen der Instandhaltungsintensität und der Störungsintensität zu finden: Regelmäßige und geplante Instandhaltung vermindert Anzahl und Umfang der Maschinenstörungen.

Mit der Inspektion sollen frühzeitig Abweichungen vom Soll-Zustand erkannt werden. Der Störungs- bzw. Ausfalleintritt soll in der Betriebsarbeitszeit verhindert werden. Die geplante Verfügbarkeit, die Fertigungsdurchlaufzeit sowie die Produktivität sollen beibehalten werden können. Der Übergang vom betriebsfähigen in den betriebsunfähigen Zustand eines Aggregates oder einer Fertigungsanlage wird in Abbildung II-61 verdeutlicht.

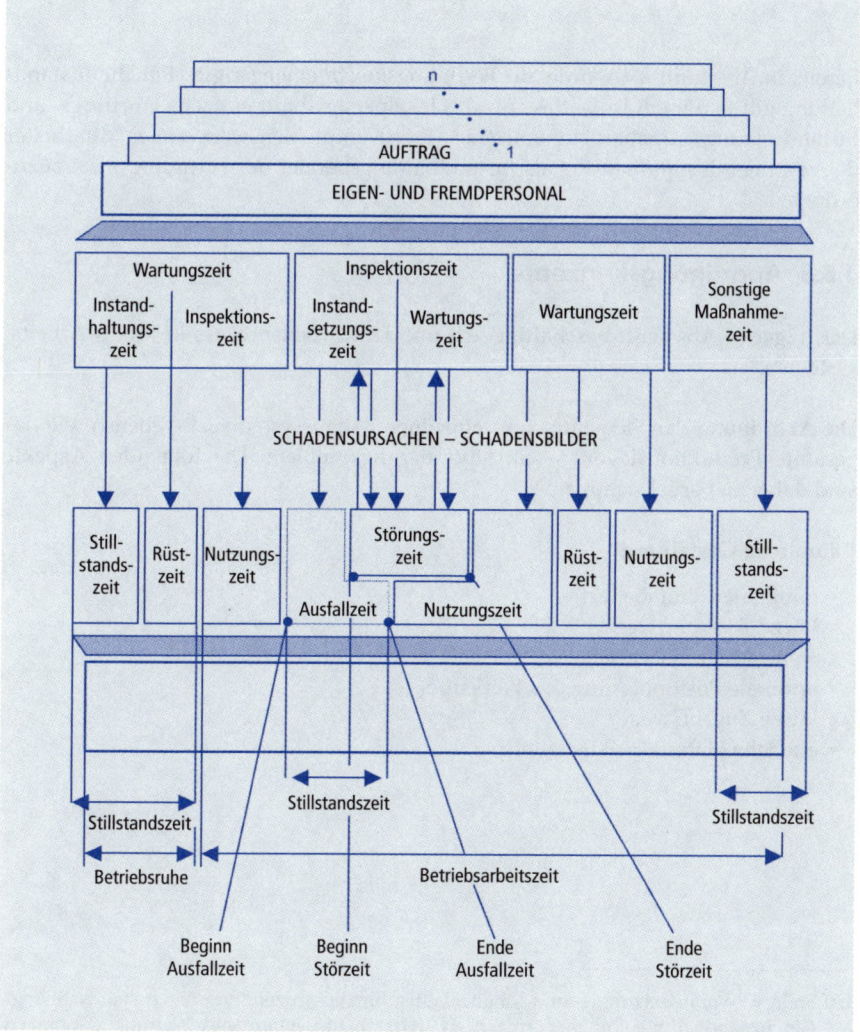

Abbildung II-60
Zeitanteile für Wartung und Inspektion[99]

---

99   Jacobi, H.F.: a. a. O., S. 30.

Abbildung II-61

Definition des
Störungsbegriffes[100]

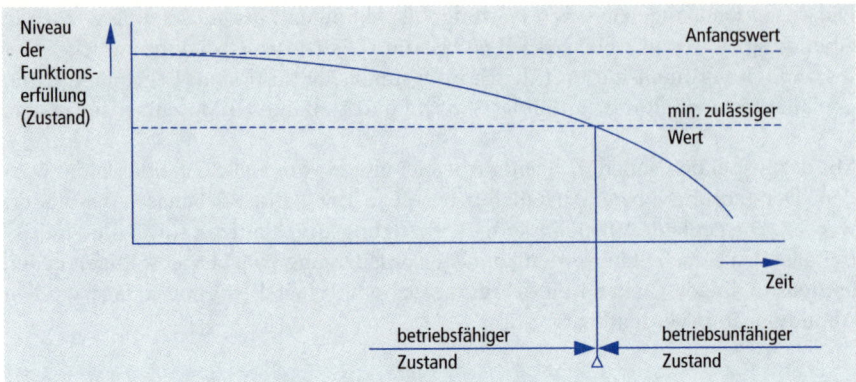

Bereits in Abschnitt 4.4 wurde auf Fertigungsinseln eingegangen. Für die Instand-haltung gilt in diesem Falle, dass für das Inselpersonal nur einfache Wartungs- und Instandsetzungsaufgaben sinnvoll sind. Es ist empfehlenswert, einen Mitarbeiter der zentralen Instandhaltung als Instandhaltungsberater der Fertigungsinsel zuzu-ordnen.

4.6.3 Anordnungskonzepte

Der folgende Abschnitt beschäftigt sich mit dem Arbeitsprozess in Mikro-Arbeits-systemen.

Die Anordnung der Elemente eines einzelnen Arbeitssystems ist – ebenso wie das gesamte Produktionslayout – ein Optimierungsproblem. Die folgenden Aspekte sind dabei zu berücksichtigen:[101]

Räumliche Gestaltung

- minimaler Raumbedarf,
- kurze Transportwege,
- wenige Materialpuffer,
- optimale Positionierung des Werkstückes,
- kurze Zugriffswege,
- einfache Materialbereitstellung.

100 Smit, K.: Voraussetzungen und Möglichkeiten für die Anwendung der zustandsabhängi-gen Instandhaltung. In: Biedermann, H. (Hrsg.): Inspektion und Wartung, Techniken, Organisation und Wirtschaftlichkeit, 5. Instandhaltungsforum. Köln: TÜV Rheinland, 1989.
101 Landau, K.; Wimmer, R.; Luczak, H.; Mainzer, J.; Peters, H.; Winter, G.: Die Arbeit im Montagebetrieb. In: Landau, K.; Luczak, H. (Hrsg.): Ergonomie und Organisation in der Montage. München: Hanser 2001, S. 31.

Zeitliche Gestaltung

- unabhängige Teilvorgänge (keine Wartezeit),
- keine gegenseitige Behinderung der Arbeitsvorgänge.

Personelle Gesichtspunkte

- keine physische Überforderung, ausreichende Vielfalt an Bewegungs- und Tätigkeitsabläufen,
- Angebot unterschiedlicher Arbeitsinhalte mit Belastungswechsel,
- Prinzip ganzheitlicher Arbeitsinhalte,
- geringe Zeitzwänge,
- Kommunikation mit Kollegen,
- angemessene Kompetenzverteilung.

Diese Ziele stehen häufig untereinander in Konkurrenz. Bei der Optimierung ist zu berücksichtigen, wie komplex und schwierig die Arbeitsaufgabe ist, wie viele Produktvarianten hergestellt werden sollen, wie hoch der Automatisierungsgrad des Arbeitssystems ist und welche Konsequenzen in Bezug auf Arbeitsinhalt und Zykluszeiten daraus resultieren. Die Gestaltung des Mikro-Arbeitssystems ist durch eine Reihe von Rechtsvorschriften reglementiert[102].

Der Arbeitgeber hat die Arbeitsstätte nach der Arbeitsstättenverordnung, den sonst geltenden Arbeitsschutz- und Unfallverhütungsvorschriften und nach den allgemein anerkannten sicherheitstechnischen, arbeitsmedizinischen und hygienischen Regeln sowie den sonstigen gesicherten arbeitswissenschaftlichen Erkenntnissen einzurichten und zu betreiben und den in der Arbeitsstätte beschäftigten Arbeitnehmern die Räume und Einrichtungen zur Verfügung zu stellen, die in der Arbeitsstättenverordnung vorgeschrieben sind.

Neben der Arbeitsstättenverordnung sind bei der Planung von Arbeitssystemen besonders das Betriebsverfassungsgesetz und das Arbeitsschutzgesetz zu berücksichtigen.[103] Darauf wird in den folgenden Teilen bzw. Kapiteln dieses Buches im Einzelnen eingegangen.

Die Arbeitsstättenverordnung regelt die in Abbildung II-62 aufgeführten Punkte.

---

102 Dazu gehören z. B. das Arbeitsschutzgesetz, die Arbeitsstättenverordnung sowie eine Reihe nationaler und europäischer Normen und Regelwerke.
103 Betriebsverfassungsgesetz (BetrVG): Neugefasst durch Bek. V. 25.9.2001.12518. Arbeitsschutzgesetz (ArbSchG): Gesetz über die Durchführung von Maßnahmen des Arbeitsschutzes zur Verbesserung der Sicherheit und des Gesundheitsschutzes der Beschäftigten bei der Arbeit. BGB11 1996.1246.

Abbildung II-62
Anforderungen an
Arbeitsstätten nach
§ 3, Abs. 1,
Arbeitsstätten-
verordnung

1	**Allgemeine Anforderungen**		**3**	**Arbeitsbedingungen**
1.1	Konstruktion und Festigkeit von Gebäuden		3.1	Bewegungsfläche
1.2	Abmessungen von Räumen, Luftraum		3.2	Anordnung der Arbeitsplätze
1.3	Sicherheits- und Gesundheitsschutzkennzeichnung		3.3	Ausstattung
1.4	Energieverteilungsanlagen		3.4	Beleuchtung und Sichtverbindung
1.5	Fußböden, Wände, Decken, Dächer		3.5	Raumtemperatur
1.6	Fenster, Oberlichter		3.6	Lüftung
1.7	Türen, Tore		3.7	Lärm
1.8.	Verkehrswege			
1.9	Fahrtreppen, Fahrsteige		**4**	**Sanitärräume, Pausen- und Bereitschaftsräume, Erste Hilfe-Räume, Unterkünfte**
1.10	Laderampen			
1.11	Steigleitern, Steigeisengänge		4.1	Sanitärräume
			4.2	Pausen- und Bereitschaftsräume
			4.3	Erste Hilfe-Räume
			4.4	Unterkünfte
2	**Maßnahmen zum Schutz von besonderen Gefahren**		**5**	**Ergänzende Anforderungen an besondere Arbeitsstätten**
2.1	Schutz vor Absturz und herabfallenden Gegenständen, Betreten von Gefahrenbereichen		5.1	Nicht allseits umschlossene und im Freien liegende Arbeitsstätten
2.2	Schutz vor Entstehungsbränden		5.2	Zusätzliche Anforderungen an Baustellen
2.3	Fluchtwege und Notausgänge			

Zu den Anordnungskonzepten innerhalb eines Arbeitssystems führt die Arbeitsstättenverordnung aus:[104]

- Arbeitsplätze sind in der *Arbeitsstätte* so anzuordnen, dass Beschäftigte
  – sie sicher erreichen und verlassen können,
  – sich bei Gefahr schnell in Sicherheit bringen können,
  – durch benachbarte Arbeitsplätze, Transporte oder Einwirkungen von außerhalb nicht gefährdet werden.

- Für die Bewegungsfläche gilt:
  – Die freie unverstellte Fläche am Arbeitsplatz muss so bemessen sein, dass sich die Beschäftigten bei ihrer Tätigkeit ungehindert bewegen können.
  – Ist dies nicht möglich, muss den Beschäftigten in der Nähe des Arbeitsplatzes eine andere ausreichend große Bewegungsfläche zur Verfügung stehen.

Die Grundfläche eines Arbeitsraums sollte mindestens 8 m² betragen. Für Instandhaltungsarbeiten und Störfälle ist ein einfacher und sicherheitsgerechter Zugang

---

104 Seit Inkrafttreten der neuen Arbeitsstättenverordnung vom 25.8.2004 sind die bisherigen Arbeitsstättenrichtlinien längstens bis zum 25.8.2010 gültig, sofern sie nicht vorzeitig überarbeitet und bekannt gegeben werden.

zum Arbeitsplatz und zu den Betriebsmitteln zu ermöglichen. Für jeden Beschäftigten sind mindestens 1,5 m² freie Bewegungsfläche vorzusehen. Diese Fläche darf an keiner Stelle weniger als 1 m breit sein. Genügend Ablageplatz für Rohmaterial, Halbzeug und Fertigteile ist vorzusehen.

Arbeitsplätze sind von den Verkehrswegen durch Markierung oder Geländer abzugrenzen. Insbesondere für die Transportvorgänge sind Sicherheitszuschläge bei der Begegnung zwischen Arbeitsperson und Transportmittel bzw. von mehreren Arbeitspersonen zu berücksichtigen.

Bei der Layoutplanung des Arbeitssystems sind zunächst die Flächenbedarfe der einzelnen Ressourcen zu berücksichtigen. Dazu gehören die Grundflächen für Maschinen und Anlagen, für die Lagerung von Rohmaterial und Fertigteilen sowie für die Bedienfläche des Werkers. Danach wird die Planung des Materialflusses im Arbeitssystem und um das Arbeitssystem herum (Mikro-Logistik) durchgeführt. Ablaufsimulationen für die routinemäßigen Bearbeitungs-, Montage- und Prüfvorgänge sowie für alle Rüst-, Transport- und Instandhaltungsarbeiten sind durchzuführen. Szenarien für Ressourcenausfälle sind zu überprüfen.

Zu den Systemelementen eines *Mikro-Arbeitssystems* gehören u. a.:

- Arbeitstische (z. B. für Montieren, Prüfen oder Verpacken),
- Regalsysteme für Zubehör, Bauteile und Fertigprodukte sowie für die benötigten Betriebsmittel,
- Trolleys,
- Schubladensysteme,
- Schranksysteme aller Art,
- Arbeitsstühle bzw. Stehsitze,
- Fußstützen,
- Greifschalen,
- Haltevorrichtungen und weiteres Zubehör,
- Balancer,
- Arbeitsplatzbeleuchtungen,
- Armstützen,
- Zubringer-Komponenten (vgl. dazu auch Abbildung II-38),
- Energieversorgung,
- Wandpaneele.

Diese Elemente eines Arbeitssystems stehen in Bezug auf Form, Abmessungen, Energie, Information und natürlich auch bezüglich der Menschen miteinander in Beziehung. Der technische Fortschritt übt ebenso wie geplante und tatsächliche Umsatzentwicklungen einen Einfluss auf die Einplanung der Systemelemente aus. Die Teildisziplin des Industrial Engineering, die sich mit diesen Fragen beschäftigt, nennt man Fabrikplanung oder Layoutplanung[105].

---

105 Gelegentlich wird auch der Begriff Facility Layout verwendet. Über die Layoutplanung hinausgehende Aspekte der Gebäudeerhaltung, der Kostenrechnung usw. sind im Computer Aided Facility Management (CAFM) enthalten. Der gesamte Lebenszyklus der Betriebsmittel wird dabei beachtet. Das Flächenmanagement befasst sich mit der Raumzonenverwaltung, der Abfassung und Abrechnung von Mietverträgen, der Ermittlung von Betriebskosten sowie Planung und Abrechnung von Bau- und Rekonstruktionsarbeiten.

Bei der Layoutplanung geht es um den Entwurf und die Optimierung der räumlichen Anordnung von Arbeitssystemen und weiteren Betriebsmitteln einer Fabrik. Dabei sind zahlreiche technische, ökonomische und ergonomische Ziele (die sich widersprechen können) und Restriktionen zu beachten.

Für die Layoutplanung steht kommerzielle Software zur Verfügung. Die Materialflussdaten werden dabei in Form einer Transportbeziehungsmatrix berücksichtigt. Die dafür notwendigen Daten können über verschiedene Methoden im Ist-Zustand erhoben werden. Die Software muss u. a. den Gesamttransportaufwand und die transportbedingten Durchlaufzeiten minimieren, darüber hinaus aber eine Fülle rechtlicher und technischer Normen sowie ökonomischer und ergonomischer Gestaltungsziele berücksichtigen.

4.6.4 Versorgungskonzepte

Zur Versorgung des einzelnen Arbeitsplatzes gehören die Material-, die Energie- und die Informationsbereitstellung. Die Versorgung des Mikro-Arbeitssystems muss mit den intersystemischen *Versorgungskonzepten* kompatibel sein. Wenn man sich in der gesamten Betriebsstätte für das *KANBAN*-System entschieden hat, dann gilt dies natürlich auch für das Mikro-Arbeitssystem.

Zunächst zur Versorgung des Arbeitssystems mit Material.

Abbildung II-63 gibt einen Überblick zu den Materialbereitstellungsprinzipien, die sich anhand eines Mind Maps ordnen lassen.

Abbildung II-63
Ordnung der Material-
bereitstellungs-
prinzipien im
Arbeitssystem[106]

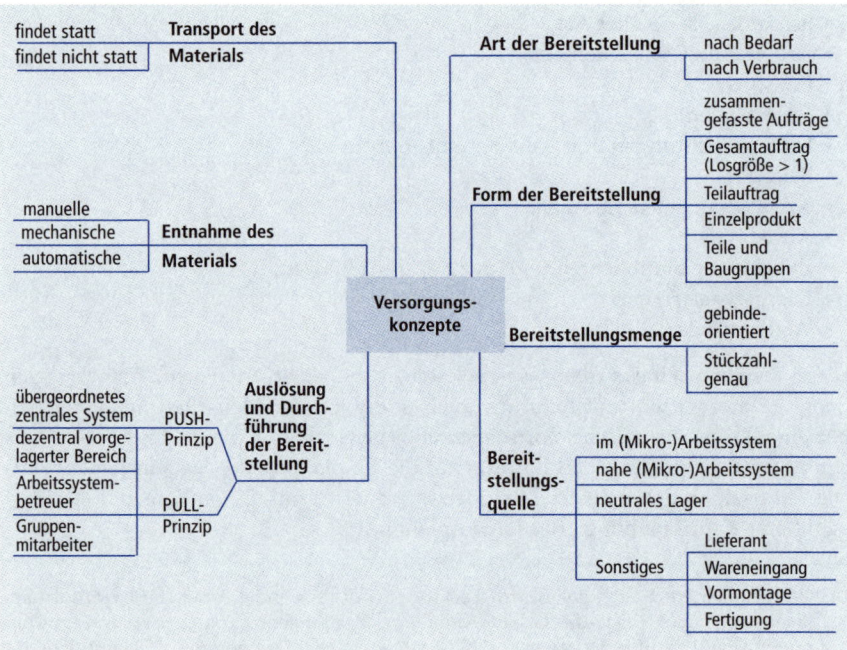

106 Vgl. auch Bullinger, H.-J.; Lung, M.: a. a. O., S. 17.

Die Aufstellung der Betriebsmittel innerhalb eines Mikro-Arbeitssystems ist ebenfalls ein Optimierungsproblem zwischen zu weitläufiger Verteilung der Betriebsmittel und zu enger Anordnung, die u. U. auch sicherheitstechnische Probleme mit sich bringt (s. Abschnitt 7.3). Das *Layout* wird u. a. bestimmt durch:

- das gesamte Gebäude-Layout,
- die Geometrie der Produkte,
- die gewählten Fördermittel,
- die Struktur des Arbeitsprozesses.

Insbesondere der Arbeitsprozess mit den durch die Betriebsmittel und Produkte erzwungenen Körperhaltungen und -bewegungen der Mitarbeiter (s. Abschnitt 7.1) muss im Vordergrund stehen.

Weiterhin müssen die Lebenszeit der Produkte und eventuelle neue Betriebsmittel-Anschaffungen bedacht werden:[107]

- Ist größtmögliche Flexibilität des Betriebsmittel-Layouts gewährleistet?
- Wie können Betriebsmittel ausgelagert oder ausgetauscht werden?
- Ist Platz für zusätzliche Betriebsmittel vorhanden?
- Können ähnliche Produkte ohne große Veränderungen auf den geplanten Betriebsmitteln hergestellt werden?
- Ist das Betriebsmittel-Layout geeignet für Losgrößenschwankungen?

Die Betriebsmittel-Mobilität soll möglichst hoch sein, d. h. die Betriebsmittel sind einfach und schnell von der Bodenplatte zu lösen und die frei werdende Fläche kann sofort für andere Betriebszwecke genutzt werden. Nestler drückt diesen Sachverhalt durch den *Mobilitätsgrad* M aus, der nach dem Nomogramm von Abbildung II-64 berechnet werden kann.

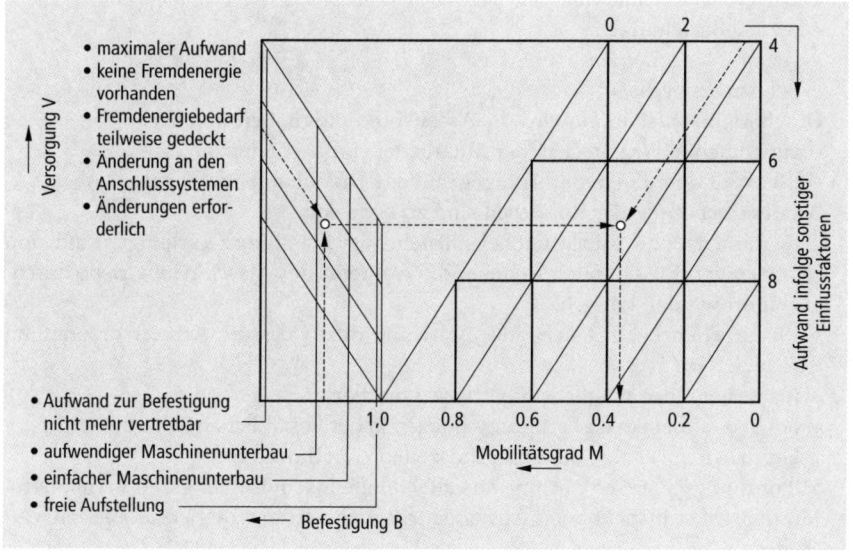

Abbildung II-64

Nomogramm zur Ermittlung des Mobilitätsgrades nach Nestler[108]

107 Frey, S.: Plant Layout. München: Hanser, 1975.
108 Nestler, H.: wirtschaftliche Maschinenaufstellung. Berlin: Beuth 1972.

4.7 Checkliste zur Prozessgestaltung

- Mit einer Prozessanalyse ist der Ist-Zustand in Mikro- und Makro-Arbeitssystemen in Bezug auf Arbeitsinhalt, Ausführungszeiten, Arbeitsorte und Wege usw. zu ermitteln.
- Die Taktbindung und die gegenseitige Abhängigkeit der Werker sind zu mindern.
- Durch flexible Verkettungs- und Puffersysteme sind die Zeitzwänge in der Fertigung zu reduzieren, so ist
  - bei Fließfertigung bevorzugt das Nebenflussprinzip oder das Umlaufprinzip einzuführen, um die Unabhängigkeit aufeinander folgender Arbeitssysteme zu erhöhen.
- Die Materialbereitstellung ist zeitlich und örtlich am Arbeitsprozess zu orientieren:
  - Arbeitsvorräte in Bearbeitungsreihenfolge verfügbar,
  - unter direktem Zugriff oder mit kurzen Bereitstellungszeiten,
  - Teile und Baugruppen übersichtlich vorkommissionieren und einbaufertig bereitstellen,
  - definierte Bereitstellungsflächen vorsehen.
- Transportsysteme sind bezüglich Personen- und Kollisionsschutz auszulegen.
- Transport und Montage können mit Montageplattformen kombiniert werden. Damit werden wechselnde Produktionsanforderungen und -kapazitäten besser bewältigt. Es kommt zu einem geringeren Materialumlauf und zu gesenkten Kapitalkosten.
- Mit Lagerkenngrößen (z. B. Flächen- oder Raumnutzungsgrade) ist der geeignete Lagertyp auszuwählen und zu dimensionieren.
- Komplexe Kommissionierungs- und Warenverteilungsaufgaben sind bevorzugt mit dezentralen Lagersystemen, die eigene Intelligenz besitzen, zu realisieren.
- Bei Mensch-Maschine-Relationen sind zu berücksichtigen:
  - größere Arbeitsinhalte,
  - soziale Beziehungen,
  - gegenseitiges Lernen,
  - Belastungswechsel.
- Durch Mehrstellenarbeit wird die Arbeitsproduktivität erhöht, aber
  - zunehmende Wegstrecken der Mitarbeiter sind zu bedenken,
  - L-Layout oder U-Layout sind gegenüber I-Layout zu bevorzugen.
- Bei der Gestaltung der Rüstarbeit sind zu bedenken:
  - Rüstarbeiten, die unbedingt bei stillstehender Maschine zu erledigen sind, von denjenigen Rüstarbeiten trennen, die während des Maschinenbetriebs durchgeführt werden können,
  - Rüstarbeiten bei stillstehender Maschine durch bessere Arbeitsvorbereitung reduzieren,
  - Justiervorgänge möglichst überflüssig machen,
  - bei kapitalintensiven Fertigungsanlagen lieber zusätzlichen Mitarbeiter für Umrüsten einsetzen, um Stillstandszeiten zu reduzieren.
- Mit ordnungsgemäßer Wartung ausfallbedingte Instandsetzungszeit vermindern.
- Mit geplanten Inspektionen Ausfalleintritt während der Betriebsarbeitszeit verhindern.
- Bei der Anordnung von Arbeitssystemen beachten, dass
  - sie sicher erreicht und wieder verlassen werden können,
  - benachbarte Arbeitssysteme nicht durch sie gefährdet werden,
  - sie durch Markierungen von Transportwegen abgegrenzt werden.

5 Gestaltungsprinzipien und ihre Umsetzung

5.1 Gestaltungsprinzipien

Unter einem *Gestaltungsprinzip* wird im MTM-Konzept des Produktivitätsmanagements ein Leitgedanke verstanden, der zur Durchsetzung von ökonomie- und humanbezogenen Unternehmenszielen bzw. Zielbeiträgen dient.

Gestaltungsprinzipien lassen sich in Form von Gestaltungsanforderungen operationalisieren. Zum Beispiel lässt sich das übergeordnete Gestaltungsprinzip Gesundheits-, Arbeits- und Umweltschutz in Anforderungsmerkmale für das Arbeitssystem zerlegen:

- keine Verletzungsgefahr,
- erträgliche Beanspruchung,
- keine langfristige Gesundheitsschädigung,
- keine Belästigung,
- usw.

Abbildung II-65 zeigt exemplarisch eine Auflistung von Gestaltungsprinzipien und den damit verbundenen Anforderungsmerkmalen.[109]

---

109 Rohmert, W.; Weg, F. J.: Organisation teilautonomer Gruppenarbeit. München: Hanser, 1976.

Abbildung II-65

Gestaltungs-
prinzipien und
Anforderungsmerk-
male

Humanität verbessern	Wirtschaftlichkeit erhöhen	Humanität und Wirtschaftlichkeit verbessern
Humanität vb	Gesamtkosten vr	Existenz des Arbeitssystems si
Wohlbefinden vb	Qualität vb	Handlungsausführung el
Gesundheitsgefährdung vh	Mengenleistung eh	Anpassung an Umweltveränderungen em
Bequemlichkeit em	Fluktuation vr	Beeinträchtigung vm
Behaglichkeit em	Personalbeschaffung el	Entscheidung el
Zufriedenheit eh	Wirksamkeit vb	Verantwortlichkeit fö
Schäden aus Umgebungs-einflüssen vh	Arbeitstempo eh	Erkennbarkeit vb
Unfallschutz vb	Zeitnutzung vb	Kommunikation vb
Beanspruchung vr	Flexibilität des Arbeits-systems eh	Qualifizierung em
Funktionsfähigkeit pf	Fehlleistungen vh	Wahrnehmbarkeit vb
Selbstverwirklichung em	Arbeitsinhalt vd	Zusammenarbeit vb
Entfremdung von der Arbeit vr	Fehlleistungen vr	Arbeitsinhalt qualitativ vg
Individuelle Unterschiede br	Störanfälligkeit vr	Integration der Arbeitsgruppe vb
Individuelle Bedürfnisse br	Arbeitspräzision eh	Information vb
Erholung em	Leistungsfreisetzung vb	
Unterforderung vm	Fertigkeit em	
Aufstieg em	Arbeitsmotivation eh	
Selbstbestätigung em	Spezialisierung em	
Monotonie vm	Leistungswille vb	
Soziale Bedürfnisse br	Entscheidungsqualität vb	
Leistungsentfaltung em	Leistungsanreiz eh	
Initiative em		
Handlungsspielraum vg		
Gruppenabhängigkeit vg		
Interesse em		
Soziale Kontakte fö		
Erfolgserlebnisse edm		
Selbstkontrolle em		
Selbstbestimmung fö		
Arbeitszyklus vg		

Erläuterung der Abkürzungen: bi = bilden, br = berücksichtigen, ei = einhalten, eh = erhöhen, el = erleichtern, em = ermöglichen, er = erfüllen, fö = fördern, pf = pflegen, si = sicherstellen, vb = verbessern, vd = verdichten, vg = vergrößern, vh = verhindern, vm = vermeiden, vr = verringern, wa = wahrnehmen.

Zur Umsetzung von Gestaltungsprinzipien in die betriebliche Praxis sind Gestal-
tungsmethoden erforderlich. Dabei versteht man unter einer Methode ein auf einem
Regelsystem aufbauendes Verfahren, das zur Erlangung von wissenschaftlichen
Erkenntnissen oder auch praktischen Ergebnissen dient.[110]

---

110 Rohmert, W.; Weg, F. J.: a. a. O.

Der Ursprung des Wortes Methode liegt in der griechischen Bezeichnung Methodos von Meta = entlang und Odos = Weg. Eine Gestaltungsmethode beschreibt also einen Weg, technische, ökonomische oder ergonomische Anforderungen an das Arbeitssystem in die Realität umzusetzen. Dafür nutzt man entsprechende Werkzeuge.

Als Gestaltungswerkzeug wird ein standardisiertes Hilfsmittel bezeichnet, das zur Anwendung bzw. Umsetzung einer oder auch mehrerer Methoden erforderlich ist.

Die Unterscheidung von Methode und Werkzeug ist im allgemeinen Sprachgebrauch nicht immer gegeben, wird im IE aber zunehmend üblich.

MTM-Werkzeuge zur Arbeitsgestaltung müssen die folgenden Kriterien erfüllen:

- Validität (Gültigkeit);
  Mit der Validität des Gestaltungswerkzeugs wird abgesichert, dass tatsächlich die Gestaltungsprinzipien in die Realität umgesetzt werden, die der Arbeitsgestalter vorgibt, umsetzen zu wollen.
- Reliabilität (Zuverlässigkeit);
  Das Reliabilitäts-Kriterium überprüft die Zuverlässigkeit, mit der unterschiedliche Arbeitsgestalter unter sonst gleichen Bedingungen zum gleichen Ergebnis unter Anwendung des Werkzeugs kommen.
- Objektivität;
  Die Objektivität des Werkzeugs sichert ab, dass die Anwendung ohne Beeinflussungsmöglichkeiten durch den Gestalter vonstatten geht.
- Ökonomie;
  Das Ökonomie-Kriterium stellt sicher, dass der Aufwand bei der Anwendung des Werkzeugs den betrieblichen Erfordernissen gemäß ist.
- Normierbarkeit, Standardisierbarkeit und Lehrbarkeit.
  Die weiteren Kriterien der Normierbarkeit, Standardisierbarkeit und Lehrbarkeit des Werkzeugs stellen sicher, dass es so weit beschrieben und in seinen Einzelheiten definiert ist, das es in Schulungsmaßen unproblematisch an zu Trainierende weitergegeben werden kann, dass diese das Werkzeug dann in ihrer betrieblichen Praxis zuverlässig anwenden können und dass die dabei erzielten Ergebnisse innerbetrieblich und überbetrieblich verglichen werden können. Einsatzkosten und Nutzen des Werkzeugs müssen im betrieblichen Alltag in einem akzeptablen Verhältnis zueinander stehen.

Diese Kriterien sollen an folgendem Beispiel erläutert werden:

Ein Elektromotor (Gewicht 1,2 kg) wird an einem Sitz-Montagearbeitsplatz komplettiert. Dabei wird es von einem Gitterboxbehälter auf den Arbeitstisch, nach den Montagehandlungen wieder in eine andere Gitterbox bewegt. Dies geschieht etwa 400 mal pro Schicht.

Das zur Beurteilung dieser Tätigkeit benutzte Analyse- und Bewertungswerkzeug ist:

- valide, wenn es tatsächlich die langfristige Erträglichkeit der Montagehandlungen für den Werker ermittelt;
- reliabel, wenn zwei Analytiker unabhängig bei der Verwendung des Analyse- und Beurteilungswerkzeugs zu einem Ergebnis in der gleichen Bandbreite kommen;
- objektiv, wenn es durch Ermessensentscheidungen des Analytikers im Ergebnis nicht maßgeblich beeinflusst werden kann;
- ökonomisch, wenn es z. B. mit einer »Papier- und Bleistift-Methode« innerhalb kurzer Zeit angewendet werden kann;
- normierbar, standardisierbar und lehrbar, wenn es beispielsweise im Rahmen einer MTM-Ausbildungsmaßnahme an möglichst alle Teilnehmer eines Seminars in kurzer Zeit vermittelt werden kann und diese Teilnehmer dann später in ihren eignen Anwendungsfällen das Werkzeug korrekt anwenden.

5.2 Planung und Durchführung von Gestaltungsvorhaben

Sowohl in den Betrieben als auch in der Literatur sind seit Jahrzehnten verschiedene Phasenschemata bekannt, die zur Strukturierung von *Gestaltungsvorhaben* herangezogen werden können. Diese Schemata haben vor allem einen didaktischen Wert. Für die konkrete Lösung eines Gestaltungsproblems können sie nur sehr bedingt herangezogen werden.

Je detaillierter derartige Phasenschemata sind, desto geringer ist ihre Allgemeingültigkeit. Sie stoßen erfahrungsgemäß bei denjenigen auf Kritik, die darin eine Tendenz zur Fallstudie und damit eine begrenzte Übertragbarkeit von Abteilung zu Abteilung oder von Betrieb zu Betrieb sehen. Phasenschemata können folglich nur die allgemeine Abfolge von Planungsschritten bei Gestaltungsvorhaben beschreiben und checklistenartig Sachverhalte anführen, die im konkreten Anwendungsfall möglicherweise beachtenswert sind. Weder aus didaktischer Sicht (zu viele Details behält man nicht) noch aus praktischer Sicht (das Vorgehen im Detail wird durch die Art der Gestaltungsaufgabe bestimmt) ist es zweckmäßig, Phasenschemata so zu gliedern, dass man sie bis zu Schleifensequenzen auflöst.

Der Planung und Durchführung von Gestaltungsvorhaben kann folgendes einfache Phasenschema zugrunde liegen.

In der Vorbereitungsphase wird das Gestaltungsvorhaben präzisiert. Oft stellt sich heraus, dass nicht die vermuteten, sondern ganz andere Probleme vorliegen.

Hier geht es auch darum, eine eindeutige Beschreibung und Abgrenzung des Vorhabens durchzuführen, um einem Entscheidungsgremium Zustimmung oder Korrekturauflagen abverlangen zu können. Abgrenzungen sollen sicherstellen, dass das Gestaltungsvorhaben nicht zu weit oder zu eng gefasst wird.

In der Vorbereitungsphase sind auch aufbau- und ablauforganisatorische Fragen zu klären, um die Abwicklung des Gestaltungsvorhabens zu planen. Darunter fallen z. B.:

- Funktionen und personelle Besetzung des Entscheidungsgremiums,
- Beteiligung von Betriebsrat und betroffenen Mitarbeitern,
- Beteiligung externer Berater und Institutionen,
- personelle Besetzung der Planungsgruppe bei komplexen Gestaltungsvorhaben,
- personelle Besetzung der Durchführungsgruppe (Umsetzungsgremium).

In der Problemanalyse werden die Erfolgspotenziale abgeschätzt, um die Gestaltungsabsichten und -ziele formulieren zu können. Um den Umfang der Gestaltungsphase bestimmen zu können, ist es erforderlich zu wissen, welche Lösungsaspekte zu beachten sind. Ferner sind jene Kriterien zu formulieren, anhand derer die Gestaltungslösungen später zu bewerten sind; diese sind ebenfalls in einem Entscheidungsgremium abzustimmen. Dabei kann es sich um metrisch skalierte Parameter (z. B. Amortisationsdauer von Investitionsausgaben, Durchlaufzeitverkürzung, Belastungsreduzierung) oder um ordinalskalierte Parameter (z. B. Möglichkeit der

Höherqualifikation, Verbesserung der Arbeitssicherheit, Erhöhung der personellen Flexibilität bei kurzfristigen Variantenänderungen) handeln.

In der Gestaltungsphase geht es im Allgemeinen um das Erheben von Informationen zum Ist-Zustand, wenn es um korrektive Arbeitsgestaltung geht. Ist-Zustands-Informationen werden z. B. dann benötigt, wenn:

- man sich bei komplexen Vorhaben detaillierte Kenntnisse verschaffen muss;
- man später Nachweise über das Ausmaß erzielbarer Verbesserungen führen muss;
- selektiv zu entscheiden ist, welche Gestaltungsaspekte wie zu bearbeiten sind.

Das Erheben von Ist-Zustands-Informationen sollte auf ein Mindestmaß beschränkt werden, weil jetzt bereits feststeht, dass der Ist-Zustand mängelbehaftet und veränderungswürdig ist.

Ob es zur Entwicklung einer Gestaltungslösung oder mehrerer Lösungsalternativen kommt, ist problemabhängig. Oft zeichnen sich frühzeitig zwingende Lösungswege ab, so dass auf ein Entwickeln von Alternativen, die später im Entscheidungsgremium ohnehin keine Chance hätten, verzichtet wird. Ob man erst eine Grob- und dann eine Feinplanung durchführt, hängt von der Art und Komplexität des Gestaltungsvorhabens ab. Wichtig ist hierbei, zu möglichst vielen Aspekten auf standardisierte Teillösungen und Ausstattungselemente zurückzugreifen. Über das Ausmaß, in dem Gestaltungslösungen auf die Realisierbarkeit hin abzusichern sind, findet man in der Literatur kaum Hinweise. Diese Frage ist auch nur für den Einzelfall zu beantworten. In einem Fall kann z. B. eine Layoutskizze genügen, in einem anderen Fall kann es erforderlich sein, die gesamte Teilebereitstellung bei veränderter Arbeitsstruktur zu simulieren, Arbeitsplätze im Methodenlabor zu testen, neue Planzeiten zu ermitteln und Konstruktionszeichnungen für den Vorrichtungsbau zu entwickeln.

In der Umsetzungsphase ist die Lösung dem Entscheidergremium als Bericht oder im Vortrag so zu präsentieren, dass dieses in der Lage ist, eine Entscheidung zu treffen: für oder wider die Realisierung eines Lösungsvorschlags bzw. die Auswahl einer Lösungsalternative. Bei komplexen, lang dauernden Vorhaben fungieren Entscheidergremien auch als projektbegleitende Lenkungsausschüsse, die über Teillösungen entscheiden.

Auch zur Realisierung der Gestaltungsvorhaben lassen sich keine allgemein gültigen Aussagen machen. Bei komplexeren Vorhaben kann es erforderlich sein, eine Durchführungs- oder Umsetzungsgruppe zu bilden, der z. B. neben einem Mitglied der Planungsgruppe auch betroffene Mitarbeiter und deren Vorgesetzte, die Qualitätssicherung, die Materialwirtschaft, der Werkzeug- und Vorrichtungsbau oder die Personalabteilung angehören. Hier können Schulungsmaßnahmen bei den betroffenen Mitarbeitern notwendig werden. Bezahlungsfragen oder Auswirkungen auf die Fertigungsplanung und -steuerung entstehen. Da das Gremium seine Entscheidung aufgrund bestimmter Aussagen zur Verwirklichung von Absichten und Erfüllung von Zielen trifft, ist die Umsetzung des Gestaltungsvorhabens darauf zu überwachen, dass die prognostizierten Verbesserungspotenziale auch realisiert werden.

5.3 Werkzeuge zur Gestaltungsdiagnose und Schwachstellenanalyse

5.3.1 Arbeitsfelddiagnose

Das Phasenschema für die Planung und Durchführung von Gestaltungsvorhaben sieht Ist- bzw. *Schwachstellenanalysen* zur Ableitung der Gestaltungserfordernisse vor. In Kapitel 3, Abschnitt 3.3.3, wurde bereits mit der Aufgabenstrukturerhebung ein Analyseverfahren erläutert. Damit können vor allem Schwachstellen in der Logik der Aufgabengliederung aufgedeckt werden. Um Gestaltungsdefizite in technisch-ergonomischer Hinsicht aufzudecken, eignet sich die Aufgabenstrukturerhebung jedoch nicht. Die Aufgabenstrukturerhebung konzentriert sich auf das Was und Wer. Bei Gestaltungschecklisten steht dagegen das Wie und Womit im Vordergrund. Hierzu ist es wichtig, sich nicht in den Details einzelner Arbeitssysteme zu verlieren, sondern mit einem strategischen Ansatz den Gestaltungszustand von Arbeitsfeldern zu dokumentieren und Gestaltungserfordernisse auszuweisen, die charakteristisch für den ganzen Betrieb oder die Abteilung sind. Hierzu hat sich in einer Reihe von Automobil- und Zulieferunternehmen die Gestaltungscheckliste nach Landau und Bokranz bewährt.[111]

Die Checkliste enthält folgende Gliederungspunkte:

- Körperstellungen
- Bewegungsraum
- Sehraum
- Arbeitsflächen
- Körperunterstützungen
- Werkzeuge und Stellteile
- Bewegungsabläufe
- Umgebungseinflüsse

Unter diesen Obergruppen werden 138 Merkmale je Arbeitssystem abgeprüft. Diese Prüfpunkte werden auf der Skala 0 – 5 durch einen in der ergonomischen Arbeitsgestaltung geschulten Analytiker eingestuft.

---

111 Landau, K.; Bokranz, R.: Ist-Zustands-Analyse in Arbeitssystemen – Methoden und Erkenntnisse zur Erfassung von Ist-Zuständen an Arbeitsplätzen und in Arbeitsfeldern. In: Zeitschrift für Betriebswirtschaft, 56, 1986, S. 728–753.

Die Stufendefinition ist wie folgt:

Stufen	Inhalte
0	Trifft nicht zu, kann nicht erfüllt werden, soll nicht erfüllt werden.
1	Ziel könnte erfüllt werden, es ist aber nicht einmal ansatzweise eine Erfüllung zu erkennen.
2	Ziel ist in Ansätzen erfüllt, es ist aber nur eine Tendenz »in die richtige Richtung« zu erkennen.
3	Ziel ist einigermaßen zufrieden stellend erfüllt, es wird aber kein allzu beeindruckendes Ergebnis erzielt.
4	Ziel ist nahezu erfüllt, es sind aber noch Verbesserungen vorstellbar.
5	Ziel ist erfüllt bzw. wird (nur bei einigen Items) sogar noch übererfüllt.

Abbildung II-66 zeigt einen Auszug aus der *Gestaltungscheckliste* von Landau und Bokranz.[112]

Abbildung II-66

Auszug aus der Gestaltungs- checkliste von Landau und Bokranz

Bezeichnung / Beschreibung		Apl. 1	Apl. 2	Apl. 3	Apl. 4
1	Stationäre Sitz- oder Steharbeitsplätze, an denen wechselnde Mitarbeiter eingesetzt werden, für Körpergrößenbereiche auslegen. Körpergrößenbereiche für Männer: 1.630–1.900 mm; für Frauen: 1.500–1.760 mm	1	1	2	1
2	Arbeitsplatz nach den räumlichen Anforderungen der größten Arbeitsperson auslegen; für die kleinste Arbeitsperson eine An- passung durch Verstellmöglichkeit der Arbeitsmittel herstellen.	1	1	1	1
3	»Innenmaße« (z. B. lichtes Maß unter Arbeitsfläche) sind nach der größten Person zu gestalten (hier auch das Thema Fußfreiraum beachten).	0	4	4	4
4	»Außenmaße« (z. B. Entfernung Stellteil/Mensch) sind nach der kleinsten Person zu gestalten (bitte diese Frage auch für Aggregate, Werkzeugmaschinen usw.).	3	1	0	2

Die folgende Abbildung II-67 gibt einen Überblick zu den Gestaltungsmängeln, die sich aus der Anwendung der Checkliste ergeben. Die Profildarstellung erlaubt folgende Aussagen:

1. Welche Gestaltungsmängel ziehen sich durch das gesamte Arbeitsfeld?

2. Welche Anforderung an die Gestaltungsmerkmale sind gut (hohe Profilsäule), durchschnittlich oder mangelhaft (niedrige Profilsäule) gelöst?

---

112 Landau, K.; Bokranz, R.: a. a. O.

Aus dem Beispiel wird deutlich, dass

- die Körperhaltungen in dem betreffenden Arbeitsfeld stark mängelbehaftet sind,
- die Auslegung von Werkzeugaufnahmen, Konsolen usw. fehlerhaft ist,
- die Gestaltung des Sehraums und der Arbeitsflächen aus ergonomischer Sicht ansatzweise erfüllt ist.

Merk-mal	Kurz-, Profilbezeichnung	Ziel nicht erfüllt	Ziel ansatzweise erfüllt, massiver Gestaltungsbedarf	Ziel einigermaßen erfüllt, deutlicher Gestaltungsbedarf	Ziel fast erreicht, kaum Gestaltungsbedarf	Ziel optimal erreicht oder übererfüllt
	Körperstellung, Haltung					
1	Körpergrößenbereiche					
2	Räuml. Arbeitsplatzanordnung					
3	Innenmaße					
5	Zwangshaltungen					
6	Körperhaltungen					
7	Statt Stehen auf Sitzen übergehen					
8	Körperdrehung					
9	Hohe Kräfte etc. im Stehen					
11	Weglängen					
12	Statische Haltearbeit					
13	Lastenhandhabung					
16	Beim Stehen Sitz-/Anlehnungsmöglichkeit (WM 8)					
18	Gelenk-Grenzwinkel					
19	Kopfhaltung					
	Bewegungsraum					
22	Höhenverstellung (WM 1, WM 3)					
23	Körpergrößenbeachtung					
26	Abstand Arbeitskante (WM 1)					
27	Bewegungslänge					
29	Aufzubringende Kraft im Greifraum					
36	Anordnung von Konsolen (WM 8)					
41	Standardisierte Werkzeugaufnahme					
	Sehraum					
42	Blickfeld					
43	Blicklinienverlauf					
44	Anzeigenanordnung					
45	Sehabstände					
46	Sehvorgang					
	Arbeitsflächen					
47	Arbeitshöhe und Betätigungskraft					
48	Arbeitshöhe mit Vorrichtungen					
49	Fußfreiraum unter Arbeitshöhe					
	Körperstützungen					

Abbildung II-67

Auszug aus einem Gestaltungsprofil für ein ausgewähltes Arbeitssystem eines Automobilzulieferers

Abbildung II-68 gibt die Arbeitsplatzcluster[113] für mehrere Werkbereiche eines Automobilzulieferunternehmens wieder und zeigt klar, welche Gruppen von Arbeitssystemen bei Gestaltungsmaßnahmen gemeinsam behandelt werden können.

---

113 Unter einem Arbeitssystemcluster versteht man eine Anzahl von Arbeitssystemen, die sich durch ähnliche Gestaltungssituationen auszeichnen. Vgl. dazu auch Bokranz, R.; Landau, K.: Mängelanalysen in Arbeitsfeldern. In: Fortschrittliche Betriebsführung und Industrial Engineering, 35, 1986, S. 70–74.

Durch diesen strategischen Ansatz wird vermieden, jeden Arbeitsplatz einzeln gestaltungsmäßig zu optimieren. Stattdessen können Arbeitsfelder (Cluster) mit ähnlichen Defiziten gemeinsam optimiert werden. Das kann erhebliche Vorteile in der Planung, dem Vorrichtungsbau, dem Einkauf und weiteren Bereichen bringen. Neben dieser Gestaltungs-Checkliste existieren eine ganze Reihe weiterer Gestaltungsdiagnose-Verfahren[114].

Abbildung II-68

Beispiel einer Clusteranalyse für Arbeitsplätze eines Automobil-zulieferers.
Die Endpunkte der Baumdarstellung (linke Seite) stellen die einzelnen Arbeitsplätze dar.
Sie werden entsprechend ihrer Ähnlichkeit bei den Gestaltungs-mängeln mit einem multivariaten statistischen Verfahren zu Clustern zusammengefasst.
(Cluster A: Arbeitsplätze mit mangelhaften Körperhaltungen;
Cluster B: Arbeitsplätze mit suboptimalen Stuhl-Tisch-Abstimmungen)

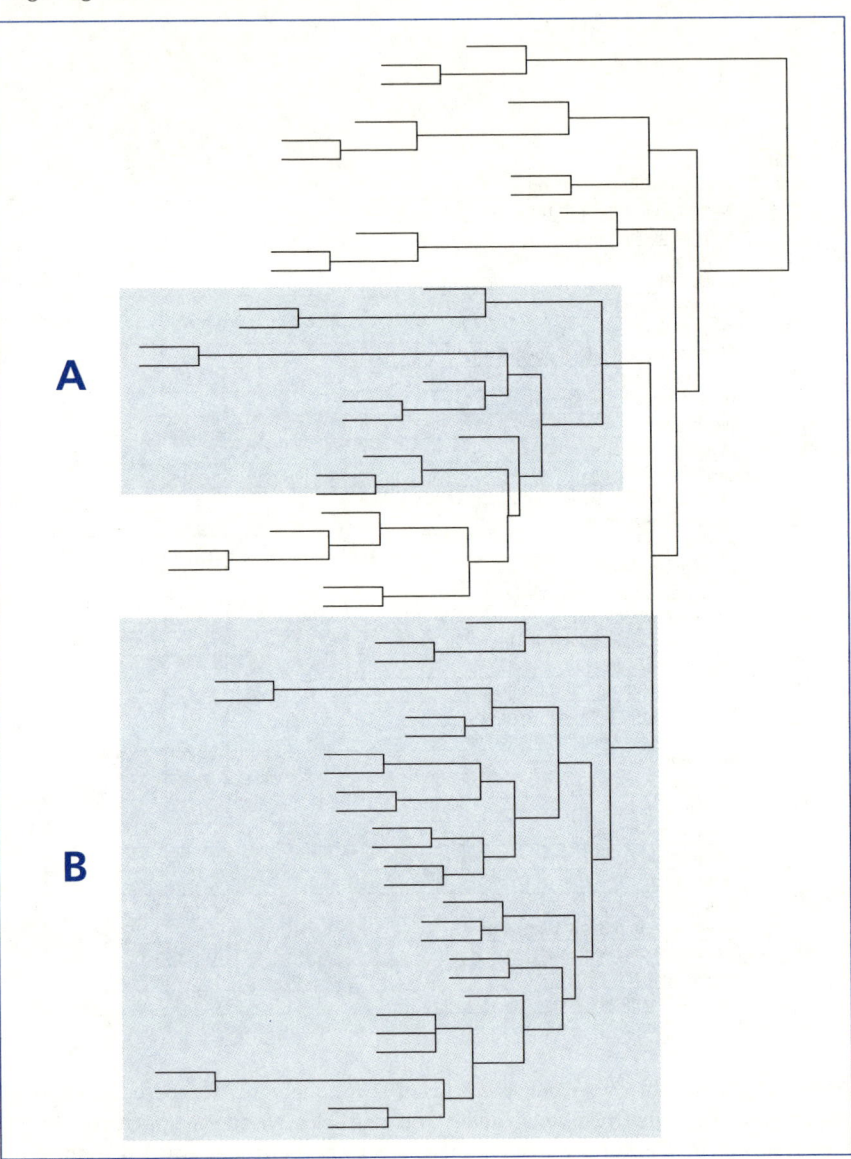

114 Überblicke dazu z. B. bei: Landau, K.; Luczak, H.; Laurig, W. (Hrsg.): Software-Werkzeuge zur ergonomischen Arbeitsgestaltung. Bad Urach: Ergonomia und Darmstadt: REFA, 1997. Landau, K.: Ergonomic software tools in product and workplace design. Stuttgart: Ergonomia, 2000. Schmidtke, H.: Ergonomische Prüfung. München: Hanser, 1989. Karg, P .W.: Staehle, W. H.: Analyse der Arbeitssituation. Freiburg/Brsg.: Haufe, 1982.

Die Abbildung II-68 zeigt das Dendrogramm[115] einer hierarchischen Clusteranalyse von 59 Arbeitsplätzen (Complete-Linkage Verfahren)[116]. Zugrunde liegen 27 ordinal skalierte Variablen.

Das markierte Cluster A beinhaltet Arbeitsplätze mit negativ zu bewertenden Körperhaltungen. Diese Körperhaltungen könnten durch korrekte Arbeitshöhe des Fertigungsbandes vermieden werden.

Cluster B setzt sich aus Arbeitsplätzen zusammen, die alle durch suboptimale Stuhl-Tisch-Abstimmungen gekennzeichnet sind.

5.3.2 Analyse und Beurteilung einzelner Arbeitssysteme

Nachdem Arbeits- oder Gestaltungsfelder mit gleichen ergonomischen Schwachstellen über die Arbeitsfelddiagnose lokalisiert wurden, kann die Gestaltung einzelner *Arbeitssysteme* erfolgen. Die Gestaltungsergebnisse können dann (weitgehend) auf die anderen Arbeitssysteme des Arbeitsfeldes übertragen/»dupliziert« werden. Damit werden die Kosten-/Nutzen-Relationen der ergonomischen Arbeitsgestaltung im Betrieb verbessert.

In Abschnitt 7.2.3 sowie in Kapitel 9 werden wichtige, in Deutschland weit verbreitete Werkzeuge zur Analyse und Bewertung einzelner Arbeitssysteme überblicksmäßig dargestellt.

Die Besprechung der ergonomischen Grundlagen dieser Werkzeuge wird in Kapitel 7 vorgenommen.

5.3.3 CAD-gestützte Gestaltungswerkzeuge

Zur Gestaltung von Arbeitssystemen, Arbeitsprozessen und auch von Produkten bedarf es einer integrierten Vorgehensweise, die die technischen, ergonomischen und ökonomischen Belange gleichermaßen berücksichtigt.

Dabei muss es sich um eine proaktive Gestaltung handeln, die an dem zu fertigenden Produkt ansetzt. Ausgangspunkt sind also Einzelteil- und Baugruppenzeichnungen, Zusammenbauzeichnungen und Stücklisten mit ihren Varianten. In Abhängigkeit der zu produzierenden Stückzahlen wird über die sinnvolle Produktionstechnik entschieden. Prozessgraphen werden entworfen und in Produktionsabläufe umgesetzt.

---

115 Dendrogramm: Grafische Darstellung des Ergebnisses einer Clusteranalyse.
116 Landau, K.: Arbeitswissenschaftliche Erhebungsverfahren zur Tätigkeitanalyse. a. a. O.,
    S. 137.

Danach folgen detaillierte Beschreibungen der Arbeitsgänge. Dabei müssen auch Dispositions- und Prüfprozesse berücksichtigt werden. Über die notwendigen Betriebsmittel und Produktionsflächen sowie über den erforderlichen Personaleinsatz muss jetzt entschieden werden, ein Zeitgerüst für die Fertigungs-, Montage- und Prüfprozesse muss aufgebaut werden. Layoutplanungen für Fertigungslinien und einzelne Arbeitsplätze können beginnen.[117]

Aus diesem Ablauf wird deutlich, dass

- Einzelplanungen miteinander vernetzt sind,
- auf dasselbe Datengerüst zugegriffen wird, d.h. dass möglichst redundanzfreie Datenhaltung gefordert werden muss,
- die Entwurfsphasen (z. B. vom Vorrangraphen bis hin zum Arbeitsplatzlayout) schrittweise immer konkreter werden und
- damit eine Software diesen Gestaltungsprozess möglichst ganzheitlich unterstützen muss.

In diesem Zusammenhang wurde der Begriff *Digitale Fabrik* geprägt.

Der VDI definiert Digitale Fabrik folgendermaßen: Es handelt sich um einen Oberbegriff für ein umfassendes Netzwerk von digitalen Modellen und Methoden, unter anderem der Simulation und 3D-Visualisierung. Ihr Zweck ist die ganzheitliche Planung, Realisierung, Steuerung und laufende Verbesserung aller wesentlichen Fabrikprozesse und -ressourcen in Verbindung mit dem Produkt. Alle Elemente der Fertigstellung sollen in der Planung mittels rechnergestützten Methoden so weit abgesichert werden, dass die physische Herstellung des Produkts unter Einhaltung der Qualitäts-, Zeit- und Kostenziele gewährleistet werden kann[118].

Fast alle deutschen Automobilhersteller haben Erfahrungen mit dem Modell der Digitalen Fabrik gesammelt und befürworten diesen Ansatz uneingeschränkt. Er trägt dazu bei, dass alle Beteiligten bei einem Neu- oder Umplanungsprozess über den gleichen Informationsstand verfügen – vor allem auch die Anlagenlieferanten im Karosseriebau.

Dies bedeutet nicht nur beträchtliche Verkürzungen in der Implementierungsphase, sondern auch niedrige Anlaufkosten, geringerer Flächenbedarf und bessere Auslastungswerte im späteren Routinebetrieb – die Adam Opel AG nennt hierfür z. B. folgende Zahlen:

- Implementierungsphase der Roboter verkürzt sich um 30 %;
- Roboter-Auslastung erhöht sich um etwa 30 %;
- 15 % niedrigere Änderungskosten in der Anlaufphase;
- Flächenbedarf minus 20 %.

---

117 Zur Entwicklung grafischer Mensch-Modelle: Landau, K.: Notwendigkeit der Rechnerunterstützung bei der Arbeitsgestaltung. In: Landau, K.; Luczak, H.; Laurig, W.: a. a. O., S. 1–17.
118 Automobilindustrie: Die Branche vor der nächsten Revolution. www.automobilindustrie.de/fachartikel

DaimlerChrysler gibt z. B. eine Verkürzung der Anlaufphase von sechs auf drei Monate beim Hochfahren der E-Klasse-Produktion an. Audi stellt heraus, dass sich von der ersten Definition des neuen Autos bis zum Serienanlauf die Zeitspanne von 48 auf 35 Monate verkürzt habe.

Abbildung II-69 bis Abbildung II-71 machen die Bandbreite der Gestaltungsunterstützung deutlich: Von der einfachen CAD-Zeichnung, die bereits menschmodellierende Verfahren enthält (Abbildung II-69) über die realitätsnahe Darstellung des späteren Arbeitssystems (Abbildung II-70) bis hin zur Bewegungsanimation des (virtuellen) Mitarbeiters im späteren Fertigungsprozesses (Abbildung II-71).

Abbildung II-69

CAD-Darstellung »Stoßfänger-montage« mit Modellierung des Greifraums[119]

---

119 mit Software eMHuman/Tecnomatix

Die Fragen des Humankapitals – also der Mitarbeiter in der Automobilmontage, die ein ganzes Arbeitsleben lang ohne arbeitsbedingte Erkrankungen Leistung bei guter psycho-physischer Gesundheit erbringen können – tauchten bisher unter der Rubrik Digitale Fabrik noch nicht auf. Zweifelsohne bieten die großen Softwarehersteller auf diesem Gebiet ausgereifte Produkte der Montageplanung mit CAD-gestützten Menschmodellen an. Allerdings mangelt es darin oft noch an validierten ergonomischen Bewertungsverfahren und vor allem am zeitökonomischen Einsatz dieser Verfahren. Oft können menschmodellierende Verfahren im Rahmen der Digitalen Fabrik nur in ausgewählten Engpassbereichen eingesetzt werden.

Abbildung II-70

Virtuelle Cockpit-Gestaltung[120]

Abbildung II-71

Virtuelle Körper-haltungsanalyse[121]

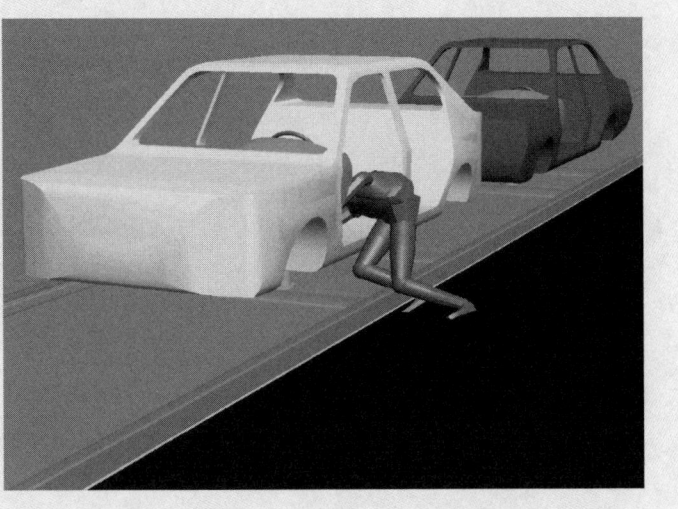

120 Quelle: www.delmia.de
121 Software eMHuman / Tecnomatix

6 Gestaltungsgrundlagen der Ergonomie

6.1 Mensch-Maschine-Schnittstelle

Bei der Gestaltung des Arbeitssystems spielen die Eigenschaften und die Einflusskriterien der *Mensch-Maschine-Schnittstelle* eine große Rolle. Unter Mensch-Maschine-Schnittstelle (MMS) versteht man die zeitvariante Interaktion von Mensch und Technik zur Erzielung möglichst optimaler technisch-ergonomischer Arbeitsergebnisse unter humanen Arbeitsbedingungen. Der Begriff Maschine umschreibt alle technischen Systeme in der Produktion, Logistik und Information. Bei dem Teilsystem Mensch handelt es sich um eine oder mehrere Personen, die

- in möglichst geordneter Weise,
- in verschiedenen »Phasen« (Herstellung, Inbetriebnahme, Benutzung, Instandhaltung, Entsorgung) mit der Maschine interagieren.

Eigenschaften	Maschine	Mensch
1. Allgemeine, mechanische Leistung	beliebig groß oder klein	etwa 4,44 kW bis 10 sec. 0,74 kW einige Min. 0,22 kW 8 h (Dauerleistung)
2. Manipulative Leistung	spezifisch konstruiert	vielseitig und flexibel
3. Informationsaufnahme a) Art (Modalität) b) Bereich (Intensität) c) Störabstand (Empfindlichkeit) d) Erkennung	entsprechend physikalischer Messbarkeit klein (linear) wählbar syntaktisch (Zeichen)	entsprechend Sinnesorganen groß (logarithmisch) semantisch (Form) pragmatisch (Bedeutung)
4. Informationsverarbeitung a) Algorithmenverarbeitung b) Strategienbildung c) Verarbeitungsprinzip d) Verarbeitungsart e) Speicherung f) Zugriff g) Extrapolation (Vorausschau)	exakt, Fehlerkorrektur nur durch massive Rechnerunterstützung fest programmiert mehrkanalig (parallel) knapp kleine bis mittlere Speicherkapazität kurze Zugriffszeit spezifisch z. B. Vorhalt (Regelungstheorie)	ungenau, Fehlerkorrekturmöglichkeit Wahlmöglichkeit und Optimierung möglicherweise einkanalig (seriell) weitschweifig (redundant) große Speicherkapazität teilweise lange Zugriffszeit allgemein, Erfahrungsverwertung
5. Leistungsverhalten a) Geschwindigkeit b) Konstanz c) Zuverlässigkeit d) Lernfähigkeit	innerhalb technologischer Grenzen groß Ausfall bedingt (bei Rechnerunterstützung)	innerhalb physiologischer Grenzen gering, auch unabhängig von Umgebungseinflüssen Regeneration (Erholung) groß

Abbildung II-72
Eigenschaftsvergleich Mensch und Maschine[122]

---

122 Rohmert, W.: Mensch und Kraftmaschine. In: Rohmert, W.; Rutenfranz, J.: Praktische Arbeitsphysiologie. Stuttgart: Thieme, 1983.

Abbildung II-73

Einflussgrößen
(Auswahl) bei der
Auslegung der
Mensch-Maschine-
Schnittstelle

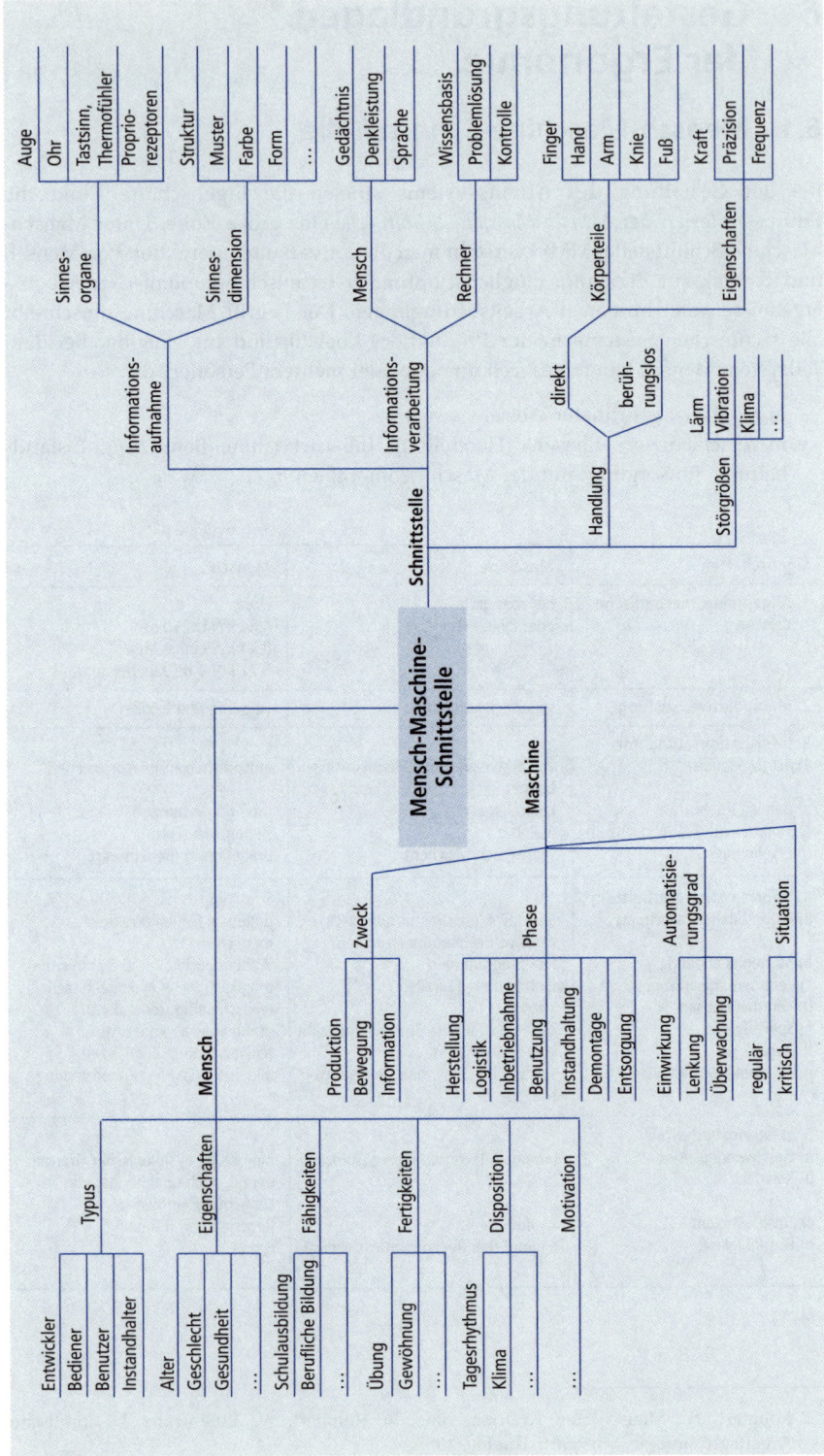

Für die Zuordnung von Arbeitsaufgaben zu Mensch oder Technik sollte man sich die unterschiedlichen Eigenschaften von Mensch und Maschine in Erinnerung rufen (Abbildung II-72). Es wird daraus deutlich, dass vor allem dort, wo hohe Flexibilität, Wahlmöglichkeiten und Optimierung sowie die allgemeine Erfahrungsverwertung gefragt sind, vorzugsweise der Mensch eingesetzt werden sollte. Geht es dagegen um Leistungskonstanz, auch bei hoher Repetitivität der Arbeitsaufgabe, ist häufig die Maschine überlegen.

Abbildung II-73 weist auf die wichtigsten Gestaltungsparameter der MMS hin. Bei der Behandlung und Gestaltung der Mensch-Maschine-Schnittstelle ist es sinnvoll, zwischen Belastung und Beanspruchung des Menschen zu unterscheiden. Die Begriffe *Belastung* und Beanspruchung wurden der Technikersprache entlehnt und sinnentsprechend auf den Menschen angewandt. Aus der Arbeitsaufgabe resultieren die energetische Arbeitsschwere und die informatorische Arbeitsschwierigkeit, die zusammen mit den physikalischen und organisatorischen Bedingungen die Belastung des Menschen bestimmen. Belastungen werden deshalb nach verschiedenen Teilbelastungen unterschieden. Sie heißen Belastungsgrößen, wenn sie auf metrischem Skalenniveau, Belastungsfaktoren, wenn sie auf Nominal- oder Ordinalskalenniveau beschrieben sind.

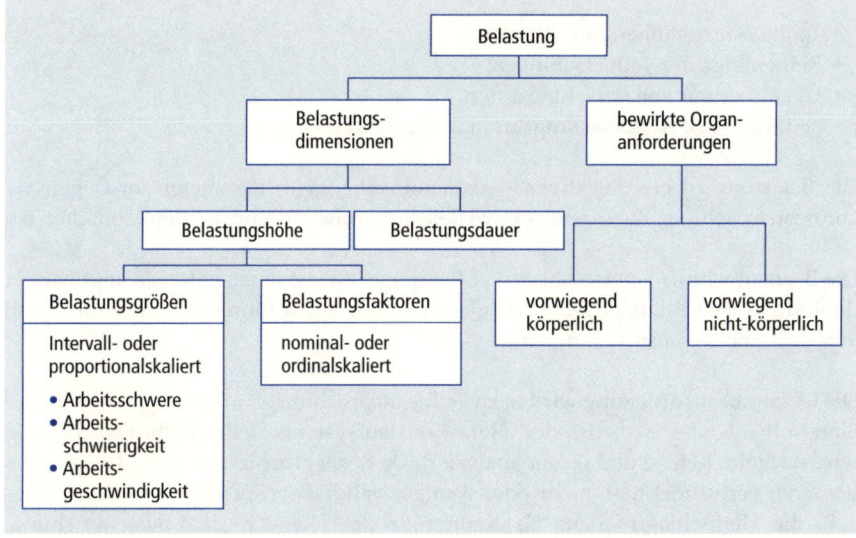

Abbildung II-74
Aspekte des
Belastungsbegriffs

Jede Teilbelastung hat zwei Dimensionen, eine zeitliche, die Belastungsdauer, und eine intensitätsmäßige, die Belastungshöhe (Abbildung II-74). Entsprechend der von ihnen bewirkten Organanforderungen wird zwischen vorwiegend körperlichen (besser: energetisch-effektorischen) und nicht-körperlichen (besser: informatorisch-mentalen) Belastungsarten unterschieden.

Zeitabschnitte, in denen Teilbelastungen in konstanter Belastungshöhe auftreten, heißen Belastungsabschnitte (Abbildung II-75). Eine Gesamtbelastungshöhe als eine aus der Addition verschiedener Teilbelastungen abgeleitete Kenngröße ist nur dann sinnvoll interpretierbar, wenn in jedem Belastungsabschnitt die gleiche Belastungsart auftritt, was im Regelfall nicht gegeben ist.

Abbildung II-75

Zusammen-
setzung der
(Gesamt-)
Belastung aus
Teilbelastungen

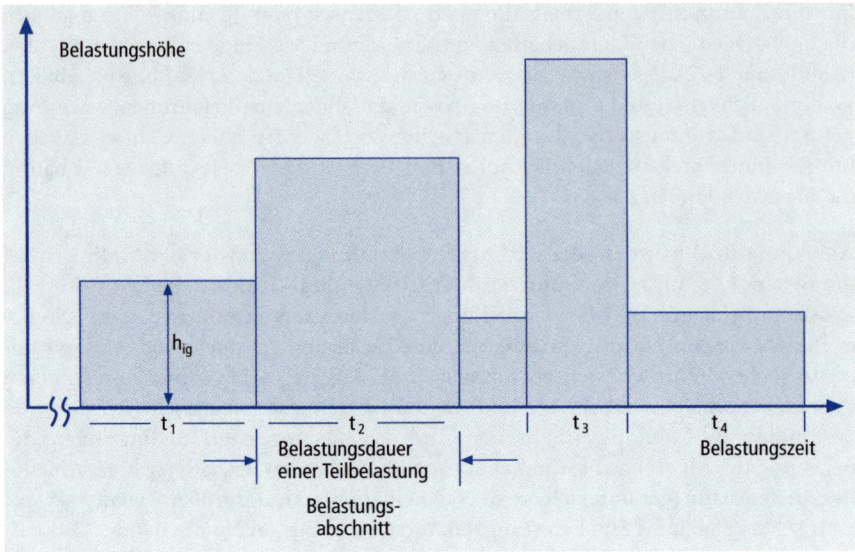

Die Gesamtbelastung ist durch Angabe folgender Größe/Faktoren zu beschreiben:

- Teilbelastungshöhen und -dauern,
- Reihenfolge der Teilbelastungen,
- Überlagerung von Belastungsarten,
- zeitliche Lage der Belastungsarten im Schichtverlauf.

Die Belastung ist ein objektiver, personenunabhängiger Parameter, im Gegensatz zur Beanspruchung, die die subjektive Belastungsauswirkung auf den Menschen ist.

Die Beanspruchung ist ein subjektiver Parameter. Sie ist umso höher, je ungünstiger die individuelle Prädisposition ist (gleiche Belastungen führen zu interindividuell verschiedenen Beanspruchungen).

Die Gesamtbeanspruchung wird nach Teilbeanspruchungen unterschieden, z. B. der Sinnesorgane, des Skeletts, des Herz-Kreislaufsystems. Jede Teilbeanspruchung wird nach ihrer Höhe und Dauer analysiert. Da Beanspruchungen nicht direkt messbar sind, verwendet man mehr oder weniger valide Beanspruchungs-Kenngrößen, z. B. die Herzschlagfrequenz als Kenngröße der Herz-Kreislauf-Beanspruchung. Aus den Messergebnissen in der Einheit dieser Kenngrößen, z. B. Herzschläge/min, wird auf die damit abzubildende (Teil-)Beanspruchung geschlossen.

Zusammenfassend ergibt sich also:

Die Belastung ist eine Funktion von Belastungsgrößen und Belastungsfaktoren sowie der Belastungsdauer.

$$B = f\,(h_g, h_f, T)$$

Die Belastungsdauer ergibt sich als Summe der einzelnen Belastungsabschnitte.

Auch für $h_{1j} = h_{2j} = ...h_{nj}$ ist eine Addition zur Gesamtbelastungshöhe normalerweise nicht sinnvoll.

Die individuelle Beanspruchung b ist abhängig von:

E = Eigenschaften
F1 = Fähigkeiten
F2 = Fertigkeiten
b = f (B, E, F1, F2)

In der Praxis ist die individuelle Beanspruchung nicht immer von Interesse, stattdessen ist die Wirkung auf den »mittleren« Mitarbeiter von Bedeutung, d. h., von E, F1, F2 ist weitgehend zu abstrahieren:

b = f (B)

Auf die besondere Problematik der Gestaltung für den »mittleren« Mitarbeiter wird in Abschnitt 7.1.2 eingegangen.

6.2 Arbeitsformen

Die durch den Menschen im Arbeitssystem geleistete Arbeit kann ganz verschiedene Formen annehmen. Die folgende Taxonomie menschlicher *Arbeitsformen* gliedert nach dem spezifischen Arbeitsinhalt, nach der vorwiegenden Beanspruchung von Organen und Fähigkeiten und vergibt dafür einen eindeutigen Fachbegriff (Abbildung II-76).

Abbildung II-76

Formen menschlicher Arbeit und beanspruchungsspezifische Arbeitsinhalte[123]

Grundformen menschlicher Arbeit	Spezifischer Arbeitsinhalt	Ausgewählte Beispiele	Vorwiegend Beanspruchung von Organen und Fähigkeiten	Arbeitsphysiologische Bezeichnung
Vorwiegend körperlich	Erzeugen von Kräften	Transporttätigkeit	Muskeln (ggf. Herz und Kreislauf)	muskuläre Arbeit
	Koordination von Motorik und Sensorik	Montieren, Kraftfahrer	Muskeln/Sinnesorgane	sensomotorische Arbeit
Vorwiegend nichtkörperlich	Umsetzen von Information in Reaktion	Kontrolltätigkeit	Sinnesorgane/Muskeln	vorwiegend nicht muskuläre Arbeit
	Umsetzen von Eingangsinformation in Ausgangsinformation	Programmieren Verwaltungstätigkeit Übersetzen	Sinnesorgane/geistige Fähigkeiten	geistige Arbeit
	Erzeugen von Information	Diktieren Konstruieren	geistige Fähigkeiten	geistige Arbeit im engeren Sinne

Spezifische Arbeitsinhalte lassen sich recht einfach unterscheiden, wenn die Arbeitsaufgabe entweder das Erzeugen oder Abgeben von Kräften oder das Verarbeiten und Erzeugen von Informationen vom Menschen verlangt.[123] Diese spezifischen Arbeitsinhalte entscheiden sich deutlich durch unterschiedliche Beanspruchungen von Organen und Nutzung von besonderen Eigenschaften, Fähigkeiten, Fertigkeiten und Bedürfnissen des Menschen. Solche Unterschiede haben zur Formulierung besonderer arbeitswissenschaftlicher Bezeichnungen geführt, die die spezielle Eigenart der unter dieser Bezeichnung zusammengefassten Arbeitsinhalte hervorruft. Die Systematik führt zu einer einfachen Fünfergliederung spezifischer Arbeitsinhalte: Erzeugen von Kräften, Koordination von Motorik und Sensorik, Umsetzen von Information in Reaktion, Umsetzen von Eingangsinformation in Ausgangsinformation, Erzeugen von Information.

Während bei dem spezifischen Arbeitsinhalt des Erzeugens von Kräften der Muskel abstrakt als eine Kraftmaschine angesehen wird, die bei der Muskelkontraktion chemische Energie in potenzielle mechanische Energie umwandelt, erfolgt die weitere Untergliederung der Muskelkontraktion entsprechend einer mechanischen und einer physiologischen Betrachtungsweise. Im Sinne einer mechanischen Betrachtungsweise besteht der spezifische Arbeitsinhalt bei muskulärer Arbeit im Erzeugen von Muskelkräften. Dabei ist es gleichgültig, ob die entwickelte Kraft in Bewegungsenergie umgesetzt wird (dynamische Arbeit) oder nicht (statische Arbeit). Im physiologischen Sinne wird sodann alles das als Arbeit bezeichnet, was einen erhöhten Energieumsatz im Muskel bedingt.

Die physiologische Betrachtungsweise berücksichtigt ferner, dass bei Muskelarbeit nicht nur der Muskel, sondern auch die Körperorgane Herz, Lunge und Kreislauf belastet werden. Die physiologische Problematik der Muskelarbeit ist eine Transport-

---

123 Zu diesem Thema vgl. auch Rohmert, W.; Landau, K: Arbeitsformen. In: Landau, K.; Stübler, E. (Hrsg.): Die Arbeit im Dienstleistungsbetrieb. Stuttgart: Ulmer 1992, S. 31–40.

problematik in den beiden Kreisläufen, dem Atmungs- (oder Lungen-) Kreislauf sowie dem Körperkreislauf. Der Transport in diesem Kreislauf dient der Versorgung sowie der Entsorgung des Muskels.

Eine physiologische Unterscheidung der statischen und dynamischen Muskelbelastung ist deshalb notwendig, weil die Blutversorgung und damit das Arbeitsvermögen des Muskels bei diesen beiden Arbeitsformen verschieden ist. Bei statischer Muskelarbeit wird als Folge des durch die dauernd wirkende Muskelkontraktion anhaltenden mechanischen Muskelinnendrucks die Durchblutung behindert. Damit ist eine schlechtere Versorgung des Muskels mit Energiestoffen und Sauerstoff sowie eine schlechtere Entsorgung des Muskels von Stoffwechselprodukten verbunden.

Kommt es zu keiner Bewegung, bleibt demnach die Muskellänge konstant, dann spricht man also von statischer Muskelarbeit (Abbildung II-77). Im engeren, physikalischen Sinne leistet der Mensch dann keine äußere Arbeit, da das Produkt aus Kraft mal Weg gleich null ist. Gerade diese Arbeitsform wird jedoch als sehr ermüdend empfunden. Im Unterschied zur dynamischen Arbeit liegt bei statischen Muskelarbeiten eine einzige ununterbrochene Kontraktion vor. Diese Kontraktion, die von wenigen Sekunden bis in den Minutenbereich gehen kann, führt dazu, dass die Blutversorgung sowie die Entsorgung des Muskels von Stoffwechselprodukten leidet, da die Blutgefäße im Muskel zunächst eingeschnürt, später dann abgeschnürt werden.

Eine *statische Muskelarbeit* wird bei gleichem Energieumsatz (s. weiter unten) daher immer als anstrengender und ermüdender empfunden. Statische Muskelarbeit sollte damit bei der Arbeitsgestaltung nach Möglichkeit vermieden werden. Grundlegende Untersuchungen von Rohmert [124] zeigten, dass lediglich 15 % der jeweiligen Maximalkraft des Muskels praktisch beliebig lange aufgebracht werden können. Die maximale Ausdauer beim Halten von Kräften ist also um so stärker begrenzt, je größer das Verhältnis der gehaltenen Kraft zur Maximalkraft ist. Dabei ist die maximale Haltezeit unabhängig von der absoluten Größe der Maximalkraft, der Muskelgruppe sowie unabhängig vom Geschlecht, wenn sie auf Relativwerte bezogen wird.

Je nachdem, ob die Kraftwirkung innerlich oder äußerlich ist, unterscheidet man statische Haltungs- und statische Haltearbeit.

Bei der Haltungsarbeit kommt es zu einer Beanspruchung durch Beibehaltung einer bestimmten Körperstellung. Es erfolgt jedoch keine Abgabe von Kräften nach außen. Dies bedeutet, dass für jede menschliche Körperstellung eine bestimmte statische Haltungsarbeit erforderlich ist.

Auch hier wird bereits bei Anspannungen von etwa 15 % der maximal möglichen Kraft die Durchblutung in der Muskulatur gedrosselt. Fortwährende ungünstige Körperhaltungen können mit folgenden gesundheitlichen Folgewirkungen verbunden sein [125]:

---

124 Rohmert, W.: Statische Haltearbeit des Menschen. Darmstadt, 1960.
125 vgl. a. Sämann, W.: Charakteristische Merkmale und Auswirkungen ungünstiger Arbeitshaltungen. Berlin: Beuth, 1970

- Erhöhter Energieverbrauch zur Erhaltung des stabilen Gleichgewichts des Körpers;
- erhöhte Kreislaufbelastung durch ungünstige hydrostatische Verhältnisse in den Blutgefäßen (z. B. Blutansammlung in den Beinen bei stehender Arbeit);
- als Folge des Blutstaus Bildung von Ödemen (Austritt von Serum ins Gewebe) und Krampfadern;
- vorzeitige Ermüdung der Muskulatur durch gestörte Blutversorgung und Sauerstoffmangel;
- Bildung von Myogelosen aufgrund nicht abgeführter Milchsäure im Muskel.

Weiterhin sind bei ungünstigen Körperhaltungen möglich:

- Deformation der Füße (Senk- und Spreizfuß) durch dauerndes Stehen;
- Kompression der inneren Organe (Verdauungsstörungen) bei gebeugtem Sitzen;
- Wirbelsäulenverkrümmungen (z. B. Flach- und Rundrücken) bei zeitlich lang dauernder unphysiologischer Körperhaltung.

Beispiele für die *statische Haltearbeit* sind das Halten einer Montagevorrichtung oder das Führen des Schweißbrenners; für *statische Haltungsarbeit* können als Beispiele herangezogen werden: Arbeiten Arme über Kopf eines Kfz-Monteurs unterhalb von Fahrzeugen auf einer Hebebühne, Körperhaltung sitzend gebeugt bei der Tastaturbedienung, Körperhaltung kniend oder hockend in der Automobilmontage usw.

Eine Zwischenstellung nimmt die so genannte statische Kontraktionsarbeit ein. Darunter versteht man eine Abfolge statischer Kontraktionen, die durch kurze Erschlaffungsphasen unterbrochen wird. Die Haltearbeit währt also nur kurz.

Abbildung II-77
Statische und dynamische Muskelarbeit

	Muskelarbeit			
	statische Muskelarbeit		dynamische Muskelarbeit	
	statische Haltearbeit	statische Haltungsarbeit	einseitige dynamische Arbeit	Schwere dynamische Arbeit
eingesetzte Muskelgruppen	kleine oder große Muskelgruppen	Körper	kleine Muskelgruppen	große (schwere) Muskelgruppen
Engpass	Drosselung der Durchblutung durch ansteigenden Muskelinnendruck; starke Ermüdung auch schon bei niedrigen Aktionskräften	Zwangshaltungen können sehr ermüdend sein, da Durchblutung der Muskelpartien gedrosselt wird	Ermüdung der lokalen Muskelgruppe besonders bei hohen Bewegungsfrequenzen, Belastungsdauern und erforderlichen Kräften	Ermüdung des Herz-/Kreislaufsystems besonders bei langen Arbeitsdauern und eingesetzten Körperkräften
Beispiel	Gardinenstange montieren löten schweißen	Reifenwechsel Fußleiste anbringen Teppichboden verlegen	Textverarbeitung stricken bestücken	Mörtel mischen LKW beladen Treppen steigen

Im Gegensatz zur statischen Muskelarbeit stellt bei dynamischer Muskelarbeit der Wechsel zwischen Anspannung und Entspannung eine bessere Versorgungs- und Entsorgungslage des Muskels her. Die Blutgefäße werden nicht zusammengeschnürt, sondern im Gegenteil sogar erweitert, so dass die Durchblutung des Muskels bis auf das Zwanzigfache der Ruhedurchblutung ansteigen kann. Der Engpass bei der dynamischen Muskelarbeit liegt damit eher im Bereich der Förderkapazität von Herz und Kreislauf. Je nachdem, ob die Spannung in der Muskulatur größer oder kleiner als die außen angreifenden Kräfte ist, spricht man von positiv-dynamischer oder negativ-dynamischer Muskelarbeit. Im ersten Fall wird die chemische Energie im Muskel in Bewegungsenergie umgewandelt, im zweiten wird aus chemischer Energie Bremsenergie erzeugt.

Weiterhin wird nach der Größe bzw. Schwere der beteiligten Muskelgruppen die schwere dynamische Muskelarbeit von der einseitig dynamischen Muskelarbeit unterschieden.

Bei der schweren dynamischen Muskelarbeit werden mehr als ein Siebtel der Körpermuskelmasse eingesetzt – also z. B. der Schultergürtel oder die Beckenmuskulatur –, bei der einseitig dynamischen Muskelarbeit dagegen weniger als ein Siebtel der Körpermuskelmasse, dafür jedoch mit höheren Bewegungsfrequenzen. Beispiele für schwere dynamische Muskelarbeit sind Sand schaufeln, Gehen mit und ohne Last, Besteigen einer Leiter; Beispiele für einseitig dynamische Muskelarbeit sind Montage von Elektromotoren, Platinen bestücken oder Fahren eines PKWs.

Das letzte Beispiel gehört auch zur Gruppe der so genannten *sensomotorischen Arbeit*, einer Form der Muskelarbeit also, die durch komplexe Bewegungsabläufe mit unterschiedlichen sensorischen und motorischen Anteilen charakterisiert wird. Die sensorischen Anteile bestehen dabei aus Perzeptionsvorgängen (Perzeption = Wahrnehmung), vorwiegend aus dem optischen, akustischen und haptischen Bereich. Die motorischen Anteile, die von der vorangegangenen oder gleichzeitigen Perzeption gesteuert werden, können einfach oder komplex sein.

Die oben beschriebenen Arbeitsaufgaben, die die Belastungen im Arbeitssystem beschreiben, führen bei verschiedenen Mitarbeitern sowie auch bei einem Mitarbeiter zu unterschiedlichen Zeitpunkten im Regelfall zu unterschiedlichen Beanspruchungen. Es werden damit die Eigenschaften, Fähigkeiten und Fertigkeiten sowie auch die individuellen Freiheitsgrade berücksichtigt, die der Mensch bei Arbeitsvollzügen hat. Seine Konzentration und Motivation beeinflusst die Aktivitäten im Arbeitssystem und damit auch die nach außen abgegebene Leistung.

Hinter den Handlungen bzw. Aktivitäten verbergen sich die zeitvarianten Anpassungsvorgänge, die zu einer Verminderung der Beanspruchungen bei konstanten Aktivitäten und Belastungen sowie zu einer Erhöhung der Aktivitäten bei konstanten Beanspruchungen führen können. Dieser Sachverhalt ist also positiv zu interpretieren, denn Übung oder Training bewirken eine Beanspruchungsminderung bzw. eine Leistungsverbesserung. Negativ ist dagegen die Beanspruchungssteigerung bzw. Leistungsverschlechterung durch z. B. Ermüdung, Monotonie oder psychische Sättigung zu interpretieren. Mit diesem Sachverhalt ist dann zu rechnen, wenn während der Arbeit Dauerleistungsgrenzen erreicht und überschritten werden. Die Aktivitäten bzw. Handlungen des Menschen sind demnach über Anpassungen und Funktionsminderungen mit den individuellen Eigenschaften, Fähigkeiten und Fertigkeiten rückgekoppelt.

Arbeitsformen lassen sich auch nach der Tätigkeitsart und dem Aktivitätsniveau gliedern.[126] Stehen zum Beispiel Kontroll-, Überwachungs- und Steuerungstätigkeiten im Vordergrund, dann ist die Belastung abhängig von der

- Dauer ununterbrochener Beobachtungsperioden,
- Anzahl zu beobachtender Objekte,
- Häufigkeit der Steuerungstätigkeiten sowie von
- Größe und Toleranzen der zu justierenden oder zu montierenden Objekte.

Beobachtungs- und Steuerungstätigkeiten können durch ungünstige Umgebungseinflüsse erschwert werden (z. B. Blendung, Lichtmangel, Lärm).

Die Belastungsgliederung nach dem Aktivitätsniveau unterscheidet u.a.

- geistige Tätigkeiten im engeren Sinne,
- einförmige Tätigkeiten,
- Mangel an aktiver Betätigung.

Bei geistiger Tätigkeit im engeren Sinne sind das selbstständige Erfassen und Durchdringen von Zusammenhängen, das Vergleichen und Beurteilen von Sachverhalten sowie das Ableiten allgemeiner Schlüsse oder Urteile erforderlich.

Als einförmige (monotone) Tätigkeiten sind solche anzusehen, bei denen sich gleiche Ablaufabschnitte regelmäßig wiederholen und die Tätigkeit bei geringer körperlicher Beanspruchung in einer insgesamt reizarmen Umgebung erfolgt. Der Arbeitsablauf schließt jedoch Nebentätigkeiten aus.

Eine Tätigkeit ohne erkennbare Bewegungen bzw. ohne aktive muskuläre Belastungsmöglichkeit liegt dann vor, wenn an einem Arbeitsplatz eine ständige Arbeits- und Handlungsbereitschaft erforderlich ist, obwohl aufgrund des Arbeitsverfahrens ein Eingreifen des Menschen in das Produktionsgeschehen nur in Ausnahme- oder Störungsfällen notwendig und möglich ist. Eine Beanspruchung durch derartige Tätigkeiten entsteht dann, wenn die Einsatzbereitschaft ständig und über einen längeren Zeitraum hinaus aufrecht erhalten werden muss und der Mensch von seiner mitmenschlichen Umgebung weitgehend isoliert ist (z. B. Schaltwarte in Kraftwerk, Überwachung automatischer Fertigungsprozesse).

---

126 Rohmert, W.; Landau, K.: a. a. O.

6.3 Bewertungsebenen

Mit den Begriffen Wertschöpfung und Wertstrom ist ohne Zweifel neben der monetären auch die nicht-monetäre Bewertung verbunden. Die MTM-Gestaltungssystematik basiert darauf, dass Arbeitssysteme gleichermaßen ökonomisch und human sein müssen. Zur ökonomischen Bewertung, beispielsweise in Form von Produktivitätskennzahlen, wurde schon Stellung genommen (Teil I, Kap. 2). Für die humanitäre Bewertung hat sich in den letzten Jahren das folgende hierarchische Beurteilungskonzept durchgesetzt (Abbildung II-78).[127]

Abbildung II-78
Bewertungshierarchie für Arbeitssysteme

Die praktische Anwendung arbeitswissenschaftlicher Erkenntnisse muss primär darauf ausgerichtet sein sicherzustellen, dass menschliche Arbeit überhaupt ausführbar ist.

Die zeitlich kurzfristige und als Maximum zu verstehende Grenze menschlicher *Ausführbarkeit* stellt ein anthropometrisches, biomechanisches oder psychophysisches Problem dar. Grenzen dieser Ausführbarkeit sind beispielsweise maximale Reichweiten der Gliedmaßen, maximale Muskelkräfte, Mindestreaktionszeiten.
Für den praktischen Arbeitseinsatz des Menschen in Arbeitssystemen interessiert diese – unter Umständen nur ein einziges Mal erreichbare – Ausführbarkeitsgrenze jedoch in der Regel nicht. *Erträglichkeitsgrenzen* sind nicht nur physikalisch gesehen in bestimmter Weise langfristiger als Ausführbarkeitsgrenzen; es handelt sich vielmehr um physiologisch bzw. biochemisch definierte Ausdauergrenzen.

Eine derartige Erträglichkeitsgrenze ist beispielsweise die Dauerleistungsgrenze, welche die höchstmögliche Intensität einer bestimmten Belastungsmodalität darstellt, bei der gerade noch keine zeitabhängige Störung von (physiologischen und biochemischen) Gleichgewichtszuständen beim arbeitenden Menschen auftreten. Dabei wird sichergestellt, dass diese Arbeitsintensität bei täglicher Wiederholung einer 8-Stunden-Schicht ein Arbeitsleben lang ohne gesundheitliche Beeinträchtigung möglich ist.

---

127 Rohmert, W.: Beurteilungskriterien der Arbeit. In: Landau, K.; Stübler, E. (Hrsg.): Die Arbeit im Dienstleistungsbetrieb. Stuttgart: Ulmer, 1992, S. 8–31.

In der dritten Beurteilungsebene wird die Frage behandelt, ob Arbeitsaufgaben und -umgebung so gestaltet sind, dass sie den Erwartungen der Mehrzahl potenzieller Nutzer entsprechen, also kollektive Konsense ermöglichen. Man spricht hier von der *Zumutbarkeit* der Arbeit.

In der vierten Beurteilungsebene werden Individualaspekte beurteilt. Insbesondere geht es um die zwei Fragen, wie den in arbeitsteiligen Prozessen eingebundenen Menschen unter diesen Arbeitsbedingungen *Zufriedenheit* zu vermitteln ist und wie eine ihrer Persönlichkeitsentwicklung zuträgliche Einbindung in Arbeitsprozesse möglich ist.

In der fünften Beurteilungsebene werden die Fragen nach der Sozialverträglichkeit der Arbeitsorganisation sowie die Möglichkeit, aktive Beiträge zur Gestaltung der eigenen Arbeit zu leisten, berücksichtigt.

Durch die hierarchische Gliederung der Bewertungsebenen von der Ausführbarkeit bis zur subjektiven Zufriedenheit und der Sozialverträglichkeit wird gleichzeitig verdeutlicht, dass auch für das Anstreben von Arbeitsbedingungen zum Erreichen einer hohen subjektiven Arbeitszufriedenheit der eingesetzten Arbeitsperson die Methoden und Kriterien zur Beurteilung der Ausführbarkeit und Erträglichkeit Voraussetzung sind.

6.4 Belastung und Leistung

An der Mensch-Maschine-Schnittstelle im *Arbeitssystem* ergeben sich aus dem Arbeitsinhalt und aus der Arbeitsumgebung objektive (Teil-)Belastungen des Menschen. Dazu zählen solche aus der

- Informationsaufnahme,
- Informationsverarbeitung,
- Informationsabgabe bzw. Handlung.

Abbildung II-79 zeigt ein schematisches und stark vereinfachtes Handlungsmodell des Menschen.

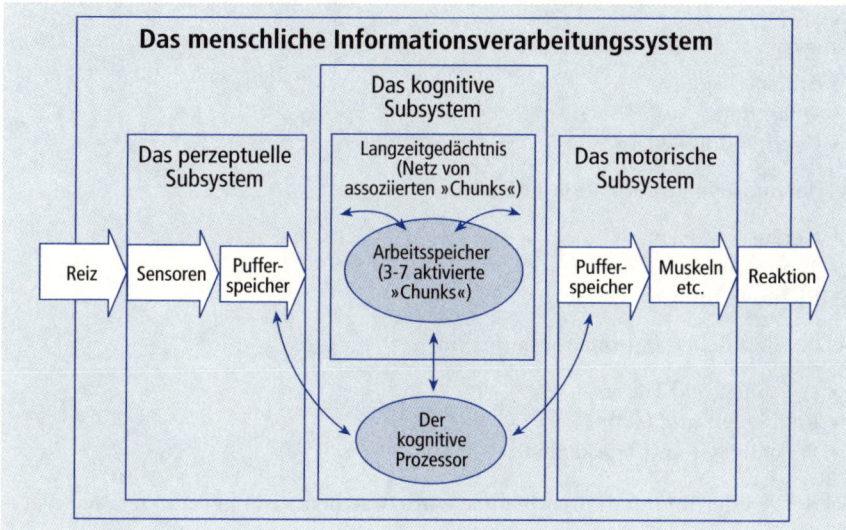

Abbildung II-79

Konzept der Informationsverarbeitung und der Handlung des Menschen[128]

6.4.1 Anforderungsbereich »Informationsaufnahme« (Perzeption)

Anforderungen aus der *Informationsaufnahme* spielen im Kontext der möglichen Tätigkeitsanforderungen eine besondere Rolle: Der Mensch ist nur dann in der Lage, gemäß der Arbeitsaufgabe zu handeln, wenn die Informationen, die das Arbeitssystem erreichen oder im Arbeitssystem selbst entstehen, durch Sinnesleistungen der Arbeitsperson zu Wahrnehmungen verarbeitet werden. Informationen aus und für den Arbeitsprozess sind demnach die Input-Variablen des Teil-Systems »Mensch am Arbeitsplatz«.

Sinnesleistung und Wahrnehmung werden im Folgenden als »Informationsaufnahme« zusammengefasst. Qualität und Quantität der Informationsaufnahme werden nun bestimmt durch:[129]

---

128 Harmon, P.; King, D.: Expertensysteme in der Praxis. München: Moderne Industrie 1986.
129 Kirchner, J. H.; Rohmert, W.: Ergonomische Leitregeln zur menschengerechten Arbeitsgestaltung. München: Hanser, 1974.

- die Art der Information,
- die angesprochenen Sinnesorgane,
- die Sinnesdimensionen entsprechend dem aufnehmenden Sinnesorgan,
- die Erkennungsart,
- die Aussagefeinheit und -genauigkeit,
- Störeinflüsse entsprechend dem aufnehmenden Sinnesorgan.

Dabei versteht man unter den Sinnesdimensionen bei der visuellen Informationsaufnahme die Merkmale:

- Struktur,
- Muster,
- Farbe,
- Form,
- Größe,
- örtliche Lage,
- Quantität,
- Geschwindigkeit;

bei der auditiven Informationsaufnahme:

- Geräuschmuster,
- Tonunterschiede,
- Richtung des Geräuschs;

bei der haptischen Informationsaufnahme:

- Weichheit und Härte,
- Rauhigkeit und Glätte,
- Feuchtigkeit und Trockenheit.

Bei der Art der Informationsaufnahme wird zwischen absoluter und relativer Beurteilung unterschieden.

Beim absoluten Unterscheiden müssen Signale mit im Gedächtnis gespeicherten Mustern verglichen und auf dieser Basis identifiziert werden, während beim relativen Unterscheiden lediglich zwei oder mehrere Signale bezüglich einer oder mehrerer Dimensionen verglichen werden müssen. Das relative Unterscheidungsvermögen ist deswegen um mehrere Zehnerpotenzen größer als das absolute. Werden bei der informationstechnischen Arbeitsgestaltung Signaldarbietungen verwendet, die relatives oder absolutes Unterscheiden verlangen, so können damit beträchtliche Unterschiede in der Arbeitsschwierigkeit am untersuchten Arbeitsplatz auftreten.

Während bisher unterstellt wurde, dass die Anpassung der Arbeit an den Menschen als das arbeitswissenschaftliche Globalziel in der Regel darin besteht, die Arbeitsperson vor Überlastung zu schützen – hier also vor Überlastung der Sinnesorgane und Wahrnehmungsprozesse –, ist es gerade dieser Anforderungsbereich Informationsaufnahme, der häufig in unserer industriellen Arbeitswelt auch durch Unterbeanspruchung gekennzeichnet werden kann. Dies trifft z. B. dann zu, wenn bei Dauerüberwachungsaufgaben zeitlich seltene Reize entdeckt und erkannt werden müssen. Eine solche Situation wird als Vigilanzsituation bezeichnet.

Ein anderer Sachverhalt mit einer Tendenz zur Unterbeanspruchung bei der Informationsaufnahme ist das Erkennen stereotyp sich wiederholender eintöniger Vorgänge. Man spricht hier von der Monotoniesituation. Unterbeanspruchung bei der Informationsaufnahme wird auch treffend durch das Schlagwort »Überforderung durch Unterforderung« gekennzeichnet. Aufgabe der Arbeitsgestaltung ist es daher, das Repertoire der wahrzunehmenden Informationen den Möglichkeiten der Arbeitsperson durch Arbeitsstrukturierungsmaßnahmen anzupassen.

6.4.2 Anforderungsbereich »Informationsverarbeitung« (Kognition)

Das kognitive Teil-System des Menschen muss die Selektion und die Kodierung der Information durchführen, die in den Pufferspeichern kurzfristig zwischengespeichert wurden. In einer sehr großen Vereinfachung kann man sich die Arbeitsweise des kognitiven Teil-Systems wie diejenige einer EDV-Zentraleinheit (CPU) vorstellen, bei der nach einem bestimmten Algorithmus Informationen aus den verschiedenen Pufferspeichern in Form von »Erkennen /Verarbeiten«-Zyklen abgerufen und einer kognitiven Behandlung unterzogen werden. Die Länge eines solchen kognitiven Verarbeitungszyklus wird mit ca. 70 ms angegeben.

Je eher der Mensch ihm bereits bekannte Informationen bearbeitet, umso eher werden – der Unterprogramm-Technik in der EDV entsprechend – motorische Routinen abgerufen, die keiner weiteren kognitiven Behandlung bedürfen. Je eher die Arbeitsperson also kurzzyklisch repetitive Tätigkeiten mit demnach hohen Wiederholungsfrequenzen auszuführen hat, umso eher wird eine direkte Beziehung zwischen Informationsaufnahme und Informationsausgabe /Handlung bestehen, bei der das Teil-System Informationsverarbeitung lediglich der Informationsübertragung dient.

Je komplexer dagegen die zu behandelnde Arbeitsaufgabe ist, desto eher muss das kognitive Teil-System neben den kurzfristigen Pufferspeichern auch das Langzeitgedächtnis heranziehen. Zur Organisation dieses Langzeitgedächtnisses liegen sehr viele verschiedenartige Modellvorstellungen vor. Diese gehen z. B. davon aus, dass Gedächtnisinhalte in Form ablauforientierter »Scripts« (Drehbücher) oder aber der Vernetzung von »Chunks« (Informationseinheiten) organisiert sind.

Durch Lernen und Behalten entstehen Vernetzungen zwischen den »Chunks«, diese Vernetzungen können sich verstärken oder in anderer Weise verändern. Etwa 4 bis 7 solcher »Chunks« können zur gleichen Zeit im Kurzzeitgedächtnis behalten werden. Konzentriert man sich dagegen auf einen einzigen »Chunk«, so können immer mehr Knoten um den Kern des »Chunks« (Abbildung II-80) dem kognitiven Prozessor verfügbar gemacht werden. Mit dem Fortschreiten zu neuen aktivierten »Chunks« verlieren die zurückliegenden wieder an Zugriffsgeschwindigkeit. Nach diesem Aktivierungsmodell kann man sich demnach das Langzeitgedächtnis als ein Netzwerk von »Chunks« vorstellen, das gleichzeitig an 4 bis 7 »Brennpunkten« wie unter einem Mikroskop betrachtet wird.

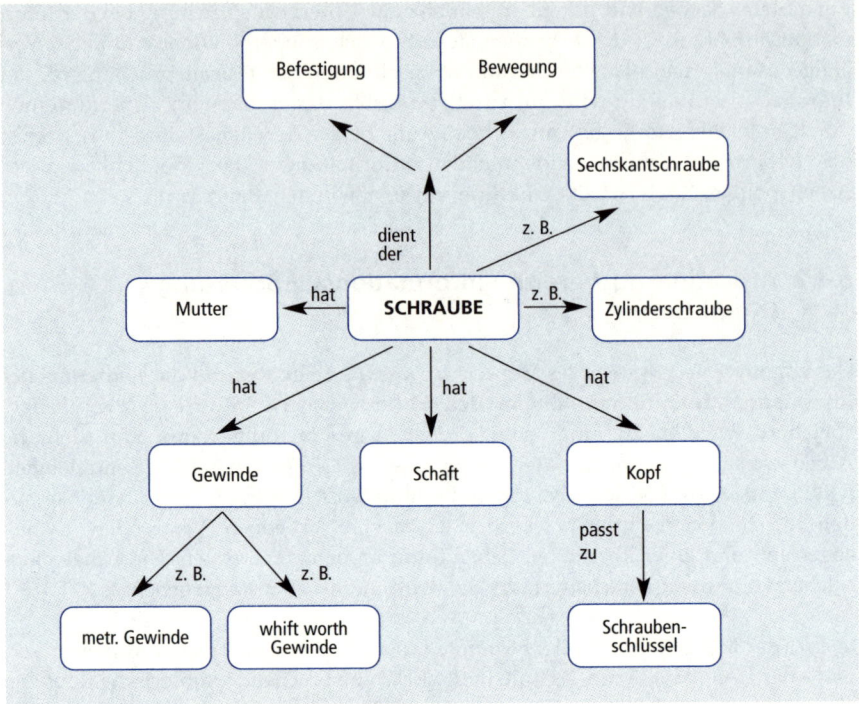

6.4.3 Anforderungsbereich »Informationsausgabe/Handlung« (Motorik)

Nach der Informationsaufnahme und -verarbeitung wird die als sinnvoll ausgewählte Reaktion in eine Handlung umgesetzt. Dazu müssen noch motorische Prozessoren Muskelreaktionen auslösen. Hinzu kommt die Organisation und direkte Kontrolle der auszuführenden Handlung. Hier zeigen sich insbesondere die notwendigen Fertigkeiten, die zu hochwirksamen Muskelreaktionen führen können.

Von besonderer Bedeutung sind bei der Koordination von Informationsaufnahme und Handlung die so genannten sensomotorischen Aufgaben und die damit verbundenen Fertigkeiten. Zu den sensomotorischen Verrichtungen gehören z. B. in der Elektrotechnik:

- das Löten,
- das Verdrahten oder
- das »Wirewrappen« im Maschinenbau,
- das Montieren kleiner Teile,
- Steuerungstätigkeiten (z. B. Kranführen) sowie
- in sehr vielen Branchen Verpackungsarbeiten.

Sensomotorische Aufgaben erfordern eine hohe Koordinationsgeschicklichkeit beim Einsatz der verschiedenen Körperglieder, insbesondere der Hände und Finger. Die unmittelbare Informationsrückkoppelung nach Ablauf einer Bewegung ist für den

Erfolg oder Misserfolg einer sensomotorischen Aufgabe entscheidend. Je effizienter Sensorik und Motorik kommunizieren können, um so größer wird der Arbeitserfolg bei sensomotorischen Aufgaben bemessen sein. Das Anlernen sensomotorischer Fertigkeiten konzentriert sich damit darauf, unmittelbar bevorstehende motorische Prozesse zu antizipieren und diese später – ähnlich der DV-Unterprogrammtechnik – einfach »abzurufen«.

6.5 Das Leistungsangebot des Menschen

6.5.1 Leistungsfähigkeit und Leistungsbereitschaft

Der Begriff Leistung ist aus der Physik als pro Zeiteinheit aufgewendete Energie bzw. erbrachte Arbeit bekannt. In der Ökonomie wird unter Leistung jedes sachzielbezogene geldbewertete Ergebnis eines Wirtschaftsprozesses verstanden. Arbeitsleistung in der Arbeitswissenschaft orientiert sich am ökonomischen Verständnis und wird als auf die Zeiteinheit bezogenes Arbeitsergebnis eines Arbeitssystems verstanden.

In der industriellen Arbeitswelt, in Büro und Verwaltung stehen immer die Leistungserwartungen dem Leistungsangebot des Einzelnen gegenüber. Dieses *Leistungsangebot* setzt sich zusammen aus *Leistungsfähigkeit* und *Leistungsbereitschaft* (Abbildung II-81). Die Leistungsfähigkeit ist geprägt von den Eigenschaften des Menschen. Geschlecht, Alter, Körperbau und Gesundheitszustand spielen hier eine große Rolle. In der Aus- und Weiterbildung werden Kenntnisse erworben und während des Berufslebens Erfahrungen gesammelt. Training und Übung verbessern und stabilisieren bestimmte Eigenschaften und Fertigkeiten.

Abbildung II-81

Zusammensetzung des Leistungsangebots

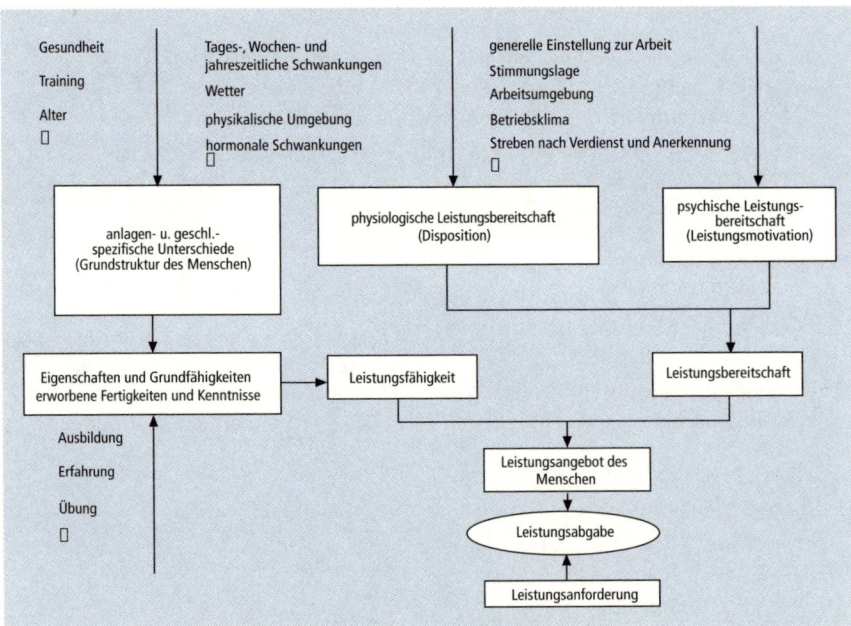

Die zweite Komponente des Leistungsangebotes wird als Leistungsbereitschaft bezeichnet. Sie kennzeichnet das Ausmaß der Leistungsabgabe des Menschen bei unterschiedlichen internen und externen Bedingungen. Die Leistungsbereitschaft setzt sich zusammen aus der physiologischen Leistungsbereitschaft, die abhängig ist von tageszeitlichen oder mit der Jahreszeit einhergehenden Veränderungen und auch von physikalischen Umgebungsfaktoren beeinflusst wird, und der psychologischen Leistungsbereitschaft (auch Leistungsmotivation), die von der Einstellung zur Arbeit, von inneren Antrieben und von äußeren Bedingungen der Arbeit abhängt.

Die Leistungserwartungen der Umwelt haben nicht nur eine zeit- oder mengenmäßige Dimension, sie umfassen auch die Güte der Leistungsbeiträge. Die Leistungsfähigkeit des einzelnen umfasst sowohl eine kurzfristige Höchstleistungsfähigkeit als auch eine in der Regel niedrigere Dauerleistungsfähigkeit, die ein ganzes Arbeitsleben erbracht werden kann. Die aktuelle Leistungsfähigkeit ist keine konstante Größe, sie wird von inneren und äußeren Bedingungen bestimmt, die miteinander in Wechselwirkung stehen, z. B. Veranlagung, Geschlecht, Erfahrung, Grundfähigkeiten, Kenntnisse und erworbene Fertigkeiten.

Die Leistungsfähigkeit stellt die theoretische maximale Kapazität eines Menschen dar, über die er verfügen kann. Inwieweit der Mensch die Leistungsfähigkeit ausschöpft, wird durch die Leistungsbereitschaft beeinflusst.

Die Leistungsfähigkeit des arbeitenden Menschen hängt demnach von seinen Eigenschaften und Grundfähigkeiten, aber auch von seinen Kenntnissen und Fertigkeiten ab. Fähigkeiten, Kenntnisse und Fertigkeiten unterliegen zum Teil beachtlichen interindividuellen und intraindividuellen Streuungen, deren Beachtung bei der Gestaltung von Arbeitssystemen erforderlich ist. Bei interindividuellen Häufigkeitsverteilungen handelt es sich häufig um Normalverteilungen, z. B. von Körperabmessungen, intraindividuelle Häufigkeitsverteilungen haben dagegen sehr oft eine linkssteile Form, da hier Mindestwerte infolge natürlicher Begrenzungen nicht unterschritten werden können. Hierzu zählt z. B. die Fingergeschicklichkeit einer Arbeitsperson beim mehrfachen Wiederholen eines Geschicklichkeitstests. Eine Vielzahl von Eignungsmerkmalen sind voneinander abhängig und beeinflussen sich gegenseitig, so z. B. Körpergröße und Armreichweite, Berufserfahrung und Alter. Diese Abhängigkeiten können dazu dienen, Leistungsunterschiede infolge interindividueller Unterschiede in den Eignungsmerkmalen zu vermeiden. So kann z. B. geringere Fertigkeit durch größere Arbeitserfahrung kompensiert werden.

6.5.2 Geschlecht und Leistungsfähigkeit

Für die Arbeitsgestaltung im Produktionsbetrieb kann die Berücksichtigung der besonderen Eigenschaften und Fähigkeiten weiblicher Arbeitnehmer von Bedeutung sein.

Von den körperlich-biologischen Gegebenheiten ausgehend, gelten für die Frau im Verhältnis zum Mann in Bezug auf die Muskelkapazität und Leistungsfähigkeit bei physischer Arbeit folgende Unterschiede:

- Körpergröße und Körpergewicht sind kleiner,
- größerer Fettanteil, weniger Muskelmasse,
- verhältnismäßig kleineres Herzvolumen,
- weniger Hämoglobinmasse,
- kleineres Luftaufnahmevermögen,
- größerer Leistungspulsindex (Maß für die Leistungsfähigkeit des Herz-Kreislauf-Systems),
- größerer Grundumsatz (kJ/Tag; bezogen auf Alter, Größe und Gewicht),
- weniger Körperoberfläche pro Körpergewichtseinheit.

Weitere morphologische Unterschiede (unterschiedliche Proportionen der einzelnen Körpergliedmaßen) sind zu beachten.

Beim Arbeitseinsatz von Frauen sind daher aus arbeitsphysiologischer Sicht bei der Arbeitsgestaltung folgende Faktoren zu berücksichtigen:

- kleinere Muskelkräfte,
- kleinere Stellungskräfte,
- ungünstigere Kraftübersetzungsverhältnisse (Hebelgesetz),
- höhere Belastung durch Eigengewichte,
- beschränkte Dauer des Stehens,
- niedrigere energetische Dauerleistungsgrenze.

Bei der Betrachtung der *Körperkräfte* und ihrer Abhängigkeit vom *Geschlecht* zeigt sich, dass Frauen im Mittel etwa 80 % der von Männern erzeugten Kräfte aufbringen können. Dabei gehen die Körperkräfte – ebenso wie beim Mann – mit dem Lebensalter zurück (Abbildung II-82).

Die kardiovaskuläre Leistungsfähigkeit[130] der Frau macht etwa 70–75 % der Leistungsfähigkeit des Mannes aus.

Abbildung II-82

Verlauf der Körperkräfte in Abhängigkeit von Alter und Geschlecht

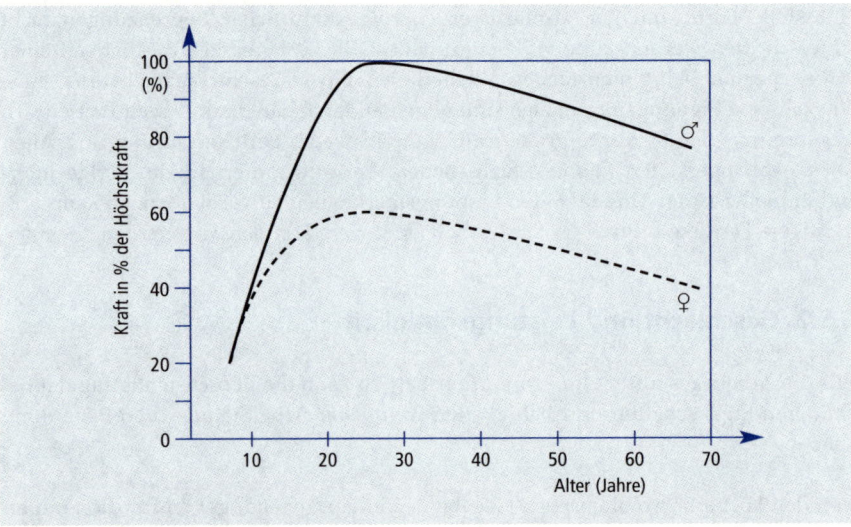

Fragt man nach der Auswirkung schwerer dynamischer Arbeit auf Frauen, so wird bei weiblichen Arbeitnehmern schneller eine Erhöhung der Herzschlagfrequenz von etwa 30–40 Schlägen oberhalb der Ruheherzschlagfrequenz erreicht als bei Männern. Hierfür ist das leichtere Herz der Frau, das mit einer stärkeren Förderfrequenz auf Belastungen reagieren muss, verantwortlich. Ferner ist der geringere Hämoglobin-Anteil im Blut der Frau zu bedenken. Damit wird der Sauerstofftransport im Organismus weniger wirksam, für die Sauerstoffversorgung wird

---

130 Die Leistungsfähigkeit des Herz-Kreislauf-Systems.

mehr Zeit benötigt. Darüber hinaus ist die Vitalkapazität[131] etwa 33 % geringer als beim Mann. Da die Frau bei der Arbeit ihr Atemvolumen nicht so stark wie der Mann vermehren kann, muss sie zur Erreichung höherer Ventilationsgrößen auch bei der Atmung im Wesentlichen die Frequenz steigern.

Geschlechtsunterschiede bestehen jedoch nur im Hinblick auf die Höhe energetisch-effektorischer Dauerleistungsgrenzwerte. Ein gleiches relatives Überschreiten von Dauerleistungsgrenzwerten bedeutet für Männer und Frauen, dass sie mit der gleichen Muskelermüdung zu rechnen haben, die durch gleich lange Erholungspausen kompensiert werden muss. Bei einem gleichen relativen Überschreiten von Dauerleistungsgrenzwerten bestehen also keine Geschlechtsunterschiede. Dies ist für statische Haltearbeit und dynamische Muskelarbeit nachgewiesen und es ist auch für psychisch beanspruchende Tätigkeiten zu vermuten[132].

Bezüglich Muskulatur und Herz-Kreislauf-System gilt es weiterhin zu bedenken, dass die Trainierbarkeit von Frauen nicht schlechter ist als die der Männer. Trainings- oder Erhaltungsreize aus dem täglichen Leben sowie aus dem Sport können demnach biologisch begründete Nachteile der Frau wieder ausgleichen.

Dennoch hat die Arbeitsgestaltung dem niedrigeren energetisch-effektorischen Dauerleistungsgrenzwert der Frau durch eine systematische Anpassung von Arbeitsplatz, Arbeitsumgebung und Arbeitsorganisation Rechnung zu tragen. Dies gilt insbesondere auch für die Arbeitsplatzabmessungen, die auf die geringere Körperhöhe (im Durchschnitt 10 cm) und das geringere Gewicht (durchschnittlich 10 kg weniger) der Frau abgestimmt werden müssen. Das Frauenskelett zeichnet sich durch kürzere und leicht einwärts gestellte Gliedmaßen aus – hier besteht eine Auswirkung auf Unfälle durch Stolpern und Hinfallen.

Bei der Betrachtung der Fingergeschicklichkeit zeigt sich in zahlreichen Geschicklichkeitstests, dass Frauen im Mittel 6–10 % geschickter als die Männer sind. Dieser Vorteil ist vor allem in den günstigeren anthropometrischen Proportionen der weiblichen Hand begründet. Stellt die Praxis höhere Geschicklichkeitsunterschiede zwischen Mann und Frau fest, so ist dies nicht auf konstitutionelle Eigenschaften, sondern auf hochgradige Übung und die Erfüllung von Rollenerwartungen zurückzuführen.

Arbeitsrelevante psycho-physische Differenzen zwischen Männern und Frauen konnten in experimentellen Untersuchungen nicht nachgewiesen werden. So ist z. B. die größere angenommene Monotoniefestigkeit von Frauen primär von der Persönlichkeitsstruktur, d.h. Extraversion oder Introversion, von der Fähigkeit zur Handlungsautomatisierung und der Duldungsbereitschaft aufgrund von Rollenerwartungen abhängig, nicht jedoch primär vom Geschlecht.

---

131 Vitalkapazität: Das maximale Atemhubvolumen.
132 Schmidtke, H.: Ergonomie. München: Hanser, 1993.

Durch Menstruation, Schwangerschaft und Klimakterium der Frau müssen nicht unbedingt Verminderungen der Leistungsfähigkeit hervorgerufen werden. In einer Reihe von Untersuchungen zeigten sich bei diesen Ereignissen jedoch Unterschiede in der vegetativen Steuerung vieler Funktionen des Körpers, so dass auch hier eine entsprechende technisch/organisatorische Arbeitsgestaltung zum Schutz der weiblichen Arbeitnehmer vorhanden sein muss.

Der Arbeitseinsatz von Frauen ist durch einen gesetzlichen Arbeitsschutz geregelt. Dieser gliedert sich in

- einen Arbeitszeitschutz (gesundheitliches und kulturelles Ziel durch Festsetzung der Höchstdauer der täglichen Arbeitszeit, von Pausen und Ruhezeiten, durch Festlegung der Sonn- und Feiertagsruhe)
- und einen Betriebs- und Gefahrenschutz (Schutz des Lebens und der Unversehrtheit gegen Unfall, Schutz der Gesundheit vor Krankheit und Schutz der werdenden Mutter).

Aus einem gesetzlichen Arbeitsschutz können Beschäftigungseinschränkungen und Benachteiligungen arbeitender Frauen entstehen[133].

6.5.3 Alter und Leistungsfähigkeit

Das *Altern* im Beruf muss vor dem Hintergrund der allgemeinen Lebensentwicklung betrachtet werden, d. h. das Altern ist als ein kontinuierlicher Prozess anzusehen und nicht als ein mit der Pensionierung plötzlich auftretendes Phänomen. Der Alterungsprozess bringt Veränderungen physischer Vorgänge, aber auch psychischer Abläufe und sozialer Verhaltensweisen mit sich. So lässt sich der Begriff »älterer Arbeitnehmer« auch nicht eindeutig definieren, sondern nur anhand verschiedener Kriterien umschreiben. Dabei differieren in der Literatur die Auffassungen, ab wann von älteren Mitarbeitern zu sprechen ist, erheblich.

Nach der Definition der OECD stehen ältere Arbeitnehmer in der zweiten Hälfte ihres Berufslebens, haben das Pensionierungsalter noch nicht erreicht und sind gesund. Der Anteil der 45- bis 65-Jährigen an der gesamten Arbeitnehmerzahl liegt derzeit bei etwa 33 % mit steigender Tendenz.

---

133 Fragen der Diskriminierung der Frauenarbeit wurden aus arbeitswissenschaftlicher Sicht umfassend untersucht. Hierzu sei auf die einschlägige Literatur verwiesen, z. B. : Rohmert, W.; Rutenfranz, J; Luczak, H.: Arbeitswissenschaftliche Beurteilung der Belastung und Beanspruchung an unterschiedlichen industriellen Arbeitsplätzen. In: Rohmert, W.; Rutenfranz, J. (Hrsg.): Arbeitswissenschaftliche Beurteilung der Belastung und Beanspruchung an unterschiedlichen industriellen Arbeitsplätzen. Bonn: Bundesminister für Arbeit und Sozialordnung, Referat Öffentlichkeitsarbeit 1975, S. 15–250.
Landau, K.; Rohmert, W.; Rutenfranz, J: Arbeitsanforderungen und Geschlecht – Neue Ergebnisse zur Frage möglicher Diskriminierung der Frauenarbeit. In: Hackstein, R.; Heeg, F.-J.; Below, F.v (Hrsg.): Arbeitsorganisation und Neue Technologien. Berlin, Heidelberg, New York, London, Paris, Tokio: Springer Verlag, 1986, S. 511–551.
Eckert, R. (Hrsg.): Geschlechtsrollen und Arbeitsteilung. München: C. H. Beck, 1979.

In Anbetracht der derzeitigen Arbeitsmarktsituation ist dies kein unbedeutender Prozentsatz, bedenkt man, dass die Tendenz zu länger andauernder Arbeitslosigkeit bei den über 40-Jährigen anhält und die Arbeitslosenquote älterer Arbeitnehmer, bedingt durch eine erschwerte Wiedereingliederung in den Arbeitsprozess, relativ hoch ist. Andererseits leiden viele Produktionsbetriebe unter einem Mangel an qualifiziertem Fachpersonal. Es wäre daher wünschenswert, ältere Mitarbeiter mit einer großen Arbeits- und Lebenserfahrung wiedereinzugliedern oder aber dort auf Dauer zu halten. Aus diesem Grunde besteht ein gewichtiger Anlass, sich mit dem Phänomen Alter und Leistungsfähigkeit auseinander zu setzen.

Bei der Betrachtung der physischen Leistungsfähigkeit (s. Abbildung II-83), interessiert die Entwicklung der Körperkräfte. Zunächst ist festzustellen, dass mit dem Alter die Muskelmasse abnimmt. Bei einer männlichen Arbeitsperson zwischen 20 und 30 Lebensjahren liegt die Muskelmasse im Durchschnitt bei etwa 35 Kilogramm, bei einem 70 Jährigen reduziert sie sich auf 20 bis 25 Kilogramm. Damit einher gehen chemische Veränderungen: Die Trockensubstanz in der Muskulatur steigt mit dem Lebensalter an; die Versorgung der Muskulatur mit Mineralien (z. B. Kalium) nimmt dagegen ab. Dementsprechend ist mit dem Höhepunkt der Muskelkraft sowohl bei den Männern als auch bei den Frauen im Alter zwischen 25 und 35 Jahren zu rechnen. Bei Arbeitspersonen, die kurz vor der Erreichung des Rentenalters stehen, kann noch von etwa 80 % der jugendlichen Maximalkraft ausgegangen werden.

Untersuchungen zeigen jedoch, dass sportlich gut trainierte ältere Mitarbeiter durchaus noch die Leistungen jüngerer, jedoch untrainierter Personen erreichen können. Oft kommt es bei älteren sportlich aktiven Mitarbeitern nur zu einem langsamen Nachlassen der Muskelkräfte ohne einen deutlichen Leistungsknick. Auch die kardiopulmonale Leistungsfähigkeit[134] sinkt mit dem Alter. Nach Abschluss der Wachstumsphase wird bei einem 20-Jährigen Menschen das Maximum der Sauerstoffaufnahme erreicht (z. B. bei männlichen Arbeitspersonen circa 3,5 l pro Minute). Bis zur Pensionierungsgrenze sinkt dieser Wert bei Männern auf circa 2,9 l pro Minute.

Mitverantwortlich für das Nachlassen der kardiopulmonalen Höchstleistungsfähigkeit ist eine geringere Flexibilität des Brustkorbs, die Verknöcherung der Rippenknorpel, die größere Starrheit der Wirbelsäule sowie die Abnahme der Elastizität und die Zunahme der Restluft in der Lunge. Diese Veränderungen führen auch zu einem Ansteigen der Blutdruckwerte mit dem Alter.

---

134 Leistungsfähigkeit des Herz-Lungen-Kreislaufsystems.

Abbildung II-83

Verlauf einiger aus-
gewählter Körper-
funktionen über
dem Alter[135]

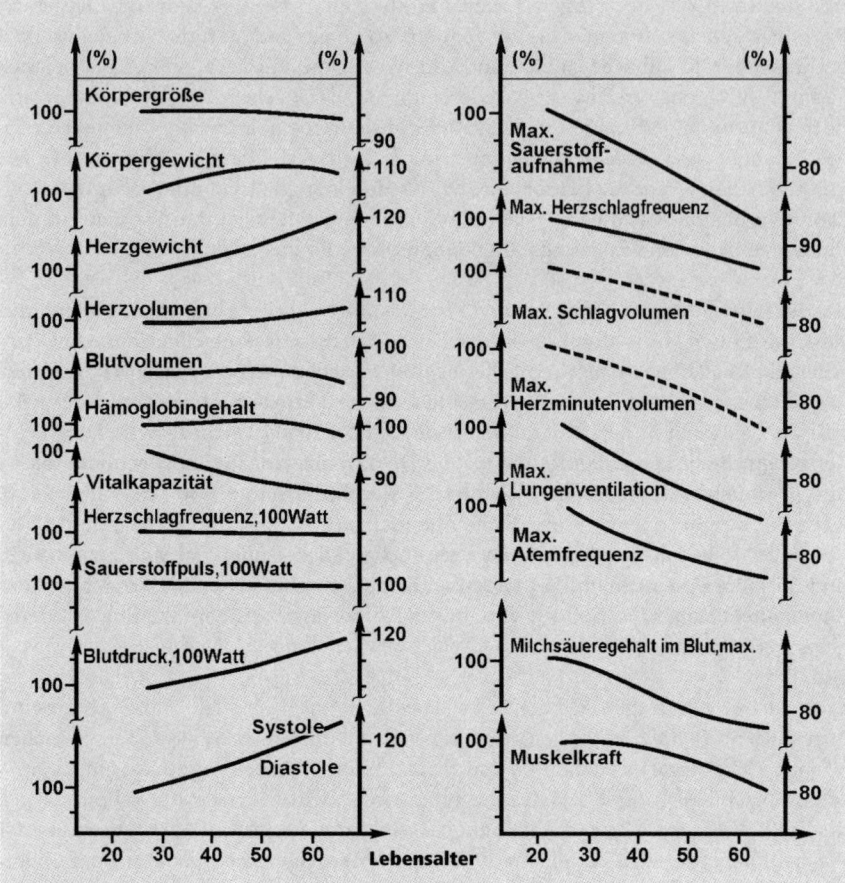

Während die Fähigkeit zu Maximalleistungen mit dem Alter sinkt, erreicht die energetische Dauerleistungsfähigkeit bei Frauen ab etwa 15 Jahren und bei Männern ab
etwa 20 Jahren einen Dauer- und Höchstwert, der noch bis zur Pensionierungsgrenze Gültigkeit besitzt.

Die für Produktionssysteme besonders wichtige Fähigkeit zu sensomotorischer Arbeit
nimmt beim älteren Menschen ab – dies trifft vor allem für einfache Arbeiten zu, die
mit hoher Geschwindigkeit verrichtet werden müssen. Auch die rein sensorischen
Leistungen gehen mit dem Alter zurück. Die Akkommodationsbreite des Auges verringert sich, die Adaptationsfähigkeit nimmt ebenfalls ab[136]. Der ältere Mensch hat vor
allem Mühe, sich auf große Helligkeiten einzustellen. Beim Arbeitseinsatz älterer
Menschen sollte demnach Blendung am Arbeitsplatz vermieden werden. Auf der
anderen Seite ist jedoch eine höhere Beleuchtungsstärke zum Ausgleich der im Alter
nachlassenden Sehschärfe erforderlich. Hierbei ist darauf zu achten, dass es durch die
Erhöhung der Beleuchtungsstärke nicht zu einer Zunahme der Blendgefahr kommt[137].

---

135 Vgl. Landau, K.: Alter und Leistungsfähigkeit. In: Landau, K.; Stübler, E. (Hrsg.): Die
    Arbeit im Dienstleistungsbetrieb. Stuttgart: Ulmer, 1992, S. 132.
136 Akkomodation: Einstellung auf bestimmte Sehentfernung
    Adaptation: Einstellung auf unterschiedliche Helligkeiten.
137 Zum Thema Beleuchtung s. Abschnitt 7.5.2.

Auch die auditiven Funktionen des alternden Menschen nehmen ab[138]. Bekannt ist hier vor allem der Hörverlust bei hohen Frequenzen, der sich ab dem 45. Lebensjahr besonders deutlich bemerkbar macht. Die Hörverluste durch Altersschwerhörigkeit verlaufen stetig über dem Frequenzgang. Davon unterscheiden sich die Hörverluste durch Lärmschädigungen, die bei etwa 4.000 Hertz ein Maximum erreichen[139].

Trotz des Nachlassens der sensorischen und motorischen Fähigkeiten und Fertigkeiten des Menschen muss es nicht unbedingt zu einem Leistungsabfall am Arbeitsplatz kommen. Zahlreiche Untersuchungen im Maschinenbau und in der Textilfertigung zeigen, dass der ältere Mitarbeiter das Nachlassen der Leistungsfähigkeit bei sensomotorischen Tätigkeiten durch eine zunehmende Arbeits- und Lebenserfahrung sowie auch durch eine höhere Arbeitszuverlässigkeit (über)kompensieren kann. Konsequenzen für die Arbeitsgestaltung bestehen lediglich darin, Leistungsvorgaben bei solchen Tätigkeiten, die auf hohe Taktzahlen bei geringen Arbeitsschwierigkeiten zielen, mit einem Alterskorrekturfaktor zu versehen. Bei getakteter Produktion sollte man Bandabschnitte, die vom Arbeitsablauf stark miteinander gekoppelt sind, mit Arbeitspersonen derselben Altersgruppe besetzen.

Die Untersuchungen der Intelligenzleistung über das Alter sind widersprüchlich. Dies hängt damit zusammen, dass die Definition der Intelligenz in der wissenschaftlichen Auseinandersetzung nicht einheitlich vorgenommen wird. Das Defizit-Modell der geistigen Leistungsfähigkeit, das von einem Altersabbau ausging und durch einige empirische Untersuchungen gestützt wurde, musste inzwischen revidiert werden. Belegt ist lediglich die altersbedingte Abnahme der Anpassungsfähigkeit auf schnell wechselnde Situationen. Andere Komponenten der Intelligenz bleiben jedoch über dem Alter konstant oder nehmen sogar noch etwas zu.

6.5.4 Schwankungen der Leistungsbereitschaft

Nur wenige Menschen können im Tagesablauf eine nahezu konstante Leistung erbringen, die Mehrzahl der Arbeits- und Privatpersonen weist dagegen eine schwankende Leistungshergabe auf. Es gibt zu diesem Thema eine über einhundert Jahre alte Forschung, die unter dem Motto »Arbeitskurve« durch Kraepelin und Graf zu Beginn des 20. Jahrhunderts und später durch skandinavische Forscher geprägt wurde[140]. Später hat sich insbesondere Hildebrandt der Untersuchung der Leistungsrhythmen gewidmet und sie vor allem im Zusammenhang mit der Schichtarbeit diskutiert[141]. Man geht davon aus, dass der Mensch einer ganzen Reihe periodischer Abläufe unterliegt (Kurz-, Mittel- und Langwellen), von denen die so genannte biologische Tagesrhythmik die bedeutsamste zu sein scheint. Synonym werden dazu die Begriffe *circardiane Rhythmik* und Tagesgang der *physiologischen Leistungsbereitschaft* verwendet.

---

138 Auditiv: über das Gehör.

139 Geräusche und Hörverlust werden mit dem (bewerteten) Schalldruckpegel dB(A) und der Frequenz in Hertz beschrieben.

140 Bjerner, B., Holm, A., Swensson, A.: Om Natt-och Skiftarbete, Statens Offentliga Utredningar (Stockholm) 51, 1948, S. 87.

141 Hildebrandt, G.: Rhythmusphänomenologie der Senumotorik. In: Landau, K.; Luczak, H.; Laurig, W.: Ergonomie der Sensumotorik: Festschrift anlässlich der Emeritierung von Herrn Prof. Dr.-Ing. W. Rohmert. München, Wien: Hanser, 1996, S. 1–9.

Eine historisch sehr bedeutsame Untersuchung ist die Analyse von Fehlaufschreibungen in den Schichtbüchern eines schwedischen Gaswerkes zwischen den Jahren 1912 und 1931[142]. Etwa 62.000 Notierungen wurden bezüglich der Aufschreibungsfehler bei einer dreischichtigen Arbeit untersucht (Abbildung II-84).

Abbildung II-84

Tagezeitliche Verteilung von 62.000 Ablesefehlern in einem schwedischen Gaswerk in den Jahren 1912-1913

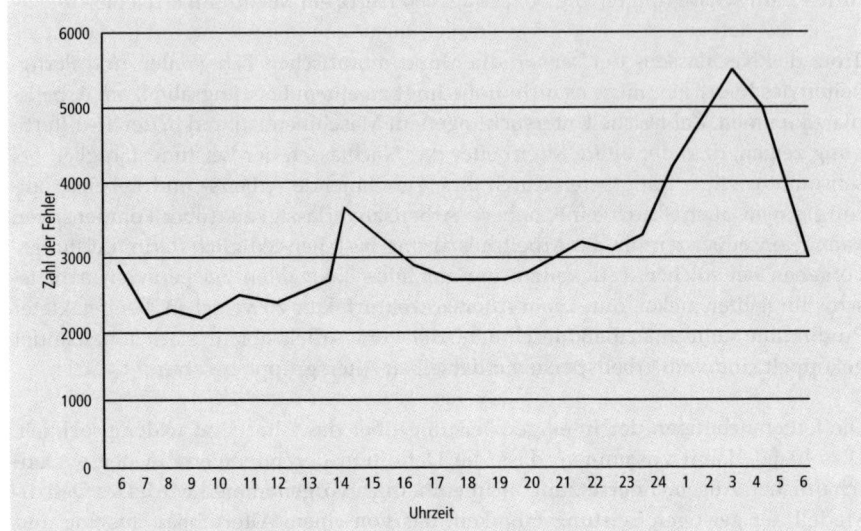

Aus dem Bild ist zu erkennen, dass bei dieser großen Stichprobe, die insgesamt 175.000 Arbeitsstunden abdeckt, zwei Fehlermaxima (etwa 14.00 und 03.00 Uhr) und zwei Fehlerminima (etwa 08.00 und 18.00 Uhr) auftreten.

In Abbildung II-85 wird diese Kurve einfach gespiegelt und geglättet. Man spricht dann nicht mehr von Fehlerminima und -maxima, sondern von Leistungsmaxima und -minima.

Abbildung II-85

Tagesgang der physiologischen Leistungsbereitschaft (prozentuale Abweichung vom 24-Stunden-Mittel)

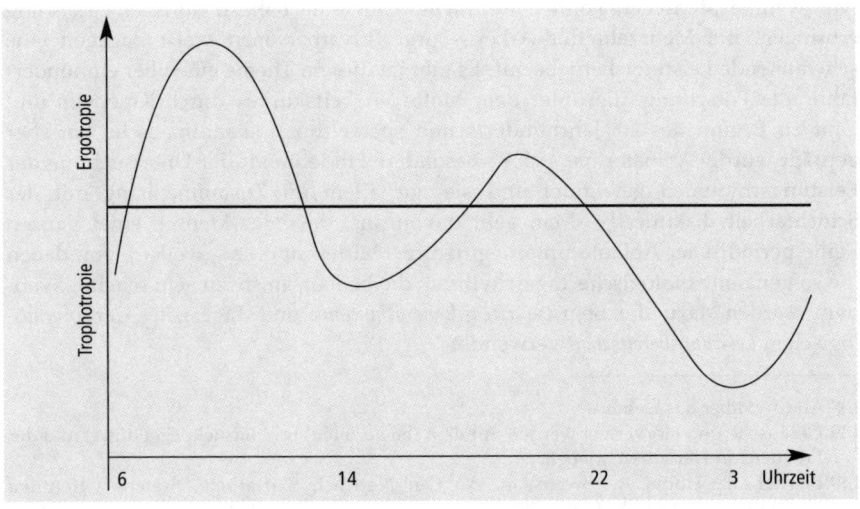

142 Bjerner, B. et al.: a. a. O.

Anhand der im Mittelteil des Schaubildes dargestellten Kurve geht man demnach von einer ergotropen und trophotropen Phase aus. Dabei versteht man unter Ergotropie die Stunden eines 24-Stunden-Tages, in denen der Mensch auf Leistungshergabe eingestimmt ist. Die Trophotropie signalisiert die menschliche Einstellung auf Ruhe und Erholung. Solche Schaltungen zwischen ergotropen und trophotropen Phasen wurden außer in den Gaswerkuntersuchungen in einer ganzen Reihe anderer Studien beobachtet, wenn auch die Maxima und Minima zum Teil an anderen Zeitpunkten auftraten. So hat z. B. die Arbeitsschwierigkeit einen Einfluss auf den Tagesgang. Die Art der Gedächtnisbelastungen führt zu unterschiedlich lokalisierten Extrema.

Die bis jetzt dargestellten circadianen Rhythmen sind keine unveränderbaren Naturgesetze, sondern Leistungsmodulationen des Menschen, die von natürlichen und künstlichen Zeitgebern sowie von Arbeitsschwere und Arbeitsschwierigkeit kontrolliert bzw. synchronisiert werden. Führt man so genannte Bunkerversuche mit Menschen durch, schließt damit zahlreiche oder alle dieser Zeitgeber aus, dann bleiben zwar circadiane Rhythmen erhalten; sie verschieben sich jedoch täglich um etwa eine Stunde nach rechts auf der Zeitachse. Es fehlen die Synchronisationseinflüsse unserer Umwelt.

Die Umschaltung zwischen ergotropem und trophotropem Zustand besorgen eine ganze Reihe psycho-physischer-Systeme des Menschen. Hierzu gehören u. a. die Sekretion von Hypophyse, Nebennierenrinde und -mark sowie der Schilddrüse.

Es ist auf den toten Punkt um etwa 03.00 Uhr nachts hinzuweisen, vor allem, wenn eine berufliche Leistung während dieser Zeit zu erbringen oder eine Nachtfahrt mit dem Kraftfahrzeug vorzunehmen ist. Herzschlagfrequenz und Blutdruck erreichen ihre tiefsten Werte, die Blutversorgung der Organe, insbesondere des Gehirns, ist schlecht. Man spricht hier von einer sehr ausgeprägten trophotropen Bremsung.

Zu bedenken ist, dass gerade diese sehr ungünstige Phase die Nachtarbeit prägt. Wenn der Mensch nun mit diesen physiologisch ungünstigen Bedingungen fertig werden muss, dann bedeutet dies zusätzlichen Willenseinsatz, um trotzdem die geforderte Leistung zu erbringen Über der Kurve der circadianen Rhythmik muss man sich also einen Bereich der zugänglichen Einsatzreserven vorstellen, in die der Mensch willentlich eindringt, um trotzdem noch eine akzeptable Leistung zu ermöglichen (Abbildung II-86).

Darüber hinaus gibt es Notfallreserven, die oberhalb der maximalen Leistungsfähigkeit einzelner Organsysteme liegen und die im Notfall quasi automatisch mobilisiert werden. Willentlich kann der Mensch in diesen Notfallreservenbereich nicht eindringen. Am anderen Ende dieses Schaubildes gibt es unwillkürliche, automatisierte Leistungen, die vom Tagesgang der Leistungsbereitschaft unabhängig sind.

Es sei noch einmal festgehalten, dass es sich bei der Kurve in Abbildung II-86 um eine hochgradig geglättete Funktion handelt, die nur unter ganz bestimmten Bedingungen zustande kam. Keineswegs ist davon auszugehen, dass unter allen Einsatzbedingungen des Menschen immer diese Kurve erwartet werden kann.

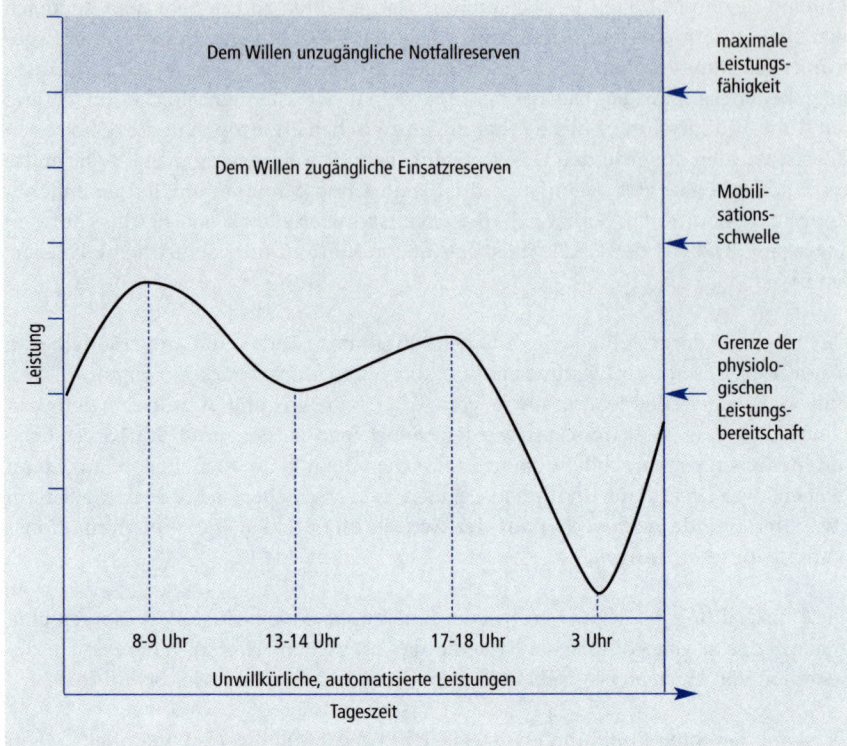

Jeder kennt darüber hinaus den Frührhythmiker und den Spätrhythmiker mit einem
ausgeprägten Hoch am Morgen bzw. am Abend. Der Frührhythmiker ist in der
Lage, bereits vor 8.00 Uhr morgens seine Maximalleistung anzubieten, dafür ist
jedoch das zweite Leistungsmaximum weit vor 18.00 Uhr, der Abendtyp bringt
seine Maximalleistungen am Nachmittag und am späten Abend. Diese starken interindividuellen Unterschiede beim Menschen sind bestimmt durch die genetische
Disposition, aber auch teilweise durch jahrelang praktizierte Gewohnheiten. Der
Spätrhythmiker ist auch nicht frei von Fehlurteilen, wenn er in den Abendstunden
seine höchste Leistungsbereitschaft vermutet: Während dieser Zeit sind oft die
arbeitstäglichen Störungen minimiert, so dass allein deshalb eine höhere Leistungshergabe möglich ist. Dies trifft im Übrigen auch für den Nachtarbeiter zu, der
durchaus in der Lage ist, nachts überdurchschnittliche Leistungen zu erbringen. Die
Erfahrung zeigt, dass durch geringe Ablenkung (und oft auch schlechte Qualitätskontrolle während der Nachtschicht) höhere Stückleistungen erreicht werden können als z. B. in der Frühschicht, wo Vorarbeiter und Meister wesentlich stärker kon-
trollierend wirken.

Der versuchstechnische Nachweis der Leistungsschwankungen über der Tageszeit
kann nun keineswegs mit einer Stückzählung oder einer Qualitätsüberprüfung der
erbrachten Leistung festgestellt werden. Dies ist deshalb nicht möglich, da nicht nachvollziehbar ist, inwieweit der Mensch in die seinem Willen zugänglichen Einsatzreserven (s. Abbildung II-86) »hineinarbeitet«. Stattdessen eignen sich z. B. die
Registrierung des elektrischen Hautwiderstandes oder aber die Analyse der Körper-
kerntemperatur zur Feststellung der individuellen circadianen Rhythmik.

Eine sowohl sozial als auch ökonomisch bedeutsame Frage ist die der Manipulation der circardianen Rhythmik des Menschen durch gezielten Einsatz von Zeitgebern. So lässt sich bei den meisten Säugetieren die alleinige Abhängigkeit des Tagesganges vom Hell-Dunkel-Rhythmus nachweisen. Verändert man diesen Rhythmus, so verändert sich die circardiane Rhythmik mit. Beim Menschen dagegen stehen die sozialen bzw. kognitiven Zeitgeber im Vordergrund. Eine Veränderung durch Variation der künstlichen Beleuchtung ist nur bedingt zu erzielen. Dies bedeutet, dass die Stimulanz der Nachtschichtleistung durch gezielten Zeitgebereinsatz nicht möglich ist. Insbesondere ist eine Umkehr der Rhythmik beim Nachtarbeiter nicht zu erwarten. Die sozialen Einflüsse z. B. des Wochenendes (mit den Rhythmen der Familie) sind zu stark, als dass es zu einer Invertierung kommen könnte. Hinzu kommt der gestörte Tagschlaf beim Nachtarbeiter, so dass sich in der Summe in den meisten Fällen Schlechtleistungen oder Minderleistungen bei Schichtsystemen mit Nachtarbeit ergeben (s. Abschnitt 8.4). Auf die oben erwähnten Ausnahmen, die aus ungestörten Arbeitsbedingungen nachts rühren, sei jedoch hingewiesen.

Neben der circardianen Rhythmik stellt sich auch die Frage nach möglichen Wochen-, Monats- und Jahresrhythmen. Jedem von uns sind Wochenrhythmen mit Leistungsminima an Montagen und Freitagen bekannt. Diese sind jedoch nicht auf endogene, durch hormonelle Ausschüttungen bestimmte Vorgänge zurückzuführen. Stattdessen stehen montags Übungsverluste (s. Abschnitt 6.4) über das Wochenende und Motivationsdefizite im Vordergrund. Ebenso sind Schlechtleistungen am Freitag mit zurückgehender Arbeitsmotivation wegen des bevorstehenden Wochenendes zu erklären. Wissenschaftlich abgesicherte Monatsrhythmen sind nur diejenigen der Frau, die aus dem Menstruations-Zyklus herrühren. Der Menstruations-Rhythmus der Frau kann u. U. leistungsbeeinflussend sein, auch wenn hierzu viele Vorurteile zu beachten sind. Dieser Rhythmus ist endogen durch Hormonausschüttungen gesteuert und kann durch soziale und andere Zeitgeber nicht oder kaum beeinflusst werden.

Im Gegensatz dazu handelt es sich bei den Jahresrhythmen nicht um primär endogen gesteuerte, sondern um umweltbezogene Rhythmen. Bekannt ist vor allem die unterschiedliche Trainierbarkeit während des Jahresverlaufs. Diese ist auf schwankende Ultraviolett-Einstrahlung zurückzuführen. Der Körper reguliert über die wahrgenommene Lichtmenge die hormonellen Steuerungsmechanismen des vegetativen Nervensystems. Diese Gegebenheiten sind jedoch für die technische, ergonomische und organisatorische Arbeitsgestaltung irrelevant.

Auch die wetterbedingten Einflüsse auf die Leistungsfähigkeit bzw. Leistungsbereitschaft sind zwar zu beachten, jedoch kaum zu beeinflussen. Wetterumschläge können die Tagesrhythmik stören und das Allgemeinbefinden verschlechtern. Die Klimatisierung des Arbeitsplatzes kann Leistungsschwäche bei schwül-warmem Klima mildern; wesentlich darüber hinausgehende Möglichkeiten der Arbeitsgestaltung bestehen jedoch nicht. Seit einigen Jahren wird versucht, durch lichttherapeutische Maßnahmen die Leistungsbereitschaft des Menschen zu verbessern, insbesondere bei depressiven Patienten. Von der lichttechnischen Industrie gibt es Versuche, die Erkenntnisse daraus für die Beleuchtungsplanung zu berücksichtigen. Ohne Zweifel werden hier ethische Grenzen der Arbeitsgestaltung berührt.

Die psychische Leistungsbereitschaft kennzeichnet die Fähigkeit der Arbeitsperson, eine psychische bzw. mentale Leistung zu erbringen. Diesen Begriff setzen wir mit dem der Leistungsmotivation gleich[143]. Die Leistungsmotivation des Mitarbeiters bestimmt die Art seines zielorientierten Verhaltens und ist deshalb Gegenstand einer umfangreichen wissenschaftlichen Auseinandersetzung, weil die Güte jeder Vorgesetzten-/Untergebenen-Beziehung davon abhängt. Zur Erklärung der Leistungsmotivation werden Inhaltstheorien und Prozesstheorien verwendet.

Inhaltstheorien versuchen zu erklären, was im Individuum oder in seiner Umwelt Verhalten erzeugt und aufrechterhält. Prozesstheorien fragen danach, wie ein bestimmtes Verhalten hervorgebracht, gelenkt, erhalten und abgebrochen wird. Zur Analyse der Leistungsmotivation kommen verschiedene Verfahrensansätze in Betracht, z. B. Introspektion (Selbstbeobachtung), Verhaltensbeobachtung (Fremd-beobachtung), Analyse der Verhaltensergebnisse, physiologische Methoden.

---

143 Zur Einführung in dieses Thema s. z. B.: Gebert, D.; Rosenstiel, L. v.: Organisationspsycho-logie. 5. Auflage, Stuttgart: W. Kohlhammer, 2002.

6.6 Beanspruchung und Ermüdung

Dieser Abschnitt behandelt die physische und psychische *Beanspruchung* und *Ermüdung*.

Die *Beanspruchung* ist die subjektive Belastungsauswirkung auf den Menschen. Sie ist umso höher, je ungünstiger die individuelle Prädisposition ist. Gleiche Belastungen führen also zu individuell verschiedenen Beanspruchungen.

Unter *Ermüdung* versteht man die Herabsetzung der Funktionsfähigkeit eines Organs oder des gesamten Organismus.

Biologische Ermüdung kommt allein durch unsere Existenz zustande, Arbeitsermüdung ist die Folge einer Tätigkeit. Ermüdung ist zunächst kein schädlicher Zustand, sondern wird durch ausreichende Erholung wieder kompensiert. Arbeitsermüdung im engeren Sinne ist von den ermüdungsähnlichen Zuständen (Monotonie, herabgesetzte Vigilanz, psychische Sättigung) zu unterscheiden. Weiterhin unterscheidet man periphere und zentrale Ermüdung (z. B. Augenermüdung versus Gesamtermüdung des Menschen nach einem Tag anstrengender Arbeit) sowie physische und psychische Ermüdung.

Ermüdung ist reversibel durch Erholung. Erholung wird aufgefasst als ein in der Zeit verlaufender Prozess der Beanspruchungskompensation.

6.6.1 Beanspruchung bei vorwiegend körperlicher Arbeit

Effektorische Betrachtung

Muskelarbeit kann unter den Aspekten der Physik nach der momentanen Länge des aktivierten Muskels und nach der momentan erzeugten Kraft systematisiert werden. Die Änderungen dieser Größen können positiv, negativ oder Null sein. So ergeben sich 3 x 3 = 9 mögliche Zustandsarten (Abbildung II-87).

Abbildung II-87

Systematik der elementaren biomechanischen Zustandsänderungen eines aktivierten Muskels
(F = Lastgewicht, l = Muskellänge, a = Anfangszustand, e = Endzustand)[144]

Änderung der → ↓	Muskellänge l		
Last F	Verkürzung	Verlängerung	konstante Länge
Lastzunahme	Heben bei zunehmendem Lastgewicht 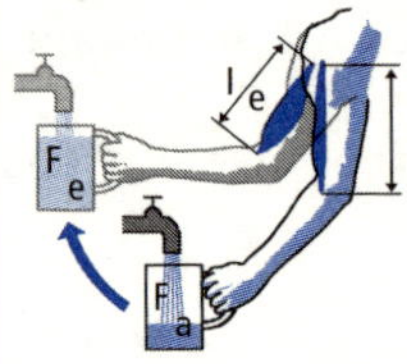	Senken bei zunehmendem Lastgewicht 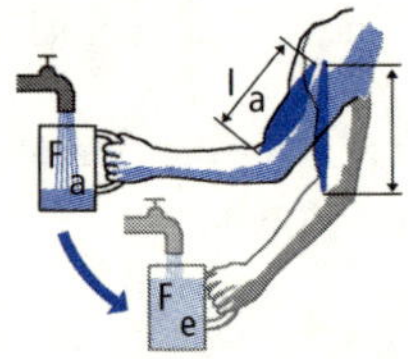	Halten bei zunehmendem Lastgewicht 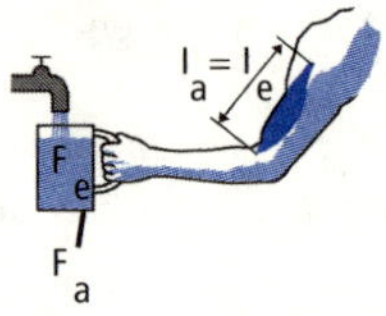
Lastabnahme	Heben bei abnehmendem Lastgewicht 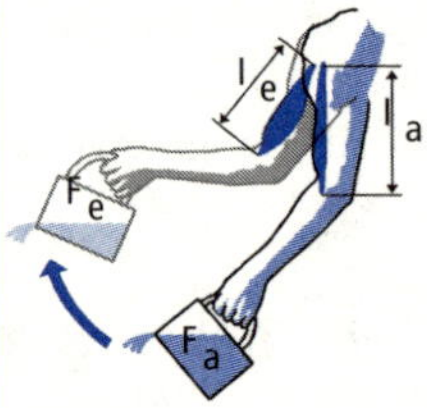	Senken bei abnehmendem Lastgewicht 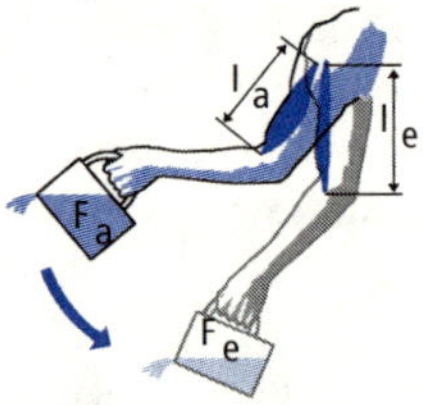	Halten bei abnehmendem Lastgewicht 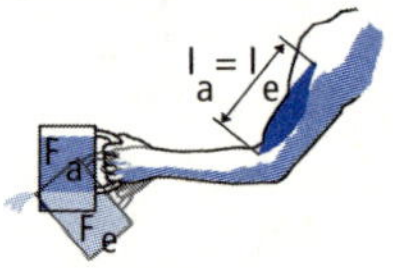
konstante Last	Heben bei gleichbleibendem Lastgewicht 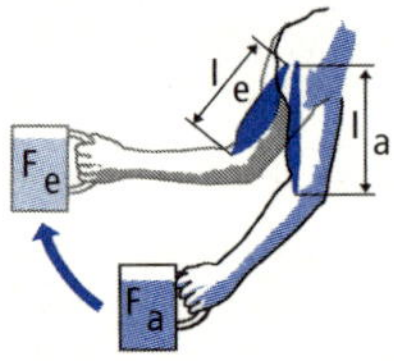	Senken bei gleichbleibendem Lastgewicht 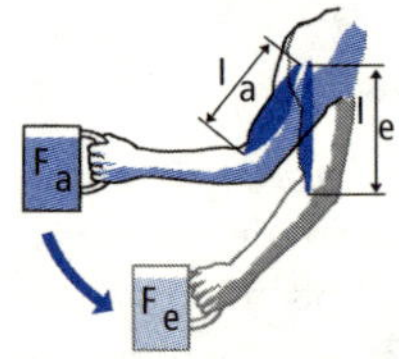	Halten bei gleichbleibendem Lastgewicht 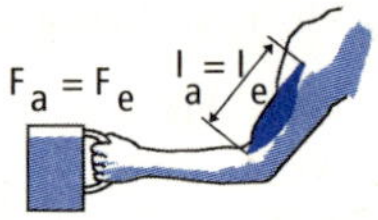
Art der Muskelaktivität	Verkürzungsarbeit (positiv bzw. Antriebsarbeit)	Verlängersarbeit (negative bzw. Bremsarbeit)	statische Muskelarbeit
	dynamische Muskelaktivität		

Übersteigt die Muskelkraft die äußere Kraft, so verkürzt sich der Muskel und man spricht von positiv-dynamischer Muskelarbeit. Ist dagegen die Muskelkraft kleiner als die äußere Kraft, so wird der Muskel gedehnt und man bezeichnet dies als negativ-*dynamische Muskelarbeit*. Hält die Muskelkraft der äußeren Kraft das Gleichgewicht, so bleibt die Muskellänge konstant; es liegt *statische Muskelaktivität* vor.[145]

---

144 Rohmert, W.: Beanspruchung, Ermüdung und Erholung In: Landau, K.; Stübler, E. (Hrsg.): a. a. O., S. 166.

145 Vgl. zu diesem Absatz: Rohmert, W.: Beanspruchung, Ermüdung und Erholung. In: Landau, K.; Stübler, E. (Hrsg.): a. a. O., S. 161–185.

Im Falle der statischen Muskelaktivität leistet der Muskel keine äußere Arbeit, denn das Produkt aus Kraft x Weg = 0 (Abbildung II-87). Im physiologischen Sinne müssen wir all das als Arbeit bezeichnen, das einen erhöhten Energieumsatz im Muskel bedingt. Daher lautet die überspitzte physiologische Begriffsbestimmung der Arbeit demnach besser

Arbeit = Kraft x Zeit

Diese rein mechanische Betrachtungsweise von Muskelarbeit muss daher stets durch eine physiologische Betrachtungsweise ergänzt werden. Hier wird ferner berücksichtigt, dass bei Muskelarbeit nicht nur das Körperorgan Muskel, sondern auch die Körperorgane Herz, Lunge und Kreislauf belastet werden.

Aus physiologischer Sicht steht bei der Muskelarbeit der Transport von Sauerstoff und Nährstoffen ebenso wie der Abtransport von »Abfallstoffen« im Atmungs- oder Lungenkreislauf und im Körperkreislauf im Mittelpunkt. Bei statischer Muskelarbeit führt die Muskelkontraktion zu einer Behinderung der Durchblutung. Die kleinen Haargefäße im Muskel werden zusammen gedrückt, ggf. werden die Blutgefäße im Muskel vollständig abgeschnürt (Abbildung II-88).

Ruhe	
Blut-bedarf	Durch-blutung

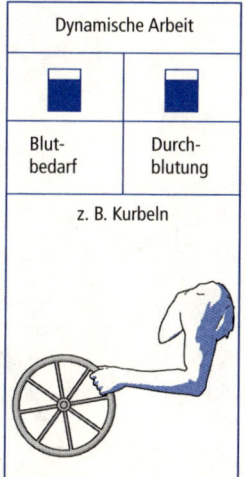

Dynamische Arbeit	
Blut-bedarf	Durch-blutung
z. B. Kurbeln	

Statische Arbeit	
Blut-bedarf	Durch-blutung
z. B. Halten	

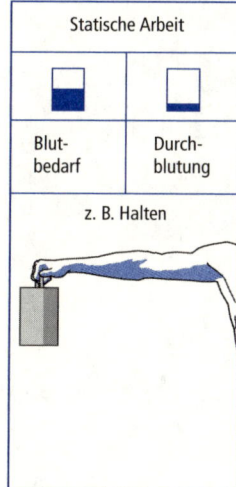

Abbildung II-88

Blutversorgung und Blutbedarf bei statischer und dynamischer Muskelarbeit

Bezieht man die ausgeübte statische Haltekraft auf die Maximalkraft der eingesetzten Muskelschlinge, so ergibt sich die in Abbildung II-89 dargestellte funktionelle Abhängigkeit.

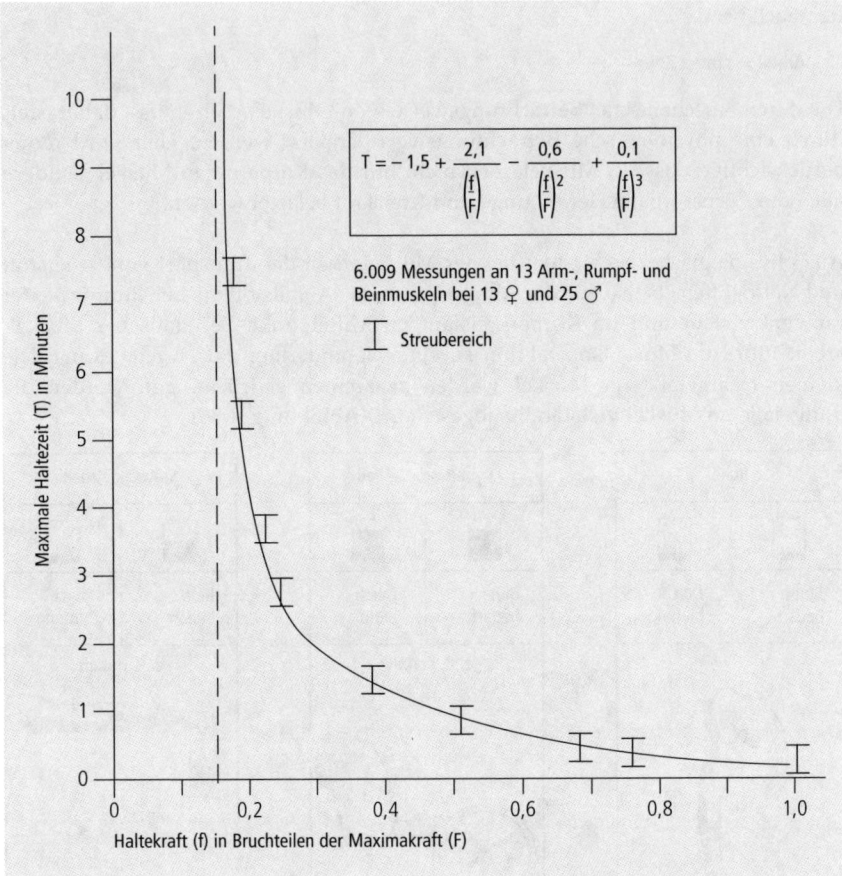

$$T = -1{,}5 + \frac{2{,}1}{\left(\frac{f}{F}\right)} - \frac{0{,}6}{\left(\frac{f}{F}\right)^2} + \frac{0{,}1}{\left(\frac{f}{F}\right)^3}$$

6.009 Messungen an 13 Arm-, Rumpf- und Beinmuskeln bei 13 ♀ und 25 ♂

I Streubereich

Maximale Haltezeit (T) in Minuten

Haltekraft (f) in Bruchteilen der Maximakraft (F)

Eine Haltekraft von 15 % der Maximalkraft stellt demnach die höchstmögliche Kraftleistung dar, die ermüdungsfrei über lange Zeiten zu leisten ist.

Die Problematik der schnellen Muskelermüdung ist bei dynamischer Muskelarbeit nicht in diesem Maße gegeben. Auf jede Kontraktion erfolgt eine Erschlaffung der Muskulatur; damit entsteht ein Pumpeffekt, der die Energieversorgung des Muskels und den Abtransport von Stoffwechselprodukten begünstigt. Der Blutbedarf kann besser gedeckt werden als im Falle der statischen Haltearbeit (vgl. Abbildung II-88).

Enthält die dynamische Muskelarbeit jedoch statische Komponenten, dann sinkt sofort die Ausdauer bzw. steigt die Ermüdung an. Auch zu langsame oder zu schnelle Arbeitsgeschwindigkeit verschlechtert den Wirkungsgrad dynamischer

146 Rohmert, W.: Statische Haltearbeit des Menschen. Berlin: Beuth, 1960.

Muskelarbeit. Während bei der schweren dynamischen Muskelarbeit die Beanspruchung des Herz-Kreislauf-Systems, des Skeletts und der Wirbelsäule sowie »schwerer« Muskelgruppen im Vordergrund steht, konzentriert sich die einseitig dynamische Muskelarbeit auf die Bewegungen leichter Muskelgruppen, die weniger als 1/7 der Gesamtmuskelmasse des menschlichen Körpers ausmachen. Man geht bei einseitig dynamischer Muskelarbeit von Kontraktionsfrequenzen > 15 pro Minute aus. Mit wachsender Bewegungsfrequenz geht ebenso wie mit den höheren Betätigungskräften die maximale Arbeitsdauer zurück. Zunehmende Betätigungsfrequenzen führen auch zu Anstiegen der Herzschlagfrequenz.

Energetische Betrachtung

Zur Aufrechterhaltung des Lebens müssen durch Verbrennung in den Zellen des Organismus chemische Energieträger freigesetzt werden. Der zur Verbrennung notwendige Sauerstoff gelangt über die Atmung in den Körper. Auf die Körpermasse bezogen benötigt der Mensch im Ruhezustand circa 4 ml Sauerstoff pro kg; bei körperlicher Arbeit kann sich dieser Wert auf etwa das 15–20fache erhöhen. Ein durchschnittlich schwerer Mann muss damit – je nach Arbeitsschwere – zwischen 300 und 6.000 ml O_2 pro Minute aufnehmen.

Neben der Kapazität der Lunge und der Diffusion ist die Funktionsfähigkeit des Herzens, des Blutes und der Gefäße ausschlaggebend für die spätere Abgabe mechanischer und thermischer Energie im Muskel. Zunächst kennzeichnet das Blutvolumen pro Zeit die Förderleistung des Herzens. Die Förderleistung wird als Herzminutenvolumen angegeben. Es ermittelt sich als Produkt aus Herzschlagfrequenz und Schlagvolumen. Zwischen Ruhezustand und schwerer körperlicher Arbeit schwankt es etwas zwischen 5 und 30 l/min. Herzminutenvolumen und Sauerstoffaufnahme sind über eine lineare Beziehung verbunden. Das Blut wird durch das Herz als Pumpe diskontinuierlich in Kontraktions- und Erschlaffungsphasen (Systole und Diastole) bewegt. Während der Systole kommt es zu Brustwanderschütterungen, die als Kardiogramm registriert werden können.

Durch die Arbeit des Herzens erfolgt sowohl eine Druck-Volumen-Änderung als auch eine Beschleunigung; die dabei erzeugte mechanische Energie beträgt ca. 1 Joule bei einem Wirkungsgrad von etwa 30 %.

Das Herz als Pumpe hält über die linke Herzhälfte den Blutkreislauf zwischen dem Lungen- und dem Körpergefäßsystem, über die rechte Herzhälfte den Blutkreislauf zwischen dem Körper- und dem Lungengefäßsystem in Gange. Körper- und Lungengefäßsystem sind hintereinander, die einzelnen Teile des Körpergefäßsystems sind dagegen parallel geschaltet. Die O_2-Abgabe aus dem Blut an das Gewebe geschieht ebenso wie die CO_2-Aufnahme in das Blut im Körperkreislauf. Im Lungenkreislauf wird umgekehrt O_2 in das Blut aufgenommen und CO_2 aus ihm abgegeben. Weiterhin nimmt das Blut im Darm energiereiche Stoffe auf und besorgt ihren Transport, ebenso den Transport der Stoffwechselprodukte.[147]

---

147 Vgl. Wetterer, E.; Kenner, T.: Grundlagen der Dynamik des Arterienpulses. Springer, 1968.

Die im Darm aufgenommenen Nahrungsbestandteile setzen sich aus

- Kohlehydrate,
- Eiweiße und
- Fette

zusammen. Bei der Verbrennung von jeweils einem Gramm dieser Bestandteile werden im Körper folgende Energien freigesetzt:

- Kohlehydrate: 17 Kilojoule
- Eiweiße: 17 Kilojoule
- Fette: 39 Kilojoule

Es ist damit offensichtlich, dass das Fett besonders zur Energiespeicherung herangezogen wird. Als *Energieumsatz* bezeichnet man nun die Energiemenge, die im Stoffwechsel je Zeiteinheit freigesetzt wird. Man verwendet dazu die Maßeinheit Kilojoule (kJ). Es gelten hierfür folgende Umrechungsfaktoren.

	kJ/min	kcal/min	Watt	Liter O_2/min
1 kJ/min	1	0,239	16,67	0,049
1 kcal/min	4,186	1	69,76	0,206
1 Watt	0,06	0,0143	1	$2,95 \times 10^{-3}$
1 l O_2/min	20,36	4,86	339,33	1

Zur Umrechnung des Sauerstoffverbrauchs wird ein Respirationsquotient (= CO_2-Abgabe/O_2-Aufnahme) von 0,85 angesetzt.

Der Energieumsatz des Menschen lässt sich in drei Bestandteile zerlegen:

- der Ruhe-Energieumsatz,
- der Arbeits-Energieumsatz,
- der Freizeit-Energieumsatz.

Der Ruhe-(Energie)umsatz dient der Aufrechterhaltung der Lebensfunktionen, also der Atmung, der Herztätigkeit, der Verdauung und Wärmeproduktion. Der Ruheumsatz kann als so genannter Grundumsatz präzisiert werden. Dieser wird morgens, nüchtern, liegend bei »normaler« Körper- und Umgebungstemperatur gemessen. Der Grundumsatz des Menschen hängt von der Körpergröße, dem Körpergewicht sowie von Alter und Geschlecht ab. Auf das Körpergewicht bezogen kann eine grobe Annäherung mit einem Wert von 4,2 kJ pro Kilogramm und Stunde vorgenommen werden. Dies entspricht einem Grundumsatz eines etwa 70 kg schweren Menschen von ca. 7.100 kJ pro Tag.

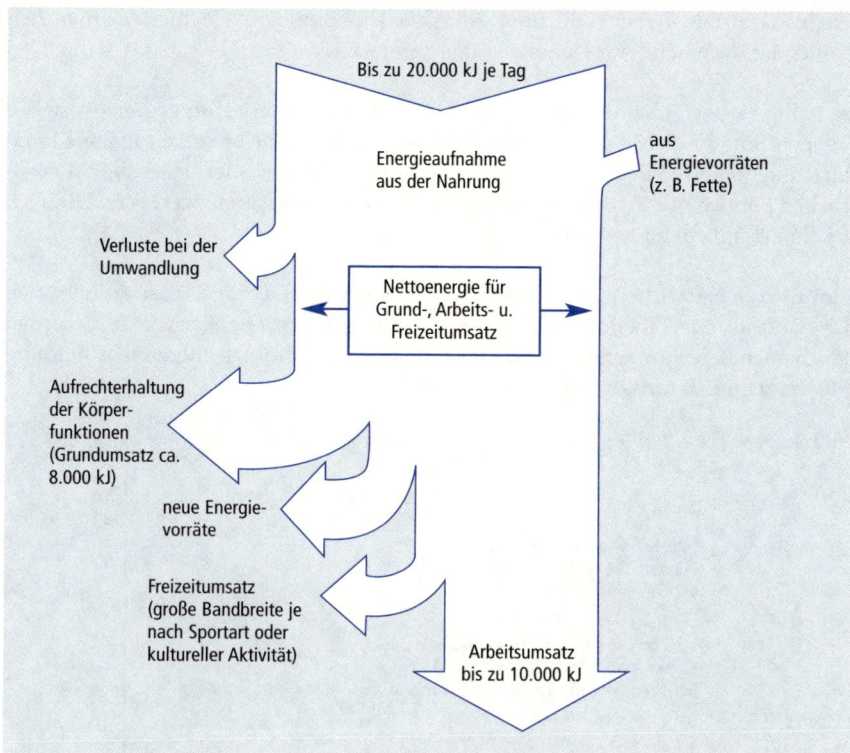

Abbildung II-90

Beziehungen
zwischen der
Energieaufnahme
aus der Nahrung
und dem Grund-,
Freizeit- und Arbeits-
energieumsatz[148]

Zwischen der Energieaufnahme aus der Nahrung, dem Bedarf zur Aufrechterhaltung der Körperfunktionen (Grundumsatz), dem Freizeit- und Arbeitsenergieumsatz gelten die in Abbildung II-90 dargestellten Beziehungen.

Über den Grundumsatz und den Energieumsatz in der Freizeit hinaus ist ein Energieumsatzanteil notwendig, der für die Ableistung der Arbeit gebraucht wird – der Arbeits-(Energie)umsatz.

Auf der Basis der jahrzehntelangen Erfahrungen des Dortmunder Max-Planck-Instituts für Arbeitsphysiologie hat Lehmann[149] Erfahrungswerte zur Beurteilung der Schwere der körperlichen Arbeit anhand des Arbeits-Energieumsatzes festgelegt: von leichter körperlicher Arbeit spricht man dann, wenn der Energieumsatz um etwa 2.000 kJ pro Tag ansteigt. Bei mäßiger Arbeit erhöht er sich um 4.000 kJ, bei mittelschwerer Arbeit um 6.000 kJ, bei schwerer Arbeit um 8.000 kJ und bei körperlicher Schwerstarbeit um 10.000 kJ pro Tag. Der gesamte Energieumsatz wird daher bei körperlicher Schwerstarbeit bei etwa 20.000 kJ pro Tag liegen; bei Frauen kann von einem Höchstwert von ca. 15.000 kJ ausgegangen werden. Rechnet man die tagesbezogenen Werte auf Minutenwerte um, so ergibt sich als energetischer Dauerleistungsgrenzwert für den Mann etwa 17 kJ pro Minute und für die Frau etwa 12 kJ pro Minute. Diesen Dauerleistungsgrenzwerten ist eine 8-Stunden-Schicht zugrunde

148 Laurig, W.: Grundzüge der Ergonomie. Berlin: Beuth, 1992.
149 Lehmann, G.: Praktische Arbeitsphysiologie. Stuttgart: Thieme, 1962.

gelegt, verkürzte Arbeitsschichten oder auch 12-Stunden-Schichten in manchen Berufen bedürfen anderer Dauerleistungsgrenzwerte.

Weiterhin ist festzuhalten, dass diese energetischen Dauerleistungsgrenzwerte im strengen Sinne nur für schwere dynamische Muskelarbeit ohne simultane Klimabelastung gelten. Einseitig dynamische Muskelarbeiten oder statische Muskelarbeiten können nur bedingt anhand dieses Dauerleistungsgrenzwertes im Hinblick auf die Erträglichkeit beurteilt werden.

Zum Energiebedarf bei der Arbeit liegen Tabellensysteme vor. Dabei gründet sich eine Vielzahl der Tabellenwerte auf durchgeführte Messungen, zum Teil wurden jedoch auch Berechnungen und Schätzungen durchgeführt. Die folgende Abbildung II-91 zeigt eine derartige Aufstellung.

Abbildung II-91

Arbeitsenergie-umsatz für ausgewählte Tätigkeiten[150]

		km/h	kJ/m		kJ/min
Gehen, Ebene, glatter Weg					
		2	0,23		7,6
		5	0,22		18,0
		8	0,32		43,2
	Schieben von Kleinbehältern (Vierrad. Leergewicht: 40 kg, Behältergewicht: 200 kg)				
Ebene	Lasttransport		0,52		12,9
	Schieben und Ziehen, mechanischer Hubwagen (Hubwagengewicht 77 kg, Behältergewicht: 64 kg, Lastgewicht: 500 kg)				
Ebene	Lasttransport		0,58		14,6
	Schrauben eindrehen				
				Leistung mkp/min	
Normaler Schraubendreher					
waagerechte Schraube				8	2,1
senkrechte Schraube				8	5,0
Steckschlüssel					
senkrechte Schraube				8	2,9
senkrechte Schraube				15	4,2
senkrechte Schraube				22	6,3
Schraubenschlüssel					
senkrechte Schraube				8	3,4
senkrechte Schraube				15	4,2
senkrechte Schraube				22	5,0
				Stück/h	
Arbeit an Werkzeugen (z. B. Drehen von Getriebewellen und Differentialritzeln auf Fischer-Kopierdrehbank, Stückgewichte 2,2 bis 2,8 kg				31	6,7
Büroarbeit				Worte/min	
Allgemeine Büroarbeit					6,6 (4,6-8,0)
Stehen und langsames Gehen					7,8 (6,2-8,0)
Stehen, leichte Handarbeit					10,0
Sitzen, lesen und schreiben					2,5 (2,22-2,7)
Elektrische Schreibmaschine bedienen				30	4,8 (4,6-5,0)
				40	5,7 (5,5-5,9)

150 Spitzer, H.; Hettinger, Th.; Kaminsky, G.: Tafeln für den Energieumsatz bei körperlicher Arbeit. 6. Auflage. Berlin: Beuth, 1982.

Neben einer berufs- bzw. tätigkeitsbezogenen Berechnung des Energieumsatzes kann man auch Schätzungen in Anlehnung an die Körperhaltung und die Art der Arbeit vornehmen (vgl. Kapitel 8).

6.6.2 Beanspruchung bei vorwiegend nicht-körperlicher Arbeit

Durch die Zunahme von Dienstleistungstätigkeiten und Änderungen in den Arbeitsstrukturen in der Produktion gewinnen Belastungen des psychischen Systems des Menschen zunehmend an Bedeutung. Hierunter sind die vorwiegend mentale oder informatorische und die vorwiegend emotionale Belastung zu verstehen.

Psychische Belastung wird definiert als Gesamtheit aller erfassbaren Einflüsse, die von außen auf den Menschen zukommen und psychisch auf ihn einwirken[151].

Psychische Belastungen bei der Arbeit resultieren aus den Merkmalen der Arbeitsaufgabe, der Arbeitsorganisation und den sozialen Bedingungen der Arbeit.

Merkmale der Arbeitsaufgabe betreffen vor allem die Aufnahme und Verarbeitung arbeitsbezogener Informationen. Kennzeichnend sind bei der Informationsaufnahme insbesondere die Art, Struktur und Menge der Informationen, die angesprochenen Sinnesorgane, die erforderliche Genauigkeit und Geschwindigkeit und eventuell vorhandene Störeinflüsse. Bei der Informationsverarbeitung sind vor allem die Art und Komplexität der Problemstellung, die zur Lösung verfügbare Zeit und wieder der mögliche Einfluss von Störungen zu nennen. Bei der Informationsausgabe oder Handlung sind besonders die dabei erforderliche Genauigkeit und Geschwindigkeit sowie die Folgen möglicher Fehlhandlungen und die Verantwortung in Betracht zu ziehen.

Neben diesen Merkmalen zur Kennzeichnung der Belastungshöhe ist der Zeitaspekt – z. B. in Form der Dauer ununterbrochener Tätigkeitsabschnitte und deren Häufigkeit während der Arbeitsschicht – zu berücksichtigen.

Regelungen der Arbeitsorganisation bestimmen den Umfang psychischer Belastungen wesentlich mit. Neben der Gestaltung der Arbeitsaufgabe sind dies insbesondere deren Aufteilung auf unterschiedliche Mitarbeiter, die Kommunikations- und Kooperationsbeziehungen bei der Arbeit und die Regelungen zu Lage und Verteilung der Arbeitszeit.

Eine (weitgehende) Arbeitsteilung nach der Art der Tätigkeit (Artteilung, vgl. Abschnitt 3.4.1) ist durch repetitive Arbeitsvorgänge mit kurzer Zykluszeit und hoher Wiederholungsrate gekennzeichnet. Die Vorgänge stellen oft nur geringe Anforderungen an die Mitarbeiter, binden aber ihre Aufmerksamkeit. Planende, ausführende und kontrollierende Tätigkeiten sind getrennt und werden von verschiedenen

---

151 DIN EN ISO 10075-1, 2000.

Personen ausgeführt. Den Vorteilen – z. B. einer hohen Mengenleistung infolge Übung und Spezialisierung, dem Entfall geistiger Umstellung bei Tätigkeitswechsel und der Möglichkeit des Einsatzes gering qualifizierter Mitarbeiter – stehen als Nachteile insbesondere höhere physische (einseitige körperliche Belastung durch ständige Wiederholung der gleichen Bewegungsfolgen mit der Gefahr der Überforderung) und psychische Belastungen gegenüber: Unterforderung durch die dauernde Wiederholung kurzzyklischer Tätigkeiten, die besonders in reizarmer Umgebung und bei fehlender Möglichkeit zur Kommunikation zu Monotonie führen kann, das fehlende Stimulanz zu Qualifikationserhalt oder -erwerb und der Mangel an Rückmeldung über den Arbeitserfolg und den eigenen Beitrag dazu, die Bedeutung der eigenen Arbeitstätigkeit kann in solchen Fällen als gering empfunden werden.

Vor allem an verketteten Arbeitssystemen sind Beschäftigte oft zeitlich eng an einen festen, vom Maschinentakt oder von der Arbeitsgruppe vorgegebenen Arbeitsrhythmus und auch räumlich an einen Arbeitsort gebunden. Die fehlende oder zumindest stark eingeschränkte Möglichkeit einer selbst bestimmten Einteilung der Tätigkeit und der Kommunikation mit anderen Personen können emotional belastend wirken.

Die Lage und Verteilung der *Arbeitszeit* bestimmen die Arbeitsbelastung mit: Unregelmäßige Arbeitszeiten (z. B. Arbeit auf Abruf, Bereitschaftsdienst) und regelmäßige Arbeitszeiten zu unterschiedlichen Tageszeiten (Schichtarbeit, vgl. Abschnitt 8.4.7) schränken die Planbarkeit der Tagesabläufe sowie die Möglichkeit sozialer Kontakte in der Freizeit ein und erfordern Arbeitsaktivität auch in Zeiten, in denen der Organismus auf Erholung an Stelle von Leistungserbringung eingestellt ist. Diese Arbeit gegen den Verlauf der physiologischen Leistungsbereitschaft (vgl. Abschnitt 6.5.4), also bei eingeschränkten individuellen Leistungsvoraussetzungen, kann zu höherer Beanspruchung führen.

Auswirkungen von *Schichtarbeit* reichen von Anpassungsschwierigkeiten über Befindlichkeitsstörungen bis zu Erkrankungen. Das Erleben auch der physischen Auswirkungen kann die Einstellung zu den Arbeitsbedingungen und zur Tätigkeit insgesamt negativ beeinflussen und psychisch (emotional) belastend wirken.

Soziale Arbeitsbedingungen betreffen die Möglichkeit bzw. Erfordernis und Intensität von Kommunikations- und Kooperationsbeziehungen bei der Arbeit, Führungsstruktur und Führungsstil der Vorgesetzten, Gruppenstruktur und Zusammenhalt auf der Mitarbeiterebene, die Berücksichtigung der Belange der Mitarbeiter und ihre Einbeziehung zumindest in Planungs- und Gestaltungsprozesse, die ihre Tätigkeit betreffen sowie die Anerkennung individueller Anstrengung und Leistung z. B. durch Maßnahmen der Personalentwicklung, aber auch bei der Bemessung des Entgelts.

Mängel in der Gestaltung der sozialen Arbeitsbedingungen beanspruchen das psychische (emotionale) System des Menschen. Als Folgen können über mangelnde Kommunikation und Kooperation in Verbindung mit Unterforderung Monotonieerleben und über fehlende Anerkennung und Einbeziehung psychische Sättigung entstehen.

Psychische Beanspruchung ist die unmittelbare (nicht die langfristige) Auswirkung der psychischen Belastung im Individuum in Abhängigkeit von seinen jeweiligen überdauernden und augenblicklichen Voraussetzungen, einschließlich der individuellen Bewältigungsstrategien[152].

Ebenso wie Belastung ist Beanspruchung im arbeitswissenschaftlichen Sprachgebrauch wertfrei: Lediglich bei starker Ausprägung wird sie als negativ eingestuft.

Die Höhe der *psychischen Beanspruchung* unter der Einwirkung psychischer Belastung wird durch die individuell unterschiedlichen Leistungsvoraussetzungen beeinflusst (s. Abbildung II-81). Hierzu zählen einmal die körperlichen Eigenschaften, die überdauernd z. B. durch Konstitution, Alter, Allgemeinzustand und aktuell durch Verfassung und Aktivierungsniveau beschrieben werden können. Zum anderen die im Verlauf von Entwicklung, Ausbildung und Berufstätigkeit erworbenen Fähigkeiten und Fertigkeiten, Kenntnisse und Erfahrungen, sowie die individuellen Erwartungen und Wertmaßstäbe, die z. B. durch Faktoren wie Einstellung zur Arbeit, Anspruchsniveau und Motivation zu beschreiben sind. Die Abbildung II-92 verdeutlicht die Zusammenhänge.

Indikatoren psychischer Beanspruchung können physischer oder psychischer Art sein: Physische Indikatoren sind insbesondere die Herzschlagfrequenz und ihre Arrhythmie, die Atemfrequenz, Veränderungen des Blutdrucks und der Schweißabgabe (Hautwiderstand), Veränderungen der elektrischen Signale des Gehirns (EEG), Bewegungen des Augapfels (EOG) und die Lidschlagfrequenz.

Die Eignung physischer Indikatoren zur Beurteilung psychischer Beanspruchung wird sehr kritisch beurteilt[153]: Zum einen reagieren sie nicht spezifisch, sondern werden wesentlich auch durch physische Belastungen beeinflusst, zum anderen ist es nicht gelungen, Kennwerte dieser Indikatoren zu extrahieren, die mit Art und Dauer vorausgegangener emotionaler oder mentaler Belastungen kovariieren.

Die Erfragung der psychischen Indikatoren der Beanspruchung wird als zuverlässiger eingestuft. Sie basiert auf der Selbsteinschätzung und dem Erleben der Arbeitsperson und kann in Form von Beurteilungsskalen (z. B. Anstrengungsempfinden) oder Merkmalsprofilen (z. B. Eigenzustandsskala) erhoben werden. Kritisch angemerkt wird jedoch, dass die aus solchen subjektiven Urteilen abgeleiteten Kennwerte nicht oder nur sehr ungenau in Urteile hinsichtlich der psychischen Belastung einer Tätigkeit umzusetzen sind.

---

152 DIN EN ISO 10075-1, 2000.

153 Schmidtke, H.: Untersuchungen über den Erholzeitbedarf bei psychisch beanspruchender Tätigkeit. Ein Beitrag zur Theorie über die Erholungspause. In: Arbeitsstudien heute und morgen. Berlin, 1963.

Abbildung II-92

Beziehungen
zwischen Belastung
und Beanspruchung
bei psychischer
Arbeits-
belastung[154]

Einflüsse der Situation auf die psychische Belastung, z. B. :			
Anforderungen seitens der Aufgabe	physikalische Bedingungen	soziale und organisationale Faktoren	gesellschaftliche Faktoren (außerhalb der Organisation)
z. B. : – Daueraufmerksamkeit (länger dauernde Beobachtung eines Radarschirms); – Informationsverarbeitung (Anzahl und Art der zu entdeckenden Signale, Ziehen von Schlüssen aus unvollständigen Informationen, Entscheidung zwischen alternativen Handlungsweisen); – Verantwortlichkeit (für Gesundheit und Sicherheit von Mitarbeitern, für Produktionsverluste); – Dauer und Verlauf der Tätigkeit (Arbeitsstunden, Ruhepausen, Schichtarbeit); – Aufgabeninhalt (Steuerung, Planung, Ausführung, Bewertung); – Gefahren (Untertagearbeit, Verkehr, Umgang mit Explosivstoffen).	z. B. : – Beleuchtung (Leuchtdichte, Kontrast, Blendung); – Klimabedingungen (Temperatur, Feuchte, Luftbewegung); – Lärm (Schalldruck, Frequenz) – Wetter (Regen, Sturm); – Gerüche (stechend, ekelerregend).	z. B. : – Organisationstyp (Führungsstruktur, Kommunikationsstruktur); – Betriebsklima (persönliche Akzeptanz, zwischenmenschliche Beziehungen); – Gruppenmerkmale (Gruppenstruktur, Zusammenhalt); – Führung (enge Aufsicht, dirigistische Führung); – Konflikte (zwischen Gruppen oder Einzelpersonen); – soziale Kontakte (isolierter Arbeitsplatz, Kundenbeziehungen).	z. B. : – gesellschaftliche Anforderungen (Verantwortlichkeit für die öffentliche Gesundheit oder das Gemeinwohl); – kulturelle Normen (akzeptable Arbeitsbedingungen, Werte, Normen); – wirtschaftliche Lage (Arbeitsmarkt).

(Seitenbeschriftungen: Umwelt — Ursache)

Anspruchsniveau, Vertrauen in die eigenen Fähigkeiten, Motivation, Einstellungen, Bewältigungsstrategien	Fähigkeiten, Fertigkeiten, Kenntnisse, Erfahrung	Allgemeinzustand, Gesundheit, körperliche Konstitution, Alter, Ernährung	aktuelle Verfassung, Ausgangslage der Aktivierung

(Seitenbeschriftung: Person)

psychische Beanspruchung

Anregungseffekte	beeinträchtigende Effekte	andere Auswirkungen
Aufwärmeffekte, Aktivierung	psychische Ermüdung und/oder ermüdungsähnliche Zustände (Monotoniezustand, herabgesetzte Wachsamkeit, psychische Sättigung)	Übungseffekt

(Seitenbeschriftung: Wirkung)

---

154 DIN EN ISO 10075-1, 2000.

Folgen psychischer Beanspruchung können in Form von Anregungseffekten und Entwicklungsvorgängen, neutralen Wirkungen und von Beeinträchtigungen und Funktionsverlusten auftreten[155]. Anregungsvorgänge sind beispielsweise der Aufwärmeffekt (die Tätigkeit kann mit weniger Aufwand als eingangs ausgeübt werden), und die Aktivierung (Zustand optimaler Aktivierung mit höchster Funktionstüchtigkeit der beanspruchten individuellen Ressourcen), aber auch Erfolgserleben (bei positiver Rückkopplung aus dem Ergebnis der Arbeitstätigkeit) und Entwicklung (der Leistungsfähigkeit durch Üben, Lernen, Trainieren).

Eine neutrale Wirkung ist die Erhaltung der individuellen Leistungsvoraussetzungen durch ihre Nutzung.

Beeinträchtigende Effekte psychischer Belastung und Beanspruchung sind Ermüdung und ermüdungsähnliche Zustände, Anpassungsverluste und Schädigungen (Abbildung II-93).

	Kurzfristige, aktuelle Reaktionen	mittel- bis langfristige chronische Reaktionen
körperlich	– Herzfrequenz ↑ – Blutdruck ↑ – Ausschüttung von ↑ Cortisol und Adrenalin ↑ (»Stresshormone«)	– psychosomatische Beschwerden und Erkrankungen ↑ – Unzufriedenheit ↑ – Resignation ↑ – Depressivität ↑ – Burnout ↑
psychisch	– Anspannung ↑ Nervosität ↑ innere Unruhe ↑ – Frustration ↑ – Ärger ↑ – Erleben von Stress ↑ Ermüdung ↑ Monotonie ↑ Sättigung ↑	– Nikotin-, Alkohol-, Tablettenkonsum ↑ – Fehlzeiten ↑ (Krankheitstage) – innere Kündigung ↑
leistungsmäßig	– Leistungsschwankungen ↑ – Konzentration ↓ – Fehlhandlungen ↑ – Koordinationsfehler ↑ – Hastigkeit und Ungeduld ↑	
verhaltensmäßig	– Konflikte ↑, Streit ↑ – Mobbing ↑, Aggressionen gegen andere ↑ – Rückzug (Isolierung) inner- und außerhalb der Arbeit ↑	
wirtschaftlich (im Unternehmen)	– Störfälle ↑ – Qualitätsverluste ↑ – Unfälle ↑	– Frühverrentungen ↑ – Berufsunfähigkeit ↑ – Fluktuation ↑

Abbildung II-93
Negative Folgen psychischer Belastung und Beanspruchung[156]

---

155 DIN EN ISO 10075-1, 2000; REFA, 1993.

156 Richter, G.: Psychische Belastung und Beanspruchung – Stress, psychische Ermüdung, Monotonie, psychische Sättigung. Dortmund: BAuA, 2000 (Arbeitswissenschaftliche Erkenntnisse Nr. 116; Udris, I.; Frese, M.: Belastung und Beanspruchung. In: Hoyos, Graf C.; Frese, M. (Hrsg.): Arbeits- und Organisationspsychologie. Weinheim: Psychologische Verlagsunion, 1999.

Ständige Unterforderung kann Verluste in der Anpassung der Arbeitsperson an die Arbeitsanforderungen bewirken, z. B. durch Verlernen, Vergessen, aus der Übung kommen. Ständige Überforderung kann dauerhafte körperliche und u. U. auch psychische Schädigung zur Folge haben.

6.6.3 Psychische Ermüdung und ermüdungsähnliche Zustände

Psychische *Ermüdung* ist eine vorübergehende Beeinträchtigung der psychischen und körperlichen Funktionstüchtigkeit, die von Intensität, Dauer und Verlauf der vorangegangenen psychischen Beanspruchung abhängt. Erholung von psychischer Ermüdung kann besser durch eine zeitliche Unterbrechung der Tätigkeit statt durch deren Änderung erzielt werden[157].

Die verminderte Funktionstüchtigkeit zeigt sich z. B. im Müdigkeitsempfinden, in einer ungünstigen Beziehung zwischen Leistung und der zu ihrer Erbringung nötigen Anstrengung, in der Art und Häufigkeit von Fehlern, u. a. Das Ausmaß dieser Beeinträchtigung wird auch von den individuellen Voraussetzungen bestimmt.

Neben der Leistungsermüdung kann psychische Arbeitsbeanspruchung auch zu einer Antriebsermüdung führen. Hierbei nehmen das Anstrengungsempfinden bei einer Tätigkeit zu und die Anstrengungsbereitschaft ab. Antriebsermüdung kann auch als zeitweilig verminderte Motivation beschrieben werden.

Ebenso wie Beanspruchung ist Ermüdung als theoretisches Konstrukt einer Messung nicht zugänglich. Erfassbar sind Auswirkungen von Ermüdung, z. B. auf die Arbeitsleistung (in Qualität und / oder Menge), subjektive Urteile der Arbeitsperson und ihre physiologischen Reaktionen.

Für einzelne Arbeitstätigkeiten kann eine Zunahme der Beanspruchung mit der Arbeitsdauer in Abhängigkeit von der Komplexität der Arbeitsaufgabe belegt werden, so z. B. an Hand der Herzschlagfrequenz von Fluglotsen, die mit der Arbeitsdauer um so mehr ansteigt, je mehr Flugzeuge jeweils gleichzeitig zu kontrollieren sind.[158]

In Laborexperimenten (Rechentests) wurde auch aufgezeigt, wie der Erholungsbedarf als Maßstab der psychischen Ermüdung bei Belastungen oberhalb der für diese Aufgabe ermittelten Dauerleistungsgrenze zunimmt. Im Vergleich zu physischen Belastungen zeigt sich bei psychisch belastenden Tätigkeiten ein starker Einfluss der Belastungshöhe und ein geringer Einfluss der Belastungsdauer auf die an Hand des Erholungsbedarfs ermittelte Ermüdung.[159]

157 DIN EN ISO 10075-1, 2000.

158 Rohmert, W.: Beanspruchung, Ermüdung und Erholung. In: Landau, K.; Stübler, E. (Hrsg.): a. a. O., S. 178–185.

159 Schmidtke, H.: Untersuchungen über den Erholzeitbedarf bei psychisch beanspruchender Tätigkeit. Ein Beitrag zur Theorie über die Erholungspause. In: Arbeitsstudien heute und morgen. Berlin, 1963.

In der Regel wird jedoch versucht, Ermüdung in Folge psychischer Belastung über Folgeerscheinungen der Tätigkeit zu erfassen[160]. Hier sind beispielsweise zu nennen:

- Störungen bei der Wahrnehmung (z. B. von Signalen),
- Störungen bei Koordinationsprozessen (wie Fehlbewegungen, Zeitbedarf für Korrekturbewegungen),
- Störungen der Aufmerksamkeit und Konzentration (z. B. verlängerte Reaktionszeit, Abfall der Wachsamkeit),
- Störungen des Denkens (z. B. Verlangsamung, Fehler bei Begriffsbildung und Abruf von Gedächtnisinhalten),
- Störungen der Antriebsstruktur (z. B. Nachlassen des Interesses, Gleichgültigkeit gegenüber eigenen Fehlern, Überdruss).

Von der psychischen Ermüdung abzugrenzen sind die ermüdungsähnlichen Zustände, die mit ähnlichen Symptomen einher gehen, wie z. B. Schläfrigkeit, Abnahme der Aufmerksamkeit und Unlust. Während Ermüdung aber durch Erholung ausgeglichen werden kann, treten ermüdungsähnliche Zustände sofort nach Ende einer Pause wieder auf; sie können jedoch durch Übergang zu einer interessanten, abwechslungsreichen Tätigkeit schlagartig verschwinden. Zu den ermüdungsähnlichen Zuständen zählen *Monotonie*, herabgesetzte *Vigilanz* und *psychische Sättigung*.

Der Monotoniezustand ist ein langsam entstehender Zustand herabgesetzter Aktivierung, der bei lang dauernden, einförmigen und sich wiederholenden Arbeitsaufgaben oder Tätigkeiten auftreten kann und der hauptsächlich mit Schläfrigkeit, Müdigkeit, Leistungsabnahme und -schwankungen, Verminderung der Umstellungs- und Reaktionsfähigkeit sowie Zunahme der Schwankungen der Herzschlagfrequenz einher geht.[161]

Monotonie wird durch reizarme Arbeitssituationen, durch nur selten erforderliche Eingriffe der Arbeitsperson, das Fehlen körperlicher Aktivität und Wärme im Arbeitsraum gefördert.

Als Langzeitfolgen des Monotoniezustands werden das Nachlassen der psychischen Leistungsvoraussetzungen, Unzufriedenheit und Demotivation, das gehäufte Auftreten psychosomatischer Beschwerden und ein erhöhter Krankenstand beschrieben.[162]

---

160 Rohmert, W.: Umdruck zur Vorlesung Arbeitswissenschaft. Darmstadt: 1993.
161 DIN EN ISO 10075-1, 2000.
162 Richter, G.: a. a. O.

Herabgesetzte Vigilanz (herabgesetzte Wachsamkeit) ist ein bei abwechslungsarmen Beobachtungstätigkeiten langsam entstehender Zustand mit verminderter Signal-entdeckungsleistung (z. B. bei Radarschirm- und Instrumententafelbeobachtung).[163]

Das Nachlassen der Vigilanz fördern beispielsweise reizarme Überwachungsauf-gaben, die kontinuierlich die Aufmerksamkeit binden, bei denen aber nur selten ein-gegriffen oder reagiert werden muss. Wichtigste Folge herabgesetzter Vigilanz ist die Zunahme von Arbeitsfehlern durch das Nicht-Erkennen arbeitswichtiger Signale und Informationen.

Psychische Sättigung ist ein Zustand der nervös-unruhevollen, stark affekt-betonten Ablehnung einer sich wiederholenden Tätigkeit oder Situation, bei der das Erleben des »Auf-der-Stelle-Tretens« oder des »Nicht-Weiter-Kommens« besteht.[164]

Psychische Sättigung erleben Beschäftigte beispielsweise, wenn sie die Sinnhaftig-keit ihrer Aufgabe in Frage stellen oder wenn ihre Tätigkeit den individuellen Ziel-vorstellungen und Wertmaßstäben zuwiderläuft. Psychische Sättigung kann daher auch antizipativ – vor Aufnahme der jeweiligen Tätigkeit – und nicht erst reaktiv – mit ihrer Ausführung – erlebt werden.

Zusätzliche Symptome psychischer Sättigung sind Ärger, Leistungsabfall und Müdigkeitsempfinden sowie die Tendenz, sich von der Aufgabe zurückzuziehen. Die psychische Sättigung ist im Gegensatz zu Monotoniezustand und zur herabge-setzten Wachsamkeit durch ein ungeändertes oder sogar gesteigertes Niveau der Aktivierung, verbunden mit negativer Erlebnisqualität, gekennzeichnet. Arbeits-tätigkeit und Umfeld werden also negativ erlebt.

Als Konsequenz psychischer Sättigung treten Störungen bei der Leistungs-erbringung und im Verhaltensbereich auf. Eine Zunahme psychosomatischer Erkrankungen wird als wahrscheinlich angesehen.[165]

Um Beeinträchtigungen der Arbeitsperson durch psychische Belastungen zu ver-meiden muss das Arbeitssystem an die Eigenschaften und Gegebenheiten der dort Beschäftigten angepasst werden. Arbeitsgestaltung kann dabei an der Intensität der psychischen Arbeitsbelastung – durch Gestaltung von Arbeitsaufgaben, Arbeits-organisation, Umgebungsbedingungen und technischer Ausrüstung – sowie an der Dauer und zeitlichen Verteilung der Einwirkung angreifen. Da auch die individuel-len Leistungsvoraussetzungen die Höhe der Beanspruchung des Menschen bei der Arbeit beeinflussen, müssen Maßnahmen der Personalauswahl und der Quali-fizierung sicherstellen, dass die eingesetzten Mitarbeiter der Tätigkeit gewachsen sind.

---

163 DIN EN ISO 10075-1, 2000. Teil 1: Allgemeines und Begriffe Teil 2: Gestaltungsgrundsätze.
164 DIN EN ISO 10075-1, 2000.
165 Richter, G.: a. a. O.

Abbildung II-94 gibt eine Übersicht zu Gestaltungslösungen auf den unterschiedlichen Ebenen im Prozess der Arbeitsgestaltung, mit deren Hilfe Ermüdung und
ermüdungsähnliche Zustände als Folgen psychischer Belastung vermieden werden
können.

Ebene im Gestaltungsprozess	Folgen psychischer Belastung			
	Ermüdung	Monotonie	herabgesetzte Wachsamkeit	Sättigung
Aufgabe und/oder Tätigkeit	Aufgabenverteilung Vermeiden von gleichzeitiger Aufgabenbearbeitung	Aufgabenverteilung Aufgabenvielfalt	Vermeiden von Daueraufmerksamkeitsanforderungen	Vorsehen von Unterzielen Aufgabenbereicherung
Arbeitsmittel	Eindeutigkeit der Informationsdarstellung	Vermeiden maschinenbestimmten Arbeitstempos Ermöglichen selbstbestimmten Arbeitstempos Wechsel in der Darstellungsmodalität von Signalen	Signalauffälligkeit	Ermöglichen individueller Ausführungsweisen von Aufgaben
Arbeitsumgebung	Beleuchtung	Temperatur Farbe	Vermeiden eintöniger akustischer Reizbedingungen	Vermeiden gleichförmiger Umgebungsbedingungen Abwechslung
Arbeitsorganisation	Vermeiden von Zeitdruck	Aufgabenwechsel Anwesenheit von Mitarbeitern	Aufgabenerweiterung Aufgabenbereicherung	Aufgabenbereicherung
zeitliche Organisation	Erholungspausen	Erholungspausen	Vermeiden von Schichtarbeit Verringern der Tätigkeitspausen	Erholungspausen

Abbildung II-94

Beispiele für Gestaltungslösungen zur Vermeidung beeinträchtigender Folgen psychischer Arbeitsbelastung auf verschiedenen Ebenen der Gestaltung[166]

---

166 DIN EN ISO 10075-2, Anhang, 2000.

6.7 Übung

6.7.1 Lern- und Erfahrungskurven

Der Grundgedanke aller Lernkurven wurde vermutlich erstmals 1885 von dem Psychologen Hermann Ebbinghaus[167] dargelegt. Mit Hilfe von Lernkurven wird der Erfolgsgrad des Lernens in Abhängigkeit von der Lerndauer abgebildet. Sie fallen typischerweise zu Beginn des Lernens steil ab, weil dort die Lerngewinne relativ hoch sind, und verlaufen mit zunehmender Lerndauer immer flacher. Je steiler Lernkurven bzw. je höher anfängliche Lerngewinne sind, desto höher ist der Lernerfolg. Die Steilheit hängt von mehreren Faktoren ab, z. B. dem Ausgangswissen, den individuellen Fähigkeiten, der objektiven Schwierigkeit des Lernstoffes und der Lernmethode.

Abbildung II-95

Lernkurve nach Wright

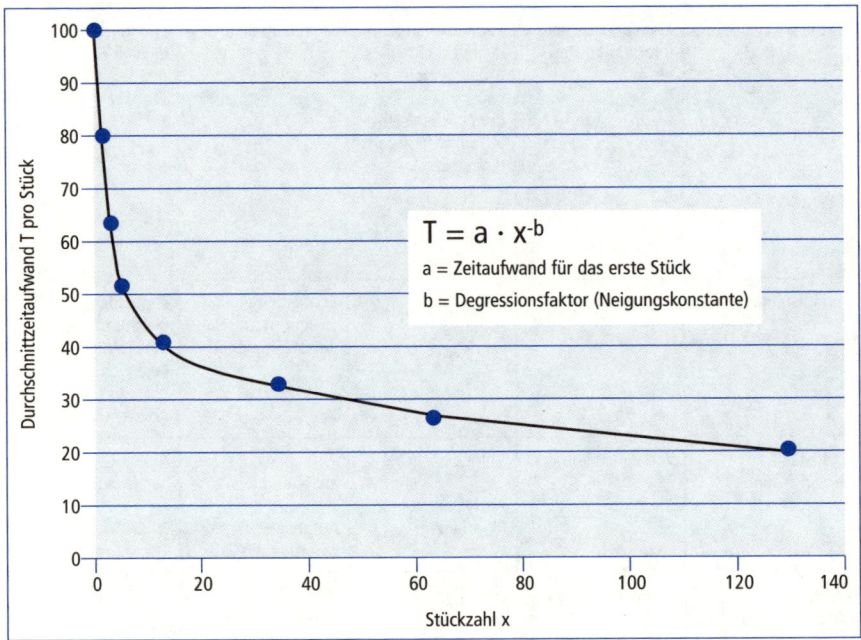

$$T = a \cdot x^{-b}$$

a = Zeitaufwand für das erste Stück

b = Degressionsfaktor (Neigungskonstante)

In der Betriebswirtschaftslehre setzte man sich seit den zwanziger Jahren mit dem Phänomen der Lernkurven von Organisationen auseinander. Der Amerikaner Wright[168] veröffentlichte 1936 aufgrund von Untersuchungen in der amerikanischen Luftfahrtindustrie Lernkurven für Produktionsbetriebe in Form reziproker Potenzfunktionen (Abbildung II-95). Den Ansatz von Wright bezeichnete man als kumulative Durchschnittskurventheorie: der kumulative Durchschnittswert pro Stück sinkt bei einer Verdopplung der Stückzahl um die gleiche Rate. Daraus entstand die so

---

167 Ebbinghaus, H.: Über das Gedächtnis. Leipzig, 1885.
168 Wright, T. P.: Factors Affecting the Cost of Airplanes. In: Journal of the Aeronautical Sciences, 3, 1936, S. 39–44.

genannte 80 %-Lernkurve: Beim Erreichen der Asymptote beträgt der durch die Organisation erzielte Lerngewinn etwa 80 %.[169] Lernkurveneffekte stellen sich nicht automatisch ein: Sie zeigen Potenziale auf, die man durch gezielte Maßnahmen realisieren muss.

Die Erfahrungskurve basiert auf den Grundgedanken des Lernkurveneffekts und wurde in den sechziger Jahren von Henderson aufgrund umfangreicher Kostenanalysen entwickelt, insbesondere für schnell wachsende Märkte der elektronischen und chemischen Industrie.[170] Die Erfahrungskurve beschreibt den Zusammenhang zwischen Stückkosten, Absatzpreisen und kumulierter Produktionsmenge. Sie impliziert, dass bei jeder Verdopplung der kumulierten Produktionsmenge die Stückkosten potenziell um 20-30 % sinken. Eine der wichtigsten Erkenntnisse aus den Erfahrungskurven von Produkten war die Bedeutung der Markteintrittsgeschwindigkeit (Time to Market). Wettbewerber, die verspätet in den Markt eintreten, tun das zu höheren Kosten und damit geringerer Wettbewerbsfähigkeit, weil sie sich beim Markteintritt noch am oberen Punkt ihrer Erfahrungskurve befinden.

6.7.2 Übungskurven

In der Ergonomie wird *Übung*[171] meist als Verbesserung der Arbeitsergebnisse von Menschen als Folge wiederholter Aufgabenerfüllungen bezeichnet. Von Übung sprechen wir, wenn der Wiederholungseffekt in einem Lernprozess zu kennzeichnen ist. Nach diesem Verständnis ist Üben jener Aspekt des Lernens, dessen Ergebnis relativ anschaulich ist, nämlich die

- primär quantitative Ergebnisverbesserung,
- Fehlleistungsverringerung,
- Abnahme des Energieaufwandes,
- Abnahme zentralphysiologischer und peripherphysiologischer Beanspruchungsparameter (z. B. Herzschlagfrequenz, elektrische Aktivität arbeitender Muskeln.[172]

Im Gegensatz zum Training ist bei der Übung keine anatomische Veränderung beim Mitarbeiter nachweisbar.[173]

---

169 Eine ausführliche Darstellung insbesondere der funktionalen Aspekte der Lernkurventhematik findet man bei Liebau, H.: Die Lernkurvenmethode. Stuttgart: Ergonomia, 2002.

170 Henderson, B.D.: Die Erfahrungskurve in der Unternehmensstrategie. Frankfurt a.M., New York: Campus, 1986.

171 Gegenüber dem Trainingsbegriff wird der Übungsbegriff meist so abgegrenzt, dass aus wiederholten Aufgabenerfüllungen resultierende Übung zu keinen nachweisbaren anatomischen Veränderungen, sondern nur zur Routinebildung führt. Gegenüber dem individuellen Lernen ist das Üben nur schwer abzugrenzen. Manche tun das in der Weise, dass sie Lernen als einen psychologischen, sensorischen Prozess und Üben als einen sensomotorischen Prozess interpretieren.

172 Luczak, H.: Koordination von Bewegungen. In: Rohmert, W.; Rutenfranz, J. (Hrsg.) Praktische Arbeitsphysiologie. Stuttgart: Thieme, 1983, S. 52–59.

173 Liebau, H.; Landau, K.: Übung. In: Landau, K; Pressel, G. (Hrsg.): Medizinisches Lexikon. Stuttgart: Gentner, 2004, S. 637–640.

Die einzelnen sensomotorischen Arbeitsverrichtungen laufen weithin automatisch ab, den Bewegungsablauf kann man sich als »Unterprogramm« vorstellen, das zwar noch bewusstseinsfähig, aber nicht bewusstseinspflichtig ist. Durch Übung wird die Koordination der Bewegungen verbessert, die Bewegungen nähern sich einem optimalen Bahnverlauf.

Mit Hilfe von Lern- und Erfahrungskurven werden Routinebildungen von Organisationseinheiten beschrieben und darin vielfältige Ursachen einbezogen. Mit Hilfe von Übungskurven werden dagegen Routinebildungen von Einzelpersonen über den Zeitverlauf durch Verbesserung der neuromuskulären Koordination beschrieben. Sowohl in der Literatur als auch in der Praxis werden der Lern- und der Übungsbegriff oft synonym verwendet.

Beim Produktivitätsmanagement von Arbeitssystemen interessiert man sich primär für *Übungskurven*, sekundär für Lernkurven, kaum jedoch für Erfahrungskurven. In den sechziger Jahren entstand eine Reihe von Veröffentlichungen zu Übungskurven, und zwar ausschließlich zu sensomotorischer Arbeit.[174] Abbildung II-96 ist das Prinzip der Übungskurve zu entnehmen[175], die durch folgende Merkmale zu kennzeichnen ist:

1. Übung: Das Ausmaß an Übung wird durch den Zeitbedarf pro Mengeneinheit quantifiziert. Es wird davon ausgegangen, dass alle Arbeitsergebnisse einwandfrei sind.

2. Anfangsübung: Der zu Beginn der betrachteten Übungsaufgabe vorliegende Zeitbedarf pro Mengeneinheit. Die Personen A und B haben die gleiche, Person C eine höhere Anfangsübung; es liegt eine Transferübungsdifferenz vor. Die Anfangsübung wird determiniert durch

- die Transferübung;
- die Schwierigkeit der zu erlernenden Arbeitsmethode. Dieser wird primär bestimmt durch die zu beherrschenden Bewegungen[176] und Informationen, die Beziehungen der Bewegungen und Informationen zueinander sowie deren Redundanz[177];
- die Motivation und Eignung der übenden Person.

---

174 Vgl. z. B. de Jong, J.: Fertigkeit, Stückzahl und benötigte Zeit. Sonderheft der REFA-Nachrichten. Berlin, Köln, Frankfurt: Beuth, 1960 sowie Rutenfranz, J.; Iskander, A.: Über den Einfluss von Pausen auf das Erlernen einer einfachen sensomotorischen Fertigkeit. In: Internationale Zeitschrift für angewandte Physiologie einschließlich Arbeitsphysiologie. 1960, S. 207–235.

175 Dort wird unterstellt, dass drei verschiedene Personen die gleiche Übungsaufgabe erfüllen.

176 Eine Arbeitsmethode ist in diesem Sinne umso schwieriger, je höher der Anteil an Greif- und Fügebewegungen sowie an Blickfunktionen (perzeptorisch-mentale Elemente) ist und je mehr gleichzeitige kombinierte Bewegungen vorkommen.

177 Unter Redundanz wird hier das Ausmaß an Wiederholungen gleicher Grundbewegungen durch Gleichzeitigkeit von Bewegungen oder Hintereinanderfolge an gleichen Arbeitsobjekten mit gleichen Informationen verstanden. Bspw. liegt Redundanz vor, wenn ein Teil mit beiden Händen transportiert wird oder in einem Zyklus mehrfach hintereinander gleiche Schrauben einzudrehen sind.

3. Transferübung: Aus zuvor erfüllten ähnlichen Aufgaben resultierende nützliche Fertigkeiten, die sich im Ausmaß an der Anfangsübung ausprägen. Die Person C hat eine höhere Transferübung als die Personen A und B.

4. Endübung: Am Ende der Betrachtung vorliegender Zeitbedarf pro Mengeneinheit. Die Endübung steigt bei sensomotorischer Arbeit auch noch nach sehr langer Zeit, wenn auch nur noch geringfügig.[178]

5. Übungsgewinn: Differenz zwischen End- und Anfangsübung. Der *Übungsgewinn* wird primär bestimmt durch

- die Transferübung;
- die Schwierigkeit der zu erlernenden Arbeitsmethode;
- die Motivation und Eignung der übenden Person;
- die angewandte Lern- oder Übungsmethode. So kann üben aktiv (selber machen) und mental (bei anderen zuschauen, sich Bewegungsabläufe vorstellen) erfolgen. Iskander[179] hat nachgewiesen, dass Übungsgewinne ceteris paribus am höchsten sind, wenn eine Kombination aus beiden Übungsprinzipien gewählt wird und planmäßig kürzere Übungspausen eingelegt werden.

Der Übungsgewinn ist bei Person B etwa gleich groß wie bei Person C und größer als bei Person A.

6. Übungsdauer: Zeit zwischen Übungsbeginn (beim Zyklus Nr. 1) und Übungsende (beim Zyklus Nr. n). Die Übungsdauer ist bei allen drei Personen gleich.

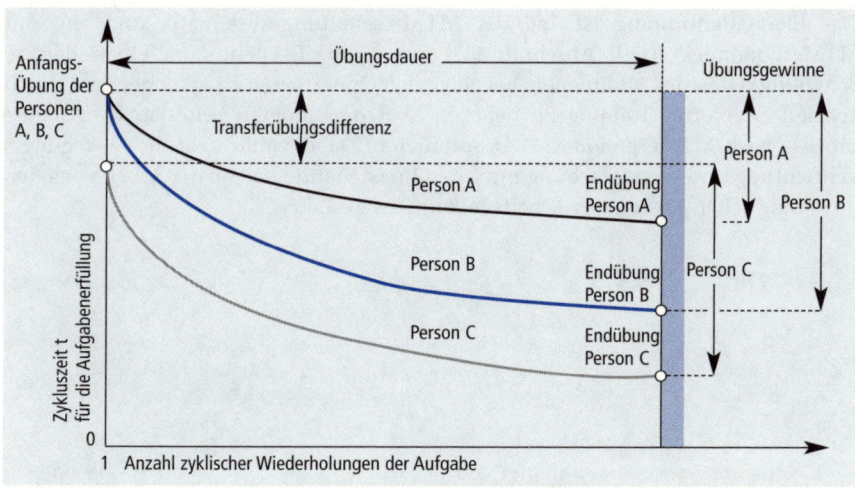

Abbildung II-96

Übungskurven nach de Jong[180]

178 Vgl. z. B. Schlaich, K.: Vergleich von beobachteten und vorbestimmten Elementarzeiten manueller Willkürbewegungen bei Montagearbeiten. Berlin, Köln, Frankfurt: Beuth, 1967.
179 Iskander, A.: Über den Einfluß von Pausen auf das Anlernen sensomotorischer Fertigkeiten. Berlin 1968.
180 de Jong, J.: a. a. O.

In der Praxis interessiert man sich, insbesondere in der Serien- und Mengenfertigung, für die Prognose des Übungsgewinns, um z. B. beim Erstellen von Angebotskalkulationen abschätzen zu können, ob im Zeitverlauf mit mehr oder weniger sinkenden Stückzeiten zu rechnen ist. Übungsgewinne sind vor allem bei hoch kontrollieren Bewegungen, wie z. B. Greifen oder Fügen, zu erzielen. Die mäßig kontrollierten Bewegungen, wie z. B. Hinlangen und Bringen, bergen dagegen nur geringe Übungsgewinnpotenziale (Abbildung II-96). Die beiden praktischen Probleme bei der Übungsgewinnprognose liegen in der Quantifizierung der Transferübung und der personellen Eignung.[181]

6.7.3 Einarbeitung

Vor vier Jahrzehnten hat bereits Seymour die *Einarbeitung* bei sensomotorischer Arbeit systematisiert.[182] Demnach sind bei der Einarbeitung in eine neue Aufgabe wissensbezogene und fertigkeitsbezogene Elemente zu unterscheiden. Das Umfeld der neuen Aufgabe wird dem Mitarbeiter mündlich oder schriftlich mitgeteilt. Die Arbeitsmethode und die notwendigen sensomotorischen Fertigkeiten vermittelt man dagegen mit Übungsprogrammen. Am Anfang steht die Anfertigung eines kompletten Bauteils bzw. die Ausführung des vollständigen Fertigungszyklusses – mit welcher Arbeitseffizienz auch immer.

Danach folgt konsequentes Elemententraining bis die Sollzeit des jeweiligen Elementes erreicht ist. Dies bedeutet natürlich noch nicht, dass der Mitarbeiter in der Lage wäre, diese Arbeitsgeschwindigkeit eine ganze Arbeitsschicht durchzuhalten. Es folgt daher jetzt das Stamina-Training, das schrittweise zur Aufrechterhaltung der Soll-Leistung über die Schicht führt.

Das Elemententraining ist Teil der MTM-Gestaltungssystematik und eng mit MTMergonomics® (vgl. Abschnitt 9.3) gekoppelt. Es geht zum einen darum, Schwierigkeiten des Mitarbeiters bei einzelnen Operationen zu erkennen und durch speziell adaptiertes Training zu beheben. Auf der anderen Seite ist der Arbeitsprozess nach MTMergonomics® zu optimieren. Dabei zählt nicht die Bewegungsverdichtung und -vereinfachung um jeden Preis! Stattdessen ist die Arbeit nach den physiologischen Kosten des Arbeitsvollzugs zu gestalten.

---

181 Als Übungsverluste werden Einbußen an Routine bezeichnet, die eintreten, wenn eine Aufgabe längere Zeit nicht mehr zu erfüllen war, z. B. durch Krankheit oder Urlaub.
182 Seymour, W.D.: Industrial skills. London: Pitman, 1966.

7 Gestaltung von Mikro-Arbeitssystemen

7.1 Anthropometrische Arbeitsgestaltung

7.1.1 Überblick

Der folgende Abschnitt befasst sich mit der Gestaltung von Mikro-Arbeitssystemen. Dabei versteht man unter einem *Mikro-Arbeitssystem* im Regelfall einen Einzel-Arbeitsplatz mit einem Mitarbeiter. Makro-Arbeitssysteme setzen sich aus mehreren Mikro-Arbeitssystemen zusammen. Bei der Gestaltung von Makro-Arbeitssystemen sind also mehrere Mitarbeiter betroffen (s. Kapitel 8). Dort werden Phänomene wie Gruppenarbeit, Schichtarbeit und Pausen behandelt, hier geht es dagegen um die räumliche, informations-, bewegungs- und sicherheitstechnische Auslegung der Mensch-Maschine-Schnittstelle.

Unter *anthropometrischer Arbeitsgestaltung* versteht man die Anpassung von Arbeitsplatz und Arbeitsmittel an die menschliche Gestalt.

Es geht dabei um die Beachtung der Abmessungen, Gelenkwinkel und der weiteren Funktionsparameter des Mitarbeiters bei der Auslegung von Arbeitssystemen.

Insoweit ist die anthropometrische Arbeitsgestaltung ein zentraler Punkt im Produktivitätsmanagement von Arbeitssystemen (s. Teil I, Abschnitt 2.4.3 und Kapitel 3), da optimierte räumliche Beziehungen zwischen Mensch, Arbeitsmittel und Arbeitsobjekt weniger arbeitsbedingte Erkrankungen, höhere Arbeitsmotivation und Leistung und auch Wohlbefinden bei der Arbeit erwarten lassen. Anthropometrische Arbeitsgestaltung stimuliert also alle Ergebnisparameter beim Management von Arbeitssystemen (s. Teil I, Abbildung I-12).

Konkret bedeutet dies, die Form, Abmessungen und relative Anordnung einzelner Elemente von Arbeitsplätzen bzw. -bereichen (z. B. Arbeitsflächen, Stützflächen, Arbeitsmitteln) festzulegen. Als wesentliche Einflussgrößen der räumlichen Gestaltung sind dabei:

- die Arbeitsaufgabe und daraus resultierende räumliche Anforderungen (z. B. an visuelle und manuelle Zugänglichkeit, an Körperhaltungen und -bewegungen),
- die räumlichen Anforderungen aus sonstigen Gestaltungsansätzen (z. B. biomechanische, physiologische, informatorische Gestaltung) sowie
- die Abmessungen des menschlichen Körpers mit ihrer interindividuellen Variabilität einzubeziehen.

Ihre systematische Berücksichtigung und gezielte Umsetzung bei der räumlichen Gestaltung setzen eine integrative Vorgehensweise bei der räumlichen Gestaltung voraus.

7.1.2 Körpermaße

Die Gestaltung eines Dauerarbeitsplatzes für »den« durchschnittlichen Mitarbeiter ist falsch! Es kann leicht gezeigt werden, dass es den Menschen, der in allen Körperparametern und -proportionen durchschnittlich ist, nicht gibt. Stattdessen sind die Häufigkeitsverteilungen der Körperabmessungen zu beachten, insbesondere sind Arbeitssysteme auszulegen, die für kleine und große Menschen gleichermaßen optimales Arbeiten ermöglichen.

Sowohl allgemeingültige als auch fallbezogene *Körpermaße* bzw. geometrische Parameter können im wesentlichen nach der Art ihres Ursprungs und ihrer Verwendung in drei Gruppen aufgeteilt werden:

- räumliche Begrenzungsmaße des menschlichen Körpers (aus Skelett- und Umrissmaßen abgeleitet);
- Funktionsmaße des menschlichen Körpers (z. B. Beweglichkeitsbereiche, Reichweiten, Sichtmaße);
- anthropometrische Parameter als zu berücksichtigende Einflussgrößen innerhalb anderer Problemkreise (Physiologie, Biomechanik usw.).

Die Ergebnisse aktueller Untersuchungen einzelner Körpermaße mitteleuropäischer Bevölkerung sowie weiterführende Erläuterungen sind in folgenden DIN-Normen zugänglich (es handelt sich lediglich um eine Auswahl von Grundlagennormen, weitere gestaltungsorientierte DIN-Normen mit anthropometrischem Bezug sind zu beachten):

- DIN 33402 Teil 1 (01.78)
  Körpermaße des Menschen; Begriffe, Messverfahren
- DIN 33402 Teil 2 (10.86)
  Körpermaße des Menschen; Werte
- DIN 33402 Teil 2 (10.84)
  Beiblatt 1 Körpermaße des Menschen; Werte; Anwendung von Körpermaßen in der Praxis
- DIN 33402 Teil 3 (10.84)
  Körpermaße des Menschen; Bewegungsraum bei verschiedenen Grundstellungen und Bewegungen
- DIN 33402 Teil 4 (10.86)
  Körpermaße des Menschen; Grundlagen für die Bemessung von Durchgängen, Durchlässen und Zugängen
- DIN 33406 (07.88)
  Arbeitsplatzmaße im Produktionsbereich; Begriffe, Arbeitsplatztypen, Arbeitsplatzmaße
- DIN 33408 Teil 1 (01.87)
  Körperumriss-Schablonen für Sitzplätze
- DIN 33408 Teil 1 (01.87)
  Körperumriss-Schablonen für Sitzplätze, Anwendungsbeispiele
- DIN 33416 (04.85)
  Zeichnerische Darstellung der menschlichen Gestalt in typischen Arbeitshaltungen

- DIN EN 547 Teil 1 (02.97) Sicherheit von Maschinen – Körpermaße des Menschen
  Teil 1: Grundlagen zur Bestimmung von Abmessungen für Ganzkörper-Zugänge an Maschinenarbeitsplätzen; Deutsche Fassung EN 547-1:1996
- DIN EN 547 Teil 2 (02.97) Sicherheit von Maschinen – Körpermaße des Menschen
  Teil 2: Grundlagen für die Bemessung von Zugangsöffnungen; Deutsche Fassung EN 547-2: 1996, 7
- DIN EN 547 Teil 3 (09.97) Sicherheit von Maschinen – Körpermaße des Menschen Teil 3: Körpermaßdaten; Deutsche Fassung EN 547-3:1996 sowie
- DIN EN ISO 7250 (10.97)Wesentliche Maße des menschlichen Körpers für die technische Gestaltung (ISO 7250:1996); Deutsche Fassung EN ISO 7250:1997 und
- (Norm-Entwurf) DIN EN ISO 14838, (03.05) Sicherheit von Maschinen – Anthropometrische Anforderungen an die Gestaltung von Maschinenarbeitsplätzen

Weiterführende anthropometrische Daten sind u.a. auch enthalten in:

- DIN 31001 (04.83), Sicherheitsgerechtes Gestalten von technischen Erzeugnissen – Sicherheitsabstand für Schutzeinrichtungen.

Tabellarische Angaben von Werten und ihren Streuungen für einzelne Körpermaße (DIN 33402) haben einen anthropometrischen Grundlagencharakter, für die Gestaltungspraxis ist jedoch die notwendige Verknüpfung der Einzelmaße zur funktionalen Einheit der menschlichen Gestalt durch geeignete Methoden (DIN 33408, DIN 33416) zu gewährleisten. Die Verknüpfung einzelner Körpermaße zum maßstabgetreuen Modell des menschlichen Körpers gelingt mit Hilfe entsprechender Schablonen oder der Computer-Anthropometrie.

Angesichts der großen Anzahl von Einzelmaßen des menschlichen Körpers und ihrer interindividuellen Streuung (auch hinsichtlich der Proportionalität) ist die Festlegung

- eines anthropometrischen Modells des menschlichen Körpers sowie
- eines Systems der Köpergrößen

als eine Grundlage für praxisgerechte Gestaltungsmethoden notwendig.

Die DIN 33408 sowie die DIN 33416 stellen zwei unterschiedliche Ansätze dar. Es ist festzuhalten, dass die Mehrzahl der oben genannten Normen eine Anzahl von statistisch und pragmatisch begründeten Festlegungen und Vereinfachungen beinhalten.

Die DIN 33408 konzentriert sich auf die Sitzhaltungen, die der DIN 33416 zugrundeliegende Methode – die Somatografie[183] – ermöglicht eine dreidimensionale Darstellung von unterschiedlichen Körperhaltungstypen. Von dieser Methode gehen auch die »Arbeitshilfen für ergonomische Gestaltung« aus.[184]

---

183 Jenik, P: Maschinen menschlich konstruiert. MM-Industriejournal, 78, 5, 1972, S. 87–90.
184 Robert Bosch. GmbH (Hrsg.): Arbeitshilfen für die ergonomische Arbeitsgestaltung. Jenner, R.-D; Kaufmann, H., Schäfer, D. und Bauer, O.: Bosch-Arbeitshilfen für die ergonomische Arbeitsplatzgestaltung, Zeichenschablonen für die menschliche Gestalt. Stuttgart, 1985.

Auf der Grundlage des in Abbildung II-97 und II-98 dargestellten somatographischen Systems von Körpergrößen für die mitteleuropäische Bevölkerung werden die weiter oben erwähnten Zusammenhänge der anthropometrischen Körpergrößensysteme deutlich.

Als grundlegendes anthropometrisches Maß, von dem alle anderen Körpermaße abgeleitet werden, dient in diesem System die Körperhöhe.

Die wichtigsten Einflussfaktoren der individuellen Körperhöhe sind folgende:

- Geschlecht,
- Lebensalter,
- Körperbautyp,
- überwiegende Arbeitsform bis zum betreffenden Lebensalter,
- Geburtsjahr bzw. die Angehörigkeit zu einer bestimmten Generation,
- Bevölkerungsgruppe (Stadtbevölkerung, Landbevölkerung usw.),
- Regionalität (Angehörigkeit zu einem geographischen Gebiet),
- Volkszugehörigkeit (z. B. »Skandinavier«, »Südländer«, »Mitteleuropäer«),
- Volksgruppenzugehörigkeit (Weiße, Farbige usw.).

Abbildung II-97

Verteilung der Körpergrößen von Männern und Frauen in der Bundesrepublik nach DIN 33402 und EN 547-3 (inkl. 30 mm Schuhwerk)

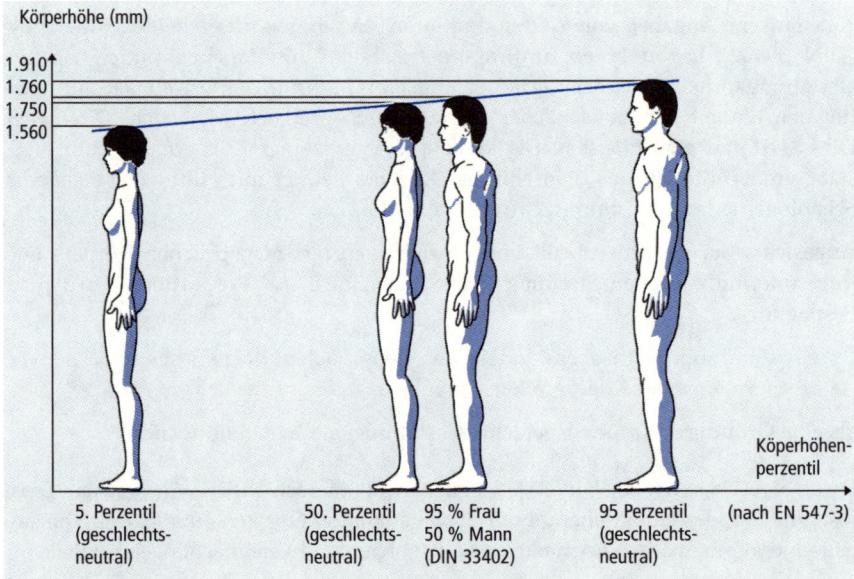

Die Proportionalität der Körpermaße (d. h. das Verhältnis einzelner Körpermaße zur Körperhöhe) wird im ganzen Körperhöhenbereich ohne Unterschied des Geschlechts und Alters zwischen 15 und 65 Jahren als konstant vorausgesetzt.

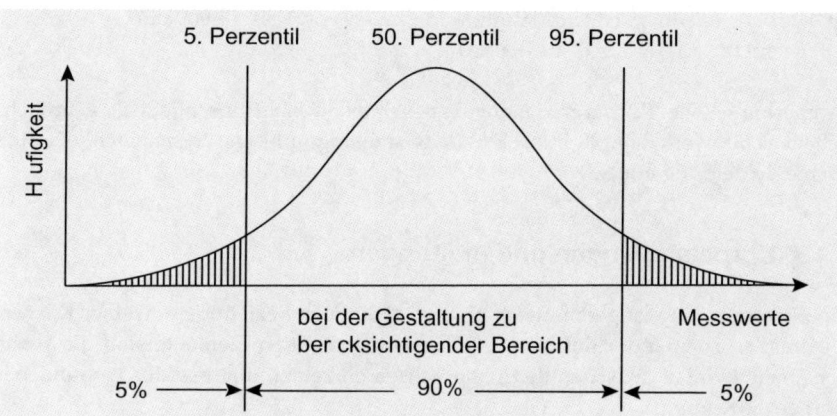

Abbildung II-98

Häufigkeits-
verteilung der
Körperhöhen in der
Bevölkerung und für
die Gestaltung zu
berücksichtigender
Körperhöhenbereich

Nach dem Körpergrößensystem der DIN 33402 liegen die Grenzen der Körperhöhen zwischen 1.440 und 2.000 mm (einschließlich Schuhwerk). Ca. 90 % der gesamten Bevölkerung liegen innerhalb der Grenzen der Körperhöhe zwischen

- etwa 1.540 mm für die »kleinste« Frau (5. Perzentil der Häufigkeitsverteilungskurve für Frauen) und
- etwa 1.900 mm für den »größten« Mann (95. Perzentil der Häufigkeitsverteilungskurve für Männer)

bei jeweils vorausgesetzter annähernder Normalverteilung.

Die möglichen Körperhöhenunterschiede für rund 90 % der Bevölkerung betragen demnach maximal 1.900 – 1.540 = 360 mm. Für diesen Bereich werden zwei weitere praktisch wichtige Werte der Körperhöhe abgeleitet:

- etwa 1.650 mm für die »durchschnittliche« Frau (Summenhäufigkeit 50 %) und gleichzeitig für den »kleinsten« Mann (Summenhäufigkeit ca. 5 %),
- etwa 1.760 mm für den »durchschnittlichen« Mann (Summenhäufigkeit 50 %) und gleichzeitig für die »größte« Frau (Summenhäufigkeit ca. 95 %).

Als grundlegender Ansatz für die räumliche Gestaltung ist zu beachten[185]:

Ein Arbeitsplatz kann in der Regel nicht lediglich für einen konkreten Mitarbeiter »maßgeschneidert« gestaltet werden. Es muss davon ausgegangen werden, dass Personen mit unterschiedlichen Körperabmessungen abwechselnd am gleichen oder einzeln an mehreren verschiedenen Arbeitsplätzen arbeiten werden.

Wenn keine Gründe für die Wahl eines besonderen Körpergrößenbereiches vorliegen, sind folgende Bereiche des dargestellten somatografischen Systems von Körpergrößen zu verwenden:

- Körpergrößenbereich für Männer von 1.630–1.900 mm
  (nach DIN 33416: 1.660–1.870 mm)
- Körpergrößenbereich für Frauen von 1.500–1.760 mm
  (nach DIN 33416: 1.540–1.760 mm)

185 Rohmert, W. u. Mitarb.: Umdruck zur Vorlesung Arbeitswissenschaft 1. Darmstadt, 1993.

- Körpergrößenbereich für Männer und Frauen von 1.500–1.900 mm
  (nach DIN 33416: 1.540–1.870 mm)

(Anmerkung: Die Körpergrößenangaben verstehen sich einschließlich gebräuchlichem Schuhwerk von 30 mm Höhe, das somatographische System schließt eine leichte Bekleidung ein.)

7.1.3 Körperstellungen und -haltungen

Eine *Körperstellung* ist geometrisch als eine räumliche Beziehung einzelner Körpergliedmaßen zueinander definiert. Die lagebestimmenden Elemente sind die Werte der Einstellwinkel zwischen den Längsachsen einzelner, miteinander verbundener Körpersegmente.

Sowohl als Arbeits- als auch als Ruhestellung spielen drei grundsätzlich verschiedene Stellungen des menschlichen Körpers eine Rolle: das Liegen, das Sitzen und das Stehen. Zusätzlich werden oft in ergonomischer Fachliteratur das Knien und das Hocken berücksichtigt.[186]

Als *Körperhaltung* bezeichnet man Varianten einer bestimmten Körperstellung. Bei gleicher Körperstellung können somit verschiedene Körperhaltungen vorkommen.

Als wesentliche Einflussfaktoren von Körperhaltungen sind zu beachten:

- Anforderungen der Tätigkeit an die Zugänglichkeit (visuell: z. B. Fixation des Auges an Mikroskopen; manuell: z. B. Handhaltung und Bewegungsabläufe);
- räumliche Anordnung des Arbeitsplatzes (z. B. des Arbeitssitzes und -tisches, der Fuß- und Armstützen);
- biomechanische Parameter (z. B. Kraftrichtung, Bewegungsbahnen);
- Arbeitsgegenstand (z. B. Anordnung, Form, Größe).

Ungünstige Körperhaltungen resultieren vorwiegend

- aus mangelhafter räumlicher Arbeitsgestaltung (die Arbeitsperson passt sich im negativen Sinne an und ordnet bewusst oder unbewusst ihre Körperhaltung den Arbeitsanforderungen unter) oder
- aus mangelhaften Arbeitsweisen (häufig verursacht durch ungenügende Unterweisung sowie geringe Motivation).

Jede Körperhaltung, die längere Zeit eingenommen werden muss, hat eine statische Gewebebeanspruchung zur Folge, die negativ zu bewerten ist. Der Gleichgewichtszustand in den betroffenen Muskeln wird gestört, da der Blutzufluss zum Muskel und die Abfuhr der bei der Verbrennung im Muskel entstandenen Stoffwechselprodukte behindert werden. Mit lang andauernden Körperhaltungen wächst ebenfalls der Diskomfort in der Schulter-Nacken-Region, im Lendenbereich

---

186 Zu diesem Absatz vgl. Landau, K.; Wakula, J.: Körperstellungen und Körperhaltungen. In: Landau, K. u. Mitarb.: Ergonomie I. TU Darmstadt, Institut für Arbeitswissenschaft, 2003, S. 68 ff.

und in den Armen. Beschwerden und gegebenenfalls Erkrankungen können die Folge sein. Aber auch psychomentale Beanspruchungen können mit Beschwerden der Schulter-Nacken-Region verbunden sein. Lang andauernde Sitztätigkeiten mit Bildschirmarbeit wirken sich daher möglicherweise auf zweierlei Weise negativ aus: statische Haltungsarbeit durch das Sitzen und psychomentale Beanspruchung durch die Arbeitsaufgabe.

Damit sind auch die wesentlichen Ansätze der Gestaltung in Bezug auf Körperhaltungen erkennbar:

Auf der Grundlage einer Anforderungsanalyse sind die geeigneten Körperhaltungen mit ihrer Dynamik tätigkeitsbezogen und physiologisch zu definieren und bei der räumlichen Gestaltung zu berücksichtigen, die Mitarbeiter sind gezielt zu unterweisen und zur adäquaten Verwendung des Arbeitsplatzes zu motivieren.

Abbildung II-99 zeigt die Wechselwirkungen von Arbeitsplatz- und menschbezogenen Faktoren, welche die Körperhaltung bei beruflichen Tätigkeiten beeinflussen. Deutlich wird der maßgebliche Einfluss der Körpermaße auf die arbeitsplatzbezogenen Faktoren und die Körperhaltung.

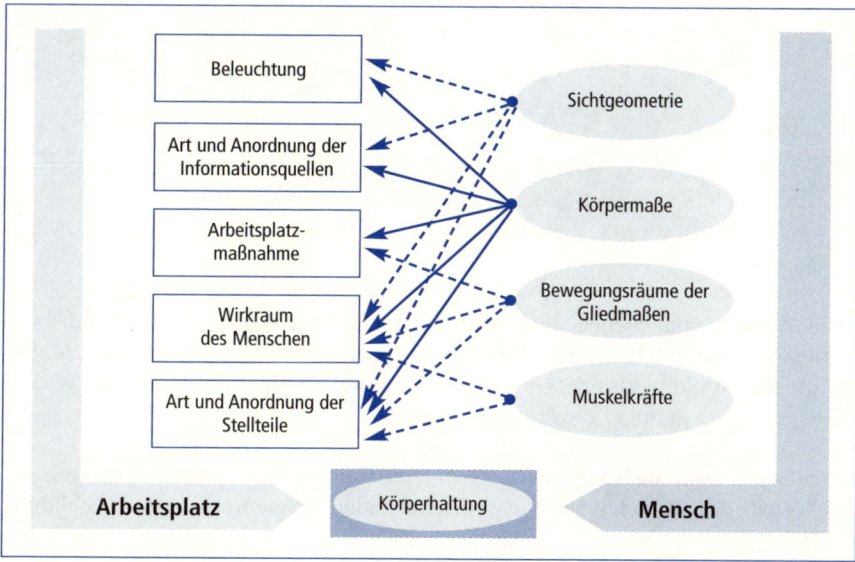

Abbildung II-99
Wechselbeziehungen zwischen den Eigenschaften von Mensch und Arbeitsplatz (nach Robert-Bosch GmbH)

Die in der Arbeitswelt mit Abstand am häufigsten vorkommenden Körperstellungen sind Stehen und Sitzen.

Beim Stehen wird die Rumpflast von den Beckengliedmaßen gestützt, und im Wesentlichen werden die Beine belastet. Beim Sitzen wird die Rumpflast unter Ausschaltung der Beckengliedmaße auf die Sitzfläche übertragen, wobei die Beine nur unwesentlich belastet werden. Beim Hocken wird das Körpergewicht von den Füßen aufgenommen, unter maximaler Flexion von Knie- und Hüftgelenken.[187]

187 Schoberth, H.: Orthopädie des Sitzens, Berlin: Springer, 1989.

Beim Stehen liegt eine Beckenstellung mit einer eher horizontalen Stellung des Kreuzbeins vor, was zu einer Lordose[188] der Lendenwirbelsäule führt. Dabei entsteht bereits eine muskuläre Beanspruchung, denn nur beim Liegen ist das Gleichgewicht ohne Muskelarbeit zu wahren. Die arbeitenden Muskeln können umso mehr entlastet werden, je größer die Stützfläche für den Körper ist, z. B. durch die Möglichkeit des Anlehnens. Fehlt eine solche Entlastungsmöglichkeit, kann der eigene Körper zur Stützung herangezogen werden, z. B. durch Stützen der Arme in die Seiten oder Verschränken der Arme vor der Brust. Diese Neigung, durch Wechsel der Körperhaltung die muskuläre Beanspruchung zu reduzieren, führt zu einem ständigen Wechsel der Körperhaltung beim Stehen. Beim Sitzen liegt eine Rückdrehung des Beckens mit einer eher vertikalen Stellung des Kreuzbeins vor (Abbildung II-100), weshalb man von einem flach gestellten Becken spricht.

Abbildung II-100

Veränderung der Kreuzbeinstellung aus einer eher horizontalen Lage beim Stehen in eine eher vertikale Lage beim Sitzen durch Rückdrehung des Beckens[189]

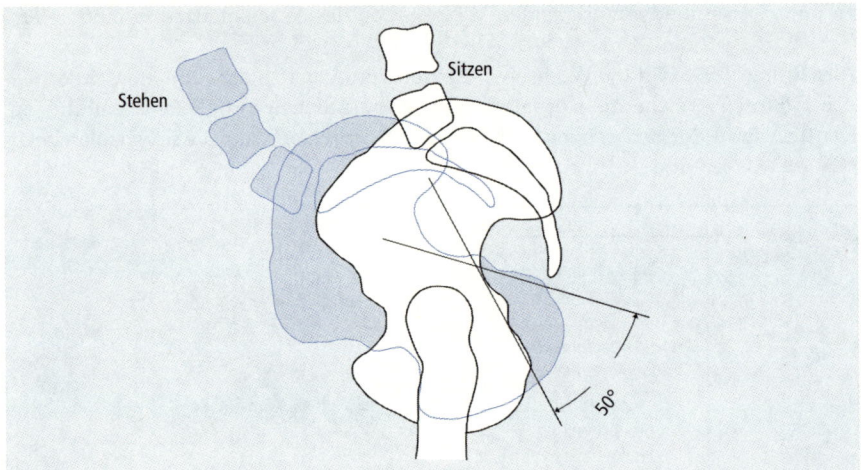

Beim Wechsel vom Stehen zum Sitzen wird die Wirbelsäule in den Lendensegmenten gebeugt, wodurch die Rückdrehung des Beckens kompensiert wird. Je stärker die Rückdrehung des Beckens ist, desto stärker ist die Vorbeugung der Wirbelsäule und desto geringer die Hüftneigung.

Sitzen wird vermutlich von den meisten Arbeitnehmern dem Stehen vorgezogen. Als Vorteile der sitzenden gegenüber der stehenden Arbeitsweise gelten (Abbildung II-101):

- Entlastung der Beinmuskulatur,
- Reduzierung der kardiopulmonalen Belastung und
- Reduzierung des Energieumsatzes.

---

188 Lordose: konvexe Verbiegung
189 Schoberth, H.: Orthopädie des Sitzens, a. a. O.

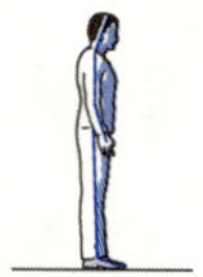

Beschreibung der Körperhaltung	gebeugt Sitzen	normales Sitzen	normal Stehen	gebeugt Stehen	gebückt Stehen	Hocken
Belastung der Muskeln durch Haltungsarbeit	starke Belastung der Rücken- und Nackenmuskulatur	Belastung der Hals- und Rumpfmuskulatur durch Versteifungsarbeit	zusätzlich Bein- und Fußmuskulatur	Belastung der Nacken-, Rücken-, Oberschenkel- und Fußmuskulatur zusätzlich zur Versteifungsarbeit beim normalen Stehen		zusätzlich Wadenmuskulatur
zusätzlicher Energiebedarf gegenüber normalem Sitzen (kJ/min)	0,4	0	0,4	1,3	2,1	0,9
Belastung der Bandscheiben	ungleichmäßig hohe Belastung der Bandscheiben bis etwa zum 3-fachen Wert des normalen Sitzens	gleichmäßige Bestaltung der Bandscheiben	ungleichmäßige, hohe Belastung der Bandscheiben bis etwas zum Wert des normalen Stehens	3-fachen	10-fachen	3-fachen
Auswirkungen	Die Hauptdurchblutung des Gesäßes wird auf Dauer gedrosselt / zusätzlich wird die Atmung und Verdauung durch Bauchkompression behindert		erhöhte Blutstauung in den Beinen, besonders bei fehlender Bewegung			Die Durchblutung wird an den Körperknickstellen gedrosselt. Die Atmung und Verdauung wird durch Bauchkompression behindert
Anwendung	vermeiden (durch verbesserte Arbeitsgestaltung)	für feine Arbeiten gut geeignet / gute Körperhaltungen, bes. im Wechsel zwischen normalem Sitzen und Stehen	ermöglicht einen großen Arbeitsbereich und Greifraum, große Kräfte (evtl. mit Körperunterstützung)			nur für kurze Tätigkeitsabschnitte geeignet

Abbildung: II-101

Gegenüberstellung von Körperstellungen und -haltungen[190]

190 Robert Bosch GmbH (Hrsg.): a. a. O.

Der Energieumsatz beim Stehen ist höher als beim Sitzen. Stehen ist statische Haltungsarbeit, bei der die Beinmuskulatur besonders belastet wird, weil Stehen zu einem erhöhten hydrostatischen Blutdruck in den Beinvenen sowie zu einer im Zeitablauf zunehmenden Stauung der Gewebeflüssigkeit in Beinen und Füßen führt.

Berufsgruppen, die lang dauernd im Stehen arbeiten, gelten als erhöht anfällig für Erweiterungen der Beinvenen (Varizen), für Entzündungen der Beinvenen mit Bildung von Blutgerinnseln (Thrombosen) sowie für Gewebequellungen in Füßen und Unterschenkeln (Knöchelödeme).

Diesen Ausführungen ist zu entnehmen, dass dauerndes Stehen zu Beschwerden, evtl. sogar zu gesundheitlichen Schädigungen führen kann, wobei die Frage nach der Prädisposition zu stellen ist. Ein häufigeres Gehen bei der Arbeit schafft hier bereits Entlastung. Die bessere Lösung ist jedoch ein wählbarer Wechsel zwischen Stehen, Gehen und Sitzen. Das Sitzen hat insbesondere die in Abbildung II-102 aufgeführten Nachteile.

Abbildung II-102

Nachteile einer lang andauernden Sitzhaltung

Nachteile	Begründung
1. Erhöhte Belastung von Wirbelsäule und Rückenmuskulatur	Spitze Winkel und auch ein rechter Winkel zwischen Rückenlehne und Sitzfläche erhöhen den Bandscheibeninnendruck und die Aktivierung eines Teiles der Rückenmuskulatur.
2. Aufnahme des Körpergewichts von einer relativ kleinen Fläche	Auf etwa 10 cm² lasten circa 400 bis 900 N, dadurch leidet die Durchblutung der Haut, ständige Körperhaltungswechsel sind nötig.
3. Mangelnde Durchblutung der inneren Organe, Erschlaffung der Bauchmuskulatur, Gefahr der Rundrückenbildung	Länger andauerndes Sitzen behindert den Blutfluss im Bauchraum.
4. Reduzierung von Greifraum und Stellungskräften	Durch die feste Positionierung des Körpers in der Horizontalen sind die Bewegungsbahnen der Hände eingeschränkt (s. Abbildung II-110).

Die Maximalkräfte sind im Sitzen geringer als im Stehen, weil dort das Körpergewicht in höherem Maße als Zusatzkraft einzusetzen ist (s. Abschnitt 7.2.2)

Diese Ausführungen sollten verdeutlichen, warum es sinnvoll ist, lang andauerndes Stehen zu vermeiden, aber auch, warum lang andauerndes Sitzen problematisch ist, insbesondere unzweckmäßiges Sitzen.

Die optimale Körperhaltung ist ungezwungen und freizügig, weist minimale statische Haltungsarbeit aus; sie kann beliebig oft verändert werden, wobei die optimierten räumlichen Beziehungen der Augen, Hände und Arme in Bezug auf das Arbeitsobjekt unverändert bleiben. Die Körperhaltung muss dynamisch, d. h. während der einzelnen Tätigkeiten variierbar sein.

Besondere Bedeutung hat das bei Arbeitsplätzen, an denen ein Wechsel zwischen Sitzen und Stehen möglich sein soll, so genannten Sitz-Steh-Arbeits-plätzen. Dabei ist die Abstimmung zwischen Körpergröße, Arbeitsflächenhöhe und Arbeitssitzhöhe zu optimieren. Die Arbeitsflächenhöhe ist für das Stehen aus-zulegen. Beim Sitzen ist die Arbeitssitzfläche in eine relativ hohe Sitzposition zu bringen.

7.1.4 Innere und äußere Arbeitsplatzmaße

Um den Arbeitsplatz den individuellen anthropometrischen Gegebenheiten anzu-passen, müssen die Stützflächen des Körpers (Sitz- und Tischfläche, Armlehne, Fuß-stütze sowie auch die Stellteile, Handgriffe, Pedale) verstellbar vorgesehen werden. Dabei muss man die Innenmaße und die Außenmaße beachten.

Als Innenmaße (Außenmaße) werden solche Abmessungen bezeichnet, die mindes-tens notwendig (höchstens zulässig) sind, damit auch der größten (kleinsten) Person ein ungehindertes Arbeiten bzw. Benutzen ermöglicht wird. Innenmaße sind z. B. die minimale lichte Höhe unter der Tischplatte, Außenmaße z. B. die maximale Armreichweite.

Die Innenmaße hängen also von der gewählten maximalen Gestalt, die Außenmaße von der minimalen Gestalt ab. Abbildung II-103 zeigt die falsche Vorgehensweise beim Ableiten der *Arbeitsplatzmaße* von der durchschnittlichen Gestalt; Abbildung II-104 gibt die richtige Lösung wieder.[191]

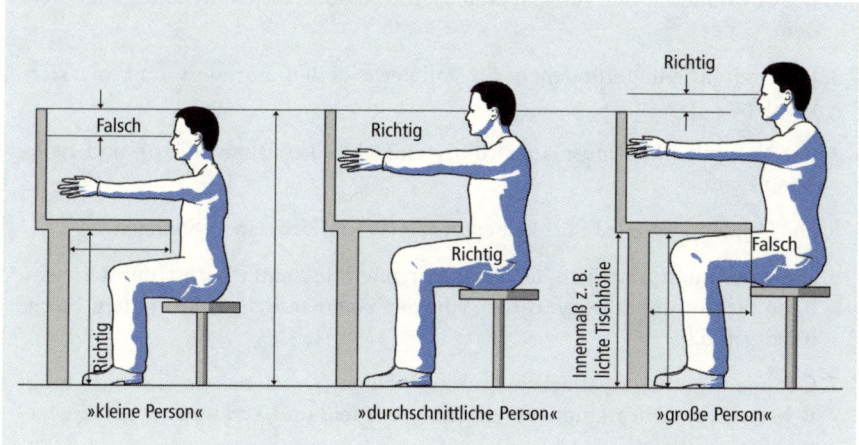

Abbildung II-103

Arbeitsplatz, dessen ergonomische Maße von der durchschnitt-lichen Gestalt abge-leitet wurden (falsche Vorgehensweise)

---

191 Vgl. auch Landau, K.; Schaub, K.: Körpermaße. In: Landau, K. u. Mitarb.: Ergonomie I, TU Darmstadt, Institut für Arbeitswissenschaft, 2003.

Abbildung II-104

Richtige Lösung – innere Maße sind nach der größten, äußere nach der kleinsten Gestalt abgeleitet. Arbeitssitz und Fußstütze sind in der Höhe einstellbar.

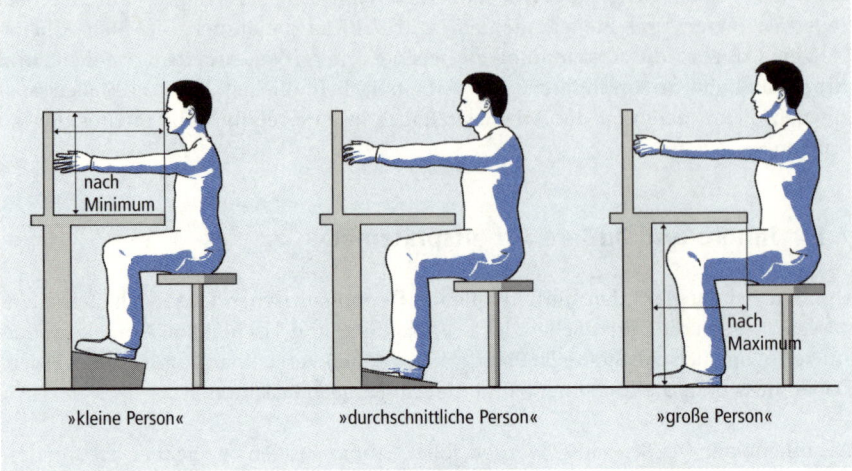

»kleine Person«　　　　»durchschnittliche Person«　　　　»große Person«

Durch die Verstellbarkeit der einzelnen Arbeitsplatzelemente sind die individuellen Abweichungen von der Proportionalität der Körpermaße zu berücksichtigen. Somit ist gewährleistet, dass sich wechselnde Mitarbeiter mit Beginn ihrer Arbeitsschicht ihren Arbeitsplatz optimal einstellen können. Dabei sind folgende Regeln zu beachten:

1. Der Benutzer soll über Sinn und Vorteil der Verstellbarkeit informiert werden.

2. Die Anwendung der verstellbaren Elemente soll vorgeführt und geübt werden.

3. Die individuell gefundenen Einstellwerte sollen normiert und markiert werden.

4. Die Verstellbarkeit muss konstruktiv einfach, absolut zuverlässig und funktionell sein.

5. Die Verstellung selbst darf keinen größeren Kraftaufwand verlangen.

6. Das Lösen und Anziehen der Verstellorgane muss einfach durchführbar sein, ohne Schraubenschlüssel, direkt von der Hand mittels Flügelmutter, Sternhandgriff o.ä.

7. Genügend große Passflächen sind zu wählen (Durchmesser, Gewinde möglichst in Trapezform), um vorzeitigen Verschleiß und Verklemmungen zu vermeiden.

8. Im ganzen Bereich der Verstellungen sind Skalen oder Markierungen anzubringen; der bewegliche Teil ist mit einem einfachen Zeiger zu versehen, der deutlich die eingestellte Lage erkennen lässt.

7.1.5 Seh- und Greifräume

Als Sehachse bezeichnet man die Verbindungsgerade zwischen dem mit dem Auge fixierten Objekt und dem zugehörigen Fixationsort auf der Netzhaut des Auges.

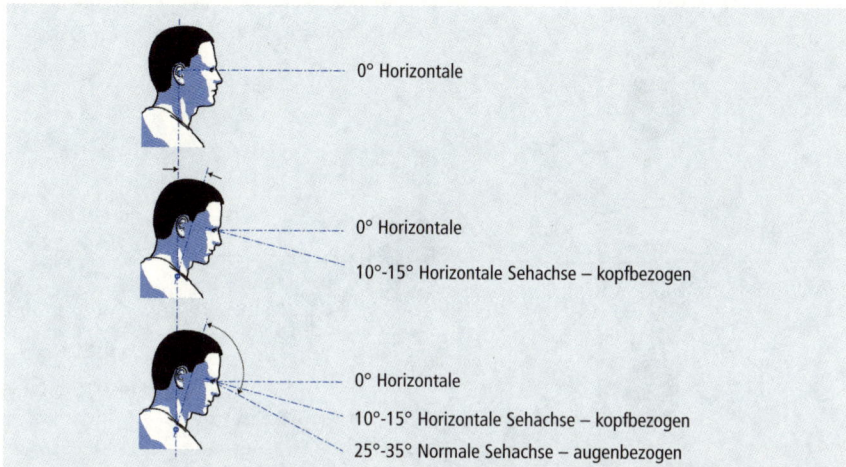

0° Horizontale

0° Horizontale
10°-15° Horizontale Sehachse – kopfbezogen

0° Horizontale
10°-15° Horizontale Sehachse – kopfbezogen
25°-35° Normale Sehachse – augenbezogen

Abbildung II-105

Normale Sehachse bei entspannter Kopf- und Augen-position[192]

In entspannter Ruhestellung ist der Kopf typischerweise um 10-15° gegenüber der Horizontalen nach vorne geneigt. In Ruhestellung sind auch die Augen gegenüber dem Kopf nochmals um 15-20° nach unten geneigt, woraus sich eine Gesamt-neigung der Sehachse gegenüber der Horizontalen von ca. 25-35° ergibt.

Diese natürliche »Nullstellung« der Sehachse sollte bei der Arbeitsgestaltung be-rücksichtigt werden, um Zwangshaltungen zu vermeiden (Abbildung II-105).

Das Gesichtsfeld umfasst den Bereich der Umgebung, der ohne Bewegung von Kopf und Augen gleichzeitig wahrgenommen werden kann. Scharf sehen kann man innerhalb des Gesichtfeldes jedoch nur in einem Bereich, der um 1-2° um die Seh-achse liegt.

---

192 Schmidtke, H. (Hrsg.): Ergonomie. a. a. O., S. 508.

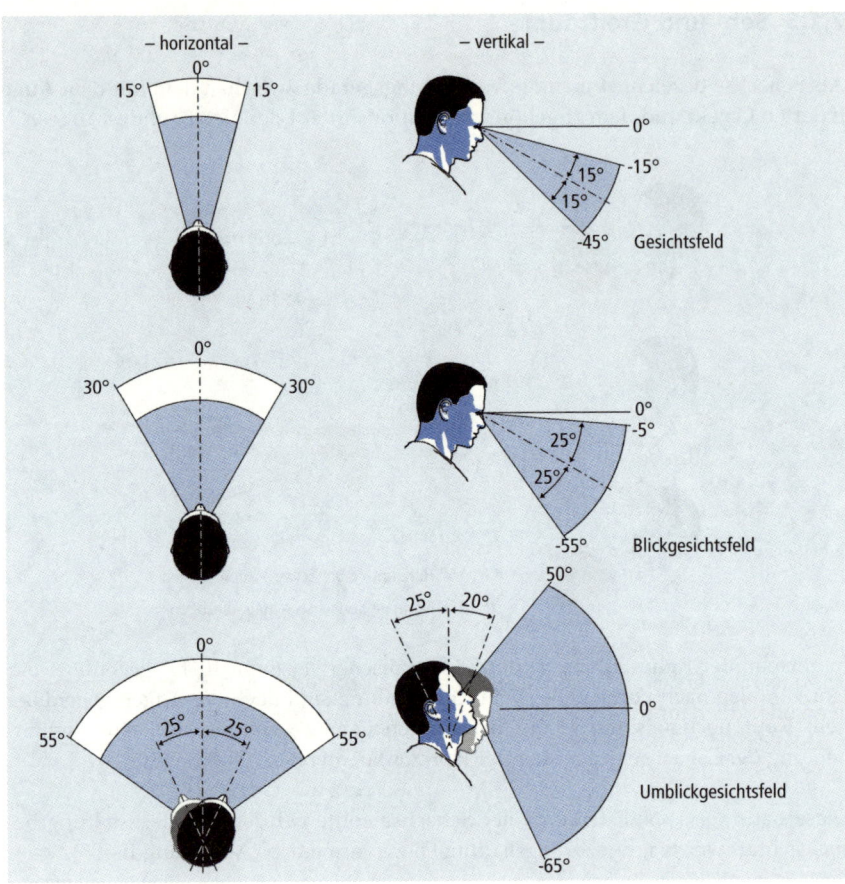

Das *Blickfeld* beschreibt den Wahrnehmungsbereich bei ruhendem Kopf, aber mit bewegten Augen. Das *Umblickfeld* schließlich berücksichtigt zusätzlich die Bewegung des Kopfes (Abbildung II-106).

Die Größe des *Gesichtsfeldes* ist vom Tag- und Nachtsehen abhängig. Für Helligkeitsreize ist es wesentlich empfindlicher als für Farbreize. Bei den Farbreizen hängt die Empfindlichkeit zusätzlich von der Spektralfarbe ab (Abbildung II-107).

---

193 Schmidtke, H. (Hrsg.): a. a. O., S. 509.

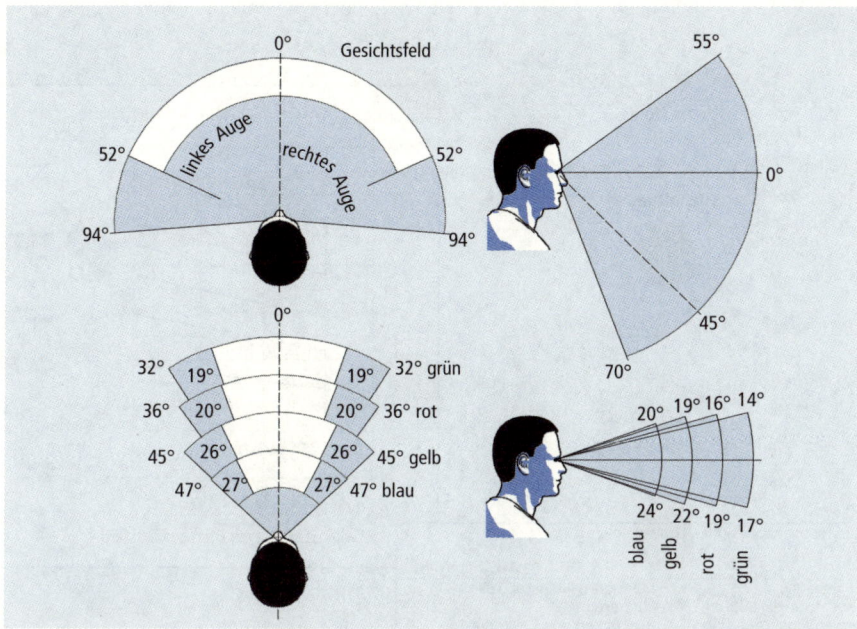

Abbildung II-107
Größe des maximalen
Gesichtsfeldes

Bei der räumlichen Arbeitsplatzgestaltung sind demnach die besonders wichtigen oder die häufig zu beobachtenden Gegenstände im Gesichtsfeld zu platzieren. Weniger bedeutsame Sehobjekte gehören in das Blick- oder Umblickfeld. Reicht das Gesichtsfeld nicht aus und müssen Blick- und Umblickfeld für die Gestaltung herangezogen werden, dann ist sicherheitsrelevante Information auch akustisch darzubieten.

Neben der Blickrichtung ist die Entfernung zum betrachteten Objekt von großer Bedeutung für die Arbeitsplatzgestaltung. Der zu wählende Sehabstand hängt vom visuellen Tätigkeitsinhalt ab (Abbildung II-108).

Durch den erforderlichen Sehabstand und Anforderungen an die Körperstabilität ergeben sich für unterschiedliche Arbeitsaufgaben typische Arbeitshöhen.

Abbildung II-108

Arbeitshöhen in
Abhängigkeit von
den Arbeits-
aufgaben[194]

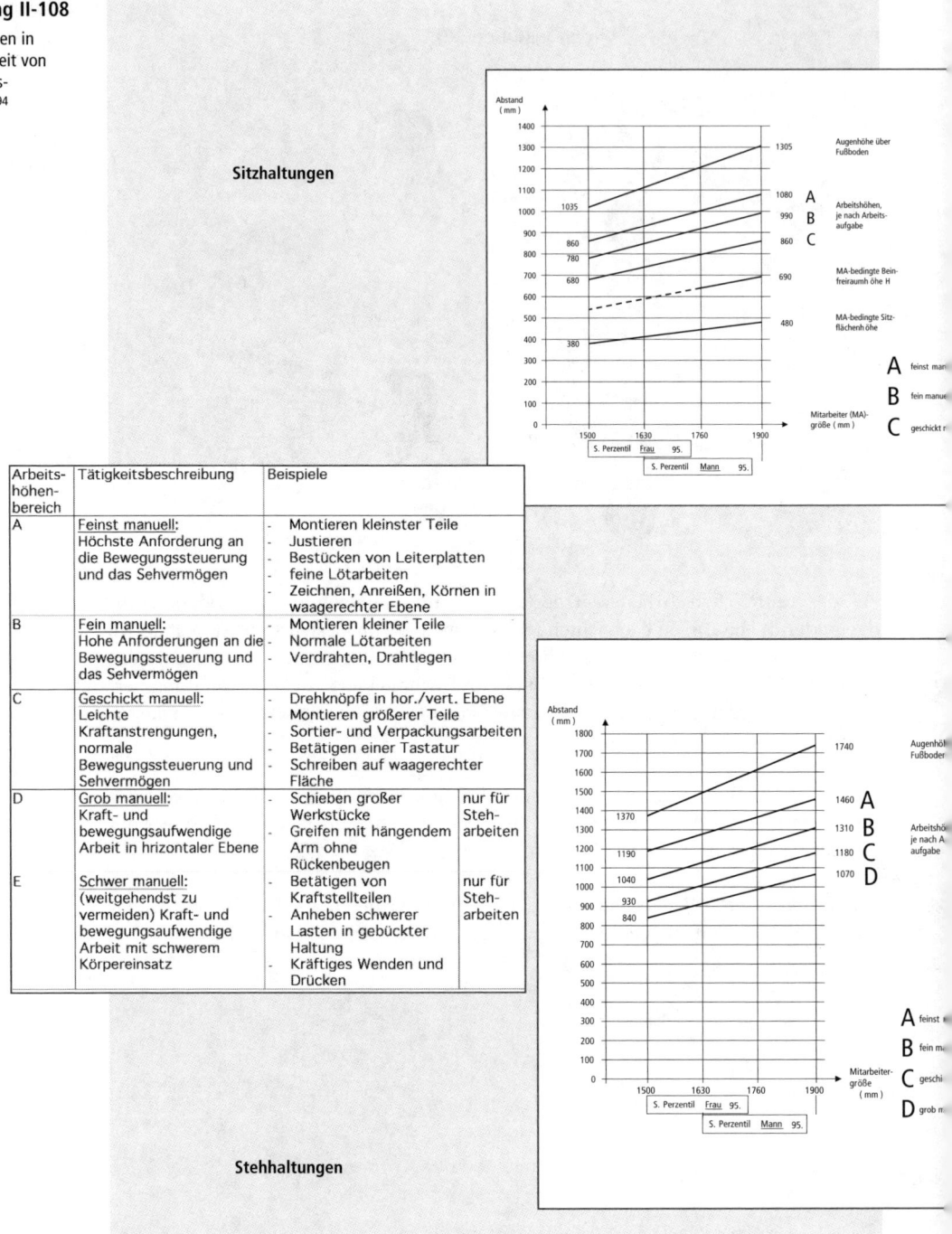

Arbeits-höhen-bereich	Tätigkeitsbeschreibung	Beispiele	
A	Feinst manuell: Höchste Anforderung an die Bewegungssteuerung und das Sehvermögen	- Montieren kleinster Teile - Justieren - Bestücken von Leiterplatten - feine Lötarbeiten - Zeichnen, Anreißen, Körnen in waagerechter Ebene	
B	Fein manuell: Hohe Anforderungen an die Bewegungssteuerung und das Sehvermögen	- Montieren kleiner Teile - Normale Lötarbeiten - Verdrahten, Drahtlegen	
C	Geschickt manuell: Leichte Kraftanstrengungen, normale Bewegungssteuerung und Sehvermögen	- Drehknöpfe in hor./vert. Ebene - Montieren größerer Teile - Sortier- und Verpackungsarbeiten - Betätigen einer Tastatur - Schreiben auf waagerechter Fläche	
D	Grob manuell: Kraft- und bewegungsaufwendige Arbeit in hrizontaler Ebene	- Schieben großer Werkstücke - Greifen mit hängendem Arm ohne Rückenbeugen	nur für Steh-arbeiten
E	Schwer manuell: (weitgehendst zu vermeiden) Kraft- und bewegungsaufwendige Arbeit mit schwerem Körpereinsatz	- Betätigen von Kraftstellteilen - Anheben schwerer Lasten in gebückter Haltung - Kräftiges Wenden und Drücken	nur für Steh-arbeiten

194 Kirchner, J. H.; Baum, E.: Ergonomie für Konstrukteure und Arbeitsgestalter. München: Hanser, 1990.

Bewegungsräume des menschlichen Körpers ergeben sich aus den Längenmaßen der Körperteilsegmente und der Stellung der Segmentachsen in den an der Bewegung beteiligten Gelenken. Abbildung II-109 zeigt die Bewegungsräume für Kopf, Arme, Hände, Beine und Füße.[195]

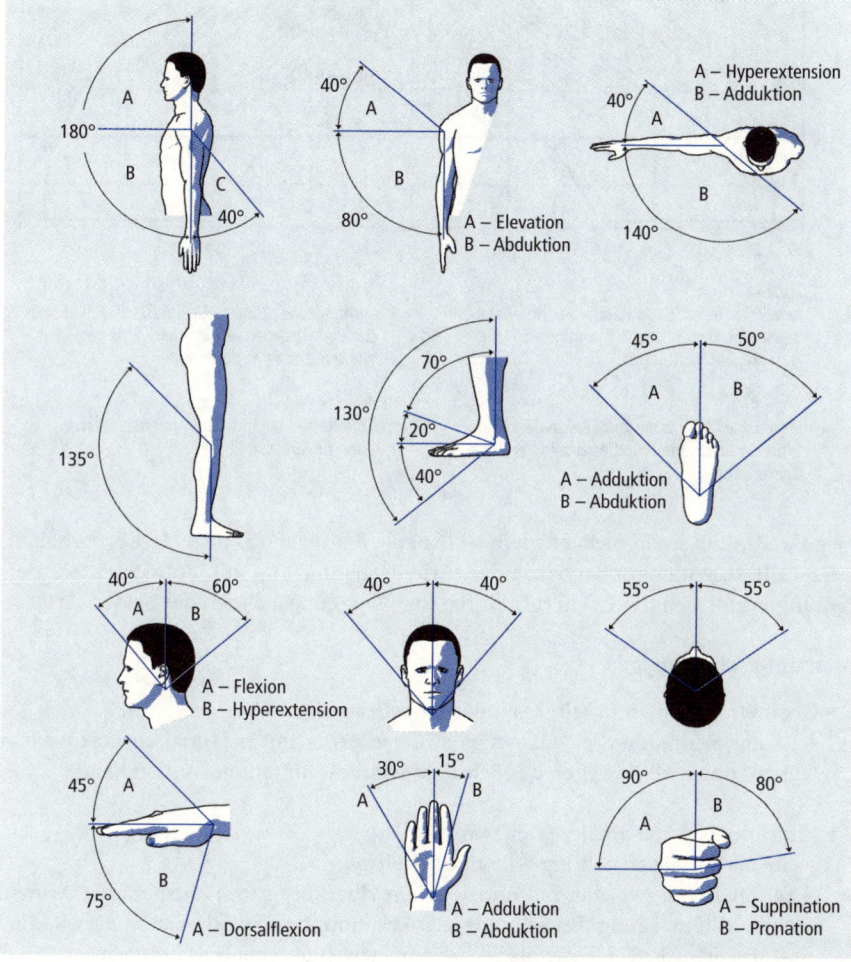

Abbildung II-109

Bewegungsräume für Kopf, Arme, Hände, Beine und Füße

Die hier aufgeführten Werte sind als statistische Werte zu verstehen. Bewegungsumfänge streuen interindividuell und sind u.a. von Alter, Geschlecht und Trainingszustand abhängig.

Aus den Bewegungsräumen der Gelenke und den Körpersegmentlängen lassen sich optimale Greif- und Sehräume ableiten (s. Abbildung II-111). Dabei werden unterschiedlich günstige Zonen unterschieden (s. Abbildung II-110).

---

195 Vgl. dazu auch Kirchner, J. H.; Baum, E.: a .a. O.

Abbildung II-110

Arbeitszonen für
unterschiedliche
Tätigkeiten[196]

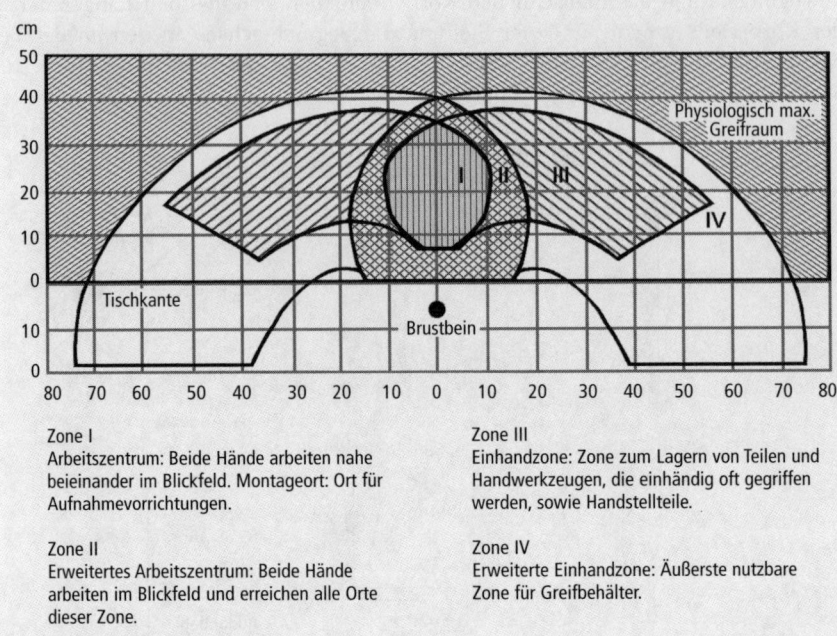

Zone I
Arbeitszentrum: Beide Hände arbeiten nahe
beieinander im Blickfeld. Montageort: Ort für
Aufnahmevorrichtungen.

Zone II
Erweitertes Arbeitszentrum: Beide Hände
arbeiten im Blickfeld und erreichen alle Orte
dieser Zone.

Zone III
Einhandzone: Zone zum Lagern von Teilen und
Handwerkzeugen, die einhändig oft gegriffen
werden, sowie Handstellteile.

Zone IV
Erweiterte Einhandzone: Äußerste nutzbare
Zone für Greifbehälter.

Der Greifraum sollte sich an dem »kleinen« Benutzer (5. oder 1. Körperhöhenperzentil) orientieren. Bei sitzender Arbeitsausführung mit aufrechter Körperhaltung ergibt sich der Greifraum durch die Bewegungsbahnen der beiden Arme.

Man unterscheidet:

- Geometrisch (anatomisch) maximaler Greifraum
  – ist der Raum, der bei unbewegtem Oberkörper mit maximal ausgestrecktem
    Arm, unter Mitbewegen des Schultergelenkes, umfahren werden kann.

- Physiologisch maximaler Greifraum
  – für die Arbeitsgestaltung wichtiger Greifraum,
  – ist der Raum, welcher bei unbewegtem Oberkörper mit entspannten Armen,
    ohne Mitbewegung des Schultergelenkes, umfahren werden kann. Der Radius
    ist um etwa 10 % kleiner als beim geometrisch maximalen Greifraum.

- Kleiner Greifraum
  – für die Arbeitsgestaltung bei häufig wiederkehrenden Greifbewegungen
    empfohlener Greifraum,
  – ist derjenige Raum, welcher bei unbewegtem Oberkörper, herabhängenden
    Oberarmen und annähernd waagerechten Unterarmen umfahren wird.

---

196 VDI (Hrsg.): Handbuch der Arbeitsgestaltung und Arbeitsorganisation. Düsseldorf: VDI,
1980.

Der Arbeitsbereich der Hände ist im Sitzen kleiner als bei stehender Körperstellung. Im Allgemeinen wird bei der Auslegung des Greifraumes jedoch nicht nach sitzender bzw. stehender Arbeitsausführung unterschieden.

Bei der Gestaltung der Greifräume sollte Folgendes beachtet werden:

- Unterarmbewegungen (Oberarm herabhängend oder Ellbogen aufgestützt) verlaufen am günstigsten vom Körper weg bzw. auf den Körper zu;
- Oberarmbewegungen (Bewegungen des ganzen Armes) dagegen vor dem Körper von rechts nach links oder umgekehrt (natürliche Bewegungsbahnen);
- die Präzision der Bewegungsführung reduziert sich mit zunehmender Entfernung;
- die Körperkräfte im Greifraum sind von Armstellung und Kraftrichtung abhängig;
- längeres Verweilen der Hand an der Greifraumgrenze sollte wegen der damit verbundenen Haltungsarbeit vermieden werden.

Gesichtsfeld und physiologisch maximaler Greifraum entsprechen sich nicht. Dies bedeutet, dass im Greifraum nicht ohne (häufige) Blickverschiebung und Kopfbewegungen gearbeitet werden kann. Ebenso sind die stark unterschiedlichen Greifräume der kleinen Frau und des großen Mannes zu beachten (Abbildung II-111).

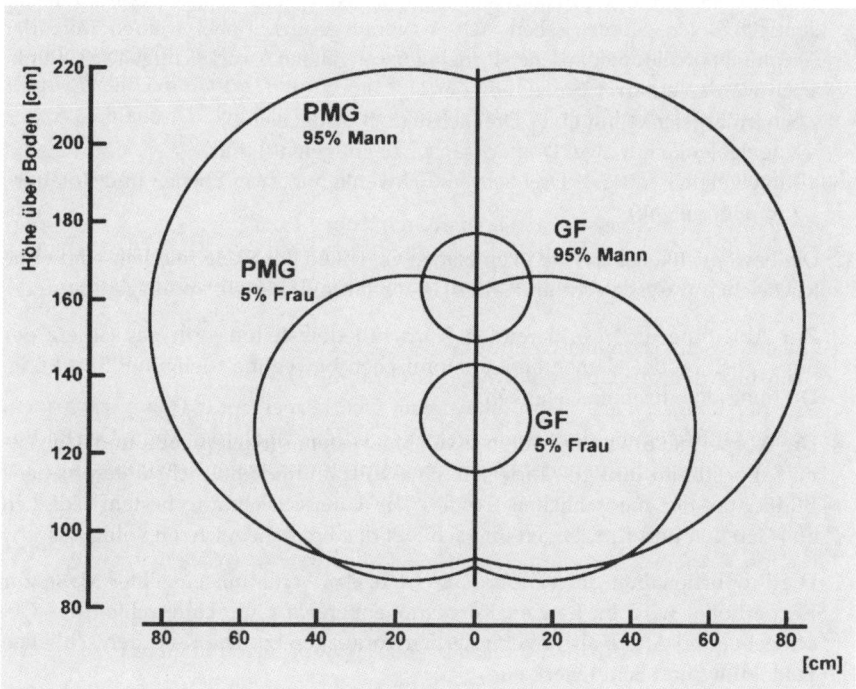

Abbildung II-111

Überdeckung von physiologisch maximalen Greifräumen (PMG) und Gesichtsfeld (GF) für 5 % Frau und 95 % Mann in Stehhaltung

7.1.6 Somatografie

Die in den Normen angebotenen Körpermaße sind nicht geeignet, das technische Bild der menschlichen Gestalt maßstabgetreu mit gänzlichem, ununterbrochenem Umriss in den üblichen Ansichten (Seiten-, Vorder- und Draufsicht) in verschiedenen Köperstellungen zu konstruieren.[197]

Als *Somatografie* (aus dem Griechischen: soma: Körper, graphein: zeichnen) wird eine Methode zur maßstabgetreuen Darstellung schematischer Bilder der menschlichen Gestalt in eindeutig definierten und reproduzierten Köperstellungen unter Berücksichtigung der anatomischen und anthropometrischen Gegebenheiten bezeichnet.

Die Somatografie bietet damit einen Kompromiss zwischen den variablen und komplizierten biologischen Gegebenheiten des menschlichen Köpers und der Praktikabilität in der Anwendung. Die Somatografie muss der Denkweise des Anwenders (des Konstrukteurs) entsprechen.

Die Somatografie macht eine Reihe von Vereinfachungen:

1. Das Skelett des menschlichen Köpers wird durch ein schematisches kinematisches Modell ersetzt. Statt der anatomischen Gelenke werden technische Gelenke mit eindeutigen, fixen geometrischen Achsen vorausgesetzt. Dabei werden trotz der Simplifikation die anatomischen Prinzipien weitgehend berücksichtigt. Die Gelenkarten werden auf drei Typen reduziert:
   – Scharniergelenke mit einer Drehachse (z. B. Kniegelenk),
   – Kugelgelenke mit zwei Drehachsen (z. B. Fußgelenk) und
   – Kugelgelenke mit drei Drehachsen (Schwenken in zwei Ebenen und Rotation, z. B. Hüftgelenk).

2. Die Beweglichkeitsbereiche in einzelnen Gelenken des Skelettmodells sind ohne Rücksicht auf Geschlecht und Alter (15–65 Jahre) invariant vorausgesetzt.

3. Zur Ableitung der resultierenden Körpergliedeinstellung gilt das Gesetz der Superposition der elementaren anatomischen Bewegung (Beugung, Streckung, Drehung) in einzelnen Gelenken.

4. Die Körpermaße werden durch zwei Maßsysteme (Skelettmaße und Umrissmaße) bestimmt und gewährleisten eine vollständige und nicht unterbrochene Bildkontur der menschlichen Gestalt. Die Umrisszeichnung besteht lediglich aus Geraden und Kreisbögen und schließt das Freihandzeichnen völlig aus.

5. Die Proportionalität der Körpermaße (d. h. das Verhältnis einzelner Maße zur Körperhöhe) wird im ganzen Körperhöhenbereich ohne Unterschied des Geschlechts und Alters als unveränderlich vorausgesetzt. Die Konturen schließen Bekleidung und Schuhwerk ein.

---

197 Zu diesem Abschnitt vgl. auch Jenik, P.: Übungsunterlagen zum REFA-Sonderseminar »Somatografie«, Darmstadt: REFA Verband, o. Jg.

Die somatografischen Schablonen sind ein zeichnerisches Hilfsmittel für das Konstruieren der technischen Bilder der menschlichen Gestalt nach der somatografischen Methode (s. Abbildung II-112).

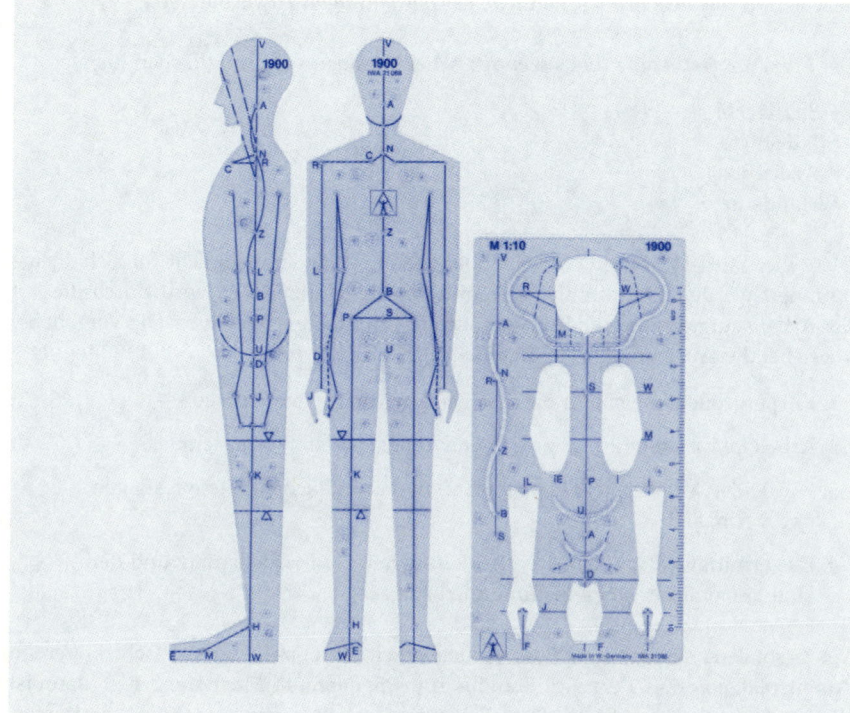

Abbildung II-112

Beispiel für Somatografieschablonen

Für jede Körpergröße und für einzelne technische Maßstäbe (z. B. 1:20, 1:10, 1:5, 1:25 u. a.) sind jeweils drei Schablonen bestimmt (Vorderansicht, Seitenansicht und Draufsicht).

Die Videosomatografie ist eine Weiterentwicklung der Somatografie. Sie beruht auf der Überblendung von zwei Videobildern, von denen eines die Testperson und das andere die Zeichnung des Arbeitsplatzes enthält. Die Testperson sitzt am Kontrollmonitor und kann dort die beabsichtigten Arbeitsabläufe simulieren oder Arbeitsplatz-Innenmaße und -Außenmaße überprüfen. Durch ein Zoom-Objektiv lässt sich die Testperson auf jede beliebige Körpergröße skalieren, so dass eine Simulation der 5. und 95. Körperhöhenperzentile möglich ist. Im Gegensatz zur Schablonensomatografie sind ganze Bewegungsabläufe simulierbar.

Die Verwendung realer Testpersonen ermöglicht bereits während der Entwurfsphase auch eine individuelle räumliche Anpassung von Arbeitsplätzen, was z. B. bei der Gestaltung von Behindertenarbeitsplätzen von Vorteil ist.

Soll für die »allgemeine Arbeitsbevölkerung« gestaltet werden, so ist bei der Videosomatografie darauf zu achten, dass die Testpersonen keine extremen Körperproportionalitäten (z. B. so genannter Sitzzwerg, Sitzriese) aufweisen.

7.1.7 Körperunterstützungen beim Sitzen und Stehen

Das wichtigste Ziel bei lang andauernder Sitztätigkeit besteht darin, anatomisch falsche und physiologisch schädliche Körperhaltungen zu vermeiden.

Der *Körperunterstützung* (bei sitzender Arbeit) können vier Stützflächen dienen:

- Sitzfläche,
- Fußstütze,
- Armstütze,
- Handstütze.

Diese vier Stützflächen sind voneinander abhängig; sie können nicht für sich alleine optimiert werden. Die räumliche Anordnung der Stützflächen wird durch die Art der Arbeitsaufgabe und die Körpermaße des Mitarbeiters bestimmt. Die Vorgehensweise bei der Auslegung von Stützflächen ist hier wie folgt:

1. Körpergrößenbereich der einzusetzenden Mitarbeiter festlegen.

2. Arbeitsplatzmaße für die größte und kleinste Gestalt ermitteln.

3. Für beide Gestalten das Arbeitsplatz- und Stützflächensystem festlegen und vermaßen.

4. Das ermittelte Stützflächensystem mit dem Gesamtarbeitsplatz und dem Hallen-Layout in Übereinstimmung bringen.

Von besonderer Bedeutung ist die Verstellbarkeit der einzelnen Stützflächen. Werden Arbeitsplätze vom 5. Perzentil Frau bis zum 95. Perzentil Mann ausgelegt, dann ist die Verstellbarkeit von Stuhl, Tisch, Fußstütze und Armstütze unabdingbar. Weiterhin kann von der Proportionalität von Körperhöhe und Gliedmaßengröße beim einzelnen Mitarbeiter nicht in exakter Weise ausgegangen werden, was ebenfalls die Verstellbarkeit der Ausstattungselemente des Arbeitsplatzes erfordert. Auch bequeme Körperhaltungen sollen variiert werden können, weil selbst eine »optimale« Körperhaltung auf Dauer nicht bequem ist. Dies weist insbesondere auf die freie Wechselbarkeit der Körperhaltung hin. Folgende Anforderungen sind bei der Auslegung von Tisch-Stuhl-Einheiten zu beachten:

- Falsche Arbeitshöhen und Sichtgeometrien dürfen nicht zu Zwangshaltungen führen.
- Fehlende Knie-Einrück- und Fußvorstoßräume müssen vermieden werden.
- Körperhaltungen und Bewegungsabläufe müssen sich entsprechen.
- Ungünstige Hebelwirkungen müssen vermieden werden.
- Der Körper muss immer in einer stabilen Lage sein.
- Die Eigengewichte des Mitarbeiters sollen auf die Stützflächen optimal verteilt werden können.
- Ein ungehinderter Wechsel der Körperhaltungen muss jederzeit möglich sein.
- Unzulässige Kompressionen des Muskelgewebes, der Blutgefäße und der Nerven sind zu vermeiden.

Bei sitzender Körperhaltung werden drei Sitzgrundstellungen unterschieden:

- nach vorne gebeugter Oberkörper (Schreibhaltung),
- senkrecht, aufrechter Oberkörper,
- nach hinten angelehnter Oberkörper,
- die je nach Tätigkeitsart variiert auftreten.

Arbeitssitze

Nach den einschlägigen DIN-Normen werden die in Abbildung II-113 angegebenen Maße und Eigenschaften gefordert[198].

Die Sitzflächenform soll nicht zu sehr der Körperkontur angepasst werden, weil dies das dynamische Sitzen verhindern würde. Die Sitzvorderkante soll großzügig abgerundet werden, damit Pressungen im Kniegelenkbereich vermieden werden.

Arbeitssitze mit Synchronmechanismus gewährleisten, dass sich das Gesäß bei Einnahme der hinteren Sitzstellung nicht in den vorderen Teil der Sitzfläche verschiebt und dabei die genutzte Sitzfläche verkürzt.

Bei vorderer Sitzhaltung sind Rückenstützen nicht erforderlich. Bei hinterer Sitzhaltung und in Ruhepausen, wenn der Rumpf zur Entspannung nach hinten gelehnt wird, dienen sie dazu, Kyphose und Beckenrückdrehung zu begrenzen und die Muskulatur zu entlasten.

Das Kippsicherheitsmaß (Abstand des Abstützpunktes der Rückenseite von der Drehachse des Stuhls) ist zu beachten, um beim Verlagern des Körperschwerpunktes nach hinten die Standsicherheit des Arbeitssitzes nicht zu gefährden. Nach DIN 4551 muss bei einem 5-Fußkreuz-Untergestell der Radius zwischen Abstützung (Säule) und Bodenkontaktteilen (Rollen, Gleiter) mindestens 195 mm betragen.

Die meisten Stuhlhersteller bieten Synchronmechanismen an. Das sind gelenkartige Verbindungen zwischen Sitzfläche und Lehne. Wenn der auf die Sitzfläche bezogene Drehpunkt unter den Sitzbeinhöckern liegt, soll verhindert werden, dass die zurückschwingende Lehne schräg aufwärts gegen den Rücken drückt und den Benutzern die Kleidung am Rücken nach oben zieht. Eine vom Körpergewicht abhängig einstellbare Rückstellkraft wirkt auf die Lehne und löst den Synchronmechanismus aus. Beim Synchronmechanismus sollten drei Größen einzustellen sein:

1. Lehnenrückstellkraft (nach dem Körpergewicht des Benutzers),

2. stufenlose Arretierung des Synchronmechanismus,

3. Begrenzung der Synchronmechanik-Wirkung bei horizontaler Sitzfläche.

---

198 Siehe auch DIN 4551: Höhenverstellbarer Bürodrehstuhl, DIN 68877: Arbeitsdrehstuhl.

Eigenschaft	Wertebereich (mm)[199]	Bemerkungen
Breite Sitzfläche	400–480	Sitzfläche soll leichtes Sitzprofil aufweisen und Vorneigung -2° Rückneigung +12°
Tiefe Sitzfläche	380–420	Kniekehlen sollen etwa 50 mm von Sitzvorderkante entfernt sein
Höhenverstellung Sitzfläche	120 bei unterster einstellbarer Sitzflächenhöhe <= 570, 180 bei unterster einstellbarer Sitzflächenhöhe > 570	
Breite Rückenlehne	360–400	Darf größere Manipulationen mit Werkstück und Werkzeug nicht behindern
Höhe Rückenlehne	Mind. 220 bei höhenverstellbarer Rückenlehne 320 bei nicht-verstellbarer Rückenlehne	In ihrer Form an die Rückenkontur bei aufrechter Sitzhaltung angepasst
Höhenverstellung Rückenlehne	Befestigungspunkt der Rückenlehne 170–230 über der Sitzfläche	
Neigungsverstellung	80°–115° gegen die waagerechte Sitzfläche geneigt	Vorkippung in der vorderen Sitzhaltung etwa 100, rückwärtige Neigung für die entspannte Sitzlage < 25°
Lendenbauschhöhe	170–30	Möglichst in Höhe einstellbar; konvex nach vorne gekrümmt

Armauflagen an Arbeitsstühlen sollen eine zusätzliche Stützhilfe beim Sitzen sein, indem sie Schulter- und Oberarmmuskulatur von statischer Haltungsarbeit entlasten. Sie sollen die Bewegungsfreiheit der Arme und Hände nicht beeinträchtigen und beim Auflegen der Unterarme keine nennenswerte Flächenpressung bewirken. Armauflagen sind zwar oft eher hinderlich als nützlich, weil zu einem hohen Zeitanteil in vorderer Sitzstellung gearbeitet wird oder sich mancher durch die Armauflagen eingeengt fühlt.

Dennoch sollte man den Mitarbeitern Armauflagen anbieten, weil:

- sie bei den meisten Arbeitssitzen schnell anzubringen und im Bedarfsfall leicht zu demontieren sind,
- man bei der Beschaffung von Arbeitssitzen meist nicht den Nutzer und oft nicht die konkrete Verwendung kennt und
- das »Gewähren« von Armauflagen in manchen Betrieben als Statussymbol angesehen wird.

Die wichtigsten Maße bei den Armauflagen sind in Abbildung II-114 wiedergegeben.

---

199 Die Werte beziehen sich auf industrielle Arbeitsstühle.

Eigenschaft	Wertebereich (mm)[200]
Länge	200–280
Breite	50–90
Höhe über Sitzfläche	230 +/– 20
Abstand zur Sitzvorderkante	110–180
Abstand zwischen den Armauflagen	Max. 500
Steifigkeit der Auflage	500 N je Auflage ohne Verbiegen

Abbildung II-114

Wichtige Angaben zur Armauflage

Zur Polsterung von *Armauflagen* werden überwiegend Schaumstoffe verwendet. Das Oberflächenmaterial sollte einen hohen Reibungskoeffizienten haben, um ein Abrutschen der aufgestützten Arme zu vermeiden. Zudem sollte es Schmutz abweisend, wärme- und feuchteleitend und leicht zu reinigen sein. An den Kanten sollten die Auflagen gerundet sein und eine geschlossene Form haben, um ein Verhaken an der Vorderkante zu vermeiden. Sie sollten bei der Lehnenrückneigung so mitschwingen, dass sie ihre in etwa waagerechte Position zur Sitzfläche beibehalten.

Sitz- und Rückenlehnenpolsterung des Arbeitsstuhles sollen bewirken, dass

- interindividuelle Unterschiede in der Körperform ausgeglichen werden und der Körper dennoch uneingeschränkt gestützt wird, der Flächendruck der Sitzfläche auf Gesäß und Beine auf ein Minimum reduziert wird und
- eine Wärme- und Feuchteabführung begünstigt wird.

Als Polsterstärken werden für die Sitzfläche 30–40 mm, für die Lehne 20–30 mm vorgeschlagen.

Für das Bezugsmaterial können drei Anforderungen formuliert werden:

1. rutschfest, gegen statische Aufladung unempfindlich sowie luft- und wasserdampfdurchlässig (deshalb Gewebe z. B. mit hohem Baumwollanteil),

2. hohe Abriebfestigkeit,

3. Unempfindlichkeit gegen Verschmutzung und leicht zu reinigen.

Die Stellteile bei Arbeitsstühlen dienen u.a. der individuellen Einstellung von:

- Sitzhöhe,
- Sitzflächenneigung,
- Rückenstützenhöhe und -tiefe,
- Lendenbauschhöhe,
- Synchronmechanismus.

Die Stellteile sollen einfach, leicht, ohne Verletzungsgefahr, sinnfällig und im Sitzen zu handhaben sein. Sie sollen stufenlos verstellbar sein, um den Arbeitssitz genau an die individuellen Bedürfnisse der Benutzer anpassen zu können.

---

200 Werte z. T. aus DIN 68 877.

Das Untergestell des Stuhles muss zwei Anforderungen erfüllen:

1. Standsicherheit des Arbeitssitzes gewährleisten (kein Kippen oder Wegrollen)

2. Wechsel des Standortes ermöglichen

Dabei sind vier konstruktive Elemente näher zu betrachten:

1. Rollen und Gleiter

2. Fußkreuz

3. Stuhlsäule

4. Fußstütze

Die meisten heute angebotenen Arbeitssitze lassen wahlweise die Verwendung von Gleitern (z. B. wenn der Sitz gegen Verschieben zu sichern ist) oder Rollen zu.

Das Fußkreuz soll so weit ausgelegt sein, dass ein Kippen vermieden wird, ohne durch eine zu weite Auslage zu einer erheblichen Stolpergefahr zu führen. In DIN 4551 wurde u.a.

- für die Verwendung von Rollen ein fünfarmiges Fußkreuz (optimale Synthese von Armzahl und Kippsicherheit) vorgeschrieben,
- die Armlänge auf 365 mm begrenzt (Kompromiss aus Kippsicherheit und Stolpergefahr).

Die Stuhlsäule hat zwei wichtige Funktionen zu erfüllen:

- durch vertikal wirkende Federung (Druckfeder) ein Stauchen der Wirbelsäule beim Hinsetzen zu vermeiden,
- einen Höhenausgleich zur Arbeitsflächenhöhe zu ermöglichen.

Ein aus ergonomischer Sicht geeigneter Arbeitssitz ist noch keine Gewähr für eine optimale Nutzung. Die Benutzer müssen zum richtigen Sitzen motiviert und von den für sie daraus entstehenden Vorteilen überzeugt werden.

Die wichtigsten, den Benutzern zu vermittelnden Sachverhalte sind:

1. richtige Einstellung der Sitzhöhe (waagerechte Oberschenkel, Knie im stumpfen Winkel),

2. Nutzen der gesamten Sitzfläche bei mittlerer und hinterer Sitzstellung,

3. Einstellen der Sitzneigung entsprechend der überwiegend eingenommenen Sitzstellung,

4. richtige Einstellung der Lehnenhöhe und -tiefe (keine Pressungen in der Kniekehle) sowie des Lendenbauschs (Position zwischen 5. und 3. Lendenwirbel),

5. Einstellung des Verstellwiderstands der Rückenlehne nach dem Körpergewicht und Nutzen des »Dynamikbereichs« der Lehne (Bereich, in dem sie dem nach vorn gehenden Rücken folgt),

6. Montage oder Demontage von Armlehnen und ggf. Fußstütze,

7. Wechsel in der Sitzstellung und Beinhaltung und Einnahme der Entspannungsposition (extreme Rückenlage und hinter dem Kopf verschränkte Arme).

Stehhilfen

Stehhilfen (Stehsitze) sind Körperunterstützungen zur Entlastung der Bein- und Rückenmuskulatur. Sie können an Arbeitsplätzen eingesetzt werden, wo Sitzen nicht möglich ist.

Kennzeichen der Stehhilfe ist, dass

- das Gesäß auf einer meist nach vorn geneigten Abstützfläche platziert und der Körper dadurch abgestützt wird,
- die Beine schräg nach vorn gestreckt werden, um einem Abrutschen von der Abstützfläche entgegenzuwirken.

Die Abstützfläche kann klappbar oder drehbar mit dem Untergestell verbunden und höhen- und neigungsverstellbar sein. Das Untergestell kann starr auf dem Boden stehen, mit diesem verankert, an einem Betriebsmittel schwenkbar befestigt oder pendelnd gelagert sein. Es gibt zwei Typen von Stehhilfen:

- starre Stehhilfen, bei denen die Gestellstützen während der Benutzung fest stehen, und
- pendelnd gelagerte Stehhilfen, bei denen die Stützsäule beweglich gelagert ist, so dass die Abstützfläche kleineren Verlagerungen der Sitzposition folgt.

Die Abstützflächen sollten eine Breite von mindestens 350 mm und eine Tiefe zwischen 150 mm und maximal 250 mm haben. Bei größeren Tiefen besteht die Gefahr, dass der Stehsitz als Arbeitssitz benutzt wird und dabei eine hohe Druckbelastung an der Unterseite der Oberschenkel entsteht. Als Höhenverstellbereiche für die Abstützflächen sind etwa 700–850 mm vorzusehen.

Fußstützen

Fußstützen dienen dem Abgleich von Sitzfläche, Arbeitsfläche und Fußbodenebene. Sie bringen den Fuß gegenüber dem Unterschenkel in die physiologische Null-Lage und erlauben längere Zeit entspannteres Arbeiten.

Die Anforderungen an Fußstützen sind wie folgt:

- Die Stellfläche sollte eine Breite von mindestens 450 und eine Tiefe von mindestens 350 mm haben, um die Füße ganzflächig aufsetzen zu können und Stellungsänderungen zu ermöglichen. Aufsetzrohre anstelle einer durchgehenden Fußplatte sind unzweckmäßig, weil die Füße zu balancieren sind und ein zu hoher Flächendruck am Aufsetzpunkt entsteht.
- Der Neigungswinkel der Fußaufstellfläche soll zwischen 5 und 25 Grad verstellbar sein. Als Stellteile sind seitlich an der Fußstütze angebrachte sternförmige Stellteile zu bevorzugen, die mit den Füßen zu betätigen sind.
- Die Fußstützenfläche sollte einen rutschhemmenden Belag mit geringer Wärmeleitfähigkeit haben. Die Ausbildung der Aufstellfläche sollte der Fußform angepasst sein, um ein Abrutschen der Füße zu erschweren.
- Fußstützen sollten horizontal (30–125 mm) und vertikal zu verstellen sein. Der Verstellbereich soll einer kleinen Frau ebenso wie einem großen Mann die Benutzung ermöglichen.

In der Praxis werden Fußstützen häufig nicht genutzt,

- weil sie die vorstehend angeführten Anforderungen nicht erfüllen oder
- es an der notwendigen Information über ihre zweckentsprechende Nutzung mangelt.

7.1.8 Arbeitsflächen

Als Arbeitsflächen werden (Schreib-)Tische, Werkbänke, Konsolen, Pulte u. ä. bezeichnet, an denen in stehender, angelehnter oder sitzender Körperhaltung Arbeitsgegenstände manipuliert werden. Auch Arbeitsgegenstände können Arbeitsflächen sein, z. B. bei Montagen, wenn Werkstücke auf Werkstückträgereinrichtungen gefördert werden. Arbeitsflächen werden auch zum Auflegen von Armen und Händen benutzt und sind von daher Körperunterstützungen.

Maßgebend für die Arbeitsflächenhöhe ist nicht die Tisch- oder Werkstückträgerhöhe, sondern die Einwirkungsstelle des Menschen am Arbeitsgegenstand.

Beim Auslegen von Arbeitsflächen sind insbesondere folgende Aspekte zu beachten[201]:

1. Körperhaltung der Benutzer,

2. maximaler und funktioneller Greifraum der Benutzer,

3. Höhe der Vorrichtungen und darin fixierten Arbeitsgegenstände über der Arbeitsfläche,

4. erforderlicher Bein- und Fußfreiraum,

5. Oberflächeneigenschaften der Arbeitsfläche in Bezug auf
   - Lage bzw. Standsicherheit der Arbeitsgegenstände,
   - Beschädigungsresistenz,
   - Reflexionseigenschaften,
   - Wärme-/Kälteleiteigenschaften (z. B. Vermeiden von Tischplatten aus Metall oder Stein wegen der Gefahr von Kälteeinleitung in die Handgelenke).

Zusätzliche Probleme beim Festlegen von Arbeitsflächenhöhen ergeben sich, wenn

- im Stehen und Sitzen gearbeitet wird (Lösung: fürs Stehen auslegen),
- verschiedene Personen, evtl. auch beiderlei Geschlechts, tätig sind (Lösung: nach größter Person auslegen),
- die Abmessungen zu bearbeitender Arbeitsgegenstände erheblich differieren (Lösung: nach den Abmessungen der am häufigsten bearbeiteten Teile auslegen).

Die notwendige Höhe der Arbeitsfläche hängt ab von:

- den Sehanforderungen (Sichtgeometrie),
- der Art muskulärer Belastung (fein- oder grobmotorische Arbeit),
- der Körperhaltung (Sitzen oder Stehen),
- der Höhe eventueller Vorrichtungen und Arbeitsgegenstände auf der Arbeitsfläche.

---

201 Schmidtke, H.: Ergonomie. a. a. O.

Weitere wichtige Eigenschaften von Arbeitsflächen werden in Abbildung II-115 dargestellt.

Abbildung II-115
Wichtige Eigenschaften von Arbeitstischen im gewerblichen Bereich

Eigenschaft	Wertebereich (mm)	Bemerkungen
Arbeitsfläche	Je nach Art der Arbeitsaufgabe, z. B. etwa 900 x 750 (BxT) für Montagetische	
Beinraum[202]	bewegungsbetonte Arbeiten 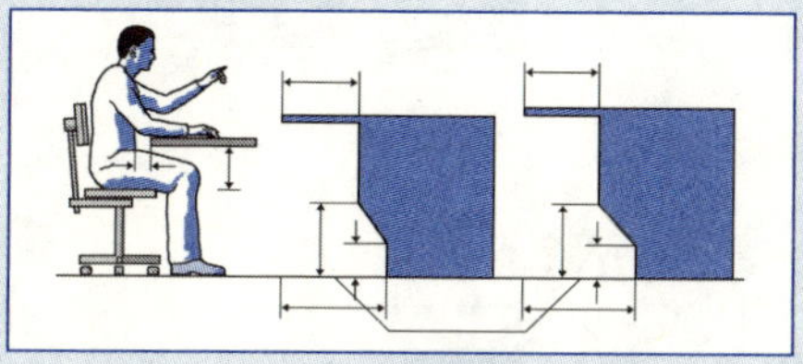 Prüf- und Kontrolltätigkeiten 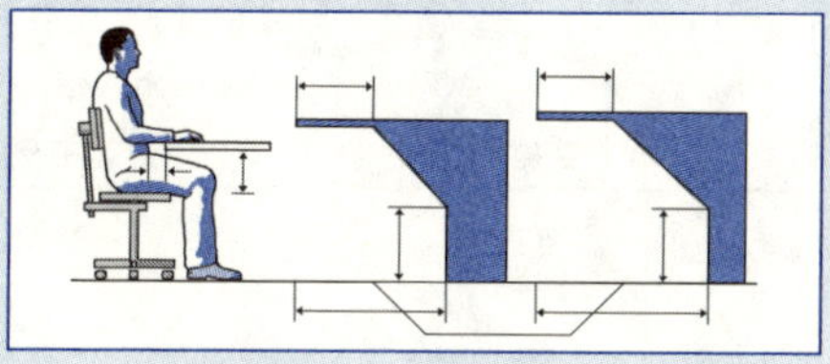	Die Beinraumhöhe setzt sich aus der Sitzhöhe, der Höhe einer eventuell vorhandenen Fußstütze und der Oberschenkelfreiheit > 170 mm zusammen.
Oberflächenstruktur	matt, ohne reflektierende Flächen	
Material	keine unzuträgliche Wärmeableitung	
Ausformung	standsicher, auch beim Herausziehen von Schubladen; keine scharfen Kanten	
Arbeitsplatzbeleuchtung	Beleuchtungsstärke je nach Feinheit der Arbeitsaufgabe etwa 200 lx bis 1500 lx[203], keine Direkt- oder Reflexblendung, behindernde Schattigkeit vermeiden, Lichtfarbe der Arbeitsplatzbeleuchtung mit Allgemeinbeleuchtung abgestimmt.	oft in Montagetische integriert

Abbildung II-115
Wichtige Eigenschaften von Arbeitstischen im gewerblichen Bereich

---

202 Schultetus, W.: Montagegestaltung. Köln: TÜV Rheinland, 1980.
203 Siehe DIN 5035 Innenraumbeleuchtung mit künstlichem Licht sowie DIN EN 12 464-1 Beleuchtung von Arbeitsstätten und DIN EN 12 665 Licht und Beleuchtung, teilweiser Ersatz der 2002 zurückgezogenen Norm DIN 5035 (s. Abschnitt 7.5.2).

Abbildung II-116 gibt die Abhängigkeiten von Tisch, Stuhl und Fußstütze für verschiedene Arbeitsplatztypen wieder.

Abbildung II-116

Abhängigkeiten von
Arbeitstisch, Stuhl
und Fußstütze für
verschiedene
Arbeitsplatztypen

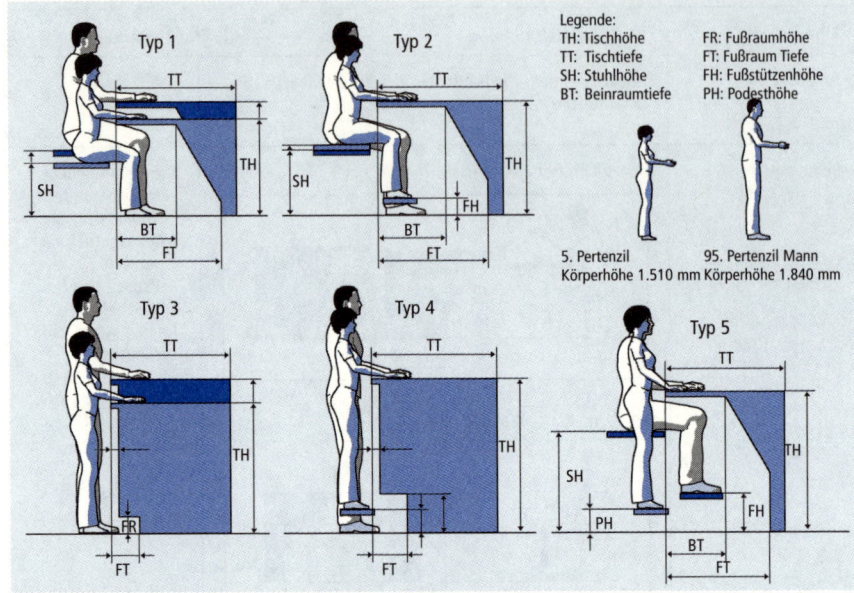

Arbeitsplatztypen werden hier nach der Körperhaltung unterschieden (Abbildung II-117).

Abbildung II-117

Klassifizierung von
Arbeitsplatztypen[204]

	Arbeitsplatztypen				
	Sitzarbeitsplatz		Steharbeitsplatz		Sitz-/Steharbeitsplatz
Bezeichnung Typ	1	2	3	4	5
Tischhöhe	variabel	fest	variabel	fest	fest
Sitzhöhe	variabel	variabel	–	–	variabel
Fußstützenhöhe	–	variabel	–	variabel	variabel

Für Arbeitsplätze im gewerblichen Bereich können keine verbindlichen Richtwerte angegeben werden, da die Arbeitshöhe durch die jeweilige Arbeitsaufgabe bestimmt wird. Anhaltspunkte sind jedoch die folgenden Pauschalwerte:

- Abstand zwischen Oberschenkel und Tischvorderkante   ca. 30 mm
- Abstand zwischen Oberschenkel und Tischunterkante   ca. 30 mm
- Fußstoßraum Tiefe   200 mm
- Fußstoßraum Höhe   150 mm
- Fußstützenneigung   0° – 20°
- Tischplattenneigung   0° – 10°

204 Bullinger, H.-J.: Ergonomie. Stuttgart: B.G. Teubner, 1994.

7.2 Physiologische Arbeitsgestaltung

7.2.1 Grundlagen

Die physiologische Arbeitsgestaltung beschäftigt sich mit der Anpassung von:

- Arbeitsplatz,
- Arbeitsmittel,
- Arbeitsmethode,
- Arbeitsablauf,
- Arbeitsumgebung

an die energetischen und biomechanischen Möglichkeiten des Menschen.

Einflussfaktoren sind dabei:

- Arbeitsform,
- Arbeitsschwere,
- Arbeitsdauer,
- Arbeitsgeschwindigkeit,
- eingesetzte Muskelmasse.

Weiterhin sind die individuellen Faktoren zu beachten:

- Leistungsstreuung,
- Alter und
- Geschlecht.

Der Mensch transformiert bei der Arbeit chemische Energie in mechanische und wandelt die Energie, die er über Nahrungsmittel erhalten hat, in bestimmte Dauer- oder Maximalleistungen um, wie sie für die Durchführung der Arbeitsaufgabe erforderlich sind.

Bei jeder körperlichen Arbeit kann jedoch nur ein Teil der vom Körper eingesetzten Energien als wirksame mechanische Arbeit nach außen abgegeben werden. Die Behandlung des Menschen als Kraftmaschine ist daher fragwürdig, da für viele Tätigkeiten die geleistete physikalische Arbeit in Kilojoule (kJ) je Zeiteinheit vernachlässigbar ist. Im Vordergrund stehen dagegen, gerade bei Montage-, Prüf- und Überwachungstätigkeiten, die sensomotorische oder informatorische Arbeitsaufgabe und der erzielte Arbeitserfolg.

Allerdings gibt es – z. B. in der Logistik oder auch bei vielen menschbezogenen Dienstleistungen, wie z. B. der Pflege – eine Reihe von Fällen, wo Körperkräfte und mechanische Kraftübertragungen immer noch eine große Rolle spielen, die Betrachtung des arbeitenden Menschen als Kraftmaschine daher zulässig zu sein scheint. In diesen Fällen spielt auch der mechanische Wirkungsgrad eine Rolle.

Der mechanische Wirkungsgrad bei körperlicher Arbeit wird definiert durch den Quotienten aus der bei der Arbeit abgegebenen mechanischen Energie und der gleichzeitig insgesamt umgesetzten Energiemenge.[205]

---

205 Vgl. zu diesem Absatz Rohmert, W. u. Mitarb.: Arbeitswissenschaft I, TU Darmstadt, 1993.

Dabei ist zu beachten, dass die gleiche physikalische Arbeit unterschiedliche Energieumsätze bewirken kann. Der Wirkungsgrad der Muskelarbeit beträgt im günstigsten Fall knapp 30 %. Im Allgemeinen besteht jedoch eine erhebliche Diskrepanz zwischen der durch die Arbeitsform bedingten Muskelarbeit und dem physiologisch optimalen Einsatz der Muskeln, so dass bei bestimmten Arbeitsformen auch die bestmöglichen Wirkungsgrade in der Größenordnung von 5 % und darunter liegen. Dies ist bedingt durch das Mitbewegen eigener Körpermassen, die entsprechend dem individuellen Körperbau (Größe, Gewicht) und der Arbeitsweise verschieden sind. Die Ausführungsweise der Arbeit, der Arbeitsplatz, die Arbeitsbedingungen sind so zu gestalten, dass keine unnötigen energetischen Belastungen für den Menschen auftreten. Häufig wird ein zu geringer Wirkungsgrad bei körperlicher Arbeit verursacht durch:

- Mitbewegen einer zu großen Masse des eigenen Körpers
  Der Wirkungsgrad einer Arbeit ist schlecht, wenn zu viel von der eigenen Masse des Körpers mitbewegt wird. Soll z. B. bei einer Bück-Hebe-Arbeit 1 kg Last 1 m hoch gehoben werden, so beträgt die Nutzleistung für das Heben etwa 10 Nm (physikalisch), die Verlustleistung für Bücken und Heben des Oberkörpers etwa 200 Nm. Für schwere Arbeit sollen die größeren Muskelgruppen herangezogen werden; eine leichte Arbeit soll von schwachen, kleineren Muskelgruppen verrichtet werden.

- zu langsame oder zu schnelle Arbeitsgeschwindigkeit des Muskels
  Es gibt ein Geschwindigkeitsoptimum für die einzelnen Muskelgruppen. Die Dauerleistung von Muskeln ist an ein bestimmtes Verhältnis von Kontraktions- zu Ruhezeit gebunden. So beträgt beispielsweise die Kontraktionszeit der Armmuskulatur oder der Beinmuskulatur etwa 0,5 sec.; dann ist häufig die Erholungspause, die zur langen Aufrechterhaltung gleicher Leistung erforderlich ist, ebenfalls ungefähr 0,5 sec. Bei kleineren Muskeln kann die Kontraktionszeit geringer und damit die optimale Bewegungsfrequenz höher sein. Es folgt daraus: Die eingesetzten Muskelgruppen und die gewählte Arbeitsgeschwindigkeit sind aufeinander abzustimmen.

- statische Arbeit
  Die statische Arbeit gewinnt weiter an Bedeutung, da die Bewegungsarmut heutiger Arbeitsformen eher zu- als abnimmt und zwangsläufige Ausgleichsbewegungen im Arbeitsablauf selten geworden sind (industrielle Kleinmontage, fixierte Bandarbeitsplätze).

Bei der statischen Muskelarbeit werden große und kleine Muskeln nur zur Fixierung von Gelenk- oder Körperstellungen bzw. zur Abgabe von Kräften (z. B. Anpressdruck an Werkzeug oder Werkstück) nach außen angespannt; bei dieser Arbeitsform führt die Muskelanspannung zu keiner Bewegung von Körperteilen. Die für die Aufrechterhaltung des Körpers oder bestimmter Haltungen des Oberkörpers und einzelner Gliedmaßen benötigte Energie wird im Körper in Wärme umgesetzt und kann nicht als wirksame mechanische Energie nach außen abgegeben werden. Dadurch verschlechtert sich der Wirkungsgrad bei der ausgeführten Arbeit.

Bei statischer Muskelarbeit ermüden die eingesetzten Muskeln darüber hinaus sehr rasch, da durch den Muskelinnendruck die Blutversorgung der Muskeln stark gedrosselt wird.

Beispiele für ungünstiges Arbeiten infolge hoher statischer Komponenten: Überkopfschweißen, Sitzen ohne Rückenlehne, Guss-Schleifen ohne Auflage an Schleifscheibe, Halten von Werkzeugen.

7.2.2 Körperkräfte

Die physiologische Arbeitsgestaltung umfasst neben der Energieerzeugung und -umwandlung im menschlichen Körper auch die Biomechanik.

Die Biomechanik wendet die Gesetze der Mechanik auf lebende Körper und ihre Bestandteile an. Ziel ist dabei die Optimierung der mechanisch beschreibbaren Komponenten der menschlichen Arbeitstätigkeit.[206]

Man unterscheidet die im Körpersystem wirkenden Kräfte (Muskel-, Sehnen-, Ligament-, Knochen- und Gelenkkräfte) und die nach außen wirkenden, so genannten *Aktionskräfte*. Aktionskräfte können dynamisch (Eigenbewegungs- oder Manipulationskräfte) oder statisch (Halte- oder Stützkräfte) sein.

Weiterhin wird zwischen den effektiven Aktionskräften und den parasitären Kräften differenziert. Parasitäre Kräfte tragen zur Erfüllung der Arbeitsaufgabe nicht bei, sind jedoch ebenfalls beanspruchungswirksam.

Das *Maximalkraft*vermögen hängt von einer Reihe von inter- und intraindividuellen Faktoren, vom Arbeits- und Pausenregime, den Umgebungseinflüssen, den biomechanischen Randbedingungen, der Richtung der Wirkungslinie der Kraft, Kraftrichtungssinn sowie der Art des Kraftaufbaus (ruckartiger Kraftaufbau oder kontinuierlicher Kraftaufbau) ab. Daten zu maximalen Aktionskräften finden sich in Normen und Kräfteatlanten (Abbildung II-118).[207]

Da für die Darstellung der *Isodynen*[208] die Mittelwerte (50. Kraftperzentil der Probanden) verwendet wurden, sind weiterreichende quantitative Aussagen zur Beurteilung der Belastungshöhe auf Basis dieses Normteils nicht möglich. DIN 33411-5 offeriert deshalb für eine Vielzahl verschiedener Kraftausübungsfälle Maximalkraftwerte in perzentilierter Form (Abbildung II-119).

206 Vgl. dazu Rohmert, W.: Biomechanische Grundlagen. In: Schmidtke, H. (Hrsg.): Ergonomie, München: Hanser, 1981.
207 DIN 33411 Körperkräfte des Menschen.
208 Isodynen: Linien gleicher Aktionskräfte in Abhängigkeit von Kraftrichtung, Höhenwinkel und Seitenwinkel.

Abbildung II-118

Beispiel für Isodynen

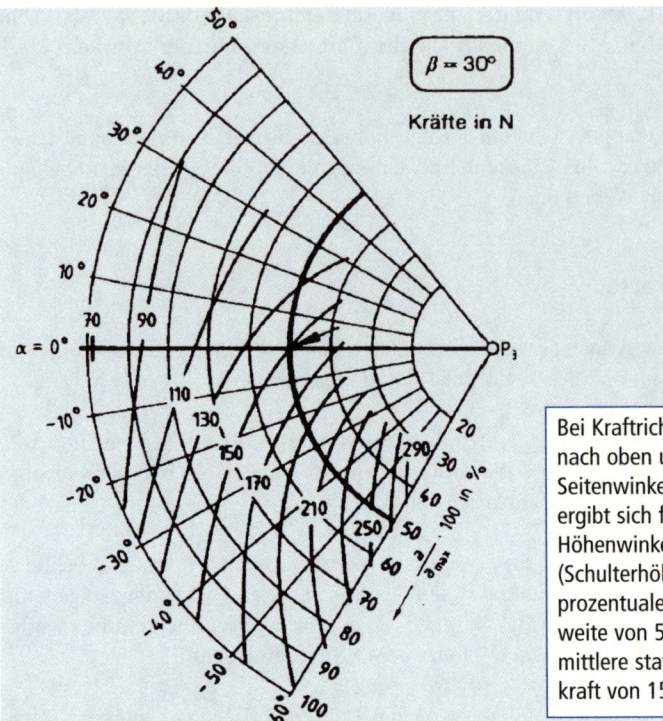

$\beta = 30°$

Kräfte in N

Bei Kraftrichtung senkrecht nach oben und einem Seitenwinkel $\beta = 30°$ ergibt sich für einen Höhenwinkel $\alpha = 0°$ (Schulterhöhe) bei einer prozentualen Armreichweite von 50 % eine mittlere statische Aktionskraft von 150 N.

Abbildung II-119

Perzentilierte Kraftwerte aus DIN 33411-5 für die Kraftrichtung +A (senkrecht nach oben)

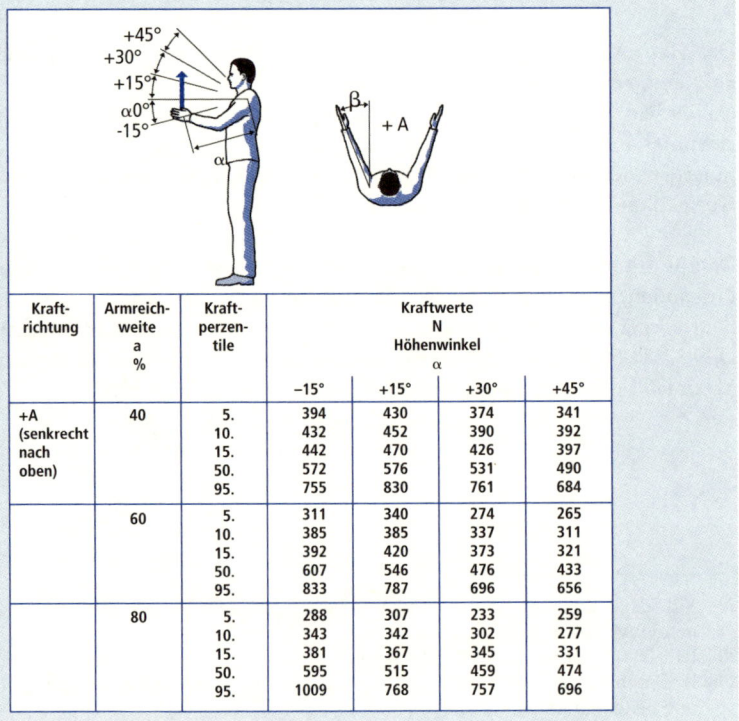

Kraft-richtung	Armreich-weite a %	Kraft-perzen-tile	Kraftwerte N Höhenwinkel α			
			−15°	+15°	+30°	+45°
+A (senkrecht nach oben)	40	5.	394	430	374	341
		10.	432	452	390	392
		15.	442	470	426	397
		50.	572	576	531	490
		95.	755	830	761	684
	60	5.	311	340	274	265
		10.	385	385	337	311
		15.	392	420	373	321
		50.	607	546	476	433
		95.	833	787	696	656
	80	5.	288	307	233	259
		10.	343	342	302	277
		15.	381	367	345	331
		50.	595	515	459	474
		95.	1009	768	757	696

Folgende Regeln sollten bei der Gestaltung der Aktionskräfte beachtet werden:[209]

- Große Kräfte im Stehen durch Drücken nach unten erzeugen.
- Große Kräfte mit den Beinen (z. B. Pedalbetätigung) lassen sich am besten im Sitzen durch Drücken nach schräg vorne (bei Abstützung durch Rückenlehne) aufbringen.
- Drücken zwischen Fingern und Daumen ist vorteilhafter als nur Druckausübung mit Daumen oder Zeigefinger.
- Zugbewegungen auf die Körpermittelachse hin, Druckbewegungen von ihr weg. Zusätzliche Drehmomente werden damit vermieden.

7.2.3 Handhabung von Lasten

Unter manueller Handhabung versteht man jedes Befördern oder Abstützen einer Last durch menschliche Kraft, unter anderem das Heben, Absetzen, Schieben, Ziehen, Tragen oder Bewegen einer Last.

Die Handhabung von Lasten ist die wohl am häufigsten als Ursache für Wirbelsäulenerkrankungen vermutete Belastung. Ein Vergleich von ausgewählten Berufen bezüglich der Auftretenshäufigkeit der Lastenhandhabung über die letzten Jahrzehnte zeigt, dass die Belastung nicht gesunken ist – wie oft vermutet wird, sondern bei den Männern von 21 % auf 30 % und bei den Frauen von 6 % auf 8 % der Arbeitsplätze gestiegen ist.[210] Als Begründung wird die starke Belastung der Bandscheiben im Bereich der Lendenwirbelsäule, und zwar insbesondere am Übergang L5/S1 genannt (das ist der besonders für Schäden anfällige Übergang von der Lendenwirbelsäule zum Kreuzbein).

Bei der Lastenhandhabung gibt es bestimmte Einflussfaktoren, die das Risiko von Beschwerden und Erkrankungen erhöhen:

1. Lastgewicht
   eine allgemein gültige, zulässige bzw. zumutbare Obergrenze für Lastgewichte lässt sich sinnvoll kaum festlegen, da die Reihe von Einflussfaktoren aus der Sphäre des Stelleninhabers sowie des Arbeitsregimes zu beachten ist. Dabei unterscheidet man[211]:
   - eine allgemeine, funktionelle Befähigung des mechanischen Systems des menschlichen Körpers; besonders sind hier die kinematischen Gegebenheiten des Skeletts und der Muskulatur angesprochen;
   - den charakteristischen Verlauf der Körperkräfte in Abhängigkeit von der jeweiligen Lage der Körperteile zueinander;

209 Kirchner. J.-H.; Baum, E.: a. a. O.
210 Osterholz, U.: Gegenstand, Formen und Wirkungen arbeitsweltbezogener Interventionen zur Prävention muskuloskeletaler Beschwerden und Erkrankungen. Berlin: Wissenschaftszentrum für Sozialforschung, 1991.
211 Landau, K.; Rohmert, W.; Imhof-Gildein, B.; Mücke, S.; Brauchler, R.: Risikoindikatoren für Wirbelsäulenerkrankungen. Berlin: Schriftreihe der Bundesanstalt für Arbeitsmedizin, FB 09.010, 1996.

– Eigenschaften der Arbeitsperson (Geschlecht, Alter, Körpergewicht und Körperhöhe und daraus resultierender physischer Körperbautyp; weiterhin anthropometrische Abmessungen der Hand);
– allgemeine Leistungsfähigkeit der jeweiligen Arbeitsperson (Gesundheitszustand und körperliche Leistungsfähigkeit);
– individuelle Geübtheit (Training und Erfahrungen).

Als Anhaltspunkte für den Begriff »schwere Lasten« im Sinne der Berufskrankheitenverordnung[212] werden im Bundesarbeitsblatt die folgenden Lastgewichte angeführt (s. Abbildung II-120). Die Werte sollen für Lastgewichte gelten, die eng am Körper getragen werden. Bei weit vom Körper entfernt getragenen Gewichten, z. B. beim einhändigen Mauern von Steinen, können auch geringere Lastgewichte mit einem Risiko für die Entwicklung von bandscheibenbedingten Erkrankungen der Wirbelsäule verbunden sein.

Abbildung II-120

Lastgewichte, deren regelmäßiges Heben oder Tragen mit einem erhöhten Risiko für die Entwicklung bandscheibenbedingter Erkrankungen der Lendenwirbelsäule verbunden sind[213]

Alter	Last in kg (Frauen)	Last in kg (Männer)
15-17 Jahre	10	15
18-39 Jahre	15	25
ab 40 Jahre	10	20

2. Hubhöhe
   Unter der Hubhöhe versteht man die Höhendifferenz zwischen Hubbeginn und Hubende. Eine Minimierung der Hubhöhe bedeutet eine Verringerung der zu leistenden mechanischen Arbeit und wirkt sich damit positiv auf die muskuloskelettale Beanspruchung aus.

3. Hubhäufigkeit, -frequenz, -dauer, -geschwindigkeit
   Ein signifikanter Zusammenhang zwischen der Häufigkeit von Hebevorgängen und dem relativen Risiko für Erkrankungen der Lendenwirbelsäule ist festgestellt worden. Einige Wissenschaftler bezeichnen sechs Höchstbelastungen über den Tag verteilt als unkritisch. Eine zeitliche Raffung könnte aber bereits Schäden verursachen. Andere Quellen gehen von maximal 4 Stunden pro Tag für schwere körperliche Tragearbeit aus. Besonders kritisch ist das zu schnelle Anheben (Reißen) von Lastgewichten, das das Schädigungsrisiko erheblich erhöht. Nach dem Merkblatt zur BK 2108 (Bandscheibenbedingte Erkrankungen der Lendenwirbelsäule) muss es sich um eine häufige und regelmäßige Belastung handeln, die in der überwiegenden Zahl der Schichten vorkommt. Außerdem muss die Dauer einer Belastung mindestens 10 Jahre betragen, wobei aber auch Unterbrechungen vorliegen können.

---

212 Bundesministerium für Arbeit und Sozialordnung: Merkblatt für die ärztliche Untersuchung zu Nr. 2108. Anlage 1, Berufskrankheitenverordnung. Bonn, 1992.
213 Bundesministerium für Arbeit und Sozialordnung: a. a. O.

Was ist also die »richtige« Hubgeschwindigkeit?

Sie ergibt sich bei minimierten physiologischen Kosten dann, wenn statische und dynamische Komponenten in der richtigen Beziehung zueinander sind (Abbildung II-121).

Es kann davon ausgegangen werden, dass der Mitarbeiter die Hubgeschwindigkeit wählt, bei der seine physiologischen Kosten minimal sind. Übungsversuche zeigen außerdem, das hochgeübte Mitarbeiter niedrigere Hubgeschwindigkeiten wählen als Mitarbeiter, die noch am Anfang der Übungskurven stehen (Abschnitt 6.7.2).

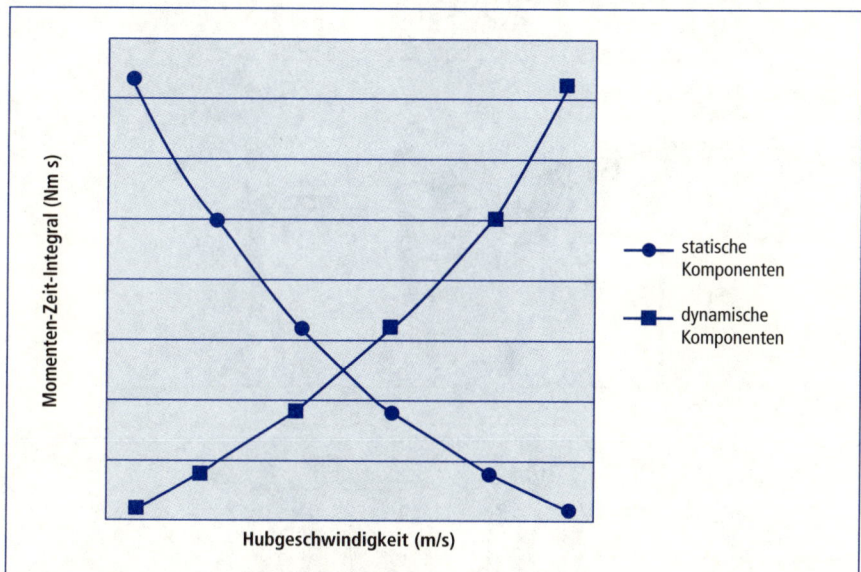

Abbildung II-121

Optimum aus statischen und dynamischen Komponenten bestimmt die »richtige« Hubgeschwindigkeit

4. Horizontale und vertikale Einflussfaktoren

Schwere Lasten sollen nicht unter Knie- oder über Schulterhöhe gehoben werden. Dagegen kommt einer angepassten Absetzhöhe druckmindernde Bedeutung zu, d. h., dass die Belastungen der Wirbelsäule und insbesondere der Bandscheiben dadurch vermindert werden.

Abbildung II-122 weist auf fehlerhafte und auch auf asymmetrische Lastenhandhabung hin. Abbildung II-123 zeigt die korrekten Vorgehensweisen.

Abbildung II-122

Beispiele für
fehlerhafte
Lastenhandhabung

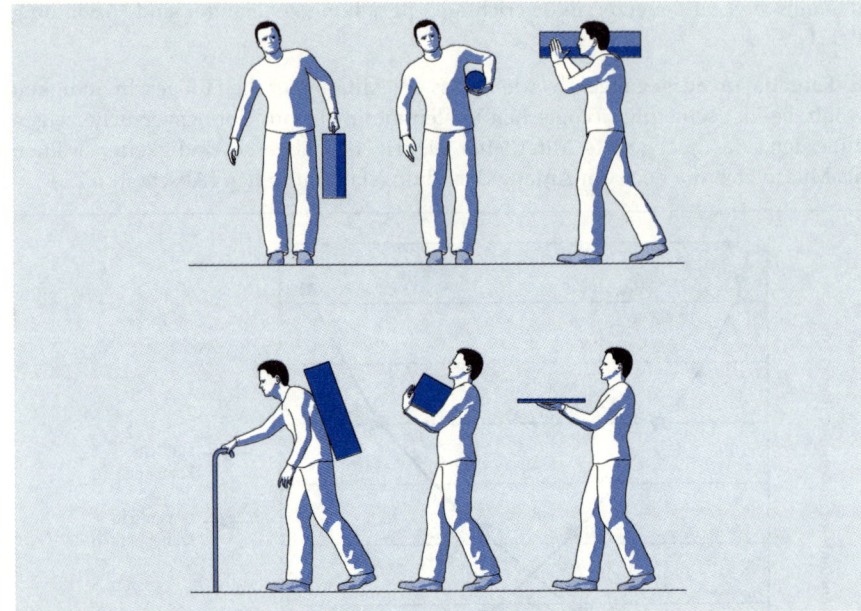

Abbildung II-123

Vorschläge zur
Verbesserung der
Lastenhandhabung

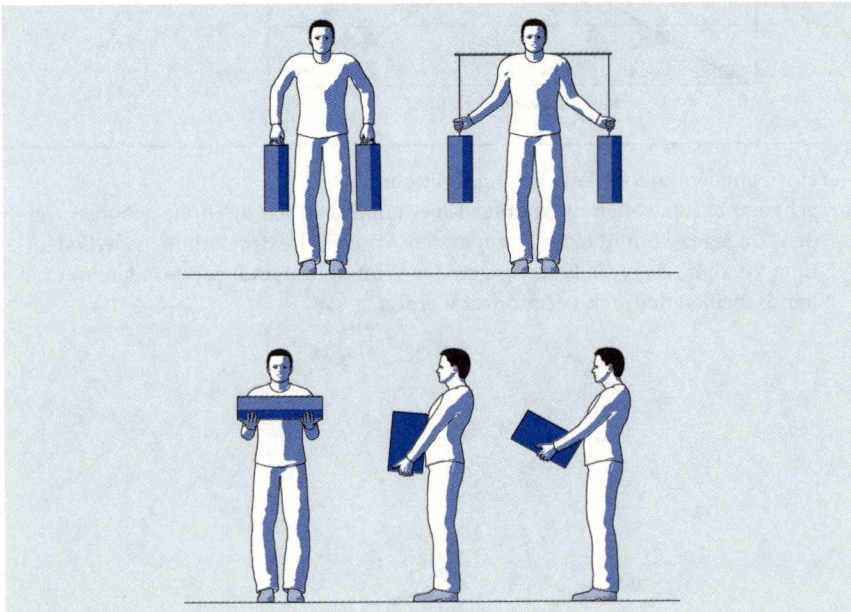

5. Asymmetrisches Handhaben

Asymmetrisches Handhaben von Lasten, wie einarmiges Heben, verursacht analog den Rumpfbeugehaltungen ungleichmäßige Belastungen, d.h. erhöhte Schub- und Kompressionskräfte auf Gelenkfacetten und die zugehörigen Bandscheiben.

6. Händigkeit der Last

Lasten mit geeigneten Griffen erleichtern das Heben und Verhindern das Fallenlassen. Viele der Bewertungsverfahren für die Lastenhandhabung berücksichtigen die Greifbedingungen. Bei schlechten Greifbedingungen kann es zu einem Abschlag in der Lastobergrenze von bis zu 10 % kommen.

7. Verdrehte Körperhaltung

Drehbewegungen beim Heben von Lasten sind zusätzlich risikoerhöhend.

8. Armhaltung

Ebenso wie die Beugehaltung des Rumpfes hat auch die Armhaltung Einfluss auf die Entfernung der Last zur Körperlängsachse (Hebelarm) und somit auf die Belastungshöhe im Bereich der Lendenwirbelsäule.

9. Zwangshaltungen

Dieser Belastungsfaktor tritt oft additiv zum Heben und Tragen von Lasten auf. Zwangshaltungen stellen Positionen mit Haltungskonstanz außerhalb der natürlichen Balance des Körpers oder einzelner Wirbelsäulenabschnitte dar[214]. Eine Zwangshaltung ist mit erheblicher Muskelanspannung verbunden, die so genannte physiologische Null-Lage, also das Gleichgewicht zwischen Agonisten und Antagonisten ist verloren[215]. Zwangshaltungen haben damit – wegen der asymmetrischen Bandscheibenbelastung – vermutlich ein hohes Schädigungspotenzial.

Diese *Körperhaltungen* sind meist verbunden mit einer einseitigen Beweglichkeitsausnutzung (Bücken: vorwiegend kyphotische Einstellung, Überkopfarbeit: vorwiegend lordotische Einstellung[216]). Als typische Berufe mit Belastungen durch Zwangshaltungen sind Bauarbeiter, Bergleute, Fliesenleger, Land- und Forstarbeiter, aber auch Transport- und Ladearbeiter zu nennen. Tätigkeiten in der mechanischen Fertigung und der Montage können ebenfalls mit Zwangshaltungen verbunden sein.

---

214 Hedtmann, A.; Krämer, J.: Prophylaxe von Wirbelsäulenschäden am Arbeitsplatz. Orthopäde 19, 1990, S. 150–157.
215 Agonist: Muskel, der eine bestimmte dem Antagonisten entgegengesetzte Bewegung hervorruft.
216 Kyphose: Konvexe Krümmung der Wirbelsäule zum Rücken hin.
  Lordose: Konvexe Krümmung der Wirbelsäule zum Bauch hin.

Die folgende Abbildung II-124 weist auf die Belastung der Bandscheibe L3 der Lendenwirbelsäule im Stehen bei unterschiedlichen Körperhaltungen hin.

Abbildung II-124
Belastung der Zwischenwirbelscheibe L3 der Lendenwirbelsäule im Stehen[217]

Haltung	Druckkraft [N]
Gerades Stehen	1.000
Drehen des Körpers	1.200
Seitliches Beugen	1.250
Vorwärtsbeugen um 20°	1.500
Vorwärtsbeugen um 20° mit 10 kg in jeder Hand	2.150
Heben von 20 kg mit geradem Rücken	2.500
Heben von 20 kg mit gebeugtem Rücken	3.800

Die Schädigungswirksamkeit der Lastenhandhabung ist auch sehr stark von individuellen Einflussfaktoren abhängig. Dazu zählen:

1. *Alter*
   Die Reduzierung des Wassergehalts des Bandscheibengewebes ist ein charakteristisches Zeichen der Bandscheibenalterung und hat entsprechende Auswirkungen auf die Biomechanik des Bewegungsapparates. Bis zu einem Alter von 50 bis 60 Jahren nimmt die Häufigkeit von Wirbelsäulenbeschwerden zu, danach ist eine Abnahme festzustellen.

2. *Geschlecht*
   Hinsichtlich der Belastungsfähigkeit je Volumeneinheit insbesondere der Bandscheiben konnten bisher keine biologischen Unterschiede zwischen Mann und Frau festgestellt werden. Jedoch liefert der im Durchschnitt geringere Bandscheibendurchmesser der Frau eine Begründung für eine geringere Belastungsfähigkeit. Die Auswertung verschiedener Untersuchungen zur Druckfestigkeit der Lendenwirbelsäule bestätigen den Einfluss von Geschlecht und Alter. Daneben ist das besondere Schädigungsrisiko unter gynäkologischen Gesichtspunkten zu beachten.

3. *Körpergröße*
   Zur Beziehung zwischen anthropometrischen Maßen und Wirbelsäulenerkrankungen gibt es unterschiedliche Ergebnisse: In manchen Untersuchungen hatten größere Menschen ein höheres Risiko an Wirbelsäulenerkrankungen, in anderen dagegen nicht. Da mit der Körpergröße regelmäßig auch die Hebelarme bzw. die Momente um L5/S1 zunehmen, stellt die überdurchschnittliche Körpergröße ein erhöhtes Risiko für einen Bandscheibenprolaps[218] dar.

217 Osterholz, U.: a. a. O.
218 Bandscheibenprolaps: Bandscheibenvorfall.

4. Körpergewicht

Zum Einfluss eines erhöhten Körpergewichts auf die Schädigungswirksamkeit der Lastenhandhabung liegen widersprüchliche Befunde vor. In der Mehrzahl der Fälle kann jedoch von einem erhöhten Risiko bei einem Übergewicht von mehr als 20 % ausgegangen werden.

5. Körperliche Fitness

Auch hier liegen unterschiedliche Ergebnisse vor. Untersuchungen zeigen, dass Personen mit einer hohen Leistungsfähigkeit des Herz-Kreislauf-Systems und körperlichen Anforderungen im Beruf, wie Feuerwehrleute, weniger Rückenbeschwerden haben. Andere Studien konnten diesen Nachweis nicht führen.

Nicht zuletzt soll darauf hingewiesen werden, dass viele der aufgeführten Einzelbelastungsfaktoren superponiert (überlagert) auftreten, was zu synergistischen (additiven oder potenzierten) Belastungswirkungen führen kann. So sind häufiges Heben und Tragen von Lasten oft mit Haltungskonstanz und Zwangshaltungen kombiniert; ebenso sind Kopplungen von Vibrationsbelastungen mit Haltungskonstanz oder Schwerarbeit, aber auch mit einer sitzenden Zwangshaltung anzutreffen.

Die Beurteilung manueller *Lastenhandhabung* – etwa durch die Ermittlung von Grenzlasten – erfolgt im Allgemeinen anhand unterschiedlicher Kriterien, die sich grundsätzlich vier Modellansätzen zuordnen lassen. Sie unterscheiden sich neben den betrachteten Auswirkungen auf den Menschen hinsichtlich der berücksichtigten Belastungsfaktoren/-größen und personenspezifischen Einflüssen, des Betrachtungszeitraums (kurz und langfristig) sowie der Zuordnung zu den Bewertungsebenen menschlicher Arbeit (s. Abschnitt 5.3). Diese vier Modellansätze lassen sich folgendermaßen beschreiben:[219]

1. Epidemiologische Modelle

untersuchen mögliche Zusammenhänge zwischen beruflichen Belastungen und ihren vermuteten längerfristigen Auswirkungen in Form von gesundheitlichen Beeinträchtigungen (Befunde und Beschwerden) und sind damit erträglichkeitsorientiert[220].

2. Biomechanische Modelle

dienen – unter vereinfachten Annahmen – einer analytischen Ermittlung örtlicher mechanischer Belastungen (bestimmter Muskeln oder der Bandscheibe des Übergangs L5/S1). Sie sind vorwiegend ausführbarkeitsorientiert (z. B. hinsichtlich Standsicherheit, Maximalkräfte).

219 Istanbuli, S.; Mainzer, J.: Heben und Tragen von Lasten. Köln: Prodis Info-Paket, 1987.
220 Zu den Begriffen »erträglichkeitsorientiert« u. »ausführbarkeitsorientiert« s. Abschnitt 5.3.

3. Physiologische Modelle

beurteilen auf der Basis des Belastungs-Beanspruchungskonzepts die Erträglichkeit auftretender Belastungen anhand peripher- und zentralphysiologischer Beanspruchungsmessgrößen. Der Betrachtungszeitraum ist dabei maximal die Schichtdauer. Aussagen über mögliche längerfristige Folgen (speziell in Form von Erkrankungen) sind aufgrund physiologischer Messungen allein nicht möglich.

4. Psychophysiologische Modelle

bestimmen akzeptable Lastgewichte durch Ermittlung der individuellen Beanspruchungsempfindungen ausgewählter Personenkollektive beim manuellen Handhaben von Lasten. Eine Überprüfung dieser subjektiven Beurteilung hinsichtlich der Erträglichkeit bleibt notwendig.

Die Körperhaltungen – insbesondere die Rumpf- und Armhaltung – die beim manuellen Handhaben von Lasten von entscheidendem Einfluss für die Belastung der Wirbelsäule sind, werden in den meisten Verfahren berücksichtigt. Einschränkend gehen die Verfahren in der Regel von optimalen Ausführungsbedingungen (z. B. hinsichtlich des Klimas) aus. Zeitliche Aspekte werden zumeist nur für die einzelnen Lastenhandhabungen berücksichtigt, eine Betrachtung der sozialen Arbeitsumgebung erfolgt nicht. Methodenspezifische Anwendungsvoraussetzungen betreffen sowohl die Tätigkeit und ihre Ausführungsbedingungen als auch Anforderungen an den Analytiker und haben somit Auswirkungen auf die Gültigkeit der Ergebnisse sowie auf die Praktikabilität der Methoden.

Abbildung II-125

Übersicht zur
Lastenhandhabung

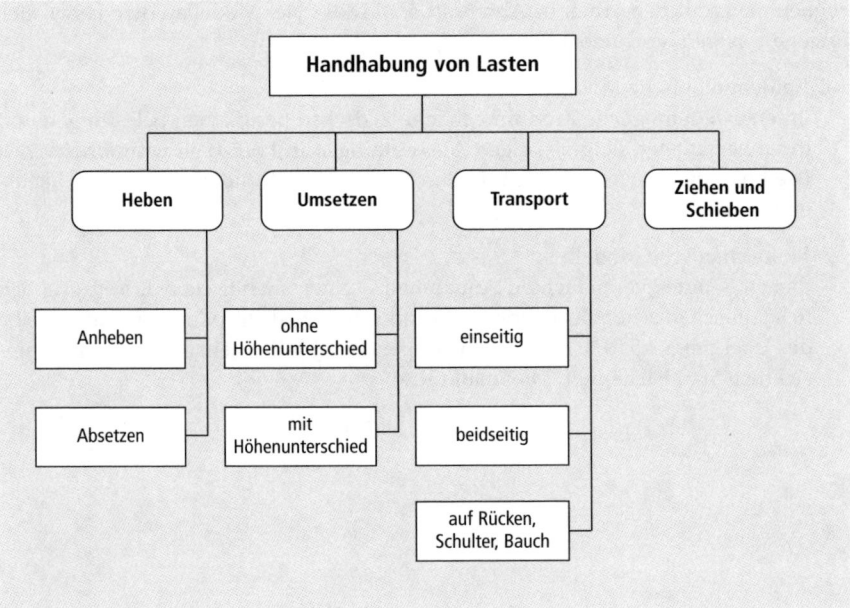

Die folgende Abbildung II-125 verdeutlicht die unterschiedlichen Fälle.

Im Folgenden werden bestehende Methoden zur Bestimmung von Grenzlasten beim manuellen Handhaben von Lasten aufgeführt.[221] Danach werden wichtige in Deutschland weit verbreitete Werkzeuge zur Benutzung der Lastenhandhabung bzw. der körperlichen Arbeit dargestellt:

1. Grenzlastermittlung nach NIOSH

   Das vom National Institute for Occupational Safety and Health (NIOSH) ver-öffentlichte Verfahren berücksichtigt sowohl in seiner ursprünglichen Version von 1981 als auch in seiner Weiterentwicklung bei der Beurteilung manueller Hebetätigkeiten biomechanische, physiologische und psychophysiologische Kritererien.

2. ErgonLIFT nach Vedder und Laurig

   Das rechnergestützte Verfahren berücksichtigt aufbauend auf der Grenzlastbe-rechnung nach NIOSH alters- und geschlechtsabhängige Lastkonstanten sowie eine geschlechts- und körperhöhenabhängige optimale Griffhöhe. Darüber hin-aus gibt es Hinweise und Gestaltungspotenziale.

3. reduziertes Verfahren nach Pangert

   Das auf einem vereinfachten biomechanischen Modell beruhende Verfahren er-mittelt individuelle Lastgrenzgewichte unter Berücksichtigung der stärksten Rumpfbeugung beim Lasten-Handhaben. Die Beurteilung erfolgt anhand eines Dosismodells, wobei sich die Grenzdosis an einer epidemiologischen Pilotstudie orientiert.

4. Belastungserhebung und Beurteilung von Tätigkeiten mit Heben und Tragen schwerer Lasten oder mit extremer Rumpfbeugehaltung nach Hartung und Dupuis Die zur Belastungsbeurteilung im Rahmen des Anerkennungsverfah-rens der BK 2108 für eine Berufsgenossenschaft entwickelte Methode besteht aus einem Kurzerhebungsbogen zur schriftlichen Befragung des Versicherten und der Unternehmen in Kombination mit einem Langerhebungsbogen für einen geschulten Analytiker. Es baut auf der Ermittlung der Druckkraft auf L5/S1 beim Heben und Tragen von Lasten nach Jäger u.a. sowie deren Abschätzung für extreme Rumpfbeugehaltungen auf.

Es wird eine *Belastungsdosis* pro Schicht wie folgt errechnet:

$$D = F_{L5/S1} \cdot f_k \cdot T_H$$

f_K Korrekturfaktor
T_H Expositionsfaktor pro Schicht in Stunden
F Druckkraft Bandscheiben L5/S1

221 Steinberg, U.; Windberg, J.: Leitfaden Sicherheit und Gesundheitsschutz bei der manuellen Handhabung von Lasten – Empfehlungen für den Praktiker. Bremerhaven. Wirtschaftsver-lag NW. 1994 – (Schriftenreihe der Bundesanstalt für Arbeitsschutz und Arbeitsmedizin. Sonderschrift 9).
Steinberg, U.; Windberg, J.: Leitfaden Sicherheit und Gesundheitsschutz bei der manuellen Handhabung von Lasten – Empfehlungen für den Praktiker. Bremerhaven. Wirtschafts-verlag NW. 1997 – (Schriftenreihe der Bundesanstalt für Arbeitsschutz und Arbeits-medizin. Sonderschrift S. 43).

5. Grenzlastbestimmung nach DIN EN 1005 Teil 3 (2002–2005)
Das CEN-Verfahren kann als Kombination des Siemens-Burandt- (s. Abbildung II-128) und des NIOSH-Verfahrens angesehen werden. Im Unterschied zum NIOSH-Verfahren geht man bei der CEN-Grenzlastbestimmung zusätzlich von der Annahme aus, dass ggf. eine einhändige Lastmanipulation erfolgt und schwere Nebentätigkeiten mit einzubeziehen sind.

6. Leitfaden der Europäischen Gemeinschaft für Kohle und Stahl Luxemburg nach Davis und Stubbs
Der Leitfaden stellt die maximalen statischen Aktionskräfte (Isodynen) im Bewegungsraum dar. Es wird für unterschiedliche Körperstellungen sowohl zwischen ein- und beidhändigem Heben als auch nach der Art horizontaler Kraftausübung (Ziehen/Schieben) differenziert. Aus der Korrelation von subjektiven Rückenbeschwerden und dem intraabdominalen Druck, den die Lastenhandhabung hervorruft, werden zulässige Lastgewichte abgeleitet. Diese beziehen sich auf männliche Arbeitspersonen mittlerer Körperhöhe und mittleren Körpergewichts bei einer Hubfrequenz von 1/min. Höhere Frequenzen führen zu Abschlägen.

7. Grenzlasten und -kräfte nach Mital u. a.
In tabellarischer Form werden Empfehlungen nicht nur für Lastgewichte beim Heben, sondern auch für andere Kraftausübungsfälle, auch in ungewöhnlichen Körperhaltungen, gegeben. Dabei werden alle vier genannten Beurteilungskriterien berücksichtigt.

8. Betriebsinterne Berechnungsverfahren zur Grenzlastbestimmung
z. B.: Methode zur Ermittlung empfohlener Grenzwerte beim Lastumsetzen von Hand im Stehen nach Bosch.
Ermittlung maximaler Muskelbelastung beim Heben und Tragen nach VDI/Mercedes Benz.

Gesetzliche Angaben zu zulässigen *Lastgewichten* finden sich in einer Empfehlung des Bundesministeriums für Arbeit, im Mutterschutzgesetz, innerhalb der Verordnung zur Beschäftigung von Frauen auf Fahrzeugen sowie in der Unfallverhütungsvorschrift Forsten.

Die folgende Aufstellung von in der industriellen Praxis weit verbreiteten Analyse- und Bewertungswerkzeugen enthält:

– Name und Zielrichtung des Werkzeugs,
– bevorzugte Anwendungsbereiche,
– Vorgehensweise bei der Anwendung,
– Bewertung des Verfahrens.[222]

---

222 Vgl. auch Schaub, K.: Das »Automotive Assembly Worksheet« (AAWS). In: Landau, K. (Hrsg.): Montageprozesse gestalten. Stuttgart: Ergonomia, 2004, 91–111.
Siemens (Hrsg.): Arbeitsunterlage zur Bewertung von Lastenmanipulationen, Firmeninterne Schulungsunterlage und unveröffentlichter gleichnamiger Abschlussbericht des IAD, Darmstadt.
Schaub, K.; Spelten, C.: IAD-Toolbox körperliche Arbeit – Manual und Software. Darmstadt: Institut für Arbeitswissenschaft, 2004.

Name des Werkzeugs	Leitmerkmalmethode 2001[223] (LMM)
Zielrichtung	Leitmerkmalmethode zur Beurteilung von Heben, Halten, Tragen der Bundesanstalt für Arbeitsschutz und Arbeitsmedizin, Berlin (BauA)
Bevorzugte Anwendungsbereiche	Besonders geeignet bei nicht-repetitiven Lastenmanipulationen in unterschiedlichen Lastsituationen.
Vorgehensweise bei der Anwendung	Das Verfahren ist dreistufig aufgebaut: 1. Bestimmung der Zeitwichtung entweder für »regelmäßiges Wiederholen kurzer Hebe- oder Umsetzvorgänge« oder für »lang andauerndes Tragen oder Halten« 2. Bestimmung der Wichtung der Leitmerkmale • Lastgewicht (in Abhängigkeit vom Geschlecht) • Körperhaltung, Position der Last • Ausführungsbedingungen am Arbeitsplatz 3. Bewertung der Lastenhandhabung Aus der Summe von Lastwichtung, Haltungswichtung und Ausführungswichtung wird durch Multiplikation mit der Zeitwichtung ein »Punktwert« bestimmt. Im Fall von weiblichen Beschäftigten wird ein Korrekturfaktor von 1,3 eingeführt Der ermittelte Punktwert liefert je nach Größe einen von vier Risikobereichen (grün bis rot).
Bewertung des Verfahrens	Dem Verfahren liegt eine gewichtete Verknüpfung der »Leitmerkmale« Zeit, Last, Haltung und Ausführungsbedingungen zugrunde. Ein Eichen der Leitmerkmalmethode erfolgte u.a. an dem NIOSH-Verfahren von 1981. Die LMM unterschätzt in ihrer Originalversion das Risiko bei der Manipulation schwerer Lasten und berücksichtigt nur ungenügend höherfrequente Lastenmanipulationen (keine Differenzierung von mehr als 500 Manipulationen/Schicht). Im Jahr 2001 erschien eine überarbeitete Version dieser Methode, welche die genannten Kritikpunkte weitgehend beseitigt.

Abbildung II-126

Überblick zur Leitmerkmalmethode

---

223 Steinberg, U.; Windberg, J.: Leitfaden Sicherheit und Gesundheitsschutz bei der manuellen Handhabung von Lasten – Empfehlungen für den Praktiker. Bremerhaven. Wirtschaftsverlag NW. 1994 – (Schriftenreihe der Bundesanstalt für Arbeitsschutz und Arbeitsmedizin. Sonderschrift 9).
Steinberg, U.; Windberg, J.: Leitfaden Sicherheit und Gesundheitsschutz bei der manuellen Handhabung von Lasten – Empfehlungen für den Praktiker. Bremerhaven. Wirtschaftsverlag NW. 1997 – (Schriftenreihe der Bundesanstalt für Arbeitsschutz und Arbeitsmedizin. Sonderschrift S. 43).
Länderausschuss für Arbeitsschutz und Sicherheitstechnik (LASI) (Hrsg.): Handlungsanleitung zur Gefährdungsbeurteilung beim Heben und Tragen von Lasten. Potsdam 1996 LV 9.
Steinberg, U.; Caffier, G.; Mohr, D.; Liebers, F.; Behrendt, S.: Modellhafte Erprobung des Leitfadens Sicherheit und Gesundheitsschutz bei der manuellen Handhabung von Lasten (Abschlussbericht). Bremerhaven. Wirtschaftsverlag NW. 1998 – (Schriftenreihe der Bundesanstalt für Arbeitsschutz und Arbeitsmedizin. – Forschung – Fb 804).
Caffier, G.; Steinberg, U.; Liebers, F.: Praxisorientiertes Methodeninventar zur Belastungs- und Beanspruchungsbeurteilung im Zusammenhang mit arbeitsbedingten Muskel-Skelett-Erkrankungen. Bremerhaven. Wirtschaftsverlag NW. 1998 – (Schriftenreihe der Bundesanstalt für Arbeitsschutz und Arbeitsmedizin. – Forschung – Fb 850).
www.baua.de/prax/lasten.htm

Abbildung II-127

Überblick zum
NIOSH-Verfahren

Name des Werkzeugs	NIOSH 199[224]
Zielrichtung	Grenzlastverfahren zur Beurteilung von manuellen Lastenhandhabungen beim Heben, Senken und Umsetzen von Lasten
Bevorzugte Anwendungsbereiche	Ständig wiederkehrendes ähnliches Umsetzen annähernd gleicher Lastgewichte. Werden in einer Schicht Sequenzen unterschiedlicher Lastmanipulationen ausgeführt, so ist das multiple NIOSH-Verfahren anzuwenden. Treten mehrere ungünstige Lastsituationen gleichzeitig auf, so neigt das Verfahren zur Berechnung von sehr niedrigen Grenzwerten. In diesem Fall liefert die Leitmerkmalmethode (LMM) realistischere Werte.
Vorgehensweise bei der Anwendung	In Abhängigkeit von horizontaler und vertikaler Griffentfernung zu Hubbeginn und Hubende sowie von vertikaler Hubdistanz, Rumpfdrehung, Greifbedingungen, Hubfrequenz und Dauer der Handhabungstätigkeiten wird eine empfohlene Grenzlast berechnet. Der »Lifting index« LI als Quotient aus aktueller Last und empfohlener Grenzlast gibt Auskunft über akzeptable (LI 1) und nicht akzeptable (LI > 1) Arbeitsbedingungen.
Bewertung des Verfahrens	Im Gegensatz zur bereits dargestellten Methodenbatterie beruht das NIOSH-Verfahren (1991) auf einem multiplen Bewertungsansatz, der bio-mechanische (Kompression der Lendenwirbelsäule L5/S1 < 3400 N), physiologische (Energieumsatz unterhalb 75 cm = 13,0 KJ/min, oberhalb 75 cm = 9,2 KJ/min) und psychophysische Kriterien (das Heben einer Last wird von 75 % der weiblichen und 99 % der männlichen Arbeitspersonen, d.h. von 90 % des Gesamtkollektivs als erträglich erachtet) einschließt. Das Verfahren berücksichtigt Alter und Geschlecht, d.h. Haupteinflussfaktoren auf die physische Leistungsfähigkeit **nicht**! Dadurch werden in ungünstigen Fällen ca. 25 % der weiblichen Arbeitsbevölkerung überlastet; ein Teil der männlichen Arbeitsbevölkerung arbeitet unter unnö-tig niedrigen Belastungen. Die gewählten Wirbelsäulenkompressionswerte können bei Frauen zwischen dem 30. und 40., bei Männern zwischen dem 40. und 50. Lebensjahr zu Überlastungen führen[225]. Auch ist die Aussagekraft psychophysischer Verfahren für Kraftausübungsfälle, welche große Muskelmassen ein-schließen, aber gleichzeitig hohe Wirbelsäulenbelastungen bewirken, zumindest umstritten. Der multiplikative Verknüpfungsansatz führt dazu, dass bei einem gleichzeitigen Vorliegen mehrerer ungünstiger Bedingun-gen die empfohlene Grenzlast relativ schnell gegen null strebt. Insgesamt wird durch den dreidimensionalen Bewertungsansatz ein prin-zipiell höheres Schutzniveau erreicht, als dies bislang bei den klassischen deutschen Verfahren möglich war, die nur auf Basis von Maximal-kraftwerten beruhten. Aufgrund der o.g. Kritik kann es jedoch nicht unein-geschränkt als das Verfahren der Wahl empfohlen werden.

224 National Institute of Occupational Safety and Health (NIOSH): Work Practices Guide for Manual Lifting. DHHS (NIOSH) Publ. No. 81–122, Cincinnati, Ohio, 1981.
Waters, T. R.; Putz-Anderson, V.; Garg, A.: Applications Manual for the Revised NIOSH Lifting Equation. DHHS (NIOSH) Publ. No. 94–110, Cincinnati, Ohio, 1994.
Waters, T. R.; Putz-Anderson, V.; Garg, A.; Fine, L. J.: Revised NIOSH equation for the design and evaluation of manual lifting tasks. Ergonomics 36 (1993) 7.
225 Jäger M, Göllner R, Jordan C, Theilmeier A, Luttmann A: Belastung der Lendenwirbel-säule beim heben und Umsetzen von Lasten. Z. Arbeitswiss. 56, 2002, S. 93–105.

Name des Werkzeugs	Schultetus/Burandt[226]
Zielrichtung	Ermittlung von Grenzkräften, -momenten und -lasten
Bevorzugte Anwendungsbereiche	Ermittlung von Aktionskräften an Industriearbeitsplätzen, insbesondere ständig wiederkehrendes, regelmäßiges Umsetzen oder Halten annähernd gleicher Lastgewichte. Ausnahmsweise auch bei nahezu ortsfesten, ständig wiederkehrenden Zieh- oder Schiebekräften. Auch für das Umsetzen, Halten und Tragen von Lasten mit geringen Lastgewichten geeignet.
Vorgehensweise bei der Anwendung	Zunächst werden in Abhängigkeit von Alter, Geschlecht und Trainiertheit, den Korrekturfaktoren für »Heben zu zweit« und »einhändiges Heben« die individuellen Maximalkräfte ermittelt, die von der Körpergröße sowie der Griffausgangs- und Griffendhöhe abhängen. In einem zweiten Schritt wird aus der individuellen Maximalkraft und den Korrekturfaktoren für die »Häufigkeiten der Kraftanstrengungen", »das mitbewegte Rumpfgewicht« und die »schweren Nebentätigkeiten« eine »erträgliche Grenzlast« und anschließend ein Lastindex (LI) errechnet.
Bewertung des Verfahrens	Industriestandard Berücksichtigt jedoch nicht das Schädigungsrisiko der Lendenwirbelsäule. Das Verfahren beruht auf Maximalkraftmessungen und sollte daher nur dann angewendet werden, wenn der Belastungsengpass primär in einer lokalen Muskelermüdung des Hand-Arm-Schulter-Systems liegt, d.h. Lasten mit einer aufrechten nicht gedrehten Körperhaltung im körpernahen Bereich manipuliert werden. Vom Institut für Arbeitswissenschaft der TU Darmstadt liegt eine Weiterentwicklung des Verfahrens im Hinblick auf das Schädigungsrisiko der Lendenwirbelsäule vor.

Abbildung II-128
Überblick zur Schultetus/Burandt-Methode

Neben diesen Werkzeugen gibt es noch weitere, die vor allem auch im internationalen Bereich verbreitet sind.[227]

Kapitel 9 geht auf die Auswahl der »richtigen« Werkzeuge im Detail ein. Weiterhin werden dort ausgewählte Verfahren in ihren Einzelheiten dargestellt.

226 Burandt, U.: Ergonomie für Design und Entwicklung. Köln: O. Schmidt, 1978.
227 z. B. Bongwald, O.; Luttmann, A.; Laurig, W. Hauptverband der gewerblichen Berufsgenossenschaften (HVBG) (Hrsg.): Leitfaden für die Beurteilung von Hebe- und Tragetätigkeiten. Sankt Augustin. HVBG, 1995.
  EN 1005: Sicherheit von Maschinen – Menschliche körperliche Leistung –
  Teil 2: Manuelle Handhabung von Gegenständen in Verbindung mit Maschinen und Maschinenteilen.
  Teil 3: Empfohlene Kraftgrenzen für Maschinenbedienung.
  Teil 4: Bewertung von Körperhaltungen bei der Arbeit mit Maschinen.
  Stoffert, G.: Analyse und Einstufung von Körperhaltungen bei der Arbeit nach OWAS Methode. Zeitschrift für Arbeitswissenschaft, 39 (11NF) 1985/1, 31–38.
  Mc Atamney, L.: Corlett: E. N.: RULA – A Survery Method for the Investigation of Work – Related Upper Limb Disorders. Applied Ergonomics 24, 1993, 2, 91–99.
  Colombi, D.; Occipinti, E.; Grieco, A.: Risk Assessment and Management of Repetitive Movements and Exertions of Upper Limbs, Job Analysis. OCRA Risk Indices, Prevention Strategies and Design Principles; EPM Reserarch Unit, CEMOC, Mailand: Elsevier, 2002.

7.3 Sicherheitsgerechte Arbeitsgestaltung

7.3.1 Überblick

Arbeitssicherheit kennzeichnet einen Zustand, bei dem der Mensch im Arbeitsprozess vor Unfällen und Berufskrankheiten geschützt ist. Arbeitsschutz schließt alle Maßnahmen ein, die dazu beitragen, Leben und Gesundheit des arbeitenden Menschen zu schützen, ihre Arbeitskraft zu erhalten und die Arbeit menschengerecht zu gestalten.

Dieses umfassende Verständnis von Arbeitsschutz, das dem *Arbeitsschutzgesetz* (ArbSchG) von 1996 zugrunde liegt, greift über die Verhütung von Unfällen und arbeitsbedingten Gesundheitsgefahren hinaus und berührt alle Bereiche der Arbeitsgestaltung. Zwar sind die Häufigkeiten von Arbeitsunfällen und Berufskrankheiten seit einer Reihe von Jahren rückläufig, die absolut immer noch hohen Zahlen zeigen jedoch den Bedarf für Maßnahmen der Arbeitsgestaltung zur Verbesserung der Arbeitsbedingungen unter dem Aspekt von Arbeits- und Gesundheitsschutz auf (Abbildung II-129).

Abbildung II-129
Überblick zu Arbeitsunfällen und Berufskrankheiten in der Bundesrepublik Deutschland (Angaben auf das Jahr 2000 bezogen)

Meldepflichtige Arbeitsunfälle	etwa	1,5 Mio
Meldepflichtige Wegeunfälle	etwa	235.000
Tödliche Arbeitsunfälle	etwa	1.200
Tödliche Wegeunfälle	etwa	800
Anzeigen auf Verdacht einer Berufskrankheit	etwa	82.000
Neue Renten wegen Berufskrankheit	etwa	5.600

Die sicherheitstechnische Arbeitsgestaltung hat die Aufgabe, durch konstruktive technische und organisatorische Maßnahmen Arbeitsunfälle und Berufskrankheiten zu verhüten. Sie muss zusammenwirken mit den anderen Bereichen der ergonomischen Arbeitsgestaltung, die auf langfristig erträgliche, zumutbare und Zufriedenheit schaffende Arbeitsbedingungen abheben.

Die sicherheitstechnische Arbeitsgestaltung liegt damit ebenso wie die ergonomische im grundlegenden Interesse des Unternehmens. Wichtige Aspekte betreffen die rechtlichen Regelungen, die Organisation des Arbeitsschutzes, die Gliederung von Sicherheitsmaßnahmen, die Berücksichtigung von Lernvorgängen und des Verhaltens der Mitarbeiter.

Die betriebliche Verantwortung für die Arbeitssicherheit obliegt dem Unternehmer. Er muss eine geeignete Organisation schaffen und die erforderlichen Mittel bereitstellen. Für Einzelbereiche überträgt der Unternehmer die Verantwortung auf die entsprechenden Linieninstanzen. Die jeweils vorgesetzte Instanz ist verantwortlich für die Auswahl der Mitarbeiter sowie für Aufsicht und Kontrolle.

Die Stabsstellen (Betriebsarzt und Sicherheitsfachkraft) tragen die fachliche Verantwortung für die ihnen übertragenen Aufgaben. Sie unterstützen den Arbeitgeber

beim Arbeitsschutz und bei der Unfallverhütung in allen Fragen des Gesundheits-schutzes und der Arbeitssicherheit einschließlich der menschengerechten Gestaltung der Arbeit (*Arbeitssicherheitsgesetz* ASiG).

Wirksame Maßnahmen zur Verhütung von Arbeitsunfällen und Berufskrankheiten können nur getroffen werden, wenn deren Ursache bekannt ist. Grundsätzlich lassen sich drei Ursachen unterscheiden:[228]

- Sicherheitswidrige Zustände
  - technische Mängel,
    Schutzvorrichtungen und Sicherheitseinrichtungen, Betriebsmittel,
    Betriebsanlagen und -einrichtungen;
  - organisatorische Mängel,
    Personaleinsatz,
    Aufsichts- und Informationsmängel;
- Sicherheitswidriges Verhalten,
  - sicherheitswidrige Handlungen,
  - sicherheitswidrige Unterlassungen;
- höhere Gewalt.

Sicherheitswidrige Zustände können auf technischen und organisatorischen Mängeln beruhen.

Technische Mängel betreffen beispielsweise Schutzvorrichtungen, die fehlen oder schadhaft sein können, fehlende oder ungeeignete persönliche Schutzausrüstungen, mangelhaft konstruierte, ungeeignete oder schadhafte Betriebsmittel und Mängel an Betriebsanlagen und -einrichtungen, wie eine behindernde Anordnung (Unübersichtlichkeit, Bewegungseinschränkung), sicherheitswidrige Beleuchtung, unzureichendes Raumklima, schädlicher Lärm und Vibrationen sowie Schadstoffe am Arbeitsplatz.

Organisatorische Mängel gibt es vor allem beim Personaleinsatz (durch Einsatz von Mitarbeitern ohne die für die Aufgabe erforderliche Qualifikation, durch unzureichende Unterweisung in den für die Aufgabe erforderlichen Kenntnissen, den spezifischen Unfallgefahren und den Schutzmaßnahmen), durch Aufsichtsmängel (z. B. fehlende Regelungen für Verantwortlichkeit).

7.3.2 Rechtsrahmen

Die Realisierung des Europäischen Binnenmarktes 1993 hatte erheblichen Einfluss auf die nationale Rechtssprechung und damit auf das *Arbeitsschutzsystem* der Bundesrepublik. Von besonderer Bedeutung für den Arbeits- und Gesundheits-schutz sind die Artikel 95 und 137 *EWG-Vertrag*. Mit Rechtsvorschriften auf Grundlage von Artikel 95 werden die wesentlichen Anforderungen hinsichtlich des Arbeits- und Gesundheitsschutzes an Erzeugnisse festgelegt, die bei deren Konzeption, Herstellung und Vermarktung in der EU zu erfüllen sind.

---

228 REFA (Hrsg.): Arbeitsgestaltung in der Produktion. München: Hanser, 1991.

Auf Artikel 95 gestützte *EU-Richtlinien* zielen auf die Beseitigung von Handelshemmnissen innerhalb der Union ab; die Mitgliedsstaaten sind verpflichtet, ihr nationales Recht ohne Abweichung nach diesen Richtlinien auszurichten (Abbildung II-130)[229].

Abbildung II-130

Rechtsgrundlagen des europäischen Arbeitsschutzes und Adressaten[230]

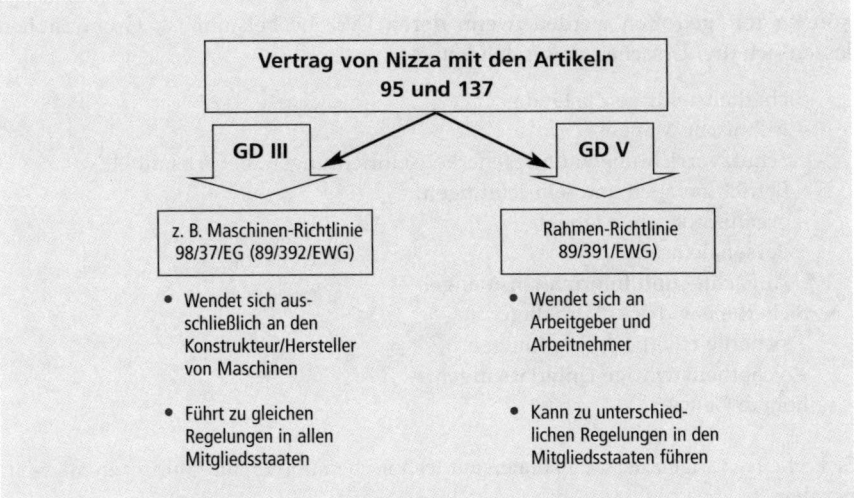

In Artikel 137 (EWG-Vertrag) werden die wichtigsten Aufgaben der Union und der Mitgliedsstaaten hinsichtlich des Arbeits- und Gesundheitsschutzes am Arbeitsplatz festgelegt. Ziel ist die Schaffung von Mindestnormen für alle Beschäftigten in der EU, die einen ausreichenden Schutz von Arbeitsunfällen und Berufskrankheiten gewährleisten. Die Mitgliedsstaaten sind verpflichtet, bei der Umsetzung in nationales Recht diese Mindeststandards zu gewährleisten, können aber weitergehende Schutzziele verfolgen.

Richtlinien nach Artikel 95 legen grundlegende Sicherheitsanforderungen fest, die dann in europäischen Normen spezifiziert werden. Der Inhalt dieser Normen ist nicht obligatorisch, die nationalen Institutionen sind jedoch verpflichtet anzunehmen, dass Erzeugnisse, die nach harmonisierten Normen hergestellt sind, den Anforderungen der entsprechenden europäischen Richtlinien entsprechen.

Die für den Bereich des Arbeits- und Gesundheitsschutzes wesentliche EU-Richtlinie gemäß Artikel 95 ist die Maschinenrichtlinie. In deren Geltungsbereich fallen – mit Ausnahme fast aller Fahrzeuge zum Personenverkehr – praktisch alle Arten von kraftbetriebenen Maschinen. Für die sicherheitsgerechte Konzeption der Maschine verantwortlich sind die Hersteller und bei Maschinen von außerhalb der EU deren Beauftragte oder deren Importeure. Maßstab für die Erfüllung der Maschinenrichtlinie sind die in deren Anhang 1 aufgeführten Sicherheitsanforderungen zum Schutz gegen mechanische Gefahren, vor Strahlung, Gasen, Dämpfen, Stäuben, Explosionen sowie den Anforderungen an Software.

---

229 Spelten, C.; Schaub, K.; Landau, K.: IAD-Toolbox körperliche Arbeit. In: Landau, K. (Hrsg.): Montageprozesse gestalten. Stuttgart: Ergonomia, 2004, S. 113–149.
230 Spelten, C.; Schaub, K; Landau, K.: a. a. O.

Bei der Gestaltung der Maschinen muss auch dafür Sorge getragen werden, dass bei bestimmungsgemäßer Verwendung Belästigung, Ermüdung und psychische Belastung des Bedienungspersonals unter Berücksichtigung der ergonomischen Prinzipien auf das mögliche Mindestmaß reduziert werden. Neben dem technischen Maschinenschutz müssen also auch Fragen der Arbeitsgestaltung und Arbeitsorganisation berücksichtigt werden.

Durch die Konformitätserklärung muss der Hersteller einer Maschine (ggf. sein Beauftragter oder der Importeur) die Übereinstimmung mit allen grundlegenden Sicherheitsanforderungen erklären; anschließend kann ein CE-Kennzeichen angebracht und die Maschine in der EU in Verkehr gebracht werden.

Richtlinien nach Artikel 137 legen Mindestvorschriften für Schutz und Verbesserung von Sicherheit und Gesundheit der Arbeitnehmer am Arbeitsplatz fest. Die Mitgliedsstaaten müssen diese Mindeststandards in nationalen Regelungen sicherstellen, können aber auch Maßnahmen zu einem verstärkten Schutz der Arbeitnehmer ergreifen oder beibehalten, solange dadurch keine Handelshemmnisse oder ähnliches entstehen.

Für den Arbeits- und Gesundheitsschutz von zentraler Bedeutung sind die nach Artikel 137 erlassene *Arbeitsschutz-Rahmenrichtlinie* über die »Durchführung von Maßnahmen zur Verbesserung der Sicherheit und des Gesundheitsschutzes der Arbeitnehmer bei der Arbeit« (89/391/EWG) sowie die Einzelrichtlinien hierzu (für Arbeitsstätten, zur Benutzung persönlicher Schutzausrüstungen, zur manuellen Lastenhandhabung und zur Bildschirmarbeit). Weitere Einzelrichtlinien behandeln beispielsweise den Schutz gegen Gefährdungen durch physikalische Einwirkungen, durch biologische Arbeitsstoffe und durch Karzinogene bei der Arbeit sowie Aspekte der Arbeitszeitgestaltung.

Die europäischen Vorgaben der Maschinenrichtlinie werden durch das Gerätesicherheitsgesetz von 1992 in deutsches Recht umgesetzt. Es regelt das Inverkehrbringen und Aufstellen technischer Arbeitsmittel, zu denen Werkzeuge, Arbeitsgeräte, Arbeits- und Kraftmaschinen, Hebe- und Fördereinrichtungen, Schutzausrüstungen, Einrichtungen zum Beleuchten, Heizen, Kühlen, Lüften zu rechnen sind; darüber hinaus überwachungsbedürftige Anlagen (z. B. Dampfkessel-, Druckbehälter-, Aufzugsanlagen).

Das Arbeitsschutzgesetz (Gesetz über Sicherheit und Gesundheitsschutz bei der Arbeit, ArbSchG) setzt die europäische Arbeitsschutz-Rahmenrichtlinie um. Es gilt in allen Tätigkeitsbereichen mit nur ganz wenigen Ausnahmen.

Das Arbeitsschutzgesetz richtet sich vorrangig an den Arbeitgeber, der verpflichtet ist, die erforderlichen Maßnahmen des Arbeitsschutzes zu treffen, deren Wirksamkeit zu überprüfen und sie erforderlichenfalls an sich ändernde Gegebenheiten anzupassen. Hierzu muss er eine Beurteilung der für die Beschäftigten mit der Arbeit verbundenen Gefährdung durchführen, die die Gestaltung von Arbeitsplatz und Betriebsmitteln, von Arbeitsverfahren, -ablauf und -zeit, Auswahl und Einsatz von Arbeitsstoffen, die Umgebungseinflüsse und die Qualifikation und Unterweisung der Beschäftigten umfasst.

Zur Planung und Durchführung der Arbeitsschutzmaßnahmen sind eine geeignete Organisation zu schaffen und die erforderlichen Mittel bereitzustellen. Der Unternehmer darf Arbeitsaufgaben nur an dazu befähigte Mitarbeiter übertragen, muss diese bei besonderen Gefahren unterrichten und unterweisen. Bei Arbeitsschutzmaßnahmen muss er als allgemeine Grundsätze insbesondere die Vermeidung möglicher Gefährdungen nach dem Stand der Technik und die Gefahrenbekämpfung an der Quelle beachten.

7.3.3 Vorgehensweise

Übergeordnete Grundsätze sicherheitsgerechter Gestaltung von Maschinen, Anlagen und Systemen sind Funktions-, Gestaltungs- und Umweltsicherheit. Funktionssicherheit betrifft zum einen die verwendeten Werk- und Betriebsstoffe und zum anderen die Konstruktion. Umweltsicherheit umfasst den gesamten Lebenszyklus der Maschine oder Anlage bzw. des Arbeitssystems, d.h. die Herstellung, die Nutzungsphase und die Entsorgung.

Lösungsansätze der *sicherheitstechnischen Gestaltung* und Konstruktion müssen der folgenden Hierarchie folgen:

- Gefahren sind so weit möglich zunächst mit konstruktiven Mitteln von vornherein zu vermeiden, z. B. durch Wahl weniger gefährdender Arbeitsmethoden oder durch Einsatz weniger oder nicht schädigender Arbeits- und Betriebsstoffe. Hier kommt die unmittelbare Sicherheitstechnik zum Einsatz.

- Gelingt dies nicht, sind die Mitarbeiter gegen Gefahren zu sichern, z. B. durch den möglichst integrierten Einsatz von Schutzeinrichtungen und ggf. durch arbeits-organisatorische Maßnahmen (mittelbare sicherheitstechnische Maßnahmen).

- Auf verbleibende Gefahrenquellen müssen die Benutzer und alle anderen möglicherweise Betroffenen hingewiesen werden; dies erfordert die Kennzeichnung von verbleibenden Gefahrstellen und Warnanlagen, Schilder und Farbgebung sowie die Unterrichtung über Gefahrenquellen und Unterweisung zum Umgang damit (hinweisende Sicherheitstechnik).

- Darüber hinaus müssen immer dann persönliche Schutzausrüstungen bereitgestellt sein und von den Mitarbeitern verwendet werden, wenn die Maßnahmen der unmittelbaren und mittelbaren Sicherheitstechnik nicht ausreichend sind.

Die möglichen Gefährdungen im Arbeitssystem sind in Abbildung II-131 aufgeführt. Die Abbildungen II-132 und II-133 geben die wichtigsten Sicherheitsabstände wieder.

Abbildung II-131
Übersicht zu den
möglichen Gefähr-
dungen im
Arbeitssystem[231]

Gefährdungen – Unfälle können entstehen durch:

(1) Bewegungen/Relativbewegungen:

1 Zerbersten (z. B. Schleifscheibe)
2 Abschleudern (z. B. Drehspäne)
3 Mitnehmen (z. B. Aufwicklung loser
   Kleidung oder Haare durch über-
   stehende Welle)
4 Einziehen (z. B. Finger zwischen
   Zahnräder)
5 Einhaken
6 Quetschen (z. B. Finger in Tür)
7 Scheren (z. B. Hände in Blechschere)
8 Schneiden (z. B. Hineingreifen in
   Gussteil mit scharfem Grat)
9 Stechen (z. B. mit Schraubendreher-
   klinge)
10 Stoßen (z. B. an hervorstehender Ecke)
11 Schlagen (z. B. mit Hammer)
12 Kippen (z. B. mit Stuhl oder Umkippen
    mit Fahrzeug)
13 Schleudern
14 Werfen
15 Fallen (z. B. Teile aus Regal
    auf Kopf)
16 Rutschen
17 Ausgleiten (z. B. auf Ölfleck)
18 Stolpern (z. B. über Kante oder Stufe)
19 Anfahren oder Überfahren durch
    Fahrzeug (z. B. mit Gabelstapler)
20 Reibung (z. B. Hautabschürfung)

(2) Temperaturunterschiede:

21 Verbrühen (z. B. durch heißen Wasser-
    oder Dampfstrahl)
22 Unterkühlung (z. B. durch Berühren
    eines Behälters mit flüssiger Luft)

(3) Chemische/biologische Wirkung:

23 Verbrennen (z. B. durch Funkenflug
    oder nicht abgedeckte, leicht
    entflammbare Flüssigkeit)
24 Vergiftung (z. B. durch Abgase eines
    Verbrennungsmotors)

25 Ätzung (z. B. durch Säure)
26 Luftentzug oder Luftmangel
    (z. B. in Großbehälter)
27 Ertrinken
28 Infektion durch Krankheitserreger
    (Bakterien, Viren)

(4) Druck:

29 Explosionen (z. B. eines vorschrifts-
    widrig mit Benzin gereinigten Getriebe-
    kastens, entzündet mit einer Zigarette)
30 Implosion (z. B. einer Fernsehröhre)
31 Druckunterschied (z. B. beim zu
    schnellen Auftauchen aus großer Tiefe)

(5) Überbelastung des Menschen:

32 Verrenken (z. B. durch Anheben zu
    schwerer Lasten)
33 Verstauchen
34 Umknicken

(6) Strom:

35 elektrischer Strom (z. B. Überschlag von
    nicht isoliertem Leiter)
36 Blitzschlag
37 elektrostatische Aufladung

(7) Strahlung:

38 schädliche Strahlung – Röntgen-/
    Laser-/Mikrowellen-/Infrarot-/
    Ultraviolett-/radioaktive Strahlung (z. B.
    Überdosis aus defekter Anlage)

(8) Licht, Schall:

39 Blendung (z. B. durch Lichtblitz)
40 unerträglicher Schall (z. B. sehr
    lauter Knall)

---

231 Kirchner, J. H.; Baum, E.: a. a. O.

Abbildung II-132

Sicherheitsabstände gegen Hineinreichen nach DIN 31001[232]

Sicherheitsabstände gegen Hineinreichen oder Hindurchreichen – nach DIN 31 001												
zu schützendes Körperteil		Fingerspitze			Finger bis Fingerwurzel			Hand bis Daumenansatz			Arm bis Schulteransatz	
längliche Öffnungen mit parallelen Seiten	e (mm)	<4 (<4)	<6	<8	<10 (<6)	<12 (<8)	<20	<30 (<10)	(<12)	(<20)	<120 (<120)	
	r (mm)	>2 (>2)	>10	>20	>80 (>20)	>100 (<8)	>120	>180¹ (>80)	(>100)	(>120)²	>850 (>900)	
quadratische oder kreisförmige Öffnungen	e (mm)	<4 (<4)	<6	<8	<10 (<6)	<12 (<8)	<30 (<10)	(<12)	<40 (<20)		<120 (<30)	(<120)
	r (mm)	>2 (>2)	>6	>10	>20 (>10)	>80 (>30)	>130 (>60)	(>80)	>200 (>120)		>850 (>550)	(>900)

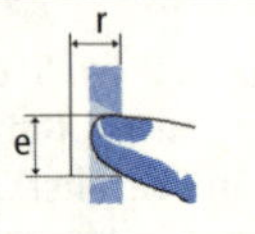

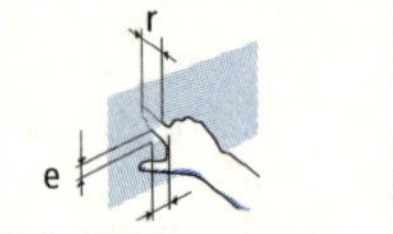

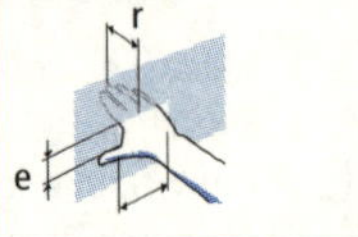

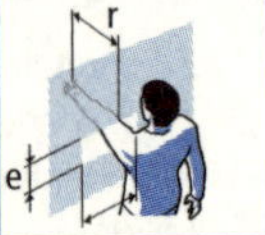

e = Spaltbreite bzw. Seitenlänge bzw. Durchmesser
r = Sicherheitsabstand
Werte für Erwachsene und Kinder ab 14 Jahre, in Klammern für Kinder ab 3 Jahre.
Für e > 120 mm Hineinbeugen des Körpers möglich.

Abbildung II-133

Sicherheitsabstände gegen Herumreichen

Sicherheitsabstände gegen Herumreichen und eine feste Kante für Erwachsene und Kinder – nach DIN 31 001		
Körperteil	Sicherheitsabstand	Bild
Finger bis Fingerwurzel	> 130	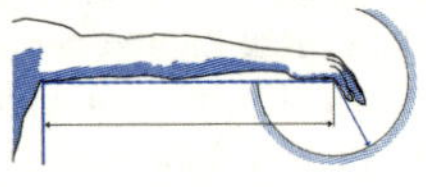
Hand bis Handwurzel	> 230	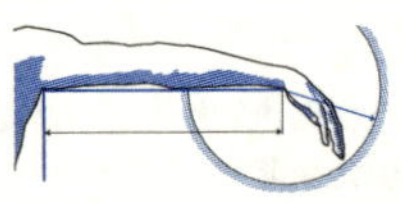
Arm bis Ellenbogen	> 550	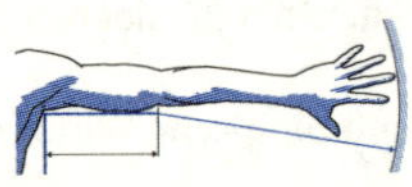
Arm bis Schulteransatz	> 550	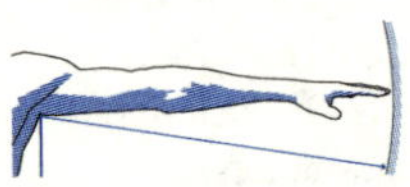

232 DIN 31001 Teil 1: Sicherheitsgerechtes Gestalten technischer Erzeugnisse – Schutzeinrichtungen. DIN 31000 Allgemeine Leitsätze für das sicherheitsgerechte Gestalten technischer Erzeugnisse.

7.4 Bewegungstechnische Arbeitsgestaltung

7.4.1 Grundlagen

Mit Hilfe von Arbeitsbewegungen wirkt der Mensch unmittelbar oder mittelbar (d.h. durch Betätigung von Stellteilen oder durch Einsatz von Werkzeugen) auf das Arbeitsobjekt ein.

Arbeitsgestaltung unter bewegungstechnischen Gesichtspunkten befasst sich damit, die Einwirkungen auf Arbeitsgegenstand und Arbeitsmittel optimal zu gestalten. Ergonomisch gestaltete Bewegungen verursachen möglichst geringe physiologische Kosten, sie sind schnell und sicher auszuführen.

Die Bewegungsanalyse dient dabei der qualitativen Beschreibung der Bewegungsabläufe und der Ermittlung der dazu erforderlichen Zeiten.

Die *bewegungstechnische Arbeitsgestaltung* fußt auf der Wissenschaftsdisziplin Kinesiologie und hat im Einzelnen mechanische, physiologische und psychologische Aspekte.

Die Arbeitsbewegung ist eine zeitliche Kette von momentanen Körperhaltungen und -stellungen. Die Bewegungsforschung, die in der Arbeitswissenschaft vorwiegend ökonomisch orientiert ist, wird in Teil III dieses Buches weiter ausgeführt. Hier wird dagegen auf die ergonomischen Gestaltungsaspekte eingegangen.

Bewegungen können nicht als rein effektorische Phänomene analysiert werden. Sensorische und kognitive Prozesse müssen mitbedacht werden.[233] Bei Fertigungs- und Montageprozessen sind die Rückmeldungen über die Lage der Gliedmaßen, über äußere Widerstände, über reaktive Kräfte usw. ein wesentlicher Bestandteil. Bewegungen, die kontinuierlich erscheinen, sind in Wirklichkeit eine Folge von Beschleunigungs- und Bremsvorgängen. Sie beinhalten Energieansammlungen und Relaxationserscheinungen.[234]

Mitarbeiter, die in den Arbeitsvorgang hochgradig eingeübt sind, zeichnen sich durch eine besondere Rhythmik der Bewegung und durch das Annähern an das energetische Optimum aus. Arbeitsbewegungen streuen demnach erheblich sowohl inter- als auch intraindividuell. Arbeitsbewegungen können danach klassifiziert werden, wie viele Körpersegmente betroffen sind, ob sie symmetrisch ablaufen und ob die Körperhaltung dabei stabil bleibt. Man kann einfache und komplexe Bewegungen unterscheiden (s. Teil III), ebenso grobmotorische und feinmotorische, bewusste und automatisierte Bewegungen.

---

233 Hacker, W.: Sensumotorik aus psychologischer Sicht. In: Landau, K.; Luczak, H.; Laurig, W.: Ergonomie der Sensumotorik. München: Hanser, 1996, S. 21–33.

234 Stier, F.: Über die Geschwindigkeiten von Armbewegungen unter besonderer Berücksichtigung der Einlegearbeiten an Pressen. Dissertation TH Hannover, 1959.

Von *grobmotorischen Bewegungen* spricht man dann, wenn größere Muskelmassen eingesetzt werden, im Regelfall schwerere Arbeitsgegenstände oder Werkzeuge bewegt werden müssen und dabei die Zielgenauigkeiten der Bewegungen gering sind. Beispiele hierfür sind Schmieden, Sandschaufeln und Stapelarbeiten. Feinmotorische Bewegungen zeichnen sich dadurch aus, dass kleine Muskelmassen eingesetzt werden, Werkstücke oder Werkzeuge nur geringes Gewicht haben und geringe Kräfte bei jedoch hohen Bewegungsgenauigkeiten aufzubringen sind. Hierfür stehen z. B. Löt- oder Bestückungsarbeiten.

Bei *automatisierten Bewegungen* laufen im Sinne der EDV-Terminologie »Unterprogramme« ab, die nicht mehr bewusstseinspflichtig sind. Eine Vielzahl der industriellen Arbeitsbewegungen sind dieser Kategorie zuzurechnen. Bewusste Bewegungen müssen dagegen einer anspruchsvollen sensorischen und kognitiven Regulation unterworfen werden.

Arbeitsbewegungen sollen die maximal möglichen Gelenkwinkelbereiche nicht ausnutzen; bequeme Einstellungen im mittleren Bereich der Gelenkwinkel sind anzustreben. Hier ist auch die Bewegungsgenauigkeit der Gelenke am höchsten. Eine Belastung der Gelenke ist jedoch notwendig, um die Leistungsfähigkeit des Bewegungsapparates zu erhalten.

Eine Arbeitsbewegung wird durch folgende Belastungsdeterminanten gekennzeichnet:[235]

- Bewegungskategorie (Finger, Hand, Arm usw.),
- Leistungsabgabe,
- Bewegungsfrequenz,
- Bewegungsbahn (frei, geführt),
- Bewegungsrichtung,
- Bewegungsablauf (unterbrochen, ununterbrochen),
- Bewegungsform (Kreis, Teilkreis, geradlinig),
- Bewegungskontrollaufwand,
- Bewegungsraum (Kniehöhe, Hüfthöhe, Brusthöhe usw.),
- Kraftgröße/-verlauf,
- Bewegungslänge,
- Kraftangriffspunkt,
- Bewegungsgeschwindigkeit/-beschleunigung,
- Winkel zwischen Kraftrichtung und Bewegungsrichtung.

7.4.2 Bewegungsstudium

Das *Bewegungsstudium* befasst sich mit den Möglichkeiten und Grenzen menschlicher (Arbeits-)Bewegungen. Die Bewegungsstudie ist die methodische Untersuchung zur Gestaltung von Bewegungsabläufen. Die wesentlichen Arbeitsschritte sind die Identifizierung von Bewegungselementen, ihre zeitliche Quantifizierung und die Bestimmung von Einflussgrößen hierfür.

---

235 Paul, G.: S. 230, Kyphose: Konvexe Krümmung der Wirbelsäule zum Rücken hin.
Lordose: Konvexe Krümmung der Wirbelsäule zum Bauch hin.

Bewegungselemente sind vom Menschen ausgeführte Grundbewegungen als Bestandteil einer Arbeitsbewegung; eine weitere Unterteilung dieser Grundbewegungen ist im Rahmen einer Bewegungsstudie nicht mehr sinnvoll.

Mit den Methoden des Bewegungsstudiums[236] können verschiedene Gestaltungsmöglichkeiten eines Arbeitsablaufs schon in der Planungsphase miteinander verglichen werden. Die bewegungstechnische Arbeitsgestaltung hat dabei das Ziel, den Bewegungsablauf – in Verbindung mit Arbeitsgegenständen, Arbeitsmitteln und Stellteilen – an die physischen und psychischen Gegebenheiten des Menschen anzupassen.

Das Bewegungsstudium und die bewegungstechnische Arbeitsgestaltung zielen also darauf ab, Arbeits- und Bewegungsabläufe zu optimieren. Diese Optimierung erfolgt hinsichtlich

- der aufzuwendenden Zeiten,
- der Reduzierung von Fehlhandlungen (mit Folgen für Qualität und Unfallgefährdung),
- der Verminderung von Belastung und Beanspruchung des Menschen bei der Ausführung,
- der optimalen Anordnung bei der Bereitstellung von Material und Teilen,
- der Gestaltung und Anordnung von Arbeits- und Betriebsmitteln und
- der fertigungs- und montagegerechten Konstruktion der Arbeitsgegenstände.

Bewegungsabläufe sind in die psychische Regulation der Arbeitshandlung eingebettet.[237] Im ersten Schritt – wahrnehmen – wird aufgrund einer Arbeitshandlung ein Ziel festgelegt; und es werden auf Grundlage von Erfahrungen und Wissen Ausführungsmöglichkeiten zur Zielerreichung entworfen. Im zweiten Schritt – verarbeiten – werden ggf. alternative Aktionsprogramme für das motorische Handeln entwickelt und das bestgeeignete ausgewählt.

Im dritten Schritt – wahrnehmen und verarbeiten – wird die Erfüllung der Aufgabe kontrolliert. Die Beurteilung von Erfolg bzw. Misserfolg verstärkt oder modifiziert Erfahrung und Wissen für folgende Handlungsregulationen.

Die räumliche und zeitliche Koordination von Bewegungen wird durch Signale gefördert: Visuelle Signale unterstützen besonders die räumliche Einordnung von Bewegungen, akustische Signale vor allem die zeitliche Einordnung. Taktile Orientierungshilfen verbessern die räumliche Orientierung, vor allem wenn eine visuelle Kontrolle nicht oder nur zeitweise möglich ist.

---

236 Vgl. auch Abschnitt 2.1
237 Hacker, W.: Allgemeine Arbeits- und Ingenieurpsychologie. Bern: Huber, 1986.

Bei *Hand-Arm-Bewegungen* wird zwischen ballistischen Zielbewegungen, wie Hinlangen und Bringen, und verhaltenen Führungsbewegungen, wie Greifen und Fügen, unterschieden. Ballistische Zielbewegungen werden erst am Ende der Bewegung aufgrund optischer und taktiler Signale kontrolliert und korrigiert. Demgegenüber werden verhaltene Führungsbewegungen ständig kontrolliert und korrigiert, dabei sind ständige Kraft- und Geschwindigkeitswechsel erforderlich.

Bei *ballistischen Zielbewegungen* sollten das Bewegungsziel und die Hand immer visuell wahrnehmbar sein, damit die maximale Bewegungsgeschwindigkeit und eine hohe Genauigkeit erreicht werden können. Auch bei hoher Übung haben Zielbewegungen mit visueller Kontrolle eine bis zum 100fachen höhere Zielgenauigkeit gegenüber nicht visuell kontrollierten Bewegungen. Ist keine ständige visuelle Kontrolle möglich, sollte die Bewegung immer am gleichen Ort beginnen und konstante Bewegungslänge und -richtung haben. Ist während der gesamten Bewegung keine visuelle Kontrolle möglich, sollen die Hand-Orientierung durch taktile Markierungen unterstützt und ein Bezugspunkt für den Bewegungsraum durch einen »Nullpunkt« angeboten werden.

Bei der *Bewegungsablaufanalyse* werden Bewegungen des Menschen, seiner Extremitäten und ggf. handgeführter Werkzeuge analysiert.[238] Erfasst werden – je nach Anwendungsfall – Bewegungswege (Entfernungen und Bahnen), Geschwindigkeiten und Beschleunigungen sowie die Bedingungen und Einflussgrößen, unter denen die Bewegungen auszuführen sind. Auch die zeitliche Veränderung von Bewegungen als Folge von Übung oder von Ermüdung kann Objekt der Untersuchung sein.

Klassische Methode der Bewegungsanalyse ist die Beobachtung, die durch Videoaufzeichnungen unterstützt werden kann. Die Ausprägung der Einflussgrößen wird gemessen oder mit Hilfe von Beschreibungsmerkmalen und anhand von Fallbeispielen eingestuft.

Für die Analyse und Gestaltung von Bewegungsabläufen und hier insbesondere von Bewegungsbahnen eignen sich besonders die Spuraufzeichnungsmethoden, wie Zyklografie und Motografie.

Mit Hilfe der *Zyklografie* werden die Bewegungen des Menschen bzw. seiner Körperteile als Lichtspuren fotografisch aufgezeichnet. Um diese Lichtspuren zu erzeugen, werden die entsprechenden Körperteile (z. B. Finger, Handgelenk, Oberarm) mit kleinen Glühlampen bestückt. Die Tätigkeit wird in Dunkelheit (bzw. unter Beleuchtung mit Rotlicht, für das der fotografische Film nicht empfindlich ist) ausgeführt und von einer Kamera mit geöffnetem Verschluss aufgezeichnet; dabei erzeugen die Bewegungen Lichtspuren auf dem Film. Am Ende oder während der Aufzeichnung wird der Mensch am Arbeitsplatz durch Auslösen eines Blitzes mit aufgenommen.

---

238 Peters, H.; Landau, K.: Methoden und Hilfsmittel der Bewegungsablaufanalyse. In: Landau, K. u. Mitarb.: Ergonomie I. TU Darmstadt, 2003.

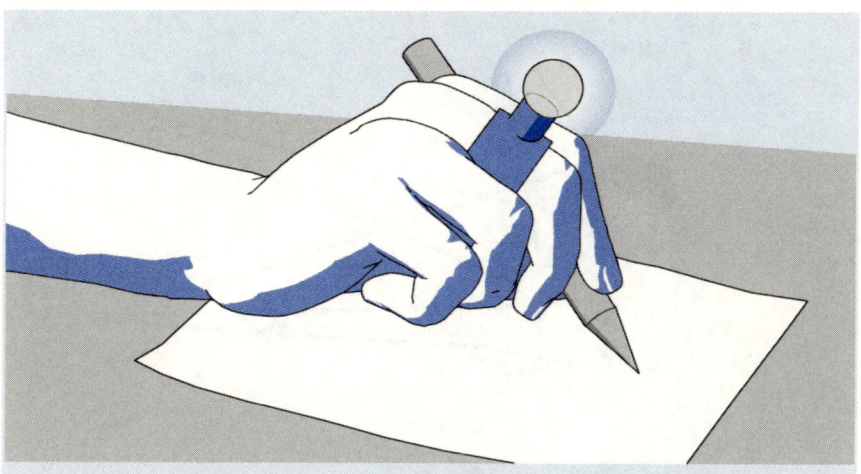

Abbildung II-134
Grundanordnung
der Zyklografie

Die Zyklografie erlaubt es, ganze Bewegungsbahnen aufzunehmen. Die Verschlusszeit wird dafür so gewählt, dass etwa fünf bis zehn Bewegungszyklen mit einer Aufnahme aufgezeichnet werden. Abbildung II-134 zeigt die Grundanordnung der Zyklografie, wie sie schon von *Gilbreth*[239] in seinen Bewegungsanalysen verwendet wurde.

Mit Hilfe der Zyklografie können der räumliche Ablauf der Bewegungen einzelner Körperteile beobachtet und z. B. Aussagen zur Harmonie aufeinander folgender Bewegungszyklen abgeleitet werden. Grundlegender Nachteil der Zyklografie ist, dass die Aufnahmen nur in Dunkelheit bzw. unter für viele Arbeitstätigkeiten, wie z. B. Montageaufgaben, unzureichenden Beleuchtungsverhältnissen erfolgen müssen. Die mangelnde Orientierung in Dunkelheit kann untypische Bewegungsabläufe und Koordinationsfehler zur Folge haben.

Die *Motografie* ermöglicht Bewegungsanalysen und -aufzeichnungen im Tageslicht, da bei dieser Methode nicht der Arbeitsplatz verdunkelt, sondern das Tageslicht durch geeignete Filter auch bei geöffnetem Verschluss der Kamera vom Film ferngehalten wird. Dabei werden auch ein vor allem für infrarotes Licht sensibler Film und Infrarot-Strahler an den für die Bewegungsanalyse wesentlichen Körperteilen eingesetzt (Abbildung II-135).

---

239 Gilbreth, F.B.: a. a. O.; vgl. auch Abschnitt 2.1.

Abbildung II-135

Technischer Aufbau für
motografische
Aufnahmen[240]

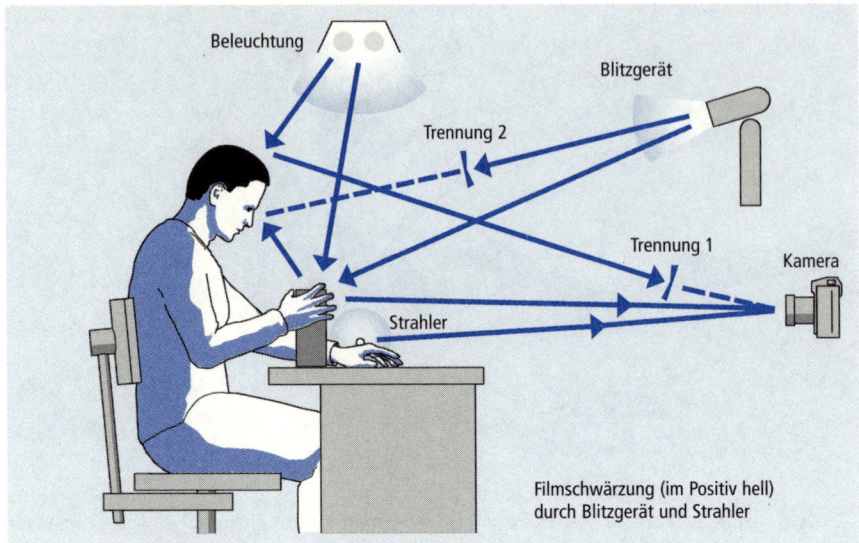

Die Arbeit erfolgt unter der normalen Arbeitsplatzbeleuchtung, die (durch einen Filter am Kameraobjektiv, der nur für infrarotes Licht durchlässig ist) den Film nicht erreicht. Die Bewegungen der Körperteile werden mit Hilfe von Infrarot-Strahlern als Lichtspuren auf dem Film aufgezeichnet. Durch ggf. mehrfaches Auslösen eines Infrarot-Blitzgerätes werden der Arbeitsplatz und die Person bei bestimmten Arbeitsbewegungen mit aufgenommen; ein Filter an der Blitzlampe, der nur Infrarot-Strahlen durchlässt, sorgt dafür, dass der Blitz die Arbeitsperson nicht stört.

Abbildung II-136 zeigt ein Anwendungsbeispiel aus einer Gebrauchstauglichkeits-Untersuchung eines neuen Telefonmodells. Hierbei war zu prüfen, inwieweit die späteren Benutzer die Displaytasten des Telefons und deren mögliche Funktionen erkennen können. Die Art und Weise, wie die Probanden die Displaytasten benutzen, sollte mit Hilfe einer motografischen Untersuchung ermittelt werden. Die Bewegungsspuren von der Haupttastatur zur Displaytastatur waren zu ermitteln und zu bewerten. Ebenso sollten Bewegungsspuren für Rechtshänder und Linkshänder erfasst und kritisch beurteilt werden.

Die Auswertung der motografischen Untersuchung erbrachte folgende Ergebnisse:

- Je länger die Bewegungsspur zwischen Haupt- und Displaytastatur ist, umso ungünstiger ist die Gestaltungslösung für die jeweilige Probandengruppe.
- Je mehr Beschleunigungs- und Bremsvorgänge aus der Bewegungsspur zu erkennen sind, umso ungünstiger ist die Gestaltungslösung für die jeweilige Probandengruppe.
- Je geringer die Zielgenauigkeit auf der angesteuerten Displaytaste, umso ungünstiger ist die Gestaltungslösung für die jeweilige Probandengruppe.

---

240 Baum, E.: Motografie. Band I und II. Bremerhaven: Wirtschaftsverlag NW, 1980 und 1983.

- Je mehr sich Bewegungsspuren im intraindividuellen Retestversuch unterscheiden, umso ungünstiger ist die Gestaltungslösung für die jeweilige Probandengruppe.
- Je mehr Körperteile mitbewegt werden müssen, umso ungünstiger ist die Gestaltungslösung für die jeweilige Probandengruppe.

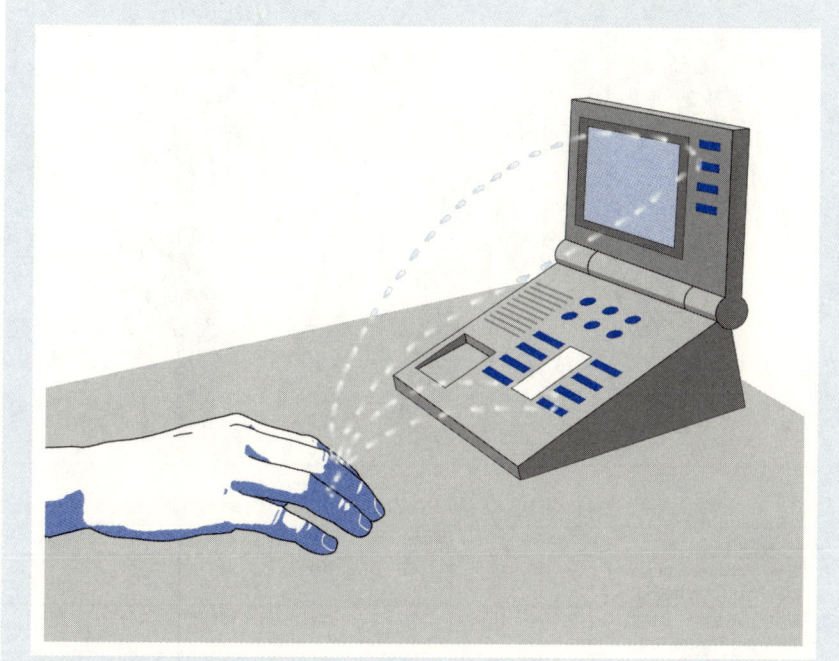

Abbildung II-136

Motografie-Aufnahme
der Bewegungsspuren
an einem Telefon-
Prototyp

Bei der *Motografie* ermöglicht die Verwendung einer Videokamera, einzelne Bewegungsabfolgen gegenüberzustellen und Detailanalysen mit Hilfe von Standbildern, Einzelbild-Folgen und Zoom durchzuführen. Bei der Online-Motografie werden die Videobilder sofort analysiert und nur die Bewegungsinformationen im Rechner gespeichert bzw. für weitere Analysen verwendet; dadurch werden längere Aufzeichnungen und schnellere Analysen möglich.

7.4.3 Bewegungsräume der Hände und weiterer Körperglieder

Ausgangspunkt für die Gestaltung der Schnittstelle Hand/Objekt sind die anthropometrischen Abmessungen der Hand (Abbildung II-137)

Abbildung II-137

Anthropometrie der Hand[241]

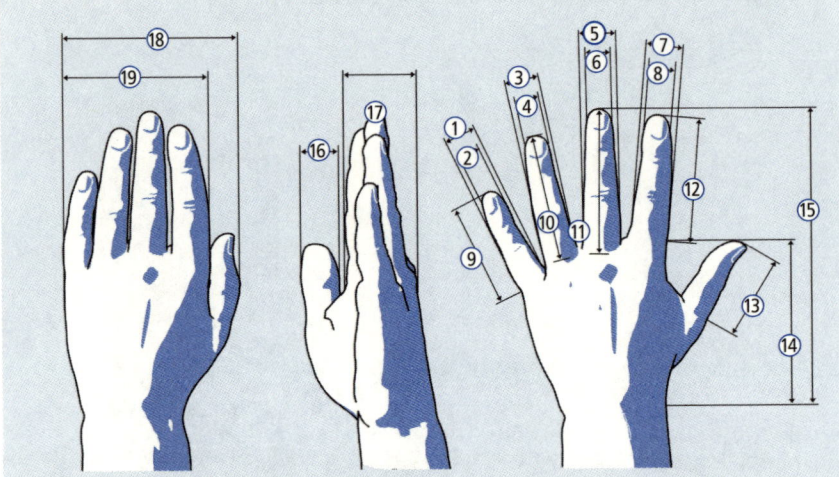

		Perzentile				
		männlich			**weiblich**	
Abmessungen in mm		**5.**	**50.**	**95.**	**5.**	**50.**	**95**
1	Kleinfingerbreite, proximal (nahe dem Handteller)	16	17	19	13	14	16
2	Kleinfingerbreite, distal (nahe der Fingerspitze)	15	16	17	11	13	15
3	Ringfingerbreite, proximal	18	20	21	15	16	18
4	Ringfingerbreite, distal	16	17	18	13	14	16
5	Mittelfingerbreite, proximal	19	21	23	16	18	20
6	Mittelfingerbreite, distal	17	18	20	13	15	17
7	Zeigefingerbreite, proximal	19	21	23	16	18	20
8	Zeigefingerbreite, distal	18	19	21	13	15	17
9	Kleinfingerlänge	56	63	71	51	58	65
10	Ringfingerlänge	71	78	86	65	73	80
11	Mittelfingerlänge	77	84	93	70	77	85
12	Zeigefingerlänge	68	75	83	62	69	76
13	Daumenlänge	60	67	75	53	60	68
14	Handflächenlänge	101	109	118	91	99	107
15	Handlänge	168	184	201	160	174	188
16	Daumenbreite	21	23	25	16	19	21
17	Handdicke	22	25	28	21	26	31
18	Handbreite mit Daumen	98	106	113	83	92	101
19	Handbreite	77	85	92	72	79	87

Die Interaktion von Hand und Objekt kann prinzipiell auf zwei Arten erfolgen: über den kraftbetonten und über den präzisionsbetonten Griff[242]. Abbildung II-138 zeigt außerdem noch die Ruhelage der Hand.

---

241 Schmidtke, H.: Ergonomie, München: Hanser, 1981.
242 Pheasant, St.: Bodyspace. London: Taylor & Francis, 1988.

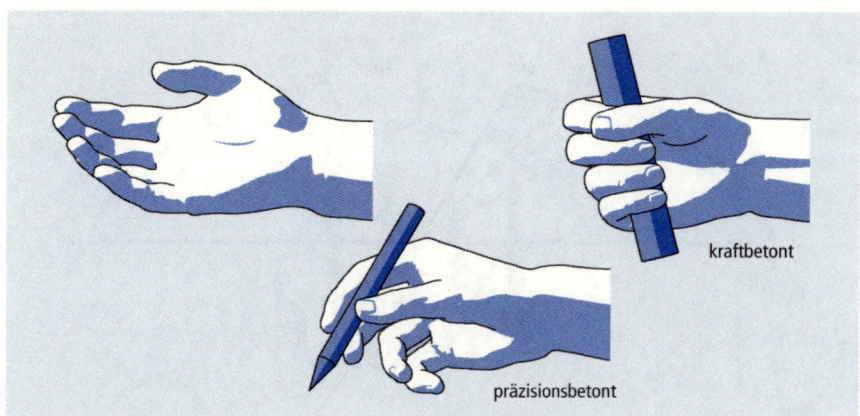

Abbildung II-138
Prinzipielle Greifarten
der Hand

kraftbetont

präzisionsbetont

Diese prinzipiellen Greifarten der Hand sind mit unterschiedlichen Bewegungs-genauigkeiten verknüpft (Abbildung II-139).[243]

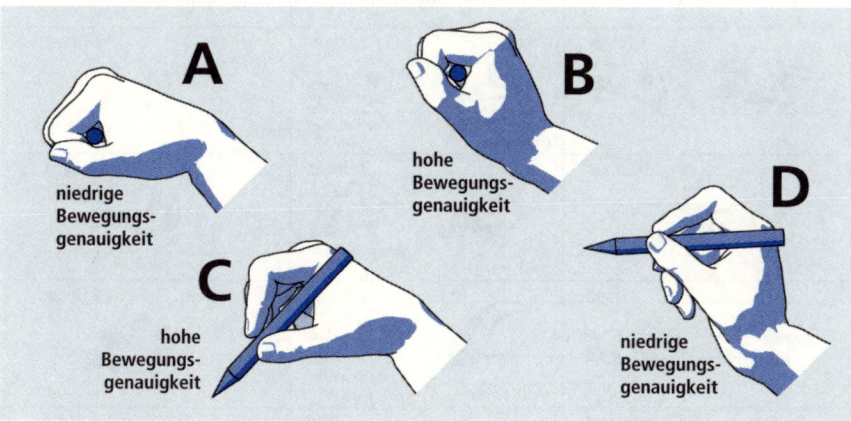

Abbildung II-139
Bewegungs-
genauigkeiten bei
unterschiedlichen
Handbeugewinkeln

A

B

niedrige
Bewegungs-
genauigkeit

hohe
Bewegungs-
genauigkeit

D

C

hohe
Bewegungs-
genauigkeit

niedrige
Bewegungs-
genauigkeit

Der »*Kraftgriff*« gibt die besten Resultate beim Fluchten von Hand- und Unterarm-achse (B). Die abgewinkelte Faust (A) vermag keine hohen Kräfte zu übertragen. Beim »*Präzisionsgriff*« ist es umgekehrt: Das gebeugte Handgelenk erlaubt höhere Präzision (C) als das ausgestreckte Handgelenk (D).

Erfordert eine Arbeitsbewegung gleichzeitig eine Handgelenkbewegung nach außen und eine Innen- oder Außendrehung, so reduziert sich der zur Verfügung stehende Drehwinkel auf etwa die Hälfte (Abbildung II-140). Hochrepetitive Arbeitsbewegungen unter solchen Konditionen sind auch mit einem beträchtlichen Schädigungsrisiko verbunden.

Die arbeitsgestalterische Konsequenz lautet daher: Lieber mit angepassten Hand-werkzeugen arbeiten als mit abgewinkelten und gleichzeitig gedrehtem Hand-gelenk.

243 Pheasant, St.: Bodyspace. London: Taylor & Francis, 1988.

Abbildung II-140

Reduzierte Drehwinkel bei gleichzeitig abgewinkeltem Handgelenk[244]

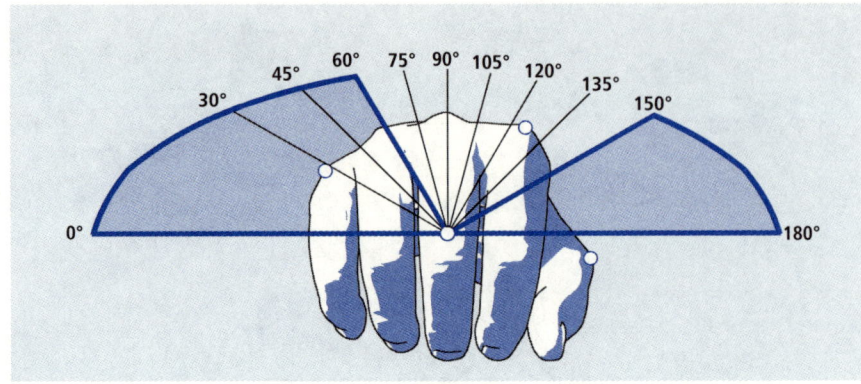

Die Grundgreifarten der Hand werden in Abbildung II-141 weiter aufgeschlüsselt.

Abbildung II-141

Detaillierte Darstellung der Hand/Objekt-Interaktion[245]

Kontakt-Griff		Zufassungs-Griff		Umfassungsgriff	
	1 Finger		2 Finger		2 Finger
		Daumen gegen-über gestellt	Daumen quer gestellt		
	Daumen		3 Finger		3 Finger
		gleich verteilt	Daumen gegen-über gestellt		
	Hand		5 Finger		4 Finger
		gleich verteilt	Daumen gegen-über gestellt		
	Handkamm		Hand		Hand

244 Tichauer, E. R.: Occupational Biomechanics. New York: Manuskriptdruck, 1975, S. 28.
245 Bullinger, H. J.; Solf, J. J.: Ergonomische Arbeitsmittelgestaltung I–III. Bremerhaven: Wirtschaftsverlag NW, 1979.

Bei vielen Montagehandlungen ebenso wie in der mechanischen Fertigung und auch in der Instandhaltung sind (z.T. erhebliche) *Greifkräfte* erforderlich.

Werden diese wie bei einer Zangenbetätigung aufgebracht, dann ist mit dem in Abbildung II-142 gezeigten Verlauf über dem Griffdurchmesser zu rechnen.

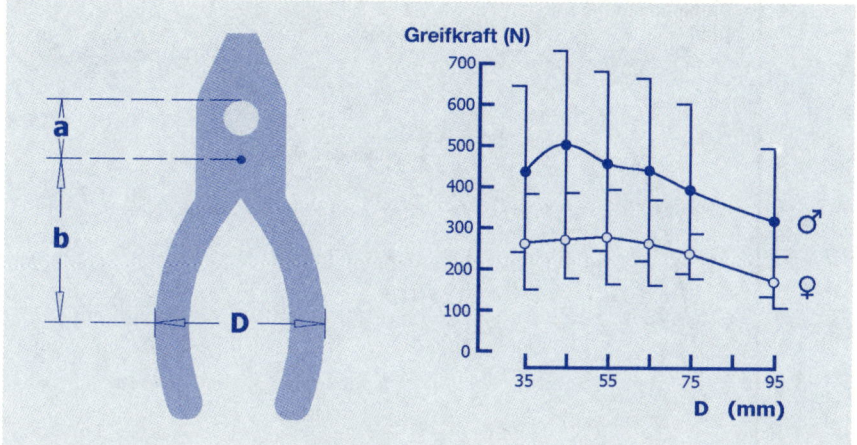

Abbildung II-142

Verlauf der Greif-
kräfte über dem
Griffdurchmesser[246]

---

246 Werte in Anlehnung an Pheasant, S.: a. a. O., S. 230.

Greift man einen Handgriff und bringt danach ein *Drehmoment* um die Längsachse des Handgriffs auf, ergeben sich die in Abbildung II-143 dargestellten Drehmomente für Männer und Frauen über dem Griffdurchmesser. Die Drehmomente hängen u. a. von Form, Material und der Oberfläche des Handgriffs ab.

Abbildung II-143

Drehmomentverlauf über dem Griffdurchmesser[247]

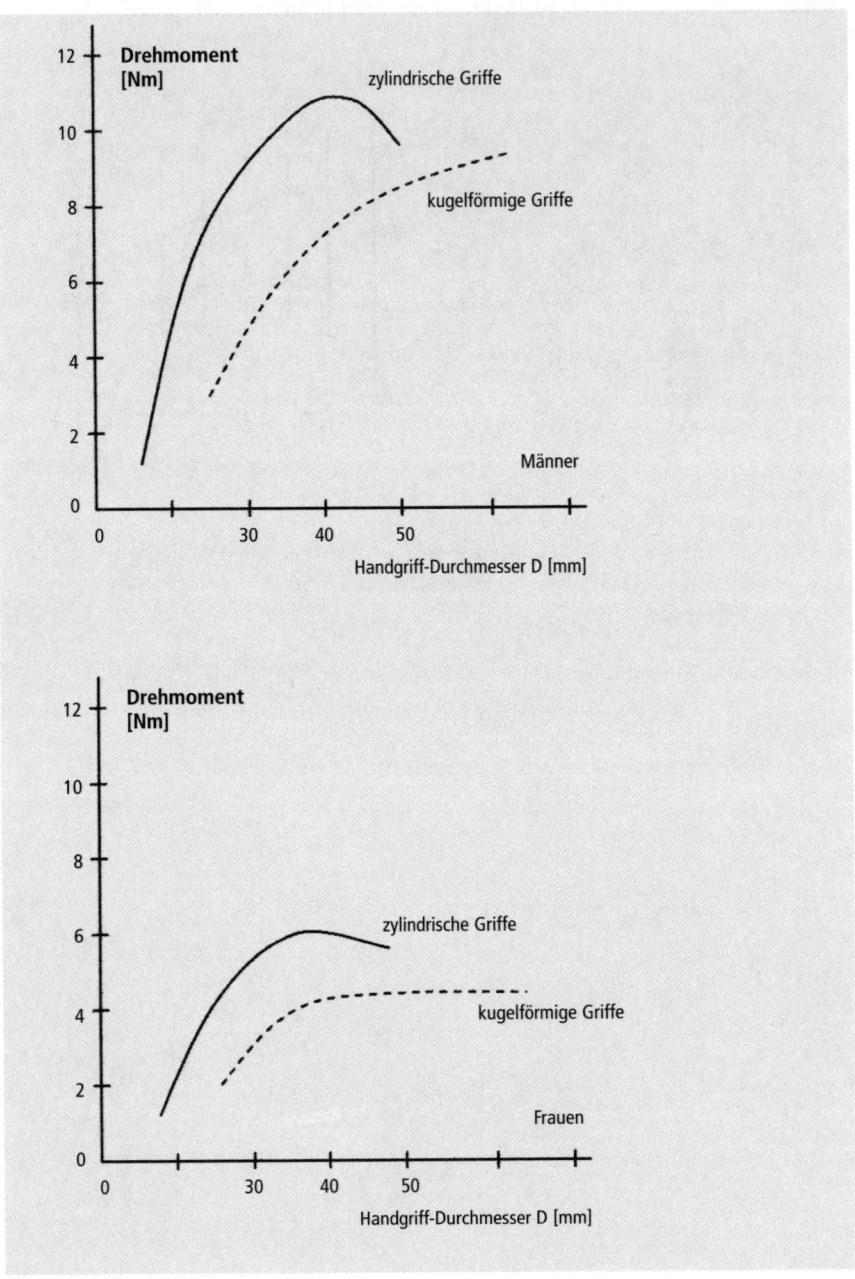

247 Werte in Anlehnung an Pheasant, S.: a. a. O., S. 231.

Die folgende Abbildung II-144 gibt die minimalen Abmessungen für die Hand-
öffnungen wieder, die zur Betätigung unterschiedlicher Werkzeuge erforderlich
sind.

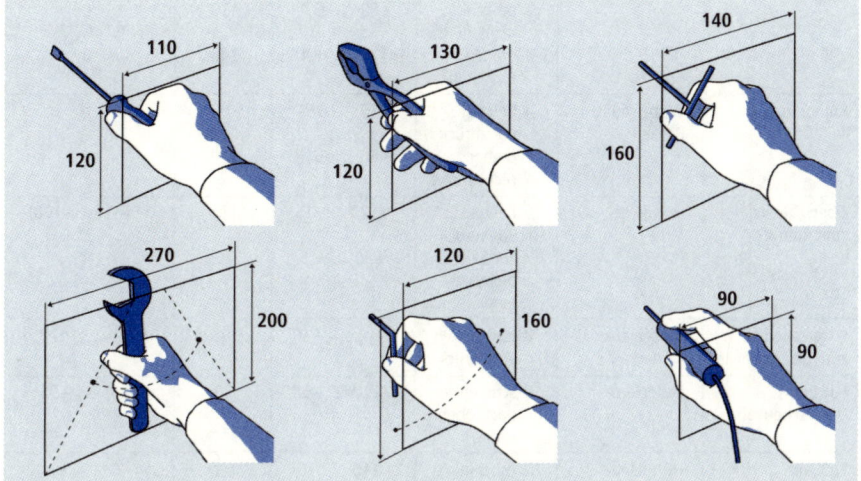

Abbildung II-144

Notwendige
Abmessungen für das
Durchgreifen der
Hand[248]

Die in der Abbildung genannten Abmessungen gelten für den Fall ohne Sichtkontakt zum Arbeitsobjekt. Können Objekte nur bei Sichtkontakt bearbeitet werden
oder wird zur Unterstützung die zweite Hand benötigt, vergrößern sich die Maße
bis auf Schulterbreite.

Über die Bewegungsbreite der Hand hinaus enthält Abbildung II-145 die maximalen
Bewegungswinkel anderer Körperglieder und gibt Anhaltspunkte für eine bequeme
Einstellbreite. Es ist zu bedenken, dass die Bewegungswinkel bei älteren Arbeits-
personen und auch bei dickerer Kleidung eingeschränkt sind.

248 Kroemer, K. u.a.: a. a. O.

Abbildung II-145

Bewegungswinkel für
verschiedene Körper-
glieder zueinander[249]

Körperglieder-stellung	Gelenke	Bewegung	maximale Winkel/°	maximaler Bereich/°	bequemer Einstellbereich/°
Kopf zum Rumpf	Kopf-, Hals-gelenk	1 beugen vor/zurück	+80 … -80[1]	160	+12 … +25
		2 neigen rechts/links	+60 … -60[1]	120	0
		3 drehen rechts/links	+120 … -120[1]	240	0
Rumpf in sich	Wirbelsäule, Becken	4 beugen vor/zurück	+50 … -25[1]	75	0
		5 drehen rechts/links	+60 … -60[1]	120	0
Oberschenkel zum Rumpf	Hüftgelenk	6 beugen vor/zurück	+120 … -15	135	0 (+85 … +100)[2]
		7 zur Seite auswärts/einwärts	+30 … -15	45	0
Unterschenkel zum Oberschenkel	Kniegelenk	8 schwenken vor/zurück	0 … -135	135	0 (-95 … -120)[2]
Fuß zum Unterschenkel	Fußgelenk	9 schwenken nach oben/unten	+110 … +60	50	+85 … +95
Fuß zum Rumpf	Hüftgelenk Unterschenkel, Fußgelenk	10 schwenken auswärts/einwärts	+ 110 … -70[1]	180	0 … +15
Oberarm zum Rumpf	Schultergelenk, Schlüsselbein	11 schwenken auswärts/einwärts	+ 180 … -35[1]	215	0
		12 schwenken auf/ab	+ 180 … -50[1]	230	0 (+15 … +35)[3]
		13 schwenken	+ 140 … -40[1]	180	+40 … +90
Unterarm zum Oberarm	Ellenbogen-gelenk	14 beugen/strecken	+ 145 … -5	150	+85 … +110
Hand zum Unterarm	Handgelenk	15 schwenken auswärts/einwärts	+ 15 … -45	60	0[5]
		16 beugen/strecken	+ 90 … -60	150	0
Hand zum Rumpf	Schultergelenk/Unterarm	17 drehen rechts/links	+130 … -120[1][4]	250	-30 … -50

Anmerkungen:
– Die angegebenen maximalen Winkelstellungen gelten für den Normalfall. Sie sind in höherem Alter meist noch eingeschränkter. Außerdem können sie bei dickerer Kleidung geringer sein.
– Durch Überlagerung der Winkelstellungen in einer mehrgliedrigen Kette erben sich größere Gesamt-bewegungsbereiche (z. B. Rumpfbeugung + Kopfbeugung).
– Die maximalen Bewegungsbereiche werden durch die Kleidung verringert.
1) Aus der Überlagerung der angegebenen Gelenkbewegungen
2) Klammerwerte für Sitzen
3) Klammerwerte für Manipulieren
4) Für Stellung der flachen Hand parallel zur Rumpfseite als Ausgangsstellung
5) Greifwinkel der ganzen Hand gegen Querachse der Hand: 12° nach unten zum Daumen

249 Lange, W.; Kirchner, J. H.; Lazarus, H.; Schnauber H.: Kleine Ergonomische Datensammlung. Köln: TÜV Rheinland, 1991.

Vor allem bei sitzend ausgeführten Montagehandlungen ist es wichtig, dass die Abduktion[250] des Oberarms möglichst gering ist. Je größer der Abduktionswinkel ist, umso mehr steigen *Arbeitsenergieumsatz* und die empfundene Beanspruchung (Abbildung II-146).

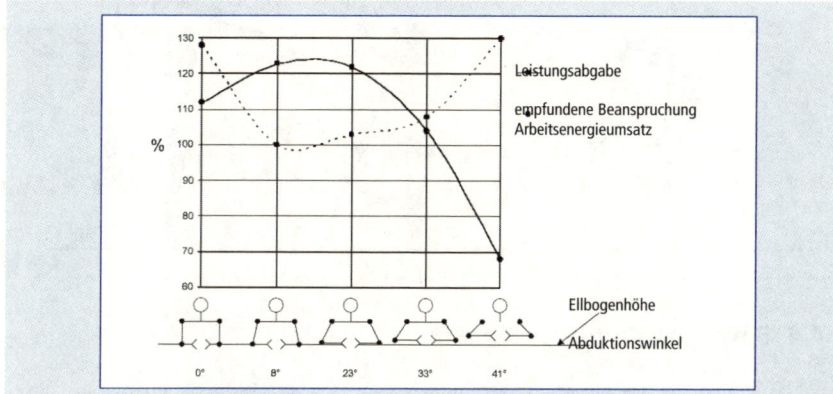

Abbildung II-146

Arbeitsenergieumsatz und empfundene Beanspruchung in Abhängigkeit von der Armabduktion

Abduktionswinkel, die in die Nähe von 90° führen, haben den Einsatz großer und schwerer Muskelgruppen zur Folge, sie führen zu asymmetrischen *Körperhaltungen*, die als sehr anstrengend empfunden werden (Abbildung II-147).

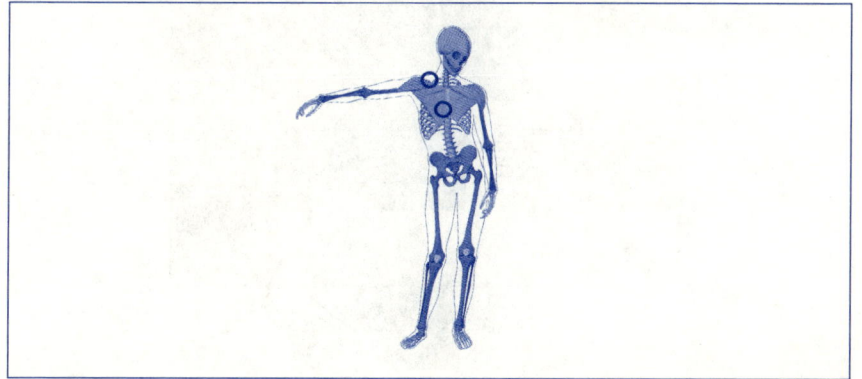

Abbildung II-147

Asymmetrische Oberkörperhaltung und potenzielle Schmerzregionen[251]

Insbesondere bei älteren Mitarbeitern und solchen mit Übergewicht können Schmerzen im Brustkorb die Folge sein, falls diese Position über längere Zeit eingenommen werden muss. Allerdings ist auch von eng am Körper anliegenden Oberarmen abzuraten.

Sowohl die Bedienung von Werkzeugmaschinen als auch stehend ausgeführte Montagehandlungen oder Verpackungstätigkeiten sind oft mit seitlicher Rumpfbeugung und Köper-Asymmetrie verbunden (Abbildung II-148). Diese Körperhaltung kommt durch einen Seitwärtsschritt zustande. Sie ist mit seitlichen Biegemomenten verbunden und – vor allem, wenn eine Lastenhandhabung damit verknüpft ist (s. Abschnitt 7.2.3) – gestalterisch zu vermeiden oder aber durch Verhaltensergonomie zu verbessern.

---

250 Abduktion: Wegführen von der Medianebene des Körpers.
251 Tichauer, E. R.: a. a. O., S. 20.

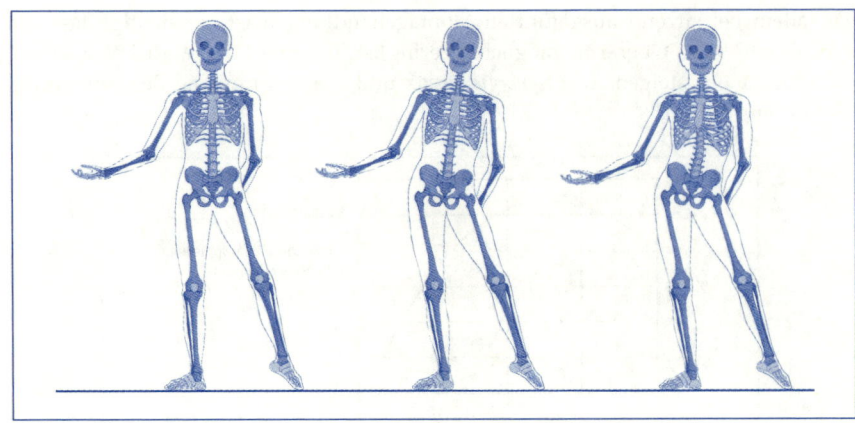

7.4.4 Bewegung am Arbeitsplatz

Die folgenden Abbildungen zeigen anhand von Fallbeispielen für Sitzarbeitsplätze die wichtigsten Regeln zur Bewegungsgestaltung[252]. Im Vordergrund stehen dabei bewegungsökonomische Aspekte.

Greifbehälter, Bauteile, Werkzeuge und Vorrichtungen sollen so platziert werden, dass häufig benutzte Teile zentral, selten benötigte dezentral angeordnet sind (Abbildung II-149). Die unterschiedlich günstigen Arbeitszonen sind zu berücksichtigen (vgl. auch Abbildung II-110).

Das Ziel einer Handlung muss endgültig sein, mehrmaliges Aufnehmen, Bewegen und Ablegen eines Bauelementes ist zu vermeiden. Möglichst ist keine Zwischenlagerung vorzusehen (Abbildung II-150).

252 Britzke, B.; Klüglich, U.; Storm, P.: Rationalisierung manueller Arbeitsprozesse. Dresden: Grafischer Großbetrieb »Völkerfreundschaft«, 1989.

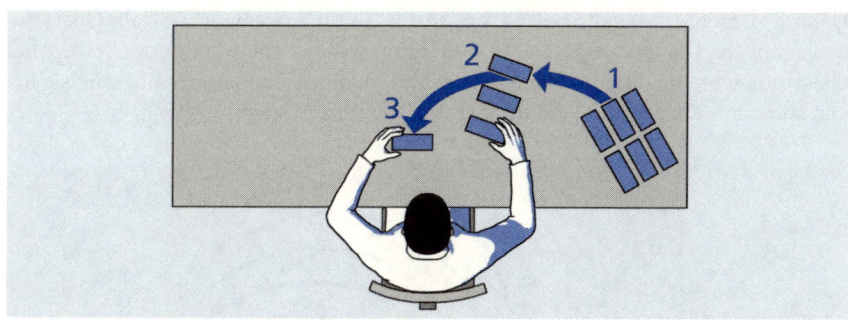

Abbildung II-150

Bauteilbewegung am Arbeitsplatz ohne Zwischenlagerung

Fehlerhafte Bauelemente sind vor ihrer Handhabung auszusortieren, da sonst der Arbeitsrhythmus unterbrochen wird und unproduktive Handlungen (z. B. Demontagen und Kontrollen) erforderlich sind (Abbildung II-151). An die Stelle '1' in Abbildung II-150 gelangen Bauelemente, die bereits am liefernden Arbeitsplatz mängelbehaftet waren. Hier werden sie nun trotzdem weiterbearbeitet, bis der Mitarbeiter den Fehler erkennt. Um diese nicht-wertschöpfenden Arbeiten von Anfang an zu vermeiden, gilt für jeden Mitarbeiter die Regel »der nächste Prozess ist dein Kunde«.

Damit ist gemeint, dass niemals qualitativ schlechte Ware weitergegeben wird und jeder Mitarbeiter seinen Kollegen als seinen Kunden betrachtet.

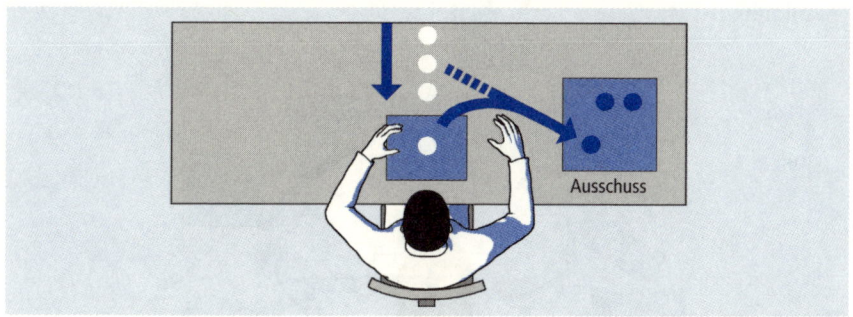

Abbildung II-151

Aussonderung fehlerhafter Bauelemente vor ihrer Handhabung

Der Endpunkt einer Handlung soll so angeordnet sein, dass er in unmittelbarer Nähe des Anfangpunktes für die folgende Bewegung liegt. Unnötige Kreuz- und Querwege sind zu vermeiden (Abbildung II-152). Die Punkte E und A sollen möglichst nahe beieinander sein.

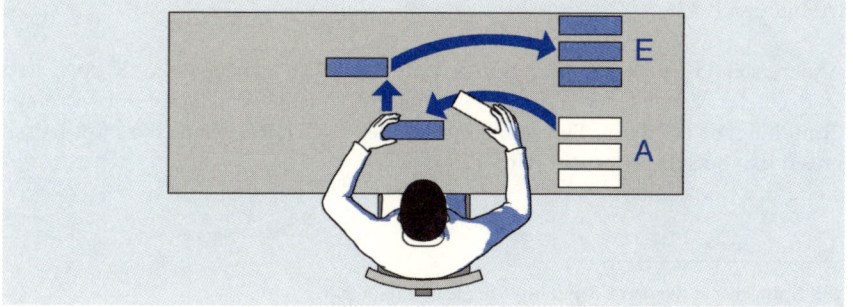

Abbildung II-152

Endpunkte vorangegangener Bewegungen und Anfangspunkte neuer Bewegungen liegen nahe beieinander

Unterarmbetonte Bewegungen benötigen bis zu 30 % weniger Zeit als Oberarmbewegungen. Die durchgezogenen Bewegungsbahnen in Abbildung II-153 sind oberarmbetont, die unterbrochenen Bewegungsbahnen sind unterarmbetont; sie liegen näher am Körper und sind daher schneller auszuführen.

Abbildung II-153

Unterarmbetonte Bewegungen sind schneller als oberarmbetonte

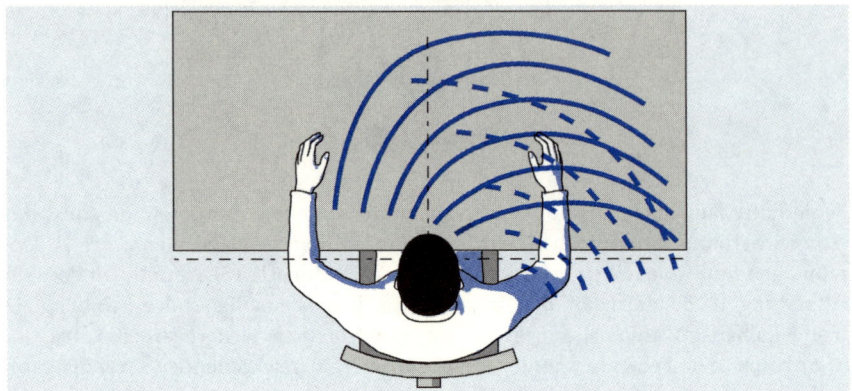

Die Anordnung des Zielpunktes bestimmt die Bewegungsrichtung und damit die Bewegungslänge. Günstig gestaltete und richtig angeordnete *Zielpunkte* (z. B. Ablagen oder Werkzeugaufnahmen) reduzieren den Bewegungsaufwand. Dabei ist auf visuelle Kontrollmöglichkeit (Ziel nicht durch Hand verdecken) zu achten (Abbildung II-154).

Abbildung II-154

Zielpunkte der Bewegung müssen gut erkannt werden können

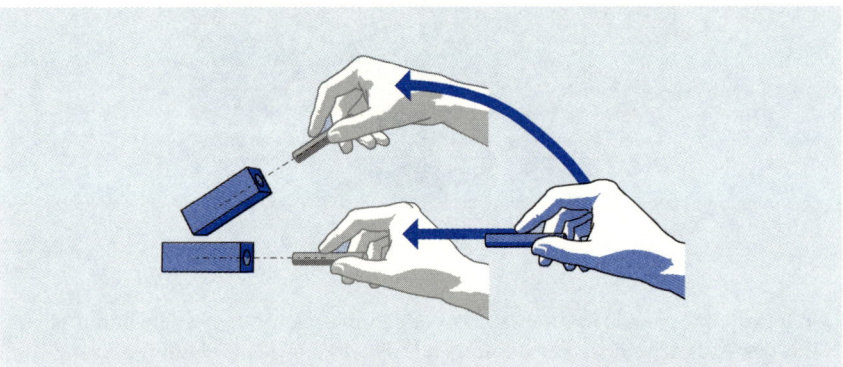

Häufige Bewegungen senkrecht oder parallel zur Medianebene[253] sind zu vermeiden. Sie führen zu zusätzlichen Biegemomenten und statischer Haltungsarbeit (Abbildung II-155).

Andererseits verursachen Bewegungen in der Medianebene vom Körper weg (z. B. bei der Ablage eines Werkstücks) bei hochfrequenter Wiederholung vorzeitige Ermüdung, da bei dieser Bewegung ein Teil des großen Rückenmuskels (M. latissimus dorsi) hoch beansprucht wird.

---

253 Mittelebene, die den Körper in zwei gleiche Teile teilt.

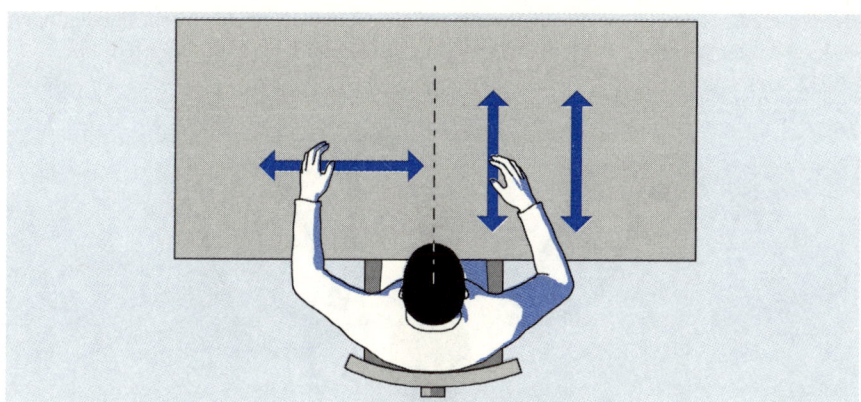

Abbildung II-155
Bewegungen senkrecht oder parallel zur Medianebene vermeiden

Hebelbewegungen sollen durch Anschläge begrenzt werden. Unnötige Bewegungen werden dadurch vermieden (Abbildung II-156).

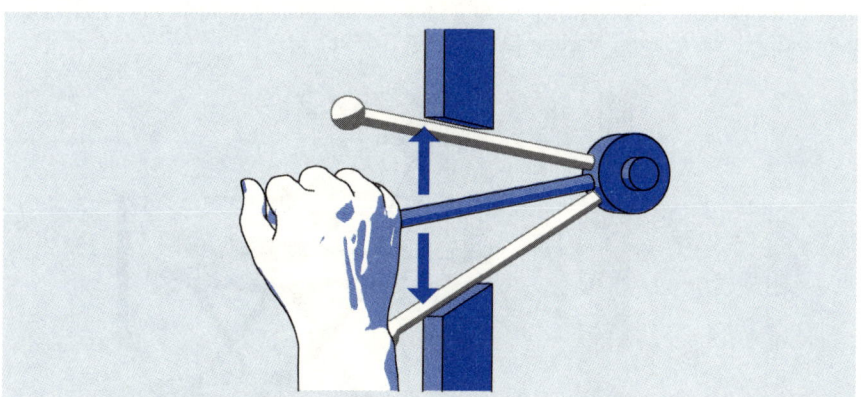

Abbildung II-156
Hebelbewegungen durch Anschläge begrenzen

Der Übergang von einer Bewegung in die andere soll möglichst fließend geschehen. Abbrems- und Beschleunigungsphasen werden dadurch eingespart (Abbildung II-157).

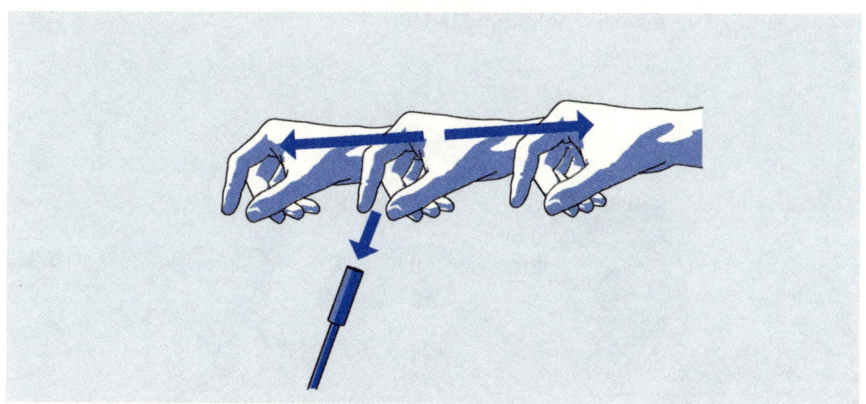

Abbildung II-157
Fließender Übergang zwischen Bewegungen

Kraftbetonte Bewegungen sind in Richtung auf ein Gelenk durchzuführen. Bewegungen senkrecht oder parallel zur Medianebene sind zu vermeiden (Abbildung II-158).

Abbildung II-158

Kraftbetonte
Bewegungen in
Richtung der Gelenke

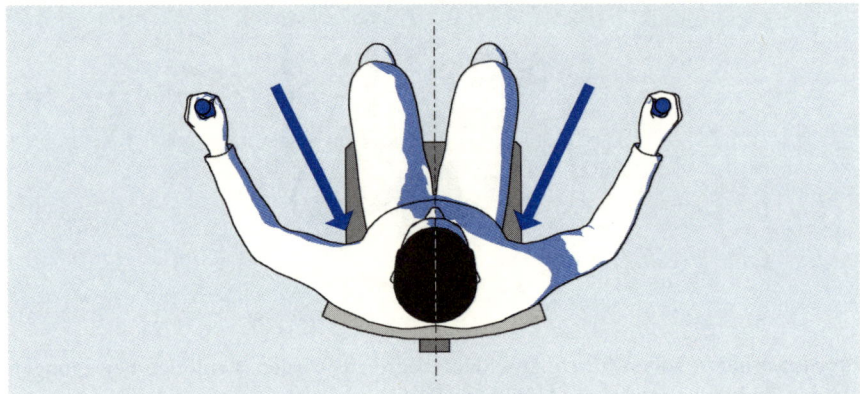

Die Höhenkonstanz zwischen den Handlungsstellen am Arbeitsplatz und weiteren Vorrichtungen oder Paletten ist zu beachten. Zusätzliche Körperbewegungen können dadurch vermieden werden (Abbildung II-159).

Abbildung II-159

Auf Höhenkonstanz
zwischen den
Handlungsstellen am
Arbeitsplatz achten

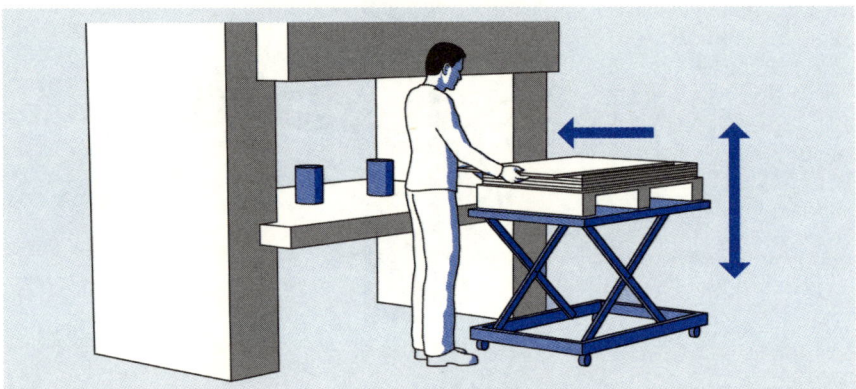

Die *Greifräume* sind bei der Anordnung von Arbeitsstellen auf dem Arbeitstisch zu beachten. Häufiges Vorbeugen an Greifbehälter außerhalb des maximalen Greifraumes sind zu vermeiden (Abbildung II-160).

Abbildung II-160

Häufige Arbeitsbe-
wegungen außerhalb
des maximalen Greif-
raums vermeiden

Führungsschienen für Bauelemente ermöglichen günstige *Greifpositionen*. Die Greifstelle ist ungehindert zugänglich (Abbildung II-161). Die Bauelemente können mit einem einfachen Zufassungsgriff sicher gegriffen werden (s.a. Abbildung II-161).

Abbildung II-161
Führungsschiene für günstige Greifpositionen

Führungsschienen und Gleitkanäle sind so zu gestalten, dass am Ende, d.h. an der Greifstelle, ein ungehindertes Greifen möglich ist (Abbildung II-162).

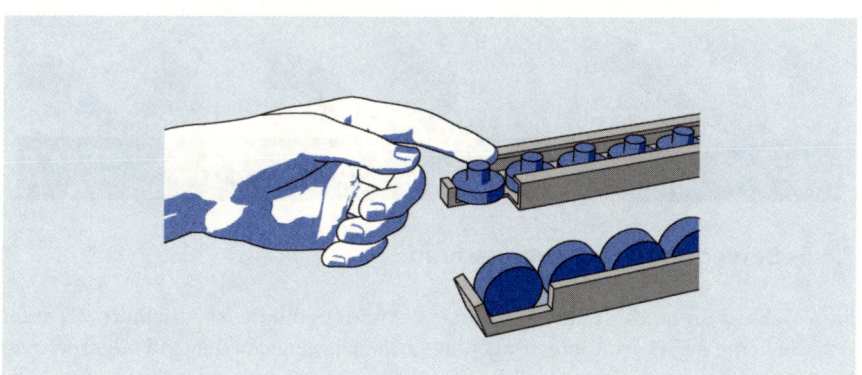

Abbildung II-162
Unbehindertes Greifen bei Führungsschienen

Flache Bauelemente sind zu *magazinieren*. Die Magazine sind durch geeignete Führungen so zu gestalten, dass die Entnahme eines Bauelementes das nächste in eine günstige Griffposition befördert (Abbildung II-163).

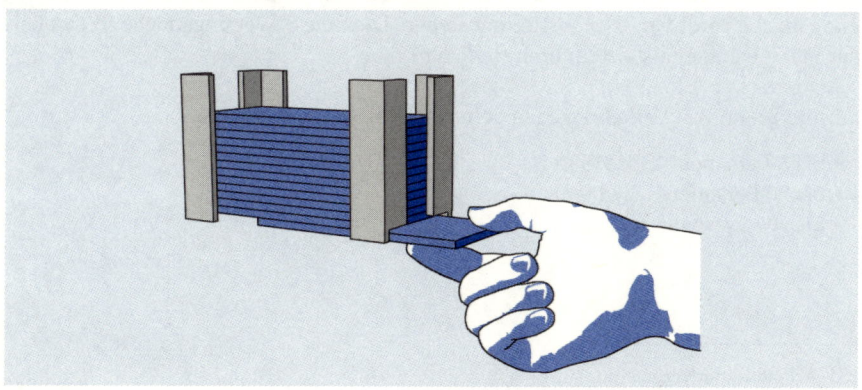

Abbildung II-163
Flache Bauelemente magazinieren

Greifzungen vereinfachen das Greifen von kleinen und flachen Bauelementen, die auf Blechen liegen (Abbildung II-164).

Abbildung II-164

Greifzungen
für flache
Bauelemente

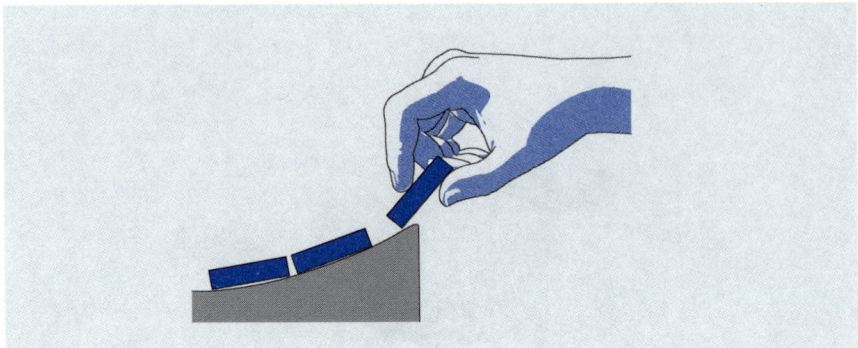

Kleine Teile lassen sich von glatten Flächen sehr schlecht aufnehmen. Schaumstoffunterlagen verbessern die Greifbedingungen erheblich (Abbildung II-165).

Abbildung II-165

Weiche Unterlagen
verbessern das Greifen
kleiner Teile

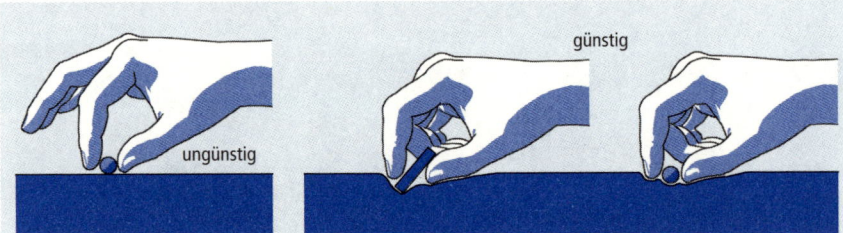

7.4.5 Bewegungen im Arbeitsraum

Im Anschluss an die Gestaltungsregeln der Anthropometrie (s. Abschnitt 7.1) stellt sich die Frage nach den Abmessungen des Arbeitsraumes, in dem ein oder mehrere Mitarbeiter arbeiten. Die Abbildungen II-166 bis II-168 geben minimale Abmessungen wieder, die am Arbeitsplatz, auf Fluren, in Werkhallen usw. zu beachten sind. Dabei bezieht sich Abbildung II-166 auf *Stehhaltungen*, Abbildung II-167 auf Sitzhaltungen, die Abbildungen II-168 bis II-170 auf Sonderhaltungen.

Für jeden Arbeitnehmer muss an seinem Arbeitsplatz mindestens eine freie Bewegungsfläche von 1,5 m² zur Verfügung stehen. Die freie Bewegungsfläche soll an keiner Stelle weniger als 1,00 m breit/tief sein[254].

Für die Breite von Verkehrswegen gelten folgende Baurichtmaße:

- bis 5 Personen   0,875 m
- bis 20 Personen   1,000 m
- bis 100 Personen   1,250 m

---

254 Arbeitsstättenverordnung § 24.

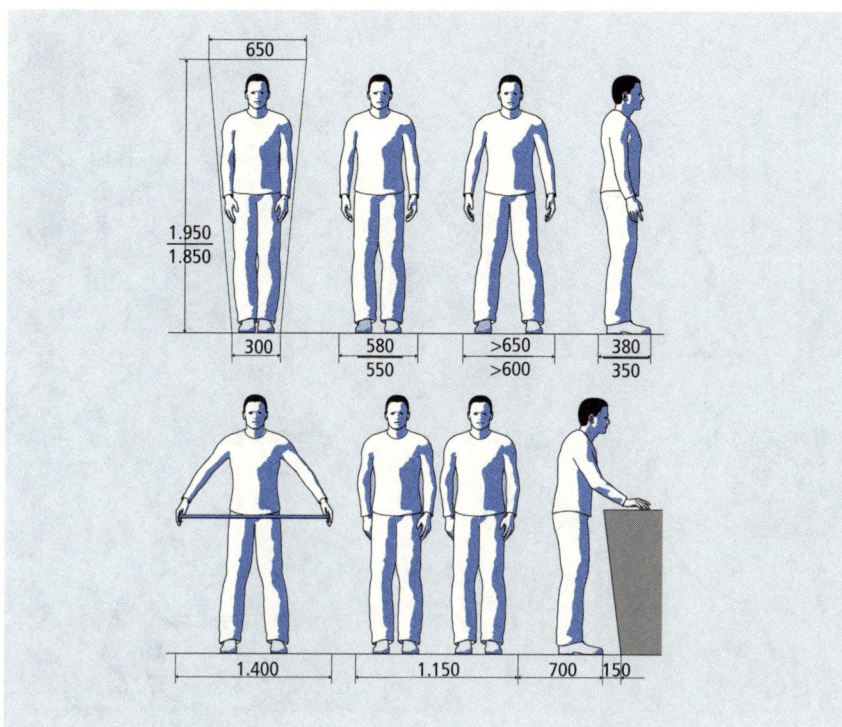

Abbildung II-166

Minimale Abmessungen für Stehhaltungen im Arbeitsraum
(Wurden zwei Zahlenwerte angegeben, dann ist der untere Wert das Minimum, der obere Wert das Optimum)

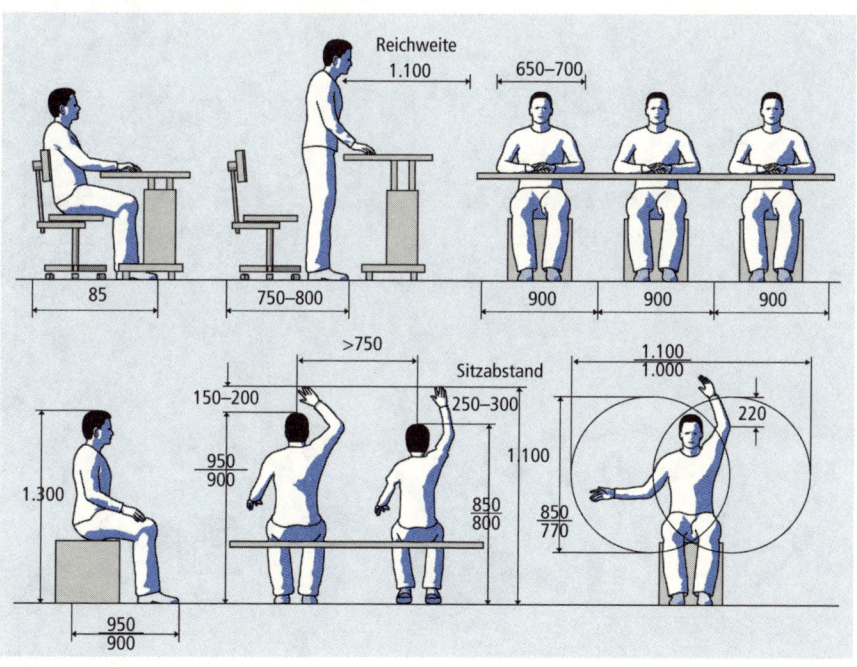

Abbildung II-167

Minimale Abmessungen für Sitzhaltungen im Arbeitsraum

Abbildung II-168

Minimale
Abmessungen für
Sonderhaltungen
(Teil 1)

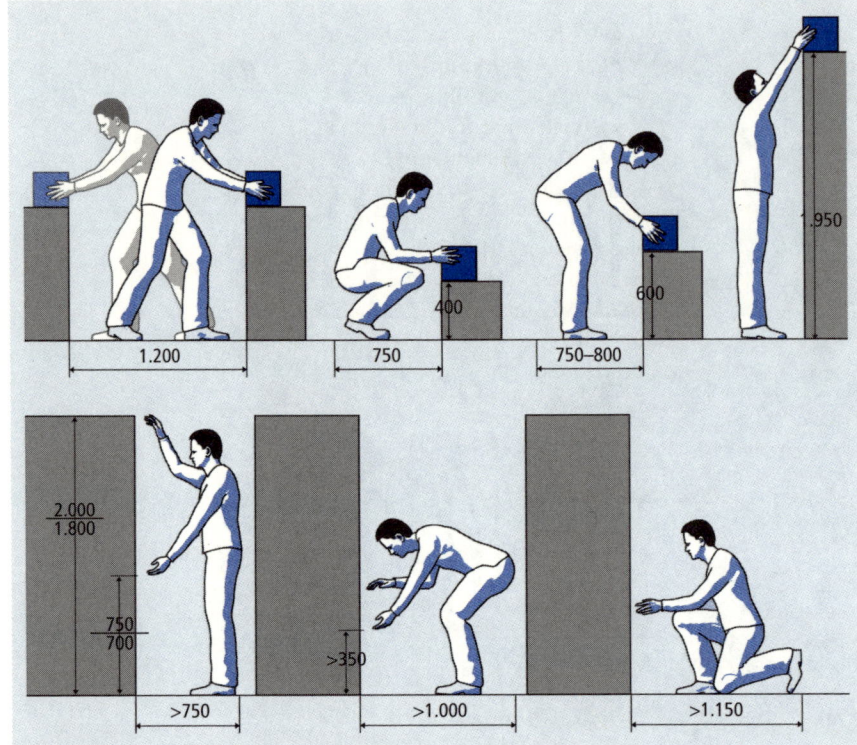

Abbildung II-169

Minimale
Abmessungen für
Sonderhaltungen
(Teil 2)

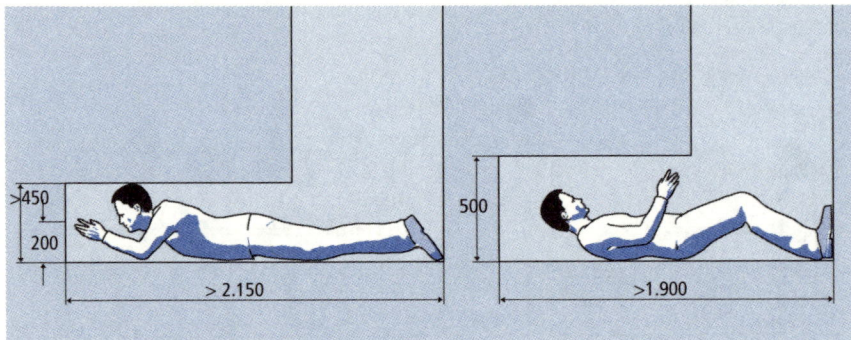

Abbildung II-170

Minimale
Abmessungen für
Sonderhaltungen
(Teil 3)

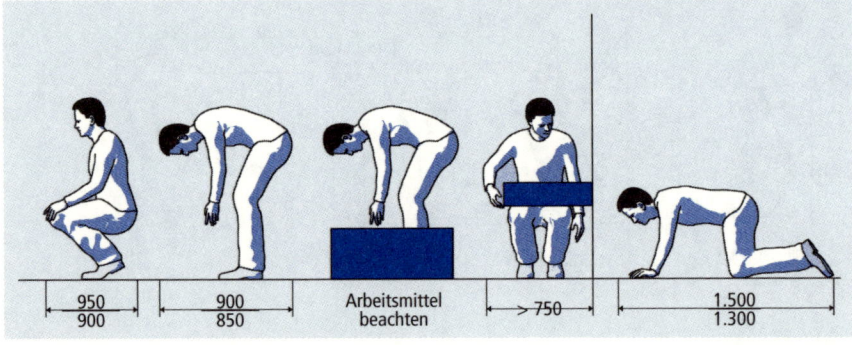

Besondere Beachtung verdient das Thema beengte Arbeitsräume. Bei vielen Arbeitsplätzen vor allem in der Montage und Instandhaltung kommt es zur Arbeit der Hände oberhalb des Herzens (Abbildung II-171). Diese Arbeitsform wird von den Mitarbeitern als sehr anstrengend empfunden und ist auch mit starker Ermüdung verbunden. Umgangssprachlich wird in der Regel der Begriff Überkopfarbeit verwendet. Er ist jedoch nicht im wörtlichen Sinne zu gebrauchen, da nicht die Position der Hände oberhalb des Schädels, sondern schon oberhalb des Herzens mit negativen physiologischen Begleiterscheinungen verbunden ist. Die maximal möglichen Ausdauerzeiten verringern sich allerdings mit zunehmender Handhöhe; ein negativer Einfluss der Handhöhe auf die Bewegungsgenauigkeit ist ebenfalls nachgewiesen[255]. Die Überkopfarbeit kann statisch geschehen. Dann wird die Anspannung der Schultermuskulatur frühestens nach Ablauf von etwa 4 Sekunden durch Entspannungsphasen unterbrochen; sie kann jedoch auch dynamisch ablaufen.

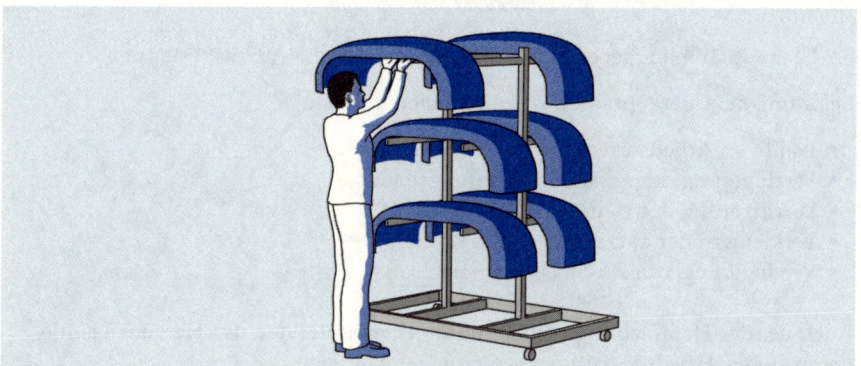

Abbildung II-171

Beispiel für Überkopfarbeit aus der Automobilmontage

Ausschlaggebend für die besondere Ermüdung bei *Überkopfarbeit* ist das Nachlassen der arteriellen Durchblutung des Armes. Allerdings fällt die Durchblutung keineswegs gleichmäßig mit wachsender Arbeitshöhe oberhalb des Herzens ab. Verantwortlich dafür ist eine Arterie, die für die Versorgung des Armes verantwortlich ist (arteria subclavia) und zwischen erster Rippe und Schlüsselbein hindurchläuft. In ungünstigen Oberarmstellungen kann die Arterie zwischen Schlüsselbein und erster Rippe nahezu abgeklemmt werden. Hinzu kommen noch weitere (auch individuelle) anatomische Bedingungen des Muskel-Skelett-Apparates im oberen Brustbereich, die bei der Bewertung der Überkopfarbeit zu beachten sind.

---

255 Bier, M.: Ergonomie der Überkopfarbeit. Fortschritt-Berichte VDI, Reihe 17, Nr. 70. Düsseldorf: VDI, 1991.

Abbildung II-172 zeigt die verschiedenen Belastungsklassen der Überkopfarbeit[256].

Abbildung II-172

Belastungsklassen des oberen Greifraumes

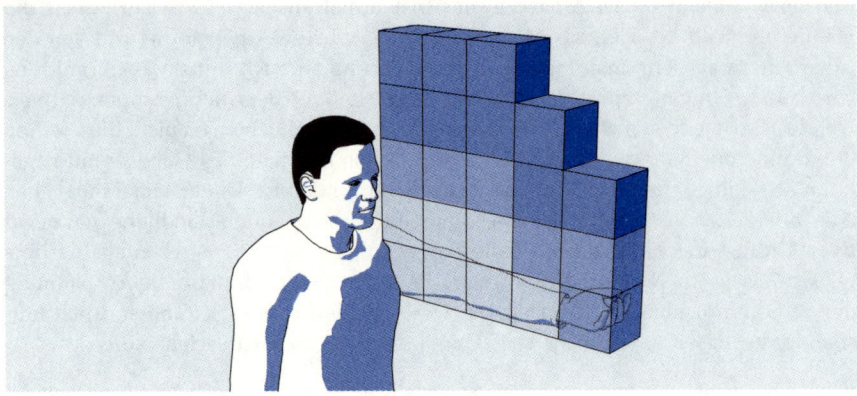

Bei Überkopfarbeit ergeben sich Konsequenzen für die Arbeitsgestaltung.

Belastung bei Überkopfarbeit ist zu reduzieren durch:

- Wahl von Arbeitsorten unterhalb des Herzens,
- Verringerung der gesamten Belastungsdauer,
- Verringerung der Dauer von Haltephasen,
- Verkleinern der aufzubringenden Kräfte,
- Verringerung von Zusatzbelastungen.

Auch bei der Handhabung von Arbeitsobjekten unterhalb des Herzens kann es zu ungünstigen Arbeitsgestaltungsbedingungen kommen.

Abbildung II-173

Manipulation in nicht einsehbaren Bereichen und bei unsicheren Körperhaltungen vermeiden

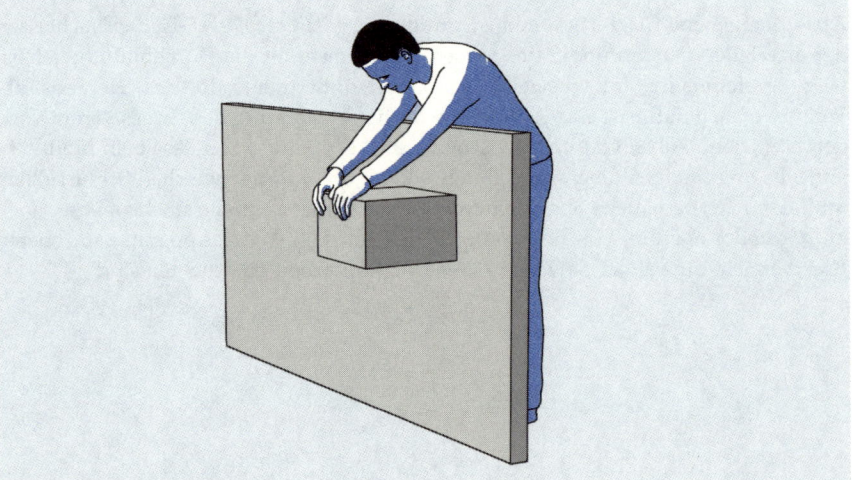

Abbildung II-173 weist darauf hin, dass es in Bereichen, die nicht eingesehen werden können und die gleichzeitig zu unsicheren Körperhaltungen führen, hohe Belastungen des Menschen bei gleichzeitig problematischer Arbeitsqualität geben kann.

---

256 Bier, M.: a .a. O., S. 84.

7.4.6 Kritik der bewegungstechnischen Arbeitsgestaltung

Industriearbeit war bis zu Beginn des 20. Jahrhunderts durch handwerkliche Fertigungsstrukturen gekennzeichnet: Qualifizierte Mitarbeiter fertigen komplette Produkte oder Baugruppen weitgehend manuell an, also mit niedrigem Mechanisierungsgrad.[257]

In Umsetzung der Arbeiten von Taylor und Gilbreth, die in Deutschland vor allem über REFA erfolgte, war die Industriearbeit in der Periode von etwa 1920 bis gegen Ende der 80er Jahre vorwiegend gekennzeichnet durch zyklisch repetitive Arbeit zur Massenfertigung standardisierter Produkte sowie durch hohe Mechanisierung und Teilautomatisierung.

Die heutige Industriearbeit kann durch zwei gegensätzliche Ausprägungsformen gekennzeichnet werden:

- die weitgehend automatisierte (hochautomatisierte oder flexibel automatisierte) Fertigung unter intensivem Einsatz von Betriebsmitteln der Fertigungs- und Informationstechnik, bei der die Aufgaben der Mitarbeiter im Wesentlichen auf Überwachung, Materialversorgung und Störungsbeseitigung beschränkt sind;
- teamorientierte Arbeitsstrukturen, in denen die Mitarbeiter ganzheitliche Arbeitsaufgaben mit Anteilen der Planung, Ausführung und Kontrolle erfüllen und größere Dispositionsspielräume auch hinsichtlich organisatorischer Aspekte der Arbeit haben.

Jede dieser Entwicklungsstufen stellt unterschiedliche Anforderungen an den arbeitenden Menschen und hat auch unterschiedliche Auswirkungen auf ihn.

Die *bewegungstechnische Arbeitsgestaltung* ebenso wie das ihr zugrunde liegende Konzept der Wissenschaftlichen Betriebsführung Taylors hatten im vergangenen Jahrhundert erheblichen Anteil an der Leistungsentwicklung der industriellen Fertigung ebenso wie für Beschäftigung und (relativen) Wohlstand sowie soziale wie wirtschaftliche Absicherung der Arbeitnehmer. Schon von Beginn ihrer betrieblichen Umsetzung an trafen diese Ansätze jedoch auch auf Kritik: Überlastung durch dauernd wiederholte Tätigkeiten, Unterforderung durch Beschränkung auf einfache und vorwiegend ausführende Tätigkeiten sowie das Fehlen von Erfolgserlebnissen und Möglichkeiten zur Identifikation mit der Arbeit. Der eigene Beitrag am Produkt war oft nicht mehr erkennbar.

Die Zergliederung von ursprünglich ganzheitlichen Arbeitsvollzügen in kurzzyklisch repetitive Teilaufgaben, wie sie im Gefolge der Arbeiten Taylors und Gilbreths zu Beginn des 20. Jahrhunderts festzustellen war, ist innerhalb des wirtschaftlichen und sozialen Umfelds der Zeit zu verstehen.

- In der Phase des Übergangs von der handwerklichen Fertigung zur industriellen Massenproduktion waren auf dem Arbeitsmarkt Industriearbeiter mit technischer Qualifikation nicht verfügbar, wohl aber Ungelernte, meist

---

257 Peters, H.; Landau, K.: Kritik der bewegungstechnischen Arbeitsgestaltung. In: Landau, K.: Ergonomie I. TU Darmstadt, 2003.

ehemalige Landarbeiter oder Bauern, die in der in den Städten entstehenden Industrie ihr Auskommen suchten.

- Die Verbilligung der Produktion von Standardgütern mit Hilfe arbeitsteilig zergliederter Aufgaben und optimierter Bewegungsabläufe machte die so produzierten Waren für viele erschwinglich und schaffte Kaufkraft in den Händen der neu gewonnenen Industriearbeiter.

Die dabei verfolgten Ziele, wie die Nutzung von Übungseffekten zur besten – ökonomischsten – Ausführung der Tätigkeit und die Erschließung der in der Phase zunehmender Industrialisierung verfügbaren Arbeitskräfte durch eine an den vorhandenen Fähigkeiten orientierte Aufgabengestaltung trugen dazu bei, dass dieser Gestaltungsansatz zur Zeit der Einführung und auch noch für lange Zeit als sozial verträglich angesehen wurde. Gleichwohl wurden die Tendenzen der Arbeitszergliederung und die zyklisch repetitive Arbeit in der Folge auch sehr kritisch diskutiert.

Arbeitsteilung ist weit verbreitet und in der Industriegesellschaft letztlich unverzichtbar. Dies gilt für die Aufteilung der Arbeit auf die dafür qualifizierten und spezialisierten Berufe, aber auch für einzelne Aufgabenbereiche innerhalb einzelner Berufe. Vollständige Arbeitsaufgaben (als sicherlich extremes Beispiel sei die Komplettmontage eines Kfz genannt), würden beispielsweise eine umfassende Qualifikation des Mitarbeiters sowie die Bereitstellung aller Teile und erforderlichen Betriebsmittel am Arbeitsplatz bedingen und so die Herstellkosten wesentlich erhöhen, wenn denn diese Montageaufgabe überhaupt in hinreichender Qualität ausgeführt werden könnte. *Repetitive Arbeitsvorgänge* mit kurzer Zykluszeit und hoher Frequenz sind kennzeichnend für eine weitgehende Arbeitsteilung (Artteilung). Arbeitsaufgaben stellen dann meist nur geringe Anforderungen an die Fähigkeiten, binden aber die Aufmerksamkeit. Planung, Ausführung und Kontrolle sind voneinander getrennt und unterschiedlichen Personen bzw. Arbeitsgruppen übertragen.

Wirtschaftliche und organisatorische Vorteile dieser Einschränkung auf ständig wiederholte Teilaufgaben liegen in dem hohen Grad an Übung und Spezialisierung, der eine hohe Arbeitsleistung begünstigt (hohe Arbeitsgeschwindigkeit und niedrige Fehlerrate), in der nur kurzen Einarbeitungszeit und der Möglichkeit zur Beschäftigung angelernter Mitarbeiter. Die Mechanisierung einfacher Teilaufgaben ist leichter und mit geringerem Investitionsaufwand möglich als die komplexer oder wechselnder Aufgaben; die Nutzung der damit verbundenen Betriebsmittel ist hoch. Als Einschränkung ist der Aufwand des Materialtransports bzw. der materialflusstechnischen Verkettung der Arbeitsstationen zu nennen, der mit der Zahl der Arbeitsstationen stark zunimmt.

Nachteile weitergehender *Artteilung* und kurzzyklisch repetitiver Arbeit ergeben sich vor allem aus Sicht der Mitarbeiter. Einseitige körperliche Belastungen als Folge ständig wiederholter Bewegungsabläufe können körperliche Überforderung bewirken und Erkrankungen des Bewegungsapparates nach sich ziehen. Bei der Beschränkung auf eng begrenzte Teilaufgaben ausführender Art erhält der Mitarbeiter weder zur Qualität und zum Erfolg seiner Arbeit noch zur Bedeutung seines Arbeitsbeitrags zum fertigen Produkt eine angemessene Rückmeldung. Dies verhindert eine Identifikation des Mitarbeiters mit seiner Tätigkeit und mit deren Ergebnissen und die Ausprägung des Gefühls eigener Verantwortung für das

Produkt und dessen Qualität. Die ständige Wiederholung weitgehend festgelegter Tätigkeiten kann die Mitarbeiter unterfordern: Der Erwerb neuer Qualifikationen wird nicht gefordert, und auch vorhandene Fähigkeiten werden nicht genutzt.

7.4.7 Regeln zur bewegungstechnischen Arbeitsgestaltung

Die hier vorgestellten Prinzipien lassen sich in Verbindung mit den physikalischen Gesetzen über Schwerkraft und Trägheitskräfte und den Erkenntnissen aus der Biomechanik zu knapp gefassten Leitsätzen zusammenfassen; es sei betont, dass es sich lediglich um Faustregeln handelt, die bei isolierter Anwendung zu Fehlern führen können.

- Beide Hände sind zeitlich und räumlich unter gleicher Belastung simultan einzusetzen.

- Kinetische Energie sollte nicht vernichtet, sondern auf weitere Bewegungen übertragen werden.

- Massenkräfte sind bei den Bewegungen auszunutzen (z. B. Werfen von Mauersteinen).

- Der Übergang von einer Bewegung in eine andere darf nur ein Minimum an Kraft und Aufmerksamkeit erfordern.

- Bewegungen mit Kraftaufwendungen gegen die Schwerkraft sind zu vermeiden (z. B. Überkopfarbeiten).

- Bewegungswege sind in der Amplitude klein zu halten; z. B. können schwere Lasten mit einer Winde ökonomischer angehoben werden als mit einem Hebebaum.

- Bei Dauerleistungen sind Systeme mit großem Trägheitsmoment solchen mit kleinem Trägheitsmoment vorzuziehen; z. B. sollte ein von Hand zu drehender Schleifstein einen großen Durchmesser haben.

- Hebel, Handräder etc. sollen ohne Veränderung der Körperstellung und bei optimalem Kräfteeinsatz zu betätigen sein.

- Der Brutto-Energieumsatz für Körperhaltungen ist klein zu halten; z. B. ist Arbeit im Sitzen stehender Arbeitsweise vorzuziehen.

- Lasten sind möglichst in der senkrechten Körperachse zu tragen; z. B. trägt sich ein schmaler Koffer leichter als ein breiter.

- Statische Haltearbeit ist auszuschalten (Haltevorrichtungen und Hilfswerkzeuge einsetzen).

- Am Arbeitsplatz ist ein ausreichender Bewegungsraum für den Arbeiter vorzusehen.

- Die Umgebungseinflüsse am Arbeitsplatz sind so zu gestalten, dass Belastungen durch Vibrationen, Beleuchtung, Lärm und Klima sowie durch Staub und Gase vermieden werden.

7.5 Informationstechnische Arbeitsgestaltung

7.5.1 Grundlagen der visuellen Wahrnehmung

Aufgabe des Gesichtssinns ist, das von einem Gegenstand reflektierte Licht einer Lichtquelle durch Brechung und Sammlung auf der Netzhaut abzubilden. Über die Netzhaut wird das Licht in nervöse Impulse verwandelt, die im Gehirn anschließend interpretiert werden. Das Auge ist ein hoch komplexes optisches System mit Cornea (Hornhaut), Kammerwasser und Iris als vorderem Teil, Linse und Glaskörper als mittlerem Teil sowie Netzhaut, Pigmentzellen, Rezeptoren und Nervenzellen als hinterem Teil eines gesamten dioptrischen Apparates (Abbildung II–174).

Abbildung II-174

Das Auge des Menschen

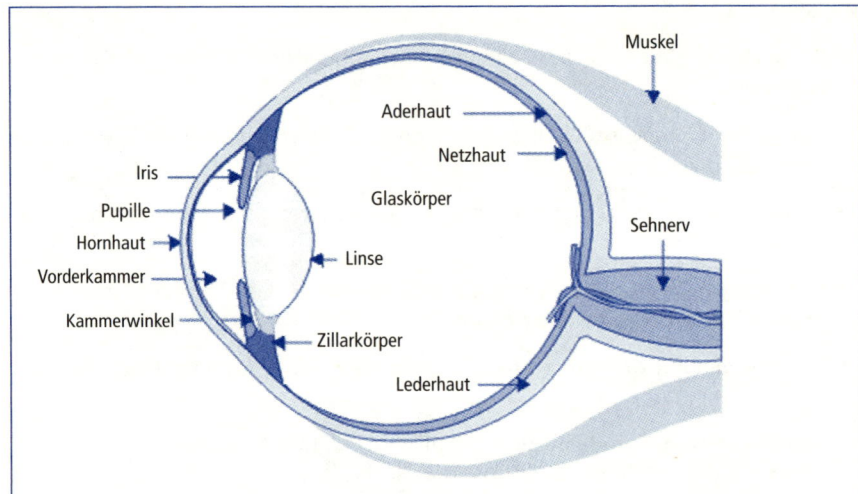

Das Bild des Sehgegenstandes, das im Menschen erzeugt wird, ist umgekehrt, verkleinert, aber reell (Abbildung II–175). Die Brechkraft des Linsensystems bestimmt sich in Dioptrien (dpt) aus der Brennweite in Metern:

$$\text{Brechkraft} = \frac{1}{f} \ (\text{dpt})$$

Die Gesamtbrechkraft des Auges beträgt etwa 59 Dioptrien beim Blick in die Ferne.

Abbildung II-175

Optisches System und Bildentstehung

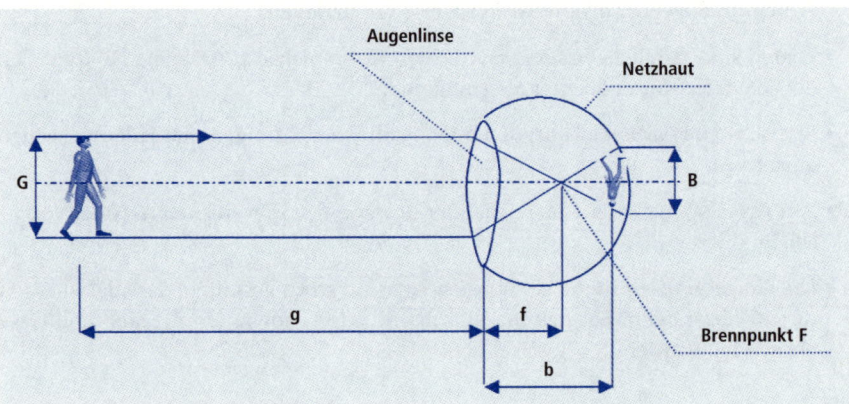

Eine Fotokamera ist ein stark vereinfachtes Abbild dieses dioptrischen Apparates. Die Hornhaut, die vordere Augenkammer und die Linse entsprechen dem Objektiv, die Netzhaut entspricht dem lichtempfindlichen Film. Der Blende des Fotoapparates entspricht beim Menschen die Regenbogenhaut mit der Pupille. Die Linse ist dabei elastisch, die Krümmung der Linse kann je nach der Sehaufgabe durch die Arbeit der Ziliarmuskeln verändert werden. Die Veränderung der Krümmung der elastischen Linse zur scharfen Abbildung des Sehgegenstandes bezeichnet man als *Akkomodation*. Bei flacher Linse werden Gegenstände in über sechs Meter Entfernung scharf auf der Netzhaut abgebildet. Möchte man näher liegende Gegenstände auf der Netzhaut darstellen, so muss die Brechkraft des Auges zunehmen, d.h. der Krümmungsradius der Linse kleiner werden. Die Anspannung der Ziliarmuskeln steigt also umso mehr an, je näher der Sehgegenstand am Auge liegt. Der Unterschied in der Brechkraft der Linse bei maximaler Nahakkomodation und bei maximaler Fernakkomodation wird als *Akkomodationsbreite* bezeichnet. Der Nahpunkt ist der nächstgelegene Sehgegenstand, den das Auge noch scharf einstellen kann. In der Jugend liegt der Nahpunkt bei etwa 8 cm, beim älteren Menschen ist er auf einen Meter verschoben (Abbildung II–176).

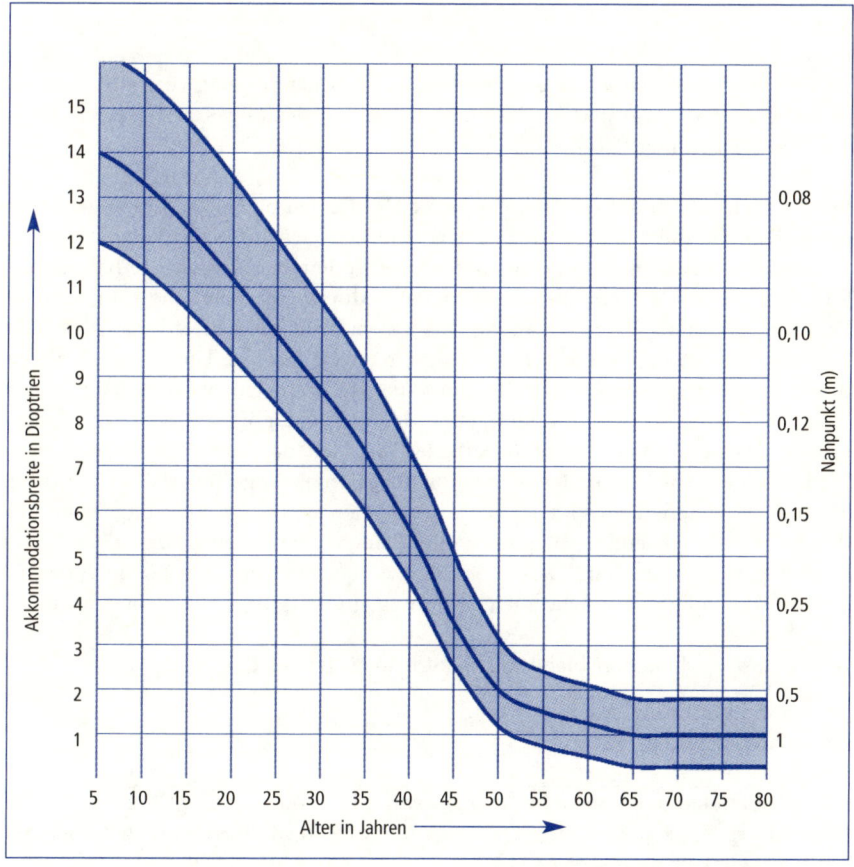

Abbildung II-176

Abnahme der Akkomodationsbreite mit steigendem Lebensalter[258]

258 Schober, H.: Das Sehen. 2 Bände, Leipzig: Fachbuchverlag 1970.

Die Akkomodationsfähigkeit des Menschen wird durch den Kehrwert des Nahpunktes mit der Einheit Dioptrie beschrieben. Akkomodiert man aus der Ferne z. B. auf ein Montageobjekt, das sich in etwa 50 cm Entfernung auf einem Arbeitstisch befindet, dann muss die Brechkraft der Augen um 1/0,50 m = 2 Dioptrien zunehmen. Diesen Vorgang bezeichnet man als Nahakkomodation im Unterschied zum Scharfstellen eines Sehobjektes z. B. am Eingang einer Werkshalle (Fernakkomodation). Da die Akkomodationszeit je nach dem erforderlichen Entfernungssprung variiert, sollten bei schnell ablaufenden Wahrnehmungsvorgängen die Sehgegenstände in der gleichen Entfernung zum Auge liegen. Die Zeitdauer wird beim MTM-Sichtprüfen über den Prozessbaustein »Einstellen Augen« ausgedrückt. (vgl. Teil III, Abschnitt 5.4). Zur Vermeidung von Augenbeschwerden sollte die Akkomodationsfähigkeit der Linse höchstens zu etwa 60 % ausgenutzt werden.

Die Sehschärfe (med. Visus) wird in der Netzhautmitte bestimmt. Sie hängt vor allem vom Auflösungsvermögen der Netzhaut ab. Der Aufbau der Netzhaut bedingt, dass in Folge mangelnder Auflösung eine ganz beträchtliche Sehschärfentoleranz besteht. Durch die neuronale Fusion der Bilder beider Augen beim stereoskopischen Sehen wird tatsächlich eine wesentlich höhere Auflösung wahrgenommen, als sie der »Bauplan« des Auges erahnen lässt.

Wird mit der *Akkomodation* eine Anpassung an die Sehentfernung vorgenommen, so ist die *Adaptation* zur Anpassung der Empfindlichkeit des Auges an die jeweils herrschende Beleuchtung erforderlich.

Empfindlichkeitsänderungen können unter Umständen bis zu $1:10^6$ betragen. Nur ein kleiner Teil dieser Empfindlichkeitsveränderung wird durch die Regelung des Pupillendurchmessers (Pupillenlichtreflex) vorgenommen. Über das Verhältnis von 1:16 hinaus wird die einfallende Lichtmenge durch fotochemische und nervöse Prozesse gesteuert. Beim Übergang aus einem hell erleuchteten Raum in die Dunkelheit passt sich das Sehsystem langsam an die niedrige Umweltleuchtdichte durch die so genannte Dunkeladaptation an. Erst nach einem Aufenthalt in der Dunkelheit von über 30 Minuten wird die größte Empfindlichkeit des Auges erreicht. Dagegen erfolgt der zeitliche Verlauf der Helladaptation sehr viel schneller. Nach einem vorübergehenden *Blendung*seffekt ist das Auge innerhalb etwa einer Minute an die hohe Umweltleuchtdichte im Hellen angepasst. Allerdings kann mit diesem vorübergehenden Blendungseffekt auch eine Störung der Formwahrnehmung verbunden sein. Dieser Nachteil ist bei manchen Kontrollaufgaben in abgedunkelten Räumen sowie auch bei Fahrzeugführertätigkeiten zu bedenken.

Neben dieser Adaptationsblendung kennt man auch noch die

- Absolutblendung und die
- Relativblendung.

Die Absolutblendung entsteht dann, wenn die Helligkeit der Lichtquelle die Anpassungsfähigkeit des Auges überschreitet; die Relativblendung stellt sich bei großen Helligkeitsunterschieden im Gesichtsfeld ein (s. Abschnitt 7.5.1).

Die *Leuchtdichteverteilung* im *Gesichtsfeld* bestimmt den Adaptationszustand, der die Sehleistung beeinflusst. Mit steigender Leuchtdichte erhöhen sich die

- Sehschärfe,
- Kontrastempfindlichkeit[259],
- Leistungsfähigkeit der Augenfunktionen (wie Akkommodation, Konvergenz, Pupillenveränderung, Augenbewegungen usw.).

Neben Akkomodation und Adaption ist die dritte Grundaufgabe des Sehsystems das *Fixieren*, also das Ausrichten der Sehachse auf den Sehgegenstand. Die zeitliche Dauer des Fixieres stellt der Prozessbaustein »Blick verschieben« beim MTM-Sichtprüfen dar (vgl. Teil III, Abschnitt 5.4).

Zielsetzung beim Fixationsvorgang ist demnach die Konvergenz, bei der die Augen so auf den Sehgegenstand ausgerichtet werden, dass sich die Sehachsen im fixierten Punkt schneiden. Nur dann können die beiden Seheindrücke der Augen im Gehirn zu einer räumlichen Wahrnehmung verschmelzen.

Die Konvergenz kann bei der Arbeit dadurch gestört werden, dass Glanzbilder durch reflektierende Flächen hervorgerufen werden. In solchen Fällen stellen sich die Augen unabhängig auf diese gespiegelte Lichtquelle ein und es entstehen Doppelbilder.

Untersuchungen an Modelltätigkeiten haben gezeigt, dass eine Erhöhung der Beleuchtungsstärke zu einer Zunahme der Leistung, Verringerung der Ermüdung, weniger Ausschuss und weniger Arbeitsunfällen führt. Dabei ist eine Leistungssteigerung bis zu 15 %, bei außergewöhnlich feinen Arbeiten bis zu 40 % möglich.

In zahlreichen Modellversuchen wurde die positive Wirkung der *Beleuchtungsstärke* auf die menschliche Leistung analysiert. Wenn auch die Übertragbarkeit in die Praxis nicht in jedem Fall gesichert ist, kann doch oft davon ausgegangen werden, dass mit einem Anstieg der Beleuchtungsstärke Leistungsverbesserungen zustande kommen und darüber hinaus auch Ermüdung und Unfallzahlen zurückgehen (Abbildung II–177).

---

259 Kontrastempfindlichkeit: der kleinste noch erkennbare Leuchtdichteunterschied.

Abbildung II-177

Leistungskriterien
und Beleuchtungs-
stärke[260]

Geringe Ermüdung durch
Erhöhung der Beleuchtungsstärke

Zunahme der Leistung durch
Erhöhung der Beleuchtungsstärke

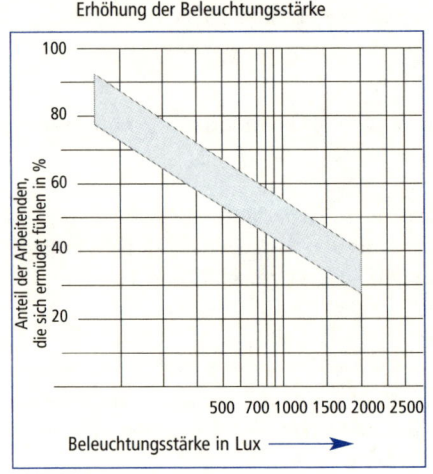

Weniger Arbeitsunfälle durch
Erhöhung der Beleuchtungsstärke

Weniger Ausschuss durch
Erhöhung der Beleuchtungsstärke

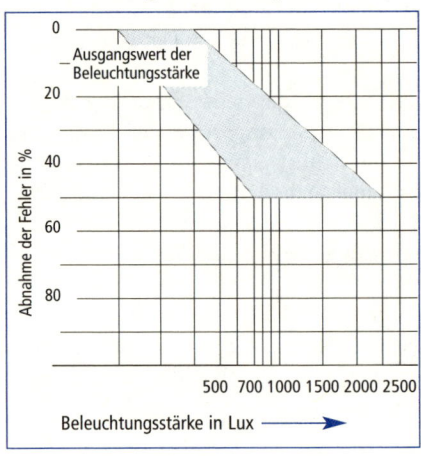

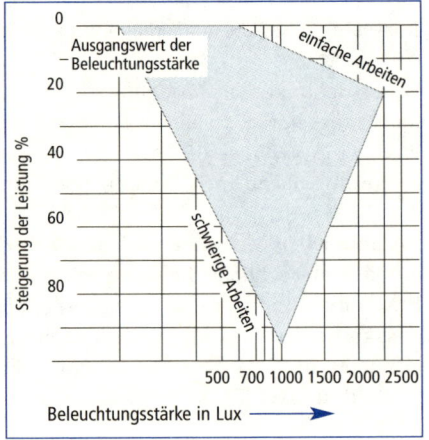

---

260 Die Funktionen beziehen sich auf Modelltätigkeiten und können so nicht direkt in die
Betriebspraxis übertragen werden (Quelle: Fördergemeinschaft Gutes Licht FGL).

Bei der Besetzung von Arbeitsplätzen ist allerdings darauf zu achten, dass der Lichtbedarf mit zunehmendem Alter größer wird. Tätigkeiten, die hohe Ansprüche an das Sehvermögen stellen, sollten entweder nur von jungen Arbeitskräften durchgeführt werden, oder die Beleuchtungsstärken sind dem Alter anzugleichen[261]. Die Ursache für Leistungsverbesserung und Ermüdungsrückgang liegt darin, dass sich mit einer Erhöhung der Beleuchtungsstärke die Sehschärfe verbessert. Da ein Großteil unserer Bevölkerung Sehschärfen unterhalb der Normwerte besitzt, ist es erklärlich, dass Verbesserungen in der Güte der Beleuchtung zu Leistungserhöhungen bzw. Beanspruchungsverminderungen führen. Jede Beleuchtung in Industrie und Verwaltung, ob Tageslicht oder Kunstlicht, sollte so gestaltet werden, dass einerseits keine zu hohen Leuchtdichten und Leuchtdichtenunterschiede vorhanden sind, aber andererseits nicht durch völlige Kontrastlosigkeit Monotonie am Arbeitsplatz hervorgerufen wird. Große Helligkeitsunterschiede innerhalb des Bereiches, in dem man sich überwiegend aufhält, haben ständige Adaptationsvorgänge zur Folge, die zu einer verminderten Sehleistung führen und bei Leuchtdichteunterschieden von über 1:40 ggf. gesundheitsschädigend sein können.

Eine Beeinträchtigung des Sehens kann auch durch *Blendung* zustande kommen. Man spricht dann von physiologischer Blendung, wenn im Auge Streulicht erzeugt wird, so dass die Adaptation an eine mittlere Leuchtdichte nicht mehr möglich ist. Die Sehleistung wird damit durch eine Absenkung der Unterschiedsempfindlichkeit und der Sehschärfe verschlechtert. Bei der psychologischen Blendung kommt es durch ein Gefühl der Unbehaglichkeit indirekt zu Leistungsminderungen. Die Blendwirkung hängt ab vom Quotienten aus der Leuchtdichte der Lichtquelle und der Leuchtdichte der Umgebung sowie von der Lage der Lichtquelle im Gesichtsfeld und von der sichtbaren Fläche einer Lichtquelle. Zu hohe Unterschiede der Leuchtdichte im Gesichtsfeld führen zu Relativ-Blendung. Beim direkten Einblick in eine Lichtquelle spricht man von Direkt-Blendung, bei Spiegelung an glänzenden Flächen von der Reflex-Blendung. In allen drei Fällen reicht das Adaptationsvermögen des Auges nicht aus, es kann sich nicht schnell genug an unterschiedliche Leuchtdichten anpassen.

Glänzende Oberflächen können am Arbeitsplatz vor allem bei Kontroll- und Prüfvorgängen zu drastischen Leistungsverschlechterungen führen. Über die Kontrastminderung durch eine glänzende Oberfläche hinaus entstehen beim Menschen Doppelbilder, die dazu führen, dass das Sehobjekt nicht mehr deutlich erkannt werden kann.

Auch die Schattigkeit von Arbeitsgegenständen kann zu Störungen des Sehvorganges führen. Schatten können zwar das Tiefensehen verbessern, zu hohe Kontrastwirkungen verschlechtern jedoch die Sehfunktionen. Lichtfarbe und Farbwiedergabe gehören ebenfalls zu den Einflussgrößen der Beleuchtung.

---

261 Durch die Trübung der Augenmedien verschlechtert sich die Sehschärfe von 100 % bei einer 20jährigen Person auf etwa 75 % bei einer 60jährigen Person.

7.5.2 Beleuchtung

Die Gestaltung der *Beleuchtung* am Arbeitsplatz ist von entscheidender Bedeutung, da ein Großteil der Wahrnehmung und der Informationsaufnahme über das Auge stattfindet. Schlechte Beleuchtung führt zu einer zusätzlichen Belastung am Arbeitsplatz. Mittel- und langfristig können gesundheitliche Schäden sowohl bei Muskulatur und Skelett durch ungünstige Körperhaltungen als auch an den Augen und deren Bewegungsmechanismen entstehen. Konzentrationsschwäche und Ermüdung der Augen können weitere Auswirkungen ungünstiger Beleuchtung sein. Häufig sind schlechte Beleuchtungsverhältnisse eine der Unfallursachen.

Die Beleuchtung am Arbeitsplatz muss so beschaffen sein, dass als Folge der Beleuchtungsbedingungen

- keine Unfall- und Gesundheitsgefahren entstehen und
- leistungsoptimiertes Arbeiten möglich ist.

Sehaufgaben werden gekennzeichnet durch:

- Leuchtdichte,
- Größe der wahrzunehmenden Details,
- erforderliche Geschwindigkeit der Wahrnehmung,
- erforderliche Sicherheit des Erkennens,
- Dauer der Seharbeit.

Je schwieriger die Sehaufgaben sind, desto höher sind die Anforderungen an die Beleuchtung. In jedem Einzelfall ist zu entscheiden, ob diesen Anforderungen durch eine Allgemeinbeleuchtung im Arbeitsbereich, durch eine Einzelplatzbeleuchtung oder durch eine Kombinationslösung entsprochen wird.

Die Beleuchtungsverhältnisse können u.a. also auf folgende Punkte einen Einfluss haben:

- Arbeitssicherheit,
- Leistungsentfaltung,
- Beanspruchung und Ermüdung,
- Wohlbefinden.

Das Licht ist physikalisch betrachtet elektromagnetische Strahlung im Wellen-längenbereich zwischen 380 und 700 Nanometer (nm, Abbildung II-178).

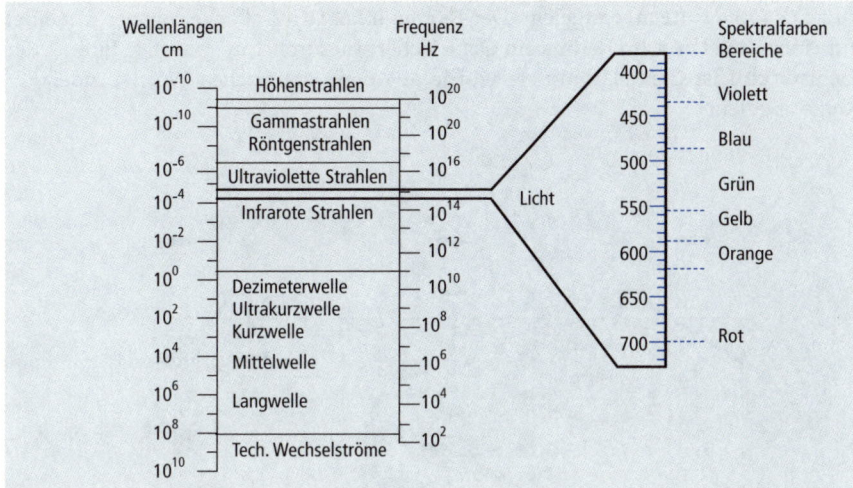

Abbildung II-178

Der Bereich der elektromagnetischen Strahlung: Wellenlängen und Frequenzen

Lichtstrom

Die von einer Lichtquelle abgegebene und vom Auge aufgenommene Strahlungs-menge wird als *Lichtstrom* bezeichnet (Abbildung II-179). Der Lichtstrom Φ wird in Lumen (lm) gemessen. Die Lichtströme einzelner Lichtquellen werden in der Regel nicht direkt gemessen, sondern sind entsprechenden Tabellen der Hersteller bzw. der Literatur zu entnehmen. Beispielsweise gibt eine Glühlampe mit einer elektri-schen Leistung von 100 Watt einen Lichtstrom von 1.380 lm ab. Hingegen hat eine handelsübliche Leuchtstofflampe mit einer elektrischen Leistung von 76 Watt einen Lichtstrom von 4.000 lm.

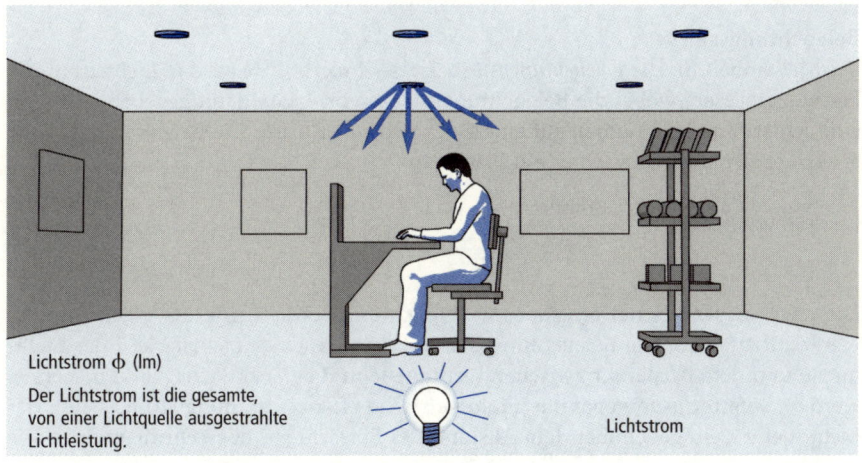

Lichtstrom ϕ (lm)

Der Lichtstrom ist die gesamte, von einer Lichtquelle ausgestrahlte Lichtleistung.

Lichtstrom

Abbildung II-179

Bedeutung des Lichtstroms[262]

262 In Anlehnung an Gall, D.; Vandahl, C.; Greiner Mai, U.; Wolf, S.; Helm, H.-P.: Einzelplatz-beleuchtung und Allgemeinbeleuchtung am Arbeitsplatz. Dortmund: Bundesanstalt für Arbeitsschutz und Arbeitsmedizin, Fb 753, 1998.

Lichtstärke

Die *Lichtstärke* I bezeichnet den Lichtstrom, der in einem bestimmten Raumwinkel W abgegeben wird (Abbildung II-180). Der Raumwinkel Ω ist über die Einheitskugel (Radius r = 1 m) festgelegt. Der Raumwinkel Ω = 1 str (Steradiant) schneidet auf einer Kugel von 1m Radius ein Oberflächenstück von 1 m² aus. Die Einheit der Lichtstärke I ist Candela (cd); sie wurde aus dem lateinischen Wort »candela« = Kerze abgeleitet.

$$I = \frac{\phi}{\Omega}$$

Abbildung II-180

Bedeutung der Lichtstärke[263]

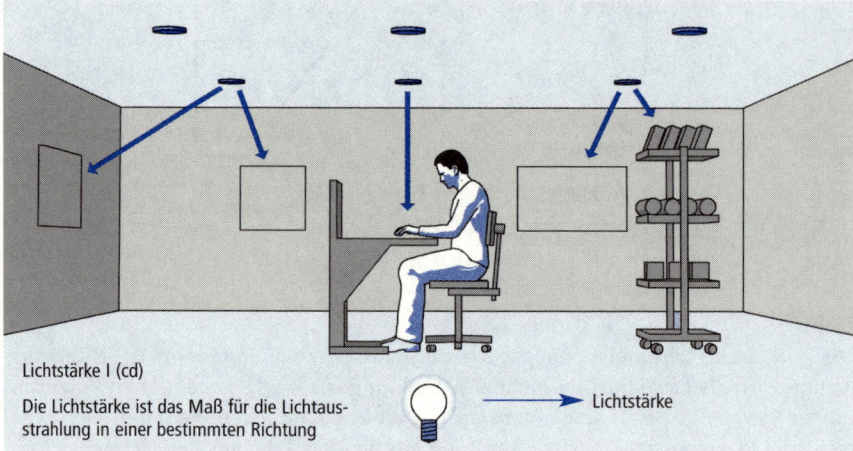

Lichtstärke I (cd)

Die Lichtstärke ist das Maß für die Lichtausstrahlung in einer bestimmten Richtung

Lichtstärke

Eine Lichtquelle strahlt den Lichtstrom nicht in alle Richtungen gleich stark ab. Stellt man sich diese Lichtquelle als Nullpunkt in einem Polardiagramm vor und trägt die Lichtstärken als Vektoren ein, so ergeben sich Lichtstärkenverteilungskurven (LVK).

Beleuchtungsstärke

Die Maßeinheit für die *Beleuchtungsstärke* ist das Lux (lx). Sie wird in Lichtstrom pro Fläche gemessen, wobei die Beleuchtungsstärke von 1 Lux dann gegeben ist, wenn ein Lichtstrom von 1 Lumen auf eine Fläche von 1 m² trifft. Die Beleuchtungsstärke errechnet sich aus Lichtstrom und Fläche zu

$$\text{Beleuchtungsstärke } E = \frac{\text{Lichtstrom}}{\text{Fläche}} = \frac{\phi}{A}$$

Die nach dieser Formel errechneten Beleuchtungsstärken sind als Flächenmittelwerte aufzufassen. Die Beleuchtungsstärke E kann aus der Lichtstärke I der Lichtquelle und dem Abstand r zwischen Lichtquelle und beleuchtetem Punkt berechnet werden, sofern die so genannte photometrische Grenzentfernung (Abmessung der Lichtquelle klein gegenüber dem Abstand des Betrachters) überschritten wird.

---

263 In Anlehnung an Gall, D. et al.: a. a. O.

Für den senkrechten Lichteinfall gilt:

$$E = \frac{I}{r^2}$$

Für den schrägen Lichteinfall gilt:

$$E = \frac{I}{r^2} \cdot \cos \alpha$$

Nach dem photometrischen Entfernungsgesetz (Abbildung II-181) nimmt die Beleuchtungsstärke mit dem Quadrat der Entfernung ab. Dieses Gesetz gilt jedoch nicht für flächige Lichtquellen wie Leuchtbänder und Leuchtflächen. Auch durch Begrenzungsflächen zusätzlich reflektiertes Licht wird durch die Punktbeleuchtungsformel nicht erfasst.

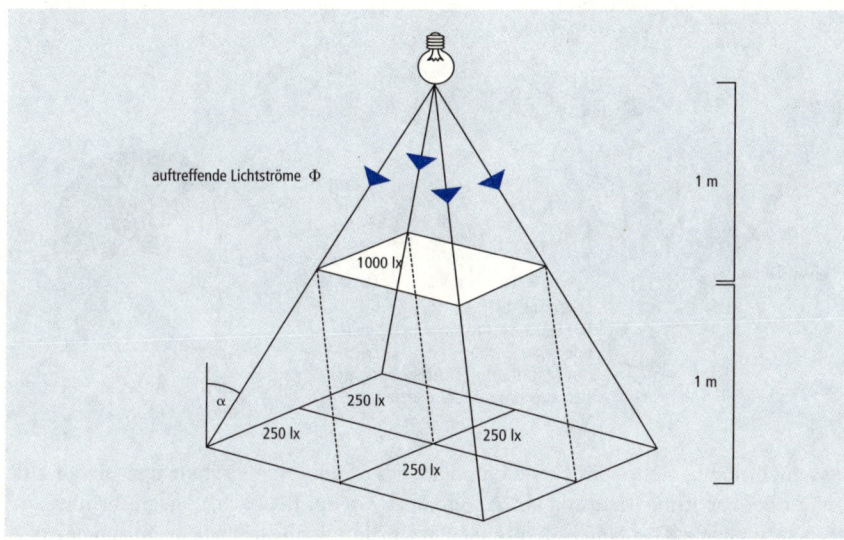

Abbildung II-181
Photometrisches
Entfernungsgesetz

Die Beleuchtungsstärke ist eine der wichtigsten Größen zur Beurteilung von Arbeitsplätzen. Die Beleuchtungsstärke wird mit einem Luxmeter gemessen. Beispiele für Beleuchtungsstärken aus dem Alltagsbereich gibt Abbildung II-182.[264]

Beleuchtung	Beleuchtungsstärke (Lux)	Bemerkungen
klare Neumondnacht	0,01	Orientierung möglich
Licht vom Vollmond	0,24	Lesen möglich
nächtliche Straßenbeleuchtung	1 bis 50	Beginn der Farbunterscheidung
gute Arbeitsbeleuchtung	200 bis 2.000	
trüber Wintertag	2.000 bis 4.000	
Sommertag bei bedecktem Himmel	10.000 bis 30.000	
Sonnenschein am Sommernachmittag	bis 100.000	Absolutblendung

Abbildung II-182
Beispiele für
Beleuchtungs-
stärken

---

264 In Anlehnung an Böcker, W.: Künstliche Beleuchtung. Ergonomisch und energiesparend. Frankfurt: Campus, 1981.

Die Beleuchtungsstärke wird auf horizontalen und vertikalen Flächen gemessen. Für gutes Erkennen vertikaler Flächen und Gegenstände im Raum wird die zylindrische Beleuchtungsstärke verwendet. Sie ist der Mittelwert der vertikalen Beleuchtungsstärke auf der Oberfläche eines Zylinders.

Leuchtdichte

Die Leuchtdichte kennzeichnet den Helligkeitseindruck, den ein Beobachter von einer Fläche hat. Hierbei ist es für das Auge gleichgültig, ob eine Fläche selbst leuchtet oder ob von einer Fläche Licht reflektiert wird. Die Leuchtdichte L wird in Lichtstärke pro Fläche angegeben (cd/m^2). Nimmt man für eine Kerzenflamme eine wahrgenommene Fläche von etwa 0,5 cm^2 an, so hat diese eine Leuchtdichte von etwa 20.000 cd/m^2. Die Leuchtdichte kann mit Hilfe der Lichtstärke I, der Fläche F und der Einstrahlrichtung e berechnet werden (Abbildung II-183).

$$L = \frac{I}{F \cdot \cos\varepsilon}$$

Abbildung II-183

Erläuterung zur Leuchtdichte[265]

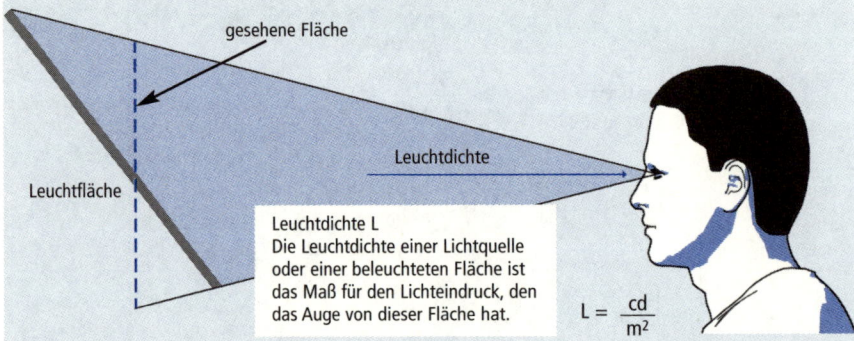

gesehene Fläche

Leuchtdichte

Leuchtfläche

Leuchtdichte L
Die Leuchtdichte einer Lichtquelle oder einer beleuchteten Fläche ist das Maß für den Lichteindruck, den das Auge von dieser Fläche hat.

$$L = \frac{cd}{m^2}$$

Die Leuchtdichte stellt somit eine Quellen- oder Sendereigenschaft dar. Sie ist eine von der Beobachtungsrichtung abhängige und von der Beobachtungsentfernung unabhängige Größe. Die Leuchtdichte ist damit die wichtigste lichttechnische Größe. Die Leuchtdichte und ihre Verteilung im Raum beeinflussen das Wohlbefinden des Menschen, es ist deshalb auf eine harmonische und ausgewogene Verteilung zu achten. Beispiele für Leuchtdichten aus dem Alltag gibt Abbildung II-184.

Abbildung II-184

Beispiele für Leuchtdichten

Lichtquelle	Leuchtdichte in cd/m²
Sonne je nach Sonnenstand	6.000.000 bis 1,6 Mrd.
Glühlampe matt	20.000 bis 500.000
Leuchtstofflampe 40 W	4.000 bis 8.000
Leuchtstofflampe 100 W	12.000 bis 15.000
blauer Himmel	5.000
Vollmond	3.000 bis 5.000
Kerzenflamme	6.000
gleichmäßig bedeckter Himmel, mittags im Zenit:	
im Dezember	3.000
im März/September	6.000
im Juni	8.000

265 In Anlehnung an Gall, D. et al.: a. a. O.

In der Praxis wird die Leuchtdichte nur selten gemessen, da Reflexions- und Glanz-grad in die Messungen eingehen, ist die Leuchtdichtemessung anspruchsvoll.

Die *Leuchtdichte* einer reflektierenden Fläche ist von deren Reflexionsgrad ρ ab-hängig. Da der entstehende Helligkeitseindruck bei diffus reflektierenden Flächen insbesondere vom Reflexionsgrad der Fläche abhängt, gilt in diesen Fällen auch folgende Beziehung für die Leuchtdichte (in cd/m²).

$$\text{Leuchtdichte } L = \frac{E \cdot \rho}{\pi}$$

Man unterscheidet zwischen gemischter, gerichteter und gestreuter Reflexion. Je größer der Reflexionsgrad, umso größer wird die Leuchtdichte. Prinzipiell gilt: Je heller und glatter eine Oberfläche, umso größer ist der Reflexionsgrad. (Abbildung II-185).

weiß	70 – 90 %
hellgelb	50 – 70 %
hellgrün	35 – 65 %
dunkelgrün	10 – 20 %
hellrot	30 – 50 %
himmelblau	35 – 45 %
weißer Innenputz	70 – 85 %
helle Tapete	65 – 75 %
Eiche hell	40 – 50 %
Teak Furnier	30 – 40 %
Holzfaserplatten	40 – 60 %

Abbildung II-185
Reflexionsgrade für verschiedene Oberflächen[266]

Kontraste
Den Unterschied der Leuchtdichte zwischen einem Detail und dessen Untergrund bezeichnet man als *Kontrast*. Den Kontrast kann man als Zahl ausdrücken, indem man die Differenz der Leuchtdichte des Details und der Leuchtdichte des Unter-grundes bildet und diese Differenz auf die Leuchtdichte des Untergrundes bezieht.

$$C = \frac{(L_{Detail} - L_{Untergrund})}{L_{Untergrund}}$$

Bei starken Unterschieden in der Leuchtdichte, d. h. wenn besonders helle oder besonders dunkle Flächen oder Gegenstände im Gesichtsfeld liegen, muss sich das Auge bei Blickwechseln auf die neue Leuchtdichte einstellen, was zu einer zusätz-lichen Belastung und zur kurzzeitigen Minderung der Sehleistung führt.

266 Werte z.T. nach Hecker, R.: Physikalische Arbeitswissenschaft. Berlin: Dr. Köster, 1998.

Die Lichtfarbe einer Lichtquelle wird durch die »ähnlichste Farbtemperatur« definiert. Die ähnlichste *Farbtemperatur* ist die fiktive Temperatur eines Temperaturstrahlers, bei der dieser die beste Annäherung an die Farbe des betrachteten Objektes erreicht (Abbildung II–186).

Abbildung II-186

Zuordnung der
Farbtemperaturen267

Tageslichtweiß (tw)	~ 6.500 K (Farbtemp. der Sonne)
Neutralweiß (nw)	~ 4.000 K
Warmweiß (ww)	~ 3.000 K

Zur Beleuchtungsplanung, -gestaltung und -messung liegen zahlreiche europäische und deutsche Normen vor. Große Bedeutung hat die DIN 5035 (Innenraumbeleuchtung mit künstlichem Licht) erlangt. Daneben sind die DIN 5034 (Tageslicht in Innenräumen) sowie die VDI 6011 (Optimierung von Tageslichtnutzung und künstlicher Beleuchtung) zu erwähnen.

Die DIN 5035 gibt für die verschiedenen Raumtypen bzw. Tätigkeitsarten Hinweise zur Nennbeleuchtungsstärke, zur Lichtfarbe, zu den Farbwiedergabeeigenschaften sowie der Güteklasse der Begrenzung der Direktblendung (Abbildung II-187).

Abbildung II-187

Auszug aus der
DIN 5035, Teil II

Art des Raumes bzw. der Tätigkeit (Vergleichstätigkeiten)	Nennbeleuchtungsstärke E_n in Lux	Lichtfarbe	Stufe der Farbwiedergabeeigenschaften	Güteklasse der Begrenzung der Direktblendung
Gerätemontage: – Rundfunk – Fernsehapparate – Wickeln von Drahtspulen – Justieren, Prüfen und Eichen	1.000	ww, nw, tw	3	1
Montage feinster Teile: – z. B. elektronische Bauteile	1.500	ww, nw, tw	2	1
Metallbe- und -verarbeitung: – Freiform-Schmieden kleiner Teile	200	ww, nw	3	2
– Schweißen	300	ww, nw	3	2

Die erste Spalte weist dabei auf die Art des Innenraumes oder die Tätigkeit hin. In der zweiten Spalte wird die Nennbeleuchtungsstärke in Lux angegeben. Die Angaben beziehen sich auf eine Höhe von 0,85 m über dem Boden. In der dritten Spalte wird die Lichtfarbe einer Lampe durch die Farbtemperatur in Kelvin (K) angegeben. Man verwendet dafür die Bezeichnungen ww, nw und tw (s. Abbildung II-186). Mit der Farbwiedergabeeigenschaft einer Lampe wird festgehalten, wie naturgetreu die Farbe eines Gegenstandes unter der Beleuchtung mit künstlichem Licht erscheint. In der Spalte für die Begrenzung der Direktblendung weisen kleine Zahlen auf eine geringe Blendung, hohe Zahlen auf möglicherweise hohe Blendung durch diese Leuchte hin.

---

267 Nach DIN 5035.

Die DIN 5035 wurde kritisiert, weil durch diese vier Zahlenwerte die komplexe Wirkung einer Beleuchtungssituation nicht hinreichend wiedergegeben wird. Insbesondere die emotional wirkenden Faktoren, die die Abhängigkeiten zwischen Licht, Material und Raum berücksichtigen, sind durch die Beleuchtungsstärken allein nicht auszudrücken.

Mit der neuen DIN EN 12464 hat man versucht, einige der Kritikpunkte an der DIN 5035 zu beseitigen. Abbildung II-188 weist auf die Normteile hin, die mittlerweile durch DIN EN 12464 ersetzt wurden.

DIN 5035 **Beleuchtung mit künstlichem Licht**	DIN EN 12464-1 (2003) **Beleuchtung von Arbeitsstätten**
Teil 1: Begriffe und allgemeine Anforderungen	Ersetzt durch DIN EN 12665
Teil 2: Richtwerte für Arbeitsstätten in Innenräumen und im Freien	In wesentlichen Teilen ersetzt durch DIN EN 12464-1
Teil 6: Messen und Bewertung	
Teil 7: Beleuchtung von Bildschirmarbeitsplätzen	In wesentlichen Teilen ersetzt durch DIn EN 12464-1; DIN 5035-7 als ergänzende nationale Norm in Vorbereitung
Teil 8: Spezielle Anforderungen zur Einzelplatzbeleuchtung in Büroräumen	

Abbildung II-188
Gegenüberstellung von DIN 5035 und DIN EN 12464-1

DIN EN 12 464-1 bezieht sich auf den Arbeitsbereich, das ist der Bereich der Arbeitsstätte, in dem die Sehaufgabe ausgeführt wird. Die den Arbeitsbereich umgebende, sich im Gesichtsfeld befindende Fläche von mindestens 0,5 m Breite wird als unmittelbare Umgebung bezeichnet.

Mit der neuen DIN zur Beleuchtung von *Arbeitsstätten* stellt man auf den Wartungswert der Beleuchtungsstärke ab. Dieser Wert darf zu keinem Zeitpunkt unterschritten werden. Damit wird die natürliche Alterung oder Verschmutzung der Belechtungsanlage berücksichtigt. Die Beleuchtungsstärkewerte werden unmittelbar auf der Arbeitsfläche oder im Bereich der Sehaufgabe ermittelt. Die normierte Messhöhe von 0,85 m über dem Boden wurde aufgegeben. Die Blendung am Arbeitsplatz wird mit dem UGR-Wert beurteilt (UGR: Unified-Glare-Rating). Diese Blendungszahl wird auf der Basis von Herstellertabellen in Abhängigkeit von Blickrichtung, Raumreflektionsgraden und Raumflächenmaßen ermittelt. Die UGR-Zahlen sind durch den Laien nicht sicher festzulegen.

Der *Farbwiedergabeindex* (R_a) ist von häufig vorkommenden Testfarben abgeleitet und gibt an, wie natürlich Farben wiedergegeben werden. Generell gilt: Je niedriger der Index, desto mangelhafter werden die Körperfarben beleuchteter Gegenstände wiedergegeben. Der Farbwiedergabeindex von $R_a = 100$ ist optimal; in Innenräumen sollte R_a nicht unter 80 liegen.

Der Farbwiedergabeindex R_a wurde von der alten DIN 5035 unverändert übernommen. Eine Empfehlung für die richtige Lichtfarbe fehlt. Sie muss durch den erfahrenen Beleuchtungsplaner festgelegt werden. Abbildung II-189 gibt einen Überblick zu wichtigen Teilen der DIN EN 12464.

Abbildung II-189

Auszug aus der
DIN EN 12464-1
(Beleuchtung von
Arbeitsstätten)

Art des Raumes, Sehaufgabe, Tätigkeit	Mittlere Beleuchtungsstärke E_m	UGR_L	R_a
Lager			
Fahrwege ohne Personenverkehr	20	–	40
Fahrwege mit Personenverkehr	150	22	66
Elektroindustrie			
Kabel- und Drahtherstellung	300	25	80
Galvanisieren	300	25	80
Montagearbeiten			
- grobe z. B. Transformatoren	300	25	80
- mittelfeine z. B. Schalttafeln	500	22	80
- feine z. B. Telefone	750	19	80
- sehr feine, z. B. Messinstrumente	1.000	16	80
- Elektronikwerkstätten, Prüfen, Justieren	1.500	16	80
Gießerei und Metallguss			
Gussputzerei	200	25	80
Maschinenformerei	200	25	80
Modellbau	500	22	80
Metallbe- und -verarbeitung			
Gesenkschmieden	300	25	60
Schweißen	300	25	60
Grobe und mittlere Maschinenarbeiten:			
Toleranz ≥ 0,1 mm	300	22	60
Feine Maschinenarbeiten, Schleifen:			
Toleranzen < 0,1 mm	500	19	60
Anreißen, Kontrolle	750	19	60
Herstellung von Werkzeugen und Schneidwaren	750	19	60
Montagearbeiten			
– grobe	200	25	80
– mittelfeine	300	25	80
– feine	500	22	80
– sehr feine	750	19	80
Oberflächenbearbeitung und Lackierung	750	25	80
Werkzeug, Lehren- und Vorrichtungsbau, Präzisions- und Mikromechanik	1.000	19	80
Automobilbau			
Karosseriebau und Montage	500	22	80
Lackieren, Spritzkabinen, Schleifkabinen	750	22	80
Polsterei	1.000	19	80
Endkontrolle	1.000	19	80
Büros			
Ablegen, Kopieren, Verkehrszonen usw.	300	19	80
Schreiben, Lesen, Datenverarbeitung	500	19	80
Technisches Zeichnen incl. CAD	750	19	80
Konferenz- und Besprechungsräume	500	19	80
Archive	200	19	80

Neben den DIN-Normen sind folgende Arbeitsstättenrichtlinien zu beachten:

- ASR 7/1: Sichtverbindung nach außen
- ASR 7/3: Künstliche Beleuchtung
- ASR 7/4: Sicherheitsbeleuchtung

7.5.3 Checkliste zur Beleuchtung

- Je dunkler das Arbeitsgut ist, desto höher muss die Beleuchtungsstärke sein.

- Je kleiner die notwendig zu erkennenden Sehdetails sind, desto höher muss die Beleuchtungsstärke sein.

- Je niedriger die Kontraste sind, desto höher muss die Beleuchtungsstärke sein.

- Großflächiges helles oder gar weißes Material führt bei zu hohen Beleuchtungsstärken zu Blendung. Das schließt auch Umgebungsflächen und gegenüberliegende Gebäudeflächen mit ein.

- Große Räume, in denen an jeder Stelle gleich gut gesehen werden muss, werden mit einer Allgemeinbeleuchtung hoher Gleichmäßigkeit ausgestattet.

- Der Richtwert für die zu erreichende Allgemeinbeleuchtung beträgt 15 Lux, für die Sicherheitsbeleuchtung 1 Lux bzw. 1 % der Allgemeinbeleuchtung.

- Einrichtungs-, Anordnungs- und Beschaffenheitsvorgaben gemäß ASR 7/4 sind einzuhalten oder gleichwertige Maßnahmen zu treffen.

- Während der Tageslichtzeit ist für ausreichenden Tageslichteinfall durch Fenster und Glaswände zu sorgen.

- Fenster und Oberlichter sind sicher zu öffnen, schließen, verstellen und arretieren. Im geöffneten Zustand dürfen Fensterelemente nicht in die freie Bewegungsfläche der Beschäftigten hineinragen.

- Der Kontrast von Arbeitsplatz zum näheren Umfeld sollte nicht stärker als 3:1 und zur weiteren Umgebung nicht stärker als 10:1 sein.

- Direktblendung wird durch die richtige Auswahl der Leuchtenart und die richtige Anordnung der Leuchten und der Arbeitsplätze vermieden. Reflexblendung kann durch mattes Arbeitsgut und matte Arbeitsflächen verhindert werden.

- Als Lichtfarbe sollte warmweiß bevorzugt werden. Es wird als angenehmer empfunden. Die Lichtfarben von Arbeitsplatz- und Allgemeinbeleuchtung sollten harmonieren.

- Die Beleuchtung von Arbeitsplätzen mit Bildschirm soll mit Arbeitsplatzleuchten erfolgen, die rechtwinklig zu den Arbeitsplätzen angeordnet sind.

7.5.4 Beleuchtung und Bildschirmarbeit

Bei *Bildschirmarbeit* erfolgt die Informationsaufnahme weitestgehend auf optischem Wege, die Gestaltung der Seh- und Beleuchtungsbedingungen ist hier von besonderer Bedeutung.

Große Unterschiede der Leuchtdichten im Sehfeld haben laufende Adaptationsvorgänge zur Folge. Große Leuchtdichtedifferenzen, z. B. durch Fenster im Sehfeld, müssen daher durch Blendungsbegrenzungen, wie z. B. Jalousien, und durch helle Decken und Wände gemildert werden, damit der Kontrast im unmittelbaren Sehfeld und dann im erweiterten Arbeitsbereich die Relationen 10:3:1 nicht überschreitet.

Für die Zeichendarstellung auf Bildschirmen im Vergleich zum Hintergrund wird demgegenüber ein Kontrast von 6:1 und 10:1 empfohlen (DIN 66234, Teil 2); auch bei noch höheren Kontrasten werden noch keine Leistungsminderungen verzeichnet. Für die reine Arbeit am Bildschirm wäre also ein abgedunkelter Arbeitsraum sinnvoll.

Sowohl Arbeitsunterlagen als auch Informationen auf dem Bildschirm müssen gut lesbar sein. Dies erfordert also eine höhere Beleuchtungsstärke. Als Kompromiss für die gegenläufigen Forderungen wird eine Beleuchtungsstärke von mindestens 500 lx empfohlen, die allein durch künstliche Allgemeinbeleuchtung erreicht werden muss; Arbeitsplatzleuchten können dies ergänzen.

Deckenleuchten müssen möglichst blendfrei ausgeführt sein, d. h. direkt strahlend mit einer weitestgehenden Abschirmung für größere Ausstrahlwinkel (Abbildung II-190). Hierdurch werden sowohl die Reflexblendung an der Bildschirmoberfläche als auch die Direktblendung vermieden. Geeignet sind beispielsweise Deckenleuchten mit Entladungslampen mit Reflektor und Rasterabdeckung.

Abbildung II-190

Leuchtdichtebegrenzung bei der Bildschirmarbeit

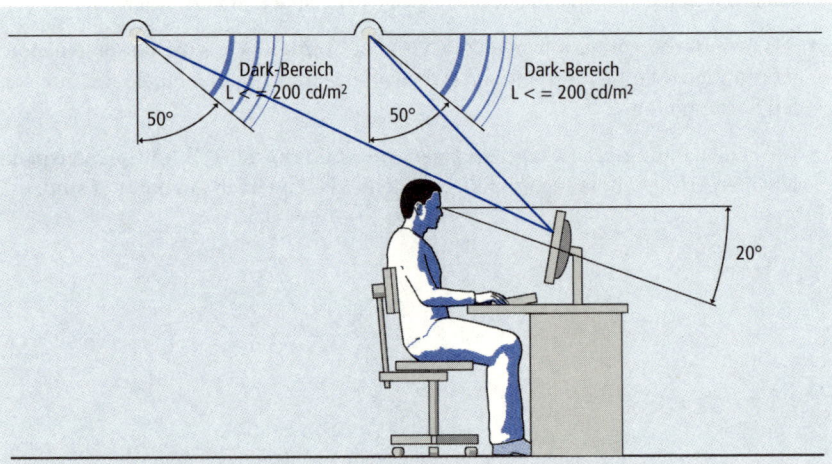

Bildschirmarbeitsplatzleuchten sind sehr gut entblendet, so dass auf der Bildschirmoberfläche keine Reflexe entstehen können. Es handelt sich in der Regel um Spiegelrasterleuchten für Dreibandenleuchtstofflampen oder Kompaktleuchtstofflampen.

7.5.5 Gestaltung von Prüfarbeitssystemen

Bei der informationstechnischen Arbeitsgestaltung haben Prüfvorgänge eine sehr hohe Bedeutung. Gleichzeitig spielen Sehen, Beleuchtung und Farbe (Abschnitt 7.5.2) eine große Rolle.

Beim Prüfen wird festgestellt, ob der Prüfgegenstand eine oder mehrere vorgegebene oder erwartete Bedingungen erfüllt, insbesondere auch, ob Grenzwerte oder Toleranzen eingehalten werden.

Zum Unterschied versteht man unter Messen einen Vorgang, bei dem der Wert einer physikalischen Größe ermittelt wird.

Prüfungen werden überwiegend dann von Menschen (und nicht automatisiert) ausgeführt, wenn hohe Flexibilität, Intelligenz und geringere Kosten bei kleinen Losgrößen erforderlich sind.

Im Vordergrund stehen folgende Prüfungsarten:

- Wareneingangsprüfung
- Prüfung von Bauteilen
- Prüfung von Erzeugnissen
- Werkzeugprüfung
- Sonderprüfungen

Insbesondere bei den Bauteilprüfungen gibt es Zwischen- und Endprüfungen.

Man unterscheidet weiterhin Selbstprüfung und Fremdprüfung. Im Zuge der Arbeitsstrukturierung mit Arbeitsbereicherungen hat die Selbstprüfung viele Vorteile: Sie senkt die Qualitätskosten, verkürzt die Durchlaufzeit und kann die Motivation des Mitarbeiters fördern.

Ein *Prüfarbeitssystem*[268] kann mit Hilfe von fünf Elementen beschrieben werden, wobei auch die Arbeitsumgebung und die Arbeitsorganisation Einfluss auf die Prüfergebnisse haben:

- Prüfaufgabe
  Die Prüfaufgabe beschreibt den Zweck des Arbeitssystems. In der Prüfaufgabe werden die zu prüfenden Qualitätsmerkmale festgelegt (z. B. Kratzer auf der Oberfläche, Vorhandensein eines Bauteils ...).
- Prüfperson
  Prüfpersonen führen die Prüfaufgabe durch. Die Personen müssen geeignet sein (hierfür müssen Testbatterien entwickelt und eingesetzt werden. Um die Prüfaufgabe einwandfrei ausführen zu können, müssen Prüfpersonen weiterhin geübt und eingearbeitet sein.

268 Vgl. dazu auch Tschich, H.: Gestaltung von Prüfarbeitssystemen in der Montage. In: Landau, K.; Luczak, H. (Hrsg.): Ergonomie und Organisation in der Montage. München, Wien: Hanser, 2001, S. 196–217.

- Prüfobjekt
  Das Prüfobjekt ist der Gegenstand, an dem die Prüfaufgabe durchgeführt wird, also beispielsweise angelieferte Halbzeuge, Bauteile oder Fertigerzeugnisse.
- Prüfhilfsmittel/Vorrichtungen
  Prüfhilfsmittel bzw. Prüfhilfsvorrichtungen wie beispielsweise Lupen, Mikroskope oder Vergleichsmuster unterstützen bzw. ermöglichen erst eine Prüfaufgabe.
- Prüfablauf
  Im Prüfablauf werden die Teilschritte und die Durchführung der Prüftätigkeit festgelegt.

Bei der Gestaltung von Prüfarbeitssystemen sind darüber hinaus die Sehbedingungen zu optimieren:

Die *Sehbedingungen* werden beschrieben durch:

- Sehraum (Sehwinkel),
- Sehabstand,
- Sehabstandsänderungen,
- Sehobjektgröße,
- Beleuchtung und Kontrast.

Der Sehraum beschreibt den Blickbereich, in dem ein in entspannter Haltung sitzender oder stehender Mensch Sehobjekte durch normale Augen- und Kopfbewegungen wahrnehmen kann (Abschnitt 7.5.2 und 7.1.5)

Unter Sehabstand wird die Entfernung verstanden, auf welche die Augen akkommodieren (scharf stellen; s. Abbildung II-191). Der für Prüftätigkeiten empfohlene Sehabstand hängt vom Alter und von eventuell nicht erkannten Sehfehlern der Prüfpersonen ab. Für lang andauernde Sichtprüfungen sollte ein Sehabstand nicht weniger als 400 mm gewählt werden.

Abbildung II-191

Einstellfunktionen des Auges

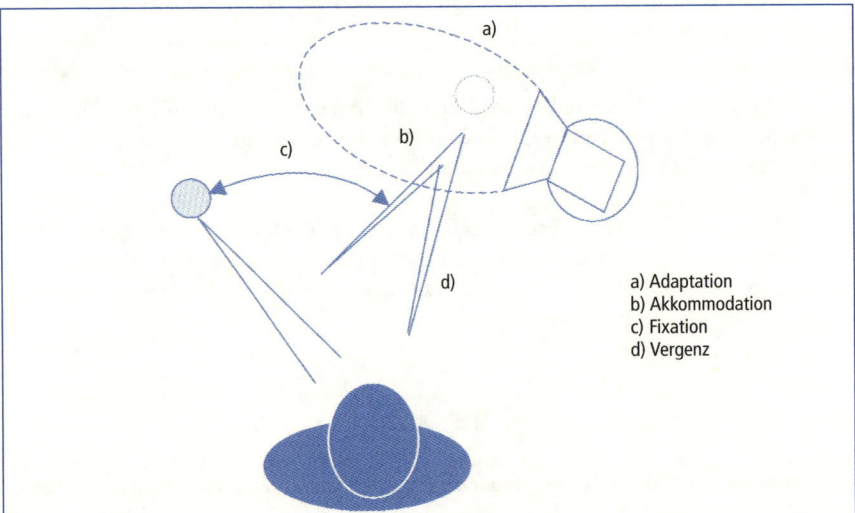

a) Adaptation
b) Akkommodation
c) Fixation
d) Vergenz

Sehabstandsänderungen sollen bei Prüfvorgängen minimiert werden, da sie das Umakkommodieren der Augen hervorrufen. Häufiges Akkommodieren kann zu Ermüdung der Augenmuskulatur führen. Kann die Häufigkeit der Abstandsänderung nicht verringert werden, so sollte wenigstens versucht werden, die Entfernungsunterschiede zu minimieren.

Unter Sehobjektgröße versteht man das kleinste vom Auge zu erkennende Detail. Bei Prüfaufgaben handelt es sich hierbei i.d.R. um zu erkennende Fehler. Die minimale Sehobjektgröße ist abhängig vom Sehwinkel und der Sehschärfe der Person, von der Adaptationsleuchtdichte und dem Kontrast zwischen Sehobjekt und Hintergrund. Bei einem Sehabstand von 400 mm entspricht dies einer Sehobjektgröße von etwa 0,1 mm. Von Normalsichtigkeit spricht man bei einem Auflösungsvermögen von einer Bogenminute. Bei länger andauernden Prüftätigkeiten sollte von einem Sehwinkel von 1,6 bis 2,5 Bogenminuten ausgegangen werden. Bei einem *Sehabstand* von 400 mm wäre dann eine minimale Sehobjektgröße von 0,29 mm zu beachten (Abbildung II-192).

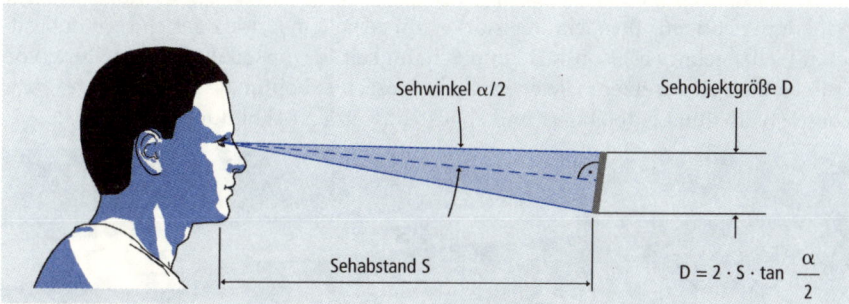

Abbildung II-192
Zusammenhang zwischen Sehwinkel, Sehabstand und Sehobjektgröße

$$D = 2 \cdot S \cdot \tan \frac{\alpha}{2}$$

Zu den Prüfhilfsmitteln gehören:

a) optische Hilfsmittel (Lupen, Mikroskope, Monitore) und

b) Vergleichsobjekte (Muster, Schablonen, Zeichnungen).

Optische Hilfsmittel ermöglichen teilweise erst oder aber erleichtern die Wahrnehmbarkeit. Lupen und Mikroskope beeinflussen die Sehbedingungen wie folgt:

- virtueller Sehabstand (= Entfernung, auf die die Augen tatsächlich akkommodieren);
- Sehobjektgröße (Vergrößerungsfaktor abhängig vom virtuellen Sehabstand);
- Wahrnehmungsbereich (Tiefenschärfe eingeschränkt; Zunahme der Vergrößerung führt zu verringerter Tiefenschärfe; Blickfeld wird durch Lupendurchmesser und Abstand zwischen Auge und Lupe begrenzt).

Vergleichsmuster werden verwendet, um eine Entscheidungsfindung zu erleichtern. Der Zeitbedarf für eine Prüfung steigt bei Verwendung von Vergleichsmustern. Das Prüfobjekt und das/die Vergleichsmuster sollen direkt nebeneinander angeordnet werden, um Sehabstandsänderungen zu vermeiden.

Die Gestaltung der Beleuchtungsbedingungen wird in Abschnitt 7.5.2 beschrieben.

Darüber hinaus sollten folgende Empfehlungen berücksichtigt werden[269]:

- Bei Lupen- und Mikroskoparbeitsplätzen soll das Licht von Fenstern und Deckenleuchten von links oder rechts (bezogen zur Arbeitsblickrichtung) auf die Arbeitsfläche fallen.
- Alle in der unmittelbaren Umgebung befindlichen Fenster sollen mit Blendschutz versehen sein.
- Eine Mischung aus direkter und indirekter Beleuchtung ist anzustreben.
- Alle Blendungsarten sollen vermieden werden.
- Es sollten keine großen Helligkeitsunterschiede zwischen direktem Sehfeld und unmittelbarer Arbeitsplatzumgebung vorhanden sein.
- Die Oberflächen der Arbeitstische sollten nicht zu dunkel oder zu hell gewählt sein und nicht glänzen.
- Objektbeleuchtung sollte stufenlos einstellbar sein.
- Deckenleuchten mit Leuchtstoffröhren sollen parallel zur Hauptblickrichtung angeordnet sein.

Für Prüfaufgaben ist die Gestaltung der *Leuchtdichte* jedoch oft wichtiger als die Wahl der »richtigen« Beleuchtungsstärke. Mit gezieltem Einsatz gerichteten und diffusen Lichts gelingt es, Kontraste und Schattigkeit für die Qualitätsbeurteilung von Prüfobjekten einzusetzen. Gleichermaßen müssen suboptimale Leuchtdichte- bzw. Kontrastverhältnisse detektiert und abgestellt werden (Abbildung II-193).

Abbildung II-193
Leuchtdichteverhältnisse auf einer Leiterplatte; Schattenwirkung von Hand und Werkzeug[270]

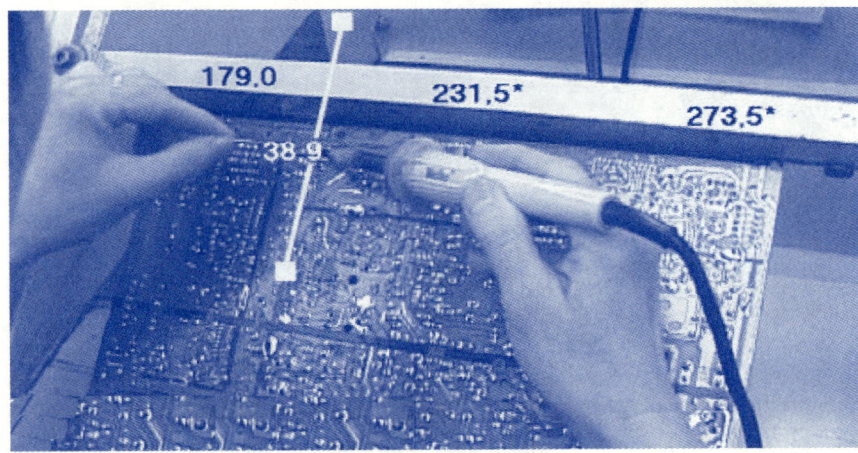

Bei der Prüfung von Metalloberflächen kann es leicht zu *Reflexblendung* kommen (Abbildung II-194). Hier ist durch die Abstimmung von Direktstrahlern, diffusen Lichtquellen und Unter-Tisch-Beleuchtung jedoch Abhilfe möglich[271].

---

269 Tschich, H.: a. a. O, S. 201.
270 Kurtz, P.; Sievers, G.: INVESTIGATION AND DESIGN OF LUMINANCE SITUATIONS AT ASSEMBLY WORKPLACES. In: Proceedings of the XIX Annual International Occupational Ergonomics and Safety Conference, Las Vegas, Nevada, USA 27-29 June 2005, S. 195-197.
271 Brombach, J. : Analyse, Beurteilung und ergonomische Gestaltung der Arbeitsbedingungen in Arbeitssystemen der industriellen Qualitätskontrolle. Stuttgart: Ergonomia, 2005.

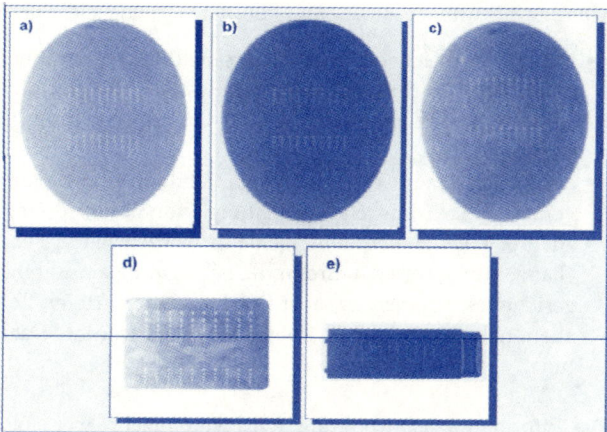

Abbildung II-194

Reflexblendung und unterschiedliche Erkennbarkeit von Prüfkriterien bei Metall- und Kunststoff-Oberflächen.

Der von Brombach entwickelte Musterarbeitsplatz für Prüfaufgaben ist auf eine dreiteilige Beleuchtung ausgelegt (Abbildung II-195).

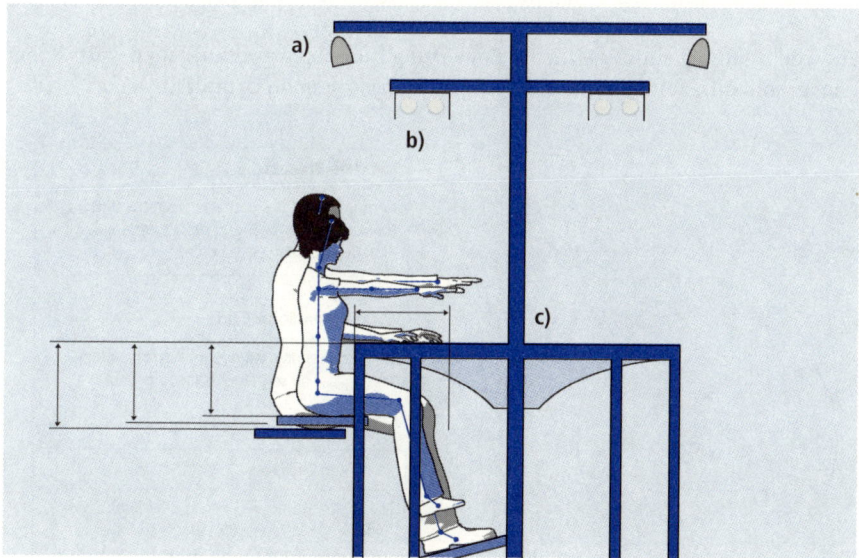

Abbildung II-195

Musterarbeitsplatz mit dreiteiliger Beleuchtung[272]
a) Spotbeleuchtung
b) Grundbeleuchtung
c) Tischbeleuchtung
   von unten

Die Spotbeleuchtung (a) strahlt gerichtetes Licht von hinten ab und sorgt so dafür, dass die Teile in einer auf die entspannte Sehachse abgestimmten Weise gehalten werden können. Die Grundbeleuchtung durch Dreibandenlampen (b) erzeugt demgegenüber ein diffuses Licht und ermöglicht eine gleichmäßige Ausleuchtung der Arbeitsfläche. Um zusätzlich die Leuchtdichte des eigentlichen Arbeitsbereiches einstellen zu können, wird eine von unten beleuchtete Platte (c) aus getöntem Sicherheitsglas verwendet. Die Dimmbarkeit der Lampen ermöglicht eine definierte Helligkeitseinstellung, so dass keine zu großen Kontraste auftreten und der Untergrund immer etwas dunkler als die angestrahlten Prüfobjekte ist.

---

272 Brombach, J.: a. a. O., S. 73.

Mit dieser Prüfplatz-Auslegung können folgende Ziele verwirklicht werden:

- Für eine ausreichend hohe Unterscheidungsempfindlichkeit des Auges ist eine Gesichtsfeldleuchtdichte von mindestens 100 cd/m², höchstens jedoch 5.000 cd/m² herzustellen (wird mit der Grundbeleuchtung über Dreibandenlampen erreicht),
- der Kontrast zum Untergrund wird erhöht und damit die Fehlererkennbarkeit verbessert (wird durch Beleuchtung »von unten« ermöglicht),
- zu große Leuchtdichteunterschiede werden jedoch vermieden, Blendung und Glanzerscheinungen würden die Sehleistung einschränken,
- gerichtetes, streifendes Licht führt zu andersartigen Reflexionen der Fehler, vor allem dann, wenn die Prüfobjekte bewegt werden. Dazu dient die Spotbeleuchtung.

Die Informationsverarbeitung wird vereinfacht, wenn eine geordnete Lage von Prüfgegenständen vorliegt. Das wird durch eine entsprechend geplante Prüfmethode ereicht. Bei allen Prüfzyklen sollen die Prüfgegenstände nach der gleichen Methode geprüft werden, um die Orientierung zu vereinfachen, um Übungseffekte zu nutzen und zu sichern, dass stets nach gleichen Kriterien geprüft wird.

Für die Planung und zeitliche Bewertung von Sichtprüfaufgaben mit hoher Wiederholhäufigkeit bietet das *MTM-Sichtprüfen* folgende Grundbausteine:

Abbildung II-196

Grundbausteine des MTM-Sichtprüfens

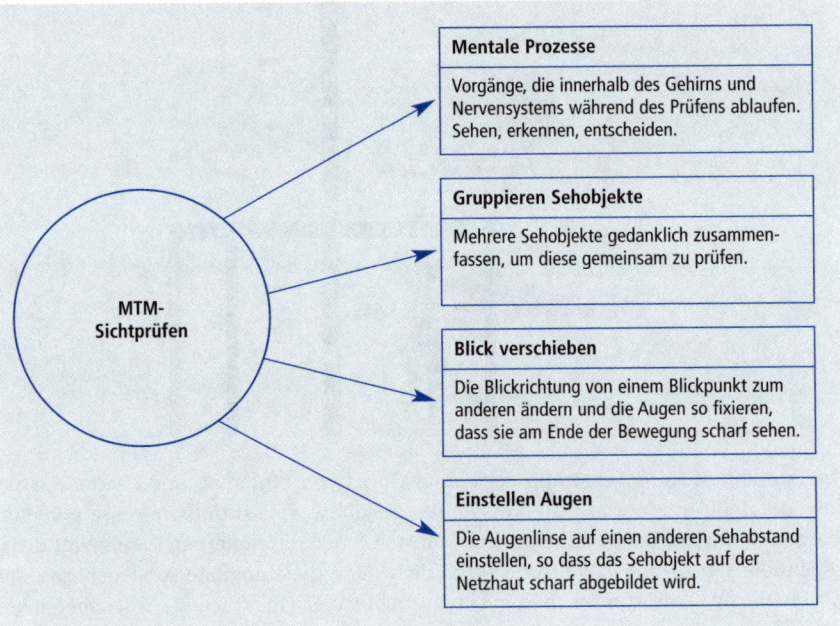

Mentale Prozesse

Vorgänge, die innerhalb des Gehirns und Nervensystems während des Prüfens ablaufen. Sehen, erkennen, entscheiden.

Gruppieren Sehobjekte

Mehrere Sehobjekte gedanklich zusammenfassen, um diese gemeinsam zu prüfen.

Blick verschieben

Die Blickrichtung von einem Blickpunkt zum anderen ändern und die Augen so fixieren, dass sie am Ende der Bewegung scharf sehen.

Einstellen Augen

Die Augenlinse auf einen anderen Sehabstand einstellen, so dass das Sehobjekt auf der Netzhaut scharf abgebildet wird.

MTM-Sichtprüfen

Die Dauer eines Prüfvorgangs hängt unter anderem ab von der Größe des zu erkennenden Sehobjekts, von der Beleuchtung, dem Kontrast, der Form des Sehobjekts, bei bewegten Objekten von der Geschwindigkeit, vom Sehabstand, von der Anzahl und der Anordnung der Sehobjekte, vom Einsatz optischer Hilfsmittel wie z. B. Lupe oder Mikroskop.

Zur Interpretation der räumlichen Tiefe werden unterschiedliche Informations-quellen herangezogen[273]: Die Wahrnehmung von Tiefe mit dem Auge erfolgt durch die Änderung der Linsenbrechkraft (Akkomodation) und durch den Winkel zwischen den beiden Sehachsen (Vergenz). Als Indikator für die richtige Fokussierung dienen dem Gehirn Kanten des Prüfobjektes, deren Position auf der Netzhaut durch den Reiz in den Photorezeptoren ermittelt werden kann. Die Wahrnehmung von Tiefe durch stereoskopische Information beruht weiterhin auf den durch die Parallaxe bedingten Unterschieden zwischen den Bildern beider Augen. Ein dritter Tiefenschlüssel entsteht durch eine eventuelle Bewegung des Objektes.

Die Belastung der Prüfpersonen ergibt sich aus den Sehbedingungen, der Beleuchtungssituation, aber auch aus den Faktoren

- Zwang zur Daueraufmerksamkeit,
- pro Zeiteinheit zu verarbeitenden Informationsmenge,
- Entscheidungszwang unter Zeitdruck und
- Monotonie.

Zur Informationsverarbeitung nutzt die Prüfperson das sensorische Gedächtnis, das Kurzzeitgedächtnis und das Langzeitgedächtnis. Das sensorische Gedächtnis hat eine Zeitkonstante bezüglich des Vergessens von nur etwa 150 ms. Beim Kurzzeitgedächtnis (primäres Gedächtnis) liegt die Vergessenszeit bei etwa 3-4 sec. Es hat eine sehr begrenzte Kapazität von etwa 7 ± 2 »psychologischen Einheiten«. Auch beim Langzeitgedächtnis gehen Elemente wieder verloren. Diesen Teil des Langzeitgedächtnisses bezeichnet man als sekundäres Gedächtnis – im Unterschied zum tertiären Gedächtnis, das tägliche Handfertigkeiten enthält, keine Vergessensrate hat und sich durch extrem kurze Zugriffszeit auszeichnet.[274]

Der Mensch verfügt über eine Vielzahl von durch Erfahrung gewonnenen Modell-paarungen Handlung-Wahrnehmung und Wahrnehmung-Handlung, die im Gedächtnis gespeichert sind und bei bestimmten Konstellationen abgerufen werden. Es wird dann jeweils die Modellpaarung abgerufen, die in der jeweiligen Situation den größten Nutzen verspricht. Auftretenswahrscheinlichkeiten von Ereignissen werden dabei recht zuverlässig geschätzt. Basis der Entscheidungen ist ein inneres Modell (das auch falsch sein kann und dessen Komplexität durch das geringe Fassungsvermögen des Kurzzeitgedächtnisses begrenzt ist).

Dieser (hier nur sehr verkürzt dargestellte) stark schematisierte Ablauf macht die Arbeitsweise des Menschen auch bei Prüftätigkeiten deutlich. Abbildung II-197 erläutert die verschiedenen Situationen, die beim Sichtprüfen entstehen können: Fall (a) zeigt die Verhältnisse ohne jede gegenständliche Vor-Information auf. Fall (b) zeigt die Prozesse des visuellen Suchens beim Lesen. (b) ist stärker beanspre-

273 Kaiser, J.: Verwendung stereoskopischer Informationsdarstellung in durchsichtfähigen Anzeigen am Beispiel eines Head-Up-Displays. Stuttgart: Ergonomia, 2004.
274 Bubb, H.; Schmidtke, H.: Physiologische und psychologische Grenzen menschlichen Leistungsvermögens. In: Masing, W.: (Hrsg.): Handbuch der Qualitätssicherung. München: Hanser, 1980, S. 69–90.

chend als (a), da bei (b) die Schrift- und Druckkonvetioenen beachtet werden müssen. Die beiden anderen Fälle (c) und (d) charakterisieren die Blickbewegungen bei räumlicher Vor-Information. Diese *Blickbewegungen* sind weniger beanspruchend, da bereits innere Modelle vorliegen. Bekannte Arbeitsprozesse und Prüfaufgaben erleichtern demnach das Sichtprüfen und senken die Augenbeanspruchung und -ermüdung.

Abbildung II-197

Blickbewegungen bei unterschiedlichen Sehaufgaben[275]

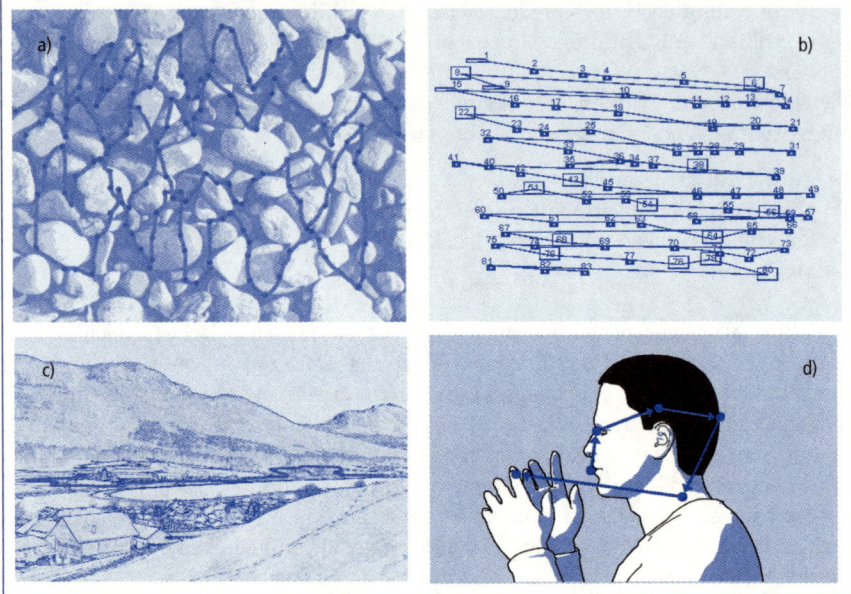

Bei reinen Prüfaufgaben wird der Arbeitsinhalt naturgemäß durch eine Artteilung definiert. Hierdurch wird ein hoher Übungsgrad erreicht, aber diese Artteilung kann zu einseitiger Belastung, zu Monotonie oder dem Gefühl der Unterforderung führen. Diese negativen Nebenwirkungen können durch Arbeitsstrukturierungsmaßnahmen minimiert oder vermieden werden (z. B. durch Job Rotation).

Es ist notwendig, der Prüfperson ein Feedback über die Prüfungen zu geben, beispielsweise wenn bei Prüfungen mangelhafte Teile übersehen oder aber zu viele Teile aussortiert werden, die noch verwendbar gewesen wären. Feedback hilft den Prüfpersonen, ihre Prüfstrategien zu optimieren.

Es ist darauf zu achten, dass der Prüfperson die Kommunikation mit Kolleginnen und Kollegen ermöglicht wird, um die negativen Auswirkungen der Arbeitsteilung nicht zu verstärken.

---

275 Vgl. auch Stark, L.; Yamashita, I.; Tharp, G.; Ngo, H. X.: Search patterns and search paths in human visual search. In: Brogan, D.; Gale, A.; Carr, K.: Visual search. London: Taylor & Francis, 1993, S. 37–58.

Der Aspekt der Arbeitszeit umfasst die Dauer und die Lage der Arbeitszeit sowie die Gestaltung der Pausen. Aufgrund der verschiedenen Ermüdungsphasen des menschlichen Körpers ergeben Sichtprüfungen in der Frühschicht bessere Resultate. Nach etwa 35–45 Minuten sollten die Prüfvorgänge durch Kurzpausen unterbrochen oder aber die Prüfperson durch eine andere ersetzt werden.

Hinsichtlich der Arbeitsumgebung ist besonders auf das Klima sowie die Umgebungsgeräusche zu achten. Um ein möglichst unbeeinträchtigendes Klima zu schaffen, sollte die Lufttemperatur bei ca. 20 °C, die Luftfeuchtigkeit bei ca. 50 % und die Luftgeschwindigkeit bei ca. 0,1 m/s liegen.

Bei anspruchsvollen visuellen Prüftätigkeiten sollten die Umgebungsgeräusche 55 dB (A) nicht überschreiten.

Fertigungsplanung und *Prüfplanung* müssen Hand in Hand gehen (Abbildung II-198).

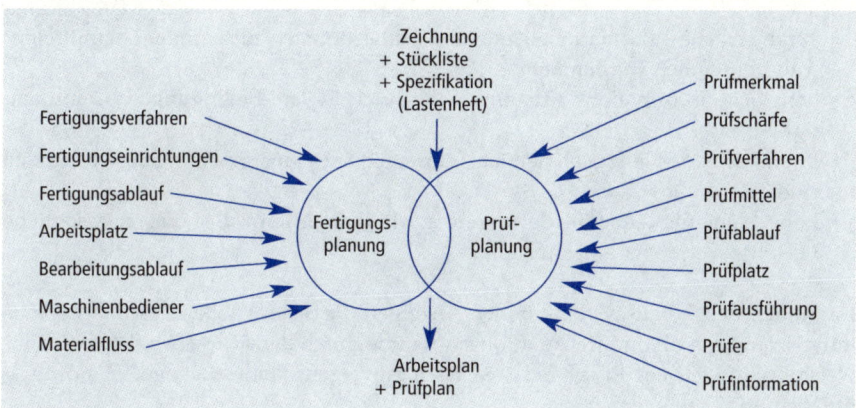

Abbildung II-198

Inhalte der Fertigungs- und Prüfplanung[276]

Das Prüfen ist ein substantieller Teil der Fertigung und erfordert eine detaillierte Prüfplanung (Abbildung II-199).

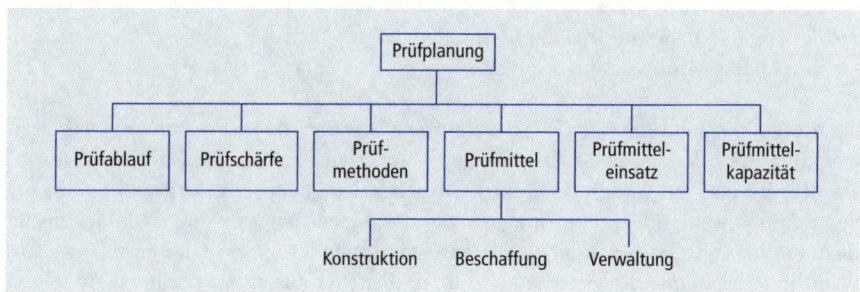

Abbildung II-199

Aufgaben der Prüfplanung[277]

276 Bulgrin, H.; Müller, K. G.: Prüfplanung. In: Masing. W. (Hrsg.): Handbuch der Qualitätssicherung. München: Hanser, 1980, S. 167–185.
277 Bulgrin, H.; Müller, K.G.: a. a. O., S. 167.

Folgende Unterlagen sind für die Durchführung der Prüfplanung erforderlich:

- Konstruktionszeichnungen, Funktionsmuster, Grenzmuster,
- Stücklisten,
- Funktionswerte mit Toleranzen,
- Normen (innerbetrieblich, kundenbezogen, öffentlich),
- Arbeitspläne.

7.5.6 Anzeigen

Unter *Anzeigen* versteht man technische Einrichtungen, die dem Menschen veränderliche Informationen übermitteln.

Anzeigen unterscheiden sich damit von Kennzeichen, die zur Darbietung gleich bleibender Informationen herangezogen werden. Anzeigen sind erforderlich, da

- veränderliche Informationen mit den Sinnesorganen nicht immer unmittelbar wahrgenommen werden können;
- natürliche Informationsaufnahme z. B. durch äußere Bedingungen beeinträchtigt ist;
- für manche der aufzunehmenden Informationen keine Sinnesorgane vorhanden sind;
- hohe Genauigkeitsanforderungen gestellt werden, die das menschliche Leistungsvermögen übersteigen.

Im Modell des Arbeitssystems stellen Anzeigen die Schnittstelle zwischen Arbeitsmittel bzw. Umwelt und Informationsaufnahme durch den Menschen dar. Üblicherweise ergibt sich ein Regelkreis zwischen Anzeigen, Sinnesorganen, Handlungsorganen und Stellteilen.

Anzeigen lassen sich unterscheiden nach

- der Art der dargestellten Signale,
- dem Informationsinhalt,
- der Art der Veränderungsdarstellung,
- der Anzeigenform.

Bei der Unterscheidung nach Art der dargestellten Signale kennt man analoge, digitale und hybride Anzeigen. Bei analogen Anzeigen (bildliche Darstellungsform) werden der Ist-Wert und der zulässige Wertebereich gleichartig dargestellt. Dies hat beim Ablesen einen Dekodierungsprozess des Menschen zur Folge. Im Gegensatz dazu stellen digitale Anzeigen[278] die Informationen bereits in kodierter Form dar. Allerdings ist damit die Ähnlichkeit zur natürlichen Situation geringer. Anzeigen sind hybrid, wenn sie Informationen sowohl in analoger als auch in diskreter Form darstellen; dies trifft z. B. bei Bildschirmen zu.

---

278 Der Begriff digitale Anzeigen wird hier umgangssprachlich verwendet; der korrekte Begriff wäre »diskrete Anzeigen«. Solche Anzeigen können endlich viele und wohl unterscheidbare (also diskrete) Werte eines abzählbaren Wertebereichs annehmen.

Bei analogen Anzeigen unterscheidet man noch einparametrige und mehrparametrige Darstellung. Eine einparametrige, analoge Anzeige hat ein aktives Element (z. B. einen Zeiger) und ein passives Element (z. B. eine Skala). Mehrparametrige Anzeigen haben dagegen mehrere aktive und passive Elemente.

Digitale Anzeigen können nach der Anzahl ihrer aktiven Elemente und der zur Informationsdarstellung zur Verfügung stehenden Werte unterschieden werden. Binäre Anzeigen sind solche digitale Anzeigen mit einem Informationsparameter, der jeweils nur einen von zwei möglichen Werten einnehmen kann.

Die Anzeigen lassen sich ebenfalls nach dem angesprochenen Sinnesorgan unterteilen. Dabei ist die visuelle Ansprache die am häufigsten gewählte Form. Über den Gesichtssinn ist eine umfassende und zugleich detaillierte Informationsaufnahme möglich. Ein Nachteil der visuellen Anzeige besteht jedoch darin, dass die Zuwendung in Richtung der zu übermittelnden Information erforderlich ist. Dieser Nachteil wird bei akustischen Anzeigen vermieden. Deshalb haben solche Anzeigen, die den Gehörsinn ansprechen, häufig Warncharakter – der Mensch kann sich ihnen im Normalfall nicht verschließen. Die Kodierung akustischer Anzeigen kann über Sprache, Schallintensität, Frequenz und zeitliche Verteilung vorgenommen werden.

Auch über den Tastsinn können Warnsignale weitergegeben werden. Die Rezeptoren in der Haut, den Muskeln, Sehnen und Gelenken sprechen auf Druck, Berührung und Erschütterung an. Häufig werden diese Eigenschaften genutzt, haptische Anzeigen über Bedienelemente wirken zu lassen. Die anderen Sinnesorgane, z. B. die Thermorezeptoren, Geruchs- und Geschmacksnerven, werden über Anzeigen normalerweise nicht angesprochen. Bei der Verteilung der Anzeigen-Informationsaufnahme auf die verschiedenen Sinnesorgane ist zu bedenken, dass die Kapazität einzelner Sinnesorgane nicht überlastet werden darf. Dabei ist heute vor allem die Gefahr groß, dass die dem Auge dargebotene Information (z. B. über Displays) Kapazitätsgrenzen überschreitet. Weiterhin muss die Differenz zwischen Anzeigeninformation und Störsignalen aus der Umgebung hinreichend groß sein, damit Warnsignale mit hoher Sicherheit wahrgenommen werden können.

Nach der Art der Veränderungsdarstellung unterscheidet man bei den Anzeigen

- aktive Elemente (das Anzeigenbild ändert sich, sobald sich die dazustellende Information verändert) und
- passive Elemente (verändern sich nicht, wodurch die Veränderung der aktiven Elemente wahrnehmbar ist).

Werden Sollwert und Istwert zusammen dargestellt, so spricht man von einer Soll-/Istwert-Anzeige. Damit ist eine vollständige Informationsübermittlung möglich. Allerdings muss der Mitarbeiter selbst die Differenz zwischen Soll- und Istwert ermitteln. Dies kann zu verzögerten Reaktionen führen.

Die Differenzanzeige nimmt dem Mitarbeiter die Errechnung der Abweichung zwischen Sollwert und Istwert ab. Allerdings kommt es dabei zu einem Informationsverlust, denn die tatsächlichen Zustandsgrößen sind nun dem Mitarbeiter nicht mehr bekannt.

Bei der synthetischen Anzeige werden Zustandsgrößen noch stärker als bei der Differenzanzeige aggregiert. Der Mitarbeiter wird damit von Rechenarbeit entlastet. Der durch einen Bordcomputer errechnete Kraftstoffverbrauch im Pkw ist ein Beispiel für die synthetische Anzeige.

Will man den Mitarbeiter bereits über die in Zukunft zu erwartenden Zustandsgrößen informieren, so benutzt man eine Voranzeige. Auch hier wird dem Menschen eine Entlastung zuteil, da ihm unter Umständen komplexe Rechenoperationen abgenommen werden. Die Ermittlung der Reichweite mit dem derzeit noch vorhandenen Kraftstoff durch einen Bordcomputer ist ein Beispiel für eine solche Voranzeige. Diese Voranzeige unterstellt, dass die künftige Fahrweise der bisherigen annähernd entspricht.

Bei der imperativen Anzeige werden dem Mitarbeiter fast alle mentalen Funktionen abgenommen. Der Mensch muss lediglich noch über ein Stellteil der Kommando-Anzeige nachkommen.

Anzeigengestaltung

Bei der Gestaltung und Anordnung von *Anzeigen* ist so zu verfahren, dass die Anzeigeeinrichtungen möglichst gut an die menschliche Wahrnehmung angepasst sind. Dabei soll die Beanspruchung der Sinnesorgane unterhalb von Dauerleistungsgrenzen liegen; dies bedeutet, dass mit entsprechender Gestaltung der Anzeigen der Ermüdung der Sinnesorgane vorgebeugt werden muss. Daneben sollen Ablesefehler möglichst ausgeschlossen werden. Durch Anzeigen darf es nicht zu einer einseitigen Beanspruchung des Menschen bei der Arbeit kommen. Anzeigen sollen eine weitere Steigerung der Arbeitsqualität zulassen.

Anzeigen können für verschiedene Wahrnehmungsaufgaben herangezogen werden, unter anderem für

- das Ablesen eines Messwertes,
- das orientierte Wahrnehmen,
- das Verfolgen von Messwertänderungen[279].

Beim Ablesen eines Messwertes geht es darum, einen angezeigten Wert irrtumsfrei festzustellen. Hierfür muss eine angemessene Zeit zur Verfügung stehen. Beim orientierten Wahrnehmen werden kurzzeitig angezeigter Wert und Vorgabewert verglichen, daraus wird auf die Einhaltung eines Toleranzbereiches geschlossen. Bei vielen Überwachungstätigkeiten fällt orientiertes Wahrnehmen an. Beim Verfolgen von Messwertänderungen geht es darum, während des Zeitablaufs die Richtung, Größenordnung oder Geschwindigkeit von Änderungen der Zustandsgröße zu erfassen. Vor allem Steuer- und Regeltätigkeiten zeichnen sich durch solche Wahrnehmungsaufgaben aus.

---

279 vgl. DIN 33413, Teil I und Abbildung II-200.

Zur Unterstützung der genannten Wahrnehmungsaufgaben kann die Arbeitsgestaltung auf folgende Merkmale einwirken:

- die *Kodierung*,
- die Anzeigengestaltung (im engeren Sinne) und
- die Anzeigenanordnung.

Zu den visuellen Anzeigen haben sich für die verschiedenen Codes maximal- und empfohlene Kodierungsstufen ergeben. Abbildung II-200 fasst diese Empfehlungen zusammen.

Stufenanzahl			Bewertung		
Kodierung	Maximum	Empfehlung	Wahrnehmungs-zeit	Platz-bedarf	Sonstiges
Farbe					
Leuchten	10	3	kurz	gering	gut zur qualitativen Kodierung
Oberflächen	50	9	kurz	gering	gut zur qualitativen Kodierung
Form					
Ziffern/Buchstaben	unbegrenzt	Kolonnen-bildung	variabel	gering	gut zur Identifizierung
geometrische Symbole	15	5	variabel	gering	manche Symbole schwer zu identifizieren
Pictogramme	30	10	kurz	gering	erlaubt direkte Assoziierung
Größe und Art					
Fläche	6	3	variabel	hoch	leichte Ortung
Länge	6	3	variabel	hoch	leichte Ortung
Leuchtdichte	4	2	variabel	gering	wird nicht empfohlen, da Interaktion mit Umgebung
Räumliche Darstellung	4	2	variabel	mittel	wird nicht empfohlen, da räuml. Vorstellungsvermögen unterschiedlich
Neigungswinkel	24	12	kurz	gering	begranzt auf kreisförmige Anzeigen
Blitzfolge (Stroboskop)	5	2	kurz	gering	nur zur Erregung der Aufmerksamkeit sinnvoll

Abbildung II-200

Empfehlungen zur Kodierung visueller Anzeigen[280]

Die Gestaltung visueller Anzeigen bezieht sich auf Skalen, Zeiger und die gegenseitige Zuordnung von Skalen und Zeigern. Generell kann empfohlen werden, eine lineare Skaleneinteilung vorzusehen. Dies ermöglicht ein rasches Ablesen und ggf. eine leichte Interpolation. Fehlerfreies, rasches Ablesen wird dann unterstützt, wenn die Skaleneinheit nicht kleiner als zwei Bogenminuten beträgt.

---

280 Helander, M. G.: Design of visual displays. In: Salvendy, G. (Hrsg.): Handbook of Human Factors, New York: Wiley, 1987, S. 507–548.

Bei 76 cm Ableseentfernung entspricht dies einer Distanz von 0,44 mm. Unter Zugrundelegung dieses minimalen Beobachtungswinkels von zwei Bogenminuten lassen sich die Skalenlänge und Skaleneinteilung folgendermaßen berechnen:[281]

$$L = \frac{D}{14,4} \cdot \frac{i \cdot m}{100}$$

Dabei ist

L = Länge der Skala zwischen den Endmarken in cm
D = Ableseentfernung
m = Anzahl der Skalenabschnitte auf der Gesamtskala
i = Anzahl von Skaleneinheiten zwischen zwei Marken, die bei der Interpolation mental zu bilden sind.

Die Skalenteilung und -bezifferung kann nach folgenden Regeln vorgenommen werden: Es sollten

- nicht mehr als fünf Intervalle oder vier Unterteilstriche zwischen Haupt- und Zwischenteilstrichen vorkommen,
- zwischen bezifferten Teilstrichen nie mehr als 4 unbezifferte Teilstriche vorkommen,
- nicht mehr als dreistellige Ziffern vorkommen,
- unnötige Bezifferung vermieden werden.

---

281 Bernotat, R.: Anzeigengestaltung. In: Schmidtke, H. (Hrsg.): Ergonomie. München: Hanser, 1981, S. 461–471.

Abbildung II-201 bewertet die Eignung verschiedener analoger und digitaler Anzeigen für verschiedene Wahrnehmungsaufgaben (nach DIN 33413, Teil 1).

Abbildung II-201

Eignung von Anzeigeneinrichtungen nach DIN 33413[282]

Art der Anzeigen-einrichtung			Wahrnehmungsaufgabe		
			Ablesen eines Meßwertes	Orientierendes Wahrnehmen	Verfolgen von Meßwert-änderungen
Analoge Anzeigen	**Skala fest, Zeiger beweglich**	Vollkreis-Skala	Geeignet	Gut geeignet	Gut geeignet (besonders gut geeignet bei großem Meßbereich)
		Dreiviertelkreis-Skala			
		Halbkreis-Skala	Gut geeignet	Gut geeignet	Gut geeignet
			Skala ist vorzugsweise im 2. und 1. Quadranten zu verwenden. Andere Anordnungen erschweren die Wahrnehmung und vergrößern die Fehlerzahl.		
		Quadrant-Skala	Geeignet	Geeignet	Geeignet
			Skala ist vorzugsweise nach oben gerichtet zu verwenden		
		Sektor-Skala	Bedingt geeignet (bei großen Radien)	Bedingt geeignet (bei großen Radien)	Nicht geeignet (Anzeigebereich zu gering)
			Skala ist vorzugsweise nach oben gerichtet zu verwenden		
		Querskala	Geeignet	Geeignet	Geeignet
		Hochskala	Bedingt geeignet	Geeignet	Geeignet
	Skala beweglich, Zeiger fest	Anzeigeeinrichtung, bei der der Anzeigebereich größtenteils bzw. vollständig sichtbar ist	Geeignet	Bedingt geeignet	Bedingt geeignet
		Anzeigeeinrichtung, bei der nur ein kleiner Teil des Anzeigebereichs sichtbar ist	Bedingt geeignet (sofern mindestens 2 Referenzziffern sichtbar sind)	Bedingt geeignet	Nicht geeignet
Digitale Anzeigen		Ziffernskala 011011	Gut geeignet (auch für sehr großen Meßbereich geeignet)	Bedingt geeignet	Nicht geeignet (Ausnahme: langsame und stetige Meßwertänderung)

Schriftgrößen berechnen sich nach DIN 1451[283] anhand der Gleichung:

$$H = \frac{D + 250}{F}$$

Dabei ist:

H = Schriftgröße in mm, D = Ableseentfernung in mm, F = Faktor für Schriftart

Für eine minimale Schriftgröße und »Mittelschrift« ergibt sich F = 550 für günstige Lichtverhältnisse.

---

282 DIN 33413 Teil I: Ergonomische Gesichtspunkte für Anzeigeneinrichtungen, Arten, Wahrnehmungsaufgaben.
283 DIN 1451, Teile 1 bis 3, 1986, 1987 und 1998: Schriften – Serifenlose Linear-Antiqua.

Die Verhältnisse von Schriftbreite, Schriftgröße, Strichdicke und Schriftabstand werden folgendermaßen empfohlen:

- Schriftbreite: $\frac{2}{3}$ der Höhe H

- Schrifthöhe: $\frac{H}{6}$ bis $\frac{H}{8}$ bei schwarzer Schrift auf weißem Hintergrund

    $\frac{H}{8}$ bis $\frac{H}{12}$ bei weißer Schrift auf schwarzem Hintergrund

- Abstand zwischen Buchstaben und Ziffern: $\frac{H}{6}$

- Abstand zwischen Worten $\frac{2}{6}$ der Höhe

Bei der Anordnung der Beschriftung ist darauf zu achten, dass es zu keiner Verdeckung durch den Zeiger kommt. Wird der Abstand zwischen Skala und Zeigerspitze jedoch zu groß, so nimmt die Ablesegenauigkeit ab und die Wahrscheinlichkeit von Ablesefehlern zu. Die Zeigerspitze sollte möglichst V-Form haben; der Höhenabstand zwischen Zeiger und Skala sollte minimiert werden, um Ablesefehler durch Parallaxen zu vermeiden. Darüber hinaus sollte die Unterteilung der Skala nicht feiner sein, als es für die Durchführung der Arbeitsaufgabe erforderlich ist. Die Skalenunterteilung der Anzeige und die Genauigkeit des Messinstrumentes sollten aufeinander abgestimmt sein. Es kann günstig sein, auf der Skala den Sollwert zu markieren; damit können Abweichungen des Istwertes besser erkannt werden.

Die sinnfälligen Bewegungsrichtungen des Zeigers über der Skala können Abbildung II-202 entnommen werden.

Abbildung II-202

Sinnfällige
Bewegungs-
richtungen
von Zeiger und
Stellteil

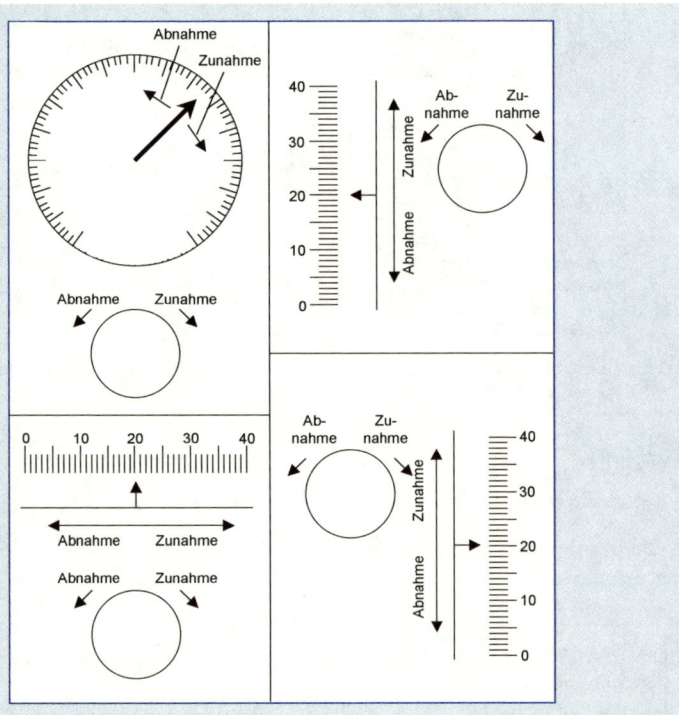

Die Lage und Anordnung von Anzeigen, auch ihre Zuordnung zu Stellteilen, beeinflussen sehr stark die schnelle, korrekte und genaue Informationsaufnahme. Ordnet man Anzeigen nach den logischen Schritten der Verwendung (Flussdiagramm) an, so unterstützt das die optische Orientierung und begünstigt die Einarbeitung. Dieser Sachverhalt trifft vor allem für die Verwendung von Anzeigen in der Verfahrenstechnik zu. Hat man dagegen eine Anzahl gleicher Betriebsmittel, die über eine zentrale Einrichtung gesteuert werden, dann bietet sich die Platzierung der Anzeigen nach bestimmten geometrischen Mustern an. Dabei sind die Erkenntnisse der Gestalttheorie zu berücksichtigen. So empfiehlt es sich bei Kreisskalen, die Anzeigen in der »9-Uhr-Stellung« der Zeiger auszurichten. Die Zeiger linearer Skalen sollten dagegen in der Vertikalen ausgerichtet sein. Bei der Gruppierung ist weiterhin zu beachten, dass Anzeigen nach ihrer Wichtigkeit und Beobachtungshäufigkeit im Gesichtsfeld, Blickfeld oder im Umblickfeld (s. Abschnitt 7.1.5) einzuordnen sind. Dauernd zu beobachtende oder besonders wichtige Anzeigen sind im zentralen Gesichtsfeld zu platzieren. Ist das nicht zu realisieren (z. B. infolge begrenzter Raumverhältnisse), können die an der Gesichtsperipherie untergebrachten Anzeigen mit zentralen Warneinrichtungen gekoppelt werden.

Ablesefehler und Ablesezeit steigen an, wenn Anzeigen nicht nur im Gesichtsfeld, sondern auch im Blickfeld oder sogar im Umblickfeld abzulesen sind.

Anzeigen, die von der Funktion her miteinander verwandt oder sequenziell zu beobachten sind, sind horizontal nebeneinander anzuordnen, da dies der natürlichen Augenbewegungsrichtung entspricht. Funktionell unterschiedliche Anzeigen sind dagegen verschieden hoch zu platzieren oder zumindest in verschiedenen Farben zu gestalten. Die Wahrnehmungsaufgaben werden erleichtert, wenn gemeinsame Bezeichnungen für mehrere Anzeigen über den jeweiligen Anzeigengruppen, die Bezeichnungen dagegen einzelner Anzeigen unter den jeweiligen Anzeigen angebracht werden. Zusammengehörige Anzeigen können auch durch farbige Flächen hervorgehoben werden.

Um unnötige Akkommodationen des Auges zu vermeiden, empfiehlt es sich, auf gleiche Ableseentfernungen von Anzeigen zu achten. Weiterhin sollte sich die Haupt-Sehachse senkrecht zur Anzeigenebene orientieren.

7.5.7 Stellteile

Stellteile sind Elemente an Arbeitsmitteln, die beim Stellen eine Veränderung des Informations-, Energie- und/oder Stoffflusses bzw. einer Position bewirken. Dabei wird das Stellen durch Drehen, Schwenken, Drücken, Schieben oder Ziehen eines Stellteils vorgenommen.[284]

Synonym werden für Stellteile häufig die Begriffe Bedienelement, Bedienteil, Steuerarmatur oder Betätigungsteil verwendet.

---

284 DIN 33401: Stellteile, Begriffe, Eignung, Gestaltungshinweise.

Stellteile können dazu dienen,

- einen Vorgang ein- oder auszuschalten,
- die Lage eines Bauteils zu verändern,
- einen Prozess zu steuern bzw. zu regeln,
- Arbeitsmittel oder Arbeitsräume zu sichern.

Für die Stellaufgaben kommen nicht nur Finger und Hand des Bedieners, sondern auch Fuß, Knie, Bein, Rumpf oder Schulter infrage. Auch die menschliche Sprache kann für Stellvorgänge genutzt werden.

Bei der Auswahl, Gestaltung und Anordnung der Stellteile ist daher zu beachten, dass sie den Bewegungsmöglichkeiten des jeweils einzusetzenden Körperteils entsprechen; Anforderungen an Geschwindigkeit und auszuübende Kraft sind bei der Stellbewegung zu berücksichtigen.

Darüber hinaus kann nach den Betätigungsarten unterschieden werden in

- diskrete Stufeneinstellung
  - zwei Stellmöglichkeiten (z. B. Betriebsschalter),
  - drei und mehr Stellmöglichkeiten (z. B. Gangschaltung),
- kontinuierliche/stufenlose Einstellung (z. B. Lautstärkeregelung),
- sonstige (z. B. Beibehaltung der jeweiligen Einstellung).

Die technische Ausführung der Stellteile kann anhand der folgenden Kriterien beurteilt werden[285]:

- Art der Kraftübertragung,
- Informationsart,
- Art der Stellfunktion,
- Stellgenauigkeit,
- Sicherheit,
- Platzbedarf.

Stellwege und -widerstände sind in Abhängigkeit der physiologischen Gegebenheiten des Bedieners und der Stellaufgabe zu wählen. Folgende Gestaltungsmerkmale sind dabei zu berücksichtigen:

- Form des Stellteils bzw. Griffteils,
- Material, Oberfläche, Struktur des Stellteils bzw. Griffteils,
- Größe, Abmessungen des Stellteils /Griffteils,
- Abstand zu anderen Stellteilen,
- Abstand zu anderen Betriebsmitteln (Umgebung des Stellteils).

Von großer Bedeutung ist auch die Sinnfälligkeit der Stellbewegungen und die damit verbundene Anzeigenveränderung.

---

285 VDI-Handbuch der Arbeitsgestaltung und Arbeitsorganisation. Düsseldorf: VDI, 1980.

Beim Vorhandensein mehrerer Stellteile muss die räumliche Anordnung dergestalt erfolgen, dass sicheres, eindeutiges und aufgabengerechtes Stellen ermöglicht wird.

Dabei ist besonders zu beachten:

- der technische Ablauf des Stellvorgangs sowie der gesamten Arbeitsaufgabe (z. B. auch Möglichkeit schnellen Ortswechsels),
- die Wichtigkeit des Stellens,
- die Häufigkeit des Stellens,
- die Zugänglichkeit der Stellteile,
- die Arbeitssicherheit,
- die Kontrollmöglichkeit der Stellung,
- die Reihenfolge des Stellens.

Die Betätigung von Stellteilen muss in jedem Fall innerhalb von Ausführbarkeitsgrenzen (z. B. innerhalb der Armreichweite) und innerhalb von Erträglichkeitsgrenzen (z. B. Vermeidung statischer Halte- und Haltungsarbeit) liegen.

Auch die Hygienevorschriften (Sauberkeit, Reinigungsmöglichkeit) sollen bei der Stellteilgestaltung berücksichtigt werden.

Stellteile können über eine formschlüssige oder eine reibschlüssige Kopplung zur Hand oder zum Fuß bedient werden. Ein Formschluss ergibt sich dann, wenn Stellteile und Finger, Hand oder Fuß unmittelbar anliegen und damit die Kraftübertragung ermöglichen. Reib- oder kraftschlüssige Kopplung verlangt dagegen einen hohen Anpressdruck auf das Stellteil, um den Stellvorgang sicher auszulösen. Reibschlüssige Kopplungen ermöglichen zwar schnelleres Zugreifen und Umgreifen, aus Gründen der Arbeitssicherheit ist jedoch – vor allem dann, wenn Stellteile verschmutzen, ölig, fettig oder nass werden können – häufig der Formschluss vorzuziehen. Kann man jedoch auf reibschlüssige Kraftübertragung nicht verzichten, dann spielen die Werkstoffe des Stellteils bezüglich ihrer Reibungskoeffizienten, Wärmeleitfähigkeit und dermatologischen Aspekte eine besondere Rolle. Grobprofilierte Stellteil-Oberflächen ergeben ungünstige Kopplungsbedingungen. Die kraftübertragende Fläche wird dadurch klein, und die Verletzungsgefahr steigt.

Die Stellteile müssen in ihrer Geometrie und räumlichen Lage so gestaltet sein, dass sie ohne übermäßige statische Halte- und Haltungsarbeit auf Dauer praktisch ermüdungsfrei bedient werden können. Stellbewegungen sollen dabei mit einem möglichst kleinen Bewegungsaufwand unter Einbeziehung möglichst weniger Gelenke realisiert werden. Die bevorzugten Arbeitsbereiche der Hände und der Füße sind dabei zu beachten.

Sind mehrere Stellteile zu betätigen, so reichen oft die bevorzugten Arbeitsbereiche nicht aus. Nach der Benutzungsfrequenz des Stellteils ist dann auch eine Platzierung des Stellteils außerhalb des bevorzugten Bereichs im zulässigen Betätigungsbereich vorzusehen. Weiterhin sollten die Extremitäten möglichst gleichmäßig belastet werden. Die Grundstellung des Körpers entscheidet ebenfalls über die Verteilung der Stellteile: Da im Stehen Fußstellteile nur in Ausnahmefällen eingesetzt werden sollen, führen Stehhaltungen oft zu einer Anhäufung von Handstellteilen (z. B. bei der Bedienung einer Drehmaschine).

Unter *Stellkraft* (Dimension: N) versteht man die Aktionskraft, die zur Betätigung eines Stellteils erforderlich ist.

Unter Stellweg werden Gradzahl oder Weglänge zwischen zwei Stellpositionen eines Stellteils verstanden.

Unter Stellwiderstand (Dimension: Nm) versteht man das im Stellteil vorhandene, konstruktionsbedingte Moment, das beim Betätigen überwunden werden muss.

Erfordert die Steuerungs- oder Regelungsaufgabe die Aufbringung höherer Kräfte, so sind in diesen Fällen Arm- oder Beinbewegungen vorzusehen. Werden der Arm oder der Rumpf mitbewegt, so können auch größere Stellwege zurückgelegt werden. Dabei sind wiederum ungünstige Körperhaltungen bzw. Gelenkwinkel zu vermeiden.

Abbildungen II-203 und II-204 geben Bereiche für Stellwege, Stellkräfte und *Stellwinkel* an. Optimalbedingungen innerhalb dieser Bandbreite können dann realisiert werden, wenn

- *Stellwege* im ersten Drittel des Stellbereichs bevorzugt werden;
- Stellkräfte ebenfalls im ersten Drittel des Stellkräftebereichs gestaltet werden; dabei müssen jedoch Mindeststellkräfte eingehalten werden, um Fehlbedienungen auszuschließen.

Abbildung II-203

Empfohlene Stellwege und Stellkräfte für ausgewählte Stellteile [286]

Greifart und Stellbeispiel	Stellweg	Stellkraft
Kontaktgriff/Finger (Druckknopf)	2–10 mm	1–8 N
Kontaktgriff/Hand Drucktaster)	10–40 mm	4–16 N bei Notschaltern bis 60 N
Zufassungsgriff/3 Finger (Drehknopf)	> 360° Nachgreifen erforderlich	0,02–0,3 Nm bei 15–25 mm Ø
Zufassungsgriff/Hand (Schalthebel)	20–300 mm	5–100 N
Umfassungsgriff/Hand (Stellhebel)	100–400 mm	10–200 N
Auflage/Fuß (Pedal)	20–150 mm	30–100 N

---

286 DIN 33401: a. a. O.

Stellteil	Stellwinkel	Drehmoment		
			Stellen	
		Kurbelradius	einhändig	beidhändig
Kurbel	unbegrenzt	bis 100 mm	0,5 Nm – 3 Nm	–
		über 100 mm bis 200 mm	5 Nm – 14 Nm	10 Nm – 23 Nm
		über 200 mm bis 400 mm	4 Nm – 30 Nm	8 Nm – 160 Nm
			Stellen	
Handrad	unbegrenzt ohne Nachgreifen 60°	Radius	einhändig	beidhändig
		25 mm – 50 mm	0,5 Nm – 6,5 Nm	–
		über 50 mm – 200 mm	–	2 Nm – 4,0 Nm
		über 200 mm – 250 mm	–	4 Nm – 60 Nm
Drehknebel	15° – 90° zwischen zwei Schaltstellungen	Knebellänge bis 25 mm 0,1 Nm – 0,3 Nm über 25 mm 0,3 Nm – 0,7 Nm		
Drehknopf	unbegrenzt	für Drehknopfdurchmesser über 15 mm – 25 mm 0,02 Nm – 0,005 Nm über 25 mm – 70 mm 0,035 Nm – 0,7 Nm		
Schlüssel	15° bis 90° zwischen zwei Schaltstellungen	0,1 Nm – 0,5 Nm		

Abbildung II-204
Empfohlene Stellwinkel und Drehmomentbereiche [287]

Bei der Auswahl der Stellwege und Stellkräfte ist für eine Rückkopplung bei den Stellvorgängen zu sorgen, damit die augenblickliche Lage des Stellteils wahrgenommen werden kann.

Die Anzahl der Freiheitsgrade in den Stellmöglichkeiten eines Stellteils bezeichnet man als Dimensionalität.

Sind mehrere Stellfunktionen in einem Stellteil zusammengefasst, so spricht man von hochintegrierten Stellfunktionen. Beispiele hierfür sind im Kraftfahrzeug kombinierte Stellteile für Änderung der Fahrtrichtung, Beleuchtung, Lichthupe und Parklicht oder für Scheibenwischer und Waschanlage. Bei der Flugzeugsteuerung ist das Stellteil für Querruder, Höhen- und Seitenruder ein Stellteil mit hoher Dimensionalität. Bei hoher Dimensionalität eines Stellteils bzw. hochintegrierten Stellfunktionen können sich leicht Fehlbedienungen ergeben, wenn die Anordnung, Funktionsrichtung und der Funktionszuwachs des Stellteils nicht standardisiert sind. Die Dimensionalität der Arbeitsaufgabe und die des Stellteils müssen in der Regel übereinstimmen, um Fehlhandlungen des Bedieners zu vermeiden.

Beispiele für Stellteile
Gliedert man die *Stellteile* danach, ob sie mit einem Finger, mehreren Fingern, der Hand oder dem Fuß betätigt werden, so stehen bei den fingerbetätigten Stellteilen an erster Stelle die Druckschalter bzw. -taster (Abbildung II-205.1).

---

287 DIN 33401: a. a. O.

Während der Druckschalter in der jeweiligen Schaltstellung einrastet, geht der Drucktaster nach Loslassen in seine Ausgangsstellung zurück. Beide Stellteile erlauben zwei Einstellungen. Sie benötigen nur wenig Platz und können sehr schnell betätigt werden. Bei Kombinationen mit einer Leuchte kann die Schaltstellung optisch gut erkannt werden. Darüber hinaus sollte beim Betätigen eine spürbare oder hörbare Rückmeldung erfolgen.

Kippschalter sind ebenfalls mit einem oder zwei Fingern zu betätigen. Sie erlauben zwei oder drei Stellungen; auch hier ist schnelles Stellen möglich. Bei Platzmangel können Kippschalter mit Vorteil eingesetzt werden. Die Schaltstellungen selbst sind sowohl optisch als auch taktil zu erkennen.

Eine Kombination von Kippschaltern und Drucktastern sind die Wippschalter. Diese Stellteile sind für zwei Stellungen vorgesehen. Auch sie benötigen wenig Platz, die Schaltstellungen sind schnell zu wechseln. Sie können auch optisch und taktil befriedigend erkannt werden.

Der Drehknebel ist geeignet sowohl für stufenloses Stellen als auch für Stellvorgänge in mehreren Stufen. Bei den Stellvorgängen in Stufen können zwischen zwei bzw. drei und vierundzwanzig Stellungen realisiert werden. Bei der Benutzung als Stufenschalter können exakte Stellungen erreicht werden. Diese Stellung ist optisch und taktil gut erkennbar. Schnelles Stellen ist möglich. Der Platzbedarf ist bei einer geringen Zahl von Stellmöglichkeiten im Verhältnis zu Drucktaster oder Kippschaltern groß, bei einer hohen Zahl von Einstellungen dagegen klein. Drehknebel müssen in die jeweiligen Schaltstellungen einrasten und dürfen nicht in Zwischenstellungen stehen bleiben. Nach einem Drehwinkel von ca. 150° muss bei der Betätigung eines Drehknebels umgegriffen werden.

Der Drehknopf ist für Drehbewegungen ohne Kraftaufwand günstig. Sowohl Grob- als auch Feineinstellungen sind möglich. Dabei kann die Einstellung stufenlos oder stufig geschehen. Der Platzbedarf ist gegenüber Druck- und Kippschaltern etwas größer, schnelles Einstellen ist jedoch möglich. Die Rückmeldung der Einstellungen hat optisch über eine Zeigermarke zu erfolgen.

Mit einem Schlüssel (z. B. Zündschlüssel) ist Stellen in zwei oder mehr Stufen möglich. Der Schlüssel begünstigt schnelles Einstellen oder das Halten einer Stellung. Die Sicherheit gegen unbeabsichtigtes Verstellen muss jedoch gegeben sein.

Der Schalthebel ist für zwei oder mehr Einstellungen vorgesehen. Auch stufenloses Stellen in mehreren Bewegungsrichtungen ist möglich. Der Einsatz des Schalthebels begünstigt das schnelle Stellen, das Halten des Stellteils und auch die Stellgenauigkeit. Große Energien und Kräfte können eingeleitet werden. Nachteilig ist jedoch der hohe Platzbedarf des Schalthebels. Die jeweiligen Schaltstellungen sind leicht optisch und taktil erkennbar. Sollen große Kräfte mit Schalthebeln übertragen werden, so sind gerade Griffbahnen vorzusehen. Bei gekrümmten Griffbahnen ist dagegen eher eine Kurbel einzusetzen. Eine Variante des Schalthebels ist der Stellhebel, der auch für die Betätigung mit zwei bis drei Fingern vorgesehen werden kann. Der Stellhebel wird insbesondere bei genauen Steueraufgaben eingesetzt.

	Druckschalter, - taster, (Finger/Hand)	Kippschalter	Drehknebel	Drehknopf
Kräfte bzw. Momente, die ausgeübt werden können	sehr klein	sehr klein	sehr klein	klein
Benötigte Zeit zur Einstellung	sehr kurz	sehr kurz	mittel bis kurz	mittel bis kurz
Zahl der möglichen Einstellungen bzw. Größe des Betätigungsbereiches	2	2 oder 3	3 bis 24 (evtl. mehr)	unbegrenzt
Raumbedarf für Anordnung und Betätigung	klein	klein	mittel	klein bis mittel
Kodierung durch Formung möglich	schlecht bis befriedigend	gut	gut	gut
Stellung kann optisch erkannt werden	schlecht *)	gut	gut	befriedigend **)
Stellung kann taktil erkannt werden	schlecht	sehr gut	befriedigend bis gut	schlecht
Einstellung eines in ein Gruppe von gleichen Betätigungsteilen erkennbar	schlecht *)	sehr gut	schlecht	befriedigend bis gut **)
Gleichzeitige Betätigung mehrerer benachbarter Teile mit einer Hand möglich	sehr gut	sehr gut	schlecht	schlecht
Als Teil eines kombierten Betätigungselements brauchbar	sehr gut	schlecht	gut	gut

*) Besser, wenn als Leuchttaster ausgebildet.
**) Nur, wenn insgesamt mögliche Drehung < 360° und wenn Marke (Zeiger) vorhanden.

Abbildung II-205.1
Eigenschaften von Stellteilen[288]

288 Kroemer, K.; Kroemer, H.; Kroemer-Elbert, K.: Ergonomics. Upper Saddle River: Prentice Hall, 2001.

Abbildung II-205.2

Eigenschaften von
Stellteilen

	Kurbel	Handrad	Schalthebel	Druckschalter, -taster, fuß-betätigt	Pedal
	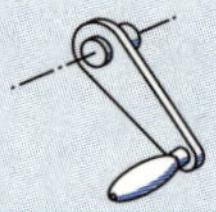	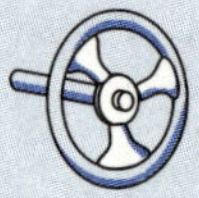			
Kräfte bzw. Momente, die ausgeübt werden können	groß	groß	groß	klein bis mittel	groß
Benötigte Zeit zur Einstellung	–	–	mittel	kurz	–
Zahl der möglichen Einstellungen bzw. Größe des Betätigungsbereiches	unbegrenzt	etwa +/– 60 ohne Umgreifen	etwa +/– 90 ohne Umgreifen	2	klein: für Pedalkurbel unbegrenzt
Raumbedarf für Anordnung und Betätigung	mittel bis groß	mittel bis groß	mittel bis groß	groß	groß
Kodierung durch Formung möglich	schlecht	schlecht	befriedigend	schlecht	schlecht
Stellung kann optisch erkannt werden	schlecht ***)	schlecht	befriedigend bis gut	schlecht	–
Stellung kann taktil erkannt werden	schlecht ***)	schlecht	schlecht bis befriedigend	schlecht	–
Einstellung eines in ein Gruppe von gleichen Betätigungsteilen erkennbar	schlecht	schlecht	gut	schlecht	–
Gleichzeitige Betätigung mehrerer benachbarter Teile mit einer Hand möglich	schlecht	schlecht	gut	–	–
Als Teil eines kombierten Betätigungselements brauchbar	gut	gut	gut	schlecht	–

***) Besser, wenn an der Kurbel weniger als eine volle Umdrehung durchgeführt wird.

Die Vorteile der Kurbel liegen insbesondere im unbegrenzten Drehbereich. Kurbeln können mit Vorteil zur Einleitung großer Energien eingesetzt werden. Bei geringem Stellwiderstand ist genaues und schnelles Nachfahren möglich. Kurbeln benötigen jedoch viel Platz. Die Griffbahn der Kurbel sollte nach Möglichkeit in Hüft- oder Ellenbogenhöhe angeordnet sein. Bei der Übertragung großer Energien muss die Kurbel mit beiden Händen angefasst werden können. In diesem Falle ist die Drehachse waagerecht und parallel zur Körperfront des Bedieners angeordnet.

Handräder sind für Einstell- und Steuerbewegungen bei mittlerem Widerstand geeignet. Handräder können gut in einer Position gehalten werden, ein genaues Stellen ist möglich. Handräder werden im Regelfall für stufenloses Stellen eingesetzt. Jedoch ist auch ein Handrad als Stufenschalter denkbar. Die Nachteile des Handrades liegen in dem großen Platzbedarf und der verhältnismäßig schlechten optischen Rückmeldung der Einstellung.[289]

Fußschalter sind in erster Linie für zwei Stellungen – analog Drucktaster bei Handbedienung – vorgesehen. Pedale lassen dagegen zwei oder mehr Stellungen zu; auch stufenloses Betätigen ist möglich. Bei Pedalen können große Kräfte (z. B. Bremspedal im Pkw) übertragen werden. Ebenso ist schnelles Stellen möglich (z. B. Gaspedal im Pkw). Der Einsatz von Pedalen ist ebenfalls möglich, wenn über einen längeren Zeitraum der Fuß auf dem Pedal ruhen soll. Das häufigere Betätigen von Pedalen setzt eine sitzende Körperhaltung voraus. Fußschalter und Pedale haben den Nachteil eine großen Platzbedarfes, ihre jeweilige Stellung ist oft nur schlecht erkennbar.

Räumliche Anordnung

Die empfohlene Körperhaltung bei der häufigen Betätigung von Stellteilen richtet sich vor allem nach der Arbeitsaufgabe: Ist eine hohe Genauigkeit bei der Betätigung erforderlich und sind zudem noch anspruchsvolle Sehaufgaben abzuwickeln, so müssen die Stellteile im Hinblick auf eine sitzende Körperhaltung optimiert werden. Auch die Betätigung von Fußpedalen setzt im Regelfall Sitzen voraus.

Sind dagegen bei der Betätigung von Stellteilen große Handkräfte aufzubringen oder sind die Stellteile sehr groß, dann kommt nur eine Stehhaltung infrage. Dies trifft vor allem auf die Benutzung von Handrädern oder Kurbeln zu. Die Möglichkeit eines kombinierten Sitz-/Steh-Arbeitsplatzes ist zu prüfen.

---

289 Umfangreiche Untersuchungen zum Einsatz von Handrädern wurden von Mainzer vorgelegt: Mainzer, J.: Ermittlung und Normung von Körperkräften. Fortschritts-Berichte der VDI-Zeitschrift, Reihe 17, Nr. 12, Düsseldorf: VDI, 1982.

Bei der Anordnung sehr vieler Stellteile – u. U. kombiniert mit Anzeigen (s. Abschnitt 7.5.6) – sind konkurrierende Prinzipien zu beachten:[290]

- Anordnung nach der Funktion
  (Stellteile mit ähnlicher Funktion werden gruppiert);
- Anordnung nach Wichtigkeit
  (handlungskritische Stellteile werden an Positionen im bevorzugten
  Greifraum/Sehraum angeordnet);
- Anordnung nach Einzeloptima
  (Stellteile werden an den jeweils »optimalen« Stellen in Bezug auf Reichweite,
  Genauigkeit, Krafteinsatz usw. angeordnet. Das Ergebnis muss kein Gesamt-
  optimum sein);
- Anordnung nach der Benutzungsreihenfolge
  (Stellteile werden nach der Reihenfolge der Benutzung angeordnet);
- Anordnung nach der Benutzungsfrequenz
  (häufig benutzte Stellteile werden im bevorzugten Greifraum/Sehraum
  platziert).

Da in der Praxis der Arbeitsgestaltung üblicherweise Zielkonflikte zwischen diesen Anordnungsprinzipien auftreten, kann als Gestaltungsempfehlung angegeben werden, zunächst eventuell sicherheitskritische Stellteile an geeigneter Stelle zu platzieren und danach jedoch den Prinzipien Benutzungshäufigkeit und -reihen-folge höhere Priorität als den anderen aufgeführten Prinzipien zu geben. Bei vorwiegend sequenzieller Betätigung ist eine Platzierung der Stellteile in ihrer Benutzungsreihenfolge von links nach rechts oder von oben nach unten vorzusehen. Hochintegrierte Stellteile, die diese Benutzungsreihenfolge infrage stellen würden, sind nicht zweckmäßig. In jedem Fall sollten häufige Ortswechsel von Körper, Hand, Fuß oder Auge bei der Stellteilbedienung vermieden werden.

Kodierung von Stellteilen
Um Betätigungsfehler zu vermeiden, kann auch die *Kodierung von Stellteilen* vorgenommen werden. Bereits die räumliche Anordnung stellt eine Kodierung dar. Hinzu kommt die Kodierung durch Gestaltgebung – also Form und Größe – sowie Farbe und Beschriftung.

Bei der Formgebung erweist es sich als sinnvoll, auf die Funktion oder die Stellung des Stellteils hinzuweisen, also z. B. das Stellteil in Zeigerform auszubilden. Es werden hier visuelle und taktile Sinnesdimensionen angesprochen.

Eine Größenkodierung der Stellteile kann ebenfalls sinnvoll sein – beispielsweise große Drehknöpfe für die Grob-Einstellung, kleine Drehknöpfe für die Fein-Einstellung.

---

290 McCormick, E.J.: Human Factors Engineering. New York: Wiley, 1964.

Die Beschriftung und die Farbgestaltung sprechen nur die visuelle Sinnesdimension an. Entsprechende Beleuchtungsqualität am Arbeitsplatz ist daher eine Voraussetzung. Kodierung durch Beschriftung sollte sparsam verwendet werden. Nur bekannte Symbole sollten benutzt werden, um z. B. auf Auswirkungen der Betätigungen hinzuweisen.[291]

Bestimmte Funktionsgruppen von Stellteilen oder besonders wichtige Stellteile könne farblich markiert werden. Hierbei weist

- Rot auf unmittelbare Gefahr,
- Gelb auf eine Warnung,
- Grün auf Gefahrlosigkeit oder den normalen Betriebszustand hin.

Die genannten Kodierungsarten können zur Verstärkung auch miteinander kombiniert werden.

---

291 Hierbei sind die DIN 32830 (Gestaltungsregeln für graphische Symbole) und DIN 30602 (Empfehlungen für Bildzeichenanwendung) zu beachten.

8 Gestaltung von Makro-Arbeitssystemen

8.1 Mensch-Maschine-Funktionsteilung

8.1.1 Mechanisierung und Automatisierung

Unter *Mensch-Maschine-Funktionsteilung* versteht man die Zuweisung von Aufgaben an Mitarbeiter und/oder Maschine (Technik) nach Leistungs- und Ergonomie-kriterien. Mensch und Maschine sollen die Aufgaben zugewiesen bekommen, für die die jeweiligen Eigenschaften, Fähigkeiten und Fertigkeiten optimal sind.

Durch den wissenschaftlich-technischen Fortschritt entwickelten sich die Arbeits-prozesse in den letzten Jahrzehnten dahingehend, immer mehr menschliche Funk-tionen auf die Maschinen bzw. den Rechner zu übertragen. Eine Gegenüberstellung der Eigenschaften von Maschine und Mensch macht die unterschiedlichen Einsatz-charakteristika deutlich (Abbildung II-206).

Eigenschaftsvergleich Mensch und Maschine		
Eigenschaften	**Maschine**	**Mensch**
1. Allgemeine, mechanische Leistung	beliebig groß oder klein	etwa 4,44 kW bis 10 sec. 0,74 kW einige Min. 0,22 kW 8 h (Dauerleistung)
2. Manipulative Leistung	spezifisch konstruiert	vielseitig und flexibel
3. Informationsaufnahme a) Art (Modalität) b) Bereich (Intensität) c) Störabstand (Empfindlichkeit) d) Erkennung	entsprechend physikalischer Mess-barkeit klein (linear) wählbar syntaktisch (Zeichen)	entsprechend Sinnesorganen groß (logarithmisch) semantisch (Form) pragmatisch (Bedeutung)
4. Informationsverarbeitung a) Algorithmenverarbeitung b) Strategienbildung c) Verarbeitungsprinzip d) Verarbeitungsart e) Speicherung f) Zugriff g) Extrapolation (Vorausschau)	exakt, Fehlerkorrektur nur durch massive Rechnerunterstützung fest programmiert mehrkanalig (parallel) knapp kleine bis mittlere Speicherkapazität kurze Zugriffszeit spezifisch z. B. Vorhalt (Regelungs-theorie)	ungenau, Fehlerkorrektur-möglichkeit Wahlmöglichkeit und Optimierung möglicherweise einkanalig (seriell) weitschweifig (redundant) große Speicherkapazität teilweise lange Zugriffszeit allgemein, Erfahrungsverwertung
5. Leistungsverhalten a) Geschwindigkeit b) Konstanz c) Zuverlässigkeit d) Lernfähigkeit	innerhalb technologischer Grenzen groß Ausfall bedingt (bei Rechnerunterstützung)	innerhalb physiologischer Grenzen gering, auch unabhängig von Umgebungseinflüssen Regeneration (Erholung) groß

Abbildung II-206
Eigenschaftsvergleich
Mensch-Maschine[292]

---

292 Abgeändert nach Rohmert, W.: Arbeitswissenschaft I. Darmstadt, 1993.

Maschine wird hierbei im weitesten Sinne für alle Produktionsinstrumente verwendet, die Informationen aufnehmen, verarbeiten und abgeben sowie auf Arbeitsobjekte einwirken und diese auch lenken.

Die Übertragung menschlicher Funktionen auf Maschinen hat eine lange Geschichte. Am Anfang stand die Nutzung natürlicher Energien, z. B. der Wasserkraft. Hinzu kamen einfache Geräte (z. B. Rad oder Pflug) zur Erleichterung oder Qualitätsverbesserung der eigenen Arbeit. Später war es der Bau von Maschinen zur ständigen Produktivitätsverbesserung. Markant war hier die Erfindung der Dampfmaschine, des Motors und der Elektrizität, die Ausgangspunkt der Industrialisierung und später der Massenproduktion wurden. Hinzu kam die Fließfertigung, die die Tätigkeit des Menschen revolutionär veränderte, die Produktivität sprunghaft erhöhte, auf der anderen Seite jedoch auch die Frage nach sinnentleerter Arbeit stellte und die Rolle des Menschen in der technisierten Gesellschaft hinterfragte. Durch Elektronik, Datenverarbeitung und Roboterisierung werden einfache Arbeiten durch Technik ersetzbar, Arbeitslosigkeit kann jedoch die Folge sein. Viele der in Abbildung II-206 dargestellten menschlichen Funktionen werden von Maschinen übernommen. Der Mensch muss also mit der Erkenntnis leben, dass er zu einem großen Teil ersetzbar ist, und er stattdessen die (derzeit) noch nicht auf die Technik übertragbaren Funktionen perfektionieren muss, um sich Beschäftigungsmöglichkeiten zu sichern.

Ohne Zweifel ist mit der Technisierung der Arbeit auch die Arbeitssicherheit und der Schutz vor arbeitsbedingten Erkrankungen gestiegen.

Es wird damit auch deutlich, dass sich durch Technikeinsatz das unmittelbare Zusammenwirken von Arbeitskraft und Arbeitsmittel vermindert, u. U. kann der Mensch völlig aus dem Produktionsprozess herausgelöst werden. Das Schwergewicht des menschlichen Einsatzes liegt damit in der Vorbereitung und Lenkung der Produktion sowie der Instandhaltung. In diesem Stadium besteht eine wesentliche Aufgabe des Menschen in der Entwicklung neuer Arbeitsmittel, Werkstoffe, Technologien und Verfahren sowie vor allem in der Softwareentwicklung.

Es ist sinnvoll, zwischen Automatisierung und Mechanisierung zu unterscheiden:

Wir verstehen unter *Mechanisierung* die Erledigung der operativen Funktionen eines Arbeitssystems durch eine Maschine, unter *Automatisierung* dagegen das Einwirken, Lenken und Überprüfen von Arbeitsprozessen durch die Maschine. Dem Menschen bleiben hier lediglich höherwertige Überwachungsfunktionen sowie die Zielfestlegung.

Mit der rasch fortschreitenden Entwicklung im EDV-Bereich werden immer mehr menschliche Funktionen auf die Maschine bzw. den Rechner übertragen. Es lassen sich dabei im Prinzip vier Stufen des Arbeitsmitteleinsatzes unterscheiden[293]:

---

293 Kulka, H. (Hrsg.): Arbeitswissenschaften für Ingenieure. Leipzig: VEB Fachbuchverlag, 1980.

1. Arbeit mit Werkzeugen,
2. Arbeit mit klassischen Maschinen,
3. Arbeit EDV-gestützt,
4. Arbeit KI-gestützt[294].

Bei der Arbeit mit Werkzeugen kommt es zu einer Unterstützung und ggf. Verstärkung menschlicher Organe. Es handelt sich im Regelfall um handwerkliche Arbeit, bei der die erforderliche mechanische Energie über das Werkzeug (z. B. Hobel, Säge) auf den Arbeitsgegenstand einwirkt. Der Arbeitsprozess wird vollständig durch den Menschen kontrolliert (Technisierungsstufe 1). Auf der Technisierungsstufe 2 ersetzt die Bearbeitungsmaschine den Menschen weitgehend in Bezug auf die operativen Funktionen. Die Regulations- und Kontrollaufgaben sind weiterhin vom Menschen zu erledigen. Technisierungsstufe 3 wird durch Maschinen charakterisiert, die weitgehend ohne den Eingriff des Menschen arbeiten und die Arbeitsabfolge selbstständig steuern. Auch Mess- und Prüfvorgänge können durch die Maschine abgewickelt werden (z. B. bei CNC-Maschinen). Störungen des Programmablaufes fordern jedoch das sofortige Eingreifen des Menschen. Die höchste Form der Technisierung (Stufe 4) liegt in der Anwendung von künstlicher Intelligenz. Hier entscheidet die Maschine auch selbstständig über die geeignete Arbeitsmethode und den besten Arbeitsweg. Lediglich die Zielbestimmung liegt noch beim Menschen.

Die Entwicklung ging von der Einzweck-Automatisierung in typgebundenen, speziellen Fertigungseinrichtungen hin zur flexiblen Automatisierung.[295] Flexible Automatisierung bedeutet, dass bei Modellwechsel die vorhandene Anlage wieder verwendet werden kann. Daneben soll die Gesamtkapazität der Anlage mit unterschiedlichen Modellverteilungen – je nach Marktanforderungen – ausgelastet werden können.

Die verstärkte Automatisierung in der Fertigung, Montage, Handhabung und Warenverteilung hat zu einer neuen Disziplin Automatisierungstechnik geführt. Die Automatisierungstechnik ist interdisziplinär aufgebaut und enthält Erkenntnisse aus Maschinenbau und Fahrzeugtechnik, Mechatronik, Robotik und Elektrotechnik, Gebäudeautomation und weiterer technisch-naturwissenschaftlicher Disziplinen. Folgende Themenfelder deckt die Automatisierungstechnik ab:

• Steuerungstechnik,
• Regelungstechnik,
• Mess- und Sensortechnik,
• Überwachung und Fehlerdiagnose,
• Simulation.

Die in Abbildung II-207 aufgeführten Aufgaben werden häufig in automatisierten Anlagen umgesetzt.

---

294 KI: Künstliche Intelligenz.
295 Heizmann, J.: Neue Arbeitsstrukturen in automatisierten Fertigungssystemen. In: Zink, K. (Hrsg.). Sozio-Technologische Systemgestaltung als Zukunftsaufgabe. München: Hanser, 1984, S. 110.

Abbildung II-207

Aufgaben
automatisierter
Anlagen

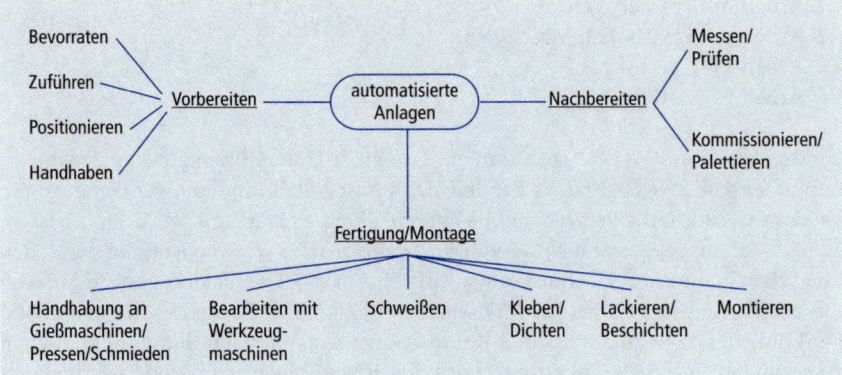

Bei der Planung automatisierter Anlagen spielt die Simulationstechnik eine wichtige Rolle. Oft geht es darum, die notwendigen Puffergrößen zu bestimmen oder höchstzulässige Bearbeitungszeiten zu ermitteln. Eingangsdaten in das Simulationsmodell sind dann z. B.

- Dauer des Ankunftsintervalls der Teile,
- Typenverteilung der Teile.

Modifiziert man die Typenverteilung des Fertigungsprogramms oder die Ankunftsintervalle, so ändern sich die Puffergrößen und die weiteren Kenngrößen des Fertigungsablaufs entsprechend.

Mit der Simulation werden kritische Engpässe im Produktionsablauf (möglichst) in einer frühen Phase der Planung erkannt. Oft vergisst man dabei aber, menschliche Eigenschaften und Fertigkeiten sowie deren Verteilung über der Arbeitszeit zu berücksichtigen.

Abbildung II-208

Übergang der Arbeitsfunktionen des Menschen auf Maschinen mit steigendem Technisierungsgrad der Arbeitsmittel[296] (A, B Anzeige- und Bedieneinheiten, DV Datenverarbeitung, Pr Produktionsprozess, Pd Produktfluss, R Regler, Z Störgröße)

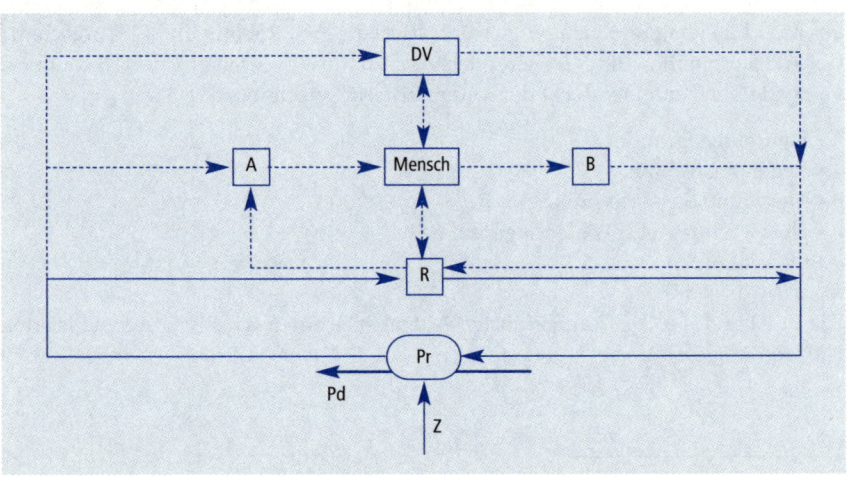

---

296 Kulka, H.: a. a. O, S. 20.

Mit fortschreitender Mechanisierung und Automatisierung übernimmt der Mensch die Funktion eines Reglers ohne Rechnerunterstützung (Abbildung II-208). Hier werden nicht nur die »technisch« vermittelten Informationen (z. B. durch Messgeräte) zur Steuerung benutzt, sondern auch die unmittelbar perzeptiv gegebenen, z. B. bei direkter Beobachtung des Arbeitsprozessverlaufs. Wichtig ist die Feststellung, dass der Mensch durchaus kein konstantes Übertragungsverhalten zeigt, sondern in Abhängigkeit von den Anforderungen, der Art des Eingangssignals und der Übertragungsfunktion der zu regelnden Strecke sowie der Bedienelemente seine Systemcharakteristik ändert.

Abbildung II-209 weist darauf hin, wie der Mensch sukzessive aus dem direkten Produktionsprozess herausgelöst wird.

Arbeitsfunktion Technisierungs- grad der Arbeitsmittel	Operative Funktion	Kontroll- Funktion	Wegfest- legung	Zielfest- legung	Kenn- zeichnung
Einfaches Werkzeug	Mensch	Mensch	Mensch	Mensch	Mechani- sierung
Klassische Maschine	Maschine	Mensch	Mensch	Mensch	Mechani- sierung
Programmgesteuerte Maschine	Maschine	Maschine	Mensch	Mensch	Automati- sierung
»Kybernetische« Maschine (Adaptive Maschine)	Maschine	Maschine	Maschine	Mensch	Automati- sierung

Abbildung II-209

Anteil und Struktur der menschlichen Arbeitstätigkeit verändert sich mit dem Grad der maschinellen Informationsverarbeitung bzw. der Rechnerunterstützung[297]

Die weiter oben vorgenommene Definition und die Differenzierung zwischen Mechanisierung und Automatisierung machen deutlich, dass im Gegensatz zur Mechanisierung bei der Automatisierung nicht nur die technische Realisierung, sondern auch deren Steuerung bzw. Regelung inbegriffen ist. Steuerung bzw. Regelung beziehen sich auf die eigentliche Fertigung, aber auch auf die Prüfung, das Transportieren und auch auf den Gesamtvorgang. Oft trifft man auf die Meinung, dass Fertigung oder Montage ohne Eingriff eines Menschen durchgeführt werden sollte.[298] So wird in der deutschen Industrie – wegen der hohen Lohnkosten – häufig eine fortwährende Notwendigkeit der Automatisierung unterstellt – fast schon ein Zwang zur Automatisierung. Oft unterbleibt jedoch bei den Entscheidungen für Automatisierungsvorhaben eine vollständige Kosten-Nutzen-Rechnung, die auch eventuelle Freisetzungskosten für jetzt nicht mehr benötigte Arbeitskräfte, Qualitätskosten sowie auch nicht-monetäre Effekte (z. B. bezüglich der Motivation der Mitarbeiter) einbezieht.

---

[297] Clauß, T. (Hrsg.): Wörterbuch der Psychologie, Leipzig: VEB Bibliographisches Institut, S. 337.

[298] Kirchner, J.-H.: Automatisierung von Montageprozessen – Einige Überlegungen aus arbeitswissenschaftlicher Sicht. In: Landau, K.; Luczak, H.: Ergonomie und Organisation in der Montage, a. a. O., S. 324–326.

Trotz des hohen Anspruchs der Automatisierung, Einwirkung, Lenkung und Überwachung gleichermaßen durch die Maschine übernehmen zu können, bleiben in der Regel noch einfachste Aufgaben an der automatisierten Anlage zu erfüllen: Einlegen und Entnehmen, einfache Prüfvorgänge usw. Es handelt sich um Tätigkeiten, deren Automatisierung technisch und/oder wirtschaftlich nicht zu rechtfertigen gewesen wäre. Solche Tätigkeiten sind in der Regel kurzzyklisch-repetitiv und oft mit Monotonie-Erscheinungen verbunden und können auch Konsequenzen in Richtung arbeitsbedingter Erkrankungen haben.

Diese Einfachsttätigkeiten werden entweder Hilfspersonal oder dem Anlagenführer zugewiesen. An den Anlagenführer werden damit hohe und zum Teil auch widersprüchliche Anforderungen gestellt[299]: Auf der einen Seite soll die Anlage technisch so perfekt sein, dass keine oder nur sehr selten Fehler auftreten, die ein Eingreifen erforderlich machen. Dies ist auch der Ehrgeiz des Konstrukteurs der Anlage. Auf der anderen Seite werden in den seltenen Fällen eines Eingreifens immer schwierigere Situationen auftreten, da die einfachen Situationen durch die Automatisierung selbst beherrscht werden. Der Konstrukteur überlässt also gewissermaßen dem Anlagenführer die Probleme, für die er selber keine Lösungen gefunden hat – oder auch gar nicht erst gesucht hat.

Wenn für den Anlagenfahrer weiterhin Überwachungstätigkeiten erforderlich sind, dann sind diese oft recht einseitig und können zu besonderen psychischen Beanspruchungen führen, die Beachtung verdienen[300].

Die Automatisierung kann dann für den Mitarbeiter und die Gesellschaft positiv sein, wenn die Interessen der Arbeitspersonen zur besseren Motivation bei der Gestaltung automatisierter Fertigungs- und Montageanlagen mit berücksichtigt werden. Das Know-how der Mitarbeiter sollte bereits in einer frühen Planungsphase einbezogen werden.

Thesen zur Automatisierung und daraus resultierende Forderungen an die Arbeitsgestaltung werden in Abbildung II-210 zusammengefasst; auf Arbeitsstrukturierungs- und Qualifizierungsaspekte der Automatisierung wird in Abschnitt 8.2 eingegangen.

---

299 Kirchner, J.-H.: Automatisierung von Montageprozessen – Einige Überlegungen aus arbeitswissenschaftlicher Sicht. In: Landau, K.; Luczak, H.: Ergonomie und Organisation in der Montage, S. 330.
300 Auf die folgenden technischen Normen, die auch bei der Automatisierung zu berücksichtigen sind, sei hingewiesen:
EN 614 Sicherheit von Maschinen; Ergonomische Gestaltungsgrundsätze
EN 6385 Grundsätze der Ergonomie für die Gestaltung von Arbeitssystemen
EN 10075 Ergonomische Grundlagen bezüglich psychischer Arbeitsbelastung
VDI 4006 Menschliche Zuverlässigkeit.

These	Forderung
Durch zunehmende Automatisierung muss der Mensch weniger tun, aber mehr können.	Der Arbeitende muss bei der Ausführung seiner Tätigkeit die dazu notwendigen Fähigkeiten erwerben können.
Automatisierung führt zu einem Verlust von Fähigkeiten.	Der Arbeitende muss trotz Automatisierung seine bestehenden Fähigkeiten einsetzen und weiterentwickeln können.
Automatisierung führt zu Misstrauen gegenüber der Technik.	Der Arbeitende muss ein angemessenes Vertrauen in das automatische System entwickeln können.
Automatisierung führt zu Übervertrauen in die Technik.	Der Arbeitende muss die Grenzen des automatischen Systems erkennen können.
Automatisierung bewirkt Fehleinschätzungen des Prozesszustandes.	Trotz Automatisierung muss der Arbeitende die Situation jederzeit angemessen einschätzen können.
Zunehmende Automatisierung wirkt auf den Menschen demotivierend.	Der Arbeitende braucht trotz Automatisierung eine motivierende Aufgabe.
Automatisierung verhindert Verantwortungsübernahme durch den Arbeitenden.	Damit der Arbeitende die Verantwortung für seine Arbeit übernehmen kann, muss er seine Arbeitsergebnisse beeinflussen können.

Abbildung II-210

Thesen zur Automatisierung und daraus resultierende Forderungen an die Arbeitsgestaltung

8.1.2 Checkliste zur Automatisierung

- Nicht-automatisierbare, kurzzyklisch-repetitive »Restarbeiten« vermeiden.

- Aus Gründen der Betriebssicherheit Absinken des Aktivierungsgrades bis hin zur Schläfrigkeit durch inhalts- und abwechslungsreiche Tätigkeiten vermeiden.

- In die Planung der automatisierten Anlage die betroffenen Mitarbeiter einbeziehen.

- Erkenntnisse zur psychischen Beanspruchung des Menschen (siehe z. B. EN 10075) bei der Arbeitsgestaltung berücksichtigen.

- Automatisierte Anlagen durch sich selbst steuernde Fertigungsteams betreuen lassen (s. Abbildungen II-211 und II-212).

- Teammitglieder für die Anlagenbedienung und -überwachung in die frühzeitige Störungserkennung und Beseitigung sowie in Wartungs- und Instandhaltungsaufgaben einbeziehen.

- Mit der Planung der automatisierten Anlage auch gleichzeitig eine Qualifizierungsplanung für das betroffene Personal durchführen.

- Trotz Automatisierung Kommunikation und angemessene Kooperationsformen zwischen den Mitarbeitern stimulieren.

- Die wechselseitige Abhängigkeit automatisierter Anlagen bezüglich Mengenausstoß und Fertigungsqualität vermindern.

- Auseinandersetzung mit vor- und nachgelagerten Arbeitsbereichen im Sinne der Durchschaubarkeit der Arbeitsprozesse fördern.[301]

- Die Zeitelastizität der Arbeitsprozesse durch Beeinflussungsmöglichkeiten der Mitarbeiter fördern.

---

301 Wäfler, T.; Windischer, A.; Ryser, C.; Weik, S.; Grote, G.: Wie sich Mensch und Technik sinnvoll ergänzen. Zürich: VDF, 1999.

8.2 Arbeitsstrukturierung

Seit den siebziger Jahren des letzten Jahrhunderts ist ein sprunghaft gestiegenes Interesse an Fragen zur *Arbeitsstrukturierung* zu verzeichnen. Was sind die Gründe dafür?

- Die Diskussion skandinavischer Experimente (z. B. von Volvo und Saab) erfolgte in den Medien.
- Der humane Anspruch der Mitarbeiter nach »Qualität des Arbeitslebens« und die Anstrengungen der Unternehmen zur Verbesserung der Wettbewerbsfähigkeit wurden als sehr gegensätzlich und kaum miteinander vereinbar empfunden.
- Motivationstheoretische Erkenntnisse wurden von Ingenieuren und Betriebswirten verstärkt zur Begründung organisatorischer Konzepte herangezogen.
- In arbeitsrechtlichen Bestimmungen, wie z. B. dem Betriebsverfassungsgesetz, war der Begriff der »gesicherten arbeitswissenschaftlichen Erkenntnisse« mit Leben zu füllen.

In diesem Zusammenhang wurde der Begriff der Arbeitsstrukturierung geprägt.

Unter Arbeitsstrukturierung versteht man die arbeitsorganisatorischen Maßnahmen zur Veränderung der Arbeitsinhalte und der Arbeitsbereiche, um die Erträglichkeit der Arbeit zu garantieren und die Arbeitszufriedenheit der Mitarbeiter zu fördern.

Es ging dabei also um die Gestaltung neuer oder die Veränderung bestehender Arbeitsabläufe und Organisation mit dem Ziel, den Tätigkeits- und Entscheidungsspielraum der Mitarbeiter zu erweitern. Arbeitsstrukturierung war »eine Form der Organisationsentwicklung, die zum guten Funktionieren des Unternehmens beiträgt«[302].

Mit zunehmender Spezialisierung besteht die Gefahr, dass Aufgabenträger unterfordert oder einseitig belastet sind. Dem versucht man durch Maßnahmen zur Erweiterung von Handlungsspielräumen zu begegnen.

Der *Handlungsspielraum* ist die »Summe der Freiheitsgrade«, d. h. der Möglichkeiten zum unterschiedlichen Handeln in Bezug auf Verfahrenswahl, Mitteleinsatz und zeitliche Organisation von Aufgabenbestandteilen.[303]

---

302 Hertog, F. den: Arbeitsstrukturierung. Bern: Huber, 1978.
303 z. B. Ulich, E.: Arbeitspsychologie. Zürich: Verlag der Fachvereine und Stuttgart: Poeschel, 1991. Hacker, W.: Allgemeine Arbeits- und Ingenieurpsychologie. Bern: Huber, 1978.

Der Handlungsspielraum bei einer Aufgabe oder einem Aufgabenbündel setzt sich aus einer quantitativen Komponente (Tätigkeitsspielraum) und einer qualitativen Komponente (Dispositionsspielraum oder Verantwortungs- und Kompetenzspielraum) zusammen.

Es wird auch von einer horizontalen (ausführenden) und einer vertikalen (dispositiven) Dimension gesprochen. Beide Dimensionen stehen in der Regel in einer Wechselbeziehung. Je umfangreicher und vielseitiger eine Aufgabe ist (horizontale Dimension), desto höher ist die Wahrscheinlichkeit, dass damit auch maßgebliche Kompetenzen und Verantwortungen (vertikale Dimension) verbunden sind.

Der objektive Handlungsspielraum umfasst die vorhandenen, der subjektive Handlungsspielraum die als solche erkannten diesbezüglichen Wahlmöglichkeiten.[304]

Abbildung II-211 macht den Handlungsspielraum nach dem Konzept von Ulich deutlich, wie es in der Mehrzahl deutschsprachiger Veröffentlichungen verwendet wird.

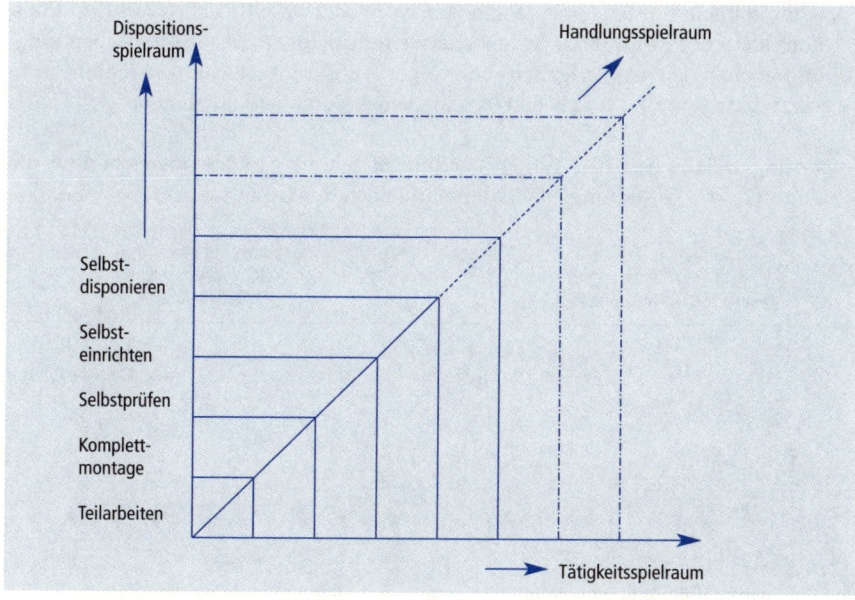

Abbildung II-211

Der Handlungsspielraum in der Arbeitsstruktur als Funktion von Tätigkeits- und Dispositionsspielraum[304]

304 Ulich, E.: a. a. O., S. 141.

1. Bei der *Aufgabenerweiterung* (Job Enlargement) geht es darum, die Anzahl verschiedenartiger Aufgaben je Aufgabenträger zu erhöhen und damit den Tätigkeitsspielraum auszudehnen. Dabei werden keine qualitativ »höherwertigen« Aufgaben einbezogen. Durch Aufgabenerweiterung sollen einseitige Belastungen vermieden und durch Belastungsartenwechsel soll der Gefahr der Ermüdung, begrenzt auch der Monotonie begegnet werden.

2. Bei der *Aufgabenbereicherung* (Job Enrichment) geht es darum, zu den vorliegenden Aufgaben solche Aufgaben hinzuzufügen, die weitergehende Verantwortungen und Kompetenzen mit sich bringen. Dadurch will man den Freiheits- und Dispositionsspielraum vergrößern und den Aufgabenträgern mehr Möglichkeiten zur Entfaltung ihrer Potenziale geben. Ein Problem bei der Aufgabenbereicherung ist, den Aufgabenträgern jene Qualifikation zu vermitteln, die für das Ausführen komplexer Aufgaben erforderlich ist. Oft ist ihre Erfolgserwartung (der Glaube, die übertragenen Aufgaben auch erfüllen zu können) durch Information zu verstärken, insbesondere dann, wenn sie wenig Selbstvertrauen haben. Es besteht also eine Beziehung zwischen Aufgabenbereicherung und Qualifikationsentwicklung.

3. Beim geplanten oder ungeplanten *Aufgaben- oder Arbeitsplatzwechsel* (Job Rotation) kann der Effekt einer Aufgabenerweiterung (beim Wechsel zwischen rang- und ebenengleichen Aufgaben) oder einer Aufgabenbereicherung (beim Wechsel zwischen rang- und ebenenverschiedenen Aufgaben) entstehen.

Abbildung II-212 zeigt für Aufgabenerweiterung und Aufgabenbereicherung die Situation vor der Gestaltungsmaßnahme und nach der Gestaltungsmaßnahme.

Abbildung II-212

Veränderungen durch
Aufgabenerweiterung
und -bereicherung

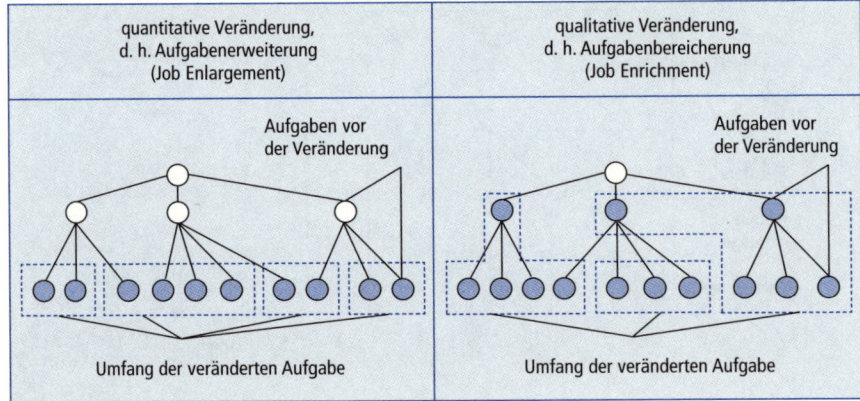

Der Wert von Ulichs Modell liegt darin, die beiden Sachverhalte der Aufgabenerweiterung und Aufgabenbereicherung zu veranschaulichen. Eine exakte Abgrenzung wurde weder zwischen den beiden Komponenten des Handlungsspielraums noch zwischen den Maßnahmen zu ihrer Vergrößerung vorgenommen. Mit der Erweiterung des Handlungsspielraums verbindet man Aspekte der Belastungssenkung bzw. der Belastungsoptimierung:

- Durch Aufgabenbereicherung und -erweiterung kann es zu einem Belastungswechsel kommen.
- Vor allem in der Gruppenarbeit besteht die Möglichkeit zur individuellen Entfaltung und Entwicklung der Mitarbeiter, da sie die Wahl zwischen verschieden komplexen Arbeitsinhalten haben.

Erweiterte und bereicherte *Arbeitsinhalte* enthalten weniger ablauftechnische Zwänge, da Aufgaben im Team möglicherweise besser gepuffert werden können. Das Unternehmen verbindet mit Aufgabenbereicherung und -erweiterung die folgenden Aspekte (s. auch Abbildung II-213):

- durch qualifikationsadäquate Arbeitsinhalte entstehen weniger Fluktuation und Fehlzeiten;
- dadurch kann auch sichergestellt werden, dass der »richtige« Mitarbeiter die jeweilige Aufgabe durchführt;
- Mitarbeiter im Team qualifizieren sich gegenseitig, insgesamt steigt dadurch das fertigungs- und abwicklungstechnische Know-how;
- da dergestalt höher qualifizierte Mitarbeiter sich besser gegenseitig vertreten können, steigen die Maschinennutzungsgrade.

Wünschenswerte Eigenschaften von Arbeitsinhalten				
Mitarbeiter sollte sich für einen wesentlichen Teil seiner Arbeit verantwortlich fühlen können	Mitarbeiter sollte seine Arbeitsergebnisse als bedeutsam werten können	Mitarbeiter sollte einen wesentlichen Teil seiner Fähigkeiten einsetzen können	Mitarbeiter sollte einen Arbeitsfortschritt am Endprodukt erkennen können	Taktbindung nur bei ausreichender Pufferung

Abbildung II-213
Wünschenswerte Eigenschaften von Arbeitsinhalten

Arbeitsinhalte mit großem Handlungsspielraum sollten also folgende Eigenschaften haben[305]:

1. Eine Aufgabe sollte so gestaltet sein, dass sich der Mitarbeiter für einen wesentlichen Teil seiner Arbeit verantwortlich fühlen kann. Er soll seine Arbeitsergebnisse auf seinen Arbeitseinsatz und auf seine Tüchtigkeit zurückführen können. Ganz wichtig ist, dass er Erfolg und Misserfolg seiner Tätigkeit möglichst unmittelbar erkennen kann.

2. Der Mitarbeiter sollte seine Arbeitsergebnisse als bedeutsam, z. B. als sichtbar wertschöpfend, bewerten können. Dazu sollte er möglichst unmittelbare Rückmeldungen über seine Arbeitsergebnisse erhalten.

3. Der Mitarbeiter sollte einen wesentlichen Teil seiner Fähigkeiten einsetzen können.

---

305 Porter, L. W.; Lawler, E. E.; Hackman, J. R.: Behavior in Organizations. New York: McGraw Hill, 1975.

Die aus erweiterten und bereicherten Arbeitsinhalten herrührenden Arbeitsprozesse sollen vollständig sein. Ein Beispiel aus der Kunststoffverarbeitung möge die Forderung nach Vollständigkeit der Arbeitsprozesse verdeutlichen: Lebensmittelverpackungen werden z. B. aus Polypropylen gespritzt und dann bedruckt. Dies geschieht durch den Kunststofffertigungsbetrieb. Die Befüllung mit Lebensmitteln kann bis zu einem Jahr später z. B. durch eine Molkerei erfolgen. In der Zwischenzeit erfolgt eine Lagerung der Lebensmittelverpackungen in Kartons.

Der Mitarbeiter an der Spritzgießmaschine kennt nicht den Kunden und dessen Anforderungen, z. B. bezüglich Farbdruck oder Grat, der bei der Fertigung entsteht. Die Anforderungen des Kunden werden durch Verkauf, Konstruktion und Werkzeugbau, Produktionsleitung und Schichtmeister »gefiltert«. Der Mitarbeiter, der an der Maschine direkt auch für die Fertigungsqualität verantwortlich ist, kann die verschiedenen Kundenanforderungen nicht werten (z. B. nach dem ABC-Prinzip, s. Abschnitt 3.5.2) und sich entsprechend kundengerecht verhalten. Ein solcher Arbeitsprozess ist unvollständig, der Werker kann sich in diesen Arbeitsprozessen nur schwer weiter qualifizieren.

Arbeitsinhalte müssen also so beschaffen sein, dass ein für die Mitarbeiter erkennbarer Arbeitsfortschritt am Endprodukt entsteht. Lange Arbeitszyklen sind nicht unbedingt Indikatoren für den Dispositionsspielraum und nur begrenzt Indikatoren für den Tätigkeitsspielraum. Dabei ist es oft nicht ganz einfach, dem Mitarbeiter ein Mehr an Disposition zu verschaffen, also seine Tätigkeit zu bereichern. Es hat sich oft als schwierig erwiesen, bei den Mitarbeitern Teilnahmebereitschaft zu wecken und die Vorgesetzten von den Vorzügen der Aufgabenbereicherung zu überzeugen. Bei Projekten zur Aufgabenbereicherung wurden bevorzugt folgende Maßnahmen durchgeführt: [306]

1. Veränderte Aufgabenverteilung
   - Übernahme von Einrichteraufgaben,
   - Übernahme der Einsatzbeurteilung und des Wechsels von Vorrichtungen und Werkzeugen,
   - Qualitätsprüfung bei der eigenen Arbeit,
   - Beseitigung kleinerer Störungen und Durchführung kleinerer Reparaturen,
   - Unterscheidung zugewiesener Arbeitsinhalte nach fixen, jedem zuzuteilenden Aufgaben, sowie variablen, in Abhängigkeit von den Möglichkeiten des Einzelnen zu übernehmenden Aufgaben, was auch als »Fix-Vario-System« bezeichnet wird.

2. Planung, Einteilung und Kontrolle der eigenen Arbeit
   - Zeitlicher Dispositionsspielraum, auch zum Lehren und Lernen,
   - kümmern um Material und Weiterleitung fertiger Teile,
   - Beteiligung bei der Gestaltung des eigenen Arbeitsplatzes,
   - Ermöglichen valider, zuverlässiger und unmittelbarer Rückmeldungen über Arbeitsergebnisse.

---

306 Warnecke, H.-J.; Lederer, K. G.: Neue Arbeitsformen in der Produktion. Düsseldorf: VDI, 1979. Hertog, F. J., den: a. a. O.
Pfeiffer, W.; Dörrie, U.; Soll, E.: Menschliche Arbeit in der industriellen Produktion. Göttingen: Vandenhoeck und Ruprecht, 1977.

8.3 Gruppenarbeit

Die Aufgabenerweiterung und -bereicherung ist in erster Linie dem Flussprinzip zuzuordnen. Um das Flussprinzip – gewöhnlich also eine hochrepetitive, stark arbeitsteilige Fertigung mit den dabei oft verbundenen negativen Begleiterscheinungen für den Mitarbeiter, den Betrieb und die Gesellschaft – aus humaner und ökonomischer Sicht zu optimieren, entwickelte sich Anfang der siebziger Jahre des letzten Jahrhunderts, zunächst in Skandinavien, die autonome und später die teil-autonome Gruppenarbeit[307]. Man erhoffte sich mit der *Gruppenarbeit* umfangreichere und anspruchsvollere Arbeitsinhalte und damit vor allem auch ein Zurückgehen von Absentismus und Fluktuation. Die skandinavischen Schulsysteme produzierten immer mehr Menschen mit anspruchsvollen Ausbildungsqualifikationen. Wie sollten sich derart vorgebildete Mitarbeiter mit Arbeitstakten im Sekundenbereich zufrieden geben?

Im Vordergrund stand also die Verringerung der damals exorbitanten Fehlzeiten, nicht das Vermeiden von arbeitsbedingten Erkrankungen, die ebenfalls durch hochrepetitive Arbeitsinhalte begünstigt werden können. Gruppenarbeitsprojekte wurden nach den Erfolgen bei Saab und Volvo Mitte der siebziger Jahre auch bei der Volkswagen AG, bei der Bosch-Siemens Hausgerätefertigung und bei AEG aufgenommen. Eine Reihe anderer, auch mittelständischer Unternehmen folgte. Viele dieser Gruppenarbeitsexperimente scheiterten jedoch. Die erhoffte ökonomische Verbesserung trat nicht ein. Organisatorische Abläufe waren schlechter beherrschbar, etablierte Interessen der Betriebsparteien wurden tangiert.

Misserfolge bei der Einführung der Gruppenarbeit in die Betriebe sind auch damit zu erklären, dass Vorgesetzte Entscheidungsbefugnisse abgeben und eine neue Identität als Coach oder Personalmanager erst finden mussten. Vor allem in den siebziger Jahren, aber auch später, kam es zwischen den Gruppen und den Betriebsräten gelegentlich zu Meinungsverschiedenheiten. Betriebsräte fürchteten, dass ihre Beteiligungsrechte aus §§ 87, 90 ff. des Betriebsverfassungsgesetzes verwässert würden.

Wurde in der Gruppe ein leistungsbezogener Entlohnungsgrundsatz (vgl. § 87 des Betriebsverfassungsgesetzes) praktiziert, z. B. eine Gruppenprämie, so kann es zwischen den Hochleistern und den Schwachleistern zu solch starken Konflikten kommen, dass nachhaltig der Betriebsfrieden gestört ist.

---

307 Vgl. dazu Landau, K., Peters, H.: Organisatorische Arbeitsgestaltung. In: Landau, K. (Hrsg.): Ergonomie I, Umdruck, Darmstadt: Institut für Arbeitswissenschaft, 2003. Siehe auch Teil III, Abschnitt 2.4.2 zur Zeitartensynthese bei Gruppenarbeit.

In den achtziger Jahren und Anfang der neunziger Jahre geriet daher die Gruppenarbeit in Vergessenheit und erst seit Mitte der neunziger Jahre erlebt sie eine Renaissance.

Zunächst einige Definitionen:

- Bei Gruppenarbeit sind in einem Arbeitssystem mehrere Menschen an der Erfüllung einer gemeinsamen Aufgabe beteiligt und verantworten gemeinsam die Ergebnisse.
- Wird die Aufgabe völlig selbstständig organisiert, bearbeitet und kontrolliert, so liegt autonome Gruppenarbeit vor.
- Von teil-autonomer Gruppenarbeit spricht man dann, wenn neben den eigentlichen Produktionstätigkeiten auch Funktionen der Disposition und des Qualitätsmanagements von der Gruppe übernommen werden, andere Entscheidungsaufgaben jedoch beim Management verbleiben.

Die Arbeitsgruppe regelt selbst ihre Versorgung mit Bauteilen, die Bereitstellung der richtigen Betriebsmittel und Hilfsstoffe. Die Gruppe prüft selbst die von ihr produzierten Baugruppen oder Endprodukte. Die Philosophie der hoch arbeitsteiligen Produktion (»am Ende des Bandes ist jemand, der die Qualität feststellt«) wird als nicht mehr zeitgemäß erkannt und beseitigt. Das Motto des ganzheitlichen Qualitätsmanagements heißt:

Der nächste Prozess ist dein Kunde.

Dies bedeutet, jeder Mitarbeiter und jede Arbeitsgruppe gibt nur einwandfreie Teile bzw. Dienstleistungen an den nächsten Mitarbeiter oder die nächste Gruppe weiter. Der Kundengedanke kam nun mit einem hohen Stellenwert auf die Werkerebene. Man sprach hier auch vom internen Kunden.

In teil-autonomer Gruppenarbeit werden also Teile, Baugruppen, Endprodukte oder auch Dienstleistungen möglichst ganzheitlich hergestellt. Naturgemäß bleibt ein Teil der Managementaktivitäten der Arbeitsgruppe vorenthalten, z. B. die Entscheidung, wann etwas zu produzieren ist. Die Gruppe ist also nicht voll autonom, sondern, wie der Name schon sagt, teil-autonom.

Eine Gruppe besteht im Regelfall aus drei bis zwölf Mitarbeitern, wobei Gruppengrößen unter acht Personen vorzuziehen sind. Die Gruppe muss für jedes Gruppenmitglied transparent bleiben, so dass jedem Mitarbeiter klar ist, wie sein eigener Beitrag zum gesamten Arbeitsergebnis der Gruppe ist.

Es sei nicht verschwiegen, dass ein starkes Motiv für die Einführung der Gruppenarbeit natürlich auch Lern- und Überwachungselemente untereinander sind. Die Gruppe wird punktuell Schwachleistungen eines Mitglieds dulden (z. B. wenn ein Gruppenmitglied gesundheitlich angeschlagen ist), dauerhaftes »Schmarotzertum« führt jedoch regelmäßig zum Ausschluss dieses Gruppenmitglieds; insoweit setzen Bereinigungsprozesse auf Mitarbeiterebene ein. Diese können durchaus eine Eigendynamik entwickeln, die dem Betriebsfrieden nicht zuträglich ist. Davon abgesehen entsteht jedoch in vielen Fällen ein »Wir«-Gefühl der Gruppe,

- das sowohl den Mitarbeitern in dieser Gruppe Befriedigung über die geleistete Arbeit verschafft (intrinsische *Arbeitsmotivation*)[308],
- das möglicherweise zu einem Wettbewerb zwischen den Gruppen führt und
- das qualitätsfördernd und auch ergebnisverbessernd für den Betrieb sein kann.

Die Gruppe wird einen Sprecher wählen, der sie nach außen vertritt. In den allermeisten Fällen wird damit eine Hierarchiestufe des Betriebes unnötig. Die früheren Vorarbeiter, Kolonnenführer usw. verschwinden, der Gruppensprecher übernimmt deren Funktion. Die Industriemeister alter Art wandeln ihre Aufgaben vom vorwiegend Technischen hin zum Gruppenmanagement. Die Zahl der Mitarbeiter einer Meisterei steigt an.[309] Auch dies bedeutet für den Betrieb eine zusätzliche Rationalisierungsmaßnahme.

Abbildung II-214 zeigt die Prämissen für eine erfolgreiche Gruppenarbeit auf.

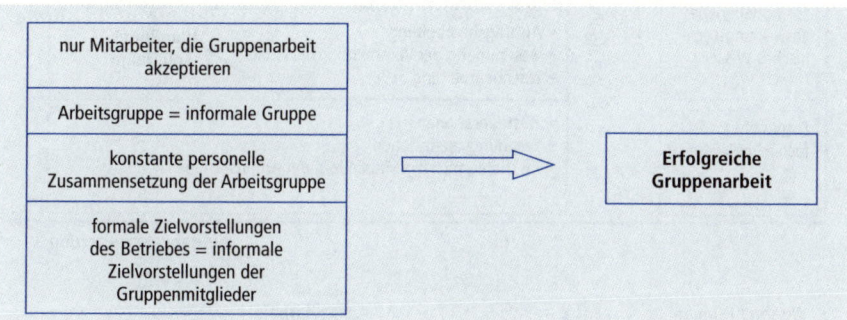

Abbildung II-214
Prämissen für erfolgreiche Gruppenarbeit

Die Vorteile der Gruppenarbeit werden in Abbildung II-215 dargestellt.

Abbildung II-215
Vorteile der Gruppenarbeit

---

308 Arbeitsmotivation durch die Attraktivität der Arbeitsaufgabe von »innen heraus«.
309 Die einem Vorgesetzten zugeordnete Mitarbeiterzahl wird durch die Span-of-Control gekennzeichnet.

Es sei nicht verschwiegen, dass es immer Mitarbeiter geben wird, die für die Gruppenarbeit wenig oder gar nicht geeignet sind. Für sie müssen Ersatzarbeitsplätze gefunden werden.

Abbildung II-216 stellt die Effekte der Aufgabenerweiterung und -bereicherung bei Gruppenarbeit und bei Einzelarbeit gegenüber. Insbesondere wird deutlich, wie mit dem erhöhten Handlungsspielraum auch vermehrt Wissen und Können des Werkers abgerufen werden.

Abbildung II-216

Aufgabenerweiterung und -bereicherung bei Gruppen- und Einzelarbeit im Vergleich

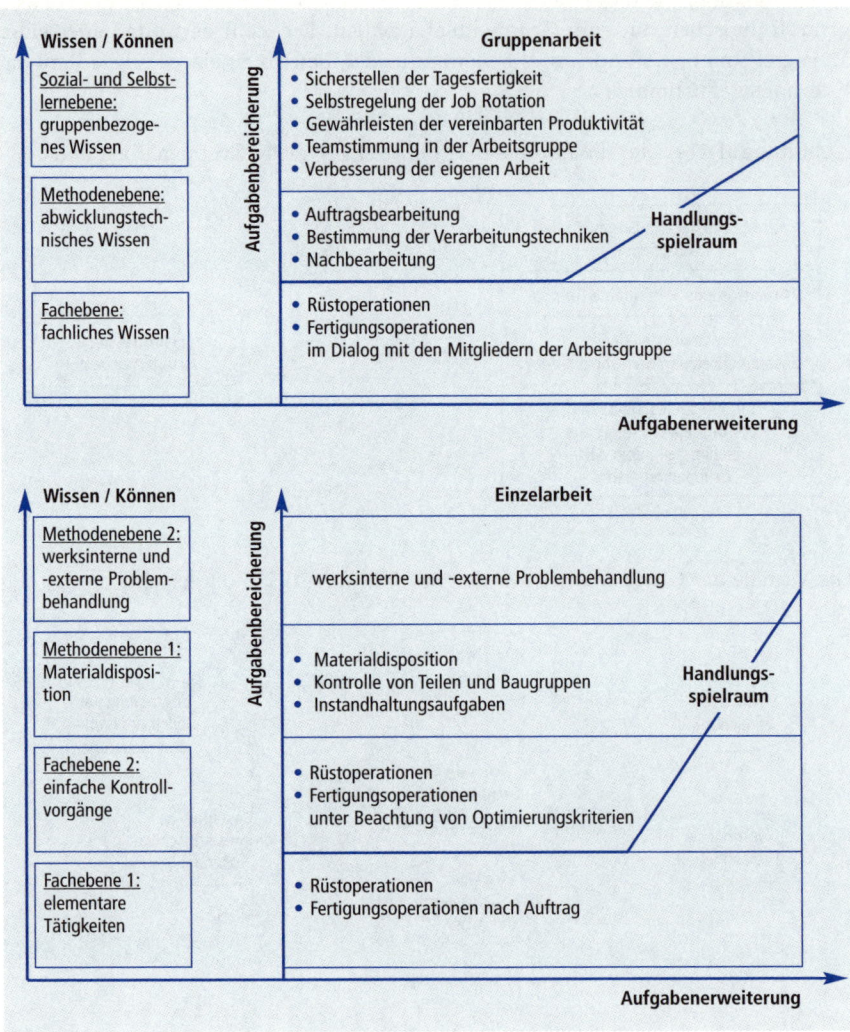

Die wichtigsten Merkmale teil-autonomer Arbeitsgruppen können folgendermaßen zusammengefasst werden:

- Die Gruppen stellen im Idealfall vollständige Baugruppen bzw. Endprodukte her.
- Die Tätigkeiten genügen dabei den Forderungen von Job Enrichment und Job Enlargement.
- Die Gruppe steht unter Erfolgsverantwortung und erhält ständig Rückmeldungen zu Quantität und Qualität ihres Zusammenwirkens.
- Die Gruppe hat erweiterte Entscheidungsspielräume.
- Sie versucht, gruppeninterne Konflikte möglichst kooperativ zu lösen.

Die folgende Abbildung II-217 zeigt verschiedene Möglichkeiten, Gruppenarbeit in der Automobilmontage zu realisieren.[310]

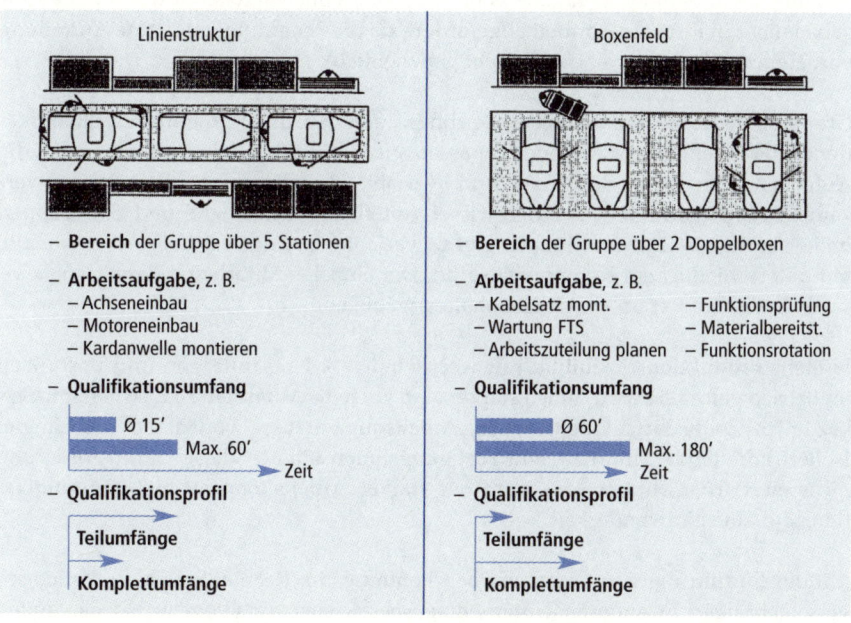

Abbildung II-217

Beispiel zur Einführung von Gruppenarbeit in einem Montagewerk

Auf der links dargestellten Bildseite kann eine herkömmliche Fertigungslinie bestehen bleiben. Der Bereich der Gruppe erstreckt sich dann über mehrere Arbeitsstationen. Naturgemäß ist der Umfang der Arbeitsqualifikation der Gruppenmitarbeiter kleiner als im rechten Teil des Bildes, wo eine echte Gruppenstruktur bei Aufgabe der klassischen Linien realisiert wurde.

Die Qualifikationsumfänge erhöhten sich in diesem Falle von durchschnittlich 15 auf 60 Min. Fertigungszeit. Es wird zudem deutlich, dass Job-Enrichment-Aspekte berücksichtigt wurden. Funktionsprüfung, Materialbereitstellung, die Planung der Arbeitszuteilung usw. wurden in der Arbeitsgruppe umgesetzt.

---

310 Haller, E.: Einführung von Gruppenarbeit. Unveröffentlichtes Redemanuskript, 2002.

Möglichst viele Gruppenmitglieder sollen möglichst alle Arbeitsaufgaben der teilautonomen Gruppe beherrschen – wenn nicht alle, dann wenigstens Aufgabenbündel. Man spricht dann von hoher Polyvalenz der Gruppenarbeit. Sie führt im hierarchischen Bewertungskonzept der Arbeit (s. Abschnitt 5.3) eher zu einer höheren Einstufung im Bereich der Zufriedenheit und Sozialverträglichkeit, als hätte jedes Gruppenmitglied immer die gleiche (und einfache) Arbeitsaufgabe.

Die Polyvalenz spricht die Qualifikationserfordernisse an, hinzu kommen aber noch die Forderungen nach Ganzheitlichkeit der Arbeitsaufgabe. Es ist wünschenswert, dass Polyvalenz und Ganzheitlichkeit zusammenfallen, dies ist aber nicht zwangsläufig so.

Ein Mitarbeiter in der Kunststoffverarbeitung (Beispiel s. weiter oben), beherrscht die Materialdisposition, Fertigung, Überwachung, Qualitätskontrolle und Abfallentsorgung (er ist damit polyvalent), aber in der betrieblichen Realität werden die Aufgaben nicht in ihrer Gesamtheit abgefordert, da die Teammitglieder eine Aufteilung vornehmen (die Arbeit ist damit nicht ganzheitlich).

Gruppenstrukturen müssen sich allerdings auch den unterschiedlichen Qualifikationen der beteiligten Mitarbeiter anpassen. Nach dem Fix-Vario-System werden die Aufgaben einer Gruppe in »fixe« und »variable« Inhalte aufgespalten. In den verkaufsfähigen Produkten ist ein gewisser Anteil fixer Einzelteile und Baugruppen immer enthalten. Darüber hinaus gibt es variantenbedingt variable Arbeitsinhalte mit unterschiedlichem Komplexitätsgrad. Der einzelne Mitarbeiter kann dann zwischen fixen und variablen Arbeitsinhalten wählen.

Je mehr Produktionsflexibilität mit wechselnden Arbeitsaufträgen und Losgrößen im Betrieb gefordert wird, umso stärker sind auch die Mitarbeiter im Arbeitsprozess bezüglich Zeitbedarf, Arbeitsmenge, Arbeitsqualität usw. voneinander abhängig. Isoliert arbeitende Mitarbeiter in Fertigungslinien können diese Herausforderung nicht meistern, Gruppenstrukturen mit starker Arbeitskooperation/-kommunikation sind eine Notwendigkeit.

Mit der Einführung von Gruppenarbeit kommt es im Regelfall auch zu Aufgabenverschiebungen in anderen Unternehmensbereichen, vor allem im so genannten indirekten Bereich. Es können insbesondere Aufgaben der Instandhaltung, der Disposition und des Qualitätswesens entfallen, da jetzt in der Gruppe entsprechende Qualifikationen, z. B. von Maschinenschlossern, vorhanden sind. In der Summe ergeben sich damit häufig Produktivitätsverbesserungen sowohl in der Gruppe als auch im indirekten Bereich. Mit der Ausdünnung der indirekten Bereiche verschlechtern sich allerdings auch:

- Kenntnis und Pflege der Methoden (z. B. der Methoden des Arbeitsstudiums),
- Qualifikationen, die außerhalb des »Tagesgeschäfts« zu erwerben sind,
- Überblick zu ähnlich gelagerten Problemen in unterschiedlichen Bereichen des Unternehmens,
- Standardisierung immer wiederkehrender Abläufe.

8.4 Gestaltung der Arbeitszeit

8.4.1 Definition

Unter *Arbeitszeit* versteht man den Zeitraum, in dem der Mitarbeiter arbeitet oder zu arbeiten verpflichtet ist, es ist also die Zeit vom Beginn bis zum Ende der Arbeit ohne Ruhepause.

Man unterscheidet:

1. die gesetzliche Arbeitszeit, als die vom Gesetzgeber zugelassene Arbeitszeit,

2. die tarifliche Arbeitszeit, als die zwischen den Tarifvertragspartnern vereinbarte regelmäßige wöchentliche Arbeitszeit,

3. die betriebliche Arbeitszeit, als die tatsächlich regelmäßige tägliche und wöchentliche Arbeitszeit,

4. die Anwesenheitszeit und die Schichtzeit, als die Arbeitszeit zuzüglich der Betriebs- und Ruhepausen sowie der Zeit für Waschen, Umkleiden usw.

Werden zur Anwesenheitszeit am Arbeitsort noch die Wegezeiten addiert, dann ergibt sich daraus die sozial wirksame Arbeitszeit bzw. arbeitsgebundene Zeit.

8.4.2 Rechtliche Rahmenbedingungen

Einheitlich für die Europäische Union werden durch die *Arbeitszeitrichtlinie* 93/104/EG Mindestvorschriften festgelegt:

- Bei einer täglichen Arbeitszeit von mehr als 6 Stunden ist eine Ruhepause zu gewähren.
- Pro 24-Stunden-Zeitraum ist eine Mindestruhezeit von 11 zusammenhängenden Stunden sicherzustellen.
- Von einer wöchentlichen Höchstarbeitszeit von 48 Stunden ist auszugehen.
- In einem 7-Tage Zeitraum sind mindestens 35 Stunden Freizeit zu gewähren.
- In einem 24-Stunden-Zeitraum darf die normale Arbeitszeit für Nachtarbeitskräfte im Durchschnitt 8 Stunden nicht überschreiten.

In dieser Richtlinie sind noch weitere Vorschriften für die *Nacht- und Schichtarbeit* enthalten. Über diese Mindestbestimmung hinaus regelt das Arbeitszeitgesetz (AZG) Arbeitszeit und Pausen im Detail. Das Arbeitszeitgesetz löst die Arbeitszeitordnung (AZO) aus dem Jahr 1938 sowie die Sonn- und Feiertagsruhebestimmungen der Gewerbeordnung aus dem Jahr 1891 ab. Gegenüber der AZO eröffnet es zusätzliche Flexibilisierungspotenziale für die Gestaltung der Arbeitszeit. Außerdem wurde die unterschiedliche Behandlung von Männern und Frauen in Bezug auf Pausen und Nachtarbeit aufgehoben.[311]

---

311 Beermann, B.: Bilanzierung arbeitswissenschaftlicher Erkenntnisse zur Nacht- und Schichtarbeit. Amtliche Mitteilungen der Bundesanstalt für Arbeitsschutz 1/96. Dortmund, 1996.

Das Arbeitszeitgesetz enthält folgende wichtige Regelungen:

Arbeitszeitgrundnormen

- Bei entsprechendem Ausgleich darf die Arbeitszeit auf 10 Stunden verlängert werden.
- Arbeit ist durch feststehende Ruhepausen zu unterbrechen.
- Es besteht Anspruch auf eine ununterbrochene Ruhezeit von 11 Stunden.

Nachtarbeit

- Das Nachtarbeitsverbot für Frauen ist aufgehoben.
- Arbeitswissenschaftliche Erkenntnisse zur Nachtarbeit sind zu berücksichtigen.
- Nachtarbeitnehmer mit Familienpflichten/gesundheitlichen Beeinträchtigungen haben das Recht auf einen geeigneten Tagesarbeitsplatz.
- Nachtarbeitnehmer haben Anspruch auf Zuschläge/freie Tage.

Sonn- und Feiertagsarbeit

- Arbeitnehmer dürfen an Sonn- und Feiertagen nicht beschäftigt werden.
- Ausnahme: Daseinsvorsorge, Dienstleistungsbereich, technische Erfordernisse usw.

Frauenarbeitsschutz

- Die Arbeitszeitgrundnormen finden einheitlich für Frauen und Männer Anwendung. Ausnahme: Arbeitsverbot für Frauen im Bergbau unter Tage bleibt bestehen.

Durch das Arbeitszeitgesetz wird eine Flexibilisierung der Unternehmen im Hinblick auf Angleichung auf den Arbeitsanfall und Betriebszeiten erleichtert. So dürfen die Arbeitszeiten auf bis zu zehn Stunden verlängert werden, wenn innerhalb eines Ausgleichszeitraumes von sechs Kalendermonaten oder 24 Wochen im Durchschnitt acht Stunden werktäglich nicht überschritten werden. Der Ausgleichszeitraum kann durch Tarifverträge oder durch in einem Tarifvertrag zugelassene Betriebsvereinbarungen verlängert werden.[312]

Mit dem Arbeitszeitgesetz werden Tariföffnungsklauseln intendiert, die Tarifvertragsparteien und Betriebsparteien aufgrund ihrer größeren Nähe zum Markt ein Mehr an Gestaltungsfreiheit einräumen.

---

312 Ferreira, Y.: Auswahl flexibler Arbeitszeitmodelle und ihre Auswirkungen auf die Arbeitszufriedenheit. Stuttgart: Ergonomia, 2001.

Neben Arbeitszeitgesetz und den tarifrechtlichen Vorschriften sind weiterhin zu beachten:

- Teilzeitgesetz,
- Ladenschlussgesetz (LSchlG),
- Jugendarbeitsschutzgesetz (JarbSchG),
- Mutterschutzgesetz (MuSchuG),
- Gesetz über Arbeitsrechtliche Vorschriften zur Beschäftigungsförderung (BeschFG).

8.4.3 Tägliche Arbeitszeit

Für die Mehrzahl der Fälle kann davon ausgegangen werden, dass mit einer acht-stündigen Tagesarbeitszeit Dauerbeanspruchungsgrenzen des Mitarbeiters nicht überschritten werden. Ausnahmen sind jedoch möglich[313]. Bei einer Ausdehnung der *Arbeitszeit* über acht Stunden hinaus kann mit folgenden Risiken gerechnet werden[314]:

- Progressiver Anstieg der Ermüdung,
- geringere Leistung pro Zeiteinheit,
- höheres Unfallrisiko,
- Probleme in Bezug auf die Aufnahme und den Abbau von Gefahrstoffen im Körper,
- auf längere Sicht und auf den gesamten Betrieb bezogen höherer Krankenstand.

Abbildung II-218 gibt als Schemazeichnung den Verlauf der Leistung über zwölf Arbeitsstunden wieder. Die Kurve P1 bezieht sich auf leichte und mittelschwere körperliche Arbeit, die Kurve P2 auf schwere und schwerste körperliche Arbeit.

---

313 z. B. bei gefahrengeneigter Arbeit, bei Tätigkeiten mit hohem Verantwortungsdruck (z. B. bei Fluglotsen usw.).

314 Knauth, P.: Arbeitszeit und Arbeitsdauer: In: Landau, K.; Pressel, G. (Hrsg.): Medizinisches Lexikon der beruflichen Belastungen und Gefährdungen. Stuttgart: Gentner, 2004, S. 68–71.

Abbildung II-218

Leistung und relatives
Unfallrisiko in
Abhängigkeit von der
Arbeitszeit[315]

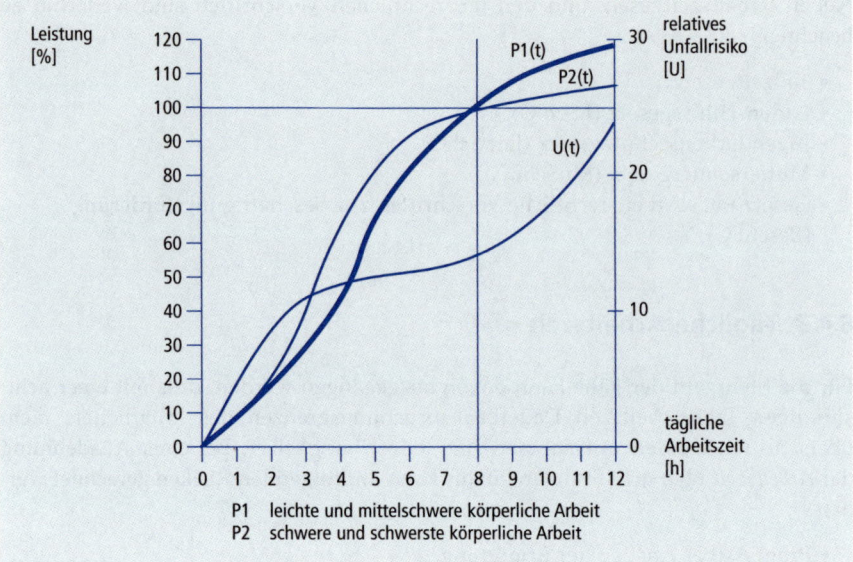

P1 leichte und mittelschwere körperliche Arbeit
P2 schwere und schwerste körperliche Arbeit

Aus den Kurvenzügen erkennt man die drei Leistungsphasen Aufwärmen, Hoch-
leistung, abnehmende *Leistung*. Bei der Leistungserbringung nach acht Stunden ist
bei körperlich schwerer Arbeit nur noch mit relativ geringen Leistungen pro
Zeiteinheit zu rechnen.

Auch das relative *Unfallrisiko* nimmt bei Arbeitszeiten über acht Stunden deutlich
zu. Naturgemäß hängt allerdings das Unfallgeschehen im Betrieb auch von einer
Reihe anderer Einflussfaktoren ab.[316]

Für einige Berufe haben sich allerdings verlängerte Arbeitsschichten pro Tag für
bestimmte Tätigkeiten durchgesetzt[317]. Soweit diese verlängerten Tagesschichten
Bereitschaftszeiten enthalten, in denen der Mitarbeiter nicht voll gefordert wird,
können sie aus ergonomischer Sicht akzeptiert werden. Insbesondere verbindet der
Mitarbeiter mit verlängerten Tagesschichten eine erhöhte Zahl von freien Tagen, die
für Freizeitaktivitäten genutzt werden können.

---

315 Nach Lehmann, zitiert nach Knauth, P.: a. a. O., S. 69.
316 Dazu zählen z. B. die Tätigkeitsart, die verwendeten Transportmittel, die Branche usw.
317 Z. B. in der Chemieindustrie, in der Berufsfeuerwehr und einigen weiteren Dienst-
leistungsberufen.

8.4.4 Wöchentliche Arbeitszeit

In den westlichen Industrieländern liegt in vielen Unternehmen die Wochenarbeitszeit zwischen 35 und 42 Stunden. Nach Jahrzehnten mit einem ständigen Rückgang der Wochenarbeitszeit ist seit einigen Jahren eine gegenläufige Entwicklung festzustellen. Stand bisher die 5-Tage-Woche im Vordergrund (die Samstags- und Sonntagsarbeit wurde zum Teil mit erheblichen Lohnzuschlägen honoriert) so ist, durch den stärkeren internationalen Wettbewerb bestimmt, die 6-Tage-Woche im Vormarsch. Der sechste Arbeitstag ist in diesem Fall Regelarbeitstag, der nicht mit Lohnzuschlägen versehen ist.

In einigen Branchen bzw. Unternehmen ist auch die verdichtete Arbeitswoche eingeführt, bei der die gesamte *wöchentliche Arbeitszeit* nur auf drei oder vier Arbeitstage verteilt ist. Naturgemäß erhöhen sich dadurch die Arbeitsstunden pro Tag. Auf die sich dadurch ergebenden Risiken für Leistung, Unfallhäufigkeiten usw. sei hingewiesen.

Auf der anderen Seite hat eine verdichtete Arbeitswoche eine Reihe ökologischer Vorteile, da das Verkehrsaufkommen dadurch zurückgeht.

Abweichungen von der gewöhnlichen wöchentlichen Arbeitszeit sind bedingt durch

- Teilzeitarbeit,
- Saisonarbeit,
- Kurzarbeit,
- Mehrarbeit,
- Schichtarbeit sowie
- flexible Arbeitszeitregelungen.

Nach dem Gesetz über *Teilzeitarbeit* und befristete Arbeitsverträge (Teilzeitgesetz) liegt eine Teilzeitbeschäftigung vor, wenn die regelmäßige Wochenarbeitszeit kürzer ist als die eines vergleichbaren, vollzeitbeschäftigten Arbeitnehmers. Ist eine regelmäßige Wochenarbeitszeit nicht vereinbart, so ist ein Arbeitnehmer teilzeitbeschäftigt, wenn seine regelmäßige Arbeitszeit im Durchschnitt eines bis zu einem Jahr reichenden Beschäftigungszeitraumes unter der eines vergleichbaren vollzeitbeschäftigten Arbeitnehmers liegt.

Als teilzeitbeschäftigt gilt auch der Arbeitnehmer, der eine geringfügige Beschäftigung ausübt.

Mit dem Gesetz sollen Teilzeitbeschäftigte und befristet beschäftigte Arbeitnehmer nicht diskriminiert werden. Jeder Mitarbeiter hat ein Recht auf Reduzierung der Arbeitszeit (bei Unternehmen mit mehr als 15 Mitarbeitern), sofern dadurch keine unverhältnismäßigen Kosten entstehen, die Sicherheit wesentlich beeinträchtigt wird oder der Arbeitsablauf dies nicht zulässt.

Zwischen Arbeitgeber und Arbeitnehmer kann eine Vereinbarung getroffen werden, dass der Arbeitnehmer seine Arbeitsleistung entsprechend dem Arbeitsanfall zu erbringen hat (Arbeit auf Abruf). Die Vereinbarung muss eine bestimmte Dauer der wöchentlichen und täglichen Arbeitszeit festlegen. Wenn die Dauer der wöchentlichen Arbeitszeit nicht festgelegt ist, gilt eine Arbeitszeit von zehn Stunden und der Arbeitgeber muss die Arbeitsleistung des Arbeitnehmers für mindestens drei aufeinander folgende Stunden in Anspruch nehmen. Der Arbeitgeber muss die Lage der Arbeitszeit mindestens vier Tage im Voraus mitteilen.

8.4.5 Jahres- und Lebensarbeitszeit

Mit einer flexiblen Regelung der *Jahres- oder Lebensarbeitszeit* versucht man, ökonomische und humane Ziele gleichermaßen zu erreichen. Zum einen lassen sich saisonale Arbeitsspitzen besser abfangen, zum anderen erhöht sich der Grad der Zeitsouveränität des Mitarbeiters, die Attraktivität der Arbeitsbedingungen kann steigen. Folgende Vorteile können sich für die Arbeitnehmer ergeben:

- Längere Erholungsurlaube (z. B. für ältere oder leistungsgewandelte Mitarbeiter) sind möglich,
- längere Weiterbildungszeiten können eingeplant werden,
- Ausgleichs-Freizeitregelungen können bei Mehrarbeit, bei besonderen Belastungen und Gefährdung, bei Sonn- und Feiertagsarbeit sowie bei Nacht- und Schichtarbeit in Anspruch genommen werden.

Über die Variation der Lebensarbeitszeit können

- Unterbrechungen für Familienphasen,
- vorgezogene Ruhestandsregelungen,
- individuelle Lebensplanungen (z. B. für Studien- und Weiterbildungsaktivitäten) verträglich für Unternehmen und Mitarbeiter

gesteuert werden.

8.4.6 Flexibilisierung der Arbeitszeit

Zur Verbesserung der Wettbewerbssituation bemühen sich Unternehmen und Belegschaften die *Arbeitszeit* zu *flexibilisieren* und besser an den jeweiligen Arbeitsanfall anzupassen. In diesem Zusammenhang spielen Jahresarbeitszeit- und Lebens*arbeitszeitkonten* eine Rolle. Ein entscheidendes Kriterium für die Sozialverträglichkeit solcher Modelle liegt darin, dass Arbeitnehmer die Dauer und Lage der Arbeitszeit selbst beeinflussen und bestimmen können. In diesem Zusammenhang spricht man von Zeitautonomie oder Zeitsouveränität. Die Einflussgrößen der Zeitsouveränität sind folgende[318]:

318 Ferreira, Y.: a. a. O., S. 26.

- Variabilität der Lage (Tag, Woche, Monat, Jahr, Arbeitsleben),
- Verfügbarkeit der Variabilität (für Arbeitnehmer, Arbeitgeber, beide),
- Variabilität der Dauer (Stundenzahl innerhalb eines Tages, einer Woche, eines Monats, eines Jahres, eines Arbeitslebens),
- Ausgleichszeitraum,
- Arbeitszeitkorridor.

Mit der Vereinbarung einer Jahresarbeitszeit verbindet das Unternehmen im Regelfall die Absicht, saisonale Spitzen besser ausgleichen zu können. Für die Arbeitnehmer hat die Vereinbarung von Jahresarbeitszeiten Vorteile in Richtung der eigenen Weiterbildung oder ausgedehnter Erholungs- oder Familienphasen. Die Variation der Lebensarbeitszeit bietet ebenfalls die Möglichkeit, auf familiäre Situationen und Ausbildungsphasen besser Rücksicht nehmen zu können. Im Vordergrund steht jedoch der vorgezogene Ruhestand. Er kann für den Arbeitgeber interessant sein, da er auf diesem Wege Personalüberkapazitäten besser abbauen kann, für den Arbeitnehmer ist ein früherer Eintritt in die Ruhestandsphase ebenfalls oft attraktiv.

Im Folgenden werden einige Flexibilisierungsansätze aufgeführt:[319]

Gleitzeit	Betrieblich vereinbarte Regelungen zur Variation von Beginn und Ende der täglichen Arbeitszeit.
Gleitende Arbeitswoche/ Arbeitsmonat	Anstelle von Kern- und Gleitstunden (wie bei der täglichen Arbeitsmonatsgleitzeit) gibt es hier Kern- und Gleittage einer Woche bzw. eines Monats. Der Arbeitnehmer verfügt an den Gleittagen über die Zeitsouveränität.
Vertrauens- arbeitszeit	Hier verzichtet man auf die Zeiterfassung, da durch das Führungsverhalten im Unternehmen auf die Eigenverantwortlichkeit der Mitarbeiter abgestellt wird.
Arbeitszeitkorridor	Wie Gleitzeit, es gibt jedoch weder Kernzeiten noch eine Mindestarbeitszeit pro Tag.
Kapazitätsorientierte Variable Arbeitszeit (KAPOVAZ)	Das Unternehmen nimmt die Anpassung der Variable Arbeitszeit in Abhängigkeit des jeweiligen Arbeitsanfalls vor. Es handelt sich also um eine bedarfsorientierte variable Arbeitszeit. Das Leistungsbestimmungsrecht ist einseitig beim Arbeitgeber.
Staffelarbeitszeit	Festliegende Arbeitszeiten werden hinsichtlich ihres Arbeitsbeginns gestaffelt. Die Mitarbeiter sprechen sich untereinander über die jeweilige Besetzung ab.

---

319 Ferreira, Y.: a. a. O., S. 29–51.

Altersteilzeit	Das Altersteilzeitgesetz (ATZG) regelt die zeitliche und finanzielle Abwicklung eines vorgezogenen Ruhestandes. Ab einer bestimmten Altersgrenze besteht für Arbeitnehmer die Möglichkeit der Altersteilzeit. Hier wird das Ausscheiden aus dem Erwerbsleben nicht abrupt, sondern gleitend vollzogen. Der Mitarbeiter hat dabei die Möglichkeit, seine Arbeitszeit bis zum Ausscheiden aus dem Erwerbsleben über einen längeren Zeitraum ständig zu verkürzen.
	Die Bundesagentur für Arbeit fördert durch Leistungen nach diesem Gesetz die Teilzeitarbeit älterer Arbeitnehmer, die ihre Arbeitszeit ab Vollendung des 55. Lebensjahres vermindern und damit die Einstellung eines sonst arbeitslosen Arbeitnehmers ermöglichen. Es stehen zwei Altersteilzeitmodelle zur Auswahl: Das erste Modell sieht eine gleichmäßige Reduzierung der Arbeitszeit um 50 % vor. Dieses Modell ist für Arbeitnehmer interessant, die vor ihrer Rente die Arbeitsbelastung reduzieren wollen. Das zweite Modell wird Blockmodell genannt. Nach einer ersten Phase mit nicht reduzierter Arbeitszeit folgt eine Freistellungsphase.
Sabbatical	Darunter versteht man eine geplante Phase der Nichtarbeit, die üblicherweise zwischen drei Monaten und einem Jahr dauert und die Rückkehr in das Berufsleben (meist in dasselbe Unternehmen) vorsieht.[320] Das Sabbatical kann im Rahmen einer Jahresarbeitszeitregelung vereinbart werden.
Arbeitszeitkonten	Die Arbeitszeit wird stundenweise einem Mitarbeiterkonto gutgeschrieben. Entweder werden die Stunden genutzt, um ein Guthaben aufzubauen oder aber um ein Defizit abzubauen. Die Rahmenbedingungen für Arbeitszeitkonten werden in Betriebsvereinbarungen festgelegt.
Überstunden bzw. Mehrarbeit	Durch Überstunden werden Arbeitsspitzen durch Arbeitnehmer abgefangen. Dabei sind die Bestimmungen des Arbeitszeitgesetzes und weiterer Gesetze zu beachten.

---

320 Klober, A.: Sabbatical – Aussteigen auf Zeit. Personalführung PLUS 2, 1999, S. 44–47.

Jobsharing	Hierbei wird ein Arbeitsplatz auf zwei Personen aufgeteilt. Die beiden Mitarbeiter regeln ihren Arbeitseinsatz in gegenseitiger Absprache. Sie sind für die Erfüllung der Aufgabe gemeinsam verantwortlich.
Telearbeit	Durch Telearbeit kann der Mitarbeiter seine Arbeitszeit autonom gestalten. Neue Medien unterstützen die Abkopplung von Arbeitsabläufen am Sitz des Unternehmens. Telearbeit ist häufig auch eine Form der Vertrauensarbeitszeit.

Nach § 87 Abs. 1 Nr. 2 *BetrVG* hat der Betriebsrat bei Beginn und Ende der täglichen Arbeitszeit einschließlich der Pausen sowie der Verteilung der Arbeitszeit auf die einzelnen Wochentage mitzubestimmen. Dies trifft auch für die Regelung der flexiblen Arbeitszeit zu. Das Arbeitszeitgesetz (AZG) hat die Möglichkeiten zur Einführung flexibler Arbeitszeitmodelle erheblich verbessert.

Aus betriebswirtschaftlicher Sicht möchte man mit Flexibilisierungsmodellen die Betriebszeit erhöhen und Leerzeit oder Stillstandszeit verringern oder ganz vermeiden[321]. Zur Umsetzung sind flankierende Maßnahmen erforderlich[322]:

* Abschluss einer Betriebsvereinbarung (soweit tarifvertraglich vorgesehen),
* Schulung der Führungskräfte und der betroffenen Mitarbeiter,
* systematische Personaleinsatzplanung,
* Zeiterfassung.

Zur Ausdehnung der *Betriebszeiten* gibt es folgende Ansätze:

* Tägliche Betriebszeit wird auf Teilzeitschichten aufgeteilt.
* Wöchentliche Betriebszeit wird auf Voll- und Teilzeitschichten aufgeteilt. Teilzeitarbeit wird also als Ergänzung zur Vollzeitarbeit eingeführt.
* Jobsharing wird eingeführt.
* Gleitzeit wird auch im Schichtbetrieb eingeführt (Abbildung II-219 zeigt dazu ein Beispiel).

Absprachen zwischen jeweils zwei Mitarbeitern oder innerhalb der Arbeitsgruppe sind dabei wichtige Hilfsmittel.

---

321 In der Betriebszeit werden Umsatz und Ertrag erwirtschaftet, in Leer- und Stillstandszeiten werden die Betriebsmittel nicht genutzt und daher kein Umsatz und Ertrag erzielt.
322 Bittelmeyer, G.; Hegner, F.; Kramer, U.: Bewegliche Zeitgestaltung im Betrieb. Köln: Gesamtverband der metallindustriellen Arbeitgeberverbände e.V., 1987.

Abbildung II-219

Erhöhung der Betriebszeit durch Einsatz von drei Mitarbeitern je Schicht im Wechsel[323]

Woche 1

Mitarb.	Mo	Di	Mi	Do	Fr	Sa	So
Frühschicht A	9	9	9	9			
Spätschicht A		9					
Frühschicht B					9	9	
Spätschicht B							
Frühschicht C	9	9					
Spätschicht C			9	9	9	9	

Woche 2

Mitarb.	Mo	Di	Mi	Do	Fr	Sa	So
Frühschicht A							
Spätschicht A							
Frühschicht B	9	9	9	9			
Spätschicht B	9	9					
Frühschicht C					9	9	
Spätschicht C			9	9	9	9	

Woche 3

Mitarb.	Mo	Di	Mi	Do	Fr	Sa	So
Frühschicht A	9	9					
Spätschicht A							
Frühschicht B			9	9	9	9	
Spätschicht B					9	9	
Frühschicht C							
Spätschicht C	9	9	9	9			

Woche 4

Mitarb.	Mo	Di	Mi	Do	Fr	Sa	So
Frühschicht A	9	9					
Spätschicht A							
Frühschicht B					9	9	
Spätschicht B							
Frühschicht C	9	9	9	9			
Spätschicht C			9	9	9	9	

Woche 5

Mitarb.	Mo	Di	Mi	Do	Fr	Sa	So
Frühschicht A			9	9	9	9	
Spätschicht A							
Frühschicht B							
Spätschicht B	9	9	9	9			
Frühschicht C	9	9					
Spätschicht C					9	9	

Woche 6

Mitarb.	Mo	Di	Mi	Do	Fr	Sa	So
Frühschicht A							
Spätschicht A	9	9	9	9			
Frühschicht B			9	9	9	9	
Spätschicht B							
Frühschicht C	9	9					
Spätschicht C					9	9	

Anmerkung: Falls bis dahin im Einschichtbetrieb gearbeitet wurde, werden zum Erreichen der Betriebszeit von 108 Wochenstunden zwei zusätzliche Mitarbeiter benötigt (Neueinstellung oder Umsetzung). Falls bereits im Zweischichtbetrieb gearbeitet worden ist, wird ein zusätzlicher Mitarbeiter benötigt.

---

323 Bittelmeyer, G. et al.: a. a. O., S. 47.

8.4.7 Schichtarbeit

Schichtarbeit ist Arbeit zu wechselnder Tageszeit (z. B. Wechselschicht) oder zu konstanter, aber ungewöhnlicher Zeit (z. B. Dauer-Nachtschicht). Aus der Sicht des Betriebes dient Schichtarbeit dazu, die gesamte betriebliche Arbeitszeit auf mehrere Zeitabschnitte mit versetzten Anfangszeiten aufzuteilen. Diese Zeitabschnitte können auch unterschiedlicher Dauer sein.

In Abbildung II-220 werden die verschiedenen Schichtsysteme klassifiziert.

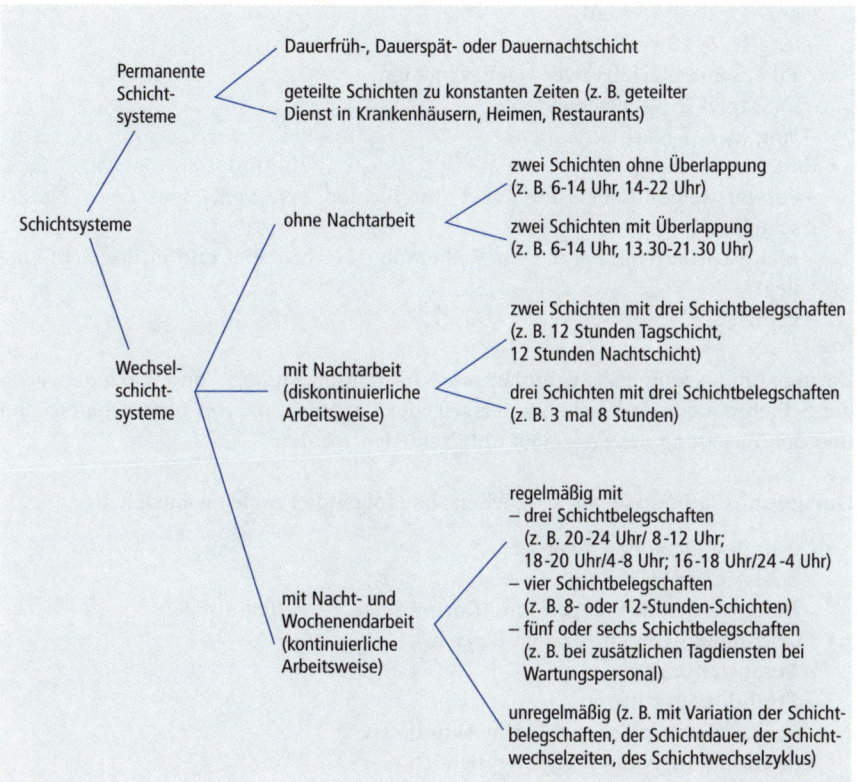

Abbildung II-220

Klassifizierung von Schichtsystemen[324]

In permanenten Systemen wird für lange Zeit eine bestimmte Schicht übernommen. Wechselschichtsysteme werden nach Vorkommen von Nachtarbeit/Wochenendarbeit, Anzahl beteiligter Schichtbelegschaften und Regelmäßigkeit der Systeme unterschieden nach:

- Voll-kontinuierliche Schichtsysteme mit Nacht- sowie Sonn-/Feiertagsarbeitszeit. Sie erfordern bei einer tariflichen Wochenarbeitszeit von 40 Stunden und einer Besetzung der Arbeitsplätze von 0:00 bis 24:00 Uhr mindestens 4 Schichtbelegschaften.

324 Rutenfranz, J.; Knauth, P.: Organisatorische Probleme der Schichtarbeit aus arbeitsmedizinischer Sicht. In: WT-Zeitschrift für Industrielle Fertigung, Nr. 71, 1981, S. 297–302.

- Diskontinuierliche Schichtsysteme, bei denen an Werktagen über 24 Stunden gearbeitet wird, im Allgemeinen der ganze Sonntag, oft auch der Samstag (zumindest teilweise) arbeitsfrei ist.
- Unregelmäßige Schichtsysteme, die vor allem im Dienstleistungssektor vorkommen, weil dort oft tageszeitlich variierender Arbeitsanfall vorliegt.

Über diese Schichtsystem-Kategorisierung hinaus können Schichtpläne nach drei Merkmalen unterschieden werden:

- Schichtwechselzyklusdauer
  - kurz (z. B. 4 Wochen),
  - lang (z. B. 20 Wochen);
- Zahl aufeinanderfolgender Nachtschichten
  - kurz (z. B. 2 Nachtschichten),
  - lang (z. B. 7 Nachtschichten);
- Rotationsrichtung
  - vorwärtslaufend, bei der auf Frühschichten erst Spät- und dann Nachtschichten folgen,
  - rückwärtslaufend, bei der die Reihenfolge Nacht-, Spät und Frühschicht vorliegt,
  - gemischt.

Darüber hinaus können Schichtpläne auch nach ihren Anfangs- und Endzeiten, nach der Schichtdauer, der Wochenarbeitszeit, der Organisation von Bereitschaftszeiten und der Verteilung der Freizeiten unterschieden werden.

Durch Schichtarbeit können möglicherweise folgende Probleme entstehen:

- Gesundheitliche Beschwerden
  - Schlafstörungen,
  - Beschwerden des Magen- und Darmtraktes, Appetitstörungen;
- Einschränkungen im sozialen Bereich
  - Veranstaltungen,
  - Fortbildungskurse,
  - kulturelle, religiöse, politische Aktivitäten;
- Einschränkungen im familiären Bereich
  - Wohnbedingungen,
  - Familienkontakte.

Gesundheitliche Beschwerden treten in der Regel deshalb auf, weil der Mensch gegen seinen Tagesrhythmus lebt. Der Mensch ist ein tagaktives Lebewesen. Seine Körperfunktionen sind tagsüber auf Leistung und nachts auf Erholung ausgerichtet. Viele Organfunktionen und Leistungen unterliegen diesem Rhythmus (s. Abbildung II-221).

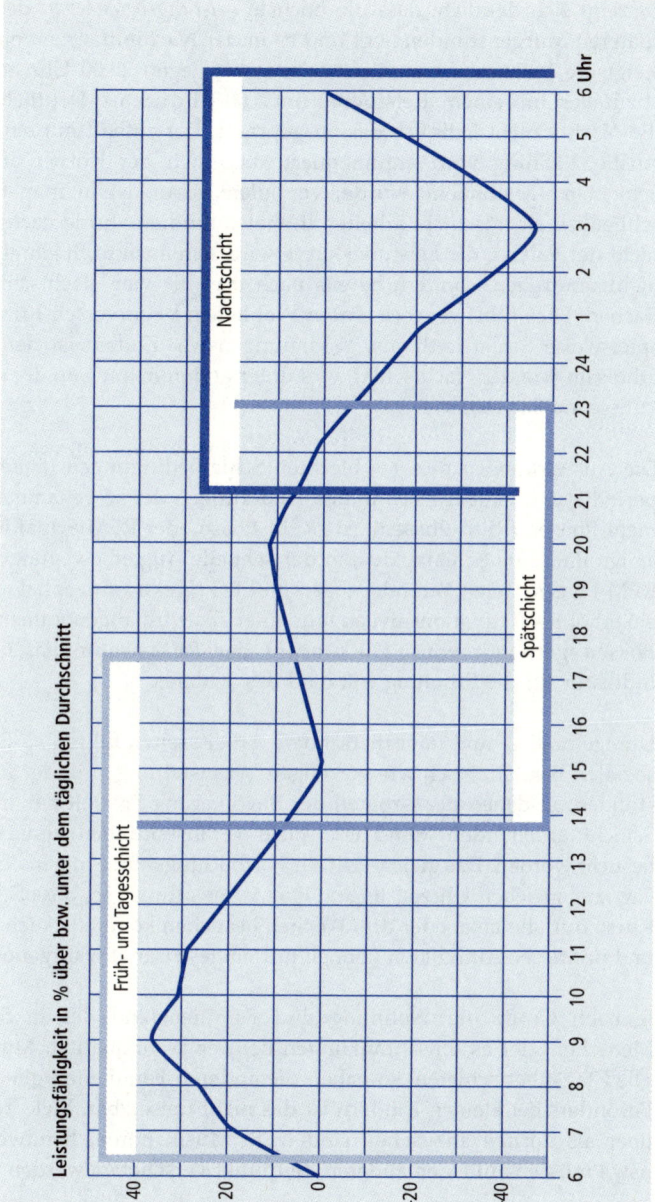

Abbildung II-221

Verlauf der
Leistungsbereitschaft
in unterschiedlichen
Schichten Früh- und
Tagesschicht[325]

325 Es handelt sich um einen geglätteten Verlauf, der die zahlreichen personen- und tätigkeitsbezogenen Ausnahmen nicht wiedergibt. Die Prozentzahlen sind mit der gebotenen Vorsicht zu interpretieren!

Es zeigt sich deutlich, dass die höchste *Leistungsbereitschaft* des Menschen in den späteren Morgenstunden liegt und es in der Nachmittagszeit ein Tief gibt. Danach steigt die Leistungsbereitschaft wieder bis gegen 20.00 Uhr an, um dann rapide abzufallen mit einem Tiefstpunkt um 3.00 Uhr nachts. Deutlich wird, dass gerade die Nachtschicht lediglich das ausgeprägte Tief enthält mit einem anschließenden Anstieg. Häufig wird argumentiert, dass sich der Körper an die wechselnden Schichten »gewöhnen« würde; vor allem dann, wenn man beispielsweise ausschließlich Nachtschicht arbeitet. In vielen Studien wurde nachgewiesen, dass dies nicht der Fall ist; die Leistungskurve wird sich auch nach jahrelanger Nachtschicht nicht umdrehen, sondern bereits nach drei bis vier Nachtschichten in Folge abflachen. Dies führt zu vermehrten Problemen bei diversen Körperfunktionen (beispielsweise Schlafrhythmus, Verdauung usw.). Zudem ist der Tagschlaf nicht so erholsam wie der Nachtschlaf, was unter anderem auch an der erhöhten Geräuschkulisse am Tag liegt.

Die Auswirkungen dieser schlechten Schlafbedingungen (äußeres Umfeld, Tagesperiodik usw.) äußern sich in den Änderungen der so genannten Rapid Eye Movement-Phasen (REM-Phasen). Als REM-Phase oder REM-Schlaf bezeichnet man diejenige Phase im Schlafzyklus, in der schnelle Augenbewegungen auftreten. In den REM-Phasen treten Veränderungen im EEG (Elektro-Enzephalogramm) auf, die auf ein erhöhtes Aktivationsniveau hindeuten. Es wird angenommen, dass nur in diesen Phasen geträumt wird. Die Anzahl der REM-Traumphasen ist ein wichtiger Indikator für die Erholung während des Schlafes.

Unregelmäßige und unvorhersehbare Arbeitszeiten führen zu Einschränkungen im sozialen Bereich. Nach wie vor liegen Veranstaltungen in der Regel in den Abendstunden, in denen der Großteil der Bevölkerung Freizeit hat; anders ist das bei in Schicht arbeitenden Menschen. Viele Veranstaltungen können von ihnen nicht besucht werden. Das gleiche gilt für Fortbildungskurse, die in der Regel am gleichen Tag, zur gleichen Uhrzeit liegen. Hier ist es oftmals so, dass Schichtarbeiter solche Kurse nur alle zwei oder drei Wochen besuchen könnten. Auch kulturelle, religiöse und politische Aktivitäten können nur eingeschränkt wahrgenommen werden.

Je nach Größe der Wohnung und Familienstand des in Schicht arbeitenden Menschen gibt es Einschränkungen bei der Wohnqualität. Muss ein Familienmitglied tagsüber schlafen, so haben die anderen Familienmitglieder Ruhe zu halten. Besonders bei kleinen Kindern ist das nicht umsetzbar. Viele Tätigkeiten, die tagsüber als normal anzusehen sind (z. B. Musik hören, handwerkliche Tätigkeiten usw.) müssen auf einen anderen Zeitpunkt verschoben werden.

Die Familienkontakte können stark eingeschränkt werden, wenn der Schichtplan entsprechend ungünstig angelegt ist. Je nachdem, ob und zu welchen Uhrzeiten der Partner arbeitet, können tagelange Phasen bestehen, in denen sich die Partner nicht oder nur schlafend sehen.

8.4.8 Nachtarbeit

Nachtarbeit im Sinne des deutschen Arbeitszeitgesetzes ist jede Arbeit, die mehr als zwei Stunden der Nachtzeit (23 bis 6 Uhr) umfasst (ArbZG, §2, Abs. 3 und 4).

Etwa 18 % der deutschen Arbeitnehmer arbeiten in Wechselschichtarbeit mit Nachtschichten, etwa 8 % regelmäßig in Nachtarbeit.[326]

Noch wesentlich stärker als der Mitarbeiter in Wechselschicht arbeitet der Nachtschichtarbeiter gegen die biologische Tagesrhythmik des Körpers. Diese Tagesrhythmik kann sich nicht vollständig an Nachtarbeit anpassen. Nachtschichttage sind durch eine Störung der inneren Zeitordnung des Mitarbeiters gekennzeichnet. Insbesondere macht auch ein freies Wochenende nach einer Nachtschicht die vorangegangene Teilanpassung wieder zunichte. Der Nachtschichtarbeiter muss also ständig Umstellungsarbeit leisten.

Nachtschichtarbeiter klagen oft über Schlafprobleme insbesondere während des Tagschlafs nach Nachtschichten. Die Schlafenszeiten sind hier deutlich geringer als beim normalen Nachtschlaf, sie sind auch von schlechterer Qualität. Haben Nachtarbeiter Kinder oder sonstige Familienangehörige zu versorgen, kommt es zu einer Kombination ungünstiger Belastungen aus der Berufsarbeit und der Haushaltsarbeit. Nachtarbeit hat auch Konsequenzen vor allem im Hinblick auf Magen-Darm-Erkrankungen: Chronische Gastritis und rezidivierende Magen- und Darmgeschwüre sind signifikant höher bei Nachtarbeitern als bei Mitarbeitern in der Tagschicht. Daneben können eine ganze Reihe von Stoffwechselerkrankungen von der Nachtschichtarbeit beeinflusst werden. Ebenso sind Personen mit Herz-Kreislauf-Leiden und ernsthaften psycho-vegetativen Störungen von Nachtarbeit betroffen.

Wenn Nachtarbeit unumgänglich ist, sind nach Möglichkeit nicht mehr als drei Nachtschichten hintereinander einzuplanen. Weiterhin gelten die Gestaltungsregeln zur Wechselschichtarbeit.

Das Ziel besteht hierbei darin, physiologische Anpassungsprozesse im Zusammenhang mit Nachtarbeit zu minimieren, dem Nachtarbeiter die Chance auf soziale Kontakte an Werktagen und Wochenenden zu geben und eine Anhäufung von Erholungsdefiziten zu vermeiden. So genannte kurz-rotierende Schichtsysteme geben dem Nachtschichtarbeiter die Möglichkeit zu sozialen Kontakten und vermindern die Wahrscheinlichkeiten der genannten Erkrankungen. Nach jeder Nachtschicht sollten wenigstens 24 Stunden Freizeit folgen. Jeder Schichtplan sollte mindestens zwei aufeinander folgende arbeitsfreie Tage enthalten. Dafür wären Wochenenden zu bevorzugen.

Einige dieser Anforderungen widersprechen sich, so dass im Regelfall ein Kompromiss gesucht werden muss, der neben den ökonomischen Forderungen des Betriebs auch die gesundheitlichen und sozialen Anforderungen des Mitarbeiters beachtet.

---

326 Knauth, P.: Nachtarbeit. In: Landau, K.; Pressel, G. (Hrsg.): Medizinisches Lexikon der beruflichen Belastungen und Gefährdungen. Stuttgart: Gentner, 2004, S. 457–460.

8.4.9 Einführung eines geeigneten Arbeitszeitmodells

Aus ergonomischer Sicht ergeben sich folgende Empfehlungen für die Schichtplangestaltung[327]:

- geringe Anzahl hintereinander liegender Nachtschichten,
- Abhängigkeit der Schichtdauer von der Arbeitsschwere,
- nicht zu früher Beginn der Frühschicht,
- keine zu kurzen arbeitsfreien Zeiten zwischen den Schichten,
- Wochenenden mit zwei zusammenhängenden arbeitsfreien Tagen (0:00-24:00 Uhr) bei kontinuierlichen Schichtsystemen,
- Vorwärtsrotation bei kontinuierlichen Schichtsystemen,
- keine zu lange Schichtwechselzyklusdauer und möglichst Regelmäßigkeit der Schichtsysteme.

Dazu im Einzelnen:

1. Geringe Anzahl hintereinander liegender Nachtschichten
   Da kognitive Zeitgeber (z. B. Kenntnisse der Uhrzeit, Wissen um das soziale Verhalten der Umwelt) unveränderbar sind und eine vollständige Rückanpassung aller physiologischen Funktionen innerhalb von sieben Nachtschichten nicht erfolgt, sollte die Anzahl hintereinander liegender Nachtschichten gering sein. Je länger die Nachtschichtperiode ist, desto ausgeprägter wird die Teilanpassung und desto länger der Rückanpassungsprozess sein. Bereits einwöchige Nachtschichtperioden führen zu akkumuliertem Schlafmangel. Je mehr Nachtschichten in Folge geleistet werden, desto stärker sind auch Kontakte eingeschränkt. Wechselschichtsysteme sind deshalb günstiger als Dauernachtschichtsysteme und kurzrotierte empfehlenswerter als langrotierte Schichtsysteme. Dieser Einschätzung scheinen sich auch Betroffene tendenziell anzuschließen.[328]

2. Abhängigkeit der Schichtdauer von der Arbeitsschwere
   Eine Festlegung der Schichtdauer auf genau acht Stunden ist ergonomisch nicht zu begründen. Je nach Belastung sind sowohl kürzere als auch eine längere Schichtdauer vertretbar. Es überwiegen zwar 7–8 Stunden-Schichten, jedoch wird regelmäßig auch kürzer (z. B. vier Stunden auf Schiffen) oder länger (z. B. zwölf Stunden in manchen Bereichen der chemischen Industrie) gearbeitet.
   Auch zwölfstündige Schichtsysteme haben sich bei geringer Belastung, fehlender Einwirkung gesundheitsgefährdender Arbeitsstoffe und ausreichendem Schlaf der Wegzeiteinsparung und der günstigeren Freizeitverteilung wegen bewährt.[329] Dagegen sollten Nachtschichten bei hoher Belastung auf deutlich unter acht Stunden verkürzt werden.

327 Knauth, P.: Arbeitswissenschaftliche Kriterien der Schichtplangestaltung. In: Kutscher, J.; Eyer, E.; Antoni, H. (Hrsg.) Das flexible Unternehmen. Wiesbaden, 1996.

328 Hedden, I. D.; Bonitz,H.; Grzech-Sukalo, H.; Nachreiner, F.: Zur Klassifikation und Analyse unterschiedlicher Schichtsysteme und ihre psychosozialen Effekte. Teil 2: Differentielle Effekte bei Gruppierung nach periodischen Merkmalen. Überprüfung eines alternativen Klassifikationsansatzes. In: Zeitschrift für Arbeitswissenschaft 43 (15 NF) 1989, S. 73–78.

329 Zu bedenken ist allerdings die Erniedrigung der Dauerleistungsgrenzwerte bei 12-Stunden-Schichten (s. Teil II, Abschnitt 6.2).

3. Nicht zu früher Beginn der Frühschicht
Beim Festlegen von Schichtwechselzeiten sind Kompromisse zwischen teilweise konkurrierenden Zielen zu schließen:
- ausreichender Schlaf,
- geringes Unfallrisiko,
- ausreichende abendliche Freizeit,
- gemeinsame Mahlzeiten mit der Familie,
- günstige Verkehrsverhältnisse.

Die Probleme bei den verbreiteten Schichtwechselzeiten von 6, 14 und 22 Uhr sind vor allem die Schlafreduktion, häufige Fehlzeiten sowie ein erhöhtes Unfallrisiko in der Frühschicht und eingeschränkte Freizeitmöglichkeiten für die Spät- und Nachtschichten.

In den USA wird die 8-16-24-Uhr-Regelung praktiziert, möglicherweise deshalb, weil dort Geschäfte und Freizeitstätten bis in die Nacht durchgehend geöffnet sind. Dagegen findet man in Frankreich die 4, 12, 20 Uhr Regelung, die die Vorteile bietet, dass der Schlaf nach der Nachtschicht vielleicht länger ist, mittags und abends familiäre Gemeinsamkeiten und Hobbys gepflegt werden können.

Eine Verschiebung der üblichen Schichtwechselzeiten von 6.00, 14.00 und 22.00 Uhr auf 7.00, 15.00 und 23.00 Uhr würde die eingangs angeführten Ziele besser erfüllen. Ob dabei die primären Wünsche der Betroffenen, wie zeitgünstige Anfahrt und geringstmögliche Einschränkung der Freizeitaktivitäten, zu erreichen sind, lässt sich nur im Einzelfall beantworten.

4. Keine zu kurzen arbeitsfreien Zeiten zwischen den Schichten
Folgt auf eine Frühschicht am gleichen Tag eine Nachtschicht oder auf eine Nachtschicht am folgenden Tag eine Spätschicht, spricht man von kurzen Wechseln. Das Arbeitszeitgesetz schreibt als arbeitsfreie Zeit zwischen Schichtende und dem Anfang der folgenden Schicht mindestens elf Stunden vor. Bei kurzen Wechseln könnte die arbeitsfreie Zeit nur zu einem kurzen Schlaf genutzt werden, so dass Ermüdung und erhöhtes Sicherheitsrisiko als Nachteile zu nennen wären.

5. Wochenenden mit zwei zusammenhängenden arbeitsfreien Tagen (0–24 Uhr) bei kontinuierlichen Schichtsystemen
Die Anzahl freier Samstage und Sonntage ist zwar konstant, nicht aber die am Wochenende anfallenden Freizeitstunden. Ein Wochenende, das nach einer freitäglichen Nachtschicht beginnt, ist »freizeitreduziert«. Beginnt es dagegen nach einer freitäglichen Frühschicht und endet mit dem Beginn der montäglichen Spätschicht, ist es »freizeiterweitert«. Deshalb sollte beachtet werden, dass bei kontinuierlicher Schichtarbeit möglichst viele »volle« Wochenenden entstehen. Schichtpläne, bei denen dieser Sachverhalt berücksichtigt wird, können nach folgenden Prinzipien ausgelegt werden:
- Minimierung der Anzahl »reduzierter« Wochenenden,
- Maximierung der Anzahl »voller« Wochenenden,
- Kompromiss aus beiden Möglichkeiten, wenn mehr als vier Personen einzubeziehen sind,
- Vorwärtsrotation bei kontinuierlichen Schichtsystemen.

6. Die Schichtenfolge Früh-, Spät-, Nacht-, Frühschicht etc. wird als Vorwärts-rotation (Vorwärtswechsel), die Folge Nacht-, Spät-, Früh-, Nachtschicht etc. als Rückwärtsrotation (Rückwärtswechsel) bezeichnet. Vorwärtswechsel entspricht dem aus Zeitzonenflügen bekannten Erlebnis des Fluges in westlicher Richtung, bei dem es zu einer schnelleren Anpassung der biologischen Tagesrhythmik als bei Flügen in östlicher Richtung (entspricht dem Rückwärtswechsel) kommt.

7. Keine zu lange Schichtwechselzyklusdauer und möglichst Regelmäßigkeit von Schichtsystemen
Die Übersichtlichkeit von Schichtplänen ist die Voraussetzung für eine Akzeptanz durch die Betroffenen. Sie ist umso besser, je kürzer der Wechselzyklus und je regelmäßiger die Schichtfolgen sind. Kurze Zyklen (z. B. vier Wochen) sind langen Zyklen (z. B. ein viertel Jahr) vorzuziehen. Als regelmäßig gelten z. B.

- diskontinuierliche Systeme mit jeweils fünf gleichen Schichten und zwei freien Tagen oder
- kontinuierliche Systeme mit identischen Unterzyklen (z. B. zwölf Stunden Tagschicht, zwölf Stunden Nachtschicht, Freischicht, Freischicht), die sich wiederholen.

Abbildung II-222 sind vier *Schichtpläne* zu entnehmen:[330]

1. Kontinuierliche Arbeitsweise mit fünf Schichtbelegschaften mit mittleren Wochenarbeitszeiten von:
   - 33,6 Stunden ohne Zusatzschicht,
   - 35,2 Stunden mit 1 Zusatzschicht pro 5 Wochen,
   - 36,8 Stunden mit 2 Zusatzschichten pro 5 Wochen,
   - 38,4 Stunden mit 3 Zusatzschichten pro 5 Wochen,
   - bei einer Betriebszeit von 168 Stunden pro Woche und einem Personalbedarf über 24 Stunden von Montag bis Sonntag.

2. Diskontinuierliche Arbeitsweise mit vier Schichtbelegschaften und mittleren Wochenarbeitszeiten von:
   - 36 Stunden ohne Zusatzschicht,
   - 38 Stunden mit 1 Zusatzschicht pro 4 Wochen,
   - 40 Stunden mit 2 Zusatzschichten pro 4 Wochen,
   - bei einer Betriebszeit von 144 Stunden pro Woche und einem Personalbedarf über 24 Stunden von Montag bis Samstag.

3. Diskontinuierliche Arbeitsweise mit sieben Schichtbelegschaften und mittleren Wochenarbeitszeiten von:
   - 35,4 Stunden pro Woche mit 1 Frühschicht am Samstag,
   - 36,6 Stunden pro Woche mit 2 Frühschichten am Samstag,
   - bei einer Betriebszeit von 128 Stunden pro Woche und einem Personalbedarf über 24 Stunden von Montag bis Freitag.

4. Diskontinuierliche Arbeitsweise mit ausgedünnten Nachtschichten, sechs Schichtbelegschaften und mittleren Wochenarbeitszeiten von:
   - 36,0 Stunden pro Woche ohne Zusatzschicht,
   - 37,3 Stunden pro Woche mit 1 Zusatzschicht pro 6 Wochen,
   - 38,7 Stunden pro Woche mit 2 Zusatzschichten pro 6 Wochen,
   - bei einer Betriebszeit von 128 Stunden pro Woche und keinem konstanten Personalbedarf über 24 Stunden.

Der erste Schichtplan ist übersichtlich und hat die Vorteile kurzer Nachtschichtperioden, mindestens eines freien Abends zwischen Montag und Freitag sowie langer Wochenendfreizeiten. Der zweite Schichtplan enthält zwei kürzere Nachtschichtperioden, aber drei aufeinander folgende Nachtschichten. Diese kommen im dritten Schichtplan, der unübersichtlicher als die beiden vorhergehenden ist, nicht vor. Hier liegt allerdings eine wöchentliche Betriebszeit von nur 128 Stunden vor. Dem vierten Schichtplan liegt eine reduzierte Nachtschichtbesetzung zugrunde, d.h. hier arbeiten zwei Belegschaften in der Frühschicht, zwei in der Spätschicht und eine in der Nachtschicht.

---

330 Vgl. dazu Knauth, P.: Ergonomische Beiträge zu Sicherheitsaspekten der Arbeitszeitorganisation. Düsseldorf, 1983; sowie Rutenfranz, J.; Knauth, P.: Schichtarbeit und Nachtarbeit. Hrsg. vom Bayerischen Staatsministerium für Arbeit und Sozialordnung. 3. Auflage. München, 1989. und Knauth, P.; Schwarzenau, P.; Schmidt, K.-H. und Rutenfranz, J.: Computergestützte Schichtplangestaltung für flexible Arbeitszeitregelungen bei diskontinuierlicher Schichtarbeit. In: Verh. Dt. Ges. Arbeitsmed. 26, 1986, S. 439–443.

Abbildung II-222

Beispiele für Schichtpläne mit kontinuierlicher und diskontinuierlicher Arbeitsweise[331]

Schichtplan 1

Woche	Mo	Di	Mi	Do	Fr	Sa	So	Mo	Di	Mi	Do	Fr	Sa	So
1	F	F	S	S	N	N					F	F	S	S
2	N	N					F	F	S	S	N	N		
3			F	F	S	S							F	F
4	S	S	N	N					S	F	S	S	N	N
5					F	F	S	S	N	N				

Schichtplan 2

Woche	Mo	Di	Mi	Do	Fr	Sa	So
1				S	S	S	
2	F	F	F	F	F	F	
3	N	N	N				
4	S	S	S	N	N	N	

F = Frühschicht
S = Spätschicht
N = Nachtschicht

Schichtplan 3

Woche	Mo	Di	Mi	Do	Fr	Sa	So
1	F	F	F	F	F		
2	N	N		S	S		
3	N	N	N		F		
4	S	S	N	N	N		
5	S	S	S	N	N	F	
6		F	F	F	F		
7	F		S	S	S		

Schichtplan 4

Woche	Mo	Di	Mi	Do	Fr	Sa	So
1	F	F	F	F	F	F	
2	S	S	S	S	S		
3	N	N	N				
4	F	F	F	F	F	F	
5	S	S	S	S	S		
6			F	N	N		

331 Vgl. dazu Knauth, P.: a. a. O.; Rutenfranz, J.; Knauth, P.: a. a. O.; Knauth, P. et al.: a. a. O.

Vor der erfolgreichen Einführung neuer Arbeitszeitsysteme müssen vielfältige Hindernisse überwunden werden, da arbeitsorganisatorische Veränderungen Widerstände bei vielen Beteiligten hervorrufen, die auf Ängste der Betroffenen zurückzuführen sind. Der praktische Erfolg und die Akzeptanz sind wesentlich durch die Vorgehensweise bei der Einführung, das Verhalten der Vorgesetzten und organisatorische Rahmenbedingungen bestimmt.[332]

Außerdem beeinflusst das *Arbeitszeitsystem* ganz wesentlich die Zeitverwendungsmöglichkeiten der Mitarbeiter. Die erfolgreiche Einführung eines Arbeitszeitmodells setzt daher einerseits ein systematisches Vorgehen bei der Umsetzung und andererseits die Akzeptanz durch die Mitarbeiter voraus (Abbildung II-223).

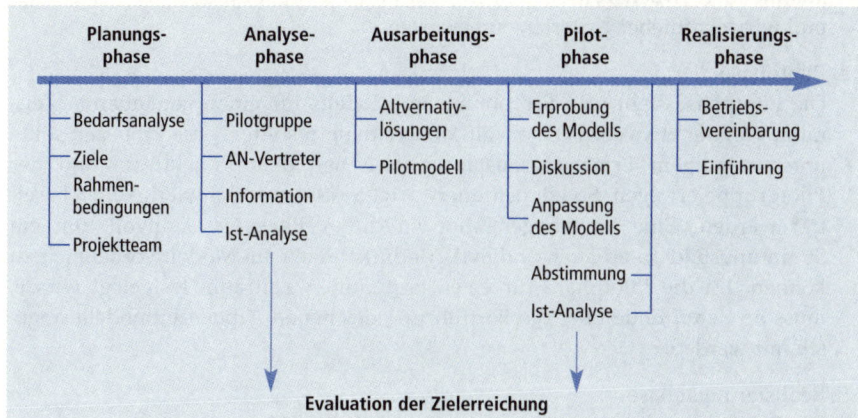

Abbildung II-223
Systematisches Vorgehen bei der Einführung arbeitsorganisatorischer Veränderungen

Dabei lassen sich fünf Phasen unterscheiden, die nachfolgend beschrieben werden:[333]

1. Planungsphase
   In der Planungsphase wird ein Projektteam eingesetzt, das die Einführung des neuen Arbeitszeitsystems vorzubereiten hat. Dem Team sollen sowohl Vertreter der Arbeitnehmer als auch der Arbeitgeber angehören. Primäres Ziel in der Planungsphase ist die Bedarfsanalyse sowie die Festlegung der Rahmenbedingungen des neuen Arbeitszeitmodells.

2. Analysephase
   Die wichtigsten, in der Analysephase durchzuführenden Projekte sind die Ist-Analyse und die Information der betroffenen Mitarbeiter sowie aller indirekt Betroffenen. Das Vorgehen sollte zuerst auf eine Pilotgruppe beschränkt bleiben. Die Ist-Analyse kann mit Hilfe einer Fragebogenaktion durchgeführt werden, um Auswirkungen, Vor- und Nachteile des bestehenden Arbeitszeitmodells auf die Mitarbeiter zu erfassen.

---

332 Vgl. Weißert-Horn, M.: Flexible Arbeitszeit und Teilzeitarbeit. Bericht für das Bundesministerium für Wirtschaft und Arbeit, Prävention und Rehabilitation zur Verhinderung von Erwerbsminderung. Darmstadt, Institut für Arbeitswissenschaft, 2003.

333 Knauth, P.; Hornberger, S.: Betriebs- und mitarbeiterbezogene Flexibilisierung der Arbeitszeit. Tutorial, 45. Arbeitswissenschaftlicher Kongress. Karlsruhe, 1999.

3. Ausarbeitungsphase und Arbeitszeitmodellalternativen
In dieser Phase werden mögliche Modelle entwickelt, die in Anbetracht der formulierten Ziele, Aufgabentypen und Mitarbeiterinteressen umgesetzt werden sollen. Dabei sollte der Grundgedanke Beachtung finden, nicht jede Kleinigkeit in feste Regelungen einzubetten, sondern Gestaltungsraum für Autonomie und Freiheitsgrade zu lassen. In dieser Phase ist es ratsam, auch Gestaltungsvorschläge der Mitarbeiter und des Betriebsrates einzubeziehen. Um die Präferenzen der Mitarbeiter ermitteln zu können, sollte die Einstellung zu potenziellen Arbeitszeitmodellen in einer Mitarbeiterbefragung erfasst werden. Durch eine frühe Einbindung der Arbeitnehmer können Arbeitszeitkonzepte ausgewählt werden, die später die höchste Akzeptanz aufweisen. Die in Frage kommenden Arbeitszeitregelungen sind anhand organisatorischer personeller und wirtschaftlicher Kriterien zu bewerten.

4. Pilotphase
Die Pilotphase sieht eine Erprobung des Modells für einen vereinbarten Zeitraum vor, der etwa sechs bis zwölf Monate dauern sollte. Diese Probezeit sollte unter ständigem Erfahrungsaustausch zwischen dem Projektteam und der Pilotgruppe erfolgen. So können unerwartet auftretende Schwierigkeiten beseitigt werden. Eine Fragebogenaktion in dieser Phase ist sinnvoll, um ein Stimmungsbild zu erhalten und evtl. Modifikationen am Modell vornehmen zu können. Da die Pilotphase für einen bestimmten Zeitraum festgelegt wurde, muss an deren Ende über die Fortführung des neuen Arbeitszeitmodells abgestimmt werden.

5. Realisierungsphase
Die Realisierungsphase beginnt mit vier möglichen Alternativen:
– Das Pilotmodell wird abgelehnt und das alte Modell wieder aufgenommen,
– Das Pilotmodell wird abgelehnt und ein neues Modell muss erprobt werden,
– Das Pilotmodell wird mit kleineren Modifikationen akzeptiert,
– Das Pilotmodell wird ohne Modifikationen akzeptiert.

Nach Akzeptanz des Pilotmodells wird dieses in der Regel auch in anderen Abteilungen eingeführt. Bei der Übertragung des Modells auf andere Abteilungen ist jedoch Vorsicht geboten, da die Gegebenheiten gleich oder zumindest vergleichbar sein müssen.

Da die Einführung eines Arbeitszeitmodells der Mitbestimmung gemäß Betriebsverfassungsgesetz (BetrVG) unterliegt, ist eine Betriebsvereinbarung abzuschließen. Dabei kommt es darauf an, anstelle bürokratischer Detailregelungen Grundsätze festzulegen, die den Rahmen des Arbeitszeitmodells definieren.

9 Ergonomische Bewertung

9.1 Überblick

Das MTM-Gestaltungssystem zielt auf effiziente Prozesse (Produktivitätsaspekt) und auf die menschengerechte Arbeitsgestaltung (Humanitätsaspekt) in einer ausgewogenen Balance. Die Leistungsabforderung im Arbeitssystem wird dabei mit einer langfristigen Strategie der Belastungsminderung bzw. Belastungsoptimierung verknüpft.

In diesem Kapitel werden die Werkzeuge vorgestellt, um Arbeitsbelastungen zu erkennen, zu bewerten und zu mindern. Langfristig soll jedes neu gestaltete Arbeitssystem im Bezug auf Gefährdung und Belastung rechtskonform[334] sein und den Kriterien der Erträglichkeit, Zumutbarkeit und Zufriedenheit (s. Abschnitt 6.3) genügen.

Der Leser wird durch Flussdiagramme zu den Analyse- und Bewertungsverfahren geführt, die für die charakteristischen Engpässe der Arbeitssysteme geeignet sind. Abbildung II-224 dient zur Information über die charakteristischen Belastungsengpässe der körperlichen und informatorischen Arbeit.

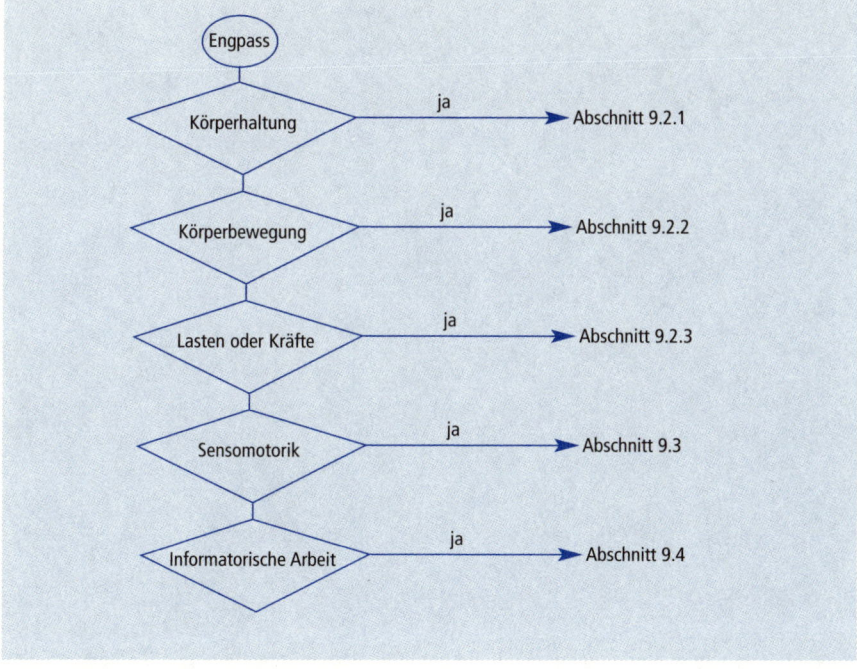

Abbildung II-224
»Wegweiser« zu den Belastungsanalyse- und Belastungsbewertungsverfahren

---

334 Arbeitssicherheit und Gesundheitsschutz im Rahmen des europäischen Binnenmarktes: EU-Rahmenrichtlinie 89/391/EWG bzw. Arbeitsschutzgesetz und EU-Maschinenrichtlinie 98/37/EG.

Mit diesem »Wegweiser« ist nach den beherrschenden Engpässen

- Körperhaltung
- Körperbewegung
- Lastenmanipulation
- Sensomotorik
- psychische Belastung

in die entsprechenden Abschnitte zu verzweigen.

9.2 Muskuläre Arbeit

9.2.1 Körperhaltung

Ist das Verharren in einer bestimmten *Körperhaltung* das Charakteristische einer Tätigkeit (z. B. in den Berufen Installateur, Automechaniker, Friseur, usw.), dann wird zur Analyse und Bewertung der Körperhaltungen das OWAS-Verfahren empfohlen.[335]

- Das Verfahren gestattet die Bewertung von statischen und dynamischen Körperhaltungen und -bewegungen auf Basis einer Multimomentstudie.
- Das Verfahren kann auf ortsveränderliche (Basisverfahren) und stationäre (punktuelle Verfahren) Arbeitsplätze angewendet werden.[336]

OWAS ist eine international anerkannte Methode und ist schnell und universell einsetzbar.

OWAS existiert in zwei Versionen:

- OWAS Basis Methode: Für Arbeiten, bei denen der Mensch mit dem gesamten Körper beteiligt ist.
- Punktuelle OWAS Methode: Für sitzende Tätigkeiten oder stehende Tätigkeiten bei (fast) ortsgebundenen Arbeitsplätzen.

Jede Körperhaltung wird mit Hilfe eines vier- oder fünfstelligen Zahlencodes beschrieben und entweder als Ganzkörperhaltung oder als beteiligte Teilkörperhaltungen bewertet (Abbildung II-225). Die Erfassung der Haltungen erfolgt üblicherweise als Multimomentstudie (s. Teil III, Abschnitt 7.5).

---

335 Entwicklung zunächst im finnischen Stahlwerk OVAKO. Später Weiterentwicklung durch den finnischen Rationalisierungsrat unter Beteiligung der Bergwerk-, Holz-, Lebensmittel-, Maschinenbau und Textilindustrie unter Einschluss von Büroarbeiten. Deutsche Übersetzung: Stoffert, G.: Analyse und Einstufung von Körperhaltungen bei der Arbeit nach der OWAS-Methode. Zeitschrift für Arbeitswissenschaft. 39, 1985,1 S. 31–38.
336 Vergleiche: Schaub, Kh.; Spelten, Chr.: IAD Toolbox körperliche Arbeit. Darmstadt: Institut für Arbeitswissenschaft der Technischen Universität Darmstadt, Version 2.1, 2004.

Abbildung II-225

Einstufungsblatt des
OWAS-Verfahrens

Rücken	Arme	Beinhaltung	Gewicht oder Kraftbedarf	Kopf
1 Gerade	1 Beide Arme unter Schulterhöhe	1 Sitzen, Beine unter Gesäßhöhe	1 Unter 10 kg	1 Frei
2 Gebeugt	2 Ein Arm auf oder über Schulterhöhe	2 Stehen, Beine gerade	2 Über 10 bis unter 20 kg	2 Nach vorne gebeugt
3 Gedreht *oder* zur Seite gebeugt	3 Beide Arme auf oder über Schulter	3 Stehen auf einem Bein, Bein gerade	3 Über 20 kg	3 Zur Seite gebeugt
4 Gebeugt *und* gedreht *und* zur Seite gebeugt		4 Stehen auf zwei Beinen, Beine gebeugt		4 Nach hinten gebeugt
		5 Stehen auf einem Bein, Bein gebeugt		5 Zur Seite gedreht
		6 Knien		
		7 Gehen		
		8 Sitzen, Beine oder Gesäß auf gleicher Höhe		
		9 Haltung ohne Unterstützung der Beine		
		0 Kriechen oder klettern		

Abbildung II-226 zeigt Beispiele von Arbeitshaltungen mit dem zugeordneten OWAS-Kode.

Abbildung II-226

Beispiele von Arbeitshaltungen mit dem zugeordneten OWAS-Kode.

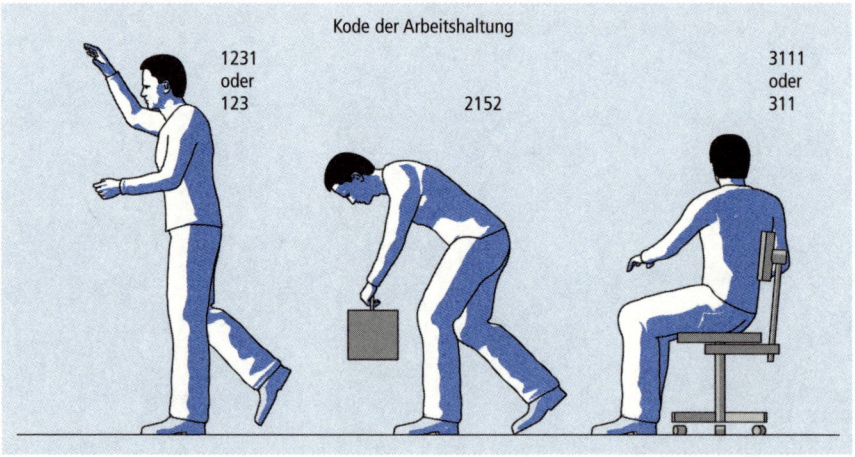

Kode der Arbeitshaltung

1231
oder
123

2152

3111
oder
311

Als Analyseergebnis wird eine Maßnahmenklasse (Mk) ausgegeben, die in Abhängigkeit von der Güte der Körperhaltung notwendige Maßnahmen zur Arbeitsgestaltung beschreibt (s. Abbildung II-227).

Mk	Bewertung der Körperhaltung / notwendige Gestaltungsmaßnahmen
1	Die Körperhaltung ist normal. Maßnahmen zur Arbeitsgestaltung sind nicht notwendig.
2	Die Körperhaltung ist belastend. Maßnahmen, die zu einer besseren Arbeitshaltung führen, sind in der nächsten Zeit vorzunehmen.
3	Die Körperhaltung ist deutlich belastend. Maßnahmen, die zu einer besseren Arbeitshaltung führen, müssen so schnell wie möglich vorgenommen werden.
4	Die Körperhaltung ist deutlich schwer belastend. Maßnahmen, die zu einer besseren Arbeitshaltung führen, müssen unmittelbar getroffen werden.

Abbildung II-227

Maßnahmeklassen nach der OWAS-Methode

Abbildung II-228 zeigt die Dringlichkeit von Veränderungsmaßnahmen in Abhängigkeit der eingenommen Körperhaltungen auf.

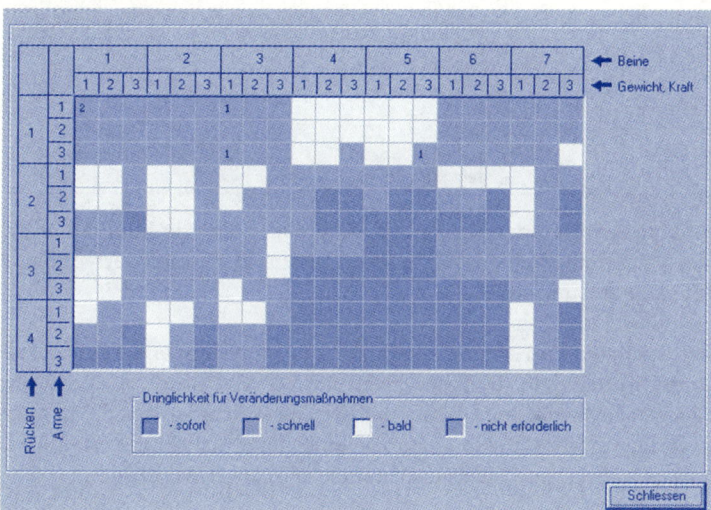

Abbildung II-228

Dringlichkeit von Gestaltungsmaßnahmen nach OWAS-Befunden

OWAS kann papiergestützt oder PC-gestützt angewendet werden.[337]

9.2.2 Körperbewegungen

Liegt der Tätigkeitsengpass in einer ausgeprägten *Körperbewegung* – und damit letztlich im Herz-Kreislauf-System – dann wird eine Schätzung des Energieumsatzes mit der Gruppenbewertungstabelle empfohlen.[338]

Die Benutzung der Gruppenbewertungstabelle in Abbildung II-229 erfordert eine (grobe) Ablaufstudie von Körperstellung und Körperbewegung.

---

337 Schaub, Kh. u. a.: IAD-Toolbox Körperliche Arbeit a. a. O.
338 Spitzer, H.; Hettinger, Th.; Kaminsky, G.: Tafeln für den Energieumsatz bei körperlicher Arbeit. Berlin: Beuth, 1982.

Abbildung II-229

Gruppenbewertungs-
tabelle für den Einsatz
je Minute und Stunde

A. Körper- stellung bewegung	kJ/min
Sitzen	1,0
Knien	3,0
Hocken	5,0
Stehen	2,5
gebücktes Stehen	4,0
Gehen	7,0 - 15,0
Steigen ohne Last, Steigung über 10°	3,0 je m Steighöhe

B. Art der Arbeit		kJ/min
Handarbeit	leicht	1,0 - 2,5
	mittel	2,5 - 4,0
	schwer	4,0 - 5,5
Einarmarbeit	leicht	2,5 - 4,0
	mittel	5,0 - 7,5
	schwer	7,5 - 10,0
Zweiarmarbeit	leicht	6,0 - 8,5
	mittel	5,0 - 7,5
	schwer	11,0 - 13,5
Körperarbeit	leicht	11,0 - 17,0
	mittel	17,0 - 25,0
	schwer	25,0 - 35,0
	sehr schwer	35,0 - 50,0

Anschließend werden die Energieverbrauchswerte je Minute der Tabelle entnommen, mit dem Zeitbedarf aus der Zeitstudie multipliziert und für die gesamte Tätigkeit aufsummiert.

Der Anfänger wird sich bei der Benutzung der Gruppenbewertungstabelle zunächst an die Mittelwerte der Energieverbräuche halten, der Fortgeschrittene wird sich dagegen auch eine Beurteilung der Extrembereiche zutrauen. Mit diesem groben Bewertungsverfahren lassen sich für eine Reihe von Fragestellungen zum Energieumsatz aufwendige Energieverbrauchsmessungen vermeiden.

Zu bedenken ist jedoch, dass über diese Gruppenbewertungstabelle der *Arbeitsenergieumsatz* als Summe für einen Zeitraum geschätzt wird, dass eine wechselnde Belastungsverteilung innerhalb eines Zeitraums nicht berücksichtigt werden kann. Eine durchgängige, eher niedrige energetische Belastung kann daher anhand eines Summenwertes zum Arbeits-Energieumsatz nicht von einer Belastung mit stark in ihrer Höhe wechselnden Energieumsatz-Spitzen unterschieden werden. Hier sind detaillierte Ablauf- und Energieumsatz-Verteilungsstudien erforderlich.

Die folgenden Grenzwerte sollen bei täglicher Wiederholung der Arbeit langfristig nicht überschritten werden:

Für Männer $AEU_{grenz} = 17 - 20$ kJ/min.

Für Frauen $AEU_{grenz} = 12 - 13$ kJ/min.

Kurzfristige Überschreitungen sind bei gesunden Menschen ohne Bedenken möglich.

9.2.3 Lastenmanipulation und Krafteinsatz

Lastenmanipulation

In den folgenden Auswahlblättern werden stets die Methoden

- *Schultetus-Burandt* (Siemens-Verfahren[339]),

- *NIOSH*[340] (Verfahren des US National Institutes of Occupational Safety & Health in der Version von 1991) und

- *LMM* (Leitmerkmalmethoden der Bundesanstalt für Arbeitsschutz und Arbeitsmedizin zum Heben, Halten, Tragen (HHT, überarbeitete Version 2001) sowie zum Ziehen, Schieben von Lasten (ZuS) angeboten.[341]

Das Anwenden der Auswahlblätter zur Wahl einer geeigneten Bewertungsmethode für eine gegebene *Lastenmanipulation* setzt Grundkenntnisse über die genannten Methoden voraus. Insbesondere gilt es, deren Anwendungsrestriktionen zu beachten. Im Abschnitt 7.2.3 wurden die Anwendungsrestriktionen behandelt.

Die Auswahl des geeigneten Bewertungsverfahrens wird durch die beiden Flussdiagramme in Abbildung II-230 und II-231 erleichtert.

339 Burandt, U.: Ergonomie für Design und Entwicklung. Köln: O. Schmidt 1978.
Schultetus, W.; Lange, W.; Doerken, W. (Hrsg.): Praxis der Ergonomie – Montagegestaltung. Köln: TÜV Rheinland, 1987.
Siemens (Hrsg.): Ermitteln zulässiger Grenzwerte für Kräfte und Drehmomente. Firmeninterne Schulungsunterlage zur Arbeitsgestaltung. o. Jg.
REFA (Hrsg.): Arbeitsgestaltung in der Produktion. München: Carl Hanser Verlag 1993.
VDI (Hrsg.): Handbuch der Arbeitsgestaltung und Arbeitsorganisation. Düsseldorf: VDI Verlag GmbH, 1980.
340 National Institute of Occupational Safety and Health (NIOSH): Work Practices Guide for Manual Lifiting. DHHS (NIOSH) Publ. No. 81-122 Cincinnati, Ohio, 1981.
Waters, T. R.; Putz-Anderson, V.; Garg, A.: Applications Manual for the Revised NIOSH Lifting Equation. DHHS (NIOSH) Publ. No. 94-110 Cincinnati, Ohio, 1994.
Waters, T. R.; Putz-Anderson, V.; Garg, A.; Fine, L. J.: Revised NIOSH equation for the design and evaluation of manual lifting tasks. Ergonomics 36 (1993) 7.
341 Vgl. Schaub, Kh.; Winter, G.; Berg, K.; Landau, K.: Arbeitsunterlage zur Bewertung von Lastenmanipulationen. Darmstadt: Institut für Arbeitswissenschaft der TU Darmstadt, 2004. Weiterführende Lektüre: Mital, A.; Nicholson, A. S.; Ayoub, M. M.: A Guide to Manual Materials Handling. London, Washington (DC): Taylor & Francis, 1993.

Abbildung II-230

Methodenauswahl für
Lasten < 3 kg

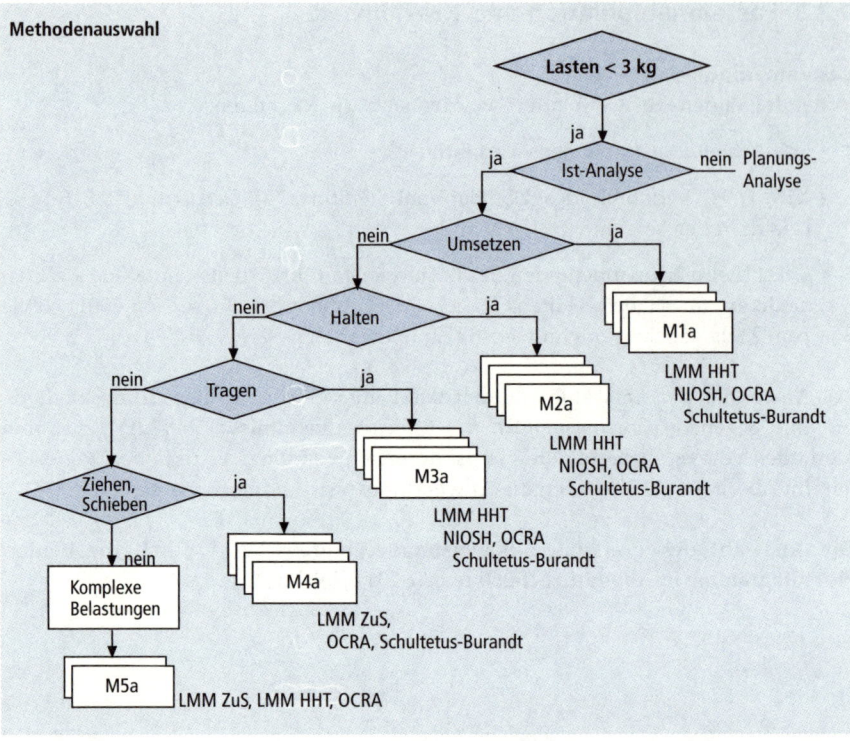

Abbildung II-231

Methodenauswahl für
Lasten > 3 kg

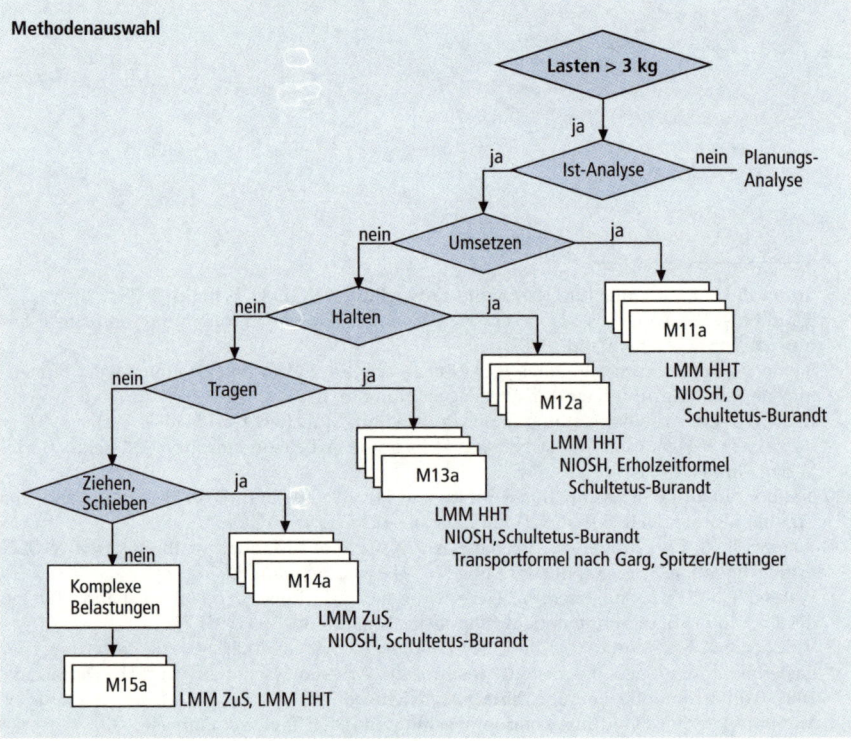

Die OCRA-Methode wird in diesem Text nicht weiter behandelt.[342] Das Grenzlast-verfahren nach Schultetus-Burandt (Siemens-Verfahren) ermittelt eine »zulässige« Grenzlast für die vorgesehene Lastenmanipulation. Das Ergebnis ist abhängig von personen- und tätigkeitsbezogenen Parametern.

$$G = F_i \cdot 0,1 \cdot KH \cdot KR \cdot KS \text{ (kg)}$$

Fi   individuelle Maximalkraft nach untenstehender Formel
0,1 Faktor für die Transformation der Kraft (N) in die Gewichtskraft (kg)
KH   Faktor für die Häufigkeit der Kraftanstrengung (mögliche Werte: 0,7 ... 0)
KR   Faktor für das mitbewegte Rumpfgewicht (mögliche Werte: 1 ... 0,3)
KS   Faktor für schwere Nebenarbeiten (Wert: 0,8)

$$F_i = F_n \cdot KA \cdot KB \cdot KC \cdot KD$$

Fn   Normalkraft (nach Tabelle)
KA   Faktor für Geschlecht und Alter (mögliche Werte: 0,4 ... 1,0)
KB   Faktor für Trainiertheit (mögliche Werte: 0,75 − 1,0 − 1,25)
KC   Faktor für Handhabungen zu zweit (Wert: 0,85)
KD   Faktor für einhändige Handhabung (Wert: 0,6)

Das Verfahren beruht auf Maximalkraftmessungen und sollte daher nur dann ange-wendet werden, wenn der Belastungsengpass primär in einer lokalen Muskel-ermüdung des Hand-Arm-Schulter-Systems liegt, d. h. Lasten mit einer aufrechten, nicht gedrehten Körperhaltung im körperlichen Bereich manipuliert werden.

Da sich das Verfahren auf die Bewertung der Aktionskräfte beschränkt, liegen die Bereiche maximalen Kraftvermögens im bodennahen Bereich. Dies suggeriert dem ergonomisch nicht versierten Anwender, dass schwere Lasten in Bodennähe mani-puliert werden sollten, was jedoch ein hohes Schädigungsrisiko für die Lenden-wirbelsäule birgt.

Das Siemens-Verfahren berücksichtigt somit nicht das Schädigungsrisiko der Len-denwirbelsäule, das bei der Manipulation schwerer Lasten oder der Lastenmani-pulation unter ungünstigen Bedingungen (z. B. körperfern, mit gebeugtem / gedreh-tem Rumpf) vorliegt.

Das Verfahren gliedert sich in zwei Verfahrensschritte (Abbildung II-232). Zunächst werden in Abhängigkeit von Alter, Geschlecht und Trainiertheit, den Korrektur-faktoren für »Heben zu zweit« und »einhändiges Heben« individuelle Maximal-kräfte ermittelt, die von der Körpergröße sowie der Griffausgangs- und Griffend-höhe abhängen.

---

342 Statt dessen sei verwiesen auf: Colombini, D.; Occipinti, E.; Grieco, A.: Risk Assessment and Mangement of Repetitive Movements and Exertions of Upper Limbs: Job Analysis, Ocra Risk Indices, Prevention Strategies and Design Principles. Amsterdam: Elsevier Ergonomics Series, 2002.

In einem zweiten Schritt wird aus der individuellen Maximalkraft und den Korrekturfaktoren für die »Häufigkeiten der Kraftanstrengungen«, »das mitbewegte Rumpfgewicht« und die »schweren Nebentätigkeiten« eine »erträgliche Grenzlast« errechnet.

Das Siemens-Verfahren ist zwar eine firmeninterne Entwicklung, hat sich jedoch in Deutschland zu einem Industriestandard entwickelt.

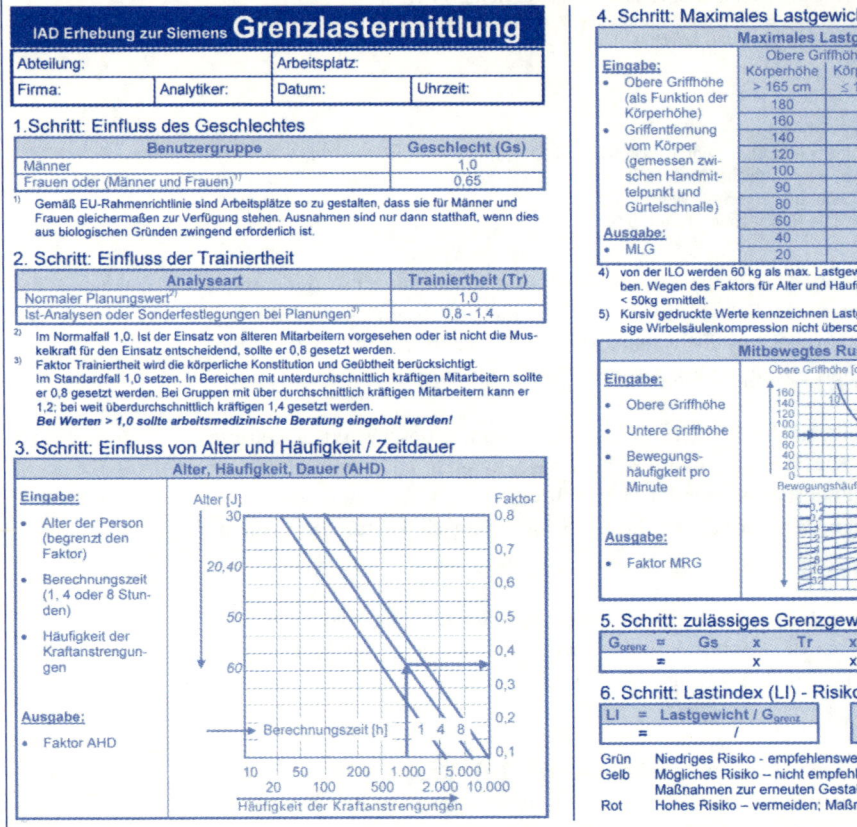

Abbildung II-232

Siemens-Verfahren zur Grenzlastermittlung (überarbeitet)

Besondere Vorsicht ist beim Faktor Trainiertheit geboten. Da hier nicht nur Abschläge, sondern auch Zuschläge in der Dimension von 25–40 % (je nach Verfahren) möglich sind. Die korrekte Bestimmung eines Trainiertheitsfaktors >1 dürfte selbst ergonomisch versierte Arbeitsgestalter überfordern.

Tätigkeitsbezogene Kenngrößen sind das »Heben zu zweit«, »einhändiges Heben« sowie die Häufigkeit der Lastenmanipulationen, das »mitbewegte Rumpfgewicht« und eventuelle »schwere Nebentätigkeiten«.

Das Beurteilungskriterium ist sowohl eine lokale Muskelermüdung (Maximalkräfte, Betätigungshäufigkeiten) als auch über die Faktoren »mitbewegtes Rumpfgewicht«, »Betätigungshäufigkeit« und »schwere Nebentätigkeiten« eine zentralphysiologische Ermüdung.

Keine Berücksichtigung fand bisher die Risikobetrachtung des Engpasses Lendenwirbelsäule. Das Siemens-Verfahren sollte deshalb in seiner ursprünglichen Form in Situationen, welche eine Gefährdung der Lendenwirbelsäule hervorrufen könnten (z. B. hohes Lastgewicht, große Reichweiten, starke Rumpfbeugungen oder -verdrehungen), nicht angewandt werden.

Im Jahre 2002 wurde das Siemens-Verfahren am Institut für Arbeitswissenschaft der TU Darmstadt überarbeitet. Es wurde ein biomechanisches Beurteilungskriterium hinzugefügt, welches sicherstellt, dass die Wirbelsäulenkompression die »Dortmunder Richtwerte« nicht übersteigt[343].

Dieses korrigierte Siemens-Verfahren ist in Abbildung II-232 dargestellt.

Das NIOSH-Verfahren (1991) beruht auf einem multiplen Bewertungsansatz der biomechanische physiologische und psychophysische Kriterien einschließt.

- Kompression der Lendenwirbelsäule L5/S1 < 3.400.
- Energieumsatz unterhalb 75 cm ≤ 13,0 kJ/min, oberhalb 75 cm ≤ 9,2 kJ/min.
- Das Heben einer Last wird von 75 % der weiblichen und 99 % der männlichen Arbeitspersonen, d. h. von ca. 85 % des Gesamtkollektivs als erträglich erachtet.

Das Verfahren berücksichtigt nicht Alter und Geschlecht, d. h. Haupteinflussfaktoren auf die physische Leistungsfähigkeit. Dadurch werden in ungünstigen Fällen ca. 25 % der weiblichen Arbeitsbevölkerung überlastet; ein Teil der männlichen Arbeitsbevölkerung arbeitet unter unnötig niedrigen Belastungen.

---

343 Jäger, M.; Luttmann, A.; Göllner, R.: Belastbarkeit der Lendenwirbelsäule bei manueller Lastenhandhabung – Ableitung der »Dortmunder Richtwerte« auf Basis der lumbalen Kompressionsfestigkeit. Zbl Arbeitsmed 51, 2001, S. 354–372.

Die gewählten Wirbelsäulenkompressionswerte können bei Frauen zwischen dem 30. und 40., bei Männern zwischen 40. und 50. Lebensjahr zu Überlastungen führen. Auch ist die Aussagekraft psychophysischer Verfahren für Kraftausübungsfälle, welche große Muskelmassen einschließen, aber gleichzeitig hohe Wirbelsäulenbelastungen bewirken, zumindest umstritten.

Der multiplikative Verknüpfungsansatz führt dazu, dass bei einem gleichzeitigen Vorliegen mehrerer ungünstiger Bedingungen die empfohlene Grenzlast relativ schnell gegen Null strebt.

Insgesamt wird durch den dreidimensionalen Bewertungsansatz ein prinzipiell höheres Schutzniveau erreicht, als dies bei den klassischen deutschen Verfahren möglich ist, die nur auf Basis von Maximalkraftwerten beruhen. Aufgrund der o.g. Kritik kann es jedoch nicht uneingeschränkt als das Verfahren der Wahl empfohlen werden.[344]

In Abhängigkeit von horizontaler und vertikaler Griffentfernung zu Hubbeginn und Hubende, sowie von vertikaler Hubdistanz, Rumpfdrehung, Greifbedingungen, Hubfrequenz und Dauer der Handhabungstätigkeiten wird eine empfohlene Grenzlast (recommended weight limit = RWL) berechnet. Der »lifting index« LI als Quotient aus aktueller Last und empfohlener Grenzlast gibt Auskunft über akzeptable Arbeitsbedingungen (LI≤1). Für LI>1 werden Gestaltungsmaßnahmen empfohlen.

$$RWL = LK \cdot HF \cdot VF \cdot DF \cdot AF \cdot FF \cdot GF \text{ (kg)}$$

LK Lastkonstante = 25 kg für Männer;
HF Horizontalfaktor = 25 · H; H ist der horizontale Abstand in cm zwischen Handmitte und Mitte der Füße bei Hebebeginn;
VF Vertikalfaktor = 1 – (0,003 |V– 75 |); V ist der vertikale Abstand in cm zwischen Handmitte und Fußboden bei Hebebeginn;
(Bedeutung der »Absolutstriche«: Wenn V < 75 cm ist, ergeben sich für V–75 negative Werte. Diese werden bei der weiteren Berechnung positiv eingesetzt).
DF Differenzfaktor = 0,82 + (4,5/D), D ist die Differenz der Lasthöhe in cm zwischen Hebebeginn und Hebeende;
AF Asymmetriefaktor = 1 – (0,0032 · A), A ist der Winkel der Torsion in der Horizontalebene zwischen Füßen und Schultergürtel in Grad;
FF Frequenzfaktor, er berücksichtigt Häufigkeit und Dauer der Hebevorgänge;
GF Faktor für Handlichkeit (sicheres Greifen).

---

344 Vgl. dazu Schaub., Kh. u. a.: IAD Toolbox Körperliche Arbeit, a. a. O., S. 38.

Die BAuA-Leitmerkmalmethode ist eine Entwicklung der Bundesanstalt für Arbeitsschutz und Arbeitsmedizin (BAuA). Sie wird durch den Länderausschuss für Arbeitsschutz und Sicherheitstechnik (LASI) empfohlen.

Der BAuA-Leitmerkmalmethode Heben, Halten und Tragen (LMM-HHT) liegt eine Verknüpfung der »Leitmerkmale« Zeit, Last, Haltung, Ausführungsbedingungen zugrunde[345]. Die LMM-HHT emuliert das NIOSH Verfahren von 1981 und liefert gute Übereinstimmung mit dem NIOSH Verfahren von 1991, EN 1005-2, ISO11228-1 sowie »Siemens-neu« und den diesen Verfahren zugrunde liegenden biomechanischen, physiologischen, muskulären (und psychophysischen) Bewertungsansätzen.

Das Verfahren ist dreistufig aufgebaut:

1. Bestimmung der Zeitwichtung
   entweder für »regelmäßiges Wiederholen kurzer Hebe- oder Umsetzvorgänge« oder für »lang andauerndes Tragen oder Halten«

2. Bestimmung der Wichtung der Leitmerkmale
   – Lastgewicht (in Abhängigkeit vom Geschlecht),
   – Körperhaltung, Position der Last,
   – Ausführungsbedingungen am Arbeitsplatz,

3. Bewertung der Lastenhandhabung
   Aus der Summe von Lastwichtung, Haltungswichtung und Ausführungswichtung wird durch Multiplikation mit der Zeitwichtung ein »Punktwert« bestimmt. Dieser wird je nach Größe einer von vier Risikostufen zugeordnet.

Die folgende Abbildung II-233 fasst die Leitmerkmalmethode und die daraus folgende Bewertung zusammen.

Auch für das Ziehen und Schieben gibt es eine Leitmerkmalmethode der Bundesanstalt für Arbeitsschutz und Arbeitsmedizin.[346]

---

345 Steinberg, U.; Windberg, J.: Leitfaden Sicherheit und Gesundheitsschutz bei der manuellen Handhabung von Lasten – Empfehlungen für den Praktiker. – Bremerhaven. Wirtschaftsverlag NW. 1997 – (Schriftenreihe der Bundesanstalt für Arbeitsschutz und Arbeitsmedizin. Sonderschrift S 43, überarbeitete Neuauflage).
Länderausschuss für Arbeitsschutz und Sicherheitstechnik (LASI) (Hrsg.): Handlungsanleitung zur Gefährdungsbeurteilung beim Heben und Tragen von Lasten. Potsdam, 1996 (Neuauflage 2001).
www.baua.de/prax/lasten/lasten01.htm (Leitmerkmalmethode zur Beurteilung von Heben, Halten und Tragen).
346 Hierzu sei auf Schaub, Kh. u. a.: IAD-Toolbox körperliche Arbeit, S. 44 ff. verwiesen.

IAD Erhebung zur BAuA **Leitmerkmalmethode** 2001

Abteilung:		Arbeitsplatz:	
Firma:	Analytiker:	Datum:	Uhrzeit:

1. Schritt: Bestimmung der Zeitwichtung

Heben / Umsetzen (< 5 s)		Halten (> 5 s)		Tragen (> 5 m)	
Anzahl am Arbeitstag	Zeit-wich-tung	Gesamtdauer am Arbeitstag	Zeit-wich-tung	Gesamtweg am Arbeitstag	Zeit-wich-tung
< 10	1	< 5 min	1	< 300 m	1
10 bis < 40	2	5 bis < 15 min	2	300 m bis < 1km	2
40 bis < 200	4	15 min bis < 1 h	4	1 bis < 4 km	4
200 bis < 500	6	1 h bis < 2 h	6	4 bis < 8 km	6
500 bis < 1000	8	2 h bis < 4 h	8	8 bis < 16 km	8
≥ 1000	10	≥ 4 h	10	≥ 16 km	10

2. Schritt: Bestimmung der Wichtung der Leitmerkmale

Wirksame Last [1] für Männer	Lastwich-tung	Wirksame Last [1] für Frauen	Lastwich-tung
< 10 kg	1	< 5 kg	1
10 bis < 20 kg	2	5 bis < 10 kg	2
20 bis < 30 kg	4	10 bis < 15 kg	4
30 bis < 40 kg	7	15 bis < 25 kg	7
≥ 40 kg	25	≥ 25 kg	25

1) Mit der "wirksamen Last" ist die Gewichtskraft bzw. Zug-/Druckkraft gemeint, die der Beschäftigte tatsächlich bei der Lastenhandhabung ausgleichen muss. Sie entspricht nicht immer der Lastmasse. Beim Kippen eines Kartons wirken nur etwa 50 %, bei der Verwendung einer Schubkarre oder Sackkarre nur 10 % der Lastmasse.

Charakteristische Körperhaltungen und Lastposition [2]		Haltungs-wichtung
	• Oberkörper aufrecht, nicht verdreht • Last am Körper	1
	• geringes Vorneigen oder Verdrehen des Oberkörpers • Last am Körper oder körpernah	2
	• tiefes Beugen oder weites Vorneigen • geringe Vorneigung mit gleichzeitigem Verdrehen des Oberkörpers • Last körperfern oder über Schulterhöhe	4
	• weites Vorneigen mit gleichzeitigem Verdrehen des Oberkörpers • Last körperfern • eingeschränkte Haltungsstabilität beim Stehen • Hocken oder Knien	8

2) Für die Bestimmung der Haltungswichtung ist die bei der Lastenhandhabung eingenommene charakteristische Körperhaltung einzusetzen; z.B. bei unterschiedlichen Körperhaltungen mit der Last sind mittlere Werte zu bilden – keine gelegentlichen Extremwerte verwenden!

© IAD-Schaub 2002 • Institut für Arbeitswissenschaft • Technische Universität Darmstadt • Petersenstr. 30 • 64287 Darmstadt • fon: 06151/16-3489 • fax: 06151/16-3488 • mail to: Schaub@iad.tu-darmstadt.de • Erstellt nach der Leitmerkmalmethode der Bundesanstalt für Arbeitsschutz und Arbeitsmedizin (BAuA), Berlin 2001

Ausführungsbedingungen	Ausf.-wichtung
Gute ergonomische Bedingungen, z. B. ausreichend Platz, keine Hindernisse im Arbeitsbereich, ebener rutschfester Boden, ausreichend beleuchtet, gute Griffbedingungen	0
Einschränkung der Bewegungsfreiheit und ungünstige ergonomische Bedingungen (z.B. 1.: Bewegungsraum durch zu geringe Höhe oder durch eine Arbeitsfläche unter 1,5 m² eingeschränkt oder 2.: Standsicherheit durch unebenen, weichen Boden eingeschränkt)	1
Stark eingeschränkte Bewegungsfreiheit und/oder Instabilität des Lastschwerpunktes (z.B. Patiententransfer)	2

3. Schritt: Bewertung

Die für diese Tätigkeit zutreffenden Wichtungen sind in das Schema einzutragen und auszurechnen.

	Tätigkeit:/ Bemerkungen:		
Lastwichtung			
+ Haltungswichtung			
+ Ausführungsbe-dingungswichtung			
= Summe	**X** Zeitwichtung	**=** Punktwert	

Anhand des errechneten Punktwertes und der folgenden Tabelle kann eine grobe Bewertung vorgenommen werden.[3] Unabhängig davon gelten die Bestimmungen des Mutterschutzgesetzes.

Risikobereich	Punktwert	Beschreibung
1	< 10	Geringe Belastung, Gesundheitsgefährdung durch körperliche Überbeanspruchung ist unwahrscheinlich.
2	10 bis < 25	Erhöhte Belastung, eine körperliche Überbeanspruchung ist bei vermindert belastbaren Personen[4] möglich. Für diesen Personenkreis sind Gestaltungsmaßnahmen sinnvoll.
3	25 bis < 50	Wesentlich erhöhte Belastung, körperliche Überbeanspruchung ist auch für normal belastbare Personen möglich. *Gestaltungsmaßnahmen sind angezeigt.[5]*
4	≥ 50	Hohe Belastung, körperliche Überbeanspruchung ist wahrscheinlich. *Gestaltungsmaßnahmen sind erforderlich.[5]*

3) Grundsätzlich ist davon auszugehen, dass mit steigenden Punktwerten die Belastung des Muskel-Skelett-Systems zunimmt. Die Grenzen zwischen den Risikobereichen sind aufgrund der individuellen Arbeitstechniken und Leistungsvoraussetzungen fließend. Damit darf die Einstufung nur als **Orientierungshilfe** verstanden werden.

4) Vermindert belastbare Personen sind in diesem Zusammenhang Beschäftigte, die älter als 40 oder jünger als 21 Jahre alt, "Neulinge" im Beruf oder durch Erkrankungen leistungsgemindert sind.

5) Gestaltungserfordernisse lassen sich anhand der Punktwerte der Tabellen ermitteln. Durch Gewichtsverminderung, Verbesserung der Ausführungsbedingungen oder Verringerung der Belastungszeiten können Belastungen vermieden werden.

Abbildung II-233

BAuA-Leitmerkmal-methode Heben, Halten und Tragen

Krafteinsatz

Das bereits beschriebene Siemens-Verfahren wird für die Ermittlung »zulässiger« Kräfte des Hand-Arm-Systems sowie der Beine in Abhängigkeit von

- persönlichen Faktoren (Geschlecht, Alter, Trainiertheit),
- der Kraftaufbringung (statisch/dynamisch),
- der Häufigkeit und je nach Verfahren auch der Dauer der Kraftausübung,
- des Kraftangriffspunktes (weit/mittel/nah sowie vor dem Körper/seitlich/diagonal und Kopfhöhe/Schulterhöhe/Taillenhöhe/Beckenhöhe),
- der Handstellung,
- der Kraftrichtung eingesetzt.

Obwohl dieses Verfahren Industriestandard erlangt hat, ist die Herkunft der Referenz-Kraftwerte nicht eindeutig. Es könnte sich dabei um Kraftmittelwerte handeln, was einen großen Teil der Arbeitsbevölkerung jedoch überfordern würde.

Zunächst werden tätigkeitsbezogene (Dauer/Häufigkeit, statisch/dynamisch) und personenbezogene Parameter ermittelt (Abbildung II-234). Danach werden die Referenzkraft- und -momentenwerte (z. T. in Abhängigkeit weiterer Parameter wie z. B. Kraftangriffspunkt und Kraftrichtung) aus den Tabellen abgelesen und mit Hilfe der o. g. Parameter korrigiert. Das Ergebnis hieraus ist die »zulässige« Grenzkraft bzw. das »zulässige« Grenzmoment.[347]

---

347 Vgl. zu diesem Absatz: Schaub, Kh. u. a.: IAD-Toolbox Körperliche Arbeit, a. a. O., S. 23 ff.

Abbildung II-234

Arbeitsblatt zur Ermittlung von Grenzkräften und Momenten nach dem Siemens-Verfahren

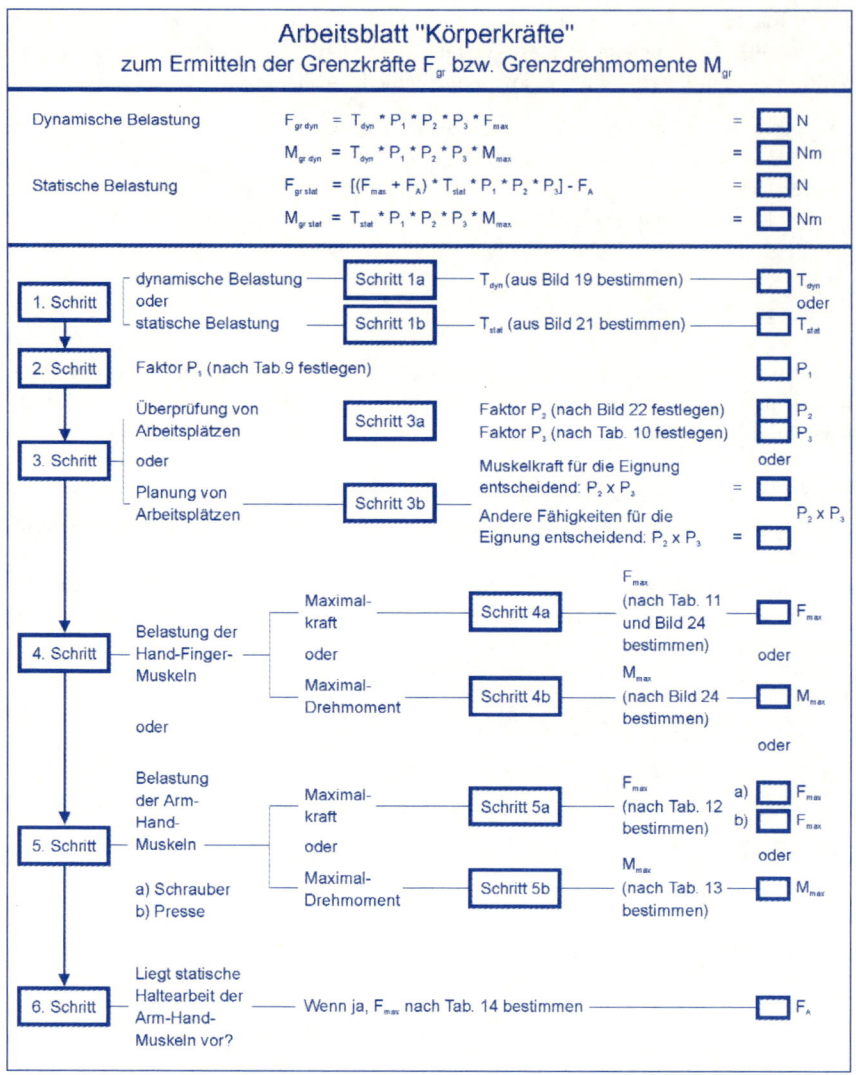

Arbeitsblatt "Körperkräfte"
zum Ermitteln der Grenzkräfte F_{gr} bzw. Grenzdrehmomente M_{gr}

Dynamische Belastung

$F_{gr\,dyn} = T_{dyn} * P_1 * P_2 * P_3 * F_{max}$ = [ ] N

$M_{gr\,dyn} = T_{dyn} * P_1 * P_2 * P_3 * M_{max}$ = [ ] Nm

Statische Belastung

$F_{gr\,stat} = [(F_{max} + F_A) * T_{stat} * P_1 * P_2 * P_3] - F_A$ = [ ] N

$M_{gr\,stat} = T_{stat} * P_1 * P_2 * P_3 * M_{max}$ = [ ] Nm

1. Schritt — dynamische Belastung — Schritt 1a — T_{dyn} (aus Bild 19 bestimmen) — [ ] T_{dyn}
oder — oder
statische Belastung — Schritt 1b — T_{stat} (aus Bild 21 bestimmen) — [ ] T_{stat}

2. Schritt — Faktor P_1 (nach Tab. 9 festlegen) — [ ] P_1

3. Schritt — Überprüfung von Arbeitsplätzen — Schritt 3a — Faktor P_2 (nach Bild 22 festlegen) [ ] P_2
Faktor P_3 (nach Tab. 10 festlegen) [ ] P_3
oder — oder
Planung von Arbeitsplätzen — Schritt 3b — Muskelkraft für die Eignung entscheidend: $P_2 \times P_3$ = [ ]
Andere Fähigkeiten für die Eignung entscheidend: $P_2 \times P_3$ = [ ] $P_2 \times P_3$

4. Schritt — Belastung der Hand-Finger-Muskeln — Maximalkraft — Schritt 4a — F_{max} (nach Tab. 11 und Bild 24 bestimmen) [ ] F_{max}
oder — oder
Maximal-Drehmoment — Schritt 4b — M_{max} (nach Bild 24 bestimmen) — [ ] M_{max}

oder — oder

5. Schritt — Belastung der Arm-Hand-Muskeln — Maximalkraft — Schritt 5a — F_{max} (nach Tab. 12 bestimmen) a) [ ] F_{max}
b) [ ] F_{max}
a) Schrauber — oder — oder
b) Presse — Maximal-Drehmoment — Schritt 5b — M_{max} (nach Tab. 13 bestimmen) — [ ] M_{max}

6. Schritt — Liegt statische Haltearbeit der Arm-Hand-Muskeln vor? — Wenn ja, F_{max} nach Tab. 14 bestimmen — [ ] F_A

Abbildung II-235

Ermittlung der individuellen Grenzkraft

Ermittlungsbogen
zur Bestimmung der individuellen Maximalkraft

$$F_I = F_N \cdot k_A \cdot k_B \cdot k_D$$

Symbol	Bedeutung	Werte		
F_I	individuelle Maximalkraft	errechnen		
F_N	Normalkraft = durchschnittliche Maximalkraft von 20-30 jährigen Männern	entnehmen s. Tab. unten		
k_A	Faktor für Geschlecht und Alter	Jahre	Männer	Frauen
		15 - 18	0,70	0,50
		19 - 35	1,00	0,60
		36 - 45	0,95	0,55
		46 - 55	0,85	0,50
		> 55	0,80	0,40
k_B	Faktor für Trainiertheit	stark	1,25	
		mittel	1,00	
		schwach	0,75	
k_C	Faktor für Heben zu zweit	0,85		
k_D	Faktor für einhändiges Heben	0,60		

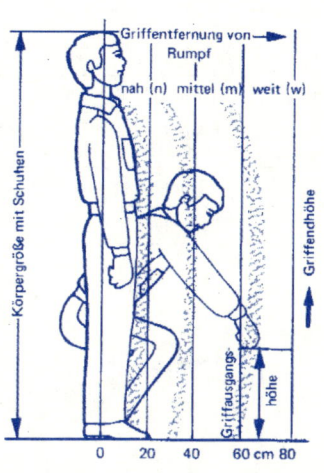

Griffentfernung von — Rumpf
nah (n) mittel (m) weit (w)

Körpergröße mit Schuhen — Griffendhöhe — Griffausgangshöhe — höhe

0   20   40   60 cm 80

Griff - Endhöhe (cm)

			_	_	_	_	_	_	_	_	_	_
160	180	w	200	200	200	200	200	200	200	200	200	200
		m	250	250	250	250	250	250	250	250	250	250
		n	350	350	350	350	350	350	450	450	400	400
140	160	w	200	200	200	200	200	200	200	200	200	200
		m	350	350	350	350	350	350	350	350	350	250
		n	500	550	550	550	500	450	550	650	600	400
120	140	w	250	250	250	250	250	250	250	250	200	200
		m	400	400	400	400	400	400	400	400	350	250
		n	650	650	600	600	550	500	600	700	600	400
100	120	w	300	300	300	300	300	250	250	250	200	200
		m	400	400	400	400	400	400	400	400	350	250
		n	650	650	600	600	550	500	600	600	600	400
90	100	w	350	350	300	300	300	300	250	250	200	200
		m	450	450	450	450	450	400	400	400	350	250
		n	850	900	900	850	650	500	550	600	600	400
80	90	w	350	350	300	300	300	300	250	250	200	200
		m	450	450	450	450	450	400	400	400	350	250
		n	1050	1100	1100	1050	1000	500	550	600	550	400
70	80	w	400	400	350	350	300	300	250	250	200	200
		m	550	550	500	500	450	400	400	400	350	250
		n	1200	1200	1300	1300	900	500	550	600	600	400
60	60	w	450	450	450	350	300	300	250	250	200	200
		m	600	600	600	500	450	400	400	400	350	250
		n	1200	1300	1350	1250	900	500	550	600	600	400
40	40	w	550	550	450	350	300	300	250	250	200	200
		m	700	700	600	500	450	400	400	400	350	250
		n	1250	1250	1250	1250	900	500	550	600	600	400
20	20	w	600	550	450	350	300	300	250	250	200	200
		m	700	700	600	500	450	400	400	400	350	250
		n	1250	1250	1250	1250	900	500	550	600	600	400
≥ 165		cm	20	40	60	80	90	100	120	140	160	180
≤ 165		cm	20	40	60	70	80	90	100	120	140	160

Körpergröße   Griff - Ausgangshöhe (cm)

Tabelle Normalkräfte F_N (N)

Abbildung II-236

Ermittlung der erträg-
lichen Grenzkraft

Ermittlungsbogen
zur Bestimmung der erträglichen Grenzlast

$$G = F_I \cdot k_H \cdot k_R \cdot k_S$$

Symbol	Bedeutung	Werte
G	Grenzlast, die nicht höher sein soll	
F_I	individuelle Maximalkraft	nach Arbeitsblatt »Körperkräfte«
k_H	Faktor für die Häufigkeit der Kraftanstrengungen im Beurteilungszeitraum	Bild 1
k_R	Faktor für mitbewegtes Rumpfgewicht	Bild 2
k_S	Faktor für schwere Nebenarbeiten	0,80

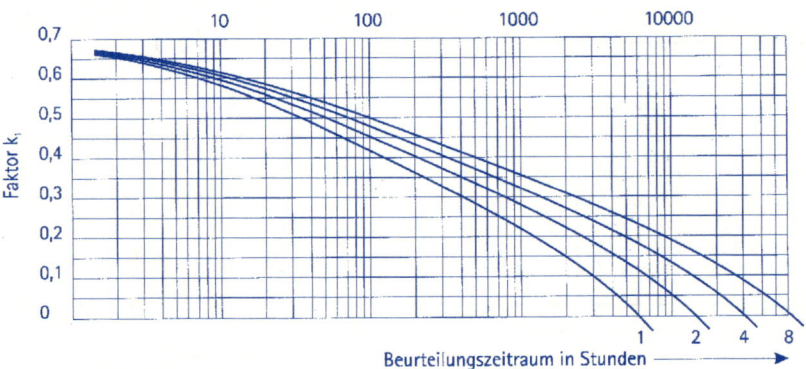

Häufigkeit der Kraftanstrengungen pro Beurteilungszeitraum

Bild 1: Faktor k_H zur Berücksichtigung der Häufigkeit der Kraftanstrengungen im Beurteilungszeitraum

Bild 2:

Faktor k_R zur Berücksichtigung
des mitbewegten Rumpf-
gewichtes bei Griffhöhen unter
0,7 m und Bewegungs-
häufigkeiten über 0,2 pro
Minute.

Jedes Beugen oder Aufrichten
des Rumpfes mit Last zählt als
eine Bewegung.

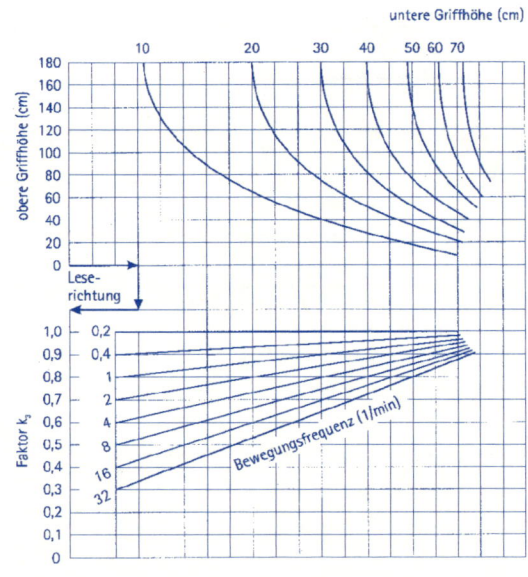

9.3 MTMergonomics®

9.3.1 Grundlagen

MTM basiert auf konzeptiver bzw. pro-aktiver Ergonomie. In der frühen Planungsphase von Produkt und Produktion sind ergonomische Gestaltungsmaßnahmen am effizientesten, da der Gestaltungsspielraum hier groß ist. Ergonomische Gestaltungsmaßnahmen können in dieser Phase oft noch ohne Zusatzkosten integriert werden.

Außerdem fordern Arbeitsstättenrecht, Arbeitsschutzgesetz und Maschinenrichtlinie ebenfalls ergonomische Gestaltungsmaßnahmen auch jenseits wirtschaftlicher Erwägungen.

Hier setzt MTMergonomics® an: Ziel von *MTMergonomics®* ist es, in der Konzeptphase der Fertigungsplanung – auf Basis von bereits erstellten MTM-Analysen – körperliche Belastungen, die bei den geplanten Tätigkeiten auftreten können, zu simulieren, gegebenenfalls ungünstige Belastungen zu erkennen und in diesem Fall Hinweise zu einer eventuell erforderlichen Verbesserung der prognostizierten ergonomischen Gestaltungsgüte zu geben.[348]

Die Bewertung der ergonomischen Gestaltungsgüte geschieht in Form einer Risikoanalyse. MTMergonomics® unterstützt damit die Gefährdungsanalyse wie sie gemäß Arbeitsschutzgesetz und der EU-Rahmenrichtlinie 89/391 EWG gefordert wird; kann sie in der Regel jedoch nicht vollständig ersetzen, da in der Phase der Fertigungsplanung die endgültige Arbeitsplatzgestaltung noch nicht festliegt.

MTMergonomics® besitzt eine offene modulare Systemarchitektur, um möglichst universell einsetzbar und erweiterbar zu sein. Dies bezieht sich sowohl auf die Softwareumgebung innerhalb derer MTMergonomics® als Plug-in zur Verfügung steht, als auch auf die arbeitswissenschaftlichen Verfahren, mit denen die erstellten Analysen bewertet werden können.

MTMergonomics® wird standardmäßig innerhalb der MTM-Software TiCon® zur Verfügung gestellt; eine Implementierung in andere Systemumgebungen ist ebenfalls möglich. Sowohl für die Softwareentwicklung, als auch für Demo-Versionen ist eine Stand-alone-Version verfügbar.

---

348 Zur Entwicklung von MTMergonomics® und zu diesem Teilabschnitt vgl. Schaub, Kh; Britzke, B.; Sanzenbacher, G.; Jasker, K. Landau, K: Ergonomische Risikoanalysen mit MTM-Ergo. In: Landau, K. (Hrsg.): Montageprozesse gestalten. Stuttgart: Ergonomia, 2004, S. 175–199 und Schaub, Kh; Britzke, B; Landau, K.: Ergonomische Risikoanalysen mit Hilfe von MTM-Ergo. In: Arbeit und Gesundheit in effizienten Arbeitssystemen. Dortmund: GfA-Press, 2004.

MTMergonomics® basiert auf MTM-gestützten Ablaufbeschreibungen und erstellt Risikoanalysen z. B. mit dem AAWS (Automotive Assembly Worksheet). Derzeit ist MTMergonomics® für die Beurteilung von Montagetätigkeiten in der Automobilindustrie ausgelegt. In späteren Versionen von MTMergonomics® werden weitere Analysiersysteme und zusätzliche Bewertungsverfahren zur Verfügung stehen. Damit wird die jetzt gültige Beschränkung von MTMergonomics® auf körperliche Belastung entfallen.

Für die Anwendung von MTMergonomics® gelten folgende Modellannahmen:

- Als Nutzerpopulation wird die europäische Arbeitsbevölkerung angesehen.
- Alle MTMergonomics®-Analysen werden für das 5., 50. und 95. Körperhöhenperzentil der beabsichtigten Nutzerpopulation durchgeführt und ausgewertet.
- Zur Bewertung der körperlichen Belastung wird bezüglich der Körperkräfte vom 15. Kraftperzentil der Grundgesamtheit ausgegangen, bezüglich der Lastenhandhabungen von einem max. Lastgewicht von 25 kg. Diese Werte werden zudem (in Deutschland) geschlechts- und tätigkeitsspezifisch modifiziert.
- Grenzwerte und Verfahren, wie sie im Umfeld des Arbeitsschutzgesetzes nebst zugehöriger Verordnungen realisiert wurden, werden ebenso berücksichtigt wie die einschlägigen, im Rahmen der Maschinenrichtlinie entstandenen harmonisierten CEN Normen.

9.3.2 Verfahrensablauf

Der Ablauf von ergonomischen Risikoanalysen mithilfe von MTMergonomics® erfolgt in einem vierstufigen Verfahren. Zunächst erzeugt ein Ergonomie-Kodegenerator (s. Abbildung II-237) aus dem vorliegenden MTM-Kode und einer Dialogschnittstelle einen »vollständigen« Datensatz zur anthropo-kinetischen Beschreibung der betrachteten Verrichtung.

Anschließend an den Ergonomie-Kodegenerator erzeugen ein Belastungs- und ein Bewertungsgenerator für den zu untersuchenden Ablaufabschnitt (UAS- oder MEK-Analyse mit zugehörigem Ergonomiekode) eine ergonomische Risikoanalyse.

Bei umfangreichen Ablaufabschnitten (mehrere Stunden) fasst ein Bewertungsaggregator die Ergebnisse mehrerer Bewertungen von UAS- oder MEK-Analysen zu einer summarischen Bewertung zusammen.

Abbildung II-237

Verfahrensablauf
MTMergonomics®

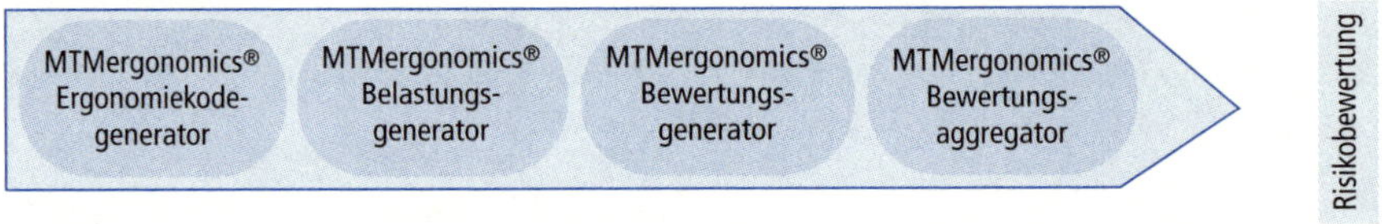

MTMergonomics® Ergonomiekodegenerator → MTMergonomics® Belastungsgenerator → MTMergonomics® Bewertungsgenerator → MTMergonomics® Bewertungsaggregator → Risikobewertung

9.3.3 Ergonomiekodegenerator

Mit dem Ergonomiekodegenerator werden benötigte, aber aus dem UAS-Kode nicht direkt vorhandene Daten »intelligent« vorbesetzt und können bei Bedarf im Dialog modifiziert werden (s. Abbildung II-238).

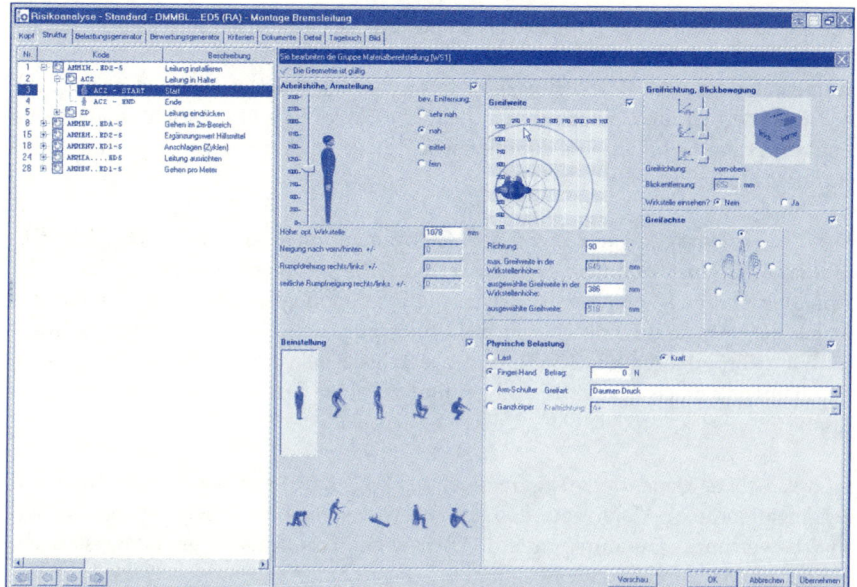

Abbildung II-238

Dialogfeld des MTMergonomics® Ergonomiekode-generators

So geht der Ergonomiekodegenerator standardmäßig davon aus, dass sich die Lage der Wirkstelle auf Ellenbogenhöhe und im kleinen Greifraum befindet. Die Bewegung des nachfolgenden MTM-Bausteines beginnt an der Stelle, an der die Bewegung im vorangegangenen MTM-Baustein endete. Als Bewegungslänge wird stets die Bereichsmitte des zugehörigen MTM-Bausteines angenommen. Je nach Größe des physischen Aufwandes wird er dem Finger-Hand-System oder dem Arm-Schulter- bzw. dem Ganzkörpersystem zugeordnet.

Um den praktischen Einsatz von MTMergonomics® so effizient wie möglich zu gestalten, gibt es zusätzliche Einstufungshilfen. So ist es derzeit möglich, mehrere MTM-Bausteine gleichzeitig auszuwählen und für sie identische Ergonomiekodes zu erzeugen.

9.3.4 Belastungs- und Bewertungsgenerator

Der AAWS-Belastungsgenerator scannt den für einen Ablaufabschnitt erzeugten Ergonomiekode, selektiert verfahrensspezifisch die bewertbaren Belastungen und ordnet sie den relevanten Stellen im gewählten Bewertungsverfahren zu.[349]

Analog zum Belastungsgenerator arbeitet auch der Bewertungsgenerator verfahrensspezifisch. Der in MTMergonomics® integrierte AAWS-Bewertungsgenerator scannt die vom AAWS-Belastungsgenerator erkannten Belastungen, kumuliert sie, wo erforderlich und weist ihnen gemäß AAWS-Einstufungsrichtlinien einen Punktwert zu. Er bildet eine summarische Bewertung und weist diese den eingestuften Ablaufabschnitten zu.

Der Bewertungsaggregator dient dem Zusammenführen von mehreren Ablaufabschnitten zu einer summarischen Bewertung. Bei genügend großer Zeitdauer der Ablaufabschnitte ist eine summarische Aggregation möglich. Dabei werden aus den beteiligten Ablaufabschnitten die Belastungspunkte für die Bewertungsschwerpunkte (Körperhaltungen, Kräfte und zusätzliche Belastungen, manuelles Lastenhandhaben) zeitlich gewichtet addiert und zu einer Gesamtsumme zusammengefasst.

Ist die zeitliche Dauer der zu aggregierenden UAS-Bausteine »klein«, so erfolgt eine Aggregation auf UAS-Niveau, d. h. auf Basis des eben beschriebenen Belastungs- und Bewertungsgenerators, um ein »Übersehen« von Belastungen (z. B. statische Haltungen/hochfrequente Bewegungen) zu vermeiden.

9.3.5 Ausbildungsvoraussetzungen

MTMergonomics® ist ein komplexes Analyseverfahren, welches nur mit einer ausreichenden Schulung korrekt angewendet werden kann. Der MTMergonomics®-Benutzer sollte über folgende Kenntnisse verfügen:

- Grundkenntnisse zum MTM-Prozessbausteinsystem. Diese sollten sinnvollerweise über eine zerifizierte Ausbildung im MTM-Grundverfahren (MTM-1) und in UAS nachgewiesen werden.
- Ausreichende Kenntnisse zur Ergonomie und der ergonomischen Arbeitsgestaltung. Grundwissen hierzu vermittelt auch der MTM-Grundlehrgang. In den Bereichen anthropometrischer und physiologischer Arbeitsgestaltung ist jedoch zusätzliches Wissen zur Arbeitsgestaltung erforderlich. Kenntnisse in diesen Bereichen bieten einschlägige Seminare in Zusammenarbeit mit der Deutschen MTM-Vereinigung e.V.

---

349 Eine detaillierte Beschreibung des AAWS und seiner Funktionalität finden sich bei Schaub, Kh.: Das Automotive Assembly Worksheet (AAWS). In: Landau, K. (Hrsg.): Montageprozesse gestalten. Stuttgart: Ergonomia, 2004, S. 91–112.

9.4 Messverfahren für psychische Belastung, Beanspruchung und Beanspruchungsfolgen

Psychische Arbeitsbelastungen sind von sehr unterschiedlicher Art, auch ihre Auswirkungen im Menschen sind vielgestaltig. Ein einheitliches oder gar eindimensionales Vorgehen zu ihrer Erfassung und Bewertung gibt es daher nicht. Vielmehr hängt das jeweils geeignete Verfahren – d. h. insbesondere der zu erfassenden Aspekte, der anzuwendenden Messmethode und die erforderliche Genauigkeit – vom Zweck der Erhebung ab.

Unter diesen Aspekten ist bei einer betrieblichen Anwendung festzulegen, auf welcher Stufe des Belastungs-/Beanspruchungs-Zusammenhangs angesetzt wird:[350]

- *physische* (mental/informatorische oder emotionale) *Belastung* mit den hierfür verantwortlichen Arbeitsbedingungen, mit dem vordringlichen Ziel der Arbeitsgestaltung bzw. der Bewertung des Gestaltungszustands,
- psychische Beanspruchung mit dem Ziel der Beurteilung der Erträglichkeit einer Arbeit,
- Folgen psychischer Beanspruchung (Ermüdung, Monotonie, herabgesetzte Vigilanz, psychische Sättigung), mit dem Ziel, die möglichen Auswirkungen auf Gesundheit, Wohlbefinden und Leistung des Menschen zu erfassen und durch Gestaltungsmaßnahmen zu minimieren.

Messmethoden können beispielsweise Arbeitsaufgaben analysieren, Leistungen erfassen, subjektive Einschätzungen abfragen oder physische und psychophysische Reaktionen ermitteln. Dabei sind physiologische und psychophysiologische Messmethoden nur von betrieblichen oder externen Experten einsetzbar, z. B. Arbeitsmediziner und -psychologen, arbeitswissenschaftliche Institute.

Der Zweck der Erhebung bestimmt – unter Berücksichtigung gesetzlicher und vertraglicher Regelungen, aber auch Kosten-Nutzen-Überlegungen – die Art des Vorgehens und insbesondere den erforderlichen Grad der Präzision des anzuwenden Verfahrens.

- Orientierende Verfahren (Stufe 3) zielen ab auf die Analyse von Arbeitsaufgaben und auf die subjektive Einschätzung und Akzeptanz von Arbeitsbedingungen in Bezug auf psychische Arbeitsbelastungen. Informationen auf dieser Stufe bilden die Entscheidungsgrundlage für Veränderungen bei Arbeitsaufgaben, -verfahren und -bedingungen, mit deren Hilfe negative Auswirkungen auf die Beschäftigten verhindert oder vermindert werden können.
- Screeningverfahren (Stufe 2) dienen meist zur Gewinnung einer Übersicht vor allem dort, wo Probleme erkennbar sind, die auf eine übermäßige psychische Arbeitsbelastung hindeuten, oder wenn während einer Organisationsmaßnahme derartige Probleme zu erwarten sind.

---

350 DIN EN ISO 10075-3: Ergonomische Grundlagen bezüglich psychischer Arbeitsbelastung – Teil 3: Prinzipien und Anforderungen für die Messung und Erfassung psychischer Arbeitsbelastung, 02/2003.

- Expertenverfahren (Stufe 1) werden eingesetzt, wenn zuverlässige und gültige Daten über die Art einer psychischen Belastung als Ursache von Über- oder Unterforderung gewonnen werden sollen, um die Arbeitsbedingungen auf dieser Grundlage zu optimieren.

Um sicherheitskritische Auswirkungen psychischer Arbeitsbelastung abgesichert zu ermitteln, sind Verfahren mit hoher Zuverlässigkeit und Gültigkeit einzusetzen, während zur Identifizierung psychischer Belastungskomponenten am Arbeitsplatz und zur Ermittlung ihrer subjektiven Bewertung durch die Beschäftigten orientierende Verfahren, z. B. auf Basis kurzer Fragebögen oder Skalierungen, ausreichen.

In einer *Toolbox* mit Instrumenten zur Erfassung psychischer Belastungen beschreibt die Bundesanstalt für Arbeitsschutz und Arbeitsmedizin (BAuA) das Vorgehen insbesondere im Rahmen einer Gefährdungsbeurteilung und stellt eine große Zahl von Instrumenten und Verfahren vor, mit deren Hilfe die psychische Belastung am Arbeitsplatz in ihren unterschiedlichen Aspekten und in der für das Untersuchungsziel erforderlichen Genauigkeit erfasst werden kann.[351] Die Auflistung ist zu den Verfassern verlinkt, so dass umfassende Verfahrensbeschreibungen zugänglich sind. Entsprechend dem Einsatzfeld »Betriebliche Praxis« sind nur Verfahren der Beobachtung und Befragung einbezogen; physiologische und psychophysiologische Messmethoden, deren Einsatzschwerpunkt mehr im wissenschaftlichen Bereich liegt, werden nicht berücksichtigt.

Die Verfahren werden nach Verfahrens- bzw. Erhebungszielen, Erhebungsmethode sowie nach Merkmalen des Einsatzbereichs beschrieben und den Genauigkeitsstufen zugeordnet. Diese Stufenzuordnung gibt auch Auskunft über die möglichen Nutzer des Verfahrens und einen ggf. erforderlichen Schulungsbedarf.

Orientierende Verfahren sind meist in Form von Prüflisten realisiert, deren Merkmale zwei Ausprägungen (Ja/Nein) aufweisen. Screeningverfahren verwenden in der Regel mehrstufige Skalierungen der Merkmalsausprägung, ggf. auch eine größere Anzahl an Merkmalen; sie werden als Befragungsverfahren oder als Prüfliste realisiert. Epertenverfahren haben durchweg eine größere Anzahl mehrstufiger, oft verbal beschriebener Merkmale; sie sind in der Regel als Beobachtung oder Beobachtungsinterview konzipiert.

Unter dem Gestaltungsbezug werden personen- und bedingungsbezogene Verfahren unterschieden. Personenbezogene Verfahren befassen sich mit unterschiedlichen Strategien zur Bewältigung psychischer Belastungen. Auf ihrer Grundlage werden gezielte personenbezogene Maßnahmen (z. B. Training zur Stressbewältigung) abgeleitet. Diese Verfahren werden im weiteren nicht berücksichtigt.

Die Abbildung II-239 zeigt das Vorgehen bei der Verfahrensauswahl, das auch zur Dokumentation im Rahmen der Gefährdungsanalyse verwendet wird.

---

351 BAuA (Hrsg.)-Toolbox: Instrumente zur Erfassung psychischer Belastungen. Dortmund, 2002.

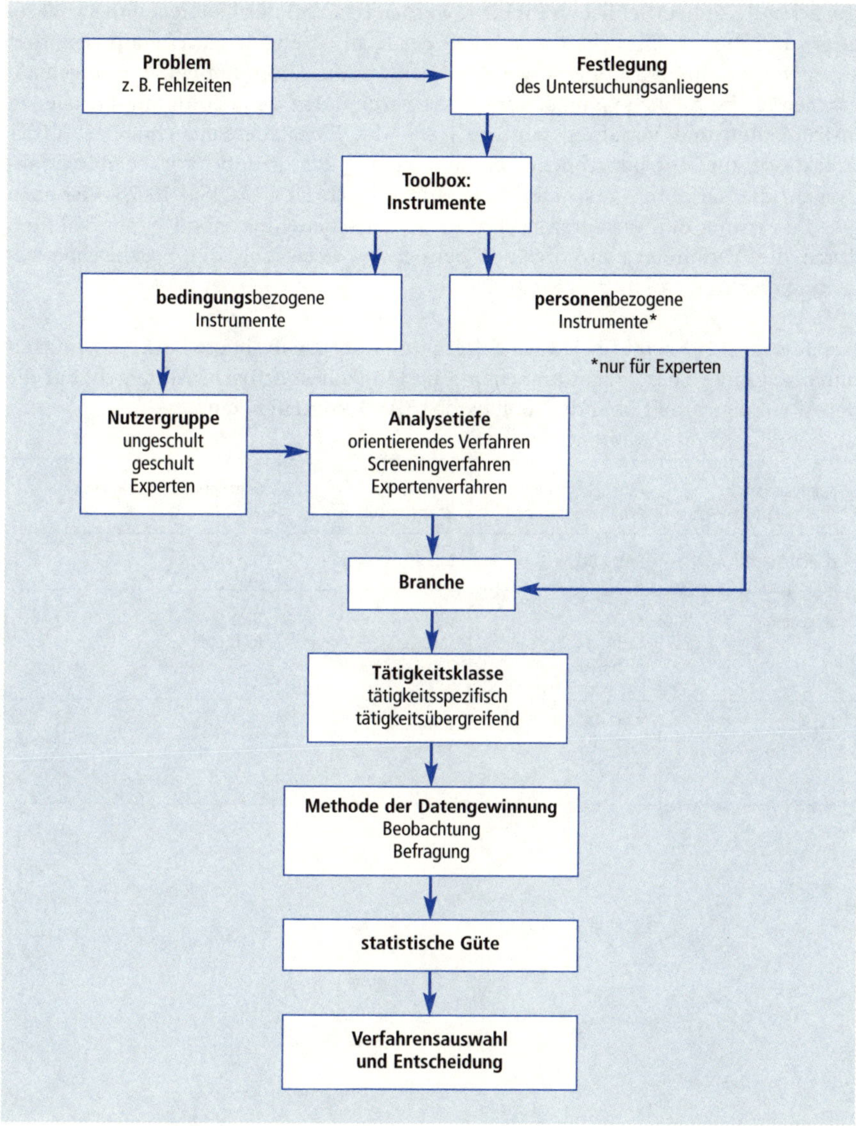

Abbildung II-239
Vorgehen bei
der Verfahrens-
auswahl[352]

```
┌────────────────────┐        ┌──────────────────────────────┐
│ Problem            │───────▶│ Festlegung                   │
│ z. B. Fehlzeiten   │        │ des Untersuchungsanliegens   │
└────────────────────┘        └──────────────────────────────┘
                                           │
                                           ▼
                              ┌──────────────────────┐
                              │ Toolbox:             │
                              │ Instrumente          │
                              └──────────────────────┘
                                   │          │
                    ┌──────────────┘          └──────────┐
                    ▼                                     ▼
        ┌──────────────────────┐              ┌──────────────────────┐
        │ bedingungsbezogene   │              │ personenbezogene     │
        │ Instrumente          │              │ Instrumente*         │
        └──────────────────────┘              └──────────────────────┘
                    │                                 *nur für Experten
                    ▼
        ┌──────────────────┐    ┌──────────────────────────┐
        │ Nutzergruppe     │    │ Analysetiefe             │
        │ ungeschult       │───▶│ orientierendes Verfahren │
        │ geschult         │    │ Screeningverfahren       │
        │ Experten         │    │ Expertenverfahren        │
        └──────────────────┘    └──────────────────────────┘
                                           │
                                           ▼
                              ┌──────────────────────┐
                              │ Branche              │◀─────────┐
                              └──────────────────────┘          │
                                           │                    │
                                           ▼                    │
                              ┌──────────────────────┐          │
                              │ Tätigkeitsklasse     │          │
                              │ tätigkeitsspezifisch │          │
                              │ tätigkeitsübergreifend│         │
                              └──────────────────────┘          │
                                           │                    │
                                           ▼                    │
                              ┌──────────────────────────┐      │
                              │ Methode der Datengewinnung│     │
                              │ Beobachtung              │      │
                              │ Befragung                │      │
                              └──────────────────────────┘      │
                                           │                    │
                                           ▼                    │
                              ┌──────────────────────┐          │
                              │ statistische Güte    │          │
                              └──────────────────────┘          │
                                           │                    │
                                           ▼                    │
                              ┌──────────────────────┐          │
                              │ Verfahrensauswahl    │          │
                              │ und Entscheidung     │          │
                              └──────────────────────┘          │
```

---

352 BAuA (Hrsg.): Toolbox, a. a. O.

Ausgehend vom betrieblichen Problem werden das Ziel der Untersuchung konkretisiert und die erforderliche Genauigkeit der Analyse abgeleitet. Hieraus resultiert auch, welche Nutzergruppe vorgesehen werden muss; ggf. können Trainingsmaßnahmen für betriebliche Nutzer veranlasst werden. Aus den bedingungsbezogenen Instrumenten und Verfahren wird an Hand des Einsatzbereichs (Branche, Tätigkeitsklasse) und den betrieblichen Bedingungen (Nutzergruppe, vorliegende Erfahrungen) die Verfahrensauswahl durchgeführt. Nach DIN EN ISO 10075-3 ist auch eine Bewertung der Verfahren nach ihrer statistischen Güte möglich/sinnvoll, um durch die Verfahrensauswahl eine abgesicherte Erfassung der psychischen Belastung am Arbeitsplatz zu gewährleisten.

Abbildung II-240 zeigt für jede der drei Stufen der Analysetiefe bzw. -genauigkeit universell einsetzbare, nicht branchen- und tätigkeitsspezifische Verfahren, auf die der Anwender direkt über die Toolbox der BAuA zugreifen kann.

Abbildung II-240

Bedingungsbezogene Verfahren zur Messung und Beurteilung der psychischen Belastung und ihrer Folgen (nach BAuA-Toolbox, zugeordnet den Analyseaspekten und der Analysetiefe)

Analyseaspekt Analysetiefe	Arbeitsbelastung Arbeitsbedingungen	psychische Beanspruchung	Beanspruchungsfolgen
orientierend	BAB / BDS	Mb-PB	ChEF
screening	KFZA TEBA IG Metall	REBA	BMS IG Metall
Experten	AET ISTA TBS	RHIA VERA	–

Literaturverzeichnis Teil II

Arbeitsschutzgesetz (ArbSchG): Gesetz über die Durchführung von Maßnahmen des Arbeitsschutzes zur Verbesserung der Sicherheit und des Gesundheitsschutzes der Beschäftigten bei der Arbeit. BGB 11-1246, 1996.

ASR 7/1: Sichtverbindung nach außen.

ASR 7/3: Künstliche Beleuchtung.

ASR 7/4: Sicherheitsbeleuchtung.

Automobilindustrie: Die Branche vor der nächsten Revolution. In: www.automobilindustrie.de/fachartikel

BAuA (Hrsg.)-Toolbox: Instrumente zur Erfassung psychischer Belastungen. Dortmund, 2002.

Baum, E.: Motografie. Band I und II. Bremerhaven: Wirtschaftsverlag NW, 1980 und 1983.

Becks, C.: Investitionsarme Gestaltung zukunftsorientierter Montagestrukturen – MTM-Planungssystematik in der Serienfertigung. In: Personal Nr. 9/93, Köln: Bachem, 1993, S. 400–403.

Beermann, B.: Bilanzierung arbeitswissenschaftlicher Erkenntnisse zur Nacht- und Schichtarbeit. Amtliche Mitteilungen der Bundesanstalt für Arbeitsschutz 1/96. Dortmund, 1996.

Bernotat, R.: Anzeigengestaltung. In: Schmidtke, H. (Hrsg.): Ergonomie. München: Hanser, 1981, S. 461–471.

Betriebsverfassungsgesetz (BetrVG): Neugefasst durch Bek. V. 25.9.2001.12518.

Beyer, M.: Brain Land. Mind Mapping in Aktion. Paderborn: Junfermann, 1983.

Bier, M.: Ergonomie der Überkopfarbeit. Fortschritt-Berichte VDI, Reihe 17, Nr. 70. Düsseldorf: VDI, 1991.

Bittelmeyer, G.; Hegner, F.; Kramer, U.: Bewegliche Zeitgestaltung im Betrieb. Köln: Gesamtverband der metallindustriellen Arbeitgeberverbände e.V., 1987.

Bjerner, B., Holm, A., Swensson, A.: Om Natt-och Skiftarbete, Statens Offentliga Utredningar (Stockholm) 51, 1948.

Bleicher, K.: Organisation. Strategien – Strukturen – Kulturen, 2. Auflage. Wiesbaden: Gabler, 1991.

Böcker, W.: Künstliche Beleuchtung. Ergonomisch und energiesparend. Frankfurt, 1981.

Bokranz, R.; Kasten, L.: Organisations-Management in Dienstleistung und Verwaltung. Gestaltungsfelder, Instrumente und Konzepte, 4. Auflage. Wiesbaden: Gabler, 2003.

Bokranz, R.; Landau, K.: Mängelanalysen in Arbeitsfeldern. In: Fortschrittliche Betriebsführung und Industrial Engineering, 35, 1986, S. 70–74.

Britzke, B.: Mehrfachnutzung von Planungsgrundlagen. In: Planung + Produktion. Nr. 4/96. Winterthur: PPH, 1996.

Britzke, B.; Fischer, H.; Jasker, K., Sanzenbacher, G.; Schosnig, R.: MTM – gestern – heute – morgen. In: Personal – MTM-Report 2003. Düsseldorf: Verlagsgruppe Handelsblatt, 2003.

458

Britzke, B.; Klüglich, U.; Storm, P.: Rationalisierung manueller Arbeitsprozesse. Dresden: Grafischer Großbetrieb »Völkerfreundschaft«, 1989.

Britzke, B.; Lorenz, D.: Ergonomie und MTM. Ein Beitrag zur Ganzheitlichen Arbeitsgestaltung. In: Angewandte Arbeitswissenschaft Nr. 161. 1999.

Brombach, J.: Analyse, Beurteilung und ergonomische Gestaltung der Arbeitsbedingungen. In: Arbeitssysteme der industriellen Qualitätskontrolle. Stuttgart: Ergonomia, 2005.

Bubb, H.; Schmidtke, H.: Physiologische und psychologische Grenzen menschlichen Leistungsvermögens. In: Masing, W.: (Hrsg.): Handbuch der Qualitätssicherung. München: Hanser, 1980, S. 69–90.

Bulgrin, H.; Müller, K. G.: Prüfplanung. In: Masing. W. (Hrsg.): Handbuch der Qualitätssicherung. München: Hanser, 1980, S. 167–185.

Bullinger, H. J.; Solf, J. J.: Ergonomische Arbeitsmittelgestaltung I–III. Bremerhaven: Wirtschaftsverlag NW, 1979.

Bullinger, H.-J.: Ergonomie. Stuttgart: B.G. Teubner, 1994.

Bullinger, H.-J.; Lung, M.: Planung der Materialbeschaffung. Stuttgart: B.G. Teubner, 1994.

Bundesministerium für Arbeit und Sozialordnung: Merkblatt für die ärztliche Untersuchung zu Nr. 2108. Anlage 1, Berufskrankheitenverordnung. Bonn, 1992.

Burandt, U.: Ergonomie für Design und Entwicklung. Köln: O. Schmidt, 1978.

Buzan, T.; North, V.: Business Mind Mapping. Wien: Überreuter, 1999.

Buzan, T.; Buzan, B.: Das Mind-Map-Buch, 4. Auflage. Landsberg: Moderne Industrie, 1999.

Caffier, G.; Steinberg, U.; Liebers, F.: Praxisorientiertes Methodeninventar zur Belastungs- und Beanspruchungsbeurteilung im Zusammenhang mit arbeitsbedingten Muskel-Skelett-Erkrankungen. Bremerhaven: Wirtschaftsverlag, 1998. In: Schriftenreihe der Bundesanstalt für Arbeitsschutz und Arbeitsmedizin. – Forschung, Fb 850.

Clauß T. (Hrsg.): Wörterbuch der Psychologie, Leipzig: VEB Bibliographisches Institut, 1978.

Colombi, D.; Occipinti, E.; Grieco, A.: Risk Assessment and Management of Repetitive Movements and Exertions of Upper Limbs, Job Analysis. OCRA Risk Indices, Prevention Strategies and Design Principles; EPM Research Unit, CEMOC, Mailand: Elsevier, 2002.

de Jong, J.: Fertigkeit, Stückzahl und benötigte Zeit. Sonderheft der REFA-Nachrichten. Berlin, Köln, Frankfurt: Beuth, 1960.

Deutsche MTM-Vereinigung e.V. (Hrsg.): Das Ganzheitliche Produktionssystem – Auf neuen Wegen zu neuen Zielen. Hamburg: Deutsche MTM-Vereinigung e.V., 2002.

DIN 1451 Schriften – Serifenlose Linear-Antiqua.

DIN 30600 Graphische Symbole.

DIN 30602 Empfehlungen für Bildzeichenanwendung.

DIN 31000 Allgemeine Leitsätze für das sicherheitsgerechte Gestalten technischer Erzeugnisse.

DIN 31001 Teil 1 Sicherheitsgerechtes Gestalten technischer Erzeugnisse – Schutzeinrichtungen.

DIN 32830 Gestaltungsregeln für graphische Symbole.

DIN 33401 Stellteile, Begriffe, Eignung, Gestaltungshinweise.

DIN 33402 Teil 1 Körpermaße des Menschen; Begriffe, Messverfahren.

DIN 33402 Teil 2, Beiblatt 1 Körpermaße des Menschen; Werte; Anwendung von Körpermaßen in der Praxis.

DIN 33402 Teil 2 Körpermaße des Menschen; Werte.

DIN 33402 Teil 3 Körpermaße des Menschen; Bewegungsraum bei verschiedenen Grundstellungen und Bewegungen.

DIN 33402 Teil 4 Körpermaße des Menschen; Grundlagen für die Bemessung von Durchgängen, Durchlässen und Zugängen.

DIN 33406 Arbeitsplatzmaße im Produktionsbereich; Begriffe, Arbeitsplatztypen, Arbeitsplatzmaße.

DIN 33408 Teil 1 Körperumriss-Schablonen für Sitzplätze.

DIN 33411 Körperkräfte des Menschen.

DIN 33413 Teil I Ergonomische Gesichtspunkte für Anzeigeneinrichtungen, Arten, Wahrnehmungsaufgaben.

DIN 33415 Fließarbeit.

DIN 33416 Zeichnerische Darstellung der menschlichen Gestalt in typischen Arbeitshaltungen.

DIN 4551 Höhenverstellbarer Bürodrehstuhl.

DIN 5035 Innenraumbeleuchtung mit künstlichem Licht.

DIN 68877 Arbeitsdrehstuhl.

DIN EN 10075 Ergonomische Grundlagen bezüglich psychischer Arbeitsbelastung.

DIN EN 12665 Licht und Beleuchtung.

DIN EN 12464 Licht und Beleuchtung – Beleuchtung von Arbeitsstätten. Teil 1: Arbeitsstätten in Innenräumen.

DIN EN 547 Teil 1 Sicherheit von Maschinen – Körpermaße des Menschen. Teil 1: Grundlagen zur Bestimmung von Abmessungen für Ganzkörper-Zugänge an Maschinenarbeitsplätzen. Teil 2: Grundlagen für die Bemessung von Zugangsöffnungen. Teil 3: Körpermaßdaten.

DIN EN 614 Sicherheit von Maschinen; Ergonomische Gestaltungsgrundsätze.

DIN EN 6385 Grundsätze der Ergonomie für die Gestaltung von Arbeitssystemen.

DIN EN ISO 10075-3 Ergonomische Grundlagen bezüglich psychischer Arbeitsbelastung. Teil 3: Grundsätze und Anforderungen an Verfahren zur Messung und Erfassung psychischer Arbeitsbelastung.

DIN EN ISO 10075-1 Ergonomische Grundlagen bezüglich psychischer Arbeitsbelastung. Teil 1: Allgemeines und Begriffe.

DIN EN ISO 10075-2 Ergonomische Grundlagen bezüglich psychischer Arbeitsbelastung. Teil 2: Gestaltungsgrundsätze.

DIN EN ISO 14838 Sicherheit von Maschinen – Anthropometrische Anforderungen an die Gestaltung von Maschinenarbeitsplätzen.

DIN EN ISO 7250 Wesentliche Maße des menschlichen Körpers für die technische Gestaltung.

Ebbinghaus, H.: Über das Gedächtnis. Leipzig, 1885.

Eckert, R. (Hrsg.): Geschlechtsrollen und Arbeitsteilung. München: C. H. Beck, 1979.

Eissing, G.: Arbeitsorganisation in Klein- und Mittelbetrieben. Köln: Bachem, 1993.

Eversheim, W.; von Pathow, C.: Montagestruktur- und Arbeitsplatzgestaltung in der Einzel- und Kleinserienproduktion. In: Landau, K.; Luczak, H.: Ergonomie und Organisation in der Montage. München: Hanser, 2001, S. 600–612.

Ferreira, Y.: Auswahl flexibler Arbeitszeitmodelle und ihre Auswirkungen auf die Arbeitszufriedenheit. Stuttgart: Ergonomia, 2001.

Frese, E.: Grundlagen der Organisation. Konzept – Prinzipien – Strukturen, 6. Auflage. Wiesbaden: Gabler, 1995.

Frey, S.: Plant Layout. München: Hanser, 1975.

Fuchs, J.; Besier, K.: Personalentwicklung mit Perspektive. In: Fuchs, J. (Hrsg.): Das biokybernetische Modell – Unternehmen als Organismen. Wiesbaden: Gabler, 1996, S. 181–204.

Fuchs, W.: Methodik zur Erstellung von Zeitmodellen zur Ablaufplanung in Arbeitssystemen. Berlin: Beuth, 1972.

Gall, D.; Vandahl, C.; Greiner-Mai, U.; Wolf, S.; Helm, H.-P.: Einzelplatzbeleuchtung und Allgemeinbeleuchtung am Arbeitsplatz. Dortmund: Bundesanstalt für Arbeitsschutz und Arbeitsmedizin, Fb 753, 1998.

Gebert, D.; Rosenstiel, L. V.: Organisationspsychologie. 5. Auflage, Stuttgart: W. Kohlhammer, 2002.

Gilbreth, F. B.: Bewegungsstudien. Berlin: Verlag Julius Springer, 1921.

Glatz, H.: Zeitwirtschaft – Ein Erfolgspotenzial wieder entdecken! In: io Management Zeitschrift 55; Zürich: Verlag Industrielle Organisation, 1986, S. 290 f.

Gutberlet, T.: Konstruieren unter Einsatz rechnergestützter Wissensverarbeitung. Düsseldorf: VDI, 1990.

Hacker, W.: Allgemeine Arbeits- und Ingenieurpsychologie. Bern: Huber, 1978.

Hacker, W.: Sensomotorik aus psychologischer Sicht. In: Landau, K.; Luczak, H.; Laurig, W.: Ergonomie der Sensomotorik. München: Hanser, 1996, S. 21–33.

Harmon, P.; King, D.: Expertensysteme in der Praxis. München: Moderne Industrie, 1986.

Hecker, R.: Physikalische Arbeitswissenschaft. Berlin: Dr. Köster, 1998.

Hedden, I. D.; Bonitz, H.; Grzech-Sukalo, H.; Nachreiner, F.: Zur Klassifikation und Analyse unterschiedlicher Schichtsysteme und ihre psychosozialen Effekte. Teil 2: Differentielle Effekte bei Gruppierung nach periodischen Merkmalen – Überprüfung eines alternativen Klassifikationsansatzes. In: Zeitschrift für Arbeitswissenschaft 43 (15 NF) 1989, S. 73–78.

Hedtmann, A.; Krämer, J.: Prophylaxe von Wirbelsäulenschäden am Arbeitsplatz. In: Orthopäde 19, 1990, S. 150–157.

Heizmann, J.: Neue Arbeitsstrukturen in automatisierten Fertigungssystemen. In: Zink, K. (Hrsg.): Sozio-Technologische Systemgestaltung als Zukunftsaufgabe. München: Hanser, 1984, S. 110–118.

Helander, M. G.: Design of visual displays. In: Salvendy, G. (Hrsg.): Handbook of Human Factors. New York: Wiley, 1987, S. 507–548.

Henderson, B. D.: Die Erfahrungskurve in der Unternehmensstrategie. Frankfurt a.M., New York: Campus, 1986.

Hertog, F. den: Arbeitsstrukturierung. Bern: Huber, 1978.

Hildebrandt, G.: Rhythmusphänomenologie der Sensomotorik. In: Landau, K.; Luczak, H.; Laurig, W.: Ergonomie der Sensomotorik: Festschrift anlässlich der Emeritierung von Herrn Prof. Dr.-Ing. W. Rohmert. München, Wien: Hanser, 1996, S. 1–9.

Hilf, H. H.: Arbeitswissenschaft – Grundlagen der Leistungsforschung und Arbeitsgestaltung. München: Hanser, 1957.

Hill, W.; Fehlbaum, R.; Ulrich, O.: Organisationslehre – Band I, 4. Auflage. Bern, Stuttgart: UTB, 1989.

Höhn, R.: Führungsmodelle – Harzburger Modell. In: Kieser, A.; Reber, G.; Wunderer, R. (Hrsg.): Handwörterbuch der Führung. Stuttgart: Poeschel, 1987, S. 615 f.

Höhn, R.: Stellenbeschreibung und Führungsanweisung. Bad Harzburg: Wissenschaft, Wirtschaft und Technik, 1976.

Imai, M.: KAIZEN – Der Schlüssel zum Erfolg der Japaner im Wettbewerb. München: Wirtschaftsverlag Langen Müller Herbig, 1992.

Ishiwata, J.: Die flexible Fabrik. Landsberg: Verlag moderne Industrie, 2001.

Iskander, A.: Über den Einfluß von Pausen auf das Anlernen sensomotorischer Fertigkeiten. Berlin, 1968.

Istanbuli, S.; Mainzer, J.: Heben und Tragen von Lasten. Köln: Prodis Info-Paket, 1987.

Jäger, M.; Göllner, R.; Jordan, C.; Theilmeier, A.; Luttmann, A.: Belastung der Lendenwirbelsäule beim Heben und Umsetzen von Lasten. In: Arbeitswissenschaft, Heft 56, 2002, S. 93–105.

Jäger, M.; Luttmann, A.; Göllner, R.: Belastbarkeit der Lendenwirbelsäule bei manueller Lastenhandhabung – Ableitung der »Dortmunder Richtwerte« auf Basis der lumbalen Kompressionsfestigkeit. Zbl Arbeitsmed 51, 2001, S. 354–372.

Jakobi, H. F.: Nutzen-Wirkungen bei der Wartung und Inspektion. In: Biedermann, H. (Hrsg.): Inspektion und Wartung – Techniken, Organisation und Wirtschaftlichkeit – 5. Instandhaltungsforum. Köln: TÜV Rheinland, 1989.

Jenik, P.: Übungsunterlagen zum REFA-Sonderseminar »Somatografie«, Darmstadt: REFA-Verband, o. Jg.

Jenik, P: Maschinen menschlich konstruiert. In: MM-Industriejournal 78-5, 1972, S. 87–90.

Jenner, R.-D.; Kaufmann, H.; Schäfer, D.; Bauer, O.: Bosch-Arbeitshilfen für die ergonomische Arbeitsplatzgestaltung – Zeichenschablonen für die menschliche Gestalt. Stuttgart, 1985.

Kaiser, J.: Verwendung stereoskopischer Informationsdarstellung in durchsichtfähigen Anzeigen am Beispiel eines Head-Up-Displays. Stuttgart: Ergonomia, 2004.

Karg, P .W.: Staehle, W. H.: Analyse der Arbeitssituation. Freiburg: Haufe, 1982.

Kirchner, J. H.; Baum, E.: Ergonomie für Konstrukteure und Arbeitsgestalter. München: Hanser, 1990.

Kirchner, J. H.; Rohmert, W.: Ergonomische Leitregeln zur menschengerechten Arbeitsgestaltung. München: Hanser, 1974.

Kirchner, J.-H.: Automatisierung von Montageprozessen – Einige Überlegungen aus arbeitswissenschaftlicher Sicht. In: Landau, K.; Luczak, H.: Ergonomie und Organisation in der Montage, München: Hanser, 2001, S. 324 –326.

Klober, A.: Sabbatical – Aussteigen auf Zeit. In: Personalführung PLUS 2. 1999, S. 44–47.

Knauth, P.: Arbeitswissenschaftliche Kriterien der Schichtplangestaltung. In: Kutscher, J.; Eyer, E.; Antoni, H. (Hrsg.): Das flexible Unternehmen. Wiesbaden, 1996.

Knauth, P.: Arbeitszeit und Arbeitsdauer: In: Landau, K.; Pressel, G. (Hrsg.): Medizinisches Lexikon der beruflichen Belastungen und Gefährdungen. Stuttgart: Gentner, 2004, S. 68–71.

Knauth, P.: Nachtarbeit. In: Landau, K.; Pressel, G. (Hrsg.): Medizinisches Lexikon der beruflichen Belastungen und Gefährdungen. Stuttgart: Gentner, 2004, S. 457–460.

Knauth, P.; Hornberger, S.: Betriebs- und mitarbeiterbezogene Flexibilisierung der Arbeitszeit. In: Tutorial – 45. Arbeitswissenschaftlicher Kongress. Karlsruhe, 1999.

Knauth, P.; Schwarzenau, P.; Schmidt, K.-H.; Rutenfranz, J.: Computergestützte Schichtplangestaltung für flexible Arbeitszeitregelungen bei diskontinuierlicher Schichtarbeit. In: Verh. Dt. Ges. Arbeitsmed. 26, 1986, S. 439–443.

Kroemer, K.; Kroemer, H.; Kroemer-Elbert, K.: Ergonomics. Upper Saddle River: Prentice Hall, 2001.

Kühn, F. M.; Littmann, R.; Preuß, W.; Steinert, W.: Neue Technologien im innerbetrieblichen Materialfluss. Köln: TÜV Rheinland, 1990.

Kulka, H. (Hrsg.): Arbeitswissenschaften für Ingenieure. Leipzig: VEB Fachbuchverlag, 1980.

Kurtz, P.; Sievers, G.: Investigation and design of luminance situations at assembly workplaces. In: Proceedings of the XIX Annual International Occupational Ergonomics and Safety Conference. Las Vegas, Nevada, USA 27-29 June 2005, S. 195–197.

Landau, K. (Hrsg.): Good Practice – Ergonomie und Arbeitsgestaltung. Stuttgart: Ergonomia Verlag, 2003.

Landau, K. (Hrsg.): Montageprozesse gestalten. Stuttgart: Ergonomia Verlag, 2004.

Landau, K., Peters, H.: Organisatorische Arbeitsgestaltung. In: Landau, K. (Hrsg.): Ergonomie I – Umdruck. Darmstadt: Institut für Arbeitswissenschaft, 2003.

Landau, K.: Alter und Leistungsfähigkeit. In: Landau, K.; Stübler, E. (Hrsg.): Die Arbeit im Dienstleistungsbetrieb. Stuttgart: Ulmer, 1992, S. 132–134.

Landau, K.: Arbeitswissenschaftliche Erhebungsverfahren zur Tätigkeitanalyse. In: Landau, K.; Stübler, E. (Hrsg.): Die Arbeit im Dienstleistungsbetrieb. Stuttgart: Ulmer, 1992, S. 100–112.

Landau, K.: Das Arbeitswissenschaftliche Erhebungsverfahren zur Tätigkeitsanalyse (AET). Darmstadt, 1978.

Landau, K.: Ergonomic software tools in product and workplace design. Stuttgart: Ergonomia, 2000.

Landau, K.; Becks, C.: Vom Bewegungsstudium zur Bewegungsgestaltung. Stuttgart: Ergonomia, 2006.

Landau, K.; Bokranz, R.: Ist-Zustands-Analyse in Arbeitssystemen – Methoden und Erkenntnisse zur Erfassung von Ist-Zuständen an Arbeitsplätzen und in Arbeitsfeldern. In: Zeitschrift für Betriebswirtschaft 56. 1986, S. 728–753.

Landau, K.; Luczak, H.: Ergonomie und Organisation in der Montage. München: Hanser, 2001.

Landau, K.; Luczak, H.; Laurig, W. (Hrsg.): Software-Werkzeuge zur ergonomischen Arbeitsgestaltung. Bad Urach: Ergonomia; Darmstadt: REFA, 1997.

Landau, K.; Maas, C.; Marquard, E.; Fischer, T.: Softwarewerkzeuge – Tätigkeitsanalyse – Rechnergestützte Belastungsanalysen von Arbeitsplätzen mit der ABBA-Software. In: Software-Werkzeuge zur ergonomischen Arbeitsgestaltung. Bad Urach: Institut für Arbeitsorganisation (IfAO), 1997, S. 18–33.

Landau, K.; Rohmert, W.; Imhof-Gildein, B.; Mücke, S.; Brauchler, R.: Risikoindikatoren für Wirbelsäulenerkrankungen. In: Schriftreihe der Bundesanstalt für Arbeitsmedizin, FB 09.010. Berlin, 1996.

Landau, K.; Rohmert, W.; Rutenfranz, J: Arbeitsanforderungen und Geschlecht – Neue Ergebnisse zur Frage möglicher Diskriminierung der Frauenarbeit. In: Hackstein, R.; Heeg, F.-J.; Below, F. v. (Hrsg.): Arbeitsorganisation und Neue Technologien. Berlin, Heidelberg, New York, London, Paris, Tokio: Springer Verlag, 1986, S. 511–551.

Landau, K.; Schaub, K.: Körpermaße. In: Landau, K. u. Mitarb.: Ergonomie I – TU Darmstadt, Institut für Arbeitswissenschaft, 2003.

Landau, K.; Wakula, J.: Körperstellungen und Körperhaltungen. In: Landau, K. u. Mitarb.: Ergonomie I – TU Darmstadt, Institut für Arbeitswissenschaft, 2003, S. 68 ff.

Landau, K.; Wimmer, R.; Luczak, H.; Mainzer, J.; Peters, H.; Winter, G.: Die Arbeit im Montagebetrieb. In: Landau, K.; Luczak, H. (Hrsg.): Ergonomie und Organisation in der Montage. München: Hanser, 2001, S. 31.

Länderausschuss für Arbeitsschutz und Sicherheitstechnik (LASI) (Hrsg.): Handlungsanleitung zur Gefährdungsbeurteilung beim Heben und Tragen von Lasten. Potsdam,1996 (Neuauflage 2001).

Lange, W.; Kirchner, J. H.; Lazarus, H.; Schnauber H.: Kleine Ergonomische Datensammlung. Köln: TÜV Rheinland, 1991.

Laurig, W.: Grundzüge der Ergonomie. Berlin: Beuth, 1992.

Lehmann, G.: Praktische Arbeitsphysiologie. Stuttgart: Thieme, 1962.

Liebau, H.: Die Lernkurvenmethode. Stuttgart: Ergonomia, 2002.

Liebau, H.; Landau, K.: Übung. In: Landau, K; Pressel, G. (Hrsg.): Medizinisches Lexikon. Stuttgart: Gentner, 2004, S. 637–640.

Luczak, H.: Koordination von Bewegungen. In: Rohmert, W.; Rutenfranz, J. (Hrsg.): Praktische Arbeitsphysiologie. Stuttgart: Thieme, 1983, S. 52–59.

Luczak, H.: Arbeitswissenschaft. 2. vollst. neub. Aufl., Springer, 1998.

Mainzer, J.: Ermittlung und Normung von Körperkräften. Fortschrittsberichte der VDI-Zeitschrift, Reihe 17, Nr. 12. Düsseldorf: VDI, 1982.

Mc Atamney, L.; Corlett, E. N.: RULA – A Survery Method for the Investigation of Work – Related Upper Limb Disorders. Applied Ergonomics 24, 1993, S. 91–99.

McCormick, E. J.: Human Factors Engineering. New York: Wiley, 1964.

Mital, A.; Nicholson, A. S.; Ayoub, M. M.: A Guide to Manual Materials Handling. London, Washington (DC): Taylor & Francis, 1993.

Müller-Merbach, H.: Operations Research. München: Vahlen, 1973.

National Institute of Occupational Safety and Health (NIOSH): Work Practices Guide for Manual Lifting. DHHS (NIOSH) Publ. No. 81–122. Cincinnati, Ohio, 1981.

Nestler, H.: wirtschaftliche Maschinenaufstellung. Berlin: Beuth 1972.

Nordsiek, F.: Betriebsorganisation, 2. Auflage. Stuttgart: Poeschel, 1972.

Osterholz, U.: Gegenstand, Formen und Wirkungen arbeitsweltbezogener Interventionen zur Prävention muskuloskeletaler Beschwerden und Erkrankungen. Berlin: Wissenschaftszentrum für Sozialforschung, 1991.

Peters, H.; Landau, K.: Kritik der bewegungstechnischen Arbeitsgestaltung. In: Landau, K.: Ergonomie I – TU Darmstadt, 2003.

Pfeiffer, W.; Dörrie, U.; Soll, E.: Menschliche Arbeit in der industriellen Produktion. Göttingen: Vandenhoeck und Ruprecht, 1977.

Pheasant, St.: Bodyspace. London: Taylor & Francis, 1988.

Porter, L. W.; Lawler, E. E.; Hackman, J. R.: Behavior in Organizations. New York: McGraw Hill, 1975.

Preuß, W.; Steinert, W.: Neue Technologien im innerbetrieblichen Materialfluss. Köln: TÜV Rheinland, 1990.

REFA (Hrsg.): Arbeitsgestaltung in der Produktion. München: Hanser, 1993.

REFA (Hrsg.): Grundlagen der Arbeitsgestaltung. München: Hanser, 1993.

Reinertsen, D.: Die neuen Werkzeuge der Produktentwicklung. München: Hanser, 1998.

Richter, G.: Psychische Belastung und Beanspruchung – Stress, psychische Ermüdung, Monotonie, psychische Sättigung. Dortmund: BAuA (Arbeitswissenschaftliche Erkenntnisse Nr. 116), 2001.

Robert Bosch GmbH (Hrsg.): Arbeitshilfen für die ergonomische Arbeitsgestaltung, o. Jg.

Rohmert, W.: Beanspruchung, Ermüdung und Erholung. In: Landau, K.; Stübler, E. (Hrsg.): Die Arbeit im Dienstleistungsbetrieb. Stuttgart: Ulmer, 1992, S. 166.

Rohmert, W.: Beanspruchung, Ermüdung und Erholung. In: Landau, K.; Stübler, E. (Hrsg.): Die Arbeit im Dienstleistungsbetrieb. Stuttgart: Ulmer, 1992, S. 178–185.

Rohmert, W.: Biomechanische Grundlagen. In: Schmidtke, H. (Hrsg.): Ergonomie. München: Hanser, 1981.

Rohmert, W.: Mensch und Kraftmaschine. In: Rohmert, W.; Rutenfranz, J.: Praktische Arbeitsphysiologie. Stuttgart: Thieme, 1983.

Rohmert, W.: Statische Haltearbeit des Menschen. Berlin: Beuth, 1960.

Rohmert, W.: Umdruck zur Vorlesung Arbeitswissenschaft. Darmstadt, 1993.

Rohmert, W.; Landau, K.: Arbeitsformen. In: Landau, K.; Stübler, E. (Hrsg.): Die Arbeit im Dienstleistungsbetrieb. Stuttgart: Ulmer, 1992, S. 31–40.

Rohmert, W.; Weg, F. J.: Organisation teilautonomer Gruppenarbeit. München: Hanser, 1976.

Rohmert, W.; Rutenfranz, J; Luczak, H.: Arbeitswissenschaftliche Beurteilung der Belastung und Beanspruchung an unterschiedlichen industriellen Arbeitsplätzen. In: Rohmert, W.; Rutenfranz, J. (Hrsg.): Arbeitswissenschaftliche Beurteilung der Belastung und Beanspruchung an unterschiedlichen industriellen Arbeitsplätzen. Bonn: Bundesminister für Arbeit und Sozialordnung, Referat Öffentlichkeitsarbeit, 1975, S. 15–250.

Rother, M.; Shook, J.: Sehen lernen mit Wertstromdesign. Stuttgart: LOG_X, 2000.

Ruffing, T.: Fertigungssteuerung bei Fertigungsinseln. Köln: TÜV Rheinland, 1991.

Rutenfranz, J.; Iskander, A.: Über den Einfluss von Pausen auf das Erlernen einer einfachen sensomotorischen Fertigkeit. In: Internationale Zeitschrift für angewandte Physiologie einschließlich Arbeitsphysiologie. 1960, S. 207–235.

Rutenfranz, J.; Knauth, P.: Organisatorische Probleme der Schichtarbeit aus arbeitsmedizinischer Sicht. In: WT-Zeitschrift für Industrielle Fertigung, Nr. 71. 1981, S. 297–302.

Rutenfranz, J.; Knauth, P.: Schichtarbeit und Nachtarbeit. Hrsg. vom Bayerischen Staatsministerium für Arbeit und Sozialordnung. 3. Auflage. München, 1989.

Schaub, K.: Das »Automotive Assembly Worksheet« (AAWS). In: Landau, K. (Hrsg.): Montageprozesse gestalten. Stuttgart: Ergonomia, 2004, S. 91–111.

Schaub, Kh.; Spelten, Chr.: IAD Toolbox körperliche Arbeit. Darmstadt: Institut für Arbeitswissenschaft der Technischen Universität Darmstadt, Version 2.1, 2004.

Schaub, Kh.; Winter, G.; Berg, K.; Landau, K.: Arbeitsunterlage zur Bewertung von Lastenmanipulationen. Darmstadt: Institut für Arbeitswissenschaft der TU Darmstadt, 2004.

Schaub, Kh.; Britzke, B.; Sanzenbacher, G.; Jasker, K.; Landau, K.: Ergonomische Risikoanalysen mit MTM-Ergo. In: Landau, K. (Hrsg.): Montageprozesse gestalten. Stuttgart: Ergonomia, 2004, S. 175–199.

Schaub, Kh.; Britzke, B.; Landau, K.: Ergonomische Risikoanalysen mit Hilfe von MTM-Ergo. In: Arbeit und Gesundheit in effizienten Arbeitssystemen. Dortmund: GfA-Press, 2004.

Schlaich, K.: Vergleich von beobachteten und vorbestimmten Elementarzeiten manueller Willkürbewegungen bei Montagearbeiten. Berlin, Köln, Frankfurt: Beuth, 1967.

Schmidtke, H.: Ergonomische Prüfung. München: Hanser, 1989.

Schmidtke, H.: Ergonomie. München: Hanser, 1993.

Schmidtke, H.: Untersuchungen über den Erholzeitbedarf bei psychisch beanspruchender Tätigkeit – Ein Beitrag zur Theorie über die Erholungspause. In: Arbeitsstudien heute und morgen. Berlin, 1963.

Schober, H.: Das Sehen. 2 Bände, Leipzig: Fachbuchverlag 1970.

Schoberth, H.: Orthopädie des Sitzens. Berlin: Springer, 1989.

Schultetus, W.: Arbeitsstandards – Anforderungen und Notwendigkeiten. In: Arbeitsschutz – Ergonomie – Normleistung. TB 119, BauA, 2001.

Schultetus, W.: Montagegestaltung. Köln: TÜV Rheinland, 1980.

Schultetus, W.; Lange, W.; Doerken, W. (Hrsg.): Praxis der Ergonomie – Montagegestaltung. Köln: TÜV Rheinland, 1987.

Sekine, K.: Produzieren ohne Verschwendung. Landsberg: Verlag moderne Industrie, 1995.

Siemens (Hrsg.): Ermitteln zulässiger Grenzwerte für Kräfte und Drehmomente – Firmeninterne Schulungsunterlage zur Arbeitsgestaltung. o. Jg.

Siemens (Hrsg.): Arbeitsunterlage zur Bewertung von Lastenmanipulationen – Firmeninterne Schulungsunterlage und unveröffentlichter gleichnamiger Abschlussbericht des IAD, Darmstadt.

Smit, K.: Voraussetzungen und Möglichkeiten für die Anwendung der zustandsabhängigen Instandhaltung. In: Biedermann, H. (Hrsg.): Inspektion und Wartung, Techniken, Organisation und Wirtschaftlichkeit – 5. Instandhaltungsforum. Köln: TÜV Rheinland, 1989.

Spelten, C.; Schaub, K.; Landau, K.: IAD-Toolbox körperliche Arbeit. In: Landau, K. (Hrsg.): Montageprozesse gestalten. Stuttgart: Ergonomia, 2004, S. 113–149.

Spitzer, H.; Hettinger, Th.; Kaminsky, G.: Tafeln für den Energieumsatz bei körperlicher Arbeit. 6. Auflage. Berlin: Beuth, 1982.

Sprenger, R.: Das Prinzip der Selbstverantwortung. Frankfurt a.M., New York: Campus, 1997.

Stark, L.; Yamashita, I.; Tharp, G.; Ngo, H. X.: Search patterns and search paths in human visual search. In: Brogan, D.; Gale, A.; Carr, K.: Visual search. London: Taylor & Francis, 1993, S. 37–58.

Steinberg, U.; Caffier, G.; Mohr, D.; Liebers, F.; Behrendt, S.: Modellhafte Erprobung des Leitfadens Sicherheit und Gesundheitsschutz bei der manuellen Handhabung von Lasten (Abschlussbericht). Bremerhaven: Wirtschaftsverlag NW. 1998 (Schriftenreihe der Bundesanstalt für Arbeitsschutz und Arbeitsmedizin – Forschung – Fb 804).

Steinberg, U.; Windberg, J.: Leitfaden Sicherheit und Gesundheitsschutz bei der manuellen Handhabung von Lasten – Empfehlungen für den Praktiker. Bremerhaven: Wirtschaftsverlag NW. 1994 (Schriftenreihe der Bundesanstalt für Arbeitsschutz und Arbeitsmedizin – Sonderschrift 9).

Steinberg, U.; Windberg, J.: Leitfaden Sicherheit und Gesundheitsschutz bei der manuellen Handhabung von Lasten – Empfehlungen für den Praktiker. Bremerhaven. Wirtschaftsverlag NW. 1997 (Schriftenreihe der Bundesanstalt für Arbeitsschutz und Arbeitsmedizin – Sonderschrift, S. 43).

Steinbuch, P. A.: Fertigungswirtschaft. 7. Aufl., Kiehl, 1999.

Stier, F.: Über die Geschwindigkeiten von Armbewegungen unter besonderer Berücksichtigung der Einlegearbeiten an Pressen. Dissertation TH Hannover, 1959.

Stoffert, G.: Analyse und Einstufung von Körperhaltungen bei der Arbeit nach der OWAS-Methode. In: Zeitschrift für Arbeitswissenschaft Nr. 39, 1985, S. 31–38.

Suzaki, K.: Modernes Management im Produktionsbetrieb. München: Hanser, 1989.

Tichauer, E. R.: Occupational Biomechanics. New York: Manuskriptdruck, 1975.

Tschich, H.: Gestaltung von Prüfarbeitssystemen in der Montage. In: Landau, K.; Luczak, H. (Hrsg.): Ergonomie und Organisation in der Montage. München, Wien: Hanser, 2001, S. 196–217.

Udris, I.; Frese, M.:Belastung und Beanspruchung. In: Hoyos, Graf C.; Frese, M. (Hrsg.): Arbeits- und Organisationspsychologie. Weinheim: Psychologische Verlagsunion, 1999.

Ulich, E.: Arbeitspsychologie. Zürich: Verlag der Fachvereine und Stuttgart: Poeschel, 1991.

VDI (Hrsg.): Handbuch der Arbeitsgestaltung und Arbeitsorganisation. Düsseldorf: VDI Verlag GmbH, 1980.

VDI 2411 Begriffe und Erläuterungen im Förderwesen.

VDI 2689 Leitfaden für Materialflussuntersuchungen.

VDI 4006 Menschliche Zuverlässigkeit.

Wäfler, T.; Windischer, A.; Ryser, C.; Weik, S.; Grote, G.: Wie sich Mensch und Technik sinnvoll ergänzen. Zürich: VDF, 1999.

Warnecke, H. J.; Lederer, K. G.: Neue Arbeitsformen in der Produktion. Düsseldorf: VDI, 1982.

Waters, T. R.; Putz-Anderson, V.; Garg, A.: Applications Manual for the Revised NIOSH Lifting Equation. DHHS (NIOSH) Publ. No. 94–110. Cincinnati, Ohio, 1994.

Waters, T. R.; Putz-Anderson, V.; Garg, A.; Fine, L. J.: Revised NIOSH equation for the design and evaluation of manual lifting tasks. Ergonomics 36 (1993) 7.

Weber, R.: KANBAN. Renningen: Expert, 2001.

Weinrich, H.-W.: Untersuchung der Mehrmaschinenbedienung von Einspindel-Drehautomaten mit Hilfe der Simulationstechnik. Diss. TU Braunschweig, 1978.

Weißert-Horn, M.: Flexible Arbeitszeit und Teilzeitarbeit. Bericht für das Bundesministerium für Wirtschaft und Arbeit, Prävention und Rehabilitation zur Verhinderung von Erwerbsminderung. Darmstadt: Institut für Arbeitswissenschaft, 2003.

Wetterer, E.; Kenner, Th.: Grundlagen der Dynamik des Arterienpulses. Springer, 1968.

Wilhelm, B.: Advanced Industrial Engineering – Ein neuer Ausbildungsschwerpunkt an deutschen Universitäten (unveröffentlicht).

Winter, G.; Landau, K.; Schaub, K.; Keith, H.; Rösler, D.; Luczak, H.: Arbeitswissenschaftliche Konzepte, Erfolgsfaktoren und Transfermechanismen für die Entwicklung und Verbreitung ganzheitlicher Innovationsprozesse. Stuttgart: Ergonomia, 2003.

Womack, J. P.; Jones, D. T.; Roos, D.: Die zweite Revolution in der Atomobilindustrie. Frankfurt/M.: Campus Verlag, 1995.

Wright, T. P.: Factors Affecting the Cost of Airplanes. In: Journal of the Aeronautical Sciences 3.1936, S. 39–44.

www.baua.de/prax/lasten/lasten01.htm (Leitmerkmalmethode zur Beurteilung von Heben, Halten und Tragen).

Zink, K. J.: Arbeitsstrukturierung. In: Landau, K.; Luczak, H. (Hrsg.): Ergonomie und Organisation in der Montage. München: Hanser, 2001, S. 363–382.

Zülch, G.; Starringer, M.: Differenzielle Arbeitsgestaltung in Fertigungen für elektronische Flachbaugruppen. Z. f. Arb.-wiss., 1994, 4, S. 211–216.

Teil III

MTM-Prozess-
bausteinsystem

1 Einleitung

Im Teil I wurden vier wichtige Aufgaben beim Produktivitätsmanagement von Arbeitssystemen herausgestellt:

1. Zielmanagement, bei dem festzulegen ist, was man erreichen, wo man hin will.
2. Ergebniscontrolling, bei dem man Schwachstellen identifizieren, Veränderungs- und Anpassungsnotwendigkeiten entdecken und in Umsetzungsmaßnahmen überführen will.
3. Gestaltungs- und Organisationsmanagement, bei dem es um konzeptive und korrektive Arbeitssystemgestaltung sowie um Anpassungen der Arbeit an den Menschen geht.
4. Betreiberförderung, bei der die Personal- und Qualifikationsentwicklung und damit die Anpassung des Menschen an die Arbeit im Vordergrund stehen.

In Teil II wurde mit dem MTM-Gestaltungssystem ein erster Schwerpunkt der MTM-Anwendung vorgestellt, der primär dem Gestaltungs- und Organisations-management sowie der Betreiberförderung dient. Im Teil III werden mit dem MTM-Prozessbausteinsystem auch die MTM-Methoden und -Werkzeuge behandelt, die das Ergebniscontrolling ermöglichen und das Zielmanagement unterstützen.

2	Grundsachverhalte zur Bildung von Prozessbausteinen	Konzeptionelle Grundlage der Ermittlung von Sollzeiten und Zeitstandards
3	MTM-1	Bausteinsystem zum Prozesstyp 1 und Entwicklungsbasis für alle anderen MTM-Bausteinsysteme
4	UAS und MEK	Bausteinsysteme zu den Prozesstypen 2 und 3
5	Weitere MTM-Bausteinsysteme	Bausteinsysteme für spezifische Aufgabenstellung (SD, MTM-2, Sichtprüfen)
6	ProKon	Produktionsgerechtes Konstruieren
7	Ergänzungstechniken	Zur Ergänzung der MTM-Bausteinsysteme (Schätzen, Zeitmessung, Selbstaufschreibung, Multimomentverfahren)
8	Unternehmensspezifische Prozessbausteine	Konzept, Regeln und Methoden zum Bausteindesign und zur Administration von Prozessbausteinen

Abbildung III-1
Thematisches Konzept des Teils III

Im Kapitel 2 wird erläutert, welche Arten von Sollzeiten es gibt, wie sie methodisch zu ermitteln und Vorgabezeiten bzw. Zeitstandards zu bilden sind. Ferner wird das MTM-Prozessbausteinsystem in seinen Grundzügen dargelegt. Auf die hier darge-legten Grundsachverhalte wird in den folgenden Kapiteln häufig reflektiert.

Im Kapitel 3 wird MTM-1 ausführlich dargestellt, weil es die Basis aller anderen MTM-Bausteinsysteme und seine Kenntnis die Voraussetzung für deren Verständnis ist. Außerdem können wir uns durch die eingehende Erläuterung von MTM-1 bei den anderen MTM-Bausteinsystemen auf die Erläuterung ihrer Eigenheiten beschränken. Das sind ihre Bausteinabgrenzungen, ihre Anwendungsregeln und konzeptionellen Besonderheiten.

Im Kapitel 4 werden die im deutschen Sprachraum am häufigsten angewandten MTM-Bausteinsysteme, UAS und MEK, erläutert. Zuerst werden ihre Gemeinsamkeiten dargelegt. Dann wird jedes Bausteinsystem für sich behandelt.

Im Kapitel 5 werden weitere im deutschen Sprachraum angewandte MTM-Bausteinsysteme behandelt. Das älteste auf MTM-1 basierende Bausteinsystem sind die in Deutschland entwickelten Standard-Daten. Auf Grund ihres Entwicklungskonzepts stehen die Standard-Daten MTM-1 näher als UAS. In Bezug auf die Analysiertechnik ähneln sie dagegen UAS und MEK. Ferner wird das in Großbritannien und Schweden entwickelte, in Deutschland nur selten angewandte MTM-2 vorgestellt. Auf Grund seiner Bausteinabgrenzung ähnelt MTM-2 den Standard-Daten. In Bezug auf die Entwicklungskonzeption und die Handhabung der Zeiteinflussgrößen ähnelt es UAS und MEK und in Bezug auf die Analysiertechnik MTM-1. Mit dem Sichtprüfen wird ein spezielles Bausteinsystem vorgestellt, das insbesondere für die Analyse und Gestaltung visueller Prüfarbeiten in der Industrie eingesetzt wird.

Im Kapitel 6 wird mit ProKon eine analytische Methode zur Konstruktionsoptimierung vorgestellt. Dies ist eine äußerst effektive Methode zur Kostenvermeidung.

Im Kapitel 7 werden Ergänzungstechniken behandelt, die benötigt werden, weil die Anwendung der MTM-Bausteinsysteme auf Prozesse mit mitarbeiterbestimmten Vorkommnissen begrenzt ist. Abbildung III-3 ist zu entnehmen, für welche weiteren Vorkommniskategorien diese Ergänzungstechniken bevorzugt eingesetzt werden.

Im Kapitel 8 stehen konzeptionelle Fragen im Vordergrund, wenn es um die Entwicklung unternehmensspezifischer Prozessbausteinsysteme geht, auf der konzeptionellen Basis des MTM-Prozessbausteinsystems. Hier wird erläutert, wie man unternehmensspezifische Prozessbausteinsysteme entwickelt. Damit schließt sich der Kreis der wichtigsten Aspekte der MTM-Anwendungen, indem die grundlegenden technischen und konzeptionellen Voraussetzungen besprochen wurden, um das im Teil I propagierte Produktivitäts-Management von Arbeitssystemen durchführen zu können.

2 Grundsachverhalte zur Bildung von Prozessbausteinen

2.1 Vorkommnisarten und Vorkommniskategorien

Reale Arbeitsvollzüge lassen sich als eine Folge von Ressourcenaktivitäten interpretieren, als eine Folge verschiedener Ereignisse, Geschehnisse, Vorkommnisse. *Vorkommnisse* sind in Handlungen von Menschen oder Operationen von Arbeitsmitteln auftretende Geschehnisse, Ereignisse oder Aktivitäten und werden nach drei Gesichtspunkten (Vorkommnisarten) unterschieden:

1. Planmäßigkeit: Vorkommnisse können vorhersehbar (z. B. Werkstück prüfen) oder unvorhersehbar (z. B. einem Kollegen helfen) auftreten.
2. Handlungsbezug: Vorkommnisse können für stattfindende (= Ist) Handlungen bzw. Operationen oder für geplante (= Soll) Handlungen bzw. Operationen stehen.[1]
3. Arbeitsfortschrittswirkung: Vorkommnisse können sich in einem Tun (z. B. Werkzeug prüfen) oder einem Lassen (z. B. Ruhepause einlegen, auf eine Qualitätsabnahme warten) ausprägen.

Unter dem Gesichtspunkt der Planmäßigkeit werden zwei *Vorkommnisarten* unterschieden:

1. Planmäßig auftretende Vorkommnisse: Ein Vorkommnis ist prognostizierbar, deterministisch, systematisch, wenn sein Auftretenszeitpunkt vorhersagbar ist.
2. Nicht planmäßig auftretende Vorkommnisse: Ein Vorkommnis ist stochastisch, probabilistisch, zufällig, wenn zwar seine Auftretenshäufigkeit pro Periode, nicht aber sein Auftretenszeitpunkt vorhersagbar ist. Nicht planmäßig auftretende Vorkommnisse sind mit Hilfe statistischer Betrachtungen zu relativieren, indem z. B. die »Anzahl technischer Störungen pro Tag« oder die »Anzahl Reißleinenauslösungen pro Monat« erhoben wird.

Beobachtet man bei einem Arbeitssystem die auftretenden Vorkommnisse, liegt als Handlungsbezug ein *Ist-Zustand* vor. Bei Ist-Zustandsanalysen treten typischerweise andere Vorkommnisse auf, als man im zu erstellenden Prozessbaustein vorsehen wird, denn Prozessbausteinen liegt als Handlungsbezug stets ein Soll-Zustand zu Grunde. Die Kenntnis von Ist-Zuständen ist aber oft die Voraussetzung für eine Modellierung (realistische Formulierung) von Soll-Zuständen.

Die Planmäßigkeit und die Arbeitsfortschrittswirkung von Vorkommnissen sind die Grundlagen der im folgenden Kapitel 2.2 dargelegten *Ablaufartenanalyse*.

Vorkommnisse werden nach Vorkommniskategorien klassifiziert, d. h. danach unterschieden, durch welche Anlässe (z. B. Aktionen von Kunden, Handlungen von

---

1 Als »Ist« werden erreichte, erzielte, erfasste, vorliegende, angefallene Daten bezeichnet. Als »Soll« werden geplante, budgetierte, vorgegebene, erwartete Daten bezeichnet. Werden Aufgabenerfüllungen mit Hilfe von Prozessbausteinen beschrieben, so stehen diese für das »Soll«.

Mitarbeitern, Operationen von Arbeitsmitteln) ihr Auftreten ausgelöst wird. *Vorkommniskategorien* sind Vorkommnisklassen, die danach unterschieden werden, wer sie auslöst und ihren Zeitbedarf bestimmt.

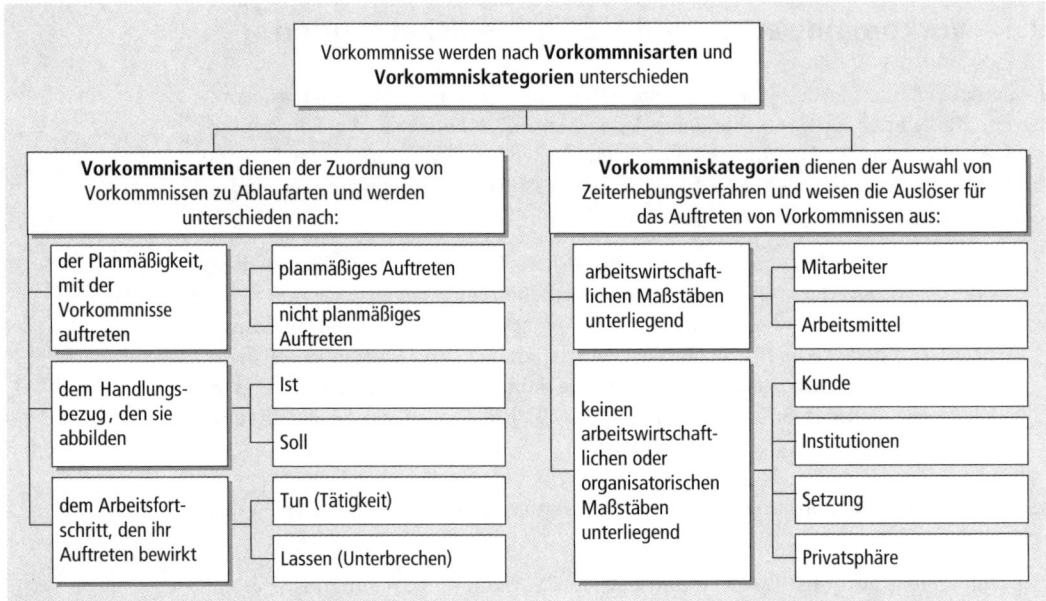

Abbildung III-2

Vorkommnisarten und -kategorien

Es werden sechs Vorkommniskategorien unterschieden:

1. Mitarbeiterbestimmte Vorkommnisse: Der Ablauf wird primär durch die Menschen im betrachteten Arbeitssystem bestimmt. Diese Vorkommnisse können mental (z. B. nachdenken, auf Erfahrung zurückgreifen) oder motorisch (alle Bewegungsabläufe betreffend) determiniert sein. Mitarbeiterbestimmte Vorkommnisse unterliegen arbeitswirtschaftlichen oder organisatorischen Maßstäben.

2. Arbeitsmittelbestimmte Vorkommnisse: Der Ablauf wird primär durch die funktionellen Möglichkeiten der eingesetzten Arbeits- oder Sachmittel bestimmt, z. B. bei Responsezeiten an Bildschirmarbeitsplätzen. Arbeitsmittelbestimmte Vorkommnisse unterliegen arbeitswirtschaftlichen oder organisatorischen Maßstäben.

3. Kundenbestimmte Vorkommnisse: Der Ablauf wird in erster Linie nicht durch die Ressourcen des betrachteten Arbeitssystems, sondern durch externe Leistungsempfänger bestimmt. Kundenbestimmte Vorkommnisse fallen planmäßig (z. B. in Form vereinbarter Reklamationsgespräche) oder nicht planmäßig an (z. B. in Form telefonischer Rückfragen). Kundenbestimmte Vorkommnisse unterliegen keinen arbeitswirtschaftlichen oder organisatorischen Maßstäben, sondern z. B. strategischen Festlegungen oder unternehmenspolitischen Setzungen, oder sie sind wie die institutionenbestimmten Vorkommnisse »hinzunehmen«.

4. Institutionenbestimmte Vorkommnisse: Der Ablauf wird durch eine interne oder externe Institution, also ein anderes Arbeitssystem, bestimmt. Das kann z. B. ein Warten auf eine Musterfreigabe durch die Qualitätssicherung sein.

Institutionenbestimmte Vorkommnisse unterliegen keinen arbeitswirtschaftlichen oder organisatorischen Maßstäben, sondern sind als Fakten hinzunehmen.

5. Setzungsbestimmte Vorkommnisse: Der Ablauf ist nur begrenzt oder überhaupt nicht arbeitswirtschaftlich, organisatorisch oder technisch zu begründen. Vielmehr ist eine Setzung vorzunehmen, z. B. eine bestimmte Anzahl als zweckmäßig erachteter Gruppengespräche pro Monat, die gewünschte Intensität bei der Betreuung Auszubildender oder ein gewünschter Aufwand für die Erfüllung von Führungsaufgaben.

6. Privatsphärebedingte Vorkommnisse: Dazu zählen alle Vorkommnisse, die in keinem Zusammenhang mit der Aufgabenerfüllung stehen, sondern bei denen es um persönliche Belange geht. Privatsphärebedingte Vorkommnisse werden im Allgemeinen unter den Gesichtspunkten des »sozialen Konsenses« oder des »allgemein Üblichen« bewertet.

Der vorstehenden Abbildung ist zu entnehmen, dass

- die Unterscheidung nach Vorkommnisarten der Zuordnung von Vorkommnissen zu Ablaufarten und damit letztendlich der sachgerechten Bestimmung von Sollzeiten dient,
- die Vorkommniskategorien dagegen maßgebend für die Auswahl eines Verfahrens zur Bestimmung von Sollzeiten sind.

Vorkommniskategorien, d. h. Vorkommnisse sind	Sollzeitbestimmung durch					
	MTM-Prozess-baustein-system	Ergänzungstechniken				Setzung, Verein-barung
		Schätzen	Zeit-messung	Selbst-aufschrei-bung	Multi-moment-verfahren	
1. mitarbeiterbestimmt	X					
2. arbeitsmittelbestimmt			X		X	
3. kundenbestimmt		X		X	X	
4. institutionenbestimmt		X		X		
5. setzungsbestimmt						X
6. privatsphärenbestimmt						X

Abbildung III-3

Vorkommniskategorien und geeignete (empfohlene) Verfahren zur Bestimmung von Sollzeiten

Abbildung III-3 ist zu entnehmen, dass verschiedene Verfahren zur Bestimmung von *Sollzeiten* spezifische Eignungen besitzen, in Abhängigkeit von den Vorkommniskategorien. Die dort vorgenommenen Zuweisungen sind teilweise als »zwingend«, teilweise als »üblich oder empfehlenswert« zu interpretieren.

Beispiel: Den Zeitbedarf für einen Ablaufabschnitt »Arbeitsanweisung erstellen« könnte man mit mehreren der dort angeführten Verfahren bestimmen. Die meisten werden dieses Vorkommnis aber als setzungsbestimmt ansehen, weil es keine arbeitswirtschaftliche Frage, sondern eine Frage der verfolgten Absichten ist, wie intensiv man sich mit diesem Thema auseinandersetzt, also wie hoch man den dafür vorzusehenden Zeitbedarf ansetzen will.

Beispiel: Die meisten werden den Zeitbedarf für den Ablaufabschnitt »Kunden-rückfrage telefonisch klären« als kundenbestimmt ansehen. Dazu sind in Abbildung III-3 drei mögliche Verfahren angeführt. Ist ohnehin eine Multimomentaufnahme durchzuführen, wird man dabei auch diese Problemstellung mit bearbeiten. Man wird aber keine Multimomentaufnahme durchführen, wenn es nur um die Zeitbedarfsermittlung für einige kundenbestimmte Vorkommnisse geht. Man könnte den Zeitbedarf auch durch Zeitmessung bestimmen. Das wird man in der Praxis jedoch nur selten tun, weil es angesichts nicht möglicher Leistungsgradbeurteilung relativ großer Stichprobenumfänge bedürfte.

2.2   Ablaufarten und Ablaufartenanalyse

Zur rechnerisch richtigen Bestimmung von Sollzeiten für Prozessbausteine bedient man sich des Analyse-Synthese-Modells nach REFA[2]. Es liegt fast allen Tarifverträgen zugrunde, in denen die Ermittlung und Verwendung von Sollzeiten geregelt ist. Den beiden folgenden Abbildungen ist der Analyseteil dieses Modells, die Ablaufartengliederung, zu entnehmen.

Eine *Ablaufart* ist eine Kategorie oder Klasse des Zusammenwirkens des Menschen oder des Arbeits-/Sachmittels (seltener auch des Arbeitsgegenstandes) unter Verwendung der Arbeitssystem-Eingabe beim Vollzug von Abläufen. Die unter einer Ablaufart gesammelten Vorkommnisse bzw. Ablaufabschnitte werden nach einem Überleitungsalgorithmus in *Zeitarten* gewandelt (z. B. alle Ablaufabschnitte zur »ablaufbedingten Unterbrechung« zur »Wartezeit«) und dort, je nach Analyseziel, weiter verarbeitet. Um die richtige Ablaufartengliederung zu verwenden, muss vor Beginn einer Ablaufartenanalyse das Analyseziel festliegen, z. B. eine Durchlaufzeit zu ermitteln.

Als *Ablaufartenanalyse* wird die Zuordnung von Ablaufarten zu Vorkommnissen oder Ablaufabschnitten bezeichnet. Ablaufartenanalysen werden meist unter den Gesichtspunkt der Ressourcen Mensch und Arbeits-/Sachmittel, seltener unter dem des Arbeitsgegenstandes, durchgeführt. Dabei werden den Vorkommnissen bzw. Ablaufabschnitten die zutreffenden Ablaufarten zugeordnet. Ziel der Ablaufartenanalyse ist, die unter einer Ablaufart (z. B. »ablaufbedingtes Unterbrechen«) erfassten Vorkommnisse bzw. Ablaufarten für die Zeitsynthese so zusammenzustellen, dass sie der zugehörigen Zeitart (z. B. »Wartezeit«) zuzuweisen sind.

Die auf den Menschen oder das Arbeits-/Sachmittel bezogene *Ablaufartengliederung* (vgl. Abbildung III-4) wird als Ressourcenanalyse bezeichnet. Die auf den Menschen bezogene Ablaufartengliederung wird z. B. bei der Personalbemessung oder bei der Planung menschbestimmter Prozesse verwendet. Die auf das Arbeits-/Sachmittel bezogene Ablaufartengliederungen wird z. B. bei Auslastungsuntersuchungen an Anlagen und die auf den Arbeitsgegenstand bezogene Ablaufartengliederungen z. B. bei Durchlaufzeitanalysen verwendet.

Abbildung III-4.1 bzw. 4.2 ist zu entnehmen, dass bei der Ressourcenanalyse in der ersten Gliederungsebene danach unterschieden wird, ob

1. ein Tun vorliegt, also die Ressourcen die gestellten Aufgaben erfüllen (Tätigkeit MT bzw. Betriebsmittelnutzung BT) oder
2. ein Lassen vorliegt, also die Aufgabenerfüllung kurzzeitig sachbedingt oder persönlich bedingt unterbrochen ist (Unterbrechen der Tätigkeit MK oder der Nutzung BK) oder
3. Betriebsruhe herrscht und die Ressourcen dadurch längerfristig nicht einzusetzen sind.

---

2   Vgl. REFA, Hrsg.: Methodenlehre der Betriebsorganisation, Teil Datenermittlung, München: Hanser, 1997, S. 20 f.

Abbildung III-4.1

Auf den Menschen bezogene Ablaufartengliederung (nach REFA)

M Mensch	MT Aufgabenerfüllung (»tätig sein«)	**MH Haupttätigkeit:** Planmäßiges Vorkommnis, bei dem ein Handeln des Menschen anfällt und ein unmittelbarer Arbeitsfortschritt entsteht.
		MN Nebentätigkeit: Planmäßiges Vorkommnis, bei dem ein Handeln des Menschen anfällt und nur ein mittelbarer Arbeitsfortschritt entsteht.
		MZ zusätzliche Tätigkeit: Nicht planmäßiges, seinem Auftretenszeitpunkt nach nicht vorhersagbares Vorkommnis, bei dem ein Handeln des Menschen anfällt, jedoch kein Arbeitsfortschritt entsteht.
	MK Unterbrechen der Aufgabenerfüllung (»nicht tätig sein«)	**MA ablaufbedingtes Unterbrechen:** Planmäßiges Vorkommnis, bei dem kein Handeln des Menschen anfällt und ein Arbeitsfortschritt entstehen kann, aber nicht muss.
		MS störungsbedingtes Unterbrechen: Nicht planmäßiges Vorkommnis, bei dem kein Handeln des Menschen anfällt und kein Arbeitsfortschritt entsteht.
		MP persönlich bedingtes Unterbrechen: Nicht planmäßiges Vorkommnis, bei dem kein aufgabenbezogenes Handeln anfällt, weil persönliche Gründe dafür maßgebend sind.
		ME erholungsbedingtes Unterbrechen: Planmäßiges oder nicht planmäßiges Unterbrechen der Aufgabenerfüllung zum Zwecke der Regenerierung.
	MR Betriebsruhe (kollektiv gültige Arbeitspausen und vergleichbare Anlässe)	
	ML außer Einsatz (längerfristige Nichtverfügbarkeit/Nichteinsetzbarkeit)	
	MX nicht erkennbar / nicht zuordenbar	

Abbildung III-4.2

Auf das Arbeits-/ Sachmittel (Betriebsmittel) bezogene Ablaufartengliederung (nach REFA)

B Betriebsmittel	BT Betriebsmittelnutzung	**BH Hauptnutzung:** Planmäßiges Vorkommnis, bei dem ein Verwenden des Betriebsmittels entsprechend seiner Zweckbestimmung anfällt.
		BN Nebennutzung: Planmäßiges Vorkommnis, bei dem eine Hauptnutzung des Betriebsmittels vorbereitet wird oder ein Rückversetzen in den Ausgangszustand stattfindet.
		BZ zusätzliche Nutzung: Nicht planmäßiges, seinem Auftretenszeitpunkt nach nicht vorhersagbares Vorkommnis, bei dem eine Haupt- oder Nebennutzung des Betriebsmittels anfällt.
	BK Unterbrechen der Betriebsmittelnutzung	**BA ablaufbedingtes Unterbrechen:** Planmäßiges Vorkommnis, bei dem das Betriebsmittel still steht.
		BS störungsbedingtes Unterbrechen: Nicht planmäßiges Vorkommnis, bei dem das Betriebsmittel still steht.
		BP persönlich bedingtes Unterbrechen: Nicht planmäßiges Vorkommnis, bei dem das Betriebsmittel durch den Menschen verursacht still steht.
		BE erholungsbedingtes Unterbrechen: Planmäßiges oder nicht planmäßiges Vorkommnis, bei dem das Betriebsmittel durch den Menschen verursacht still steht.
	BR Betriebsruhe (kollektiv gültige Arbeitspausen und vergleichbare Anlässe)	
	BL außer Einsatz (längerfristige Nichtverfügbarkeit/Nichteinsetzbarkeit)	
	BX nicht erkennbar / nicht zuordenbar	

In der zweiten Gliederungsebene wird nach der Vorkommnisart unterschieden, ob

1. der Auftretenszeitpunkt von Vorkommnissen prognostizierbar und dadurch ein planmäßiges Handeln (MH, MN) bzw. eine planmäßige Nutzung (BH, BN) oder ein planmäßiges Nichthandeln (MA) bzw. eine planmäßige Nichtnutzung (BA) vorliegt oder
2. der Auftretenszeitpunkt nicht prognostizierbar ist, also nicht planmäßige Vorkommnisse vorliegen.

Die planmäßigen Ablaufarten sind in den Abbildungen durch farbige Hinterlegung gekennzeichnet. Im folgenden Abschnitt wird erläutert, warum die planmäßigen Vorkommnisse in Prozessbausteinen »enthalten« sind und wie mit den nicht planmäßigen Vorkommnissen verfahren wird. Die Ablaufartengliederungen sind ein elementares Instrument für die Entwicklung von Prozessbausteinen (vgl. Kapitel 8).

Vor Beginn einer Ablaufartenanalyse muss klar sein, welchem dieser beiden Betrachtungsbezüge zu folgen und wie tief der Ablauf in Ablaufabschnitte zu unterteilen ist, um eine geeignete Struktur von Prozessbausteinen abzuleiten.

Bei der auf den Arbeitsgegenstand (Arbeitsobjekt) bezogenen Ablaufartenanalyse geht es nicht um Ressourcen-, sondern um Durchlaufbetrachtungen, weshalb sie als *Durchlaufanalyse* bezeichnet wird. Dabei unterscheidet man in der

1. ersten Gliederungsebene nach den vier möglichen Durchlaufkategorien Verändern, Prüfen, Liegen und Lagern,
2. zweiten Gliederungsebene zwischen planmäßigen und nicht planmäßigen Vorkommnissen, so dass man auch für Durchlaufbetrachtungen systematisch Prozessbausteine entwickeln kann, was in der Praxis allerdings nur selten geschieht.

Abbildung III-6 ist ein Beispiel einer Ablaufartenanalyse zu entnehmen. Der Ablauf wird in Ablaufabschnitte gegliedert. Ablaufabschnitte sind nach dem Zutreffen einer Ablaufart abgegrenzte Ablaufphasen. Den Ablaufabschnitten werden die Ablaufarten nach dem in den Abbildungen III-4.1 und III-4.2 angeführten Schema zugeordnet. Eine sachlich richtige Zuordnung ist die Voraussetzung für eine sachlich richtige Bestimmung von Sollzeiten.

Die in den Ablaufabschnitten 3, 6 und 8 ausgewiesene Hauptaufgabe »Radiator und Kondensator vormontieren« würde man in der Praxis tiefer gliedern. Dann würden die beiden zum Arbeitsfortschritt führenden Abschnitte »Radiator und Kondensator verschrauben« und »Leitungsverbindung herstellen« als Hauptaufgabe MH, der Abschnitt »Radiator, Kondensator in Vorrichtung einsetzen und herausnehmen« als Nebenaufgabe MN identifiziert. Ferner würde man feststellen, dass eine Hauptnutzung der Arbeitsmittel nicht über den gesamten Ablaufabschnitt hinweg vorliegt. Je filigraner man Ablaufanalysen durchführt, desto stärker unterscheidet man zwischen den Ablaufarten, insbesondere zwischen Haupt- und Nebentätigkeit bzw. Haupt- und Nebennutzung.

Abbildung III-5

Auf den Arbeitsgegenstand bezogene Ablaufartengliederung (nach REFA)

A Arbeitsgegenstand	**Verändern** (Zustands-, Form-, Lage- oder Ortsveränderung)	**AE Einwirken** Planmäßiges Vorkommnis, bei dem eine Formveränderung oder Zustandsveränderung des Arbeitsgegenstandes stattfindet.
		AF Fördern: Planmäßiges Vorkommnis, bei dem eine Lageveränderung (Handhaben) oder Ortsveränderung (Transportieren) des Arbeitsgegenstandes stattfindet.
		AZ zusätzliches Verändern: Nicht planmäßiges, seinem Auftretenszeitpunkt nach nicht vorhersagbares Vorkommnis, bei dem ein Einwirken auf den oder ein Fördern des Arbeitsgegenstandes stattfindet.
	AP Prüfen: Planmäßiges Vorkommnis, bei dem ein Kontrollieren von Arbeitsgegenständen stattfindet.	
	Liegen	**AA ablaufbedingtes Liegen:** Planmäßiges Vorkommnis, bei dem das Verändern und Prüfen des Arbeitsgegenstandes unterbrochen wird.
		AS zusätzliches (sonstiges) Liegen: Nicht planmäßiges Vorkommnis, bei dem das Verändern und Prüfen des Arbeitsgegenstandes unterbrochen wird.
	AL Lagern: Planmäßiges Vorkommnis, bei dem der Arbeitsgegenstand in dafür vorgesehenen (Lager-) Bereichen liegt.	
	AX nicht erkennbar / nicht zuordenbar	

Bei der Ablaufartenanalyse nach dem Arbeitsgegenstand (Arbeitsobjekt) wird die Notwendigkeit einer tiefer gehenden Gliederung noch offensichtlicher, weil man den Hauptaufgaben zwei Ablaufarten zuordnen muss: es wird sowohl eingewirkt als auch gefördert, was man bei Durchlaufbetrachtungen jedoch unterscheiden will.

Bei dem hier erläuterten Modell der Ablaufartenanalyse handelt es sich um ein standardisiertes und üblicherweise verwendetes Schema. In der Praxis werden gelegentlich auch andere, auf bestimmte betriebliche Gegebenheiten abgestellte Ablaufarten verwendet, weniger im Zusammenhang mit der Anwendung der MTM-Bausteinsysteme oder der Zeitmessung, als bei Multimomentaufnahmen (vgl. Abbildung III-138) oder Selbstaufschreibungen.

Abbildung III-6

Beispiel (Ausschnitt) für eine Ablaufartenanalyse

Ablaufabschnitte bzw. Aufgaben	Zeit in min	Ablaufartenanalyse nach dem		
		Menschen	Arbeits-/ Sachmittel	Arbeitsgegenstand
1 Arbeitsplatz vorbereiten	10	MN	BA	AA
2 Abstimmungsgespräch mit Gruppensprecher	5	MZ	BS	AB
3 Radiator und Kondensator vormontieren	40	MH	BH	AE, AF
4 Stichprobenprüfung (Dichtigkeit) durchführen	2	MN	BA	AP
5 bei Fördererstillstand warten	3	MS	BS	AS
6 Radiator und Kondensator vormontieren	35	MH	BH	AE, AF
7 Teepause nehmen	5	MP	BP	AS
8 Radiator und Kondensator vormontieren	25	MH	BH	AE, AF
9 Frühstückspause (Springerablösung)	15	MR	BR	AS

2.3 Zeitarten und Zeitartensynthese

2.3.1 Überblick

Als *Zeitart* wird eine Kategorie oder Klasse des Zusammenwirkens des Menschen oder des Arbeits-/Sachmittels (seltener auch des Arbeitsgegenstandes) unter Verwendung der Arbeitssystem-Eingabe bei der Erfüllung einer Aufgabe unter dem Gesichtspunkt der Sollzeitbildung bezeichnet.

Bei der *Zeitartensynthese* werden nach festliegenden Algorithmen den Ressourceneinsatz (seltener auch den Arbeitsgegenstand) beschreibende bzw. qualifizierende Ablaufarten in den Ressourceneinsatz quantifizierende Zeitarten überführt, um Sollzeiten für Prozessbausteine oder Vorgabezeiten bzw. Zeitstandards für Aufgabenerfüllungen zu bestimmen.

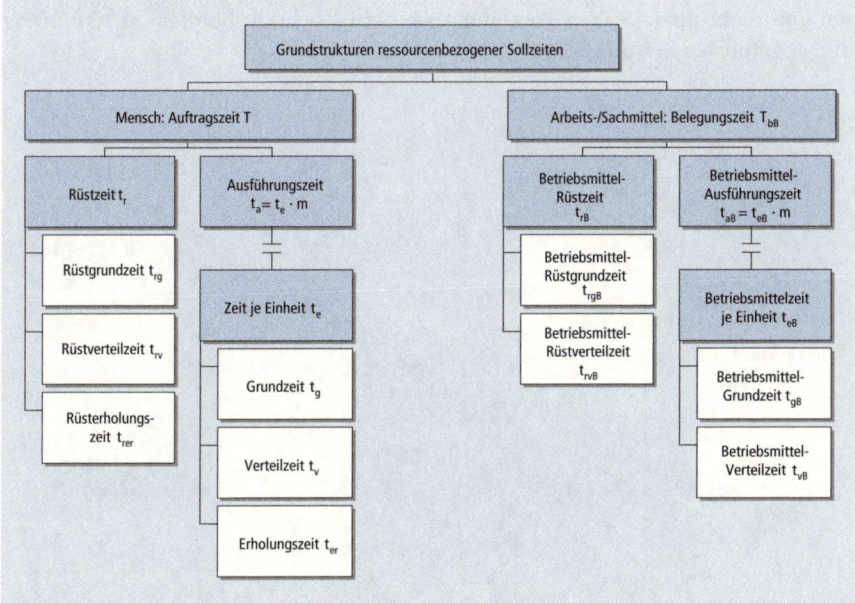

Abbildung III-7

Grundstrukturen ressourcenbezogener Sollzeiten (nach REFA)

Bei der Zeitartensynthese sind drei Betrachtungsbezüge möglich:

1. Ressourcenbetrachtung mit Stück- oder Auftragsbezug: Es wird eine Ressource betrachtet und für diese eine Sollzeit pro Mengeneinheit (meistens pro Stück) bestimmt. Ferner liegt dieser Betrachtung das Prinzip der Auftragsbildung[3] zu Grunde, mit der klassischen Trennung zwischen Rüsten und Ausführen.
2. Ressourcenbetrachtung mit Periodenbezug: Es wird der Mensch, seltener das Arbeits-/Sachmittel, betrachtet und für diesen eine Sollzeit pro Periode bestimmt. Diese wird zum Ermitteln des Personalbedarfs einer Organisationseinheit für eine Periode (z. B. pro Monat oder pro Jahr) verwendet.

---

3 Als Auftrag wird eine schriftliche oder mündliche Aufforderung zur Ausführung einer bestimmten Arbeit bezeichnet.

3. Durchlaufbetrachtung mit Stück- oder Periodenbezug: Es wird der Arbeitsgegenstand (Arbeitsobjekt) betrachtet. Die ermittelten Sollzeiten werden zur Analyse des Durchlaufs von Arbeitsgegenständen durch Arbeitssysteme verwendet, also Aussagen zu deren Effizienz getroffen.

Abbildung III-7 sind die zwei Arten ressourcenbezogener Sollzeiten zu entnehmen, die auf den Menschen bezogene Auftragszeit und die auf das Arbeits-/Sachmittel bezogene Belegungszeit. Beide stehen, so Abbildung III-8 zu entnehmen, für eine linearinhomogene Funktion[4], denn es ist:

Auftragszeit T = Rüstzeit t_r + Ausführungszeit t_a (= $t_e \cdot m$)

Belegungszeit T_{bB} = Betriebsmittelrüstzeit t_{rB} + Betriebmittel-Ausführungszeit t_{aB} (=$t_{eB} \cdot m$)

Die *Zeit je Einheit* t_e bzw. die Belegungszeit je Einheit t_{eB} stehen als *Vorgabezeit* bzw. Zeitstandard für die Mengeneinheiten 1, 10, 100 oder 1.000. Es sind alle planmäßigen und nicht planmäßigen Vorkommnisse berücksichtigt. Bei dem in Abbildung III-8 angeführten Beispiel ist t_{e1} = 0,12 Stunden/Stück.

Abbildung III-8

Die Auftragszeitfunktion (Beispiel)

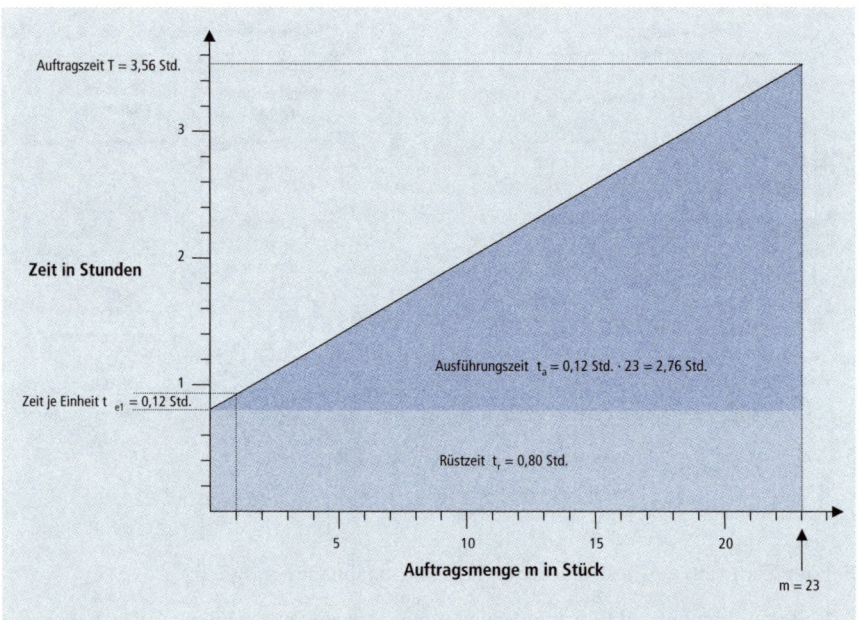

Die *Ausführungszeit* t_a bzw. die *Betriebsmittel-Ausführungszeit* t_{aB} stehen als Vorgabezeiten oder Zeitstandards für das Ausführen einer Auftragsmenge m. Bei dem in Abbildung III-8 angeführten Beispiel ist t_a = 0,12 Std./Stück x 23 Stück = 2,76 Stunden.

---

4 Diesem Grundgedanken folgt man seit über 80 Jahren. Vgl. Reichsausschuss für Arbeitszeitermittlung, Hrsg.: REFA-Buch – Einführung in die Arbeitszeitermittlung, Berlin: Beuth, 1928, S. 9 f.

Die *Rüstzeit* t_r bzw. die *Betriebsmittel-Rüstzeit* t_{rB} stehen als Vorgabezeiten bzw. Zeitstandards für das auftragsbezogene Vorbereiten des Arbeitssystems sowie dessen Rückversetzung in den ursprünglichen Zustand. Wenn es keine Splittungen in Teilaufträge gibt, kommt das Rüsten einmal pro Auftrag vor. Beispielsweise fällt das morgendliche Aufräumen des Arbeitsplatzes nicht auftragsbezogen an und ist deshalb keine Rüstzeit. Bei dem in Abbildung III-8 angeführten Beispiel ist t_r = 0,80 Stunden.

Die *Auftragszeit* T bzw. die *Belegungszeit* t_{bB} stehen als Vorgabezeiten bzw. Zeitstandards für das Erfüllen eines Auftrages und beinhalten auch das Rüsten. Bei dem in Abbildung III-8 angeführten Beispiel beträgt die Auftragszeit T = 0,80 Std. + 2,76 Std. = 3,56 Stunden.

2.3.2 Ressourcenbetrachtung mit Stück- und Auftragsbezug

Abbildung III-7 ist zu entnehmen, dass die Rüstzeit bzw. Betriebsmittel-Rüstzeit und die Zeit je Einheit bzw. Betriebsmittelzeit je Einheit nach dem gleichen Algorithmus bestimmt werden.

MH Haupttätigkeit	$\sum t_{MH}$	Tätigkeitszeit t_t	Grundzeit t_g (Prozessbausteine)	
MN Nebenaufgabe	$\sum t_{MN}$			
MA ablaufbedingtes Unterbrechen	$\sum t_{MA}$	Wartezeit t_w		Zeit je Einheit t_e
MZ zusätzliche Tätigkeit	$\sum t_{MZ}$	sachliche Verteilzeit t_s	Verteilzeit t_v	
MS störungsbedingtes Unterbrechen	$\sum t_{MS}$			
MP persönlich bedingtes Unterbrechen	$\sum t_{MP}$	persönliche Verteilzeit t_p		
ME erholungsbedingtes Unterbrechen	$\sum t_{ME}$	Erholungszeit t_{er}		

Abbildung III-9

Auf den Menschen bezogene Zeitartensynthese (nach REFA)

Abbildung III-9 stellt eine Fortsetzung des rechten Teils von Abbildung III-4 dar, d. h. bei der Zeitartensynthese werden die Ergebnisse der Ablaufartenanalyse übernommen. Zeitartensynthesen werden aus drei Gründen durchgeführt:

1. Prozessbausteine bilden: Für Vorkommnisse zu den Ablaufarten MH und MN werden die Zeiten summiert zu den $\sum t_{MH}$, $\sum t_{MN}$. Beide Zeitarten werden zur *Tätigkeitszeit* t_t zusammengefasst. Die Zeiten für Vorkommnisse zur Ablaufart MA werden in die Zeitart $\sum t_{MA}$ übergeleitet und als *Wartezeit* t_w bezeichnet. Tätigkeits- und Wartezeit werden zur *Grundzeit* t_g zusammengefasst. *Prozessbausteine* werden durch Grundzeiten repräsentiert, denn Grundzeiten stehen für eine Erfüllung aller Aufgaben beim planmäßigen Ablaufvollzug durch den Menschen und eine Mengeneinheit 1.

2. Zuschlagssätze bestimmen: Die Zeiten für die Vorkommnisse zu den Ablaufarten MS und MZ werden zu den $\sum t_{MS}$ und $\sum t_{MZ}$ summiert und zur *sachlichen Verteilzeit* t_s zusammengefasst. Die Zeitensummen $\sum t_{MP}$ und $\sum t_{ME}$ werden als *persönliche Verteilzeit* t_p und als *Erholungszeit* t_{er} verwendet. Für die persönliche Verteilzeit wird meist ein tariflich oder betrieblich festgelegter Prozentsatz auf die Grundzeit aufgeschlagen, der oft 5 % beträgt. Die persönliche und die sachliche Verteilzeit werden zur Verteilzeit t_v zusammengefasst, die für die Sollzeit zur Erfüllung aller Aufgaben sowie für jene Vorkommnisse steht, die über die Grundzeit hinaus vorzusehen sind und nicht zur Erholungszeit gehören.

3. *Vorgabezeiten* bzw. *Zeitstandards* bilden: Grund-, Verteil- und Erholungszeit werden zur *Zeit je Einheit* t_e zusammengefasst. Sie ist eine Vorgabezeit bzw. Zeitstandard, weil darin alle Vorkommnisse berücksichtigt sind. Sie kann, je nach Branche und Leistungserstellungsbedingungen, für die Bezugsmengeneinheiten 1, 10, 100 oder 1.000 stehen.

Nachfolgend wird ein Beispiel »Scheinwerfer vormontieren und verbauen« zur Verwendung von Prozessbausteinen bei der Bestimmung der Zeit je Einheit und der Ermittlung der Auftragszeit angeführt.

Abbildung III-10

Beispiel »Scheinwerfer vormontieren und verbauen) zur Ermittlung der Zeit je Einheit und der Auftragszeit

Ablaufabschnitte		Sollzeit in min	Zeitart M	Zeitart B
1	Labelung vornehmen	0,12	t_{MN}	t_{BN}
2	Carrier einsetzen und Messschlitten positionieren	0,13	t_{MN}	t_{BN}
3	Scheinwerfer einbauen	0,32	t_{MH}	t_{BN}
4	Scheinwerferfunktion im Prüfautomaten prüfen	0,10	t_{MA}	t_{BN}
5	Scheinwerfer verbauen	0,27	t_{MH}	t_{BN}
Tätigkeitszeit $t_t = t_{MH} + t_{MN}$		0,84		
Wartezeit $t_w = t_{MA}$		0,10		
Grundzeit t_g		0,94		
Verteilzeit t_v beim Verteilzeitzuschlagssatz zv = 9 %		0,08		
Zeit je Einheit t_e 1		**1,02**		
Rüstzeit t_r		25,00		
Auftragszeit bei m = 1.300 Stück		1.357,00	das sind 22,62 Stunden	

Bei der Betrachtung des Arbeits-/Sachmittels folgt man grundsätzlich den gleichen Algorithmen (vgl. Abbildung III-11), so dass auf dessen Erläuterung verzichtet wird.

Abbildung III-11

Auf das Arbeits-/Sachmittel bezogene Zeitartensynthese (nach REFA)

BH Hauptnutzung	$\sum t_{BH}$	Hauptnutzungszeit t_h	Betriebsmittel-Grundzeit t_{gB} (Prozessbausteine)	Betriebsmittelzeit je Einheit t_{eB}
BN Nebennutzung	$\sum t_{BN}$	Nebennutzungszeit t_n		
BA ablaufbedingtes Unterbrechen	$\sum t_{BA}$	Brachzeit t_b		
Be erholungsbedingtes Unterbrechen	$\sum t_{BE}$			
BZ zusätzliche Nutzung	$\sum t_{BZ}$			
BS störungsbedingtes Unterbrechen	$\sum t_{BS}$	Betriebsmittel-Verteilzeit t_{vB}		
BP persönlich bedingtes Unterbrechen	$\sum t_{BP}$			

2.3.3 Ressourcenbetrachtung mit Periodenbezug

Im vorhergehenden Abschnitt wurden Ressourcen einer Stückbetrachtung unterzogen und auf der Basis dieser Bezugsgröße die Auftragszeit ermittelt. Es gibt aber auch andere Erkenntnisziele, insbesondere bei der Personalbemessung, wo es nicht um die Bezugsgröße »Stück«, sondern um die Bezugsgröße »Planungsperiode« geht und der Bezugspunkt nicht der »Auftrag«, sondern eine »Organisationseinheit« ist. Es liegen dann z. B. als Ergebnisse nicht eine Stückzeit $t_e = 1.000 = 1,5$ Std., eine Rüstzeit $t_r = 3$ Std. und eine Auftragszeit $T = 33$ Stunden bei $m = 20.000$ Stück vor, sondern z. B. ein Personalbedarf im Jahresmittel von 28 Personen für die Arbeitsgruppe »Vormontage«.

MH Hauptaufgaben	$\sum t_{MH}$		
MN Nebenaufgaben	$\sum t_{MN}$	Grundlast GL (Prozessbausteine)	
MA ablaufbedingtes Unterbrechen	$\sum t_{MA}$		
MZ zusätzliche Aufgaben	$\sum t_{MZ}$		Einsatzlast EL
MS störungsbedingtes Unterbrechen	$\sum t_{MS}$		
MP persönlich bedingtes Unterbrechen	$\sum t_{MP}$	Verteillast VL (inkl. Erholen)	
ME Erholen	$\sum t_{ME}$		

Abbildung III-12

Auf die Planungsperiode bezogene Zeitartensynthese (Bokranz, Kasten, 2004)

Abbildung III-12 ist das Zeitartensynthese-Konzept beim Periodenbezug zu entnehmen. Im Gegensatz zu dem in Abbildung III-9 dargestellten Schema werden die zusätzlichen Aufgaben der *Grundlast* GL zugeordnet. Die Grundlast repräsentiert alle im Zusammenhang mit dem Erstellen von externen und internen Leistungen zu erfüllenden Aufgaben sowie die anfallenden planmäßigen Unterbrechungen. Der *Verteillast* VL werden die nicht planmäßigen Unterbrechungen zugeordnet. Bei direkten Bezugsgrößen mit Auftragsmengenbezug (vgl. Abschnitt 2.3.7) werden die zusätzlichen Aufgaben für einen Auftrag als nicht planbar, beim Periodenmengenbezug dagegen als innerhalb einer Planungsperiode planbar angesehen.

Arbeitsgruppe **Vormontage**			
Aufgaben	Zeit in min pro Stück	Menge in Stück pro Monat	Zeitbedarf in Stunden pro Monat
1.	5	25.000	2.083
2.	3	10.000	500
3.	7	7.500	875
Grundlast GL in Stunden pro Monat			3.458
Verteillast VL als Zuschlagssatz (8%) auf die Grundlast			277
Einsatzlast EL = GL + VL			3.735
Reservelast RL für Abwesenheiten aus der Arbeitsgruppe (20 % auf EL)			747
Personalbedarf in 1/1 Stellen (Regel-AZ: 160 Std./Monat)			28

Abbildung III-13

Verwendung der Grund- und Verteillast bei einem einfachen Fall der Personalbedarfsermittlung

In Abbildung III-12 ist die Zeitensortierung, nicht aber die Mengenzuordnung, das Mengengerüst, dargestellt. Bei dem vorstehend angeführten Personalbedarf von 28 Personen war jedoch zu berücksichtigen, dass (vgl. dazu auch Abbildung III-13)

1. zu den Montageaufgaben bestimmte Auftragsmengen vorliegen,
2. er auf die Periodenmenge hochgerechnet zur Grundlast führt,
3. durch Addition der Grundlast und Verteillast die Einsatzlast ermittelt wird,
4. in Form der Reservelast Vorsorge für Abwesenheiten (z. B. Krankheit, Urlaub) zu treffen und erst dann der Personalbedarf für einen Planungsmonat zu ermitteln ist.

2.3.4 Durchlaufbetrachtung

Abbildung III-14 ist das Zeitartensynthese-Konzept bei der Durchlaufbetrachtung zu entnehmen. Es bestehen insofern Analogien zu der auf den Menschen bezogenen Zeitartensynthese, als die Durchführungszeit und die Zwischenzeit funktionell der Grundzeit und die Zusatzzeit funktionell der Verteilzeit entsprechen. Im Gegensatz zu den beiden Ressourcenbetrachtungen bildet man bei Durchlaufbetrachtungen im Allgemeinen keine Prozessbausteine, weil der Durchlauf in erster Linie analysiert wird, um Prozessschwachstellen zu erkennen.

Abbildung III-14

Auf den Arbeitsgegenstand bezogene Zeitartensynthese (nach REFA)

Ablaufarten zum Menschen	Ablauf- und Zeitarten zum Arbeitsgegenstand			
Haupttätigkeit MH	AE Einwirken	$\sum t_{AE}$	Durchführungszeit t_{dS}	Durchlaufzeit T_D
	AP Prüfen	$\sum t_{AP}$		
Nebentätigkeit MN	AF Fördern	$\sum t_{AF}$		
ablaufbedingtes Unterbrechen MA	AA ablaufbedingtes Liegen	$\sum t_{AA}$	Zwischenzeit t_{zwS}	
	AL Lagern	$\sum t_{AL}$		
zusätzliche Tätigkeit MZ	AZ zusätzliches Verändern	$\sum t_{AZ}$	Zusatzzeit t_{zuS}	
störungsbedingtes und persönliches Unterbrechen MS und MP	AS sonstiges (zusätzliches) Liegen	$\sum t_{AS}$		

Die der Zusatzzeit zuzuordnenden Vorkommnisse weisen auf gravierende Schwachstellen hin, weil ungeplante Vorkommnisse nie erstrebenswert, also zu eliminieren sind. Auch der Zwischenzeit zuzuordnende Vorkommnisse sind grundsätzlich[5] nicht erstrebenswert, weil zum einen keine Wertschöpfung entsteht und zum anderen Betriebsflächen und Sachmittel »verschwendet« werden.

Das der *Durchführungszeit* zugewiesene Vorkommnis »Fördern« ist stets kritisch zu betrachten, weil es zwar oft unumgänglich, aber nie wertschöpfend ist. Prüfhandlungen sind nicht erstrebenswert, sondern bestenfalls unumgänglich, und es bleibt immer der Wunsch, sie eines Tages aufgeben zu können, indem man das Entstehen befürchteter Fehler ausschließen kann. So verbleibt das »Einwirken« als zunächst »unverdächtige« Ablaufart. Bestehen Zweifel, ob es wirklich zu vertreten ist, muss man den Betrachtungsansatz wechseln und eine Ressourcenbetrachtung mit Stück- und Auftragsbezug vornehmen (vgl. Abschnitt 2.3.2). Abbildung III-15.1 und 15.2 ist ein Beispiel zur Durchlaufbetrachtung zu entnehmen.

---

5 Diese Abschwächung erfolgt, weil ablaufbedingtes Liegen in manchen Fällen technologisch unumgänglich ist, z. B. wenn es um Trocknungen oder Aushärtungen geht.

Ablaufabschnitt/Aufgabe	Menge	Mengeneinheit	Zeit in min	Zeit in min pro ME	Zeitart
1. Anlieferung Front- und Heckstoßfänger					
1.1 Im WE angelieferte STF vereinnahmen (6 Frontgestelle á 20 STF und 6 Heckgestelle á 18 STF)	1	Lkw mit 228 STF	17,55	0,077	AF
1.2 12 Leergutbehälter in in der Lagerhalle aufnehmen, in Lkw stellen	1		14,35	0,063	AF
1.3 Leergutbehälter vom Kommissionierplatz zum Leergutplatz im Lager bringen	1	Behälter mit 18/20 STF	1,75	0,092	AF
1.4 Liefermenge prüfen und einbuchen	1	Lkw mit 228 STF	9,68	0,042	AA
1.5 gelieferte STF einlagern	1		18,15	0,080	AF
2. Lagerung Front- und Heckstoßfänger					
2.1 mittlere Lagerdauer pro STF-Satz	1			75.000	AL
3. Kommissionierung Front- und Heckstoßfänger					
3.1 STF-Behälter mit Gabelstapler in Position zur Entnahme für den Kommissionierer bringen (23 Umlagerungen 280 STF pro Schicht)	1	Behälter (20 STF)	5,10	0,021	AF
3.2 Auftragsausdrucke – JIT-Aufträge aus Korb nehmen zum Arbeitspult bringen		FAX-Ausdrucke	1,00	0,167	AA
3.3 STF, Spoiler und Stoßleisten im Lager auf Rutsche legen (kommissionieren)		STF/Spoiler/Stoßleisten	4,32	0,720	AF
3.4 Verbauteile in Vorratsbehälter/Stoßleiste Chromleiste einsetzen	6	STF	10,70	1,783	AE
3.5 STF Klebeband entfernen			0,92	0,153	AE
3.6 eigene Namenskennung aufbringen			0,86	0,143	AE
4. Montage Front- und Heck-STF-Grundversion (wegen Parallelmontage: nur Front-STF-Ansatz)					
4.1 STF aufnehmen, spannen, sichtkontrollieren, anteilig ablappen/polieren		STF	1,264	1,264	AF
4.2 Lüftungsgitter, 2 Abdeckteile, Spoiler, Stoßleiste holen			0,201	0,201	AF
4.3 Lüftungsgitter montieren			0,267	0,267	AE
4.4 2 Abdeckteile montieren			0,356	0,356	AE
4.5 Spoiler montieren	1		0,421	0,421	AE
4.6 Stoßleiste montieren			0,460	0,460	AE
4.7 4 Nieten für Spoiler und Stoßleisten befestigen			0,497	0,497	AE
4.8 6 Schnappmuttern setzen			0,486	0,486	AE
4.9 eigenen Namen zur Kennung einschreiben			0,128	0,128	AP
4.10 STF aus Spannvorrichtung lösen, zum JIT-Gestell bringen, dort einlegen			0,375	0,375	AF
4.11 STF-Ausführung mit JIT-Abruf-Papier auf Richtigkeit prüfen	6	STF im Gestell	1,584	0,264	AP
4.12 JIT-Gestell zum Lagerplatz schieben	1	Gestell mit 6 STF	1,110	0,185	AF

Abbildung III-15.1

Beispiel »Stoßfänger im Modulcenter montieren« zur Ermittlung der Durchlaufzeit

Abbildung III-15.2

Fortsetzung Beispiel
»Stoßfänger im
Modulcenter montie-
ren« zur Ermittlung
der Durchlaufzeit

Ablaufabschnitt/Aufgabe	Menge	Mengeneinheit	Zeit in min	Zeit in min pro ME	Zeitart
5. Auslieferung Front- und Heck-Stoßfänger					
5.1 von Abholer-Lkw leere JIT-Gestelle entladen und zur JIT-Montage schieben	2		0,90	0,075	AF
5.2 JIT-Lieferschein ausfüllen		JIT-Gestelle á je 6 STF	1,35	0,113	AA
5.3 gelieferte Stoßfänger buchen	1		1,20	0,017	AA
5.4 von der JIT-Montage mit STF gefüllte JIT-Gestelle in Lkw schieben	2		1,90	0,158	AF

Einwirken AE	4,567	min	5,0 %	%	
Fördern AF	3,311	min	3,7 %	%	
Prüfen AP	0,528	min	0,6 %	%	
Durchführungszeit	8,406	min	9,3 %	%	
ablaufbedingtes Liegen AA	0,338	min	0,4 %	%	
Lagern AL	75,000	min	82,9 %	%	
Zwischenzeit	75,338	min	83,3 %	%	
Zusatzzeit-Zuschlag (8 %)	6,700	min	7,4 %	%	
Durchlaufzeit	90,444	min	100 %	%	

2.3.5 Verteilzeitzuschläge

Das Hauptaugenmerk beim Produktivitätsmanagement richtet sich auf jene Vorkommnisse, die in den Prozessbausteinen abgebildet werden. Deshalb setzen wir uns in den folgenden Abschnitten mit deren Entwicklung auseinander. Den vorhergehenden Abschnitten ist zu entnehmen, dass damit jedoch jene Vorkommnisse noch nicht berücksichtigt sind, die der

1. Verteilzeit (vgl. Abbildung III-9),
2. Betriebsmittel-Verteilzeit (vgl. Abbildung III-11),
3. Verteillast (vgl. Abbildung III-12),
4. Zusatzzeit (vgl. Abbildung III-14)

zugeordnet werden. Zwischen diesen vier Kenngrößen bestehen inhaltlich so geringe Unterschiede, dass sie nach dem gleichen Ermittlungsprinzip[6] zu bestimmen sind.

1. Unter diesen vier (Verteil-) Zeitarten werden alle Vorkommnisse zusammengefasst, die nicht planmäßig auftreten.
2. Die Gemeinsamkeit dieser Vorkommnisse liegt darin, dass ihr Auftretenszeitpunkt im Ablauf nicht vorher zu bestimmen ist.
3. Wenn die Bestimmung ihres Auftretenszeitpunktes nicht möglich ist, muss man auf die Betrachtung eines Auftretenszeitraums (eine Woche oder ein Monat) ausweichen.[7]
4. Deshalb analysiert man wie häufig diese Vorkommnisse im Betrachtungszeitraum auftreten, z. B. mit Hilfe einer Multimomentaufnahme, durch Selbstaufschreibung oder durch Schätzen.
5. Danach bestimmt man die Zeitdauer für jedes Vorkommnis, z. B. mit Hilfe eines MTM-Bausteinsystems.
6. Dann wird das Produkt aus Auftretenshäufigkeit und Zeitdauer gebildet.
7. Danach ermittelt man die Summe aller »Häufigkeits-Zeitdauer-Produkte« und damit die Summe aller im Betrachtungszeitraum anfallenden Zeiten für nicht planmäßige Vorkommnisse (»Verteilzeitensumme«).
8. Nun wird die Summe im gleichen Betrachtungszeitraum anfallender Zeiten für planmäßige Vorkommnisse (»Grundzeitensumme«) ermittelt.
9. Es wird unterstellt, dass eine über einen längeren Zeitraum zutreffende feste Relation zwischen der »Verteilzeitensumme« und der »Grundzeitensumme« besteht. Deshalb belässt man es für den praktischen Gebrauch nicht bei Absolutwerten (= Verteilzeiten), sondern bildet Relativwerte (= *Verteilzeitzuschlagssätze*).
10. Der Quotient aus beiden Summen weist einen Verteilzeit- oder Verteillastzuschlagssatz für alle nicht planmäßigen Vorkommnisse aus, bezogen auf die in den Prozessbausteinen berücksichtigten planmäßigen Vorkommnisse.

---

6 Das nachfolgend beschriebene Prinzip stellt insofern eine Vereinfachung dar, als hier zunächst noch nicht zwischen schichtkonstanten und schichtvariablen Verteilzeitbestandteilen unterschieden wird.

7 Aus dieser Betrachtung der Auftretensverteilung in einem Betrachtungszeitraum entstand der Name »Verteilzeit«.

Abbildung III-16

Begriffe und Berechnungsvorschriften zur Bestimmung des Verteilzeitzuschlages

Begriff		Erläuterung, Berechnung
1	Periodenzeit P	Der Betrachtung zu Grunde liegender Zeitraum, der eine gesetzlich, tariflich oder betrieblich festgelegte Arbeitszeit repräsentiert.
2	Grundzeit G	Summe in der Periodenzeit anfallender Grundzeiten.
3	Erholungszeit ER	Summe in der Periodenzeit vorzusehender Erholungszeiten.
4	periodenkonstante, auftragsunabhängige sachliche Verteilzeit V_{sk}	Summe in der Periodenzeit angefallener oder vorzusehender Zeiten für zusätzliche Tätigkeit und störungsbedingtes Unterbrechen, sofern diese schicht- oder wochenkonstant auftreten und keinem bestimmten Auftrag zuzurechnen wären. *Beispiele: Arbeitsplatz bei Schichtbeginn / -ende herrichten / aufräumen, planmäßige Wartungen an Arbeitsmitteln.*
5	periodenvariable, auftragsabhängige sachliche Verteilzeit V_{sv}	Summe in der Periodenzeit angefallener oder vorzusehender Zeiten für zusätzliche Tätigkeit und störungsbedingtes Unterbrechen, sofern diese auftragsbezogen auftreten, also einem bestimmten Auftrag zuzurechnen wären. *Beispiele: Beseitigen kurzer Störungen, kurze Dienstgespräche, kurzzeitige Unterbrechungen wegen fehlendem Material.*
6	persönliche Verteilzeit V_p	Summe in der Periodenzeit angefallener oder vorzusehender Zeiten für persönlich bedingte Unterbrechungen.
7	Verteilzeit V	Summe in der Periodenzeit vorzusehender sachlicher und persönlicher Verteilzeiten.
8	nicht zu verwendende Zeit N	Summe in der Periodenzeit angefallener Zeiten für zusätzliche Tätigkeit und persönlich bedingtes Unterbrechen auf Grund nicht eingehaltener rechtsverbindlicher Vorschriften. *Beispiele: Nicht einhalten der Regelarbeitszeit, durch Fahrlässigkeit verursachte Mehrarbeit.*
9	fallweise zu verwendende Zeit F	Summe in der Periodenzeit angefallener Zeiten für zusätzliche Tätigkeit oder außer Einsatz auf Grund atypisch lang dauernder Störungen. Beispiele: länger dauernder Energieausfall, länger dauernder Abriss in der Logistikkette, länger dauernde Wartungen. Oft grenzt man in der Praxis F-Zeiten gegen sachliche Verteilzeiten in Höhe von 15 Minuten pro Schicht ab.
10	Verteilzeitzuschlagssätze	$$Z_{sk} = \frac{V_{sk}}{P - (V + ER)} \cdot 100\ \%$$
		$$Z_{sv} = \frac{V_{sv}}{G} \cdot 100\ \%$$
		$$Z_p = \frac{V_p}{P - (V + ER)} \cdot 100\ \%$$ In der Praxis wird zp auf Grund tariflicher oder betrieblicher Regelungen gesetzt.
		$z_v = z_s + z_p$ mit: $z_s = z_{sk} + z_{sv}$

In dem folgenden Beispiel wird die Ermittlung des Verteilzeitzuschlagssatzes z_v vorgenommen[8], wobei die in Abbildung III-16 angeführten Begriffe und Formeln[9] verwendet werden.

---

8 Bei der Ermittlung der Betriebsmittel-Verteilzeit, der Verteillast und der Zusatzzeit folgt man dem in den vorstehenden Ausführungen dargelegten Prinzip.

9 In Anlehnung an REFA: 1997, S. 206 f.

Basis der Verteilzeit-Multimomentaufnahme			
1	erfasste Regel-Wochenarbeitszeit	2.280,00	min
2	erfasste Personenzahl	10	Personen
3	erfasste Arbeitsminuten	22.800,00	min

Ergebnis der Verteilzeit-Multimomentaufnahme			
4	erfasster Anteil Grundzeiten ($t_{MH} + t_{MN} + t_{MA}$)	86,2	%
	daraus errechnete Summe Grundzeiten	19.653,60	min
5	erfasster Anteil Erholungszeiten (t_{ME})	2,2	%
	daraus errechnete Summe Erholungszeiten	501,60	min
6	erfasster Anteil auftragsunabhängiger sachlicher Verteilzeiten ($t_{Mz} + t_{MS}$)	2,2	%
	daraus errechnete Summe auftragsunabhängiger sachlicher Verteilzeiten	501,60	min
7	erfasster Anteil auftragsabhängiger sachlicher Verteilzeiten ($t_{Mz} + t_{MS}$)	3,1	%
	daraus errechnete Summe auftragsabhängiger sachlicher Verteilzeiten	706,80	min
8	erfasster Anteil persönlicher Verteilzeiten (t_{MP})	4,5	%
	daraus errechnete Summe persönlicher Verteilzeiten	1.026,00	min
9	erfasster Anteil Verteilzeiten V	9,8	%
	daraus errechnete Summe Verteilzeiten	2.234,40	min
10	erfasster Anteil nicht zu verwendender Zeiten N	1,8	%
	daraus errechnete Summe nicht zu verwendender Zeiten	410,40	min
11	erfasster Anteil fallweise zu verwendender Zeiten F	–	%
	daraus errechnete Summe nicht zu verwendender Zeiten	–	min

Auswertung der Verteilzeit-Multimomentaufnahme			
12	periodenkonstanter sachlicher Verteilzeitzuschlagssatz z_{sk}	2,5	%
13	periodenvariabler sachlicher Verteilzeitzuschlagssatz z_{sv}	3,6	%
14	sachlicher Verteilzeitzuschlagssatz z_s	6,1	%
15	rechnerisch ermittelter persönlicher Verteilzeitzuschlagssatz z_p	5,1	%
16	vereinbarter persönlicher Verteilzeitzuschlagssatz z_p	5,0	%
17	Verteilzeitzuschlagssatz z_v	11,1	%

Abbildung III-17

Beispiel zur Bestimmung des Verteilzeitzuschlages mit Hilfe einer Multimomentaufnahme

2.3.6 Bezugsleistungen

Eine zentrale Frage bei der Verwendung von Prozessbausteinen, Vorgabezeiten oder Zeitstandards lautet: »Welche Anforderungen stellen diese an die Leistungshergabe des Menschen, was ist das geforderte Leistungsniveau und ist damit zu rechnen, dass die darin eingestellte Leistungsanforderung erreicht oder übertroffen wird?« Seit Menschen in der Arbeitswelt mit Zeitstandards konfrontiert wurden, stellte sich die Frage nach der Angemessenheit der damit verbundenen Leistungsanforderungen. Diese Frage lässt sich mit Hilfe wissenschaftlich begründeter Methoden nicht beantworten.[10] Um das Problem der »Leistungsniveausetzung« zu lösen,

---

10 Menschliche Leistung ist weder exakt zu beschreiben, noch zu messen. Alle Diskussionen um die menschliche Leistung erfassen deshalb nur als relevant erachtete Teilaspekte dieses Phänomens. Auch Teilaspekte, wie in Mengeneinheiten pro Zeiteinheit (z. B. Anzahl montierter Gutstücke pro Stunde) ausgedrückte Arbeitsergebnisse, sind arbeitswissenschaftlich nicht zu begründen.

bedarf es sozialer Konsense, d. h. Übereinkünfte, wie man das »Leistungsanforderungsniveau« von Prozessbausteinen, Vorgabezeiten oder Zeitstandards, die so genannte Bezugsleistung, festlegen will.

Als *Bezugsleistung* wird das quantitative Arbeitsergebnis bezeichnet, das einer Sollzeit[11] zugrunde liegt. Dabei wird eine möglichst hohe Einheitlichkeit insofern angestrebt, dass man jedem Prozessbaustein, Zeitstandard oder jeder Vorgabezeit in etwa das gleiche »Leistungsanforderungsniveau« zu Grunde legen möchte. Je höher diese Einheitlichkeit ist, die so genannte Bezugsleistungstreue, desto brauchbarer ist eine Bezugsleistung.

In der Praxis werden verschiedene Bezugsleistungen verwendet. Die am häufigsten verwendeten Bezugsleistungen sind:

1. *Betriebliche Durchschnittsleistung*: Diese wird ermittelt, indem aus mehreren ermittelten oder erfassten Istzeiten der arithmetische Mittelwert gebildet und als Sollzeit verwendet wird .
2. *Tarifliche Normalleistung*: Diese wird in vielen Manteltarifverträgen im Zusammenhang mit der Anwendung leistungsbezogener Entlohnungsgrundsätze angeführt, ohne sie zu definieren.
3. *MTM-Normalleistung*: Diese ist die Bezugsleistung des MTM-Prozessbausteinsystems und wird von dessen Entwicklern beschrieben als jene Leistung, die ein durchschnittlich geübter Mensch ohne zunehmende Arbeitsermüdung auf Dauer erbringen kann.[12]
4. *REFA-Normalleistung*: Bewegungsausführung, die dem Beobachter hinsichtlich der Einzelbewegungen, der Bewegungsfolge und ihrer Koordinierung besonders harmonisch, natürlich und ausgeglichen erscheint. Sie kann erfahrungsgemäß von jedem in erforderlichem Maße geeigneten, geübten und voll eingearbeiteten Arbeiter auf die Dauer und im Mittel der Schichtzeit erbracht werden, sofern er die für persönliche Bedürfnisse und gegebenenfalls auch für Erholung vorgegebenen Zeiten einhält und in der freien Entfaltung seiner Fähigkeiten nicht behindert wird.[13]

---

11 Sollzeiten haben stets Mengenbezüge, z. B. in Form von Stückzeiten (Zeit pro Mengeneinheit oder Menge pro Zeiteinheit). Nur mit Hilfe so definierter Sollzeiten sind Bezugsleistungen zu definieren.
12 Im Abschnitt 3.8 wird beschrieben, mit welchen Einarbeitungsdauern zum Erreichen der MTM-Normleistung zu rechnen ist.
13 Vgl. REFA: a. a. O. 1997, S. 136.

2.3.7 Faktorenbestimmung

In den vorhergehenden Ausführungen wurden Mengenarten, wie z. B. Mengenbezug, Anzahl und Häufigkeit verwendet, ohne diese Begriffe zu erläutern. In Abbildung III-18 wird eine begriffliche Differenzierung vorgenommen und dabei zunächst zwischen Bezugsgrößen und Strukturgrößen unterschieden.

Die *Strukturgrößen* bilden Auftrag, Produkt und Ablauf ab. Die Daten werden aus Arbeitsplänen, Stücklisten und Aufträgen bezogen. Als *Bezugsgröße* unterscheidet man dabei einen Mengenbezug, einen Anteilsbezug bei ODER-Verzweigungen oder einem Periodenbezug. Das Produkt aus Bezugsgrößen und Strukturdaten erscheint als Faktor in der Spalte »A * H« (Anzahl x Häufigkeit) in den Prozessbausteinanalysen (vgl. z. B. Abschnitt 3.7).

Abbildung III-18
Faktorenbestimmung aus Strukturgrößen und Bezugsgrößen

Bezugsgrößen	Strukturgrößen		
Faktorbestimmungen aus:	Auftrag (Arbeitsmengen)	Produkt (Stückliste)	Ablauf (Arbeitspläne)
Mengenbezug	Anzahl pro Auftrag z. B.: 1.000 Stück pro Auftrag	Anzahl pro Bezugsmenge z. B.: 4 Schrauben pro Deckel	Anzahl pro Bezugsmenge z. B.: 20 Schrauben auf Tisch pro Verrichtung
Anteilsbezug bei ODER-Verzweigung		Häufigkeit pro Verrichtung z. B.: Schrauben: 80 % mit Schrauber, 20 % von Hand	
Periodenbezug	Häufigkeit pro Periode z. B.: 3 mal pro Schicht Behälter mit Schrauben holen		

Auf die Faktorenbestimmung wird insbesondere im Kapitel 8, bei der Entwicklung von Prozessbausteinen, zurückgegriffen. Im Produktionssektor[14] werden bei den Bezugsgrößen überwiegend Mengen- und Verrichtungsbezüge verwendet. Sie stellen kein Erhebungsproblem dar, weil sie als Planungsgrößen vorliegen.

---

14 In Dienstleistungs- und Verwaltungsunternehmen, bei denen es kein Auftragsprinzip gibt, haben direkte Arbeitsmengen einen Periodenbezug, z. B. »Anzahl Versicherungsverträge pro Quartal«.

2.4 Sonderfälle bei der Zeitartensynthese

2.4.1 Überblick

Im Abschnitt 2.3 wurde bei der Zeitartensynthese unterstellt, dass Einzelarbeit in einstelligen Arbeitssystemen an ortsfesten Arbeitsplätzen stattfindet. Diese Situation liegt in der überwiegenden Zahl praktischer Fälle auch vor.

Es gibt jedoch davon abweichende Situationen, die spezifische Verfahrensweisen bei der Zeitartensynthese bedingen.

1. Gruppenarbeit: In einem Arbeitssystem sind mehrere Menschen an der Erfüllung einer gemeinsamen Aufgabe beteiligt und verantworten gemeinsam die Ergebnisse. Im Allgemeinen wird eine auf den Menschen bezogene Zeitartensynthese durchgeführt.
2. Mehrstellenarbeit: In einem Arbeitssystem wird durch einen oder mehrere Menschen an mehreren Arbeitsmitteln oder an mehreren Orten eines Arbeitsmittels eine Aufgabe erfüllt. Es wird eine auf den Menschen und das Arbeits-/Sachmittel bezogene Zeitartensynthese durchgeführt.
3. Fließarbeit: Arbeitssysteme sind nach dem Fließprinzip miteinander verbunden, und die dadurch verknüpften Subsysteme sind in Bezug auf die Stückzeiten ausbalanciert. Es wird eine auf den Menschen und auf den Arbeitsgegenstand bezogene Zeitartensynthese durchgeführt.

2.4.2 Gruppenarbeit

Gruppenarbeit stellt gegenüber Einzelarbeit bei der Zeitartensynthese einen Sonderfall dar, wenn bei mindestens einem Ablaufabschnitt mindestens zwei Personen zusammenwirken. Dabei sind die drei in der folgenden Abbildung angeführten Fälle zu unterscheiden:

Abbildung III-19

Die drei Fälle der Zeitartensynthese bei Gruppenarbeit

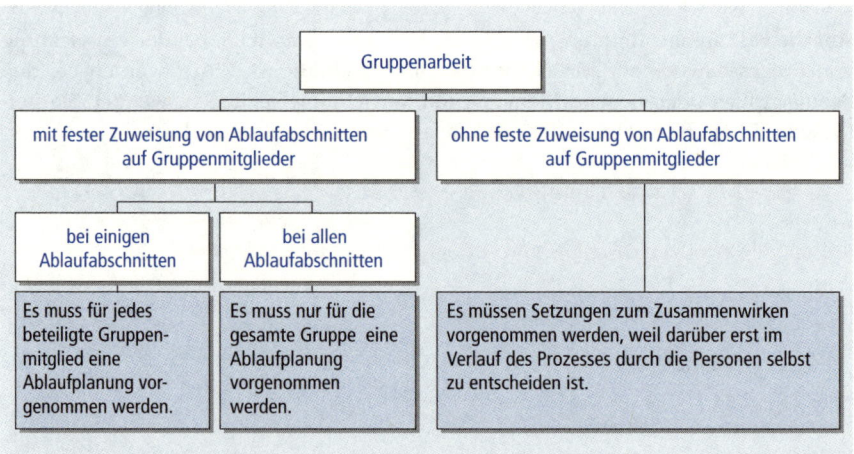

Das Vorgehen bei der Planung und zeitlichen Bewertung der Gruppenarbeit wird anhand des folgenden Beispiels erörtert:

Feste Zuweisung der Ablaufabschnitte auf die Gruppenmitglieder gemäß Abbildung III-23. (Verteilzeitzuschlagssatz z_v = 9 % , Auftragsmenge m = 750 Stück, Rüstzeit entfällt).

Nr.	Bezeichnung Ablaufabschnitt	Werker	Zeit in min	Ablaufart
1	Werkstück in Hängeförderer einhängen	Werker 1 + 2	0,6	t_{MH}
2	Auf Vorlauf beim zweiten Mitarbeiter warten	Werker 1	0,4	t_{MA}
3	Halter mit Schrauben befestigen	Werker 2	1,8	t_{MH}
4	Rahmenprofile an Haltern anclipsen	Werker 1	1,4	t_{MH}
5	Abdeckrahmen aufsetzen und verschrauben	Werker 1 + 2	1,0	t_{MH}
6	Zum Ausgangsort zurückgehen	Werker 1 + 2	0,6	t_{MN}

Abbildung III-20
Zuweisung von Ablaufabschnitten

Das Vorgehen bei der *Zeitartensynthese* erfolgt in drei Schritten:

Schritt 1:
Der Ablauf wird mit MTM-Prozessbausteinen beschrieben. Die Prozessbausteine werden den Gruppenmitgliedern zugeordnet.

Schritt 2:
Die Auswertung zeigt die zeitliche Abfolge der Tätigkeiten der einzelnen Gruppenmitglieder und die zugeordneten Zeitanteile für zuvor definierte Zeitarten. Die graphische Auswertung des Ablaufes erfolgt automatisch und gibt dem Nutzer erste Hinweise auf die Möglichkeiten der Optimierung durch Ablauforganisation und Gestaltung.

Schritt 3:
Neben der graphischen Auswertung erfolgt automatisch die Auswertung der prozentualen Auslastung der einzelnen Gruppenmitglieder.

Für das oben aufgeführte Beispiel werden die Grundzeiten je Zyklus wie folgt berechnet:

Mitarbeiter 1:
t_{g1} = t_{MH} + t_{MH} + t_{MA} = 2,4 min + 1,2 min + 0,4 min = 4,0 min
Mitarbeiter 2:
t_{g2} = t_{MH} + t_{MH} = 2,8 min + 1,2 min = 4,0 min
Gruppe$_{gesamt}$:
t_g = t_{g1} + t_{g2} = 4,0 min + 4,0 min = 8,0 min

Bei einem Verteilzeitzuschlag von 9 % ergibt sich folgende *Vorgabezeit* t_e für die Gruppe:

Vorgabezeit:
t_e = t_g · (1 + z_v/100 %) = 8,0 min · 1,09 = 8,72 min

Die *Auftragszeit* ergibt sich durch die Multiplikation der Auftragsmenge m mit der Vorgabezeit je Stück t_e:

T = t_e · m = 8,72 min · 750 · 1/60 = 109 Std.

Den folgenden Abbildungen III-21.1 bis III-21.3 ist zu entnehmen, wie mit TiCon®
und dem Modul Mehrstellenarbeit (MSA) der Ablauf einer Gruppenarbeit grafisch
und tabellarisch dargestellt werden kann.

Abbildung III-21.1

Tabellarische
Darstellung der
Ablaufabschnitte

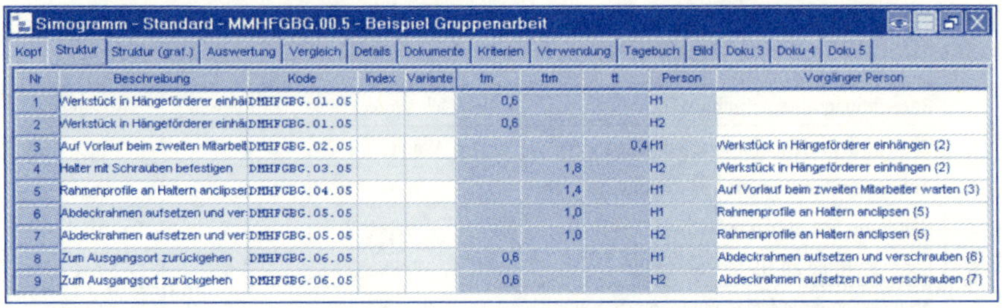

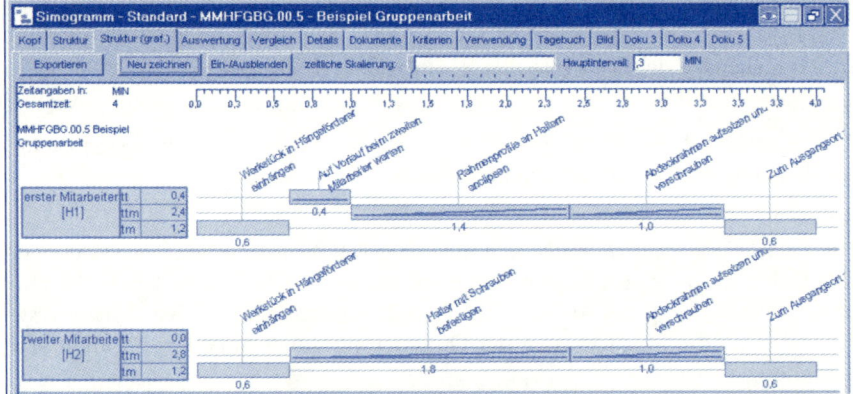

Abbildung III-21.2

Übersichtsdarstellung
als Grafik

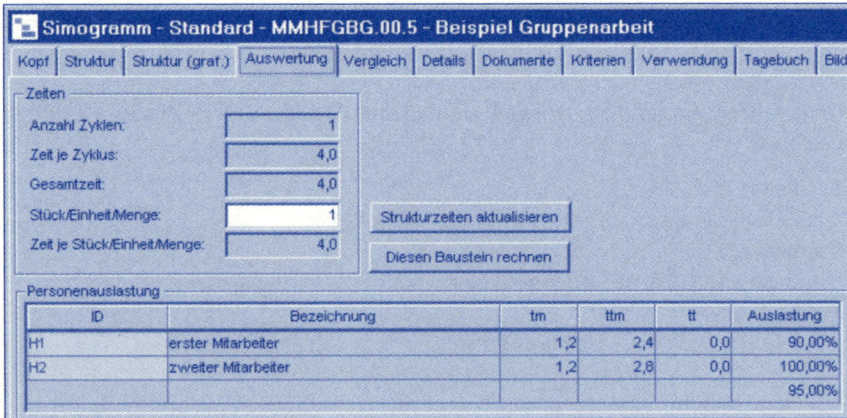

Abbildung III-21.3

Auswertung als
Datenblatt

2.4.3 Mehrstellenarbeit

Die beiden Besonderheiten bei der Zeitartensynthese zur *Mehrstellenarbeit* liegen darin, dass

1. die Ablauffolgen beider Ressourcen gegenübergestellt, abgeglichen werden und
2. die kostenoptimale organisatorische Auslegung des mehrstelligen Arbeitssystems bestimmt wird.

Kostenoptimal bedeutet, dass man zwischen

1. dem Wunsch nach möglichst geringen Wartezeiten des Menschen und
2. dem Wunsch nach möglichst geringen Brachzeiten der Arbeits-/Sachmittel

zu vermitteln hat. Je geringer die Wartezeiten bzw. je höher die zeitliche Auslastung des Menschen sind, desto größer ist die Gefahr, dass die Brachzeiten der Arbeitsmittel steigen und damit deren zeitliche Auslastung sinkt.[15] Bei der Bestimmung der *kostenoptimalen Stellenzahl* gilt folgendes Prinzip:[16]

1. Je höher die Kapitalkosten eines Arbeitssystems sind, desto eher werden Zugeständnisse an die Höhe der Wartezeiten gemacht, weil die Brachzeit- bzw. Stillstandsminimierung der Arbeitsmittel Priorität hat.
2. Je geringer die Kapitalkosten eines Arbeitssystems sind, desto eher werden Zugeständnisse an die Höhe der Brachzeiten bzw. Stillstände gemacht, weil die Wartezeitminimierung der Mitarbeiter Priorität hat.

Der folgenden Abbildung sind die vier Fälle der *Zeitartensynthese* bei Mehrstellenarbeit zu entnehmen. Hier wird zur Veranschaulichung der Zeitartensynthese bei Mehrstellenarbeit nur der einfachste Fall behandelt[17]: regelmäßige Wiederholung der Ablaufabschnittsfolge und gleicher Sollzeit der betreffenden Ablaufabschnitte an allen Stellen (Arbeits-/Sachmitteln).

Abbildung III-22

Die vier Fälle der Zeitartensynthese bei Mehrstellenarbeit

Mehrstellenarbeit		Regelmäßigkeit der Ablaufabschnittsfolge	
		regelmäßige Wiederholung	unregelmäßige Wiederholung
Sollzeit je Ablaufabschnitt	Zeitgleichheit	regelmäßige, zeitgleiche Ablaufabschnittsfolge	unregelmäßige, zeitgleiche Ablaufabschnittsfolge
	Zeitungleichheit	regelmäßige, zeitungleiche Ablaufabschnittsfolge	unregelmäßige, zeitungleiche Ablaufabschnittsfolge

---

15 Diskussion zur Mehrstellenarbeit vgl. Simon, A.: Mehrstellenarbeit in der Metall- und Elektroindustrie. Köln: Bachem, 1998.

16 Bei der Literatur zur Mehrstellenarbeit handelt es sich durchweg um Schrifttum der sechziger bis achtziger Jahre. Vgl. zur Kostenoptimalität Fuchs, D.: Bestimmung der fertigungskostenoptimalen Arbeiterzahl bei Mehrstellenarbeit. Berlin: Beuth-Vertrieb, 1975.

17 Die methodischen Grundlagen der Mehrstellenarbeit werden am ausführlichsten behandelt bei Winkel, A.: Mehrstellenarbeit. München: Carl Hanser Verlag, 1963. Ein Beispiel zur unregelmäßigen, zeitungleichen Ablaufabschnittsfolge findet man bei REFA: a. a. O. 1997, S. 423 f.

Die Grundidee bei der Analyse von Mehrstellenarbeit ist die getrennte Betrachtung der Ressourcen, indem die Zeit je Einheit des Menschen der Betriebsmittelzeit je Einheit gegenüber gestellt wird. Die Ermittlung der Stückzeiten steht jedoch nicht im Mittelpunkt von Analysen mehrstelliger Arbeitssysteme, sondern die Ermittlung des *Auslastungsgrades des Menschen* und die ihm zuzuordnende Zahl der Arbeitsstellen.

Der Abbildung III-23 ist ein Beispiel für eine regelmäßige, zeitgleiche Ablaufabschnittsfolge zu entnehmen. Dabei wird unterstellt, dass ein Überwachen des Maschinenlaufs nicht erforderlich ist.

Abbildung III-23

Tabellarische Darstellung für zeitgleiche Ablaufabschnittsfolgen

Ablaufabschnitt	Stelle 1	Stelle 2	Mensch MA	Mensch MN
	Zeit in min		Zeit im min	
1 (1) Beschicken Maschine 1	0,40			0,40
2 (2) Maschinenlauf Maschine 1	2,80		1,00	
3 (3) Entladen Maschine 2		0,60		0,60
4 (1) Beschicken Maschine 2		0,40		0,40
5 (2) Maschinenlauf Maschine 2		2,80	0,80	
6 (3) Entladen Maschine 1	0,60			0,60
7 (1) Beschicken Maschine 1	0,40			0,40
8 (2) Maschinenlauf Maschine 1	2,80		1,00	
9 (3) Entladen Maschine 2		0,60		0,60
10 (1) Beschicken Maschine 2		0,40		0,40
11 (2) Maschinenlauf Maschine 2		2,80	0,80	
12 (3) Entladen Maschine 1	0,60			0,60
13 (1) Beschicken Maschine 1	0,40			0,40
14 (2) Maschinenlauf Maschine 1	2,80		1,00	
15 (3) Entladen Maschine 2		0,60		0,60
16 (1) Beschicken Maschine 2		0,40		0,40
Betriebsmittelgrundzeit	3,80			
Grundzeit				1,00

Es sind dabei:

Betriebsmittelgrundzeit	$t_{gB} = 3,80$ min
Grundzeit	$t_g = 1,00$ min
Verteilzeitzuschlagssatz	$z_v = 9$ % ($z_s = 4$ %; $z_p = 5$ %)
(es wird nur $z_s = 4$ % angesetzt, weil durch Springer abgelöst wird)	
Zeit je Einheit	$t_e = 1,09$ min
Betriebsmittelzeit je Einheit	$t_{eB} = 3,95$ min

Den Abbildungen III-24.1 – 24.3 ist zu entnehmen, wie dieser Fall mit Hilfe von TiCon® bearbeitet wird. Es wird eine tabellarische Analyse durchgeführt und dabei die vorstehend angeführten Daten sowie die Einzelauslastungen und die Gesamtauslastung ausgewiesen. Ferner wird der Fall grafisch dargestellt, um den Bearbeitern den Sachverhalt besser zu verdeutlichen.

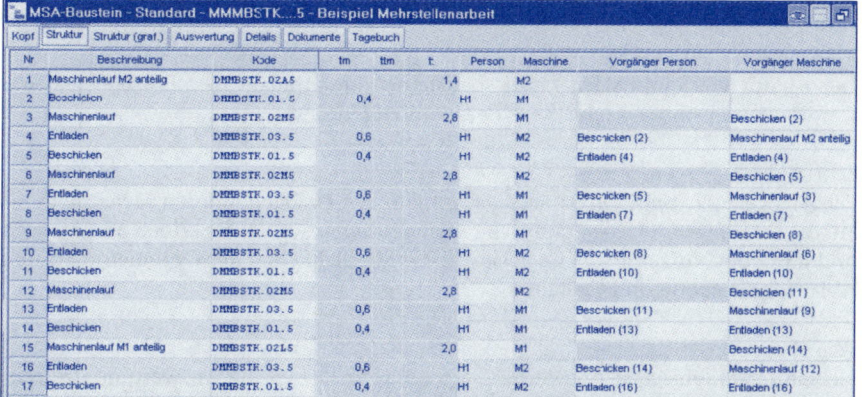

Abbildung III-24.1

Tabellarische Analyse mit TiCon®

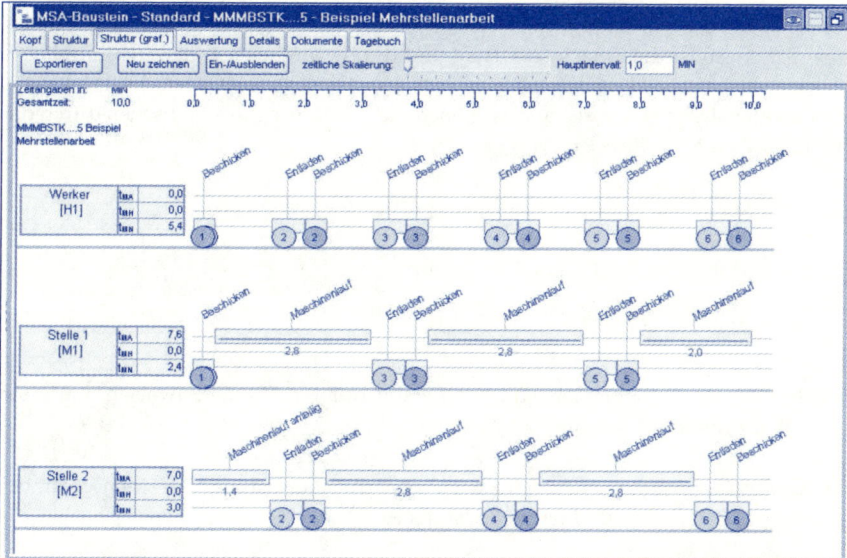

Abbildung III-24.2

Grafische Darstellung der Struktur

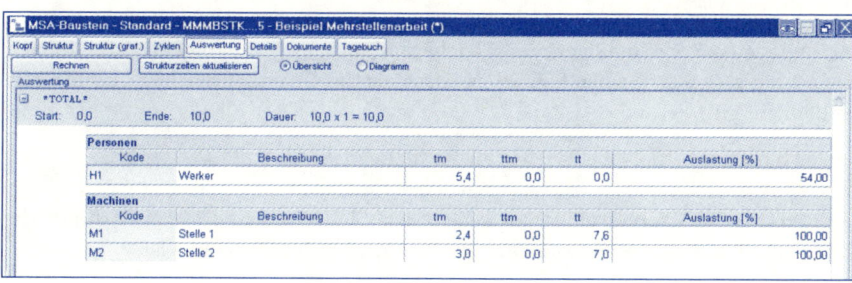

Abbildung III-24.3

Auswertung der Ergebnisse

Das Vorgehen bei der *Zeitartensynthese* erfolgt in drei Schritten:

Schritt 1:
Der Ablauf wird mit MTM-Prozessbausteinen beschrieben. Die Prozessbausteine werden Betriebsmitteln oder / und Personen zugeordnet.

Schritt 2:
Die Auswertung zeigt die Arbeitsabschnittsfolgen bezogen auf den Menschen und auf die Betriebsmittel. Die graphische Auswertung des Ablaufes erfolgt automatisch und gibt dem Nutzer erste Hinweise auf die Möglichkeiten der Optimierung durch Ablauforganisation und Gestaltung.

Schritt 3:
Neben der graphischen Auswertung erfolgt automatisch die Auswertung der prozentualen Auslastung des Menschen und der Betriebsmittel.

Mit Hilfe der Zeit je Einheit (hier: 1,09 min) und der Betriebsmittelzeit je Einheit (hier: 3,95 min) ist die Einzelauslastung und die Gesamtauslastung zu ermitteln.

Die Einzelauslastung a_i weist aus, wie hoch die Auslastung des Menschen durch die Zuweisung einer Stelle S ist.

$$a_i = \frac{t_e}{t_{eB}} \cdot 100\,\%$$

Für das gewählte Beispiel ergibt sich damit:

$$a_i = \frac{1,09}{3,95} \cdot 100\,\% = 27,6\,\%$$

Würde man im vorliegenden Fall der Person nur eine Stelle zuweisen, hätte sie einen Wartezeitanteil von über 70 %.

Die Gesamtauslastung a_{ges} zeigt, wie hoch die Auslastung des Menschen bei Zuordnung von mehr als einer Stelle ist. Es ist

$$a_{ges} = \sum \left(\frac{t_e}{t_{eB}} \cdot 100\,\% \right)$$

Im Falle einer regelmäßigen, zeitgleichen Ablaufabschnittsfolge ist die Einzelauslastung a_i der der Stellen S gleich, so dass für die Gesamtauslastung a_{ges} folgende Stellenzahl gilt:

$$a_{ges} = S \cdot a_i$$

Der Produktivitätsunterschied zwischen den Stellenzahlen lässt sich durch die dabei anfallenden Arbeitsmengen m_S pro Stunde verdeutlichen. Es ist

$$m_s = \frac{a_{ges} \cdot 60}{t_e \cdot 100}$$

Im Beispiel fallen bei S = 2, 3 und 4 folgende Ergebnisse an:

Stellenzahl S	Gesamtauslastung a_{ges}	Arbeitsmenge des Mehrstellen-Arbeitssystems pro Stunde m_S
2	2 · 27,6 % = 55,2 %	(60 min · 0,552) / 1,09 min/Stück = 30,4 Stück
3	3 · 27,6 % = 82,8 %	(60 min · 0,828) / 1,09 min/Stück = 45,6 Stück
4	4 · 27,6 % = 110,4 %	(60 min · 1,104) / 1,09 min/Stück = 60,8 Stück

Abbildung III-25
Darstellung der Gesamtauslastung in Abhängigkeit von der Stellenzahl

Bei Vorliegen dieser Daten stellt sich die Frage, ob durch arbeitsgestalterische Maßnahmen schrittweise Dreistelligkeit und evtl. Vierstelligkeit zu erreichen ist.

2.4.4 Fließarbeit

Als *Fließarbeit*[18] bezeichnet man eine zeitlich gebundene, durch Fließtransporte starr oder lose verkettete Ablauffolge, bei der die Arbeitsplätze (Arbeitsstationen) mehr oder weniger an eine Taktzeit gebunden sind. Das Ausmaß an Taktbindung hängt davon ab, ob und in welchem Umfang *Puffer* (Vorratsspeicher zwischen den Arbeitsplätzen) vorhanden sind.

Das wichtigste Ziel der Zeitartensynthese bei Fließarbeit ist die Taktabstimmung. Mit Hilfe der Taktabstimmung sollen die Arbeitsstationen so aufeinander abgestimmt werden, dass in etwa gleich große *Taktzeiten* entstehen. Als Taktzeit wird jene Zeit bezeichnet, die für das Erstellen einer definierten Menge zur Verfügung steht. In einfachster Form wird die Taktzeit bestimmt nach:

$$\text{Taktzeit } t_T = \frac{\text{Kapazität pro Schicht}}{\text{Menge pro Schicht}} \quad \text{Beispiel: } t_T = \frac{480 \text{ min}}{200 \text{ Stück}} = 2,4 \text{ min pro Stück}$$

Die Ermittlungsverfahren zur Taktabstimmung werden unterschieden nach:

1. heuristischen Verfahren[19]
2. Operations-Research-Verfahren[20].

Hier wird nur eine spezielle Heuristik, das Induktive Heuristische Verfahren behandelt, welches durch die Software TiCon® unterstützt wird.

1. Probiere systematisch	• einzelne Fälle überprüfen
	• größere Fallmengen systematisch untersuchen und empirische Ergebnisse sammeln
2. Arbeite vorwärts	• aus den gegebenen Fällen erste Folgerungen ziehen
3. Versuche zu verallgemeinern	• eine oder mehrere Bedingungen (Annahmen) fallen lassen
	• aus konstanten Vorgaben variable Parameter machen

---

18 Vgl. Konold, P.; Reger, H.; Hesse, S.: Praxis der Montagetechnik, 2. Auflage. Wiesbaden: Vieweg, 2003.
19 Vgl. Wucherpfennig, D.: Zeitliche Bindung bei manueller Fließarbeit. Berlin: Beuth, 1978.
20 Vgl. Lutz, L.: Abtakten von Montagelinien. Mainz: Krauskopf, 1974.

Der Abbildung III-26 ist ein Beispiel einer Fließmontage zu entnehmen, dargestellt

- im oberen Bildteil in Form eines Vorranggraphen,
- im unteren Bildteil in Form eines Abtaktungsdiagramms.

Beispielhaft sind 11 Arbeitsvorgänge auf 6 Arbeitsstationen (Takte) verteilt. Im *Vorranggraphen* werden Arbeitsvorgänge als Knoten und ihre Abhängigkeitsbeziehungen als Pfeile dargestellt.

Die Zeiten je Einheit (Stückzeiten) jedes Arbeitsvorganges sind in die Knoten eingetragen. In der über dem Vorranggraphen angeordneten Zeile ist angeführt, in welcher Arbeitsstation die Arbeitsvorgänge durchgeführt werden. Als Taktzeit werden 12 Minuten verwendet.

Abbildung III-26

Darstellung eines Fließ-Arbeitssystems in Form eines Vorranggraphen und eines Abtaktungsdiagramms (Beispiel für eine Ausgangssituation)

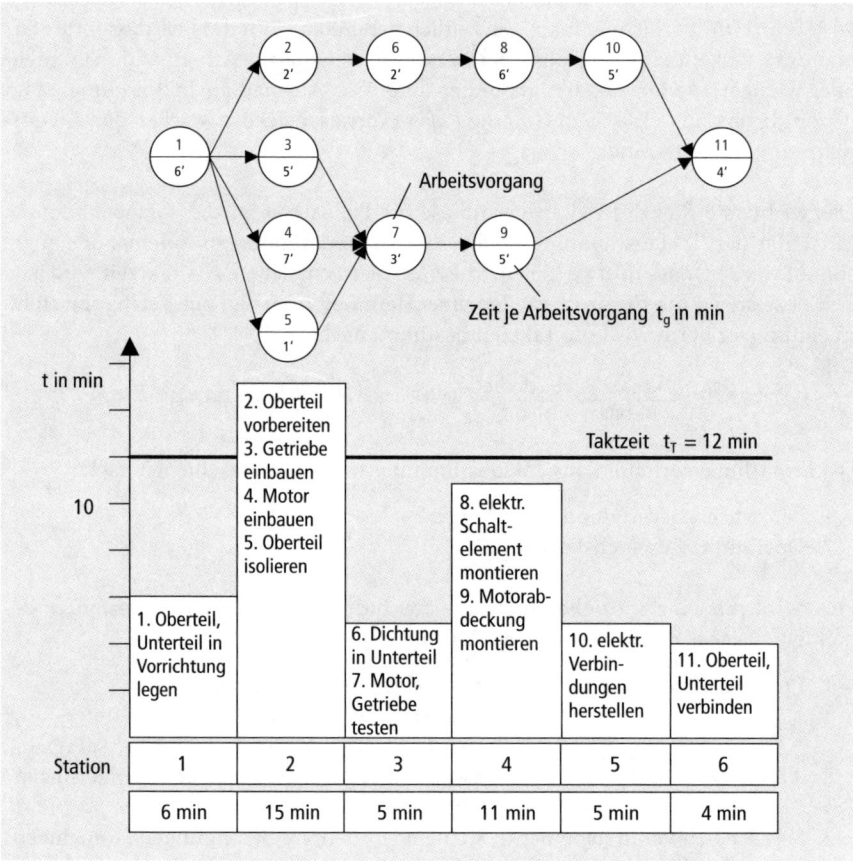

In den Abbildungen III-27.1 und III-27.2 wird das Beispiel mit Unterstützung von TiCon® dargestellt.

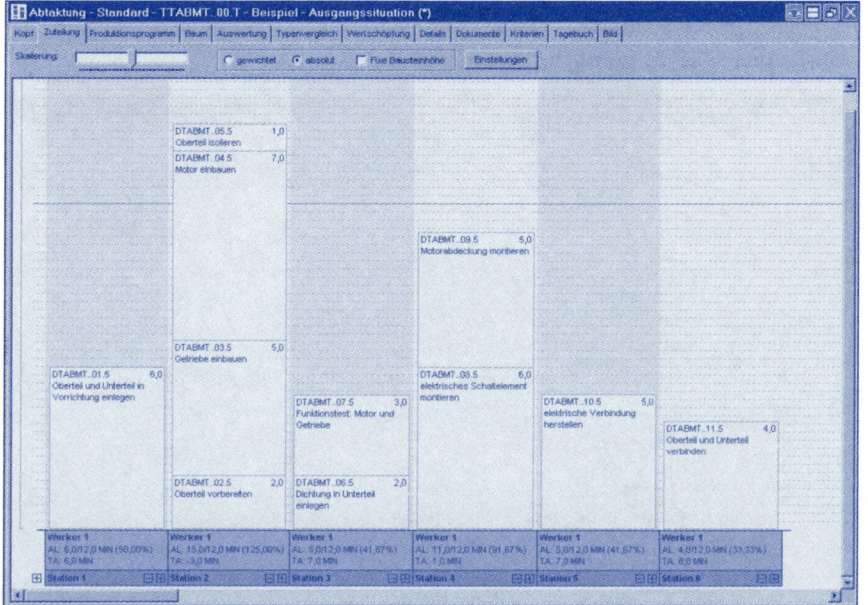

Abbildung III-27.1

Balkendiagramm zur Ausgangsituation in TiCon®

Abbildung III-27.2

Auswertung in TiCon®

Dem Abtaktungsdiagramm ist zu entnehmen, dass die Taktzeit des Fließarbeitssystems 12 Minuten beträgt und die Stückzeiten sowie die Stationszeiten stark streuen. Dadurch ergeben sich für die meisten Stationen hohe Wartezeiten, und der Bandwirkungsgrad beträgt nur 63,89 %. Deshalb hat man die Verteilung der Arbeitsvorgänge auf die Arbeitsstationen so geändert, dass

- die Stationszeiten in etwa gleich hoch werden,
- alle Stationszeiten kürzer als die Taktzeit werden,
- die Wartezeiten in etwa gleich und relativ gering werden.

Ist das der Fall, spricht man von einem ausgeglichenen Fließsystem. Beim induktiven heuristischen Verfahren werden Randbedingungen berücksichtigt, z. B. welche Arbeitsvorgänge aus technischen Gründen oder auf Grund begrenzten Raums in einer Station zusammen zu fassen sind. Der folgenden Abbildung III-28 ist das Ergebnis nach dem ersten Abtaktungsversuch durch Anwendung des induktiven heuristischen Verfahrens mit Hilfe von TiCon® zu entnehmen. In der Sockelzeile ist für jede Station der Anteil der Stationszeit an der Taktzeit ausgewiesen, z. B. für die erste Station 91,67 %, für die letzte Station 33,33 %.

Abbildung III-28

Erster Abtaktungsversuch nach dem induktiven heuristischen Verfahren

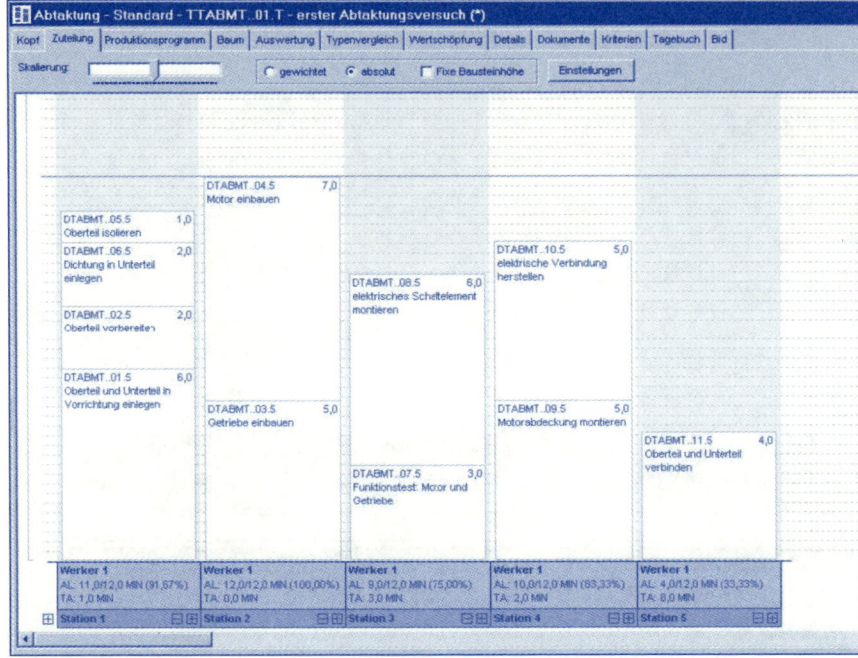

Das Ergebnis von Abtaktungsversuchen ist mit Hilfe von Kenngrößen zu beurteilen, um objektiver entscheiden zu können, ob man sich mit dem erzielten Resultat zufrieden geben kann.

Die verbreitetsten Effizienzkenngrößen sind:

1. *Taktausgleich* T_a
   Die Summe der über alle n Stationen anfallenden Wartezeiten dient als Maßstab für die Ausgeglichenheit des Fließsystems.
2. *Bandwirkungsgrad* B_w
   Der Anteil der mittleren Stationszeit an der Taktzeit t_T dient als Maßstab für die Produktivität des Fließsystems.

Für das gewählte Beispiel lauten beide Kenngrößen:

$$T_a = n \cdot t_T - \sum_{ST=1}^{n} t_g = 5 \cdot 12 - 46 = 14 \text{ min}$$

$$B_w = \left(\frac{\sum_{ST=1}^{n} t_e}{n \cdot t_T} \right) \cdot 100 \% = (46 / 60) \cdot 100 \% \approx 77 \%$$

Die Auswertung in TiCon® erfolgt automatisch und führt zu folgenden Ergebnis:

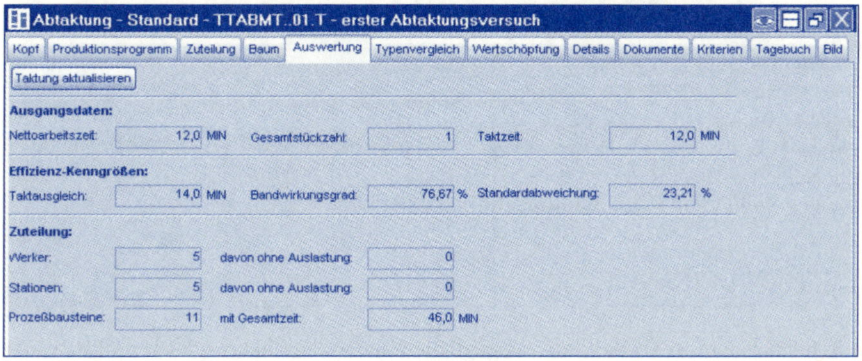

Abbildung III-29
Auswertungstabelle
mit Taktausgleich und
Bandwirkungsgrad

Das erzielte Ergebnis ist nicht akzeptabel, denn der Bandwirkungsgrad konnte von ca. 64 % beim Ausgangszustand auf nur ca. 77 % verbessert werden. Insbesondere bei der letzten Station liegt eine so geringe Stationsauslastung vor, so dass man versucht, eine Lösung mit nur vier Stationen zu finden.

Das Ergebnis eines darauf zielenden Abtaktungsversuches mit Hilfe von TiCon®, dem noch immer der Vorranggraph aus der Ausgangssituation zu Grunde liegt, ist den folgenden Abbildungen zu entnehmen.

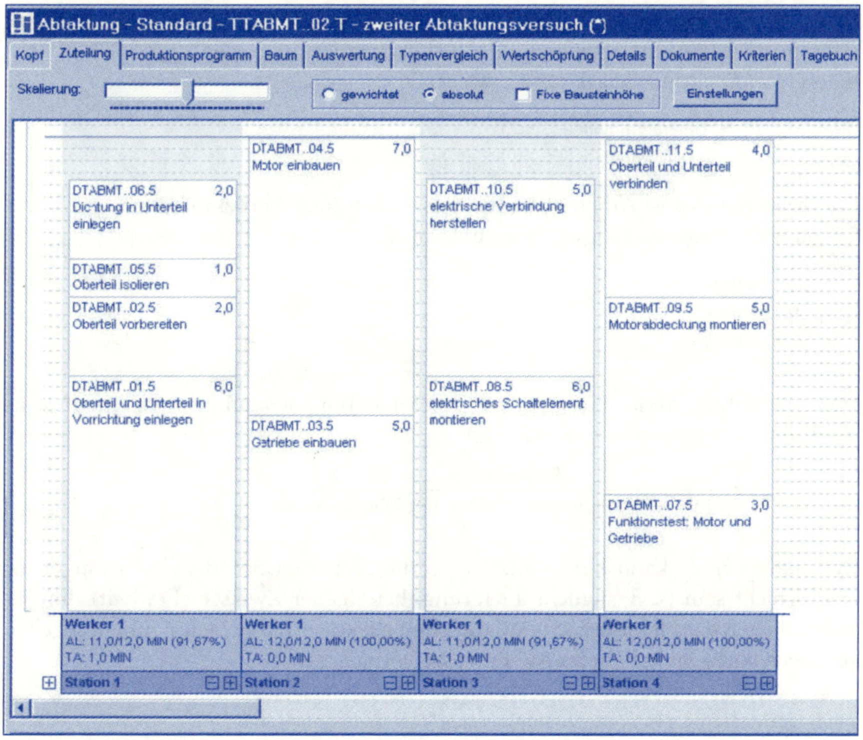

Abbildung III-30.1
Ergebnis des zweiten
Abtaktungsversuches
nach dem induktiven
heuristischen Verfahren

Ein Fließsystem ist vollkommen abgeglichen, wenn der Taktausgleich null bzw. der Bandwirkungsgrad 100 % ist. Das wird in der Praxis selten gelingen, doch sind im vorliegenden Beispiel der Taktausgleich so hoch und der Bandwirkungsgrad so gering, dass eine Verbesserung zwingend ist. Da die Taktzeit eine Konstante ist, geht es darum, die Anzahl Stationen zu reduzieren. Das rechnerische Optimum ist erreicht, wenn dieses nicht mehr zu reduzieren ist. Durch Probieren wurde das der folgenden Abbildung zu entnehmende Ergebnis erreicht:

$$Ta = 4 \cdot 12 - 46 = 2 \text{ min (Verbesserung zum ersten Versuch: 12 min)}$$

$$Bw = (46/48) \cdot 100 \% \approx 96 \% \text{ (Verbesserung zum ersten Versuch: 19 %)}$$

Eine spezifische Aufgabenstellung bei Just in time-Produktionen ist die Berücksichtigung von *Kundenverbrauchstakten* (KVT).

$$KVT = \frac{\text{Lieferabrufmenge [Stück]}}{\text{Lieferperiode [h]}}$$

Die Auslegung des Arbeitssystems muss allerdings berücksichtigen, dass zur Grundzeit t_g folgende Einflüsse hinzukommen:

- Rüstzeiten
- Störungen
- Verteilzeiten

Unter Beachtung dieser Einflüsse errechnet man die notwendige Taktzeit auf Basis des Kundenverbrauchstaktes wie folgt:

$$t_{TK} = \frac{\text{Bezugsmenge}}{KVT \cdot (1\text{-Verteilzeitanteil-Störzeitanteil-Rüstzeitanteil})}$$

Die Lieferperiode kann kürzer (z. B. Lieferung alle drei Stunden) oder länger als eine Schicht sein (z. B. tägliche Lieferung, bei eigener Zweischichtarbeit). Im Extremfall kann die Lieferperiode entfallen und ein stückweiser Liefertakt vorgegeben sein, was hochgradig beherrschte Prozesse voraussetzt.

Beispiel: Bei einer Lieferperiode von 160 Minuten und einer Liefermenge von 200 Stück, einem $z_{vp} = 4\,\%$, einem Ausschuss- und Nacharbeitsanteil von 2\,%, ohne Zeiten außer Einsatz und Rüstzeiten, ergibt sich ein Kundenverbrauchstakt von 0,75 min/Stück. Das betreffende Arbeitssystem ist dann so auszulegen, dass eine Taktzeit $\leq$ 0,75 min/Stück entsteht. Würde man Springer einsetzen, wäre keine persönliche Verteilzeit zu berücksichtigen, so dass dann der Kundenverbrauchstakt 0,78 min/Stück betragen würde.

Arbeitssysteme sind so auszulegen, dass der Kundenverbrauchstakt erfüllt wird. Dabei sind die vorstehend dargelegten Überlegungen zu Taktausgleich und Bandwirkungsgrad zu berücksichtigen. Der Kundenverbrauchstakt führt zu einer durch den Kunden vorgegebenen Taktzeit.

2.5 Das MTM-Prozessbausteinsystem

2.5.1 Die Entwicklung von MTM-1

Ein Auslöser für die Entwicklung des elementaren MTM-Bausteinsystems MTM-1 (früher: MTM-Grundverfahren) waren durch den Eintritt der USA in den Zweiten Weltkrieg verursachte besondere Umstände. Die Amerikaner waren auf die damit verbundenen Rüstungsanstrengungen nicht vorbereitet und wollten alles tun, um für die Rüstungswirtschaft bestmögliche Produktionsbedingungen zu schaffen und damit deren Produktivität zu erhöhen. Das bedeutete, dass man nicht nur Instrumente zur Leistungsförderung zu installieren, sondern auch Konfliktpotenziale in den Betrieben auszuschalten suchte. Als relevanten Konfliktgrund hatte man in der Vergangenheit mit Hilfe von Zeitaufnahmen erstellte Vorgabezeiten identifiziert. Diese und weitere Erkenntnisse wurden durch die von der amerikanischen Regierung bereits vor dem Ersten Weltkrieg berufene Hoxie-Kommission[21] im Rahmen eines Berichts vorgelegt, mit der Folge, dass ein Verbot für die Durchführung von Zeitaufnahmen in amerikanischen Rüstungsbetrieben erlassen wurde. Die Anwendung von *Systemen vorbestimmter Zeiten* (Predetermined Motion Time Systems) versprach hier einen Ausweg aus dem Dilemma.

Ein anderer Auslöser waren in der amerikanischen Industrie begonnene unternehmensinterne Vorhaben zur Entwicklung von Systemen vorbestimmter Zeiten[22]. Im Jahre 1940 erteilte Westinghouse Electric Harold B. Maynard vom Pittsburgh Methods Engineering Council einen Auftrag zur Untersuchung komplizierter Prozesse an Bohrmaschinen. Mit John L. Schwab und Gustave J. Stegemerten erarbeitete er dabei wesentliche Grundlagen für das von ihnen daraufhin entwickelte Methods-Time Measurement (MTM). Da die Entwicklergruppe ein möglichst branchenübergreifend anzuwendendes System anstrebte[23], basierten sie ihre Forschungsarbeit auf einem zu dieser Zeit in den USA gegebenen Branchenszenario.

Sie formulierten acht elementare Bewegungen des Hand-Arm-Systems sowie zwei Blickfunktionen, später auch neun Körper-, Bein- und Fußbewegungen (vgl. Ab-

---

21 Bereits vor dem Ersten Weltkrieg setzte der amerikanische Kongress eine »Kommission zur Prüfung der Verhältnisse in der Industrie« ein, die nach ihrem Vorsitzenden als Hoxie-Kommission bezeichnet wurde. Diese untersuchte z. B. während des ersten Weltkrieges die Auswirkungen von Taylors wissenschaftlicher Betriebsführung in amerikanischenn Industriebetrieben.

22 Bei General Electric wurde MTS (Motion Time Survey) entwickelt, bei Springfield Armory das Olsen-System, bei Western Electric ein nicht veröffentlichtes System und auch bei Westinghouse Electric stand die Entwicklung eines eigenen Systems vorbestimmter Zeiten an.

23 Dieses Bestreben prägt sich z. B. in der Behandlung von Zeiteinflussgrößen aus. Bei der Entwicklung von Work-Factor bevorzugte man quantitative Einflussgrößen (z. B. beim Fügen das Durchmesserverhältnis), bei der Entwicklung von MTM gezielt qualitative Einflussgrößen (z. B. beim Fügen die Passungsklasse) verwendet. Der Vorteil dieses Ansatzes ist, dass man insofern flexibel ist, als man mit qualitativen Einflussgrößen selbst im Dienstleistungssektor problemlos arbeiten kann.

bildung III-31), insgesamt 19 *Grundbewegungen2*[4]. Die als *MTM-Normzeitwerte* bezeichneten Sollzeiten für die Ausführung von Grundbewegungen wurden ermittelt, indem Bewegungsabläufe mit einer Aufnahmegeschwindigkeit von 16 Bildern pro Sekunde gefilmt und der Zeitbedarf pro Bewegung durch Auszählen der ihr zuzuordnenden Bilder bestimmt wurde. Die den Filmaufnahmen zu Grunde liegenden Leistungsstreuungen wurden mit Hilfe eines Nivellierungsverfahrens[25] auf ein einheitliches Leistungsniveau gebracht, also atypisch hohe und geringe Bewegungswirksamkeiten und -intensitäten ausgeglichen. Für jede Grundbewegung wurden Datenkarten angelegt, auf denen die relevanten Rahmenbedingungen[26] erfasst wurden. Dadurch lassen sich noch heute die Entwicklungsbedingungen von MTM einsehen, was in den letzten 50 Jahren vielfach geschah. Die durch Auszählen gefilmter Bildersequenzen erfassten Zeiten wurden mit Hilfe von Regressions- und Varianzanalysen ausgewertet und in Abhängigkeit von den als signifikant ermittelten Zeiteinflussgrößen tabelliert. Die Zeiteinheit der in der *MTM-Normzeitwertkarte* enthaltenen Normzeitwerte wird als *TMU* (Time Measurement Unit) bezeichnet. TMU wurde aus der Filmgeschwindigkeit von 16 Bildern pro Sekunde hergeleitet. 1 TMU entspricht 1/100.000 Stunde bzw. 0,0006 Minuten.

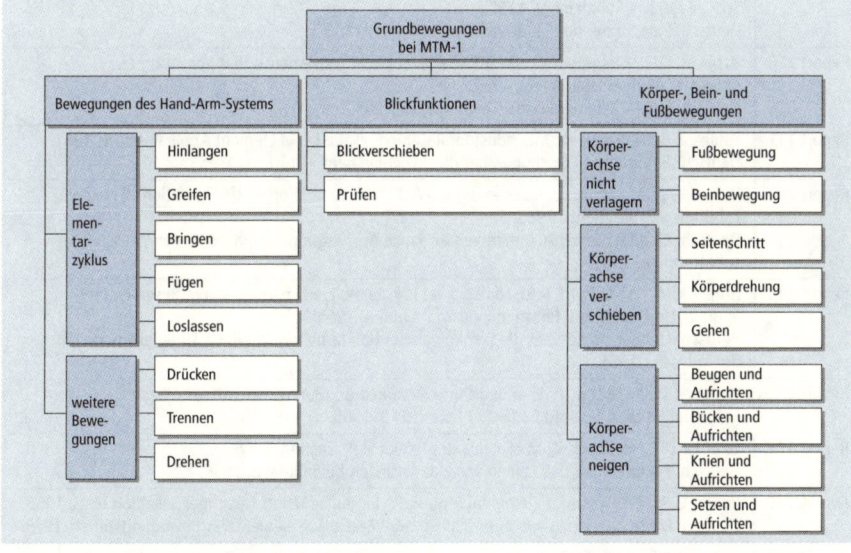

Abbildung III-31

Die 19 Grund-
bewegungen
bei MTM-1

24 Mit Hilfe der 19 Grundbewegungen sind aus mitarbeiterbestimmten Vorkommnissen (vgl. Abbildung III-3) bestehende Abläufe zu beschreiben und der Zeitbedarf aus der Ablaufbeschreibung abzuleiten.

25 Dieses seinerzeit in den USA publizierte, als LMS (Lowry-Maynard-Stegemerten) betitelte Verfahren weicht von dem in Deutschland durch den REFA verbreiteten Verfahren zur Leistungsbeurteilung in seinem instrumentellen Teil, vermutlich jedoch nicht in seiner Ergebnislage ab. Die LMS-Geschicklichkeit entspricht in etwa der REFA-Wirksamkeit, die LMS-Anstrengung und LMS-Gleichmäßigkeit aber nicht der REFA-Intensität. Zudem werden mit den LMS-Arbeitsbedingungen Einflüsse berücksichtigt, die beim REFA-Verfahren nicht berücksichtigt werden, weil sie nicht vom Menschen ausgehen, sondern auf ihn wirken. Vgl. Lowry, S. M.; Maynard, H. N.; Stegemerten, G. J.: Motion and Time Study, 3. Auflage. New York: McGraw-Hill, 1940.

26 Das waren in erster Linie die Versuchsperson (Geschlecht, Alter, Größe, Gewicht, Erfahrung), die Arbeitsaufgabe und die Branche (Werkstück, Arbeits- und Sachmittel, Qualitätsforderungen, Losgröße) sowie der Arbeitsplatz (räumliche Verhältnisse, Umgebungseinflüsse).

Die MTM-Normzeitwertkarte (vgl. Abb. III-45) wurde seit ihrer ersten Auflage im Jahre 1955 auf Grund neuer Forschungsergebnisse nur unwesentlich verändert, letztmals 1973 bei der Neudefinition der Grundbewegung »Drücken«. Die MTM-Bezugsleistung wird als MTM-Normleistung bezeichnet. Sie resultiert aus der Anwendung des LMS-Verfahrens und wird von dessen Entwicklern beschrieben als die Leistung eines durchschnittlich geübten Menschen, der diese Leistung ohne zunehmende Arbeitsermüdung auf Dauer erbringen kann.

Abbildung III-32

Durch die MTM Association for Standards and Research, die Deutsche MTM-Vereinigung und die Schweizerische MTM-Vereinigung veröffentlichten Forschungsberichte (zugänglich über das MTM-Institut)

Report 101	Biel-Nielsen, E.; Lang, A. M.: Preliminary Research Report on Disengage, 1951.
Report 102	Lang, A. M.: Research Report on Standards for Reading Operations, 1951.
Report 103	Lang, A. M.: Research Progress Report on Simultaneous Motions, 1951.
Report 104	Lang, A. M.: An MTM Analysis of Performance Rating Systems, 1952.
Report 105	Raphael, D. L.; Clapper, G. C.: A Study of Simultaneous Motions, 1952.
Report 106	Raphael, D. L.: An Analysis of Short Reaches and Moves, 1953.
Report 107	Raphael, D. L. (1954): A Research Methods Manual, 1954. Deutsch: Forschungsmethoden, 1954.
Report 108	Raphael, D. L.: A Study of Arm Movements Involving Weight, 1955.
Report 109	Raphael, D. L.: A Study of Positioning Movements. I. The General Characteristics. II. Special Studies Supplement, 1957. Deutsch: Eine Studie der Fügebewegungen I und II, 1962.
Report 110	Raphael, D. L.; Clapper, G. C.: A Study of Positioning Movements. III. Application to Industrial Work Measurement, 1957. Deutsch: Eine Studie der Fügebewegungen III, 1963.
Report 111	Foulke, J. A.; Hancock, W. M.: Industrial Research on the MTM Element Apply Pressure, 1961. Deutsch: Betriebliche Forschung über das MTM-Element »Drücken«, 1963.
Report 112	Hancock, W. M.; Foulke, J. A.: Learning Curve Research on Short-Cycle Operations. Phase I: Laboratory Experiments. 1963. Deutsch: Eine Studie der Anlernkurven für kurze Arbeitsgänge, 1. Phase: Experimente im Laboratorium, 1965.
Report 113	Hancock, W. M.; Clifford, R.R.; Foulke, J. A.; Krystynak, L. F.: Learning Curve Research on Short-Cycle Operations. Phase II: Industrial Studies, 1965. Deutsch: Untersuchung über die Lernkurven bei Handarbeiten, 2. Phase: Untersuchungen in der Industrie, 1965.
Report 113a	Hancock, W. M.; Sathe, P.: Learning Curve Research on Manual Operations: Phase II, Industrial Studies. Revised Edition of Report 113, 1965.
Report 114	Chaffin, D. B.; Hancock, W.M.: Factors in Manual Skill Training, 1966. Deutsch: Faktoren, die das Lernen von Handarbeiten beeinflussen, 1966.
Report 115	Poock, G. K.: Prediction of Elemental Motion Performance Using Personnel Selection Tests, 1968. Deutsch: Die Verwendung von Auswahltests zur Voraussage elementarer Bewegungszeiten, 1973.
Report 116	Sadowsky, T. L.: Prediction of Cycle Time for Combined Manual and Decision Tasks, 1969. Deutsch: Ermittlung von Grundzeiten für kombinierte manuelle und geistige Tätigkeiten, 1969.
Report 117	Netter, M. A.: Critical Path Analysis of Repetitive Man-Machine System Operation, 1970. Deutsch: CP-Netzplananalyse von repetitiven Vorgängen des Systems Mensch/Maschine, 1970.

Dass die Entwicklung von MTM ein großer Wurf war, ist daran zu erkennen, dass der Kern des MTM-Prozessbausteinsystems, MTM-1, inzwischen über 50 Jahre lang nahezu unverändert bleiben konnte. Dennoch wurden, so Abbildung III-32 zu entnehmen, bis Ende der sechziger Jahre eine Reihe von Forschungsvorhaben durchgeführt, insbesondere zur Absicherung von Anwendungsregeln. Seit den sechziger Jahren wurde schrittweise die Entwicklung des heute vorliegenden MTM-Prozessbausteinsystems vollzogen, wie in Teil I, Abschnitt 4.2, beschrieben.

2.5.2 Die Bausteinsysteme von MTM

In der Zeit zwischen den Jahren 1960 und 1980 entstanden zahlreiche, auf MTM-1 basierende MTM-Bausteinsysteme, sowohl von Unternehmensberatungen (z. B. MOST von Maynard[27]), als auch von nationalen MTM-Vereinigungen entwickelt (z. B. MTM-2[28] und MTM-3 von der UK- und der schwedischen MTM-Vereinigung[29]). Diese wurden auch unabgestimmt von nationalen MTM-Vereinigungen verbreitet. Nur die von der Deutschen MTM-Vereinigung und ihren Mitgliedsunternehmen getragenen *MTM-Bausteinsysteme* erlangten im deutschen Sprachraum praktische Bedeutung.

MTM-1 (1948)	Standard-Daten (1963)	MTM-2 (1965)	UAS / MEK (1978)
Bewegungsablauf			Rahmenbedingungen
R Hinlangen	A Aufnehmen	G Aufnehmen	
G Greifen			A Aufnehmen und Platzieren
M Bringen	P Platzieren	P Platzieren	
P Fügen			
RL Loslassen			P Platzieren
T Drehen	GD Drehen		Z Bewegungszyklen
AP Drücken	GK Kraftanwendung	A Drücken	H Hilfsmittel handhaben
D Trennen	GT Trennen		B Betätigen
G2 Nachgreifen	GN Nachgreifen	R Nachgreifen	
ET Blickverschieben	GB Blickverschieben	E Blickverschieben und Prüfen	V Visuelle Kontrolle
EF Prüfen	GP Prüfen		
Körperbewegungen	Körperbewegungen	Körperbewegungen	Körperbewegungen

☐ in Deutschland und international verbreitet   ☐ in Deutschland nicht verbreitet

Abbildung III-33
Übersicht zu den verbreitetsten MTM-Bausteinsystemen

Für die Deutsche MTM-Vereinigung lag Ende der sechziger Jahren eine besondere, mit der anderer nationaler MTM-Vereinigungen nicht vergleichbare Situation vor, als deutsche Unternehmen Betriebsvereinbarungen über die Verwendung der Standard-Daten im Rahmen leistungsbezogener Entlohnungsgrundsätze abgeschlossen hatten. Deshalb bestand zu dieser Zeit in der deutschen Wirtschaft, anders

27 Vgl. Zandin, K. B. (1980): MOST Work Measurement Systems. New York, Basel: Dekker.
28 Vgl. Evans, F.: MTM-2. Based Maintenance Work-Measurement. Basic concepts and mathematical models. London: United Kingdom MTM-Association, 1969.
29 Vgl. Birkwald, R.; Müller, R.: MTM-2, ein Verfahren vorbestimmter Zeiten. Programmierter Lehrgang. Köln: Bund-Verlag, 1971.

als in den europäischen Nachbarländern, kein besonderes Interesse, die MTM-Bausteinsysteme MTM-2 und MTM-3 zusätzlich zu den *Standard-Daten* anzuwenden. Für die Unternehmen war auch kein »methodischer Quantensprung« zu erkennen, weil die Ablaufmodellierung bei MTM-2, so Abbildung III-33 zu entnehmen, wie bei den Standard-Daten auch, auf der Informationsbasis »detaillierter Bewegungsablauf« stattfindet.

Der Wunsch, komplexere Prozessbausteine als bei den Standard-Daten und MTM-2 anzuwenden, führte in den siebziger Jahren zur Entwicklung von *UAS* (= Universelles Analysier-System) und *MEK* (MTM für die Einzel- und Kleinserienfertigung). Diese sind nicht zwingend auf der Informationsbasis »Bewegungsablauf« anzuwenden. Vielmehr genügt die Definition der »Rahmenbedingungen«, unter denen der Bewegungsablauf stattfinden soll, um die zur Bestimmung der Zeiteinflussgrößen erforderlichen Informationen zu gewinnen. Das wurde von der Wirtschaft und vom Internationalen MTM-Direktorat als methodischer Quantensprung gewertet.

2.5.3 Einsatzfelder der MTM-Bausteinsysteme

Die Organisation von Arbeitssystemen und damit auch die Charakteristika der Prozesse unterscheiden sich weniger zwischen verschiedenen Branchen, als zwischen Prozesstypen. Als *Prozesstyp* wird die Charakterisierung der Prozessbedingungen bezeichnet, die durch die zyklische Wiederholung, die Planbarkeit des Ablaufs, das Arbeitssystemkonzept, die Auftragsinformation und die Möglichkeit zur Routinebildung beschrieben werden. Die Prozesstypen lassen sich nach den in der Praxis gängigen Begriffen Einzel-, Serien- sowie Massen-/Mengenfertigung charakterisieren. Im unteren Bildteil von Abbildung III-34 werden die drei Prozesstypen nach den fünf für die Einsatzbeurteilung der MTM-Bausteinsysteme wesentlichen Merkmalen unterschieden[30]. Die Merkmalsbeschreibungen lassen erkennen, dass diese Prozesstypologie nicht trennscharf ist, sondern nur der Charakterisierung unterschiedlicher Anwendungsfelder der MTM-Bausteinsysteme dienen soll.

---

30 Diese Prozesstypologie soll der Verdeutlichung und Charakterisierung dienen und beschränkt sich nicht auf Fertigungsprozesse. So ist z. B. dem Prozesstyp 2 auch auf die Eröffnung eines Kontokorrentkontos in einer Geschäftsbank und dem Prozesstyp 1 das Imageclearing in der Zahlungsverkehrsabwicklung zuzuordnen.

Ablaufkomplexität	6. Arbeitsvorgang	Standardvorgänge (Aufbaustufen) der MTM-Bausteinsysteme		
	5. Vorgangsfolge			
	4. Vorgangsschritt			
	3. Grundvorgang	MEK	UAS	
	2. Bewegungsfolge		Standard-Daten-Basiswerte MTM-2	
	1. Grundbewegung			MTM-1
Prozesstypologie		Prozesstyp 3 »Einzelfertigung«	Prozesstyp 2 »Serienfertigung«	Prozesstyp 1 »Mengenfertigung«
Merkmale	1. Zyklik	keine zyklischen Wiederholungen	begrenzt längerzyklische Wiederholungen	permanent kurzzyklische Wiederholungen
	2. Ablaufinformation	Gesamtablauf (Rahmenbedingungen des Prozesses)	Teilablauf (Rahmenbedingungen des Prozesses)	Bewegungsablauf (Grundbewegungen)
	3. Arbeitsplatz	für nahezu beliebige Produktvarianten und Prozesse	für definiertes Produktspektrum	für eine definierte Produktvariante
	4. Versorgungsprinzip	Holprinzip	Holprinzip mit Bereitstellung	Bringprinzip
	5. Arbeitsweisenstreuung	hoch	mittel	gering

Im oberen Bildteil werden die *MTM-Bausteinsysteme* ihren grundsätzlichen Einsatzfeldern zugewiesen, MTM-1 dem Prozesstyp 1, Standard-Daten und MTM-2 primär dem Prozesstyp 2 (aber ggf. auch dem Prozesstyp 1), UAS dem Prozesstyp 2 und MEK dem Prozesstyp 3. Es wird aber auch noch eine Differenzierung nach der Prozessbaustein-Komplexität über sechs *MTM-Hierarchieebenen*[31] vorgenommen. Mit Hilfe dieser Hierarchieebenen wird die Komplexitätsstufe eines Prozessbausteins gekennzeichnet.

Abbildung III-34
Die wichtigsten Bausteinsysteme des MTM-Prozessbausteinsystems im Kontext von Prozesstypologie, Ablaufkomplexität und Prozessmerkmalen

Die Ablaufkomplexität wird in Abbildung III-35 durch die Definitionen der MTM-Hierarchieebenen operational beschrieben. Bei den ersten drei Hierarchieebenen handelt es sich um Ebenen der MTM-Bausteinsysteme.

---

31 In Kapitel 8 werden weitere Hierarchieebenen (sog. Anwendungsebenen) eingeführt, für unternehmensspezifische Prozessbausteine. Diese bauen auf den Aufbaustufenebenen der MTM-Bausteinsysteme auf.

	Hierarchieebene	Definition und Kennzeichnung der Prozessbausteine	Beispiele
Standardvorgangsebene	6. Arbeitsvorgang	Summe von Vorgangsfolgen, bei der die Mengeneinheit 1 eines Auftrages erstellt und ein geschlossener Wertschöpfungs-schritt erzielt wird. Er wiederholt sich typischerweise beim Erfüllen eines Auftrages und bildet insofern einen geschlossenen Zyklus ab. Arbeitsvorgänge werden in Vorgangsfolgen, manchmal auch in Vorgangsschritte unterteilt. Andere Bezeichnungen sind Vorgang oder Arbeitsgang.	Teil komplett montieren und prüfen; Teile im Schweißautomaten punktschweißen.
	5. Vorgangsfolge	Folge von Vorgangsschritten, die bereits zu Teilresultaten führen und bei einem hohen Arbeitsteilungsgrad bereits geschlossene Arbeitsinhalte ausmachen.	Halterung verschrauben; Teil in eine Vorrichtung spannen und ausrichten.
	4. Vorgangsschritt	Folge von Grundvorgängen, die zu einem sichtbaren, am Arbeitsgegenstand auszumachenden Arbeitsfortschritt führt.	Eine Schraube eindrehen; Ein Teil in die Vor-richtung legen.
Grundvorgangsebene	3. Grundvorgang	Kombination einer Folge von bis zu fünf Grund-bewegungen, gebildet durch additive Verknüpfung und statistische Bewertung von Häufigkeiten. Grundvorgänge lassen sich zeitlich wieder auf die Grundbewegungen zurück projizieren, auf denen sie basieren.	Teil aufnehmen und ansetzen; Teil und Hilfsmittel gleichzeitig handhaben.
	2. Bewegungsfolge	Kombination einer Folge von bis zu drei Grund-bewegungen, gebildet durch additive Verknüpfung und statistische Bewertung von Häufigkeiten. Bewegungsfolgen lassen sich zeitlich wieder auf die Grundbewegungen zurück projizieren, auf denen sie basieren.	Teil aufnehmen; Teil platzieren.
	1. Grundbewegung	Baustein mit höchster Auflösung, der in seiner Beschrei-bung und in Bezug auf seine Sollzeit nicht mehr zu unterteilen ist.	Hinlangen zu einem Teil.

Bei den darüberliegenden Hierarchieebenen handelt es sich um Standardvorgänge (auch Aufbaustufenebenen genannt), d. h. um Aggregationen von Prozessbausteinen. Je höher die Hierachieebene, desto höher ist der Aggregationsgrad der darin befindlichen Prozessbausteine und desto geringer das Ausmaß an Allgemeingültigkeit. In einem hohen Aggregationsfall erreichen die Prozessbausteine bei der sechsten Hierachieebene beispielsweise die Komplexität eines Arbeitsvorgangs.

Die universelle Verwendbarkeit der Bausteine der ersten drei Hierachieebenen ist durch ihre Abgrenzung, ihren Inhalt und das Konzept ihrer Zeiteinflussgrößen hinreichend gegeben. Ab der vierten Hierachieebe wurden Aggregationen gebildet, die Beispielcharakter haben, und die vor ihrer Anwendung in der Praxis mit den betrieblichen Bedingungen abzugleichen sind.

2.5.4 Reproduzierbarkeit von Prozessbausteinen

Eine Situation oder einen Sachverhalt bezeichnet man als reproduzierbar beschrieben, wenn diese auf Grund der Beschreibung nachzuvollziehen sind. Je unzweifelhafter diese Nachvollziehbarkeit ist, desto reproduzierbarer ist die Beschreibung. Die *Reproduzierbarkeit* eines Prozessbausteines ist umso höher, je eindeutiger zu erkennen ist, wofür er entwickelt wurde und wofür er zu verwenden ist. Im Abschnitt 2.6.2 wird begründet, warum die Reproduzierbarkeit eine Qualitätsforderung an Prozessbausteine ist.[32]

Abbildung III-36 ist zu entnehmen, mit Hilfe welcher Beschreibungselemente reproduzierbare Beschreibungen von Prozessbausteinen zu erstellen sind.

Beschreibungselement	Beschreibungszweck	Beispiel
Bezeichnung	Die Aufgabe auf den Hierarchieebenen 1 bis 3 durch einen Verrichtungsbegriff, ab der Hierarchieebene 4 durch mindestens einen Objekt- und einen Verrichtungsbegriff benennen.	Aufnehmen und Platzieren; Schraube eindrehen, Beleg lesen, Werkstück in Vorrichtung spannen
Inhalt	Kurzbeschreibung des Ablaufs bei Bausteinen ab Hierarchieebene 3.	
Ablaufbeschreibung (Methode)	Ab der 2. Hierarchieebene detaillierte Beschreibung des Ablaufs mit Hilfe jener Bausteine, aus denen der vorliegende Baustein gebildet wurde	
Abgrenzung	Ab der 2. Hierarchieebene werden Beginn und Ende des Ablaufs definiert.	Beginn: Ansetzen der Klemmzange Ende: Lösen der Klemmzange
Bezugsgröße und Bezugsmengeneinheit	Physikalische Einheit, auf die sich die Sollzeit bezieht und Menge dieser Einheit.	Bezugsgröße: Stück Bezugsmengeneinheit: 1
Zeiteinflussgrößen	Variable, von deren Ausprägungen die Höhe der Sollzeit abhängt	Anzahl der Zyklen
Kodierung	Verschlüsselung der beim Baustein zu erfüllenden Aufgabe und der berücksichtigten Zeiteinflussgrößen.	A – FAA
Sollzeit	Dem Baustein zugewiesene Sollzeit in den Zeiteinheiten TMU, Minuten oder Stunden.	290 TMU
Begrenzung	Restriktionen und Anwendungsregeln zur Verwendung des Prozessbausteins sowie zu Nutzungsgrenzen und zu Nichtnutzungen.	Zange in der Hand

Abbildung III-36

Beschreibungselemente von Prozessbausteinen

Einer ausreichend reproduzierbaren *Prozessbaustein-Beschreibung* ist zu entnehmen, für welchen Prozess der Baustein entwickelt wurde, also für welche Arbeitssysteme[33], für welche Aufgaben und für welchen Ablaufabschnitt er gilt. Jeder Prozessbaustein muss eindeutig von jedem anderen Prozessbaustein zu unterscheiden sein, es muss also auch klar sein, für welche Arbeitssysteme, Aufgaben und Ablaufabschnitte er nicht gilt.

---

32 In der Literatur werden Prozessbausteine auch als Planzeitwerte, Richtzeitwerte, Zeitbausteine bezeichnet. Vgl. Bokranz, R.; John, B.: Arbeitsdatenermittlung, 3. Auflage, S. 86 f. Gräfelfing: Resch Verlag, 1966.

33 Im Abschnitt 3.7.2 wird erläutert, welche fünf Bestimmungsgrößen des Arbeitssystems zu beschreiben sind, um dessen Rahmenbedingungen (Arbeitsbedingungen, Arbeitscharakteristika) zu definieren. Je höher die Anforderungen an die Reproduzierbarkeit von Prozessbausteinen sind, desto detaillierter ist das Arbeitssystem zu beschreiben, für das die Prozessbausteine gelten.

2.5.5 Ist-Abläufe, Soll-Abläufe und Methodenniveau

MTM-Bausteinsysteme kann man auf zweierlei Weise zur Entwicklung von Prozessbausteinen verwenden:

1. *Soll-Abläufe* unter Kenntnis von *Ist-Abläufen* modellieren: Es werden Ist-Abläufe und damit *Arbeitsweisen* beobachtet. Als Arbeitsweise bezeichnet man die durch einen Menschen in einer realen Arbeitssituation vollzogenen Handlungen. Bei der Modellierung des Soll-Ablaufs sind *Arbeitsmethoden* zu dokumentieren. Als (Arbeits-) Methode bezeichnet man die als erforderlich angenommenen Handlungen. Bei der Modellierung nimmt man gegenüber den beobachteten Handlungen mehr oder weniger umfangreiche Korrekturen vor. Das kann notwendig sein, weil beobachtete Personen atypische Routinen zeigen, weil Handlungen auftreten, die man als nicht erforderlich ansieht oder Handlungen nicht vollzogen werden, die man für unentbehrlich erachtet.[34] Auf der Kenntnis von Ist-Abläufen basierende Ablaufdokumentationen werden als *Ausführungsanalysen* bezeichnet. Wichtig ist die Erkenntnis, dass mit einer MTM-Analyse keine Arbeitsweisen, sondern Methoden dokumentiert werden. Die beobachteten Ist-Abläufe dienen nur als Informationsbasis bei der Modellierung.
2. Soll-Abläufe ohne Kenntnis von Ist-Abläufen modellieren: Das geschieht, wenn es keine zu beobachtenden Ist-Abläufe gibt, z. B. weil das betreffende Arbeitssystem noch nicht implementiert ist oder weil den Ist-Abläufen keine nützlichen Informationen für die Modellierung zu entnehmen sind. Ohne Kenntnis von Ist-Abläufen entstandene Ablaufdokumentationen werden als *Planungsanalysen*[35] bezeichnet.

Soll-Abläufe und Arbeitsmethoden müssen

- ergonomische Anforderungen erfüllen, insbesondere müssen sie ausführbar und erträglich sein (vgl. Teil II, Abschnitt 5.3),
- ökonomische Anforderungen erfüllen, insbesondere müssen sie für produktive Aufgabenerfüllungen stehen (vgl. Teil I, Abschnitt 3.3).

Ist-Abläufe und Arbeitsweisen dienen bei der Entwicklung von *Prozessbausteinen* als Leitlinie und Orientierungshilfe, nicht aber als »Kopiervorlage«. Anders als bei der Zeitmessung[36] muss man bei den MTM-Bausteinsystemen nicht zuerst Ist-Zustände (Arbeitsweisen) beschreiben, um Soll-Zustände (Arbeitsmethoden) bestimmen zu

---

34 Diese Einschränkung zur Ist-Zustandserhebung zeigt die »Schwäche« der Analyse von Arbeitsweisen auf. Es müssen am Schluss Ergebnisstandards ausgewiesen werden (vgl. Teil I, Abschnitt 3.3). Dazu sind Ablaufstandards festzulegen, die sich mehr (bei bereits hoch produktiven Arbeitssystemen) oder weniger an den beobachteten Arbeitsweisen orientieren. Es ist also stets eine Modellierung vorzunehmen, indem Soll-Abläufe abbildende Arbeitsmethoden entworfen und dokumentiert werden. Ist-Abläufe können deshalb nur als Informationsbasis und nicht als »Kopiervorlage« dienen.

35 Im Teil III Abschnitt 3.8 wird die Analysiertechnik bei MTM-1 erläutert und dabei der Unterschied zwischen Ausführungs- und Planungsanalysen diskutiert.

36 Vgl. Teil III Abschnitt 6.3. Bei Zeitmessungen, also empirischen Ist-Zustandserhebungen, ist es erforderlich, Ist-Zustände abzubilden und diese in Soll-Zustände zu transformieren. Der Verzicht auf diesen methodischen Umweg, die Modellbildungsimmanenz, ist eines der Alleinstellungsmerkmale von MTM (vgl. Teil I, Abschnitt 4.3).

können. Diese Fähigkeit der »direkten Modellierung« ist die Voraussetzung dafür, dass mit Hilfe des MTM-Prozessbausteinsystems Prozessbausteine auch für virtuelle Arbeitssysteme zu entwickeln sind.[37]

In den sechziger und siebziger Jahren wurde gelegentlich in Zweifel gezogen, dass man mit MTM-Prozessbausteinen menschliche Handlungen realistisch abbilden und realistische Sollzeiten für Soll-Abläufe durch Addition von Normzeitwerten bestimmen kann.[38] Das Internationale MTM-Direktorat und die Deutsche MTM-Vereinigung erheben zum »Abbildungsvermögen« des *MTM-Prozessbausteinsystems* folgenden Anspruch:

1. Mit einer formalen Beschreibungssprache sind menschliche Handlungen in ihrer hohen Komplexität nicht real abzubilden.
2. Dagegen ist es möglich, menschliche Handlungen unter dem Teilaspekt des Bewegungsablaufs für praktische Problemstellungen ausreichend abzubilden.
3. Das MTM-Prozessbausteinsystem dient dem Bestimmen von Kenngrößen für das Produktivitätsmanagement von Arbeitssystemen, zeitbasierter Planungs- und Steuerungsinformationen und der Identifikation von Gestaltungs- und Organisationsmängeln.
4. Mit Hilfe der MTM-Bausteinsysteme werden menschliche Handlungen nur so weit beschrieben, dass die vorstehend angeführten Anforderungen erfüllt werden. Menschliche Handlungen werden deshalb so ausführlich wie unumgänglich nötig und nicht so ausführlich wie möglich beschrieben.

In Abbildung III-34 werden drei *Prozesstypen* unterschieden. Für diese Prozesstypen wurden gezielt MTM-Bausteinsysteme entwickelt, z. B. MTM-1 für den Prozesstyp 1 und MEK für den Prozesstyp 3, weil es bei den Prozesstypen unterschiedliche Chancen zur Routinebildung und unterschiedliche, »typspezifische« Arbeitsmethoden gibt. Beispielsweise kommen beim Prozesstyp 3 (dazu zählen z. B. Übergabegriffe und Korrekturbewegungen) nur im Ausnahmefall gleichzeitige Bewegungen vor (vgl. Abschnitt 3.6). Derartige Sachverhalte wurden bei der Entwicklung der Bausteinsysteme berücksichtigt (»eingebaut«). Bei der Anwendung von z. B. MEK zur Methodenplanung ist dann darauf abzustellen, dass

- die zum Prozesstyp 3 analysierten Arbeitsmethoden die dort typischen Arbeitsweisen repräsentieren müssen,
- sich die Arbeitsweisen beim Prozesstyp 3 von denen bei den Prozesstypen 1 und 2 unterscheiden.

---

37 Diese Fähigkeit bezeichnen wir als Simulationsfähigkeit. Sie ist ein weiteres Alleinstellungsmerkmal von MTM (vgl. Teil I, Abschnitt 4.3).

38 Vgl. dazu Sanfleber, H.): Untersuchung über die Summierbarkeit von Elementarzeiten, Dissertation. Aachen: Rheinisch-Westfälische Technische Hochschule, 1965. Sanfleber hat nachgewiesen, dass unter den Anwendungsbedingungen von MTM-1 die Addition der Sollzeiten von Prozessbausteinen zu einer realistischen Bestimmung der Sollzeit des Ablaufs führen, für den sie stehen.

Die für einen Prozesstyp typische Arbeitsweisenstreuung bezeichnet man als sein Methodenniveau. Mit dem Begriff *Methodenniveau* wird die einen Prozesstyp repräsentierende Routinebildungschance bezeichnet. Das Ausmaß zu erwartender Routinebildung wird z. B. bestimmt durch die (vgl. Abbildung III-34):

1. Zyklik,
2. Ablaufinformation,
3. Arbeitsplatz,
4. Versorgungsprinzip,
5. Arbeitsweisenstreuung.

Es kann vorkommen, dass es für unterschiedliche Methodenniveaus gleiche unternehmensspezifische Prozessbausteine geben kann.
Generell gilt:

1. MTM-Bausteinsysteme sind nur auf jene Prozesstypen anzuwenden, für die sie konzipiert wurden (z. B. MEK nicht bei kurzzyklischen Arbeiten) und
2. unternehmensspezifische Prozessbausteine sind nur auf Arbeitssysteme jenen Prozesstyps anzuwenden, für den sie entwickelt wurden. So ist z. B. das Anschrauben eines Teils in einer Taktmontage nicht im Werkzeugbau zu verwenden.

2.5.6 Anwendungsgrenzen der MTM-Bausteinsysteme

Im Abschnitt 2.1, Abbildung III-3, wurde das MTM-Prozessbausteinsystem als Instrument zur Modellierung von Prozessbausteinen bei mitarbeiterbestimmten Abläufen ausgewiesen. Deshalb müssen neben MTM-Bausteinsystemen teilweise auch Ergänzungstechniken angewendet werden. Aber auch bei Abläufen mit mitarbeiterbestimmten Vorkommnissen gibt es Anwendungsgrenzen, insbesondere wenn es um »geistige Arbeit« geht[39].

Zur Anwendung der MTM-Bausteinsysteme auf die so genannte »geistige Arbeit« sind folgende Hinweise und Restriktionen zu berücksichtigen (vgl. Abbildung III-37):

1. Statt von geistiger Arbeit sollte man von informatorischmentaler Arbeit sprechen und die in Abbildung III-37 angeführte Differenzierung vornehmen.
2. Bei reflexorischer Arbeit liegt der zeitliche Engpass beim Menschen nicht im neuronalen, sondern im muskulären Bereich. Vereinfacht ausgedrückt: Abläufe bei reflexorischer Arbeit sind schneller zu vollziehen als Abläufe bei energetisch-effektorischer Arbeit, z. B. Bewegungen des Hand-Arm-Systems. Deshalb ist bei Verwendung von MTM-Prozessbausteinen die simultan ausgeführte reflexorische Arbeit abgedeckt, ohne dass darauf ausdrücklich hingewiesen wird.

---

39 Mit dem Hinweis, dass in der Wirtschaft die »geistigen Arbeiten« zunehmen würden und MTM-Prozessbausteine dafür untauglich seien, wird gelegentlich die generelle Tauglichkeit der MTM-Bausteinsysteme in Zweifel gezogen, in erster Linie von Personen, mit eher geringen Kenntnissen über MTM.

3. Abläufe mit informatorischer Arbeit im engeren Sinne lassen sich mit MTM-Prozessbausteinen dann beschreiben und zeitlich bewerten, wenn sie sich auf Ja-Nein-Entscheidungen (sog. 0-1- oder Binärentscheidungen) reduzieren lassen.[40] Das ist bei vielen Prüfarbeiten der Fall. Ist die Entscheidungssituation bei informatorischer Arbeit aber so komplex, dass sie nicht in eine Kette von Ja-Nein-Entscheidungen aufzulösen ist, bestimmt man den Zeitbedarf z. B. durch Schätzen oder durch eine Setzung (vgl. Abbildung III-3).

4. Abläufe bei reflektorischer Arbeit, mentale Arbeit im engeren Sinne, kommen in der Arbeitswelt wesentlich seltener vor als informatorische Arbeit im engeren Sinne. Solche Abläufe lassen sich mit keiner Formalsprache beschreiben, und der Zeitbedarf kann natürlich auch nicht mit Hilfe von MTM-Prozessbausteinen bestimmt werden.

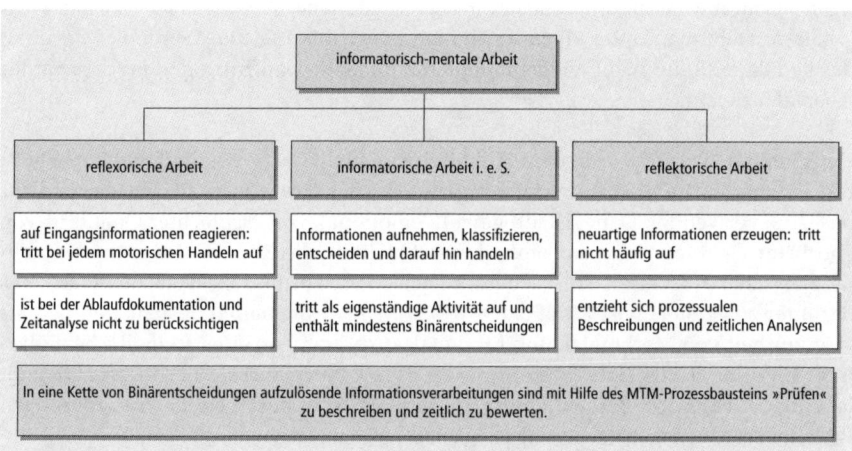

Abbildung III-37

Die Beschreibbarkeit informatorisch-mentaler Arbeit mit Hilfe von MTM-Prozessbausteinen

---

40 Das kann auch eine Kette von Ja-Nein-Entscheidungen sein. Maßgebend ist, dass es sich um Binärentscheidungen handelt.

2.6 Qualität von Prozessbausteinen

2.6.1 Genauigkeits-, Fehler- und Qualitätsbegriff

In der Umgangssprache wird der Begriff Genauigkeit synonym für Sorgfältigkeit, Zuverlässigkeit, Synchronität, Exaktheit, Einwandfreiheit, Treffsicherheit, Übereinstimmung, Abweichungsfreiheit verwendet. Die meisten werden ihn vermutlich mit dem Begriff Treffsicherheit am besten gekennzeichnet sehen. Wird man mit einer Treffsicherheit konfrontiert, die zu unerwünschten, inakzeptablen Resultaten führt und deshalb bemängelt, nicht mehr toleriert wird, spricht man von einem Fehler.

Umgangssprachlich wird etwas als Fehler bezeichnet, was »falsch ist, von der richtigen Form abweicht« oder »schlechte Eigenschaften« hat[41]. In Technik und Wirtschaft versteht man unter einem Fehler ein unerwünschtes, inakzeptables Resultat, das bemängelt oder nicht mehr toleriert wird, wenn es auftritt oder ein bestimmtes Ausmaß erreicht.

Der Qualitätsbegriff wurde dem lateinischen »qualitas« (= Beschaffenheit, Verhältnis, Eigenschaft) entlehnt. In der Umgangssprache wird Qualität überwiegend für das Gute verwendet. Dabei ist, oft gewollt emotional, von »schlechter Qualität«, von »höchster Qualität« oder von »exzellenter Qualität« die Rede. Definiert man Qualität aber als »das Gute«, so hat man keinen Maßstab, und es weiß niemand, was darunter zu verstehen ist[42]. In EN ISO 8402 (1995) wird Qualität deshalb definiert als »Gesamtheit von Merkmalen und Merkmalsausprägungen einer Einheit[43] bezüglich ihrer Eignung, festgelegte oder vorausgesetzte Erfordernisse zu erfüllen«. Qualität ist danach realisierte Beschaffenheit, im Verhältnis zu bestehenden Anforderungen (Qualitätsforderungen). Sie wird festgestellt, indem man

- die Beschaffenheit von Qualitätsmerkmalen in Form von Merkmalsausprägungen an Einheiten feststellt und
- diese mit den dazu vorliegenden Qualitätsforderungen vergleicht.

Qualität ist ein Positivbegriff, weil das Ausmaß erfüllter Qualitätsforderungen für das Ausmaß an Qualität steht. Dabei wird nicht berücksichtigt, inwieweit das die Zustimmung der Leistungsempfänger findet. Deren Erwartungen müssen sich in den Qualitätsforderungen widerspiegeln. Durch den Begriff Qualität wird lediglich beschrieben, inwieweit man mehr oder weniger erfüllt hat, was von anderen oder von einem selbst gefordert wurde.[44] Genauigkeit ist eine von mehreren Qualitäts-

---

41 Vgl. Bibliographisches Institut, Hrsg.: Duden, Bd. 10 Bedeutungswörterbuch: Mannheim, Wien, Zürich: Dudenverlag, 1970, S. 239.
42 Vgl. Crosby, P. B.: Qualität ist machbar. London: McGraw-Hill, 1990, S. 69.
43 Die »Einheit« ist bei unserer Betrachtung ein Prozessbaustein. Welche Qualitätsmerkmale und Merkmalsausprägungen dabei relevant sind, ist Gegenstand der folgenden Ausführungen.
44 Diesem Konzept folgen wir. Gleichwohl ist kritisch anzumerken, dass man, wenn wenig gefordert wird, auch wenig leistet. Stellt man also keine nennenswerten Qualitätsforderungen zur Stabilität und Validität von Prozessbausteinen, entscheidet allein die Wirtschaftlichkeit (vgl. Abb. III-38) über die Qualität von Prozessbausteinen, und dann misst man durch Schätzen ermittelten Zeitstandards die höchste Qualität zu. Daraus wird deutlich, dass nur ein ausgewogenes, alle hier angeführten Qualitätsmerkmale berücksichtigendes Konzept von Qualitätsforderungen auch zu sinnvollen Schlüssen führt.

forderungen an Prozessbausteine (vgl. Abbildung III-38). Fehler können zu jeder Qualitätsforderung anfallen, wenn man dazu nicht das erreicht, was beabsichtigt wurde.

2.6.2 Qualitätsforderungen an MTM-Bausteinsysteme

Im Abschnitt III-2.5 wurde erläutert, was Prozessbausteine sind, was das MTM-Prozessbausteinsystem beinhaltet, und mit der Reproduzierbarkeit wurde bereits eine Qualitätsforderung an die Beschaffenheit von Prozessbausteinen eingeführt. Qualitätsforderungen sind unter dem Gesichtspunkt der Prozessbaustein-Verwendung zu stellen, um keine Prozessbaustein-Qualität anzustreben, die nicht nachgefragt wird. So wird man z. B. an die Reproduzierbarkeit von Prozessbausteinen eher geringe Qualitätsforderungen stellen, wenn sie nur selten benötigt werden und ihr Anteil an der verwendeten Sollzeit gering ist. Es gilt also das Prinzip »nicht so gut wie möglich, sondern so gut wie nötig«. Die hier angestellten Überlegungen gelten uneingeschränkt für die MTM-Bausteinsysteme. Die Überlegungen zur Stabilität und zur Validität gelten für alle Prozessbausteine, auch für solche, die mit Hilfe von Ergänzungstechniken entwickelt werden. Im Kapitel 8, bei der Entwicklung unternehmensspezifischer Prozessbausteine, werden diese Überlegungen deshalb wieder aufgegriffen

Im Mittelpunkt der folgenden Betrachtungen stehen die MTM-Bausteinsysteme. Einen Überblick zu den grundlegenden[45] *Qualitätsforderungen an MTM-Bausteinsysteme* vermittelt Abbildung III-38.[46]

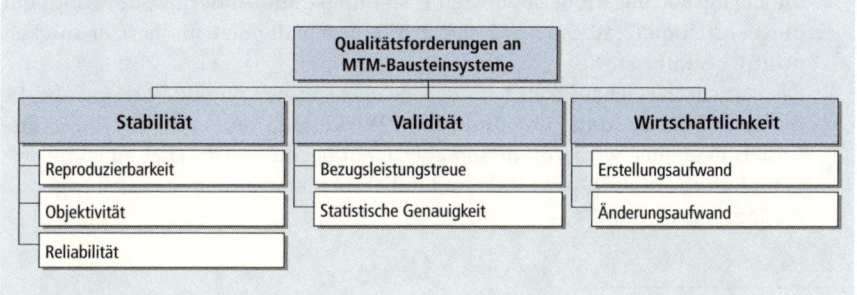

Abbildung III-38

Die grundlegenden Qualitätsforderungen an MTM-Bausteinsysteme

Der Abbildung III-39 sind die zwischen diesen Qualitätsforderungen bestehenden Wirkzusammenhänge zu entnehmen. Auf die darin dargelegten Wirkzusammenhänge wird in den folgenden Abschnitten Bezug genommen.

---

45 Grundlegend deshalb, weil Unternehmen darüber hinaus spezifische Qualitätsforderungen formulieren können, z. B. bedingt durch internationale Verflechtungen.
46 MTM ist das einzige »System vorbestimmter Zeiten«, für das systematische Qualitätsbetrachtungen durchgeführt wurden.

Darstellung der Qualitätsanforderungen	Darstellung der Qualitätsanforderungen als Einflussanalyse

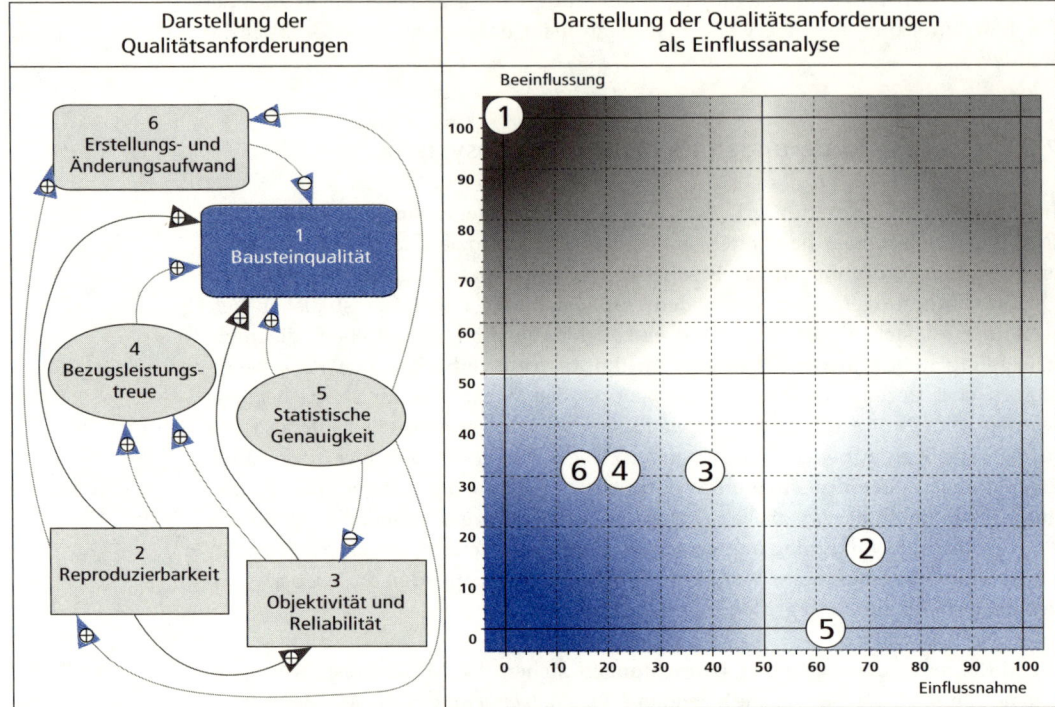

Abbildung III-39

Wirkungszusammenhänge zwischen den Qualitätsforderungen und deren Einfluss auf die Bausteinqualität

1. Die Reproduzierbarkeit hat eine starke[47] direkte positive Wirkung und zudem mehrfache indirekte positive Wirkungen (über die Objektivität und Reliabilität, die Bezugsleistungstreue sowie den Erstellungs- und Änderungsaufwand) auf die Bausteinqualität. Sie wird selbst nur durch die statistische Genauigkeit positiv beeinflusst.[48]

2. Die statistische Genauigkeit hat nur eine eher geringe direkte Wirkung auf die Bausteinqualität und übt indirekte Wirkungen auf andere Qualitätsforderungen aus, wird von diesen aber nicht beeinflusst. Sie hat einen negativen Einfluss auf die Objektivität und Reliabilität sowie auf den Erstellung- und Änderungsaufwand.[49]

---

47 Zur Abb. III-39: Im rechten unteren Quadranten positionierte Qualitätsforderungen nehmen selbst einen relativ starken Einfluss auf andere, werden durch diese aber relativ wenig beeinflusst. Im linken unteren Quadranten befindliche Qualitätsforderungen üben einen geringen Einfluss auf die Bausteinqualität und die anderen Qualitätsforderungen aus. Im linken oberen Quadranten positionierte Qualitätsforderungen üben einen geringen Einfluss auf die Bausteinqualität und die anderen Qualitätsforderungen aus, werden von diesen aber stark beeinflusst. Die Wirkungsstärke ist umso höher, je breiter der Wirkungspfeil im Wirkungsnetz ist. Ein Pluszeichen in der Pfeilspitze steht für positive, ein Minuszeichen für negative Wirkungstendenz.

48 MTM-1 kommt z. B. eine höhere statistische Genauigkeit als z. B. UAS zu. Mit MTM-1 beschriebene Arbeitsmethoden sind auf Grund der höheren Granularität reproduzierbarer als mit UAS beschriebene Arbeitsmethoden.

49 MTM-Bausteinsysteme mit höherer statistischer Genauigkeit (z. B. MTM-1) führen zu deutlich sinkender Objektivität und Reliabilität und damit zu steigenden Anwendungsabweichungen.

3. Die Objektivität und Reliabilität haben eine starke direkte positive Wirkung auf die Bausteinqualität und eine indirekte positive Wirkung über die Bezugsleistungstreue. Sie werden selbst durch die Reproduzierbarkeit positiv und durch die statistische Genauigkeit negativ beeinflusst.

4. Die Bezugsleistungstreue hat eine starke direkte positive Wirkung auf die Bausteinqualität und wird selbst durch die Reproduzierbarkeit sowie die Objektivität und Reliabilität positiv beeinflusst.

5. Der Erstellungs- und Änderungsaufwand hat das geringste Ausmaß an Einfluss und wird selbst durch die Reproduzierbarkeit positiv und durch die statistische Genauigkeit negativ beeinflusst.

2.6.3 Stabilität von MTM-Bausteinsystemen

Die erste Kategorie von Qualitätsforderungen ist mit Stabilität bezeichnet. Damit ist gemeint, dass Prozessbausteine eines Bausteinsystems so beschaffen sein müssen, dass sie zu gleichen, stabilen Anwendungsergebnissen[50] führen. Anwendungs- oder Ergebnisstabilität prägt sich in den Qualitätsforderungen Reproduzierbarkeit, Objektivität und Reliabilität aus. Abbildung III-39 ist zu entnehmen, dass die Stabilität neben der Bezugsleistungstreue den stärksten Einfluss auf die Qualität eines MTM-Bausteinsystems hat.

1. Eine hohe *Reproduzierbarkeit* ist gegeben, wenn die Prozessbausteine so beschrieben sind, dass man erkennt, wofür sie zu verwenden sind, wofür sie »gedacht« waren und wofür nicht. Je höher die Reproduzierbarkeit, desto höher ist die Gewähr dafür, dass Prozessbausteine nur für jene Prozesse verwendet werden, für die sie vorgesehen sind. Im Abschnitt 2.5.4 wurde dargelegt, wie Prozessbausteine zu beschreiben sind, um eine hohe Reproduzierbarkeit zu gewährleisten. Die Reproduzierbarkeit von Prozessbausteinen ist dann ausreichend hoch, wenn man sie so dokumentiert, wie im Abschnitt 2.5 beschrieben. Diese Qualitätsforderung zu erfüllen, lag in der Verantwortung der Bausteinsystementwickler.[51]

2. Eine hohe *Objektivität* (Vergleichbarkeit, interpersonelle Stabilität) ist gegeben, wenn die Prozessbausteine nur für den vorgesehenen Zweck verwendet werden. Hohe Reproduzierbarkeit ist eine notwendige, aber noch nicht hinreichende Bedingung für hohe Objektivität. So könnte zwar allen klar sein, wofür die Prozessbausteine von UAS gelten. Aber der Anwendungsfall, das praktische Problem, könnte von verschiedenen Anwendern unterschiedlich eingeschätzt und daraufhin doch verschiedene Prozessbausteine verwendet werden. Die Ursache dafür wird meist in einer unzureichenden Qualifikation der Anwender liegen.

---

50 Dieser Sachverhalt wird auch als Anwendungsfehler bezeichnet. Vgl. dazu z. B. Schlaich, K.: Die Systeme vorbestimmter Zeiten. Bilanz einer zehnjährigen Anwendung in der deutschen Industrie. In: TZ für praktische Metallbearbeitung, 63. Jg., 1969, S. 587–593.

51 Das im Abschnitt 2.5.4 dargelegte Konzept liegt dem gesamten MTM-Prozessbausteinsystem zu Grunde. Deshalb ist bei dessen Anwendung eine hohe Reproduzierbarkeit gewährleistet.

3. Eine hohe *Reliabilität* (Wiederholbarkeit, intrapersonelle Stabilität) ist gegeben, wenn die Prozessbausteine durch jeden Anwender bei mehrfacher Verwendung, über einen längeren Zeitraum hinweg, immer wieder wie vorgesehen verwendet werden.

Das Ausmaß, in dem Objektivität und Reliabilität erfüllt werden, hängt hauptsächlich ab von

- der Reproduzierbarkeit der Prozessbausteine,
- der Schwierigkeit/Komplexität des Anwendungsfalls, des zu analysierenden Prozesses,
- dem Ausbildungsstand und der Erfahrung des Anwenders.

Das im Teil I, Abschnitt 4.4, vorgestellte Ausbildungs- und Qualifizierungskonzept der Deutschen MTM-Vereinigung bietet die Gewähr, dass Personen mit den dort angeführten Qualifikationen und ausreichender Erfahrung hohe Objektivität und Reliabilität erzielen. Dazu gehört auch, dass Anwender die Eignungsgrenzen der MTM-Bausteinsysteme und der Ergänzungstechniken kennen und beachten[52].

2.6.4 Validität von MTM-Bausteinsystemen

Die zweite Kategorie von Qualitätsforderungen ist mit *Validität* bezeichnet. Die Verwendung von Prozessbausteinen führt dann zu validen (gültigen) Ergebnissen, wenn man das ermittelt und ausweist, was man auszuweisen vorgibt. Je höher die Validität von Prozessbausteinen ist, desto nützlicher sind sie, weil man bei deren Verwendung das »erstellt, was man versprochen hat«. Eine hohe Validität liegt vor, wenn zwei Qualitätsforderungen erfüllt werden:

- die Bezugsleistungstreue[53] und
- die statistische Genauigkeit.

Abbildung III-39 ist zu entnehmen, dass die *Bezugsleistungstreue* einen starken direkten Einfluss auf die Qualität von Prozessbausteinen hat.

- Bezugsleistungstreue bedeutet, dass die dem MTM-Prozessbausteinsystem immanente Bezugsleistung, die MTM-Normleistung[54], bei sachgerechter Anwendung[55] allen damit entwickelten Prozessbausteinen zu Grunde liegt.

---

52 Vgl. dazu Abbildung III-3, Vorkommniskategorien und geeignete Verfahren zur Bestimmung von Zeitstandards.

53 Bezugsleistungstreue ist, anders als der in der Literatur [vgl. z. B. Schlaich, K.: a. a. O. 1969.], verwendete Begriff des »Leistungsfehlers« eine verfahrensimmanente Größe. Es geht hierbei um die Frage, inwieweit die Sollzeiten von Prozessbausteinen für eine stets in etwa gleich hohe Leistungsanforderung stehen. Dagegen werden dabei nicht die Abweichungen zwischen Sollzeiten für Prozessbausteine (Bezugsleistung: MTM-Normleistung) und betrieblichen Istzeiten (Bezugsleistung: betriebliche Durchschnittsleistung) betrachtet.

54 Vgl. dazu Becks, C.: a. a. O., 2003, S. 19 f.

55 Das hat den Charakter einer ceteris-paribus-Klausel. Wenn einem Prozessbaustein ein Ablauf zu Grunde liegt, der nicht regelgerecht modelliert wurde (z. B. indem ein unzutreffendes Methodenniveau unterstellt wurde), liegt bei dem Prozessbaustein durch eine Anwendungsabweichung eine eingeschränkte Stabilität vor. Die dadurch zu »optimistischen« oder zu »pessimistischen« Sollzeiten sind also kein Zeichen eingeschränkter Bezugsleistungstreue bzw. eingeschränkter Validität.

Die Bezugsleistungstreue wurde im Teil I, Abschnitt 4.3, als eine wichtige funktionelle Eigenschaft des MTM-Prozessbausteinsystems ausgewiesen. Eine hohe Bezugsleistungstreue entsteht, wenn Prozessbausteine weitestgehend mit Hilfe eines MTM-Bausteinsystems entwickelt werden, unter Beachtung der dazu geltenden Anwendungsregeln. Je mehr es erforderlich ist, mit Ergänzungstechniken[56] zu arbeiten, desto geringer ist die Bezugsleistungstreue.

- Es besteht keine systematische, quantifizierbare Beziehung zwischen der MTM-Normleistung und einer (betrieblichen) Durchschnittsleistung in einem bestimmten Unternehmen. Dagegen besteht nach Schlaich eine empirisch begründbare und nicht unplausible[57] Beziehung zwischen der MTM-Normleistung und der REFA-Normalleistung: Sie sind in etwa gleich.[58] In vielen Tarifverträgen wird der Begriff der »Tariflichen Normalleistung« verwendet, ohne diese zu definieren. Verständigt man sich darauf, diese als der REFA-Normalleistung vergleichbar anzusehen, kommt man zu dem Schluss, dass die MTM-Normleistung in etwa der »tariflichen Normalleistung« entspricht. Das bedeutet, dass auf der MTM-Normleistung basierende Sollzeiten höher als die in den meisten Unternehmen benötigten Istzeiten sein werden. Mit anderen Worten: auf der MTM-Normleistung basierende mengenbezogene Ergebnisstandards werden durch die betreffenden Arbeitssysteme in den Unternehmen typischerweise überboten.
- Die funktionelle Eigenschaft, für unterschiedliche Prozesstypen unterschiedliche Bausteinsysteme anwenden zu können, wurde im Teil I, Abschnitt 4.3, als Komplexitätsvariation bezeichnet. Dieser Vorteil führte zum Entstehen des Qualitätsmerkmals statistische Genauigkeit, was nachfolgend erläutert wird.

Bei der *statistischen Genauigkeit* geht es um zwei Fragen:

- Wie hoch ist die Abweichung zwischen dem wirklichen Zeitbedarf für die Erfüllung einer Aufgabe (z. B. einem Hinlangen über 40 cm zu einem alleinliegenden Gegenstand) und dem MTM-Normzeitwert des dafür geltenden MTM-Prozessbausteins (z. B. R40B). Diese Abweichung wird als *Systemabweichung von MTM-1* bezeichnet. Dabei werden *Anwendungsabweichungen* durch Fehlanwendung des MTM-Bausteinsystems, also Stabilitätsmängel, ausgeschlossen.
- Wie hoch ist die Abweichung gegenüber dem mit MTM-1 analysierten Zeitbedarf, wenn an Stelle von MTM-1 ein komplexeres Bausteinsystem verwendet wird, z. B. MEK bei Vorliegen des Prozesstyps 3. Diese Art von Abweichung wird als Systemabweichung gegenüber MTM-1 bezeichnet. Dabei interessiert auch die so genannte Ausgleichszeit, also jene Zeitdauer, bei der das komplexere MTM-Bausteinsystem zur gleichen statistischen Genauigkeit wie MTM-1 führt.

---

56 Vgl. dazu Abbildung III-3 und die Darlegungen im Kapitel 6.
57 Anders als bei Work-Factor waren bei der Entwicklung von MTM-1 die Versuchspersonen im Zeitlohn Beschäftigte, und das Levellingverfahren ist dem REFA-Verfahren zur Leistungsgradbeurteilung ähnlich.
58 Vgl. Schlaich, K. : Vergleich von beobachteten und vorbestimmten Elementarzeiten manueller Willkürbewegungen bei Montagearbeiten. Entwurf eines neuen Systems vorbestimmter Zeiten. Berlin, Köln, Frankfurt: Beuth, 1967, S. 209.
Schlaich, K.: a. a. O., 1969, S. 591.

Bei der Entwicklung von MTM-1 wurden insbesondere zwei Arten konstruktiver Vereinfachungen vorgenommen, um dieses Bausteinsystem überschaubar und anwendbar zu halten, auch für Personen, die nicht die Möglichkeit haben, es täglich anzuwenden:

- Es wurden nicht alle relevanten, sondern nur die statistisch begründbaren, signifikanten Zeiteinflussgrößen berücksichtigt[59].
- Es wurden die Ausprägungen der Zeiteinflussgrößen unter Vereinfachungsaspekten grober gestuft[60].

Die statistische Genauigkeit prägt sich in der Systemabweichung von MTM-1 aus. Dort beträgt für eine repräsentative Grundbewegung

- der »mittlere Normzeitwert« 9,5 TMU, und
- dieser hat eine »mittlere Systemabweichung« von ca. +/– 0,5 TMU[61].

Das bedeutet, bei einer »repräsentativen Grundbewegung« mit einer Wahrscheinlichkeit von 95 % (t-Faktor = 1,96) ein

- im Mittel bis zu ca. (0,5 TMU · 1,96 = 1 TMU) bzw. 10 % höherer (9,5 TMU + 1 TMU = 10,5 TMU) oder
- bis zu ca. 10 % niedrigerer Normzeitwert (dann 8,5 TMU)

gerechtfertigt sein könnte.

---

59 Beim MTM-1-Baustein »Hinlangen« werden drei Zeiteinflussgrößen berücksichtigt: »Bewegungslänge«, »Bewegungsfall« und »Typ des Bewegungsverlaufs«. Wenn man es »ganz genau nehmen« würde, hätte man noch weitere Einflussgrößen berücksichtigen können, z. B. die »Bewegungsrichtung« (zum Körper hin oder vom Körper weg) und den »Bewegungsvektor« (zwischen 0 und 90 Grad, horizontal und vertikal). Schlaich [vgl. Schlaich, K.: a. a. O., 1967, S. 148.] hat für die Bewegungsrichtung ein partielles Bestimmtheitsmaß von 7 % erhoben und diese Zeiteinflussgröße deshalb als insignifikant eingestuft.

60 MTM-1-Baustein »Fügen« wurde die Zeiteinflussgröße »Passungsklasse« nach drei Ausprägungsstufen unterteilt, »lose«, »eng« und »fest«. Dabei wurde z. B. nicht berücksichtigt, dass sich Teile mit angefasten Fügeebenen leichter und schneller fügen lassen. Man hätte also die Passungsklassen noch feiner stufen können. Die Frage war aber, wie oft das praktisch vorkommt, und ob Einflussgrößen und Anwendungsregeln nicht auch so schon komplex genug sind, also Anwendungsabweichungen unverhältnismäßig zunehmen würden.

61 Vgl. Hancock, W. M.: The System Precision of MTM-1. In: MTM Journal, 15. Jg. Nr. 3, 1970, S. 9.

62 Bei einer repräsentativen Hinlangbewegung beträgt die mittlere Systemabweichung ca. 0,23 TMU, bei einer repräsentativen Fügebewegung ca. 0,69 TMU und bei einer repräsentativen Körperbewegung ca. 1,05 TMU.

Bei Körperbewegungen ist die Systemabweichung am größten.[62] Bei der Systemabweichung handelt es sich um keinen Fehler, sondern um eine bewusst hingenommene, »eingebaute« Toleranz. Bewusst hingenommen heißt, dass eine geringere Systemabweichung zu einem komplizierteren Verfahren und zu unverhältnismäßig höheren Anwendungsabweichungen geführt hätte[63].

Nach dem zentralen Grenzwertsatz der Statistik (Fehlerfortpflanzungsgesetz) führen diese Vereinfachungen zu keiner eingeschränkten statistischen Genauigkeit, wenn die mit Hilfe von MTM-1 bestimmte Sollzeit (Zyklusdauer) lang genug ist. Mit anderen Worten: die statistische Genauigkeit ist nur dann ein praktisches Problem, wenn MTM-1 auf zu kurzzyklische Prozesse angewandt wird. Auf höher aggregierte Prozessbausteine wirkt sich die Systemabweichung in so geringem Maße aus, dass sie vernachlässigbar ist. Qualitätsrelevant sind also nicht die Systemabweichungen der verwendeten MTM-Prozessbausteine, sondern der Vertrauensbereich der verwendeten Sollzeit, auf den sich der so genannte Fehlerausgleichseffekt wie folgt auswirkt[64]:

$$\text{Abw}_{Zyklus} = \pm \frac{\text{Abw}_{MTM-1}}{\sqrt{n}} \cdot 100\ \%$$

Abw_{Zyklus} Vertrauensbereich für die verwendete Sollzeit (Zykluszeit) bei einer Aussagewahrscheinlichkeit von 95 %

Abw_{MTM-1} mittlere Systemabweichung von MTM-1 bei einer Aussagewahrscheinlichkeit von 95 % (das sind ca. 0,5 TMU · 1,96)

n Sollzeit-Summe (Zykluszeit), gebildet aus den Normzeitwerten der verwendeten MTM-1-Prozessbausteine

Bei einem Verwendungs-Prozessbaustein mit einer Sollzeit $t_g = 1$ min ergibt sich folgende Rechnung:

$$\text{Abw}_{Zyklus} = \pm \frac{0,98}{\sqrt{1667}} \cdot 100\ \% = 2,4\ \%$$

Bei einem Verwendungs-Prozessbaustein, dessen Grundzeit $t_g = 1$ min mit Hilfe von MTM-1 analysiert wurde, würde sich mit hoher Wahrscheinlichkeit (95 %) ein aus der »Konstruktion« von MTM-1 resultierender Vertrauensbereich in Höhe von maximal ca. +/− 2,4 % ergeben. Das bedeutet, dass der eigentlich zutreffende Normzeitwert höchstwahrscheinlich maximal zwischen ca. 0,976 min und ca. 1,024 min betragen, in der Mehrzahl der Fälle jedoch näher bei 1 Minute liegen wird.

---

63 Vgl. dazu die Argumentation bei Schlaich, K.: a. a. O., 1969, S. 591: Die Systemabweichung von MTM-1 ist im Gegensatz zur Anwendungsabweichung (die nicht quantifizierbar ist) aus drei Gründen kein praktisches Problem. Erstens ist es eine Zufallsabweichung und damit gleich wahrscheinlich positiv wie negativ. Zweitens hat die Systemabweichung nur bei Zyklusdauern unter ca. 0,5 Minuten überhaupt praktische Bedeutung, wird also um so irrelevanter, je länger der vorliegende Zyklus ist. Dagegen wird die Anwendungsabweichung dann erfahrungsgemäß immer höher, ohne sie quantifizieren zu können. Schlaich leitete daraus die Empfehlung ab, die Systemabweichung nicht zu strapazieren, jedoch die Anwendungsabweichung ernst zu nehmen.

64 Diese Betrachtung impliziert, dass der Vertrauensbereich im varianzanalytischen Sinne keine systematische, sondern eine zufällige Abweichung ist.

Vertrauensbereiche stehen also für den »worst case«. Gemessen an anderen Stabilitäts- und Validitätsrisiken ist das aus der statistischen Genauigkeit resultierende Risiko vernachlässigbar. Die Verwendungs-Prozessbausteine müssen lediglich eine Sollzeit von nicht weniger als ca. 0,5 min/Stück haben (vgl. Abb. III-40).

Abbildung III-40

Der Vertrauensbereich mit MTM-1 ermittelter Sollzeiten

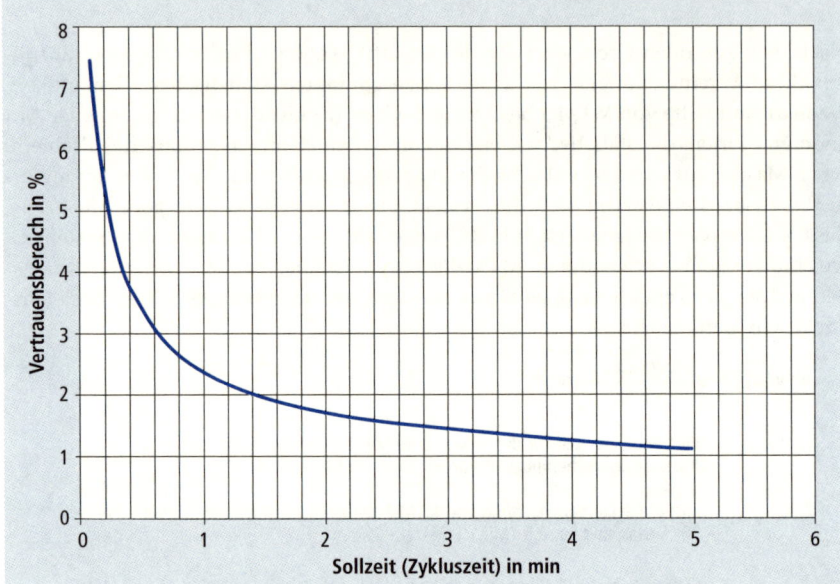

Der Entwicklung von UAS und MEK lagen zwei Ziele zu Grunde, nämlich gegenüber MTM-1 Vereinfachungen vorzunehmen, um

- bei längerzyklischen oder nichtzyklischen Abläufen (Prozesstypen 2 und 3) den Erstellungs- und Änderungsaufwand gegenüber MTM-1 (Prozesstyp 1) zu reduzieren und
- durch die systemimmanenten Vereinfachungen eine Verringerung der Anwendungsabweichung und damit eine Stabilitätsverbesserung zu erreichen.

Dazu wurden

- mehrere Grundbewegungen zu Bewegungsfolgen oder zu Grundvorgängen zusammengefasst, so Abbildung III-33 zu entnehmen,
- Ergänzungsbewegungen, z. B. Nachgreifen, Drücken, kurze Hinlang- und Bringbewegungen, in den Grundvorgängen berücksichtigt (»systemimmanentes Methodenniveau«),
- Zeiteinflussgrößen vereinfacht oder zu neuen Einflussgrößen kombiniert,
- die Ausprägungen der Zeiteinflussgrößen grober gestuft,
- Anwendungsregeln auf Grund dieser Vereinfachungen reduziert und
- darauf verzichtet, Bewegungsabläufe im Detail abbilden zu müssen.

Die Folge dieser Vereinfachungen ist, dass die Systemabweichung erheblich größer, die Anwendungsabweichung aber erheblich geringer als bei MTM-1 wurde. Die aus praktischer Sicht relevantere Anwendungsabweichung lässt sich leider nicht berechnen, wird deshalb in der Praxis erfahrungsgemäß unterschätzt und die System-

abweichung über Gebühr diskutiert. Begleitend zu den Entwicklungsarbeiten wurden Ausgleichszeiten gegenüber MTM-1 ermittelt[65], um zu prüfen, ob eine dem unterstellten Prozesstyp entsprechende *Ausgleichszeit* erreicht wird. Die Ausgleichszeiten sind – so die Entwicklungsvorgaben für UAS und MEK – etwa so hoch wie die prozesstypische Zyklusdauer. Als Ausgleichszeit wird also jene Zykluslänge bezeichnet, die als prozesstypisch vorgegeben ist und ab der die Systemabweichung von UAS und MEK etwa der von MTM-1 entspricht. Die Ausgleichszeiten betragen bei den Standarddaten ca. 0,6 min, bei UAS ca. 3,5 min und bei MEK ca. 19 min. Wurde ein dem vorliegenden Prozesstyp adäquates MTM-Bausteinsystem gewählt, interessieren die Ausgleichszeiten nicht mehr, weil diese auf den Prozesstyp abgestellt sind.

Erfahrungen aus Projekten zeigen, dass Praktiker aus falsch verstandenem »Sicherheitsdenken«, ohne Beachtung des vorliegenden Prozesstyps, gern auf MTM-1 zurückgreifen, um vermeintlich »genauere Analysen« zu erstellen. Solche Versuche führen, so lange man sich an die Anwendungsempfehlungen hält, wissenschaftlich und durch Erfahrung begründet, nicht zu höherer Bausteinqualität. Der statistische Effekt wird durch den *Anwendungseffekt* überkompensiert: UAS und MEK führen zu höherer Objektivität und Reliabilität, also zu einer höheren Stabilität als MTM-1 (vgl. dazu auch die in Abbildung III-39 ausgewiesenen Beziehungen), weshalb Anwender sich nicht an den Ausgleichszeiten, sondern an den Prozesstypen orientieren sollten. Die Entscheidung für ein MTM-Bausteinsystem sollte also unter Beachtung des Prozesstyps (vgl. Abb. III-34) und nicht auf die Ausgleichszeit fokussiert erfolgen.

2.6.5 Wirtschaftlichkeit von MTM-Bausteinsystemen

Die dritte Kategorie von Qualitätsforderungen an Bausteinsysteme ist die Wirtschaftlichkeit. Wirtschaftlichkeitsüberlegungen lassen sich anstellen

- bezüglich der Anwendung des MTM-Prozessbausteinsystems und der Ergänzungstechniken und
- zwischen den MTM-Bausteinsystemen.

Wirtschaftlich ist ein betriebliches Prozessbausteinkonzept dann, wenn für die Entwicklung der Prozessbausteine und den Änderungsdienst[66] kein unverhältnismäßig hoher Aufwand[67] entsteht.

---

65 Vgl. MTM, (Hrsg.): Statistische Relationen der MTM-Datensysteme UAS und MEK zur Begründung von Anwendungsempfehlungen. Entwicklungsreport der Entwicklungsgruppe »Standard-Daten« der Deutschen MTM-Vereinigung. Hamburg: Deutsche MTM-Vereinigung, 1965.
66 Als Änderungsdienst wird die permanente Anpassung des Prozessbausteinbestands an veränderte Produktionsbedingungen bezeichnet.
67 Welcher Aufwand als akzeptabel betrachtet wird, unterscheidet sich zwischen Unternehmen. Erfahrungsgemäß akzeptieren sie einen umso höheren Aufwand, je intensiver ein gezieltes Produktivitätsmanagement betrieben wird. Werden Prozessbausteine und Zeitstandards dagegen nur für gelegentliche Angebotskalkulationen benötigt, liegt nur eine niedrige Akzeptanzschwelle vor.

Erstellungsaufwand bedeutet, dass der zur Entwicklung der Prozessbausteine erforderliche Zeitaufwand betrachtet wird. Beispiel: Es sollen bei einem Unternehmen Rüstzeiten entwickelt werden, für ca. 100 Spritzgussmaschinen, die in vier Werken eingesetzt sind. Die Rüstgrundzeiten werden, je nach Maschinentyp, zwischen etwa 1 $^1/_2$ und 2 $^1/_2$ Stunden betragen. Insgesamt werden an den Spritzgussmaschinen etwa 25.000 Stunden p. a. für Rüsten anfallen. Es ist geplant, MEK anzuwenden, und der Erstellungsaufwand für die Rüst-Prozessbausteine wird mit etwa 350 Arbeitsstunden veranschlagt. Eine Rüststunde würde dann im Erstellungsjahr mit ca. 0,8 min Rüstzeit-Erhebungsaufwand belastet. Ob man diesen Aufwand als gering, angemessen oder hoch einstuft, lässt sich nicht allgemeingültig feststellen. Ebenso problematisch ist, einen Wirtschaftlichkeitsvergleich gegenüber einer der in Kapitel 6 angeführten Ergänzungstechniken zu führen. Beispielsweise könnte man die Durchführung einer Multimomentaufnahme in Erwägung ziehen, wobei man einen Erhebungsaufwand von etwa 300 Stunden ansetzen könnte. Die mit Hilfe des Multimomentverfahrens erhobenen Prozessbausteine hätten in Bezug auf Stabilität und Validität eine wesentlich geringere Qualität als bei Anwendung eines MTM-Bausteinsystems, so dass man Dinge vergleichen würde, die nicht vergleichbar sind.

Änderungsaufwand bedeutet, dass der zur Aktualisierung der Prozessbausteine erforderliche Zeitaufwand betrachtet wird. Für den Änderungsaufwand gilt zwar grundsätzlich das Gleiche wie für den Erstellungsaufwand. Gegenüber der Zeitmessung, Selbstaufschreibung und dem Multimomentverfahren hat jedes MTM-Bausteinsystem jedoch den Vorteil, dass man bei Änderungen nicht gesamte Prozesse erneut zu analysieren hat, sondern gezielt änderungsrelevante Prozessbausteine identifizieren und ändern kann. Deshalb stellen in Bezug auf den Änderungsaufwand die MTM-Bausteinsysteme stets die wirtschaftlichste Lösung dar.

Die noch immer übliche Art der Wirtschaftlichkeitsbetrachtung beim Vergleich von MTM-Bausteinsystemen basiert auf dem so genannten Analysieraufwand[68]. Dieser Betrachtungsweise folgen wir aus praktischen Erwägungen nicht. Die praxisrelevanten Relationen der Zeitaufwandssummen für die

- Arbeitssystem-Erfassung
- Arbeitsmethoden-Modellierung
- Analysendokumentation

zwischen den MTM-Bausteinsystemen wurde bisher nicht untersucht. Praktische Erfahrungen weisen aber darauf hin, dass die Relation zwischen diesen drei Aufwandspositionen, je nach Prozesstyp und Bausteinsystem, bei etwa 1 : 5 : 2 liegt.

---

68 Als Analysieraufwand wird die bei Anwendung eines Bausteinsystems für die Dokumentation der Analyse für einen Ablauf benötigte Zeit bezeichnet. Das ist nur ein Teil jener Zeit, welche für die Arbeitsmethoden-Modellierung mit Hilfe des betreffenden MTM-Bausteinsystems benötigt wird. Der Analysieraufwand ist deshalb kein brauchbarer Maßstab für die Beurteilung der Wirtschaftlichkeit von MTM-Bausteinsystemen.

Wenn der Analysieraufwand (Zeitbedarf für die Analysendokumentation) für UAS auf Grund des Entwicklungsreports auf etwa das Doppelte gegenüber MEK angesetzt wird, ist das angesichts der vorstehend angeführten Relationen von untergeordneter Bedeutung für die Wirtschaftlichkeit beider Bausteinsysteme. Entscheidend ist auch hier der Prozesstypbezug: UAS wurde für die Anwendung auf Arbeitssysteme entwickelt, die dem den Prozesstyp 2 zuzuordnen sind. MEK ist das analoge Bausteinsystem für den Prozesstyp 3. Wirtschaftlichkeitsbetrachtungen sind deshalb zwischen dem MTM-Prozessbausteinsystem und den Ergänzungstechniken möglich, zwischen den MTM-Bausteinsystemen aber obsolet. Schließlich ist zu berücksichtigen, dass man versuchen wird, in einem Betriebsbereich, z. B. in der mechanischen Fertigung oder in der Montage, mit nur einem MTM-Bausteinsystem auszukommen.

2.6.6 Konsequenzen für das MTM-Prozessbausteinsystem

Bei den drei Qualitätsmerkmalen zur *Stabilität* ist die Reproduzierbarkeit durch den Anwender nicht zu beeinflussen. So lange er das MTM-Prozessbausteinsystem sachgerecht anwendet, wird er hochgradig reproduzierbare Prozessbausteine entwickeln, weil dessen Prozessbausteine hochgradig reproduzierbar sind. Einschränkungen bei der Reproduzierbarkeit können sich jedoch ergeben, wenn Ergänzungstechniken anzuwenden sind. Die Reproduzierbarkeit sinkt zwar mit sinkender statistischer Genauigkeit bzw. steigender Systemabweichung. Sie ist bei Prozessbausteinen, die zum Prozesstyp 3 erstellt wurden, geringer als bei jenen zum Prozesstyp 1. Aber es bestehen auch geringere Anforderungen an die Reproduzierbarkeit. Das Ausmaß an Objektivität und Reliabilität ist dagegen durch den Anwender zu beeinflussen. Hier geht es um die sachgerechte Anwendung der MTM-Bausteinsysteme, denn wenn diese gegeben ist, führt das auch zu hoher Objektivität und Reliabilität. Werden sie von Personen mit entsprechender Qualifikation und ausreichender Erfahrung angewandt, ist eine gute Gewähr für hohe Objektivität und Reliabilität gegeben.[69] Dazu gehört auch, dass die Prozessbausteine nicht auf Vorkommniskategorien angewandt werden, auf die sie nicht uneingeschränkt anwendbar sind. Dem MTM-Prozessbausteinsystem und den damit entwickelten Prozessbausteinen ist folglich eine hohe Stabilität immanent.

Bei den beiden Qualitätsmerkmalen zur *Validität* ist die Bezugsleistungstreue von MTM-basierten Prozessbausteinen hervor zu heben. Die hohe Bezugsleistungstreue ist eine der vier wichtigen funktionellen Eigenschaften des MTM-Prozessbausteinsystems.[70] Sie ist stets höher als bei den Ergänzungstechniken zur Prozessbausteinbildung. Auch hier gilt, wie zur Objektivität und Reliabilität, die Bedingung sachgerechter Anwendung. Wichtig ist, dass damit die Frage nach der Übereinstimmung von MTM-Normleistung und betrieblicher Durchschnittsleistung nicht berührt ist.

---

69 Die Anwendung der in den folgenden Abschnitten dargelegten MTM-Bausteinsysteme ohne gründliche Schulung und sachgerechtes Training führt deshalb zu einer eingeschränkten Qualität der entwickelten Prozessbausteine.

70 Allein die hohe Ausprägung zum Qualitätsmerkmal »Bezugsleistungstreue« dient bei vielen Unternehmen als Begründung dafür, dass man die Ergänzungstechniken (vgl. Kapitel 7) nur dann anwendet, wenn auf Grund vorliegender Vorkommniskategorien (z. B. arbeitsmittelbestimmte Vorkommnisse) die MTM-Bausteinsysteme nicht anwendbar sind.

Die statistische Genauigkeit war eine für die Entwicklung der Bausteinsysteme wichtige Anforderung, weil die damit repräsentierten Ausgleichszeiten für den Prozesstyp stehen, auf welchen sie anzuwenden sind. Die statistische Genauigkeit hat also eine geringere praktische Bedeutung als die Bezugsleistungstreue, weil sie lediglich zur Begründung der prozesstypadäquaten Auswahl eines MTM-Bausteinsystems dient.

Die beiden Qualitätsforderungen zur *Wirtschaftlichkeit* sollten nicht zum Vergleich der MTM-Bausteinsysteme verwendet werden, weil man – unter Beachtung des Prozesstyps – stets das komplexeste MTM-Bausteinsystem anwenden wird. Erstellungs- und Änderungsaufwand sind deshalb nur mit dem Aufwand zu vergleichen, der bei Anwendung von Ergänzungstechniken entstehen würde. Diesem ggf. höheren Aufwand wird man eine umso geringere Bedeutung beimessen, je höher die Verwendungshäufigkeit der zu entwickelnden Prozessbausteine ist.

3 MTM-1

3.1 Grundsachverhalte

3.1.1 Definition

Im Abschnitt 2.5.1 wurde in Abbildung III-31 mit den Grundbewegungen bereits ein Überblick zum Bausteininventar von MTM-1 gegeben. Die Prozessbausteine von MTM-1 haben, so Abbildung III-34 zu entnehmen, den geringsten Komplexitätsgrad aller MTM-Bausteinsysteme. Das für MTM-1 adäquate Einsatzfeld ist der Prozesstyp 1, bildhaft bezeichnet mit »Mengenfertigung«. *MTM-1 ist wie folgt definiert:*

- MTM-1 ist ein MTM-Bausteinsystem auf der untersten hierarchischen Ebene der Grundbewegungen und zur Modellierung von Prozessen konzipiert, die durch den Prozesstyp 1 repräsentiert werden. Es besteht aus Grundbewegungs-Prozessbausteinen, denen in Abhängigkeit von Einflussgrößen MTM-Normzeitwerte zugeordnet sind.

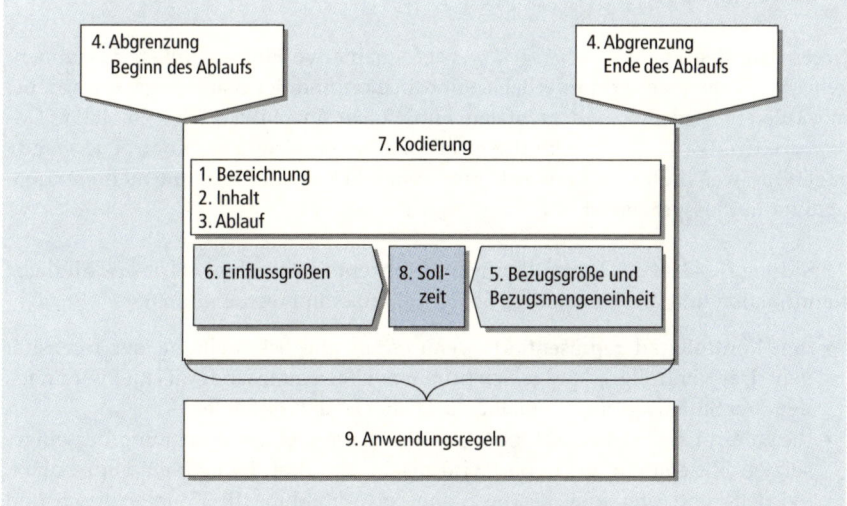

Abbildung III-41

Beschreibungselemente von Prozessbausteinen bei den MTM-Bausteinsystemen

Abbildung III-41 sind die Beschreibungselemente der MTM-Prozessbausteine zu entnehmen. Mit Hilfe dieser Elemente werden bei MTM-1 und den anderen MTM-Bausteinsystemen die Prozessbausteine beschrieben (vgl. Abbildung III-36).
Die Prozessbausteine sind so beschrieben, dass geschulte Anwender in der Lage sind, sie sachgerecht zu verwenden und eine hohe Objektivität und Reliabilität zu erreichen:

- Den Prozessbausteinen sind ihre signifikanten Einflussgrößen zugeordnet und in Abhängigkeit von diesen Sollzeiten zugewiesen, die MTM-Normzeitwerte. In Abbildung III-45 und Abbildung III-46 werden die Prozessbausteine von MTM-1 und in Abhängigkeit von ihren Zeiteinflussgrößen die Normzeitwerte angeführt. Wesen und Bedeutung von Einflussgrößen werden im folgenden Abschnitt 3.1.2 erläutert.

- Um einen Prozessbaustein eindeutig zu identifizieren, ist ihm eine Kodierung zugewiesen, in Form einer Buchstaben- oder Buchstaben-Zahlen-Kombination. In den Kodes sind mindestens die Bausteinbezeichnung, die Einflussgrößen und deren Ausprägungen verschlüsselt. Das Thema Kodierung wird im Teil III, Kapitel 8 behandelt.
- Zu jedem Prozessbaustein gibt es Anwendungsregeln. Das sind Handlungsanweisungen zur Verwendung des Bausteins, um eine hohe Objektivität und Reliabilität zu gewährleisten. Die Bedeutung von Anwendungsregeln wird im Abschnitt 3.1.5 erläutert.

3.1.2 Kontrollaufwand und Bewegungslänge

Den in Abbildung III-45 und Abbildung III-46 dargestellten Normzeitwerttabellen ist zu entnehmen, von welchen *Zeiteinflussgrößen* die Höhe der Normzeitwerte abhängt[71]. In den folgenden Abschnitten werden spezifisch gültige Zeiteinflussgrößen erläutert. Es gibt zwei besonders wichtige, übergeordnete Einflussgrößen:

- Kontrollaufwand,
- Bewegungslänge.

Unter dem Begriff *Kontrollaufwand* werden qualitative Einflussgrößen zusammengefasst, mit denen die erforderliche Koordination und der Steuerungsaufwand bei muskulären, visuellen und mentalen Funktionen abzubilden ist.[72] In der MTM-Normzeitwertkarte ist keine Einflussgröße mit der Bezeichnung »Kontrollaufwand« angeführt, weil dieser ein Konstrukt zur Verdeutlichung der Wirkung mehrerer qualitativer Einflussgrößen ist.

Abbildung III-42 ist das Kontrollaufwand-Konzept zu entnehmen. Die erforderliche Koordination und der notwendige Steuerungsaufwand werden durch:

- den Kontrollgrad repräsentiert, wenn es um die Beschreibung der Intensität geht. Der Kontrollgrad prägt sich primär am Bewegungsende aus und wird nach den drei Stufen »gering«, »mäßig« und »hoch« unterschieden.
- die Kontrollaktivität repräsentiert, wenn es um die Kennzeichnung der eingesetzten Rezeptoren geht. Sie wird nach den drei Kategorien »muskulär«, »visuell« und »gedanklich« (im Sinne von Abbildung III-37: reflexorisch und informatorisch) unterschieden.[73]

---

71 Einflussgrößen sind unabhängige Variable (Parameter), mit denen die Größe einer abhängigen Variablen, dem MTM-Normzeitwert, erklärt wird.
So ist z. B. $t_{Hinlangen}$ = f (Kontrollaufwand, Bewegungslänge, Typ des Bewegungsverlaufs). Aus den Zeiteinflussgrößen kann zwar auch auf Belastungshöhen und Belastungsdauern geschlossen, aber nicht der Anspruch begründet werden, dass daraus direkt eine valide Belastungsanalyse abzuleiten ist. Um dieser Anforderung gerecht zu werden, wurde MTM-Ergo® entwickelt (vgl. Teil II, Abschnitt 8.3).
72 Das Konstrukt des Kontrollaufwands wurde bei der Erstveröffentlichung von MTM-1 noch nicht in der heutigen Prägnanz dargelegt. Es wurde erstmals präzisiert und veröffentlicht in: Raphael, D. L.; Clapper, G. C.: A study of simultaneous Motions (Report 105). Pittsburgh: MTM Association for Standards and Research, 1952.
73 Der Kontrollgrad ist danach ordinalskaliert und die Kontrollaktivität nominalskaliert gestuft.

Kontrollgrad		geringer Kontrollaufwand	mäßiger Kontrollaufwand	hoher Kontrollaufwand
Kontrollaktivität	muskuläre Kontrolle	durch den Bewegungsempfindungs- und den Tastsinn	durch den Bewegungsempfindungs- und den Tastsinn	bereits am Bewegungs- beginn, erheblich am Bewegungsende
	visuelle Kontrolle	keine	am Bewegungsende	bei kurzen Bewegungs- längen am Bewegungs- beginn, stets am Bewegungsende
	gedankliche Kontrolle	keine	keine	am Bewegungsbeginn mitunter auch im Bewegungsverlauf, stets am Bewegungsende
Bewegungs- beginn		einfache Beschleunigung durch die ausführenden Muskelgruppen	einfache Beschleunigung durch die ausführenden Muskelgruppen	mäßige Koordination von ausführenden und entgegenwirkenden Muskelgruppe
Bewegungs- ende		einfache Verzögerung durch eine entgegenwirkenden Muskelgruppen	mäßige Koordination von ausführenden und entgegen- wirkenden Muskelgruppen, geringe visuelle Kontrolle	genaue Koordination von ausführenden und entgegenwirkenden Muskelgruppe
Kennzeichen der Bewegungs- ausführung		keine visuelle Kontrolle erforderlich, nicht bewusstseinspflichtig, muskuläre Kontrolle durch Bewegungsempfindungs- und Tastsinn	Bewegungsbeginn, bei geringer Routine noch Bewegungskorrekturen am Bewegungsende, genaue visuelle Kontrolle am Bewegungsende	Vielzahl von Sinneswahr- nehmungen, auch bei hoher Routine Bewegungskorrekturen am Bewegungsende,
		verzögerungsfreier Bewegungsbeginn und verzögerungsfreies Bewegungsende	verzögerungsfreier Bewegungsbeginn, leichte Verzögerungen am Bewegungsende	leichte Verzögerungen am Bewegungsbeginn, erhebliche Verzögerungen am Bewegungsende

Abbildung III-42

Das Konzept des Einflussgrößenkonstrukts »Kontrollaufwand«

Die bewegungsphysiologischen und -psychologischen Zusammenhänge zwischen den Grundbewegungen beim Grundzyklus bestehen z. B. darin, dass ein hoher Kontrollaufwand bei Hinlang- und Bringbewegungen durch hohe Präzisions- anforderungen bei den folgenden Greif- und Fügebewegungen bedingt ist. Deshalb betrachtet man die fünf Grundbewegungen im Grundzyklus auch nicht getrennt, sondern im Rahmen der Bewegungsfolgen »Aufnehmen« und »Platzieren« (vgl. Abbildung III-44). In den folgenden Abschnitten wird auf die konzeptionellen Festlegungen in Abbildung III-42 zurückgegriffen. Als *Bewegungslänge* wird die mit der Hand oder den Fingern zurückzulegende, mehr oder weniger bogenförmige Länge der Bewegungskurve beim Hinlangen und Bringen bezeichnet. Sie wird in Zentimeter gemessen.[74] Dabei verwendet man bei Handbewegungen die Zeige- fingerwurzel, bei Fingerbewegungen den Fingernagel zur Bestimmung der Messpunkte.[75]

---

74 Zur Ermittlung der Bewegungslänge wird als Faustregel für Planungszwecke die Ent- fernungsstrecke mit 10 % beaufschlagt.

75 Zu Besonderheiten bei kleinen Bewegungslängen vgl. Raphael, D. L.: An Analysis of Short Reaches and Moves (Report 106). Pittsburgh: MTM Assoziation for Standards and Research, 1953.

3.1.3 Der Grundzyklus

Der *Grundzyklus*[76] beschreibt einen typischen, besonders häufig[77] auftretenden Bewegungsablauf. Er wird, so Abbildung III-44 zu entnehmen, unterschieden nach den Bewegungsfolgen[78] Aufnehmen und Platzieren. Im Abschnitt 3.2 wird der Grundzyklus so dargestellt, dass die zwischen dessen fünf Grundbewegungen bestehenden Zusammenhänge deutlich werden. Die Grundbewegungen wurden von den Entwicklern nicht so abgegrenzt, wie sie in der Realität vollzogen werden, sondern so, wie es für die Kennzeichnung der Bewegungscharakteristika nützlich ist. Beispielsweise ist die Abgrenzung zwischen »Bringen« und »Fügen« das Ergebnis einer Modellbildung[79] und als solches sinnvoll. In der Realität verlaufen beide Grundbewegungen miteinander verknüpft und nicht in deutlich wahrnehmbarer Sequenz. Das Wissen um die Zusammenhänge zwischen den Grundbewegungen ist wichtig, weil die Gefahr besteht, dass bei der Ablaufmodellierung den Interdependenzen zu wenig entsprochen wird. Abbildung III-46 sind für die zum Grundzyklus gehörenden Grundbewegungen die Normzeitwerte zu entnehmen, funktionell abhängig von den Zeiteinflussgrößen.

3.1.4 Die weiteren Grundbewegungen

Im Abschnitt 3.3 werden die drei weiteren Grundbewegungen des Hand-Arm-Systems behandelt, »Drücken«, »Trennen« und »Drehen«. Diese treten in der Praxis relativ selten auf und lösen bei Praktikern den »Anfangsverdacht« aus, sie durch gestalterische Maßnahmen eliminieren zu können[80]. Ihre Auftretenshäufigkeit ist, das gilt auch für die beiden im Abschnitt 3.4 behandelten Blickfunktionen »Blick verschieben« und »Prüfen«, wesentlich geringer als bei den Grundbewegungen des Grundzyklus.

---

76 Vgl. Abschnitt 2.5, Abbildung III-31.
77 Vgl. Appelgren, L.; Magnusson, K.-E.; Skargard, K.: The MTM-2 Project. A report of the international applied Research Project MTM-2. London: International MTM Directorate, 1971.
78 Die Bewegungsfolgen stellen insofern »logische Einheiten« dar, als kein Hinlangen ohne anschließendes Greifen (Ausnahme: R-E) und letztlich immer ein Loslassen erfolgt. Ferner folgt einem Bringen immer dann auch ein Fügen, wenn am Ende eine erhöhte Zielgenauigkeit erforderlich ist.
79 So hätte man Bringen und Fügen auch zu einer Grundbewegung zusammenfassen und Fügen als Schwierigkeitszuschlag auf Bringbewegungen verwenden können, mit dem Argument, dass beide Grundbewegungen für den Beobachter als eine Transportbewegung auftreten. Da es aber in erster Linie darum geht, transparente Soll-Ablaufdokumentationen zu liefern, stellt die Trennung in die Grundbewegungen Bringen und Fügen die bessere Lösung dar.

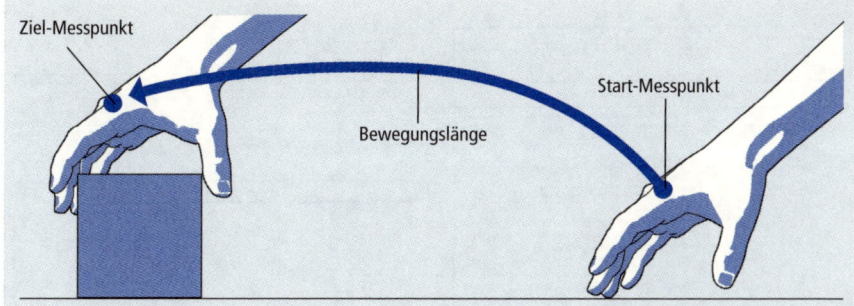

Abbildung III-43

Das Konzept der
Einflussgröße
»Bewegungslänge«

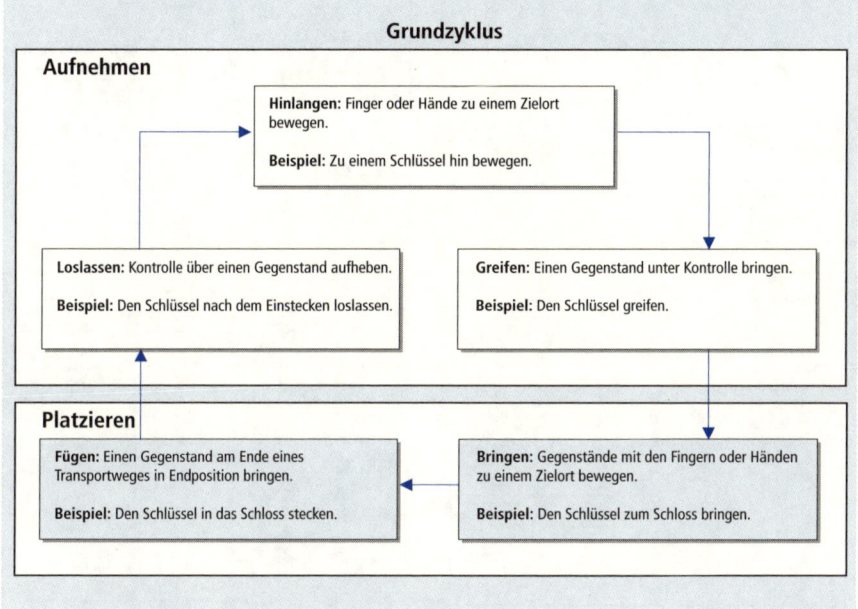

Abbildung III-44

Der Grundzyklus
bei MTM-1

Die Auftretenshäufigkeit der im Abschnitt 3.5 erläuterten Körper-, Bein- und Fuß-bewegungen hängt weitgehend von der Branche ab. Bei Montagesystemen mit stehender Körperhaltung, wie sie für die Automobil- oder die Luftfahrtindustrie typisch sind, haben sie eine größere praktische Bedeutung als bei Sitzarbeitsplätzen, wie sie z. B. für die Elektro-/Feinwerktechnik oder für viele Dienstleistungsunter-nehmen typisch sind.

---

80 Beim Drücken und Trennen versucht man z. B. durch Teilegestaltung oder mechanische Hilfen Arbeitsmethoden zu entwickeln, in denen diese Grundbewegungen nicht erforder-lich sind. Dabei strebt man einen Produktivitätsgewinn und eine Belastungsreduzierung an, weil beide Grundbewegungen meist nicht wertschöpfend sind und einseitig dynami-sche Belastungen repräsentieren.

Abbildung III-45

MTM-1-Normzeitwert-
karte (Vorderseite)

Abbildung III-46

MTM-1-Normzeitwert-
karte (Rückseite)

3.1.5 Anwendungsregeln

In Abbildung III-41 werden bei den strukturellen Elementen der MTM-Prozessbausteine auch die Anwendungsregeln angeführt. *Anwendungsregeln* sind Handlungsanweisungen zur Verwendung eines Bausteins oder mehrerer Bausteine[81].
Anwendungsregeln sind keine Erläuterungen, Sinndeutungen oder Handhabungsempfehlungen zu den Bausteinen, sondern zwingend zu befolgende Arbeitsvor-
schriften. Anwendungsregeln fordern den Anwender eines MTM-Bausteinsystems
zu bestimmtem Handeln auf. Sie beziehen sich auf die in Abbildung III-41 angeführten strukturellen Elemente eines Bausteins:

- Abgrenzungen und Restriktionen von Prozessbausteinen (z. B. Regeln 18
  und 22),
- Anweisungen zur Kombination und Gleichzeitigkeit (z. B. Regel 54),
- Situationen, in denen mit einem Prozessbaustein anders als vermutet zu ver-
  fahren ist (z. B. Regel 14),
- Abgrenzung der Einflussgrößenausprägungen untereinander, z. B. der Fälle
  (z. B. Regel 15),
- Anweisungen zu Interpolationen und Extrapolationen (z. B. Regel 1),
- Situationen, in denen die Bewegungsfälle spezifisch zu handhaben sind
  (z. B. Regeln 3, 7 und 10).

---

81 Die komplexeste Anwendungsregel zur Verwendung mehrerer Bausteine ist die in der
   Normzeitwertkarte angeführte Tabelle zur Planung gleichzeitiger Grundbewegungen
   (vgl. Abbildung III-65).

3.1.6 Prinzip der Prozessbausteinanalyse

Als *Prozessbausteinanalyse* (MTM-Analyse) wird die Dokumentation von Abläufen bzw. Arbeitsmethoden bezeichnet. Es gibt zwei Dokumentationsformen:

- Prozessbausteinanalyse (Form A)[82]: angewandt bei den MTM-Bausteinsystemen MTM-1 und MTM-2.
- Prozessbausteinanalyse (Form B): angewandt bei den MTM-Bausteinsystemen Standard-Daten-Basiswerte, UAS, MEK und sonstigen.

Der folgenden Abbildung ist das Schema einer Prozessbausteinanalyse (Form A) zu entnehmen, bei der jene Ablaufphasen, in denen mit beiden Händen gearbeitet wird, so dokumentiert werden, dass aus den Bezeichnungsspalten erkennbar ist, welche Grundbewegungen der rechten und welche der linken Körperhälfte zugeordnet werden. Die in Abbildung III-47 in der obersten Zeile mit Nummern gekennzeichneten Spalten haben folgende Bedeutung:

Spalte 1: Fortlaufende Nummerierung der verwendeten Bausteine, falls das als notwendig erachtet wird.

Spalte 2: Angabe von Objekten und Besonderheiten, wenn allein mit Hilfe der Grundbewegungs-Kodes keine reproduzierbare Arbeitsmethode zu dokumentieren ist, getrennt nach linker und rechter Körperhälfte.

Spalte 3: Bei Spalte 3 handelt es sich um eine Faktorspalte, die üblicherweise die Faktoren A (Anzahl) und H (Häufigkeit) enthält.

Unter A wird eine Zahl eingetragen, wenn bei einer Grundbewegung eine Mengeneinheit > 1 vorliegt (z. B. wird dort eine »2« eingetragen, wenn nicht 1 Teil, sondern 2 Teile aufgenommen werden). Anzahl steht für »wie viele?«.

In die Spalte H wird eine Zahl eingetragen, wenn eine Grundbewegung nicht regelmäßig auftritt (z. B. wird dort eine »0,1« eingetragen, wenn ein Nachgreifen nicht bei jedem, sondern nur bei jedem zehnten Teil erforderlich ist) oder mehrfach hintereinander auftritt. So wurde z. B. eine »3« eingetragen, wenn beim Fügen an verdeckter Fügestelle drei zusätzliche M-C – Bewegungen erforderlich sind. Häufigkeit steht für »wie oft?«.

Spalte 4: In die Kode-Spalten wird eine Verschlüsselung eingetragen, der zu entnehmen ist, um welche Grundbewegung es sich handelt und welche Einflussgrößen-Ausprägungen vorliegen (z. B. »R20C« mit »R« für Hinlangen, »C« für den Bewegungsfall C und »20« für 20 cm Bewegungslänge).

---

82 MTM-1 ist ein sehr fein auflösendes Bausteinsystem. Bei der Prozessbausteinanalyse (Form A) geht es um eine detaillierte Beschreibung der Arbeitsmethode, und deshalb werden auch Grundbewegungen dokumentiert, die nicht zeitbestimmend sind. Dieses Analyseprinzip wird von Praktikern auch als »Beidhandanalyse« bezeichnet.

Spalte 5: In die TMU-Spalte wird zum jeweiligen Kode ein der MTM-Normzeitwertkarte zu entnehmender Normzeitwert eingetragen (z. B. für M10B: 6,8 TMU). Liegt ein Eintrag in der Spalte A x H vor, wird der Tabellenwert mit dem Faktor multipliziert. Wären z. B. zum Kode M10B die Anzahl A = 2 und die Häufigkeit H = 0,1 eingetragen, ergäbe sich die Sollzeit aus 6,8 TMU · 2 · 0,1 = 1,4 TMU.

| ① | ② | ③ | ④ | ⑤ | ④ | ③ | ② |
Nr.	Bezeichnung	A	H	Kode	TMU	Kode	A	H	Bezeichnung
1.	*zu Stegen*			R20C	11	4	(R-E)			*in Nähe Stege*
2.				G4B	9	1				
3.					5	1	R4C			*Restweg zu Stegen*
4.					9	1	G4B			
5.	*zur Vorrichtung*			M16C	10	5	M16C			*zur Vorrichtung*
6.				~~G2~~			~~G2~~			

Abbildung III-47

Schema der Prozessbausteinanalyse (Form A)

3.2 Grundbewegungen des Grundzyklus

3.2.1 Bewegungsfolge Aufnehmen

Hinlangen ist die Grundbewegung, bei der die Finger oder die Hand zu einem Zielort bewegt werden. Beginn und Ende des Hinlangens werden durch den mit der Bewegungsbahn definierten Anfangs- und Endpunkt festgelegt. Die MTM-Normzeitwerte für das Hinlangen sind Abbildung III-46 zu entnehmen. Die Zeiteinflussgrößen sind:

- Bewegungslänge in cm,
- Bewegungsfall,
- Typ des Bewegungsverlaufs.

Die auf dieser Einflussgrößenkonstellation basierende Kodierung lautet:

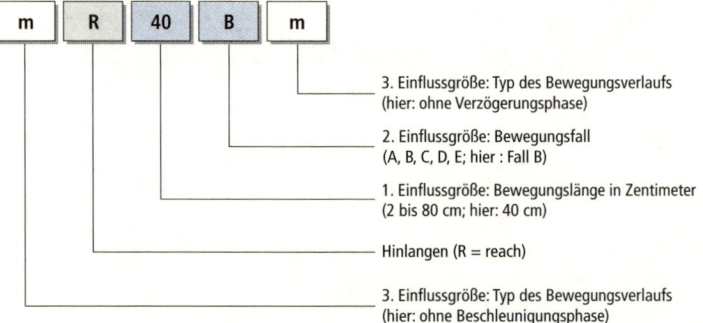

| m | R | 40 | B | m |

3. Einflussgröße: Typ des Bewegungsverlaufs
(hier: ohne Verzögerungsphase)

2. Einflussgröße: Bewegungsfall
(A, B, C, D, E; hier : Fall B)

1. Einflussgröße: Bewegungslänge in Zentimeter
(2 bis 80 cm; hier: 40 cm)

Hinlangen (R = reach)

3. Einflussgröße: Typ des Bewegungsverlaufs
(hier: ohne Beschleunigungsphase)

Die Einflussgröße »Bewegungslänge« wurde im Abschnitt 3.1.2 behandelt. Zu dieser Einflussgröße gibt es zwei Anwendungsregeln:

MTM-1 / Regel 1	Bewegungslängen > 80 cm werden in der Kodierung eingetragen und die Zeitwerte werden durch Extrapolation in Sprüngen zu je 5 cm ermittelt.

Hinlangen Fall B über 87 cm:
R90B = R80B + 2 (R80B − R75B) = 26,9 TMU + 2(26,9 TMU − 25,5 TMU) = 26,9 TMU + 2,8 TMU = 29,7 TMU

MTM-1 / Regel 2	Wird die Bewegungslänge für die Finger oder Hände durch Mithilfe anderer Körperteile (sog. Körperhilfe) verkürzt, ist sie um die Verkürzungslänge zu reduzieren.

Hinlangen Fall B über 80 cm, wobei durch Vorbeugen die Bewegungslänge auf 40 cm verkürzt wird:

Nr.	Bezeichnung	A	H	Kode	TMU	Kode	A	H	Bezeichnung
					15	6	R40B			zum Teil (40 cm Körperhilfe)

Mit der Einflussgröße »Bewegungsfall« wird der im Abschnitt 3.1.2 behandelte Kontrollaufwand berücksichtigt. Der folgenden Abbildung ist zu entnehmen, wodurch sich die fünf Bewegungsfälle unterscheiden. In Bezug auf den Kontrollgrad (vgl. Abbildung III-42) unterscheiden sich die fünf Bewegungsfälle beim Hinlangen wie folgt:

1. Fälle A, E: Der Kontrollgrad ist gering. Die Kontrollaktivität beschränkt sich auf eine muskuläre Kontrolle, d. h. weder zu Beginn, noch am Ende des Hinlangens ist eine visuelle Kontrolle erforderlich.

2. Fall B: Der Kontrollgrad ist mäßig. Die Kontrollaktivität schließt stets eine visuelle Kontrolle am Zielort, bei sehr kurzen Bewegungslängen auch am Startort, ein. Dieser Fall steht für die meisten realen Hinlangsituationen.

3. Fälle C, D: Der Kontrollgrad ist hoch. Die Kontrollaktivität schließt stets eine gedankliche Kontrolle am Zielort ein, häufig auch am Startort, gelegentlich auch im Bewegungsverlauf.

Fall A: Allein liegender Gegenstand, der sich stets an einem genau bestimmten Ort befindet oder in der anderen Hand liegt oder auf dem die andere Hand ruht. Es entsteht der Eindruck, dass die Bewegung »automatisch« und »sorglos« erfolgt.

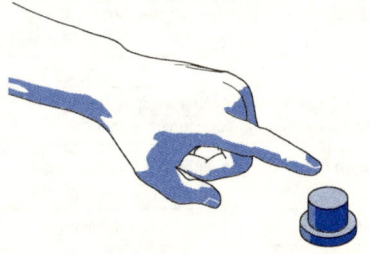

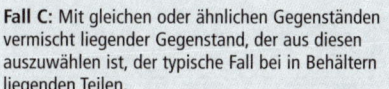

Fall B: Allein liegender Gegenstand, der sich an einem von Bewegungszyklus zu Bewegungszyklus wechselnden Ort befindet oder wenn anschließend eine Hand voll Gegenstände zu greifen ist.

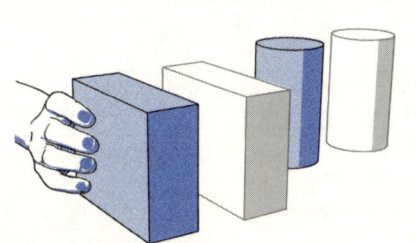

Fall C: Mit gleichen oder ähnlichen Gegenständen vermischt liegender Gegenstand, der aus diesen auszuwählen ist, der typische Fall bei in Behältern liegenden Teilen.

Fall D: Gegenstand, der klein ist (Querschnitt bis zu 3 x 3 mm) oder sehr genau oder mit Vorsicht zu greifen ist.

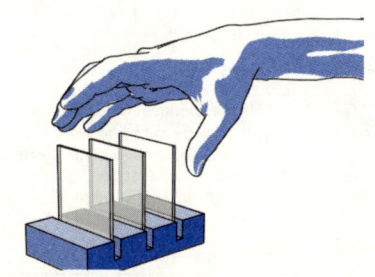

Fall E: Verlegen der Hand in eine unbestimmte Lage, um das Gleichgewicht herzustellen, die folgende Bewegung vorzubereiten oder diese aus der Arbeitszone zu entfernen.

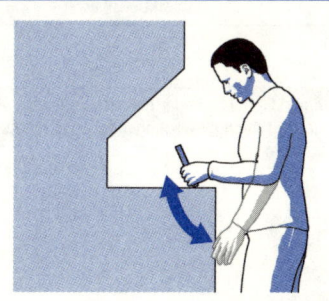

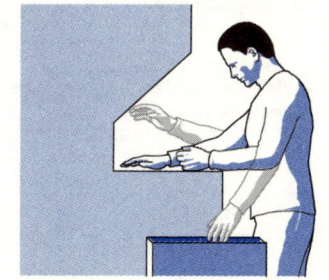

Abbildung III-48

Die fünf Bewegungsfälle beim Hinlangen

Die Normzeitwerte für die Fälle C und D sind gleich. Sie stehen zwar für unterschiedliche Zielort-Situationen, unterliegen jedoch dem gleichen Kontrollaufwand. Dieses Einflussgrößenkonstrukt und nicht die reale »Gegenstandslage und -beschaffenheit« begründen den Zeitbedarf.

Zur Einflussgröße »Bewegungsfall« gibt es sieben Anwendungsregeln:

MTM-1 / Regel 3	Bewegungsfall »A« wird beim Hinlangen zu einem in der anderen Hand liegenden Gegenstand nur dann analysiert, wenn der Griffabstand ≤ 7,5 cm ist. Bei größeren Griffabständen wird der Bewegungsfall »B« analysiert (vgl. Regel 17).

MTM-1 / Regel 4	Bewegungsfall »A« wird beim Hinlangen zu einem Gegenstand, der sich stets an einem genau bestimmten Ort befindet, nur dann analysiert, wenn dieser wirklich ohne visuelle Kontrolle, unter Nutzung des kinästhetischen Sinnes, erreicht wird.

MTM-1 / Regel 5	Folgt einem Hinlangen ein Greifen einer Hand voll gestapelter oder vermischter Gegenstände, wird es als Bewegungsfall »B« analysiert.

MTM-1 / Regel 6	Ein Hinlangen wird auch analysiert, wenn dabei ein Gegenstand gehalten wird, der nicht bewegungshinderlich ist und nach dem Hinlangen ein Greifen mit den Fingern erfolgt.

Teile werden mit einer Pinzette eingelegt, und diese verbleibt auch beim Auslösen einer Maschinenoperation in der Hand.

Nr.	Bezeichnung	A	H	Kode	TMU		Kode	A	H	Bezeichnung
	Pilztaster			R30A	9	5	R30A			Pilztaster

MTM-1 / Regel 7	Liegen sowohl die für den Bewegungsfall »C« als auch für den Bewegungsfall »D« typischen Merkmale vor, wird der Bewegungsfall »C« analysiert.

Hinlangen über 30 cm zu einer Pinnadel, die mit anderen vermischt in einer Schachtel liegt.

Nr.	Bezeichnung	A	H	Kode	TMU		Kode	A	H	Bezeichnung
					14	1	R30C			Lagerkugel

MTM-1 / Regel 8	Bei gleichzeitigem Hinlangen außerhalb des diffusen Blickfeldes muss bei den Bewegungsfällen »C« und »D« ein so genannter Interaktionsweg berücksichtigt werden. Das geschieht, indem für die zweite Hand ein Interaktionsweg von mindestens 4 cm analysiert wird.

Gleichzeitig über 30 cm zu zwei Behältern hinlangen, die in 50 cm Augenentfernung 30 cm auseinander stehen und aus denen jeweils ein Teil zu entnehmen ist.

Nr.	Bezeichnung	A	H	Kode	TMU		Kode	A	H	Bezeichnung
	Teil			R30C	14	1	(R-E)			Teil
				G4B	9	1				
					5	1	R4C			Interaktionsweg
					9	1	G4B			

MTM-1 / Regel 9	Erfolgt im Verlauf des Hinlangens eine Richtungsänderung, die nahezu oder gänzlich zu einem Bewegungsstopp führt, sind zwei hintereinander erfolgende Hinlangbewegungen zu analysieren.

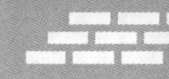

Mit der Einflussgröße »Typ des Bewegungsverlaufs« werden, so der folgenden Abbildung zu entnehmen, drei Typen des Bewegungsverlaufs unterschieden:

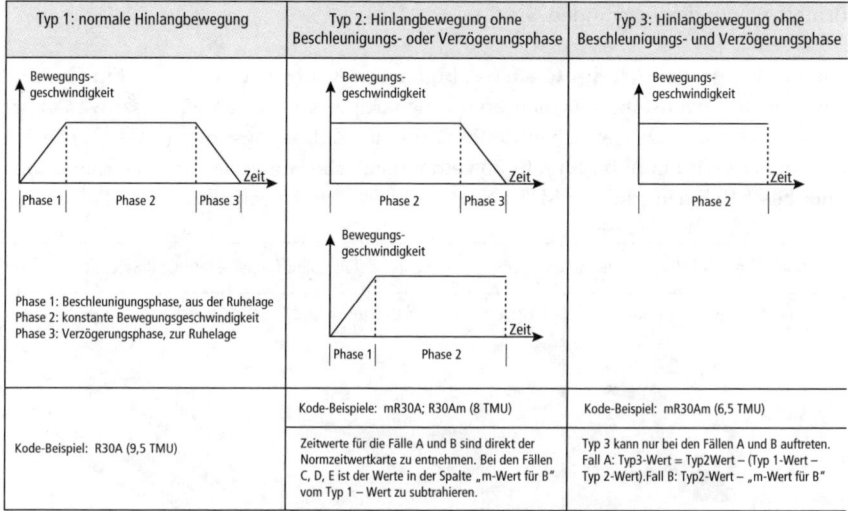

Abbildung III-49

Die drei Typen des Bewegungsverlaufs beim Hinlangen

Greifen ist die Grundbewegung, bei der mit den Fingern oder der Hand so weit Kontrolle über einen oder mehrere Gegenstände gewonnen wird, dass die nächste Grundbewegung auszuführen ist. Der Beginn des Greifens ist durch das Ende der vorhergehenden Hinlangbewegung und das Ende durch die erlangte Kontrolle festgelegt. Die MTM-Normzeitwerte für das Greifen sind Abbildung III-45 zu entnehmen.

Die Zeiteinflussgrößen sind:

- Art des Greifens,
- Lage des Gegenstandes,
- Beschaffenheit des Gegenstands (Form und Abmessungen).

Die Kodierung lautet:

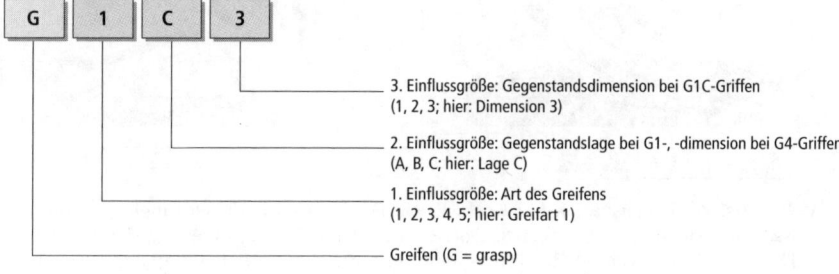

Greifen wird zwar als eigenständige Grundbewegung verwendet, und wurde so auch entwickelt. Sie lässt sich jedoch als Kombination mehrerer anderer Grundbewegungen, insbesondere kleinen, mit den Fingern ausgeführten Hinlang- und Bringbewegungen begründen.[83]

Die Einflussgröße »Art des Greifens« bildet den Kontrollaufwand ab. Ein Greifen, bei dem ein Gegenstand aus mehreren gleichartigen Gegenständen auszuwählen ist (= G4), hat etwa den vierfachen Zeitbedarf eines Zufassungsgriffs (= G1A). Die Art des Greifens wird in Abbildung III-50 verdeutlicht. Die Hinweise zur Gegenstandslage und -beschaffenheit sind der MTM-Normzeitwertkarte zu entnehmen.

Abbildung III-50
Die Arten des Greifens

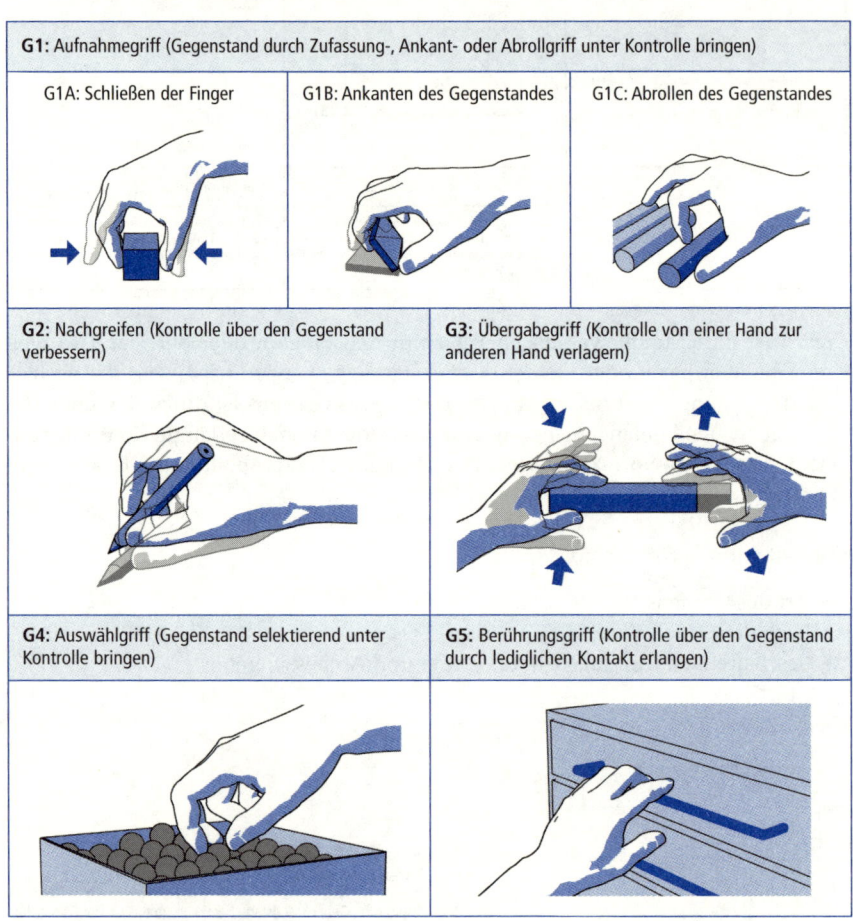

G1: Aufnahmegriff (Gegenstand durch Zufassung-, Ankant- oder Abrollgriff unter Kontrolle bringen)

G1A: Schließen der Finger

G1B: Ankanten des Gegenstandes

G1C: Abrollen des Gegenstandes

G2: Nachgreifen (Kontrolle über den Gegenstand verbessern)

G3: Übergabegriff (Kontrolle von einer Hand zur anderen Hand verlagern)

G4: Auswählgriff (Gegenstand selektierend unter Kontrolle bringen)

G5: Berührungsgriff (Kontrolle über den Gegenstand durch lediglichen Kontakt erlangen)

---

83 Vgl. Antis, W.; Honeycutt, J. M.; Koch, E. N.: Die MTM-Grundbewegungen, 2. Auflage. Düsseldorf: Maynard, 1972, S. 108. Dort und in der Lehrgangsunterlage der Deutschen MTM-Vereinigung werden die Prozessbausteine für das Greifen unter der Überschrift »Modelle für das Greifen« bzw. »Theorie des Greifens« dadurch zu verdeutlichen versucht, dass man sie als Ergebnis einer Kombination von Grundbewegungen darstellt. So wird z. B. ein G4A (7,3 TMU) als bestehend aus einem Fügen P1SE (5,6 TMU) und einem Greifen G1A (2,0 TMU) erklärt. Die Addition beider Bewegungen weist eine Zeit von 7,6 TMU aus. Diese Differenz resultiert daraus, dass die Zeitwerte für das Greifen empirisch erhoben wurden und die »Greifmodelle« lediglich Erklärungsmuster sind.

Abbildung III-50 ist zu entnehmen, dass fünf Arten des Greifens unterschieden werden:

G1 Aufnahmegriff: Der Zufassungsgriff G1A kommt am häufigsten, der Ankantgriff G1B seltener und der Abrollgriff G1C nur selten vor.

G2 Nachgreifen: Es dient entweder der Kontrollverbesserung oder dem Vorrichten des Gegenstandes in eine fügegerechte Lage.

G3 Übergabegriff: Er wird meist als notwendiges Übel betrachtet, weil er keine Wertschöpfung bewirkt.

G4 Auswählgriff: Er kommt insbesondere bei Montageaufgaben häufig vor.

G5 Berührungsgriff: Es findet lediglich ein Kontakt der Finger- oder Handfläche statt, wobei die Finger auch gekrümmt sein können.

Greifen wird, um die Charakteristika der Greifarten zu verdeutlichen, als eine Folge kleinster Hinlang- und Bringbewegungen dargestellt, so Abbildung III-51 zu entnehmen. Diese *Greifmodelle* werden auch als »Theorie des Greifens« bezeichnet. Bei MTM-1 ist, anders als bei den anderen MTM-Bausteinsystemen, wichtig, dass die Anwender ein Verständnis für menschliche Bewegungen besitzen, um Arbeitsmethoden menschengerecht modellieren zu können. Die Greifmodelle sollen das

Kode		modellierte Bewegungsfolge											theoretischer Zeitwert	empirischer Zeitwert	Normzeitwert
G1	A	RfA 2,0	+	G5 0									=	2,0	1,972	2,0
	B	RfA/RfD 2,0	+	G5 0	+	MfB 2,0							=	4,0	4,351	3,5
	C1	G5 0	+	MfB 2,0	+	RL2 0	+	RfA 2,0	+	G5 0	+	MfB 2,0	=	6,0	7,850	7,3
		G5 0	+	MfB 2,0	+	G2 4,0/6,0							=	6,0 oder 8,0		
	C2	RfD 2,0	+	G5 0	+	MfB 2,0	+	RL2 0	+ RfA 2,0 + G5 0 + MfB 2,0				=	8,0		8,7
	C3	P1SE 5,6	+	G5 0	+	MfB 2,0	+	RL2 0	+ RfA 2,0 + G5 0 + MfB 2,0				=	11,6		10,8
G2		RL2 0	+	RfA 2,0	+	G5 0	+	RL2 0	+ RfA 2,0 + G5 0 + MfB 2,0				=	6,0	5,899	5,6
		RL2 0	+	RfA 2,0	+	G5 0	+	MfB 2,0	+ RL2 0 + RfA 2,0 + G5 0				=	6,0		
		MfB 2,0	+	RL2 0	+	RfA 2,0	+	G5 0	+ RL2 0 + RfA 2,0 + G5 0				=	6,0		
		RL2 0	+	RfA 2,0	+	G5 0	+	MfB 2,0					=	4,0		
G3		RfA 2,0	+	G5 0	+	Reaktionszeit 1,6	+	RL2 0	+ RfE 2,0				=	5,6	5,257	5,6
G4	A	P1SE 5,6	+	G1A 2									=	7,6	9,204	7,3
	B	P1SE 5,6	+	G1B 4									=	9,6		9,1
	C	P1SE 5,6	+	G1C2 8									=	13,6		12,9
		P1SE 5,6	+	G1A 2	+	G2 4,0/6,0							=	13,6 oder 11,6		
G5		Berührungsgriff											=	0	0	0

Abbildung III-51

Greifmodelle (»Theorie des Greifens«)[84]

84 »f« steht für »fraction« und symbolisiert in den Greifmodellen die Bewegungslängen bis 2 cm.

unterstützen. Die MTM-Normzeitwerte für das Greifen wurden nicht nach den in den Greifmodellen dargelegten Bewegungssequenzen, sondern für die Bewegungsfälle ermittelt. Die Greifmodelle wurden im Nachhinein unter didaktischen Aspekten entwickelt.

Beim Greifen gibt es folgende Anwendungsregeln:

MTM-1 / Regel 10	An Stelle des »G1A« wird das »G1B« verwendet, wenn eine Verletzungsgefahr für die Finger oder eine Beschädigungsgefahr für den Gegenstand besteht.

MTM-1 / Regel 11	Wird die Bewegungsausführung durch das Tragen von Handschuhen behindert, muss die Behinderung bei der Anwendung der Prozessbausteine berücksichtigt werden.

MTM-1 / Regel 12	Ist ein Gegenstand mit Hilfsmitteln, z. B. Pinzette oder Zange, unter Kontrolle zu bringen, wird das nicht als Greifen, sondern als Bringen analysiert (vgl. Regel 18).

MTM-1 / Regel 13	Ein Nachgreifen »G2« ist als zeitbestimmende Bewegung nur dann anzusetzen, wenn eine Bringbewegung auch bei hoher Routine durch dieses Nachgreifen verzögert wird.

MTM-1 / Regel 14	Wenn ein Gegenstand mit einer Hand gehalten, mit der anderen Hand gegriffen und die folgende Grundbewegung beidhändig ausgeführt wird, liegt kein Übergabegriff G3, sondern ein Aufnahmegriff »G1A« oder »G1B« vor.

Mit der linken Hand über 40 cm ein Verbindungsrohr aufnehmen, es über 30 cm zur anderen Hand bringen, die gleichzeitig 20 cm entgegen kommt, um es dann mit beiden Händen zum Einbauort zu bringen.

Nr.	Bezeichnung	A	H	Kode	TMU		Kode	A	H	Bezeichnung
	zum Rohr			R40B	15	6				
				G1A	2	0				
	zur rechten Hand			M30B	13	3	(R20B)			zum Rohr
					2	0	G1A			
	zum Einbauort			M…			M…			zum Einbauort

MTM-1 / Regel 15	Sind vermischt liegende Gegenstände so groß, dass sie wie ein allein liegender Gegenstand zu greifen sind, wird für das Greifen kein »G4A«, sondern ein »G1A« angesetzt.

Über 60 cm aus einem Teilebehälter ein Teil 10 · 75 · 150 mm nehmen.

Nr.	Bezeichnung	A	H	Kode	TMU		Kode	A	H	Bezeichnung
					21	2	R60B			Teil
					2	0	G1A			

Loslassen ist die Grundbewegung, bei der die mit den Fingern oder der Hand ausgeübte Kontrolle über einen Gegenstand aufgegeben wird. Die MTM-Normzeitwerte für das Loslassen sind Abbildung III-45 zu entnehmen.

Die Zeiteinflussgröße ist der Bewegungsfall. Die auf dieser Einflussgröße basierende Kodierung lautet:

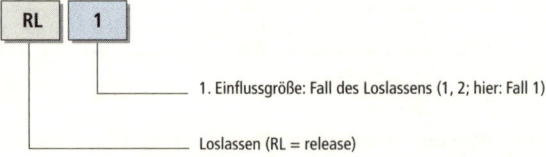

Loslassen Fall 1: Loslassen durch öffnen der Finger, z. B. wenn ein Gegenstand zuvor mit einem Aufnahme- oder Auswahlgriff unter Kontrolle gebracht wurde.

Loslassen Fall 2: Loslassen durch Aufheben des Kontaktes, z. B. wenn ein Gegenstand zuvor mit einem Berührungsgriff unter Kontrolle gebracht wurde.

Beim Loslassen gibt es eine Anwendungsregel:

MTM-1 / Regel 16	Bei einer Wurfbewegung (»M-B«) erfolgt das Loslassen während des Bewegungsverlaufs und wird zeitlich nicht berücksichtigt.							
Über 60 cm ein Teil in einen Behälter werfen.								
Nr.	Bezeichnung	A	H	Kode	TMU	Kode	A	H	Bezeichnung
					20	4	M60B			Teil zum Behälter
						~~RL1~~			

3.2.2 Bewegungsfolge Platzieren

Die Bewegungsfolge Platzieren steht für den Transport eines Gegenstandes zu einem Zielort. Wenn dort keine zu große Zielgenauigkeit gefordert wird, ist dieser Transport durch ein Bringen abzubilden. Werden an die Zielgenauigkeit und die Zielerfordernisse erhöhte Anforderungen gestellt, ist darüber hinaus ein Fügen vorzusehen.

Bringen ist die Grundbewegung, bei der mit den Fingern oder der Hand ein oder mehrere Gegenstände zu einem Zielort bewegt werden. Beginn und Ende des Bringens werden durch den mit der Bewegungslänge definierten Anfangs- und Endpunkt festgelegt. Die MTM-Normzeitwerte für das Bringen sind Abbildung III-46 zu entnehmen.

Die Zeiteinflussgrößen sind:

- Bewegungslänge in cm,
- Bewegungsfall,
- Typ des Bewegungsverlaufs,
- Kraftaufwand in daN.

Die Kodierung lautet:

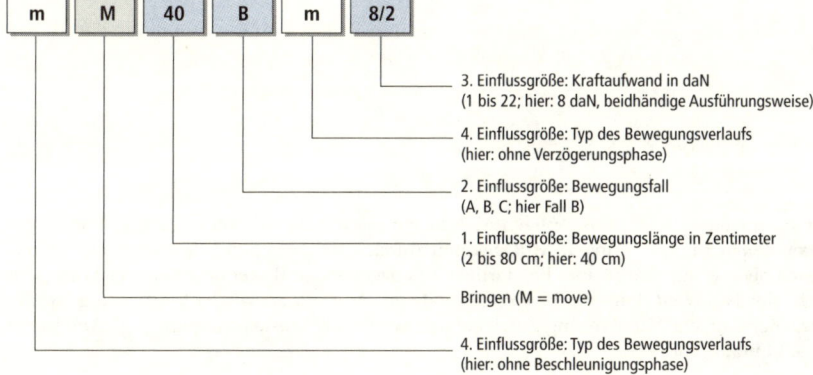

Die Einflussgröße »Bewegungslänge« wurde im Abschnitt 3.1.2 behandelt. Beim Bringen gelten die beim Hinlangen angeführten Anwendungsregeln 1 (Extrapolation) und 2 (Körperhilfe).

Mit der Einflussgröße »Bewegungsfall« wird der im Abschnitt 3.1.2 behandelte Kontrollaufwand berücksichtigt. Abbildung III-52 ist zu entnehmen, wodurch sich die drei Bewegungsfälle unterscheiden. In Bezug auf den Kontrollgrad (vgl. Abbildung III-42) unterscheiden sie sich beim Bringen wie folgt:

Fall A   Der Kontrollgrad ist gering, die Kontrollaktivität beschränkt sich auf eine muskuläre Kontrolle.

Fall B   Der Kontrollgrad ist mäßig, die Kontrollaktivität schließt eine visuelle Kontrolle am Zielort, bei sehr kurzen Bewegungslängen auch am Startort, ein.[85]

Fall C   Der Kontrollgrad ist hoch, die Kontrollaktivität schließt eine gedankliche Kontrolle am Startort, häufig auch am Zielort, gelegentlich auch im Bewegungsverlauf, ein.

Der folgenden Abbildung ist zu entnehmen, dass die Zielgenauigkeit von Bringbewegungen auf ein Spiel > 12 mm begrenzt ist. Ist am Zielort eine darüber hinausgehende Genauigkeit erforderlich, wird dem dadurch entsprochen, dass nach dem Bringen ein Fügen analysiert wird.

---

85 Die Normzeitwerte für das Bringen M-A liegen bis zu einer Bewegungslänge von 35 cm unter denen für das Bringen M-B, bedingt durch den vorstehend beschriebenen Unterschied beim Kontrollaufwand. Bei darüber hinausgehenden Bewegungslängen ist das nicht mehr der Fall, weil dann am Bewegungsende ein Ausmaß an Vorsicht notwendig ist, der über die »einfache Verzögerung durch entgegenwirkende Muskelgruppen« (vgl. Abbildung III-42) hinausgeht.

Abbildung III-52

Die drei Bewegungsfälle beim Bringen

Fall A: Einen Gegenstand zur anderen Hand oder gegen einen Anschlag bewegen. Es besteht der Eindruck, dass die Bewegung »automatisch« und »sorglos« erfolgt

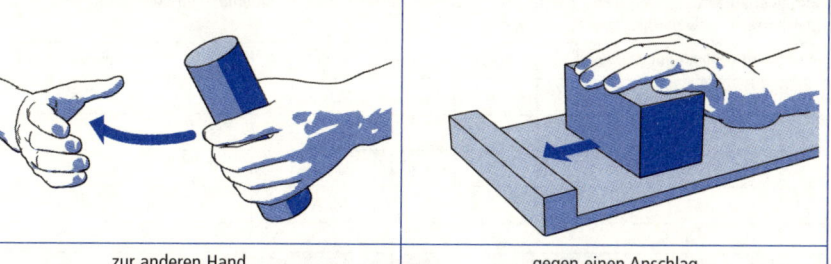

| zur anderen Hand | gegen einen Anschlag |

Fall B: Einen Gegenstand in eine ungefähre oder in eine unbestimmte Lage bewegen. Die Zielgenauigkeit ist > 25 mm.

| in eine ungefähre Lage | in eine unbestimmte Lage | Zielgenauigkeit: > 25 mm |

Fall C: Einen Gegenstand in eine genau bestimmte Lage bewegen. Die Zielgenauigkeit liegt zwischen > 12 und ≤ 25 mm

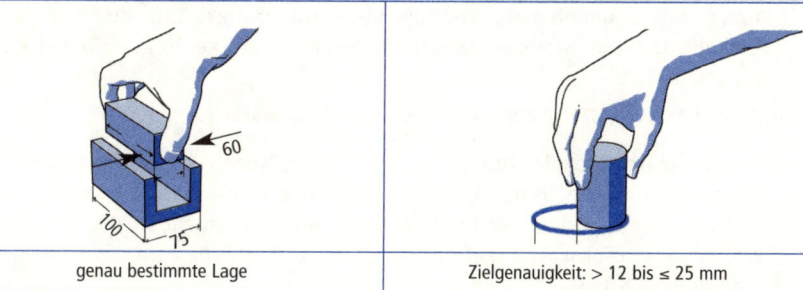

| genau bestimmte Lage | Zielgenauigkeit: > 12 bis ≤ 25 mm |

Zur Einflussgröße »Bewegungsfall« gibt es folgende Anwendungsregeln:

| **MTM-1 / Regel 17** | Bewegungsfall »A« wird beim Bringen eines Gegenstandes zur anderen Hand nur dann analysiert, wenn der Griffabstand ≤ 7,5 cm ist. Bei größeren Griffabständen wird der Bewegungsfall »B« analysiert (vgl. Regel 3). |

MTM-1 / Regel 18	Ist ein Gegenstand mit Hilfe von Werkzeugen, z. B. Pinzette oder Zange, unter Kontrolle zu bringen, wird das nicht als Greifen, sondern als Bringen analysiert (vgl. Regel 12).

Mit einer Pinzette ein Teil (Ø 5 · 2 mm) über 30 cm aus einem Behälter aufnehmen, in dem es mit gleichartigen Teile vermischt liegt.

Nr.	Bezeichnung	A	H	Kode	TMU	Kode	A	H	Bezeichnung
					15	1	M30C			Pinzette zum Teil
							~~G2~~			
					14	7	P1SSD			
					2	0	M2A			Pinzette schließen

MTM-1 / Regel 19	Erfolgt im Verlauf des Bringens eine Richtungsänderung, die nahezu oder gänzlich zu einem Bewegungsstopp führt, sind zwei hintereinander erfolgende Bringbewegungen zu analysieren.

MTM-1 / Regel 20	Wird eine Hand als Werkzeug verwendet, z. B. zum Falzen oder Klopfen, wird das mit Hilfe von Bringbewegungen analysiert.

Zur Einflussgröße »Typ des Bewegungsverlaufs« gelten sinngemäß die beim Hinlangen angeführten Hinweise.

Mit der Einflussgröße »Kraftaufwand«[86] wird berücksichtigt, dass Bringbewegungen, bei denen ein Gegenstand mit einem Kraftaufwand > 1 daN (1 Dekanewton ≈ 1 kg Lastengewicht) gehoben, gezogen oder geschoben wird, zeitverzögert verlaufen. Um dem zu entsprechen, werden in der MTM-Normzeitwertkarte (vgl. Abbildung III-46) in Abhängigkeit vom Kraftaufwand in daN zwei Daten ausgewiesen:

1. Konstante K: *Statische Komponente* SC (SC = static component) zum Kraftaufbau und -abbau, unabhängig von der Bewegungslänge. Zur Bestimmung der Sollzeit für die Statische Komponente wurde eine Regressionsgleichung ermittelt:

   K-Wert (TMU) = 0,475 + 0,7685 · x   mit x = Kraftaufwand in daN

   Dieser Regressionsgleichung liegt den in der Normzeitwertkarte tabellierten Werten zu Grunde. In der Spalte »K« wird der Zeitwert in TMU ausgewiesen, der in einer separaten Zeile als eigenständiges Element in der Prozessbausteinanalyse (Form A) angeführt wird. Bei z. B. 8 daN wird »SC8« analysiert und dafür 5,8 TMU verwendet.

2. Faktor W: *Dynamische Komponente* zur Krafthaltung (W für »weight«) während des Bewegungsverlaufs, in Form eines Faktors, der mit dem Zeitwert für das Bringen multipliziert und an den Bringbewegungs-Kode angehängt wird. Die Sollzeit für die Dynamische Komponente steigt proportional mit der Erhöhung des Gewichts bzw. Kraftaufwands. Für die Bestimmung der Sollzeit wurde folgende Regressionsgleichung entwickelt:

   W-Wert (TMU) = y (1 + 0,0243 · x)   mit y = Normzeitwert für die Bringbewegung
   und x = Gewicht in kg oder Kraftaufwand in daN

---

86 Der MTM-Normzeitwertkarte ist zu entnehmen, dass der Kraftaufwand in daN-Stufen tabelliert ist und in der Normzeitwertkarte die oberen Grenzwerte enthalten sind.

Bei M50B und 5 kg Gegenstandsgewicht ergibt sich für »M50B5« folgender Norm-zeitwert:[87]

$$18,0\ (1 + 0,0243 \cdot 5) = 18,0 \cdot 1,12 = 20,2\ \text{TMU}$$

Der in der MTM-Normzeitwertkarte angeführte Kraftaufwand bezieht sich auf ein-händige Arbeitsweise. Wird ein Gewicht beidhändig bewegt, verteilt man den Kraft-aufwand auf beide Hände (vgl. das Beispiel zu Regel 21).

Zur Einflussgröße »Kraftaufwand« gibt es folgende Anwendungsregeln:

MTM-1 / Regel 21	Liegt der Kraftaufwand zwischen den in der Normzeitwertkarte angeführten daN-Werten, wird der nächst höhere daN-Wert zur Zeitbestimmung verwendet.							
Ein 17 kg schwerer Behälter wird mit beiden Händen über 50 cm transportiert.								
Nr.	Bezeichnung	A	H	Kode	TMU	Kode	A	H	Bezeichnung
				SC 18/2	7	3	SC 18/2		Gewicht 17 kg
	Behälter absetzen			M50B 18/2	22	0	M50B 18/2		Behälter absetzen

MTM-1 / Regel 22	Wenn sich bei einem Bringen mit einem Gewicht > 1kg bzw. einem Kraftaufwand > 1 daN das Gewicht bereits unter Kontrolle befindet, darf die statische Komponente nicht nochmals analysiert werden.							
Ein Teil mit einem Gewicht von 6 kg aus einer 20 cm tiefen Öffnung herausziehen und dann über 60 cm ablegen.								
Nr.	Bezeichnung	A	H	Kode	TMU	Kode	A	H	Bezeichnung
					4	3	SC 6		
					11	8	M20B6		aus der Öffnung
					22	8	M60B6		Ablage

Fügen ist die Grundbewegung, bei der mit den Fingern oder der Hand ein Gegen-stand in einen anderen eingesteckt oder an einen anderen angelegt wird.[88] Der Beginn des Fügens liegt in der Modellbetrachtung nach der Beendigung der vorher-gehenden Bringbewegung. Es endet mit dem Beginn der folgenden Loslassen-bewegung. Die MTM-Normzeitwerte für das Fügen sind Abbildung III-46 zu ent-nehmen.

Die Zeiteinflussgrößen sind:

- Passungsklasse,
- Symmetriebedingung,
- Handhabung.

---

87 Vgl. Raphael, D. L.: A Study of Arm Movements Involving Weight (Report 108). Pittsburgh: MTM Association for Standards and Research, 1955.

88 Vgl. Raphael, D. L.: A Study of Positioning Movements. I. The General Characteristics. II. Special Studies Supplement (Report 118). Pittsburgh: MTM Association for Standards and Research, 1957. Deutsche Fassung: Eine Studie der Fügebewegungen I und II, hrsg. von der Deutschen und Schweizerischen MTM-Vereinigung, 1962.
Raphael, D. L.; Clapper, G. C.: A Study of Positioning Movements. III. Application to Industrial Work Measurement. (Report 119). Pittsburgh: MTM Association for Standards and Research, 1957. Deutsche Fassung: Eine Studie der Fügebewegungen III, hrsg. von der Deutschen und Schweizerischen MTM-Vereinigung, 1963.

Die auf dieser Einflussgrößenkonstellation basierende Kodierung lautet:

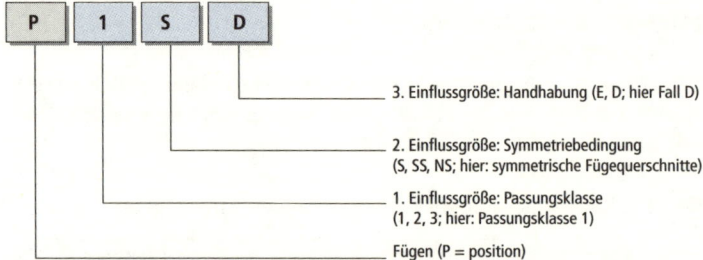

| P | 1 | S | D |

3. Einflussgröße: Handhabung (E, D; hier Fall D)

2. Einflussgröße: Symmetriebedingung
(S, SS, NS; hier: symmetrische Fügequerschnitte)

1. Einflussgröße: Passungsklasse
(1, 2, 3; hier: Passungsklasse 1)

Fügen (P = position)

Abbildung III-53 ist der Unterschied zwischen dem Anfügen und Einfügen zu entnehmen. Dieser liegt nur in der Handhabung der Passungsklasse. Bei den beiden anderen Einflussgrößen, Symmetriebedingung und Handhabung, wird bei beiden Fügearten gleich verfahren. Ferner sind die Bewegungsphasen[89] beim Einfügen dargestellt, wobei zentrieren und ausrichten meist nicht sequentiell, sondern phasenüberlappt verläuft.

Abbildung III-53

Die Fügearten und die
Bewegungsphasen
beim Einfügen

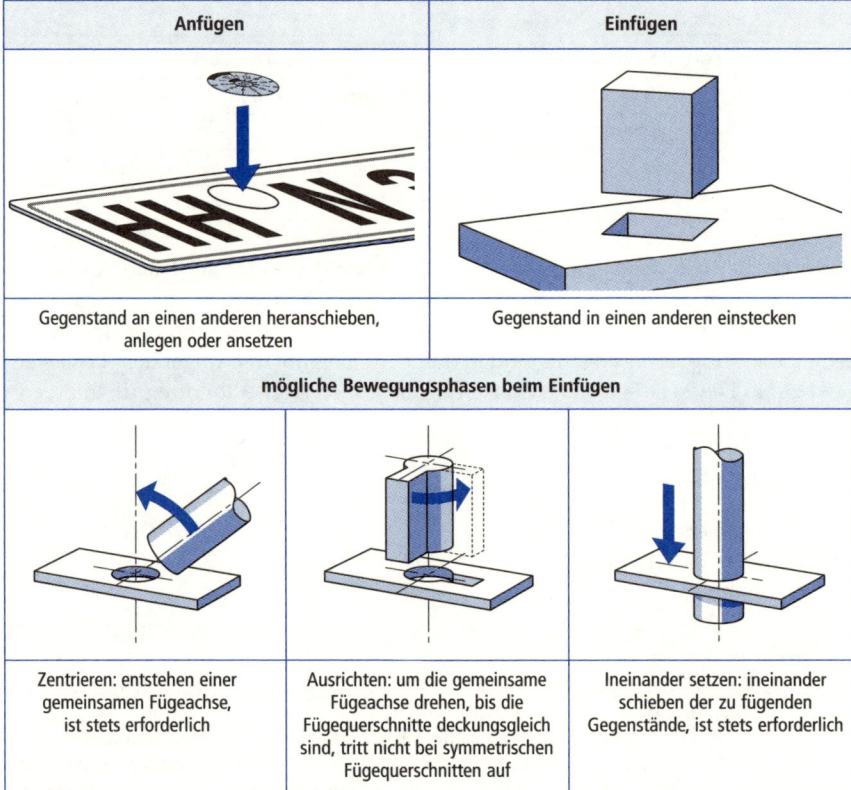

Anfügen	**Einfügen**
Gegenstand an einen anderen heranschieben, anlegen oder ansetzen	Gegenstand in einen anderen einstecken

mögliche Bewegungsphasen beim Einfügen

| Zentrieren: entstehen einer gemeinsamen Fügeachse, ist stets erforderlich | Ausrichten: um die gemeinsame Fügeachse drehen, bis die Fügequerschnitte deckungsgleich sind, tritt nicht bei symmetrischen Fügequerschnitten auf | Ineinander setzen: ineinander schieben der zu fügenden Gegenstände, ist stets erforderlich |

---

89 Dieses Phasenschema liegt auch dem »Modell für das Einfügen« bzw. der »Theorie des Fügens« zu Grunde, das eine Analogie zu den »Modellen für das Greifen« darstellt. Vgl. dazu Antis, W.; Honeycutt, J. M.; Koch, E. N.: a. a. O., 1972, S. 118.

Die Behandlung der Einflussgröße »Passungsklasse« beim Ein- und Anfügen ist der folgenden Abbildung zu entnehmen. Beim Einfügen ist der Kraftaufwand, beim Anfügen die Zieltoleranz maßgebend. Da die Zielgenauigkeit der Bringbewegung M-C > 12 mm ist, liegt ein Fügen erst dann vor, wenn diese ≤ 12 mm ist. Beim Bestimmen der Passungsklasse zum Einfügen dürfen keine Zieltoleranzen, wie beim Anfügen, verwendet werden. Ist, trotz geringster Zieltoleranz, keine Druckausübung erforderlich und ist keine Verzögerung erkennbar, liegt stets die Passungsklasse P1 vor. Wie den Fügenmodellen (»Theorie des Fügens«) in Abbildung III-56 zu entnehmen ist, bildet der Fall P1SE den »Basisfall« des Fügens. Erst wenn

- durch Druckanwendung und Asymmetrie weitere Dreh- und Drückbewegungen und
- durch erschwerte Handhabung Nachgreifbewegungen

erforderlich werden, führt das zu aufwändigeren Fügefällen.

Abbildung III-54
Behandlung der Passungsklasse beim Ein- und Anfügen

Einfügen			
Passungsklasse	P1	P2	P3
	lose	eng	fest
Passung (Fügetiefe bis 2,5 cm)			
erforderlicher Kraftaufwand	kein Druck – Gegenstände fallen ineinander	leichter Druck – Gegenstände fallen nicht mehr ineinander	starker Druck – Gegenstände werden von Hand ineinander gepresst
Bewegungsverlauf	fließend, kaum erkennbare Verzögerungen	nicht mehr fließend, deutlich erkennbare Verzögerungen	

Anfügen			
Passungsklasse	P1	P2	P3
Zieltoleranz	von: > ± 1,5 mm bis: ≤ ± 6,0 mm	von: > ± 0,4 mm bis: ≤ ± 1,5 mm	von: 0 mm bis: ≤ ± 0,4 mm
Anfügespiel	von: > 3,0 mm bis: ≤ 12,0 mm	von: > 0,8 mm bis: ≤ 3,0 mm	von: 0 mm bis: ≤ 0,8 mm

In der US-amerikanischen Ausgabe der MTM-1-Normzeitwertkarte wird in Erweiterung der Einflussgröße »Passungsklasse« unter der Überschrift »Supplementary Data« die Fügetiefe (»depth of insertion«) eingeführt.[90]

---

90 Vgl. Raphael, D. L.: MTM-Report 109, A study of Positioning Movements I. The General Characteristics and II. Special Studies Supplement. Pittsburgh: MTM Association for Standards and Research, 1957. Raphael, D. L.; Clapper, G. C. : MTM-Report 109, A study of Positioning Movements III. Application to Industrial Work Measurement. Pittsburgh: MTM Association for Standards and Research, 1957.

Zur Einflussgröße »Passungsklasse« gibt es zwei Anwendungsregeln:

MTM-1 / Regel 23	Fügetiefen > 2,5 cm müssen durch zusätzliche Analyse von Bring- bzw. Bring- und Fügebewegungen berücksichtigt werden.

MTM-1 / Regel 24	Ist im Anschluss an das Fügen ein Kraftaufwand > 1 daN erforderlich, ist dieser durch ein zusätzlichen Drücken zu analysieren.

Auf einen Stift wird unter leichter Druckausübung eine Schutzkappe bis zum Einrastpunkt aufgesteckt.								
Nr.	Bezeichnung	A	H	Kode	TMU	Kode	A	H	Bezeichnung
					15	1	M30C			aufstecken
					5	6	P1SE			
					10	6	APA			aufdrücken

Die Einflussgröße »Symmetriebedingung« wird mit Hilfe der Abbildung III-55 verdeutlicht. Sie soll den für das Ausrichten zusätzlich erforderlichen Bewegungsaufwand abdecken. Da es sich um Flächensymmetrien[91] handelt, gelten die Regeln für Ein- und Anfügen in gleicher Weise. Unsymmetrisches Fügen wird selten analysiert, weil zu fügende Gegenstände bei genügend großer Bringbewegungslänge bereits im Verlauf der Bringbewegung vorzurichten sind.

Abbildung III-55

Behandlung der Passungsklasse

symmetrisch (S = symmetrical)	halbsymmetrisch (SS = semi-symmetrical)	unsymmetrisch (NS = non-symmetrical)
die Fügequerschnitte ermöglichen ein Fügen in jeder Stellung	die Fügequerschnitte ermöglichen ein Fügen in mehreren Stellungen	die Fügequerschnitte ermöglichen ein Fügen in nur einer Stellung
kein Ausrichten erforderlich	Ausrichten erforderlich (Annahme: mittlerer Drehwinkel 45°)	Ausrichten erforderlich (Annahme: mittlerer Drehwinkel 75°)

Zur Einflussgröße »Symmetriebedingnung« gibt es folgende Anwendungsregel:

MTM-1 / Regel 25	Das Einfügen der Hand oder der Finger ist immer als symmetrisches Fügen »S« zu analysieren. Die Hinlangbewegung wird in diesem Fall immer als ein »R-D« analysiert.

---

91 Der hier verwandte Symmetriebegriff entspricht nicht dem in der Umgangssprache und in der Geometrie üblichen Begriffsverständnis.

Bei der Einflussgröße »Handhabung« wird zwischen einfach (E = easy) und schwierig (D = difficult) unterschieden. Schwierige Handhabung liegt vor, wenn

1. erschwerende Arbeitsumstände vorliegen, wie
   - Fingerversetzen während des Fügens.
   - Sichtbehinderung an der Fügestelle.
   - Behinderung durch Platzmangel an der Fügestelle.
   - Griffabstand > 7,5 cm.
2. Erschwernisse durch Form, Beschaffenheit und Gewicht der Gegenstände vorliegen, wie
   - Verletzungsgefahr (z. B. scharfkantige Teile).
   - Beschädigungsgefahr (z. B. zerbrechliche Teile).
   - extrem glatte oder flexible Teileoberfläche.
   - Teilegewicht > 1 kg.

Zur Einflussgröße »Handhabung« gibt es zwei Anwendungsregeln:

MTM-1 / Regel 26	Ist die Fügestelle nicht einzusehen (sog. blindes Fügen), sind die wirklichen Grundbewegungen und nicht eine erschwerte Handhabung zu analysieren, ohne dass dazu allgemeingültige Regeln anzugeben sind.

Ein Teil über 50 cm mit einem in der Mitte befindlichen Loch auf einen Zentrierstift fügen, der bereits gegen Ende der Bringbewegung nicht mehr einzusehen ist. Für den zusätzlichen Bewegungsaufwand werden vier M4C-Bewegungen vorgesehen.

Nr.	Bezeichnung	A	H	Kode	TMU		Kode	A	H	Bezeichnung
	Teil zum Zentrierstift			M50C	21	8	M50C			Teil zum Zentrierstift
	Zentrierstift suchen		4	M4C	18	0	M4C		4	Zentrierstift suchen
	Teil auf Zentrierstift			M2A	2	0	M2A			Teil auf Zentrierstift

MTM-1 / Regel 27	Beim Fügen an zwei Punkten außerhalb des normalen Blickfeldes werden zwei nacheinander erfolgende Fügebewegungen analysiert. Vor dem zweiten Fügen ist ein Blickverschieben und ein Bringen »M-C« zu analysieren.

Eine Leiste über 50 cm frontal vom Körper weg bewegen und an zwei 60 cm voneinander entfernten Punkten genau ansetzen.

Nr.	Bezeichnung	A	H	Kode	TMU		Kode	A	H	Bezeichnung
	1. Ansatzpunkt			M50C	21	8	(M-B)			Nähe 2. Ansatzpunkt
				P2SE	16	2				
					20	0	ET 60/40			
					2	0	M2C			2. Ansatzpunkt
					16	2	P2SE			

Abbildung III-56 sind die *Fügenmodelle* (»Theorie des Fügens«) zu entnehmen.

Abbildung III-56

Fügenmodelle
(»Theorie des Fügens«)

Füge-klasse	Symmetriefall	Hand-habung	Grundbewegung										Normzeitwert
P1	S	E	zentrieren Z										5,6
		D	Z	+	G2								11,2
	SS	E	Z	+	T45S								9,1
		D	Z	+	T45S	+	G2						14,7
	NS	E	Z	+	T75S								10,4
		D	Z	+	T75S	+	G2						16,0
P2	S	E	Z	+	APA								16,2
		D	Z	+	APA	+	G2						21,8
	SS	E	Z	+	T45S	+	APA						19,7
		D	Z	+	T45S	+	APA	+	G2				25,3
	NS	E	Z	+	T75S	+	APA						21,0
		D	Z	+	T75S	+	APA	+	G2				26,6
P3	S	E	Z	+	APA	+	APA	+	APB				43,0
		D	Z	+	APA	+	APA	+	APB	+	G2		48,6
	SS	E	Z	+	T45S	+	APA	+	APA	+	APB		46,5
		D	Z	+	T45S	+	APA	+	APA	+	APB	+ G2	52,1
	NS	E	Z	+	T75S	+	APA	+	APA	+	APB		47,8
		D	Z	+	T75S	+	APA	+	APA	+	APB	+ G2	53,4

Anders als bei den Greifmodellen wurde in den experimentellen Untersuchungen zum Fügen der Basiswert P1SE, das ist der einfachste, elementare Fügefall, ermittelt. Alle weiteren Fügefälle, bei denen engere Passungsklassen, Asymmetrien und schwierige Handhabung vorkommen, wurden durch Addition weiterer Grundbewegungen, synthetisch ermittelt.

3.3 Weitere Bewegungen des Hand-Arm-Systems

Drücken ist die Grundbewegung, bei der durch die Finger, die Hand, seltener auch durch andere Körperteile, ohne nennenswerte räumliche Bewegung Kraft[92] auf einen Gegenstand ausgeübt wird.[93] Die MTM-Normzeitwerte für das Drücken sind Abbildung III-46 zu entnehmen.

Die Zeiteinflussgröße ist der Bewegungsfall. Die auf dieser Einflussgröße basierende Kodierung lautet:

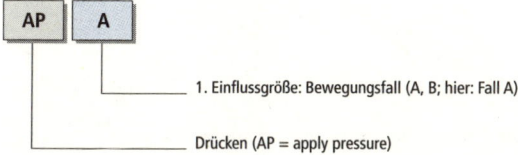

1. Einflussgröße: Bewegungsfall (A, B; hier: Fall A)

Drücken (AP = apply pressure)

Beim Bewegungsfall »A« werden die Abbildung III-57 zu entnehmenden Komponenten berücksichtigt. Der Bewegungsfall »B« enthält ein zusätzliches Nachgreifen G2 und wird angewandt, wenn nur dadurch über den Gegenstand ausreichende Kontrolle zu erlangen ist.

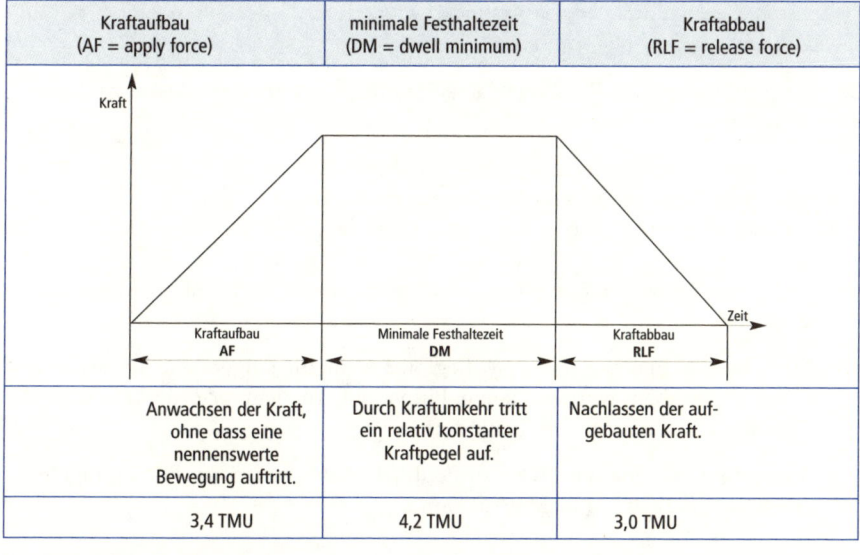

Kraftaufbau (AF = apply force)	minimale Festhaltezeit (DM = dwell minimum)	Kraftabbau (RLF = release force)
Anwachsen der Kraft, ohne dass eine nennenswerte Bewegung auftritt.	Durch Kraftumkehr tritt ein relativ konstanter Kraftpegel auf.	Nachlassen der aufgebauten Kraft.
3,4 TMU	4,2 TMU	3,0 TMU

Abbildung III-57

Der Bewegungsfall »A« beim Drücken

---

92 Beim Bringen liegt bei der statischen Komponente ein Kraftaufwand vor, um so weit Kontrolle über einen Gegenstand zu erhalten, dass man ihn anschließend räumlich bewegen kann. Beim Drücken und Trennen befindet sich ein Gegenstand unter Kontrolle, und es ist nur ein Widerstand zu überwinden, ohne dass eine nennenswerte räumliche Bewegung stattfindet. Drücken und Trennen treten in der Fertigung sehr selten, im Werkzeug- und Vorrichtungsbau häufiger und in der Instandhaltung häufig auf.

93 Vgl. Foulke, J. A.; Hancock, W. M.: Industrial Research on the MTM Element Apply Pressure (Report 111). Pittsburgh: MTM Association for Standards and Research, 1961. Deutsche Fassung: Betriebliche Forschung über das MTM-Element »Drücken«, hrsg. von der Deutschen und Schweizerischen MTM-Vereinigung, 1963.

Zum Drücken gibt es eine Anwendungsregel:

MTM-1 / Regel 28	Wenn die Komponenten »AF«, »DM« und »RLF« nicht in definierter Weise auftreten, wird nicht ein »APA« oder »APB«, sondern jede Komponente einzeln analysiert.

Trennen[94] ist die Grundbewegung, bei der durch die Finger oder die Hand die Verbindung zwischen zwei Gegenständen gelöst und ein Widerstand plötzlich aufgehoben wird[95]. Die MTM-Normzeitwerte für das Trennen sind Abbildung III-46 zu entnehmen.

Die Zeiteinflussgrößen sind:

- Passungsklasse
- Handhabung

Die auf dieser Einflussgrößenkonstellation basierende Kodierung lautet:

2. Einflussgröße: Handhabung (E, D; hier: Fall E))

1. Einflussgröße: Passungsklasse (1, 2, 3; hier: Passungsklasse 1)

Trennen (D = disengage)

Bei der Einflussgröße »Passungsklasse« wird zwischen drei Passungsklassen[96] unterschieden:

- D1 – lose Passung: geringer Rückschlag bis ca. 2,5 cm.
- D2 – enge Passung: leichter Rückschlag bis ca. 10 cm.
- D3 – feste Passung: starker Rückschlag, deutlich über 10 cm

Bei der Einflussgröße »Handhabung« wird zwischen einfach und schwierig unterschieden:

- Einfache Handhabung (E = easy) liegt vor, wenn die Finger beim Trennvorgang nicht verschoben werden, keine besondere Vorsicht erforderlich und die Rückschlagbewegung nicht behindert ist.

- Schwierige Handhabung (D = difficult) liegt vor, wenn die Bedingungen für einfache Handhabung nicht erfüllt sind.

---

94 Vgl. Biel-Nielsen, E.; Lang, A. M.: Preliminary Research Report on Disengage (Report 101). Pittsburgh: MTM Assoziation for Standards and Research, 1951.

95 Das kennzeichnende Merkmal beim Trennen ist ein Rückschlag, der auftritt, wenn die Verbindung zwischen den zu trennenden Gegenständen aufgehoben wird, wie es typischerweise beim Herausziehen eines Korkens aus einer Flasche auftritt.

96 Die Passungsklassen beim Trennen sind nicht mit den Passungsklassen beim Fügen identisch.

Zum Trennen gibt es zwei Anwendungsregeln:

MTM-1 / Regel 29	Bei Verletzungsgefahr für die Finger oder Beschädigungsgefahr für den Gegenstand wird in die nächst höhere Passungsklasse analysiert. Liegt bereits die Passungsklasse »3« vor, sind zusätzliche Bewegungen zu analysieren.

MTM-1 / Regel 30	Tritt beim Trennen ein Verkanten eines Gegenstandes auf, wird beim »D2« zusätzlich ein »G2« und beim »D3« zusätzlich ein »APB« analysiert.

Der folgenden Abbildung sind die *Trennenmodelle* (»Theorie des Trennens«) zu entnehmen. Das Trennenmodell soll das Verständnis für die typischen Bewegungsabläufe beim Trennen vermitteln. Die Normzeitwerte für das Trennen wurden nicht nach den dort angeführten Bewegungssequenzen, sondern für die sechs Bewegungsfälle des Trennens ermittelt. Eine »Theorie des Trennens« wurde im Nachhinein unter didaktischen Aspekten entwickelt.

Trennen-Fall	modellierte Bewegungsfolge								theoretischer Zeitwert	Normzeit-wert
D1E	M9Bm 4,0								= 4,0	**4,0**
D1D	MfB 2,0	+ M9Bm 4,0	+						= 6,0	**5,7**
D2E	M22Bm 7,6								= 7,6	**7,5**
D2D	RL2 0	+ RfA 2,0	+ G5 0	+ MfB 2,0	+ M22Bm 7,6				= 11,6	**11,8**
	RL2 0	+ RfA 2,0	+ G5 0	+ MfB 2,0	+ RL2 0	+ RfA 2,0	+ G5 0	+ M22Bm 7,6	= 13,6	
D3E	APA 10,6	+ M40Bm 12,6							= 23,2	**22,9**
D3D	APA 10,6	+ M40Bm 12,6	+ APA 10,6	+					= 33,8	**34,7**
	G2 5,6	+ APA 10,6	+ G2 5,6	+ M40Bm 12,6					= 34,4	

Drehen ist die Grundbewegung, bei der die Hand belastet oder unbelastet um die Längsachse des Unterarms bewegt wird. Die MTM-Normzeitwerte für das Drücken sind Abbildung III-45 zu entnehmen.

Abbildung III-58
Trennenmodelle (»Theorie des Trennens«)

Die Zeiteinflussgrößen sind:

- Drehwinkel
- Kraftaufwand

Die Kodierung lautet:

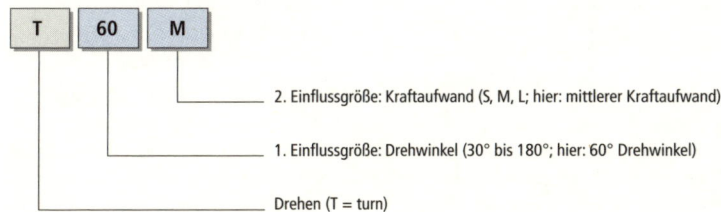

2. Einflussgröße: Kraftaufwand (S, M, L; hier: mittlerer Kraftaufwand)

1. Einflussgröße: Drehwinkel (30° bis 180°; hier: 60° Drehwinkel)

Drehen (T = turn)

Die Einflussgröße »Drehwinkel« entspricht der Bewegungslänge beim Bringen und wird am Knöchel des Zeigefingers, Daumen oder kleinen Fingers bestimmt (vgl. Abbildung III-59).

Abbildung III-59

Drehachse (A) und mögliche Mess-punkte (B) für den Drehwinkel beim Drehen

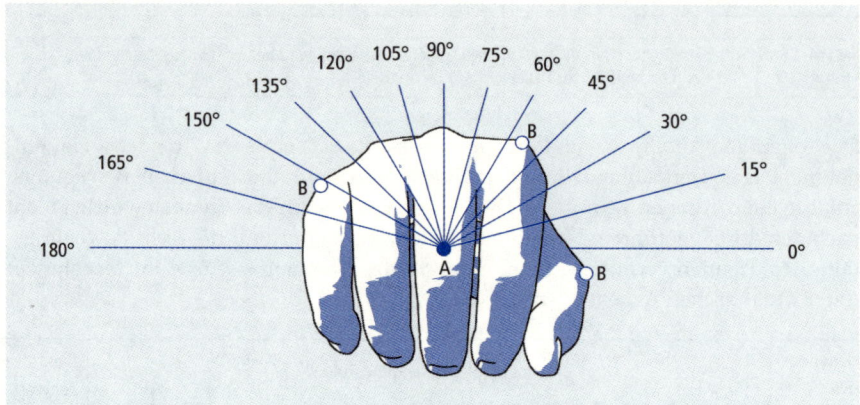

Die Einflussgröße »Kraftaufwand« entspricht vom Prinzip her der gleichnamigen Einflussgröße beim Bringen. Sie ist in drei Bereiche gestuft:

- Kleiner Kraftaufwand (S = small): ≤ 1 daN.
- Mittlerer Kraftaufwand (M = medium): > 1 daN bis ≤ 5 daN.
- Großer Kraftaufwand (L = large): > 5 daN bis ≤ 16 daN.

Zum Drehen gibt es zwei Anwendungsregeln:

MTM-1 / Regel 31	Für Drehbewegungen der leeren Hand wird die Kraftaufwandsstufe »S« verwendet, das Symbol »S« jedoch nicht im Kode angeführt.							
Drehen der leeren Hand um 60°.								
Nr.	Bezeichnung	A	H	Kode	TMU	Kode	A	H	Bezeichnung
					4	1	T60			Hand drehen

MTM-1 / Regel 32	Folgt dem Drehen ein Fügen, ist dazwischen noch eine kurze Bringbewegung »M-C« vorzusehen.

3.4 Blickfunktionen

In diesem Abschnitt werden die beiden in der MTM-Normzeitwertkarte enthaltenen *Blickfunktionen* erläutert, Blickverschieben und Prüfen. Ferner werden zwei nicht in der MTM-Normzeitwertkarte enthaltene Sonderfälle behandelt. Ein Sonderfall des Prüfens ist das Lesen, und ein Sonderfall des Platzierens ist das Schreiben.

Blickverschieben ist die Grundbewegung, bei der die Blicklinie von einer Stelle zu einer anderen Stelle verschoben wird. Das Blickverschieben kann in horizontaler und in vertikaler Richtung erfolgen. Die Formel zur Bestimmung der MTM-Normzeitwerte für das Blickverschieben ist Abbildung III-45 zu entnehmen. Die Zeiteinflussgrößen[97] sind:

- Abstand zwischen den Blickpunkten T (= Line of Travel) in cm
- Abstand der Augen von der Blickpunktebene D (= Line of Distance) in cm

Die auf dieser Einflussgrößenkonstellation basierende Kodierung lautet:

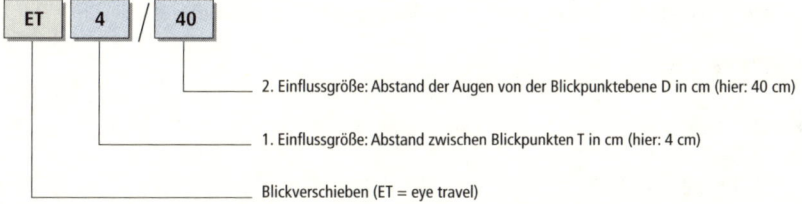

In Abbildung III-60 ist im linken Bildteil der Normalfall dargestellt, wonach Ausgangs- und Endblickpunkt den gleichen Abstand zu den Augen haben. Im rechten Bildteil wird dargestellt, wie verfahren wird, wenn dabei ein ungleicher Abstand vorliegt.

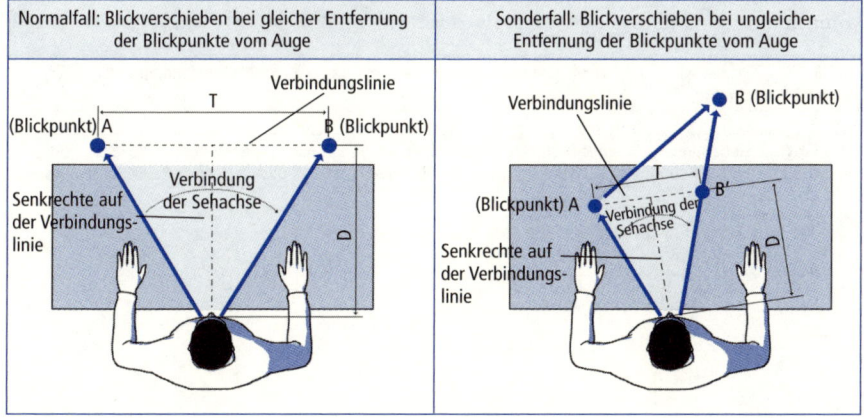

Abbildung III-60

Die Bestimmung der beiden Einflussgrößen-Ausprägungen beim Blickverschieben

---

97 Die maßgebende Einflussgröße ist eigentlich der Winkel der Sehachsen-Verschiebung. Da dieser in der Praxis schwer zu bestimmen ist, bildet man sie mit den beiden Abstandsmaßen T und D nach.

Der Zeitwert für das Blickverschieben wird mit folgender Formel ermittelt:

$$ET \text{ in TMU} = 15.2 \ \frac{T \text{ in cm}}{D \text{ in cm}}$$

Der Blick ist ohne unterstützende Kopfbewegung um maximal 70 Grad zu verschieben. Für das Blickverschieben wurde ein Zeitwert von 0,285 TMU pro Grad ermittelt. Deshalb beträgt der größtmögliche Normzeitwert für ein Blickverschieben 20 TMU.

Für das Blickverschieben gibt es eine Anwendungsregel:

MTM-1 / Regel 33	Blickverschieben wird nur dann als Grundbewegung analysiert, wenn es zeitbestimmend auftritt.

Prüfen ist die Grundbewegung, bei der an einem Gegenstand ein binär ausgeprägtes, leicht erkennbares Merkmal innerhalb des normalen Blickfeldes mit den Augen zu prüfen und auf Grund des Prüfergebnisses eine Entscheidung zu treffen ist. Der MTM-Normzeitwert für das Prüfen ist Abbildung III-45 zu entnehmen.

Die Kodierung lautet:

Prüfen (EF = eye focus)

Im Abschnitt 5.5 wird das MTM-Bausteinsystem »Sichtprüfen« erläutert, mit dem kompliziertere Prüfaufgaben zu analysieren sind.

MTM-1 / Regel 34	Prüfen wird nur dann als Grundbewegung analysiert, wenn es zeitbestimmend auftritt.

MTM-1 / Regel 35	Liegen innerhalb eines Blickfeldes mehrere Merkmale mit einer eigenen ja-nein Entscheidung vor, müssen entsprechend viele Prüfen und ggf. Blickverschieben analysiert werden.

Für das Prüfen gibt es folgende Anwendungsregeln:

Einen Sonderfall des Prüfens stellt das Lesen dar. Als *Lesen* wird das mentale Erfassen von Fließtexten, Einzelwörtern, Buchstaben, Ziffern und Sonderzeichen, einschließlich des dabei notwendigen Blickverschiebens, bezeichnet[98]. Es wird unterschieden zwischen

- Lesen pro Wort in einem Fließtext: 5,05 TMU[99] Lesezeit. Es gibt eine Anwendungsregel zum Lesen von Fließtexten resultierend aus der Übertragung der Erkenntnisse zu englischsprachigen Texten auf deutschsprachige Texte:

MTM-1 / Regel 36	Wörter mit mehr als drei Silben werden als zwei Wörter aufgefasst, Satzzeichen werden nicht berücksichtigt.								
Die Lesezeit des vorstehenden Satzes ist wie folgt zu ermitteln.									
Nr.	Bezeichnung	A	H	Kode	TMU	Kode	A	H	Bezeichnung
					80	9	(EF/1,56) · 1,08		16	16 Wörter lesen

- Lesen eines Einzelworts, bis zu drei Buchstaben, Ziffern, ein Zeichen: 7,3 TMU Lesezeit.

MTM-1 / Regel 37	Mit einem Prüfen können bis zu drei zusammenhängende Zeichen, Ziffern oder Buchstabenkombinationen erfasst werden, auch beim Vorkommen in einem zusammenhängenden Text.

---

98 Diese Grundbewegung wurde nicht im Rahmen der Entwicklungsarbeiten für MTM-1 untersucht, sondern ist das Ergebnis eines der ersten MTM-Forschungsberichte (Report 102). Vgl. Lang, A. M.: Research Report on Standards for Reading Operations. Pittsburgh: MTM Association for Standards and Research, 1951.

99 Als Ergebnisse des vorstehend zitierten Forschungsberichts sind zu beachten: Es wurden englischsprachige Texte untersucht, die nicht schwer verständlich oder schlecht lesbar waren. Mit einem EF können 1,56 englischsprachige Wörter erfasst werden. Das Blickverschieben zwischen den Wörtern und Zeilen beträgt ca. 8 % der reinen Wörter-Erfassungszeit. Daraus ergibt sich die Lesezeit pro Wort: (7,3 TMU/1,56) · 1,08 = 5,05 TMU.

3.5 Körper-, Bein- und Fußbewegungen

3.5.1 Übersicht

In Abbildung III-31 wurde bereits ein Überblick über die Körper-, Bein- und Fußbewegungen gegeben. Diese Kategorie von Grundbewegungen wird in den folgenden Abschnitten erläutert:

- ohne Verlagerung der Körperachse (Fußbewegung und Beinbewegung),
- mit Verschieben der Körperachse (Seitenschritt, Körperdrehung, Gehen),
- mit Neigen der Körperachse (Beugen und Aufrichten, Bücken und Aufrichten, Knien und Aufrichten, Setzen und Aufrichten).

3.5.2 Bein- und Fußbewegungen

Fußbewegung ist die Grundbewegung, bei der der Fuß nach oben oder nach unten abgekippt wird, mit dem Zehengelenk oder dem Knöchel als Drehachse. Die MTM-Normzeitwerte für die Fußbewegung sind Abbildung III-45 zu entnehmen.

Die Zeiteinflussgröße ist der Bewegungsfall, gegeben durch die Höhe des Kraftaufwands. Die auf dieser Einflussgrößenkonstellation basierende Kodierung lautet:

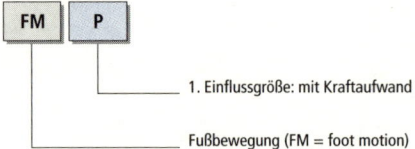

1. Einflussgröße: mit Kraftaufwand

Fußbewegung (FM = foot motion)

Abbildung III-61

Die beiden Fälle der Fuß- und Bein-bewegung

Fußbewegung durch Bewegen des Fußes nach unten, mit Drehachse Knöchel	Fußbewegung durch Bewegen des Fußes nach unten, Drehachse Zehengelenk

Fall: FM	Nur leichter Kraftaufwand erforderlich, maximal 5 daN. Meist genügt das Eigengewicht des Fußes oder des Beins, um den erforderlichen Kraftaufwand auszuüben
Fall: FMP	Erhöhter Kraftaufwand erforderlich, > 5 daN, weshalb mit dem Fall »P« (= pressure) die Verzögerung für den Kraftaufbau beim Fuß berücksichtigt wird.

Beinbewegung mit Drehpunkt im Kniegelenk	Beinbewegung mit Drehpunkt im Hüftgelenk

Es gibt eine Anwendungsregel zur Fußbewegung:

MTM-1 / **Regel 38**	Die Bewegungslänge des Fußes ist auf 10 cm begrenzt. Bei größeren Bewegungslängen wird keine Fuß-, sondern eine Beinbewegung analysiert.

Beinbewegung ist die Grundbewegung, bei der das Bein vorwärts, rückwärts oder seitwärts um das Knie- oder Hüftgelenk bewegt wird, ohne die Körperachse zu verschieben. Die MTM-Normzeitwerte für die Beinbewegung sind Abbildung III-45 zu entnehmen.

Die Zeiteinflussgröße ist die Bewegungslänge in cm. Die auf dieser Einflussgröße basierende Kodierung lautet:

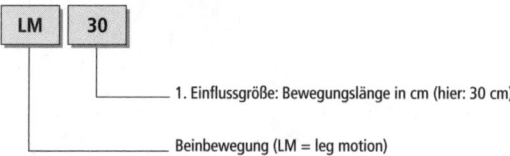

LM 30

1. Einflussgröße: Bewegungslänge in cm (hier: 30 cm)

Beinbewegung (LM = leg motion)

Beinbewegungen bis zu einer Entfernung[100] von 15 cm sind als Konstante im Zeitwert von 7,1 TMU enthalten. Für jeden weiteren Entfernungs-Zentimeter ist ein Zuschlag von 0,5 TMU anzusetzen.

Es gibt eine Anwendungsregel zur Beinbewegung:

MTM-1 / **Regel 39**	Wird zusätzlich zur Beinbewegung Druck ausgeübt, z. B. um sich abzudrücken, ist ein zusätzliches »APA« zu analysieren.

---

[100] Als Bewegungslänge wird, wie beim Hinlangen und Bringen, der tatsächlich zurückgelegte Weg in cm angesetzt. Als Messpunkte werden der Knöchel, der Spann oder das Knie verwendet.

3.5.3 Körperbewegungen mit Verschieben der Körperachse

Seitenschritt ist die Grundbewegung, bei der unter seitlicher Verschiebung der Körperachse, jedoch ohne Körperdrehung, ein oder zwei Schritte nach links oder rechts ausgeführt werden (vgl. Abbildung III-62). Die MTM-Normzeitwerte für den Seitenschritt sind Abbildung III-31 zu entnehmen.

Die Zeiteinflussgrößen sind:

- Bewegungslänge[101] in cm
- Bewegungsfall (C1, C2)

Die auf dieser Einflussgrößenkonstellation basierende Kodierung lautet:

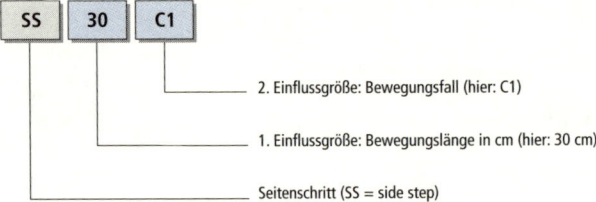

Bei der Einflussgröße »Bewegungsfall« werden unterschieden:

- Fall C1: Ein Schritt, bei dem am Bewegungsende das bewegte Bein wieder auf dem Boden steht. Für Bewegungslängen bis 30 cm gilt eine Konstante von 17,0 TMU. Für jeden weiteren Entfernungs-Zentimeter ist ein Zuschlag von 0,2 TMU anzusetzen.
- Fall C2: Zwei Schritte, bei denen das erste Bein ausgestellt, das zweite Bein nachgezogen wird und am Bewegungsende wieder auf dem Boden steht. Für Bewegungslängen bis 60 cm gilt eine Konstante von 34,1 TMU. Für jeden weiteren Entfernungs-Zentimeter ist ein Zuschlag von 0,2 TMU anzusetzen.

Es gibt drei Anwendungsregeln zum Seitenschritt:

MTM-1 / Regel 40	Kurze Seitenschritte (»C1«: < 30 cm; »C2«: < 60 cm) sind nicht zeitrelevant, wenn sie von gleichzeitig ausgeführten Hinlang- und Bringbewegungen zeitlich überlagert werden.

MTM-1 /	Wird bei einem Seitenschritt Fall »C2« das Nachziehen des zweiten Beines von Hinlang- und Bringbewegungen zeitlich überlagert, wird ein Seitenschritt Fall »C1« analysiert.

MTM-1 / Regel 42	Werden zwei Seitenschritte nacheinander in einer Richtung ausgeführt, wird der erste stets als Seitenschritt Fall »C2« analysiert.

---

101 Als Bewegungslänge wird, wie beim Hinlangen und Bringen, der tatsächlich zurückgelegte Weg in cm angesetzt. Als Messpunkte wird die Lage der Wirbelsäule verwendet.

Körperdrehung ist die Grundbewegung, bei der der Oberkörper unter Ausführung von einem oder zwei Schritten nach rechts oder links um seine Längsachse gedreht wird (vgl. Abbildung III-62). Die MTM-Normzeitwerte für die Körperdrehung sind Abbildung III-45 zu entnehmen.

Die Zeiteinflussgröße ist der Bewegungsfall (C1, C2). Die auf dieser Einflussgröße basierende Kodierung lautet:

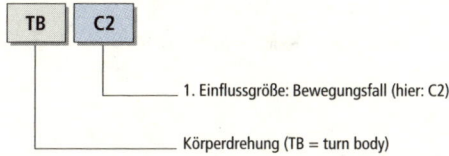

| TB | C2 |

1. Einflussgröße: Bewegungsfall (hier: C2)

Körperdrehung (TB = turn body)

Es gibt vier Anwendungsregeln zur Körperdrehung:

MTM-1 / Regel 43	Körperdrehungen unter 45° gelten als Körperhilfe und werden nicht analysiert.

MTM-1 / Regel 44	Werden zwei Körperdrehungen nacheinander in einer Richtung ausgeführt, wird die erste als Körperdrehung Fall »C2« analysiert.

MTM-1 / Regel 45	Fällt nach einer Körperdrehung > 90° ein Gehen an, wird analysiert: • mit Gewichtsbelastung ≥ 2,5kg: »TBC2« und »TBC1« • ohne Gewichtsbelastung: »TBC1« • das Nachziehen des zweiten Beines in beiden Fällen als 1. Schritt.

MTM-1 / Regel 46	Wird bei einer Körperdrehung Fall »C2« das Nachziehen des zweiten Beines von Hinlang- und Bringbewegungen zeitlich überlagert, wird eine Körperdrehung Fall »C1« analysiert.

Gehen ist die Grundbewegung, bei der der Körper unter Ausführung von Schritten vorwärts oder rückwärts bewegt wird. Die MTM-Normzeitwerte für das Gehen sind Abbildung III-45 zu entnehmen.

Die Zeiteinflussgrößen sind:

- Anzahl Schritte
- Art des Gehens (unbehindert, behindert, mit Last)

Die auf dieser Einflussgrößenkonstellation basierende Kodierung lautet:

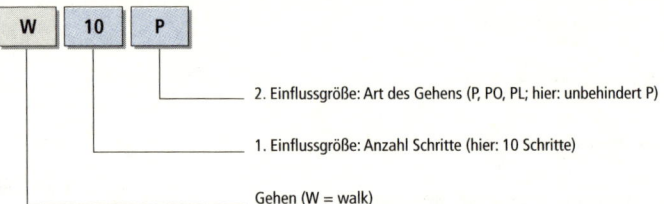

| W | 10 | P |

2. Einflussgröße: Art des Gehens (P, PO, PL; hier: unbehindert P)

1. Einflussgröße: Anzahl Schritte (hier: 10 Schritte)

Gehen (W = walk)

Die »Anzahl Schritte« kann man per Beobachtung zählen oder aus der zurückzulegenden Strecke (Entfernung in m) ableiten. Die Schrittlänge ist abhängig vom Lastengewicht und der Bodenbeschaffenheit. Zur Planung[102] der Anzahl Schritte können folgende Richtwerte dienen:

$$\text{Anzahl Schritte bei Lastengewicht} \leq 2,5 \text{ kg} = \frac{\text{Entfernung in m}}{0,85 \text{ m}}$$

$$\text{Anzahl Schritte bei Lastengewicht} > 2,5 \text{ bis} \leq 15 \text{ kg} = \frac{\text{Entfernung in m}}{0,75 \text{ m}}$$

$$\text{Anzahl Schritte bei Lastengewicht} > 15 \text{ kg} = \frac{\text{Entfernung in m}}{0,60 \text{ m}}$$

Bei der Einflussgröße »Art des Gehens« werden drei Fälle unterschieden:

- Fall P (= pace): unbehindertes Gehen auf trockenem, ebenen Boden, ohne Hindernisse oder Gehen mit einem Lastengewicht ≤ 23 kg.
- Fall PO (= pace obstructed): behindertes Gehen auf z. B. unebenem oder glattem Boden.
- Fall PL (= pace load): Gehen mit einem Lastengewicht > 23 kg.

Es gibt zwei Anwendungsregeln zum Gehen:

MTM-1 / Regel 47	Treppen auf- und absteigen wird als Gehen analysiert, wenn die Tritthöhe ≤ 30 cm ist.

MTM-1 / Regel 48	Treffen beide Merkmale »behindert« und »mit Last > 23 kg« zusammen, so ist für dieses Gehen »W-PL« zu analysieren, da der Gewichtseinfluss Vorrang hat.

---

102 Die Körperhöhe wird hier ausgeklammert, weil bei der Ermittlung von Prozessbausteinen offen ist, auf welche Personen diese später einmal angewandt werden.

Körperbewegungen mit Verschieben der Körperachse		
Seitenschritt	Körperdrehung	Gehen

Abbildung III-62
Körperbewegungen

Körperbewegungen mit Neigen der Körperachse			
Beugen	Bücken	Knien	Setzen

3.5.4 Körperbewegungen mit Neigung der Körperachse

Beugen ist die Grundbewegung, bei der aus stehender Körperhaltung der Oberkörper so weit nach vorn geneigt wird, dass die Hände bis zu den Knien oder darunter reichen (vgl. Abbildung III-62).

Aufrichten vom Beugen ist die Grundbewegung, mit welcher der gebeugte Oberkörper wieder in eine aufrechte Köperhaltung zurück gebracht wird. Der MTM-Normzeitwerte für das Beugen/Aufrichten vom Beugen sind Abbildung III-45 zu entnehmen. Die Kodierungen lauten:

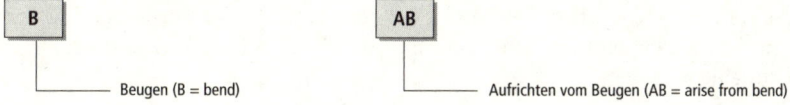

B		AB	
Beugen (B = bend)		Aufrichten vom Beugen (AB = arise from bend)	

Es gibt eine Anwendungsregel zum Beugen und zum Aufrichten vom Beugen:

MTM-1 / Regel 49	Während des Beugens und Aufrichtens vom Beugen können Grundbewegungen des Hand-Arm-Systems ausgeführt werden. Bei Hinlang- und Bringbewegungen sind jedoch Restwege von ca. 10 cm zu analysieren.

Bücken ist die Grundbewegung, bei der aus stehender Körperhaltung der Oberkörper, unter gleichzeitigem Einknicken der Knie, so weit nach vorn geneigt wird, dass die Hände den Boden erreichen können (vgl. Abbildung III-62).

Aufrichten vom Bücken ist die Grundbewegung, mit welcher der gebückte Oberkörper wieder in eine aufrechte Körperhaltung zurück gebracht wird. Die MTM-Normzeitwerte für das Beugen/Aufrichten vom Beugen sind Abbildung III-45 zu entnehmen.[103] Die Kodierungen lauten:

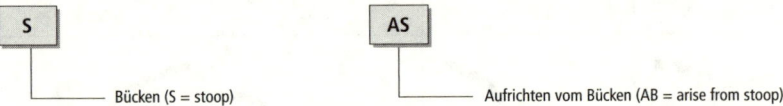

Es gibt eine Anwendungsregel zum Bücken/Aufrichten vom Bücken:

MTM-1 / Regel 50	Während des Bückens und Aufrichtens vom Bücken können Grundbewegungen des Hand-Arm-Systems ausgeführt werden. Bei Hinlang- und Bringbewegungen sind jedoch Restwege von ca. 10 cm zu analysieren.

Ein 1,2 kg schweres, neben der Werkbank auf einer Palette stehendes Teil wird mit der rechten Hand auf die Werkbank gestellt.

Nr.	Bezeichnung	A	H	Kode	TMU		Kode	A	H	Bezeichnung
					29	0	S			
					6	3	R10B			Teil
					2	0	G1A			
					1	6	SC2			
					7	1	M10B2			anheben
					31	9	AS			
					7	1	M10B2			Werkbank

Knien auf ein Knie ist die Grundbewegung, bei der aus stehender Körperhaltung der Körper nach vorn geneigt und unter gleichzeitigem Vor- oder Zurücksetzen eines Beines auf einem Knie gelastet wird.

Aufrichten vom Knien auf einem Knie ist die Grundbewegung, mit welcher der auf einem Knie lastende Körper wieder in eine aufrechte Körperhaltung zurück gebracht wird. Die MTM-Normzeitwerte für das Knien auf ein Knie/Aufrichten vom Knien auf ein Knie sind Abbildung III-45 zu entnehmen.[104]

---

103 Sie entsprechen den Normzeitwerten beim Beugen/Aufrichten vom Beugen, weil Bücken ein »Beugen mit gleichzeitigem Einknicken der Knie« ist.

104 Der Normzeitwert für Knien auf ein Knie entspricht dem Normzeitwert für das Bücken, weil es sich dabei um ein »Bücken mit gleichzeitigem Niederlassen auf ein Knie« handelt.

Die Kodierungen lauten:

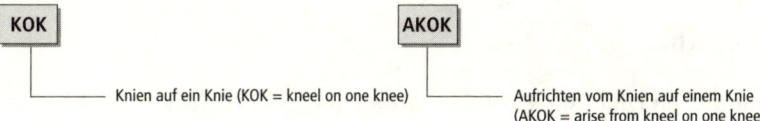

| KOK | | AKOK | |

Knien auf ein Knie (KOK = kneel on one knee)

Aufrichten vom Knien auf einem Knie
(AKOK = arise from kneel on one knee)

Es gibt eine Anwendungsregel zum Knien auf ein Knie bzw. zum Aufrichten vom Knien auf einem Knie:

MTM-1 / Regel 51	Während des Kniens auf ein Knie und Aufrichten vom Knien auf einem Knie können Grundbewegungen des Hand-Arm-Systems ohne hohen Kontrollaufwand ausgeführt werden. Bei Hinlang- und Bringbewegungen sind jedoch Restwege von ca. 10 cm zu analysieren.

Knien auf beide Knie ist die Grundbewegung, bei der aus stehender Körperhaltung der Körper unter Vor- und Zurücksetzen eines Beines auf beide Knie niedergelassen und gelastet wird.

Aufrichten vom Knien auf beiden Knien ist die Grundbewegung, mit welcher der auf beiden Knien lastende Körper wieder in eine aufrechte Körperhaltung zurück gebracht wird. Knien auf beiden Knien kommt dann vor, wenn – z. B. bei Instandhaltungsarbeiten – längere Zeit in dieser Körperstellung zu arbeiten ist.

Die MTM-Normzeitwerte für das Knien auf beide Knie sowie für das Aufrichten vom Knien auf beiden Knien sind Abbildung III-45 zu entnehmen. Die Kodierungen lauten:

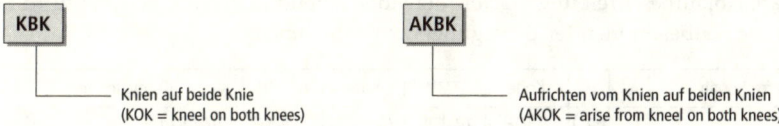

| KBK | | AKBK | |

Knien auf beide Knie
(KOK = kneel on both knees)

Aufrichten vom Knien auf beiden Knien
(AKOK = arise from kneel on both knees)

Setzen ist die Grundbewegung, bei der aus stehender Körperhaltung der Körper auf eine Sitzfläche niedergelassen, der Oberkörper zurückgelehnt und damit eine Sitzposition eingenommen wird.

Aufstehen ist die Grundbewegung, mit der der Körper aus der Sitzposition wieder in stehende Körperhaltung zurückgebracht wird. Die MTM-Normzeitwerte für das Setzen und Aufstehen sind Abbildung III-45 zu entnehmen. Die Kodierungen lauten:

| SIT | | STD | |

Setzen
(SIT = sit)

Aufstehen
(STD = stand)

Es gibt eine Anwendungsregel zum Setzen und Aufstehen:

MTM-1 / Regel 52	Während des Setzens bzw. des Aufstehens können gleichzeitig Grundbewegungen des Hand-Arm-Systems ohne hohen Kontrollaufwand (z. B. zur Armlehne) durchgeführt werden.

3.6 Bewegungsfolgen

3.6.1 Übersicht

Abläufe können mit Hilfe von MTM-Grundbewegungen so modelliert werden, dass

- Bewegungen als Hintereinanderfolge, ohne zeitliche Überlappung oder Unterbrechung, erfolgen,
- Bewegungen mit Hilfe verschiedener Körperteile synchron ausgeführt werden (sog. gleichzeitige Bewegungen),
- während des Bewegungsverlaufs mit Hilfe des gleichen Körperteils Grundbewegungen vollzogen werden (sog. kombinierte Bewegungen).

In den folgenden Abschnitten wird die Analyse zeitbestimmender, gleichzeitiger und kombiniert erfolgender Bewegungen sowie von Bewegungen während der Hauptnutzungszeit (sog. Prozesszeit) von Arbeitsmitteln diskutiert.

3.6.2 Zeitbestimmende Bewegungen

Bei gleichzeitig ausgeführten Bewegungen mit unterschiedlichem Zeitbedarf wird die Bewegung mit dem höchsten Zeitbedarf als *zeitbestimmende Bewegung* bezeichnet. Zur zeitbestimmenden Bewegung wird bei der Prozessbausteinanalyse (Form A) der Normzeitwert eingetragen und jede nicht zeitbestimmende Bewegung in runde Klammern gesetzt. Durch diese Schreibweise erreicht man eine hochgradig reproduzierbare Ablaufbeschreibung[105]. Der folgenden Abbildung ist ein Beispiel für die Behandlung zeitbestimmender Bewegungen zu entnehmen.

Abbildung III-63

Behandlung von zeitbestimmenden Bewegungen bei der Prozessbausteinanalyse (Form A)

Nr.	Bezeichnung	A	H	Kode	TMU		Kode	A	H	Bezeichnung
			①	R30B	12	8	(M20B)	②		Ablage
			③	G1A	2	0	RL1	③		

① Der zeitbestimmenden Bewegung ist der Wert von 12,8 TMU zugeordnet.

② Der nicht zeitbestimmenden Bewegung ist der Normzeitwert von 10,5 TMU zugeordnet. Diese wird eingeklammert, um auszuweisen, dass ihr Normzeitwert geringer als der Normzeitzeit der zeitbestimmenden Bewegung ist.

③ Beide Bewegungen haben den gleichen Normzeitwert und werden nicht eingeklammert.

---

105 Dieses hohe Ausmaß an Reproduzierbarkeit benötigt man weniger für die Bildung von Prozessbausteinen, als für die Methodenbeschreibung zur Arbeitsunterweisung. Mit MTM-1 dokumentierte Arbeitsmethoden können so auch von Personen gelesen und verstanden werden, die das betreffende Arbeitssystem aus eigener Anschauung nicht kennen.

Zum Thema Bewegungsfolgen gibt es insgesamt drei Anwendungsregeln:

MTM-1 / Regel 53	Die Kodes für die zu den Blickfunktionen sowie den Körper-, Bein- und Fußbewegungen gehörenden Grundbewegungen werden in die Kodespalte eingetragen; dies gilt auch für Prozesszeiten.

MTM-1 / Regel 54	Beugen/Bücken bzw. Aufrichten vom Beugen/Bücken kann gleichzeitig mit einer Körperdrehung erfolgen, wenn kein belastendes Gewicht ≥ 2,5 kg getragen wird.

MTM-1 / Regel 55	Beugen/Bücken bzw. Aufrichten vom Beugen/Bücken kann gleichzeitig mit einem Schritt erfolgen, wenn kein belastendes Gewicht ≥ 2,5 kg getragen wird.

3.6.3 Gleichzeitige Bewegungen

Gleichzeitige Bewegungen sind von verschiedenen Körperteilen synchron ausgeführte gleiche (z. B. Hinlangen mit der rechten und der linken Hand) oder verschiedene (z. B. Schritt und Beugen) Grundbewegungen.[106] Bewegungen sind nur dann gleichzeitig auszuführen, wenn sie gering oder mäßig zu kontrollieren sind. Ferner setzt das Beherrschen gleichzeitiger Bewegungen eine ausreichende Übung voraus, und es spielt, je nach vorliegenden Grundbewegungen, eine Rolle, ob ein einfaches oder schwieriges Handhaben sowie ein Ausführen innerhalb oder außerhalb des normalen Blickfeldes vorliegt. Abbildung III-64 sind die in der MTM-Normzeitwertkarte enthaltenen Anwendungsregeln zur Planung gleichzeitiger Grundbewegungen zu entnehmen[107]. Sie werden der Übersichtlichkeit wegen nicht in der üblichen Darstellungsweise der Anwendungsregeln, sondern in Tabellenform dokumentiert. In Abbildung III-64 werden drei Möglichkeiten gleichzeitiger Bewegungsausführung

---

106 Gleichzeitig symmetrische Grundbewegungen liegen vor, wenn durch die rechte und linke Hand die genau gleiche Grundbewegung ausgeführt wird. Werden verschiedene Grundbewegungen ausgeführt, bezeichnet man das als gleichzeitig unsymmetrische Grundbewegungen.
107 Vgl. Lang, A. M.: a. A. O. Pittsburgh: MTM Association for Standards and Research, 1951.

Abbildung III-64

Anwendungsregeln
zur Planung
gleichzeitiger
Grundbewegungen
(MTM-Normzeit-
wertkarte)

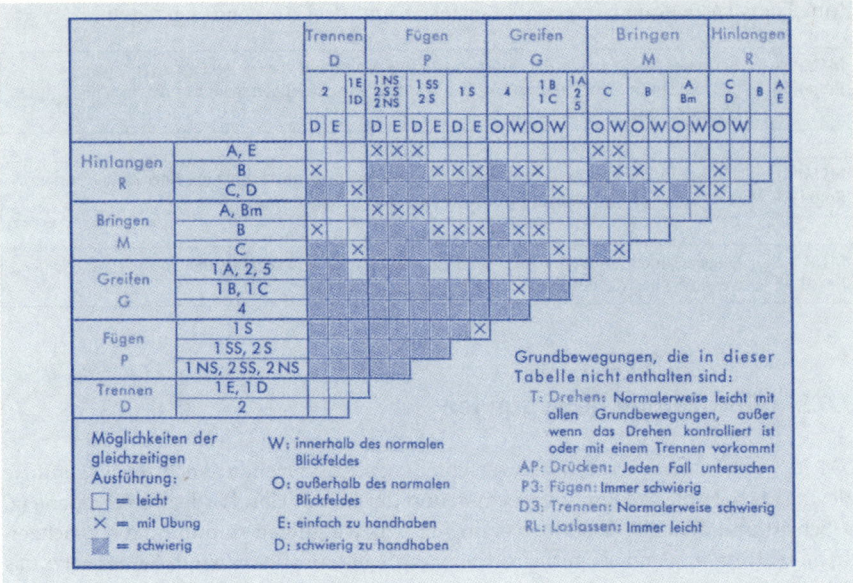

angeführt. »Leicht« gleichzeitig ausführbar bedeutet, dass die dazu gehörenden Grundbewegungen uneingeschränkt synchron auszuführen sind. »Leicht« gleichzeitig ausführbar sind die gering kontrollierten Bewegungen des Hand-Arm-Systems sowie die Körper-, Bein- und Fußbewegungen. »Mit Übung« ausführbar bedeutet, dass die dazu gehörenden Grundbewegungen bei Vorliegen des Prozesstyps 1 synchron auszuführen sind. Wird MTM-1 dagegen zur Prozessplanung bei einem Arbeitssystem angewandt, das dem Prozesstyp 2 zuzurechnen ist, sollte man von keiner synchronen Bewegungsausführung ausgehen. »Schwierig« bedeutet, dass nur in seltenen Fällen, durch einige Personen, die dazu gehörenden Grundbewegungen synchron ausgeführt werden. Bei der Entwicklung von Prozessbausteinen sollte man das jedoch auch bei Prozesstyp 1 – Arbeitssystemen nicht unterstellen.

Körper-, Bein- und Fußbewegungen sowie Blickfunktionen, die gleichzeitig mit Bewegungen der rechten Hand ausgeführt werden, trägt man untereinander in die rechte Kodespalte ein. Die nicht zeitbestimmenden Bewegungen werden in Klammern gesetzt, und es wird für sie kein Zeitwert eingetragen (vgl. Abbildung III-65).

Abbildung III-65

Beispiele für die
Analyse gleichzeitiger
Bewegungen

Nr.	Bezeichnung	A	H	Kode	TMU		Kode	A	H	Bezeichnung
					17	0	SS30C1			
				(R-A)			(M10A)			
				(G3)						

Nr.	Bezeichnung	A	H	Kode	TMU		Kode	A	H	Bezeichnung
					13	3	M30B			
							(EF)			

3.6.4 Kombinierte Bewegungen

Kombinierte Bewegungen sind von einem Körperteil gleichzeitig ausgeführte Grundbewegungen. Bewegungen sind nur dann kombiniert auszuführen, wenn eine Grundbewegung so zeitdominant ist, dass dazu noch eine oder mehrere weitere Grundbewegungen sicher und den Bewegungsverlauf nicht hemmend auszuführen sind. Häufige Bewegungskombinationen sind z. B.:

- Hinlangen mit Drehen,
- Bringen mit Nachgreifen oder Drehen und Loslassen,
- Bringen mit Drehen und Nachgreifen.

Wie der folgenden Abbildung zu entnehmen ist, werden die nicht zeitdominanten (»untergehenden«) Grundbewegungen durchgestrichen und nur der Normzeitwert der zeitbestimmenden Grundbewegung in die TMU-Spalte eingetragen.

Nr.	Bezeichnung	A	H	Kode	TMU		Kode	A	H	Bezeichnung
					11	7	M20C			
						~~G2~~				

Nr.	Bezeichnung	A	H	Kode	TMU		Kode	A	H	Bezeichnung
					15	6	M40B			
						~~G2~~				
						~~T90S~~				

Nr.	Bezeichnung	A	H	Kode	TMU		Kode	A	H	Bezeichnung
				~~M10B~~						
				T165S	8	7				
				~~G2~~						

Nr.	Bezeichnung	A	H	Kode	TMU		Kode	A	H	Bezeichnung
					9	2	M16B			
						~~T120S~~				
						~~G2~~				

Abbildung III-66

Beispiele für die Analyse kombinierter Bewegungen

3.6.5 Prozesszeiten und Wartezeiten

Als *Prozesszeit* (PT = process time) werden in den englischsprachigen Ländern arbeitsmittelbestimmte Ablaufabschnitte bezeichnet, die für den Menschen

- zu einem ablaufbedingtes Unterbrechen führen können oder
- die er zur Ausführung von Grundbewegungen nutzen kann und die dann eine Fortführung seiner Haupt- oder Nebentätigkeit darstellen.

Bei Betrachtung des Arbeits-/Sachmittels läge dabei eine Haupt- oder Nebennutzung vor. Da man bei der Bildung von MTM-Prozessbausteinen jedoch eine auf den Menschen bezogene Ablauf- und Zeitartengliederung verwendet (vgl. Abbildung III-4), vermeidet man den Haupt-/Nebennutzungsbegriff und verwendet den eingeführten Begriff »Prozesszeit«. Die Prozesszeit wird als PT kodiert und in TMU umgerechnet.

Abbildung III-67

Beispiele für die Analyse von Prozesszeiten

Nr.	Bezeichnung	A	H	Kode	TMU		Kode	A	H	Bezeichnung
				(R12A)	25	0	PT			(0,015 min/Schraube)

Nr.	Bezeichnung	A	H	Kode	TMU		Kode	A	H	Bezeichnung
				R50B	18	4	R50B			
							(PT)			(0,01 min/Niet)

Nr.	Bezeichnung	A	H	Kode	TMU		Kode	A	H	Bezeichnung
					100	0	PT			(0,06 min)
				(M20B)			(M20B)			Teil ablegen
				(RL1)			(RL1)			

Ablaufbedingte Unterbrechungen führen zu Wartezeiten (vgl. Abbildung III-9). Wartezeiten können durch Prozesszeiten, durch Abtaktungen oder organisatorische Gegebenheiten (z. B. auf ein Prüfergebnis warten) bedingt sein. Sie werden in die TMU-Spalte und in die Kode-Spalte als PT eingetragen und in der Bezeichnungs-Spalte erläutert. Das gilt auch für Haltezeiten, also bei denen ein Gegenstand nach Beendigung einer Grundbewegung weiterhin zeitbestimmend unter Kontrolle gehalten wird. Prozesszeiten sind nicht mit einem MTM-Bausteinsystem zu analysieren, sondern mit einer der in Abbildung III-3 angeführten Ergänzungstechniken zu bestimmen.

3.7 Prozessbausteinanalyse (Form A)

3.7.1 Übersicht

Im Abschnitt 2.5.5 wurde dargelegt, dass MTM-Bausteinsysteme auf zwei verschiedene Arten anzuwenden sind:

- Es können *Ist-Abläufe* beobachtet und die dort vollzogenen Arbeitsweisen als Orientierungshilfe für die Entwicklung einer Arbeitsmethode genutzt werden. Auf dieser Informationsbasis durchgeführte Analysen werden *Ausführungs-analysen* genannt, um zum Ausdruck zu bringen, dass die Arbeitsmethode unter Kenntnis »ausgeführter« Abläufe modelliert wurde.
- Es müssen *Soll-Abläufe* modelliert werden, z. B. weil Arbeitssysteme real nicht existieren. Dann sind Arbeitsmethoden ohne Kenntnis »ausgeführter« Abläufe, aus der Vorstellung heraus, für »virtuelle« Arbeitssysteme zu planen, weshalb man so erstellte Analysen als *Planungsanalysen* bezeichnet.

Im folgenden Abschnitt wird das allgemeine Vorgehen bei der Durchführung von MTM-Analysen erläutert. Dabei wird die bei den Bausteinsystemen MTM-1 und MTM-2 angewandte MTM-Analyse (Form A) behandelt[108]. Zuerst werden die Besonderheiten von Ausführungs- und Planungsanalysen herausgestellt. Anschließend wird gezeigt, wie mit Hilfe der MTM-Software TiCon® Analysen erstellt werden. In diesem und den beiden folgenden Abschnitten beschränken wir uns auf die Durchführung von Analysen. Erst im Kapitel 8 wird gezeigt, wie man Prozessbausteine entwickelt.

3.7.2 Ausführungs- versus Planungsanalyse

Abbildung III-68 ist zu entnehmen, dass sich die beiden Analysearten grundsätzlich bei zwei Vorgehensschritten unterscheiden:

- In der ersten Phase, der Vorbereitung, ist bei Ausführungsanalysen die Auswahl einer geeigneten Beobachtungsperson und deren Information ein wichtiger Schritt. Er entfällt bei Planungsanalysen.
- In der zweiten Phase erfolgt das Listen der Grundbewegungen. Bei der Ausführungsanalyse erfolgt das orientiert an beobachteten Arbeitsweisen, bei der Planungsanalyse aus der Vorstellung heraus.

Bei den anderen Vorgehensschritten unterscheiden sich die beiden Analysearten nicht grundsätzlich, jedoch in einigen Details.

Beim Schritt 1.1 versucht man durchschnittlich geeignete und geübte Personen zu beobachten, weil aus ihren Arbeitsweisen ein Eindruck über die Machbarkeit gleichzeitiger und kombinierter Bewegungen zu gewinnen ist. Geringe Eignung und

---

108 Die Prozessbausteinanalyse (Form B) wird bei den MTM-Bausteinsystemen Standard-Daten-Basiswerte, UAS und MEK angewandt (vgl. Abschnitt 4.4). Sie unterscheidet sich in der Notation des Kodes von der Prozessbausteinanalyse (Form A).

Übung werden z. B. zu grundsätzlich nacheinander ausgeführten Bewegungen oder zu häufigem Nachgreifen und zu Korrekturbewegungen führen. Außergewöhnliche Eignung und Übung prägen sich dagegen z. B. in atypisch vielen gleichzeitigen und kombinierten Bewegungen aus. Die Arbeitsweisen dienen zwar als Grundinformation für die Formulierung einer Arbeitsmethode (vgl. Schritt 2.1), sollten aber im Regelfall geringere Priorität als die in der MTM-Normzeitwertkarte angeführte Entscheidungstabelle zu *gleichzeitigen Bewegungen* (vgl. Abschnitt 3.6.3) haben.

Auch wenn die arbeitsrechtlichen Bestimmungen nichts vorschreiben, wird man, allein schon aus dem betriebsverfassungsrechtlichen Grundsatz der vertrauensvollen Zusammenarbeit heraus, die betroffenen Personen, deren Vorgesetzte und den Betriebsrat über die Beobachtung der Arbeitsweisen informieren.

Abbildung III-68

Vorgehen bei der Durchführung von Ausführungs- und Planungsanalysen

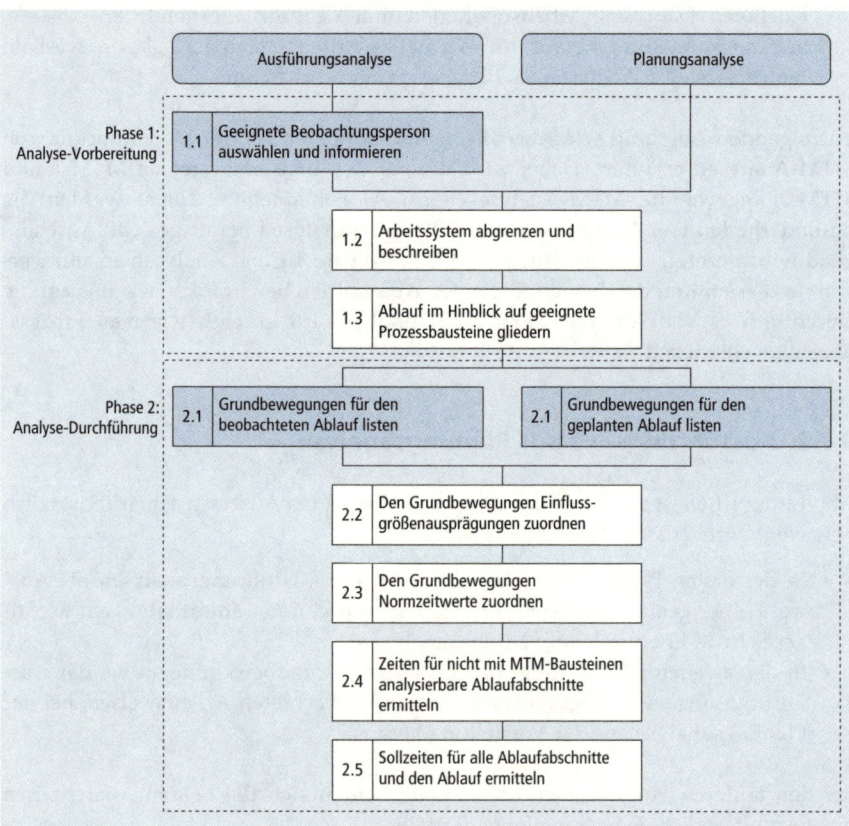

Beim Schritt 1.2 geht es noch um die Vorbereitung der Analyse im engeren Sinne, indem das betrachtete Arbeitssystem gegenüber anderen abgegrenzt und festgelegt wird, worum man sich beim vorliegenden Vorhaben kümmern und was man ausklammern will, z. B. die Logistik außerhalb des betrachteten Arbeitssystems oder die Qualitätsprüfung. Ferner prüft man, ob es Benchmarks gibt, z. B. mit anderen Werken oder Wettbewerbern. Allein die beobachteten Arbeitsweisen als Grundlage für die Methodenmodellierung zu nutzen, birgt die Gefahr, dass man sich vom Marktstandard, vom Üblichen entfernt.

Bei Planungsanalysen ist es noch wichtiger als bei Ausführungsanalysen, die betrachteten Arbeitssysteme zu beschreiben (vgl. dazu Teil I, Abschnitt 2.4), weil man Zweifel nicht durch Betrachten des Ist-Zustandes ausräumen kann. Benchmarks haben hier noch größere Bedeutung als bei Ausführungsanalysen, weil man sich an keinem Ist-Zustand orientieren kann. Ferner sind die an das technische Wissen gestellten Anforderungen besonders hoch. Die *Beschreibung des Arbeitssystems* wird bei manueller Analyse im MTM-Formblatt 001 vorgenommen.

Arbeitssystembeschreibung ☒ **Planungsanalyse** ☐ **Ausführungsanalyse**		Ablage-Nr.	*Zeiger*
		Blatt	*1 / 1*

Aufgabe	*Zeigerstellwelle komplettieren*	
Organisationseinheit	*Montage*	
Bearbeiter	*Grube*	Datum *11.04.2005*

Scheiben — Zeigerstellräder — Presse — Zeigerstellräder — Federn — Sicherheitsringe, magaziniert — Fertigteile

Zeigerstellwellen — Vorrichtung — Zeigerstellwellen

Ablage für Federn

Werkzeug

Auslösetasten

Hinlangen- u. Bringenbewegungen	Bewegungslänge in cm (Planungsgrößen)
1 zu Zeigerstellrädern	10 / 50
2 Zeigerstellräder in Vorrichtung	14
3 zu Zeigerstellwellen	30
4 Zeigerstellwelle in Vorrichtung	30
5 zusätzliches Einstecken	4
6 zum Montagewerkzeug	40
7 Sicherungsring auf Welle	40 / 45
8 Montagewerkzeug zum Spender	40 / 45
9 Montagewerkzeug einschieben	6
10 zu den entwirrten Federn	10 / 40
11 Federn über Welle	30
12 zu Scheiben	30
13 Scheiben über Wellen	30
14 zur Vorrichtung	10
15 Vorrichtung einschwenken	2
16 zu Auslösetasten	30
17 Zeigerstellräder aufpressen	30 TMU
18 zur Vorrichtung	30
19 Vorrichtung ausschwenken	2
20 zu Zeigerstellwellen	4
21 Zeigerstellwellen aus Vorrichtung	8
22 Zeigerstellwellen ablegen	50

Bestell-Nr. 001, A/E © MTM-Institut

Abbildung III-69

Vorbereitungsphase bei MTM-1-Analysen (MTM-Formblatt 001, Vorderseite): abgegrenztes und beschriebenes Arbeitssystem, Darstellung der räumlichen Verhältnisse

Auf der Vorderseite werden die räumlichen Verhältnisse im Arbeitssystem beschrieben, mit Hilfe von Skizzen oder Fotos. Auf der Rückseite werden fünf Bestimmungsgrößen des Arbeitssystems beschrieben (vgl. Teil I, Abschnitt 2.4.):

- Arbeitssystemeingabe
- Personen
- Arbeits-/Sachmittel
- Arbeitssystemausgabe
- Umwelteinflüsse

Abbildung III-70

Vorbereitungsphase bei MTM-1-Analysen (MTM-Formblatt 001, Rückseite): abgegrenztes und beschriebenes Arbeitssystem, Beschreibung der Bestimmungsgrößen des Arbeitssystems

MTM	**Arbeitssystembeschreibung** ☒ **Planungsanalyse** ☐ **Ausführungsanalyse**	Ablage-Nr.	*Zeiger*
		Blatt	*1 / 2*

Arbeitssystemeingabe	*Arbeitsanweisung hängt am Arbeitsplatz*
	alle Teilebehälter werden pro Schicht 1 x von Logistikmitarbeitern bestückt
	Sitzarbeitsplatz
	Blattfedern im Greifbehälter sind häufig ineinander verhakt und werden je
	Hand voll auf einer Ablage bereitgelegt, vereinzelt und gegebenenfalls entwirrt
Arbeits- und Sachmittel	*4 Greifbehälter 80 x 40 x 240, 2 Greifbehälter 160 x 40 x 240*
	1 Euronormbehälter 300 x 400
	1 hydraulische Presse mit 2 Auslösetasten und Doppelvorrichtung
	Sicherungsringe, magaziniert
	Spezialwerkzeug zum Aufsetzen eines Sicherungsrings
Personen	
Relevante Umgebungseinflüsse	*keine*
Relevante Anforderungen an die Ausgabe	*Fertigteile werden im Euronormbehälter abgelegt und von Logistikmitarbeitern*
	nach Aufforderung abgeholt

Bestell-Nr. 001, AJE © MTM-Institut

Diese Beschreibung hält man knapp, wenn nicht beabsichtigt ist, die zu entwickelnden Prozessbausteine auf künftige Arbeitssysteme oder auf Arbeitssysteme an anderen Standorten zu übertragen. Ist jedoch beabsichtigt, die zu entwickelnden Prozessbausteine z. B. auf ausländische Tochtergesellschaften zu übertragen, entstehen
erhöhte Anforderungen an die Reproduzierbarkeit der Arbeitssystembeschreibung.
Dann muss man z. B. wissen, welche Maschinen und Werkzeuge eingesetzt, welche
Mitarbeiterqualifikationen unterstellt werden oder welche Informationen den
Mitarbeitern zur Verfügung stehen. Liegt keine Arbeitssystembeschreibung vor,
sollte man vorsichtig mit dem Übertragen von Prozessbausteinen auf »fremde«
Arbeitssysteme sein.

Beim Schritt 1.3 beginnt die Phase der Ablaufanalyse. Der Ablauf wird so in Ablaufabschnitte gegliedert, dass sich daraus später Prozessbausteine ergeben[109] (vgl.
Abbildung III-71). Erst wenn die Abläufe in Ablaufabschnitte gegliedert sind, kann
mit der eigentlichen (Bewegungsablauf-)Analyse (Schritt 2.1) begonnen werden.

---

109 Die Unterteilung eines Ablaufs führt zu Ablaufabschnitten. Werden diesen Ablaufabschnitten in der Zeitsynthese Sollzeiten zugeordnet, entstehen Prozessbausteine. Das wird
unter dem Thema »Unternehmensspezifische Prozessbausteine« (Kapitel 7) im Detail
erläutert.

Abbildung III-71

Gliederung des Ablaufs »Zeigerstellwelle komplettieren« in Ablaufabschnitte

Zusammenstellung der Prozessbausteine	Ablage-Nr.	*Zeiger*
☒ **Planungsanalyse** ☐ **Ausführungsanalyse**	Blatt	*3 von 11*

| Kode | C . M . Z R B K . . . 1 | | | |

Bezeichnung: *Zeigerstellwelle komplettieren*

Beginn: *mit dem gleichzeitigen Hinlangen zu Zeigerstellrädern*

Inhalt:

Ende:

Begrenzung: *Doppelvorrichtung*

Nr.	Bezeichnung	Kode	TMU	A x H	Gesamt TMU
1	2 Zeigerstellräder aufstecken			0,5	
2	2 Zeigerstellwellen in Vorrichtung stecken			0,5	
3	2 Benzingscheiben montieren mit Werkzeug			0,5	
4	2 Federn auf Wellen stecken			0,5	
5	2 Scheiben auf Wellen stecken			0,5	
6	Vorrichtung zuklappen und aufklappen			0,5	
7	2 Zeigerstellräder aufpressen			0,5	
8	2 komplettierte Zeigerstellwellen abwerfen			0,5	
9	Federn vereinzeln			0,05	

Grundzeit t_g in TMU

Grundzeit t_g in ☒ min, ☐ h

Unternehmensspezifische Zuschläge

Verteilzeit t_v in ☒ min, ☐ h   bei Verteilzeitzuschlag z_v =   7%

Zeit je Einheit t_e in ☒ min, ☐ h   bei e = *100*

Ausführungszeit t_a in ☐ min, ☒ h   bei m = *2000*

Rüstzeit t_r in ☐ min, ☐ h

Auftragszeit T in ☐ min, ☐ h

	Prozessbausteinanalyse (Form A)	Ablage-Nr.	Zeiger
MTM	☒ Planungsanalyse ☐ Ausführungsanalyse	Blatt	4 von 11

Kode	B . M . Z 0 1 . 0 2 . 1
Bezeichnung	2 Zeigerstellwellen in Vorrichtung stecken
Beginn	mit dem beidhändigen Hinlangen zu den Zeigerstellwellen
Inhalt	mit jeder Hand eine Zeigerstellwelle aufnehmen, in Vorrichtung stecken und in Position drehen
Ende	nach dem Loslassen der Zeigerstellwellen
Begrenzung	Doppelvorrichtung

Nr.	Bezeichnung	A x H	Kode	TMU	Kode	A x H	Bezeichnung
	zur Zeigerstellwelle		R30C	14 1	R30C		zur Zeigerstellwelle
			G4C	12 9			
				12 9	G4C		
	zur Vorrichtung		M30C	15 1	M30C		zur Vorrichtung
			~~G2~~		~~G2~~		
			P1SE	5 6	P1SE		
	einschieben		M4A	3 1	M4A		einschieben
		3	RL1	6 0	RL1	3	
		3	R2A	6 0	R2A	3	
		3	G1A	6 0	G1A	3	
	in Position drehen	3	M2B	6 0	M2B	3	in Position drehen
			RL1	2 0	RL1		
				89 7			

Abbildung III-72

Analysephase bei MTM-1-Analysen: Sollzeiten für Ablaufabschnitte bestimmen und damit Prozessbausteine bilden

Beim Schritt 2.1, der Analyse im engeren Sinne, wird für jeden Prozessbaustein ein Analysenbogen [MTM-Formblatt 003 bei der Prozessbausteinanalyse (Form A)] angelegt. Nachdem der Kopf des Analysenbogens ausgefüllt ist, wird bei der Ausführungsanalyse die Arbeitsweise einer oder mehrerer Personen so lange beobachtet, bis man die Folge der MTM-1-Grundbewegungen niederschreiben kann (vgl. Abbildung III-72).

MTM-1 wird vorwiegend angewandt, wenn durch den Prozesstyp 1 repräsentierte Arbeitssysteme vorliegen. Dabei werden Abläufe so weit aufgelöst, bis Bewegungsabläufe durch Verwendung von Grundbewegungen zu modellieren sind. Anders als bei den Prozesstypen 2 und 3 sind hier menschliche Bewegungsmuster sowie die Eigenheiten energetisch-effektorischer Arbeit in der Arbeitsmethode zu berücksichtigen. Diese Fertigkeit kennzeichnet einen professionellen Analytiker, und diese lässt sich nicht anlesen, sondern nur in der MTM-Ausbildung durch Training erwerben. Körperbewegungen werden z. B. typischerweise bei gleichzeitigen Hand-Arm-Bewegungen und Blickfunktionen vollzogen, in einem »flüssigen, verwobenen« Bewegungsablauf. Bei Hinlang- und Bringbewegungen werden z. B. oft kleine, der Bewegungskontrolle oder dem Vorbereiten der Folgebewegungen dienende Zusatzbewegungen durchgeführt, die nicht zeitbestimmend sind.

In den Bezeichnungsspalten werden die Bewegungsziele eingetragen. Wichtig ist, dass man zwar die Arbeitsweise beobachtet, in der Analyse aber nicht diese, sondern die Arbeitsmethode (Soll-Ablauf) analysiert. Die von »1« abweichenden Häufigkeiten und Anzahlen werden zusammen mit den Bewegungen in der Spalte »A · H« notiert. Bei Planungsanalysen muss eine klare Vorstellung über das Arbeitssystem und die Arbeitsmethode vorliegen, wobei Arbeitsplatzskizzen oder Prinzipskizzen von Maschinen, Vorrichtungen und Werkzeugen meist die einzigen Orientierungshilfen sind. Im Schritt 2.2 werden jeder Grundbewegung die Einflussgrößen (z. B. Bewegungslänge, Bewegungsfall) und deren Ausprägungen (z. B. 30 cm oder 40 cm; Fall B oder C) zugeordnet. Kombinierte und gleichzeitige Bewegungen werden entsprechend gekennzeichnet (vgl. Abbildung III-72).

Im nächsten Schritt werden den Grundbewegungen ihre Sollzeiten aus der MTM-Normzeitwertkarte zugeordnet. Treten Vorkommnisse auf, die nicht mit MTM-1 zu analysieren sind, z. B. technologische Prozesse oder Wartephasen, sind diese mit Hilfe einer Ergänzungstechnik (vgl. Kapitel 7) zu ermitteln. Abschließend werden durch Summenbildung die Sollzeiten je Ablaufabschnitt bestimmt (vgl. Abbildung III-72). Hier werden die in Abbildung III-73 angeführten Ablaufabschnitte als Prozessbausteine zusammengestellt und die Zeit je Einheit bestimmt, wie im Kapitel 2 erläutert.

Aus diesen neun in Abbildung III-73 angeführten Prozessbausteinen wird ein Arbeitsvorgang (»Zeigerstellwelle komplettieren«) entwickelt. Für diesen wird die Grundzeit t_g, die Zeit je Einheit t_e (hier: e = 100) sowie die Ausführungszeit t_a (hier für m = 2.000) ausgewiesen.

MTM	**Zusammenstellung der Prozessbausteine**	Ablage-Nr.	*Zeiger*
	☒ **Planungsanalyse** ☐ **Ausführungsanalyse**	Blatt	*3 von 11*

Kode	C . M . Z R B K . . . 1

Bezeichnung *Zeigerstellwelle komplettieren*

Beginn *mit dem gleichzeitigen Hinlangen zu Zeigerstellrädern*

Inhalt

Ende

Begrenzung *Doppelvorrichtung*

Nr.	Bezeichnung	Kode	TMU	A x H	Gesamt TMU
1	2 Zeigerstellräder aufstecken	B.M.Z01.01.1	100,8	0,5	50,4
2	2 Zeigerstellwellen in Vorrichtung stecken	B.M.Z01.02.1	89,7	0,5	44,9
3	2 Benzingscheiben montieren mit Werkzeug	B.M.Z01.03.1	223,1	0,5	111,5
4	2 Federn auf Wellen stecken	B.M.Z01.04.1	65,3	0,5	32,5
5	2 Scheiben auf Wellen stecken	B.M.Z01.05.1	100,6	0,5	50,3
6	Vorrichtung zuklappen und aufklappen	B.M.Z01.06.1	16,2	0,5	8,1
7	2 Zeigerstellräder aufpressen	B.M.Z01.07.1	41,5	0,5	20,8
8	2 komplettierte Zeigerstellwellen abwerfen	B.M.Z01.08.1	38,0	0,5	19,0
9	Federn vereinzeln	B.M.Z01.09.1	84,1	0,05	4,2

Grundzeit t_g in TMU		341,8
Grundzeit t_g in ☒ min, ☐ h		0,205
Unternehmensspezifische Zuschläge		
Verteilzeit t_v in ☒ min, ☐ h bei Verteilzeitzuschlag $z_v =$ 7%		0,0143
Zeit je Einheit t_e in ☒ min, ☐ h bei e = 100		21,9
Ausführungszeit t_a in ☐ min, ☒ h bei m = 2000		7,30
Rüstzeit t_r in ☐ min, ☐ h		
Auftragszeit T in ☐ min, ☐ h		

Abbildung III-73

Zeitanalysephase bei MTM-1-Analysen: Zusammenstellung der Prozessbausteine »Zeigerstellwelle komplettieren« und Ermittlung der Zeit je Einheit

3.7.3 Analysieren mit TiCon®

Im Jahre 1982 begann die Deutsche MTM-Vereinigung mit der Entwicklung einer ersten Generation von Datenermittlungs- und Kalkulations-Software[110] , die ab dem Jahre 1983 unter dem Namen ANA-ZEBA-DATA an zahlreiche MTM-Anwender ausgeliefert wurde. Es handelte sich um eine DOS-orientierte Datenbanksoftware, die zunächst hauptsächlich auf Großrechnern lief. ANA-ZEBA-DATA wurde ständig funktionell verbessert, ihr Anwendungsspektrum auf mehrere Module ausgeweitet, und ab dem Jahre 1995 wurden diese Module unter einer Windows-Oberfläche zusammengefasst. Ab dem Jahre 1997 wurden alle Module in einem umfassenden Konzept *TiCon®* integrativ verknüpft. Einen Überblick zu den fachlichen Funktionalitäten von TiCon® vermittelt die folgende Abbildung:

Abbildung III-74

Funktionalitäten von TiCon®

TiCon® 3	
TiCon® Base	**TiCon® Supplement**
Entwicklung und Verwaltung von überbetrieblichen und betriebsspezifischen Prozessbausteinen	Prozessgliederung und Kodierungsunterstützung
Betriebsspezifische Systemadministration und Benutzerberechtigung	MTM-Ergo®: ergonomische Bewertung von Prozessen
Ermittlung von Grundzeiten sowie Berechnung von Vorgabezeiten mit Änderungsdokumentation	ProKon: Bewertung von Produktkonstruktionen
Auswertung von Ablaufindikatoren	Fließarbeit, Gruppen- und Mehrstellenarbeit

Die überwiegende Zahl deutscher Unternehmen[111], die MTM-Bausteinsysteme anwenden, setzen TiCon® ein. Die häufigsten Gründe dafür sind:

1. Bei der Prozessbausteinentwicklung:
   * TiCon® stellt sämtliche MTM-Prozessbausteine für die Prozesstypen 1 bis 3 in Form von graphischen Datenkarten zur Verfügung.
   * TiCon® ermöglicht einen hierarchischen Aufbau zur Entwicklung betrieblicher Prozessbausteine

2. Bei der Prozessbausteinverwaltung:
   * Auch große Mengen von Prozessbausteinen sind leicht zu handhaben, und haben keinen Einfluss auf die Transparenz der Datensammlung.
   * Eine systematische Revision von Prozessbausteinen ist möglich. Revisionsbedürftige Sachverhalte können aufgrund des hierarchischen Aufbaus und der Transparenz gezielt untersucht und ausgewertet werden.
   * Im Verfahren so genannter »Massenänderungen« sind partielle Korrekturen (z. B. bei organisatorischen oder technischen Änderungen) bei allen davon betroffenen Prozessbausteinen automatisch und sicher durchzuführen.

---

110 Vgl. Becks, C.; Bokranz, R.: MTM – Entwicklung und Anwendung. In: IfaA-Mitteilungen, Heft 21, 1983, S. 8–23.

111 Das schließt auch deren Auslandstöchter ein, die sich die Sprachwahl zwischen derzeit deutsch, englisch, tschechisch, spanisch und portugiesisch zu Nutzen machen.

3. Bei der Prozessbausteinverwendung:
   - Es sind standardisierte spezifische Auswertungen durchzuführen, z. B. der Ausweis von Ablaufgestaltungsmängeln in einem Prozessbaustein mit Hilfe von Ablaufindikatoren.
   - Arbeitspläne sind über standardisierte Schnittstellen (z. B. zu SAP/R3) oder individuell entwickelte Schnittstellen automatisch mit Sollzeiten zu versorgen.
   - Bei Unternehmen mit mehreren dezentralen Nutzern (z. B. Werken) kann gewährleistet werden, dass man Prozessbausteine einheitlich entwickelt und anwendet und dass Synergien entstehen.

Bei der Durchführung von Analysen mit TiCon® zur Prozessbausteinentwicklung werden wie bei der manuellen Durchführung von Analysen zwei Vorgehensphasen unterschieden (vgl. dazu auch Abbildung III-68):

Phase 1: Vorbereitung (Register »Kopf«).
   Es werden Stammdaten angelegt, also Informationen zum Arbeitssystem und zur Aufgabe (vgl. Abb. III-75). Im Kopfblatt der Aufgabe und ihrer Ablaufabschnitte (den späteren Prozessbausteinen) werden deren Bezeichnung und Kode, ihr Beginn und Ende, der Inhalt und die Begrenzung angeführt. Zu diesem Dokumentationsteil lassen sich erläuternde Dokumente, Bilder, Zeichnungen (vgl. Abbildungen III-91 und III-98), Videosequenzen sowie geschlossene Arbeitssystembeschreibungen zuordnen. TiCon® erfüllt damit die Anforderungen eines integrierten Prozessinformationssystems.

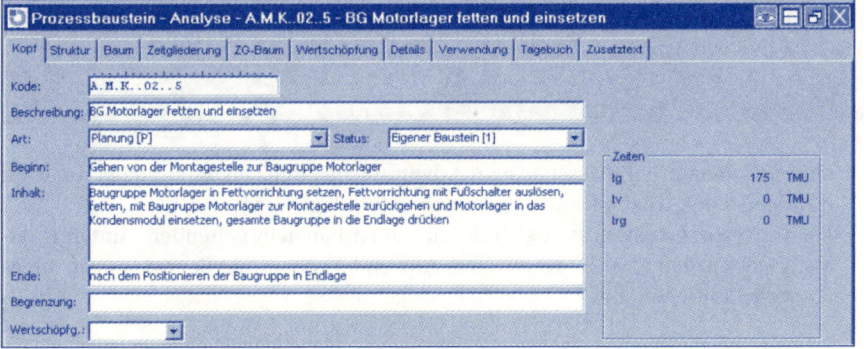

Abbildung III-75

Anlage der Stammdaten im Register »Kopf«.

Phase 2: Ablaufanalyse (Register »Struktur«).
   Die Aufgabe wird in Ablaufabschnitte gegliedert. Je Ablaufabschnitt wird ein Prozessbaustein mit dem ausgewählten MTM-Bausteinsystem erstellt. Optional können je Prozessbaustein Arbeitsanweisungen erstellt oder durch Verknüpfung aus anderen Systemen übernommen werden.

Es gibt drei Modi der Analysenerstellung, begründet durch die Art der Baustein-kode-Einspeisung.

- Die Bausteine werden in die Analyse per Tastatur eingegeben.[112]
- Die Bausteine werden nach dem Match-Code-Prinzip aus Suchlisten übernommen.
- Die Bausteine werden aus eingeblendeten Datenkarten per »drag and drop« in die Analyse übertragen.

Abbildung III-76

Ablaufanalysephase bei der TiCon®-Analyse: Übernahme der Bausteine und ihrer Sollzeiten aus der eingeblendeten MTM-1-Datenkarte per »drag and drop«

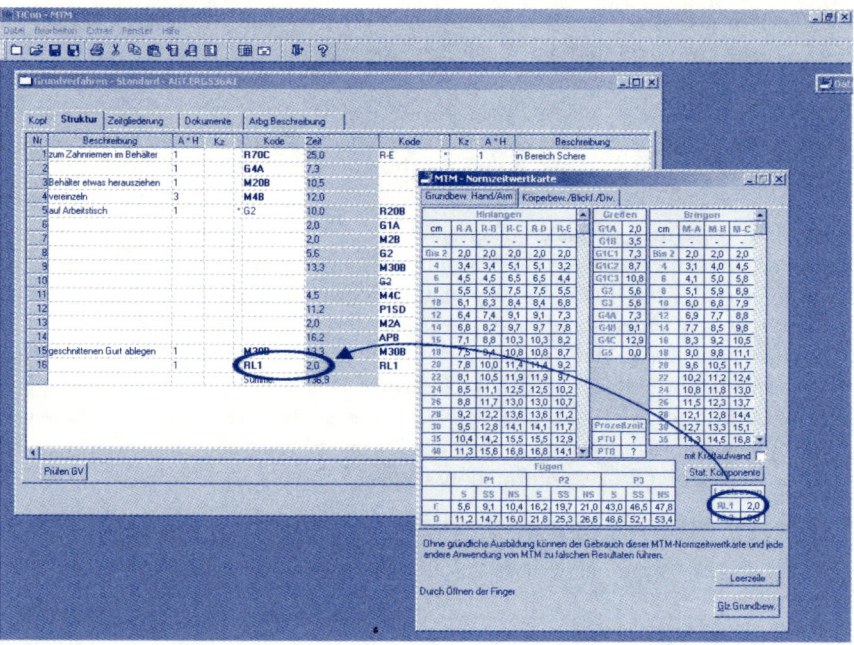

Optional können je Prozessbaustein Arbeitsanweisungen erstellt und bei Auswahl des Registers »Arbeitsgangbeschreibung« hinterlegt werden.

Für Prozessbausteine lassen sich die für einen Baustein geltenden Hintergrund-analysen anzeigen, z. B. wenn sich Anwender über die Begrenzungen eines Bausteins unsicher sind.

Auf Grund des ausgewählten Kodes werden automatisch der Normzeitwert und eine standardisierte Bausteinbeschreibung ausgewiesen. Diese enthält in Form eines »Rohtextes« den Hinweis, was im Beschreibungstext zum Ausdruck kommen sollte. Diesen Rohtext ersetzt man durch einen spezifischen, dem vorliegen-den Sachverhalt angepassten Text. Werden in die Spalte »A · H« eine Anzahl und eine Häufigkeit eingetragen, wird der zum Kode geltende Normzeitwert automa-tisch in eine Sollzeit umgerechnet.

---

112 Der Kode kann in unterschiedlichen Schreibweisen (vollständige Kodebezeichnung, Kurz-kode und andere) eingetragen werden.

Nach Abschluss der Analyse wird die Sollzeit für den Ablaufabschnitt durch automatische Addition der Sollzeiten gebildet und die Analyse als Prozessbaustein abgespeichert (vgl. Abb. III-77).

Abbildung III-77

Ausdruck der Prozessbausteinanalyse

		Analyse Form A (MTM-1)			Seite(n):	1 / 1
		Standard			gedruckt am: 19.07.2006	
					gedruckt von: MTM	

Kode: AGT.ARG536A1   Index:
Variante:

Bezeichnung: **Zahnriemen mit Schere auf Maß schneiden**

Erstellt: 2006-03-09 11:19:59 / MTM / User
Zuletzt geändert: 2006-07-19 11:39:13 / MTM / User

Beginn: zum Zahnriemen
Inhalt: Zahnriemen aus Behälter nehmen und per Hand mit Schere zuschneiden
Ende: nach dem Loslassen Schere
Begrenzung:

Nr.	Bezeichnung	A * H	Kode	TMU	Kode	A * H	Bezeichnung
1	zum Zahnriemen im Behälter	1 * 1,0	R70C	25,0	(R-E)	1 * 1,0	in Bereich Schere
2		1 * 1,0	G4A	7,3		1 * 1,0	
3	Behälter etwas herausziehen	1 * 1,0	M20B	10,5		1 * 1,0	
4	vereinzeln	3 * 1,0	M4B	12,0		1 * 1,0	
5	auf Arbeitstisch	1 * 1,0	(G2)	10,0	R20B	1 * 1,0	zur Schere
6		1 * 1,0		2,0	G1A	1 * 1,0	
7		1 * 1,0		2,0	M2B	1 * 1,0	kurz anheben
8		1 * 1,0		5,6	G2	1 * 1,0	Finger am Griff nachsetzen
9		1 * 1,0		13,3	M30B	1 * 1,0	Schere zum Gurt
10		1 * 1,0		0	G2	1 * 1,0	Nachgreifen
11		1 * 1,0		4,5	M4C	1 * 1,0	Schere öffnen
12		1 * 1,0		5,6	P1SE	1 * 1,0	Schere ist scharf
13		1 * 1,0		2,0	M2A	1 * 1,0	Schere zusammendrücken
14		1 * 1,0		16,2	APB	1 * 1,0	Schneiden
15	geschnittenen Gurt ablegen	1 * 1,0	M30B	13,3	M30B	1 * 1,0	Schere zur Ablage
16		1 * 1,0	RL1	2,0	RL1	1 * 1,0	
17							
18							
Gesamtzeit:				131,3			

Die je Prozessbaustein ermittelten Sollzeiten können unter Verwendung beliebiger Zuschläge zu einer Vorgabezeit zusammengestellt und die Rüst-, Ausführungs- und Auftragszeit berechnet werden.[113]

---

113 Vgl. Zeitartengliederung nach REFA; s. Abbildung III-7.

Abbildung III-78.1

Beispiel für einen
Prozessbaustein als
Arbeitsunterweisung

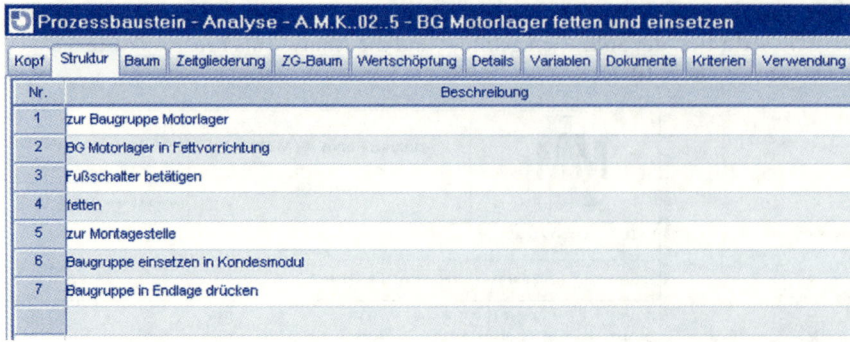

Abbildung III-78.2

Beispiel für eine
Prozessbaustein-
gliederung mit
Zuschlägen

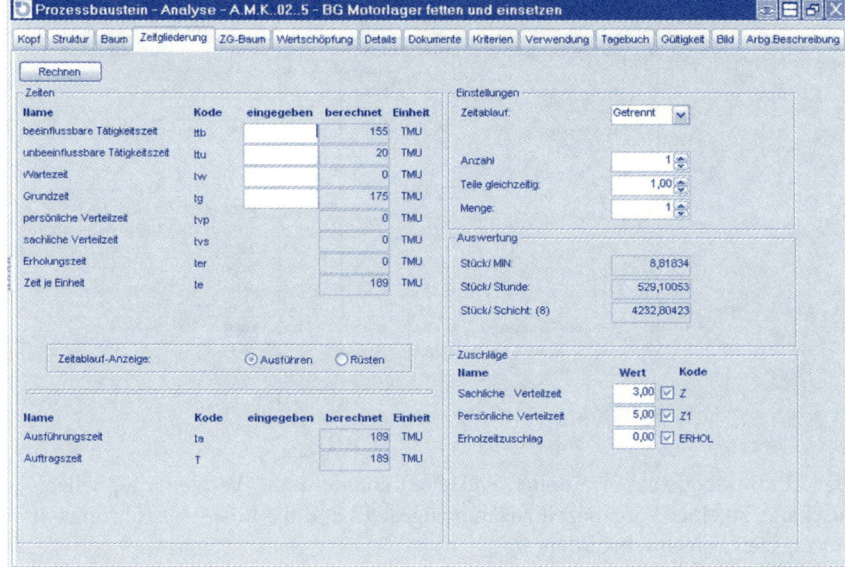

3.8 MTM-Normleistung und Einarbeitungsdauer

Es liegen drei Forschungsberichte aus den sechziger Jahren über Übungskurven beim Verwenden von MTM-Prozessbausteinen vor.[114] Sie beziehen sich auf das Bausteinsystem MTM-1, sind aber, was die Grundaussagen betrifft, auf die später entstandenen Bausteinsysteme zu übertragen[115]. Anstelle des Übungsbegriffs wird in den zitierten Forschungsberichten der Lern- und Einarbeitungsbegriff verwendet, denn im Mittelpunkt des Forschungsinteresses stand die Bestimmung der *Einarbeitungsdauer*. Diese wird ausgedrückt durch die Anzahl Zyklen (Aufgabenwiederholungen, Auftragsmenge), die erforderlich sind, damit die Istzeiten den MTM-Normzeitwerten entsprechen. Ziel dieser Forschungsvorhaben war nicht die Entwicklung einer Methode zur Übungsgewinnprognose, sondern die Validierung der MTM-Normleistung.

In Bezug auf die Lern- oder Einarbeitungsdauer hat man Arbeitsmethoden nach drei Parametern klassifiziert:

- Schwierigkeitsgrad,
- Kopplungs-Redundanzen,
- Linearität.

Der *Schwierigkeitsgrad einer Arbeitsmethode* prägt sich primär in den darin vorkommenden Grundbewegungen und nur sekundär in der Zykluslänge aus. Chaffin und Hancock (1966) haben die Grundbewegungen ihrem Lernaufwand nach quantifiziert, in Form so genannter *Schlüsselreiz-Informationen*[116] (cues). Als Schlüsselreize werden durch Lernen im Gedächtnis zu speichernde und dort wieder abzurufende Steuerungsinformationen bezeichnet, die notwendig sind, eine Grundbewegung auszuführen. Die Ausführung von Bewegungen wird also über den Abruf mehr oder weniger komplexer Schlüsselreiz-Informationen gesteuert. Bei der Ausführung von Bewegungen haben die Personen die dazu gespeicherten Schlüsselreiz-Informationen mit der Bewegungsausführung zu koppeln. Schlüsselreize können durch alle menschlichen Sinne aufgenommen werden.

Das Ausmaß notwendiger Schlüsselreize unterscheidet sich zwischen den Grundbewegungen erheblich. Beispielsweise sind die grobmotorischen Körper-, Bein- und Fußbewegungen durch so geringe Schlüsselreiz-Informationen aus dem Gedächtnis abzurufen (zu koppeln), dass bei neuen Aufgaben praktisch keine Kopplungen erforderlich sind, es also nicht erforderlich ist, sie aufgabenspezifisch zu lernen.

---

114 Vgl. Hancock, W. M.; Foulke, J. A.: Learning Curve Research on Short-Cycle Operations. Phase I: Laboratory Experiments (Report 112). Pittsburgh: MTM Association for Standards and Research, 1963. Deutsche Fassung: Eine Studie der Anlernkurven für kurze Arbeitsgänge, 1965.
115 Vgl. z. B. Rackel, K.: Ermittlung von Einlernzeiten. Ein System auf MTM-Basis. In: Angewandte Arbeitswissenschaft – Mitteilungen des IfaA, Heft 58, 1977, S. 36–52. Rackel hat die Erkenntnisse aus diesen Forschungsprojekten auf die SD angewandt.
116 In den Schlüsselreiz-Informationen prägt sich auch, aber nicht nur, der im Abschnitt 3.1.2 beschriebene Kontrollaufwand aus. Je höher der Kontrollaufwand ist, desto komplexer sind auch die Schlüsselreiz-Informationen.

Chaffin und Hancock (1966) haben den Grundbewegungen Schlüsselreiz-Informationen in Form so genannter C-M-Werte (= Cue-Motion Data) zugewiesen. Abbildung III-79 sind die in den Forschungsberichten ausgewiesenen C-M-Werte für die relevanten Grundbewegungen zu entnehmen. Je größer ein C-M-Wert ist, desto komplexer ist die durch ihn repräsentierte Schlüsselreiz-Information und desto übungsnotwendiger ist die betreffende Grundbewegung.

Abbildung III-79

C-M-Werte für die Schlüsselreiz-relevanten Grundbewegungen (Chaffin, Hancock, 1966, S. 11)

Hinlangen	C-M
R-A	1,0
R-B	1,9
R-C	1,5
R-D	1,5
R-E	1,2

Trennen	C-M
D1E	1,0
D1D	1,4
D2E	1,9
D2D	2,9
D3E	5,7
D3D	6,7

Greifen	C-M
G1A	1,0
G1B	1,6
G1C1	3,6
G1C2	4,4
G1C3	5,4
G2	2,8
G3	2,8
G4A	3,6
G4B	3,6
G4C	6,4
G5	0

Bringen	C-M
M-A	1,4
M-B	1,4
M-C	1,6

Loslassen	C-M
RL1	1,0
RL2	0

Drücken	C-M
APA	2,6
APB	3,9

Fügen Fall E	nur Ausrichten	Einfügetiefe in mm		
		0	≤ 12,5	≤ 25
P1S	1,0	1,0	2,2	2,8
P1SS	1,0	3,1	4,5	4,9
P1NS	1,3	5,2	6,2	6,6
P2S	2,4	2,4	4,0	4,3
P2SS	2,7	5,0	6,5	6,9
P2NS	3,2	6,7	8,3	8,7
P3S	3,2	3,2	5,4	6,2
P3SS	3,5	5,8	8,0	8,8
P3NS	4,1	7,6	9,9	10,7

Drehen	C-M
T	1,0

Blickfunktionen	C-M
ET	1,0

Aus Abbildung III-79 sind zwei bereits in Teil II, Abschnitt 4.1.5.2, angeführte Erkenntnisse zu begründen:

1. Bei Aufgaben mit einem hohen Zeitanteil für Greif-, Trenn-, Drück- und Fügebewegungen ist mit einer relativ geringen Lerngeschwindigkeit und einem relativ hohen Übungsgewinn zu rechnen. Es dauert lange, »bis man es kann«.

2. Bei Aufgaben mit einem hohen Zeitanteil für Hinlang-, Bring- und Körperbewegungen ist mit einer hohen Lerngeschwindigkeit und einem relativ geringen Übungsgewinn zu rechnen. Es geht schnell, »bis man es kann«, und manches kann man von vornherein.

Kopplungs-Redundanzen bei einer Arbeitsmethode berücksichtigen Wiederholungs- oder Kopiereffekte. Diese führen zu tendenziell sinkender Einarbeitungsdauer und treten in zwei Effekten auf:

1. Redundanzeffekt in Form gleichzeitiger (vgl. Abschnitt 3.6.3) Bewegungen, d. h. beide Körperhälften folgen dem gleichen Kopplungsmuster. Es wird, analog zu den Anwendungsregeln für die Zeitbestimmung, nur der C-M-Wert für eine Körperhälfte berücksichtigt.

2. Redundanzeffekt in Form sich am gleichen Gegenstand wiederholender Bewegungen, d.h. jede dieser Bewegungen folgt dem gleichen Kopplungsmuster. Die Wiederholungen werden nicht berücksichtigt.

Eine Arbeitsmethode ist linear, wenn der Ablauf frei von Oder-Verzweigungen ist. Beispielsweise ist ein Teil »i. O.«, oder es ist »n. i. O.«. Die Bewegungsfolge ist um so mehr zu variieren, je mehr Oder-Verzweigungen der Ablauf einer Arbeitsmethode enthält. Je geringer das Ausmaß an Linearität ist, desto länger ist die Einarbeitungsdauer.

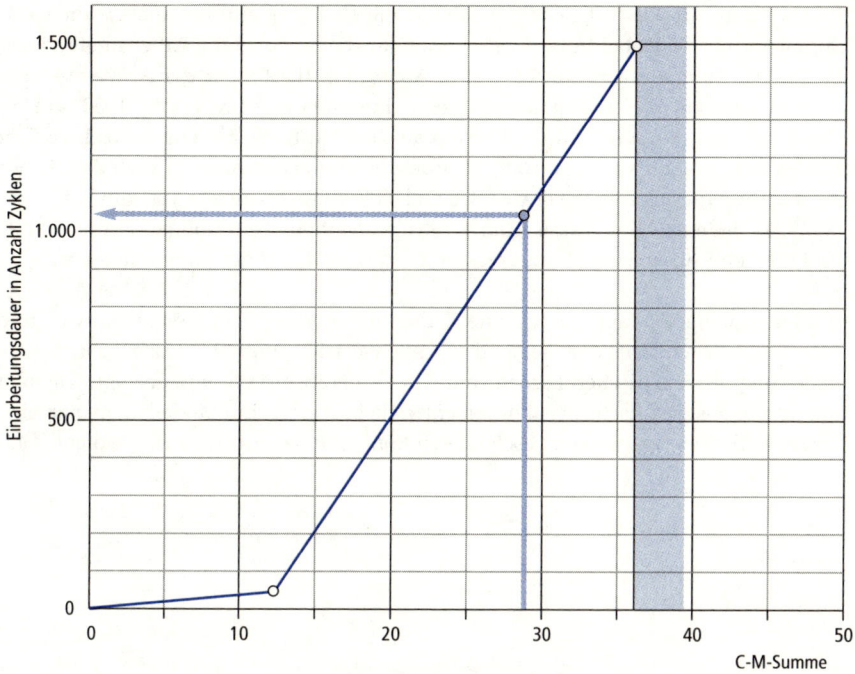

Abbildung III-80

Abhängigkeit der
Einarbeitungsdauer
von der C-M-Summe
[nach Chaffin,
Hancock (1966),
S. 19a] unter Ver-
wendung des in
Abbildung III-81
angeführten Beispiels

Abbildung III-80 ist der Zusammenhang zwischen der Summe der C-M-Werte einer Aufgabe und der dazu anzusetzenden Einarbeitungsdauer zu entnehmen. Die Einarbeitungsdauer wird dort ausgedrückt als »Anzahl durchzuführender Zyklen bis zum Erreichen der MTM-Normleistung«. Die C-M-Summe ist auf 37 begrenzt, woraus deutlich wird, dass diese Methode seinerzeit für eine Anwendung auf kurzzyklische Abläufe und für die Validierung der MTM-Normleistung entwickelt wurde.

Nr.	Bezeichnung	A·H	Kode	Zeit in TMU	C-M	Kode	A·H	Bezeichnung
1	zum Zahnriemen im Behälter	1	R70C	25,0	1,5	(R-E)	1	in Scherenbereich
2		1	G4A	7,3	3,6			
3	Behälter etwas herausziehen	1	M20B	10,5	1,4			
4	vereinzeln	3	M4B	12,0	1,4			
5	auf Arbeitstisch	1	(G2)	10,0	2,8	R20B	1	zur Schere
6					2,0	1,0	G1A	1	
7					2,0	1,4	M2B	1	kurz anheben
8					5,6	2,8	G2	1	Finger am Griff ansetzen
9					13,3	1,4	M30B	1	Schere zum Gurt
10							~~G2~~	1	
11					4,5	1,6	M4C	1	Schere öffnen
12					5,6	2,2	P1SE	1	keine Verletzungsgefahr
13					2,0	1,4	M2A	1	Schere zusammendrücken
14					16,2	3,9	APB	1	schneiden
15	geschnittenen Gurt ablegen	1	M30B	13,3	1,4	M30B	1	Schere zur Ablage
16		1	RL1	2,0	1,0	RL1	1	
				131,3	28,8			

Abbildung III-81

Beispiel zur Bestim-
mung der C-M-Summe
für einen Prozess-
baustein

In Abbildung III-81 wird für die in Abbildung III-77 angeführte Analyse die C-M-Summe ermittelt. Dabei treten keine Redundanzen auf, und die Arbeitsmethode ist linear. Der Summenwert von 28,8 ist in Abbildung III-80 über der Abszisse eingetragen, und auf der Ordinate wird eine Einarbeitungsdauer von 1050 Zyklen abgelesen. Für die in Abbildung III-81 analysierte Aufgabe gilt eine Sollzeit von ca. 131 TMU bzw. 0,08 Minuten. Dafür würde die Übungsdauer bei ununterbrochener Ausführung dieser Aufgabe etwa 1.050 mal 0,08 Minuten, also ca 1,5 Stunden betragen. Das bedeutet, dass diese Aufgabe keiner nennenswerten Einarbeitung bedarf und die analysierte Sollzeit in kürzester Zeit erreicht und ggf. unterboten wird.

In den neunziger Jahren gab es eine Reihe interessanter Ansätze zur Entwicklung von Lernkurven auf der Basis des C-M-Wert-Konzepts[117]. Darin wurde die Bedeutung systematischen Lernens und Übens herausgestellt und gezeigt, wie man unternehmensspezifische Lernkurven entwickeln könnte. Ein Modell, dem man eine gewisse Allgemeingültigkeit bescheinigen könnte, liegt jedoch bis heute nicht vor.

---

117 Vgl. z. B. Ullrich, G.; Brock, H.; Elbracht, D.: Wirtschaftliches Anlernen in der Montage – Ein Beitrag zur Lernkurventheorie. In: REFA-Nachrichten, 47. Jg., 1994, Heft 5.

4 UAS und MEK

4.1 Grundsachverhalte

Im Abschnitt 2.5 wurde bereits ein erster Eindruck vermittelt, durch welche Vereinfachungen UAS[120] und MEK aus MTM-1 abgeleitet wurden[121] und welche Prozessbausteine sie enthalten.

UAS (= Universelles Analysiersystem) ist ein MTM-Bausteinsystem auf der hierarchischen Ebene der Grundvorgänge und zur Modellierung von Prozessen konzipiert, die durch den Prozesstyp 2 repräsentiert werden. Es besteht aus Grundvorgängen, denen in Abhängigkeit von Zeiteinflussgrößen MTM-Normzeitwerte zugeordnet sind.

MEK (= MTM für Einzel- und Kleinserienfertigung) ist ein MTM-Bausteinsystem auf der hierarchischen Ebene der Grundvorgänge und zur Modellierung von Prozessen konzipiert, die durch den Prozesstyp 3 repräsentiert werden. Es besteht aus Grundvorgängen, denen in Abhängigkeit von Zeiteinflussgrößen MTM-Normzeitwerte zugeordnet sind.

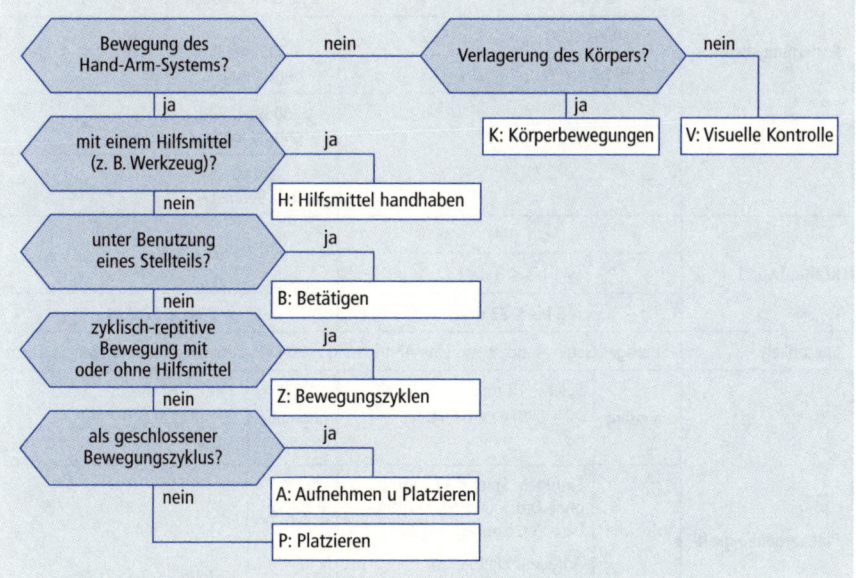

Abbildung III-82

Übersicht zu den Grundvorgängen bei UAS und MEK

---

120 UAS (= Universelles Analysier-System) wurde für den Prozesstyp 2 (»Serienfertigung«) entwickelt. In der Prozesstypenbeschreibung (vgl. Abbildung III-34) werden auch die Einsatzfelder von UAS und MEK (= MTM in der Einzel- und Kleinserienfertigung) definiert.
121 Zum Entwicklungsgang von UAS und MEK vgl. z. B. Glatz, H.: Das MEK-Datensystem für die Einzel- und Kleinserienfertigung. In: REFA-Nachrichten, 31. Jg., 1978, S. 273–281. Becks, C.: Das neue MTM-Datensystem MTM-UAS. In: REFA-Nachrichten, 32. Jg., 1979 S. 3–8. O'Neal, M. H.: MEK/UAS. Fair Lawn: MTM Assoziation for Standards and Research. Zur Beurteilung der Statistischen Genauigkeit von UAS und MEK vgl. MTM, Hrsg. (1982): a. a. O., 1982

Abbildung III-83

Gemeinsamkeiten und Unterschiede bei UAS und MEK

Aspekt	UAS		MEK	
Definition	UAS ist das MTM-Bausteinsystem auf der hierarchischen Ebene der Grundvorgänge und zur Modellierung von Prozessen konzipiert, die durch den Prozesstyp 2 repräsentiert werden. Es besteht aus Grundvorgängen, denen in Abhängigkeit von Zeiteinflussgrößen und unter Geltung von Anwendungsregeln MTM-Normzeitwerte zugeordnet sind.		MEK ist das MTM-Bausteinsystem auf der hierarchischen Ebene der Grundvorgänge und zur Modellierung von Prozessen konzipiert, die durch den Prozesstyp 3 repräsentiert werden. Es besteht aus Grundvorgängen, denen in Abhängigkeit von Zeiteinflussgrößen und unter Geltung von Anwendungsregeln MTM-Normzeitwerte zugeordnet sind.	
mittlere Bausteingröße	50 TMU		100 TMU	
Kodestruktur	UAS - .. .. .. Einflussgröße 2 Einflussgröße 1 Grundvorgang Bausteinsystem-Kennzeichnung		MEK - .. .. .. Einflussgröße 2 Einflussgröße 1 Grundvorgang Bausteinsystem-Kennzeichnung	
Analysieraufwand[122]	ca. 1/10 bis 1/20 von MTM-1		ca. 1/10 bis 1/30 von MTM-1	
Entfernungsbereich	Bewegungslänge in cm	Entfernungs-bereichs-Kode	Bewegungslänge in cm	Entfernungs-bereichs-Kode
	≤ 20	1	≤ 20 ohne Beugen	1
	> 20 bis ≤ 50	2	> 20 bis ≤ 80 ohne Beugen	3
	> 50 bis ≤ 80	3		
			> 80 bis ≤ 200 ohne Beugen	4
			≤ 200 mit Beugen	5
Kraftaufwand	≤ 1 daN		≤ 8 daN	
	> 1 bis ≤ 8 daN			
	> 8 bis ≤ 22 daN		> 8 bis ≤ 22 daN	
Sperrigkeit	Sperriger Gegenstand, wenn eine Abmessung > 80 cm oder zwei Abmessungen > 30 cm			
Platziergenauigkeit	ungefähr	Spiel > 12 mm oder gegen Anschlag	ungefähr	Spiel > 12 mm oder gegen Anschlag
	lose	Einfügen: Spiel ≤ 12 mm, ohne Druck und/oder erkennbare Verzögerung am Ziel Anfügen: Zieltoleranz > ± 1,5 mm bis ≤ ± 6 mm	genau	Einfügen: Spiel ≤ 12mm, mit Druck und/oder erkennbaren Verrzögerung am Ziel Anfügen: Zieltoleranz ± 6 mm
	eng	Einfügen: Spiel ≤ 12 mm, mit Druck und/oder erkennbarer Verzögerung am Ziel Anfügen: Zieltoleranz ± 1,5 mm		

---

122 Der Analysieraufwand reduziert sich darüber hinaus deutlich bei der Verwendung komplexerer betrieblicher Prozessbausteine, die auf UAS- bzw. MEK-Grundvorgängen aufbauen.

Abbildung III-82 ist zu entnehmen, dass bei UAS und MEK die gleichen sieben Grundvorgänge und die gleiche Kodestruktur verwendet werden. UAS und MEK wurden gemeinsam entwickelt und basieren auf ein und demselben theoretischen Konzept. Sie unterscheiden sich auf Grund der Modellunterschiede zwischen den Prozesstypen 2 (UAS) und 3 (MEK) jedoch in den Zeiteinflußgrößen sowie deren Ausprägungsstufen und folglich auch in den Normzeitwerten.

Bei UAS und MEK wird,

- im Gegensatz zu MTM-1, nicht auf Grund detaillierter Kenntnis von Arbeitsweisen oder Vorstellungen über Arbeitsmethoden eine Analyse des Bewegungsablaufs in Form einer so genannten »Beidhandanalyse« [Prozessbausteinanalyse (Form A)] durchgeführt,
- sondern auf Grund lediglicher Kenntnis so genannter Rahmenbedingungen – in Form von Schlüsselinformationen über relevante Grundsachverhalte des Arbeitssystems – eine Analyse der Arbeitsinhalte erstellt [Prozessbausteinanalyse (Form B)].

Es handelt sich also aus methodischer Sicht um keine Bewegungsablauf-, sondern um eine Arbeitsinhaltsanalyse. In beiden Fällen kann man, je nach Informationsstand zum Bewegungsablauf bzw. zum Arbeitssystem, Planungs- oder Ausführungsanalysen erstellen. Es handelt sich um Modellierung (Sollbildungen), weil die verwendeten MTM-Prozessbausteine selbst »Ablaufmodelle« sind. Auch wenn MTM-Analysen auf vorliegenden Arbeitssituationen (sog. Ist-Zustände) basieren, bilden sie ein Soll ab. In diesem Sinne ist das Erstellen von Sollanalysen MTM-immanent.

Abbildung III-84.1

UAS-Datenkarte
Außenseite

MTM-Institut
Eichenallee 11, 15738 Zeuthen
Telefon: 033762 / 20 66 31
Telefax: 033762 / 20 66 40
eMail: institut@dmtm.com

UAS Grundvorgänge

Zeiteinheiten			
TMU	sek	min	h
1	0,036	0,0006	0,00001

Der Gebrauch dieser Tabellenwerte führt ohne gründliche
Ausbildung in MTM-1 und UAS zu falschen Ergebnissen

Abbildung III-84.2

UAS-Datenkarte
Innenseite
(untere Abbildung)

2004 © MTM-Institut
Urheberrechtlich geschützt! – Nachdruck verboten!

Bewegungslänge in cm	≤ 20	> 20 bis ≤ 50	> 50 bis ≤ 80
Entfernungsbereich	1	2	3

Aufnehmen und Platzieren			Kode	1	2	3
				TMU		
≤ 1 daN	leicht	ungefähr	AA	20	35	50
		lose	AB	30	45	60
		eng	AC	40	55	70
	schwierig	ungefähr	AD	20	45	60
		lose	AE	30	55	70
		eng	AF	40	65	80
	Hand voll	ungefähr	AG	40	65	80
> 1 daN bis ≤ 8 daN		ungefähr	AH	25	45	55
		lose	AJ	40	65	75
		eng	AK	50	75	85
> 8 daN bis ≤ 22 daN		ungefähr	AL	80	105	115
		lose	AM	95	120	130
		eng	AN	120	145	160

Platzieren		Kode	1	2	3
			TMU		
	ungefähr	PA	10	20	25
	lose	PB	20	30	35
	eng	PC	30	40	45

Bewegungslänge in cm	≤ 20	> 20 bis ≤ 50	> 50 bis ≤ 80
Entfernungsbereich	1	2	3

Hilfsmittel handhaben	Kode	1	2	3
		TMU		
ungefähr	HA	25	45	65
lose	HB	40	60	75
eng	HC	50	70	85

Betätigen	Kode	1	2	3
einfach	BA	10	25	40
zusammengesetzt	BB	30	45	60

Bewegungszyklen	Kode	1	2	3
eine Bewegung	ZA	5	15	20
Bewegungsfolge	ZB	10	30	40
Umsetzen und eine Bewegung	ZC	30	45	55
Festmachen oder Lösen	ZD	20		

Körperbewegungen	Kode	TMU
Gehen / m	KA	25
Beugen, Bücken, Knien (inkl. Aufrichten)	KB	60
Setzen und Aufstehen	KC	110

Visuelle Kontrolle	VA	15

Abbildung III-84.3

MEK-Datenkarte
Außenseite

MTM-Institut
Eichenallee 11, 15738 Zeuthen
Telefon: 033762 / 20 66 31
Telefax: 033762 / 20 66 40
eMail: institut@dmtm.com

MEK Grundvorgänge

Zeiteinheiten			
TMU	sek	min	h
1	0,036	0,0006	0,00001

Der Gebrauch dieser Tabellenwerte führt ohne gründliche
Ausbildung in MTM-1 und MEK zu falschen Ergebnissen

Abbildung III-84.4

MEK-Datenkarte
Innenseite
(untere Abbildung)

2004 © MTM-Institut
Urheberrechtlich geschützt! – Nachdruck verboten!

Wege in cm	≤ 20	> 20 bis ≤ 80	> 80 bis ≤ 200	≤ 200 mit Beugen
		ohne Beugen		
Entfernungsbereich	1	3	4	5

Aufnehmen und Platzieren		Kode	1	3	4	5
			TMU			
nicht sperrig, ≤ 8 daN	ungefähr	AA	30	50	120	150
	genau	AB	50	90	160	190
sperrig und/oder > 8-22 daN	ungefähr	AC	-	150	220	250
	genau	AD	-	190	260	290

Platzieren	Kode	1	3	4	5
		TMU			
ungefähr	PA	20	30	40	70
genau	PB	40	50	60	90

Hilfsmittel handhaben	Kode	1	3	4	5
		TMU			
ungefähr	HA	-	70	140	170
genau	HB	-	100	160	190

Betätigen	Kode	1	3	4	5
		TMU			
einfach	BA	20	30	50	110
zusammengesetzt	BB	40	50	70	130

Bewegungszyklen		Kode	TMU
ohne Umsetzen (Bewegungslänge in cm)	≤ 10	ZA	10
	> 10 – 30	ZB	20
	> 30 – 80	ZC	40
mit Umsetzen (Hebellänge in cm)	≤ 20	ZD	40
	> 20 – 45	ZE	60
	> 45 – 100	ZF	120
Festmachen oder Lösen		ZZ	30

Körperbewegungen	Kode	TMU
Gehen / m	KA	25
Beugen, Bücken, Knien (inkl. Aufrichten)	KB	60
Setzen und Aufstehen	KC	110

Visuelle Kontrolle	VA	40

4.2 Grundvorgänge bei UAS

4.2.1 Aufnehmen und Platzieren

Aufnehmen und Platzieren ist der Grundvorgang, bei dem mit den Fingern oder der Hand ein oder mehrere Gegenstände unter Kontrolle gebracht und zu einem Zielort bewegt werden. Der Grundvorgang beginnt mit einem Hinlangen und endet mit einem Loslassen.

Die Kodierung und die darin berücksichtigten Zeiteinflussgrößen sind:

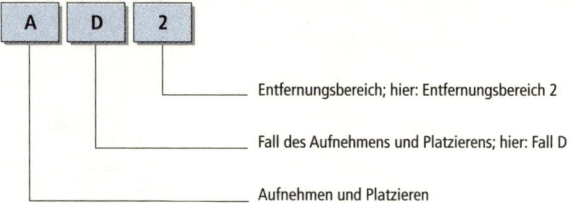

> Entfernungsbereich; hier: Entfernungsbereich 2
>
> Fall des Aufnehmens und Platzierens; hier: Fall D
>
> Aufnehmen und Platzieren

Das Handhaben der Einflussgrößen »Fall des Aufnehmens« und »Fall des Platzierens« ist den Abbildungen III-85.1 und III-85.2 zu entnehmen.

Abbildung III-85.1

Fälle des Aufnehmens bei UAS im Vergleich mit MTM-1

Fall	leichtes Aufnehmen	schwieriges Aufnehmen	Handvoll Aufnehmen
	allein liegender Gegenstand	vermischt liegender Gegenstand	gehäufte/gestapelte Gegenstände
MTM-1	G1A G1B G5	G4. G1C.	Schöpfgriff Stapelgriff
UAS	AA.; AB.; AC.	AD.; AE.; AF.	AG.

Fall	ungefähres Platzieren	loses Platzieren	enges Platzieren
MTM-1	**M-A** 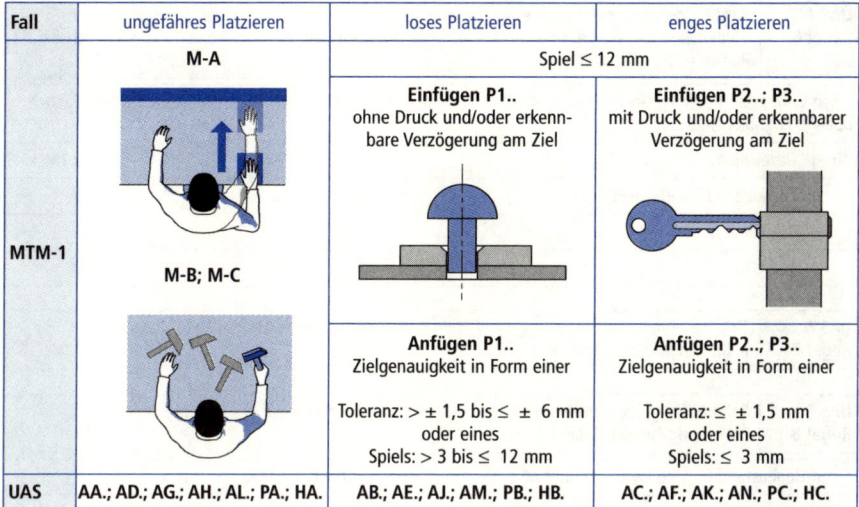 **M-B; M-C**	**Spiel ≤ 12 mm** **Einfügen P1..** ohne Druck und/oder erkenn-bare Verzögerung am Ziel **Anfügen P1..** Zielgenauigkeit in Form einer Toleranz: > ± 1,5 bis ≤ ± 6 mm oder eines Spiels: > 3 bis ≤ 12 mm	**Einfügen P2..; P3..** mit Druck und/oder erkennbarer Verzögerung am Ziel **Anfügen P2..; P3..** Zielgenauigkeit in Form einer Toleranz: ≤ ± 1,5 mm oder eines Spiels: ≤ 3 mm
UAS	AA.; AD.; AG.; AH.; AL.; PA.; HA.	AB.; AE.; AJ.; AM.; PB.; HB.	AC.; AF.; AK.; AN.; PC.; HC.

Abbildung III-85.2

Fälle des Platzierens bei UAS im Vergleich mit MTM-1

Es gibt folgende Anwendungsregeln:

UAS / Regel 1	Aufnehmen und Platzieren enthält die bei Prozessen zum Prozesstyp 2 typischen Hilfsbewegungen, die durch Größe, Form, Gewicht oder Art der Gegenstände bedingt sind.

Die Regel 1 gilt sinngemäß auch bei den Grundvorgängen Platzieren und Hilfsmittel handhaben.

UAS / Regel 2	Bei der Bestimmung der Gewichtsklasse ist es unerheblich, ob ein Gegenstand mit einer oder beiden Händen aufgenommen wird.

UAS / Regel 3	Sperrige Gegenstände führen zu einer Einstufung in die nächst höhere Gewichtsklasse.

UAS / Regel 4	Bei gleichzeitigen Bewegungen mit hohem Kontrollaufwand wird ein zusätzlicher (Interaktions-) Grundvorgang für die zweite Hand (üblich: Entfernungsbereich 1) analysiert. Folgende Entscheidungsregeln gelten für gleichzeitige Bewegungen:

Gleichzeitige Bewegungen		rechte Hand	
		geringer Kontrollaufwand	hoher Kontrollaufwand
linke Hand	geringer Kontrollaufwand	gleichzeitig	gleichzeitig
	hoher Kontrollaufwand	gleichzeitig	Interaktions-Grundvorgang

Die Regel 4 gilt sinngemäß auch bei den Grundvorgängen Platzieren, Hilfsmittel handhaben, Betätigen und Bewegungszyklen.

UAS / Regel 5	Aufnehmen und Platzieren wird als ein Grundvorgang analysiert, auch wenn zwischen dem Aufnehmen und Platzieren Körperbewegungen ausgeführt werden.

Einen Gegenstand (30 x 20 x 15 cm) über 40 cm aufnehmen, über 5 m zum Tisch tragen, dort über 20 cm abstellen.

Nr.	Bezeichnung	Kode	TMU	A	H	Gesamt TMU
	Teil auf Tisch	AA2	35			35
		KA	25		5	125

UAS / Regel 6	Wird Aufnehmen und Platzieren durch einen eigenständigen Grundvorgang, ausgenommen Körperbewegungen, oder technische Prozesse unterbrochen, ist anschließend ein zusätzliches Platzieren zu analysieren.

Einen Gegenstand (< 1 kg Gewicht) über 40 cm aufnehmen und ins Blickfeld bringen, dort prüfen und danach über 50 cm ablegen.

Nr.	Bezeichnung	Kode	TMU	A	H	Gesamt TMU
	Gegenstand ins Blickfeld	AA2	35			35
	Markierung	VA	15			15
	Tisch	PA2	20			20

UAS / Regel 7	Sind bei einem Platzieren mehrere Fügen notwendig, ist jedes zusätzliche Fügen als »Platzieren« zu analysieren.

UAS / Regel 8	Beim Aufnehmen und Platzieren ist die größte Entfernung für die Bestimmung des Entfernungsbereichs maßgebend.

Einen Gegenstand (< 1 kg Gewicht) über 40 cm aufnehmen und über 60 cm ablegen.

Nr.	Bezeichnung	Kode	TMU	A	H	Gesamt TMU
	auf Tisch ablegen	AA3	50			50

4.2.2 Platzieren

Platzieren ist der Grundvorgang, bei dem ein oder mehrere bereits unter Kontrolle befindliche Gegenstände mit den Fingern oder der Hand zu einem weiteren Zielort bewegt werden. Der Grundvorgang beginnt mit einem Bringen und endet mit einem Loslassen.

Die Kodierung und die darin berücksichtigten Zeiteinflussgrößen sind:

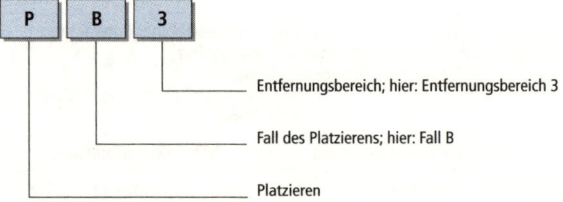

Das Handhaben der Einflussgröße »Fall des Platzierens« ist Abbildung III-85.2 zu entnehmen. Es gibt eine Anwendungsregel.

UAS / Regel 9	Die durch das Teilegewicht bedingte Verzögerung der Geschwindigkeit wird nicht besonders berücksichtigt. Sie ist in den Tabellenwerten für das Aufnehmen und Platzieren bereits enthalten.

4.2.3 Hilfsmittel handhaben

Hilfsmittel handhaben ist der Grundvorgang, bei dem mit den Fingern oder der Hand ein oder mehrere Hilfsmittel[123] aufgenommen, an einem Zielort (Verwendungsstelle) angesetzt und nach dem Verwenden wieder abgelegt werden. Der Grundvorgang beginnt mit einem Hinlangen zu einem Hilfsmittel und endet mit dem Ablegen und Loslassen des Hilfsmittels. Die eigentliche Verwendung des Hilfsmittels, z. B. eines Schraubers zum Lösen einer Schraube, ist nicht Bestandteil dieses Grundvorganges, sondern des Grundvorganges Bewegungszyklen oder der Prozesszeit. Stellteile an Arbeitsmitteln sind keine Hilfsmittel. Sie werden »betätigt«, was mit Hilfe des Grundvorganges Betätigen zu analysieren ist.

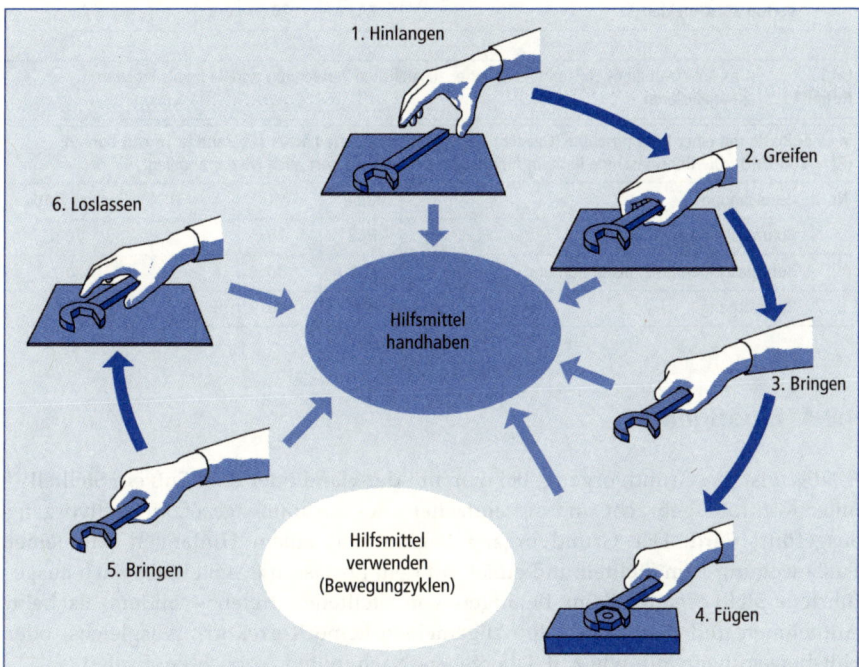

Abbildung III-86

Inhalt des Hilfsmittel-handhabens bei UAS

Die Kodierung und die darin berücksichtigten Zeiteinflussgrößen sind:

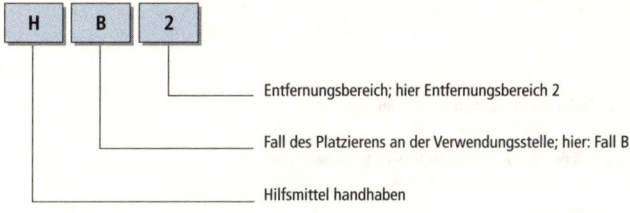

---

123 Als Hilfsmittel werden Gegenstände bezeichnet, die Werkzeugcharakter haben, z. B. ein Lappen, mit dem eine Fläche zu säubern ist; ein Schlüssel, mit dem eine Schraube einzudrehen ist; ein Hammer mit dem ein Niet einzuschlagen ist. Das Gewicht von Hilfsmitteln ist keine gesonderte Einflussgröße. Für die typischen Werkzeuge in der Serienfertigung ist es in den UAS- und MEK-Bausteinen berücksichtigt.

Das Handhaben der Einflussgröße »Fall des Platzierens« ist Abbildung III-85.2 zu entnehmen. Es gibt zwei Anwendungsregeln:

UAS / Regel 10	Beim Hilfsmittel handhaben ist die größte Entfernung für die Bestimmung des Entfernungsbereichs maßgebend.					
Vom Arbeitstisch über 40 cm ein Messer aufnehmen, sich zu einem 1 m entfernten, auf dem Boden liegenden Karton drehen, diesen über eine Länge von 60 cm aufschneiden und das Messer wieder ablegen.						
Nr.	Bezeichnung	Kode	TMU	A	H	Gesamt TMU
	zum Karton und zurück	KA	25	2		50
	bücken, aufrichten	KB	60			60
	Messer	HC2	70			70
	Karton aufschneiden	ZA3	20			20

UAS / Regel 11	Das Ansetzen eines Hilfsmittels an einer zusätzlichen Verwendungsstelle ist als Platzieren zu analysieren.					
In einer Platte mit einer Bohrmaschine (Gewicht 1,8 kg) fünf markierte Löcher (Abstand je 16 cm) bohren (PT = 100 TMU). Die Bohrmaschine liegt im Arbeitsbereich und wird dort auch wieder abgelegt.						
Nr.	Bezeichnung	Kode	TMU	A	H	Gesamt TMU
	Bohrmaschine an 1. Bohrung	HC2	70			70
	Bohrmaschinen an 2. bis 5. Bohrung	PC1	30	4		120
	Bohrvorgang	PT	100	5		500

4.2.4 Betätigen

Betätigen ist der Grundvorgang, bei dem mit der Hand oder dem Fuß ein Stellteil[124] unter Kontrolle gebracht und ein einfacher oder zusammengesetzter Stellvorgang ausgeführt wird. Der Grundvorgang beginnt mit einem Hinlangen oder einer Fußbewegung zum Stellteil und endet mit dem Loslassen des Stellteils nach ausgeführtem Stellvorgang. Beim Betätigen von Stellteilen treten – anders als beim Aufnehmen und Platzieren – im Allgemeinen keine Korrektur-, Ausgleichs- oder Hilfsbewegungen auf, wie z. B. Übergeben, Nachgreifen, Vorrichten, Prüfen.

Die Kodierung und die darin berücksichtigten Zeiteinflussgrößen sind:

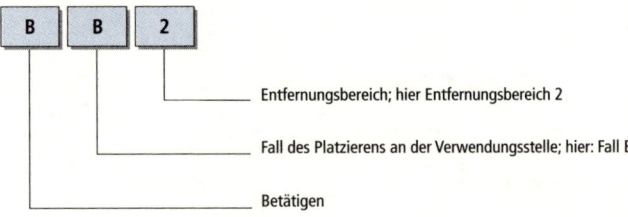

---

124 Unter Stellteilen versteht man an Arbeitsmitteln fest angebrachte Hebel, Schalter, Handräder, Kurbeln und Knebelgriffe sowie auch Schrauben und bereits eingedrehte Muttern, z. B. bei Pratzen und Vorrichtungen.

Abbildung III-87

Die Betätigungsum-
fänge des Betätigens
bei UAS

Fall BA: einfache Betätigung ohne besondere Kontrolle oder zusätzliche Bewegungen

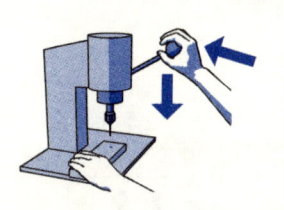

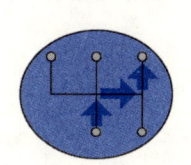

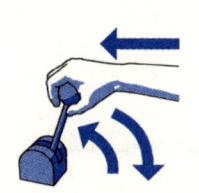

Stellteil mit Finger, Hand oder Fuß bewegen	einfache Kurbeldrehung	Hebel umlegen

Fall BB: zusammengesetzte Betätigung mit zusätzlichen Bewegungen oder Kombinationen von Betätigungen (z. B. Kombinationen von Ein- und Ausrastbewegungen oder Druckanwendungen).

Vorschubhebel ausrasten, später zum Einschalten des Vorschubs wieder einrasten	Getriebeschaltung	Hebel vorwärts und rückwärts bewegen

Es gibt eine Anwendungsregel:

UAS / Regel 12	Beim Betätigen wird der Entfernungsbereich auf Grund der Bewegungslänge beim Hinlangen bzw. des Fußes bis zum Stellteil bestimmt.

Sich zu einem Handrad über 30 cm bewegen und das Handrad drei Umdrehungen kurbeln (Durchmesser 12 cm).

Nr.	Bezeichnung	Kode	TMU	A	H	Gesamt TMU
	Handrad	BA2	25			25
	2. und 3. Umdrehung	ZA2	15		2	30

4.2.5 Bewegungszyklen

Bewegungszyklen ist der Grundvorgang, bei dem mit oder ohne Werkzeug mit den Fingern, der Hand oder dem Fuß ein sich zyklisch wiederholender Bewegungsablauf ausgeführt wird. Der Grundvorgang beginnt damit, dass durch vorhergehende Bewegungen die Ausgangsposition für den Bewegungszyklus eingenommen ist und endet, wenn diese wieder erreicht wird.

Die Kodierung und die darin berücksichtigten Zeiteinflussgrößen sind:
Bei den »Bewegungszyklen« gibt es drei Anwendungsregeln:

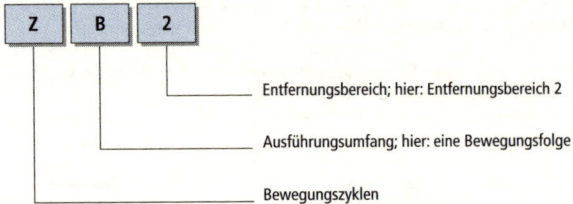

Entfernungsbereich; hier: Entfernungsbereich 2

Ausführungsumfang; hier: eine Bewegungsfolge

Bewegungszyklen

Abbildung III-88

Der Ausführungsumfang des Bewegungszyklus bei UAS

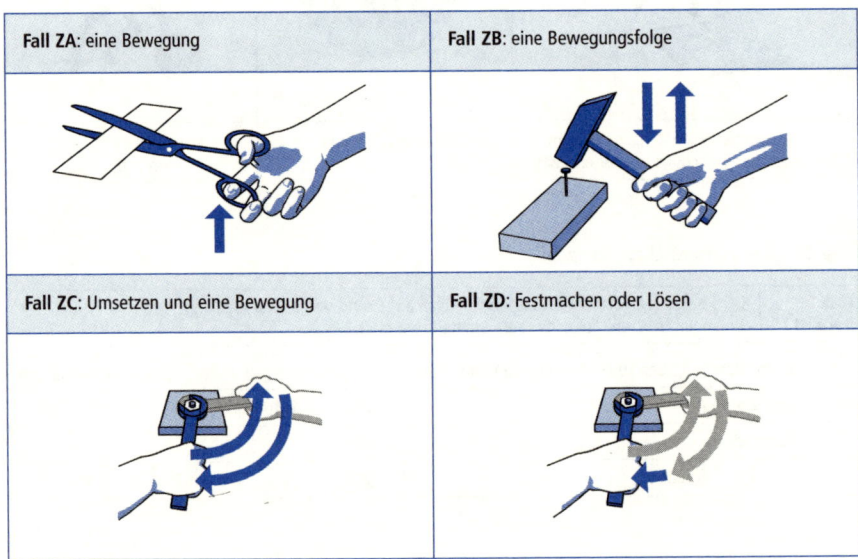

Fall ZA: eine Bewegung

Fall ZB: eine Bewegungsfolge

Fall ZC: Umsetzen und eine Bewegung

Fall ZD: Festmachen oder Lösen

UAS / Regel 13	Der Entfernungsbereich bei den Bewegungszyklen wird auf Grund der für den einfachen Weg notwendigen Bewegungslänge bestimmt.

Eine Mutter über 50 cm aus einem Behälter aufnehmen, über 40 cm mit vier Turnussen auf eine Schraube drehen, eine Ratsche über 30 cm aufnehmen, damit die Mutter durch vier Anzugsbewegungen á 20 cm festziehen, danach die Ratsche über 60 cm ablegen.

Nr.	Bezeichnung	Kode	TMU	A	H	Gesamt TMU
	Mutter an Schraube	AF2	65			65
	4 Turnusse	ZB1	10		4	40
	Ratsche	HC3	85			85
	1. Anzugsbewegung	ZA1	5			5
	2. – 4. Anzugsbewegung	ZB1	10		3	30
	festziehen	ZD	20			20

UAS / Regel 14	Beim Kurbeldrehen ist der tatsächlich mit den Fingern oder der Hand zurückgelegte Weg je Umdrehung maßgebend.

UAS / Regel 15	Das Schreiben je Ziffer, Zeichen oder Buchstaben wird als Fall »ZB« mit der Häufigkeit »2« analysiert.

4.2.6 Körperbewegungen

Als *Körperbewegung* wird jener Grundvorgang bezeichnet, bei dem die Körperachse zeitbestimmend gedreht, verschoben oder geneigt wird. Körperbewegungen beginnen mit dem Verschieben bzw. Verdrehen der Körperachse und enden mit dem Erreichen der Zielposition. Es werden drei Fälle unterschieden:

- Gehen (KA),
- Bücken (KB),
- Setzen und Aufstehen (KC).

Die Kodierung und die darin berücksichtigte Zeiteinflussgröße sind:

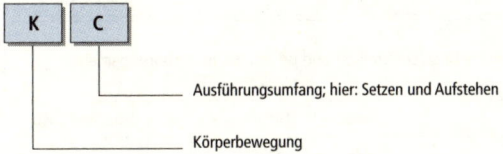

Beim »Beugen, Bücken, Knien inkl. Aufrichten« (KB) sind alle beim Senken und Aufrichten des Rumpfes, beim »Setzen und Aufstehen« (KC) alle zum Niederlassen auf die und zum Aufstehen von der Sitzfläche anfallenden Bewegungen enthalten.

Bei den Körperbewegungen gibt es folgende Anwendungsregeln:

UAS / Regel 16	Zeitbestimmende Körperdrehungen > 90° werden als »KA« mit der Anzahl »1« analysiert. Folgt der Körperdrehung ein Gehen, wird das Drehen mit dem ersten »KA« ausgeführt und ist damit berücksichtigt.

UAS / Regel 17	Stufen- oder Leitersteigen wird pro Tritt mit »KA« mit der Anzahl »1« analysiert.

UAS / Regel 18	Knien auf beide Knie und wieder Aufrichten wird mit »KB« mit der Häufigkeit »2« analysiert.

UAS / Regel 19	Setzen und wieder Aufstehen wird bei einem Sitz-Steh-Arbeitsplatz mit »KC« mit der Häufigkeit »2« analysiert.

UAS / Regel 20	Arm oder Handbewegungen im Anschluss an Körperbewegungen sind im Entfernungsbereich 1 (Restentfernung) zu analysieren.

4.2.7 Visuelle Kontrolle

Als *Visuelle Kontrolle* wird jener Grundvorgang bezeichnet, bei dem visuell geprüft wird, um auf Grund des Prüfergebnisses eine Entscheidung zu treffen. Der Grundvorgang beginnt (nach dem Unterbrechen oder Beenden des vorhergehenden Grundvorgangs) mit dem zeitbestimmenden Bewegen der Augen zu einem Prüfmerkmal und endet, wenn der Blick wieder zum Ausgangspunkt zurückgekehrt oder die letzte Entscheidung getroffen ist.

Die Kodierung und die darin berücksichtigte Zeiteinflussgröße ist:

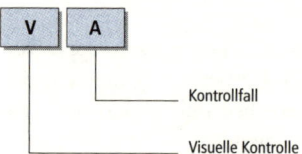

Zur Visuellen Kontrolle gelten alle im Abschnitt 3.4 angeführten Hinweise. Sie beinhaltet maximal ein Prüfen mit Blickverschieben.

Bei der Visuellen Kontrolle gibt es zwei Anwendungsregeln:

UAS / Regel 21	Visuelle Kontrolle wird nur dann analysiert, wenn sie zeitbestimmend auftritt.

Beispiel: Einen Gegenstand (100 x 100 mm) aufnehmen, ins Blickfeld bringen und prüfen, ob in 5 Bohrungen ein Gewinde geschnitten ist.						
Nr.	Bezeichnung	Kode	TMU	A	H	Gesamt TMU
	Teil ins Blickfeld	AA2	35			35
	Vorhandensein von 5 Gewinden prüfen	VA	15	5		75

UAS / Regel 22	Das Lesen von bis zu drei Ziffern, Zeichen, Buchstaben, von Wörtern mit bis zu drei Silben sowie von einfachen Symbolen wird mit »VA« in der Häufigkeit »1« analysiert.

4.3 Grundvorgänge bei MEK

Da die Kodestruktur bei MEK der von UAS entspricht, werden in diesem Abschnitt keine MEK-spezifischen Kodierungen angeführt.

Die Entfernungsbereiche bei MEK sind wie folgt strukturiert:

- Der Entfernungsbereich »1« (≤ 20 cm) wird auch bei MEK verwendet, der Entfernungsbereich »3« aber auf »> 20 cm bis ≤ 80 cm« ausgedehnt, so dass es keinen Entfernungsbereich »2« gibt.
- Zusätzlich werden bei MEK die Entfernungsbereiche »4« und »5« verwendet (vgl. Abbildung III-89).

Abbildung III-89

Die Abgrenzung der Entfernungsbereiche bei MEK am Beispiel Hilfsmittel handhaben

Entfernungsbereich 3: > 20 cm …. 80 cm	
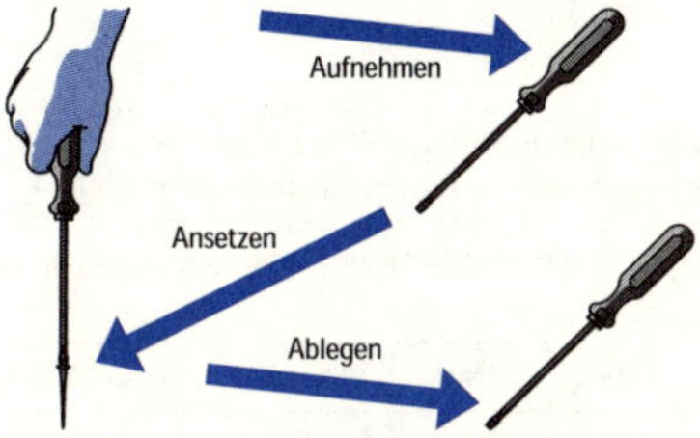 Aufnehmen / Ansetzen / Ablegen	Bei ungleichen Entfernungen ist der längere Weg maßgebend. Es dürfen keine zeitbestimmenden Schritte gemacht werden. Kurze Schritte im Sinne von Körperhilfe sind enthalten.

Entfernungsbereich 4: > 80 cm …. 200 cm, ohne Beugen	
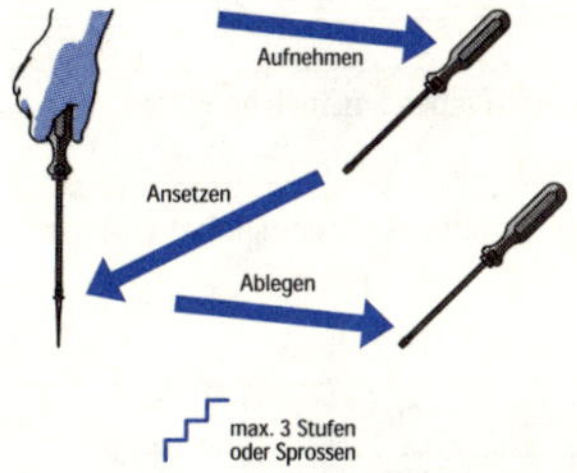 Aufnehmen / Ansetzen / Ablegen max. 3 Stufen oder Sprossen	Es sind zeitbestimmende Schritte, Körperdrehungen, Seitenschritte im Umkreis von 2 m auszuführen. Zeitbestimmende Schritte können nur in einem der drei Wege erforderlich sein. Steigen bis maximal drei Stufen oder Sprossen je Weg sind enthalten.

Entfernungsbereich 5: bis 200 cm, mit Beugen	
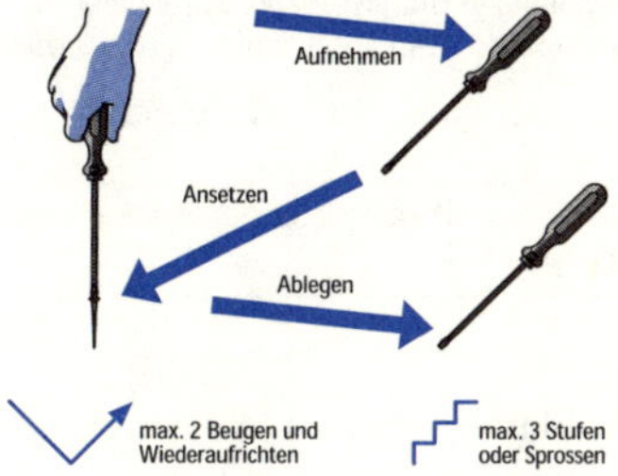 Aufnehmen / Ansetzen / Ablegen max. 2 Beugen und Wiederaufrichten max. 3 Stufen oder Sprossen	Maximal zwei Beugen und Wiederaufrichten mit Knien auf ein oder beide Knie und Wiederaufrichten, mit oder ohne Schritte. Maßgebend für den Entfernungsbereich sind Beugen, Bücken, Knien und Wiederaufrichten, nicht aber das Ausführen von Schritten. Steigen bis maximal drei Stufen oder Sprossen je Weg sind enthalten.

4.3.1 Aufnehmen und Platzieren sowie Platzieren

Das *Aufnehmen und Platzieren* unterscheidet sich, so Abbildung III-83 zu entnehmen, in der Definition der Entfernungsbereiche, der Gewichtsklassen und der Platziergenauigkeit. Bei den Einflussgrößen liegen bei MEK gegenüber UAS folgende Vereinfachungen vor:

1. Bei der Einflussgröße »Teilegewicht« werden die beiden UAS-Gewichts-/Kraftaufwandsklassen »≤ 1 kg bzw. daN« und »> 1 bis ≤ 8 kg bzw. daN« zu einer MEK-Gewichts-/Kraftaufwandsklasse »≤ 8 kg bzw. daN« zusammengefasst.
2. Bei der Einflussgröße »Fall des Platzierens« gilt der »UAS-Platzierfall A« auch bei MEK. An Stelle der Fälle »B = lose« und »C = eng« wird nur ein Fall »B = genau« verwendet.

Es gibt folgende Anwendungsregeln:

MEK / Regel 1	Aufnehmen und Platzieren enthält die bei Prozessen zum Prozesstyp 3 typischen Hilfsbewegungen, die durch Größe, Form, Gewicht oder Art der Gegenstände bedingt sind.

Ein Welle (5 kg) über 2 m von der Werkbank holen, in eine Lagerstelle (normale Arbeitshöhe) einfügen und dann weitere 10 cm einschieben.

Nr.	Beschreibung	Kode	TMU	A	H	Gesamt TMU
	Welle in Aufnahmestelle	AB4	260			260

Die Regel 1 gilt sinngemäß auch beim »Platzieren« und »Hilfsmittel handhaben«.

MEK / Regel 2	Sind bei einem Platzieren mehrere Fügen notwendig, wird jedes zusätzliche Fügen als Platzieren analysiert.

Ein Welle (5 kg) über 2 m von der Werkbank holen, in eine Lagerstelle (normale Arbeitshöhe) einfügen, ausrichten und erst dann weitere 10 cm einschieben.

Nr.	Beschreibung	Kode	TMU	A	H	Gesamt TMU
	Welle in Aufnahmestelle	AB4	260			260
	Welle ausrichten	PB1	40			40

MEK / Regel 3	Wird Aufnehmen und Platzieren durch einen eigenständigen Grundvorgang, ausgenommen Körperbewegungen, oder technische Prozesse unterbrochen, wird anschließend ein zusätzliches Platzieren analysiert.

MEK / Regel 4	Durch Gewicht oder Sperrigkeit verursachtes Vorplatzieren mit anschließendem Fertigplatzieren, ist in den Fällen »AC« und »AD« bereits berücksichtigt.

Das *Platzieren* bei MEK unterscheidet sich vom Platzieren bei UAS durch die vorstehend erläuterten Modifikationen. Es gibt eine Anwendungsregel:

MEK / Regel 5	Wenn beim Platzieren das Gewicht > 8 kg und/oder der Gegenstand sperrig ist, wird ein Aufnehmen und Platzieren Fall »AC« oder »AD« analysiert.

4.3.2 Hilfsmittel handhaben, Betätigen und Bewegungszyklen

Beim *Hilfsmittel handhaben* unterscheiden sich MEK und UAS nur durch die vorstehend erläuterte Behandlung der Einflussgrößen.

Es gibt eine Anwendungsregel:

MEK / Regel 6	Das Ansetzen eines Hilfsmittels an einer zusätzlichen Verwendungsstelle wird als Platzieren analysiert

Beim *Betätigen* unterscheiden sich MEK und UAS nur durch die vorstehend erläuterte Behandlung der Einflussgrößen. Es gibt keine Anwendungsregel.

Beim *Bewegungszyklus* unterscheiden sich MEK und UAS nur durch die vorstehend erläuterte Behandlung der Einflussgrößen. Die Unterscheidung der Ausführungsumfänge wird in Abbildung III-90 verdeutlicht.

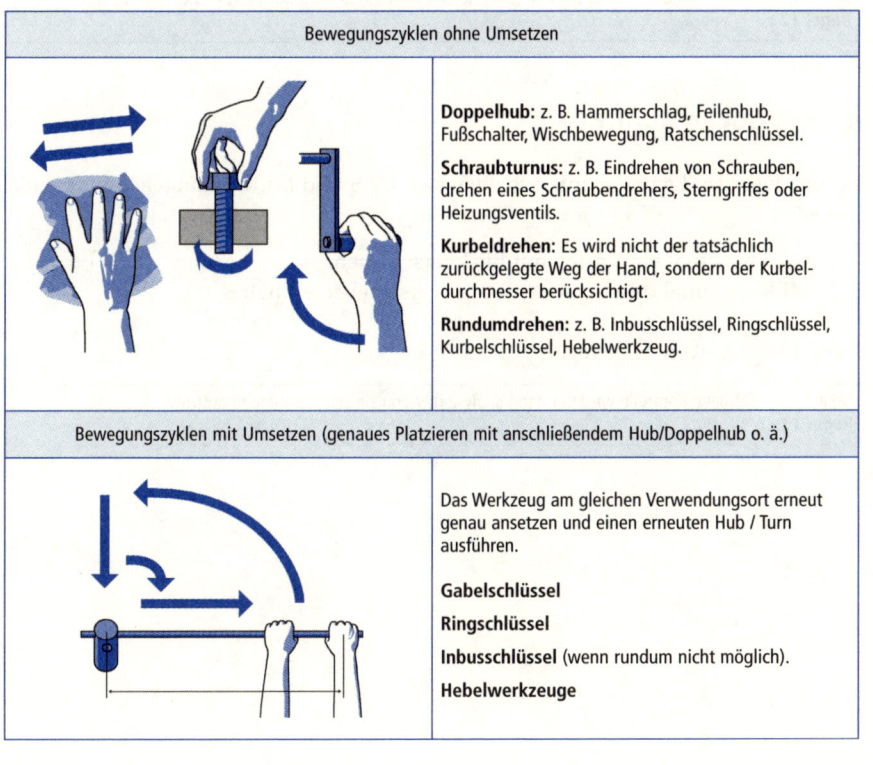

Bewegungszyklen ohne Umsetzen

Doppelhub: z. B. Hammerschlag, Feilenhub, Fußschalter, Wischbewegung, Ratschenschlüssel.

Schraubturnus: z. B. Eindrehen von Schrauben, drehen eines Schraubendrehers, Sterngriffes oder Heizungsventils.

Kurbeldrehen: Es wird nicht der tatsächlich zurückgelegte Weg der Hand, sondern der Kurbeldurchmesser berücksichtigt.

Rundumdrehen: z. B. Inbusschlüssel, Ringschlüssel, Kurbelschlüssel, Hebelwerkzeug.

Bewegungszyklen mit Umsetzen (genaues Platzieren mit anschließendem Hub/Doppelhub o. ä.)

Das Werkzeug am gleichen Verwendungsort erneut genau ansetzen und einen erneuten Hub / Turn ausführen.

Gabelschlüssel

Ringschlüssel

Inbusschlüssel (wenn rundum nicht möglich).

Hebelwerkzeuge

Abbildung III-90
Die Bewegungszyklen ohne und mit Umsetzen bei MEK

Es gibt zwei Anwendungsregeln:

MEK / Regel 7	Wird bei Bewegungszyklen durch Einflüsse wie hohes Gewicht, Kraftaufwand oder besondere Kontrolle die Bewegungsgeschwindigkeit merklich herabgesetzt, ist zum jeweiligen Bewegungszyklus zusätzlich ein »ZZ« zu analysieren.

MEK / Regel 8	Das Schreiben je Ziffer oder Buchstabe wird als Fall »ZA« in der Häufigkeit »2« analysiert.

4.3.3 Körperbewegungen

Bei den *Körperbewegungen* sind die Kodes und Zeitwerte bei MEK und UAS gleich. Es gibt jedoch, bedingt durch die unterschiedliche Stufung der Entfernungsbereiche, MEK-spezifische Anwendungsregeln:

MEK / Regel 9	Grundvorgänge über den 2-Meter-Bereich hinaus werden in die Entfernungsbereiche »4« oder »5« eingestuft. Darüber hinaus wird jeder Meter mit einem »KA« analysiert.

MEK / Regel 10	Stufen- oder Leitersteigen bis maximal drei Stufen/Tritte/Sprossen ist im 2-Meter-Bereich enthalten. Darüber hinaus wird jede Stufe/Tritt/Sprosse mit einem »KA« analysiert.

MEK / Regel 11	Stufen- oder Leitersteigen mit Lasten > 8 kg oder Sperrigkeit ist pro Stufe/Tritt/Sprosse mit zwei »KA« zu analysieren.

MEK / Regel 12	Knien auf beide Knie und Wiederaufrichten wird mit der Häufigkeit »2« (»KB«) analysiert.

4.3.4 Visuelle Kontrolle

Bei der *Visuellen Kontrolle* unterscheiden sich UAS und MEK dahingehend, dass ein »VA« bei

1. UAS maximal ein Prüfen mit Blickverschieben,
2. MEK maximal drei Prüfen mit Blickverschieben enthält.

Es gibt eine Anwendungsregel:

MEK / Regel 13	Visuelle Kontrolle wird nur dann analysiert, wenn sie zeitbestimmend auftritt.

4.4 Standardvorgänge von UAS und MEK

4.4.1 Konzept der UAS- und MEK-Standardvorgänge

In den Abbildungen III-34 und III-35 wurde dargelegt, dass es zu den MTM-Bausteinsystemen, insbesondere zu UAS und MEK, Standardvorgänge gibt. Als *Standardvorgänge* werden Sammlungen aggregierter Prozessbausteine bezeichnet, welche für Aufgaben stehen, die in allen Unternehmen in gleicher Weise zu erfüllen sind. Es liegen hier also Standards in dem Sinne vor, dass es sich um Prozessbausteine handelt, die überbetrieblich gültige Arbeitsmethoden repräsentieren. Standardvorgänge können für jedes MTM-Bausteinsystem gebildet werden. Die weitaus größte praktische Bedeutung haben aber die in diesem Abschnitt erläuterten Standardvorgänge von UAS und MEK.

Die Standardvorgänge wurden insbesondere aus zwei Gründen entwickelt:

- Zeitersparnis: Der Analysieraufwand bei UAS und MEK sollte reduziert werden. Das zielte weniger auf das Einsparen von Analysenzeilen, als auf eine konsequente Anwendung der Analyse nach Rahmenbedingungen.
- Wenige Standard-Prozessbausteine zur Entwicklung betriebsspezifischer Prozessbausteine: Man wollte mit einer möglichst geringen Anzahl von »Entwicklungs-Prozessbausteinen« möglichst viele geschlossene Vorgangsfolgen analysieren, z. B. Schraubverbindungen herstellen, Normteile montieren, Flächen reinigen oder Teile kennzeichnen.

Die neun UAS- und MEK-Standardvorgänge sind:

1. Auspacken
2. Behandeln
3. Festspannen und Lösen
4. Klebearbeiten
5. Elektrik-Leitungen montieren
6. Markieren
7. Normteile montieren
8. Prüfen und Messen
9. Schraubarbeiten

Abbildung III-91 ist zu entnehmen, auf welchem konstruktiven Konzept die UAS- und MEK-Standardvorgänge basieren.

Abbildung III-91

Konzept der Kern- und Ergänzungswerte, am Beispiel von UAS

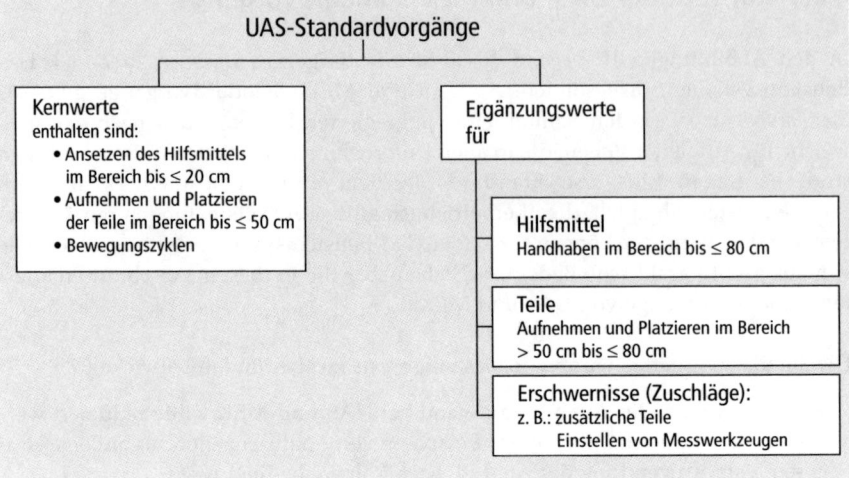

Durch die Unterscheidung zwischen Kern- und Ergänzungswerten kommt man mit einer relativ geringen Menge an Standardvorgängen aus. Dennoch können durch vielfache Kombination der wenigen Kernwerte für typische betriebliche Aufgaben (z. B. Schrauben, Transportieren) und der wenigen Ergänzungswerte (z. B. Entfernungsbereiche von Teilen und Werkzeugen) eine Vielzahl unternehmensspezifischer Prozessbausteine geschaffen werden. Das Konzept besteht darin, dass

- *Kernwerte* für jenen Teil des Aufgabenumfangs eines Prozessbausteins stehen, der unabdingbar auszuführen, also ein »absolutes Handlungsminimum« ist.
- *Ergänzungswerte* für jenen Teil des Aufgabenumfangs eines Prozessbausteins stehen, der dem Kernwert unter bestimmten Bedingungen zuzufügen ist, um den vorliegenden Aufgabenumfang »ergänzend abzudecken«.

So beinhaltet beispielsweise für das Schrauben mit Schraubendreher ein Kernwert folgendes:

- für die Schraube das Aufnehmen bis zum Entfernungsbereich 2, das Ansetzen sowie das Einschrauben und Festziehen mit Hilfsmittel;
- für das Hilfsmittel das unmittelbare Ansetzen im Entfernungsbereich 1.

Zu diesem Kernwert sind Ergänzungswerte für Hilfsmittel (Schraubendreher) in jedem Fall und für Teile (Schraube) im Entfernungsbereich 3 notwendig.

Das Konzept der Ergänzungswerte-Bildung wird in dem der Abbildung III-92 zu entnehmenden Beispiel veranschaulicht.

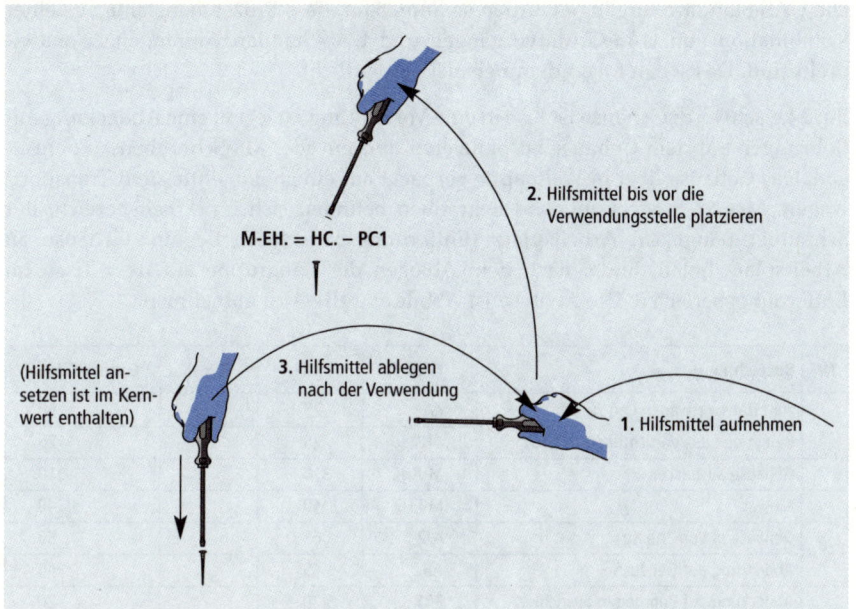

Abbildung III-92

Konzept der Ergänzungswerte-Bildung am Beispiel des UAS-Standardvorgangs Schraubarbeiten

Die UAS-Standardvorgänge haben vier Kodierstellen (vgl. Abbildung III-93). An der ersten Stelle steht ein »M« für Montage. Bei den Kernwerten werden an der zweiten Stelle die Aufgabe und an der dritten und vierten Stelle Einflussgrößen verschlüsselt. Bei den Ergänzungswerten steht an der zweiten Stelle ein »E« für Ergänzungswert, an der dritten Stelle das verwendete Hilfsmittel und an der vierten Stelle der Entfernungsbereich (gleiche Distanzen wie bei den UAS-Grundvorgängen) verschlüsselt.

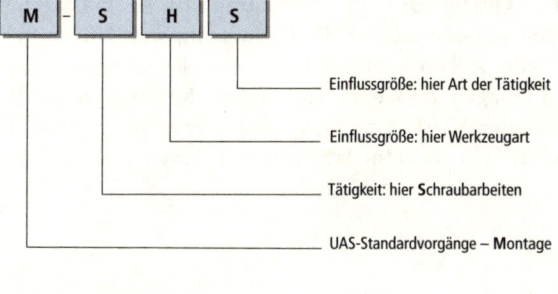

Abbildung III-93

Kodierung der UAS-Standardvorgänge, oben: Kernwerte, unten: Ergänzungswerte

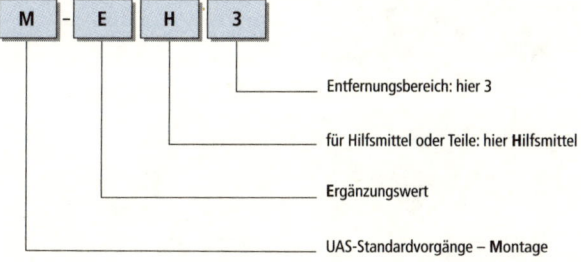

4.4.2 Anwendung der UAS-Standardvorgänge

Die UAS-Standardvorgänge wurden so aufgebaut, dass Prozessbausteine aus einer Kombination von UAS-Grundvorgängen und UAS-Standardvorgängen zu entwickeln sind. Das sei an folgendem Beispiel verdeutlicht:

Ein 2 kg schweres Gehäuse ist lose in eine Vorrichtung zu legen, eine Abdeckung mit Bohrungen auf dem Gehäuse zu platzieren und mit vier M8-Schrauben zu befestigen. Das Gehäuse liegt in Wellpappe verpackt auf einem 2 m entfernten Transportwagen. Messer, Abdeckung und Schrauben befinden sich im Arbeitsbereich, der Schrauber hängt am Arbeitsplatz (Entfernungsbereich 3). Beginn: Gehäuse an Arbeitsplatz holen. Ende: nach dem Ablegen der Baugruppe auf dem Tisch im Entfernungsbereich 3. Die Analyse ist Abbildung III-94 zu entnehmen.

Abbildung III-94

Beispiel für eine UAS-Analyse unter Verwendung von UAS-Standardvorgängen

Nr.	Bezeichnung	Kode	TMU	A x H	Gesamt TMU
	zum Transportwagen und zurück	KA	25	1 x 2	50
	Baugruppe aus Vorrichtung auf Tisch	AH1	25		25
	Gehäuse auspacken	M-AHC	310		310
	Messer	M-EH2	40		40
	Gehäuse in Vorrichtung	AJ2	65		65
	Abdeckung auf Gehäuse	AB2	45		45
	Abdeckung auf Bohrungen ausrichten	PB1	20		20
	Schrauben paarweise andrehen von Hand	M-SBA	125	2	250
	Schrauben festziehen	M-SHS	60	4	240
	Schrauber	M-EH3	55		55
	Baugruppe aus Vorrichtung auf Tisch	AH3	55		55

Die neun UAS-Standardvorgänge sind in Datenkarten zusammengefasst, wie Abbildung III-95 für den Standardvorgang »Schraubarbeiten« zeigt. Dort ist, durch Kreise markiert, auch die Quelle der in Abbildung III-94 markierten Prozessbausteine zu entnehmen. In den Spalten »EH« (Ergänzungswert Hilfsmittel) und »ET« (Ergänzungswert Teile) stehen häufig Kreuze (»+«). Diese Kreuze sind Entscheidungshilfen, weil sie besagen, dass dem betreffenden Kernwert dann die Ergänzungswerte M-EH und/oder M-ET zuzufügen sind, wenn das Hilfsmittel nicht unter Kontrolle ist bzw. die Teile nicht im Arbeitsbereich liegen.

Abbildung III-95
Datenkarte für den
UAS-Standardvorgang
»Schraubarbeiten«

MTM-Institut
Eichenallee 11, 15738 Zeuthen
Telefon: 033 762 / 20 66 31
Telefax: 033 762 / 20 66 40
eMail: institut@dmtm.com

UAS
Standardvorgänge
Montage

Der Gebrauch dieser Tabellenwerte führt ohne gründliche Ausbildung in MTM-1 und UAS zu falschen Ergebnissen

Schraubarbeiten		Kode	TMU	EH	ET	Ergänzungswerte			
						Hilfsmittel			Teile
						M-EH			M-ET
						1	2	3	3
von Hand									
Stecken und Gang suchen	eine Hand	M-SAA	85		+				
	zwei Hände	M-SBA	125		+				
Stecken und eindrehen	eine Hand	M-SCA	145		+				
	zwei Hände	M-SDA	185		+				
Metrische Schrauben (M2,5 bis M14) **einschrauben und festziehen mit Hilfsmittel,** je Schraubstelle									
Maschinenschrauber		M-SHS	60	+					
Drillschrauber		M-SJS	85	+					
Schraubendreher		M-SKS	135	+					
Ratsche		M-SLS	140	+					
Gabel-, Ring-, Sechskantschlüssel mit Umsetzen		M-SMS	210	+		20	40	55	15
Blechschrauben (≤ 6 mm) **ansetzen, einschrauben, festziehen mit Hilfsmittel,** je Schraubstelle									
Maschinenschrauber		M-SNS	125	+	+				
Drillschrauber		M-SOS	170	+	+				
Schraubendreher		M-SPS	320	+	+				
Zuschläge									
zusätzliches Festziehen		M-SHA	55	+					
2. Schraubteil (Schraube oder Mutter mit Werkzeug)		M-SGA	95	+	+				
Gegenschlüssel ansetzen an 2. Schraubteil		M-SZA	30	+					
Zusatzteile (Unterleg-, Federscheibe)	eine Hand	M-SZB	55		+				
	zwei Hände	M-SZC	85		+				

Abbildung III-96 ist ein Beispiel für eine TiCon®-Anwendung zu entnehmen. Die Sollzeit für den Prozessbaustein »Schraubverbindung herstellen« beträgt 0,159 min. Die Sollzeit für den Kernwert beträgt 0,126 min. Der dazu führenden Analyse ist zu entnehmen, dass zur Hälfte kurze und zur Hälfte mittlere Bewegungsfolgen der Modellierung unterlegt wurden. Damit deckt man mehr Anwendungsfälle ab, als wenn man nur einen Entfernungsbereich unterstellt hätte.

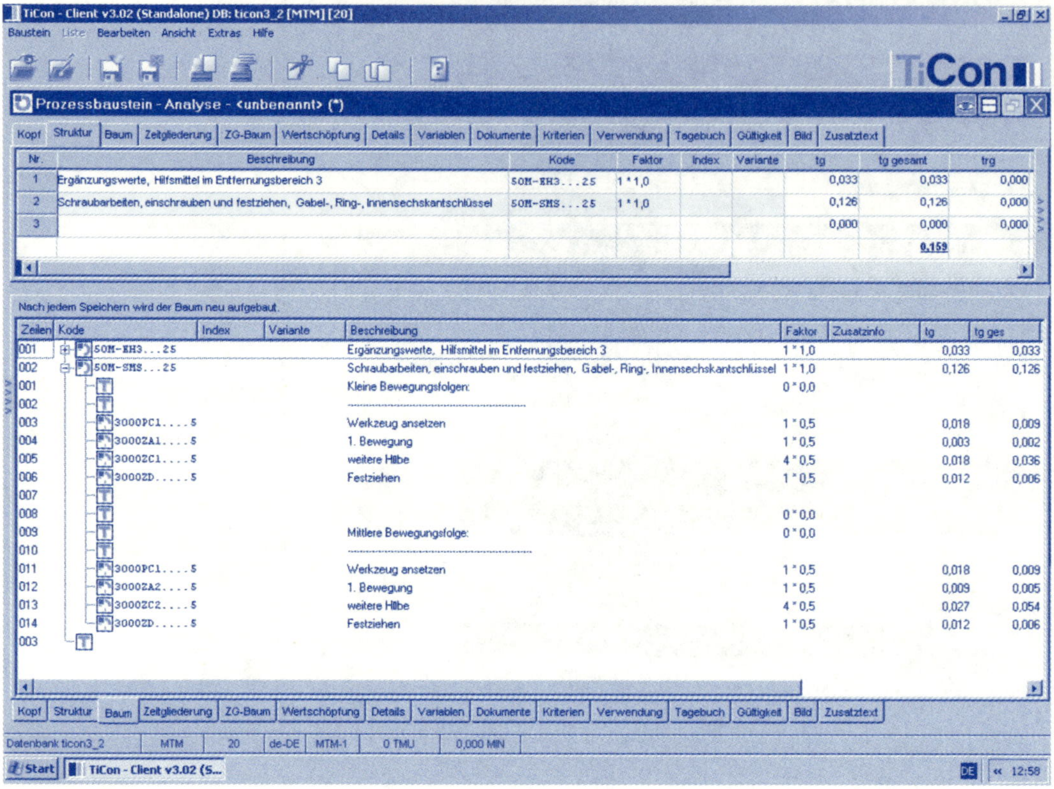

Abbildung III-96

Beispiel für eine
Analyse
»Schraubverbindung
herstellen« mit UAS-
Standardvorgängen
unter TiCon®

4.5 Prozessbausteinanalyse (Form B)

4.5.1 Formen der MTM-Analyse

Im Abschnitt 3.7 wurde das Vorgehen beim Analysieren von Bewegungsabläufen und dabei auch der Unterschied zwischen einer Ausführungs- und einer Planungsanalyse erläutert. Die auf der Detailkenntnis eines zu analysierenden Ablaufes basierende Analyse wurde als »Analyse nach Bewegungsablauf« und das dabei anzuwendende Dokumentationsprinzip als Prozessbausteinanalyse (Form A) bezeichnet. Diese Form der MTM-Analyse wird beim Prozesstyp 1 (Mengenfertigung) angewandt und es kommen die Bausteinsysteme MTM-1 und MTM-2 zur Anwendung[125].

Da Standarddaten-Basiswerte durch lediglich additive Verknüpfung von MTM-1-Grundbewegungen entwickelt wurden, setzt ihre Anwendung ebenfalls eine detaillierte Analyse nach Kenntnissen über die Bewegungsabläufe voraus. Der Bewegungablauf wird jedoch nicht wie bei MTM-1 und MTM-2 in zwei Bezeichnungs- und Kodierungsspalten (sog. »Beidhandanalyse«), sondern in nur einer Bezeichnungs- und Kodierungsspalte dokumentiert. Diese Form der Dokumentation wird als Prozessbausteinanalyse (Form B) bezeichnet.

UAS und MEK werden bei Vorliegen der Prozesstypen 2 und 3 angewandt. Abbildung III-34 ist zu entnehmen, dass beide Prozesstypen geringer determinierte Prozesse als Prozesstyp 1 repräsentieren. Deshalb sind so detaillierte Analysen wie beim Prozesstyp 1 hier

- einerseits nicht erforderlich (z. B. kommt es bei der Planung einer Instandhaltungsarbeit von einer Stunde Dauer auf die Berücksichtigung von Details nicht an) und
- andererseits nicht möglich (z. B. weiß man bei dieser Instandhaltungsarbeit nicht, ob sich eine Abdeckung leicht oder schwer oder mit erheblichem Aufwand lösen lässt).

UAS- und MEK-Analysen werden deshalb nicht unter Kenntnis vollzogener oder vollziehbarer Bewegungsabläufe, sondern nur unter Kenntnis relevanter Aspekte des Arbeitssystems erstellt. Diese für das Erstellen von UAS- und MEK-Analysen relevanten Aspekte von Arbeitssystemen nennt man *Rahmenbedingungen*. Daraus hat sich der Begriff der »Analyse nach Rahmenbedingungen« entwickelt. Die Dokumentation von UAS- und MEK-Analysen erfolgt als Prozessbausteinanalyse (Form B).

In Abbildung III-97 sind die vorstehend erläuterten Zusammenhänge dargestellt:

1. *Analysetechniken* haben zwei Aspekte. Beim informatorischen Aspekt wird zwischen einer Analyse nach dem Bewegungsablauf und nach Rahmenbedingungen und beim dokumentarischen Aspekt zwischen Prozessbausteinanalyse (Form A) und (Form B) unterschieden.

---

125 Vgl. auch Abbildung III-34.

2. Jedem *MTM-Bausteinsystem* ist unter informatorischen und dokumentarischen Aspekten eine Analysetechnik zugewiesen.

3. Jedes MTM-Bausteinsystem und die zugehörige Analysetechnik sind auf eine damit zu erzielende Detailliertheit (Granularität) der Prozessplanung und damit auf Prozesstypen abgestimmt.

4. Der *Prozesstyp* ist insofern eine übergeordnete Richtgröße, als damit die Anforderungen an die Detailliertheit der Prozessplanung vorliegen. Diese Anforderungen werden durch das entsprechende MTM-Bausteinsystem und die ihm zugewiesene Analysetechnik erfüllt.

Abbildung III-97

Zusammenhang zwischen Prozesstyp, MTM-Bausteinsystem und Analysetechnik

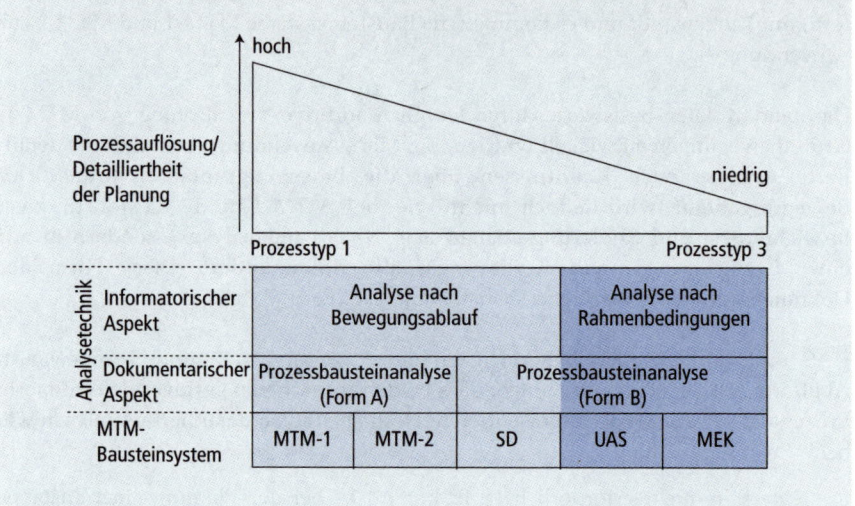

4.5.2 Vorgehen bei der Analyse nach Rahmenbedingungen

In Abbildung III-68 wurde bereits ein Überblick zum Vorgehen bei der Durchführung von Ausführungs- und Planungsanalysen gegeben – hier aber noch am Beispiel von Prozessbausteinanalysen (Form A), also bei Analysen nach Bewegungsabläufen.

Bei Analysen nach Rahmenbedingungen werden keine Abläufe mehr analysiert, weil es für die Prozesstypen 2 und 3 weder notwendig noch möglich ist, detaillierte Bewegungsabläufe (Arbeitsweisen) zu kennen.

Die Analyse nach Rahmenbedingungen erfolgt in der Praxis aber wiederum als Planungs- oder als Ausführungsanalyse, letztere dann, wenn nach SOP die realisierten Rahmenbedingungen feststehen und erfasst werden können.

Der Abbildung III-98 ist das prinzipielle Vorgehen bei der Durchführung von MTM-Analysen nach Rahmenbedingungen zu entnehmen. Auch hier wird zwischen zwei Vorgehensphasen und zwischen Ausführungs- und Planungsanalysen unterschieden:

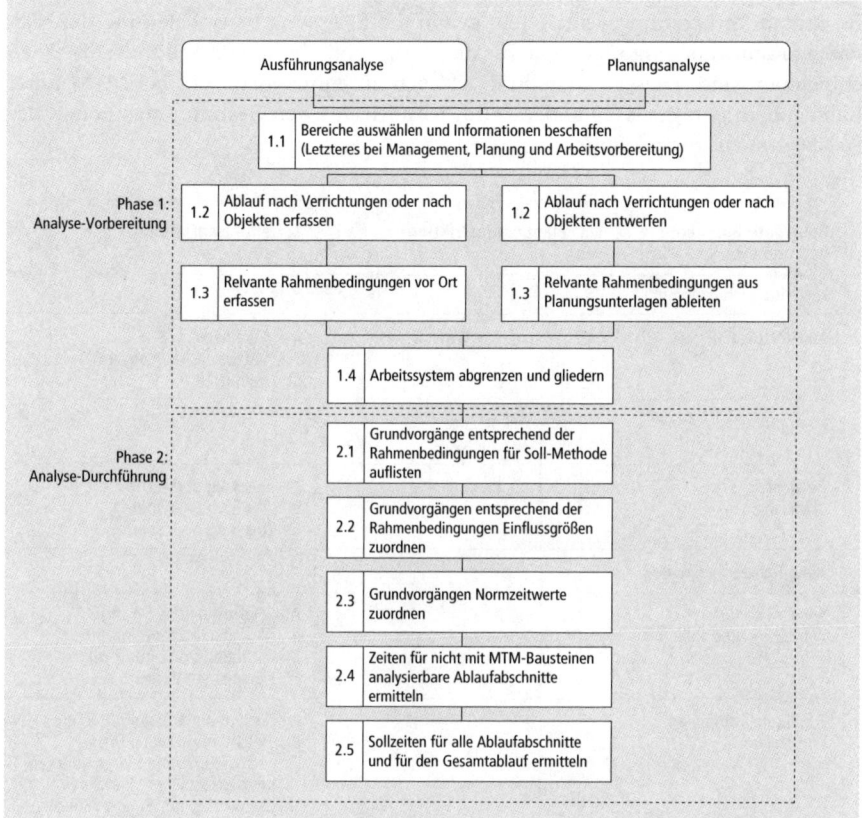

Abbildung III-98

Phasenschema für Analysen nach Rahmenbedingungen

Im folgenden wird an Hand des Prozesses »Kondensmodul, Motorlager und Kondensantrieb einsetzen« die Technik der Analyse nach Rahmenbedingungen und die Prozessbausteinanalyse (Form B) unter Nutzung von TiCon® gezeigt.

Die Festlegung und Abgrenzung des Bereichs erfolgte im ersten Vorbereitungsschritt (vgl. Abbildung III-98).

Im zweiten Vorbereitungsschritt wird der Ablauf in Ablaufabschnitte gegliedert (vgl. Abbildung III-99), um einen Überblick über den Prozess zu gewinnen und die Basis zur Erfassung bzw. Ableitung der Rahmenbedingungen zu schaffen.

Im dritten Vorbereitungsschritt geht es um die Erfassung bzw. Ableitung der relevanten Rahmenbedingungen, die für das vorliegende Beispiel Abbildung III-100 zu entnehmen sind. Dieser Darstellung ist auch zu entnehmen, was bei MTM unter Rahmenbedingungen verstanden wird, nämlich aus den Bestimmungsgrößen des Arbeitssystems hergeleitete:

Bestimmungsgrößen des Arbeitssystems	Relevante Rahmen-bedingungen	Planungsrestriktionen		Zeiteinflussgrößen	
1. Aufgabe	keine Rahmenbedingung				
2. Eingabe (insbesondere Arbeitsgegenstand)	Anlieferzustand			A: B: C:	vereinzelt vereinzelt und verpackt vermischt
	Informationsaufnahme	A: B:	Dokumente Anzeigen		
	Gewichte/ Abmessungen			A: B: C:	bis 1 kg und nicht sperrig bis 5 kg oder sperrig bis 8 kg oder sperrig
3. Mensch	keine Rahmenbedingung				
4. Arbeitsmittel	Anordnung der Werkzeuge und Teile			A: B: C: D:	Nahzohne (bis 50 cm) Arbeitsplatzzone (bis 80 cm) Stadionszone (bis 2 m) Bereichszone (bis 5 m)
5. Ablauf (insbesondere räumliche Verhältnisse und arbeitsorganisatorische Prinzipien)	Zugänglichkeiten von Wirkstellen			A: B: C: D:	leicht, ohne Beugen/Bücken leicht, mit Beugen/Bücken schwierig, ohne Beugen/Bücken, mit zusätzlichem Platzieren schwierig, mit Beugen/Bücken, mit zusätzlichem Platzieren
	Ablagen, Platzierungen			U: L: E:	ungefähr lose eng
6. Ausgabe	logistische Zuständig-keiten (gilt auch für die Eingabe)	A: B: C: D:	Holprinzip ohne Versorger Holprinzip mit Versorger Bringprinzip ohne Versorger Bringprinzip mit Versorger		
	Informationsabgabe	A: B:	i.O.-Quittierung ohne Freigabe		
7. Umgebungs-einflüsse	keine Rahmenbedingung				

Abbildung III-99

Relevante Rahmen-bedingungen und deren Ausprägungen bei einer Motoren-Montagelinie

1. Planungsrestriktionen, die für das (gesamte) Arbeitssystem gelten (z. B. die Informationsaufnahme und -abgabe sowie die logistischen Zuständigkeiten) und
2. mutmaßliche Zeiteinflussgrößen und deren Ausprägungen, die für einzelne Ablaufabschnitte gelten (z. B. die Zugänglichkeiten von Wirkstellen).

Die Planungsrestriktionen weisen den arbeitsorganisatorischen Rahmen aus, unter dem Abläufe vollzogen werden. Sie sind allen zu diesem Arbeitssystem zu erstellenden Analysen zu unterlegen. Im vorliegenden Fall werden z. B. zwei Arten von Informationsaufnahmen unterschieden, das Lesen von Dokumenten und von Anzeigen.

Die mutmaßlichen Zeiteinflussgrößen und deren Ausprägungen stellen prozesstypadäquate und beim betreffenden Arbeitssystem als realistisch erkannte Setzungen dar. Im vorliegenden Fall wurden für die Anordnung von Werkzeugen und Teilen z. B. vier Entfernungszonen festgelegt. Beim Analysieren wird allen Entfernungen eine dieser vier Entfernungszonen zugeordnet.

Abbildung III-100 ist ein Erfassungsblatt zu entnehmen, in dem der Montageablauf erfasst und die Rahmenbedingungen und ihre Ausprägungen identifiziert werden.

Bereich/Station: Datum:			Produkt/Variante Bearbeiter:									
Nr.	Objekt WAS?	Verrichtung WIE?	Hilfsmittel WOMIT?	Entfernungsbereich T/W	Zugänglichkeit/Verbauort	Gewicht/Dimension	Platziergenauigkeit	Anzahl/Verbaurate	Teile Gleichzeitig	Anlieferungszustand	Prozesszeit	Bemerkung
1	Kondensmodul	in Rahmen einsetzen		C	A	A	L			A		
2	Motorlager	fetten		C	A	A	L			B		
			Fettvorrichtung	A	A	A					20	
		positionieren und eindrücken		C	A	A	L					wird in Kondensmodul eingedrückt
3	Antriebe positionieren	in Kondensmodul		A	A	A	L			A		
		verschrauben		B	A	A	E	2		C		
			Drehmomentschrauber	A	A	A	E				50	PT je Schraube

Abbildung III-100

Arbeitsblatt zur Erfassung von Rahmenbedingungen

Im vierten Vorbereitungsschritt ist das Arbeitssystem zu beschreiben. Abbildung III-101 ist ein Ausschnitt aus der *Beschreibung des Arbeitssystems* zu entnehmen, die als Dokument mit TiCon® verknüpft ist.

Abbildung III-101

Arbeitssystemlayout als verknüpftes Dokument in TiCon®

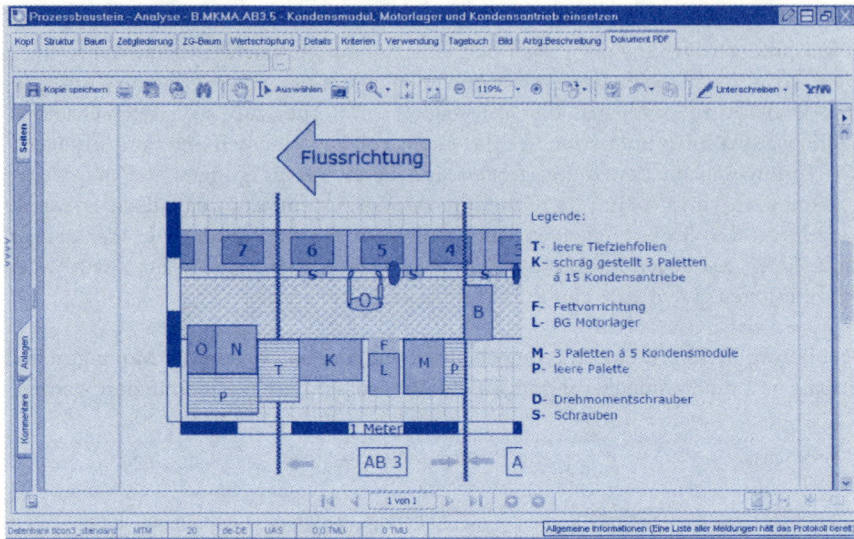

Im ersten Durchführungsschritt sind aus dem in der Vorbereitungsphase gegliederten Ablauf die Ablaufabschnitte (spätere Prozessbausteine) in *TiCon*® zu übernehmen. In den TiCon®-Masken »Kopf« und »Struktur« werden sie nach Beginn, Inhalt, Ende und Begrenzung beschrieben (vgl. Abbildung III-102.1). Damit sind die späteren Prozessbausteine definiert und können mit vorhandenen Prozessbausteinen »aufgefüllt« werden (vgl. Abbildung III-102.2).

Abbildung III-102.1

Beschreibung des Prozessbausteins »Kondensmodul, Motorlager und Kondensantrieb einsetzen«

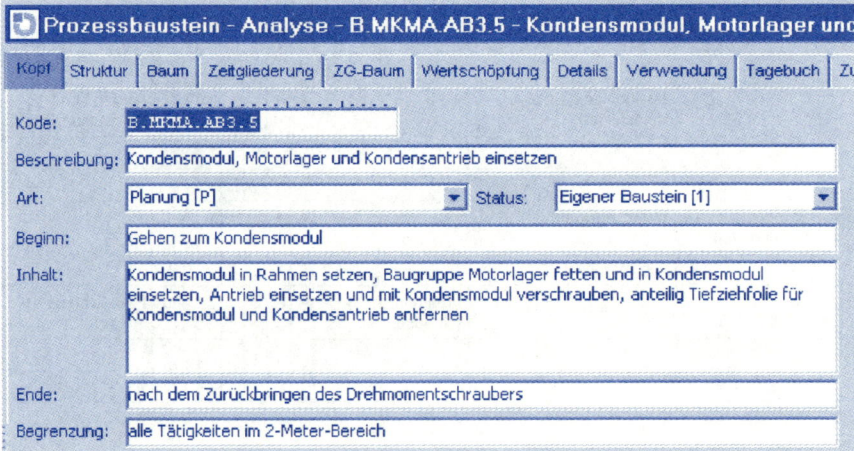

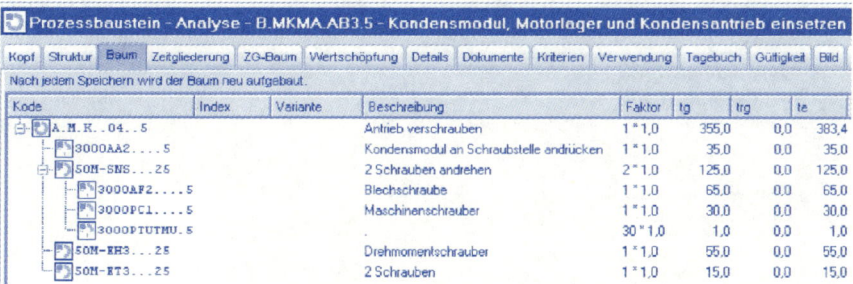

Abbildung III-102.2

Ablaufgliederung
des Bausteins
»Kondensmodul,
Motorlager und
Kondensantrieb
einsetzen«
unter TiCon®

In den folgenden Abbildungen wird an Hand des Prozessbausteins »Antrieb verschrauben« (der vierte Baustein in der Gliederung in Abb. III-103.1) dargestellt, dass zunächst versucht wird, mit Hilfe der hierarchischen Bausteinstruktur einen Überblick über die Möglichkeiten zu gewinnen, nach dem »Auffüllen« verbleibende »Lücken« zu schließen.

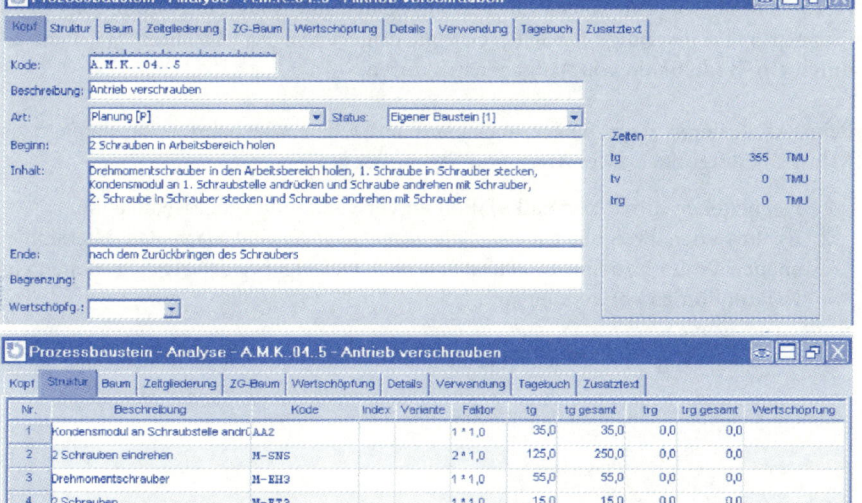

Abbildung III-103.1

Auflösung des
Prozessbausteins
»Antrieb verschrauben«
in UAS-Grund- und
Standardvorgänge

Für den in Abbildung III-103.1 angeführten Prozessbaustein »Antrieb verschrauben« ergibt sich unter Verwendung von UAS-Standardvorgängen (Schraubarbeiten) die in Abbildung III-103.2 dargestellte Analyse.

Abbildung III-103.2

MTM-Analyse mit UAS-
Standardvorgängen für
den Prozessbaustein
»Antrieb verschrauben«
unter TiCon®

Im Prozessbaustein »Antrieb verschrauben« ist ein Prozessbaustein »BG Motorlager fetten und einsetzen« enthalten. Der folgenden Abbildung III-103.3 ist die dafür mit Hilfe von UAS-Grundvorgängen erstellte Analyse zu entnehmen.

Abbildung III-103.3

MTM-Analyse mit UAS-Grundvorgängen für den Prozessbaustein »BG Motorlager fetten und einsetzen« unter TiCon®

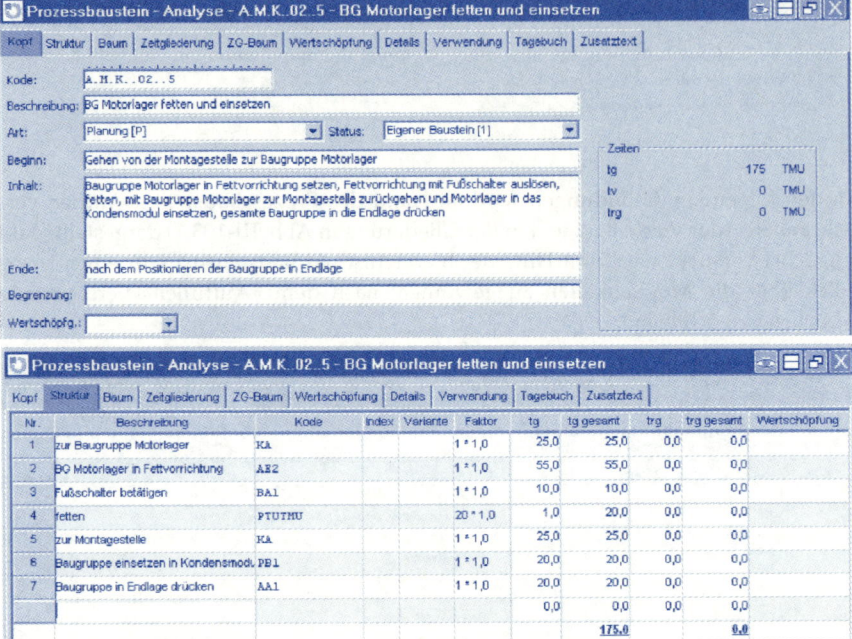

Diesen Beispielen ist zu entnehmen, dass beim Erstellen von Analysen nach Rahmenbedingungen schon beim Prozesstyp 2 nur noch begrenzt dem Chronologieprinzip (= es kommt auf Reihenfolgen und auf Vollständigkeit an), wie bei der Analyse nach Bewegungsablauf, gefolgt wird. Beim Prozesstyp 3 gibt man das Chronologieprinzip meist gänzlich auf und ersetzt es durch das Deduktionsprinzip (= es kommt nur auf Vollständigkeit an). Oder mit anderen Worten: Das beim Prozesstyp 1 notwendige Modellieren von Aufgabenfolgen (Abläufen) wird ersetzt durch ein Modellieren von Aufgabenstrukturen.

Beim Analysieren nach Bewegungsablauf entstehen wie beim Analysieren nach Rahmenbedingungen zwei Arten von Ergebnissen:

1. Es entstehen direkt zur Kalkulation zu verwendende Prozessbausteine.
2. Es entstehen Prozessbausteine, die ihrer Komplexität nach den Hierarchieebenen 4 oder 5 zuzuordnen und erst nach weitergehenden Aggregationen zur Kalkulation zu verwenden sind.

Beides wird im Kapitel 8 näher erläutert.

4.6 Arbeiten mit Ablaufindikatoren

Prospektive Gestaltung ist von der Absicht getragen, die Effektivität und Effizienz von Arbeitssystemen bereits in der Planung nachvollziehbar zu optimieren. Die Nachvollziehbarkeit kann sich nur auf Teilaspekte dieser beiden Größen beziehen, da die Gesamteffizienz in der Praxis nur mit unvertretbar hohem Aufwand messbar ist. Die größte praktische Bedeutung hat deshalb die Planung effektiver und effizienter Abläufe. Dazu werden diese einer Mängeldiagnose unterzogen, indem so genannte *Ablaufindikatoren* ermittelt werden, die auf unterschiedliche Gestaltungsrichtungen hinweisen. Unter Anwendung von MTM-Bausteinsystemen ist das wie folgt möglich:

1. Mit Hilfe von Ablaufindikatoren werden mutmaßliche Mängel zum Bewegungsablauf bzw. zur Arbeitsmethode identifiziert. Um mutmaßliche Mängel handelt es sich, weil im weiteren Diagnosegang noch zu prüfen ist, ob es sich um notwendige Vorkommnisse handelt.
2. Es ist zu prüfen, ob die Verwendungshäufigkeit der betreffenden Prozessbausteine und damit ihr Zeitanteil so hoch ist, dass ein mutmaßlicher Mangel ergebnisrelevant ist. Sehr selten verwendeten Prozessbausteinen billigt man oft Einschränkungen zu, die bei häufig verwendeten Prozessbausteinen nicht toleriert würden.

Um einen Ablaufindikator zu bilden, formuliert man zuerst ein Auswertungskriterium, das geeignet ist, Hinweise auf mutmaßliche Mängel zu liefern. Derartige Auswertungskriterien sind zum Beispiel:

- Prüfen,
- Körperbewegungen,
- Transporte,
- Justagen,
- Werkzeugverwendungen,
- auspacken, umstapeln etc.,
- Informationsverarbeitung, z. B. lesen.

Die Ablaufindikatoren sind keine »allgemeingültigen Warnsignale«, sondern fallspezifische Hinweise auf mögliche Mängel. So kann z. B. ein Prüfen als gewollt und wertschöpfend angesehen werden. In einem anderen Fall kann dem strikt widersprochen und Prüfen als Verschwedung klassifiziert werden. Die Auswahl von Ablaufindikatoren hängt u. a. auch vom *Prozesstyp* ab. So wird man beim Prozesstyp 1 z. B. eine 180-Grad-Körperdrehung vermutlich als Mangel diagnostizieren, beim Prozesstyp 3 aber nicht.

Zum vorliegenden Prozesstyp definiert man zuerst einen Sachverhalt, der erfahrungsgemäß den Verdacht auslöst, dass ein ablauforganisatorischer Mangel vorliegen kann. Beispielsweise erwartet man, dass bestimmte Körperbewegungen gar nicht oder nur sehr selten vorkommen, und definiert dazu eine Klasse von Prozessbausteinen, die man als Indiz für einen ablaufgestalterischen Mangel werten will. Beispielsweise wird man beim Prozesstyp 2 nur einen bestimmten Zeitanteil für Gehen tolerieren.

Da der Zeitanteilswert in % von der Höhe der Sollzeit des betrachteten Prozessbausteins abhängt, weist man nur einen mutmaßlichen Mangel aus. Damit ist gemeint, dass stets zu prüfen ist, ob der Ablaufindikator valide ist. Beispielsweise würde man bei einer Summe von 250 TMU für den Baustein »KA« (10 Schritte) und einer Sollzeit für den Prozessbaustein von 2000 TMU einen Ablaufindikator von »12,5 % Anteil für Gehen« ausweisen. Ob der Anteilswert eines Ablaufindikators als signifikant erachtet wird, hängt insbesondere ab

- vom Prozesstyp,
- von der Verwendungshäufigkeit des betrachteten Bausteins und
- vom Anteil der Sollzeit des betrachteten Bausteins an der Auftragszeit.

Die folgende Abbildung III-104.1 zeigt Beispiele für die Bildung von Ablaufindikatoren. Die Chancen, mit diesem Ansatz relevante Mängel zur Ablaufgestaltung zu identifizieren, steigen mit der Komplexität der Bausteine und mit dem Prozesstyp.

Abbildung III-104.1

Beispiele für die Formulierung von Ablaufindikatoren zur Identifikation mutmaßlicher Mängel bei Bewegungsabläufen

Auswertungskriterium	Beschreibungsanteil
Körperbewegungen	Zeit für Körperbewegungen oder für bestimmte Körperbewegungen
Ein/Auspacken	Zeit für nicht Arbeitsfortschritt bewirkende Bewegungen (z. B. nachgreifen, übergeben an die andere Hand, drücken, trennen, Hinlangen D und E)
Prüfen und Messen	Zeit für hoch kontrollierte Fügebewegungen (z. B. enge Passung, halb-/unsymmetrische Fügeflächen, schwierige Handhabung) und Greifbewegungen (z. B. Auswählgriff)
Transporte	Zeit für Bewegungslängen über 40 cm und Bewegungsfälle C
Rest	alle übrigen Zeitsummen

Anhand des Beispiels (vgl. Abbildung III-104.2) soll das Arbeiten mit Ablaufindikatoren verdeutlicht werden. Es werden die Auswertungskriterien

- Laufwege,
- Materialbereitstellung,
- ablaufbedingtes Warten,
- unmittelbarer Arbeitsfortschritt.

definiert. In der Prozessbausteinanalyse werden die Prozessbausteine den Auswertungskriterien zugeordnet. Die Zuordnung kann auf jeder Hierarchieebene erfolgen, wobei es sinnvoll ist, oft verwendete Standardprozesse zu nutzen, weil sich gewonnene Erkenntnisse dann auf ein breites Spektrum betrieblicher Prozesse niederschlagen. Die Auswertung kann auf jeder höheren Herarchieebene erfolgen, z. B. der Anteil Laufwege pro Auftrag, Produkt, Prozess oder Ablauf.

Aus der Prozessbausteinanalyse lassen sich die *Ablaufindikatoren mit TiCon®* (vgl. Abbildungen III-104.2 und III-104.3) automatisch auswerten. Der Anteil des unmittelbaren Arbeitsfortschritts (sog. Wertschöpfungsanteil) am Gesamtablauf beträgt ca. 72 %. Die nicht unmittelbar zum Arbeitsfortschritt beitragenden Zeitanteile verteilen sich zu:

- ≈ 10% auf Laufwege,
- ≈ 10% auf Material- oder Werkzeugbereitstellung,
- ≈ 7% auf ablaufbedingtes Warten.

Die Ablaufindikatoren zeigen an, dass in dem vorliegenden Beispiel Potenziale zur Effektivitäts- und Effizienssteigerung bei der Materialbereitstellung und bei den Laufwegen zu vermuten sind.

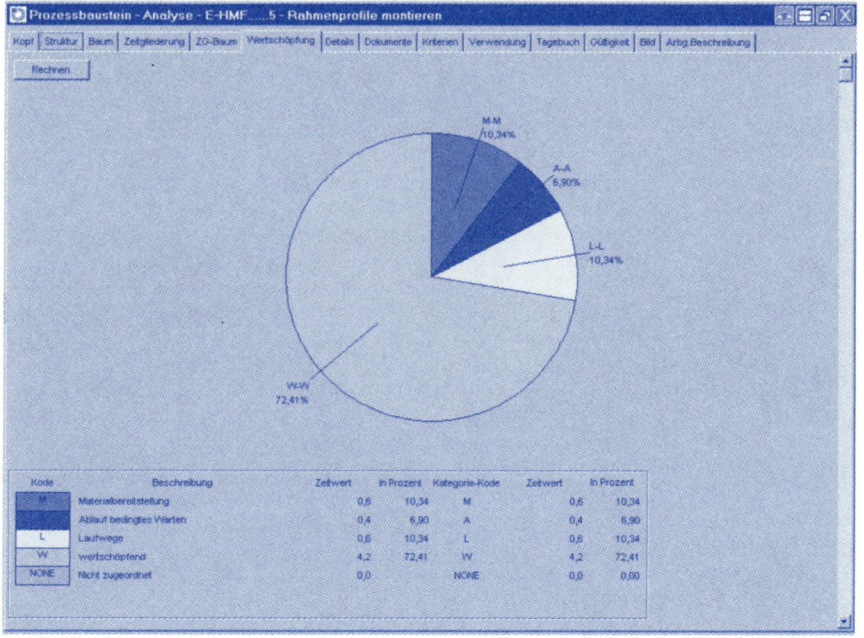

Abbildung III-104.2

Analyse mit klassifizierten Prozessbausteinen

Abbildung III-104.3

Darstellung der Ablaufindikatoren als Tortendiagramm

5 Weitere MTM-Bausteinsysteme

5.1 Überblick

In Abbildung III-33 wurde ein Überblick über die wichtigsten Bausteinsysteme des MTM-Prozessbausteinsystems vermittelt. Danach ist das im Kapitel 3 erläuterte MTM-1 das allen anderen MTM-Bausteinsystemen zu Grunde liegende Bausteinsystem. Es wurde für die Anwendung auf Arbeitssysteme konzipiert, die dem Prozesstyp 1 zuzuordnen sind. Im vorangegangen Kapitel 4 wurden für die Prozesstypen 2 und 3 die Bausteinsysteme UAS und MEK behandelt.

In diesem Kapitel werden zwei weitere Bausteinsysteme Standard-Daten und MTM-2 behandelt, die historisch den Beginn der Entwicklung höher aggregierter Bausteinsysteme markieren. Beide Bausteinsysteme wurden für den Prozesstyp 2 konzipiert, sind aber auch auf den Prozesstyp 1 anwendbar. Anschließend wird das Sichtprüfen vorgestellt, ein für spezielle Aufgaben mit Charakteristik des Prozesstyps 1 entwickeltes Bausteinsystem.

Ein weiteres MTM-Bausteinsystem ist das Office-System (MOS)[126]. Es wird hier nicht erläutert, weil es im administrativen Bereich eingesetzt wird, der in diesem Handbuch nicht betrachtet wird.

5.2 Standard-Daten

5.2.1 Grundsachverhalte

Im Abschnitt 2.5 wurde bereits gezeigt, durch welche Vereinfachungen die Standard-Daten (SD) aus MTM-1 abgeleitet wurden[127]. Abbildung III-105 sind die Prozessbausteine dieses 1963 veröffentlichten MTM-Bausteinsystems der Basiswerte[128] zu entnehmen.

Die Übersicht zeigt die so genannten »Basiswerte«. Zum System der Standard-Daten gehören weiterhin die »Mehrzweckwerte«, die durch Aggregation aus den Basis-

---

126 Vgl. Bakkenens, H. P.: Standards for Office Work. Ann Arbor: MTM Association for Standards and Research. Steele, P. M.: The MTM Data System for Office. Fair Lawn: MTM Association for Standards and Research. Bokranz, R.: a. a. O. Helms, W.: Personalbemessung mit MTM im administrativen Bereich. In: Personal MTM-Report 1993/1994, S. 416–430.

127 Die Standard-Daten wurden im Jahre 1963 durch eine vom Fachausschuss »Feinwerktechnik« gebildete Projektgruppe entwickelt, der Vertreter der Firmen Bosch, BMW, Felina, Mercedes-Benz, SEL sowie der Deutschen MTM-Vereinigung angehörten. Entwicklungsbasis war eine US-amerikanische Entwicklung, die General Purpose Data (GPD). Vgl. MTM, (Hrsg.): MTM General Purpose Data. Ann Arbor: MTM Association for Standards and Research, 1962. Die o. a. Projektgruppe hat sich bei der Entwicklung der Standard-Daten eng an die mit den GPD verfügbare Vorlage angelehnt.

128 Vgl. zu den bei der Entwicklung der Standard-Daten vorliegenden praktischen Aufgabenstellungen bei Schrickel, K.: Praktische Erfahrungen mit der Einführung und Anwendung von MTM-Standarddaten. Hamburg: Deutsche MTM-Vereinigung, 1966.

werten entstanden sind, aber heute keine nennenswerte praktische Bedeutung haben. Die Bausteinkomplexität der Standard-Daten Basiswerte ist mit der von MTM-2 vergleichbar, es handelt sich um Bewegungsfolgen. Anders als bei MTM-2 werden jedoch keine Prozessbausteinanalysen (Form A) sondern Prozessbausteinanalysen (Form B) erstellt, aber es werden, wie bei MTM-2 und anders als bei UAS und MEK, Bewegungsabläufe dokumentiert. Die Standard-Daten sind wie folgt definiert:

> Die *Standard-Daten Basiswerte* sind ein MTM-Bausteinsystem auf der hierarchischen Ebene der Bewegungsfolgen und zur Modellierung von Prozessen konzipiert, die durch den Prozesstyp 2 repräsentiert werden. Es besteht aus Bewegungsfolgen-Bausteinen, denen in Abhängigkeit von Zeiteinflussgrößen MTM-Normzeitwerte zugeordnet sind.

Abbildung III-105

Entscheidungsmodell zur Auswahl der Prozessbausteine bei den SD Basiswerten

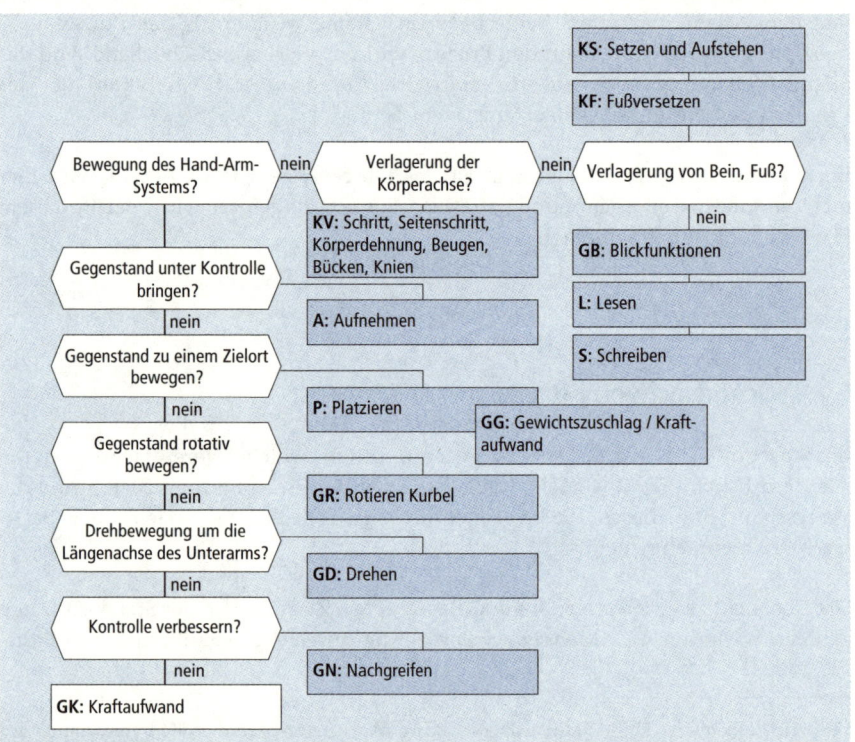

Den Abbildungen III-106.1 und 106.2 ist die Normzeitwertkarte der Standard-Daten Basiswerte zu entnehmen. Der mittlere Zeitwert beträgt ca. 26 TMU.

Abbildung III-106.1

Standard-Daten Basiswerte
Normzeitwertkarte,
Außenseite

MTM-Institut
Eichenallee 11, 15738 Zeuthen

Telefon:	033 762 / 20 66 31
Telefax:	033 762 / 20 66 40
eMail:	institut@dmtm.com

MTM- Standard-Daten
Basiswerte

Zeiteinheiten			
TMU	sek	min	h
1	0,036	0,0006	0,00001

Der Gebrauch dieser Tabellenwerte führt ohne gründliche
Ausbildung in MTM-1 und SDB zu falschen Ergebnissen

2004 © MTM-Institut
Urheberrechtlich geschützt! - Nachdruck verboten!

Abbildung III-106.2

Standard-Daten Basiswerte
Normzeitwertkarte,
Innenseite
(untere Abbildung)

Bewegungs-länge in cm	0 bis <3	≥3 bis ≤9	>9 bis ≤22	>22 bis ≤37	>37 bis ≤52	>52 bis ≤67	>67 bis ≤82
Entfernungs-bereich (EB)	02	05	15	30	45	60	75

Aufnehmen							
EB	Kontakt AKE AKZ	leicht ALE ALZ	mittel 1 Hand AME	mittel 2 Hände AMZ	schwierig 1 Hand ASE	schwierig 2 Hände ASZ	Hand voll gestapelt AHG	Hand voll vermischt AHV
02	2	6	8	11	13	27	16	33
05	4	8	10	13	17	31	18	35
15	9	13	14	18	21	35	23	40
30	13	17	18	22	25	39	27	44
45	17	21	23	26	29	44	31	48
60	21	25	27	30	33	48	35	53
75	26	30	31	35	38	52	40	57

Platzieren						
EB	andere Hand PAE	ungefähre Lage PUE PUZ	lose 1 Punkt PLE	lose 2 Punkte PLZ	eng 1 Punkt PEE	eng 2 Punkte PEZ
02	4	2	8	13	18	34
05	7	5	11	16	21	38
15	11	9	16	21	26	43
30	15	13	21	26	31	48
45	19	17	26	31	36	53
60	22	20	31	36	41	58
75	26	24	36	42	47	63

Beachte: Zuschläge für Gewicht, Passungsklasse, Symmetrie, schwierige Handhabung und Blickverschieben

Generelle Werte		Kode	TMU
Gewichtszuschlag – Kraftaufwand pro 1 daN		GGZ	1
Nachgreifen - Verharren - Übergeben		GNV	6
Kraft-anwendung	klein	GKK	11
	groß	GKG	16
Trennen	enge Passung	GTE	8
	feste Passung	GTF	23
Drehen	kleiner Winkel ≤90°	GDK	4
	großer Winkel >90°	GDG	7
	pro Turnus	GDT	16
Rotieren Kurbel	Start und Stopp	GRS	5
	pro Umdrehung	GRU	14
Blickfunktion	Blick verschieben pro 10 cm	GBV	4
	Prüfen	GBP	7

Körperbewegungen		Kode	TMU
Fußversetzen (Fuß- oder kleine Beinbewegung)		KFV	9
Verlagerung des Körpers	Schritt, Seitenschritt, Körperdrehung	KVS	17
	Beugen, Bücken, Knien (incl. Aufrichten)	KVB	61
Setzen und Aufstehen	normaler Sitzplatz	KSN	108
	Sitz-Stehplatz	KSS	246

Lesen		Kode	TMU
pro Wort im Satzgefüge		LWS	5
bis zu 3 Ziffern, Zeichen, Buchstaben; Einzelwort		LZB	7

Schreiben		Kode	TMU
kleiner Buchstabe	Handschrift	SKH	15
	Druckschrift	SKD	20
großer Buchstabe, Hand- oder Druckschrift		SGB	25
Zeichen, Ziffer, Interpunktion		SZZ	20

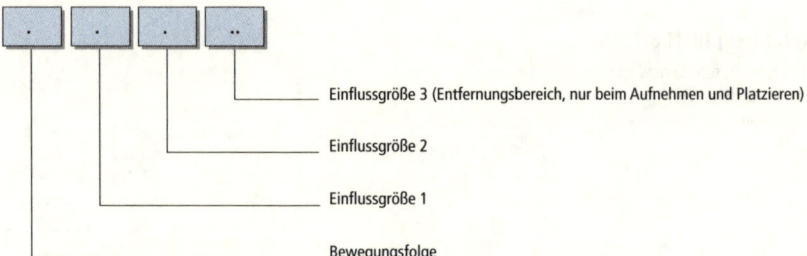

Einflussgröße 3 (Entfernungsbereich, nur beim Aufnehmen und Platzieren)

Einflussgröße 2

Einflussgröße 1

Bewegungsfolge

5.2.2 Bewegungsfolgen bei den Standard-Daten Basiswerten

Aufnehmen ist die Bewegungsfolge, bei der mit den Fingern oder der Hand ein oder mehrere Gegenstände unter Kontrolle gebracht und diese später wieder aufgegeben wird. Die Bewegungsfolge beginnt mit einem Hinlangen und endet mit einem Loslassen.

Die Kodierung und die darin berücksichtigten Zeiteinflussgrößen sind:

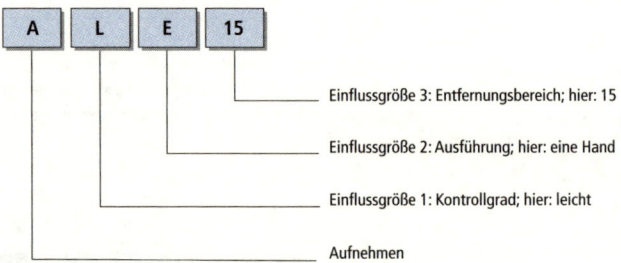

Einflussgröße 3: Entfernungsbereich; hier: 15

Einflussgröße 2: Ausführung; hier: eine Hand

Einflussgröße 1: Kontrollgrad; hier: leicht

Aufnehmen

Die Einflussgröße »Kontrollgrad« ist nach sechs Fällen des Greifens gestuft:

1. Fall AKE / AKZ :	Kontaktgriff G5 (K = Kontakt; E = einhändige, Z = zweihändige Ausführungsweise).
2. Fall ALE / ALZ :	Zufassungsgriff G1A (L = leicht; E = einhändige, Z = zweihändige Ausführungsweise).
3. Fall AME / AMZ :	Ankantgriff G1B (M = mittel; E = einhändige, Z = zweidhändige Ausführungsweise).
4. Fall ASE / ASZ :	Auswählgriff G4 oder Abrollgriff G1C (S = schwierig; E = einhändige, Z = zweihändige Ausführungsweise).
5. Fall AHG:	Stapelgriff (HG = Handvoll gestapelt, nur einhändig).
6. Fall AHV:	Schöpfgriff (HV = Handvoll vermischt, ein- oder beidhändig).

Die Einflussgröße »Ausführungsweise« ist nach zwei Fällen gestuft:

1. Fall E:	Einen Gegenstand mit einer Hand unter Kontrolle bringen.
2. Fall Z:	Mit beiden Händen einen Gegenstand oder mit jeder Hand je einen Gegenstand unter Kontrolle bringen.

Die Einflussgröße »Entfernungsbereich« ist in sieben Klassen gestuft. Der Entfernungsbereich wird durch Schätzen bestimmt.

Bewegungslänge in cm	Entfernungsbereichs-Kode
bis < 3	02
≥ 3 bis ≤ 9	05
> 9 bis ≤ 22	15
> 22 bis ≤ 37	30
> 37 bis ≤ 52	45
> 52 bis ≤ 67	60
> 67 bis ≤ 82	75

Es gibt sieben Anwendungsregeln:

SD / Regel 1	Sind Gegenstände beidhändig mit unterschiedlichem Kontrollgrad aufzunehmen, werden beide Aufnahmebewegungen hintereinander analysiert und jene mit dem höheren Zeitbedarf zeitlich in Ansatz gebracht.

Mit der linken Hand über 25 cm aus einem Greifbehälter eine Schraube und mit der rechten Hand über 30 cm einen Schrauber aufnehmen.

Nr.	Bezeichnung	Kode	TMU	A	H	Gesamt TMU
	Schraube	ASE30	25			25
	Schrauber	ALE30	17		0	0

SD / Regel 2	Bei beidhändigem Aufnehmen mit gleichem Kontrollgrad und verschiedenen Bewegungslängen wird der Entfernungsbereich für die größere Bewegungslänge analysiert.

Mit der linken Hand über 45 cm, mit der rechten Hand über 15 cm je ein Teil aus vermischter Teilelage aufnehmen.

Nr.	Bezeichnung	Kode	TMU	A	H	Gesamt TMU
	2 Teile	ASZ45	44			44

SD / Regel 3	Die Bewegungsfolge »AHV« gilt für ein- und beidhändige Ausführungsweise, weil die dabei berücksichtigten Grundbewegungen gleichzeitig auszuführen sind. Eine beidhändige Ausführungsweise muss der Beschreibung zu entnehmen sein.

Mit beiden Händen aus einem Behälter über 30 cm je eine Handvoll vermischter Teile entnehmen.

Nr.	Bezeichnung	Kode	TMU	A	H	Gesamt TMU
	Teile mit beiden Händen	AHV30	44			44

SD / Regel 4	Die Bewegungsfolge »AHG« gilt für einhändige Ausführungsweise, weil die dabei berücksichtigten Grundbewegungen nicht gleichzeitig auszuführen sind. Bei beidhändiger Ausführungsweise ist ein Interaktionsweg AHG 02 zu berücksichtigen.

Mit jeder Hand über 30 cm einen Stapel Bestückungsplatten aufnehmen

Nr.	Bezeichnung	Kode	TMU	A	H	Gesamt TMU
	Stapel Bestückungsplatten	AHG30	27			27
	Interaktionsweg	AHG02	16			1

SD / Regel 5	Wird durch die Hand, mit der bereits ein Gegenstand gehalten wird, ein weiterer Gegenstand unter Kontrolle gebracht, handelt es sich um ein Aufnehmen, sofern der zuvor schon gehaltene Gegenstand nicht als Bewegungshemmnis wirkt.				

Mit einer Hand, die eine Anreißnadel hält, über 15 cm ein Teil aufnehmen.

Nr.	Bezeichnung	Kode	TMU	A	H	Gesamt TMU
	Teil	AME15	14			14

SD / Regel 6	Zeitbestimmende Hinlangbewegungen des Falles »E« werden mit »AKE« oder »AKZ« analysiert.				

Nach dem Einlegen eines Teils in eine Presse beide Hände über 30 cm aus dem Lichtschrankensektor der Maschinen zurücknehmen.

Nr.	Bezeichnung	Kode	TMU	A	H	Gesamt TMU
	Hände zurücknehmen	AKZ30	13			13

SD / Regel 7	Bei Bewegungslängen über 82 cm werden die Zeitwerte durch Extrapolation auf der Basis des letzten Entfernungsbereichs-Sprunges bestimmt.				

Ein allein liegendes Teil über 90 cm aufnehmen:
$t(ALE\,90) = t(ALE75) + [t(ALE75) - t(ALE60)] = 30\,TMU + [(30\,TMU - 25\,TMU) = 5\,TMU] = 35\,TMU.$

Nr.	Bezeichnung	Kode	TMU	A	H	Gesamt TMU
	Teil	ALE90	35			35

Platzieren ist die Bewegungsfolge, bei der bereits unter Kontrolle befindliche Gegenstände zu einem Zielort gebracht werden. Die Bewegungsfolge beginnt, wenn der Gegenstand unter Kontrolle ist, und endet, wenn er sich am Zielort befindet, die Kontrolle aber noch ausgeübt wird.

Die Kodierung und die darin berücksichtigten Zeiteinflussgrößen sind:

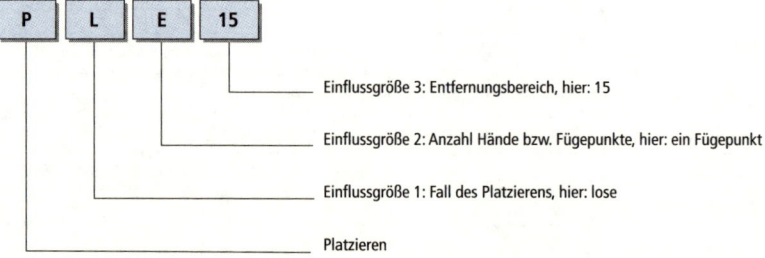

Die Einflussgröße »Fall des Platzierens« ist nach vier Bring- und Fügefällen gestuft:

1. Fall PAE: Einen Gegenstand zur anderen Hand bringen
    [M-B und G1A; A = andere Hand; E = einhändige,
    Z = zweihändige Ausführungsweise].
2. Fall PUE / PUZ: Einen Gegenstand in eine ungefähre Lage oder
    gegen Anschlag bringen [M-A, M-B oder MC;
    U = ungefähre Lage; E = einhändige,
    Z = zweihändige Ausführungsweise].
3. Fall PLE / PLZ: Einen Gegenstand am Zielort mit loser Passung
    platzieren [M-C und P1SE; L = lose Passung;
    E = eine Fügestelle, Z = zwei Fügestellen].

4. Fall PEE/PEZ: Einen Gegenstand am Zielort mit enger Passung platzieren [M-C und P2SE; E = enge Passung; E = eine Fügestelle, Z = zwei Fügestellen].

Die Einflussgröße »Anzahl Fügestellen« und »Anzahl Hände« hat folgende Bedeutung

Anzahl E: Einen Gegenstand/mehrere Gegenstände mit einer Hand zur anderen Hand oder gegen Anschlag bringen; einen Gegenstand mit einer Hand/beiden Händen an einer Fügestelle platzieren.

Anzahl Z: Einen Gegenstand/mehrere Gegenstände mit beiden Händen in ungefähre Lage oder gegen Anschlag bringen oder an zwei Fügestellen innerhalb des normalen Blickfeldes platzieren.

Die Einflussgröße »Entfernungsbereich« ist wie beim Aufnehmen in sieben Klassen gestuft.

Es gibt 12 Anwendungsregeln:

SD / Regel 8	Ist die beim Platzieren aufzubringende Kraft > 1 daN pro Hand, ist pro 1 daN ein Gewichtszuschlag »GGZ« zu analysieren.					
Mit der linken Hand über 7 cm einen Hebel unter Aufwendung von 4 daN durchschieben.						
Nr.	Bezeichnung	Kode	TMU	A	H	Gesamt TMU
	Hebel	PUE05	5			5
	Kraftaufwand 4 daN	GGZ	1		4	4

SD / Regel 9	Bei einem Fügen der Passungsklasse 3 sind zu dem »PEE« die Kraftaufwendungen »GKK« und »GKG« zu analysieren.					
Reißnadel mit einer Genauigkeit von ± 0,4 mm ansetzen						
Nr.	Bezeichnung	Kode	TMU	A	H	Gesamt TMU
	Reißnadel ansetzen	PEE30	31			31
		GKK	11			11
		GKG	16			16

SD / Regel 10	Bei halb- und unsymmetrischen Fügequerschnitten wird einmal je Fügefall ein zusätzliches »GDK« analysiert.					
Einen Schlüssel über 30 cm in einem Schließzylinder stecken.						
Nr.	Bezeichnung	Kode	TMU	A	H	Gesamt TMU
	Schlüssel einstecken	PEE30	31			31
	ausrichten	GDK	4			4

SD / Regel 11	Bei schwieriger Handhabung beim Fügen wird je Fügefall ein zusätzliches »GNV« analysiert.

Einen 20 cm langen Gabelschlüssel über 15 cm an eine Sechskantschraube ansetzen.

Nr.	Bezeichnung	Kode	TMU	A	H	Gesamt TMU
	Gabelschlüssel ansetzen	PLE15	16			16
	Ausrichten	GDK	4			4
	Griffabstand > 7,5 cm	GNV	6			6

SD / Regel 12	Liegen zwei Fügepunkte außerhalb des normalen Blickfeldes, werden nach dem ersten Fügen ein Blickverschieben zur zweiten Fügestelle und ein Interaktionsweg im Entfernungsbereich 02 analysiert.

Zwei Schrauben beidhändig über 40 cm in zwei 20 cm voneinander entfernte Gewindelöcher ansetzen.

Nr.	Bezeichnung	Kode	TMU	A	H	Gesamt TMU
	2 Schrauben	PEE45	36			36
	zur 2. Bohrung	GBV	4	2		8
	Interaktionsweg zur 2. Bohrung	PEE02	18			18

SD / Regel 13	Bei Fügetiefen > 2,5 cm wird für die zusätzliche Tiefe ein weiteres Platzieren analysiert.

Eine Diskette über 30 cm in das Laufwerk einschieben.

Nr.	Bezeichnung	Kode	TMU	A	H	Gesamt TMU
	Diskette ins Laufwerk	PLE30	21			21
	Ausrichten	GDK	4			4
	6,5 cm gegen Anschlag	PUE05	5			5

SD / Regel 14	Bei beidhändigem Platzieren mit gleicher Zielgenauigkeit, aber verschiedenen Bewegungslängen, wird nur der größere Entfernungsbereich analysiert.

Hammer über 45 cm und Körner über 30 cm gleichzeitig in ungefährer Lage ablegen.

Nr.	Bezeichnung	Kode	TMU	A	H	Gesamt TMU
	Hammer und Körner	PUZ45	17			17

SD / Regel 15	Bei Bewegungslängen über 82 cm werden die Zeitwerte durch Extrapolation auf der Basis des letzten Entfernungsbereichs-Sprunges bestimmt (vgl. Regel 7).

SD / Regel 16	Werden nach einem Hinlangen die Finger oder Hand ein- oder angefügt, wird das nicht als Aufnehmen, sondern als Platzieren analysiert.

Über 30 cm einen Zeigefinger in das Griffloch eines Ordners stecken.

Nr.	Bezeichnung	Kode	TMU	A	H	Gesamt TMU
	Finger in Griffloch	PLE30	21			21

SD / Regel 17	Das Erfassen eines Gegenstandes mit Hilfsmitteln, z. B. Pinzette, Zange wird als Platzieren analysiert.

SD / Regel 18	Wird ein Gegenstand in die andere Hand übergeben, wird das mit einem PUE und einem GNV bewertet. Der Entfernungsbereich wird nach der größten Bewegungslänge bestimmt.

Ein Werkzeug über 30 cm zur anderen hand bringen, die über 15 cm entgegen kommt und übergeben

Nr.	Bezeichnung	Kode	TMU	A	H	Gesamt TMU
	Zur anderen Hand	PUE30	13			13
	übergeben	GNV	6			6

SD / Regel 19	Wird eine Hand als Werkzeug verwendet, z. B. zum Wischen, Falzen oder Klopfen, wird das mit Hilfe von Platzierbewegungen analysiert.

Mit Aufnehmen und Platzieren wird bei Standarddaten der Grundzyklus von Bewegungen des Hand-Arm-Systems abgebildet. Darüber hinaus werden mit den sogenannten generellen Werten zusätzliche Bewegungen des Hand-Arm-Systems und der Augen abgebildet.

Der *Gewichtszuschlag* steht für den Aufbau muskulärer Kraft, um das Gegenstandsgewicht oder einen zu überwindenden Widerstand beim Bewegen eines Gegenstandes unter Kontrolle zu bringen. Der Gewichtszuschlag wird jeweils zu Beginn der Bewegungen Platzieren, Drehen oder Rotieren berücksichtigt.

Die Kodierung (es gibt keine Zeiteinflussgröße) lautet:

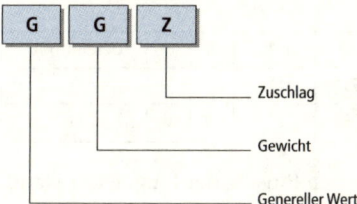

Es gibt drei Anwendungsregeln:

SD / Regel 20	Dezimalstellen von Kräften werden auf ganze daN aufgerundet.

SD / Regel 21	Wird ein > 2 kg schwerer Gegenstand mit beiden Händen platziert, wird der Zeitwert für das »GGZ« an Hand des halben Gegenstandsgewichts bestimmt.

Eine 3,1 kg schwere Bohrmaschine mit beiden Händen geführt über 30 cm an einer Markierung ansetzen.

Nr.	Bezeichnung	Kode	TMU	A	H	Gesamt TMU
	an Markierung ansetzen	PEE30	31			31
	Gewicht 3,1 kg	GGZ	1		4/2	2
	Gegenstandsgewicht > 1 kg	GNV	6			6

SD / Regel 22	Befindet sich das Gewicht eines zu platzierenden Gegenstandes bereits unter Kontrolle, wird kein Gewichtszuschlag verwendet.

Der *generelle Wert* »Nachgreifen/Verharren/Übergeben« steht für die drei Grund-
bewegungen Nachgreifen (G2: Kontrollpunkt am Gegenstand verlegen), Übergeben
(G3: Gegenstand in die andere Hand übergeben) oder Verharren (DM: kurzzeitige
muskuläre Kraftausübung auf einen Gegenstand).

Die Kodierung (keine Zeiteinflussgrößen) lautet:

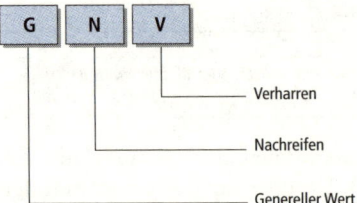

Es gibt zwei Anwendungsregeln:

SD / Regel 23	Nachgreifen, um einen Gegenstand während einer Platzierbewegung vorzurichten, wird nur dann als »GNV« analysiert, wenn der Entfernungsbereich < 15 ist.

SD / Regel 24	Kein Übergeben, sondern ein Platzieren liegt vor, wenn ein Gegenstand mit einer Hand gehalten und auch mit der anderen Hand unter Kontrolle gebracht wird, um dann mit beiden Händen die nächste Bewegung auszuführen.

Ein aufgenommenes Teil über 15 cm zur anderen Hand und dann mit beiden Händen über 15 cm zum Verbauort bringen.

Nr.	Bezeichnung	Kode	TMU	A	H	Gesamt TMU
	zur anderen Hand	PAE15	11			11
	zur Anbaustelle	PLE30	21			21

Kraftanwendung ist die Bewegungsfolge, bei der durch Einsatz der Finger, der Hand,
seltener auch durch andere Körperteile, ohne nennenswerte räumliche Bewegung,
Kraft auf einen Gegenstand ausgeübt wird. Die »Bewegungsfolge« beginnt damit,
dass ein Kontakt zum betreffenden Gegenstand gehalten wird und endet nach dem
Kraftabbau, wenn noch immer Kontakt zu ihm gehalten wird.

Die Kodierung und die darin berücksichtigte Zeiteinflussgröße sind:

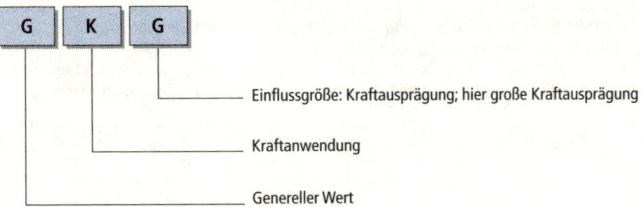

Die Einflussgröße »Kraftausprägung« ist nach den zwei Fällen des Drückens wie bei
MTM-1 gestuft:

1. GKK: Drücken APA, ohne Griffverbesserung bei MTM-1.
2. GKG: Drücken APB, mit Griffverbesserung bei MTM-1.

Es gibt keine Anwendungsregel.

Trennen ist die Bewegungsfolge, bei dem durch Einsatz der Finger oder der Hand die Verbindung zwischen zwei Gegenständen gelöst und dadurch ein Bewegungswiderstand plötzlich aufgehoben wird. Die »Bewegungsfolge« beginnt damit, dass ein Kontakt zum betreffenden Gegenstand gehalten wird und endet, wenn noch immer Kontakt zu ihm gehalten wird.

Die Kodierung und die darin berücksichtigte Zeiteinflussgröße sind:

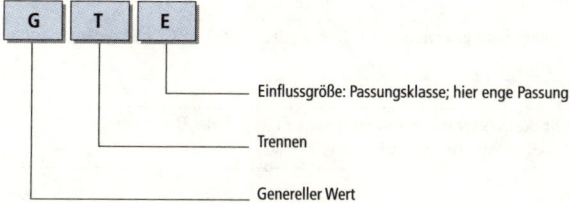

Die Einflussgröße »Passungsklasse« ist wie folgt nach den zwei Fällen des Trennens wie bei MTM-1 gestuft:

1. GTE: Enge Passung, Rückschlag > 2,5 bis 10 cm bei MTM-1.
2. GTF: Feste Passung, Rückschlag > 10 cm bei MTM-1.

Es gibt vier Anwendungsregeln:

SD / Regel 25	Schwierige Handhabung oder erschwerende Umstände, die eine erhöhte Kontrolle beim Trennen bedingen, werden durch Analyse eines zusätzlichen »GNV« analysiert.

SD / Regel 26	Tritt ein Verkanten auf, das zu wiederholtem Ansetzen führt, wird bei »GTE« zusätzlich ein »GNV«, bei »GTF« zusätzlich ein »GKG« analysiert.

SD / Regel 27	Bei vorsichtiger Handhabung wegen Beschädigungs- oder Verletzungsgefahr wird anstelle von »GTE« ein »GTF« analysiert. Bei einem »GTF« sind zusätzliche Bewegungen zu analysieren.

SD / Regel 28	Ein Trennen mit loser Passung (Rückschlag ≤ 2,5 cm) wird als »PUE05« bzw. »PUZ05« analysiert.

Drehen ist die Bewegungsfolge, bei dem ein Drehen der leeren oder belasteten Hand um die Längsachse des Unterarms erfolgt. Die »Bewegungsfolge« beginnt mit dem Drehen der Hand (bei GDT mit dem Loslassen) und endet, wenn der Gegenstand noch immer kontrolliert wird.

Die Kodierung und die darin berücksichtigte Zeiteinflussgröße sind:

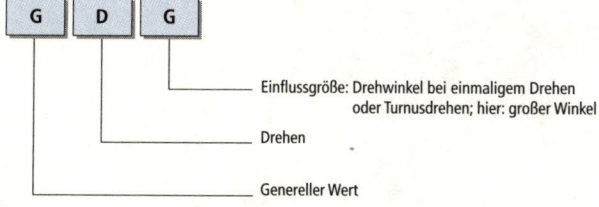

Die Einflussgröße »Drehwinkel/Turnusdrehen« ist wie folgt nach drei Fällen des Drehens gestuft:

1. GDK: Kleiner Drehwinkel, einmaliges Drehen, ≤ 90 °, T60S bei MTM-1.
2. GDG: Großer Drehwinkel, einmaliges Drehen, > 90 °, T135S bei MTM-1.
3. GDT: Turnusdrehen, RL1, T 105, G1A, T105S bei MTM-1.

Es gibt zwei Anwendungsregeln:

SD / Regel 29	Ist der Kraftaufwand > 1 daN, wird pro weiterem 1 daN ein zusätzliches »GGZ« analysiert.

SD / Regel 30	Befindet sich das Gewicht des zu drehenden Gegenstandes zu Beginn der Drehbewegung unter Kontrolle, wird kein Gewichtszuschlag »GGZ« analysiert.

Rotieren Kurbel ist die Bewegungsfolge, bei der kreisförmige, durch ein Betätigungselement geführte, Bringbewegungen ausgeführt werden. Die »Bewegungsfolge« beginnt damit, dass sich der Gegenstand unter Kontrolle befindet und endet damit, dass eine Umdrehung ausgeführt ist. Zusätzlich werden die Beschleunigung am Bewegungsanfang und Verzögerung am Bewegungsende durch den generellen Wert »Start und Stopp« berücksichtigt.

Die Kodierung und die darin berücksichtigte Zeiteinflussgröße sind:

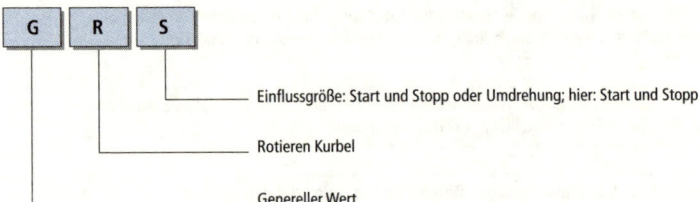

Die Bewegungsfolge Rotieren Kurbel setzt sich zusammen aus den generellen Werten »Start und Stopp« sowie Umdrehungen, sie werden wie folgt unterschieden:

1. GRS: Start und Stopp. Das repräsentiert die Beschleunigung und Verzögerung bei einer mittleren Bewegungslänge von 55 cm bzw. einem Drehkreisdurchmesser von 16 bis 20 cm. Dafür wird zweimal der m-Wert von M55B aus MTM-1 analysiert.
2. GRU: Umdrehung. Das repräsentiert eine Umdrehung ohne Beschleunigung und Verzögerung bei einer mittleren Bewegungslänge von 55 cm bzw. einem Drehkreisdurchmesser von 16 bis 20 cm. Dafür wird einmal der Baustein mM55Bm aus MTM-1 analysiert.

Es gibt drei Anwendungsregeln:

SD / Regel 31	Bei kontinuierlichem Rotieren tritt »GRS« nur einmal, bei intermittierendem Rotieren bei jeder Umdrehung auf.

SD / Regel 32	Ist der Kraftaufwand > 1 daN, wird pro weiterem 1 daN ein zusätzliches »GGZ« analysiert, bei kontinuierlichem Rotieren nur einmal, bei intermittierendem Rotieren für jede Umdrehung.

SD / Regel 33	Teilumdrehungen im Anschluss an vollständige intermittierende Umdrehungen werden entsprechend der geforderten Kontrolle das Platzieren PUE, PLE oder PEE analysiert.

Blickfunktionen stehen dafür, an einem Gegenstand ein binär ausgeprägtes Merkmal innerhalb des normalen Blickfeldes mit den Augen zu prüfen und auf Grund des Prüfergebnisses eine Entscheidung zu treffen oder den Blick von einer Stelle zu einer anderen Stelle zu verschieben.

Die Kodierung lautet:

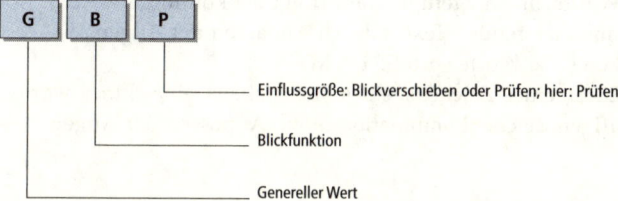

Einflussgröße: Blickverschieben oder Prüfen; hier: Prüfen

Blickfunktion

Genereller Wert

Die Einflussgröße »Blickverschieben oder Prüfen« ist wie folgt unterschieden:

1. GBV: Blickverschieben. Der Blick wird von einer Stelle (Blickpunkt) zu einer anderen Stelle gelenkt (ET10/40 aus MTM-1).
2. GBP: Prüfen. Das ist das Feststellen der zutreffenden Merkmalsausprägung bei einem binär ausgeprägten Merkmal an einem Gegenstand innerhalb des normalen Blickfeldes (EF bei MTM-1).

Es gibt drei Anwendungsregeln:

SD / Regel 34	Blickverschieben und Prüfen werden nur dann analysiert, wenn sie zeitbestimmend auftreten.

SD / Regel 35	Die Häufigkeit für das Blickverschieben zwischen zwei Prüf-/Kontrollmerkmalen (= Blickpunkte) wird ermittelt, indem der Abstand in cm zwischen den Blickpunkten durch 10 dividiert und auf- oder abgerundet wird.

An deinem Werkstück zwei 34 cm entfernte Bohrungen auf Gratfreiheit prüfen.						
Nr.	Bezeichnung	Kode	TMU	A	H	Gesamt TMU
	Bohrungen auf Gratfreiheit	GBP	7	2		14
	zur zweiten Bohrung	GBV	4		3	12

SD / Regel 36	Liegen innerhalb eines Blickfeldes mehrere Merkmale mit einer eigenen Ja-Nein-Entscheidung vor, so müssen entsprechend viele GPB und ggf. GBV analysiert werden.

Als *Lesen* wird das mentale Erfassen von Fließtexten, Einzelwörtern, Buchstaben, Ziffern und Sonderzeichen, einschließlich des dabei notwendigen Blickverschiebens, bezeichnet. Das Lesen beginnt mit dem Anpassen der Augen und endet nach dem Erfassen. Schwer verständliche oder schwer lesbare Texte können mit Lesen »LWS« nicht analysiert werden.

Die Kodierung und die darin berücksichtigten Fälle sind:

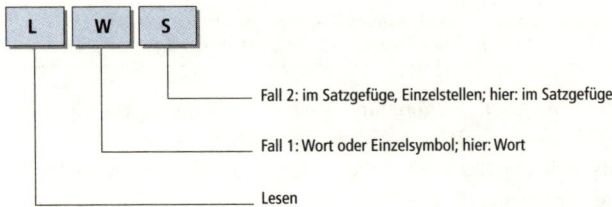

Fall 2: im Satzgefüge, Einzelstellen; hier: im Satzgefüge

Fall 1: Wort oder Einzelsymbol; hier: Wort

Lesen

Die Fälle »Satzgefüge / Einzelsymbole« sind wie folgt abgegrenzt:

1. LWS: Lesen eines Wortes im Satzgefüge. Das erfolgt bei kontinuierlichem Lesen eines zusammenhängenden Textes durch Anpassen der Augen und Blickverschieben (1,56 Wörter pro EF bei MTM-1).
2. LZB: Lesen einer Ziffer, eines Zeichens, eines Buchstabens, eines Einzelwortes oder einer ungeläufigen Zeichenkombination durch Anpassen der Augen (EF bei MTM-1).

Es gibt vier Anwendungsregeln:

SD / Regel 37	Wörter mit mehr als drei Silben oder zusammengesetzte Substantive werden als zwei »LWS« analysiert.

SD / Regel 38	Mit einem »LZB« können bis zu dreizusammenstehende Zeichen, Ziffern oder Buchstabenkombinationenzusammengefasst werden.

Es ist folgender Text zu lesen: »Die Gesamtkosten belaufen sich auf 3.000 €«. »Gesamtkosten« hat vier Silben!

Nr.	Bezeichnung	Kode	TMU	A	H	Gesamt TMU
	Text mit 6 Wörtern	LWS	5		6	30
	3.000 €	LZB	7		3	21

SD / Regel 39	Zeichen, Ziffern oder Buchstaben sind in einem zusammenhängenden Text mit »LZB« zu analysieren.

SD / Regel 40	Satzzeichen werden beim Lesen nicht beachtet.

Als *Schreiben* wird das Beschriften von Gegenständen mit Hilfe eines handgeführten Schreibgeräts bezeichnet. Das Schreiben beginnt mit einer kurzen Bringbewegung zur ersten Schreibstelle und endet nach der letzten Schreibbewegung.

Die Kodierung und die darin berücksichtigten Zeiteinflussgrößen sind:

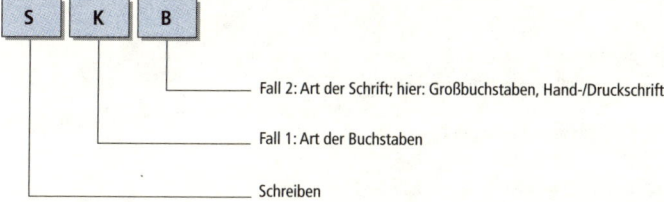

Die Einflussgrößen »Buchstaben- und Schriftart« sind wie folgt abgegrenzt:

1. SGB: Großbuchstaben in Hand- oder Druckschrift
2. SKD: Kleinbuchstaben in Druckschrift
3. SKH: Kleinbuchstaben in Handschrift
4. SZZ: Zeichen bzw. Ziffern

Es gibt eine Anwendungsregel:

SD / Regel 41	In den Bausteinen ist eine Platzierbewegung von 2 cm enthalten. Darüber hinausgehende Bewegungslängen für das Ansetzen des Schreibgerätes sind als Platzieren »PUE« zu analysieren.

Bei den Standard-Daten Basiswerten werden vier Körperbewegungen unterschieden.

Fußversetzen ist die Bewegungsfolge, bei der ein Fuß nach oben oder nach unten abgekippt wird, mit dem Zehengelenk oder dem Knöchel als Drehachse oder bei der eine Beinbewegung (< 25 cm) um das Knie- oder Hüftgelenk ausgeführt wird. Die Bewegungsfolge beginnt mit dem Fuß oder Bein in Ruhelage und endet, wenn sich der Fuß oder das Bein am Zielort befindet.

Die Kodierung ist:

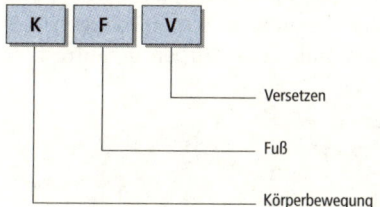

Es gibt eine Anwendungsregel:

SD / Regel 42	Wird eine Kraft > 5 daN ausgeübt, ist zusätzlich ein »GKK« zu analysieren.

Schritt, Seitenschritt, Körperdrehung ist die Bewegungsfolge, bei der die Körperachse durch Ausführen einer Beinbewegung vorwärts, rückwärts oder seitwärts bewegt wird. Die Bewegungsfolge beginnt mit dem Bein in Ruhelage und endet, wenn sich das Bein am Zielort befindet.

Die Kodierung ist:

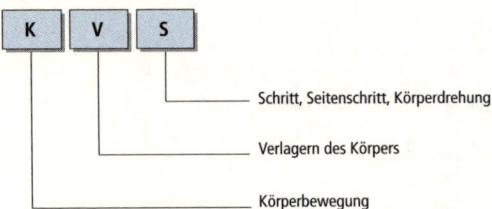

Der Normzeitwert für das KVS wurde als arithmetischer Mittelwert aus folgenden Grundbewegungen gebildet:

1. Gehen unbehindert: W1P bei MTM-1
2. Gehen behindert: W1PO bei MTM-1
3. Gehen mit Last > 23 kg: W1PL bei MTM-1
4. Seitenschritt: SS30C1 bei MTM-1
5. Körperdrehung: TBC1 bei MTM-1

Es gibt drei Anwendungsregeln:

SD / Regel 43	Muss bei einem Seitenschritt oder bei einer Körperdrehung das zweite Bein nachgezogen werden, bevor die nächste Bewegung ausgeführt werden kann, ist »KVS« in der Häufigkeit 2 zu analysieren.

SD / Regel 44	Bei einer Körperdrehung > 90° ist »KVS« mit der Häufigkeit 3 zu analysieren.

SD / Regel 45	Erfolgt nach »KVS« ein Aufnehmen oder Platzieren, so ist dafür der Entfernungsbereich 05 (Restentfernung) zu analysieren.

Beugen, Bücken, Knien und Aufrichten ist die Bewegungsfolge, bei der der Oberkörper aus aufrechter Haltung so weit nach vorn geneigt wird, dass die Hände mindestens auf Kniehöhe zu bringen sind, oder sich auf ein Knie niedergelassen sowie später wieder aufgerichtet wird. Die Bewegungsfolge beginnt mit dem Beugen des Oberkörpers aus aufrechter Haltung und endet mit dem Körper in aufrechter Haltung.

Die Kodierung ist:

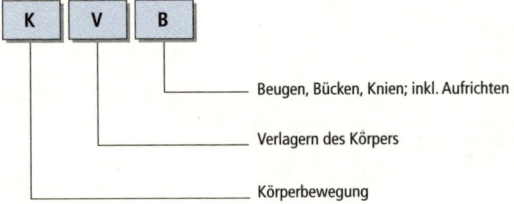

Für KVS und KVB gibt es zwei Anwendungsregeln:

SD / Regel 46	Erfolgt nach »KVB« ein Aufnehmen oder Platzieren, so ist dafür der Entfernungsbereich 05 (Restentfernung) zu analysieren.

SD / Regel 47	Bei Knien auf beide Knie und Aufrichten ist »KVB« mit der Häufigkeit 2 analysieren.

Setzen und Aufstehen ist die Bewegungsfolge, bei der der Körper aus stehender Körperhaltung auf eine Sitzfläche niedergelassen, der Oberkörper zurückgelehnt, damit eine Sitzposition eingenommen und aus der Sitzposition später wieder in stehende Körperhaltung zurückgebracht wird. Sie beginnt mit dem Hinlangen zum Arbeitssitz und endet mit dem Loslassen des Arbeitssitzes beim Aufstehen.

Die Kodierung ist:

Die Einflussgröße »Art des Sitzplatzes« ist wie folgt abgegrenzt:

1. KSN: Normaler Sitzplatz (Arbeitshöhe ca. 80 cm, so dass nur im Sitzen gearbeitet wird)
2. KSS: Sitz-Stehplatz (Arbeitshöhe > 100 cm, so dass wechselweise im Sitzen und im Stehen gearbeitet werden kann)

5.2.3 Anwendungsbeispiel

Die bei den Standard-Daten verwendete Analysiertechnik ist die Prozessbaustein-analyse (Form B), wie sie im Abschnitt 4.4 erläutert wurde.

Abbildung III-107

Beschreibung des Arbeitssystems als verknüpftes Element in TiCon®

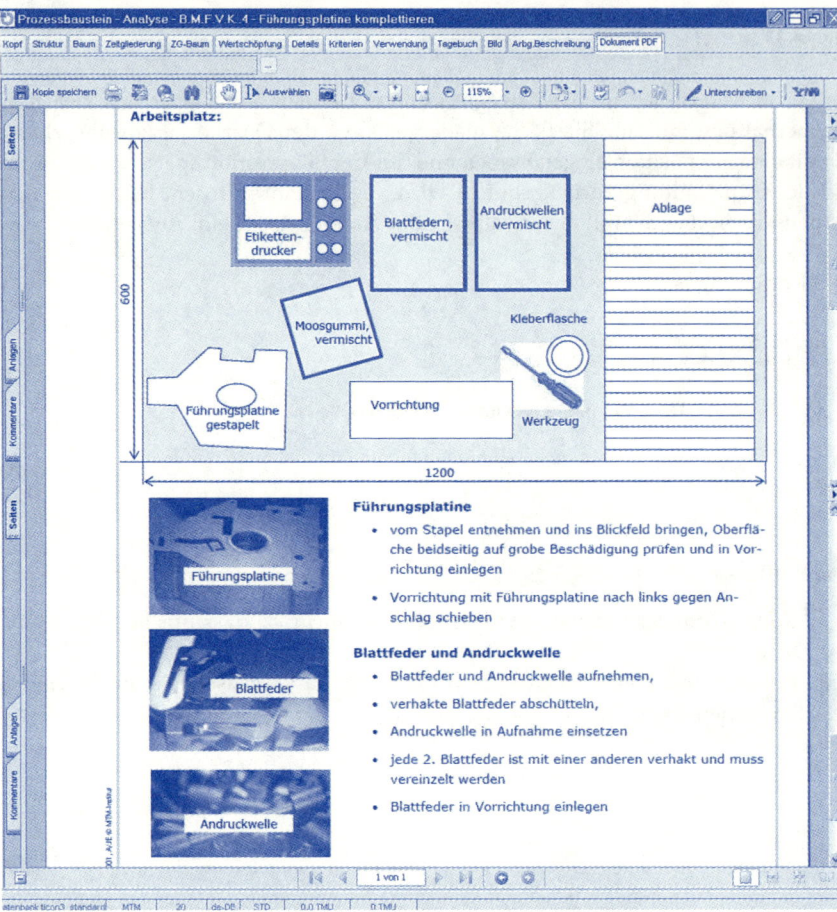

Abbildung III-108

Zeitanalyse mit Standard-Daten unter TiCon®: Ermittlung der Sollzeit für den Prozessbaustein Nr. 1 aus Abbildung III-100

Prozessbaustein - Analyse - A.M.KP.01..4 - Platine prüfen und in Vorrichtung positionieren

Kopf | Struktur | Baum | Zeitgliederung | ZG-Baum | Wertschöpfung | Details | Verwendung | Tagebuch | Zusatztext

Kode:	A.M.KP.01..4
Beschreibung:	Platine prüfen und in Vorrichtung positionieren
Art:	Ausführung [E]	Status:	Freigegeben für Prüfer [3]
Beginn:	mit dem Hinlangen zur Platine
Inhalt:	Platine vom Stapel aufnehmen und ins Blickfeld bringen, Unter- und Oberseite auf Beschädigung prüfen, Platine in Vorrichtung setzen und nach links gegen Anschlag schieben
Ende:	nach dem Loslassen der Platine
Begrenzung:	
Wertschöpfg.:	

Zeiten
tg	137	TMU
tv	0	TMU
trg	0	TMU

Prozessbaustein - Analyse - A.M.KP.01..4 - Platine prüfen und in Vorrichtung positionieren

Kopf | Struktur | Baum | Zeitgliederung | ZG-Baum | Wertschöpfung | Details | Verwendung | Tagebuch | Zusatztext

Nr.	Beschreibung	Kode	Index	Variante	Faktor	tg	tg gesamt	trg	trg gesamt	Wertschöpfung
1	Platine	AME15			1 * 1,0	14,0	14,0	0,0	0,0	
2	ins Blickfeld	FUE15			1 * 1,0	9,0	9,0	0,0	0,0	
3	Unterseite prüfen	GBP			4 * 1,0	7,0	28,0	0,0	0,0	
4	von Blickfeld zu Blickfeld	GBV			1 * 3,0	4,0	12,0	0,0	0,0	
5	Platine wenden	GNV			1 * 1,0	6,0	6,0	0,0	0,0	
6	Oberseite prüfen	GBP			4 * 1,0	7,0	28,0	0,0	0,0	
7	von Blickfeld zu Blickfeld	GBV			1 * 3,0	4,0	12,0	0,0	0,0	
8	Platine in Vorrichtung	PLE15			1 * 1,0	16,0	16,0	0,0	0,0	
9	ausrichten	GDK			1 * 1,0	4,0	4,0	0,0	0,0	
10	Sichtbehinderung	GNV			1 * 1,0	6,0	6,0	0,0	0,0	
11	Platine gegen Anschlag schieben	PUZ02			1 * 1,0	2,0	2,0	0,0	0,0	
						0,0	0,0	0,0	0,0	
							137,0		**0,0**	

Abbildung III-109

Ergebnis der Zeitanalyse mit Standard-Daten unter TiCon®: Zusammenstellung der Prozessbausteine

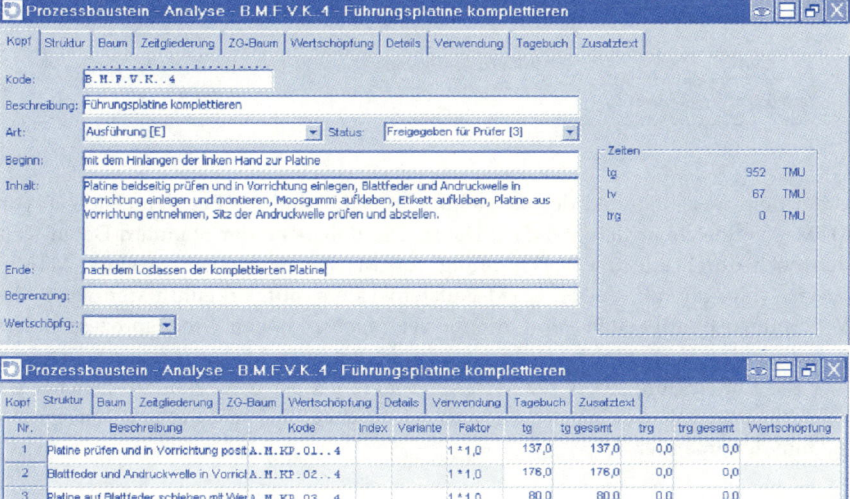

Prozessbaustein - Analyse - B.M.F.V.K..4 - Führungsplatine komplettieren

Kopf | Struktur | Baum | Zeitgliederung | ZG-Baum | Wertschöpfung | Details | Verwendung | Tagebuch | Zusatztext

Kode:	B.M.F.V.K..4
Beschreibung:	Führungsplatine komplettieren
Art:	Ausführung [E]	Status:	Freigegeben für Prüfer [3]
Beginn:	mit dem Hinlangen der linken Hand zur Platine
Inhalt:	Platine beidseitig prüfen und in Vorrichtung einlegen, Blattfeder und Andruckwelle in Vorrichtung einlegen und montieren, Moosgummi aufkleben, Etikett aufkleben, Platine aus Vorrichtung entnehmen, Sitz der Andruckwelle prüfen und abstellen.
Ende:	nach dem Loslassen der komplettierten Platine
Begrenzung:	
Wertschöpfg.:	

Zeiten
tg	952	TMU
tv	67	TMU
trg	0	TMU

Prozessbaustein - Analyse - B.M.F.V.K..4 - Führungsplatine komplettieren

Kopf | Struktur | Baum | Zeitgliederung | ZG-Baum | Wertschöpfung | Details | Verwendung | Tagebuch | Zusatztext

Nr.	Beschreibung	Kode	Index	Variante	Faktor	tg	tg gesamt	trg	trg gesamt	Wertschöpfung
1	Platine prüfen und in Vorrichtung posit	A.M.KP.01..4			1 * 1,0	137,0	137,0	0,0	0,0	
2	Blattfeder und Andruckwelle in Vorrich	A.M.KP.02..4			1 * 1,0	176,0	176,0	0,0	0,0	
3	Platine auf Blattfeder schieben mit Wer	A.M.KP.03..4			1 * 1,0	80,0	80,0	0,0	0,0	
4	Andruckwelle in Blattfeder schieben	A.M.KP.04..4			1 * 1,0	38,0	38,0	0,0	0,0	
5	Kleber auftragen und Moosgummi aufk	A.M.KP.05..4			1 * 1,0	233,0	233,0	0,0	0,0	
6	Etikett ausdrucken und aufkleben	A.M.KP.06..4			1 * 1,0	194,0	194,0	0,0	0,0	
7	Platine prüfen und ablegen	A.M.KP.08..4			1 * 1,0	94,0	94,0	0,0	0,0	
						0,0	0,0	0,0	0,0	
							952,0		**0,0**	

5.3 MTM-2

5.3.1 Grundsachverhalte

Im Abschnitt 2.5 wurde ein erster Eindruck vermittelt, welche Vereinfachungen bei MTM-2 gegenüber MTM-1 bestehen[129] und welche Prozessbausteine bei diesem MTM-Bausteinsystem vorliegen. Abbildung III-110 sind die Prozessbausteine von MTM-2 zu entnehmen.

Abbildung III-110

Übersicht zu den Bewegungsfolgen bei MTM-2

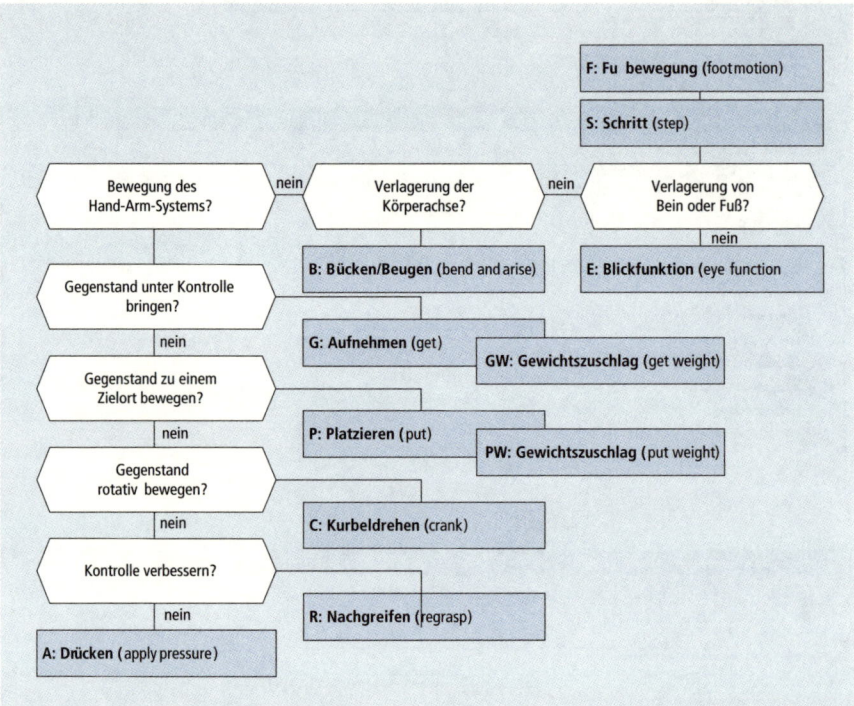

Unter dem Gesichtspunkt der Bausteinkomplexität sind die Bewegungsfolgen von MTM-2 vergleichbar den Standard-Daten. Die Bausteine der Standard-Daten werden noch durch additive Verknüpfung von MTM-1-Bausteinen gebildet. MTM-2 basiert dagegen als erstes MTM-Bausteinsystem auf Erkenntnissen über die Vorkommenshäufigkeiten von Grundbewegungen in realen Arbeitsprozessen. Die Kenntnis der Vorkommens-Wahrscheinlichkeiten von MTM-1-Prozessbausteinen war die Entwicklungsbasis für MTM-2. Anders als bei den Standard-Daten wird aber die Prozessbausteinanalyse (Form A) durchgeführt. Es werden Bewegungsabläufe dokumentiert.[130]

---

[129] Vgl. Evans, F.: MTM-2 Based Maintenance Work-Measurement. Basic concepts and mathematical models. London: United Kingdom MTM-Association, 1969. Appelgren, L.; Magnusson, K.-E.; Skargard, K.: The MTM-2 Project. A report of the international applied Research Project MTM-2. London: International MTM Directorate, 1971. Hanft, K. K.: Das MTM-2-System. In: Zeitschrift für wirtschaftliche Fertigung, 3. Jg., 1965.

[130] Vgl. Böhmer, K. F.: Instandhaltungsdaten auf MTM-2-Basis. In: REFA-Nachrichten, 27. Jg., 1974, S. 199–210.

Abbildung III-111.1

MTM-2-Datenkarte,
Außenseite

MTM-Institut
Eichenallee 11, 15738 Zeuthen
Telefon: 033762 / 20 66 31
Telefax: 033762 / 20 66 40
eMail: institut@dmtm.com

MTM-2

	Zeiteinheiten		
TMU	sek	min	h
1	0,036	0,0006	0,00001

Der Gebrauch dieser Tabellenwerte führt ohne gründliche
Ausbildung in MTM-1 und MTM-2 zu falschen Ergebnissen

2006 © MTM-Institut
Urheberrechtlich geschützt! – Nachdruck verboten!

Abbildung III-111.2

MTM-2-Datenkarte
Innenseite
(untere Abbildung)

Bewegungslänge in cm	0 bis ≤5	>5 bis ≤15	>15 bis ≤30	>30 bis ≤45	>45
Bewegungslänge in **Inch**	0 bis ≤2	>2 bis ≤6	>6 bis ≤12	>12 bis ≤18	>18
Entfernungsbereich (EB)	**05**	**15**	**30**	**45**	**80**
EB	**GA**	**GB**	**GC**	**PA**	**PB**	**PC**
05	3	7	14	3	10	21
15	6	10	19	6	15	26
30	9	14	23	11	19	30
45	13	18	27	15	24	36
80	17	23	32	20	30	41

GW: 1 TMU pro 1 daN/2 lbs		PW: 1 TMU pro 5 daN/10 lbs	
R	**A**	**C**	**E**	**S**	**F**	**B**
6	14	15	7	18	9	61

Bewegungsfolge	Beschreibung	Kode
Grund-zyklus	Aufnehmen (Get)	Berührungsgriff	GA
		eine Greifbewegung	GB
		mehr als 1 Greifbewegung	GC
		Kraftaufwand (1 TMU pro 1 daN)	GW
	Platzieren (Put)	keine Korrekturbewegungen	PA
		eine Korrekturbewegung	PB
		mehr als 1 Korrekturbewegung	PC
		Kraftaufwand (1 TMU pro 5 daN)	PW
weitere	Nachgreifen (Regrasp)	R
	Drücken (Apply pressure)	A
	Kurbeldrehen (Crank)	C
	Blickfunktion (Eye activity)	E
	Schritt (Step)	S
	Fußbewegung (Foot motion)	F
	Beugen incl. Aufrichten (Bend and arise)	B

Gleichzeitige Bewegungen beim Aufnehmen und Platzieren

	gleichzeitig ausführbar
X	mit Übung gleichzeitig ausführbar
O	schwierig

Bewegungsfolge		Aufnehmen (Get)			Platzieren (Put)		
	Fall	GA	GB	GC	PA	PB	PC
Aufnehmen (Get)	GA					X	X
	GB					X	O
	GC			O	X	O	O
Platzieren (Put)	PA			X		X	X
	PB	X	X	O	X	O*	O
	PC	X	O	O	X	O	O

O* PB – Bewegungen sind gleichzeitig möglich, wenn sie innerhalb des
normalen Blickfeldes und mit Übung ausgeführt werden.

Den Abbildungen III-111.1 und 111.2 ist die Normzeitwertkarte von MTM-2 zu entnehmen. Der mittlere Zeitwert beträgt 15 TMU.

MTM-2 ist wie folgt definiert:

> *MTM-2* ist ein MTM-Bausteinsystem auf der hierarchischen Ebene der Bewegungsfolgen und zur Modellierung von Prozessen konzipiert, die durch den Prozesstyp 2 repräsentiert werden. Es besteht aus Bewegungsfolgen-Bausteinen, denen in Abhängigkeit von Zeiteinflussgrößen MTM-Normzeitwerte zugeordnet sind.

In Abbildung III-112 wird das Kodierungsschema bei MTM-2 angeführt.

Abbildung III-112

Kodestruktur bei
MTM-2

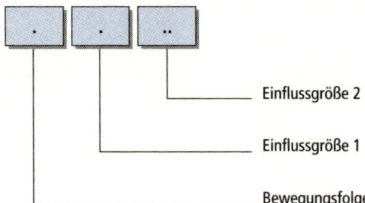

5.3.2 Bewegungsfolgen von MTM-2

Aufnehmen ist die Bewegungsfolge, bei der mit den Fingern oder der Hand ein oder mehrere Gegenstände unter Kontrolle gebracht und diese später wieder aufgegeben wird. Die Bewegungsfolge beginnt mit einem Hinlangen und endet mit einem Loslassen.≤

Die Kodierung und die darin berücksichtigten Zeiteinflussgrößen sind:

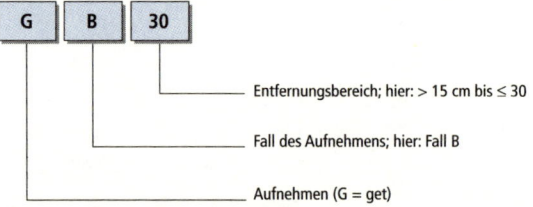

Die Einflussgröße »Fall des Aufnehmens« ist wie folgt nach drei Fällen des Greifens gestuft:

1. Fall A: Kontaktgriff G5 oder verlegen einer Hand R-E
2. Fall B: Zufassungsgriff G1A
3. Fall C: Ankantgriff G1B, Abrollgriff G1C oder Auswählgriff G4

Ein Schöpfgriff bzw. ein Stapelgriff sowie vorsichtiges Aufnehmen werden als GC analysiert. Einem Aufnehmen Fall GC folgt nur selten ein Nachgreifen R, z. B. wenn abgezählt Muttern aufgenommen werden[131]. Das Verlegen einer Hand in eine unbestimmte Lage (Fall R-E bei MTM-1) wird als GA analysiert.

---

131 In diesem Fall würde man analysieren: GC30 [1. Mutter] + R [in Handmitte] + GC5 [2. Mutter].

Die Einflussgröße »Entfernungsbereich« ist, wie Abbildung III-102 zu entnehmen, in fünf Klassen gestuft. Die Entfernungen werden, anders als bei den SD, als obere Grenzwerte der Entfernungsbereiche ausgewiesen. Die Bewegungslänge wird in Form einer Bewegungsbahn durch Schätzen bestimmt und dem entsprechenden Entfernungsbereich zugeordnet.

Es gibt zwei Anwendungsregeln:

MTM-2 / Regel 1	Ein dem Greifen vorausgehendes Drehen der Hand wird als separates Aufnehmen »GA« analysiert.

MTM-2 / Regel 2	Das Übergeben eines Gegenstandes in die andere Hand wird als GB05 analysiert.

Nr.	Bezeichnung	A	H	Kode	TMU	Kode	A	H	Bezeichnung
	Teil			GB30	14				
				PA30	11	(G--)			
					7	GB05			Teil übernehmen
					11	PA30			

Der »*Kraftaufwand beim Aufnehmen*« wird als eigenständige »Bewegungsfolge« dokumentiert und steht für den Kraftaufbau, um ein zu bewegendes Gegenstandsgewicht oder einen zu überwindenden Widerstand unter Kontrolle zu bringen. Die Bewegungsfolge beginnt nach dem Ende des Greifens und endet, wenn die erlangte Kontrolle ausreicht, um mit dem folgenden Platzieren zu beginnen.

Die Kodierung und die darin berücksichtigten Zeiteinflussgrößen sind:

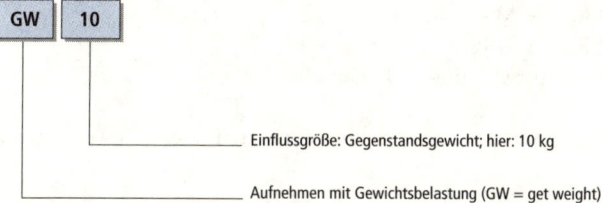

Beim Tragen von Lasten entspricht der Kraftaufwand (in daN) betragsmäßig der Gewicht (in kg). Beim Schieben wird der Kraftaufwand als Produkt aus Gewicht und Reibungskoeffizienten m (üblich: m = 0,4) bestimmt.

Es gibt drei Anwendungsregeln:

MTM-2 / Regel 3	Gewichte bzw. Kraftaufwand werden nur dann analysiert, wenn sie pro Hand 2 kg bzw. 2 daN überschreiten.

Mit einer Hand einen Gegenstand von 3 kg Gewicht aufnehmen.

Nr.	Bezeichnung	A	H	Kode	TMU	Kode	A	H	Bezeichnung
					3	GW3			

Mit einer Hand einen Gegenstand von 6 kg Gewicht aufnehmen.

Nr.	Bezeichnung	A	H	Kode	TMU	Kode	A	H	Bezeichnung
					6	GW6			

MTM-2 / Regel 4	Bei Gewichten bzw. beim Kraftaufwand wird auf volle kg bzw. auf volle daN aufgerundet.

MTM-2 / Regel 5	Bei beidhändig aufzunehmenden Gegenständen wird in der Kodierung auf beidhändige Ausführungsweise hingewiesen, indem »../2« angegeben und der Kraftaufwand in daN für das halbe Gewicht bestimmt wird.

Mit einer Hand einen Gegenstand von 3 kg Gewicht aufnehmen.

Nr.	Bezeichnung	A	H	Kode	TMU	Kode	A	H	Bezeichnung
				GB30	14	GB30			
				GW7/2	4	GW7/2			

Platzieren ist die Bewegungsfolge, bei der ein oder mehrere bereits unter Kontrolle befindliche Gegenstände zu einem Zielort gebracht werden. Die Bewegungsfolge beginnt, wenn sich der Gegenstand unter Kontrolle befindet und endet, wenn er sich am Zielort befindet und die Kontrolle noch ausgeübt wird.

Die Kodierung und die darin berücksichtigten Zeiteinflussgrößen sind:≤

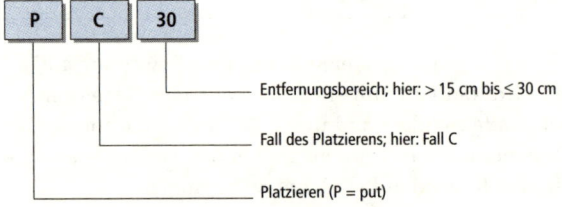

Entfernungsbereich; hier: > 15 cm bis ≤ 30 cm

Fall des Platzierens; hier: Fall C

Platzieren (P = put)

Die Einflussgröße »Fall des Platzierens« ist wie folgt nach drei Fällen beschrieben:

1. Fall A: Bringen Fall M – A, M – B, M – C
2. Fall B: Bringen und Fügen P1SE
3. Fall C: Bringen und ein aufwändigeres Fügen als P1SE

Für die Einflussgröße »Entfernungsbereich« gelten sinngemäß die zum Aufnehmen angeführten Hinweise.

Wird eine Hand als Werkzeug verwendet oder ein Gegenstand mit Hilfe eines Werkzeuges erfasst, wird das als Platzieren analysiert.

Es gibt eine Anwendungsregel:

MTM-2 / Regel 6	Ist die Einfügetiefe beim Platzieren der Fälle PB und PC größer als 25 mm, wird die darüber hinausgehende, zusätzliche Bewegungslänge durch das Analysieren eines zusätzlichen Platzierens entsprechend der geforderten Genauigkeit berücksichtigt.

Eine Schiebelehre in eine 10 cm tiefe Aufnahmehülle schieben.

Nr.	Bezeichnung	A	H	Kode	TMU	Kode	A	H	Bezeichnung
	Schiebelehre			GB30	14	GB30			Hülle
	zur Hülle			PB15	15				
	in die Hülle			PA15	6				

Der »*Kraftaufwand beim Platzieren*« wird als eigenständige Bewegungsfolge dokumentiert. Er steht für das Aufrechterhalten muskulärer Kraft, um das Gegenstandsgewicht oder einen zu überwindenden Widerstand beim Bewegen eines Gegenstandes unter Kontrolle zu halten. Die Bewegungsfolge beginnt mit dem Bringen und endet nach dem Bringen bzw. dem Fügen.

Die Kodierung und die darin berücksichtigten Zeiteinflussgrößen sind:

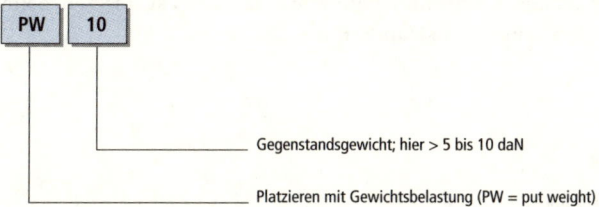

Der Zeitwert für den Kraftaufwand > 2 bis 5 daN beträgt 1 TMU und wird mit PW5 kodiert, für Kraftaufwand > 5 bis 10 daN beträgt der Zeitwert 2 TMU und wird mit PW10 kodiert usw.

Es gibt drei Anwendungsregeln:

MTM-2 / Regel 7	Gewichte bzw. Kraftaufwendungen werden nur dann analysiert, wenn sie pro Hand 2 kg bzw. 2 daN überschreiten.

Mit einer Hand einen Gegenstand von 3 kg Gewicht platzieren.								
Nr.	Bezeichnung	A	H	Kode	TMU	Kode	A	H	Bezeichnung
					1	PW5			

Mit einer Hand einen Gegenstand von 6 kg Gewicht platzieren.								
Nr.	Bezeichnung	A	H	Kode	TMU	Kode	A	H	Bezeichnung
					2	PW10			

MTM-2 / Regel 8	Bei Gewichten bzw. Kraftaufwendungen wird auf volle kg bzw. daN aufgerundet.

MTM-2 / Regel 9	Bei durch beide Hände zu platzierende Gegenstände wird in der Kodierung auf beidhändige Ausführungsweise hingewiesen (»../2«) und der Kraftaufwand in daN für das halbe Gewicht bestimmt.

Mit beiden Händen einen 7 kg schweren Gegenstand mit beiden Händen aufnehmen und platzieren.								
Nr.	Bezeichnung	A	H	Kode	TMU	Kode	A	H	Bezeichnung
				GB30	14	GB30			
				GW7/2	4	GW7/2			
				PC30	30	PC30			
				PW10/2	1	PW10/2			

Im Allgemeinen werden ein GW im Zusammenhang mit einem Aufnehmen und ein PW mit einem Platzieren analysiert. Im Ausnahmefall kann GW auch im Zusammenhang mit einem Platzieren analysiert werden.[132]

Nachgreifen ist die Bewegungsfolge, bei der eine notwendige Verbesserung der muskulären Kontrolle über einen Gegenstand erreicht wird. Die Bewegungsfolge beginnt damit, dass sich der Gegenstand unter Kontrolle befindet und endet, wenn sich die Finger an einem neuen Griffpunkt befinden. Das Fingerversetzen beim Drücken ist kein Nachgreifen, sondern Bestandteil des Drückens.

Die Kodierung ist:

Drücken ist die Bewegungsfolge, bei der durch die Finger, die Hand, seltener auch durch andere Körperteile, ohne nennenswerte räumliche Bewegung, Kraft auf einen Gegenstand ausgeübt wird. Die Bewegungsfolge beginnt damit, dass ein Kontakt zum betreffenden Gegenstand gehalten und endet nach dem Kraftaufbau, wenn noch immer Kontakt zu ihm gehalten wird.

Die Kodierung ist:

Die Bewegungslänge ist beim Drücken auf 6 mm begrenzt. Das Drücken enthält nur eine minimale Reaktionszeit. Längeres Verharren und Halten müssen gesondert analysiert werden. Mit der Bewegungsfolge Drücken werden auch Trennvorgänge beschrieben.

Kurbeldrehen ist die Bewegungsfolge, bei der kreisförmige Bringbewegungen ausgeführt werden. Die Bewegungsfolge beginnt damit, dass sich der Gegenstand unter Kontrolle befindet und endet damit, dass eine Umdrehung ausgeführt ist.

Die Kodierung ist:

---

132 Beispielsweise sei eine Schraube mit einem Gabelschlüssel anzuziehen. Dazu ist beim Anziehen ein Kraftaufwand von 4 daN erforderlich. Die Analyse lautet dann: GB30 [Gabelschlüssel] + PC30 [an Schraube ansetzen] + GW4 [Kraftaufwand 4 daN] + PA15 [anziehen] + PW5 [Kraftaufwand 4 daN].

Es gibt drei Anwendungsregeln:

MTM-2 / Regel 10	Teilumdrehungen werden aufgerundet.

MTM-2 / Regel 11	Die Regeln bei GW und PW gelten sinngemäß. GW wird bei kontinuierlichem Kurbeldrehen einmal, bei unterbrochenem Kurbeldrehen nach der Anzahl Umdrehungen analysiert.

MTM-2 / Regel 12	Treten am Ende von Kurbeldrehungen Korrekturbewegungen auf, wird zusätzlich ein entsprechendes Platzieren analysiert.

Blickfunktionen sind die Bewegungsfolgen, bei denen an einem Gegenstand ein binär ausgeprägtes Merkmal innerhalb des normalen Blickfeldes mit den Augen zu prüfen und auf Grund des Prüfergebnisses eine Entscheidung zu treffen ist. Die Bewegungsfolge beginnt nach dem Unterbrechen oder Beenden der vorhergehenden Bewegungsfolge. Sie beinhaltet entweder ein Blickverschieben von einem Blickpunkt zum anderen oder das Prüfen von Merkmalen im normalen Blickfeld. Die Bewegungsfolge endet mit dem Beginn der nächsten Bewegungsfolge.

Die Kodierung ist:

Blickfunktionen (E = eye function)

Eine Blickfunktion wird nur dann analysiert, wenn sie als selbständige, zeitdominante Bewegung auftritt, d. h. die Prüfentscheidung muss getroffen sein, bevor die nächste Bewegung auszuführen ist. Eine Blickfunktion E schließt das Lesen von bis zu 3 Ziffern, Zeichen oder Buchstaben ein. Der Kode wird in die rechte Kodespalte geschrieben.

Fußbewegung ist die Bewegungsfolge, bei der der Fuß nach oben oder nach unten abgekippt wird, mit dem Zehengelenk oder dem Knöchel als Drehachse oder eine Beinbewegung < 30 cm. Die Bewegungsfolge beginnt mit dem Fuß oder Bein in Ruhelage und endet, wenn sich der Fuß oder das Bein am Zielort befinden. Der Kode wird in die rechte Kodespalte geschrieben.

Die Kodierung ist:

Fußbewegung (F = foot motion)

Es gibt eine Anwendungsregel:

MTM-2 / Regel 13	Druckanwendung ist in der Fußbewegung nicht enthalten und wird als Drücken analysiert.

Schritt ist die Bewegungsfolge, bei der die Körperachse durch Ausführen einer Beinbewegung > 30 cm vorwärts oder rückwärts bewegt wird. Die Bewegungsfolge beginnt mit dem Bein in Ruhelage und endet, wenn sich das Bein am Zielort befindet. Der Kode wird in die rechte Kodespalte geschrieben.

Die Kodierung ist:

Es gibt eine Anwendungsregel:

MTM-2 / Regel 14	Die Anzahl Schritte wird danach bestimmt, wie oft der Fuß auf den Boden aufsetzt.

Bücken und Beugen ist die Bewegungsfolge, bei der durch Bewegungen des Rumpfes oder anderer Körperteile die Hände mindestens auf Kniehöhe gebracht werden sowie das spätere Aufrichten. Die Bewegungsfolge beginnt mit dem Beugen des Oberkörpers aus aufrechter Haltung und endet mit dem Körper in aufrechter Haltung. Der Kode wird in die rechte Kodespalte geschrieben.

Die Kodierung ist:

Es gibt zwei Anwendungsregeln:

MTM-2 / Regel 15	Knien auf beide Knie wird als Bücken und Beugen mit der Anzahl 2 analysiert.

MTM-2 / Regel 16	Setzen und Aufstehen wird auch als Bücken und Beugen analysiert. Die beim Setzen und Aufstehen erforderlichen weiteren Bewegungen (z.B. für das Heranziehen und Wegschieben des Stuhls) sind zusätzlich zu analysieren.

5.3.3 Gleichzeitige Bewegungsfolgen bei MTM-2

Abbildung III-113 ist zu entnehmen, welche (markierten) Bewegungsfolgen bei MTM-2 nicht gleichzeitig auszuführen sind.

Zu diesen Bewegungsfolgen gibt es drei Anwendungsregeln:

MTM-2 / Regel 17	Bei nicht gleichzeitig auszuführenden Bewegungsfolgen nach Abbildung III-104 wird für die zweite Hand ein zusätzlicher Interaktionsweg (Restbewegung) im Entfernungsbereich 05 angesetzt.

	Je Hand ein Bestückungselement exakt platzieren.								
Nr.	Bezeichnung	A	H	Kode	TMU	Kode	A	H	Bezeichnung
	1. Teil			PC45	36	(P--)			
					21	PC05			Restweg 2. Teil

MTM-2 / Regel 18	Im Anschluss an Körperbewegungen werden Aufnehmen und Platzieren der Fälle GA., GB. und PA als nicht zeitwirksame Bewegungen in runde Klammern gesetzt dokumentiert. Die Fälle GC. PB. und PC werden mit einem Interaktionsweg im Entfernungsbereich 05 analysiert.

	Hammer vom Fußboden aufnehmen und auf der Werkbank ablegen								
Nr.	Bezeichnung	A	H	Kode	TMU	Kode	A	H	Bezeichnung
					61	B			zum Hammer
						(GB45)			Hammer
					3	PA05			anheben
						(PA30)			ablegen

	Vier Schritte zu einem Behälter mit Schrauben gehen, mit jeder Hand eine Schraube aufnehmen und an der Montagestelle an ein Gewinde ansetzen.								
Nr.	Bezeichnung	A	H	Kode	TMU	Kode	A	H	Bezeichnung
					72	S	4		zum Behälter
					14	GC05			zur Schraube
	zur Schraube			GC05	14				
	aus Behälter			PA05	3	PA05			aus Behälter
					36	S	2		Zur Montagestelle
	an Gewinde			PC05	21				
					21	PC05			an Gewinde

MTM-2 / Regel 19	Kraftaufwand beim Aufnehmen GW kann nicht als kombinierte Bewegungsfolge auftreten und ist deshalb stets als zeitwirksam zu analysieren.

Abbildung III-113

Ausschnitt aus MTM-2-Datenkarte; gleichzeitig auszuführende Bewegungsfolgen und Ausführungsbedingungen

Gleichzeitige Bewegungen beim Aufnehmen und Platzieren

gleichzeitig ausführbar

X mit Übung gleichzeitig ausführbar

O schwierig

		Aufnehmen (Get)			Platzieren (Put)		
Bewegungsfolge	Fall	GA	GB	GC	PA	PB	PC
Aufnehmen (Get)	GA					X	X
	GB					X	O
	GC			O	X	O	O
Platzieren (Put)	PA			X		X	X
	PB	X	X	O	X	O*	O
	PC	X	O	O	X	O	O

O* PB – Bewegungen sind gleichzeitig möglich, wenn sie innerhalb des normalen Blickfeldes und mit Übung ausgeführt werden.

5.3.4 Anwendungsbeispiel

Die bei MTM-2 verwendete Analysiertechnik ist die Prozessbausteinanalyse (Form A), wie sie im Abschnitt 3.7 erläutert wurde.

Abbildung III-114

Abgrenzung und Beschreibung des Arbeitssystem als verknüpftes Dokument TiCon®

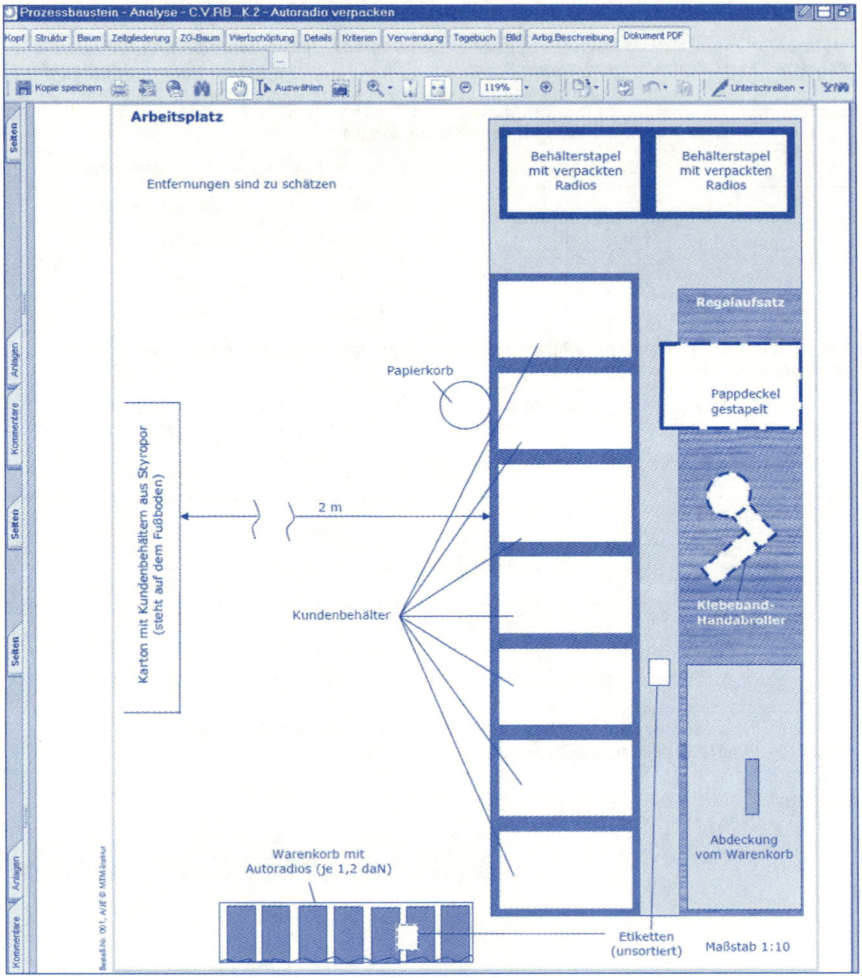

MTM-2 - Standard - B.V.RB.01..2 - Stapel Kundenbehälter holen

Kopf | Struktur | Zeitgliederung | ZG-Baum | Wertschöpfung | Details | Variablen | Dokumente | Verwendung | Tagebuch | Zusatztext

Kode: B.V.RB.01..2

Beschreibung: Stapel Kundenbehälter holen

Art: Ausführung [E]   Status: Freigegeben für Prüfer [3]

Beginn: mit dem Umdrehen und Gehen zum Karton mit Kundenbehältern

Inhalt: anteilig Bücken, als Stapel 7 Kundenbehälter aus dem Karton entnehmen,
sich umdrehen und zum Arbeitstisch gehen,
den Stapel Kundenbehälter auf dem Arbeitstisch abstellen

Ende: nach dem Loslassen des Stapels

Begrenzung:

Wertschöpfg.:

Zeiten
tg   237,7   TMU

MTM-2 - Standard - B.V.RB.01..2 - Stapel Kundenbehälter holen

Kopf | Struktur | Zeitgliederung | ZG-Baum | Wertschöpfung | Details | Variablen | Dokumente | Verwendung | Tagebuch | Zusatztext

Nr.	Beschreibung	A * H		Kode	TMU	Kode		A * H	Beschreibung	Zeit	2 O	E
1		1 * 1,0			90,0	S		5 * 1,0	zum Karton gehen	Rechts		
2		1 * 1,0			40,7	B		1 *2/3	Beugen inkl. Aufrichten	Rechts		
3	Stapel Behälter	1 * 1,0		GC5	14,0	GC5		1 * 1,0		Beide		
4	aus Karton	1 * 1,0		PA5	3,0	PA5		1 * 1,0		Beide		
5		1 * 1,0			90,0	S		5 * 1,0	zum Arbeitstisch	Rechts		
6	Stapel auf Arbeitstisch	1 * 1,0		(PA5)	0,0	(PA5)		1 * 1,0		Keine		
7		1 * 1,0			0,0			1 * 1,0		Keine		
					237,7							

MTM-2 - Standard - B.V.RB.10..2 - Etikett aufkleben

Kopf | Struktur | Zeitgliederung | ZG-Baum | Wertschöpfung | Details | Variablen | Dokumente | Verwendung | Tagebuch | Zusatztext

Kode: B.V.RB.10..2

Beschreibung: Etikett aufkleben

Art: Ausführung [E]   Status: Freigegeben für Prüfer [3]

Beginn: mit dem Hinlangen der linken Hand zum Etikett auf Tisch

Inhalt: Etikett mit Schutzfolie aufnehmen und in den Arbeitsbereich bringen, mit der rechten Hand
das Etikett greifen und abziehen, mit der linken Hand Schutzfolie abwerfen und danach das
Etikett mit beiden Händen auf Behälter kleben und glatt streichen

Ende: nach dem Loslassen des Etiketts

Begrenzung:

Wertschöpfg.:

Zeiten
lg   123,0   TMU

MTM-2 - Standard - B.V.RB.10..2 - Etikett aufkleben

Kopf | Struktur | Zeitgliederung | ZG-Baum | Wertschöpfung | Details | Variablen | Dokumente | Verwendung | Tagebuch | Zusatztext

Nr.	Beschreibung	A * H		Kode	TMU	Kode		A * H	Beschreibung	Zeit	2 O	E
1	Etikett mit Schutzfolie	1 * 1,0		GC30	23,0			1 * 1,0		Links		
2	in Arbeitsbereich	1 * 1,0		PA30	11,0			1 * 1,0		Links		
3		1 * 1,0			14,0	GC5		1 * 1,0	Etikett	Rechts		
4	Schutzfolie abwerfen	1 * 1,0		PR45	15,0	(PA5)		1 * 1,0	abziehen	Links		
5	Etikett	1 * 1,0		GB45	18,0			1 * 1,0		Links		
6	aufkleben	1 * 1,0		PC30	30,0	PC30		1 * 1,0	aufkleben	Beide		
7		1 * 1,0			12,0	PA5		4 * 1,0	glatt streichen	Rechts		
8		1 * 1,0			0,0			1 * 1,0		Keine		
					123,0							

Abbildung III-115

Zeitanalyse mit MTM-2 unter TiCon®: Ermittlung der Sollzeiten für die Prozessbausteine Nr. 1 und Nr. 10 in Abbildung IIII-116

Abbildung III-116

Ergebnis der Zeit-
analyse mit MTM-2
unter TiCon®:
Zusammenstellung der
Prozessbausteine

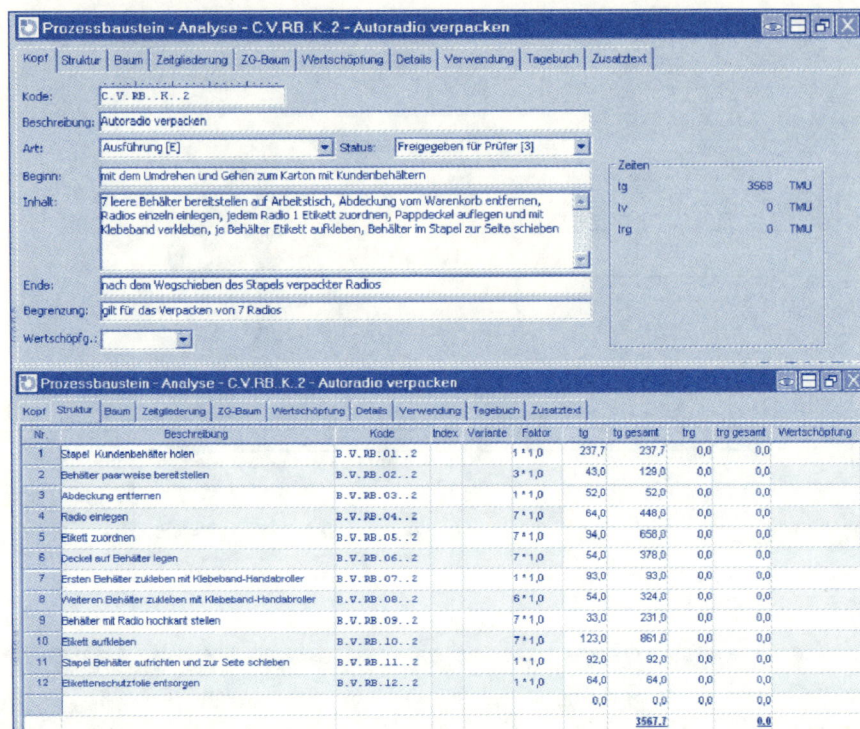

5.4 Sichtprüfen

5.4.1 Grundsachverhalte

Mit dem Sichtprüfen wurde ein Bausteinsystem entwickelt, das die Planung und zeitliche Bewertung[133] typischer industrieller Sichtprüfungen unter Verwendung optischer Hilfsmittel wie Lupen, Mikroskope, Monitore und Technoskope erlaubt[134].

Das Sichtprüfen wurde von der Projektgruppe »Prüfen« der Deutschen MTM-Vereinigung erarbeitet und 1992 veröffentlicht.[135] Es ist, analog MTM-1, unter dem Aspekt der Ablaufkomplexität auf der Ebene der Grundbewegungen und unter dem Aspekt der Prozesstypologie dem Prozesstyp 1 zugeordnet (vgl. Abbildung III-33). Der Prozesstyp 1 prägt sich bei Prüfaufgaben insbesondere durch zwei Eigenschaften des Arbeitssystems aus:

1. Gestalteter Prüfarbeitsplatz, zweckmäßiger Einsatz von Prüfmitteln (z. B. Lupe, Mikroskop, Monitor) sowie geeignete (z. B. in Bezug auf Sehschärfe und Akkomodationsfähigkeit) und eingearbeitete Mitarbeiter.
2. Detaillierte und eindeutige Prüfanweisungen, denen neben den Qualitätsmerkmalen (z. B. Fehlerart, Fehlerausmaß, zulässige Toleranz) auch das Vorgehen bei der Erfüllung der Prüfaufgabe und die zu fällenden Entscheidungen (z. B. sortieren nach Fehlerarten oder Korrektur eines Fehlers) zu entnehmen sind.

Die Prozessbausteine des Sichtprüfens basieren auf dem *WF-Mento-Grundverfahren*[136]. Die Validität des WF-Mento-Grundverfahrens wurde von Samli[137] untersucht und grundsätzlich bestätigt. Aus dem filigranen Datenmaterial des WF-Mento-Grundverfahrens wurden durch die Projektgruppe »Prüfen« nach den im Kapitel 7 erläuterten Prozessbaustein-Entwicklungsmethoden (z. B. Bildung komplexerer Prozessbausteine durch statistisch begründete Zusammenfassungen, Eliminierung von Zeiteinflussgrößen und Reduzierung ihrer Ausprägungen)[138] die in den Abbildungen III-117.1 und 117.2 dargestellten Prozessbausteine des Sichtprüfens entwickelt[139].

133 Vgl. Fechner, W., Heinz, K.: Zeitermittlung für das visuelle Prüfen und Kontrollieren. In: REFA-Nachrichten, 46. Jg., 1993, S. 10–18.
134 Die ergonomischen Grundlagen visueller Prüfaufgaben werden im Teil II, Kapitel 6.5.3 behandelt.
135 Der Projektgruppe »Prüfen« gehörten Vertreter folgender MTM-Mitgliedsfirmen und Institutionen an: BMW, Robert Bosch, IBM Deutschland, Kodak, Mahle, Mercedes-Benz, Stiebel-Eltron, Volkswagen sowie Work-Factor-Gemeinschaft und Universität Dortmund, Lehrstuhl für Fertigungsvorbereitung.
136 Das WF-Mento-Grundverfahren basiert auf Datenmaterialien der Work-Factor-Gemeinschaft und der Science Management Corporation, Moorestown, N.J. (USA). Vgl. Santen, A. F. van: Work-Factor Mento. Darmstadt: Work-Factor Gemeinschaft für Deutschland, 1973.
137 Vgl. Samli, S.: Arbeitswissenschaftliche Untersuchungen zum Work-Factor-Mento-Grundverfahren. Dissertation. Berlin: Technische Universität, 1987. Samli hat die unterschiedenen Prüfaufgaben, die verwendeten Zeiteinflussgrößen und die ausgewiesenen Zeitstandards als realistisch bestätigt und eine gute Übereinstimmung von analysierten WF-Mento-Zeiten und zur Kontrolle gemessenen Ist-Zeiten festgestellt.
138 Vgl. Fechner, W.: Ein objektorientiertes Konzept zur Planung mentaler Abläufe beim Prüfen und Kontrollieren, Dissertation, Universität Dortmund, 1993.
139 Mit Hilfe von Feldversuchen wurde bestätigt, dass die erarbeiteten vier Grundbausteine (gegenüber den 16 Grundbausteinen beim WF-Mento-Grundverfahren) genügen, um betriebliche Prüfabläufe zu beschreiben. Die Zeiteinflussgrößen der vier Grundbausteine entsprechen weitestgehend denen bei WF-Mento, die Anzahl der Ausprägungsstufen ist dagegen geringer als dort.

Prüffeldgröße bei 40 cm Sehabstand

Sehobjektgröße y (µm)	Quadrat, Schenkellänge (cm) Kontrast		Sehobjektgröße y (µm)	Quadrat, Schenkellänge (cm) Kontrast	
	gut	schlecht		gut	schlecht
0 ≤ y < 117	nicht sichtbar		293 ≤ y < 303	7,1	5,3
117 ≤ y < 120	2,7		303 ≤ y < 312	7,4	5,6
120 ≤ y < 122	3,0		312 ≤ y < 320	7,7	5,8
122 ≤ y < 125	3,3		320 ≤ y < 325	8,1	6,1
125 ≤ y < 128	3,7	nicht	325 ≤ y < 336	8,5	6,4
128 ≤ y < 131	4,3	sicht-	336 ≤ y < 344	9,0	6,8
131 ≤ y < 134	4,5	bar	344 ≤ y < 349	9,3	7,0
134 ≤ y < 139	4,7		349 ≤ y < 357	9,8	7,4
139 ≤ y < 157	5,0		357 ≤ y < 365	10,4	7,8
157 ≤ y < 211	5,2		365 ≤ y < 374	10,8	8,1
211 ≤ y < 229	5,4	4,1	374 ≤ y < 379	11,3	8,5
229 ≤ y < 245	5,6	4,2	379 ≤ y < 384	11,9	8,9
245 ≤ y < 266	5,9	4,4	384 ≤ y < 386	12,5	9,4
266 ≤ y < 277	6,2	4,7	386 ≤ y < 392	13,1	9,8
277 ≤ y < 285	6,5	4,9	392 ≤ y < 395	13,7	10,3
285 ≤ y < 293	6,7	5,0	395 ≤ y < 398	15,1	11,3
			y ≥ 398	18,4	13,8

Kontrastklassen

G = Guter Kontrast
S = Schlechter Kontrast

Nr.	Farbton	Farbnummer wie vertikal														
		1	2	3	4	5	6	7	8	9	10	11	12	13	14	15
1	violett	-	S	S	S	S	G	G	G	G	G	G	S	S	G	S
2	violett-blau	S	-	S	S	S	G	G	G	G	G	G	G	S	S	G
3	blau	S	S	-	S	S	G	G	G	G	G	G	G	S	S	G
4	blau-grün	S	S	S	-	S	S	G	G	G	G	G	G	S	S	G
5	grün	G	S	S	S	-	S	G	G	G	G	G	G	S	S	G
6	grün-gelb	G	G	G	S	S	-	S	G	G	G	G	G	G	G	G
7	gelb-grün	G	G	G	G	G	S	-	S	S	G	G	G	G	G	G
8	gelb	G	G	G	G	G	G	S	-	S	S	G	G	G	G	G
9	orange-gelb	G	G	G	G	G	G	S	S	-	S	S	G	G	G	G
10	orange	G	G	G	G	G	S	S	S	S	-	S	G	G	G	G
11	orange-rot	G	G	G	G	G	G	G	G	S	S	-	S	S	G	G
12	rot	S	S	S	S	G	G	G	G	G	G	S	-	S	G	G
13	rot-violett	S	S	S	S	S	G	G	G	G	G	S	S	-	G	G
14	weiß	G	G	G	G	G	G	S	S	G	G	G	S	G	-	G
15	schwarz	S	S	S	S	S	G	G	G	G	S	S	G	G	-

MTM-Institut
Eichenallee 11, 15738 Zeuthen
Telefon: 033 762 / 20 66 31
Telefax: 033 762 / 20 66 40
email: institut@dmtm.com

MTM-SICHTPRÜFEN

Zeiteinheiten

TMU	sek	min	h
1	0,036	0,000 6	0,000 01

Der Gebrauch dieser Tabelle führt ohne gründliche
Ausbildung in MTM-Sichtprüfen zu falschen Ergebnissen

Abbildung III-117.1
Datenkarte Sichtprüfen,
Außenseite

EINSTELLEN AUGEN — EA

Größter Sehabstand (cm) / Kleinster Sehabstand (cm)	Kode	TMU
1,02 < S ≤ 1,5	EA1	5,8
1,5 < S ≤ 2,0	EA2	8,4
S > 2,0	EA3	10,0

BLICK VERSCHIEBEN — BV

Abstand zwischen den Blickpunkten bei normalem Sehabstand (cm)	Kode	TMU
0 < A ≤ 7	BV1	0.8
7 < A ≤ 15	BV2	1.3
15 < A ≤ 29	BV3	2.3
A > 29	BV4	6.7

GRUPPIEREN SEHOBJEKTE — GS

Anordnung	Anzahl Sehobjekte	Kode	TMU
geordnet oder vertraut	1 - 2	GS0	0,0
	3 - 6	GS1	0,3
	7 - 9	GS2	0,7
	10 - 12	GS3	1,8
ungeordnet	3	GS4	1,8
	4 - 6	GS5	3,2
ungeordnet mit Umgebungseffekt	3	GS6	5,1
	4 - 6	GS7	8,3

MENTALE PROZESSE — MP

		Anzahl Aktionen			
		2	3 - 4	5 - 6	> 6
Fehlerhäufigkeit je Prüfintervall	Kode	1	2	3	4
		TMU			
0 % ≤ H ≤ 10 %	MPA.	3,9	4,7	5,7	6,5
10 % < H ≤ 25 %	MPB.	4,3	5,9	7,5	8,5
25 % < H ≤ 50 %	MPC.	5,3	7,5	10,1	11,7
50 % < H ≤ 100 %	MPD.	5,9	8,7	11,9	13,9
Ergänzungswert für Sehobjektgröße < 211 µm	MPE	0,6			

Abbildung III-117.2
Datenkarte Sichtprüfen,
Innenseite

Das Sichtprüfen ist wie folgt definiert:

Sichtprüfen ist ein MTM-Bausteinsystem auf der hierarchischen Ebene der Grundbewegungen und zur Modellierung von visuellen Prüfprozessen konzipiert, die durch den Prozesstyp 1 repräsentiert werden. Es besteht aus vier Grundbausteinen, denen in Abhängigkeit von Zeiteinflussgrößen MTM-Normzeitwerte zugeordnet sind.

Abbildung III-108 sind die Prozessbausteine und Normzeitwerte des Sichtprüfens zu entnehmen. Der mittlere Zeitwert beträgt ca. 6 TMU. Das Kodierungsprinzip wird bei der Erläuterung der Prozessbausteine dargelegt.

Der Grundbaustein »Mentale Prozesse« ist bei jedem Prüfintervall zu analysieren. Die Bausteine »Blick verschieben« und »Einstellen Augen« sind nur dann zu verwenden, wenn den mentalen Prozessen keine zeitbestimmenden manuellen Bewegungen oder Transportvorgänge vorausgehen. Pro Prüfintervall kann nur ein Grundbaustein, entweder »Blick verschieben« oder »Einstellen Augen«, zeitlich bewertet werden.

Der Prozessbaustein »Gruppieren Sehobjekte« wird nur verwendet, wenn einzelne Gruppen von Sehobjekten gedanklich vom restlichen Prüfgegenstand zu trennen und dann nicht einzelne Sehobjekte, sondern Sehobjektegruppen zu prüfen sind. Der folgenden Abbildung ist das Vorgehen bei der Anwendung des Bausteinsystems Sichtprüfen zu entnehmen.

1. Prüfaufgabe festlegen	Prüfaufgabe definieren bzw. Prüfanweisungen entnehmen. Dabei auch die Prüffolge festlegen, das ist die geplante Reihenfolge des Prüfens der Prüfgegenstände.	**Abbildung III-118** Vorgehen bei der Anwendung des Bausteinsystems Sichtprüfen
2. Prüffeldgröße bestimmen	2.1 Kleinste Sehobjektgröße, bezogen auf 40 cm Sehabstand, bestimmen. Werden Mitarbeiter in der Wahrnehmung des kleinsten Sehobjekts überfordert, sind Prüfmittel (z. B. Lupe, Mikroskop, Monitor) vorzusehen.	
	2.2 Prüffeldgröße in Abhängigkeit von ➤ Sehobjektgröße (vgl. Abbildung 119.1) und ➤ Kontrast (vgl. Abbildung 119.2) bestimmen. Den Prüfgegenstand in Prüffelder einteilen.	
3. Prüfintervalle bestimmen	3.1 Prüfen, ob in den abgegrenzten Prüffeldern mehrere Sehobjekte zu Sehobjektegruppen zusammenzufassen und diese in einem Prüfintervall (Prüfsequenz) zu prüfen sind. Ist das möglich, muss für jede Sehobjektgruppe (= Prüfintervall) entsprechend ➤ der Anzahl der Sehobjekte im Prüfintervall und ➤ der Anordnung der Sehobjekte im Prüfintervall ein Prozessbaustein »Gruppieren Sehobjekte« analysiert werden.	
	3.2 Anzahl Prüfintervalle bestimmen, um die Häufigkeiten für die Prozessbausteine »Mentale Prozesse«, »Blick verschieben« und »Einstellen Augen« bestimmen zu können. Dazu wird wie folgt entschieden: ➤ sind Sehobjekte gruppiert worden, entspricht die Anzahl der Sehobjektgruppen der Anzahl der Prüfintervalle, ➤ sind keine Sehobjekte gruppiert worden, entspricht die Anzahl der Prüffelder der Anzahl der Prüfintervalle.	
4. Prozessbausteine anwenden	4.1 Prozessbausteine »Blick verschieben« und »Einstellen Augen« analysieren.	
	4.2 Prozessbaustein »Mentale Prozesse« analysieren.	
	4.3 Sollzeit für die Prüfaufgabe ermitteln.	

Das Bausteinsystem Sichtprüfen dient einer dataillierten Betrachtung von Blickfunktionen und kann somit die entsprechenden Bausteine anderer MTM-Bausteinsysteme in der Anwendung ersetzen.

5.4.2 Bestimmung der Prüffeldgröße

Ein *Prüffeld* ist die Fläche, auf der eine Prüfaufgabe ohne Bewegung der Augen durchgeführt werden kann. Die Größe des Prüffeldes hängt von den Abmessungen des kleinsten wahrzunehmenden Sehobjektes und dem Kontrast ab. Prüfgegenstände (z. B. Oberfläche eines Gehäuses) werden in Prüffeldern unterteilt.

Die *Prüffeldgröße* wird mit Hilfe der Abbildung III-119.1 zu entnehmenden Tabelle bestimmt. Die Sehobjektgröße ist auf 40 cm Sehabstand zu normieren, wenn

- der Sehabstand deutlich geringer oder größer als 40 cm ist,
- die Form der Sehobjekte die Erkennbarkeit erschwert oder erleichtert,
- die Sehobjekte bewegt oder
- Vergrößerungseinrichtungen verwendet werden.

Der Kontrast entsteht durch unterschiedliche Leuchtdichten von Sehobjekt- und Hintergrundfläche. Er hängt primär von den Farben dieser beiden Flächen und deren Oberflächenstruktur ab.

Abbildung III-119.1

Bestimmung der Prüffeldgröße aus der normierten Sehobjektgröße und dem Kontrast

	Prüffeldgröße bei 40 cm Sehabstand				
Sehobjektgröße y (µm)	Quadrat, Schenkellänge (cm) Kontrast		Sehobjektgröße y (µm)	Quadrat, Schenkellänge (cm) Kontrast	
	gut	schlecht		gut	schlecht
0 ≤ y < 117	nicht sichtbar		293 ≤ y < 303	7,1	5,3
117 ≤ y < 120	2,7		303 ≤ y < 312	7,4	5,6
120 ≤ y < 122	3,0		312 ≤ y < 320	7,7	5,8
122 ≤ y < 125	3,3		320 ≤ y < 325	8,1	6,1
125 ≤ y < 128	3,7	nicht	325 ≤ y < 336	8,5	6,4
128 ≤ y < 131	4,3	sicht-	336 ≤ y < 344	9,0	6,8
131 ≤ y < 134	4,5	bar	344 ≤ y < 349	9,3	7,0
134 ≤ y < 139	4,7		349 ≤ y < 357	9,8	7,4
139 ≤ y < 157	5,0		357 ≤ y < 365	10,4	7,8
157 ≤ y < 211	5,2		365 ≤ y < 374	10,8	8,1
211 ≤ y < 229	5,4	4,1	374 ≤ y < 379	11,3	8,5
229 ≤ y < 245	5,6	4,2	379 ≤ y < 384	11,9	8,9
245 ≤ y < 266	5,9	4,4	384 ≤ y < 386	12,5	9,4
266 ≤ y < 277	6,2	4,7	386 ≤ y < 392	13,1	9,8
277 ≤ y < 285	6,5	4,9	392 ≤ y < 395	13,7	10,3
285 ≤ y < 293	6,7	5,0	395 ≤ y < 398	15,1	11,3

KONTRASTKLASSEN														G = Guter Kontrast	
														S = Schlechter Kontrast	

Nr.	Farbton	Farbnummer wie vertikal														
		1	2	3	4	5	6	7	8	9	10	11	12	13	14	15
1	violett	-	S	S	S	G	G	G	G	G	G	G	S	S	G	S
2	violett-blau	S	-	S	S	S	G	G	G	G	G	G	S	S	G	S
3	blau	S	S	-	S	S	G	G	G	G	G	G	S	S	G	S
4	blau-grün	S	S	S	-	S	S	G	G	G	G	G	S	S	G	S
5	grün	G	S	S	S	-	S	G	G	G	G	G	G	G	G	S
6	grün-gelb	G	G	G	S	S	-	S	G	G	G	G	G	G	G	S
7	gelb-grün	G	G	G	G	G	S	-	S	S	S	G	G	G	G	G
8	gelb	G	G	G	G	G	G	S	-	S	S	G	G	G	S	G
9	orange-gelb	G	G	G	G	G	G	S	S	-	S	S	G	G	G	G
10	orange	G	G	G	G	G	G	S	S	S	-	S	G	G	G	G
11	orange-rot	G	G	G	G	G	G	G	G	S	S	-	S	S	G	G
12	rot	S	S	S	S	G	G	G	G	G	G	S	-	S	G	S
13	rot-violett	S	S	S	S	G	G	G	G	G	G	S	S	-	G	S
14	weiß	G	G	G	G	G	G	G	S	G	G	G	G	G	-	G
15	schwarz	S	S	S	S	S	S	G	G	G	G	G	S	S	G	-

Abbildung III-119.2

Bestimmung der Prüffeldgröße aus der normierten Sehobjektgröße und der Kontrastklasse

Zur Bestimmung der Prüffeldgröße gelten fünf Anwendungsregeln:

Sichtprüfen Regel 1	Wird eine Vergrößerungseinrichtung verwendet (z.B. Mikroskop), so gilt: Sehobjektgröße = tatsächliche Sehobjektgröße x Vergrößerungsfaktor

Mikrochips unter einem Mikroskop bei 80-facher Vergrößerung Sichtprüfen. Die kleinste Sehobjektgröße beträgt 5 mm. Die Sehobjektgröße ist dann 5 mm x 80 = 400 mm.

Sichtprüfen Regel 2	Handelt es sich bei Sehobjekten um Linien, Buchstaben oder scharfkantige Konturen, wird die Sehobjektgröße bei 40 cm Sehabstand nach folgenden Formeln berechnet:

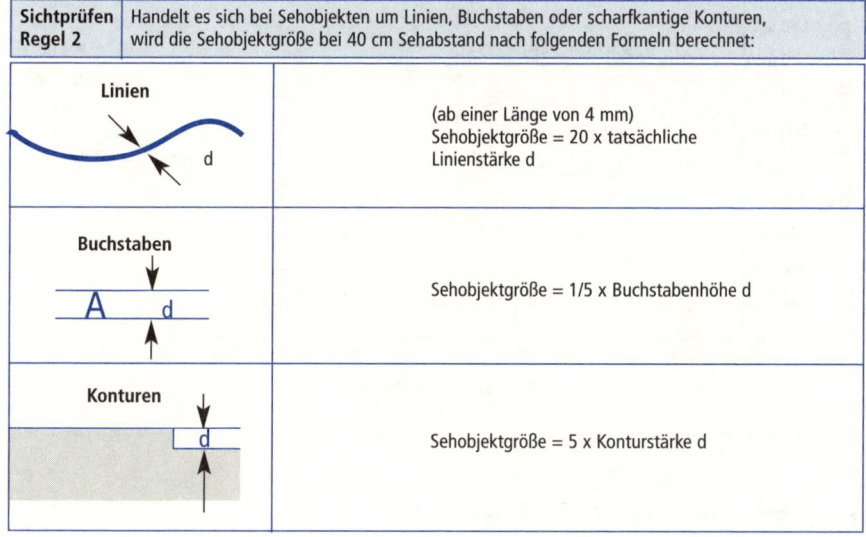

Linien

(ab einer Länge von 4 mm)
Sehobjektgröße = 20 x tatsächliche Linienstärke d

Buchstaben

Sehobjektgröße = 1/5 x Buchstabenhöhe d

Konturen

Sehobjektgröße = 5 x Konturstärke d

Sichtprüfen Regel 3	Beträgt der Sehabstand mehr als 40 cm (normaler Sehabstand), ist die Sehobjektgröße gemäß nachstehender Formel zu reduzieren: Sehobjektgröße = tatsächliche Sehobjektgröße $\times \dfrac{\text{normaler Sehabstand}}{\text{tatsächlicher Sehabstand}}$

Sichtprüfen Regel 4	Die in der Tabelle »Prüffeldgröße« angegebenen Werte beziehen sich auf den normalen Sehabstand von 40 cm. Wird, sofern die kleinste Sehobjektgröße das zulässt, ein größerer Sehabstand gewählt, so vergrößert sich die Prüffeldabmessung entsprechend.

Einen Gegenstand beim Sehabstand von 100 cm und einer Sehobjektgröße von 400 μm prüfen, der Kontrast ist gut.

1. Schritt: Sehobjektgröße bei normalem Sehabstand (40 cm) berechnen:

$$\text{Sehobjektgröße} = 400\ \mu m \cdot \frac{40\ cm}{100\ cm} = 160\ \mu m$$

2. Schritt: Ablesen der Prüffeldgröße bei normalem Sehabstand (40 cm):
Quadrat mit Schenkellängen = 5,2 cm aus Tabelle »Prüffeldgröße«

3. Schritt: Berechnen der Prüffeldgröße bei tatsächlichem Sehabstand:

$$\text{Schenkellänge} = 5,2\ cm \cdot \frac{40\ cm}{100\ cm} = 13,0\ cm$$

Sichtprüfen Regel 5	Bewegte Objekte sind für das menschliche Auge schwieriger zu erkennen als ruhende Objekte. Deshalb muss beim Prüfen bewegter Objekte die Prüffeldgröße entsprechend angepasst werden. Dazu ist die Sehobjektgröße, mit der die Prüffeldgröße bestimmt wird, dem folgenden Diagramm zu entnehmen:

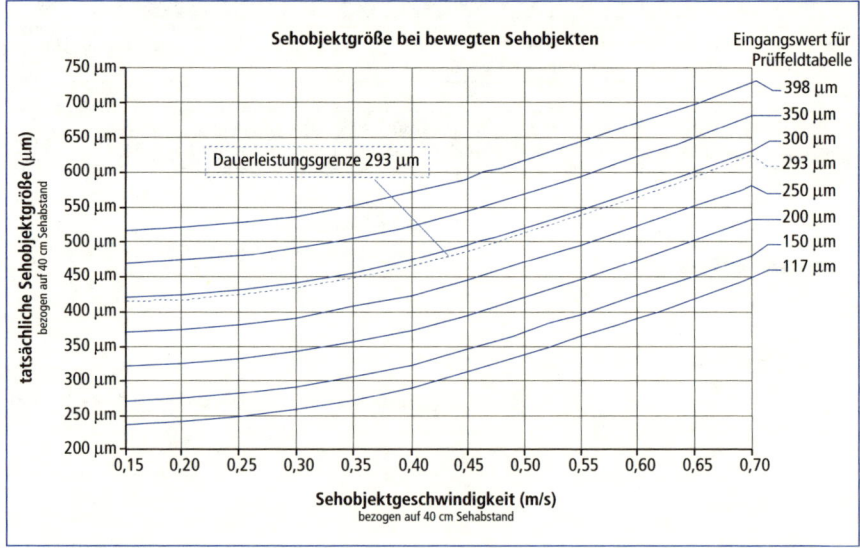

5.4.3 Bestimmung der Prüfintervalle

Die Prüfgegenstände sind in Prüffelder aufzuteilen – daraus ergibt sich die Anzahl benötigter Prüfintervalle. Als *Prüfintervall* wird ein einzelner Prüfvorgang in einer Prüffolge bezeichnet. In Abbildung III-120 wird ausgewiesen, dass die Anzahl Prüfintervalle

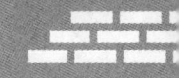

1. der Anzahl Prüffelder entspricht
2. der Anzahl Sehobjektgruppen entspricht

Als *Sehobjektgruppe* werden Sehobjekte bezeichnet, die in einem Prüfintervall gleichzeitig wahrzunehmen sind.

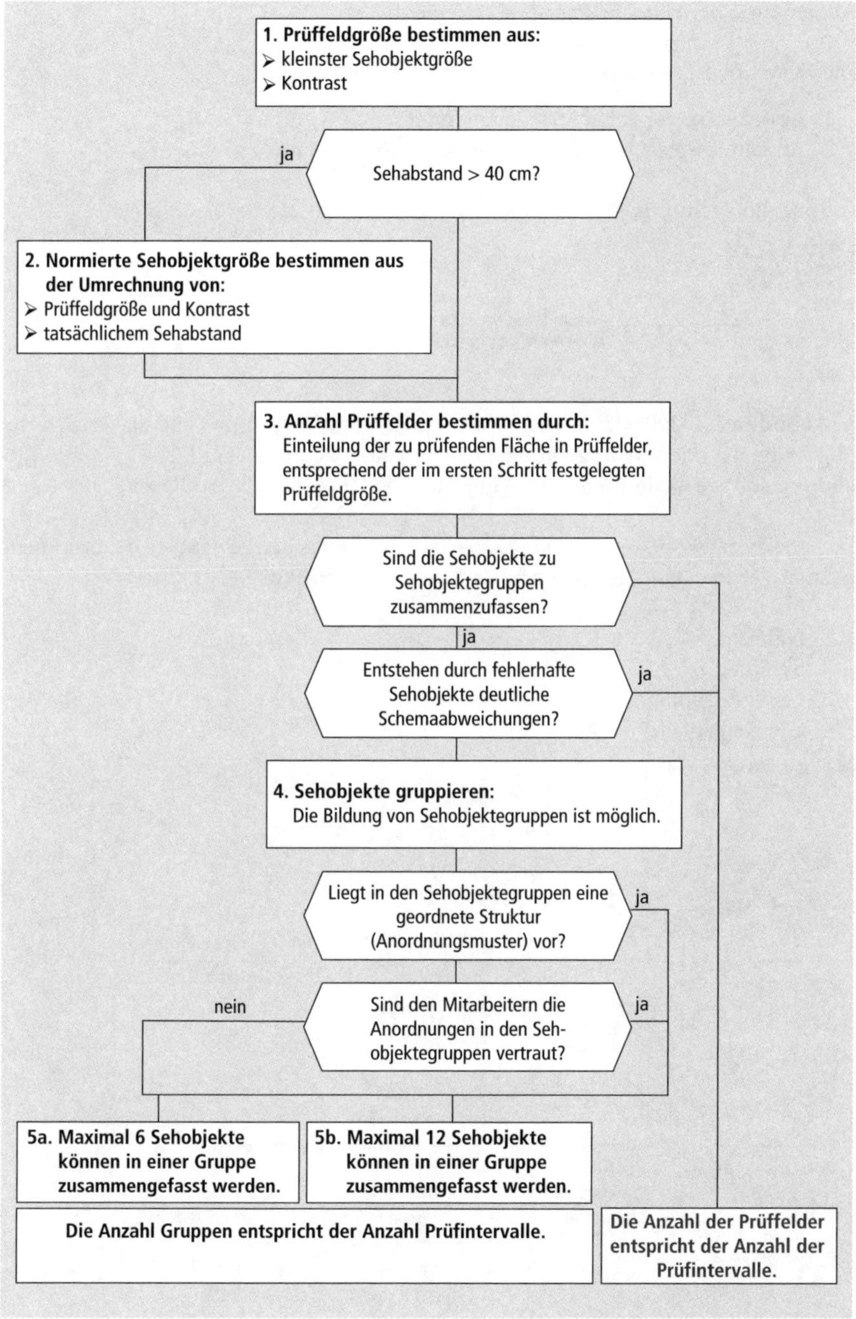

Abbildung III-120

Entscheidungsmodell zur Bestimmung der Anzahl Prüfintervalle

---

1. Prüffeldgröße bestimmen aus:
➤ kleinster Sehobjektgröße
➤ Kontrast

Sehabstand > 40 cm? — ja

2. Normierte Sehobjektgröße bestimmen aus der Umrechnung von:
➤ Prüffeldgröße und Kontrast
➤ tatsächlichem Sehabstand

3. Anzahl Prüffelder bestimmen durch:
Einteilung der zu prüfenden Fläche in Prüffelder, entsprechend der im ersten Schritt festgelegten Prüffeldgröße.

Sind die Sehobjekte zu Sehobjektegruppen zusammenzufassen? — ja

Entstehen durch fehlerhafte Sehobjekte deutliche Schemaabweichungen? — ja

4. Sehobjekte gruppieren:
Die Bildung von Sehobjektegruppen ist möglich.

Liegt in den Sehobjektegruppen eine geordnete Struktur (Anordnungsmuster) vor? — ja

Sind den Mitarbeitern die Anordnungen in den Sehobjektegruppen vertraut? — ja / nein

5a. Maximal 6 Sehobjekte können in einer Gruppe zusammengefasst werden.

5b. Maximal 12 Sehobjekte können in einer Gruppe zusammengefasst werden.

Die Anzahl Gruppen entspricht der Anzahl Prüfintervalle.

Die Anzahl der Prüffelder entspricht der Anzahl der Prüfintervalle.

5.4.4 Gruppieren Sehobjekte

Gruppieren Sehobjekte ist der Grundbaustein, bei dem innerhalb eines Prüffeldes Sehobjekte gedanklich so zu einem Bild zusammengefasst werden, dass sie gemeinsam in einem Prüfintervall zu prüfen sind. Der Beginn des Prozessbausteins ist durch den Start des gedanklichen Prozesses und das Ende durch die gedankliche Abgrenzung der Sehobjektegruppe festgelegt.

Die Zeiteinflussgrößen sind:

1. Anordnung der Sehobjekte zueinander
2. Anzahl Sehobjekte innerhalb der Sehobjektegruppe

Die auf dieser Einflussgrößenkonstellation basierende Kodierung lautet:

In Abbildung III-120 wurde angeführt, dass Sehobjektegruppen aus maximal sechs ungeordneten oder zwölf geordneten Sehobjekten zu bilden sind. Die folgende Abbildung soll die Taxierung von Sehobjekte-Anordnungen verdeutlichen.

Die »Ordnungskraft«, nach der Sehobjekte vom Menschen zu Gruppen zusammengefasst werden, hängt danach primär von vier Sehobjekteigenschaften ab:

1. Nähe,
2. Symmetrie,
3. Geschlossenheit,
4. Gleichartigkeit.

Abbildung III-121

Taxierung von
Sehobjekte-
Anordnungen

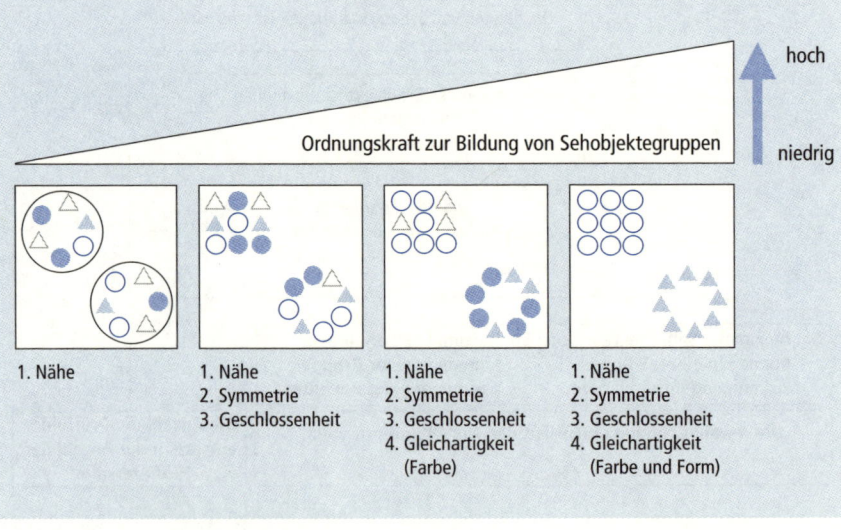

Die Bedeutung der räumlichen Abgrenzung und der Geschlossenheit (vertraute Anordnung) überwiegt dabei gegenüber der Gruppierung aufgrund von Gleichartigkeit sowie Form und Farbe der Sehobjekte. Identische, nahe beieinander liegende Sehobjekte, deren Anordnung ein geschlossenes, vertrautes Bild ergibt, sind leichter zu gruppieren als unterschiedliche Sehobjekte, die ungeordnet sind und sich räumlich nicht von anderen Sehobjekten abgrenzen. Bei Gruppen ungeordneter Sehobjekte, die von weiteren Gruppen umgeben sind, fällt die Abgrenzung besonders schwer. Die Augen werden von umgebenden Sehobjekten abgelenkt; die Gruppen selbst haben nur eine geringe Ordnungskraft und müssen willkürlich abgegrenzt werden. Dieser Störeffekt wird als »Umgebungseffekt« bewertet.

Den Abbildungen III-117.1 und 117.2 ist die Datenkarte für den Grundbaustein »Gruppieren Sehobjekte« zu entnehmen. Die Ausprägungen der Einflussgröße »Anordnung der Sehobjekte« sind wie folgt zu interpretieren:

1. Geordnet: Die Sehobjekte sind in Zeilen oder Spalten, ähnlich wie Worte in einem Satz, oder nach einem festen Schema geordnet, das als solches auch erwartet wird.
2. Vertraut: Die Sehobjekte sind nach keinem festen Schema geordnet. Von Intervall zu Intervall unterscheiden sich die Schemata, ähneln sich aber weitgehend. Das Schema ist dem Wahrnehmenden bekannt, z. B. eine Serie von Schweißpunkten.
3. Ungeordnet: Die Anordnung bzw. Lage der Sehobjekte zueinander variiert von Prüfintervall zu Prüfintervall und ist nicht voraussehbar.
4. Ungeordnet mit Umgebungseffekt: Eine Sehobjektgruppe wird von mindestens zwei anderen Sehobjektgruppen in einer Weise umgeben, dass dadurch die Augen abgelenkt werden.

Zum »Gruppieren Sehobjekte« gelten folgende Anwendungsregeln:

Sichtprüfen Regel 6	Sehobjekte, die so nahe beieinander liegen oder so vertraut sind, dass sie ein gemeinsames Ganzes bilden, erfordern kein Gruppieren Sehobjekte.

Sichtprüfen Regel 7	Wenn Sehobjekte einer Gruppe nicht als gesonderte, selbständige Objekte wahrgenommen werden müssen, sondern • als fester Komplex, • als Zeichnung, die ein Ganzes bildet oder • als einheitlich wahrzunehmende Masse gesehen, ist kein Gruppieren Sehobjekte zu analysieren. Es wird dann nur festgestellt, dass ein bestimmtes Sehobjekt eine Abweichung im Schema verursacht, weil • es fehlt, • es vorhanden ist oder • innerhalb des Schemas eine deutliche Abweichung verursacht.

Prüfen, ob ein Firmenetikett oder ein anderes Etikett aufgeklebt wurde. Das Firmenetikett ist dem Prüfer vertraut, er erkennt das Schriftbild, das Firmenemblem, mit einem kurzen Blick. Deshalb wird hier kein Gruppieren Sehobjekte analysiert.

Sichtprüfen Regel 8	Ein Umgebungseffekt tritt nur bei ungeordneten Strukturen auf. Bei geordneter oder vertrauter Anordnung folgt das Auge der geordneten bzw. vertrauten Struktur.

Sichtprüfen Regel 9	Sind mehr als 6 ungeordnete bzw. 12 geordnete Sehobjekte zusammenzufassen, müssen diese mit weiteren Prüfintervallen erfasst werden.

5.4.5 Blick verschieben und Augen einstellen

Blick verschieben ist der Grundbaustein, bei dem durch Augen- und Kopf-bewegungen der Blick von einem Blickpunkt zu einem anderen Blickpunkt ver-schoben wird. Der Blickpunkt ist als

- Sehobjekt,
- Sehobjektgruppenmitte bzw.
- Prüffeldmitte

definiert. Der Beginn des Prozessbausteins ist als Beginn des Verschiebens und das Ende durch die scharfe Abbildung auf der Netzhaut festgelegt.

Die Zeiteinflussgröße ist der Abstand zwischen den Blickpunkten, bezogen auf den normalen Sehabstand von 40 cm.

Die auf dieser Einflussgrößenkonstellation basierende Kodierung lautet:

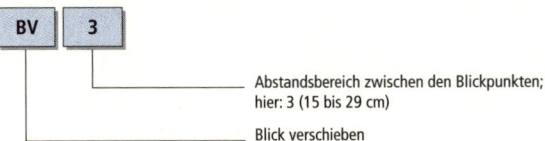

Den Abbildungen III-117.1 und 117.2 ist die Datenkarte für den Prozessbaustein »Blick verschieben« zu entnehmen.

Zum »Blick verschieben« gelten folgende Anwendungsregeln:

Sichtprüfen Regel 10	Bei einem Sehabstand größer als 40 cm muss der Abstand der Blickpunkte auf den normalen Sehabstand von 40 cm umgerechnet werden:
	Abstand der Blickpunkte bei normalem Sehabstand = Abstand der Blickpunkte bei tatsächlichem Sehabstand x (normaler Sehabstand / tatsächlicher Sehabstand).

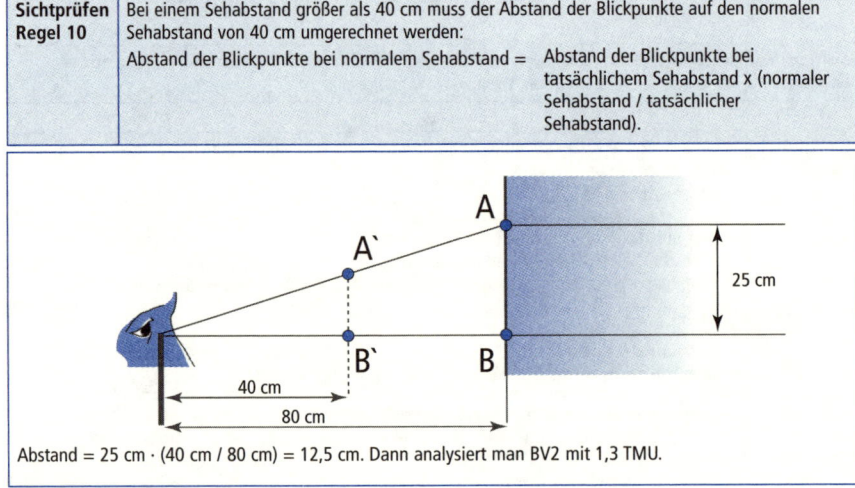

Abstand = 25 cm · (40 cm / 80 cm) = 12,5 cm. Dann analysiert man BV2 mit 1,3 TMU.

Sichtprüfen Regel 11	Bei Augenbewegungen bzw. Änderungen des Sehabstands, die gleichzeitig mit manuellen Bewegungen erfolgen, ist zu prüfen, welche Prozessbausteine zeitbestimmend sind.

Sichtprüfen Regel 12	Werden »Einstellen Augen« und »Blick verschieben« gleichzeitig ausgeführt, ist der Prozessbaustein mit dem größten Zeitwert zu verwenden.

Einstellen Augen ist das Grundbaustein, bei dem die Augenlinse auf einen Sehabstand eingestellt wird, damit das Sehobjekt auf der Netzhaut scharf abgebildet wird[140]. Der Beginn des Prozessbausteins ist durch das erste Bewegen der Augenmuskulatur und das Ende durch die scharfe Abbildung des Sehobjekts auf der Netzhaut festgelegt. Die Zeiteinflussgröße[141] ist das Verhältnis zwischen größtem und kleinstem Sehabstand.

Die auf dieser Einflussgrößenkonstellation basierende Kodierung lautet:

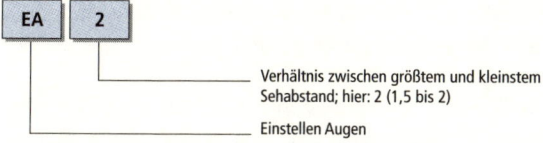

Den Abbildungen III-117.1 und 117.2 ist die Datenkarte für den Grundbaustein »Einstellen Augen« zu entnehmen.

Zum »Einstellen Augen« gilt folgende Anwendungsregel:

Sichtprüfen Regel 13	Ein »Einstellen Augen« ist nur dann zu analysieren, wenn zwei Bedingungen erfüllt sind:
	1. Abstandsverhältnis größter Sehabstand zu kleinstem Sehabstand > 1,02.
	2. Sehobjektgröße bei normalem Sehabstand < 1000 µm.
	Ansonsten ist nur »Blick verschieben« zu analysieren.

Oberfläche A prüfen, anschließend Boden B daraufhin prüfen, ob dort eine Bohrung vorhanden ist. Die Sehobjektgröße ist auf beiden Flächen 1 mm.

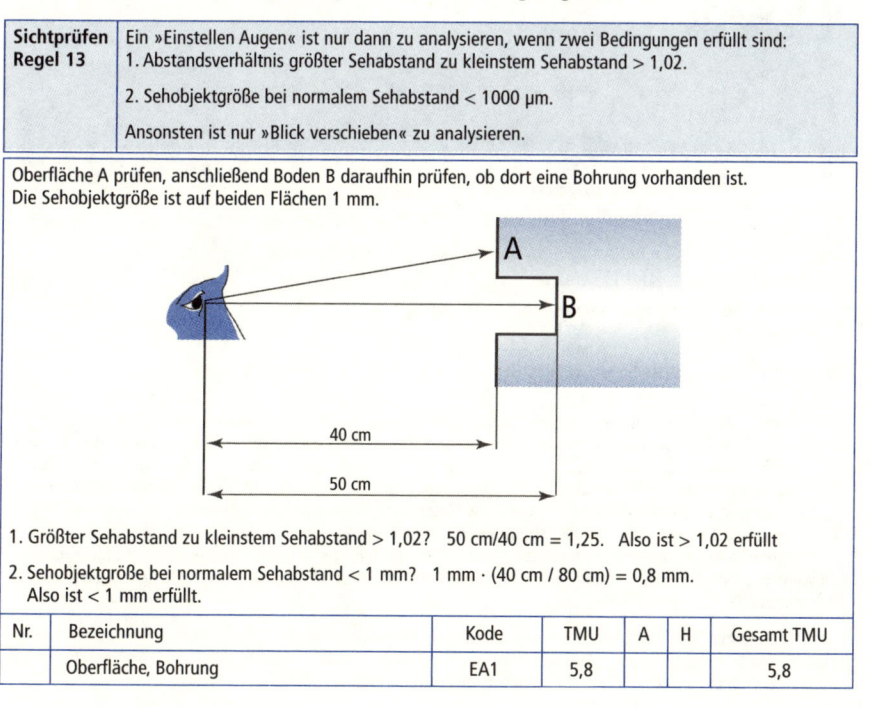

1. Größter Sehabstand zu kleinstem Sehabstand > 1,02?   50 cm/40 cm = 1,25.   Also ist > 1,02 erfüllt

2. Sehobjektgröße bei normalem Sehabstand < 1 mm?   1 mm · (40 cm / 80 cm) = 0,8 mm.
   Also ist < 1 mm erfüllt.

Nr.	Bezeichnung	Kode	TMU	A	H	Gesamt TMU
	Oberfläche, Bohrung	EA1	5,8			5,8

---

140 Sehobjekte, die bezogen auf einen normierten Sehabstand von 40 cm > 1 mm sind, können noch wahrgenommen werden, ohne dass die Augen vollständig auf die neue Sehentfernung akkommodiert sind. Bei kleineren Sehobjekten hingegen muss der Akkommodationsvorgang beendet sein, damit die volle Sehschärfe erreicht ist und das Sehobjekt geprüft werden kann.

141 Zeitgleich zur Akkommodation werden die Sehachsen der Augen auf ein Sehobjekt ausgerichtet (Vergenz). Diese Vergenzbewegung ist mit der Akkommodation gekoppelt und daher nicht zeitbestimmend.

5.4.6 Mentale Prozesse

Mentale Prozesse ist der Grundbaustein, bei dem im Gehirn und Nervensystem durch sehen, erkennen und entscheiden das Prüfen im engeren Sinne erfolgt. Der Beginn des Prozessbausteins ist das Umwandeln von Lichtenergie-Unterschieden in Nervenimpulse und das Ende durch das Aktionssignal festgelegt.

Die Zeiteinflussgrößen sind:

1. Fehlerhäufigkeit je Prüfintervall: Je seltener Fehler auftreten, desto mehr gehen die Prüfer davon aus, keinen Fehler zu entdecken, und desto geringer ist der Zeitbedarf für mentale Prozesse.
2. Anzahl möglicher Aktionen: Diese ist abhängig von der Anzahl möglicher verschiedener Impulse, welche an die Muskulatur der Gliedmaßen oder Augen zu leiten sind.

Die auf dieser Einflussgrößenkonstellation basierende Kodierung lautet:

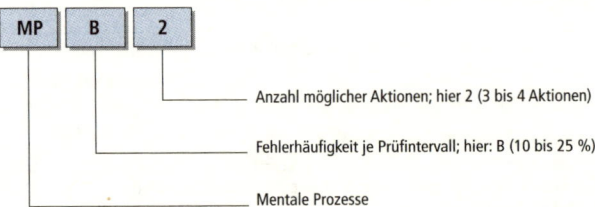

Den Abbildungen III-117.1 und 117.2 ist die Normzeitwertkarte für den Prozessbaustein »Mentale Prozesse« zu entnehmen.

Bei »Mentale Prozesse« gelten folgende Anwendungsregeln:

Sichtprüfen Regel 14	Die Fehlerhäufigkeit je Prüfintervall ergibt sich als Quotient aus folgenden Parametern: Fehlerhäufigkeit je Prüfintervall = Anzahl Fehler je Prüfgegenstand · 100 % / Anzahl Prüfintervalle

Bestückte Leiterplatten auf fehlerhafte Lötstellen prüfen. Die fünf möglichen Fehler sind: überschüssiges Lot, Lötstelle nicht ausreichend verzinnt, kalte Lötstelle, Flussmitteleinschluss, Lötschluss zwischen zwei Anschlüssen. Bei einem festgestellten Fehler soll der Prüfer diesen mittels Lötkolben und Lötpumpe beheben und in eine Fehlersammelkarte eintragen. Je Leiterplatte treten im Mittel 12 Fehler auf. Zusätzlich wird der Prüfablauf dreimal wegen scheinbarer Fehler unterbrochen. Aufgrund der Anzahl und Anordnung der Lötstellen ergeben sich 47 Prüfintervalle.

1. Anzahl Aktionen: sechs Aktionen, denn jeder der fünf möglichen Fehler führt zur Aktion »Fehler beheben und in Fahlersammelkarte eintragen«. Liegt im Prüffeld keine fehlerhafte Lötstelle vor, oder handelt es sich um einen scheinbaren Fehler, folgt die (sechste) Aktion »weiter zum nächsten Prüffeld«.

2. Fehlerhäufigkeit je Prüfintervall $= \dfrac{(12 + 3) \cdot 100\ \%}{47} = 31{,}9\ \%$

3. Ergebnis:

Nr.	Bezeichnung	Kode	TMU	A	H	Gesamt TMU
	Lötstellen prüfen	MPC3	10,1		47	474,7

Sichtprüfen Regel 15	Sind innerhalb einer Prüfung Abweichungen zu erkennen, ist zu berücksichtigen:
	➢ Toleranzen < 15 % sind nicht zuverlässig zu erkennen.
	➢ Toleranzen > 50 % sind von geübten Personen zu erkennen und mit dem Prozessbaustein MP zu analysieren.
	➢ Bei Toleranzen ≥ 15 % bis ≤ 50 % ist ein zusätzliches MP pro Prüfintervall zu analysieren.

Sichtprüfen Regel 16	Für das Prüfen sehr kleiner Sehobjekte (< 211 μm) ist je Prüfintervall zum Prozessbaustein MP ein Ergänzungswert MPE zu analysieren.

Beim Sichtprüfen von Graugussteilen liegt die Toleranzgrenze des Fehlers »Einschlüsse« bei 200 μm. Es betragen der Ausschuss 6 % und die Nacharbeit 5 %. Die Teile sind, getrennt nach Ausschuss, Nacharbeit und Gutteilen, in drei verschiedene Behälter zu legen. Je Prüfgegenstand sind fünf Prüfintervalle anzusetzen. Der Anteil scheinbarer Fehler (lösen eine Unterbrechung aus, das Teil wird aber auf Grund der Prüfung als »gut« erachtet) beträgt 4 %. Fehlerarten:

1. Lunker / Risse / Fremdkörper führen zu Ausschuss

2. Kratzer / Schmutz führen zu Nacharbeit

1. Anzahl möglicher Aktionen: drei Aktionen, denn jede der beiden Fehlerarten und scheinbare Fehler führen zu je einer Aktion.

2. Fehlerhäufigkeit je Prüfintervall $= \dfrac{(6\,\% + 5\,\% + 4\,\%)}{5\ \text{Prüfintervalle}} = 3\,\%$

3. Analyse:

Nr.	Bezeichnung	Kode	TMU	A	H	Gesamt TMU
	Fehlerprüfung	MPA2	4,7		5	23,5
	Sehobjektgröße < 211 μm	MPE	0,6		5	3,0

5.4.7 Anwendungsbeispiel

Abbildung III-122

Beschreibung der
Prüfaufgabe unter
TiCon®

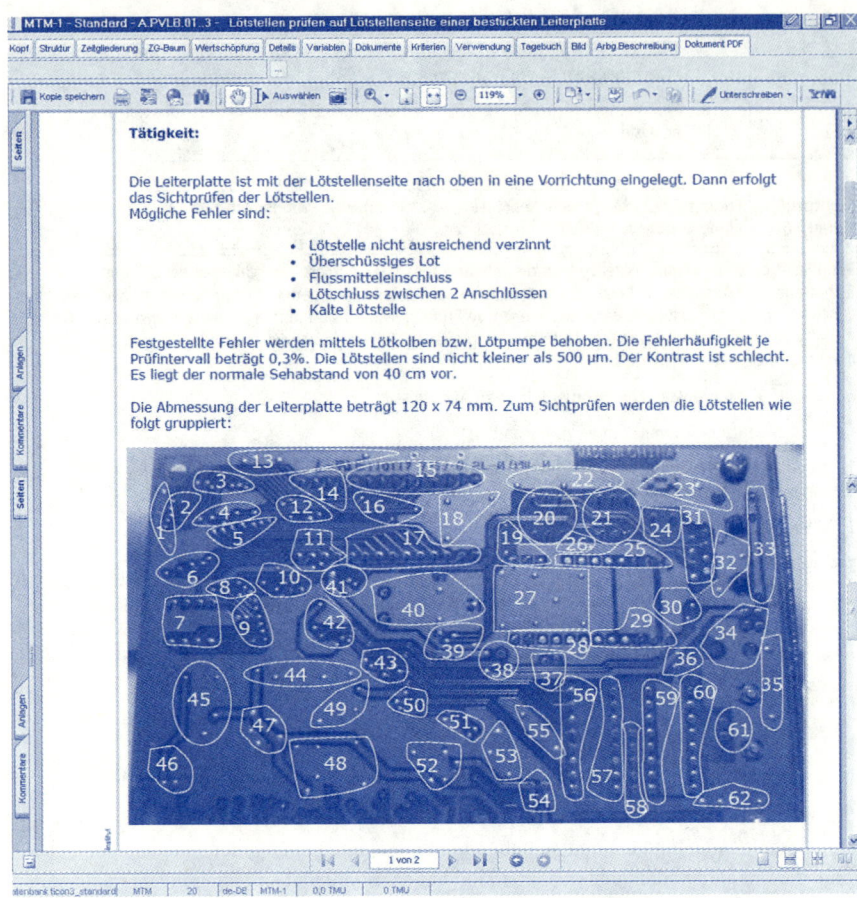

Tätigkeit:

Die Leiterplatte ist mit der Lötstellenseite nach oben in eine Vorrichtung eingelegt. Dann erfolgt das Sichtprüfen der Lötstellen.
Mögliche Fehler sind:

- Lötstelle nicht ausreichend verzinnt
- Überschüssiges Lot
- Flussmitteleinschluss
- Lötschluss zwischen 2 Anschlüssen
- Kalte Lötstelle

Festgestellte Fehler werden mittels Lötkolben bzw. Lötpumpe behoben. Die Fehlerhäufigkeit je Prüfintervall beträgt 0,3%. Die Lötstellen sind nicht kleiner als 500 μm. Der Kontrast ist schlecht. Es liegt der normale Sehabstand von 40 cm vor.

Die Abmessung der Leiterplatte beträgt 120 x 74 mm. Zum Sichtprüfen werden die Lötstellen wie folgt gruppiert:

Abbildung III-123

Sichtprüfen-Analyse
unter TiCon®

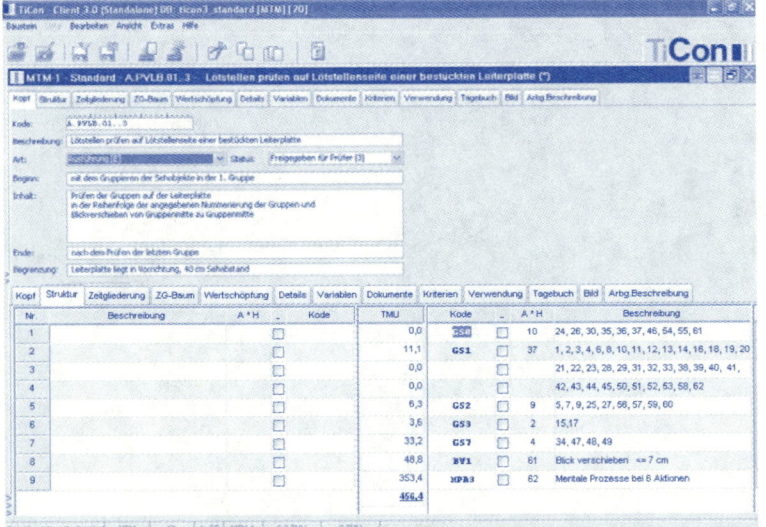

6 ProKon

6.1 Grundsachverhalte

In Teil 1, Abschnitt 2.3.2, wurden bei der Erläuterung des Ganzheitlichen Produktionssystems die in Abbildung III-124 angeführten Funktionen in der Wertschöpfungskette erläutert. Die Verläufe des Kostensenkungspotenzials und der Änderungskosten über die Wertschöpfungskette hinweg ist eine jedem Praktiker bekannte Wirkungstendenz bei Produktivitätsförderprogrammen. Je früher man in der Wertschöpfungskette mit Maßnahmen zur Produktivitätsförderung beginnt,

- desto geringer sind die zur Umsetzung der Verbesserungsmaßnahmen erforderlichen Kostensenkungspotenziale und
- desto geringer sind die sich aus Verbesserungsmaßnahmen ergebenden Änderungskosten.

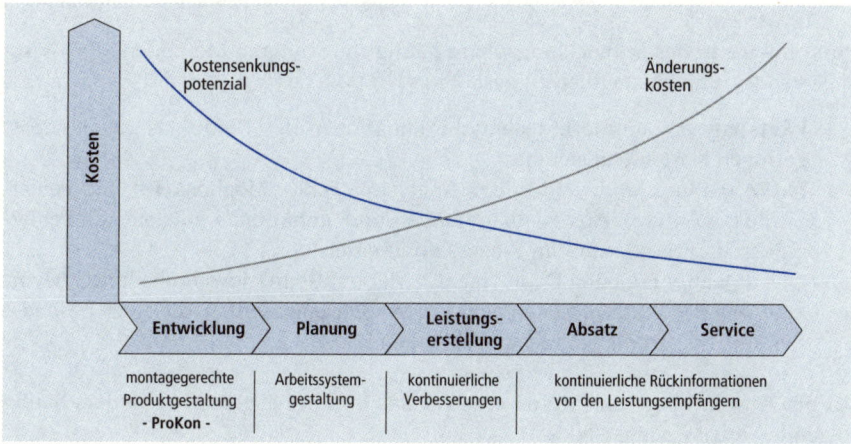

Abbildung III-124
Verlauf des Kostensenkungspotenzials und der Änderungskosten über die Funktionen in der Wertschöpfungskette

Aus diesen Überlegungen resultierende Anforderungen aus Mitgliedsunternehmen führten zu Beginn der neunziger Jahre dazu, dass die Deutsche MTM-Vereinigung das Bewertungssystem ProKon (= produktionsgerechte Konstruktion) entwickelte, mit dem Ziel, die dem MTM-Prozessbausteinsystem immanenten methodischen Hinweise auf Schwachstellen zur Bewertung von Produktkonstruktionen zu nutzen.[142]

Die praktische Relevanz des mit ProKon verfolgten Ansatzes mag man sich daran verdeutlichen, dass eine zu Beginn der neunziger Jahre durchgeführte Untersuchung der Ford Motor Company ergab, dass die Kosten für das Produktdesign ca. 5 % der Stückkosten, jedoch ca. 70 % der Herstellkosten ausmachen. Die in Teil II dargestellten Gestaltungsansätze zielen fast ausschließlich auf die Planungs- und Leistungserstellungsphase in der Wertschöpfungskette. Das gilt auch für die in den vorhergehenden Kapiteln erläuterten MTM-Bausteinsysteme.

---

142 Vgl. Sanzenbacher, G.: ProKon – Produktionsgerechte Konstruktion – Bewertung der Montagetauglichkeit von Erzeugnissen. In: Personal – MTM-Report 1993, S. 418–421.

Mit ProKon wird ein auf die Entwicklungsphase, den »Einstieg« in die Wertschöpfungskette, zielender Ansatz vorgestellt:

> *ProKon* ist ein MTM-basiertes Verfahren zur Analyse und Bewertung konstruktiver Lösungen bezüglich ihrer Montagegerechtheit. Mit ProKon werden systematisch Hinweise zur Verbesserung konstruktiver Lösungen identifiziert und in Bezug auf ihre Produktivitätswirkung quantifiziert.

Zur Durchführung von ProKon-Projekten werden Mitarbeiter aus Entwicklung/ Konstruktion, Fertigungsplanung/Industrial Engineering, Fertigung, Qualitätsmanagement, Einkauf und Vertrieb in Projektgruppen delegiert. Entwickler und Konstrukteure fokussieren sich dabei primär auf die konstruktive Auslegung von Einzelteilen unter den Aspekten Funktionsfähigkeit und -sicherheit, Preis und Qualität. Der Aufgabenschwerpunkt der Fertigungsplaner und Industrial Engineers liegt primär in der Entdeckung von Montageerschwernissen, wie z. B. fehlenden Fügehilfen, großer Anzahl Einzelteile oder Sicht- und Bewegungsbehinderungen.

ProKon wird in der Entwicklungsphase häufig mit weiteren Methoden kombiniert angewendet, um ganzheitlich zu gestalten:

1. Wertanalyse: Geforderte technische Funktionen des Produktes zu möglichst geringen Kosten realisieren.
2. FMEA (Failure Mode and Effects Analysis = Fehler-Möglichkeits- und Fehler-Einfluss-Analyse): Aus Fehlhandlungen und -funktionen entstehende Fehlerrisiken im Produkt und im Prozess minimieren.
3. QFD (Quality Function Deployment = Merkmal-Funktionsdarstellung): Bevorzugt jene Produktfunktionen oder Prozessphasen gestalten, die einen besonderen Einfluss auf die Kundenzufriedenheit haben.

Bei der Anwendung von ProKon ergeben sich erfahrungsgemäß besonders häufig folgende Verbesserungseffekte:

1. Teilevereinfachung: Vereinfachung der Fügevorgänge durch z. B. einfache Teilegeometrie oder einfache Fügerichtung.
2. Positionierhilfen: Vereinfachung der Fügevorgänge durch z. B. Anschläge, Fasen, Zentrierdorne.
3. Teilevereinheitlichung: Reduzierung der Anzahl unterschiedlicher zu montierender Teile, einfachere Teileherstellung, einfachere Montage durch z. B. einheitliche Werkzeuge.
4. Reduzierung der Teilezahl: Vereinfachte Montage, indem weniger Teile zu montieren sind, Integration von Teilen (z. B. von Schraube und Unterlegscheibe).
5. Reduzierung und Vereinheitlichung von Fügeachsen: Vereinfachte Fügevorgänge durch z. B. Zuführmöglichkeit aller Teile von oben, verbesserten Werkzeugeinsatz, z. B. nur eine Anwendungsrichtung.

6.2 ProKon-Analyse

Durch das standardisierte ProKon-Analysenblatt (vgl. Abbildung III-125) wird der Anwender angehalten, Montagehandlungen so zu beschreiben, wie sie sich aus dem konstruktiven Aufbau des Produkts und dessen Einzelteilen ergeben. Der Schwierigkeitsgrad einer Montagearbeit ergibt sich auf Grund folgender Merkmale:

1. Aus dem zu montierenden Teil bzw. der zu montierenden Baugruppe resultierende Faktoren. Das sind:

   - Gewicht,
   - Hauptabmessungen,
   - Anzahl Fügestellen.

2. Aus dem Montageort bzw. der Fügestelle resultierende Faktoren. Das sind:

   - Zugänglichkeit,
   - Sichtfreiheit,
   - Erschwerte Handhabungsbedingungen.

Jede Baugruppe und jedes Teil wird für sich analysiert und bewertet. Es bleibt hier also unberücksichtigt, dass z. B. zwei Teile mit zwei Händen gleichzeitig montiert werden und dabei Schraube und Unterlegscheibe gleichzeitig aufzunehmen, die Scheibe auf die Schraube zu stecken und danach die Schraube zu montieren ist. In der ProKon-Analyse wird die Montage von Teilen nur auf die Fügestelle bezogen. Deshalb wird zunächst das Fügen der Scheibe auf das Gewindeteil und anschließend deren gemeinsames Fügen auf das Gewinde analysiert. Das Analysierprinzip von ProKon orientiert sich ausschließlich an den konstruktiven Merkmalen eines Teiles bzw. einer Baugruppe und der sich daraus ergebenden Montageaufgabe.[143]

Es gibt hierzu drei Anwendungsregeln:

ProKon Regel 1	Einzelteile bzw. Baugruppen werden nacheinander bewertet.
ProKon Regel 2	Arbeitsgestalterische Maßnahmen finden keine Berücksichtigung.
ProKon Regel 3	Sind mehr als ein Mitarbeiter zur Montage eines Bauteils erforderlich, so ist dies in der entsprechenden Häufigkeit in der ProKon-Analyse zu berücksichtigen.

Abbildung III-125 ist zu entnehmen, dass im ProKon-Analysenblatt in vertikaler Richtung die Teile-Reihenfolge und in horizontaler Richtung die sich dafür ergebende Montagesituation beschrieben wird. In die betreffenden Zeilen werden Häufigkeiten eingetragen. Sind z. B. in ein Gehäuse vier Schrauben einzudrehen, erscheint beim Basiswert »< 8 daN« die Häufigkeit »4«. Aus dem Produkt von Häufigkeitssumme und ProKon-Einheit wird die Summe aller ProKon-Einheiten gebildet.

---

143 Produktkonstruktionen bergen oft Montageerschwernisse, die man durch Montagehilfsmittel zu mildern versucht, z. B. durch Spezialwerkzeuge, Fügehilfen oder spezielle Vorrichtungen. Derartige Montagehilfsmittel werden bei ProKon-Analysen nicht berücksichtigt, weil es gerade das Anwendungsziel von ProKon ist, ohne derartige Hilfen auszukommen.

MIM	ProKon Analysenblatt		Teilprojekt-Nr.
Baugruppe:			Bearbeiter:

Objekt: Gehäuse

Beschreibung	Basiswert: Gewicht 1. Fügestelle <8 daN	>8 daN	Hauptabmessung >300x300 mm	Teiledimension >800 mm	Anzahl Fügestellen 2.	3.	>3 Anz.	mit Behinderung Sicht	Raum	falsche Einbaulage möglich	mit Festhalten	Nachrichten beim Fügen	ohne Positionierhilfen	Änderung Fügerichtung pro Achse (x,y,z)	Justage/Prüfen	P1	P2	P3	Anzahl der verwendeten Werkzeuge
Abdeckklappe	1		1		1			1			1		1						
Maschinenschrauben	4										4						4		
Schraubwerkzeug																			1
Summe Häufigkeit:	5	0	1	0	1	0	0	1	0	0	5	0	1	0	0	0	4	0	1
Wert:	40	55	10	100	10	15	40	15	35	15	20	10	15	20	100	50	150	300	40
Wert Gesamt:	200	0	10	0	10	0	0	15	0	0	100	0	15	0	0	0	600	0	40

Gesamtwert	990

Abbildung III-125
ProKon-Analysenblatt

Aus der ProKon-Analyse sind Erkenntnisse über die bei Einzelteilen und Baugruppen auftretenden Montageerschwernisse und deren Relevanz zu gewinnen.

Dazu werden spaltenweise die ProKon-Einheiten betrachtet. Jedes Montageerschwernis deutet auf partielle konstruktive Verbesserungsnotwendigkeiten hin, umso gravierender, je höher die ProKon-Einheit ist. Mit dem Gesamtwert wird die Verbesserungsrelevanz der konstruktiven Lösung ausgewiesen.

6.3 ProKon-Analysierkriterien

Abbildung III-125 sind als Spaltenüberschriften die 13 Analysierkriterien von ProKon zu entnehmen. Sie werden nachfolgend erläutert.

Mit dem Kriterium 1 »Basiswert« werden Teile- oder Baugruppenmontage belegt, wenn die konstruktiven Merkmale zu keinen Montageerschwernissen führen. Der Basiswert wird für jedes analysierte Teil ausgewiesen.

Mit dem Kriterium 2 »Hauptabmessung > 300 x 300 mm« werden erschwerende Abmessungen eines Teiles beschrieben. Sind zwei Teileabmessungen > 300 mm, so beeinflusst das entscheidend das Fügen. Solche Teile werden z. B. bei UAS als sperrig bezeichnet.

Mit dem Kriterium 3 »Teiledimension > 800 mm« wird ein Teil gekennzeichnet, wenn mindestens eine Teileabmessung > 800 mm ist. Das führt zu besonders aufwändigen Teilehandhabungen und erfordert mitunter auch den Einsatz einer zweiten Person.

Das Kriterium 4 »Anzahl Fügestellen« steht für die konstruktiv gegebene Anzahl Fügestellen. Mit zunehmender Anzahl Fügestellen steigt die Schwierigkeit des Fügens.

Es gibt hierzu fünf Anwendungsregeln:

ProKon Regel 4	Wird ein Bauteil an zwei Fügestellen, deren Abstand < 10 cm ist, an- oder eingefügt, so ist bei einem starren Bauteil der Basiswert (erste Fügestelle ist im Basiswert enthalten) und ein Nachrichten zu bewerten. Bei einem flexiblen Bauteil (z. B. Kabel, Dichtung, Dämmmatte usw.) ist zusätzlich zum Basiswert eine zweite Fügestelle zu beweren.
ProKon Regel 5	Wird ein Bauteil an zwei Fügestellen, deren Abstand > 10 cm ist, an- oder eingefügt, so ist immer zusätzlich zum Basiswert eine zweite Fügestelle zu bewerten.
ProKon Regel 6	Bauteile, die an mehr als drei Fügestellen an- oder eingefügt werden müssen, ist der Wert > 3 in der entsprechenden Häufigkeit zu bewerten.
ProKon Regel 7	Muss ein Bauteil bei der Montage an mehreren Fügestellen neu aufgenommen und an den entsprechenden Montagestellen fixiert werden, um dann die restlichen Fügestellen an- oder einfügen zu können, dann sind pro Fixierpunkt ein Basiswert und für die restlichen Fügestellen jeweils zusätzliche Fügepunkte in der entsprechenden Häufigkeit zu bewerten.
ProKon Regel 8	Große Fügetiefen werden, wenn das Bauteil von Hand geführt werden muss, mit einem zusätzlichen P1 (Prozess) bewertet.

Mit dem Kriterium 5 »Mit Behinderung« werden durch eingeschränkte Sicht- oder Raumverhältnisse verursachte Erschwernisse beschrieben. Eingeschränkte Sicht bedeutet, dass die Fügestelle nicht oder nur bedingt einzusehen und keine visuelle Kontrolle möglich ist. Eingeschränkte Raumverhältnisse führen dazu, dass die Fügestellen nicht frei zugänglich und deshalb Korrekturbewegungen erforderlich sind.

Es gibt hierzu drei Anwendungsregeln:

ProKon Regel 9	Ist eine Sicht- oder Bewegungsbehinderung gegeben, wird diese in der entsprechenden Spalte mit der Häufigkeit 1 bewertet.
ProKon Regel 10	Ist eine Sicht- oder Bewegungsbehinderung gegeben, werden beide Arten der Behinderung mit der Häufigkeit 1 bewertet.
ProKon Regel 11	Werden die Fügestellen beim An- oder Einfügen des zu positionierenden Bauteils durch das zu positionierende Teil verdeckt, wird die Behinderung in der Sicht bewertet.

Mit dem Kriterium 6 »Falsche Einbaulage möglich« wird eine Montagesituation beschrieben, bei der das zu fügende Teil in mehr als einer Einbaulage gefügt werden kann, jedoch nur eine Einbaulage richtig ist. Dadurch können zusätzliche Bewegungen erforderlich oder die Teilefunktion gefährdet sein. Deshalb sollten Teile bzw. Baugruppen so konstruiert sein, dass keine falsche Einbaulage möglich ist.[144]

Abbildung III-126

Beispiele zu den ProKon-Analysierkriterien

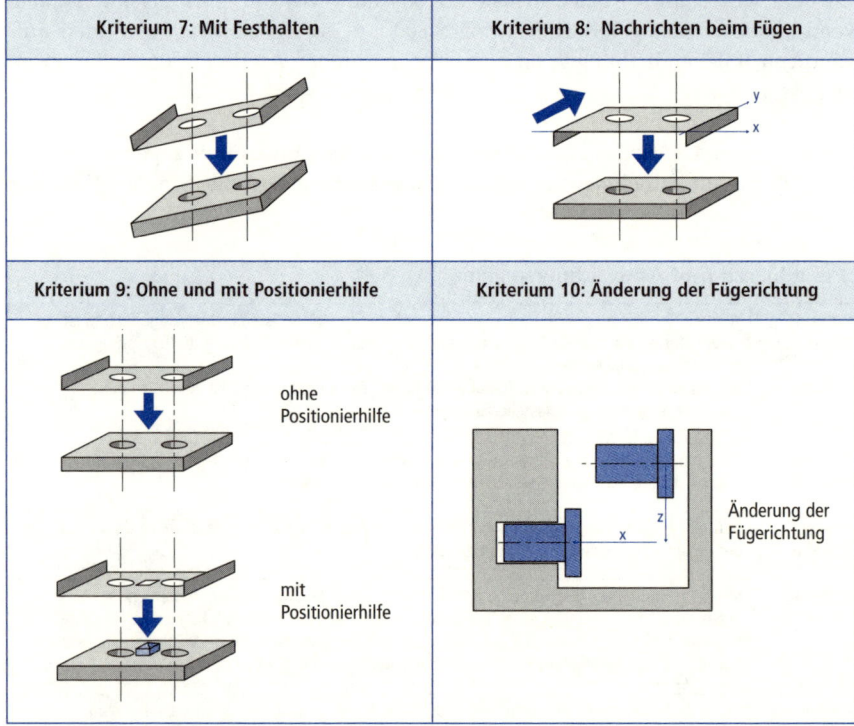

Mit dem Kriterium 7 »Mit Festhalten« wird eine Montage bewertet, wenn das zu fügende Teil nach dem Fügen und bis zur folgenden Montageoperation noch keine stabile (endgültige) Lage hat und deshalb nicht losgelassen werden kann.

Mit dem Kriterium 8 »Nachrichten beim Fügen« wird gekennzeichnet, dass an der Fügestelle trotz vorgesehener Fügehilfen noch zusätzliche Korrekturbewegungen anfallen werden.

---

144 Vgl. dazu z. B. auch Hirano, H.: Poka-yoke. 240 Tips für Null-Fehler-Programme. Landsberg: Moderne Industrie, 1992.

Mit dem Kriterium 9 »Ohne Positionierhilfen« wird gekennzeichnet, dass weder am Teil noch an der Fügestelle zweckdienliche Positionierhilfen vorhanden sind, z. B. Anschläge oder Führungen.

Das Kriterium 10 »Änderung Füge-/Befestigungsrichtung« während eines Fügens ist dann erforderlich, wenn ein Teil in mehr als einer Fügerichtung entlang einer definierten Fügeachse zu fügen ist.

Mit dem Kriterium 11 »Justage/Prüfen« werden Erschwernisse identifiziert, die daraus resultieren, dass vor der Ausführung der folgenden Montageoperationen Justage- bzw. Prüfvorgänge zwingend erforderlich sind.

Es gibt hierzu drei Anwendungsregeln:

ProKon Regel 12	Ist nach einem abgeschlossenen Fügevorgang (incl. eines eventuellen Nachrichtens) auf Grund konstruktiver Toleranzen eine Prüfung (visuell/von Hand) und ein damit verbundenes Ausrichten des Bauteils verbunden, wird ein »Justage/Prüfen« bewertet.
ProKon Regel 13	Einstellarbeiten sind im Wert »Justage/Prüfen« enthalten˙
ProKon Regel 14	De- und Remontagetätigkeiten, die auf Grund der Prüfung anfallen und zum Ausrichten des Bauteils erforderlich sind, sind separat zu bewerten.

Mit dem Kriterium 12 »Prozesse« werden bei ProKon alle Vorgänge beschrieben, die nicht unmittelbar dem Fügen dienen. Prozesse werden nach drei Erschwernisklassen, »P1«, »P2« und »P3«, unterschieden. Diese sind betriebs- bzw. prozessspezifisch zu bilden, nach dem in Abbildung III-127 dargestellten Zuordnungsprinzip.

Mit dem Kriterium 13 »Anzahl verwendeter Werkzeuge« wird die Anzahl einzusetzender Werkzeuge berücksichtigt. Dazu gehören auch Werkzeugwechsel, wie z. B. das Austauschen eines Bohrers oder einer Schraubernuss. Werden an einem Teil zu dessen Befestigung unterschiedliche Befestigungselemente verwendet, erfordert dies üblicherweise den Einsatz mehrerer Werkzeuge. Wird z. B. ein Bauteil mit je einer Schraube M8 und M6, also mit unterschiedlichen Schlüsselweiten, befestigt, sind zwei Schraubwerkzeuge einzusetzen oder die Schraubernuss auszutauschen.

Abbildung III-127

Beispiele für Prozess-Zuordnungen

Bauteil		Verrichtung/Werkzeug	Prozess		
			P1	P2	P3
Einrastvorgang von Hand z. B. clipsen bzw. Deckel, Klappen, Türen usw. öffnen und schließen			X		
Schraube befestigen (oder Schrauben und Muttern, die wie eine Blechschraube gehandhabt werden, bzw. angefädelte Mutter festziehen)	**Maschinenschraube**	mit Schrauber		X	
		mit Handwerkzeug			X
	Blechschraube	mit Schrauber	X		
Schraube anfädeln		mit Schrauber		X	
		mit Handwerkzeug		X	
		von Hand	X		
Schraube auf Drehmoment anziehen (Werkzeugwechsel beachten)			X		
POP-Niet setzen (Niet handbaben muss zusätzlich bewerten werden)		mit Handzange		X	
		mit Pistole (Einzelzuführung)	X		
		mit Pistole (Magazin)	X		
Taumelnieten				X	
Präge-/Klemm-/Kant-/Bördel- und/oder Stanzvorgang			X		
Buckelschweißen/Lötvorgang				X	
Medium auftragen (Öl, Fett, Kleber, Farbe, Primer usw.)		Punkt/Strich je 10 cm	X		
		Fläche < 100 cm		X	
		Fläche > 100 cm			X
Aufkleber (Etikett, Dämmmatte usw.)		< 100 cm		X	
		> 100 cm			X
Werkzeugverwendung (Hammer, Schere, Zange, Schrauber, Pinsel usw.)		1 Werkzeug	X		
Stellteile bewegen (Hebel, Schalter, Kurbel usw.)			X		
Handlinggerät (Großteile mit Handlinggerät umsetzen)					X

Abbildung III-128

Beispiele für Bewertung von Schraub-/Clipoperationen mit Hilfe von ProKon-Einheiten

Vorgang	ProKon-Einheit	P1, P2, P3	Schraubvorgänge				Clipvorgänge	
			mit Schrauber			mit Handwerkzeug, z. B. Ring-, Gabelschlüssel	Clip einrasten	
			Blechschraube	M-Schraube oder Mutter			von Hand	mit Werkzeug
				mit Positionierhilfe	ohne Positionierhilfe			
aufnehmen und platzieren	40		40	40	40	40	40	40
festhalten	20		20	20	20	20	20	20
ohne Positionierhilfe	15				15	15		
M-Gewinde von Hand anfädeln	50	1			50	50		
einrasten/-schlagen/-schrauben Blechschraube	50	1	50				50	50
Schraubvorgang mit Schrauber	150	2		150	150			
Schraubvorgang mit Handwerkzeug (Gabel- oder Ringschlüssel, Schraubendreher usw.)	300	3				300		
Anzahl Werkzeuge	40		40	40	40	40		40
			150	250	315	465	110	150

6.4 Anwendungsbeispiel

Der folgenden Abbildung III-129 »Montage einer Klemmschelle« ist beispielhaft die Bewertung von Produktgestaltungen mit Hilfe von ProKon zu entnehmen. Dabei sind eine Beschreibung des Ist-Zustandes sowie zweier Konstruktionsalternativen dargestellt.

1. Ist-Zustand		1. Dübel in vorgebohrtes Loch einsetzen 2. Dübel einschlagen 3. Klemmschelle auf Dübel ansetzen 4. Schraube ansetzen und eindrehen Ergebnis: 3 Teile – 385 ProKon-Einheiten – 100 %
2. Variante A		1. Klemmschelle ansetzen 2. Nageldübel ansetzen und einschlagen Ergebnis: 2 Teile – 255 ProKon-Einheiten – 66 %
3. Variante B		1. Klemmschelle in (vorgebohrtes) Loch einsetzen und eindrücken Ergebnis: 1 Teil – 135 ProKon-Einheiten – 35 %

Abbildung III-129

Beispiel für einen Vergleich eines Ist-Zustandes mit zwei Verbesserungsvarianten mit Hilfe von ProKon-Analysen

Der Abbildung III-130 ist die Bewertung der drei Montageprozesse zu entnehmen.

In Abbildung III-131 werden der Vergleich, bzw. die Gegenüberstellung der drei analysierten Montageprozesse durchgeführt und die in Abbildung III-129 angeführten Ergebnisse ausgewiesen.

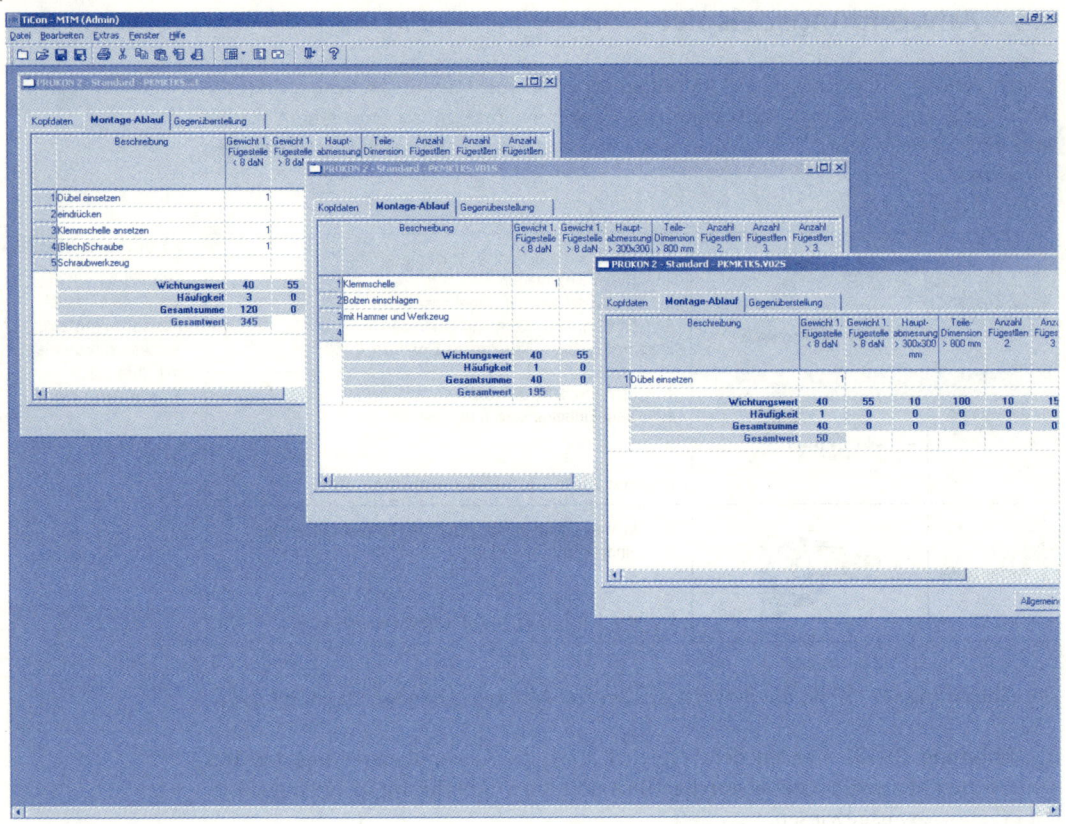

Abbildung III-130

Beispiel für die Bewertung der Montageprozesse beim Ist-Zustand und den beiden Verbesserungsvarianten mit Hilfe einer TiCon®-gestützten ProKon-Analyse

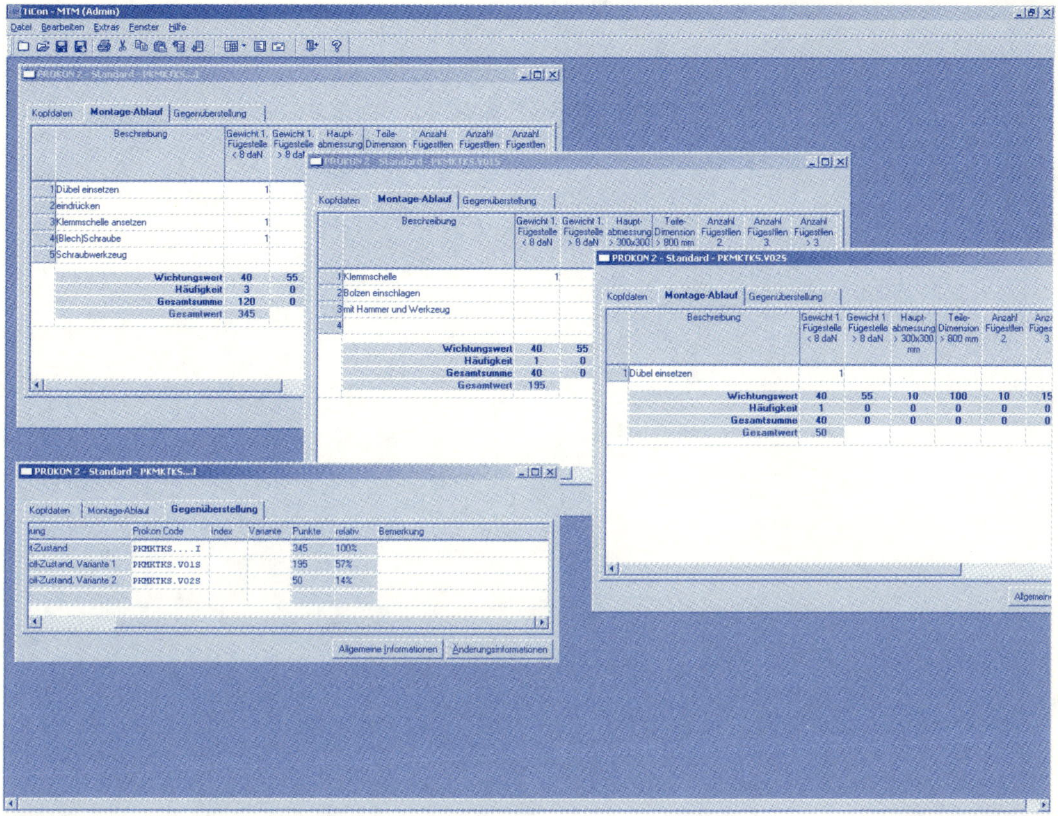

Abbildung III-131

Beispiel für den
Vergleich der
Montageprozesse beim
Ist-Zustand und den
Verbesserungsvarianten
mit Hilfe einer TiCon®-
gestützten ProKon-
Analyse

7 Ergänzungstechniken

7.1 Überblick

Den MTM-Bausteinsystemen sind klare Anwendungsgrenzen gesetzt. In diesem Kapitel werden vier Techniken erläutert, die eingesetzt werden, wenn diese Anwendungsgrenzen überschritten werden. Das ist dann der Fall, wenn Vorkommniskategorien auftreten, die auf Grund ihrer Charakteristik nicht mit MTM-Prozessbausteinen zu beschreiben sind. Diese Techniken ergänzen das MTM-Verfahren, weshalb sie als Ergänzungstechniken bezeichnet werden. In diesem Kapitel werden die vier *Ergänzungstechniken* behandelt, die von größerer praktischer Bedeutung sind: das Schätzen, die Zeitmessung und die Selbstaufschreibung sowie das Multimomentverfahren.

Im folgenden Abschnitt 7.2 wird erläutert, wie durch systematisches Schätzen Sollzeiten zu bestimmen sind, z. B. für kundenbestimmte oder institutionenbestimmte Vorkommnisse oder für Vorkommnisse, die selten auftreten und einen geringen Anteil am Kapazitätsbestand von Arbeitssystemen repräsentieren. Während die anderen drei Ergänzungstechniken empirische Verfahren sind und damit Istwerte liefern, werden durch Schätzen Sollwerte ermittelt.

Im Abschnitt 7.3 wird erläutert, wie Zeitmessungen durchzuführen und welche methodischen Probleme dabei zu lösen sind. Bei Anwendungen, für die sie im Rahmen des MTM-Prozessbausteinsystems vorgesehen ist, nämlich die Bestimmung von Sollzeiten bei arbeitsmittelbestimmten Vorkommnissen[145], bestehen diese Probleme nicht. Deshalb ist die Zeitmessung eine wichtige Ergänzungstechnik bei der Sollzeitermittlung für arbeitsmittelbestimmte Vorkommnisse.

Im Abschnitt 7.4 wird erläutert, welche Arten von Selbstaufschreibung es gibt und welche Erhebungsmöglichkeiten bestehen. Die Selbstaufschreibung ist einerseits eine Art »Konkurrenztechnik« zum Multimomentverfahren, andererseits als introspektives Verfahren auch in Situationen anzuwenden, die sich einer Fremderhebung entziehen.

Im Abschnitt 7.5 wird das Multimomentverfahren beschrieben, das zur Ermittlung von Vorkommenshäufigkeiten zuvor festgelegter Ablaufarten angewand wird. Es hat mit der Selbstaufschreibung insofern eine Gemeinsamkeit, als beide auch zur Identifikation von Mängeln eingesetzt werden. Beide Techniken ermöglichen es auch, Mängelbeziehungen und -korrelationen offen zu legen. Ihre praktische Bedeutung geht also deshalb über die des Schätzens und der Zeitmessung hinaus.

---

145 Das wird in der Praxis oft als »Prozesszeiten-Ermittlung« oder »Technologiewerte-Ermittlung« bezeichnet.

7.2 Schätzen

7.2.1 Prinzip und Anwendung

In der Umgangssprache bedeutet *Schätzen*, dass man etwas ungefähr bestimmt. In der Arbeitswirtschaft wird mit Schätzen das ungefähre Bestimmen skalierter Daten bezeichnet und z. B. zur Sollzeiten-Bestimmung bei Aufgaben mit kunden- und institutionenbestimmten Vorkommnissen anwendet (vgl. Abschnitt 2.1). Auch Mengen und Häufigkeiten werden oft durch Schätzen bestimmt, z. B. wenn sie nicht durch Zählen zu gewinnen sind. Das methodische Vorgehen beim Schätzen von Sollzeiten[146] ist:

1. Es ist die Sollzeit für die Erfüllung einer Aufgabe zu bestimmen. Diese Aufgabe wird als »vorliegende Aufgabe« bezeichnet.
2. Aus der Menge gleicher oder ähnlicher in der Vergangenheit erfüllter Aufgaben wird jene ausgewählt, die mit der »vorliegenden Aufgabe« am stärksten übereinstimmt, an die man sich noch gut erinnert und deren Istzeit bekannt ist. Diese Aufgabe wird als »*Referenzaufgabe*« bezeichnet.
3. Zwischen der »bekannten Aufgabe« und der »Referenzaufgabe« werden durch Vergleichen unter Nutzung eigener Erfahrungen oder der Erfahrungen von Experten[147] abwägend Unterschiede und Übereinstimmungen herausgearbeitet.
4. Aus den so gewonnenen Vergleichsergebnissen wird eine Korrektur der »Referenzaufgaben-Istzeit« vorgenommen und damit die Sollzeit für die »vorliegende Aufgabe« bestimmt.

Beim Schätzen ist wichtig, dass man Sollzeiten nicht für komplexe Gesamtaufgaben bzw. Abläufe bestimmt, sondern diese in Teil- und Unteraufgaben bzw. Ablaufabschnitte gliedert und für diese ein unterteiltes Schätzen durchführt. Diese Empfehlung basiert auf statistischen Überlegungen, dem so genannten zentralen Grenzwertsatz (Streuungsfortpflanzungsgesetz)[148], der nachfolgend erläutert und auf die Technik des Schätzens angewandt wird.

7.2.2 Genauigkeit

Es ist für eine Zeitwerte-Gesamtheit mit den Einzelzeiten $t_1; t_2;......;t_N$ der Mittelwert μ_i und die Standardabweichung σ_i zu bilden. Aus dieser Gesamtheit wird die große Anzahl von k Stichproben (Zeitschätzungen) mit einem konstanten Stichprobenumfang $n \geq 5$ gezogen: Aus jeder dieser k Stichproben wird der Mittelwert $\bar{t}_1; \bar{t}_2;......;\bar{t}_k$ gebildet, und diese Mittelwerte bilden wiederum eine angenähert normalverteilte Gesamtheit, deren Mittelwert μ ist. Der Mittelwert der Einzelwerte μ_i und der Mittelwert der Mittelwerte μ sind betragsmäßig gleich, d. h.

$$\left\{ \mu = \frac{1}{N} \sum_{i=1}^{N} t_i \right\} = \left\{ \mu_{\bar{t}} = \frac{1}{k} \sum_{i=1}^{k} \bar{t}_i \right\}$$

146 Das Schätzen von Mengen und Häufigkeiten folgt prinzipiell diesem Vorgehen.
147 Als Experten werden entweder diejenigen befragt, welche die Arbeit ausführen, oder es werden Experten befragt, welche die Arbeit gut kennen.
148 Die hier angestellte Betrachtung entspricht den Betrachtungen zu den Anwendungsgrenzen der MTM-Bausteinsysteme (vgl. Abschnitt 2.5.6).

Die Varianzen der Einzelwerteverteilung σ^2 und der Mittelwerteverteilung $\sigma_{\bar{t}}^2$ sind dagegen nicht gleich:

$$\left\{\sigma^2 = \frac{1}{N}\sum_{i=1}^{N}(t_i - \mu)^2\right\} \neq \left\{\sigma_{\bar{t}}^2 = \frac{1}{k}\sum_{i=1}^{k}(\bar{t}_i - \mu_{\bar{t}})^2 = \frac{1}{k}\sum_{i=1}^{k}(\bar{t}_i - \mu)^2\right\}$$

Die Varianz der Mittelwerteverteilung $\sigma_{\bar{t}}^2$ ist das $1/n$-fache der Einzelwerteverteilung σ^2, bzw. die Standardabweichung der Mittelwerteverteilung $\sigma_{\bar{t}}$ beträgt das $1/\sqrt{n}$-fache der Einzelwerteverteilungs-Standardabweichung σ. Also ist σ^2 um das $(N/k = n)$-fache größer als $\sigma_{\bar{t}}^2$. Dann ist bei den Standardabweichungen σ um das $\sqrt{n}$-fache größer als $\sigma_{\bar{t}}$.

$$\sigma_{\bar{t}}^2 = \frac{\sigma^2}{n} \qquad \sigma_{\bar{t}} = \frac{\sigma}{\sqrt{n}}$$

Beispiel: Für einen Ablauf, der in $n = 25$ Ablaufabschnitte unterteilt wurde, wurden Zeiten geschätzt. Der durchschnittliche Schätzfehler pro Ablaufabschnitt wird als $\sigma = +/- 20\,\%$ eingeschätzt. Der Schätzfehler für den gesamten Ablauf beträgt dann:

$$\sigma_{\bar{t}} = \frac{\pm 20\,\%}{\sqrt{25}} = \pm 4\,\%$$

Danach sind bei Ablaufabschnitten anfallende relative Differenzen zwischen geschätzter und objektiv benötigter Zeit umso tolerierbarer, in je mehr Ablaufabschnitte man einen Ablauf unterteilt, für den eine Sollzeit zu schätzen ist. Beim Schätzen von Sollzeiten verlieren statistische Genauigkeitsbetrachtungen um so mehr an Bedeutung, in je mehr Ablaufabschnitte man einen Ablauf unterteilt. Diese Betrachtung wurde bereits im Abschnitt 2.6.4 bei der Diskussion der Statistischen Genauigkeit von MTM-1 angestellt.

7.2.3 Schätzhilfen

Expertenschätzungen können anstelle von Punktschätzungen (z. B. »es dauert 12 Minuten«) auch als Intervallschätzungen (z. B. »es dauert zwischen 10 und 15 Minuten«) durchgeführt werden. Die Intervallschätztechnik wird als *Zeitklassenschätzen* bezeichnet. Dabei wird als Schätzwert der Mittelwert jener Zeitklasse verwendet, welche durch die Experten ausgedeutet wurde.[149] Experten ringen sich erfahrungsgemäß leichter zur Abgabe von Schätzdaten durch, wenn sie nicht um Punkt-, sondern um Intervallschätzungen gebeten werden. Zeitklassenschätzungen führen jedoch weder zu genaueren, noch zu ungenaueren Ergebnissen als Punktschätzungen.

Zeitklassenreihen sind Einordnungsskalen, die Experten zum Platzieren ihrer Schätzungen vorgelegt werden. Um anwendungsspezifische Zeitklassenreihen zu bestimmen, werden einige Rahmendaten benötigt:[150]

---

149 Bei der vorstehend angeführten Zeitklasse »10 bis 15 Minuten« wird dann der Klassenmittelwert von 12,5 Minuten verwendet, wenn der Experte sich für diese Zeitklasse entschieden hat.

150 Vgl. zur mathematischen Begründung der Zeitreihenberechnung Bokranz, R.: Die mathematischen Grundlagen des Zeitklassenverfahrens. Darmstadt: REFA, 1979.

T_{per}	Periode in Minuten, in der '' Null wird (z. B Monat)
ε'	Differenz in Prozent zwischen dem Ergebnis bei Punktschätzung und dem Ergebnis bei Intervallschätzung
t_{iunten}	Untergrenze einer Zeitklasse in Minuten
f_i	halbe Klassenbreite einer Zeitklasse in Minuten

Die Bestimmungsgleichung für die Ermittlung der halben Klassenbreite einer Zeitklasse lautet:

$$f_i = \frac{G \cdot T_{per}}{2} + \sqrt{\left(\frac{G \cdot T_{per}}{2}\right)^2 + G \cdot T_{per} \cdot t_{iunten}} \quad \text{mit: } G = \left(\frac{\varepsilon'}{100}\right)^2$$

Beispiel: Es sei $T_{per} = 10.000$ min/Monat, $\varepsilon' = 1\,\%$, die geringste Bearbeitungszeit liegt unter 1 Minute und die höchste Bearbeitungszeit bei 1 Stunde.
Dann ist

$$G = \left(\frac{1\,\%}{100\,\%}\right)^2 = 0{,}0001$$

$$f_1 = \frac{0{,}0001 \cdot 10.000}{2} + \sqrt{\left(\frac{0{,}0001 \cdot 10.000}{2}\right)^2 + 0{,}0001 \cdot 10.000 \cdot 0} \approx 1$$

Dann ist:

$$t_{1\,unten} = 0;\ f_1 = 1;\ t_{1\,oben} = t_{1\,unten} + 2 \cdot f_1 = 0 + 1 \cdot 1 = 2;\ t_{2\,unten} = t_{1\,oben} = 2$$

$$f_2 = \frac{0{,}0001 \cdot 10.000}{2} + \sqrt{\left(\frac{0{,}0001 \cdot 10.000}{2}\right)^2 + 0{,}0001 \cdot 10.000 \cdot 2} \approx 2$$

Dann ist:

$$t_{2\,unten} = 2;\ f_2 = 2;\ t_{2\,oben} = t_{2\,unten} + 2 \cdot f_2 = 2 + 2 \cdot 2 = 6;\ t_{3\,unten} = t_{2\,oben} = 6$$

Zeitklassen-Nr.	Untergrenze in min	Mittelwert in min	Obergrenze in min
1	0	2	2
2	2	4	6
3	6	9	12
4	12	16	20
5	20	25	30
6	30	36	42
7	42	49	56
8	56	64	72

Das Schätzen mit Hilfe von Zeitklassen (Zeitklassenverfahren) sollte man dann erwägen, wenn sich die Experten schwer zur Abgabe von Schätzwerten entschließen, und es ist zu prüfen, ob die mit dem Verwenden von Zeitklassenreihen verbundenen Prämissen zutreffen:[151]

---

151 Vgl. Bokranz, R. (1979): a. a. O., S. 17.

1. Der Genauigkeitsbetrachtung liegt ein Periodenbezug und kein Auftragsbezug zu Grunde, d. h. stückbezogene Genauigkeitsaussagen sind nicht möglich.

2. Die Inhalte der Aufgaben oder Ablaufabschnitte, für die Sollzeiten durch Expertenschätzungen bestimmt werden, weichen zufällig voneinander ab. Das wird im Allgemeinen zutreffen.

3. Jedem Mitarbeiter werden zufällig Aufgaben zugewiesen, ungeachtet seiner Qualifikation oder anderer Zuordnungskriterien. Aber: Aufgaben werden meist nicht zufällig irgendeinem, sondern demjenigen übertragen, der dafür zuständig oder am besten geeignet ist.

4. Einstufungen in eine falsche Zeitklasse werden nicht betrachtet. Aber: Einstufungen der Aufgaben oder Ablaufabschnitte durch Experten in eine falsche Zeitklasse kommen natürlich gelegentlich vor.

Eine weitere Schätzhilfe ist die *Delphi-Methode*, bei der in einer ersten Schätzrunde Experten Zeitschätzungen durchführen, wie vorstehend erläutert. Dabei ist keiner der Experten über die Schätzungen der anderen informiert. Zu Beginn einer zweiten Schätzrunde erhält jeder Experte die Schätzwerte der anderen und wird gebeten, seine Schätzungen unter Berücksichtigung dieser Informationen noch einmal zu überdenken. In einer abschließenden dritten Runde werden die Ergebnisse der zweiten Runde gemeinsam diskutiert und versucht, einen Konsens zwischen allen Beteiligten zu finden.

7.3 Zeitmessung

7.3.1 Prinzip und Anwendung

Frederick W. Taylor (1856–1915) gilt als Urheber methodischer Zeitmessungen in der Industrie.[152] Er stoppte für »den besten Mann unter idealen Umständen« die kürzeste Zeit und verstand sie als »sportliche Herausforderung für die Besten«. Um sie praktisch anwenden zu können, versah er sie mit drei Zuschlägen:

1. einem Zuschlag, um die minimale Zeit für den Besten zur minimalen Zeit für den Durchschnittlichen zu transformieren,
2. einem Zuschlag, um auftretende Störungen abzugelten und
3. einem Zuschlag für Arbeitsermüdung.

Der in den USA als Berater tätige Franzose *Charles E. Bedaux*[153] (1886–1944) koppelte als erster die gemessenen (Ist-) Zeiten mit der wahrgenommenen Bewegungsgeschwindigkeit und -wirksamkeit und wies eine »für die normale Person geltende Sollzeit« aus. Bedaux schuf damit jenes methodische Konzept, dem man bei Zeitmessungen noch heute folgt.

Mit Hilfe von *Zeitmessungen* (Zeitaufnahmen) werden *Istzeiten* erfasst und in *Sollzeiten* transformiert. Die Messung erfolgt mit Hilfe einer Stoppuhr oder eines elektronischen Erfassungsgerätes.[154] Dabei wird das der folgenden Abbildung zu entnehmende Messprinzip angewandt.

Abbildung III-132
Messprinzip bei der Zeitmessung

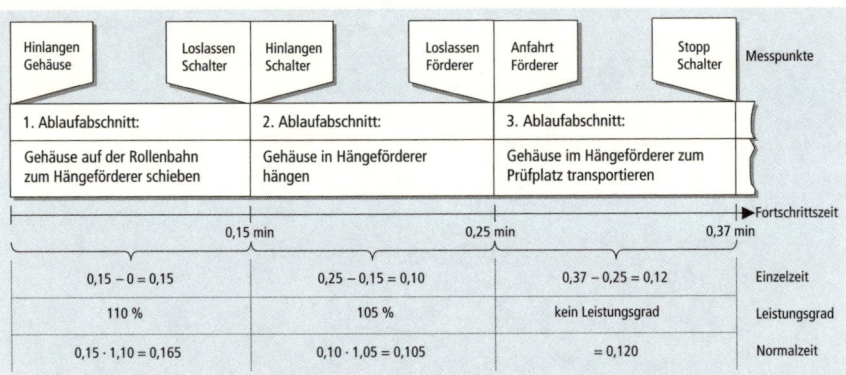

Der Ablauf wird in Ablaufabschnitte unterteilt, um Einzelzeiten (Istzeiten) für diese Ablaufabschnitte zu messen. Während der gesamten Messstichprobe läuft ununterbrochen ein Zähler, um die Fortschrittszeit zu ermitteln. Die Einzelzeit t_i pro

---

152 Vgl. Taylor, F. W.: Principles of Scientific Management, 1911. Ins Deutsche übersetzt von R. Roeseler: Die Grundsätze wissenschaftlicher Betriebsführung. München: Oldenbourg, 1913.
153 Bedaux veröffentlichte noch vor Gründung des REFA eine geschlossene Methodenlehre des Arbeitsstudiums, das durch sein Beratungsunternehmen, die Bedaux-Gesellschaft, bei deutschen Unternehmen eingeführt wurde. Vgl. Rochau, E.: Das Bedaux-System. Praktische Anwendung und kritischer Vergleich mit dem REFA-System, 3. Auflage. Würzburg: Konrad Triltsch, 1952.
154 Vgl. REFA, (Hrsg.): a. a. O., S. 90 f., 1997.

Ablaufabschnitt ergibt sich als Differenz der Fortschrittszeit F_i am Ende des Abschnitts und der am Ende des vorhergehenden Abschnitts F_{i-1}, d. h. es ist $t_i = F_i - F_{i-1}$. Bei Abläufen mit zyklischen Ablauffolgen wird aus n Einzelzeiten t_i der Einzelzeiten-Mittelwert $\bar{t}$ für einen Ablaufabschnitt gebildet, d. h.

$$\bar{t} = \frac{1}{n} \sum t_i$$

7.3.2 Vertrauensbereich und Stichprobenumfang

Der Einzelzeiten-Mittelwert $\bar{t}$ hat als Stichproben-Kenngröße einen Vertrauensbereich, der vom Stichprobenumfang (Anzahl zyklischer Wiederholungsmessungen) und von der Streuung (Standardabweichung der gemessenen Einzelzeiten) abhängt. Der *absolute Vertrauensbereich* für den Einzelzeiten-Mittelwert $\bar{t}$ eines Ablaufabschnitts wird ermittelt nach:

$$\mu_{\text{UNTEN}}^{\text{OBEN}} = \bar{t} \pm \frac{S_{ti}}{\sqrt{n}} \cdot t_{95\%;\, n-1}$$

μ_{OBEN}	obere absolute Vertrauensgrenze für den Mittelwert
μ_{UNTEN}	untere absolute Vertrauensgrenze für den Mittelwert
$\bar{t}$	Mittelwert aus n Einzelzeiten
S_{ti}	Standardabweichung aus n Einzelwerten t_i
$t_{95\%;\, n-1}$	beidseitiger Schwellenwert der t-Verteilung zur Aussage-Wahrscheinlichkeit (95 Prozent) und der Anzahl Freiheitsgrade (n-1)

Beispiel: Für einen Ablaufabschnitt wurden bei 20 Wiederholungsmessungen ein Mittelwert von 1,25 min und eine Standardabweichung von 0,25 min ermittelt. Der absolute Vertrauensbereich ergibt sich nach:

$$\mu_{\text{UNTEN}}^{\text{OBEN}} = 1,25 \pm \frac{0,25}{\sqrt{20}} \cdot 2,093 = 1,25 \pm 0,12, \text{ d. h. es sind } \mu_{\text{UNTEN}} = 1,13 \text{ min und } \mu_{\text{OBEN}} = 1,37 \text{ min}$$

Der wahre mittlere Zeitwert liegt mit 95 %iger Wahrscheinlichkeit zwischen 1,13 min und 1,37 min.

Ob ein Vertrauensbereich angemessen oder zu groß ist, kann nur für eine konkrete Situation beurteilt werden. Je größer er ist, desto geringer ist die statistische Genauigkeit des Zeitmittelwertes. Auf zu große Vertrauensbereiche kann man wie folgt reagieren:

1. Die Streuungsursache ist abzustellen: Die Streuungsursache (z. B. Schwankungen der Lötbadtemperatur) wird erkannt und abgestellt bzw. reduziert. Dann führen Wiederholungsmessungen zu einem engeren Vertrauensbereich.
2. Die Streuungsursache ist nicht abzustellen: Die Streuungsursache ist nicht systematischer, sondern zufälliger Art und somit nicht zu erklären, z. B. weil man bei der Aufgabe »Schadensbegutachtung durchführen« das Spektrum der Schäden nicht systematisieren kann. Dann führen auch Wiederholungsmessungen zu keinem engeren Vertrauensbereich.

3. Die Streuungsursache ist erklärbar: Die Streuungsursache ist nicht zufälliger, sondern systematischer Art und mit Hilfe anderer statistischer Ansätze, z. B. der Regressionsanalyse (vgl. Abschnitt 7.4.3.4), zu erklären. Durch Verwendung einer Zeiteinflussgröße (z. B. »Teilegewicht«) wird dann die Streuung aufgelöst.

7.3.3 Zeitmessung und Bezugsleistung

Im Abschnitt 2.1 wurde die Zeitmessung als geeignetes und unproblematisches Verfahren zur Bestimmung von Sollzeiten bei Ablaufabschnitten mit arbeitsmittelbestimmten Vorkommnissen ausgewiesen. Dagegen sind bei Abläufen, in denen mitarbeiterbestimmte Vorkommnisse auftreten, zwei Probleme zu lösen:

1. Es ist das im vorhergehenden Abschnitt angeführte statistische Problem zu lösen.
2. Die erfassten Istzeiten sind auf eine Bezugsleistung zu nivellieren, um eine darauf normierte Zeit auszuweisen.

Die bei Zeitmessungen angewandte Nivellierungstechnik wird als *Leistungsgradbeurteilen*[155] (nach REFA) bezeichnet. Verzichtet man auf das Leistungsgradbeurteilen, besteht die Gefahr, atypisch hohe oder atypisch geringe Leistungsabgaben unnivelliert zu verwenden, also eine geringe Bezugsleistungstreue hinzunehmen.

Der Bezugsleistung beim Leistungsgradbeurteilen entspricht ein *Leistungsgrad* von 100 %, und dieser drückt das Verhältnis von beeinflussbarer Istleistung zu beeinflussbarer Bezugsleistung aus[156]. Beim Leistungsgradbeurteilen werden zwei Aspekte des Bewegungsablaufs beobachtet und beurteilt:

- die Intensität (Effizienz der Bewegungsausführung, in Form von Geschwindigkeit und Kraftanspannung, z. B. erkennbar an den Grundbewegungen Hinlangen und Bringen) und
- die Wirksamkeit (Effektivität der Bewegungsausführung, z. B. erkennbar an den Grundbewegungen Greifen und Fügen).

Durch das Leistungsgradbeurteilen wird der Leistungsgrad L bestimmt, der nach REFA definiert ist als[157]

$$L = \frac{\text{beobachtete Istleistung}}{\text{vorgestellte Bezugsleistung}} \cdot 100\,\%$$

Für die rechnerische Nivellierung der Istzeiten wird der *Leistungsfaktor* $L_f = L/100\,\%$ verwendet (vgl. Abbildung III-133). Die den nivellierten *Istzeiten* zu Grunde liegende Bezugsleistung wird als *REFA-Normalleistung*[158] und die ausgewiesene *Sollzeit* als REFA-Normalzeit t bezeichnet. Es ist $t = t_i \cdot L_f$ bzw. $\bar{t} = \cdot L_f$.

---

155 Das heute in Deutschland ausschließlich praktizierte Verfahren der Leistungsgradbeurteilung ist das des REFA. Bei der MTM-Anwendung entfällt die Leistungsgradbeurteilung, da den Bausteinen eine Normleistung immanent ist (vgl. Teil III, Abschnitt 2.6).
156 Vgl. REFA, (Hrsg.): a. a. O., S. 127, 1997.

Beispiel: In der folgenden Tabelle werden Normalzeiten ausgewiesen und gezeigt, dass Leistungsgrade über 100 % zu höheren Sollzeiten als Istzeiten führen.

Ablaufabschnitt Nr.	Ist-Einzelzeit t_i in min	Leistungsfaktor L_f	Sollzeit (Normalzeit) t in min
1	0,15	1,10	0,165
2	0,10	1,05	0,105
3	0,12	–	0,120

Abbildung III-133
Rechnerische
Nivellierung von
Ist-Zeiten

Leistungsgrade sind nur bei Bewegungsabläufen, also grob- bis sensomotorischem Handeln, zu beurteilen. Tritt z. B. statische Haltearbeit oder informatorisch-mentale Arbeit auf, müssen die gemessenen unnivellierten Istleistungen verwendet werden[159]. Das Leistungsgradbeurteilen ist deshalb meist auf einige Ablaufabschnitte beschränkt, so dass die Bezugsleistungstreue fast stets eingeschränkt ist. Methodisch problematischer ist aber, dass das Messen von Istzeiten und deren Umwandlung in Sollzeiten, im Gegensatz zur sofortigen Bestimmung von Sollzeiten mit einem MTM-Bausteinsystem, einen methodischen Umweg darstellt. Beide Einschränkungen gelten nicht, wenn man die Anwendung der Zeitmessung auf Ablaufabschnitte mit arbeitsmittelbestimmten Vorkommnissen beschränkt.

---

157 Vgl. REFA, (Hrsg.): a. a. O., S. 126, 1997.
158 Der Begriff und die Ermittlung der Normalleistung sind problematisch, weil sie stark vom Erfahrungshintergrund des Beobachters abhängig sind. »Einen schlüssigen und quantitativen Beweis dafür, ob diese Erscheinung der Normalleistung tatsächlich existiert, gibt es nicht«. In: REFA-Methodenlehre des Arbeitsstudiums, Bd. 2, Datenermittlung S. 135, Hanser München, 1978.
159 Vgl. REFA, (Hrsg.): a. a. O., S. 128 f., 1997.

7.4 Selbstaufschreibung

7.4.1 Prinzip, Arten und Anwendung

Als *Selbstaufschreibung* wird das Erheben von Istzeiten, Mengen, Häufigkeiten oder Fallarten durch jene Personen bezeichnet, welche die Arbeit ausführen. Beim Entwickeln von Prozessbausteinen für Produktionsbetriebe wird die Selbstaufschreibung nur selten zur Erhebung von Istzeiten angewandt.[160] Im Abschnitt 2.1 wurde dargelegt, dass die Selbstaufschreibung bei Prozessen relevant ist, denen kundenbestimmte und institutionenbestimmte Vorkommnisse zu Grunde liegen. Aber auch bei mitarbeiterbestimmten Vorkommnissen ist sie oft als Ergänzungstechnik nützlich, z. B. wenn es um die Quantifizierung von Kommunikationsbeziehungen geht, Aufgaben an Bildschirm-Arbeitsplätzen durch Fremderhebungen schwer zu identifizieren sind oder erst nach Abschluss eines Ablaufs klar wird, welche Ablaufabschnitte zu vollziehen waren. Das kommt z. B. in der Instandhaltung vor. Wir unterscheiden zwei Arten der Selbstaufschreibung:

1. Freie Selbstaufschreibung: Ohne vorgegebene Datenstruktur beschreiben die Betreiber eines Arbeitssystems mit eigenen Worten die zu erhebenden Sachverhalte, z. B. in Form von Tätigkeitsberichten oder Aufgabenaufzählungen. Da die Informationen nach keiner vorgegebenen Struktur erhoben werden, lassen sie sich auch nicht methodisch auswerten.
2. Selbstaufschreibung nach vorgegebener Struktur: Alle aufzuschreibenden Vorkommnisse und Sachverhalte sind bestimmten, zuvor festgelegten, Kategorien zuzuordnen. Die vorgegebene Struktur wird in Aufschreibungs-Vordrucken dargelegt. Diese Art der Selbstaufschreibung wird z. B. zum Erfassen von Mengen, von Aufgabenschwerpunkten, von Störungszeitpunkten und -häufigkeiten oder von Durchlaufzeiten angewandt.

Abbildung III-134

Die drei grundlegenden Formen der Selbstaufschreibung

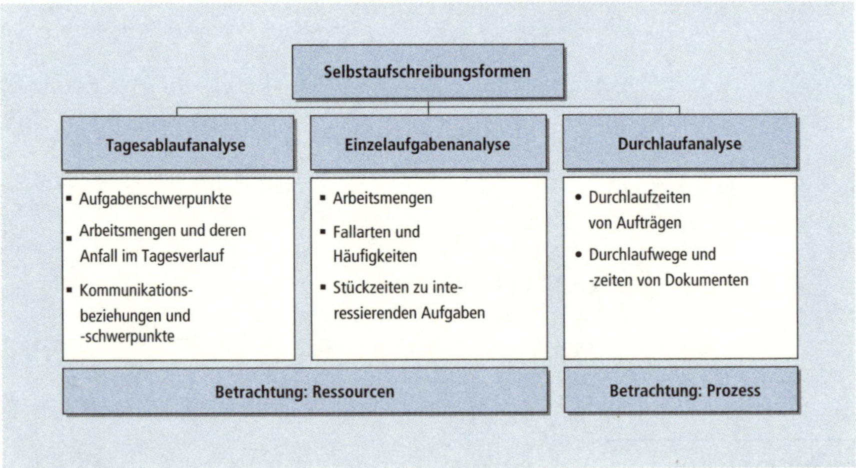

[160] Im Dienstleistungs- und Verwaltungsbereich wird die Selbstaufschreibung dagegen häufiger für die Erhebung von Istzeiten und zur Analyse der Kommunikationsbeziehungen angewandt. Vgl. Bokranz, R.; Kasten, L.: a. a. O., S . 376 f., 2003.

In Abbildung III-134 werden die drei grundlegenden Selbstaufschreibungsformen angeführt. Bei der Tagesablauf- und Einzelaufgabenanalyse werden Ressourcen betrachtet, meistens Menschen. Bei der Durchlaufanalyse wird die Beteiligung mehrerer Arbeitssysteme an einem Prozess betrachtet, um Informationen über die Abhängigkeit des Prozesses von den Aktivitäten eingebundener Arbeitssysteme zu gewinnen. Tagesablaufanalysen werden dann durchgeführt, wenn man aus der Betrachtung des Tagesgeschehens z. B. Aufgabenschwerpunkte, Kommunikationen mit anderen Bereichen im Unternehmen bzw. mit Externen oder externe Einflüsse (Kunden, Institutionen) quantifizieren möchte. Nur im Kontext mit dem Tagesverlauf sind dafür interpretierbare Daten zu gewinnen. Dagegen kann man sich bei einer Einzelaufgabenanalyse auf das Erheben ausgewählter Aufgaben beschränken, wenn es um das Gewinnen partieller Erkenntnisse geht, z. B. die Dauer telefonischer Rückfragen, die Erfassung von Nacharbeitsmengen oder von Störungshäufigkeiten. Dabei interessieren nur diese Einzelfragestellungen und nicht deren Kontext zum Tagesverlauf. Werden dagegen keine Informationen über Ressourcen, sondern über Prozesse benötigt, z. B. um zu erkennen, wie sie zu beschleunigen wären, führt man Durchlaufanalysen durch.

7.4.2 Tagesablaufanalysen

Abbildung III-135 ist zu entnehmen, dass es drei grundlegende erfassungstechnische Möglichkeiten zur Durchführung von *Tagesablaufanalysen* gibt:

Fortschrittsliste

von ... bis		Aufgabe	Menge
8:00	8:20	107	
	8:35	205	1
	8:55	117	12
	9:10	201	
	9:25	205	4
	9:45	104	
	10:05	106	
	10:25	205	1
	10:50	117	14

Fortschrittszeitstrahl

8:00	Arbeitsplatz vorbereiten
8:30	Paletten transportieren [1]
	Messfühler montieren [12]
9:00	Mithilfe bei Azubi
	Paletten transportieren [4]
9:30	Folgeauftrag vorbereiten

Fortschrittstabelle

von ... bis		102	104	106	107	115	116	117	201	205	St 1	St 2
8:00	8:20				x							
	8:35									1	I	
	8:55							12				III
	9:10								x		II	
	9:25									4		
	9:45	x										
	10:05			x								
	10:25									1	I	
	10:50							14				I

Abbildung III-135
Die drei grundlegenden Formen der Tagesablaufanalyse

1. Fortschrittsliste: Der aufschreibenden Person wird eine leere vierspaltige Liste und für die zu erfassenden Aufgaben eine Schlüsselzahlenliste (Kodierungsliste) vorgegeben. Sie trägt die Ende-Uhrzeit[161] jeder erfüllten Aufgabe, deren Aufgabenschlüssel (z. B. 107 = Arbeitsplatz vorbereiten) und, falls zweckmäßig, die Arbeitsmenge ein. Der Planungsaufwand gebietet, dass man diese Erfassungsform nur dann verwendet, wenn eine größere Anzahl Personen in die Untersuchung einbezogen wird. Die Vorteile liegen darin, dass eingabe-

---

161 Nach Eintragen der ersten Beginn-Uhrzeit (in Abbildung III-135 bei 8:00 Uhr) steht die Ende-Uhrzeit gleichzeitig als Beginn-Uhrzeit der folgenden Aufgabe. Wenn im Beispiel das Vorbereiten des Arbeitsplatzes bis 8:20 Uhr dauert, beginnt das Transportieren der Paletten um 8:20 Uhr.

fähige Datensätze entstehen und strukturelle Beziehungen zwischen verschiedenen Stellen durch beliebige Schlüssel-Kombinationen zu identifizieren sind. Diese Erfassungsform wird in erster Linie zum Erheben von Ist-Stückzeiten und für Kommunikationsanalysen verwendet. Sie wird in indirekten und in administrativen Bereichen eingesetzt.

2. Fortschrittszeitstrahl: An einer vorgedruckten Zeitskala werden die erfüllten Aufgaben sowie die angefallenen Arbeitsmengen eingetragen und die Zeitdauer in Form von Begrenzungsstrichen markiert. Der Vorteil liegt in der Übersichtlichkeit für die aufschreibenden Personen, denn diesen wird ein optischer Eindruck über den Anfall von Aufgaben im Tagesverlauf vermittelt.[162] Die Nachteile liegen in der aufwendigeren Auswertung und darin, dass keine häufigen Aufgabenwechsel anfallen dürfen. Diese Form wird in erster Linie zum Gewinnen von Erstinformationen über Abläufe und zum Erfassen von Arbeitsmengen verwendet. Sie kann auch in der Fertigung eingesetzt werden.

3. Fortschrittstabelle: Die bei der Fortschrittsliste einzutragenden Aufgaben (-Schlüssel) sind vorgedruckt, ebenso Kurzzeit-Vorkommnisse, wie z. B. Telefonate, Kurzstörungen (vgl. Abbildung III-135: St 1, St 2). Wie bei der Fortschrittsliste wird die Ende-Uhrzeit einer Aufgabe eingetragen und angekreuzt, um welche Aufgabe es sich handelt. Zudem werden während der Aufgabenerfüllung auftretende Kurzzeit-Vorkommnisse mit Hilfe von Strichlisten erfasst. Der Vorteil gegenüber der Fortschrittsliste ist, dass man keine separate Schlüsselzahlenliste benötigt und durch das Strichlistenprinzip auch kürzeste Vorkommnisse zu erfassen sind. Der Nachteil liegt darin, dass nicht zu viele Aufgaben vorliegen dürfen. Diese Erfassungsform wird in erster Linie zum Erfassen von Ist-Stückzeiten, Häufigkeiten und indirekten Arbeitsmengen sowie für Kommunikationsanalysen[163] verwendet. Sie wird in indirekten und in administrativen Bereichen eingesetzt. In der Fertigung würde sie zu einer inakzeptablen Belastung der aufschreibenden Personen führen.

Bei allen Selbstaufschreibungen, besonders bei Tagesablaufanalysen, sind folgende Sachverhalte zu beachten:

1. Das Notieren der zu erhebenden Daten kann zu Unterbrechungen im Ablauf führen. Es ist zu bedenken, inwieweit das zu vertreten ist.

2. Das Erheben der Häufigkeit von Kurzzeit-Vorkommnissen, z. B. kurzer Telefonate, Beantwortung kurzer Fragen, kann die aufschreibenden Personen überfordern.

3. Die Daten müssen sofort nach Beendigung einer Aufgabe notiert werden. Deshalb dürfen die zu erfassenden Aufgaben weder zu filigran noch zu komplex sein.

4. Bei manchen Vorkommnissen, z. B. manchen Störungen, können die aufschreibenden Personen erst nach längerer Zeit feststellen, welcher Kategorie sie zuzuordnen sind.

5. Notierungsfehler entstehen bei Selbstaufschreibungen eher als bei Fremderhebungen (z. B. Multimomentaufnahmen).

---

162 Diese Erfassungsform ist deshalb z. B. im Rahmen von Verbesserungsteams geeignet, um für die Teams Istzustände übersichtlich zu machen.

163 Vgl. zu Durchführung von Kommunikationsanalysen mit Hilfe von Tagesablaufanalysen bei Bokranz, R.; Kasten, L.: a. a. O., S. 382 f., 2003.

7.4.3 Einzelaufgabenanalysen und Durchlaufanalysen

Bei der Einzelaufgabenanalyse wird nicht die Erfüllung aller über den Tagesverlauf anfallenden Aufgaben erfasst. Vielmehr interessiert man sich nur für bestimmte Aufgaben, z. B. für Rüsten, für Transporte oder für die Durchführung von Nacharbeiten. Tagesablaufanalysen werden nach einer der vorstehend angeführten standardisierten Formen durchgeführt. Bei Einzelaufgabenanalysen werden meist Fortschrittszeittabellen verwendet.

Ein Beispiel zur *Einzelaufgabenanalyse* ist Abbildung III-136 zu entnehmen. Dabei werden für drei interessierende Aufgaben (Rüsten, Transporte und Ausschuss/Nacharbeit) deren tageszeitliche Lage, Zeitdauer und Mengen erfasst. Derartige Erhebungsvordrucke können auch mit ohnehin benutzen Vordrucken, z. B. Auftragszetteln, verknüpft werden, indem man sie auf die Rückseite kopiert.

Datum	von ... bis		Rüsten ohne Helfer	Transporte	Anzahl Skids	Ausschuss	Nacharbeit	Anzahl Teile
17. Juli	7:20	8:25	X					
18. Juli	11:00	11:55						
	12:00	12:10		X	25			
19. Juli	8:50	9:30					X	8
	10:45	12:00	X					

Abbildung III-136
Beispiel (Ausschnitt) für eine Einzelaufgabenanalyse

In Abbildung III-137 wird die *Durchlaufzeitanalyse* von der vorhergehend beschriebenen Einzelaufgabenanalyse dadurch unterschieden, dass man keine Ressourcen, sondern Prozesse betrachtet. Oft werden sie in Form so genannter *Aktendurchlaufanalysen* durchgeführt. Abbildung III-137 ist ein Beispiel für eine einfache Durchlaufanalyse zu entnehmen. Solche Erhebungstabellen werden z. B. in Auftragstaschen eingelegt oder auf Aktendeckel geklebt. Bei diesem Beispiel wird zwischen »in Bearbeitung innerhalb einer Abteilung« und »warten auf den Beginn der Bearbeitung in der Folge-Abteilung« unterschieden. Es kann ermittelt werden, welchen Anteil Liegezeiten an der Durchlaufzeit haben und inwieweit sich die Durchlaufzeit beschleunigen ließe.

Abteilung	erhalten			weiter gegeben			Bearbeitungszeit in Abt. (Stunden)	Wartezeit zwischen Abt. (Stunden)
	Name	Datum	Uhrzeit	Name	Datum	Uhrzeit		
ASG	Mü	15.4.	10:00	Be	23.4.	16:00	54:00	–
CAD	Re	27.4.	9:00	Re	6.5.	16:00	54:00	10:00
ASG	Mü	13.5.	8:00	Mü	24:5.	10:00	50:00	33:00
Versuch	Rk	3.6.	13:00	Rk	11.6.	17:00	43:00	63:00
CAD	Re	14.6.	8:00	Re	15.6.	12:00	12:00	0:00
Prototyp	Sa	28.6.	8:00	Sa	12.7.	12:00	92:00	52:00

Abbildung III-137
Beispiel (Ausschnitt) für die Durchlaufanalyse bei einem Entwicklungsauftrag

7.5 Multimomentverfahren

7.5.1 Prinzip und Anwendung

Beim *Multimomentverfahren*[164] werden Auftretenshäufigkeiten von Vorkommnissen mit Hilfe stichprobenmäßig durchgeführter Kurzzeitbeobachtungen ermittelt. Beobachtet werden bei Rundgängen in Arbeitssystemen zum Beobachtungszeitpunkt auftretende Vorkommnisse. Aufgrund vieler Notierungen wird ein Abbild der Anteile dieser Vorkommnisse am üblichen Tagesgeschehen bestimmt. Das Prinzip des Multimomentverfahrens wurde erstmals in den zwanziger Jahren publiziert[165]. Es wird an einem einfachen Beispiel veranschaulicht.

An Spritzgussmaschinen werden die zu erfüllenden Aufgaben drei Ablaufartengruppen zugeordnet, »Teilehandhabungen«, »Teiletransporte« und »Unterbrechungen«. Abbildung III-138 ist ein Ausschnitt aus dem Tagesverlauf an einer Spritzgussmaschine zu entnehmen, in dem in unregelmäßiger Folge Vorkommnisse zu den drei Ablaufartengruppen auftreten. Bei den Rundgängen wurden 1.000 Beobachtungen durchgeführt und folgende Daten erhoben:

- in 490 von 1.000 Fällen = 49 % der Vorkommnisse zu »Teilehandhabungen«,
- in 320 von 1.000 Fällen = 32 % der Vorkommnisse zu »Teiletransporte«,
- in 190 von 1.000 Fällen = 19 % der Vorkommnisse zu »Unterbrechungen«.

Abbildung III-138

Beobachtungsprinzip beim Multimomentverfahren

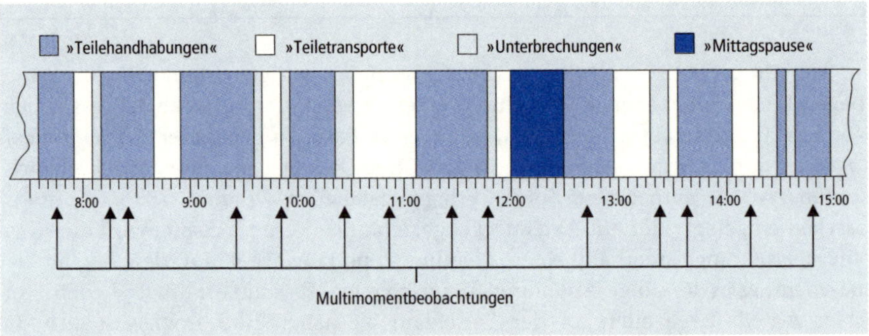

Multimomentaufnahmen werden hauptsächlich aus drei Gründen durchgeführt:

1. Identifikation von Mängeln bei Prozessen: Treten Vorkommnisse mit atypischen oder inakzeptablen Häufigkeiten auf (z. B. beim vorstehend angeführten Beispiel der hohe Transportanteil), ist das ein Auslöser für weitergehende Analysen.
2. Datenbasis für Prozessbausteine ermitteln: Ermittlung von Häufigkeiten für Fallarten oder Periodenmengen bei indirekten Bezugsgrößen, z. B. um MTM-Prozessbausteine mit Bezugsmengen gewichten zu können (vgl. Abbildung III-18).
3. Ermittlung von sachlichen Verteilzeitzuschlagssätzen: Die Anteile für die Ablaufarten zusätzliche Tätigkeit und störungsbedingtes Unterbrechen sind zu ermitteln (vgl. Abschnitt 2.2).

---

164 Lat. multum = viel; momentum = Augenblick.
165 Vgl. Haller-Wedel, E.: Das Multimomentverfahren in Theorie und Praxis, München: Hanser, 1964, S. 17 f.

Das Vorgehen beim Multimomentverfahren lässt sich nach drei Phasen unterscheiden:

1. Planungsphase (vgl. Abschnitt 7.5.3): Hier ist festzulegen, welche Arbeitssysteme zu beobachten und welche beobachteten Personen und Vorgesetzte zu informieren sind. Ferner geht es um die Frage, welche Vorkommnisse beobachtet werden sollen und können. Es ist abzustimmen, welcher Untersuchungszeitraum sinnvoll ist und zu klären, wann die Ergebnisse vorliegen werden, nachdem abgeschätzt ist, wie viele Beobachtungen insgesamt und pro Schicht durchzuführen sind und wie viele Beobachter zur Verfügung stehen.

2. Durchführungsphase (vgl. Abschnitt 7.5.4): Die Beobachter gehen zu festgelegten Zeitpunkten zu den zu untersuchenden Arbeitssystemen, notieren die beobachteten Vorkommnisse/Ablaufarten und führen erste Kontrollauswertungen durch. Dadurch sind Schwankungen der Anteilswerte frühzeitig zu erkennen, woraus z. B. auf mangelnde Repräsentativität zu schließen ist.

3. Auswertungsphase (vgl. Abschnitt 7.5.5): Nach Abschluss der Beobachtungen werden Auswertungen durchgeführt, je nach Untersuchungsziel und den Möglichkeiten, die durch ggf. verwendete elektronische Erfassungsgeräte und Auswertungssoftware geboten werden. Abschließend sind die Ergebnisse zu interpretieren, d. h. auf die vorliegende Aufgabenstellung zu reflektieren.

7.5.2 Statistische Grundlagen

Würde man nur zwei Vorkommnisarten beobachten, z. B. »Maschine läuft« und »Maschine steht«, erhielte man eine binomiale Verteilung und bei mehr als zwei verschiedenen Vorkommnisarten eine multinomiale Verteilung der Vorkommnisse. Beide Verteilungen sind durch die einfach zu handhabende Normalverteilung zu ersetzen, wenn die Bedingung $n \cdot p \cdot q > 50.000$ für jede Vorkommnisart erfüllt wird, was in der Praxis stets der Fall ist.[166] Ferner müssen drei Bedingungen erfüllt sein:

- Repräsentativität: Im Erfassungszeitraum liegen typische Verhältnisse vor.
- Zufälligkeit: Jeder im Erfassungszeitraum vorkommende Zeitpunkt und damit jedes Vorkommnis wird mit gleicher Wahrscheinlichkeit in die Erhebung einbezogen.
- Stichprobenumfang: Es wird für die interessierende Vorkommnis- oder Ablaufart eine ausreichend große Anzahl Vorkommnisse beobachtet, um die wahren Anteilswerte treffsicher zu schätzen.

---

166 Bei $n = 1.000$ Beobachtungen und einem Anteilswert $p = 19 \%$ für eine Vorkommnisart ist $q = 100 - p = 81 \%$. Dann ergibt sich mit $1.000 \cdot 19 \cdot 81 \approx 1{,}54$ Millionen eine sehr gute Erfüllung der Approximationsbedingung.

Statistisch zu berechnen ist, wie weit der stichprobenmäßig ermittelte Prozentanteil p für eine Vorkommnis- oder Ablaufart von deren wahren Prozentanteil P wahrscheinlich maximal abweichen wird. Diese Distanz wird als *absoluter Vertrauensbereich* f bezeichnet. Der wahre Prozentanteil P liegt höchstwahrscheinlich in diesem absoluten Vertrauensbereich.

$$f = \pm\, 1{,}96 \sqrt{\frac{p\,(100 - p)}{n}}$$

f	absoluter Vertrauensbereich in Prozent für den Anteil der betrachteten Vorkommnis- oder Ablaufart
p	Prozentanteil der betrachteten Vorkommnis- oder Ablaufart
n	Anzahl der Beobachtungen (Stichprobenumfang)
1,96	Konstante (Faktor der Summenfunktion der Standard-Normalverteilung) für eine Aussage-Wahrscheinlichkeit von 95 %

Eine 95 %ige Aussage-Wahrscheinlichkeit bedeutet, dass man, würde die Multimomentaufnahme unter unveränderten Bedingungen wiederholt, bei 95 % dieser Wiederholungen Anteilswerte ermittelt, die innerhalb des Vertrauensbereichs fliegen. Der Vertrauensbereich ist ein Maßstab für die Schätzgenauigkeit der ermittelten Anteilswerte und hängt ab von der Anzahl Beobachtungen und vom ermittelten Prozentanteil für die betrachtete Vorkommnis- oder Ablaufart. Für das vorstehend angeführte Beispiel ergeben sich folgende absolute Vertrauensbereiche:

Ablaufart	Beobachtungen x	Anteil p in %	absoluter Vertrauensbereich f in %	untere Vertrauensgrenze p_{min} in %	obere Vertrauensgrenze p_{max} in %
Teilehandhabungen	490	49,0	$\pm\,1{,}96 \sqrt{\frac{49\,(100-49)}{1000}} = \pm\,3{,}1\ \%$	45,9	52,1
Teiletransporte	320	32,0	$\pm\,1{,}96 \sqrt{\frac{32\,(100-32)}{1000}} = \pm\,2{,}9\ \%$	29,1	34,9
Unterbrechungen	190	19,0	$\pm\,1{,}96 \sqrt{\frac{19\,(100-19)}{1000}} = \pm\,2{,}4\ \%$	16,6	21,4
Σ	n = 1000	100			

Gelegentlich wird neben dem absoluten Vertrauensbereich f auch der *relative Vertrauensbereich* ε ermittelt:

$$\varepsilon \text{ in } \% = \pm\, \frac{f}{p}\, 100 \quad \text{bzw.} \quad \varepsilon \text{ in } \% = \pm\, 1{,}96 \sqrt{\frac{100 - p}{n \cdot p}} \cdot 100$$

Auf das vorstehende Beispiel übertragen, ergeben sich folgende relativen Vertrauensbereiche:

Ablaufart	Anteil	absoluter Vertrauensbereich f in %	relativer Vertrauensbereich ε in %
Teilehandhabungen	49,0	3,1	$\pm\,1{,}96 \sqrt{\frac{100-49}{1000 \cdot 49}} \cdot 100 = \pm\,6{,}3\ \%$
Teiletransporte	32,0	2,9	$\pm\,1{,}96 \sqrt{\frac{100-32}{1000 \cdot 32}} \cdot 100 = \pm\,9{,}0\ \%$
Unterbrechungen	19,0	2,4	$\pm\,1{,}96 \sqrt{\frac{100-19}{1000 \cdot 19}} \cdot 100 = \pm\,12{,}8\ \%$

Bei der Planung von Multimomentaufnahmen ist die erforderliche Anzahl Beobachtungen, der Stichprobenumfang, festzulegen, um die Untersuchungsdauer abschätzen und die täglichen Beobachtungsrundgänge planen zu können. Dazu wird die Formel zur Bestimmung des absoluten Vertrauensbereichs f nach der Anzahl Beobachtungen n aufgelöst, und man erhält die Formel für die näherungsweise Bestimmung der Anzahl erforderlicher Beobachtungen n' (darin ist f' der gewünschte, erforderliche Vertrauensbereich:

$$n' = \frac{1,96^2 \cdot p\,(100 - p)}{f'^2}$$

Beispiel: Es soll die Ablaufart »Teilehandhabungen« (p = 49 %) mit einem gewünschten Vertrauensbereich f' = 2,5 % bestimmt werden.

$$n' = \frac{3,84 \cdot 49\,(100 - 49)}{2,5^2} = 1.535 \text{ Beobachtungen}$$

Da bereits n = 1.000 Beobachtungen vorliegen, wären noch (n' – n) = 535 weitere Beobachtungen durchzuführen.

7.5.3 Planung von Multimomentaufnahmen

Nachfolgend werden die vier in der Planungsphase anfallenden Planungsschritte erläutert. Je komplexer das Vorhaben ist, desto akribischer sollte man diese vier Schritte vollziehen. Im ersten Schritt geht es darum, die Erhebungsziele festzulegen und daraus die ersten, für den weiteren Untersuchungsgang erforderlichen Schlüsse zu ziehen. Die häufigsten Erhebungsziele sind:

- Identifikation von Mängeln bei Prozessen.
- Ermittlung von sachlichen Verteilzeitzuschlagssätzen.
- Häufigkeiten für Fallarten oder Periodenmengen bei indirekten Bezugsgrößen, z. B. um MTM-Prozessbausteine mit Bezugsmengen gewichten zu können.
- Auslastung der Ressourcen prüfen und Schwachstellen identifizieren.

Aus den Erhebungszielen ist abzuleiten, welche

- Arbeitssysteme/Stellen zu untersuchen sind,
- Vorkommnisse oder Ablaufarten von besonderem Interesse sind,
- Erhebungszeiträume repräsentative Ergebnisse liefern werden,
- Vertrauensbereiche bei der Erhebung anzustreben sind,
- Personen und Institutionen zu informieren sind.

Die beobachteten Personen sollten angeregt werden, ihr übliches Arbeitsverhalten während der Erhebung beizubehalten, weil nur dann auch der Schluss von den Erhebungsergebnissen auf den tagesgeschäftlichen Normalfall zulässig ist.

Im zweiten Schritt ist das Untersuchungsfeld (zu erfassende Arbeitssysteme/Stellen) und der Untersuchungszeitraum festzulegen. Werden nicht alle Arbeitssysteme/Stellen erfasst, müssen die ausgewählten Arbeitssysteme repräsentativ sein für den gesamten Untersuchungsbereich, z. B. hinsichtlich der auftretenden Vorkommnisse und Ablaufarten, der Mengen oder der Mitarbeiterqualifikation.

Besonders zu beachten sind Aushilfs-, Teilzeit- und Leihkräfte, Mitarbeiter an orts-veränderlichen Arbeitsplätzen sowie Personen, die während der Untersuchung hin-zukommen oder ausscheiden. Je umfangreicher Multimomentaufnahmen sind, desto empfehlenswerter ist es, Erhebungsfelder hierarchisch zu strukturieren.

Beispiel: Für die Durchführung einer Multimomentaufnahme in mehreren Werken eines Unternehmens wurde folgende sechsstufige hierarchische Struktur gewählt:

1. Werk (z. B. Oldenburg),
2. Fertigungsbereich (z. B. Stoßfänger),
3. Untersuchungsbereich (z. B. Montage),
4. Teiluntersuchungsbereich (z. B. Stoßfänger-JIT-Montage),
5. Stellengruppe (z. B. Verpackungslinie),
6. Stelle (z. B. Registrierplatz).

Der Untersuchungszeitraum ist so festzulegen, dass ein repräsentativer Ist-Zustand erfasst wird. Sollen z. B. Spitzenwerte bei den Arbeitsbelastungen ermittelt werden, wird man den Untersuchungszeitraum in den Ultimo legen. Sind dagegen Jahres-mittelwerte zu bestimmen, wird man einen Monat mit durchschnittlichem Mengen-anfall wählen, z. B. März, April, September oder Oktober. Wenn Mengen erfah-rungsgemäß periodisch schwanken, sollte sich eine Erhebung über mindestens einen Monat erstrecken.

Im dritten Schritt sind drei Arbeitsergebnisse zu erzielen:

- Vorkommnis- oder Ablaufartenkataloge erstellen,
- Anzahl erforderlicher Beobachtungen festlegen,
- Rundgangsplan mit den Rundgangsfolgen erstellen.

Gliederung und Umfang von Vorkommnis- oder Ablaufarten-Katalogen werden zwar durch das Untersuchungsziel bestimmt, doch sollte man vier Sachverhalte beachten:

1. Jedes Vorkommnis muss im Augenblick der Beobachtung eindeutig erkennbar sein und zwar an Hand äußerer Merkmale. Für jedes Vorkommnis bzw. jede Ablaufart ist ein Erkennungsmerkmal zu bestimmen. Sind diese nicht sicher zu unterscheiden, ist bei den Beobachtungsrundgängen keine eindeutige Notierung gewährleistet.
2. Die Vorkommnisse/Ablaufarten sollten ausreichend differenziert sein, im Zweifelsfall eher mehr als weniger, weil bei der Auswertung ein Zusammen-fassen, aber kein Untergliedern möglich ist. Bei Multimomentaufnahmen wird oft zwischen 20 und 50 Vorkommnissen unterschieden.[167]

---

167 Gegen eine zu starke Differenzierung spricht, dass Vorkommnisse/Ablaufarten dann schwieriger zu unterscheiden sind. Einige Vorkommnisse/Ablaufarten werden zudem so selten auftreten, dass für akzeptable Vertrauensbereiche inakzeptabel hohe Beobachtungs-zahlen erforderlich werden (Faustregel: Anteilswerte für interessierende Vorkommnisse sollten nicht unter 2 % liegen).

3. Der Vorkommnis-Katalog muss sinnvoll gegliedert sein, um die Arbeit des Beobachters zu erleichtern und eine übersichtliche Darstellung auch umfangreichen Zahlenmaterials bei der späteren Ergebnisinterpretation zu ermöglichen.[168]

4. Die Vorkommnisse sollten zweifelsfrei beschrieben sein, um alle realen Situationen eindeutig einem Vorkommnis zuordnen zu können.

Ablaufartengruppe	Ablaufarten (Erkennungsmerkmale)
1 Prüfen	Teile am Tisch, Skid, Band, ... prüfen; Funktionsprüfungen durchführen etc.
2 Maskieren	Teile maskieren, abkleben; Maskierschablone anbringen etc.
3 Maschine bestücken	Teile in/aus Maschine, Anlage, Vorrichtung, ... einlegen/entnehmen
4 Montieren	Teile einbauen, verschrauben, verklipsen, verrasten, einsetzen, ...; Anbauteil, Stoßleiste, Kabelstange, Sensor, NSW, SRA, Einlegeteil, Feder, ... montieren etc.
5 Verpacken	Teile in Folie, Papier, Karton, ... verpacken etc.
7 Grundieren/Lackieren von Hand	Teile zum Grundieren/Lackieren vorbereiten; Teile von Hand grundieren/lackieren etc.
8 Vor-/Be-/Nacharbeiten	Teile reinigen, entgraten, schleifen, polieren, beföhnen, beflammen etc.
9 Schäumen von Hand	Trennmittel aufbringen; Füllmasse einspritzen; Schaumstoffband zuschneiden, aufkleben
10 Kaschieren von Hand	Teile beschneiden, umbugen, beföhnen, ...; Trennmittel, Kleber auf Teile auftragen; Teile von Hand/Klebepistole verkleben; Schablone anbringen, entfernen etc.
11 Material vorbereiten	SMC-Material abwiegen, zuschneiden; Folie von SMC-Material abziehen; Rollen in Schneidvorrichtung einhängen etc.
12 Teile, Werkzeuge, ... transportieren, Handling	Gehen mit/ohne Teile, Werkzeuge, ...; Teile mit Hubwagen, ... befördern; Teile auf/vom Skid, Band, ... aufgeben/abnehmen; Teile in/aus Palette, Box, Behälter, ... ablegen/entnehmen etc.
13 Untätig	Ablaufbedingtes Warten; Störungsbedingtes Warten z.B. wegen Maschinen-/Anlagenstörung; untätig wegen Materialmangel; untätig (Ursache nicht erkennbar)
14 Gespräche	Zwei oder mehrere Personen sind im Gespräch; dienstliche Besprechung in der Gruppe
15 Arbeitsplatz aufräumen, säubern etc.	Arbeitsplatz aufräumen und säubern; Arbeitsplatz bei Schichtbeginn vorbereiten; Vorrichtungen wechseln; Betriebsmittel, Werkzeuge reinigen; Maschinen ein-/nachstellen (kein planmäßiges Einrichten/Rüsten) etc.
16 Verwaltungsangelegenheiten	Arbeiten am PC; telefonieren; Unterlagen, Arbeitspläne, Schriftstücke lesen; Statistiken führen; Schreiben von Hand etc.
17 Außerhalb des Untersuchungsbereiches unterwegs	Rücksprache nehmen; Informationen beschaffen; Material holen; Grund der Abwesenheit nicht erkennbar etc. Ablösen (Waschplatz, Kontrollplatz, ...); versetzt in anderen Arbeitsbereich; zum Maskieren in der Lackieranlage etc.
18 Pause	Frühstücks- und Mittagspause
19 Persönliches	jegliche persönliche Bedürfnisse, inkl. Speisen und Getränke holen ; Essen, Trinken, Rauchen etc.
20 Sonstiges	Teil mit Fettstift kennzeichnen; Barcode eingeben, einscannen; Teil auspacken, auswickeln etc.

Abbildung III-139

Beispiel eines Ablaufarten-Katalogs

---

168 Sammel-Vorkommnisse sollten auf ein Minimum beschränkt werden. Wenn Beobachtungen unter »Sonstiges« und »Nicht erkennbar« notiert werden, lässt sich nach Abschluss eines Rundgangs nur schwer rekonstruieren, was sich dahinter verbirgt.

Bei dem in Abbildung III-139 zu entnehmenden Ablaufarten-Katalog stehen die ersten 11 Ablaufartengruppen für »unmittelbar Arbeitsfortschritt bewirkend« und die folgenden sechs Ablaufartengruppen für »nur mittelbar zu Arbeitsfortschritt führend«. Die Ablaufarten selbst reichen für sachkundige Beobachter als Erkennungsmerkmale aus.

Die Bestimmung der *Anzahl erforderlicher Beobachtungen* n' wurde im Abschnitt 7.5.2 erläutert. Wird ein bestimmter Vertrauensbereich bei jedem beobachteten Arbeitssystem gewünscht, muss die Anzahl erforderlicher Beobachtungen für jedes Arbeitssystem ermittelt werden. Wenn man die Prozentanteile je Vorkommnis nur für mehrere Arbeitssysteme (z. B. für alle Spritzgussmaschinen) zusammen benötigt, verteilt man die Beobachtungszahl auf diese. Die Anzahl der vermutlich erforderlichen Beobachtungen ergibt sich als Quotient aus den insgesamt erforderlichen Beobachtungen und der Anzahl zusammengefasster Arbeitssysteme.

Beim Bestimmen der Rundgangsfolgen sind die Beobachtungszeitpunkte, die Anzahl Rundgänge und die Rundgangspläne festzulegen. Die Beobachtungen müssen zufällig erfolgen, und einen zeitlichen Mindestabstand haben, der über der Rundgangsdauer liegt. Dauert ein Rundgang z. B. 10 Minuten, sollten zwischen zwei Rundgängen mindestens 15 Minuten liegen. Die *Anzahl möglicher bzw. erforderlicher Rundgänge pro Tag* wird bestimmt durch:

- den zeitlichen Mindestabstand zwischen zwei Beobachtungsrundgängen,
- die Länge der Schichtzeit,
- den erwünschten Vertrauensbereich der Anteilswerte (je höher dieser ist, desto mehr erforderliche Beobachtungen),
- die Länge des Untersuchungszeitraums,
- ob eine Einzelaufnahme (Aussage pro Arbeitssystem) oder eine Gruppenaufnahme (Aussagen über mehrere gleichartige Arbeitssysteme) durchgeführt wird.

$$R_{T\,max} = \frac{AZ}{\left(MIN + \dfrac{MAX}{2}\right)}$$

Die theoretisch[169] maximale Rundgangszahl pro Beobachtungstag $R_{T\,max}$ ist:

AZ   tägliche Arbeitszeit in Minuten
MIN, MAX   zeitlicher Mindest-/Maximalabstand in Minuten zwischen zwei Beobachtungszeitpunkten

Beispiel: Bei einer Rundgangsdauer von 10 Minuten, einem Maximalabstand zwischen zwei Rundgängen von 20 Minuten sowie 8 Stunden täglicher Arbeitszeit, sind theoretisch maximal 24 Rundgänge pro Tag durchzuführen.

$$R_{T\,max} = \frac{8 \cdot 60}{\left(10 + \dfrac{20}{2}\right)} = 24 \text{ Rundgänge pro Tag}$$

---

169 Die Einschränkung »theoretisch« erfolgt, weil die Rundgangszeitpunkte zufallsmäßig bestimmt werden, wobei es vorkommen kann, dass der mittlere Abstand von [MIN + (MAX/2)] bei den für einen Beobachtungstag bestimmten Zeitpunkten überschritten wird.

Die Anzahl der erforderlichen Rundgänge pro Beobachtungstag R_T wird wie folgt ermittelt:

Einzelaufnahme $R_T = \dfrac{n'}{T}$ Gruppenaufnahme $R_T = \dfrac{n'}{T \cdot n_R}$

T	Anzahl der Beobachtungstage
n'	Anzahl erforderlicher Beobachtungen
n_R	Anzahl Beobachtungen pro Rundgang

Beispiel: Pro Rundgang werden fünf Arbeitssysteme erfasst, über die eine gemeinsame Aussage zu treffen ist (Gruppenaufnahme). Es sollen innerhalb von 15 Tagen 1.535 Beobachtungen durchgeführt werden. Dann sind erforderlich:

$$R_T = \frac{1.535}{15 \cdot 5} \approx 20 \text{ Rundgänge pro Tag}$$

Um die Zufälligkeitsbedingung zu erfüllen und bei mehreren Beobachtern ein einheitliches Beobachtungsprinzip zu sichern, sollte ein *Rundgangsplan* erstellt werden, der Arbeitssysteme in der Reihenfolge enthält, in der sie beobachtet werden. Rundgangspläne können in grafischer Form als Lagepläne und Wegeskizzen oder in tabellarischer Form erstellt werden. Es sollten mehrere Rundgangsfolgen geplant und zwischen ihnen im Verlauf der Multimomentaufnahme gewechselt werden. Für jedes Arbeitssystem sollte man einen Beobachtungsstandpunkt festlegen, von dem aus die Beobachtung vorzunehmen ist.

Im vierten Schritt sind die *Beobachtungszeitpunkte* festzulegen, die Beobachtungsformblätter anzulegen[170] und Proberundgänge durchzuführen. Bei manueller Planung wird nach dem Festlegen der Rundgangszahl pro Beobachtungstag aus einer Stunden-Minuten-Zufallszahlentafel für jeden Beobachtungstag der Rundgangszeitplan festgelegt. Für diese Festlegung werden typischerweise DV-gestützte Tools verwendet.

7.5.4 Durchführung von Multimomentaufnahmen

Die Durchführung der Multimomentaufnahme besteht in erster Linie darin, die Beobachtungsrundgänge zu absolvieren, dabei die Vorkommnisse/Ablaufarten zu erheben sowie begleitend die Arbeitszeiten der einbezogenen Personen und direkte Arbeitsmengen/Häufigkeiten zu erfassen.

Spätestens nach etwa 500 Beobachtungen führt man bei manueller Erfassung eine erste *Kontrollauswertung* durch. Beim Einsatz von Auswertungssoftware werden die Notierungen täglich ausgewertet und die Ergebnisse tageweise fortgeschrieben. Durch diese permanenten Kontrollauswertungen ist frühzeitig zu erkennen, wenn Ungereimtheiten entstehen. Bei Kontrollauswertungen sind:

---

170 Beim Einsatz elektronischer Erfassungsgeräte sind keine Erfassungsformblätter erforderlich, die Rundgangszeitpunkte werden automatisch erzeugt, und es wird durch einen Signalton zum Rundgang aufgefordert. Beim Einsatz einer Software werden die Rundgangszeitpunkte nach Eingabe der Arbeitszeit, Pausen und Rundgangsdauer automatisch erzeugt und beim Erfassungsgerät angezeigt oder mit den Beobachtungsblättern ausgedruckt.

1. die Anzahl aller und die je Vorkommnis angefallenen Beobachtungen zu ermitteln,
2. die Prozentanteile p und die Vertrauensbereiche f für die Vorkommnisse zu bestimmen,
3. die erforderliche Beobachtungsanzahl n' zu ermitteln, falls der erwünschte Vertrauensbereich f' noch nicht erreicht wurde.

Beispiel: Abbildung III-140 sind folgende Sachverhalte zu entnehmen:

1. Für die betrachtete Ablaufart wird ein Anteil p = 40 % erwartet (Nr. 4).
2. Über bisher 5 Tage wurden täglich n_i = 100 Beobachtungen, insgesamt also n = 500 Beobachtungen, durchgeführt.
3. Im rechten Bildteil wurde die geplante, erwartete Entwicklung des Vertrauensbereichs (Nr. 5) zum geschätzten mittleren Anteilswert von 40 % (Nr. 4) auf n = 500 Werte kumuliert eingetragen.
4. Im linken Bildteil sind die täglich angefallenen Anteilswerte (Nr. 3) und die kumulierten Anteilswerte (Nr. 6) eingetragen.
5. Den täglich angefallenen Anteilswerten sind ferner die täglich angefallenen Vertrauensbereiche (Nr. 7) zugeordnet, bezogen auf den kumulierten Anteilswert bei n = 500, das ist p = 45,6 %. Der tägliche Anteilsverlauf liegt im oberen Teil dieses »Vertrauensbereichstrichters«, und der Anteilswert des vierten Beobachtungstages liegt sogar außerhalb. Das ist ein Beleg dafür, dass sich die täglichen Anteilswerte erst langsam zu einem stabilen Niveau hin bewegen.

Über den Aufnahmeverlauf hinweg werden für die wichtigen Vorkommnisse/ Ablaufarten die Anteilswerte und Vertrauensbereiche kontrolliert, wie Abbildung III-140 zu entnehmen ist. Im Verlauf der Aufnahme wird der Vertrauensbereich immer enger. Die Anteilswerte stabilisieren sich zwar hin zum erwarteten Anteils-Mittelwert (= 40 %), weichen von diesem aber doch deutlich ab.

Abbildung III-140

Beispiel (Ausschnitt) für eine Kontrollaus-wertung bei einer Vorkommnis-/Ablaufart

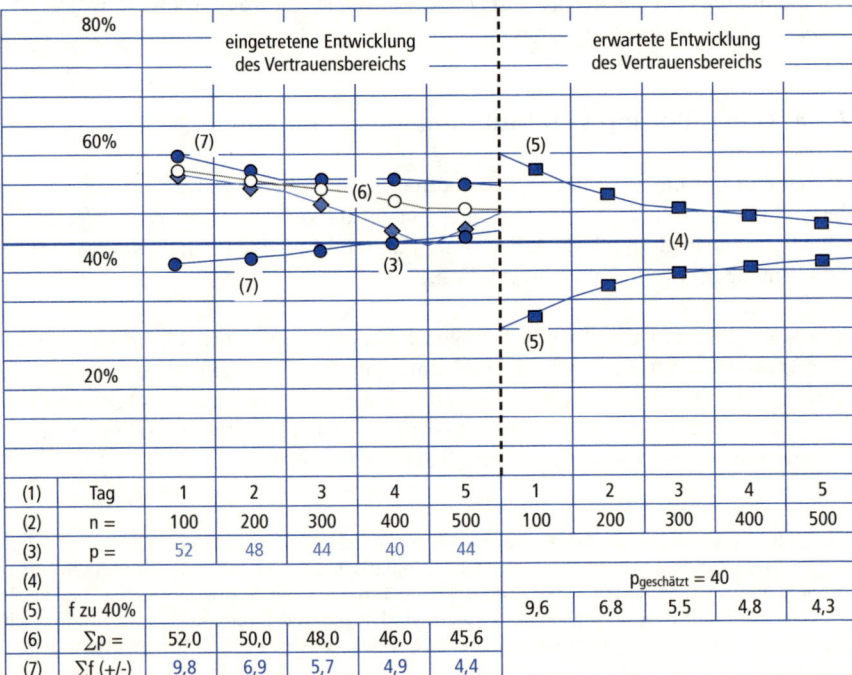

(1)	Tag	1	2	3	4	5	1	2	3	4	5
(2)	n =	100	200	300	400	500	100	200	300	400	500
(3)	p =	52	48	44	40	44					
(4)									$p_{geschätzt}$ = 40		
(5)	f zu 40%						9,6	6,8	5,5	4,8	4,3
(6)	∑p =	52,0	50,0	48,0	46,0	45,6					
(7)	∑f (+/-)	9,8	6,9	5,7	4,9	4,4					

Den Kontrollauswertungen ist zu entnehmen, ob die am Ende anfallenden Anteilswerte erheblich von den Schätzungen bei der Planung abweichen werden. Gegebenenfalls ist die vorgesehene Anzahl Beobachtungen zu erhöhen oder zu reduzieren.

7.5.5 Auswertung von Multimomentaufnahmen

Bei der *Endauswertung der Multimomentaufnahme* geht es um die rechnerische Auswertung, um Ergebnisaufbereitungen und -interpretationen. Auswertungen sind nach zwei strukturellen Aspekten zu unterscheiden, nach dem hierarchischen und nach dem sachlich-funktionalen Aspekt.

Im Abschnitt 7.5.3 wurde zum hierarchischen Aspekt ein Beispiel für eine sechsstufige hierarchische Struktur gegeben, die von der Organisationseinheit Werk bis hinunter zur Organisationseinheit Stelle reicht. Abbildung III-141 ist ein Beispiel für eine Auswertung über alle Ablaufartengruppen und untersuchten Bereiche auf der obersten hierarchischen Ebene (hier: Werk) zu entnehmen. Dabei werden das Ergebnis der gesamten Multimomentaufnahme und damit Schwerpunkte sowie mögliche Mängel dargelegt. Beim vorliegenden Beispiel fallen z. B. die hohen Anteile für Nacharbeit und Untätigkeit auf.

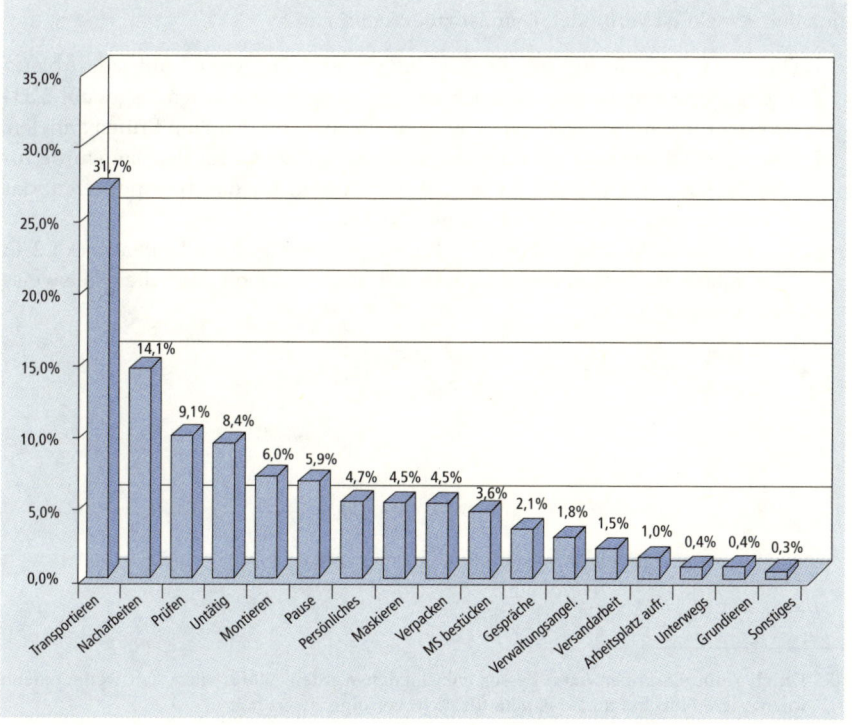

Abbildung III-141

Beispiel für eine Auswertung über alle Ablaufartengruppen und untersuchten Bereiche auf Werksebene

Abbildung III-142 ist eine Auswertung auf der vierten hierarchischen Ebene (Teiluntersuchungsbereich) zu entnehmen, ebenfalls nach Ablaufartengruppen. Eine tiefer gehende Auswertung nach Ablaufarten ist möglich, wird aber schnell unübersichtlich.

Abbildung III-142

Beispiel für eine Auswertung nach Ablaufartengruppen und der Ebene eines Teiluntersuchungsbereiches (Stoßfänger-JIT-Montage)

Ablaufartengruppen	Anzahl Beob.	p in %	p kum.	f in %
Transportieren (Teile entnehmen, transportieren, bewegen, …)	1.189	41,95	41,95	1,82
Montieren (Teile einsetzen, verschrauben, …)	865	30,52	72,48	1,70
Prüfen (Teile am Skid, Band, Tisch, … kontrollieren)	363	12,81	85,29	1,23
Persönliches (Getränke holen, Toilette …)	95	3,35	88,64	0,66
Untätig (Ablaufbedingtes Warten, Maschinenstörung, Material-/Behältermangel, …)	66	2,33	90,97	0,56
Verwaltungsangelegenheiten (Lese-/Schreibarbeit, Telefon, …)	62	2,19	93,15	0,54
Mitarbeiter-/Kollegengespräche	57	2,01	95,17	0,52
Maschinen bestücken (Teile einlegen/entnehmen)	33	1,16	96,33	0,39
Nacharbeiten (Teile entgraten, reinigen, Angüsse entfernen, …)	28	0,99	97,32	0,36
Außerhalb des UB unterwegs	26	0,92	98,24	0,35
Sonstiges	23	0,81	99,05	0,33
Arbeitsplatz rüsten, aufräumen, säubern …	11	0,39	99,44	0,23
Versandarbeiten (Boxen vorbereiten, umreifen, …)	9	0,32	99,75	0,21
Pause	4	0,14	99,89	0,14
Verpacken (Teile in Folie, Karton, Behälter, … verpacken)	3	0,11	100,00	0,12
Summe	2,834	100,00		

Das in Abbildung III-142 angeführte Auswertungsschema nach dem sachlich-funktionalen Aspekt ist verbreitet. Dem ist zu entnehmen:

1. Die Anzahl durchgeführter Beobachtungen und die Anzahl auf jede Ablaufartengruppe entfallenden Beobachtungen. Im Beispiel wurden insgesamt 2.834 Beobachtungen durchgeführt, wovon 363 Beobachtungen zum Prüfen anfielen.
2. Die Anteilswerte und die kumulierten[171] Anteilswerte. Im Beispiel wurde für das Prüfen ein Anteilswert von 12,8 % ermittelt, für das Transportieren, das Montieren und das Prüfen zusammen 85,3 %.
3. Die absoluten Vertrauensbereiche. Im Beispiel beträgt beim Prüfen f = ± 1,2 %.
4. Die relativen Vertrauensbereiche sind hier ausgeblendet. Beispielsweise beträgt beim Prüfen

$$\varepsilon = \frac{1,23\ \%}{12,81\ \%} \cdot 100\ \% = 9,6\ \%$$

---

171 Durch Kumulierungen kann besser entschieden werden, wofür man sich weitergehend interessieren möchte und was man für nicht verfolgenswert hält.

Weitere Auswertungsmöglichkeit bestehen darin, den tageszeitlichen Verlauf des Auftretens interessanter Vorkommnisse zu analysieren oder Richtzeiten zu bestimmen. Bei der Ermittlung der *Sollzeiten* werden die parallel zur Multimomentaufnahme erfassten Arbeitsstunden pro Vorkommnis/Ablaufart sowie die direkten Arbeitsmengen verwendet. Bei der Auswertung werden die Richtzeiten je Vorkommnis/Ablaufart ermittelt nach:

$$\text{Richtzeit je Vorkommnis/Ablaufart} = \frac{\text{erfasste Arbeitszeit} \cdot \text{Anteilswert je Vorkommnis/Ablaufart}}{\text{direkte Arbeitsmenge} \cdot 100}$$

Beispiel: Beim Teiluntersuchungsbereich »Stoßfänger-JIT-Montage« wurden im Erhebungszeitraum für die dort tätigen Personen 1.950 Arbeitsstunden erfasst. Bei einem Anteilswert für das Prüfen von 12,8 % fielen dann 250 Stunden an. Während des Erhebungszeitraums wurden 12.800 Stoßfänger produziert (und damit auch geprüft). Dann beträgt die Sollzeit für das Prüfen ca. 1,2 min/Stoßfänger.

Richtzeiten sollten nicht in Prozessbausteine gewandelt werden. Die Qualität (vgl. Abschnitt 2.6) derartiger Richtzeiten ist eingeschränkt, und qualitativ hochwertige Richtzeiten wären mit Hilfe eines MTM-Bausteinsystems wesentlich schneller zu entwickeln. Der Ausweis von Richtzeiten bei Multimomentaufnahmen-Auswertungen dient vielmehr der Plausibilisierung und Relativierung der Ergebnisse.

Die Auswertungsergebnisse können interpretiert werden, indem man sie verbal erläutert oder, wie vorstehend anhand der Richtzeiten gezeigt, auf Bezugsmengeneinheiten umrechnet. Darüber hinaus können Beziehungszahlen, z. B. durch Heranziehen von Ressourcenkosten, Leistungstreibern, Betriebsflächen oder Kundenkennzahlen zu instruktiven Daten führen. Bei der Erläuterung sollten notwendige Relativierungen und Einschränkungen vorgenommen werden, z. B. zur Repräsentativität, zu zeitlichen Begrenzungen oder zur Verallgemeinerbarkeit.

8 Unternehmensspezifische Prozessbausteine

8.1 Überblick

MTM stellt Prozessbausteine in den ersten drei Hierachieebenen seines Hierachiekonzeptes zur Verfügung, die branchen- und unternehmensunabhängig anwendbar sind. Die bereits höher aggregierten Standardvorgänge der Hierachieebenen 4 bis 6 können die Anwendung beschleunigen, sind aber schon nicht mehr universell einsetzbar und müssen zuvor im Einzelfall geprüft werden. Für viele Unternehmen ist es daher sinnvoll, eigene, höher aggregierte Prozessbausteine zu entwickeln, um

- den Anwendungsaufwand bei der Prozessmodellierung zu reduzieren,
- einen höheren Abdeckungsgrad mit Prozessbausteinen bei vergleichbarem Aufwand zu erreichen,
- um den Pflege- und Änderungsaufwand bei den Prozessbausteinen zu reduzieren,
- eine transparente und einfach handhabbare Datenbasis für die Vorkalkulation, KVP-Maßnahmen oder eine umfassende Arbeitssystemgestaltung zu erreichen.

Vorgehens-phasen	Vorgehensschritte		Prozessbaustein-Beschreibungselemente
Phase 1: Identifikation	1.1	Anwendungsbereich abgrenzen, Ziel und Verwendungszweck (z. B. Angebotskalkulation, Taktung) festlegen	
	1.2	Bausteinbedarf durch Produkt- und Aufgabengliederung erheben	
	1.3	Oberste Aggregationsebene festlegen und Rahmenbedingungen beschreiben	
	1.4	Darunterliegende Aggregationsebenen gemäß der Anwendererfordernisse festlegen	
Phase 2: Planung	2.1	Bezugsgrößen und Bezugsmengen festlegen	Bezugsgröße, Bezugsmengeneinheit Zeiteinflussgrößen Bezeichnung Kodierung
	2.2	Zeiteinflussgrößen/Ausprägungen, anzuwendende MTM-Bausteinsysteme/Ergänzungstechniken sowie Ausmaß an Arbeitssystembeschreibung festlegen	
	2.3	Bezeichnung und Kodierung festlegen	
Phase 3: Erstellung	3.1	Inhaltbezeichnung, Ablaufbeschreibung und Abgrenzung der Prozessbausteine festlegen	Inhaltskennzeichnung Ablaufbeschreibung Abgrenzungen des Bausteins Sollzeit Begrenzung
	3.2	Sollzeiten ermitteln (MTM-Analyse)	
	3.3	Restriktionen (Begrenzungen und Anwendungsregeln) festlegen	

Abbildung III-143

Vorgehen bei der Entwicklung unternehmensspezifischer Prozessbausteine

8.2 Identifikation von Prozessbausteinen

8.2.1 Abgrenzung des Anwendungsbereichs

Je nach Verwendungszweck eines Prozessbausteinsystems sind die Bedingungen für die Erstellung, Anwendung und Pflege verschieden. Folgende Punkte sollten zu Beginn der Prozessbaustein-Entwicklung geklärt werden:

- Auswahl der Verfahren oder Arbeitsplätze, die mit Prozessbausteinen abgedeckt werden sollen
- Fachliche Voraussetzungen der Verwender der Prozessbausteine
- Informationstransfer aus vorhandenen Prozessplanungsunterlagen
- Notwendige Prozessauflösung
- Geforderte Anwendungsgeschwindigkeit
- Produkt-, Teile- und Verrichtungsspektrum
- Erwünschte Prozesstransparenz
- Angestrebter Grad der Übertragbarkeit auf andere Anwendungsbereiche
- Ausbildungsstand und Kapazität des für die Entwicklung verfügbaren Personals
- Bedingungen aus den Betriebsvereinbarungen/Tarifverträgen

Abbildung III-145 ist zu entnehmen, dass bei der *Identifikation von Prozessbausteinen* zuerst jene betrieblichen Bereiche festgelegt werden, für die man Bausteine benötigt. Anwendungsbereiche stehen für Arbeitssysteme, die ähnliche Aufgaben erfüllen (z. B. Kundendienst, Vormontage), in denen ähnliche Arbeits-/Sachmittel und Arbeitsgegenstände vorliegen und für die es deshalb gleiche oder ähnliche Prozessbausteine geben wird (vgl. Abbildung III-144). Um Anwendungsbereiche abzugrenzen, gliedert man die betrieblichen Leistungsbereiche so, dass sie ähnliche Arbeitssysteme repräsentieren. Dadurch werden Voraussetzungen dafür geschaffen, die innerhalb eines Anwendungsbereichs identifizierten Prozessbausteine in mehreren Arbeitssystemen verwenden zu können.

Abbildung III-144
Beispiel (Ausschnitt) für Festlegung von Anwendungsbereichen

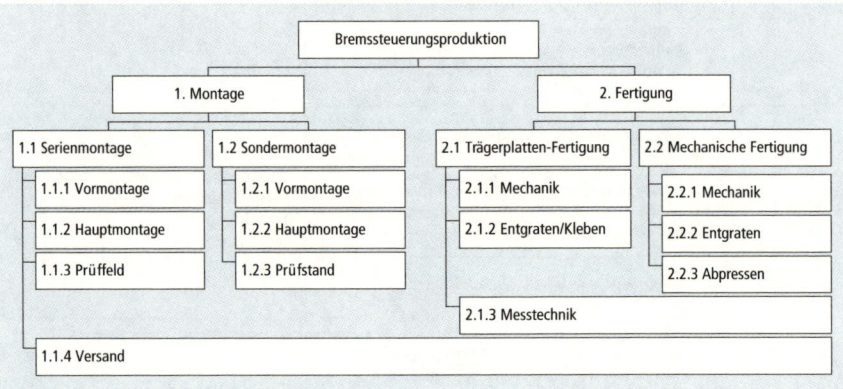

8.2.2 Erhebung des Bausteinbedarfs

Im zweiten Schritt geht es darum, die in den Anwendungsbereichen zu erfüllenden Aufgaben durch Produkt- und/oder *Aufgabengliederungen* zu erheben.

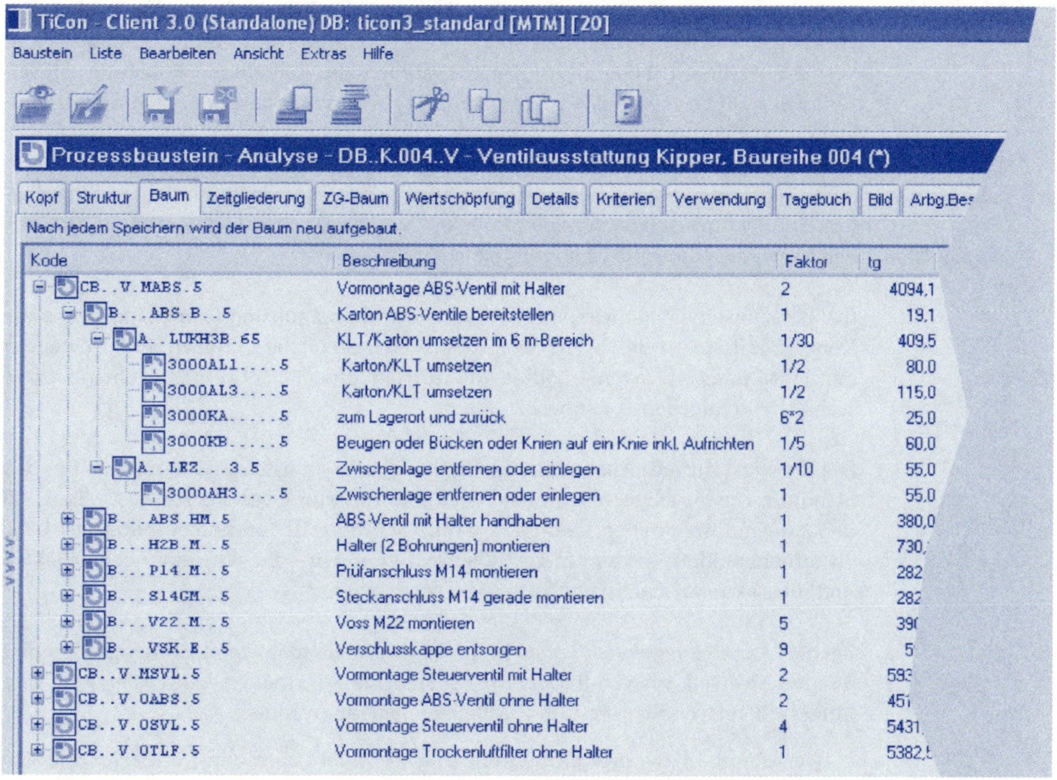

TiCon - Client 3.0 (Standalone) DB: ticon3_standard [MTM] [20]

Baustein Liste Bearbeiten Ansicht Extras Hilfe

Prozessbaustein - Analyse - DB..K.004..V - Ventilausstattung Kipper, Baureihe 004 (*)

Kopf Struktur Baum Zeitgliederung ZG-Baum Wertschöpfung Details Kriterien Verwendung Tagebuch Bild Arbg.Be

Nach jedem Speichern wird der Baum neu aufgebaut.

Kode	Beschreibung	Faktor	tg
CB..V.MABS.5	Vormontage ABS-Ventil mit Halter	2	4094,1
B...ABS.B..5	Karton ABS-Ventile bereitstellen	1	19,1
A..LUKH3B.65	KLT/Karton umsetzen im 6 m-Bereich	1/30	409,5
3000AL1....5	Karton/KLT umsetzen	1/2	80,0
3000AL3....5	Karton/KLT umsetzen	1/2	115,0
3000KA.....5	zum Lagerort und zurück	6*2	25,0
3000KB.....5	Beugen oder Bücken oder Knien auf ein Knie inkl. Aufrichten	1/5	60,0
A..LEZ...3.5	Zwischenlage entfernen oder einlegen	1/10	55,0
3000AH3....5	Zwischenlage entfernen oder einlegen	1	55,0
B...ABS.HM.5	ABS-Ventil mit Halter handhaben	1	380,0
B...H2B.M..5	Halter (2 Bohrungen) montieren	1	730,
B...P14.M..5	Prüfanschluss M14 montieren	1	282
B...S14GM..5	Steckanschluss M14 gerade montieren	1	282
B...V22.M..5	Voss M22 montieren	5	39(
B...VSK.E..5	Verschlusskappe entsorgen	9	5
CB..V.MSVL.5	Vormontage Steuerventil mit Halter	2	593
CB..V.OABS.5	Vormontage ABS-Ventil ohne Halter	2	45(
CB..V.OSVL.5	Vormontage Steuerventil ohne Halter	4	5431
CB..V.OTLF.5	Vormontage Trockenluftfilter ohne Halter	1	5382,(

In Kapitel 2 wurde begründet, was planmäßig auftretende Vorkommnisse sind und dass man Prozessbausteine für jene Teil- oder Unteraufgaben entwickelt, die durch planmäßig auftretende Vorkommnisse repräsentiert werden.[172] Das erste Ziel bei der Identifikation von Prozessbausteinen ist die Ermittlung des Bausteinbedarfs, also jener Prozessbausteine, die man mutmaßlich[173] benötigt. Die »Aufgabenbäume« werden, wie in Kapitel 2 beschrieben, erhoben und mit einer geeigneten Software, z. B. TiCon®, verwaltet (vgl. Abbildung III-74).

Der Abbildung III-145 ist ein Ausschnitt einer unter TiCon®-verwalteten *Aufgabengliederung* zu entnehmen. Der »Aufgabenbaum« steht für die spätere *Prozessbausteinstruktur*, d. h. die deduzierten Aufgaben repräsentieren die mutmaßlich benötigten Prozessbausteine.

Abbildung III-145
Beispiel (Ausschnitt) für eine Aufgabengliederung zur Identifizierung von Prozessbausteinen

---

172 Die Berücksichtigung nicht planmäßig auftretender Vorkommnisse im Rahmen von Verteilzeitzuschlagssätzen wurde bereits im Abschnitt 2.3.5 erläutert, so dass dieses Thema hier nicht zu behandeln ist.

173 Mutmaßlich deshalb, weil noch nicht darüber entschieden wurde, ob die identifizierten Aufgaben nicht durch Kombinationen und Verdichtungen mit einer geringeren Menge an Prozessbausteinen »abzudecken« sind.

8.2.3 Festlegung der Anwendungsebenen

In Abbildung III-36 wurde bereits dargelegt, wie Prozessbausteine zu benennen sind.

Auf den Standardvorgangsebenen (Vorgangsschritt, Vorgangsfolge, Arbeitsvorgang) werden Prozessbausteine durch mindestens einen Objekt- und Verrichtungsbegriff benannt (z. B. Kabel abmanteln, Reibahle in Bohrfutter einsetzen). Hier wird der Zweck verfolgt, Prozessbausteine für besonders häufig vorkommende Verrichtungen (z. B. Schrauben, Transportieren, Normteile montieren) zu entwickeln, die dadurch ein hohes Ausmaß an Allgemeingültigkeit erlangen. Was in diesem Zusammenhang Allgemeingültigkeit bedeutet, wird in der Folge noch erläutert. Die Deduzierungsprinzipien[174] beim Bilden von Standardvorgängen wurden bereits in Abbildung III-34 angeführt.

In Abbildung III-35 wurden mit den vorstehend angeführten Hierarchieebenen die Komplexitätsstufen des MTM-Prozessbausteinsystems beschrieben. Die Anwender der MTM-Bausteinsysteme sollten die dort angeführten Bildungsregeln für diese sechs Hierarchieebenen kennen.

Die Entwicklung unternehmensspezifischer Prozessbausteine kann bereits bei den Standardvorgangsebenen beginnen. Bei der Entwicklung von Prozessbausteinen auf den Anwendungsebenen kann man dem Abbildung III-146 und Abbildung III-150 zu entnehmenden Konzept folgen. Die Deduktion wird dabei primär nach Objekten und nur sekundär nach Verrichtungen vorgenommen.

Bei den *Anwendungsebenen* versucht man so weit wie möglich allgemeingültige und damit universell verwendbare Prozessbausteine zu erhalten. *Allgemeingültig* und universell verwendbar sind Prozessbausteine dann, wenn sie

1. erzeugnis- bzw. produktneutral, d. h. bei allen, zumindest aber den meisten Erzeugnissen/Produkten verwendbar sind, bei denen jene Aufgabe vorkommt, für deren Erfüllung sie stehen.
2. arbeitssystemneutral, d. h. bei allen, zumindest aber den meisten Arbeitssystemen gültig sind, bei denen die Aufgabe vorkommt, für deren Erfüllung sie stehen.

Bis zur Anwendungsebene B gelingt es fast immer, allgemeingültige Prozessbausteine zu entwickeln. Bei der Anwendungsebene C entstehen bereits Prozessbausteine, die erzeugnis- bzw. produktspezifisch oder arbeitssystemspezifisch sind. Den Anwendungsebenen D bis G werden in den Unternehmen Prozessbausteine zugewiesen, die nur noch für bestimmte Arbeitssysteme bzw. Erzeugnisse/Produkte gültig sind.

---

174 Damit ist gemeint, dass es verschiedene Prinzipien gibt, die man bei der Bildung der hierarchischen Gliederungsebenen verwendet, nach denen man den »Verzweigungsgang« betreiben kann.

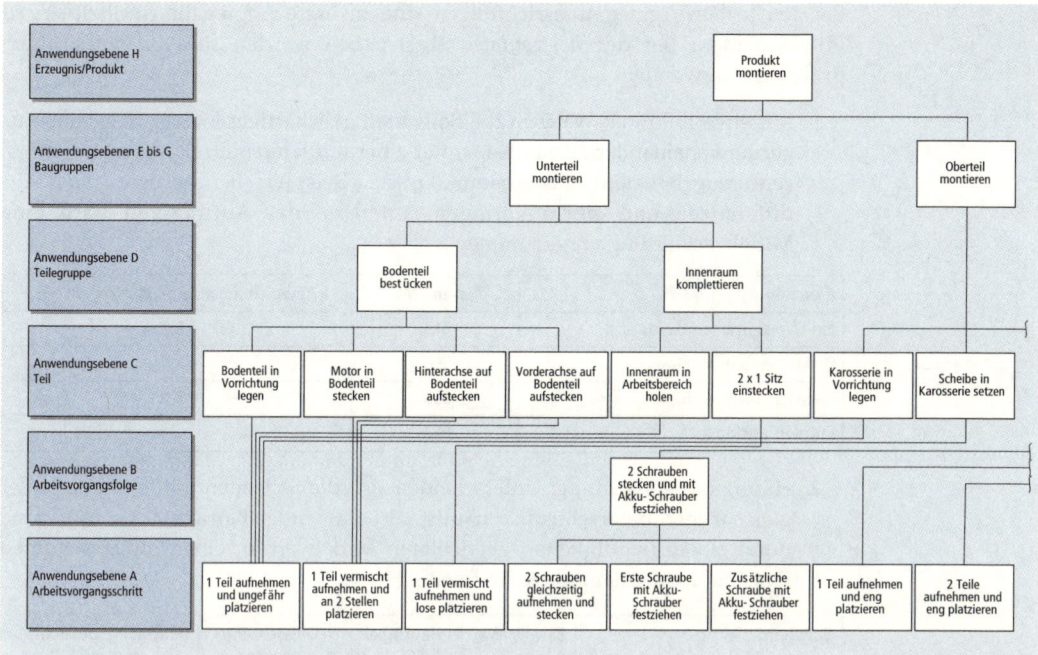

Abbildung III-146

Beispiel (Ausschnitt)
für eine Identifikation
von Prozessbausteinen
auf den Anwendungs-
ebenen

8.2.4 Prinzipien der Prozessbausteinaggregation

Im Abschnitt 8.2.2 wurde erläutert, wie man bei der Bedarfsanalyse Prozessbausteine identifiziert und durch Deduzieren von Aufgaben[175] den mutmaßlichen Bausteinbedarf erhebt. Um nicht für jede Teil- oder Unteraufgabe einen Prozessbaustein zu erhalten, versucht man Prozessbausteine so zu aggregieren, dass sie für mehrere Teil- oder Unteraufgaben gelten. Ziel der Prozessbausteinaggregation ist es, mit möglichst wenigen Prozessbausteinen auszukommen.

Für die *Prozessbausteinaggregation* (Verdichtung) gibt es zwei Richtungen:

1. Horizontale Aggregation: Es werden ähnliche Prozessbausteine auf der gleichen Hierarchieebene zusammengefasst, um die Anzahl notwendiger Bausteine zu verringern. Dabei entstehen umfassendere, aber keine komplexeren Bausteine.
2. Vertikale Aggregation: Es werden in einem prozesslogischen Zusammenhang stehende Prozessbausteine aus einer, seltener auch aus mehreren Hierarchieebenen zusammengefasst, um die Anzahl notwendiger Bausteine zu verringern. Dabei entstehen umfassendere und komplexere Bausteine.

---

175 Durch das Gliedern einer Aufgabe entstehen Teilaufgaben, ggf. über mehrere Gliederungsebenen hinweg. Die dabei entstehenden Äste des Gliederungsbaumes nennt man Aufgabenstrings. Die am Ende des Deduktionsganges, am Ende der Aufgabenstrings entstandenen kleinsten Aufgabenteile nennt man Unteraufgaben.

Bei den beiden Aggregationsrichtungen sind mehrere Aggregationsprinzipien zu unterscheiden. Bei der *horizontalen Aggregation* werden sechs Aggregationsprinzipien verwendet:

1. Mittelwertbildung: Weichen die Sollzeiten gleichartiger kleiner Bausteine nur gering voneinander ab, sind sie unter einer mittleren Sollzeit zu einem umfassenderen Baustein zusammenzufassen. Beispiel: Bei geringen Sollzeitdifferenzen und einem geringen Anteil an der Auftragszeit wird eine Mittelwertbildung vorgenommen.

Baustein	Zeit in TMU	Abweichung vom Mittelwert in %
Ein-/Zweinutzenform ausblasen	613	+ 0,2
Dreinutzenform ausblasen	590	− 3,6
Viernutzenform ausblasen	633	+ 3,4
Formen ausblasen	**612**	

2. Häufigkeitsgewichtung: Unterscheiden sich die Sollzeiten mittlerer bis großer gleichartiger, unterschiedlich häufig vorkommender Bausteine, kann man sie unter einem (häufigkeits-) gewichteten Mittelwert zu einem umfassenderen Baustein zusammenfassen. Beispiel:

Baustein	Zeit in TMU	Häufigkeit / 1.000 Stück	Gewichtungs-faktor	häufigkeitsgewichtete Zeit in TMU
Späne ausblasen	120	8	0,80	96
Späne in Sammelbehälter fegen	230	1,5	0,15	45
Späne in Behälter kippen	240	0,5	0,05	12
Späne handhaben	1	153		

3. Einflussgrößenelimination: Die Sollzeiten kleinerer bis mittlerer Bausteine unterscheiden sich in der Berücksichtigung insignifikanter Zeiteinflussgrößen. Dann kann man diese insignifikanten Einflussgrößen eliminieren und durch Mittelwertbildung oder Häufigkeitsgewichtung einen umfassenderen Baustein bilden. Beispiel: Beim unter 1. angeführten Beispiel hängt die Sollzeit genau genommen von zwei Einflussgrößen ab, von der Nutzenzahl und der Fläche. Die Vernachlässigung der Einflussgröße »Nutzenzahl« führt nur zu ca. 3 % Abweichung vom Mittelwert. Da die Fläche noch weniger signifikant als die Nutzenzahl ist, kann sie ebenfalls vernachlässigt werden.

4. Ausprägungsreduzierung: Die Sollzeiten kleiner bis mittlerer Bausteine unterscheiden sich nur relativ geringfügig, weil die Ausprägungsstufen einer Zeiteinflussgröße nur zu geringen Sollzeiten-Stufungen führen. Dann kann man die Anzahl Bausteine durch eine gröbere Ausprägungsstufung reduzieren. Beispiel: Bei der Einflussgröße »Teilezahl« werden die Ausprägungen um eine Stufe reduziert.

Teilezahl je Transport	Transportweg in m					
	≤ 2		> 2 bis ≤ 5		≤ 5 bis ≤ 10	
≤ 3 Teile	150 TMU		225 TMU		320 TMU	
> 3 Teile bis ≤ 8 Teile	180 TMU	185 TMU	240 TMU	250 TMU	340 TMU	350 TMU
> 8 Teile bis 15 Teile	190 TMU		260 TMU		360 TMU	

5. Bausteinsubstitution: Die Sollzeiten eines selten und eines häufig vorkommenden gleichartigen Bausteins unterscheiden sich. Dann kann man den selten vorkommenden Baustein durch den häufig vorkommenden ersetzen und eine abstrakte Benennung[176] verwenden, der zu entnehmen ist, dass beide eingeschlossen sind. Beispiel: Bei dem unter 2. angeführten Beispiel kommt es gelegentlich vor, dass sich Späne durch ausblasen nicht entfernen lassen, sondern mit einem Stichel vorsichtig herauszukratzen sind. Die Sollzeit beträgt zwar 40 TMU mehr, aber angesichts des geringen Äquivalenzeffektes wirkt sich das nicht aus, und für den Substitutionsbaustein »Späne entfernen« wird ebenfalls die Sollzeit von 120 TMU verwendet.

Baustein	Zeit in TMU	Äquivalenz	Äquivalenzfaktor	Äquivalenzgewichtete Zeit in TMU
Späne ausblasen	120	1	1	120,00
Späne herauskratzen	160	75	0,013	120,52
Späne entfernen				**120**

6. Funktionsbildung: Prozessbausteine werden unterschieden nach konstantem (= immer in gleichem Ausmaß vorkommendem Baustein) und variablem Vorkommen (= von Fall zu Fall, in Abhängigkeit von Zeiteinflussgrößen variierendem Inhalt und Sollzeit)[177]. Die Prozessbausteine variablen Vorkommens werden auch als Ergänzungswerte bezeichnet. Beispiel: Beim Lösen von Schraubverbindungen wird folgende Funktion gebildet, bestehend aus zwei Bausteinen: »Teil spannen und erste Schraube lösen« (310 TMU) und »weitere Schraube lösen« (90 TMU).

Baustein	Zeit in TMU	Differenz/Schraube	Funktion
Teil spannen und eine Schraube lösen	310	–	310 TMU
Teil spannen und zwei Schrauben lösen	400	90 TMU	
Teil spannen und vier Schrauben lösen	580	270 TMU	90 TMU je weitere Schraube
Teil spannen und acht Schrauben lösen	940	630 TMU	

Bei der *vertikalen Aggregation* wird nach zwei Aggregationsprinzipien unterschieden:

1. Sequentielle Addition: Zwischen den Bausteinen gleicher oder verschiedener Hierarchieebenen bestehen prozesslogische, sequentielle Zusammenhänge. Dann kann man diese zu einem komplexeren Baustein zusammenfassen, der einer höheren Ebene als die dabei verwendeten Bausteine zugeordnet wird. Dessen Sollzeit wird durch Addition der Sollzeiten der verwendeten Bausteine ermittelt. Beispiel: Für eine Montagearbeit gibt es unter anderem die Bausteine »20 Teile von der Palette auf den Arbeitstisch setzen« (285 TMU) und »20 Teile vom Arbeitstisch auf die Röllchenbahn schieben« (135 TMU). Beide treten bei jedem Auftrag zwingend und mit gleicher Häufigkeit auf. Deshalb werden sie nach dem Prinzip der sequentiellen Addition zum Baustein »Teil auf den Arbeitstisch setzen und absetzen« (420 TMU/20 Teile = 21 TMU/Teil) zusammengefasst.

---

176 Dieses Prinzip wird auch als Abstraktionsprinzip bezeichnet.

177 Aus mathematischer Sicht handelt es sich um eine linear-inhomogene Funktion vom Typ t = a + bx. In der Praxis wird das auch als »erster-und-weiterer-Prinzip« bezeichnet.

2. Häufigkeitsgewichtung: Die zu einem komplexeren Baustein aggregierten Bausteine stehen in keinem sequentiellen Zusammenhang, sondern treten in unterschiedlicher Kombination und Häufigkeit auf. Dann wird, wie bei der horizontalen Aggregation erläutert, ein gewichteter Mittelwert bestimmt. Würden im vorstehend angeführten Beispiel beim ersten Baustein 30 Teile und beim zweiten Baustein 10 Teile gehandhabt, müsste man eine Häufigkeitsgewichtung vornehmen, also die Sollzeit bestimmen nach 285 TMU / 30 Teile + 135 TMU / 10 Teile = 23 TMU / Teil.

8.2.5 Arbeitssystemübergreifend gültige Prozessbausteine

Ziel ist es, solche Prozessbausteine zu identifizieren, die in mehreren Arbeitssystemen gültig sind. Im ersten Schritt wurden die Prozessbausteinbereiche unter dem Gesichtspunkt der Synergiegewinnung abgegrenzt. Nun wird geprüft, ob Synergien wirklich zu gewinnen sind, indem Prozessbausteine so gebildet werden, dass man sie in mehreren artgleichen Arbeitssystemen verwenden kann. Das kann z. B. bei Prüfaufgaben, bei Informationsaufnahmen und -abgaben, bei der Zu- und Abführung sowie dem Transport von Werkstücken oder bei Standardverrichtungen (Bohren – Senken – Nieten) der Fall sein. Arbeitssystemübergreifend gültige Prozessbausteine sind den Hierarchieebenen A oder B zuzuweisen (vgl. Abbildung III-150). Bei der nun folgenden Planung der Prozessbausteinerstellung ist zu prüfen, welche Einflussgrößen in den artgleichen Arbeitssystemen auftreten und was zu berücksichtigen ist, damit diese Prozessbausteine später tatsächlich *arbeitssystemübergreifend gültig* sind.

8.3 Planung der Prozessbausteinerstellung

8.3.1 Planung von Bezugsmengen

In der Planungsphase sind fünf Aufgaben zu erfüllen:

1. Für die Gesamtheit der Prozessbausteine sind deren Bezugs- und Strukturgrößen (vgl. Abschnitt 2.3.7) festzulegen.
2. Für jeden Prozessbaustein ist die zutreffende Bezugsmenge festzulegen.
3. Für jeden Prozessbaustein sind die Zeiteinflussgrößen sowie deren Ausprägungen zu bestimmen.
4. Für jeden Prozessbaustein ist festzulegen, mit welchem MTM-Bausteinsystem
   bzw. mit welcher Ergänzungstechnik die Sollzeiten zu ermitteln sind.
5. Jeder Prozessbaustein ist zu kodieren.

Die Begriffe der Bezugsgröße und der Strukturgröße wurden bereits in Abbildung
III-18 erläutert und in ihren begrifflichen Kontext zu anderen Mengenbegriffen
gestellt. Bei der Wahl der *Bezugsgröße* sollte man möglichst Stückbezüge wählen,
weil Sollzeiten letztlich immer zur Bestimmung einer Zeit je Einheit verwendet werden. Während die *Strukturgröße* von Prozessbaustein zu Prozessbaustein wechseln
kann, gilt die Bezugsmenge z. B. für ganze Erzeugnisgruppen.[178] Im Allgemeinen
liegen die Bezugsgrößen aus der Arbeitsplanerstellung oder aus der Kalkulation vor
und werden von dort zur Baustein-Entwicklung übernommen.

Neben der Bezugsgröße ist, so Abbildung III-147 zu entnehmen, auch die
Bezugsmenge zu planen. Die *Bezugsmenge* ist das Vielfache, Einfache oder der
Bruchteil der Mengeneinheit der Bezugsgröße, mit dem die Sollzeit eines
Prozessbausteins zu multiplizieren ist, um eine rechnerisch richtige Sollzeit zu
ermitteln. Anders als bei Prozessbausteinanalysen wird die »Anzahl« hier nicht in
Ansatz gebracht, weil sie bereits auf die Bezugsmenge bezogen ist. Die
Bezugsmenge wird nur zur rechnerisch richtigen Sollzeiten-Bestimmung benötigt.

Bezugsgröße:	»Gerät«	Anzahl pro 1 Gerät	Bezugsmenge
Bezugsmenge:	»1 Stück«		
Prozessbausteine – (4 Schrauben/Gerät)			
– (1 Lötstelle/Gerät)			
1. Gerät auf den Tisch stellen		1	1
2. 15 Schrauben auf den Tisch legen		4	4/15 = 0,27 pro Stück
3. bei jedem 5. Gerät Lötstelle prüfen		1	1/5 = 0,20 pro Stück
4. Karton mit 10 Geräten abstellen		1	1/10 = 0,10 pro Stück
5. Palette mit 5 Kartons transportieren		1	(1/5)/10 = 0,02 pro Stück

Abbildung III-147

Beispiel für die
Bestimmung der
Bezugsmengen

---

178 Beispielsweise werden in Druckereien im Allgemeinen nur zwei Bezugsgrößen verwendet.
   Bis zur Druckstockerstellung werden die Bezugsgröße »Auftrag« (z. B. pro 1 Auftrag,
   Bezugsmenge = 1 Stück), danach die Bezugsgröße »Bogenzahl« (z. B. pro 1.000 Bögen,
   Bezugsmenge = 1.000 Stück) verwendet.

8.3.2 Planung von Zeiteinflussgrößen

Nach dem Zuweisen der Bezugsmengen sind für die Prozessbausteine die mutmaßlich signifikanten[179] *Zeiteinflussgrößen* zu planen. Mutmaßlich deshalb, weil erst in der dritten Phase, nach der Ermittlung der Sollzeiten, der Nachweis zu erbringen ist, ob die geplanten Zeiteinflussgrößen signifikant, zu modifizieren oder durch weitere zu ergänzen sind. Erfahrungsgemäß sind die meisten Praktiker in der Lage, signifikante Zeiteinflussgrößen so zu planen, dass spätere Modifikationen oder Ergänzungen kaum erforderlich sind.

Abbildung III-148

Beispiel für die Planung von Zeiteinflussgrößen (Ausschnitt)

Bezugsgröße: Ventil / Bezugsmenge: 1 Stück / Prozessbausteine			Bezugsmenge bei					Zeiteinflussgrößen								
Nr.	Objekt	Verrichtung	Anzahl	ABS-Ventil	Trockenluftfilter	Steuerventil	Bremsventil	Gewicht > 1 daN	Entfernung in m	Entfernungsbereich	Bücken/Beugen	Aufnehmen	Platzieren	Anzahl Platzierstellen	Betätigen	Anzahl Bewegungszyklen
1.	Karton ABS-Ventile	in Arbeitsbereich holen	1	1/30				10	6		1/5					
2.	Zwischenlage	entfernen	1	1/10				sperrig		3		leicht	ungef.			
3.	Gehäuse ABS-Ventil	in Arbeitsbereichmitte holen	1	1						2		leicht	ungef.			
4.	Gehäuse ABS-Ventil	in Vorrichtung setzen	1	1						2			lose	2		
5.	Verschlusskappe	entsorgen	1	9		10				3		leicht	ungef.			
6.	Vorrichtung	spannen und lösen	1	1						2					zusges.	
7.	Vorrichtung	schwenken	1	2						2					einf.	
8.	ZB ABS-Ventil	in Karton ablegen	1	1						3		leicht	ungef.			
9.	Karton ZB ABS-Ventile	zum Lagerort transportieren	1	1/30				11	6		1/5					
10.	Zwischenlage	einlegen	1	1/10						3		leicht	ungef.			
11.	KLT Gehäuse Steuerventil	in Arbeitsbereich holen	1			1/12		10	4		1/5					
12.	Gehäuse Steuerventil	in Arbeitsbereichmitte holen	1			1				2		leicht	ungef.			
13.	Gehäuse Steuerventil	in Vorrichtung setzen	1			1				2			lose	2		
14.	Vorrichtung	spannen und lösen	1			1				2					zusges.	

Dem in Abbildung III-148 angeführten Beispiel ist zu entnehmen, wie den Prozessbausteinen

- die Bezugsmengen zugewiesen werden, unterschieden nach vier Produktvarianten, und
- die Zeiteinflussgrößen und deren Ausprägungen zugeordnet werden.

Zeiteinflussgrößen sind sehr detailliert zu planen, wenn der Prozesstyp 1 vorliegt und man MTM-1 anwenden will. Beim Prozesstyp 2 (UAS) und beim Prozesstyp 3 (MEK) nimmt der notwendige Detailliertheitsgrad immer mehr ab. Die Planung der Zeiteinflussgrößen und ihrer Ausprägungen wird benötigt

---

179 Signifikant bedeutet wichtig oder wesentlich. Eine Zeiteinflussgröße ist dann signifikant, wenn ihre Verwendung bzw. der Verzicht auf ihre Verwendung einen praktisch bedeutsamen Einfluss auf die Höhe der Sollzeit eines Prozessbausteins hat.

1. als Basis für die Entwicklung der Kodierung, weil die Zeiteinflussgrößen der wesentlichste Verschlüsselungssachverhalt ist, und
2. als Leitlinie für die Ermittlung der Sollzeiten, weil darin festgelegt wird, welches MTM-Bausteinsystem anzuwenden und wo Ergänzungstechniken einzusetzen sind.

Der Einflussgrößenplanung ist z. B. zu entnehmen,

- inwieweit vorhandene Prozessbausteine zu nutzen sind. Dazu wird geprüft, ob man neue Bausteine entwickeln muss, auf vorhandene Bausteine zurückgreifen kann oder vorhandene Bausteine zu modifizieren sind.
- ob verschiedene Prozessbausteine zwar unterschiedliche Benennungen haben, inhaltlich aber vergleichbar sind und deshalb die gleiche Sollzeit haben. Dann werden sie, ggf. durch Abstraktion, zu einem Baustein zusammengefasst, weil man mit möglichst wenigen Bausteinen auskommen will.
- ob – erkennbar an den Ausprägungen der Zeiteinflussgrößen – ein offensichtlicher Gestaltungsbedarf vorliegt, man also darauf verzichten sollte, sich bei der Analyse und der Sollzeit-Bestimmung allzu sehr am Ist-Zustand zu orientieren. Es wäre unzweckmäßig, Bausteine für Prozesse zu entwickeln, die man schnellstmöglich verbessern will.

Bei der Einflussgrößenplanung ist zu prüfen, ob die Verwender der Prozessbausteine in der Lage sind, deren Ausprägungen vor Auftragsbeginn vorab zu bestimmen[180].

8.3.3 Qualitätsforderungen an Prozessbausteine

Im Abschnitt 2.6 wurde erläutert, was unter Qualität von Prozessbausteinen zu verstehen ist und welche *Qualitätsforderungen an Prozessbausteine* zu stellen sind. Eine hohe *Stabilität* wird erreicht, wenn Prozessbausteine wie hier erläutert beschrieben werden und die Anwender der MTM-Bausteinsysteme ausreichend qualifiziert sind. Es liegen umso höhere Anforderungen an die Reproduzierbarkeit von Prozessbausteinen vor, je weiter deren Verwendungsspektrum ist, z. B. indem man sie auf andere inländische Werke, auf andere Ländergesellschaften oder auf künftig zu entwickelnde ähnliche Arbeitssysteme anwenden möchte. Je höher die Anforderungen an die Reproduzierbarkeit von Prozessbausteinen sind, desto genauer ist das Arbeitssystem bzw. der Prozessbausteinbereich mit Hilfe der *Arbeitssystembeschreibung* zu dokumentieren. Diese Beschreibung hat dann den Charakter einer mitgeltenden Dokumentation.

Beim Planen der Bezugsmengen und Zeiteinflussgrößen werden auch die anzuwendenden MTM-Bausteinsysteme und Ergänzungstechniken festgelegt. Eine hohe Validität wird erreicht, indem man

---

180 Die Zeitstandards müssen vor Auftragsbeginn vorliegen, d. h. bevor man einen realen Arbeitsvollzug sowie die Bedingungen im Arbeitssystem beobachten kann. Das ist nur möglich, wenn die Verwender der Prozessbausteine die Ausprägungen der Zeiteinflussgrößen ebenfalls ohne Beobachtung eines realen Arbeitsvollzugs vorherbestimmen können.

- das ausgewählte MTM-Bausteinsystem so weit wie technisch möglich anwendet,
- ein prozesstypadäquates Bausteinsystem einsetzt und
- der Einsatz von Ergänzungstechniken auf ein Mindestmaß beschränkt wird.[181]

Das ausgewählte MTM-Bausteinsystem, z. B. UAS, wird man im Allgemeinen für einen Prozessbausteinbereich festlegen. Das angewandte MTM-Bausteinsystem bzw. die eingesetzte Ergänzungstechnik (z. B. bei technischen Prozessen oder Wartezeiten) wird in der Kodierung der Prozessbausteine vermerkt. Vor dem Festlegen der Kodierung ist also zu entscheiden, in welcher Ausführlichkeit Arbeitssystembeschreibungen zu erstellen und den Prozessbausteinen beizufügen und welche MTM-Bausteinsysteme und Ergänzungstechniken anzuwenden sind.

8.3.4 Festlegung der Kodierung

In den folgenden Ausführungen wird die Bedeutung der Bausteinkodierung bei der Entwicklung von Prozessbausteinen erläutert. Die Art der *Kodierung*, das Kodierungsprinzip, hängt nicht davon ab, ob man TiCon® nutzt oder Analysen mit Tabellenkalkulationen erstellt. In beiden Fällen strebt man eine effektive Kodierung an, weil effektive Verschlüsselungen der Prozessbausteine die Voraussetzung für deren effektive Verwendung und für einen sicheren Änderungsdienst sind. Prozessbausteine lassen sich also, mit ein paar Einschränkungen, grundsätzlich auch ohne TiCon® entwickeln. Für eine Reihe von Zwecken[182] sind sie z. B. in Form von Datenkarten oder Kalkulationsblättern auch ohne TiCon® zu verwenden. Ein effektiver und effizienter *Änderungsdienst* ist dagegen ohne TiCon® nicht möglich.

In den folgenden Ausführungen werden die dem MTM-Prozessbausteinsystem zu Grunde liegenden Kodierungskonzepte erläutert.

1. Produktneutrale Kodierung: Verschlüsselungsschema für überbetriebliche und damit erzeugnis-/produktneutrale Prozessbausteine.
2. Produktspezifische Kodierung: Verschlüsselungsschema für innerbetriebliche (unternehmensspezifische) und damit erzeugnis-/produktspezifische Prozessbausteine.

Bei beiden Prinzipien handelt es sich um keine zwingenden Vorschriften, wie sie in Form der Anwendungsregeln für die MTM-Bausteinsysteme vorliegen, sondern um vielfach bewährte Schemata der Deutschen MTM-Vereinigung, denen viele, aber nicht alle Unternehmen folgen. Das betrifft sowohl die 12 Kodierungsstellen[183] als auch die zu kodierenden Sachverhalte.

---

181 Im Abschnitt 2.6.4 wurde erläutert, welche Bedeutung diese Maßnahmen auf die System- und Anwendungsabweichung und damit auf die Validität von Prozessbausteinen haben.

182 Mindestens ein Verwendungszweck setzt zwingend die Verfügbarkeit einer Software voraus, wie sie mit TiCon® gegeben ist: die automatische Zeitversorgung von Arbeitsplänen.

183 Beispielsweise sind bei TiCon® 50 Kodierungsstellen zugelassen. Es wird jedoch relativ wenige Unternehmen geben, die mehr als 12 Kodierungsstellen benötigen.

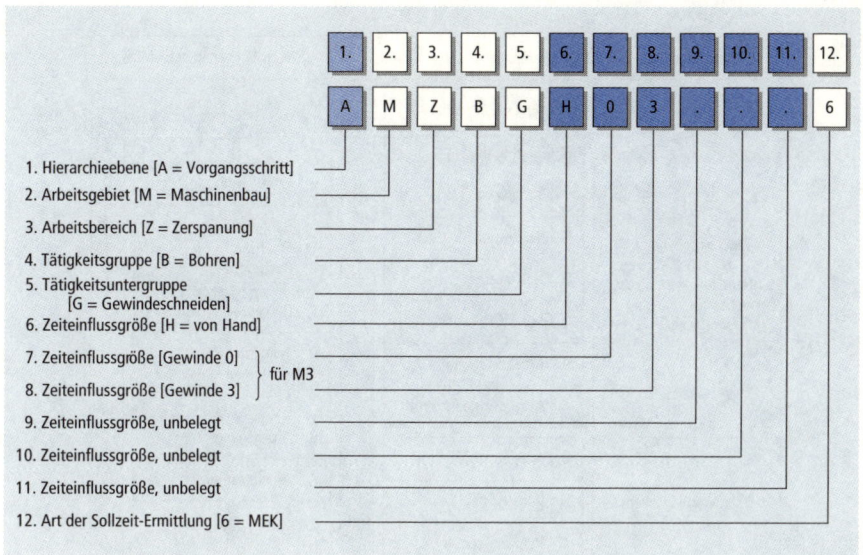

Abbildung III-149

Kodierungsbeispiel für
produktneutrale
Prozessbausteine

Das Abbildung III-149 zu entnehmende Kodierungsbeispiel basiert insofern auf einem Verschlüsselungsschema für *produktneutrale Prozessbausteine*, als produktneutrale Arbeitsinhaltsbeschreibungen und Zeiteinflussgrößen verwendet werden[184]. Es werden vier Verschlüsselungssachverhalte angeführt, die

- Hierarchieebene (1. Stelle, vgl. Abbildung III-150),
- Arbeitsinhalts- oder Aufgabenspezifikation
  (2. bis 5. Stelle, vgl. Abbildung III-151),
- Zeiteinflussgrößen (6. bis 11. Stelle) und
- Art der Sollzeitermittlung (12. Stelle).

Für die Kodierung der ersten Stelle gibt es auf Grund der standardisierten Hierarchieebenen des MTM-Prozessbausteinsystems eine zwingende Vorgabe.[185]

---

184 Bei der produktspezifischen Kodierung werden produktbegründete und damit unternehmensspezifische Zeiteinflussgrößen verwendet. Die beiden Kodierungsprinzipien stehen also für zwei verschiedene Prinzipien der Definition von Zeiteinflussgrößen.
185 Logisch nicht ganz befriedigend ist die Einlagerung von Prozesszeiten, z. B. betriebsspezifischen Zerspanungsformeln oder Pressenhubzeiten. Dafür bieten sich zwei Lösungen an. Einerseits entspricht ihre Bausteinkomplexität jener der Hierarchieebene »1«, denn sie sind nicht »weiter zu unterteilen«. Andererseits handelt es sich um unternehmensspezifisch verwendbare Prozessbausteine, die ab der Hierarchieebene »A« eingelagert sind. Zwischen diesen beiden Möglichkeiten kann man sich entscheiden. Praktische Vor- oder Nachteile birgt keine dieser beiden Lösungen.

Abbildung III-150

Schlüssel (Beispiel) für die Kodierung der ersten Stelle (Hierarchieebene)

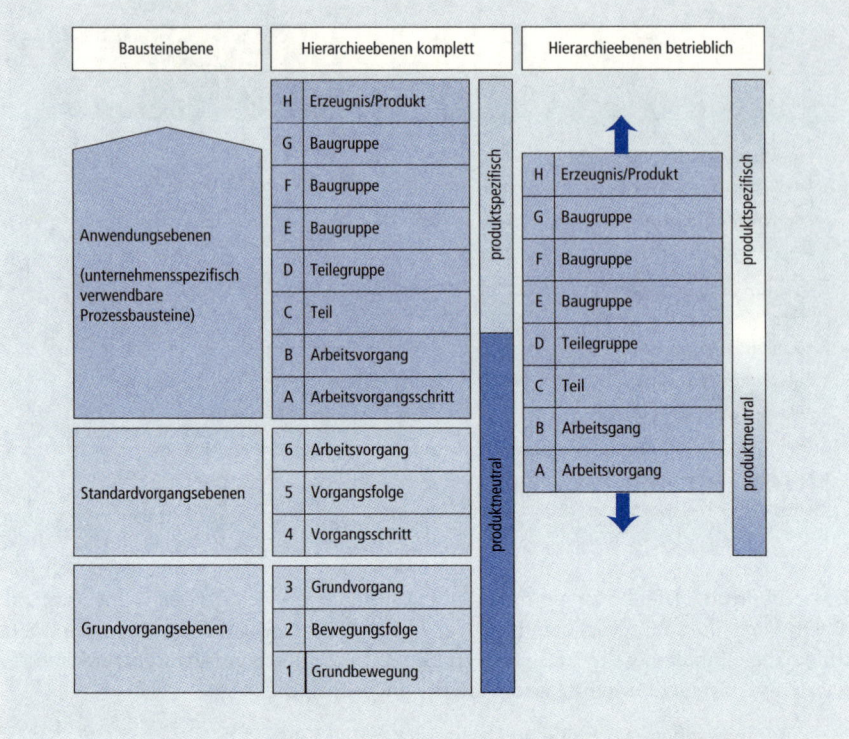

Die Arbeitsinhalts- bzw. Aufgabenspezifikation ist dagegen nicht zwingend, jedoch verbreitet. Konzeptionelle Grundlage ist das Abbildung III-151 zu entnehmende, von der deutschen MTM-Vereinigung vertretene Schema, bei dem in der

- zweiten Stelle das Arbeitsgebiet angeführt wird,
- dritten Stelle der Arbeitsbereich, eine Untermenge eines Arbeitsgebiets, ausgewiesen wird (im vorliegenden Beispiel »M – Metall/Maschinenbau«),
- vierten Stelle nach der Tätigkeitshauptgruppe differenziert wird, einer Untermenge des Arbeitsbereichs (im vorliegenden Beispiel von »Z – Zerspanen«),
- fünften Stelle die Arbeitsaufgabe steht, eine Untermenge der Tätigkeitshauptgruppe. Im vorliegenden Beispiel steht dort z. B. »B – Bohren« für Bohren, Senken, Reiben, Gewindeschneiden.

2.	Arbeitsgebiet	3.	Arbeitsbereich	4.	Tätigkeitsgruppe
Z	Agrar- / Forstwirtschaft	Z	Zerspanen	W	Werkzeug verwenden
Y	Bau	V	Verbinden	S	Schleifen
X	Sozialbereich	U	Umformen etc.	R	Reinigen
W	Werkzeugbau u.ä.	T	Trennen	P	Packen
V	Verwaltung / Administration	S	Spanlose Bearbeitung	O	Oberflächen behandeln
U	Handel und Transport	P	Pressen / Umformen	N	N- / NC-Drehen
T	Textil	M	Montieren (lösbar)	K	Kopierdrehen
S	Schiffbau	B	Beschichten	J	Justieren
R	Reinigung / Dienste	A	Allgemein	I	Informationen verarbeiten
Q	Qualitätssicherung			H	Hobeln
P	Papier			F	Fräsen
O	Holz			D	Drehen
N	Nahrungsmittel			B	Bohren
M	Metall / Maschinenbau			A	Allgemeine Aufgaben
L	Logistik				
K	Kunststoffe				
I	Instandhaltung				
H	Handwerker (alle Bereiche)				
G	Grundstoffe				
F	Fahrzeugbau				
E	Elektro / Elektronik				
D	Dienste				
C	Chemie				
B	Bekleidung, Schuhe				
A	Allgemein				

Abbildung III-149 ist zu entnehmen, dass bis zu sechs Zeiteinflussgrößen zu berücksichtigen sind. Diese Möglichkeit wird man in den meisten Fällen nicht ausschöpfen. Im vorliegenden Beispiel werden die Einflussgrößen-Stellen wie folgt genutzt:

- Fünfte Stelle: Tätigkeitsuntergruppe, z. B. »G = Gewindeschneiden«.
- Sechste Stelle: Ausführungsart, z. B. »H = Gewindeschneiden von Hand«.
- Siebente und achte Stelle: Werkstückausprägungen, z. B. »03« für Gewinde M3, »05« für Gewinde M4/M5, »10« für Gewinde M6 bis M10. Für den zweistelligen Schlüssel werden zwei Kodierungsstellen benötigt.
- Neunte bis elfte Stelle: Man hätte weitere Einflussgrößen, z. B. Material, Gewindetiefe oder Lochart, berücksichtigen können, wovon hier kein Gebrauch gemacht wurde und die ungenutzten Kodierstellen dann ausgepunktet werden.
- Zwölfte Stelle: Die Art der Sollzeit-Ermittlung wird verschlüsselt, z. B. steht die Schlüsselziffer »6« für MEK.

Die vorstehend erläuterte Kodierung für produktneutrale Prozessbausteine ist für die meisten Unternehmen nützlich, gleichgültig, ob diese z. B. eine Kundenauftragsfertigung oder eine Serienfertigung haben. Kodierungen für produktspezifische Prozessbausteine sind dagegen auf Grund unternehmensspezifischer Gegebenheiten festzulegen. Jedes Unternehmen muss sein Kodierungsmodell auf Grund seiner Gegebenheiten entwickeln, z. B. auf Grund von

- Branchenspezifika,
- Fertigungstypologien (z. B. Kundenauftragsfertigung oder Serienfertigung),
- logistischen Konzepten,
- Eigenheiten der Erzeugnisse/Produkte.

Das Abbildung III-152 zu entnehmende Verschlüsselungsschema ist deshalb nur ein Beispiel für die Kodierung *produktspezifischer Prozessbausteine*. Wichtig ist, die unternehmensspezifische Kodierung in Form einer Richtlinie festzulegen und das Konzept durch Involvierung der Beteiligten und Betroffenen abzusichern.

Abbildung III-152

Kodierungsbeispiel für produktspezifische Prozessbausteine

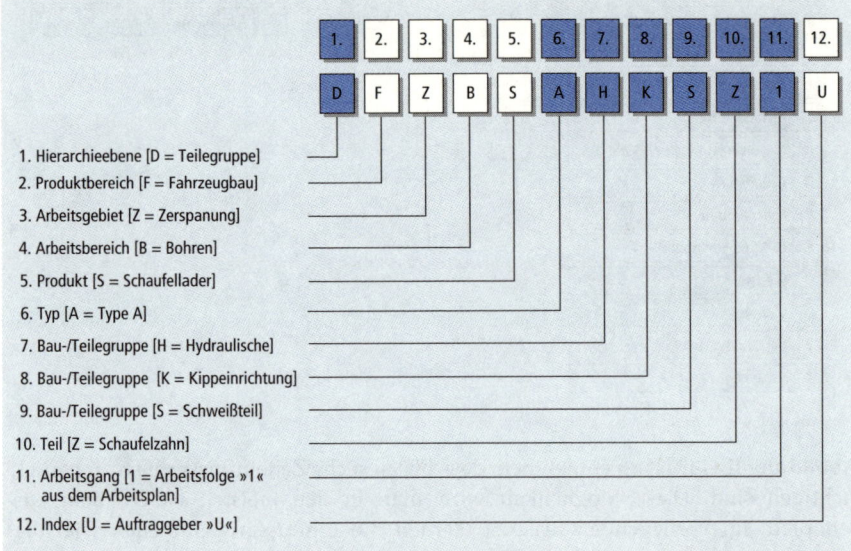

1. Hierarchieebene [D = Teilegruppe]
2. Produktbereich [F = Fahrzeugbau]
3. Arbeitsgebiet [Z = Zerspanung]
4. Arbeitsbereich [B = Bohren]
5. Produkt [S = Schaufellader]
6. Typ [A = Type A]
7. Bau-/Teilegruppe [H = Hydraulische]
8. Bau-/Teilegruppe [K = Kippeinrichtung]
9. Bau-/Teilegruppe [S = Schweißteil]
10. Teil [Z = Schaufelzahn]
11. Arbeitsgang [1 = Arbeitsfolge »1« aus dem Arbeitsplan]
12. Index [U = Auftraggeber »U«]

Abbildung III-153 ist eine unternehmensspezifische Kodierungssystematik zu entnehmen, die auf dem in Abbildung III-152 angeführten Kodierungsmodell basiert. Es handelt sich um noch produktneutrale Prozessbausteine[186] (vgl. Abbildung III-150) der Hierarchieebene A (betriebliche Standardbausteine). Darüber rangieren ebenfalls noch produktneutrale Prozessbausteine der Hierarchieebene B, für Teile und Zusammenbauten. Die darüber rangierenden Prozessbausteine der Hierarchieebenen C (Teile) und D (Teilegruppen) sind bereits produktspezifisch.

---

186 Das bedeutet nicht, dass diese unternehmensintern produktneutralen Prozessbausteine ohne weiteres auf andere Unternehmen übertragen werden können.

Die zweite und dritte Kodestelle ist bei dem in Abbildung III-153 angeführten Beispiel zur Hierarchieebene A nicht belegt. Die vierte Stelle steht für die fünf Arbeitstechnik-Kategorien:

1. Logistikaufgaben L
2. Betätigen von Vorrichtungen B
3. Handhaben von Teilen H
4. Schraubarbeiten S
5. Prüfen P

Die fünfte Stelle steht für die zu diesen Kategorien gehörenden Aufgaben. Bei der Arbeitstechnik-Kategorie »Logistikaufgaben« sind das z. B. die vier Aufgaben:

1. Umsetzen U
2. Ablegen von Zusammenbauten L
3. Entfernen/Einlegen von Zwischenlagen E
4. Auspacken aus Folie A

Abbildung III-153

Beispiel einer betrieblichen Kodierung

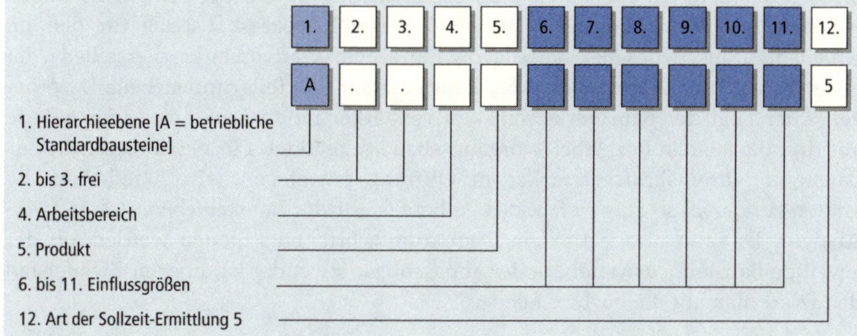

Kodierungsschema:

1.	2.	3.	4.	5.	6.	7.	8.	9.	10.	11.	12.
A	.	.									5

1. Hierarchieebene [A = betriebliche Standardbausteine]
2. bis 3. frei
4. Arbeitsbereich
5. Produkt
6. bis 11. Einflussgrößen
12. Art der Sollzeit-Ermittlung 5

4. Stelle: Tätigkeitshauptgruppe	5 Stelle: Tätigkeitsuntergruppe	6. Stelle	7. Stelle	8. Stelle	9. Stelle	10. Stelle	11. Stelle	1	2	3	4	5	6	7	8	9	10	11	12
Logistikaufgaben				Einflussgrößen				A	.		L								U
Umsetzen		Aufnehmen	Platzieren	Gewicht>1 daN	Bücken/Beugen	Entf.-bereich	Entf. in m												
1 Karton ABS- Ventile	in Arbeitsbereich holen			10	1/5		6												
2 Karton ZB ABS- Ventile	zum Lagerort bringen			11	1/5		6												
3 KLT Gehäuse Steuerventil	in Arbeitsbereich holen			10	1/5		4												
4 KLT ZB Steuerventil	zum Lagerort bringen			11	1/5		4												
		Teil		G.kl. 1 - 3			Entf. in m	A	.		L	U		H						U
		KLT / Karton	von Hand	3	mit Beugen		4	A	.		L	U	K	H	3	B	.	4	U
		KLT / Karton		3			6	A	.		L	U	K	H	3	B	.	6	U
5 Ventilgehäuse T + A	in Arbeitsbereich holen	Einzelteil	ungefähr	2/1,5	1/3		2												
				2	Beugen		2	A	.		L	U	E	H	2	B	.	2	U
6 Halter	in Arbeitsbereich holen	Hand voll	ungefähr	2	Beugen		2	A	.		L	U	H	H	2	B	.	2	U
Ablegen ZB		ZB auf- nehmen	ZB platzieren	Gewicht>1 daN	Bücken/Beugen	Entf.- bereich	Entf. in m	A	.		L	L								U
7 ZB Steuerventil	in KLT ablegen	ZB leicht	ungefähr	1			3	A	.		L	L	B		.	1	.	3	.	U
8 ZB ABS- Ventil	in Karton ablegen	leicht	ungefähr	1			3												
9 ZB Ventile T + A	in Etagenwagen ablegen	ZB leicht	ungefähr	2	1/3		1	A	.		L	L	B		.	2	B	.	1	U
10 ZB Ventile / Halter	in Etagenwagen ablegen	leicht	ungefähr	2	1/3		1												
Entfernen/Einlegen Zwischenlage		Aufnehmen	Platzieren			Entf.-bereich		A	.		L	E								U
11 Zwischenlage	Entfernen Zwischenlage	Zwischen- lage	ungefähr	sperrig		3		A	.		L	E	Z	.	.	3	.	U
12 Zwischenlage	Einlegen Zwischenlage	leicht	ungefähr	sperrig		3		A	.		L	E	Z	.	.	3	.	U
Auspacken aus Folie			Art der Verpackg			Entf. in m		A	.		L	A								U
13 Ventilgehäuse T + A	Auspacken aus Folie		Folie				2	A	.		L	A	.	F	.	.	2	U
Betätigen Vorrichtung								A	.		B								U
14 Vorrichtung	spannen und lösen	Hebel	1	zusamm.- gesetzt		2		A	.		B	F	H	1	Z	.	2	.	U
	schwenken	Hebel	1	einfach		2		A	.		B	S	H	1	E	.	2	.	U

8.4 Erstellung von Prozessbausteinen

8.4.1 Anwendung der MTM-Bausteinsysteme

Nach Abschluss der zweiten Phase liegen die zur Erstellung von Prozessbausteinen notwendigen Daten vor, das sind die Bausteinbezeichnungen der Prozessbausteine und deren Kodierung. In der dritten Phase der Prozessbausteinerstellung werden zuerst die Inhaltsbeschreibung, die Ablaufbeschreibung und die Abgrenzungen (Beginn, Inhalt, Begrenzung, Ende) der Prozessbausteine festgelegt, weil das die Basis für die abschließende Sollzeitbestimmung ist. Zudem sind die notwendigen Anwendungsregeln festzulegen.

Abbildung III-154 ist zu entnehmen, wie bei der Entwicklung von Prozessbausteinen unter TiCon® auf die »Hintergrundanalysen«, also den Entwicklungsgang hierarchisch angelegter Prozessbausteine, zuzugreifen ist, um Modellierungsentscheidungen zu treffen. So ist immer wieder zu prüfen, ob Prozessbausteine aus niedrigeren hierarchischen Ebenen für die Erstellung eines Prozessbausteins taugen (»passen«). Gesucht werden in unserem Beispiel Prozessbausteine für den im Arbeitsplan ausgewiesenen Arbeitsvorgang »Bremskraftverstärker herstellen«. Im ersten Schritt wird geprüft, ob dazu Bausteine auf der Teilgruppenebene D vorliegen. Hier liegt der Baustein »Bremskraftverstärker montieren« vor. Dieser wurde aus drei Bausteinen der Arbeitsvorgangsebene A gebildet. Für einen dieser drei A-Bausteine »Bremskraftverstärker in Öffnung einsetzen« wird wiederum die Hintergrundanalyse aufgerufen, das ist bereits auf der Bausteinebene 3 eine UAS-Analyse. Es kann also bei jedem Deduktionsschritt entschieden werden, ob der jeweilige Baustein verwendbar oder anpassungsnotwendig ist, und im Zweifelsfall deduziert man auf die nächste Ebene.

Abbildung III-154

Beispiel für die Entwicklung eines Prozessbausteins der Hierarchieebene D unter Rückgriff auf Bausteine niedrigerer hierarchischer Ebenen

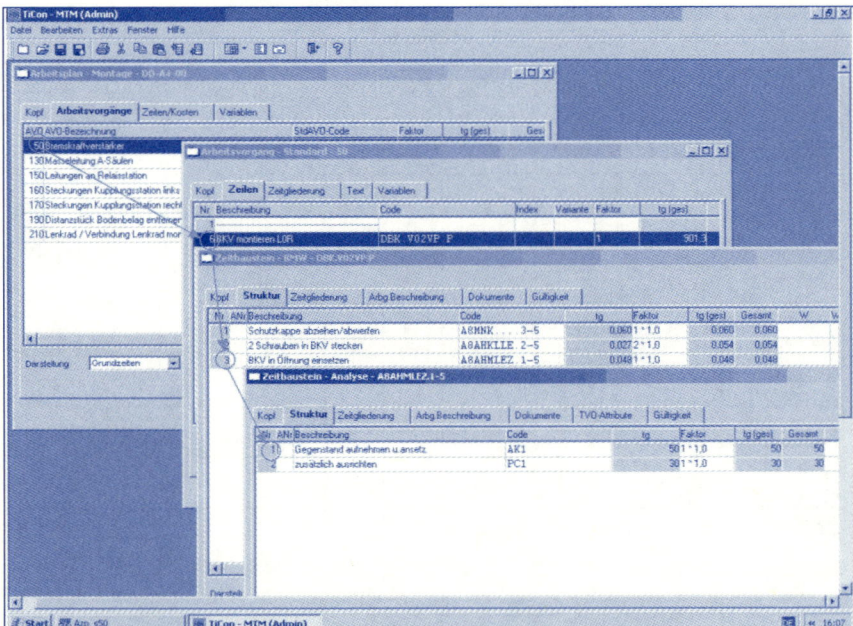

Die mit Sollzeiten versehenen Prozessbausteine sind dahingehend zu prüfen, ob

1. die zeitlichen Differenzierungen der Prozessbausteine plausibel sind,
2. geplante Arbeitsmethoden von den Fachvorgesetzten vertreten werden,
3. die geplanten Arbeitsmethoden von den Mitarbeitern in den Arbeitssystemen bestätigt werden,
4. Besonderheiten und Erschwernissen Rechnung getragen wird,
5. die notwendigen Hinweise darauf in Form von Restriktionen und Anwendungsregeln vorliegen,
6. eine hohe Stabilität vorliegt, indem die Anwender bei Verprobungen hochgradig objektive und reliable Ergebnisse erzielen (vgl. Abschnitt 2.6.3).

8.4.2 Verwendung von Prozessbausteinen

Prozessbausteine sind auf zweierlei Weise zu verwenden:

1. Direkte Verwendung: Die Prozessbausteine werden direkt aus TiCon® in eine Anwendung übernommen, z. B. zur Versorgung eines PPS-Systems oder eines Kalkulations- und Personalbemessungsprogramms.
2. Indirekte Verwendung: Aus den Prozessbausteinen werden Prozessplanungsunterlagen entwickelt, die dann z. B. zur Kalkulation verwendet werden.

Abbildung III-155 ist eine *TiCon®-Schnittstelle* zu einem PPS-System zu entnehmen. Die erstellten Prozessbausteine werden über diese Schnittstelle an die Verwendungssoftware, in diesem Fall SAP R/3, referenziert. Der betreffende, unter SAP im Arbeitsplan angelegte Arbeitsvorgang wird mit einem unter TiCon® gehaltenen Prozessbaustein versorgt. Durch die Referenzierung ist gewährleistet, dass Änderungen bei den Prozessbausteinen sicher in die Arbeitspläne überführt werden.

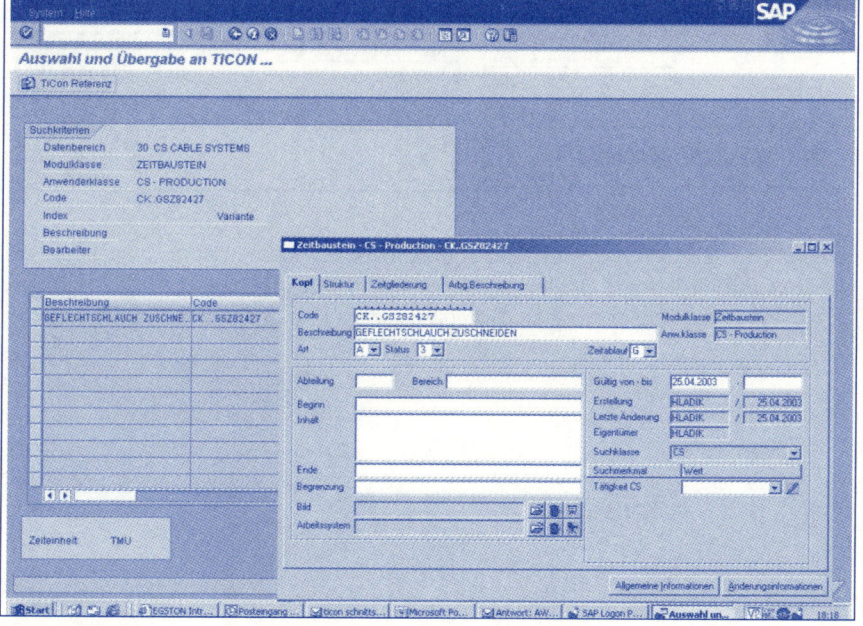

Abbildung III-155

Beispiel für die Bedienung einer Arbeitsplanschnittstelle mit TiCon®

Bei der indirekten Verwendung werden aus den in TiCon®-gehaltenen Prozess-bausteinen Prozessplanungsunterlagen erstellt. Mit deren Hilfe werden Zeitstandards berechnet, z. B. für das Produktivitätscontrolling, die Kalkulation oder die Personalbemessung. Die verbreitetsten Formen von Prozessplanungs-unterlagen sind Datenkarten und Kalkulationsblätter.

Datenkarten sind auf einer bestimmten Aufbau- oder Anwendungsstufenebene zusammengestellte tabellarische Darstellungen von Prozessbausteinen. Wie den fol-genden Abbildungen zu entnehmen ist, verwendet man in der Praxis häufig zur Vereinfachung der Eingabe und zur Visualisierung auf Datenkarten an Stelle des zwölfstelligen Kodes z. B. einen vierstelligen Kurzkode (vgl. Abb. III-156). Dabei bleiben die ersten drei Stellen unverändert, aber die vielen Einflussgrößenstellen werden an der vierten Stelle durch eine Verschlüsselung in alphabetischer Folge (A, B, C, ...) ersetzt.[187]

Abbildung III-156

Beispiel für die Entwicklung einer Datenkarte für die Hierarchieebene A

Logistikarbeiten

Umsetzen

Gegenstand	m-Bereich	Kode	TMU
Karton/KLT	4	LUKA	310
	6	LUKB	410
Einzelteil	2	LUEA	145
Hand voll Teile	2	LUHA	160

Ablegen ZB

Ablageort	EB	m-Bereich	Kode	TMU
in Karton/KLT	3		LLBA	50
Etagenwagen		1	LLBA	95

Entfernen/Einlegen

Gegenstand	EB	Kode	TMU
Zwischenlage	3	LEZA	55

Auspacken

Packart	m-Bereich	Kode	TMU
aus Folie	2	LAFA	270

Handhaben Teile

Aufnehmen und Platzieren

Teile-gewicht	Platzier-genauigkeit	EB	Anzahl Fügestellen	Kode	TMU
	ungefähr	2		HAUA	35
<= 1 daN		3		HAUB	50
	lose	3	1	HALC	60
		3	2	HALD	80
> 1 daN <= 2 daN	lose	2	2	HALE	80

Platzieren

			Kode	TMU
	lose	2	2	HPLA	40

Schraubarbeiten

Stecken

Gegenstand	Platzier-genauigkeit	EB	Kode	TMU
Teil/Schraubteil stecken	eng	2	SSSA	65

Schraubzyklen von Hand

Schraubteil andrehen		EB	Kode	TMU
mit Aufnehmen Schraubteil	erster Turnus	2	SHEA	75
mit Spezialwerkzeug		2	SHEB	50
Schraubteil andrehen	weiterer Turnus	1	SHWA	10

Schrauben mit Werkzeug

Schraubteil anziehen		EB	Kode	TMU
Anziehen mit Schlüssel	erster Hub	1	SWSA	28
(Ring-,Gabelschlüssel)	weiterer Hub	1	SWSB	30
Schraubteil festziehen (Drehmomentfest)				
mit Ratsche			SWRA	110
mit Powerflex			SWPA	140
mit E-Schrauber			SWEA	60

Zuschläge

Art	EB	Kode	TMU
Festziehen und Drehmoment abknicken		SZFA	25
Gegenschlüssel ansetzen	1	SZGA	20
Hilfsmittel handhaben	3	SZHA	55

Betätigen Vorrichtung

Verrichtung	EB	Kode	TMU
Teil in Vorrichtung spannen und lösen	2	BFHA	90
Teil in Vorrichtung schwenken	2	BSHA	60

Prüfen

Verrichtung	EB	Kode	TMU
Kontrollieren mit Prüfdorn	1	PKPA	55

Sowohl Datenkarten als auch Kalkulationsunterlagen können in gleicher Weise für alle Anwendungsebenen analog erstellt werden (vgl. Abb. III-157). Die Software TiCon® bietet dafür eine optimale Unterstützung.

---

187 Dieses Prinzip wurde auch bei der UAS- und der MEK-Normzeitwertkarte angewandt.

Objekte	Ventilausrüstung der Baumuster		
Kipper Baumuster		**Kode**	**MIN**
004		K004	33,71
005		K005	34,21
Sattelschlepper Baumuster			
003		S003	45,55
008		S008	39,13
Transporter Baumuster			
006		T006	44,66
012		T012	34,58

Hierarchieebene D

Abbildung III-157

Beispiel für die
Entwicklung von
Datenkarten für die
Hierarchieebenen B, C
und D

Objekte	Ventile		
mit Halter		**Kode**	**MIN**
ABS-Ventil		MABS	2,46
Steuerventil		MSVL	3,56
ohne Halter			
ABS-Ventil		OABS	2,71
Anhänger-Bremsventil		OABV	2,57
Steuerventil		OSVL	3,26
Trockenluftfilter		OTLF	3,23

Hierarchieebene C

Prüfen			
Verrichtung	EB	Kode	TMU
Kontrollieren mit Prüfdorn	1	PKPA	55

Betätigen Vorrichtung			
Verrichtung	EB	Kode	TMU
Teil in Vorrichtung spannen und lösen	2	BFHA	90
Teil in Vorrichtung schwenken	2	BSHA	60

Handhaben Teile					
Aufnehmen und Platzieren					
Teile-gewicht	Platzier-genauigkeit	EB	Anzahl Fügestellen	Kode	TMU
	ungefähr	2		HAUA	35
<= 1 daN		3		HAUB	50
	lose	3	1	HALC	60
		3	2	HALD	80
> 1 daN <= 2 daN	lose	2	2	HALE	80
Platzieren				Kode	TMU
	lose	2	2	HPLA	40

Logistikarbeiten				
Umsetzen				
Gegenstand		m-Bereich	Kode	TMU
Karton/KLT		4	LUKA	310
		6	LUKB	410
Einzelteil		2	LUEA	145
Hand voll Teile		2	LUHA	160
Ablegen ZB				
Ablageort	EB	m-Bereich	Kode	TMU
in Karton/KLT	3		LLBA	50
Etagenwagen		1	LLBA	95
Entfernen/Einlegen				
Gegenstand	EB		Kode	TMU
Zwischenlage	3		LEZA	55
Auspacken				
Packart		m-Bereich	Kode	TMU
aus Folie		2	LAFA	270

Hierarchieebene B

Kalkulationsblätter sind auf einer Anwendungsebene zusammengestellte tabellarische Darstellungen von Prozessbausteinen. In einem Kalkulationsblatt werden Zeitstandards nachvollziehbar berechnet (kalkuliert). Indem Kalkulationsblätter nicht nur als »Bausteinspeicher«, sondern auch als »Verwendungsleitfaden« dienen, unterscheiden sie sich von den Prozessbausteinkarten.[188] Abbildung III-158 ist ein einfaches[189] Kalkulationsblatt zu entnehmen. Wird ein Baustein im Rechengang verwendet, wird das durch Eintragen seiner Vorkommenshäufigkeit in die Spalte »Faktor« kenntlich gemacht. In der Spalte »Gesamt TMU« wird das Produkt aus der Sollzeit des Bausteins (Spalte »TMU«) und dem »Faktor« gebildet und die Sollzeit für den neuen Prozessbaustein aus der Summe der so gebildeten Produkte errechnet.

---

188 Vgl. Rueß, J.: Aufbau von Zeitberechnungsunterlagen mit Hilfe von MTM-Standard-Daten. In: REFA-Nachrichten, 31. Jg., S. 85–92, 1978.

189 Einfach bedeutet, dass nur Operatoren und keine Vektoren oder Kreuztabellen verwendet werden.

Kode:	K...VV.....5				
Bezeichnung :	Kalkulationsblatt Vormontage ABS-Ventile ohne Halter				
Nr	Beschreibung	Kode	TMU	Faktor	Gesamt TMU
1	Karton ABS-Ventile bereitstellen	B...ABS.B..5	19	1	19
2	ABS-Ventil mit Halter handhaben	B...ABS.HM.5	380		
3	ABS-Ventil ohne Halter handhaben	B...ABS.HO.5	335	1	335
4	Karton ZB ABS-Ventile ohne Halter zum Lagerort bringen	B...ABS.W..5	19	1	19
5	Anhänger Bremsventil bereitstellen	B...ABV.B..5	415		
6	Anhänger Bremsventil handhaben	B...ABV.H..5	385		
7	Anschlussstutzen M22 montieren	B...ASS.M..5	350		
8	Dichtring aufstecken	B...DRG.E..5	65		
9	Halter (1 Bohrung) montieren	B...H1B.M..5	480		
10	Halter (2 Bohrungen) montieren	B...H2B.M..5	730		
11	Prüfanschluss M14 montieren	B...P14.M..5	283	1	283
12	Steckanschluss M14 gerade montieren	B...S14GM..5	283	1	283
13	Steckanschluss M14 Winkel montieren	B...S14WM..5	283		
14	KLT Gehäuse Steuerventile bereitstellen	B...SVL.B..5	26		
15	Gehäuse Steuerventil mit Halter handhaben	B...SVL.HM.5	260		
16	Gehäuse Steuerventil ohne Halter handhaben	B...SVL.HO.5	215		
17	KLT ZB Steuerventile ohne Halter zum Lagerort bringen	B...SVL.W..5	26		
18	Trockenluftfilter bereitstellen	B...TLF.B..5	415		
19	Trockenluftfilter handhaben	B...TLF.H..5	385		
20	Voss M10 montieren	B...V10.M..5	568		
21	Voss M16 montieren	B...V16.M..5	588	2	1.176
22	Voss M22 montieren	B...V22.M..5	390	5	1.950
23	Verschlusskappe entsorgen	B...VSK.E..5	50	9	450
24	Verschlussschraube M10 montieren	B...VSS10..5	263		
25	Verschlussschraube M16 montieren	B...VSS16..5	313		
					4.515
			Grundzeit t_0 in min		2,71
			Verteilzeit in min bei $z_v = 10 \%$		0,27
			Zeit je Einheit t_e in min bei $e = 1$		2,98

8.4.3 Beispiel zur Entwicklung unternehmensspezifischer Prozessbausteine

In den vorhergehenden Abschnitten dieses Kapitels wurde erläutert, wie mit Hilfe von MTM-Bausteinsystemen unternehmensspezifische Prozessbausteine zu entwickeln sind. In diesem Abschnitt soll das an Hand eines Beispiels aus dem Werkzeugbau verdeutlicht werden, geschildert nach den drei in Abbildung III-143 unterschiedenen Vorgehensphasen.

Die für den Werkzeugbau zu entwickelnden Prozessbausteine sollen zwei Verwendungszwecken dienen, der

1. Arbeits- und Kapazitätsplanung und damit der Zeitversorgung der Arbeitspläne,
2. Zeitkalkulation im Rahmen der Werkzeugkostenkalkulation.

Dazu ist der gesamte Werkzeugbau einzubeziehen, also die Werkzeugbearbeitung und die Werkzeugmontage, weil die oberste Aggregationsebene das »einsatzfähige Werkzeug« ist.

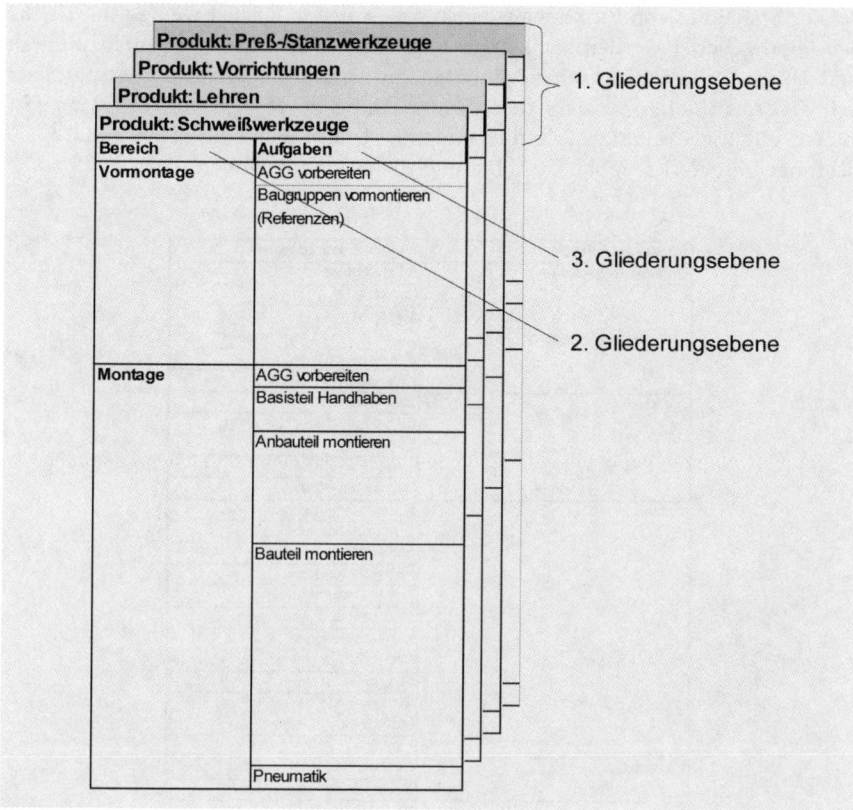

Abbildung III-159

Erhebung des
Bausteinbedarfs
(Ausschnitt)

Der Abbildung III-159 ist ein Ausschnitt aus der Erhebung des Bausteinbedarfs zu entnehmen. Oberstes Gliederungskriterium ist die Produktebene, bei der dort die Produktstruktur, z. B. nach Schweißwerkzeugen, Lehren, Vorrichtungen, Press-/Stanz- werkzeugen, unterschieden wird.

Die nächste Gliederungsebene ist die nach Bereichen oder Organisationseinheiten, z. B. nach Mechanischer Bearbeitung, Schweißen, Anpassen/Heften/Putzen, Vormontage, Montage, Inbetriebnahme. Nicht alle Werkzeuge durchlaufen alle Bereiche, aber jedes Werkzeug durchläuft die Vormontage, Montage und Inbetriebnahme. Es gibt also bereits auf dieser Ebene viele Gemeinsamkeiten.

In der dritten Gliederungsebene werden Aufgaben ausgewiesen. Sie ist objektorien- tiert, weil hier nach Teilefamilien, Baugruppen und Teilen gegliedert wird. Bei der weiteren, tiefergehenden Gliederung der Aufgaben geht es um zwei Dinge:

1. Es wird beim Gliederungsprinzip von der Ausrichtung an Objekten auf die Ausrichtung an Verrichtungen übergegangen.
2. Es wird versucht, Synergieeffekte zu erzielen, indem so weit wie möglich bereichsneutrale Standardverrichtungen, also universell verwendbare Bau- steine der fünften und sechsten Hierarchieebene verwendet werden.

Bei der Erstellung von Prozessbausteinen sollen also möglichst wenige spezifische Bausteine gebildet werden, weil dafür UAS- oder MEK-Analysen durchzuführen sind. Durch Verwendung vorhandener Standardverrichtungs-Bausteine erspart man sich das Analysieren, so dass deren Entwicklung zu Beginn von Projekten fast immer ein zweckmäßiges Zeitinvestment ist. Ein Beispiel für Standardverrichtungen im Werkzeugbau ist Abbildung III-160 zu entnehmen.

Abbildung III-160

Standardverrichtungen im Werkzeugbau (Ausschnitt)

Standardabschnitte	Objekte, Verrichtungen
Festspannen / Lösen	Schraubstock
	Backenfutter
	Maschinentisch
Informatonen Bearbeiten	Einbauposition kennzeichnen
	Bauteil skizzieren
	Informationsgespräch
Justieren	Maß- oder Form
	Einmessen (Meßmaschine)
	Einstellen
	Einpassen (Presse)
	Richten (Richtpresse)
Verbindungen	Schraubverbindungen
	Pressverbindung
	Steckverbindungen
	Heftverbindungen
	Schweißverbindungen
	Klebverbindungen
	Nietverbindungen
Prüfen, Messen	Maß- oder Formlehre
	Meßgeräte
	Sichtprüfung
	Dichtigkeit
	Funktion
Pneumatik	Schlauchverlegung
	Schlauchverbindung

Abbildung III-161

Standardverrichtungen im Werkzeugbau (Ausschnitt)

Standardabschnitte	Objekte, Verrichtungen
Teilebearbeitung manuell	Bohren
	Gewindeschneiden
	Zentrierbohrung
	Senken
	Reiben
	Schleifen
	Feilen
	Putzen
	Entgraten
Teilhandhabungen	Hand
	Kran
Touschieren	Vorbereiten
	Touschieren
Transporte	Kran
	Hand
	Hubwagen
Kennzeichnen	Körner
	Stift/Pinsel
	Schlagzahl
Vorbereiten	Auftragsinformation
	Werkzeuge
	Material
	Bauteile

Nach Abschluss der Identifikationsphase liegt die Bausteinstruktur vor, d. h. die späteren Prozessbausteine sind »herausgearbeitet«. Nun kann die Erstellung der Prozessbausteine geplant werden, indem insbesondere Bezugsgrößen, Zeiteinflussgrößen und Kodierungen festgelegt werden (vgl. Abb. III-143). Das wird in Abbildung III-161 zu dem in Abbildung III-159 angeführten Beispiel gezeigt.

Produkt: Schweißwerkzeuge				
Bereich	**Aufgaben**	**Einflußgröße 1**	**Einflußgröße 2**	**Bezugsgröße**
Vormontage	AGG vorbereiten			je AGG
	Baugruppen vormontieren (Referenzen)	Elektrodenhalter		je BG
		Zangengriff		je BG
		Pneumatikzylinder		je BG
		Verteiler		je BG
		Wasseranschluß		je BG
		Klemmaufnahme		je BG
		Schwenkaufnahme		je BG
		Kühleinheit		je BG
Montage	AGG vorbereiten			je AGG
	Basisteil Handhaben	Kran		je Basisteil
		Hand		je Basisteil
	Anbauteil montieren	ohne Schrauben		je BT
		bis 2 Schrauben		je BT
		bis 4 Schrauben		je BT
		> 4 Schrauben Zuschlag verstiften		je BT
	Bauteil montieren	mit Konus		je BT
		Bolzen/Stutzen/Verschluß	gesteckt	je BT
			geschraubt	je BT
		Klemmen	bis 2 Schrauben	je BT
			> 2 Schrauben	je BT
		Iso-Platte	zuschneiden/bohren	je BT
			montieren	je BT
		Typenschild		je BT
		Elektrodenhalter		je BT

Abbildung III-162

Planung der Einfluss- und Bezugsgrößen im Werkzeugbau (Ausschnitt)

Typische Einflussgrößen im Werkzeugbau, wie sie beim Festlegen der Rahmenbedingungen für UAS- und MEK-Analysen identifiziert werden (vgl. Abschnitt 4.4.2) sind z. B.:

- Entfernungszonen,
- Werkzeugart,
- Gewichte und Sperrigkeiten von Teilen,
- verwendete Hilfsmittel (z. B. Kran),
- Prinzipien der Teile- und Hilfsmittelbereitstellung.

Typische Bezugsgrößen im Werkzeugbau sind z. B. die Anzahl

- Zyklen/Vorgang,
- Schrauben/Anbauteil.

Um die Arbeitsstände überschaubar zu halten und Prozessverbesserungen für Dritte verständlich »durchspielen« zu können, ist es zweckmäßig, auf jeder Hierarchieebene nur eine begrenzte Anzahl von Einfluss- und Bezugsgrößen zu verwenden. So könnte z. B. interessieren, welcher Effekt aus der Änderung des Bereitstellungsprinzips, dem Ersatz einer Flur- durch eine Kranförderung oder durch den Einsatz von Mehrfachwerkzeugen entsteht.

Nach Abschluss der Planungsphase wird mit der Erstellung der Prozessbausteine begonnen, indem diese soweit wie möglich mit Hilfe von Standardverrichtungen oder vorhandenen Prozessbausteinen niedrigerer Hierarchieebenen »abgedeckt« und nur dann UAS- oder MEK-Analysen durchgeführt werden, wenn das nicht möglich ist.

Der folgenden Abbildung III-163 ist ein Beispiel für eine aus diesem Arbeitsprinzip entstehende Bausteinstruktur im Werkzeugbau zu entnehmen.

Abbildung III-163

Bausteinstruktur im Werkzeugbau (Ausschnitt)

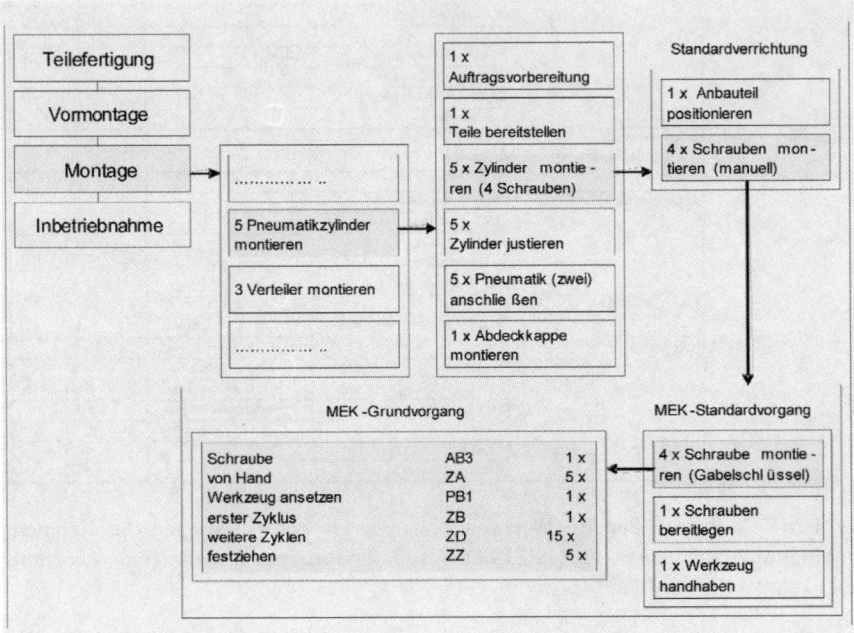

Abbildung III-164 ist ein Beispiel zu entnehmen, wie man solche Bausteinstrukturen unter TiCon® handhabt. Dabei ist der Kodespalte die strukturelle Position und die Bestandteile des jeweils gehandhabten Bausteins (hier: »Führungsplatte montieren«) zu entnehmen.

Die Prozessbausteine im Werkzeugbau werden abschließend in eine für die Verwender günstige Darstellungsform gebracht. Wie Abbildung III-165 zu entnehmen ist, ist das ein produktbezogenes Kalkulationsblatt. Dort findet man in der zweiten Zeile auch den in der vorhergehenden Abbildung ausgewiesenen Baustein »Führungsplatte montieren« wieder.

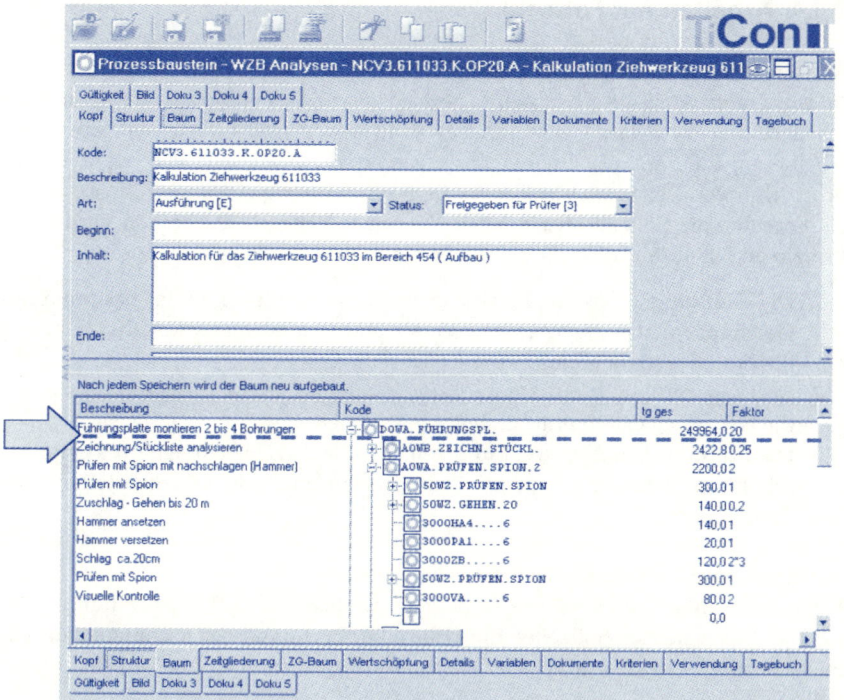

Abbildung III-164

Bildung und
Gliederung von
Prozessbausteinen
unter TiCon®

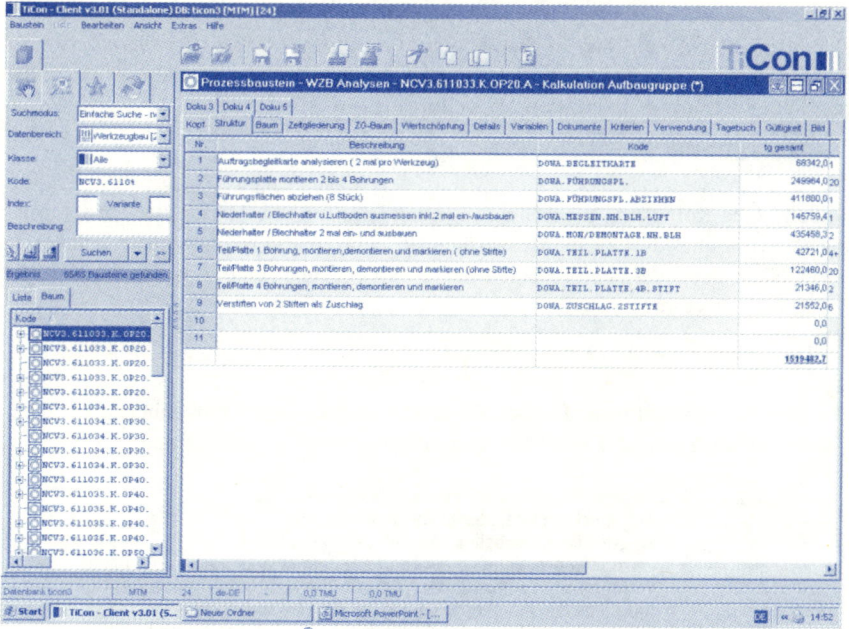

Abbildung III-165

Unter TiCon® hinter-
legtes Kalkulations-
blatt für Ziehwerk-
zeuge

8.4.4 Arbeiten mit Formeln

Arten von Bestimmungsgleichungen

Im vorhergehenden Abschnitt wurde gezeigt, wie Sollzeiten für Prozessbausteine in tabellarischer Form darzustellen sind. Es kann jedoch zweckmäßig sein, sie nicht zu tabellieren, sondern als Formel zu verwenden. In diesem Fall werden Ausprägungen von Zeiteinflussgrößen in die Bestimmungsgleichungen eingesetzt und als Ergebnis die Sollzeit ausgewiesen. In den folgenden Abschnitten wird dieses Prinzip an Hand folgender Arten von Bestimmungsgleichungen erläutert:

1. Die Umsetzung vorhandener Prozessbaustein-Sollzeiten in Bestimmungsgleichungen, also ein Wechsel von der üblichen tabellarischen Darstellung in die Funktionsdarstellung.
2. Die Verwendung von Bestimmungsgleichungen für technische Prozesse, also die Nutzung bekannter technologischer Funktionen.
3. Die Ermittlung und Verwendung von Bestimmungsgleichungen aus empirisch erhobenen Istzeiten, also auch die Gewinnung und Gütebeurteilung von Funktionen.

Bestimmungsgleichungen für Prozessbausteine

Wenn Tabellen zu umfangreich werden, oder wenn man eine DV-Anwendung beabsichtigt, bietet sich an, Sollzeiten mit Hilfe einer Bestimmungsgleichung (»Formel«) zu berechnen. Der Grundtyp aller Bestimmungsgleichungen zur Berechnung von Sollzeiten t ist

$t = f$ (Einflussgrößen).

Der folgenden Abbildung ist die Verwendung einer *Prozessbausteinformel* für den Prozessbaustein »Lasten mit Gabelstapler transportieren« zu entnehmen. Dabei handelt es sich um eine Funktion vom Typ

$t = a + bx$

wobei a eine Konstante, b ein Steigungsmaß (pro Einheit der Einflussgröße) und x die Ausprägung der Zeiteinflussgröße ist. Sind mehrere Zeiteinflussgrößen zu berücksichtigen, wie beim folgenden Beispiel, liegt eine erweiterte (multiple) Funktion vor, vom Typ

$t = a + b_1x_1 + b_2x_2 + \ldots + b_ix_i + \ldots + b_px_p$

Die Prozessbausteinformel für den Prozessbaustein »Lasten mit Gabelstapler transportieren« lautet (siehe Datenfeld »Definition« unter Formelparameter):

	1.042		als Konstante für das Aufnehmen und Absetzen der Last	
+	14	·	Wegstrecke mit beladenen Fahrzeug in m (B)	20 m
+	13	·	Wegstrecke mit unbeladenem Fahrzeug in m (U)	15 m
+	56	·	Verzögerungen während der Fahrt mit dem beladen Fahrzeug (VB)	2
+	30	·	Verzögerungen während der Fahrt mit dem unbeladen Fahrzeug (VU)	3
+	90	·	Anzahl zu durchfahrender Kurven mit dem beladenen Fahrzeug (KB)	2
+	37	·	Anzahl zu durchfahrender Kurven mit dem unbeladen Fahrzeug KU)	1

In der rechten Spalte sind für das in Abbildung III-166 angeführte Beispiel die Einflussgrößen-Ausprägungen angeführt. Als Ergebnis wird unter TiCon® die Sollzeit für den Prozessbaustein berechnet, 70 Sekunden bzw. 1,17 min.

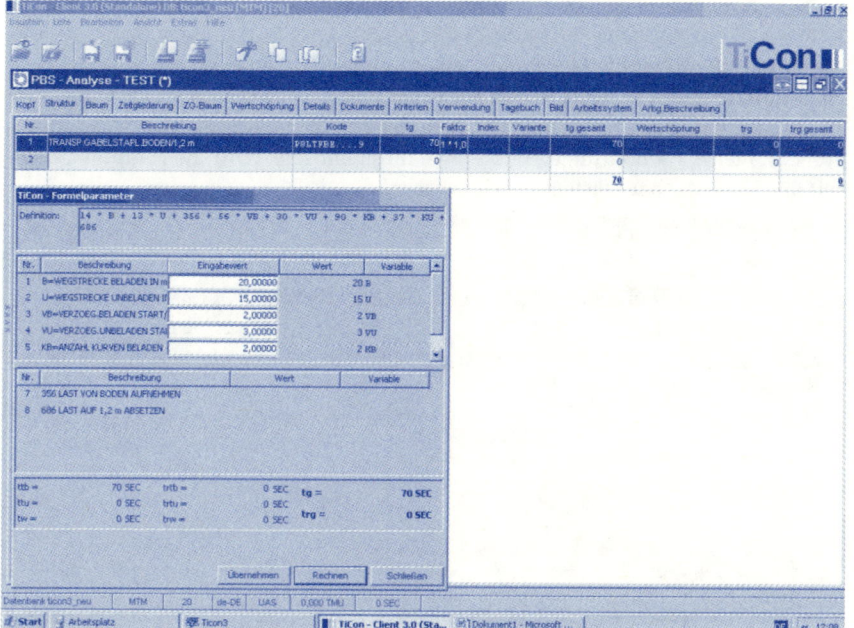

Abbildung III-166

Beispiel für die Verwendung einer Prozessbausteinformel in der betrieblichen Logistik

Bestimmungsgleichungen für technische Prozesse

Bestimmungsgleichungen zur Ermittlung von Sollzeiten für technische Prozesse, die vom Menschen unbeeinflussbar ablaufen, sind in vielen Betrieben vorhanden, weil sie vom Maschinenhersteller mitgeliefert oder durch den in der Maschine installierten Prozessrechner ermittelt werden. Beim Arbeits-/Sachmittel anfallende Istzeiten können aber auch mit Hilfe von Selbstaufschreibungen oder Zeitmessungen erhoben und mit Hilfe der Regressionsanalyse, wie im folgenden Abschnitt beschrieben, zu Bestimmungsgleichungen verarbeitet werden.

Sollzeiten für technische Prozesse stellen beim Arbeits-/Sachmittel Hauptnutzungen und für den Menschen ablaufbedingte Unterbrechungen[190] dar. Sie werden in der Praxis als Prozesszeiten bezeichnet. Die meisten Bestimmungsgleichungen zur Berechnung von Prozesszeiten folgen dem Typ

$$t_{hu} \text{ bzw. } PT = \frac{\text{Maße des zu bearbeitenden/verarbeitenden Arbeitsgegenstandes}}{\text{Arbeitsgeschwindigkeit des Arbeits-/Sachmittels}}$$

Prozesszeitenformeln liegt somit eine Wege-Geschwindigkeits-Relation zu Grunde. Die Grundformeln für die Prozesszeitberechnung beim Bohren und Drehen sowie für das Fräsen lauten:

---

190 Sofern kein Überwachen des technischen Prozesses anfällt. Dann läge eine Nebentätigkeit beim Menschen vor, die mit Hilfe eines MTM-Bausteinsystems zu analysieren ist.

$$\text{Bohren und Drehen} \quad t_{hu} / PT = \frac{\text{Anzahl Schnitte/Späne x Bohr-/Drehlänge}}{\text{Drehzahl x Vorschub}}$$

$$\text{Fräsen} \quad t_{hu} / PT = \frac{\text{Bearbeitungslänge x Schnitt-/Spanzahl}}{\text{Vorschubgeschwindigkeit}}$$

Abbildung III-167 ist die Berechnung einer durch den Menschen unbeeinflussbaren Hauptnutzungszeit t_{hu} (Prozesszeit für einen Bohrvorgang) an einer Bohrmaschine zu entnehmen. Nach Eingabe der Parameter (Ausprägungen der Zeiteinflussgrößen), hier B = 4 Bohrungen und T = 10 mm Bohrtiefe, wird die Hauptnutzungszeit mit 824 TMU bzw. 0,49 min ausgewiesen.

Abbildung III-167

Beispiel für die Verwendung einer Prozessbausteinformel für einen Zerspanungsvorgang (Bohren)

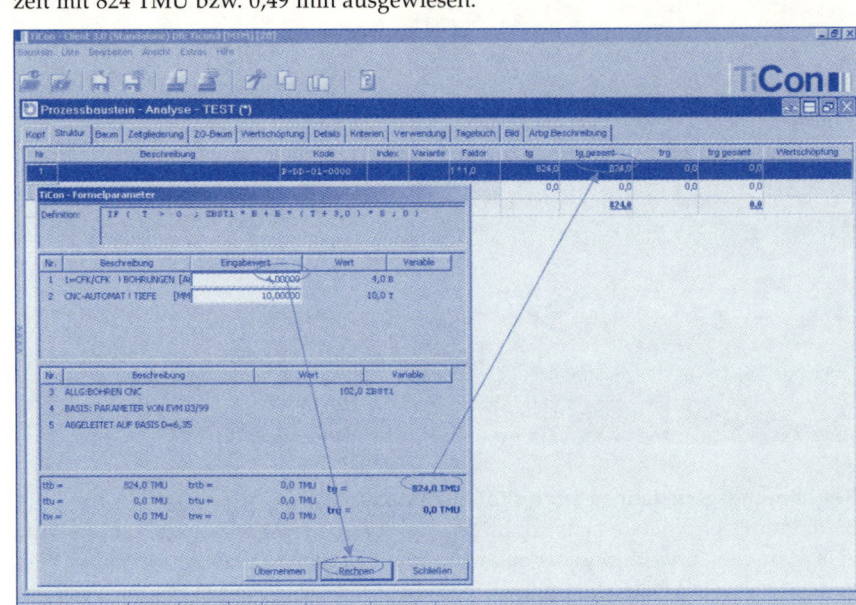

Bestimmungsgleichungen aus empirisch erhobenen Istzeiten

Die *Regressionsanalyse* wird seit langem zur Ermittlung von Bestimmungsgleichungen aus empirisch erhobenen Istzeiten angewandt, um Sollzeiten für Prozessbausteine mit mitarbeiterbestimmten oder arbeitsmittelbestimmten Vorkommnissen zu bilden. Die Regressionsanalyse wurde insbesondere in den siebziger und achtziger Jahren vielfach publiziert[191], weshalb hier auf eine Erläuterung der Rechentechnik verzichtet wird. Bei Einsatz einer Software werden zudem nur relativ geringe Anforderungen an statistisches Methodenwissen gestellt.

Der folgenden Abbildung ist ein Beispiel einer einfachen nichtlinearen Regressionsanalyse[192] bei einem Prozessbaustein »Maschinenmesser schleifen« (ausschließlich arbeitsmittelbestimmte Vorkommnisse) zu entnehmen. Für den Schleifprozess

---

191 Vgl. z. B. Bokranz, R.; John, B.: a. a. O., S. 92 f., 1986.

192 Einfach bedeutet, dass nur eine Zeiteinflussgröße berücksichtigt wird und mehrfach, dass mindestens zwei Zeiteinflussgrößen berücksichtigt werden. Nichtlinear besagt, dass der Zusammenhang zwischen der Zeiteinflussgröße und den Istzeiten durch keine Gerade wiederzugeben ist, wie bei dem Abbildung III-164 zu entnehmenden Beispiel.

wurde unterstellt, dass es ausreicht, nur eine Einflussgröße, die »Messerlänge in m«, zu betrachten, obwohl z. B. auch der Verschleißgrad, ausgedrückt in der »Abschleifbreite in mm«, erfahrungsgemäß signifikant ist.

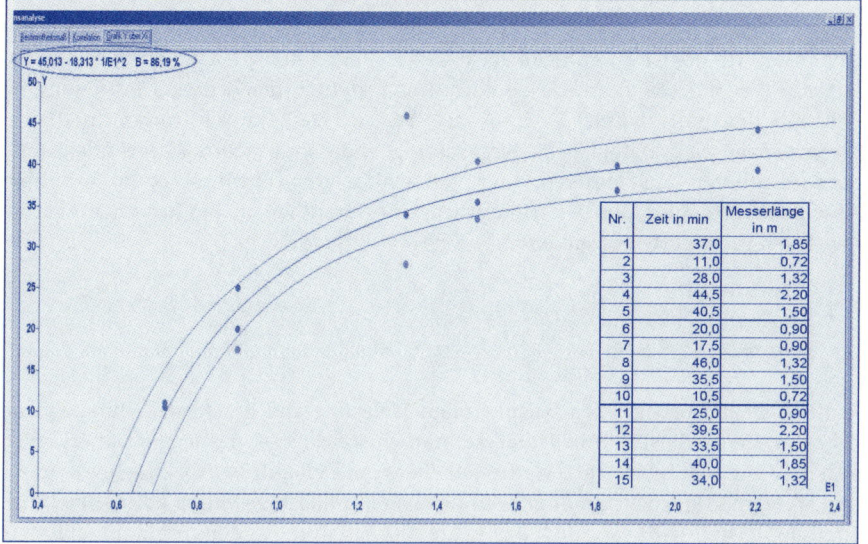

Nr.	Zeit in min	Messerlänge in m
1	37,0	1,85
2	11,0	0,72
3	28,0	1,32
4	44,5	2,20
5	40,5	1,50
6	20,0	0,90
7	17,5	0,90
8	46,0	1,32
9	35,5	1,50
10	10,5	0,72
11	25,0	0,90
12	39,5	2,20
13	33,5	1,50
14	40,0	1,85
15	34,0	1,32

Komfortable Rechenprogramme weisen nach Eingabe der Datensätze automatisch die optimale[193] Transformationsvorschrift für die Zeiteinflussgröße aus. Im vorliegenden Beispiel lautet diese »$1/(\text{Messerlänge})^2$«. Ferner werden zu dieser optimalen Transformationsvorschrift die Regressionsgleichung, das ist eine Sollzeit-Bestimmungsformel, ausgewiesen und als deren Gütemaß das Bestimmtheitsmaß B. Die Regressionsgleichung lautet:

Schleifzeit[194] in min $= 45,013 \text{ min} - 13,313 \text{ min/m} \cdot 1/\text{m}^2$

Die Schleifzeit für eine Messerlänge von 2 m beträgt danach:

$45,013 \text{ min} - 13,313 \text{ min/m} \cdot 1/(2\text{m})^2 = 45,013 \text{ min} - 3,328 \text{ min} = 41,7 \text{ min}$

Regressionsgleichungen können als Formeln übernommen oder in Datenkarten tabelliert werden. Abbildung III-169 ist die Tabellierung der vorstehenden Regressionsgleichung nach Klassenmittelwerten zu entnehmen. Da sich die Stufensprünge als Klassen ausprägen, z. B. »> 100 – 115 cm«, gelten nach diesem Prinzip die zugehörigen Zeitwerte für alle Schleiflängen zwischen 100 cm und 115 cm, und dafür wird eine Sollzeit von 33,5 min[195] verwendet, also nicht interpoliert. Wenn man aus Genauigkeitsgründen auf Interpolationen nicht verzichten will, sollte man besser keine Tabelle, sondern direkt die Regressionsgleichung verwenden.

---

193 Optimal ist jene Transformationsvorschrift, die zum höchsten Bestimmtheitsmaß B führt. Im vorliegenden Beispiel gibt es keine Transformationsvorschrift, die zu einem B > 86,19 % führt.

194 Dabei handelt es sich bei der Ressource Mensch um eine Wartezeit t_w, bei der Ressource Arbeits-/Sachmittel um eine Hauptnutzungszeit t_H (vgl. Abschnitt 2.3.2).

195 Diese wurde ermittelt nach 45,013 – 13,313/1,0752.

Abbildung III-169

Beispiel für die Tabellierung der Regressionsgleichung [Beispiel: t = 45,013 − 13,313 · (1/m²)]

Messerlänge in cm									
70−85	>85−100	>100−115	>115−130	>130−145	>145−160	>160−175	>175−190	>190−205	>205−220
22,8	29,5	33,5	36,1	38,0	39,3	40,3	41,0	41,6	42,3
Schleifzeit in min									

Abbildung III-167 ist zu entnehmen, dass zur Regressionsgleichung ein *Bestimmtheitsmaß* B = 86,19 % ausgewiesen wird. Das bedeutet, die Zeitbedarfsstreuung in der Tabellenspalte »Zeit in min« ist zu ca. 86 % durch unterschiedliche Messerlängen zu erklären. 14 % der Streuung sind damit nicht zu begründen, sondern resultieren aus anderen, hier vernachlässigten Einflussgrößen, z. B. der Abschleifbreite. Zur Höhe des erforderlichen Bestimmtheitsmaßes kann man sich an folgenden Richtwerten orientieren:

- Prozesstyp 1: B > 95 %
- Prozesstyp 2: B > 90 %
- Prozesstyp 3: B > 85 %

Hätte man im vorliegenden Beispiel ohne Mehraufwand die Abschleifbreiten mit erfasst, wäre das Bestimmtheitsmaß vermutlich auf ca. 95 % gestiegen. Daraus leitet sich die Empfehlung ab, im Zweifelsfall eher eine Zeiteinflussgröße mehr zu erfassen. Wenn man sie nicht benötigt, weil sie keinen Erklärungsbeitrag zur Zeitbedarfsstreuung leistet, wird sie durch das Regressionsanalyse-Rechenprogramm automatisch eliminiert.

Diese Empfehlung führt uns zum Konzept der multiplen Regression, d. h. der Verarbeitung mehrerer Zeiteinflussgrößen. Für den Prozessbaustein »Brennschneiden von Blechen« (ausschließlich arbeitsmittelbestimmte Vorkommnisse) in den Anarbeitungsabteilungen einer Stahlhandelsgruppe wurde folgende Regressionsgleichung auf Grund ausgewerteter maschineller Selbstaufschreibungen (BDE) ermittelt, bei einem Bestimmtheitsmaß B = 94,4 %:

Brennzeit in Std. = [7,22 + 9,45 · (Länge in mm/10.000) + 0,33 · (Länge in mm · Stärke in mm/ 10.000) + 1,15 · Anzahl Ausbrüche − 2,22 · Brennerzahl]/60

Beispiel: Bei einem Blech von 50 mm Stärke, einer Brennlinienlänge von 2,45 m, zwei Ausbrüchen und zwei eingesetzten Brennern ergibt sich für den Brennvorgang folgende Sollzeit:

(7,22 min + 9,45min · 0,245 + 0,33 min · 12,25 + 1,15 min · 2 − 2,22 min · 2) / 60 = 0,19 Std.

8.5 Revision der Prozessbaustein-Anwendung

In Teil I, Abschnitt 3.3 wurde der *Regelkreis zum Ergebniscontrolling* erläutert, der eine zentrale Bedeutung beim Produktivitätsmanagement von Arbeitssystemen hat. Es besteht aus drei Teilsystemen (vgl. Abb. I-21):

1. System des Ergebnisstandards,
2. Controllingsystem (im engeren Sinne),
3. Arbeitssystem.

In Teil II wurde erläutert, wie auf die im Controllingsystem ausgewiesenen Regelabweichungen zu reagieren ist: korrektive Gestaltungsmaßnahmen beim Arbeitssystem durchführen.

In den vorherigen Abschnitten dieses Kapitels wurde erläutert, wie Ergebnisstandards in Form von Prozessbausteinen zu entwickeln sind. Die Wirksamkeit des Ergebniscontrollings hängt wesentlich davon ab, dass die verwendeten Ergebnisstandards und damit auch die Prozessbausteine aktuell gültig und realistisch sind. Um das zu gewährleisten und sicher zu stellen, dass Prozessbausteine so entwickelt und verwendet werden, wie es beabsichtigt ist, führt man *Revisionen der Prozessbausteinanwendung* im Unternehmen durch.

Seit den fünfziger Jahren fand der aus der US-amerikanischen Literatur stammende Gedanke der (internen) Revision[196] neben dem Controllinggedanken[197] begrifflich und konzeptionell Eingang in die deutsche Fachsprache. Interne Revisionen[198] lassen sich unterscheiden nach:

1. Prüfungsgebieten (z. B. Materialwirtschaft, Personalwesen, IT, Finanz- und Rechnungswesen, Qualitätsmanagement, Arbeitswirtschaft)
2. Prüfungsverfahren (Einzelfall- und Systemprüfung)
3. Prüfungsarten (Ordnungsmäßigkeits-, Zweckmäßigkeits-, Wirtschaftlichkeitsprüfung).

---

196 Externe Revisionen werden auf Grund von Rechtsvorschriften vorgenommen und unterliegen dem Gedanken der Ordnungsmäßigkeitsprüfung, mit dem Ziel des Anteilseigner-, Gläubiger- und Kundenschutzes. Interne Revisionen werden über die Ordnungsmäßigkeitsprüfung hinaus auch als Zweckmäßigkeits- und Wirtschaftlichkeitsprüfungen durchgeführt. Vgl. dazu z. B. Heidl. A.: Interne Revision. In: Chmielewicz, K.; Schweitzer, M. (Hrsg.): Handwörterbücher des Rechnungswesens, 3. Auflage, Sp. 947–955. Stuttgart: Schäffer Poeschel, 1993.

197 Beim Controlling geht es wie bei der internen Revision darum, die Unternehmensleitung durch Bereitstellung relevanter Informationen zu unterstützen. Die Revision ist ein zu einem bestimmten Zeitpunkt eingesetztes Prüfungsinstrument. Das wird auch bei der in diesem Abschnitt vorgestellten Prozessbausteinrevision deutlich. Das Controlling ist dagegen ein permanent eingesetztes Steuerungsinstrument, wie in Teil 1, Abschnitt 3.3, mit dem Ergebniscontrolling im Rahmen des Produktivitätsmanagements dargelegt wurde.

198 In den letzten 10 Jahren ist es in Mode gekommen, an Stelle des Begriffs »Revision« den englischen Begriff »Audit« zu verwenden. Wir verzichten hierauf, weil Audit inzwischen für alles Mögliche und Beliebige verwendet wird, also nicht zur sprachlichen Präzisierung beiträgt.

8.5.1 Revisionsprinzip und -zweck

Das *Revisionsprinzip* der hier erläuteten (internen) Revision des Prozessbausteinsystems bezieht sich auf die objektive Beurteilung der Wirksamkeit der Prozessbausteinanwendung und des Controllingsystems. Die Revision findet überall dort Anwendung, wo Prozessbausteine erstellt und gepflegt werden und dort, wo Prozessbausteine zur Bearbeitung betrieblicher Aufgaben angewendet werden. Beispielhaft seien genannt: Industrial Engineering, Produktentwicklung, Planung und Steuerung.

Der *Revisionszweck* liegt darin, aufzuzeigen, ob

- gesetzliche, tarifliche und betriebliche Regelungen eingehalten werden,
- die Wirksamkeit des Controllingsystems gewährleistet ist,
- die Entwicklung und die Anwendung der Prozessbausteine regelkonform ist,
- die Wirksamkeit von Verbesserungen von der Identifikation bis zur Umsetzung gegeben ist.

Die Revision in Form des MTM-Zeitwirtschaftsaudits[199] ist ein Diagnosewerkzeug, das dem Unternehmen konkrete Hilfestellung gibt, die Prozessbausteinanwendung zu verbessern und das Controlling effektiver zu gestalten.

8.5.2 Revisionskonzept

Revisionen lohnen nur, wenn im Unternehmen ein Prozessbausteinsystem bereits konzeptionell und organisatorisch etabliert ist. In der Folge wird ein Revisionskonzept vorgestellt, das von der Deutschen MTM-Vereinigung häufig verwendet wird und das man in vergleichbarer Weise in einer Reihe größerer Unternehmen findet.

Das *Revisionskonzept* umfasst 11 Revisionsfelder, anhand derer das Prozessbausteinsystem und das Controllingsystem hinsichtlich ihrer Wirksamkeit geprüft wird:

1. Verantwortungen der Leitung
   Sicherstellung, dass die Leitung den Nutzen der Anwendung von Prozessbausteinen und des Controllingsystems erkennt und Ziele quantifiziert.

2. Organisation
   Sicherstellen, dass die Aufgaben, Kompetenzen und Verantwortlichkeiten zur Anwendung von Prozessbausteinen und des Controllingsystems dokumentiert sind, verstanden und gelebt werden.

3. Produktentstehungsprozess
   Sichern, dass Prozessbausteine bereits im Produktentstehungsprozess angewendet werden und ein Controllingsystem bereits zu diesem Zeitpunkt greift.

---

199 Das MTM-Zeitwirtschaftsaudit wurde im Jahr 2001 von einer Entwicklungsgruppe der Deutschen MTM-Vereinigung gemeinsam mit Mitgliedsunternehmen erstellt. Beteiligt waren Experten von Airbus, Bosch, DaimlerChrysler, Deutsche MTM-Gesellschaft und Edscha.

4. Lenkung von Dokumenten und Daten
   Sicherstellung, dass aktuelle Prozessbausteine angewendet werden, dass Verfahren zur Freigabe von Prozessbausteinen sowie eine wirksame Historienverwaltung und Archivierung eingeführt sind.

5. Controllingsystem
   Sichern, dass ein Controllingsystem zur Erfassung von Abweichungen und zur Initialisierung von Verbesserungsmaßnahmen dokumentiert, installiert und aufrechterhalten wird.

6. Qualifikation
   Sicherstellen, dass die Entwicklung und Anwendung von Prozessbausteinen von Personen mit entsprechender Qualifikation durchgeführt werden.

7. Systematischer Verbesserungsprozess
   Sicherstellen, dass ein systematischer Verbesserungsprozess auf Basis von Prozessbausteinen etabliert ist.

8. Wirksamkeit von Maßnahmen
   Sicherstellen, das Maßnahmen aus dem Controllingsystem oder aus dem Verbesserungsprozess wirksam umgesetzt werden.

9. Kennzahlen
   Sicherstellen, dass betriebliche Kennzahlen zur Wirksamkeit der Anwendung von Prozessbausteinen definiert sind und angewendet werden.

10. Anwendung von Prozessbausteinen
    Sicherstellen, dass Prozessbausteine regelkonform entwickelt und angewendet werden, um eine ausreichende Treffsicherheit zu gewährleisten

11. Gestaltung
    Sicherstellen, dass Gestaltungselemente systematisch erarbeitet und dokumentiert und gesetzliche, tarifliche und betriebliche Regelungen eingehalten werden.

Für diese Revisionsfelder existieren Fragenkataloge, die den Revisor bei der Durchführung der Revision unterstützen.

8.5.3 Vorgehen bei einer Revision

Eine Revision erfolgt in vier Phasen:

Phase 1: Vorbereitung der Revision
Phase 2: Informationsbeschaffung mit Vorabfragebogen
Phase 3: Durchführung der Revision
Phase 4: Auswertung/Bericht

Phase 1, die Vorbereitung der Revision, umfasst im Wesentlichen:

- Beschaffen und Sichten von gesetzlichen, tariflichen und betrieblichen Regelungen sowie von Sonderregelungen
- Abstimmung der Revisionsschwerpunkte/-bereiche z. B.
  - Treffsicherheit der Kalkulationen
  - Qualität der Zeitdaten
  - Anteile Verteilzeiten/Mehrzeiten usw.
  - Aktualität von Vorgabezeiten
  - Abdeckungsgrad des Prozesses mit Zeiten
- Erstellung und Abstimmung eines Revisionsplanes

Es ist der Revisionsbereich festzulegen, d. h. ob die Revision z. B. für einen Standort, einen Geschäftsbereich oder das ganze Unternehmen durchgeführt werden soll. In Abhängigkeit von dieser Entscheidung werden die davon betroffenen Personen informiert. Diese gehören zwei Personenkreisen an, jenem, der für die Wirksamkeit des Prozessbausteinsystems zuständig ist und jenem Personenkreis, der Prozessbausteine verwendet, bis hin zu den in den Arbeitssystemen operativ tätigen Personen.

Die Phase 2 dient der Informationsbeschaffung durch Verwendung eines Vorabfragebogens, der vor der Revision vor Ort von den Beteiligten zu beantworten ist. Die Nutzung des Vorabfragebogens mindert den Aufwand bei der Durchführung vor Ort und gibt dem Revisor wichtige Hinweise zur Ausrichtung der Revisions vor Ort. Die Beantwortung der Fragen vermittelt ihm zudem vor der eigentlichen Revision ein Bild über die Bedeutung und die Qualität der Prozessbausteinanwendung und des Controllingsystems im Unternehmen.

Phase 3, die Revision vor Ort, erfolgt nach dem Revisionsplan. Die Funktionen im Unternehmen werden in Augenschein genommen und bewertet. Die Fragen zu den einzelnen Kapiteln sind in einem Fragenkatalog zusammengefasst, der hinsichtlich der zu prüfenden Funktionen und dem Revisionsschwerpunkt bei der Vorbereitung angepasst wird.

Die Durchführung der Revision erfolgt in fünf Schritten:

1. Einführungsgespräch
Das Einführungsgespräch erfolgt mit der Leitung und den Funktionsverantwortlichen der zu untersuchenden Bereiche, um das Revisionsteam und die Leitung des zu untersuchenden Bereiches/Unternehmens bekannt zu machen, sowie den Umfang, die Ziele, den Revisionsplan und den zeitlichen Ablauf abzustimmen.

2. Gespräch mit der Leitung
Interview der Leitung zum Revisionsfeld 1 »Verantwortung der Leitung«.

3. Durchführung des Revisionsgespräches je Bereich
Revisionen sollten durch Personen durchgeführt werden, die fachlich in der Lage und vom Revisionsergebnis nicht betroffen sind. Darin liegt das Dilemma der internen Revision von Prozessbausteinsystemen. Wenn sie durch fachfremde Personen, z. B. Mitarbeiter der Abteilungen »Interne Revision« oder »Controlling« durchgeführt werden, entsteht bestenfalls eine Ordnungsmäßigkeits- aber keine Zweckmäßigkeitsprüfung. Wird die Revision durch fachkompetente Personen durchgeführt, kann zwar auch eine Zweckmäßigkeitsprüfung durchgeführt werden, die Prüfer werden dann jedoch im Allgemeinen ihren eigenen Zuständigkeitsbereich oder den ihres Vorgesetzten prüfen, und das widerspricht dem Grundgedanken der Revision. Ein Ausweg aus diesem Dilemma kann ggf. sein, sich eines externen Prüfers zu bedienen.

4. Zusammenfassung des Revisionsgespräches je Bereich
Die Zusammenfassung dient der Vorbereitung des Abschlussgespräches. Es werden die wichtigsten Ergebnisse im Revisionsbericht zusammengefasst und für das Abschlussgespräch aufbereitet. Im Wesentlichen erfolgt die Beurteilung nach folgenden Kriterien:
- Verbesserungspotenzial nicht erkennbar,
- Verbesserungspotenzial vorhanden,
- Verstoß gegen gesetzliche, tarifliche oder betriebliche Regelungen.

5. Schlussgespräch
Das Schlussgespräch findet nach der Revision vor Ort statt. Teilnehmer sind die Leitung und die Funktionsverantwortlichen der Bereiche. Es erfolgt eine Bewertung der Wirksamkeit der Anwendung des Prozessbausteinsystems und des Controllingsystems sowie aller, während der Revision aufgetretenen Punkte (positiv und negativ).

Nachfolgend wird ein Ausschnitt aus den Fragenkatalogen zu den Revisionsgesprächen angeführt.

Abbildung III-170

Ausschnitt aus einem Fragenkatalog

Kapitel 4: Lenkung von Dokumenten und Daten

Revisionsfeld 5: Controllingsystem

5.1 Ist ein Regelkreis zur Ermittlung von Sollzeiten, zur Erfassung von Istzeiten und zur Durchführung des Soll-Ist-Vergleiches und Abweichungsanalyse eingeführt?

5.2 Welche Solldaten werden ermittelt?

5.3 Wie wird die Qualität und die Aktualität der Solldaten sowie die Qualität der Verwendung sichergestellt?

5.4 Wie werden Soll-Ist-Abweichungen erfasst?

5.5 Welche Istdaten werden erfasst?

5.6 Wie wird deren Qualität und Aktualität sichergestellt?

5.7 Wie werden Maßnahmen dokumentiert und deren Wirksamkeit sichergestellt?

5.8 Wie werden die Controllingergebnisse kommuniziert?

Revisionsfeld 7: Systematischer Verbesserungsprozess

7.1 Ist ein systematischer Verbesserungsprozess beschrieben, eingeführt, bekannt und wirksam?

7.2 Wie werden Verbesserungsvorschläge erfasst, beurteilt und bewertet?

7.3 Wie wird die Wirksamkeit von Verbesserungsmaßnahmen sichergestellt und nachgewiesen?

7.4 Gibt es einen Verantwortlichen für den Verbesserungsprozess?

7.5 Wie lange dauert durchschnittlich die Bearbeitung eines Verbesserungsvorschlages vom Vorschlag bis zur Umsetzung?

7.6 Wie viele Verbesserungsvorschläge werden im Jahr bearbeitet? Wie viele sind nachweislich wirksam?

7.7 Welche Maßnahmen werden zur Sensibilisierung und Motivation der Ausführenden durchgeführt?

Revisionsfeld 8: Wirksamkeit von Maßnahmen und Änderungen

8.1 Werden Maßnahmen und Änderungen hinsichtlich des Prozesses, des Arbeitsplatzes und der -methode initiiert?

8.2 Werden die Maßnahmen und Änderungen dokumentiert?

8.3 Wie werden die Maßnahmen und Änderungen den betreffenden Stellen und den Ausführenden zugänglich gemacht?

8.4 Wie wird die Wirksamkeit bestehender Regelungen (gesetzlich, tariflich und betrieblich) sichergestellt?

8.5 Auf welcher Basis, mit welchen Daten erfolgt die Bewertung? Wie wird die Qualität sichergestellt?

8.6 Wie wird die Umsetzung der sichergestellt?

8.7 Wie wird die Wirksamkeit der Änderungen und Maßnahmen erfasst, beurteilt und dokumentiert?

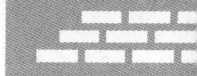

In Phase 4, der Erstellung des *Revisionsberichtes*, werden die Ergebnisse ausgewertet und kommuniziert (vgl. Abbildung III-171). Die Revisionsfelder werden nach folgenden Beurteilungskriterien bewertet:

- keine Verbesserung notwendig,
- Verbesserung notwendig,
- Abweichung von Regeln, Tarifen oder Gesetzen.

Abweichungen oder Verbesserungen werden in einem Maßnahmenplan festgehalten, ihren Auswirkungen nach beurteilt und Termine für die Umsetzung gesetzt.

Revisionen zum Prozessbausteinsystem sollte man Anfangs halbjährlich, dann nur noch jährlich im etwa gleichen kalendarischen Zeitraum durchführen. Der Erfassungszeitraum sollte außerhalb der Urlaubszeit liegen, weil dort erfahrungsgemäß ohnehin Engpässe bestehen.

Abbildung III-171

Beispiel
Revisionsbericht

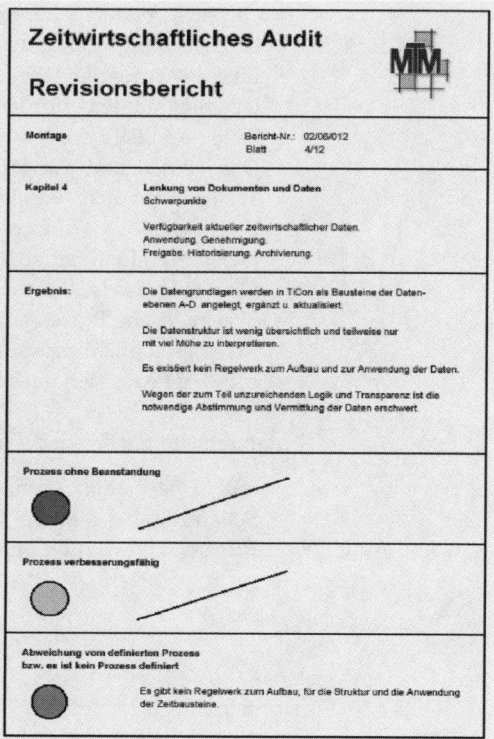

Ausblick

Das Produktivitäsmanagement von Arbeitssystemen als eine umfassende Nutzung von MTM-Prozessbausteinen für die Gestaltung, Bewertung und Verbesserung von Geschäftsprozessen ist in diesem Buch erstmals in geschlossener Form beschrieben worden.

Unternehmen müssen stets mehrere Ziele parallel verfolgen: Neben der Produktivität sind Flexibilität und Qualität sowie situationsgerechtes und schnelles Nutzen von Chancen gerade im globalen Wettbewerb überlebenswichtig.[200] Es zeigt sich, dass die Elementaraufgabe des Produktivitätsmanagements von Arbeitssystemen trotz oder gerade wegen der Zielvielfalt zentrale Bedeutung behält.

Die Praxis bestätigt, dass Beständigkeit und Konsequenz in der Anwendung der grundlegenden Methoden des Industrial Engineerings in einem turbulenten Umfeld zum Eckpfeiler des Unternehmenserfolges werden. Effiziente und effektive Arbeitssysteme benötigen eine solide Kenntnis dieser IE-Basismethoden seitens ihrer Entwickler und Betreiber. Die Deutsche MTM-Vereinigung e.V. sieht es als eine ihrer vordringlichsten Aufgaben an, das Produktivitätsmanagement von Arbeitssystemen in ihren Mitgliedsunternehmen und darüberhinaus in der gesamten Volkswirtschaft zu fördern. Aufbauend auf den klassischen Bausteinsystemen wurden Konzepte und Produkte entwickelt, die Stärken und Tugenden deutscher bzw. europäischer Arbeits- und Unternehmenskultur in Wettbewerbsvorteile verwandeln können:

- Gut ausgebildete IE-Spezialisten für Planung und Arbeitsgestaltung arbeiten bereichsübergreifend und prozessorientiert.
- Eine angemessene Arbeitsteilung in den Unternehmen ermöglicht es ihnen, im Umgang mit den erforderlichen Methoden und Werkzeugen Know-how aufzubauen und Fertigkeiten zu entwickeln.
- Das Wissen und die Erfahrungen der Prozessbetreiber fließt in gemischten Teams in Produkt- und Prozessentwicklung ein.
- Prozessstandards sichern Produktivität bei Gewährleistung von Qualität und Flexibilität. Eine stetige Verbesserung und Weiterentwicklung dieser Standards führt stufenweise zu verbesserten Prozessen.
- Systematische Prozessentwicklung und -verbesserung unter Anwendung von MTM ermöglicht prospektive Planung und Gestaltung – nur in der Vorreiterrolle bei Produkten und Prozessen liegt die Chance der europäischen Industrie.

Unterstützend wirken dabei folgende Vorgehensweisen und Produkte:

- das MTM-Planungskonzept mit dem Primat der Kostenvermeidung und der Schaffung belastbarer Daten für eine, an die Gestaltung anschließende, Prozessverbesserung und Kostensenkung,

---

200 Spath, D. (Hrsg.): Ganzheitlich produzieren. LOG_X Verlag GmbH Stuttgart, 2003.

- das Performance-Audit, welches die Schwachpunkte in den Arbeitssystemen erkennbar macht und dem Verbesserungsprozess Inhalt und Richtung gibt, und
- MTMergonomics® mit der Möglichkeit, ergonomische Risiken im Planungsprozess sichtbar und Gestaltung als Einheit von Ökonomie und Ergonomie möglich zu machen.

Mit ihrem Ausbildungsangebot unterstützt die Deutsche MTM-Vereinigung (www.dmtm.com) das Erlernen der Prozesssprache MTM in kompakten Lehrgängen und Seminaren, um sie im Produktivitätsmanagement anzuwenden. Die Ausbildung führt hin zum MTM-Engineer und zum European Industrial Engineer (EIE), der in der Lage ist, komplexe, weit über die Grenzen der Arbeitssysteme hinausgehende, methodische Arbeit zu leisten. MTM ist damit Promotor für ein zeitgemäßes Industrial Engineering, das sich zu einer Schlüsseltechnologie und zu einem Instrument adaptiver Strukturen entwickeln muss.[201]

Um das Methodenwissen und »handwerkliche« Fähigkeiten bei der Anwendung von grundlegenden Methoden des Industrial Engineering zu entwickeln, hat MTM ein Junior-Konzept aufgelegt. Studenten, vorwiegend des Maschinenbaus und des Wirtschaftsingenieurwesens, haben damit die Möglichkeit, während des Studiums eine vollwertige, zertifizierte Ausbildung zu erhalten – für MTM eine Investition in die Zukunft.

Unter dem Blickwinkel erweiterter Anwendungsfelder ist das Potenzial von MTM zur produktiven und ergonomischen Prozessgestaltung auf Basis von Arbeitsstandards längst noch nicht ausgeschöpft. Jede neue Generation von Absolventen ist herausgefordert, MTM als Prozesssprache einerseits weiterzuentwickeln und anzupassen und andererseits mit ihr neue »Texte«, also effizientere Prozesse zu gestalten.

Deutsche MTM-Vereinigung e.V.
Hamburg, September 2006

---

201 Westkämper, E.: Thesen zur Forschung für die Produktion – New Taylor. In: Geißinger, J. (Hrsg.): Forschung stärken – Produktion sichern. Berlin, Heidelberg, New York: Springer, 2006.

Literaturverzeichnis Teil III

Antis, W.; Honeycutt, J. M.; Koch, E. N.: Die MTM-Grundbewegungen, 2. Auflage. Düsseldorf: Maynard, 1972.

Appelgren, L.; Magnusson, K.-E.; Skargard, K.: The MTM-2 Project. A report of the international applied Research Project MTM-2. London: International MTM Directorate, 1971.

Bakkenens, H. P.: Standards for Office Work. Ann Arbor: MTM Association for Standards and Research, 1961.

Becks, C.: Das neue MTM-Datensystem MTM-UAS. In: REFA-Nachrichten, 32. Jg., 1979, S. 3–8.

Becks, C.: Zur Historie des Prinzips vorbestimmter Zeiten oder eine Methode entwickelt sich zum Maßstab. In: Personal – MTM-Report 2003, S. 15–20.

Becks, C.; Bokranz, R.: MTM – Entwicklung und Anwendung. In: IfaA-Mitteilungen, Heft 21, 1983, S. 8–23.

Biel-Nielsen, E.; Lang, A. M.: Preliminary Research Report on Disengage (Report 101). Pittsburgh: MTM Association for Standards and Research, 1951.

Birkwald, R.; Müller, R.: MTM-2, ein Verfahren vorbestimmter Zeiten. Programmierter Lehrgang. Köln: Bund-Verlag, 1971.

Böhmer, K. F.: Instandhaltungsdaten auf MTM-2-Basis. In: REFA-Nachrichten, 27. Jg., 1974, S. 199–210.

Bokranz, R.: MTM-Applications Today – The MTM-Office-Data-System of the German MTM-Association. In: The MTM-Journal, No. 3/1979, S.2–6.

Bokranz, R.: Die mathematischen Grundlagen des Zeitklassenverfahrens. Darmstadt: REFA, 1979.

Bokranz, R.; John, B.: Arbeitsdatenermittlung, 3. Auflage. Gräfelfing: Resch, 1986.

Bokranz, R.; Kasten, L.: Organisations-Management in Dienstleistung und Verwaltung. Gestaltungsfelder, Instrumente und Konzepte, 4. Auflage. Wiesbaden: Gabler, 2003.

Chaffin, D. B.; Hancock, W. M.: Factors in Manual Skill Training, Report 114. Pittsburgh: MTM Association for Standards and Research, 1966. Deutsche Fassung: Faktoren, die das Lernen von Handarbeiten beeinflussen. Hrsg. von der Deutschen und Schweizerischen MTM-Vereinigung, 1966.

Crosby, P. B.: Qualität ist machbar. London: McGraw-Hill, 1990.

de Jong, J.: Fertigkeit, Stückzahl und benötigte Zeit, In: Sonderheft der REFA-Nachrichten. Berlin, Köln, Frankfurt: Beuth, 1960.

Evans, F.: MTM-2 Based Maintenance Work-Measurement. Basic concepts and mathematical models. London: United Kingdom MTM-Association, 1969.

Fechner, W.: Ein objektorientiertes Konzept zur Planung mentaler Abläufe beim Prüfen und Kontrollieren, Dissertation, Universität Dortmund, 1993.

Fechner, W., Heinz, K.: Zeitermittlung für das visuelle Prüfen und Kontrollieren. In: REFA-Nachrichten, 46. Jg., 1993, S. 10–18.

Foulke, J. A.; Hancock, W. M.: Industrial Research on the MTM Element Apply Pressure (Report 111), 1961. Pittsburgh: MTM Association for Standards and Research. Deutsche Fassung: Betriebliche Forschung über das MTM-Element »Drücken«. Hrsg. von der Deutschen und Schweizerischen MTM-Vereinigung, 1963.

Fuchs, D.: Bestimmung der fertigungskostenoptimalen Arbeiterzahl bei Mehrstellenarbeit. Berlin: Beuth, 1975.

Gauhl, K.: Arbeitsorganisation und Zeitwirtschaft mit MTM im administrativen Dienstleistungsbereich. In: REFA-Nachrichten, 27. Jg., 1977, S. 199–210.

Glatz, H.: Das MEK-Datensystem für die Einzel- und Kleinserienfertigung. In: REFA-Nachrichten, 31. Jg., 1978, S. 273–281.

de Greiff, M.: Prognose von Lernkurven in der manuellen und teilmechanisierten Montage. In: REFA-Nachrichten, 52. Jg., Heft 6, 1999, S. 19–26.

Haller-Wedel, E.: Das Multimomentverfahren in Theorie und Praxis. München: Hanser, 1964.

Hancock, W. M.: The System Precision of MTM-1. In: MTM-Journal, 15. Jg., 1970, Nr. 3, S. 4–10.

Hancock, W. M.; Foulke, J. A.: Learning Curve Research on Short-Cycle Operations. Phase I: Laboratory Experiments (Report 112). Pittsburgh: MTM Association for Standards and Research, 1963. Deutsche Fassung: Eine Studie der Anlernkurven für kurze Arbeitsgänge, 1. Phase: Experimente im Laboratorium. Hrsg. von der Deutschen und Schweizerischen MTM-Vereinigung, 1965.

Hancock, W. M.; Clifford, R. R.; Foulke, J. A.; Krystynak, L. F.: Learning Curve Research on Short-Cycle Operations. Phase II: Industrial Studies (Report 113), 1965. Deutsche Fassung: Untersuchung über die Lernkurven bei Handarbeiten. 2. Phase: Untersuchungen in der Industrie, 1965.

Hancock, W. M.; Sathe P.: Learning Curve Research on Manual Operations. Phase II, Industrial Studies. Revised Edition of Report 113. Pittsburgh: MTM Association for Standards and Research, 1965.

Hanft, K. K.: Das MTM-2-System. In: Zeitschrift für wirtschaftliche Fertigung, Heft 4, Beilage »MTM-Information«, 3. Jg. 1965, S. 5–8.

Heigl. A.: Interne Revision. In: Chmielewicz, K.; Schweitzer, M. (Hrsg.): Handwörterbuch des Rechnungswesens, 3. Auflage, Sp. 947–955. Stuttgart: Schäffer-Poeschel, 1993.

Helms, W.: Personalbemessung mit MTM im administrativen Bereich. In: Personal MTM-Report 1993/1994, S. 416–430.

Hirano, H.: Poka-yoke. 240 Tipps für Null-Fehler-Programme. Landsberg: Moderne Industrie, 1992.

Konold, P.; Reger, H.; Hesse, S.: Praxis der Montagetechnik, 2. Auflage. Wiesbaden: Vieweg, 2003.

Lang, A. M.: Research Report on Standards for Reading Operations (Report 102). Pittsburgh: MTM Association for Standards and Research, 1951.

Lang, A. M.: Research Progress Report on Simultaneous Motions (Report 103). Pittsburgh: MTM Association for Standards and Research, 1951.

Lang, A. M.: An MTM-Analysis of Performance Rating Systems (Report 104). Pittsburgh: MTM Association for Standards and Research, 1952.

Lowry, S. M.; Maynard, H. N.; Stegemerten, G. J.: Motion and Time Study, 3. Auflage. New York: McGraw-Hill, 1940.

Lutz, L.: Abtakten von Montagelinien. Mainz: Krauskopf, 1974.

MTM (Hrsg.): MTM General Purpose Data. Ann Arbor: MTM Association for Standards and Research, 1962.

MTM (Hrsg.): Statistische Relationen der MTM-Datensysteme UAS und MEK zur Begründung von Anwendungsempfehlungen. Entwicklungsreport der Entwicklungsgruppe »Standard-Daten« der Deutschen MTM-Vereinigung. Hamburg: Deutsche MTM-Vereinigung, 1982.

O´Neal, M. H.: MEK/UAS. Fair Lawn: MTM Association for Standards and Research, 1982.

Poock, G. K.: Prediction of Elemental Motion Performance Using Personnel Selection Tests (Report 115). Pittsburgh: MTM Association for Standards and Research, 1968. Deutsche Fassung: Die Verwendung von Auswahltests zur Voraussage elementarer Bewegungszeiten. Hrsg. von der Deutschen und Schweizerischen MTM-Vereinigung, 1973.

Rackel, K.: Ermittlung von Einlernzeiten. Ein System auf MTM-Basis. In: Angewandte Arbeitswissenschaft – Mitteilungen des IfaA, Heft 58, 1977, S. 36–52.

Raphael, D. L.; Clapper, G. C.: A study of simultaneous Motions (Report 105). Pittsburgh: MTM Association for Standards and Research, 1952.

Raphael, D. L.: An Analysis of Short Reaches and Moves (Report 106). Pittsburgh: MTM Association for Standards and Research, 1953.

Raphael, D. L.: A Research Methods Manual (Report 107). Pittsburgh: MTM Association for Standards and Research, 1954.

Raphael, D. L.: A Study of Arm Movements Involving Weight (Report 108). Pittsburgh: MTM Association for Standards and Research, 1955.

Raphael, D. L.: A Study of Positioning Movements. I. The General Characteristics. II. Special Studies Supplement (Report 109). Pittsburgh: MTM Association for Standards and Research, 1957. Deutsche Fassung: Eine Studie der Fügebewegungen I und II. Hrsg. von der Deutschen und Schweizerischen MTM-Vereinigung, 1962.

Raphael, D. L.; Clapper, G. C.: A Study of Positioning Movements. III. Application to Industrial Work Measurement (Report 110). Pittsburgh: MTM Association for Standards and Research, 1957. Deutsche Fassung: Eine Studie der Fügebewegungen III. Hrsg. von der Deutschen und Schweizerischen MTM-Vereinigung, 1963.

REFA (Hrsg.): Methodenlehre der Betriebsorganisation, Teil Datenermittlung. München: Hanser, 1997.

Reichsausschuss für Arbeitszeitermittlung (Hrsg.): REFA-Buch – Einführung in die Arbeitszeitermittlung. Berlin: Beuth, 1928.

Rochau, E.: Das Bedaux-System. Praktische Anwendung und kritischer Vergleich mit dem REFA-System, 3. Auflage. Würzburg: Konrad Triltsch, 1952.

Rueß, J.: Aufbau von Zeitberechnungsunterlagen mit Hilfe von MTM-Standard-Daten. In: REFA-Nachrichten, 31. Jg., 1978, S. 85–92.

Rutenfranz, J.; Iskander, A.: Über den Einfluß von Pausen auf das Erlernen einer einfachen sensomotorischen Fertigkeit. In: Internationale Zeitschrift für angewandte Physiologie einschließlich Arbeitsphysiologie, 22. Jg., 1966, S. 207–235.

Sadowsky, T. L.: Prediction of Cycle Time for Combined Manual and Decision Tasks (Report 116). Pittsburgh: MTM Association for Standards and Research, 1969. Deutsche Fassung: Ermittlung von Grundzeiten für kombinierte manuelle und geistige Tätigkeiten. Hrsg. von der Deutschen und Schweizerischen MTM-Vereinigung, 1969.

Sanfleber, H.: Untersuchung über die Summierbarkeit von Elementarzeiten, Dissertation. Aachen: Rheinisch-Westfälische Technische Hochschule, 1965.

Santen, A. F. van: Work-Factor Mento-Factor. Darmstadt: WORK-FACTOR Gemeinschaft für Deutschland, 1973.

Sanzenbacher, G.: ProKon – Produktionsgerechte Konstruktion, Bewertung der Montagetauglichkeit von Erzeugnissen. In: Personal – MTM-Report 1993, S. 418–421.

Schildknecht, J.: Arbeitsorganisation und Zeitwirtschaft mit MTM in der öffentlichen Verwaltung. In: REFA-Nachrichten, 31. Jg., 1977, S. 79–83.

Schlaich, K.: Vergleich von beobachteten und vorbestimmten Elementarzeiten manueller Willkürbewegungen bei Montagearbeiten. Entwurf eines neuen Systems vorbestimmter Zeiten. Berlin, Köln, Frankfurt: Beuth, 1967.

Schlaich, K.: Die Systeme vorbestimmter Zeiten. Bilanz einer zehjährigen Anwendung in der deutschen Industrie. In: TZ für praktische Metallbearbeitung, 63. Jg., 1969, S. 587–593.

Schrickel, K.: Praktische Erfahrungen mit der Einführung und Anwendung von MTM-Standarddaten. Hamburg: Deutsche MTM-Vereinigung, 1966.

Simon, A.: Mehrstellenarbeit in der Metall- und Elektroindustrie. Köln: Bachem, 1998.

Spath, D. (Hrsg.): Ganzheitlich produzieren. Stuttgart: LOG_X Verlag GmbH, 2003.

Steele, P. M.: The MTM Data System for Office. Fair Lawn: MTM Association for Standards and Research, 1972.

Ullrich, G.; Brock, H.; Elbracht, D.: Wirtschaftliches Anlernen in der Montage – Ein Beitrag zur Lernkurventheorie. In: REFA-Nachrichten, 47. Jg., Heft 5, 1994, S. 18–26.

Ullrich, G.; Elbracht, D.: Wirtschaftliches Anlernen in der Montage – Anwendungsbeispiele zur Lernkurventheorie. In: REFA-Nachrichten, 52. Jg., Heft 3, 1995, S. 19–26.

Westkämper, E.: Thesen zur Forschung für die Produktion – New Taylor. In: Geißinger, J. (Hrsg.): Forschung stärken – Produkion sichern. Berlin, Heidelberg, New York: Springer, 2006.

Winkel, A.: Mehrstellenarbeit. München: Hanser, 1963.

Wucherpfennig, D.: Zeitliche Bindung bei manueller Fließarbeit. Berlin: Beuth, 1978.

Zandin, K. B.: MOST – Work Measurement Systems. New York, Basel: Dekker, 1980.

Stichwortverzeichnis

H

I

N

S

Glossar

Mit einem Pfeil ↑ wird auf Schlagworte innerhalb des Glossars verwiesen.

A

ABC-Analyse (ABC analysis)
Mit der ABC-Analyse prüft man die Abhängigkeit von Ressourcenbindung und ↑Arbeitsaufgaben. Eine hohe Aufgabenkonzentration liegt vor, wenn relativ wenige ↑Aufgaben einen relativ hohen Anteil an der Ressourcenkapazität binden. Man nutzt zur Abgrenzung der Anteile das nach dem Ökonomen Pareto bezeichnete Prinzip (80:20-Regel).

Ablauf (work process)
Allgemein steht Ablauf für den Verlauf von Ereignissen. Im ↑Arbeitssystem ist der Ablauf jene Bestimmungsgröße, mit der das Zusammenwirken der ↑Ressourcen ↑Mensch und ↑Arbeits-/Sachmittel bei der ↑Eingabe-↑Ausgabe-Transformation beschrieben wird.

Ablaufabschnitt (process step)
Ein Ablaufabschnitt ist eine nach dem Zutreffen einer ↑Ablaufart abgegrenzte Ablaufphase. ↑Belastungsabschnitt, ↑Prozessbaustein

Ablaufart (process category)
Eine Ablaufart ist eine Kategorie oder Klasse des Zusammenwirkens der ↑Ressourcen ↑Mensch, ↑Arbeits-/Sachmittel oder des ↑Arbeitsgegenstandes, unter Verwendung der (↑Arbeitssystem-)↑Eingabe beim Vollzug von ↑Abläufen. Die Zuordnung einer Ablaufart zu einem ↑Vorkommnis oder einem ↑Ablaufabschnitt erfolgt über zwei Entscheidungsschritte:
1. ob es sich beim betrachteten Vorkommnis bzw. Ablaufabschnitt um ein Tun (Tätigsein) oder ein Lassen (Unterbrechen eines Tätigseins) handelt und,
2. ob dieses planmäßig/vorhersagbar oder nicht planmäßig auftritt.
Die unter einer Ablaufart gesammelten Vorkommnisse bzw. Ablaufabschnitte werden nach einem Überleitungsalgorithmus in ↑Zeitarten gewandelt (z. B. alle »ablaufbedingten Unterbrechungen« zur »Wartezeit«) und dort, je nach Analyseziel, weiter verarbeitet.

Ablaufindikator (process indicator)
Ein Ablaufindikator bezeichnet die Zeitsumme definierter Kategorien von ↑Prozessbausteinen. Die Indikation wird durch Reduzierung auf wenige, signifikant unterscheidbare Auswertungskriterien erleichtert. Zur Auswahl geeigneter Ablaufindikatoren sind Vergleichbarkeit und Operationalisierbarkeit wesentliche Kriterien. Unschärfen bei ihrer Abgrenzung, die Beschränkung auf Teilprobleme, subjektive Momente und normative Setzungen gehören zu ihrem Wesen. Die Interpretation von Ausprägungen der Ablaufindikatoren muss daher sorgsam und adäquat zur Fragestellung vorgenommen werden.

Ablauforganisation (process organization)
Die Ablauforganisation beschreibt das räumliche und zeitliche Zusammenwirken von ↑Mensch, ↑Arbeits-/Sachmittel und ↑Eingabe zur Erfüllung von
↑Arbeitsaufgaben unter gegebenen ↑Arbeitsbedingungen. Es besteht eine enge
wechselseitige Beziehung zwischen ↑Aufbau- und Ablauforganisation. Eine
klare, überzeugende Abgrenzung zur ↑Aufbauorganisation ist nicht möglich.

Aggregation von Prozessbausteinen (Aggregation of Process Building Blocks)
Unter der Aggregation von ↑Prozessbausteinen (auch Verdichtung von Prozessbausteinen) wird deren Zusammenfassung zu umfassenderen oder komplexeren
Bausteinen verstanden, mit dem Ziel, einen geringen ↑Analysieraufwand bei
ausreichender Genauigkeit zu erreichen. Dabei gibt es zwei Aggregationsrichtungen:
1. Horizontale Aggregation: Es werden Prozessbausteine auf der gleichen
Hierarchieebene zusammengefasst, um die Anzahl notwendiger Bausteine zu
verringern. Dabei entstehen umfassendere, aber keine komplexeren Bausteine.
2. Vertikale Aggregation: Es werden in einem prozesslogischen Zusammenhang
stehende Prozessbausteine aus einer, seltener auch aus mehreren Hierarchieebenen zusammengefasst, um die Anzahl notwendiger Bausteine zu verringern.
Dabei entstehen umfassendere und komplexere Bausteine.

Akkord (piece work)
Unter Akkord versteht man eine leistungsabhängige Lohndifferenzierung.
Als Leistungskennzahl wird die vom Mitarbeiter beeinflussbare Mengenleistung
bzw. der daraus abgeleitete ↑Zeitgrad benutzt.

Aktionskraft (force)
Die Aktionskraft ist eine ↑Körperkraft, die nach außen vom Körper aus wirkt.
Sie ergibt sich aus der Wirkung der ↑Massenkraft und/oder der ↑Muskelkraft
und dient der Durchführung einer mechanischen ↑Arbeit. Aktionskräfte können
dynamisch (Eigenbewegungs- oder Manipulationskräfte) oder statisch (Halte-
oder Stützkräfte) sein.

Aktivität (activity)
Unter Aktivität versteht man die Art und Weise, wie sich eine Arbeitsperson
einer objektiv gegebenen ↑Belastung unterwirft und mit welcher ↑Strategie
und ↑Methode diese Belastung bewältigt wird.

Analyse (analysis)
Allgemein bedeutet Analyse die Zerlegung eines Ganzen in seine Teile sowie die
damit verbundene Untersuchung. Spezifisch wird als (↑MTM-)Analyse die
Arbeitssystemerfassung, die Arbeitsmethodenmodellierung und die Analysendokumentation eines (Soll-) ↑Ablaufs mit Hilfe eines ↑MTM-Bausteinsystems
bezeichnet.

Analysieraufwand (analyzing expenditure)
Als Analysieraufwand wird der bei Anwendung eines ↑MTM-Bausteinsystems

für die Analysendokumentation eines (Soll-)↑Ablaufs benötigte Zeitaufwand bezeichnet. Der Analysieraufwand ist kein brauchbarer Maßstab für die ↑Wirtschaftlichkeit eines Bausteinsystems.

Anforderungen (demands)
Unter Anforderungen versteht man die individuellen (körperlichen, seelischen und geistigen) Leistungsvoraussetzungen, die eine Arbeitsperson zur Bewältigung der ↑Arbeitsaufgabe benötigt.

Anthropometrie (anthropometrics)
Die Anthropometrie ist jene Teildisziplin der Anthropologie, die sich mit der Ermittlung von ↑Körpermaßen des ↑Menschen und ihrer Anwendung auf die räumliche ↑Arbeitsgestaltung befasst.

Anwendungsbereich (application section)
Der Anwendungsbereich bezeichnet meist eine ↑Organisationseinheit. Er dient im Modul ↑TiCon® Base zur bereichsspezifischen Zuordnung von ↑Prozessbausteinen, Zugriffsrechten oder Zeitzuschlägen.

Anwendungsebenen (application levels)
Anwendungsebenen sind die Hierarchieebenen des ↑MTM-Prozessbausteinsystems, in denen anwender- bzw. ↑unternehmensspezifische Prozessbausteine eingeordnet sind. Man unterscheidet typischerweise sechs Anwendungsebenen: Arbeitsvorgangsschritt, Arbeitsvorgangsfolge, Teile, Teilegruppen, Baugruppen, Produkte.

Anwendungsregel (application rule)
Anwendungsregeln sind Handlungsanleitungen zur Verwendung eines oder mehrerer ↑Prozessbausteine und beziehen sich auf deren strukturelle Elemente. Anwendungsregeln sind keine Erläuterungen, Sinndeutungen oder Handhabungsempfehlungen zu den Bausteinen, sondern zwingend zu befolgende Arbeitsanweisungen. Sie geben den Anwendern eines ↑MTM-Bausteinsystems Verfahrensanweisungen, stellen also Geschäftsregeln dar.

Arbeit (work)
↑Arbeit, menschliche

Arbeit, diskriminatorische (discriminatory work)
Liegen Beanspruchungsengpässe in den Erkennungs-, Unterscheidungs- oder Identifikationsmechanismen menschlicher Funktionen, so wird die Arbeitsform diskriminatorische Arbeit genannt.

Arbeit, dynamische (dynamic work)
Dynamische Arbeit, auch ↑dynamische Muskelarbeit, ist - im Gegensatz zur ↑statischen Arbeit - körperliche ↑Beanspruchung durch ↑Bewegung. Man unterscheidet ↑einseitig dynamische Muskelarbeit und ↑schwere dynamische Muskelarbeit. Einseitig dynamische Muskelarbeit ist durch den Einsatz kleiner

Muskelgruppen bei hoher Betätigungsfrequenz gekennzeichnet. Schwere dynamische Muskelarbeit bezieht sich auf große (schwere) Muskelgruppen,

Arbeit, energetisch-effektorische (energetic and effectual work)
Unter energetisch-effektorischer Arbeit versteht man jene Arbeitsform, die besonders durch Kräfte und ↑Bewegungen gekennzeichnet ist.

Arbeit, informatorische (mental work)
Der Begriff informatorische Arbeit ist die Bezeichnung für eine Arbeitsform, bei der Arbeitspersonen Informationen über einen Systemzustand erhalten, diese verarbeiten und in Form von Signalen wieder in das System einspeisen. Dadurch ist der Systemzustand zielgerichtet zu modifizieren.

Arbeit, kombinatorische (deductive work)
Bei kombinatorischer Arbeit muss die Bedeutung der identifizierten Signale für den ↑Arbeitsprozess erfasst und zu einem Befehl umgesetzt werden.

Arbeit, menschliche (work, labor)
Nach umgangssprachlichem Verständnis ist Arbeit sowohl die ↑Tätigkeit (gezieltes Handeln) als auch das daraus resultierende Ergebnis (erzielter Handlungserfolg) beim ↑Menschen. In der Ökonomie wird Arbeit z. B. als »Bestandsfaktor in ↑Produktionssystemen oder als Einsatzfaktor in Produktionsprozessen« verstanden. In der ↑Arbeitswissenschaft gibt es ebenfalls unterschiedliche Interpretationen, z. B. »planmäßige, mit dem Ziel der Bedarfsdeckung durchgeführte entgeltliche oder unentgeltliche Handlungen von ↑Menschen«.

Arbeit, reaktive (reactive work)
Unter reaktiver Arbeit versteht man das Umsetzen von Information in Reaktion (z. B. bei Prüftätigkeiten).

Arbeit, repetitive (repetitive work)
Bei repetitiver Arbeit werden ständig wiederkehrende, gleichartige ↑Arbeitsaufgaben durchgeführt, deren Ausübungsfolge nicht zwingend taktgebunden sein muss.

Arbeit, sensomotorische (senso-motoric work)
Unter sensomotorischer Arbeit versteht man eine Form der ↑Muskelarbeit, die durch komplexe ↑Bewegungsabläufe mit unterschiedlichen ↑sensorischen und motorischen Anteilen charakterisiert ist. Die sensorischen Anteile bestehen dabei aus Perzeptionsvorgängen (Perzeption: Wahrnehmung), vorwiegend im optischen, akustischen und ↑haptischen Bereich. Die motorischen Anteile, die von der vorangegangenen oder gleichzeitigen Perzeption gesteuert werden, können einfach oder komplex sein.

Arbeit, statische (static work)
↑Haltearbeit, statische und ↑Haltungsarbeit, statische

Arbeit, taktgebundene (takted work, fixed takt work)
Bei taktgebundener Arbeit ist der Arbeitende bei der Ausführung seiner ↑Tätigkeit an bestimmte, durch ihn nicht beeinflussbare Arbeitstakte zeitlich gebunden.

Arbeitsablauf (work process)
↑Ablauf

Arbeitsanalyse (job analysis, work analysis)
Unter Arbeitsanalyse versteht man die systematische Gliederung der ↑Arbeit. Dabei werden behandelt: ↑Arbeitssystem, ↑Ablauf, ↑Arbeits-/Sachmittel, ↑Arbeitsgegenstand, erforderliche ↑Qualifikationen.

Arbeitsaufgabe (work task)
↑Aufgabe

Arbeitsbedingungen (work conditions)
Unter den Arbeitsbedingungen fasst man alle physikalisch-chemischen und organisatorischen ↑Umgebungseinflüsse zusammen.

Arbeitsbewertung (job evaluation)
Die Arbeitsbewertung dient der anforderungsgerechten Entgeltfindung. Mit Verfahren der Arbeitsbewertung bzw. Anforderungsermittlung werden ↑Aufgaben bzw. ↑Tätigkeiten möglichst objektiv und genau einem Arbeitswert zugeordnet. In einem nachfolgenden Schritt können dann den Arbeitswerten Geldwerte zugewiesen werden. Arbeitsbewertungsverfahren werden im Regelfall zwischen den Vertragsparteien vereinbart und in Tarifverträgen kodifiziert.

Arbeitsdauer (work duration)
↑Belastungsdauer

Arbeitsenergieumsatz (work metabolism)
Der Arbeitsenergieumsatz ist der Teil des gesamten ↑Energieumsatzes, der für die ↑Verrichtung einer ↑Arbeit benötigt wird.

Arbeitsfortschritt (work progress)
Dem Arbeitsfortschritt werden die ↑Tätigkeiten zugerechnet, die erfahrungsgemäß unmittelbar zur Aufgabenerfüllung beitragen, z. B. das Fügen. Bei folgenden ↑Bewegungen ist der Beitrag zum Arbeitsfortschritt grundsätzlich zu prüfen: Körperbewegungen, Drücken, Trennen, Nachgreifen, Übergabe, Warten, Halten, Prüfen und Transportbewegungen. Dies wird durch die ↑MTM-Anwendung wesentlich erleichtert.

Arbeitsgang (operation)
↑Arbeitsvorgang

Arbeitsgegenstand (work object)
Als Arbeitsgegenstand wird jenes ↑Objekt bezeichnet, auf das die ↑Ressourcen

über den ↑Ablauf hinweg einwirken, um es entsprechend der ↑Aufgabe zu verändern.

Arbeitsgeschwindigkeit (operating speed)

Die Arbeitsgeschwindigkeit ist bei körperlicher ↑Arbeit ein Belastungsmerkmal, das die Schnelligkeit von Körperbewegungen berücksichtigt. Von optimaler Arbeitsgeschwindigkeit spricht man dann, wenn der ↑Mensch bei minimalen physiologischen Kosten arbeitet. In der ↑Planung wird davon ausgegangen, dass die optimale Arbeitsgeschwindigkeit der ↑MTM-Normleistung entspricht. Der Begriff Arbeitsgeschwindigkeit wird auch für nicht-körperliche Arbeit verwendet, hier fehlen jedoch weitgehend die wissenschaftlichen Erkenntnisse, die in die Betriebspraxis umsetzbar sind.

Arbeitsgestaltung (work system design)

Unter Arbeitsgestaltung versteht man die Auslegung von ↑Arbeitssystemen nach technischen, ökonomischen und ergonomischen Erkenntnissen.

Arbeitsgestaltung, anthropometrische (anthropometric work system design)

Unter anthropometrischer Arbeitsgestaltung versteht man die Anpassung von ↑Arbeitsplatz und ↑Arbeitsmittel an die Abmessungen der menschlichen Gestalt. Es geht dabei um die Beachtung der Körperabmessungen, Gelenkwinkel und der weiteren Funktionsparameter der Arbeitspersonen bei der Auslegung von ↑Arbeitssystemen.

Arbeitsgestaltung, bewegungstechnische (kinesthetic work system design)

Bewegungstechnische Arbeitsgestaltung befasst sich mit der optimalen Auslegung von ↑Arbeitssystemen bezüglich geringer zeitwirtschaftlicher und physiologischer Kosten.

Arbeitsgestaltung, konzeptive oder prospektive (conceptual or prospective work system design)

Die konzeptive oder prospektive Arbeitsgestaltung setzt in der frühen Planungsphase des zu produzierenden Erzeugnisses an. Späteren ungünstigen Gestaltungslösungen eines ↑Arbeitssystems kann damit vorgebeugt werden. Im Unterschied zur ↑korrektiven Arbeitsgestaltung kann sie häufig Humanität und ↑Wirtschaftlichkeit von ↑Arbeitsprozessen bei geringen Gestaltungskosten verbinden. Das ↑MTM-Planungskonzept unterstützt dies entlang der Wertschöpfungskette mit kompatiblen ↑Methoden und Werkzeugen.

Arbeitsgestaltung, korrektive (corrective work system design)

Unter korrektiver Arbeitsgestaltung versteht man die Umgestaltung von ↑Arbeitssystemen nach dem ↑SOP bei laufender Produktion. Die Eingriffsmöglichkeiten zur Verbesserung von Humanität und ↑Produktivität sind oft gering, Eigenschaften des Erzeugnisses können im Unterschied zur ↑prospektiven oder konzeptiven Arbeitsgestaltung nur noch bedingt berücksichtigt bzw. korrigiert werden. Mit kürzer werdenden Produktlebenszyklen wird korrektive Arbeitsgestaltung wirtschaftlich unvertretbar.

Arbeitsgestaltung, organisatorische (organizational work design)
Unter organisatorischer Arbeitsgestaltung versteht man den Entwurf und die Optimierung von ↑Arbeitsstruktur, ↑Arbeitszeit- und ↑Schichtsystemen.

Arbeitsgestaltung, physiologische (physiological work design)
Unter physiologischer Arbeitsgestaltung versteht man die Anpassung des ↑Arbeitssystems an die energetischen und biomechanischen Möglichkeiten des ↑Menschen. Einflussfaktoren sind dabei Arbeitsform, ↑Arbeitsschwere, ↑Arbeitsdauer, ↑Arbeitsgeschwindigkeit, eingesetzte Muskelmasse. Weiterhin sind die individuellen Faktoren (Alter, Geschlecht, Leistungsstreuung, u. a.) zu beachten.

Arbeitsgestaltung, sicherheitstechnische (safety-orientated work system design)
Die sicherheitstechnische Arbeitsgestaltung hat die ↑Aufgabe, durch konstruktive, technische und organisatorische Maßnahmen Arbeitsunfälle und ↑Berufskrankheiten zu verhüten. Sie muss mit den anderen Bereichen der ergonomischen Arbeitsgestaltung zusammen wirken, die auf langfristig erträgliche, zumutbare und ↑Zufriedenheit schaffende ↑Arbeitsbedingungen abheben.

Arbeitsgruppe (team)
↑Gruppenarbeit

Arbeitshöhe (work height)
Unter Arbeitshöhe versteht man die Höhe des Kontaktpunktes zwischen Hand und Arbeitsobjekt oder zwischen Hand und ↑Arbeits-/Sachmittel (↑Betriebsmittel) oberhalb der Fußbodenfläche.

Arbeitsinhalt (work content)
Als Arbeitsinhalt werden Art, Umfang, Dauer und Reihenfolge der ↑Aufgaben in einem ↑Arbeitssystem bezeichnet.

Arbeitsmenge (work quantity)
Unter dem kategorialen Begriff der Arbeitsmenge werden ↑Bezugsgrößen, Volumenmengen und Bezugsmengeneinheiten subsummiert.

Arbeitsmethode (work method)
Als Arbeitsmethode wird eine für einen ↑Sollablauf vorgesehene Kette zu vollziehender Handlungen bezeichnet. Arbeitsmethoden bilden den ↑Ablauf als eine Bestimmungsgröße des ↑Arbeitssystems ab und stehen für die Erfüllung von ↑Aufgaben.

Arbeitsmittel (equipment)
Arbeitsmittel (Sachmittel) sind Gegenstände (z. B. Anlagen, Maschinen, Werkzeuge, einschließlich Software), mit denen Handlungen oder Operationen zur Erfüllung der ↑Arbeitsaufgabe verrichtet werden. Sie sind eine Untermenge der ↑Betriebsmittel.

Arbeitsorganisation (work organization)
Unter Arbeitsorganisation versteht man organisatorische Regelungen des
↑Arbeitsprozesses nach aufgabenbezogenen, räumlichen und zeitlichen
Gesichtspunkten. Die Arbeitsorganisation ist eine wesentliche Voraussetzung für
ein sinnvolles Zusammenwirken von Arbeitspersonen und ↑Betriebsmitteln bei
der Erfüllung von ↑Arbeitsaufgaben.

Arbeitsplan (bill of activities)
Als Arbeitsplan wird die Zusammenstellung der zur Fertigung eines Produktes
bzw. Erzeugnisses, einer Baugruppe oder eines Teiles vorgesehenen Folge von
Aufgabenerfüllungen (Operationen) bezeichnet. Diese werden häufig als
↑Arbeitsvorgänge bezeichnet und enthalten mindestens eine inhaltliche
Beschreibung (Ablaufbeschreibung, Arbeits- und Prüfanweisung o. ä.) die
Arbeitsobjekte (Material, Verbauteile u. ä.), die ↑Organisationseinheiten
(↑Arbeitsplätze, Kostenstellen, Maschinen u. ä.) und typischerweise auch die
↑Zeitstandards / ↑Vorgabezeiten.

Arbeitsplatz (work station)
Der Arbeitsplatz ist der (engere) räumliche Bereich, der einer oder mehreren
Personen im ↑Arbeitssystem zur Erfüllung der ↑Arbeitsaufgabe zugewiesen
ist. Der Arbeitsplatz wird auch als ↑Stelle im ↑Betrieb aufgefasst.

Arbeitsplatzmaße (work station layout)
Arbeitsplatzmaße fassen alle gestaltungsrelevanten räumlichen Abmessungen
zusammen.

Arbeitsproduktivität (productivity)
Als Arbeitsproduktivität wird die Ergiebigkeit von ↑Arbeitssystemen in einer
Volkswirtschaft oder in einem ↑Unternehmen bezeichnet. Arbeitsproduktivität
steht nicht für die Effektivität und Effizienz von ↑Menschen, sondern von Arbeitssystemen.

Arbeitsprozess (work process)
↑Prozess

Arbeitsraum (work space)
Der Arbeitsraum ist der Raum innerhalb eines ↑Arbeitsplatzes, der für den
↑Menschen zur Ausführung seiner ↑Arbeitsaufgaben verfügbar ist. Dabei sind
Gestalt, ↑Körperhaltung und -abmessungen sowie zu betätigende ↑Arbeits-
mittel und zu übertragende ↑Körperkräfte zu berücksichtigen. Der erforderliche
Arbeitsraum wird durch ergonomisch abgeleitete ↑Innen- bzw. ↑Außenmaße
bestimmt. ↑Bewegungsraum

Arbeitsschutz (safety at work)
Arbeitsschutz schließt alle Maßnahmen ein, die dazu beitragen, Leben und
Gesundheit des arbeitenden ↑Menschen zu schützen, seine Arbeitskraft zu
erhalten und die ↑Arbeit menschengerecht zu gestalten.

Arbeitsschutzmaßnahmen (health and safety regulations)
Unter Arbeitsschutzmaßnahmen versteht man alle Maßnahmen der ↑Arbeits-
gestaltung und ↑-organisation, zur sicherheitsgerechten Gestaltung und zur
Vermeidung von Arbeitsunfällen und ↑Berufskrankheiten. Dabei sind insbesondere das Arbeitsschutzgesetz und die dazugehörigen Artikelverordnungen zu
beachten.

Arbeitsschwere (work-related physical demand, work-related physical strain)
Arbeitsschwere drückt die Belastungshöhe bei einer körperlichen ↑Arbeit aus.
Bei ↑informatorischer Arbeit wird statt Arbeitsschwere der Ausdruck Arbeits-
schwierigkeit verwendet.

Arbeitssicherheit (occupational safety)
Arbeitssicherheit kennzeichnet einen Zustand, bei dem der ↑Mensch im ↑Ar-
beitsprozess vor Unfällen und ↑Berufskrankheiten geschützt ist. Der Begriff
wird gleichzeitig auch für die Disziplin verwendet, die sich mit der Verhinderung von Unfällen und arbeitsbedingten Gefahren beschäftigt.

Arbeitsstrukturierung (work structure)
Arbeitsstrukturierung bezeichnet die arbeitsorganisatorischen Maßnahmen zur
Veränderung der ↑Arbeitsinhalte, um die ↑Erträglichkeit der ↑Arbeit zu
garantieren und die Arbeitszufriedenheit der Mitarbeiter bei gleichzeitiger
Erhöhung der ↑Produktivität zu fördern.

Arbeitssystem (work system)
Ein Arbeitssystem ist ein mit Hilfe von Bestimmungsgrößen zu beschreibendes
soziotechnisches System. Es ist ein Beschreibungsmodell. Die Bestimmungsgrößen sind die ↑Aufgabe (beschreibt den Zweck des Arbeitssystems), die
↑Ressourcen ↑Mensch und ↑Arbeits-/Sachmittel, die ↑Eingabe (Input) und
die ↑Ausgabe (Output), der ↑Ablauf (zeitlich-räumliches Zusammenwirken
der Ressourcen bei der Eingabe-Ausgabe-Transformation) sowie die Umwelt.
↑Mikro-Arbeitssysteme repräsentieren Einzel-Arbeitsplätze, ↑Makro-Arbeits-
systeme dagegen ↑Teams, ↑Fertigungsinseln usw.

Arbeitssystembeschreibung (work system description)
Die Arbeitssystembeschreibung setzt sich zusammen aus der Beschreibung der
räumlichen Verhältnisse im ↑Arbeitssystem (z. B. mit Hilfe von Skizzen oder
Fotos) und der Bestimmungsgrößen des Arbeitssystems. Mit Hilfe von Arbeitssystembeschreibungen wird der Geltungsrahmen von ↑Prozessbausteinen abge-
steckt. Das ist umso notwendiger, je höher die ↑Anforderungen an die ↑Repro-
duzierbarkeit von Prozessbausteinen sind.

Arbeitssystemmanagement (management of work systems)
Das Arbeitssystemmanagement umfasst die Arbeitssystemplanung und die permanente Arbeitssystemverbesserung. Arbeitssystemmanagement wird mit
↑MTM in zwei Phasen betrieben. In der ersten Phase (↑MTM-Planungskon-
zept) wird der Arbeitssystemplanung höchste Priorität eingeräumt. Unter

Einsatz hochprofessionellen Engineerings wird bereits zum ↑SOP ein bestmögliches (best practice-orientiertes), durch Benchmarks abgesichertes Produktivitätsniveau angestrebt. Die zweite Phase (MTM-Optimierungskonzept) repräsentiert die nach dem SOP einsetzende Betriebsphase der ↑Arbeitssysteme. Dabei steht deren permanente Verbesserung durch ihre Betreiber, unterstützt durch das ↑Ergebniscontrolling, im Mittelpunkt.

Arbeitsteilung (work division)
Unter Arbeitsteilung versteht man die Aufteilung einer ↑Aufgabe auf mehrere Arbeitspersonen bzw. ↑Arbeitssysteme. Die Aufteilung kann in Form von Teilaufgaben (↑Artteilung) vorgenommen werden, sie kann auch mengenmäßig erfolgen (↑Mengenteilung).

Arbeitsunterweisung (job instruction)
Unter Arbeitsunterweisung versteht man die systematische Vermittlung von Kenntnissen, ↑Fertigkeiten und ↑Fähigkeiten zur Erfüllung der ↑Arbeitsaufgaben.

Arbeitsvorbereitung (production scheduling)
Arbeitsvorbereitung wird unterschiedlich interpretiert: Sie wird als Synonym für Fertigungsplanung, aber auch für Fertigungsplanung inkl. ↑Fertigungssteuerung, ggf. einschließlich der Ermittlung von ↑Zeitstandards und damit von ↑Prozessbausteinen verwendet. Nach einem sehr weiten Begriffsverständnis steht Arbeitsvorbereitung für alle ↑Aktivitäten, die erforderlich sind, um mit dem Erfüllen der ↑Arbeitsaufgaben zu einem ↑Auftrag beginnen zu können.

Arbeitsvorgang (operation)
Der Arbeitsvorgang (oft auch: Arbeitsgang, ↑Vorgang o. ä.) ist die kleinste, in einem ↑Arbeitsplan angeführte und mit einem ↑Zeitstandard belegte ↑Aufgabe. Im ↑MTM-Prozessbausteinsystem wird der Arbeitsvorgang als ↑Prozessbaustein einer bestimmten Hierarchieebene zugeordnet, um seine Wiederverwendung, die Änderung (Datenpflege) und die Revision zu erleichtern.

Arbeitsweise (work manner; individual operative method)
Als Arbeitsweise wird eine in realen Arbeitssituationen, in ↑Istabläufen, vollzogene Kette von Handlungen bezeichnet. Die Arbeitsweise steht für die mögliche zu erwartende individuelle Ausprägung der Bewegungsausführung bei der Ausübung einer ↑Tätigkeit (nach einer vorgegebenen ↑Arbeitsmethode (↑Sollablauf). Das Ausmaß zu erwartender Arbeitsweisenstreuung charakterisiert u. a. die ↑Prozesstypen 1 bis 3.

Arbeitswissenschaft (labor science)
Die Arbeitswissenschaft ist die Fachdisziplin, die sich mit der ↑Analyse, Ordnung und ↑Gestaltung der technischen, organisatorischen und sozialen Bedingungen von ↑Arbeitsprozessen befasst. Das Ziel hierbei ist das Schaffen ausführbarer, schädigungsloser, zumutbarer und zufriedenheitsschaffender ↑Arbeitsbedingungen.

Arbeitszeit (labor time)

Unter Arbeitszeit versteht man den Zeitraum, in dem der Mitarbeiter arbeitet oder zu arbeiten verpflichtet ist. Es ist also die Zeit vom Beginn bis zum Ende der täglichen ↑Arbeit ohne Ruhepause.

Artteilung (task sub-division)

Artteilung bezeichnet eine Form der ↑Arbeitsteilung, bei der eine Arbeitsperson nur einen Teil der Gesamtaufgabe erledigt. Artteilung führt damit zur Spezialisierung und im Regelfall zu einer hohen Routine. Allerdings besteht – im Gegensatz zur ↑Mengenteilung – durch kurzzyklische, hochrepetitive Arbeitsverrichtungen die Gefahr des Erlebens von ↑Monotonie.

Aufbauorganisation (company organizational structure)

Die Aufbauorganisation bezeichnet die organisatorische Regelung zur Aufteilung der ↑Aufgaben eines ↑Unternehmens auf verschiedene ↑Organisationseinheiten und deren Beziehungen untereinander. Die Aufbauorganisation wird üblicherweise in Form eines Organisationsplanes (Organigramm) dargestellt und mit Hilfe von ↑Stellenbeschreibungen verfeinert. Es besteht eine enge wechselseitige Beziehung zwischen Aufbau- und ↑Ablauforganisation.

Aufbaustufe (level II data)

↑Standardvorgang

Aufgabe (task; job)

Eine Aufgabe ist die Beschreibung einer vorgesehenen, zielgeleiteten Handlung sowie eine Aufforderung an einen ↑Aufgabenträger, Aktionen auszuführen. Aufgaben werden durch Angabe mindestens eines ↑Objekts und einer ↑Verrichtung beschrieben und kennzeichnen den Zweck eines ↑Arbeitssystems. Eine Aufgabe bezeichnet Gewolltes, Gefordertes, wogegen eine ↑Tätigkeit Geschehenes, Erreichtes bezeichnet.

Aufgabenanalyse (task analysis)

Aufgabenanalyse ist die Erhebung und Dokumentation des ↑Arbeitsinhalts von Soll-Zuständen. Im Ist-Zustand eines ↑Arbeitssystems führt man dagegen ↑Tätigkeitsanalysen durch.

Aufgabenbereicherung (job enrichment)

Bei der Aufgabenbereicherung (auch: Arbeitsbereicherung) geht es darum, zu den vorliegenden ↑Aufgaben solche Aufgaben hinzuzufügen, die weitergehende ↑Verantwortungen und ↑Kompetenzen mit sich bringen. Dadurch will man den Handlungs- und Dispositionsspielraum vergrößern und den ↑Aufgabenträgern mehr Möglichkeiten zur Entfaltung ihrer Potenziale geben.

Aufgabenerweiterung (job enlargement)

Bei der Aufgabenerweiterung (auch: Arbeitserweiterung) geht es darum, die Anzahl verschiedenartiger ↑Aufgaben je ↑Aufgabenträger zu erhöhen und damit den Tätigkeitsspielraum auszudehnen. Dabei werden keine qualitativ

»höherwertigen« Aufgaben einbezogen. Durch Aufgabenerweiterung sollen einseitige ↑Belastungen vermieden und durch Belastungsartenwechsel der Gefahr der ↑Ermüdung, begrenzt auch von ↑Monotonie, begegnet werden.

Aufgabenstruktur-Erhebung (job structure analysis)
Die Aufgabenstruktur-Erhebung (Aufgabengliederung) ist eine ↑Methode zur systematischen Erfassung und Dokumentation der anfallenden ↑Aufgaben unter Darstellung der logischen Zusammenhänge, die zur Erfüllung der Gesamtaufgabe erforderlich sind. Übliche Gliederungsmerkmale sind ↑Objekt und ↑Verrichtung.

Aufgabenträger (task owner)
Ein Aufgabenträger ist eine ↑Ressource (↑Mensch oder ↑Arbeitsmittel), die für die Erfüllung einer ↑Aufgabe zuständig ist.

Auftrag (order)
Als Auftrag wird eine schriftliche oder mündliche Aufforderung an ein ↑Arbeitssystem oder an eine ↑Stelle zur Ausführung einer bestimmten ↑Arbeit bezeichnet.

Auftragsmenge (order quantity)
Die Auftragsmenge ist eine in Bezugsmengeneinheiten (z. B. Stück, Liter) ausgedrückte Menge bzw. der quantitative Umfang eines ↑Auftrages.

Auftragszeit (order time)
Auftragszeit T bzw. Belegungszeit t_{bB} sind ↑Vorgabezeiten bzw. ↑Zeitstandards für das Ausführen eines ↑Auftrages und beinhalten das ↑Rüsten und das Ausführen.

Ausführbarkeit (practicability)
Unter Ausführbarkeit versteht man ein Kriterium zur Beurteilung der ↑Arbeit. Eine Arbeit ist ausführbar, wenn sie durch den ↑Menschen mit seinen Eigenschaften, ↑Fähigkeiten und ↑Fertigkeiten und den zur Verfügung gestellten ↑Arbeitsmitteln überhaupt erledigt werden kann.

Ausführungsanalyse (execution analysis)
Als Ausführungsanalyse wird die Modellierung eines ↑Sollablaufs, einer ↑Arbeitsmethode, unter Kenntnis der ↑Arbeitsweisen, bezeichnet. Die Kenntnis der Arbeitsweisen dient als Informationsbasis. Der Ausführungsbegriff steht hier für »basierend auf der Kenntnis realer Arbeitsvollzüge«, nicht aber für »reale Arbeitsvollzüge beschreibend« und wird somit anders als in der Umgangssprache verwendet. ↑Planungsanalyse

Ausführungszeit (execution time)
Ausführungszeit t_a bzw. Betriebsmittel-Ausführungszeit t_{aB} sind ↑Vorgabezeiten bzw. ↑Zeitstandards für das Ausführen einer ↑Auftragsmenge m. Sie beinhaltet nicht das ↑Rüsten.

Ausgabe (output)
Als Ausgabe werden die Arbeitsergebnisse eines ↑Arbeitssystems bezeichnet,
die in Form von Arbeitsobjekten, Informationen, Energie oder Abfällen anfallen
und im Sinne der ↑Aufgabe verändert, verwendet, erstellt oder ausgeschieden
wurden.

Ausgleichszeit (balance time)
Die Ausgleichszeit ist jene Zeitdauer, bei der ein komplexes ↑MTM-Baustein-
system zur gleichen statistischen Genauigkeit wie ↑MTM-1 führt.

Auslastungsgrad (degree of utilization, utilization level)
Der Auslastungsgrad ist eine Kenngröße für die Bindung des ↑Menschen oder
des ↑Arbeitsmittels durch seine ↑Aufgaben in einem ↑Arbeitssystem.

Außenmaße (maximal dimensions)
Als Außenmaße werden solche Abmessungen bezeichnet, die höchstens zulässig
sind, damit auch der kleinsten Person (minimale Gestalt) ein ungehindertes
Arbeiten bzw. Benutzen ermöglicht wird.

Automatisierung (automation)
↑Automatisierungstechnik, ↑Mechanisierung

Automatisierungstechnik (automation engineering)
Die Automatisierungstechnik ist eine Fachdisziplin, die sich mit der weitgehend
bedienungsfreien Fertigung, Montage, ↑Handhabung und Warenverteilung
beschäftigt. Die Automatisierungstechnik ist interdisziplinär aufgebaut und enthält Erkenntnisse aus Maschinenbau und Fahrzeugtechnik, Mechatronik,
Robotik und Elektrotechnik, Gebäudeautomation und weiterer technisch-naturwissenschaftlicher Disziplinen.

AAWS (Automotive Assembly Worksheet)
Das Automotive Assembly Worksheet (AAWS) ist ein Analyse- und Bewertungs-
verfahren für Montagetätigkeiten in der Automobilindustrie. Es ist ein Teil von
↑MTMergonomics® und sichert die Konformität mit dem Stand arbeitswissen-
schaftlicher Erkenntnisse und den ↑Anforderungen ergonomierelevanter EU-
Richtlinien.

B
Baustein (building block)
↑Prozessbaustein

Bausteinsystem, unternehmensspezifisches (company-specific process building
block system)
Das unternehmensspezifische Bausteinsystem beinhaltet als Teil des ↑MTM-
Prozessbausteinsystems die ↑unternehmensspezifischen Prozessbausteine.

Beanspruchung (strain)
Die Beanspruchung ist die subjektive Belastungsauswirkung auf den ↑Menschen. Sie ist umso höher, je ungünstiger die individuelle Prädisposition ist (gleiche ↑Belastungen führen zu individuell verschiedenen Beanspruchungen).

Behaglichkeitsbereich (comfort interval)
Als Behaglichkeitsbereich wird der klimatische Zustand eines ↑Arbeitssystems verstanden, der mit einer Kombination von Lufttemperatur, Strahlungstemperatur, Luftfeuchtigkeit und Luftbewegung zu einer subjektiven Wohlfühlaussage des Arbeitenden führt. Der Behaglichkeitsbereich ist wegen der unterschiedlichen Akklimatisation im Sommer und im Winter unterschiedlich.

Belastung (workload)
Belastungen resultieren aus der mit der ↑Arbeitsaufgabe verbundenen energetischen ↑Arbeitsschwere und der informatorischen Arbeitsschwierigkeit. Hinzu kommen die physikalischen und organisatorischen Umgebungsbedingungen. Die Belastung beschreibt die objektiven ↑Anforderungen, die in einem Zeitraum zu erfüllen sind. Sie ist unabhängig vom Stelleninhaber, der gerade die ↑Tätigkeit ausübt.

Belastungsabschnitt (constant load period)
Unter Belastungsabschnitt versteht man den Zeitabschnitt, in dem die Teilbelastungen in konstanter Belastungshöhe auftreten. Ein Belastungsabschnitt kann mit einem ↑Ablaufabschnitt identisch sein, muss es aber nicht: Verändert sich während eines Ablaufabschnitts die Belastungshöhe nicht, sind Belastungs- und Ablaufabschnitt identisch.

Belastungsdauer (load duration)
Die Belastungsdauer ist die Einwirkungszeit einer (Teil-)↑Belastung.

Belastungsfaktor (load factor)
Unter Belastungsfaktor versteht man eine auf Nominal- oder Ordinalskalenniveau beschriebene Teilbelastung.

Belastungsgröße (load rate, load metric)
Unter Belastungsgröße versteht man eine auf metrischem Skalenniveau beschriebene Teilbelastung.

Beleuchtungsstärke (illuminance)
Die Beleuchtungsstärke ist der Quotient aus dem auf eine Fläche treffenden Lichtstrom und dieser Fläche, wenn das Licht parallel auftrifft. Die Maßeinheit für die Beleuchtungsstärke ist Lux (lx). Eine Beleuchtungsstärke von 1 Lux ist dann gegeben, wenn ein Lichtstrom von 1 Lumen auf eine Fläche von 1 m^2 trifft.

Berufskrankheit (occupational disease)
Eine Berufskrankheit ist eine ↑Erkrankung, die durch besondere Einwirkungen verursacht ist, denen bestimmte Personengruppen durch ihre versicherte

↑Tätigkeit in erheblich höherem Grad als die übrige Bevölkerung ausgesetzt sind. Eine Berufskrankheit muss außerdem in der Berufskrankheitenliste aufgeführt sein.

Best Practice-Prinzip (best practice principle)
Als Best Practice-Prinzip werden identifizierte Handlungsgrundsätze erfolgreicher ↑Unternehmen in bestimmten Situationen bezeichnet, die als Hilfe für das Entwickeln eigener Problemlösungen in vergleichbaren Situationen heranzuziehen sind.

Betrieb (plant; operational unit)
Der Betrieb ist eine ↑Organisationseinheit im ↑Unternehmen, in der ↑Menschen, ↑Betriebsmittel und Arbeitsobjekte zur Erreichung technischer und wirtschaftlicher ↑Ziele kombiniert werden. Betrieb, Betriebsstätte, Arbeitsstätte und Werk werden hier synonym behandelt.

Betriebsmittel (equipment)
Betriebsmittel umfassen über ↑Arbeitsmittel hinaus Ausstattungsmittel des ↑Arbeitsplatzes und -raumes (Arbeitssitz, -tisch, Fußstütze, Schränke, Regale usw.), Geräte zur Zustandserfassung (Monitore, Anzeigeelemente usw.) sowie weitere technische Hilfsmittel.

Betriebsvereinbarung (employer/works council agreement)
Die Betriebsvereinbarung ist eine vom Arbeitgeber und Betriebsrat beschlossene Regelung betrieblicher Fragen.

Beurteilungskonzept, hierarchisches (hierarchic appraisal concept)
Mit dem hierarchischen Beurteilungskonzept wird eine humanbezogene Bewertung ↑menschlicher Arbeit durchgeführt. Es umfasst die Ebenen der ↑Ausführbarkeit, ↑Erträglichkeit, ↑Zumutbarkeit, ↑Zufriedenheit und Persönlichkeitsförderlichkeit.

Bewegung (motion)
Unter einer grobmotorischen Bewegung versteht man den Einsatz größerer Muskelmassen zur Bewegung schwerer ↑Arbeitsgegenstände oder Werkzeuge. Dabei ist die Zielgenauigkeit der Bewegung gering. Bei feinmotorischen Bewegungen spielt dagegen der Krafteinsatz eine geringe Rolle. Ausschlaggebend ist die Präzision der ausgeführten Bewegung.

Bewegung, automatisierte (automated movement)
Eine automatisierte Bewegung wird durch »Unterprogramme« gesteuert, die nicht bewusstseinspflichtig sind. Bewegungsentwürfe und zugeordnete Bewegungsregulation werden abgespeichert. Dadurch kommt es zu einer Entlastung des Arbeitenden, insbesondere bei hochrepetitiven, kurzzyklischen Arbeitsverrichtungen. Die automatisierte Bewegung kann jederzeit wieder bewusstseinspflichtig gemacht werden. Durch das »Hervorholen« kommt es jedoch im Regelfall zu einer Leistungsverschlechterung bei der Bewegungsausführung.

Bewegungen, gleichzeitige (simultaneous motions)

Gleichzeitige Bewegungen sind von verschiedenen Körperteilen synchron ausgeführte gleiche (z. B. Hinlangen mit der rechten und der linken Hand) oder verschiedene (z. B. Schritt und Beugen) ↑Grundbewegungen. ↑Bewegungen sind nur dann gleichzeitig auszuführen, wenn sie gering oder mäßig zu kontrollieren sind, sowie ausreichende ↑Übung und ein einfaches Handhaben innerhalb des normalen ↑Blickfeldes vorliegt.

Bewegungen, kombinierte (combined motions)

Kombinierte Bewegungen sind von einem Körperteil gleichzeitig ausgeführte ↑Bewegungen (z. B. Nachgreifen beim Bringen), was voraussetzt, dass eine Bewegung so zeitdominant ist, dass dabei noch eine oder mehrere weitere Bewegungen sicher und den Bewegungsverlauf nicht hemmend auszuführen sind.

Bewegungsablauf (motion sequence)

Als Bewegungsablauf wird die räumlich-zeitliche Folge der ↑Bewegungen des menschlichen Körpers bezeichnet, der durch die ↑Arbeitsweise (= Ist) oder die ↑Arbeitsmethode (= Soll) zu beschreiben ist.

Bewegungsanalyse (motion analysis)

Die Bewegungsanalyse dient der qualitativen Beschreibung der ↑Bewegungsabläufe und der Ermittlung der dazu erforderlichen Zeiten. Bis in die 1950er Jahre war der Schwerpunkt der Bewegungsanalyse die Arbeitswelt und mündete hier in ↑Systeme vorbestimmter Zeiten. Seither hat sich der Schwerpunkt der Bewegungsanalyse in die Sportwissenschaft verschoben. Vor allem die technikorientierten Disziplinen (z. B. Kugelstoßen, Hochsprung, Skispringen) profitieren von den immens verbesserten technischen Voraussetzungen für das ↑Bewegungsstudium.

Bewegungselement (basic motion)

Bewegungselement ist eine umgangssprachliche Bezeichnung für ↑Grundbewegung.

Bewegungsfolge (motion sequence)

Als Bewegungsfolge wird die Kombination einer Folge von bis zu drei ↑Grundbewegungen bezeichnet, gebildet durch additive Verknüpfung und statistische Bewertung von Vorkommenshäufigkeiten. Bewegungsfolgen repräsentieren die zweite hierarchische Ebene beim ↑MTM-Prozessbausteinsystem.

Bewegungsgenauigkeit (motion accuracy)

Mit der Bewegungsgenauigkeit wird die erforderliche oder tatsächliche Zieltoleranz einer ↑Bewegung angegeben.

Bewegungsökonomie (motion economy)

Unter Bewegungsökonomie versteht man die Arbeitssystem- und Arbeitsprozessgestaltung, die zu biologisch (physiologisch, neuro-psychologisch) und dynamisch (biomechanisch, kinematisch, kinetisch, energetisch) optimierten

Arbeitsverrichtungen führt. Bewegungsökonomie bedeutet u. a. möglichst kurze ↑Bewegungen, gleichgerichtete Bewegungen verschiedener Körpersegmente, Rhythmik der Bewegungen, symmetrische Mitbewegungen, ↑automatisierte Bewegungen, Bewegungen mit niedrigem ↑Energieumsatz, ballistische Bewegungen, Gelenkwinkel im mittleren Bereich herbeiführen.

Bewegungsraum (motion range)
Der Bewegungsraum des menschlichen Körpers (Kopf, Arme, Hände, Beine, Füße) ergibt sich aus den Längenmaßen der Körperteilsegmente und der Stellung der Segmentachsen in den an der ↑Bewegung beteiligten Gelenken. ↑Arbeitsraum

Bewegungsstudium (motion study)
Das Bewegungsstudium befasst sich mit den Möglichkeiten und Grenzen menschlicher (Arbeits-) ↑Bewegungen. Sie ist die methodische Untersuchung zur ↑Gestaltung von ↑Bewegungsabläufen und umfasst die Identifikation von ↑Bewegungselementen, die Bestimmung von ↑Einflussgrößen und deren zeitliche Bewertung.

Bewegungsvereinfachung (motion simplification)
Bewegungsvereinfachung ist Bestandteil der ↑Bewegungsökonomie und beinhaltet die bewegungstechnische ↑Gestaltung mit dem Ziel der Zeit- und/oder Belastungsreduktion. Dies geschieht durch Reduzierung des ↑Kontrollaufwandes bis hin zum Entfall von ↑Bewegungen. ↑MTM ist dabei Impulsgeber und quantifiziert die Bewegungsvereinfachung.

Bezugsgröße (reference parameter, reference value)
Als Bezugsgrößen werden Mengen-, Perioden-, Verrichtungsbezüge zur Bestimmung von Faktoren (Anzahl x Häufigkeit) bezeichnet. Die Faktoren werden bei der Erstellung und Verwendung von ↑Prozessbausteinen benötigt.

Bezugsleistung (reference perfomance)
Als Bezugsleistung wird das quantitative Arbeitsergebnis bezeichnet, das einer ↑Sollzeit zugrunde liegt. Die am häufigsten verwendeten Bezugsleistungen sind die »Betriebliche Durchschnittsleistung«, »Tarifliche Normalleistung«, ↑»MTM-Normleistung« und ↑»REFA-Normalleistung«.

Bezugsleistungstreue von MTM-Prozessbausteinen (standard performance trusty of MTM blocks)
Bezugsleistungstreue der ↑MTM-↑Prozessbausteine steht für die Konstanz der MTM-↑Bezugsleistung über alle MTM-Prozessbausteine. Diese Bezugsleistung ist die dem ↑MTM-Prozessbausteinsystem immanente ↑MTM-Normleistung.

Bezugsmenge (reference quantity)
Als Bezugsmenge wird die Basis- bzw. Referenzmenge eines ↑Prozessbausteins bezeichnet, z. B. Anzahl Schrauben pro Deckel (Bezugsmenge = 1 Stück).

Blickfeld (field of vision)
Unter Blickfeld versteht man den Bereich der sehend wahrgenommenen Umgebung, der bei ruhendem Kopf, aber mit bewegten Augen wahrgenommen wird.

C
Chunk (chunk)
Unter Chunks versteht man vernetzte Gedächtnisinhalte.

Circadiane Rhythmik (circadian rhythm)
↑Tagesrhythmik

D
Datenkarte (data card)
Eine Datenkarte ist eine tabellarische Darstellung von Attributen der ↑Prozessbausteine, der zeitsignifikante ↑Einflussgrößen, zumindest jedoch die Bausteinkodes und die Normzeiten, zu entnehmen sind. Die Darstellung und Anordnung der Einflussgrößen auf der Datenkarte induziert Gestaltungsansätze.

Dauerleistungsfähigkeit (consistent performance ability)
Unter der Dauerleistungsfähigkeit versteht man das Vermögen des ↑Menschen, eine bestimmte energetische oder mentale ↑Leistung über lange Zeit aufrecht zu erhalten. ↑Ermüdung und ↑Erholung müssen dafür im Gleichgewicht sein.

Dauerleistungsgrenze (consistent performance limit)
Unter der Dauerleistungsgrenze versteht man die höchstmögliche Intensität einer bestimmten ↑Belastung, bei der gerade noch keine zeitabhängige Störung von psycho-physiologischen Gleichgewichtszuständen beim arbeitenden ↑Menschen auftritt. Dabei wird sichergestellt, dass diese Arbeitsintensität bei täglicher Wiederholung einer Acht-Stundenschicht ein Arbeitsleben lang ohne gesundheitliche Beeinträchtigung möglich ist. Die ↑MTM-Normleistung liegt bei entsprechender Eignung und ↑Übung unterhalb der Dauerleistungsgrenze.

Dezentralisation (decentralization)
Dezentralisation liegt bei einer Verteilung von ↑Aufgaben auf mehrere oder alle ↑Aufgabenträger vor, und zwar durch Objekt- oder Verrichtungsverteilungen. Dezentralisation führt zur Generalisierung.

Digitale Fabrik (digital factory)
Digitale Fabrik ist der Oberbegriff für ein umfassendes Netzwerk von digitalen Modellen und ↑Methoden, u. a. der Simulation und der 3D-Visualisierung. Ihr Zweck ist die ganzheitliche ↑Planung, Realisierung, Steuerung und laufende Verbesserung aller wesentlichen Fabrikprozesse und -ressourcen in Verbindung mit dem Produkt. Die ↑Qualität dieser Modelle ist abhängig von der ↑Validität der verwendeten ↑Prozessbausteine (z. B. ↑MTM-Prozessbausteine).

Disposition (MRP – material & resource planning)
Als Disposition bezeichnet man eine betriebliche Funktion der ↑Fertigungs-
steuerung, die ↑Ressourcen zur Verfügung stellt.

Disposition, persönliche (individual disposition)
Das ist die physiologische ↑Leistungsbereitschaft des ↑Menschen. Die persönliche Disposition unterliegt tages-, wochen- und jahreszeitlichen Schwankungen
und ist zudem vom Wetter, vom Hormonstatus und anderen ↑Einflussgrößen
abhängig.

Durchführungszeit (execution time; accomplishing time)
Die Durchführungszeit t_{dS} ist die Zeit für planmäßige, arbeitsfortschrittswirk-
same ↑Vorkommnisse (Einwirken, Fördern und Prüfen) beim Ermitteln der
↑Durchlaufzeit.

Durchlaufanalyse (throughput analysis)
Als Durchlaufanalyse wird die auf den ↑Arbeitsgegenstand bezogene Ablaufartenanalyse bezeichnet, bei der nicht die ↑Ressourcen, sondern der Durchlauf
von Arbeitsgegenständen durch ↑Arbeitssysteme betrachtet wird.

Durchlaufzeit (throughput time; lead time; flow time)
Die Durchlaufzeit t_D setzt sich zusammen aus der ↑Durchführungszeit t_{dS},
Zwischenzeit t_{zwS} und Zusatzzeit t_{zuS}, bezogen auf eine (Auftrags-) Mengen-
einheit.

Durchschnittsproduktivität (average productivity)
Die Durchschnittsproduktivität ist der Quotient aus Produktionsergebnismenge
und Ressourceneinsatzmenge. Durchschnittsproduktivitäten werden für Produktivitätsvergleiche zwischen ↑Arbeitssystemen verwendet.

E
Einarbeitungsdauer (break-in time)
Die Einarbeitungsdauer prägt sich in der Anzahl Zyklen (Aufgabenwiederho-
lungen) aus, die erforderlich sind, um die ↑MTM-Normleistung zu erreichen.

Einflussgröße (influencing factor; variable)
Einflussgrößen sind im statistischen Sinne unabhängige Variable, mit denen die
Ausprägung einer abhängigen Variablen erklärt wird. ↑Zeiteinflussgröße

Eingabe (input)
Beim ↑Arbeitssystem wird als Eingabe Material, Informationen und Energie
bezeichnet, die im Sinne der ↑Aufgabe verändert oder verwendet werden.

Einstellenarbeit (single station work)
Bei der Einstellenarbeit wird die ↑Arbeitsaufgabe eines ↑Arbeitssystems an
einem Ort erledigt. ↑Mehrstellenarbeit

Einzel- und Kleinserienfertigung (one-of-a-kind and small batch production)
↑Prozesstyp

Einzelarbeit (individual work)
Einzelarbeit liegt vor, wenn die ↑Arbeitsaufgabe durch eine Arbeitsperson
erfüllt wird. ↑Gruppenarbeit

Endübung (end-of-training performance)
Unter Endübung versteht man den am Ende eines Übungsverlaufs erforder-
lichen Zeitbedarf pro Mengeneinheit zur Erledigung einer ↑Arbeitsaufgabe.
Endübung bedeutet zumindest das Erreichen der ↑MTM-Normleistung.

Energieumsatz (metabolism)
Der Energieumsatz ist die vom Körper zur Aufrechterhaltung seiner Lebens-
fähigkeit und zur Vornahme von Arbeits- bzw. Freizeitverrichtungen benötigte
Energiemenge. Der gesamte Energieumsatz setzt sich aus ↑Grundumsatz,
↑Arbeitsenergieumsatz und Freizeitumsatz zusammen.

Entlohnungsgrundsatz (remuneration principle)
Unter einem Entlohnungsgrundsatz versteht man das allgemeine Prinzip, nach
dem die Entlohnung von Mitarbeitern geregelt ist (z. B. Zeitlohn, Akkordlohn,
↑Prämienlohn, Pensumlohn).

Entlohnungsmethode (remuneration method)
Unter einer Entlohnungsmethode subsummiert man die Art und Weise, wie ein
↑Entlohnungsgrundsatz umgesetzt wird (z. B. ↑Prämienlohn mit Betriebs-
mittelnutzungsprämie).

Erfahrungskurve (experience curve)
Die Erfahrungskurve beschreibt den Zusammenhang zwischen Stückkosten,
Absatzpreisen und kumulierter Produktionsmenge. Sie impliziert, dass bei jeder
Verdopplung der kumulierten Produktionsmenge die Stückkosten potenziell um
20 bis 30 % sinken.

Erfolgsfaktor (success factor)
Allgemein wird als Erfolgsfaktor ein Merkmal bezeichnet, zu dem ein ↑Ziel
definiert ist. Damit wird durch Angabe von Inhalt, Art und Richtung beschrie-
ben, woran zu erkennen ist, ob man sich adäquat zu seinen Absichten verhält.
Beim ↑Ganzheitlichen Produktionssystem steht der Begriff Erfolgsfaktor für ein
Merkmal, mit dem beschrieben wird, woran zu erkennen ist, ob man einen
↑Gestaltungsstandard oder eine ↑Gestaltungsregel wie gewollt anwendet.

Erfolgsfaktor, strategischer (strategic success factor)
Ein strategischer Erfolgsfaktor ist ein Merkmal, das sich auf Unternehmens- und
↑Führungsgrundsätze bezieht.

Ergänzungstechnik (supplementary technique)
Als Ergänzungstechnik wird eine ↑Methode oder ein Werkzeug zur Ablaufanalyse, Ablaufbeschreibung und Ermittlung von Ist- und Solldaten bezeichnet,
die gemeinsam mit und neben dem ↑MTM-Prozessbausteinsystem angewandt
werden.

Ergänzungswert (supplementary value)
Als Ergänzungswert werden bei ↑UAS- und ↑MEK-↑Standardvorgängen jene
↑Prozessbausteine bezeichnet, die ↑Kernwerten unter definierten Bedingungen
(z. B. größere Entfernungen, Erschwernisse) zuzufügen sind, um den gesamten
Handlungsumfang einer ↑Aufgabe abzudecken.

Ergebniscontrolling (controlling of results; controlling of issues)
Als Ergebniscontrolling wird die Steuerung von ↑Arbeitssystemen mit Hilfe
eines Regelkreis-Konzepts bezeichnet. Dabei werden Veränderungs- und
Anpassungsnotwendigkeiten durch Abgleich mit den Ergebnissen der beim
↑Zielmanagement vereinbarten ↑Ergebnisstandards identifiziert. Das
Ergebniscontrolling ist eine der vier Hauptaufgaben beim ↑Produktivitäts-
management von Arbeitssystemen.

Ergebnisstandard (standard of results; standard of issues)
Ein Ergebnisstandard ist eine die geplante Effektivität und / oder Effizienz eines
↑Arbeitssystems beschreibende Kenngröße, z. B. ↑Zeitstandards, ↑Kundenver-
brauchstakte, ↑Nutzungsgrade, Personalbedarfszahlen, Qualitätskennzahlen.
Mit Hilfe von Ergebnisstandards werden Produktivitäts-Referenzwerte gebildet.

Erholung (recovery)
Unter Erholung versteht man die Verminderung der ↑Ermüdung bzw. die
Einstellung eines weniger ermüdeten Zustands.

Erkenntnis, gesicherte arbeitswissenschaftliche (fully substantiated ergonomic
knowledge) Gesicherte arbeitswissenschaftliche Erkenntnisse werden vom
Gesetzgeber eingefordert (§§ 90, 91 BetrVG). Sie können in folgende Kategorien
eingeteilt werden: ins kodifizierte Arbeitsrecht übernommene Erkenntnisse;
DIN-Normen und ähnliche Regelwerke; methodisch und statistisch gesicherte
Erkenntnisse; mehrheitlich vereinbarte Aussagen; eindeutig überwiegende
Meinung innerhalb der Fachkreise. Diese Kategorien bedeuten mit Ausnahme
der ersten Kategorie keine Stufung in der Rechtsqualität. Bei der Erkenntnis-
gewinnung oder -anwendung sollte die zu erwartende Validität, Objektivität
und Reliabilität beurteilt werden können. Entsprechende Dokumentationen
sollten von jedermann einsehbar und prüfbar sein.

Erkrankung, arbeitsbedingte (job related disease)
Unter dem Begriff der arbeitsbedingten Erkrankungen fasst man alle
Erkrankungen zusammen, die durch betriebliche Einwirkungen beeinflusst, teil-
verursacht oder verschlimmert werden. Im Gegensatz zur ↑Berufskrankheit
muss der Zusammenhang mit der betrieblichen ↑Tätigkeit nach dem Stand der

medizinischen Forschung nicht abschließend gesichert sein. Ebenso ist das formale Kriterium für Berufskrankheiten (in der Liste der Berufskrankheiten aufgeführt) nicht gegeben. Beim Entstehen arbeitsbedingter Erkrankungen können auch ↑Disposition und Alter, ggf. auch außerberufliche Ursachen, mitwirken.

Ermüdung (fatigue)
Unter Ermüdung versteht man die Herabsetzung der Funktionsfähigkeit eines Organs oder des gesamten Organismus. Biologische Ermüdung kommt allein durch unsere Existenz zustande, Arbeitsermüdung ist die Folge einer Erwerbstätigkeit. Ermüdung ist zunächst kein schädlicher Zustand, sondern wird durch ausreichende ↑Erholung wieder kompensiert. Arbeitsermüdung im engeren Sinne ist von den ermüdungsähnlichen Zuständen (↑Monotonie, ↑Vigilanz, ↑psychische Sättigung) zu unterscheiden Weiterhin unterscheidet man periphere und zentrale Ermüdung (z. B. Augenermüdung versus Gesamtermüdung des ↑Menschen nach einem Tag anstrengender ↑Arbeit) sowie physische und psychische Ermüdung.

Erschwerniszulage (difficulty allowance)
Eine Erschwerniszulage ist eine Arbeitnehmern zusätzlich gezahlte Vergütung für außergewöhnliche Erschwernisse bei der Tätigkeitsausübung.

Erträglichkeit (tolerability)
Die Erträglichkeit ist ein Kriterium zur Beurteilung einer bestimmten ↑Arbeit bzw. ↑Tätigkeit. Eine Arbeit ist dann erträglich, wenn sie bei täglicher Wiederholung über die Dauer eines ganzen Arbeitslebens ohne Gesundheitsschäden auszuführen ist. Die Erträglichkeit ist also eine Bedingung für die Schädigungslosigkeit der Arbeit. Sie geht von einem Gleichgewichtszustand zwischen ↑Ermüdung und ↑Erholung aus. Wird eine Erträglichkeitsgrenze überschritten, entsteht ein Erholungsbedarf. Ggf. sind bei Nichteinhalten von Schutzvorschriften ↑arbeitsbedingte Erkrankungen oder ↑Berufskrankheiten möglich.

F
Fähigkeit (ability)
Unter Fähigkeit versteht man qualitative Leistungsvoraussetzungen, die vor allem auf Ausbildung und Erfahrung zurückzuführen sind. Im Unterschied dazu benutzt man den Begriff ↑Fertigkeit im Regelfall für übungsrelevante ↑Qualifikation, vor allem bei sensomotorischen ↑Tätigkeiten. Eigenschaften, Fähigkeiten und Fertigkeiten konstituieren zusammen die Eignung des ↑Menschen für eine bestimmte ↑Aufgabe bzw. Tätigkeit.

Fertigkeit (skill)
Unter Fertigkeit versteht man übungsrelevante ↑Qualifikation, vor allem bei sensomotorischen ↑Tätigkeiten. ↑Fähigkeit

Fertigungsinsel (manufacturing cell)
Unter einer Fertigungsinsel versteht man ein ↑Makro-Arbeitssystem, das nach

den zu fertigenden Produkten (Teilefamilien) und nicht nach ↑Verrichtungen strukturiert ist. Möglichst alle für eine Teilefamilie benötigten ↑Betriebsmittel sind in der Fertigungsinsel vertreten.

Fertigungslinie (assembly line)
Unter einer Fertigungslinie versteht man ein ↑Makro-Arbeitssystem, das nach ↑Verrichtungen (artteilig) strukturiert ist. Die Fertigungseinrichtungen sind dabei dem ↑Ablauf folgend angeordnet und meist mit einfachen Transportmitteln verkettet.

Fertigungsplanung (production planning)
↑Arbeitsvorbereitung

Fertigungssteuerung (production control)
Unter Fertigungssteuerung werden in erster Linie die ↑Aktivitäten des Veranlassens der Fertigung (z. B. Material- und Kapazitätsbestands-, -bedarfsermittlung und -beschaffung sowie Arbeitsverteilung bzw. ↑Disposition), der Fertigungsüberwachung (insb. durch Soll-Ist-Vergleiche) und der Fertigungssicherung (insb. durch Eingriffe in den Fertigungsablauf) zusammengefasst.

Fingergeschicklichkeit (dexteritiy)
Unter Fingergeschicklichkeit versteht man die (insb. sensomotorische) ↑Leistungsfähigkeit des Arbeitenden. Dabei spielen die Abmessungen von Fingern und Hand, ↑persönliche Disposition, ↑Motivation und ↑Übung eine Rolle.

Fließarbeit (flow production)
Als Fließarbeit bezeichnet man zeitlich gebundene, durch Fließtransporte starre oder lose verkettete Ablauffolgen, bei denen die ↑Arbeitsplätze (Arbeitsstationen) mehr oder weniger an eine ↑Taktzeit gebunden sind. Das Ausmaß an Taktbindung hängt davon ab, ob und in welchem Umfang ↑Puffer vorhanden sind.

Fließfertigung (flow production)
↑Fließarbeit

Flussprinzip (flow production principle)
↑Fließarbeit

Führungsgrundsätze (principles of management)
Führungsgrundsätze sind Werte, die sich an die Adressatengruppe »eigene Mitarbeiter« richten. In ihnen wird dargelegt, wie man miteinander umgehen und zielgerichtet zusammenarbeiten will.

Funktionen im Ganzheitlichen Produktionssystem (functions in the comprehensive production system)
Die Funktionen im ↑GPS dienen der phasenweisen Unterscheidung der Wertschöpfungskette des ↑Unternehmens. Beim GPS werden die fünf Funktionen Entwicklung, ↑Planung, Leistungserstellung, Absatz und Service unterschieden.

Funktionsanalyse (function analysis)
Die Funktionsanalyse dient der Erhebung und Darlegung der Funktionen je
↑Aufgabe.

G

Ganzheitliches Produktionssystem (comprehensive production system)
Als Ganzheitliches Produktionssystem (GPS) wird ein Modell zur Generierung
einer den gesamten Wertschöpfungsprozess überdeckenden Gesamtheit von
Standards zum Gestalten und Betreiben von ↑Arbeitssystemen bezeichnet.
Beim GPS werden interne ↑Strategien (↑Wertschöpfungsstrategien) operationa-
lisiert, indem die drei Ordnungskriterien Funktionen (funktionale Strategien),
↑Ressourcen (Ressourcenstrategien) und Handlungsfelder so weit konkretisiert
werden, bis dazu praktisch nützliche Standards und Regeln zu formulieren sind.

Gefährdungsbeurteilung (health risk assessment)
Die Gefährdungsbeurteilung ist die Pflicht, die dem Arbeitgeber lt. § 5 des Ar-
beitsschutzgesetzes aufgetragen wird, die ↑Arbeitsbedingungen in seinem
↑Betrieb im Hinblick auf Gefährdungen für Arbeitspersonen zu beurteilen und
Maßnahmen des ↑Arbeitsschutzes daraus abzuleiten und zu dokumentieren.

Geschäftsstrategie (business strategy)
Die Geschäftsstrategie steht für die Gesamtheit des Ausrichtungssystems eines
↑Unternehmens, im Idealfall bestehend aus der ↑Vision, dem ↑Wertesystem,
den ↑Kernkompetenzen und den ↑Strategien im engeren Sinne. Sie ist eine
Dokumentation des Wollens, des grundlegenden Selbstverständnisses und der
Grundausrichtung von Unternehmen.

Geschicklichkeit (skill)
Unter Geschicklichkeit versteht man die Genauigkeit, Geschwindigkeit und
Mühelosigkeit motorischer ↑Verrichtungen.

Gestaltungs- und Organisationsmanagement (design and organization management) Beim Gestaltungs- und Organisationsmanagement geht es im Schwerpunkt um ablauforganisatorische Regelungen, die konzeptive und korrektive
↑Gestaltung von ↑Eingabe und ↑Ausgabe sowie um die menschengerechte
Gestaltung von ↑Arbeits-/Sachmitteln. Das Gestaltungs- und Organisationsmanagement ist eine der vier Hauptaufgaben beim ↑Produktivitätsmanagement
von ↑Arbeitssystemen. Im Mittelpunkt steht die systematische Nutzung ergonomischer Erkenntnisse zur Anpassung der ↑Arbeit an den ↑Menschen.

Gestaltung (design)
↑Arbeitsgestaltung

Gestaltungsprinzip (principle of design)
Ein Gestaltungsprinzip verkörpert im ↑MTM-Konzept des ↑Produktivitäts-
managements einen Leitgedanken zur Durchsetzung von ökonomie- und

humanbezogenen Unternehmenszielen bzw. Zielbeiträgen. Gestaltungsprinzipien werden in Form von ↑Gestaltungsstandards operationalisiert.

Gestaltungsregel (rule of design)
Als Gestaltungsregel bezeichnet man eine fachliche Regel, mit der Lösungs- oder Ausrichtungsprinzipien so darlegt werden, dass diese auf vergleichbare Fälle zu übertragen sind, z. B. dass Kleinteile zu vereinzeln sind. Mit Hilfe von Gestaltungsregeln will man die Verwendung unternehmenseinheitlicher Arbeits- und Verfahrensprinzipien erreichen.

Gestaltungsstandard (standard of design)
Als Gestaltungsstandards werden auf gleich gelagerte Fälle übertragbare Lösungsstandards oder Musterlösungen bezeichnet, z. B. standardisierte Schwingförderer zur Vereinzelung von Kleinteilen. Gestaltungsstandards sollten jedermann zugänglich sein, permanent weiter entwickelt und dokumentiert werden.

Gleitzeit (flextime)
Gleitzeit ermöglicht die individuelle Festlegung des täglichen Arbeitsbeginns und des Arbeitsendes innerhalb eines festgelegten Rahmens.

GPS (CPS)
↑Ganzheitliches Produktionssystem

Greifraum (grab area)
Unter dem Greifraum versteht man den Bereich, in dem Arbeitsobjekte und ↑-mittel manipuliert werden können. Man unterscheidet den ↑maximalen Greifraum, den ↑physiologisch maximalen Greifraum, den ↑kleinen oder optimalen Greifraum.

Greifraum, geometrisch maximal (geometrically maximal grab area)
Unter dem geometrisch maximalen Greifraum versteht man den Raum, der bei unbewegtem Körper mit maximal ausgestrecktem Arm, unter Mitbewegung des Schultergelenks, umfahren werden kann.

Greifraum, kleiner (normal grab area)
Unter dem kleinen Greifraum versteht man jenen Raum, welcher bei unbewegtem Oberkörper und mit herabhängenden Oberarmen sowie annähernd waagerechten Unterarmen umfahren wird. Der kleine Greifraum ist bes. für die ↑Arbeitsgestaltung bei häufig wiederkehrenden Greifbewegungen zu empfehlen.

Greifraum, physiologisch maximal (physiologically maximal grab area)
Der physiologische Greifraum bezeichnet den Raum, der bei unbewegtem Körper, aber mit entspanntem Arm ohne Mitbewegung des Schultergelenkes umfahren werden kann. Der Radius ist um etwa 10 % kleiner als beim ↑geometrisch maximalen Greifraum.

Grenzproduktivität (marginal productivity)
Die Grenzproduktivität ist der Quotient aus Änderung der Produktionsergebnismenge und Änderung der Ressourceneinsatzmenge. Grenzproduktivitäten dienen der Beurteilung der Produktivitätswirksamkeit von Änderungsmaßnahmen bei einem ↑Arbeitssystem.

Grundbewegung (basic motion)
Eine Grundbewegung ist ein ↑MTM-Baustein der untersten Ebene des ↑MTM-Prozessbausteinsystems. Die Grundbewegung kann in Bezug auf Inhalt und ↑Sollzeit nicht mehr unterteilt werden. Die Grundbewegungsebene wird durch die ↑MTM-Bausteinsysteme ↑MTM-1 und ↑Sichtprüfen repräsentiert.

Grundlast (basic load)
Die Grundlast GL des ↑Menschen entspricht der Summe der ↑Sollzeiten für die ↑Ablaufabschnitte der ↑Ablaufarten Hauptaufgaben MH, Nebenaufgaben MN, ablaufbedingtes Unterbrechen MA und zusätzliche ↑Aufgaben MZ und bezieht sich auf eine ↑Planungsperiode (z. B. Monat).

Grundlohn (basic wage)
Der Grundlohn ist die nach Lohngruppen gestaffelte Vergütung ohne Bezugnahme auf die erbrachte ↑Leistung.

Grundumsatz (basal metabolism)
Unter Grundumsatz versteht man den Teil des ↑Energieumsatzes, der zur Aufrechterhaltung von Kreislauf, Atmung, Gehirn und Nervenfunktionen sowie zur Wärmeerzeugung benötigt wird. Der Grundumsatz wird nüchtern im Liegen gemessen.

Grundvorgang (basic operation)
Als Grundvorgang wird eine Kombination von bis zu fünf ↑Grundbewegungen bezeichnet, die durch additive Verknüpfung und statistische Bewertung von Vorkommenshäufigkeiten gebildet wird. Grundvorgänge lassen sich zeitlich wieder auf die Grundbewegungen zurück projizieren, auf denen sie basieren. Sie repräsentieren die dritte hierarchische Ebene im ↑MTM-Prozessbausteinsystems.

Grundzeit (basic time)
Die Grundzeit des ↑Menschen t_g entspricht der Summe der ↑Sollzeiten für die ↑Zeitarten ↑Tätigkeitszeit t_t und Wartezeit t_w bei einer Bezugsmengeneinheit 1. Die Betriebsmittel-Grundzeit t_{gB} entspricht der Summe der ↑Sollzeiten für die Hauptnutzungszeit t_h, Nebennutzungszeit t_n und Brachzeit t_b.

Grundzyklus (basic cycle)
Der Grundzyklus beschreibt eine typische, besonders häufig auftretende Folge von ↑Bewegungen. Er wird in die ↑Bewegungsfolgen Aufnehmen (bestehend aus den ↑Grundbewegungen Hinlangen, Greifen und Loslassen) und Platzieren (bestehend aus den Grundbewegungen Bringen und Fügen) gegliedert.

Gruppenarbeit (group work; team work)
Bei Gruppenarbeit sind in einem ↑Arbeitssystem mehrere ↑Menschen an der
Erfüllung einer gemeinsamen ↑Aufgabe beteiligt und verantworten gemeinsam
die Ergebnisse. Wird die ↑Aufgabe völlig selbständig organisiert, bearbeitet und
kontrolliert, so liegt autonome Gruppenarbeit vor. Von teilautonomer Gruppenarbeit spricht man dann, wenn neben den eigentlichen Produktionstätigkeiten
auch Funktionen der ↑Disposition und des Qualitätsmanagements von der
Gruppe übernommen werden.

H
Händigkeit (handling level)
Die Händigkeit einer Last kennzeichnet die Greifbedingungen bei der Lasten-
manipulation.

Haltearbeit, statische (static work)
Unter Haltearbeit wird eine länger andauernde Anspannung der Muskeln verstanden. Dabei kommt es zu keiner Körperbewegung (im Gegensatz zur ↑dyna-
mischen Arbeit). Haltearbeit wird als wesentlich anstrengender empfunden als
dynamische Arbeit der gleichen Muskeln, da Ver- und Entsorgung der Muskulatur bei ↑statischer Arbeit weniger effizient verläuft als bei dynamischer.

Haltungsarbeit, statische (static posture)
Unter der statischen Haltungsarbeit versteht man die Form der physischen
↑Arbeit, bei der zwar ↑Beanspruchung durch Beibehaltung einer bestimmten
↑Körperhaltung auftritt, aber keine Abgabe von Kräften nach außen erfolgt.

Handhabung (handling; wielding operation)
Mit der ↑Zeiteinflussgröße Handhabung wird bei den ↑Grundbewegungen
Fügen und Trennen das Ausmaß erschwerender Arbeitsumstände oder Gegen-
standsbeschaffenheit berücksichtigt.

Handhabung von Lasten (load handling)
↑Lastenhandhabung

Handlungsspielraum (handling range)
Der Handlungsspielraum ist die Summe der Freiheitsgrade von Arbeitspersonen
in einem ↑Arbeitssystem, d. h. der Möglichkeiten zum unterschiedlichen Handeln in Bezug auf Verfahrenswahl, Mitteleinsatz und zeitliche ↑Organisation
von Aufgabenbestandteilen.

Haptik, haptisch (haptics, the science of touch)
Haptik ist im Sinne von physisch fühlend zu verstehen, und zwar sowohl auf
den Tastsinn (Berührung, Druck, Schmerz) als auch auf die Thermofühler der
Haut (Wärme, Kälte).

Haupttätigkeit (main activity)
Als Haupttätigkeit gilt die ↑Ablaufart Nebennutzung BN für planmäßige ↑Vorkommnisse, bei denen ein Handeln eines ↑Menschen anfällt und ein unmittelbarer ↑Arbeitsfortschritt entsteht.

Herzschlagfrequenz (heart rate)
Herzschlagfrequenz bezeichnet die Anzahl von Herzschlägen pro Minute.

I
Indikator (indicator)
Ein Indikator dient zum Nachweis einer Größe, die nicht oder nur mit unverhältnismäßig großem Aufwand direkt zu messen ist.

Industrial Engineering (Industrial Engineering)
Industrial Engineering (IE) steht für die ↑Planung und Durchführung komplexer Rationalisierungsvorhaben, bei denen typischerweise technische, arbeitswirtschaftliche, organisatorische, betriebswirtschaftliche und juristische Probleme zu lösen sind, mit der Absicht, die ↑Produktivität, ↑Wirtschaftlichkeit oder ↑Rentabilität eines ↑Unternehmens oder seiner ↑Betriebe zu verbessern.
IE stellt nach dieser Sicht eine funktionelle Erweiterung der ↑Aufgaben des Engineerings dar, indem diese insbesondere um arbeitswirtschaftliche, betriebswirtschaftliche und juristische Sichtweisen ergänzt werden.

Informationsaufnahme (perception)
Unter Informationsaufnahme versteht man die Sinnesleistung und Wahrnehmung des Arbeitenden bei der Durchführung der ↑Arbeitsaufgabe.

Informationsausgabe (information output)
Bei der Informationsausgabe / Handlung werden die als sinnvoll erachteten Reaktionen auf ↑Informationsaufnahme und ↑-verarbeitung in motorisch-signalisatorische ↑Prozesse umgesetzt.

Informationsverarbeitung (cognition)
Die Informationsverarbeitung bezieht sich auf das kognitive Teil-System des ↑Menschen, das aus verschiedenen Pufferspeichern »Erkennen-Verarbeiten-Zyklen« abruft und einer Behandlung zuführt.

Innenmaß (minimal dimensions)
Als Innenmaße werden solche Abmessungen bezeichnet, die mindestens notwendig sind, damit auch der größten Person (maximale Gestalt) ein ungehindertes Arbeiten bzw. Benutzen ermöglicht wird. Innenmaße sind z. B. die minimale lichte Höhe unter der Tischplatte.

Instandhaltung (maintenance)
Unter Instandhaltung versteht man die Sicherstellung der ↑Zuverlässigkeit von Produkten, Geräten und Systemen während ihres gesamten Lebenszyklus.

Umfang und Art der Instandhaltung richten sich nach den Bedürfnissen des Kunden, nach der Art der Produkte und ihrer Beschaffenheit, der geforderten Verfügbarkeit sowie weiterer Faktoren. Zur Instandhaltung gehören die Teilaufgaben Wartung, Inspektion und ↑Instandsetzung.

Instandsetzung (repair)
Unter der Instandsetzung versteht man den Teil der ↑Instandhaltung, der sich mit der Wiederherstellung defekter ↑Betriebsmittel befasst. Im Einzelnen gehören dazu die Beurteilung des Schadensfalls, das Beschaffen von Ersatzteilen, die Durchführung der Reparaturen, die Funktionsüberprüfung sowie die Abnahme der reparierten Betriebsmittel.

Instanz im organisatorischen Sinne (superior echelon)
Eine Instanz im organisatorischen Sinne ist die einer ↑Organisationseinheit hierarchisch-disziplinarisch überstellte/vorgelagerte ↑Stelle.

Intelligenz (intelligence)
Unter dem Begriff Intelligenz subsumiert man die geistigen ↑Fähigkeiten des ↑Menschen. Dazu gehören insb. (logisches) Denkvermögen, Auffassungsgabe, aber auch die Kreativität des Problemlösens. Es gibt eine Reihe von Intelligenzdefinitionen. Die verschiedenen Herangehensweisen an die Bestimmung der Intelligenzleistung und des Intelligenzquotienten sind in den betroffenen Fachdisziplinen und auch in der betrieblichen Anwendung nicht unumstritten.

Istablauf (actual process)
Als Istablauf wird das für die Ausführung einer ↑Tätigkeit erfasste Zusammenwirken von ↑Mensch und ↑Arbeits-/Sachmitteln bezeichnet. Durch den Menschen bestimmte Istabläufe werden durch ↑Arbeitsweisen beschrieben. ↑Ablauf, ↑Sollablauf

Istzeit (actual time)
Als Istzeit wird eine für die Ausführung einer ↑Tätigkeit verbrauchte und erfasste Zeit bezeichnet. Bezugsbasis von Istzeiten sind ↑Arbeitsweisen.

J

Job Rotation (job rotation)
Job Rotation ist regelmäßiges Wechseln zwischen mehreren ↑Arbeitssystemen in einer Abteilung oder einem Werk. Die Folgen davon können Arbeitsbereicherungs- und/oder Arbeitserweiterungseffekte sein.

Job Enlargement (job enlargement)
↑Aufgabenerweiterung

Job Enrichment (job enrichment)
↑Aufgabenbereicherung

Jobsharing (job sharing)
Bei Jobsharing wird ein ↑Arbeitsplatz auf mindestens zwei Personen aufgeteilt. Die Mitarbeiter regeln ihren Arbeitseinsatz in gegenseitiger Absprache. Sie sind für die Erfüllung der ↑Aufgabe gemeinsam verantwortlich.

K

KAIZEN
Unter KAIZEN versteht man die Ausrichtung aller Denk- und Verhaltensweisen im ↑Unternehmen entsprechend eines kontinuierlichen Verbesserungsprozesses. Das Konzept des KAIZEN weist nicht die sprunghafte Verbesserung durch Innovation sondern die schrittweise Perfektionierung bzw. Optimierung als Weg zum Erfolg aus.

Kalkulationsblatt (calculation sheet)
Ein Kalkulationsblatt ist eine typischerweise auf einer ↑Anwendungsebene zusammengestellte tabellarische Darstellung von ↑Prozessbausteinen, in der die Berechnung (Kalkulation) eines ↑Zeitstandards vorgenommen wird.

KANBAN
KANBAN heißt wörtlich übersetzt Pendelkarte und steht für ein Informationsmedium, auf dem alle teilespezifischen Daten eines Bauteils oder einer Baugruppe verzeichnet sind. KANBAN ist eine ↑Methode der Produktionssteuerung nach dem Hol- bzw. Pull-Prinzip und orientiert sich ausschließlich am Bedarf einer verbrauchenden ↑Stelle im Fertigungsablauf. Autonome Regelkreise im ↑Materialfluss bilden das Kernelement dieser Art der Produktionssteuerung.

Kapazitätsauslastung (capacity utilization)
Als Kapazitätsauslastung (auch ↑Auslastungsgrad) wird das Verhältnis von ↑Kapazitätsbedarf und ↑Kapazitätsbestand bezeichnet.

Kapazitätsbedarf (capacity requirement)
Als Kapazitätsbedarf eines ↑Arbeitssystems wird das von ihm geforderte quantitative und/oder qualitative Leistungsvermögen bezeichnet, das in den meisten Fällen hauptsächlich durch seine ↑Ressourcen ↑Mensch und ↑Arbeits-/Sachmittel bestimmt wird.

Kapazitätsbestand (operating/human resources)
Als Kapazitätsbestand eines ↑Arbeitssystems wird dessen quantitatives und/oder qualitatives Leistungsvermögen bezeichnet, das in den meisten Fällen hauptsächlich durch seine ↑Ressourcen ↑Mensch und ↑Arbeits-/ Sachmittel bestimmt wird.

Kernkompetenz (core competence)
Eine Kernkompetenz ist jene Art von Leistungsvermögen, das so wertvoll ist, dass es als interessante, bemerkenswerte Leistung wahrgenommen und honoriert wird; so selten und rar, dass kaum ein Wettbewerber darüber verfügt und

auch längerfristig nur schwer zu imitieren ist; so schwer substituierbar, dass ein äquivalenter Ersatz wie eine Imitation wirkt.

Kernwert (core value)
Als Kernwerte werden bei den ↑UAS- und ↑MEK-↑Standardvorgängen jene ↑Prozessbausteine bezeichnet, die für den mindestnotwendigen Handlungsumfang einer ↑Aufgabe stehen.

Kinästhetik (kinesthetics)
Kinästhetik bezeichnet ein Handlungskonzept für ↑Bewegungsanalyse und das Erlernen von ↑Bewegung. Die Bezeichnung kinästhetisch kennzeichnet einen Zustand, der mit der Körperbewegung oder der Körperlage zusammenhängt.

Kodierung (coding)
Die Kodierung ist eine (typischerweise alphamnemonische) Verschlüsselung eines ↑Prozessbausteins, mit dem Ziel, diesen eindeutig zu identifizieren. Kodes werden unter Verschlüsselung von Hierarchieebene, Bausteinbezeichnung, Bausteininhalt und den berücksichtigten ↑Zeiteinflussgrößen gebildet.

Körpergrößensystem (body size system)
Das Körpergrößensystem bezeichnet ein Hilfsmittel zur räumlichen ↑Arbeitsgestaltung, das auf der ↑Körperhöhe als anthropometrischem Leitmaß aufbaut.

Körperhaltung (posture)
Als Körperhaltung bezeichnet man Varianten einer bestimmten ↑Körperstellung. Bei gleicher Körperstellung können somit verschiedene Körperhaltungen (z. B. Hocken, Knien, Sitzen gebeugt) vorkommen.

Körperhaltung, optimale (normal and healthy posture)
Unter einer optimalen Körperhaltung versteht man eine ungezwungene und freizügige Haltung, die minimale ↑statische Arbeit aufweist. Sie kann beliebig oft verändert werden, sie ist also dynamisch, während der Tätigkeitsverrichtung. Die optimale Körperhaltung für eine bestimmte ↑Tätigkeit gibt es nicht.

Körperhilfe (body assistance)
Als Körperhilfe wird bei den ↑MTM-Bausteinsystemen die durch gleichzeitiges Bewegen anderer Körperteile entstehende Verkürzung der Bewegungslängen beim Hinlangen und Bringen bezeichnet.

Körperhöhe (body height)
Die Körperhöhe ist das wichtigste anthropometrische Maß (Leitmaß), von dem alle anderen ↑Körpermaße abgeleitet werden.

Körperkraft (physical strength)
Unter der Körperkraft versteht man die im Zusammenhang mit dem menschlichen Körper entstehende ↑Muskelkraft, ↑Massenkraft oder ↑Aktionskraft. Körperkräfte treten beim Einhalten von ↑Körperstellungen, bei der Durchfüh-

rung freier ↑Bewegungen, beim Handhaben von Lasten usw. auf. Körperkräfte sind Vektoren, die durch den Betrag der ↑Kraft in Newton, die Lage des Kraftangriffpunkts relativ zum Körper, die Richtung der Wirkungslinie der Kraft relativ zum Körper und den Kraftrichtungssinn definiert werden. Man unterscheidet also die im Körper wirkenden Kräfte (Muskel-, Sehnen-, Bänder-, Knochen- und Gelenkkräfte) und die nach außen wirkenden so genannten Aktionskräfte.

Körpermaß (body dimension)
Körpermaße sind Abmessungen des ↑Menschen, die nach den Regeln der ↑Anthropometrie ermittelt wurden und der ↑Arbeitsgestaltung zur Verfügung gestellt werden. Man unterscheidet räumliche Begrenzungsmaße (Skelett- und Umrissmaße), sowie Funktionsmaße. Das Körpermaß spezifiziert ein Merkmal des menschlichen Körpers. Einfluss auf individuelle Körpermaße haben u. a. Geschlecht, Lebensalter, Körperbautyp, Geburtsjahr, Bevölkerungsgruppe, überwiegende Arbeitsform bis zum betreffenden Lebensjahr.

Körperstellung (bearing)
Körperstellung bezeichnet eine räumliche Beziehung einzelner Körperglied-maßen zueinander. Man unterscheidet die Grund-Körperstellungen Liegen, Sitzen und Stehen. Die Varianten dieser Stellungen (z. B. gebeugtes Stehen) bezeichnet man als ↑Körperhaltungen.

Körperumrissschablone (body outline template)
Körperumrissschablonen (oder somatografische Schablonen) sind zeichnerische Hilfsmittel für das Konstruieren technischer Bilder der menschlichen Gestalt.

Kompetenz (competence)
Als (formale) Kompetenz wird eine Befugnis bezeichnet, die einer ↑Stelle bzw. einem ↑Aufgabenträger ausdrücklich übertragen oder deren Ausübung akzeptiert wird.

Kompetenz, soziale (social competence)
Unter sozialer (informaler) Kompetenz wird die durch Bildung und Persönlichkeit begründete und von anderen anerkannte Geltung eines ↑Menschen bezeichnet. Im Gegensatz zur formalen Kompetenz wird eine soziale Kompetenz nicht delegiert, sondern erworben.

Kontraktionsarbeit (contraction work)
Unter (statischer) Kontraktionsarbeit versteht man eine Abfolge statischer Kontraktionen, die durch kurze Erschlaffungsphasen unterbrochen wird.

Kontrast (contrast)
Den Unterschied der Leuchtdichte zwischen einem Detail und dessen Untergrund bezeichnet man als Kontrast. Den Kontrast kann man als Zahl ausdrücken, indem man die Differenz der Leuchtdichte des Details und der Leuchtdichte des Untergrundes bildet und diese Differenz auf die Leuchtdichte des Untergrundes bezieht.

Kontrollaufwand (degree of control)
Unter Kontrollaufwand wird die Wirkung mehrerer qualitativer ↑Zeiteinfluss-
größen zusammengefasst, um erforderliche Koordination und Steuerungsauf-
wand bei muskulären und informatorischen Funktionen abzubilden. In der
↑MTM-Normzeitwertkarte ist keine Zeiteinflussgröße mit der Bezeichnung
»Kontrollaufwand« angeführt, weil dieser ein Konstrukt zur Verdeutlichung der
Wirkung mehrerer qualitativer Zeiteinflussgrößen ist. Der Kontrollgrad benennt
drei Intensitätsstufen des Kontrollaufwands: gering, mäßig und hoch.

Kontrollaktivität (control activity)
Mit Kontrollaktivität wird gekennzeichnet, wie ↑Bewegungen kontrolliert und
gesteuert werden. Bei der Kontrollaktivität werden die drei Kategorien »muskulär«, »visuell« und »gedanklich« unterschieden.

Kontrollgrad (degree of control)
↑Kontrollaufwand

Kontrolltätigkeit (inspection)
Unter einer Kontrolltätigkeit fasst man alle ↑Aktivitäten zur Prüfung von
↑Qualität, Quantität und ggf. die Einteilung in Ergebnisklassen zusammen.
Kontrolltätigkeiten sind gekennzeichnet durch hohe Dauerbeanspruchung auf
Grund erforderlicher Konzentration und ständiger Handlungsbereitschaft zur
sofortigen Reaktion auf erkannte Merkmale.

Kraft, isometrische (isometric strength)
Isometrisch bedeutet längengleich. Die Ausübung einer Kraft erfolgt bei isome-
trischer ↑Arbeit ohne einen Weg. ↑statische Arbeit

Kraftaufwand (effort)
Mit der ↑Zeiteinflussgröße Kraftaufwand wird über Bausteinauswahl oder über
Zeitzuschläge berücksichtigt, dass ↑Bewegungen dann zeitverzögert verlaufen,
wenn der erforderliche Kraftaufwand einen Schwellwert übersteigt. Die Schwell-
werte sind für die jeweiligen ↑Bausteinsysteme definiert.

Kraftrichtung (direction of force)
Die Kraftrichtung gibt die durch Kraftangriffspunkt und Ursprung eines Koor-
dinatensystems bestimmte Wirkungslinie einer ↑Aktionskraft an.

Kundenverbrauchstakt (customer demand cycle)
Als Kundenverbrauchstakt wird eine durch den Kunden vorgegebene ↑Taktzeit
bzw. der ↑Arbeitssystem-Output je ↑Zeiteinheit bezeichnet.

L
Lärm (noise)
Unter Lärm wird Hörschall verstanden, der belästigt oder zu Gesundheits-
störungen führen kann.

Lagern (store)
Die ↑Ablaufart Lagern AL steht für planmäßige ↑Vorkommnisse, bei denen der ↑Arbeitsgegenstand in dafür vorgesehenen (Lager-) Bereichen liegt.

Lastenhandhabung (manual material handling)
Unter Lastenhandhabung versteht man jedes Befördern (inkl. Abstützen) einer Last durch menschliche ↑Kraft, u. a. das Heben, Absetzen, Schieben, Ziehen, Tragen oder Bewegen einer Last.

Leistung, menschliche (performance)
Nach umgangssprachlichem Verständnis stellt die menschliche Leistung dar, was ein ↑Mensch erbringt. In der Physik wird unter Leistung die Energie pro ↑Zeiteinheit (gemessen in Watt) und in der Technik z. B. die »nutzbare Kraftabgabe« verstanden. In der ↑Arbeitswissenschaft gibt es unterschiedliche Interpretationen menschlicher Leistung (Arbeitsleistung), z. B. als »vielschichtiges Phänomen, bei dem insbesondere die Leistungsvoraussetzungen (physische und psychische ↑Leistungsfähigkeit und ↑Leistungsbereitschaft), die stattfindenden Handlungen und die dabei entstandenen ↑Beanspruchungen sowie die sich aus den Handlungsvollzügen resultierenden Veränderungen der Leistungsvoraussetzungen (aktuelle ↑Disposition, ↑Ermüdung, ↑Übung) zu betrachten sind«.

Leistungsbereitschaft (willingness to perform)
Unter Leistungsbereitschaft versteht man die ↑Motivation in Verbindung mit der ↑persönlichen Disposition des Arbeitenden bei der Umsetzung einer ↑Arbeitsaufgabe.

Leistungsfähigkeit (capability)
Unter Leistungsfähigkeit versteht man die Eigenschaften, ↑Fertigkeiten und ↑Fähigkeiten des Arbeitenden, die er für die Bewältigung einer ↑Arbeitsaufgabe einbringen kann.

Leistungsgrad (performance rate; perfomance index)
Der Leistungsgrad drückt das Verhältnis von beeinflussbarer Istleistung zu einer ↑Bezugsleistung aus. Beim Leistungsgradbeurteilen werden insbesondere zwei Aspekte des ↑Bewegungsablaufs beobachtet und beurteilt: die Intensität, das ist die Effizienz der Bewegungsausführung, in Form von Geschwindigkeit und Kraftanspannung, z. B. erkennbar an Hinlang- und Bringbewegungen; und die Wirksamkeit, das ist die Effektivität der Bewegungsausführung, z. B. erkennbar an Greif- und Fügebewegungen.

Leistungsmotivation (motivation to perform)
Die Leistungsmotivation ist die psychische ↑Fähigkeit, Bereitschaft und Wille einer Arbeitsperson, zielgerichtet ein Arbeitsergebnis herbeizuführen.

Lernkurve (learning curve)
Mit Hilfe von Lernkurven wird der Erfolgsgrad des Lernens in Abhängigkeit von der Lerndauer abgebildet. Lernkurven fallen typischerweise zu Beginn des

Lernens steil ab, weil die Lerngewinne hier relativ hoch sind. Sie verlaufen mit zunehmender Lerndauer immer flacher, weil dann die Lerngewinne sinken. Die Steilheit einer Lernkurve hängt von mehreren Faktoren ab, z. B. dem Ausgangswissen, den individuellen ↑Fähigkeiten, der objektiven Schwierigkeit des Lernstoffes und der Lernmethode.

LMS-Verfahren (LMS technique)
Das LMS (Lowry-Maynard-Stegemerten)-Verfahren ist jenes von den Entwicklern des ↑MTM-Verfahrens in den 1930er Jahren entwickelte ↑Leistungsgrad-Beurteilungsverfahren, das sie auch bei der Entwicklung der meisten ↑Prozessbausteine von ↑MTM-1 anwandten. Die ↑Bezugsleistung des MTM-Verfahrens, die ↑MTM-Normleistung, wurde wesentlich auch durch die Verwendung des LMS-Verfahrens bestimmt.

Logistik (logistics)
Unter Logistik versteht man die ↑Planung, Ausführung und Kontrolle von Material- Informations-, Werte-, Personen und Energieflüssen. Es gilt, eine gewisse Menge in einer bestimmten Zeit an einen definierten Ort zu schaffen. Teildisziplinen sind z. B. Beschaffungs-, Lager-, Transport-, Produktions-, Distributions- und Entsorgungslogistik.

Los (lot, batch)
Unter einem Los versteht man die zu einem ↑Auftrag zu fertigende Teilmenge.

M
Makro-Arbeitssystem (macro work system)
Unter Makro-Arbeitssystem wird eine logistisch bzw. fertigungstechnisch zusammenhängende oder vernetzte Struktur verstanden. Dazu zählen z. B. ↑Fertigungsinseln oder ↑Fertigungslinien.

Management (management)
Beim Management werden durch aktives Handeln mit effektivem und effizientem Einsatz von ↑Ressourcen beabsichtigte Ergebnisse erzielt. Management im institutionellen Sinn ist die Personengruppe, die eine ↑Organisation führt.

Managementaufgabe (management task)
Als Managementaufgabe werden die Handlungsfelder für das Managen bezeichnet. Beim ↑Management von ↑Arbeitssystemen geht es primär um vier Managementaufgaben: ↑Ziele schaffen (↑Zielmanagement), Kontrollieren und Steuern (↑Ergebniscontrolling), Organisieren (↑Gestaltungs- und Organisationsmanagement) und ↑Menschen fördern (Betreiberförderung).

Massenkraft (inertia force)
Massenkraft ist eine ↑Körperkraft, die durch Wirkung von äußeren Kraftfeldern auf die Körpermassen entsteht (z. B. als Gewichtskraft oder Beschleunigungskraft).

Massenfertigung (mass production)
Bei der Massenfertigung werden gleichartige Produkte in sehr großen Stückzahlen hergestellt. Sie führt i. A. zu hoher Spezialisierung der Fertigungsanlagen und Arbeitskräfte. ↑Prozesstyp

Materialfluss (material flow)
Materialfluss ist die Verkettung aller ↑Vorgänge beim Gewinnen, Be- und Verarbeiten sowie beim Verteilen von Gütern innerhalb festgelegter Bereiche. Häufig werden unter Materialfluss lediglich die körperlichen ↑Bewegungen von Einzelteilen, Baugruppen und Fertigwaren verstanden, in den letzten Jahren fasst man Material- und Informationsfluss unter dem Stichwort ↑Logistik zusammen.

Mechanisierung (mechanization)
Unter Mechanisierung wird die Erledigung der operativen Funktionen eines ↑Arbeitssystems durch eine Maschine, unter ↑Automatisierung dagegen das Einwirken, Lenken und Überprüfen von ↑Arbeitsprozessen durch die Maschine verstanden.

Mehrstellenarbeit (multiple station work)
Bei Mehrstellenarbeit wird in einem ↑Arbeitssystem durch einen oder mehrere ↑Menschen an mehreren ↑Arbeitsmitteln oder an mehreren Orten eines Arbeitsmittels eine ↑Aufgabe erfüllt.

MEK (MEK)
MEK (=↑MTM für ↑Einzel- und Kleinserienfertigung) ist ein ↑MTM-Bausteinsystem auf der hierarchischen Ebene der ↑Grundvorgänge und zur Modellierung von ↑Prozessen konzipiert, die durch den ↑Prozesstyp 3 repräsentiert werden. Es besteht aus Grundvorgängen, denen in Abhängigkeit von ↑Zeiteinflussgrößen ↑MTM-Normzeitwerte zugeordnet sind.

Mengenfertigung (mass production)
↑Massenfertigung

Mengenteilung (task division by quantity)
Der Begriff Mengenteilung bezeichnet die Aufteilung eines ↑Auftrags auf mehrere ↑Menschen oder ↑Betriebsmittel in der Weise, dass jeder Mensch / jedes Betriebsmittel den gesamten Arbeitsumfang nur an einer Teilmenge ausführt.

Mensch (man; human being; person)
Im hier behandelten Kontext zum ↑Arbeitssystem ist der Mensch jene ↑Ressource, die Aktionen in Form von Arbeitshandlungen vollzieht. Da dem Menschen ↑Aufgaben zugeordnet werden, bezeichnet man ihn auch als ↑Aufgabenträger.

Mensch-Maschine-Funktionsteilung (task devision between worker and equipment / machine)
Unter Mensch-Maschine-Funktionsteilung versteht man die Zuweisung von

↑Aufgaben an Mitarbeiter und/oder Maschinen (Technik) nach Leistungs- und Ergonomiekriterien. ↑Mensch und Maschine sollen die Aufgaben zugewiesen bekommen, für die jeweils Eigenschaften, ↑Fähigkeiten bzw. ↑Fertigkeiten optimal sind.

Methode (method)
Allgemein wird als Methode die Art der Durchführung, der Weg, wie man zu einem ↑Ziel gelangen kann, bezeichnet. Unter dem instrumentellen Aspekt von ↑MTM differenziert man weiter in (MTM-)Methoden und Werkzeuge, wobei als Methode eine geplante Vorgehensweise zur Zielerreichung bezeichnet wird; als Werkzeuge sind Hilfsmittel zur Unterstützung der Methode klassifiziert. ↑Arbeitsmethode

Methodenmanagement (methods management)
Als Methodenmanagement wird beim ↑MTM-Konzept die effektive Auswahl sowie der regelkreisbasierte und effiziente Einsatz von ↑Methoden und Werkzeugen des ↑Industrial Engineering bezeichnet.

Methodenniveau (method level)
Das Methodenniveau bildet die durch den ↑Prozesstyp repräsentierte Routinebildung ab, die sich in den ↑Arbeitsmethoden ausprägt und von Prozesstyp zu Prozesstyp signifikant unterscheidet.

Mikro-Arbeitssystem (micro work system)
Als Mikro-Arbeitssystem bezeichnet man ein ↑Arbeitssystem, in dem eine einzelne Arbeitsperson tätig ist. Betriebsüblich ist hier der Arbeitsplatzbegriff.

Mikro- und Makroergonomie (micro-ergonomics, macro-ergonomics)
Die Mikro-Ergonomie beschäftigt sich mit der ↑Analyse und ↑Gestaltung einzelner ↑Arbeitsplätze und hat vor allem die ↑Anthropometrie, Arbeitsphysiologie, Bewegungs- und Informations- sowie Sicherheitstechnik im Fokus. Die Makro-Ergonomie bezieht sich dagegen auf Gruppen von ↑Arbeitssystemen bzw. Mitarbeitern. Schwerpunkt ist hierbei die ↑Arbeitsstrukturierung.

Monotonie (monotony)
Unter Monotonie versteht man einen Zustand herabgesetzter Aktivierung infolge der Reaktion des Organismus auf reizarme Situationen oder auf Bedingungen mit geringer Reizvariabilität.

Motivation (motivation)
Motivation ist die Gesamtheit der psychischen Beweggründe, die den Inhalt, die Richtung und die Intensität des menschlichen Handelns und Verhaltens beeinflusst.

MTM (Methods-Time Measurement)
Der instrumentelle Aspekt von MTM umfasst die ↑Methoden und Werkzeuge zur Operationalisierung des ↑Produktivitätsmanagements. MTM unter dem

institutionellen Aspekt gesehen, ist jene Institution (Deutsche MTM-Vereinigung e. V.), deren satzungsgemäße ↑Aufgabe die Verbreitung des ↑MTM-Konzepts ist.

MTM-1 (MTM-1)
MTM-1 ist ein ↑MTM-Bausteinsystem auf der hierarchischen Ebene der ↑Grundbewegungen und zur Modellierung von ↑Prozessen konzipiert, die durch den ↑Prozesstyp 1 repräsentiert werden. Es besteht aus Grundbewegungen, denen in Abhängigkeit von ↑Zeiteinflussgrößen ↑MTM-Normzeitwerte zugeordnet sind.

MTM-2 (MTM-2)
MTM-2 ist ein ↑MTM-Bausteinsystem auf der hierarchischen Ebene der ↑Bewegungsfolgen und zur Modellierung von ↑Prozessen konzipiert, die durch den ↑Prozesstyp 2 repräsentiert werden. Es besteht aus Bewegungsfolgen, denen in Abhängigkeit von ↑Zeiteinflussgrößen ↑MTM-Normzeitwerte zugeordnet sind.

MTM-Analyse (MTM analysis)
↑Prozessbausteinanalyse

MTM-Baustein (MTM building block)
↑Prozessbaustein

MTM-Bausteinsystem (MTM building block system)
Als MTM-Bausteinsystem wird eine nach der Prozesstypologie und nach der Ablaufkomplexität definierte und abgegrenzte Menge von ↑Prozessbausteinen bezeichnet. Das grundlegende MTM-Bausteinsystem ist ↑MTM-1. Darauf aufbauende MTM-Bausteinsysteme sind z. B. ↑UAS und ↑MEK.

MTMergonomics® (MTMergonomics®)
MTMergonomics® ist ein Softwaresystem zur ergonomischen Bewertung von ↑Arbeitsabläufen. Es setzt in der Konzeptphase der ↑Fertigungsplanung an und simuliert auf der Basis eines ↑MTM-Bausteinsystems (z. B. ↑UAS) körperliche ↑Belastungen, die bei den geplanten ↑Tätigkeiten auftreten können. Mit dem rechtzeitigen Erkennen ungünstiger ↑Gestaltungen kann am Produkt und im ↑Arbeitssystem noch vor dem Produktionsablauf gegengesteuert werden. MTMergonomics® leistet damit einen Beitrag gleichermaßen zum Schutz des ↑Menschen vor ↑arbeitsbedingten Erkrankungen und zur Leistungsverbesserung oder -stabilisierung.

MTM-Gestaltungssystematik (MTM design system)
Die MTM-Gestaltungssystematik ist Teil des ↑MTM-Konzepts des Produktivitätsmanagement. Den Kern bildet die Modellierung der ↑Prozesse mit Hilfe von ↑MTM-↑Prozessbausteinen. Die Produkt- und Prozessgestaltung entlang der Wertschöpfungskette folgt dabei allgemeinen Prinzipien wie Ersetzen, Ordnen, Erleichtern, Vereinfachen, Vereinheitlichen und Verdichten, die in Handlungsfeldern wie KVP, Lean Production, ↑Wertstromdesign, etc. zur Anwendung kommen. Den Ordnungsrahmen dafür bildet das betriebliche ↑Produktions-

system, in dem die anzuwendenden ↑Methoden und Werkzeuge konsistent zu vernetzen sind.

MTM-Hierarchieebenen (hierarchical levels of MTM process building blocks)
Die Hierarchieebene wird hier als ein Kriterium der Komplexität von ↑Prozessbausteinen verwendet. Beim ↑MTM-Prozessbausteinsystem werden sechs überbetrieblich gültige Komplexitätsstufen (1 = ↑Grundbewegung bis 6 = ↑Arbeitsvorgang) und (beispielhaft) acht betriebsspezifisch festzulegende Komplexitätsstufen (A = Arbeitsvorgang bis H = Produkt) verwendet. Die Komplexität der Prozessbausteine nimmt über die Hierarchieebenen zu. Alle überbetrieblich gültigen sowie die unteren betriebsspezifisch gültigen Hierarchieebenen enthalten produktneutrale Prozessbausteine. Die höheren, betriebsspezifisch gültigen Hierarchieebenen beinhalten nur noch produktspezifische Prozessbausteine.

MTM-Instruktor (MTM Instructor)
Qualifikationsstufe im Ausbildungs- und Qualifizierungskonzept der Deutschen ↑MTM-Vereinigung e.V., die gewährleistet, dass dazu lizenzierte Personen MTM-↑Methoden und -Werkzeuge nach den Ausbildungsrichtlinien der Deutschen MTM-Vereinigung e. V. unternehmensintern sachgerecht lehren können. Es wird ein Befähigungsnachweis (sog. Grüne Karte) für die Dauer von drei Jahren erteilt. Nach einem bestandenen Test wird dieser jeweils für weitere drei Jahre verlängert.

MTM-Konzept des Produktivitätsmanagements (MTM concept of productivity management)
Das MTM-Konzept des Produktivitätsmanagements besteht in der Verknüpfung von Daten aus der ↑Geschäftsstrategie und dem ↑Produktionssystem (Leistungserstellungssystem des ↑Unternehmens) mit den ↑Arbeitssystemen. Mit dem Rückgriff auf die Geschäftsstrategie werden aus den internen ↑Strategien und den ↑Kernkompetenzen die bestehenden Absichten für das Produktionssystem extrahiert. In Form des Produktionssystems werden die auf die ↑Planung und das Betreiben der ↑Arbeitssysteme zielenden Auslegungs- und Betreiberrichtlinien bereitgestellt.

MTM-Normleistung (MTM standard performance)
Als MTM-Normleistung wird die ↑Bezugsleistung des ↑MTM-Prozessbausteinsystems bezeichnet, die aus der Anwendung des ↑LMS-Verfahrens resultiert und von dessen Entwicklern beschrieben wird als die ↑Leistung eines durchschnittlich geübten ↑Menschen, der diese Leistung ohne zunehmende Arbeitsermüdung auf Dauer erbringen kann.

MTM-Normzeitwert (MTM standard time)
Als MTM-Normzeitwert wird die ↑Sollzeit für einen ↑MTM-↑Prozessbaustein bezeichnet, dem als ↑Bezugsleistung die ↑MTM-Normleistung zugrunde liegt.

MTM-Normzeitwertkarte (MTM standard data card, MTM application data)
Die MTM-Normzeitwertkarte ist die ↑Datenkarte für das ↑MTM-Baustein-system ↑MTM-1. Sie bildet die ↑Prozessbausteine von MTM-1 in Tabellen ab.

MTM-Office-System (MTM office system)
Das MTM-Office-System (MOS) ist ein ↑MTM-Bausteinsystem auf der hierarchischen Ebene der ↑Standardvorgänge und zur Modellierung von ↑Prozessen konzipiert, die vorzugsweise durch den ↑Prozesstyp 3 sowie das Vorliegen administrativer ↑Aufgaben repräsentiert sind. Es besteht aus Standardvorgängen, denen ↑MTM-Normzeitwerte zugeordnet sind.

MTM-Planungskonzept (MTM planning concept)
Das MTM-Planungskonzept (auch Tryout-Konzept) ist ein Modell für die durchgängige Nutzung von ↑MTM und ergänzender ↑Methoden des ↑Industrial Engineering über die gesamte Wertschöpfungskette.

MTM-Praktiker (MTM Practitioner)
Qualifikationsstufe im Ausbildungs- und Qualifizierungskonzept der Deutschen ↑MTM-Vereinigung e.V., deren erfolgreiches Absolvieren zur sachgerechten Anwendung der MTM-↑Methoden und -Werkzeuge befähigt. Zum MTM-Praktiker-Diplom wird ein Befähigungsnachweis (sog. Blaue Karte) für die Dauer von drei Jahren erteilt. Nach einem bestandenen Test wird dieser jeweils für weitere drei Jahre verlängert.

MTM-Prozessbausteinsystem (MTM system of process building blocks)
Als MTM-Prozessbausteinsystem wird die Gesamtheit der ↑MTM-Baustein-systeme bezeichnet. Das MTM-Prozessbausteinsystem steht in einem zweidimensionalen Kontext, komplexitätsbegründeten Hierarchieebenen und anwendungsbegründeten ↑Prozesstypen. Bspw. ist das Bausteinsystem ↑MEK seiner Komplexität nach der dritten Hierarchieebene und seinem ↑Anwendungsbereich nach dem Prozesstyp 3 zugeordnet.

MTM-Verfahren (MTM method)
Das MTM-Verfahren umfasst die qualifizierte Entwicklung und Verwendung von ↑MTM-↑Prozessbausteinen zur Modellierung von ↑Arbeitsprozessen. ↑MTM steht für die ↑Gestaltung der ↑Arbeitsabläufe (Geschäftsprozesse) durch Beschreibung, Strukturierung, ↑Planung und ↑Analyse/Synthese mittels inhaltlich und zeitlich definierter Prozessbausteine. Durch MTM werden ↑Abläufe systematisch gegliedert, geordnet und ↑Einflussgrößen sichtbar gemacht. Damit wird das Ziel verfolgt, ↑Arbeitssysteme von Anfang an richtig zu gestalten.

Multimomentverfahren (activity sampling; work sampling study; ratio delay study) Beim Multimomentverfahren werden Auftretenshäufigkeiten von ↑Vorkommnissen mit Hilfe stichprobenmäßig durchgeführter Kurzzeitbeobachtungen ermittelt. Notiert werden – üblicherweise bei Rundgängen in ↑Arbeitssystemen – zum Beobachtungszeitpunkt auftretende Vorkommnisse. Aufgrund vieler Notierungen wird ein Abbild der Anteile dieser Vorkommnisse am üblichen Tagesgeschehen bestimmt.

Muskelarbeit (muscular work)
Unter Muskelarbeit versteht man körperliche ↑Arbeit, bei der die Kraftentfaltung im Vordergrund steht. Körperliche Engpässe sind hierbei außer den Muskeln das Herz-Kreislauf-System, Skelett und Wirbelsäule.

Muskelarbeit, dynamische (dynamic muscular work)
Dynamische Muskelarbeit kennzeichnet im Gegensatz zur ↑statischen Arbeit eine Kraftentfaltung, die zu einer ↑Bewegung führt. Dadurch ist die dynamische Muskelarbeit weniger ermüdend als die statische.

Muskelarbeit, einseitig dynamische (one-sided dynamic muscular work)
Bei einseitig dynamischer Muskelarbeit handelt es sich um die ↑Arbeit kleiner Muskelgruppen, deren Muskelmasse kleiner als 1/7 der Gesamtmuskelmasse und der Betätigungsfrequenz höher als 15 Kontraktionen pro Minute ist.

Muskelarbeit, schwere dynamische (heavy dynamic muscular work)
Bei schwerer dynamischer Muskelarbeit sind große (schwere) Muskelgruppen involviert. Schwere ↑dynamische Arbeit verursacht immer einen höheren ↑Energieumsatz. Die körperlichen Engpässe liegen hier im Herz-Kreislauf- und im Muskel-Skelett-System.

Muskelermüdung (muscular fatique)
Unter Muskelermüdung versteht man die Herabsetzung der Funktionsfähigkeit und des Leistungsvermögens der Muskeln als Folge einer ↑Beanspruchung.

Muskelkraft (muscular strength)
↑Körperkraft

N
Nachtarbeit (night work)
Nachtarbeit im Sinne des deutschen Arbeitzeitgesetzes ist jede ↑Arbeit, die mehr als zwei Stunden der Nachtzeit (23.00 Uhr bis 6.00 Uhr) umfasst.

Normung (standardization)
Normung ist ein Mittel zur Ordnung und Grundlage für ein Zusammenwirken in allen Lebensbereichen. Die Normung bietet Lösungen für immer wiederkehrende ↑Aufgaben an, unter Berücksichtigung des jeweiligen Standes der Technik und Wissenschaft sowie der wirtschaftlichen Gegebenheiten.

Nutzungsgrad (degree of utilization)
Der Nutzungsgrad ist der Quotient aus Ist-Maschinenlaufzeit und Soll-Maschinenlaufzeit in Prozent.

Nutzwert-Analyse (cost-benefit analysis)
Unter der Nutzwert-Analyse versteht man eine ↑Methode zur Bewertung von Gestaltungsalternativen oder organisatorischen Lösungen. Die Nutzwert-Analyse beinhaltet im Regelfall monetäre und nicht-monetäre Bewertungskriterien.

O
Objekt (object)
Allgemein steht Objekt für eine Sache, einen Gegenstand. Das Objekt wird mit Hilfe eines Substantivs beschrieben. ↑Verrichtung

Objektivität von Prozessbausteinen (objectivity of process building blocks)
Als Objektivität (Vergleichbarkeit, interpersonelle Stabilität) eines ↑Prozessbausteins wird das Ausmaß an Gewährleistung bezeichnet, dass er nur für jenen Zweck verwendet wird, für den er vorgesehen ist.

Objektorientierung (object orientation)
Allgemein bezeichnet Objektorientierung ein Paradigma für die ↑Analyse und den Entwurf von Systemen, bei dem man diese als miteinander in Beziehung stehende (kommunizierende, zustandsbehaftete) ↑Objekte betrachtet.
Bei ↑MTM wird Objektorientierung als Vorgabe für den Entwurf von ↑Prozessbausteinen unter Beachtung der ↑Einflussgrößen von Objekten verwendet.
↑Verrichtungsorientierung

Organisation (organization)
Nach dem instrumentellen Ansatz wird als Organisation die Menge dauerhaft wirksamer genereller Regelungen eines ↑Arbeitssystems bezeichnet, die beim Erreichen von ↑Zielen unterstützt. Diese Regelungen können formaler Art, also kodifiziert sein, oder informaler Art, also als interpersonelle Übereinkünfte wirken. Nach dem institutionellen Aspekt bezeichnet Organisation die dauerhaft wirksame Struktur eines Arbeitssystems, die es auf die Verfolgung von Zielen ausrichtet.

Organisationseinheit (organizational unit)
Als Organisationseinheit werden ↑Aufgaben erfüllende Elemente der Organisationsstruktur bezeichnet. Organisationseinheiten werden entsprechend ihrer Komplexität unterschiedlich bezeichnet, z. B. als ↑Stelle, Gruppe, Abteilung oder Bereich. ↑Arbeitssysteme werden als Organisationseinheit bezeichnet, wenn sie primär unter dem Gesichtspunkt dauerhaft wirksamer genereller Regelungen betrachtet werden. In ↑TiCon® bezeichnet Organisationseinheit einen ↑Anwendungsbereich, z. B. Rohbau, Montage, Lackiererei.

P
Personalbedarf (human resource requirement, personnel requirement)
Als Personalbedarf wird die zu einem definierten Zeitpunkt für eine ↑Planungsperiode (z. B. durch ↑Personalbemessung ermittelte) benötigte

Personenzahl für ein ↑Arbeitssystem, eine ↑Organisationseinheit, einen ↑Betrieb oder ein ↑Unternehmen auf der Basis »Vollzeit-Arbeitsverhältnisse« bezeichnet. Bei der Ermittlung des Personalbedarfs werden die Einsatzlast und die Reservelast berücksichtigt.

Personalbemessung (determination of human resource requirements)
Verfahren, mit denen der quantitative ↑Personalbedarf bei vorgegebener ↑Qualifikation zu einem bestimmten Zeitpunkt für eine bestimmte ↑Planungsperiode in bestimmten ↑Arbeitssystemen bzw. ↑Organisationseinheiten ermittelt wird. Eine analytische Personalbemessung wird durch ↑MTM-Prozessbausteine unterstützt.

Personalbestand (number of personnel)
Als Personalbestand wird die zu einem definierten Zeitpunkt vorhandene Personenzahl für ein ↑Arbeitssystem, eine ↑Organisationseinheit, ein ↑Betrieb oder ein ↑Unternehmen auf der Basis »Vollzeit-Arbeitsverhältnisse« bezeichnet.

Personaleinsatz (personnel assignment)
Unter Personaleinsatz wird die Zuordnung von Personen zu einem bestimmten Zeitpunkt oder für einen bestimmten Zeitraum zu einem ↑Arbeitssystem bzw. einer ↑Organisationseinheit bezeichnet. Beim Personaleinsatz wird auch dem Umstand Rechnung getragen, dass über den Zeitverlauf z. B. saisonale Effekte, Ultimoeffekte und schwankende Kundenabrufe auftreten, also nicht immer ein gleichmäßiger ↑Personalbedarf besteht.

Personalentwicklung (personnal development)
Personalentwicklung bezeichnet Maßnahmen, die ↑Fähigkeiten und ↑Fertigkeiten der Mitarbeiter und damit deren ↑Qualifikation verbessern. Die Personalentwicklung ist eine der vier Hauptaufgaben beim ↑Produktivitätsmanagement von Arbeitssystemen.

Personalplanung (personnel planning, human resource planning)
Unter Personalplanung werden alle Vorhaben und Maßnahmen subsumiert, die darauf gerichtet sind, den künftigen quantitativen und qualitativen ↑Personalbedarf zu decken. Die wichtigsten Teilbereiche sind die Bedarfs-, Beschaffungs-, Erhaltungs-, Entwicklungs- und Freistellungsplanung.

Planung (planning)
Unter Planung versteht man das systematische Suchen und Festlegen von ↑Zielen und ↑Aufgaben sowie von Wegen zur Erreichung der für dieses Vorhaben geltenden Ziele.

Planungsanalyse (planning analysis)
Als Planungsanalyse wird die Modellierung eines ↑Sollablaufs, einer ↑Arbeitsmethode ohne Kenntnis der ↑Arbeitsweisen, bezeichnet. Die Informationsbasis bei der Modellierung der Arbeitsmethoden ist allein die Vorstellung über die ↑Prozesse oder gar das ↑Arbeitssystem. ↑Ausführungsanalyse.

Planungsaufwand (planning effort, planning expenditure)
Im Allgemeinen fasst man damit den Zeitaufwand zusammen, der für den Entwurf (Grob- und Feinplanung) und ggf. die Implementierung eines ↑Arbeits-
systems anfällt.

Planungsperiode (planning period)
Allgemein wird als Planungsperiode jener Zeitraum bezeichnet, der einer ↑Pla-
nung zu Grunde liegt. Bei Ressourcenbetrachtungen mit Periodenbezug, z. B.
der ↑Personalbemessung, ist die Planungsperiode jener Zeitraum, für den ein
↑Personalbedarf ausgewiesen wird.

Planzeit (standard time)
Der Begriff Planzeit (auch Richtzeit, Zeitnorm) wird in vielen ↑Unternehmen
für die ↑Sollzeit eines ↑Prozessbausteins verwendet.

Positionierungsstrategie (strategy of positioning)
Als Positionierungsstrategie werden auf unternehmensexterne Adressaten und
wichtige externe ↑Objekte gerichtete Prinzipien für den Umgang mit Kunden
und Wettbewerbern bezeichnet. Mit Hilfe von Positionierungsstrategien wird für
die strategischen Geschäftsfelder festgelegt, wie man sich insbesondere auf dem
Absatzmarkt so aufstellt, dass die ↑Ziele der ↑strategischen Erfolgsfaktoren
nachhaltig erfüllt werden.

Prämienlohn (premium or bonus pay)
Prämienlohn ist eine Form der Leistungsentlohnung, bei der im Gegensatz zum
Akkordlohn neben der ↑Arbeitsmenge jede ↑Bezugsgröße (z. B. ↑Qualität,
Maschinennutzung, Stoffausbeute usw., aber auch Kombinationen dieser
Bezugsgrößen) gewählt werden kann, und die Beziehung zwischen Lohn und
↑Leistung nicht notwendig proportional ist.

Produktionsplanungs- und Steuerungssystem, PPS-System (production
planning and control system)
Als PPS-System wird jener Teil des betrieblichen Informationssystems bezeichnet, welcher primär der ↑Fertigungsplanung (Produktionsplanung) und ↑Ferti-
gungssteuerung (Produktionssteuerung) dient. Häufig wird das PPS-System
nach drei Segmenten unterteilt: Materialwirtschaft, Kapazitäts- und Zeitwirtschaft sowie Fertigungsplanung und -steuerung.

Produktionssystem, unternehmensspezifisches (company-specific production
system) Ein unternehmensspezifisches Produktionssystem besteht aus Standards
und Regeln zum Gestalten und Betreiben von ↑Arbeitssystemen. Mit Hilfe des
unternehmensspezifischen Produktionssystems wird beschrieben, nach welchen
Grundsätzen ein ↑Unternehmen sein Leistungserstellungssystem betreiben will.
↑Ganzheitliches Produktionssystem

Produktivität (productivity)
Die Produktivität steht aus volkswirtschaftlicher Sicht für die Ergiebigkeit der

volkswirtschaftlichen Produktionsfaktoren ↑Arbeit, Boden und Kapital. Aus betriebswirtschaftlicher Sicht steht Produktivität für die Ergiebigkeit der betriebswirtschaftlichen Produktionsfaktoren (Einsatzfaktoren) ↑menschliche Arbeit, ↑Betriebsmittel und Material.

Produktivitätsmanagement (productivity management)

Unter Produktivitätsmanagement (von ↑Arbeitssystemen) werden auf die Förderung der Arbeitsergebnissen und der Wirksamkeiten von Arbeitssystemen zielende Managementaktivitäten bezeichnet. Die vier primären ↑Managementaufgaben sind dabei das ↑Zielmanagement, das ↑Ergebniscontrolling, das ↑Gestaltungs- und Organisationsmanagement und die ↑Personalentwicklung. ↑MTM-Konzept des Produktivitätsmanagements

Projekt (project)

In der Umgangssprache wird als Projekt ein größeres Vorhaben bezeichnet. Beim ↑Produktivitätsmanagement wird als Projekt ein einmaliges und komplexes Vorhaben (im Gegensatz zum Tagesgeschäft) mit begrenzter Dauer und definiertem Beginn und Ende (im Gegensatz zu Daueraufgaben) bezeichnet, in dem Maßnahmen erarbeitet oder erarbeitete Maßnahmen umgesetzt werden.

Projektcontrolling (project controlling)

Projektcontrolling umfasst die ↑Planung, Steuerung und Kontrolle von ↑Leistungen, Kosten und Terminen eines ↑Projektes.

ProKon (production-oriented design)

ProKon (Produktionsgerechtes Konstruieren) ist ein ↑MTM-basiertes Verfahren zur ↑Analyse und Bewertung konstruktiver Lösungen bezüglich ihrer Montagegerechtheit. Mit ProKon werden systematisch Hinweise zur Verbesserung konstruktiver Lösungen identifiziert und in Bezug auf ihre Produktivitätswirkung quantifiziert.

Promotor (promotor)

Als Promotor (Förderer) werden Personen bezeichnet, die als Machtpromotoren ↑Projekte durch hierarchische Position fördern, als Fachpromotoren Projekte durch Fachwissen fördern oder als Prozesspromotoren Projekte durch Geschick und Überzeugungskraft fördern.

Prozess (process)

Prozess bezeichnet das zeitliche und räumliche Zusammenwirken der ↑Ressourcen ↑Mensch und ↑Arbeits-/Sachmittel, bei dem eine Transformation der ↑Eingabe (Prozessinput) in die ↑Ausgabe (Prozessoutput) vollzogen wird.

Prozessbaustein (process building block)

Als Prozessbaustein wird ein ↑Ablaufabschnitt bezeichnet, der seinem Inhalt und seiner Verwendung nach beschrieben wurde und für den ein ↑Zeitstandard gilt.

Prozessbaustein, unternehmensspezifischer (company-specific process building block)

Als unternehmensspezifisch werden Prozessbausteine bezeichnet, wenn sie einen unternehmensspezifischen ↑Ablauf abbilden, der sich aus überbetrieblich verwendbaren ↑MTM-Prozessbausteinen zusammensetzt. Unternehmensspezifische Prozessbausteine werden verrichtungs- und produktorientiert entwickelt und im betrieblichen ↑Bausteinsystem hierarchisch eingeordnet.

Prozessbaustein-Aggregation (aggregation of process building blocks)

Als Prozessbaustein-Aggregation wird ein horizontales und vertikales Zusammenfassen von ↑Prozessbausteinen bezeichnet. Bei der horizontalen Aggregation werden Prozessbausteine auf der gleichen Hierarchieebene zusammengefasst, um die Anzahl notwendiger Bausteine zu verringern. Dabei entstehen umfassendere, aber keine komplexeren Bausteine. Bei der vertikalen Aggregation werden in einem prozesslogischen Zusammenhang stehende Prozessbausteine aus einer, seltener auch aus mehreren, Hierarchieebenen zusammengefasst, um die Anzahl notwendiger Bausteine zu verringern. Dabei entstehen umfassendere und komplexere Bausteine.

Prozessbausteinanalyse (MTM analysis)

Als Prozessbausteinanalyse wird die Modellierung eines ↑Arbeitsablaufs mit ↑MTM-↑Prozessbausteinen in den Phasen Vorbereitung (↑Arbeitssystem abgrenzen und dokumentieren und ↑Ablauf gliedern) und ↑Analyse (↑Ablaufabschnitte mit ↑MTM-Bausteinen beschreiben) bezeichnet. Man unterscheidet ↑Ausführungs- und ↑Planungsanalyse.

Prozessbausteinsystem (process building block system)

↑MTM-Prozessbausteinsystem

Prozesstyp (process type)

Als Prozesstyp wird die Charakterisierung der Prozessbedingungen bezeichnet, die durch Zyklik (zyklische Wiederholung), Ablaufinformation (Komplexität der Aufträge), ↑Arbeitsplatz (Spezialisierungsgrad der Arbeitsplätze), Versorgungsprinzip und die Arbeitsweisenstreuung (Möglichkeit zur Routinebildung) beschrieben wird. Wir unterscheiden drei Prozesstypen:
Prozesstyp 1, repräsentiert z. B. durch ↑Mengenfertigungen,
Prozesstyp 2, repräsentiert z. B. durch ↑Serienfertigungen,
Prozesstyp 3, repräsentiert z. B. durch Einzel- und Kleinserienfertigungen.

Prozesszeit (process time)

Als Prozesszeit werden ↑Sollzeiten für arbeitsmittelbestimmte, durch den ↑Menschen nicht zu beeinflussende ↑Vorkommnisse bezeichnet. Während dieser Zeit fällt beim Menschen ein ablaufbedingtes Unterbrechen oder eine Fortführung seiner ↑Haupt- bzw. Nebentätigkeit an. Prozesszeiten sind mit Hilfe einer ↑Ergänzungstechnik zu ermitteln.

Prüfablauf (inspection procedure)
Der Prüfablauf beschreibt das Zusammenwirken der ↑Ressourcen ↑Mensch und ↑Arbeits-/Sachmittel beim Prüfen (Art, Anzahl, Kombination und Reihenfolge von Prüfschritten).

Puffer (buffer)
Als Puffer wird eine technische Einrichtung zur vorübergehenden Speicherung von ↑Arbeitsgegenständen zwischen ↑Arbeitsplätzen bzw. Stationen bezeichnet, um z. B. dem ↑Menschen bei ↑Fließarbeit eine individuelle Variation seines Arbeitstempos zu ermöglichen und Störungen im ↑Arbeitsablauf zu überbrücken.

Pull-System (pull system)
Beim Pull-System wird auf allen Fertigungsstufen eine Produktion auf Abruf in direkter Abhängigkeit vom Kundenverbrauch angestrebt, damit Materialbestände reduziert und hohe Termintreue erreicht werden können.

Push-System (push system)
Bei Push-Systemen (Bestandteil des übergeordneten Manufacturing Ressource Planning (MRP)) wird versucht, an jedem Ort im ↑Betrieb Bauteile und Baugruppen in der erforderlichen Menge und zur richtigen Zeit festzulegen. Durch eine zentrale Steuerungseinheit wird der Materialverbrauch über die betroffenen Abteilungen möglichst punktgenau zeitlich und örtlich gesteuert. Gegensatz: ↑Pull-System.

Q
Qualität (quality)
Qualität ist die Gesamtheit von Merkmalen (und Merkmalswerten) einer Einheit (Produkt oder ↑Tätigkeit) bzgl. ihrer Eignung, festgelegte oder vorausgesagte Erfordernisse zu erfüllen (DIN EN ISO 8402).

Qualifikation (skills, qualification)
↑Fähigkeit, ↑Fertigkeit

Qualifizierung (qualification)
Qualifizierung bezeichnet den Erwerb von Kenntnissen, ↑Fähigkeiten und ↑Fertigkeiten.

R
Rationalisierung (rationalization)
Nach einem allgemeinen Verständnis steht Rationalisierung für den Versuch, Wert-, Sach- oder Sozialziele unter wechselnden Rahmenbedingungen optimal zu erreichen. Eine einheitliche Interpretation des Rationalisierungsbegriffs aus Sicht der ↑Unternehmen gibt es nicht. Da sich Unternehmen jedoch primär der wertrationalen Sicht verpflichtet sehen, werden unter den Begriff Rationalisie-

rung häufig technische, arbeitswirtschaftliche, organisatorische und betriebswirtschaftliche Maßnahmen subsumiert, die mit der Absicht durchgeführt werden, die ↑Produktivität, ↑Wirtschaftlichkeit oder ↑Rentabilität eines Unternehmens oder seiner ↑Betriebe zu verbessern.

REFA-Normalleistung (REFA standard performance)
Aus in REFA-Zeitaufnahmen gemessenen, mit Hilfe des ↑Leistungsgrad-
Beurteilungsverfahrens nach REFA nivellierten ↑Istzeiten werden ↑Sollzeiten
gebildet, denen dann eine ↑Bezugsleistung zu Grunde liegt, die als REFA-
Normalleistung bezeichnet wird.

Reliabilität von Prozessbausteinen (reliability of process building blocks)
Als Reliabilität (Wiederholbarkeit, intrapersonelle Stabilität) eines ↑Prozess-
bausteins wird das Ausmaß an Gewährleistung bezeichnet, dass er bei mehrfa-
chem Gebrauch, über einen längeren Zeitraum hinweg, immer wieder wie vorgesehen verwendet wird.

Rentabilität (return on investment)
Als Rentabilität wird das Verhältnis einer Erfolgsgröße (z. B. Gewinn vor oder
nach Steuern) zum eingesetzten Kapital (Gesamtkapital oder Eigenkapital)
bezeichnet. Es gibt eine Reihe von Rentabilitätskennzahlen, z. B. ROI, ROE,
ROCE, EBIT, EBITDA.

Reproduzierbarkeit von Prozessbausteinen (reproducibility of process building blocks)
Eine Situation bezeichnet man als reproduzierbar beschrieben, wenn diese auf
Grund der Beschreibung nachvollziehbar ist. Eine Reproduzierbarkeit kann
mehr oder weniger hoch sein. Das Ausmaß an Reproduzierbarkeit eines ↑Pro-
zessbausteines ist umso höher, je eindeutiger zu erkennen ist, wofür er entwickelt und zu verwenden ist.

Ressource (resource)
Als Ressourcen werden im Allgemeinen die Mittel bezeichnet, die benötigt werden, um eine bestimmte ↑Aufgabe zu lösen. Meist werden darunter ↑Betriebs-
mittel, Rohstoffe, Geldmittel, Boden, Energie oder Personen verstanden.

Ressourcen im Arbeitssystem (resources in the work system)
Im ↑Arbeitssystem werden zwei ↑Ressourcen unterschieden, ↑Mensch und
↑Arbeits-/Sachmittel.

Ressourcen im Ganzheitlichen Produktionssystem (resources in the compre-hensive production system)
Im ↑GPS werden, dem betriebswirtschaftlichen Produktionsfaktorenkonzept
folgend, beispielhaft fünf ↑Ressourcen unterschieden: ↑Management,
Mitarbeiter, ↑Organisation und IT, ↑Planung und Kontrolle sowie ↑Sachmittel-
Investment.

Rezeptor, propriorezeptive (proprioceptive receptor)
Propriorezeptive Rezeptor sind Sinneszellen, die durch äußere Einflüsse bewirkte »innere« Reize des menschlichen Körpers aufnehmen (↑Körperstellung, ↑Kraftaufwand).

Rüsten (set-up)
↑Rüstzeit

Rüstzeit (set-up time)
Die Rüstzeit t_r bzw. Betriebsmittel-Rüstzeit t_{rB} sind ↑Vorgabezeiten bzw. ↑Zeitstandards für das auftragsbezogene Vorbereiten des ↑Arbeitssystems sowie dessen Rückversetzung in den ursprünglichen Zustand. Das Rüsten tritt, wenn es keine Splittungen des ↑Auftrages in Teilaufträge gibt, einmal pro Auftrag auf.

S
Sachmittel (equipment)
↑Arbeitsmittel

Sättigung, psychische (burn-out)
Sättigung ist das Erreichen eines Fassungsvermögens im allgemeinen Sinn. Unter psychischer Sättigung versteht man einen »Zustand der nervös-unruhevollen, stark affektbetonten Ablehnung einer sich wiederholenden ↑Tätigkeit oder Situation« (DIN EN ISO 10075-1).

Schätzen (estimate)
Als Schätzen wird das ungefähre Bestimmen metrisch skalierter Daten bezeichnet. Diese Technik wird zur Bestimmung von ↑Sollzeiten bei ↑Aufgaben mit kunden- oder institutionsbestimmten ↑Vorkommnissen, sowie für Mengen, Anzahlen und Häufigkeiten, die nicht durch Zählen zu gewinnen sind, angewandt.

Schlüsselreiz-Information (cue information)
Als Schlüsselreiz-Informationen werden im Gedächtnis zu speichernde und dort wieder abzurufende Steuerungsinformationen bezeichnet, die notwendig sind, eine ↑Bewegung auszuführen. Bewegungsausführungen werden über den Abruf von dazu gespeicherten Schlüsselreiz-Informationen gesteuert, indem diese mit dem motorischen Handeln gekoppelt werden. Schlüsselreize können durch alle menschlichen Sinne (Sensoren) aufgenommen (erlernt) werden.

Schwachstellenanalyse (opportunity analysis)
Unter einer Schwachstellenanalyse versteht man ein methodisches Vorgehen zum Aufdecken von Gestaltungs- und Organisationsfehlern im ↑Arbeitssystem bzw. im ↑Betrieb.

Sehschärfe (visual actuity)
Unter der Sehschärfe (Visus) versteht man den Schwellenwert des visuellen Leistungsvermögens, speziell die ↑Fähigkeit des Auges, zwei nahe beieinander

liegende Punkte getrennt voneinander wahrzunehmen. Die Erkennbarkeit der Sehobjekte hängt dabei vom Sehwinkel ab.

Selbstprüfung (self-inspection)
Die Selbstprüfung ist eine Vorgehensweise zur Qualitätssicherung der ↑Arbeit durch den Ausführenden selbst nach festgelegten Regeln.

sensorisch (sensory)
Sensorisch meint in der Regel einen bestimmten, auf ein spezielles Wahrnehmungsorgan bezogenen Sinn. Zu den sensorischen Wahrnehmungen zählen Sehen, Hören, Schmecken, Riechen sowie der Gleichgewichtssinn.

Selbstaufschreibung (self-recording)
Als Selbstaufschreibung wird das Erheben von ↑Istzeiten, Fallarten, Anzahlen oder Häufigkeiten durch jene Personen bezeichnet, welche die ↑Arbeit ausführen.

Serienfertigung (series production)
Serienfertigung ist die gleichzeitige oder unmittelbar aufeinanderfolgende Erzeugung mehrerer gleichartiger Produkte. ↑Prozesstyp

Sicherheitsabstand (safe distance)
Als Sicherheitsabstand bezeichnet man die Entfernung zu einer Gefahr, in der einer Arbeitsperson kein Schaden mehr erwachsen kann.

Sicherheitsfarbe (safety colour)
Mit Sicherheitsfarben werden wichtige, sicherheitsrelevante Tatbestände in ↑Arbeitssystemen gekennzeichnet (rot: Verbot, Gefahr, Material und Einrichtungen zur Brandbekämpfung; gelb: Warnung, grün: Hilfe, Rettung, Gefahrlosigkeit; blau: Gebot, besondere Verpflichtungen der Arbeitspersonen). (DIN 4844-1)

Sicherheitszeichen (safety signs)
Als Sicherheitszeichen werden i. A. Piktogramme zur Visualisierung sicherheitsrelevanter Hinweise bezeichnet. »Sie dienen insbesondere der Unfallverhütung und dem ↑Arbeitsschutz und treffen Aussagen über Verbote und Gebote, sprechen Warnungen vor Gefahren oder Risiken aus und weisen auf Rettungswege oder Notausgänge hin. Sie kennzeichnen auch Standorte von Brandmeldern und Brandlöschern.« (DIN 4844-2)

Sichtprüfen (visual inspection)
Sichtprüfen ist ein ↑MTM-Bausteinsystem auf der hierarchischen Ebene der ↑Grundbewegungen und zur Modellierung von visuellen Prüfprozessen konzipiert, die durch den ↑Prozesstyp 1 repräsentiert werden. Es besteht aus vier Grundbausteinen, denen in Abhängigkeit von ↑Zeiteinflussgrößen ↑MTM-Normzeitwerte zugeordnet sind.

Simultaneous Engineering (SE)
SE ist eine ↑Strategie, durch Parallelisierung der einzelnen Phasen der Produktentwicklung die Entwicklungszeit eines Produktes drastisch zu reduzieren. Dies setzt voraus, dass Entwicklung, Konstruktion, Fertigung, Montage, Vertrieb, Marketing u. a. bei Produktinnovationen gleichzeitig am Entwicklungsprozess beteiligt werden.

Sollablauf (target process, projected process)
Als Sollablauf wird ein für die Erfüllung einer ↑Aufgabe vorgesehenes Zusammenwirken von ↑Mensch und ↑Arbeits-/Sachmitteln bezeichnet. Durch den Menschen bestimmte Sollabläufe werden durch ↑Arbeitsmethoden beschrieben. ↑Ablauf, ↑Istablauf

Sollzeit (standard time; target time)
Als Sollzeit wird eine für die Erfüllung einer ↑Aufgabe geplante, vorgesehene, standardisierte Zeit bezeichnet. Bezugsbasis von Sollzeiten sind ↑Arbeitsmethoden.

SOP (start of production)
SOP bezeichnet den Zeitpunkt des Serienanlaufs.

Sozialverträglichkeit (social acceptability)
Unter Sozialverträglichkeit versteht man ein Bewertungskriterium der ↑Arbeit, das die öffentlichen Interessen bzw. die Interessenlage der Belegschaft bei der ↑Arbeitsgestaltung berücksichtigt.

Standard-Daten (standard data)
Die Standard-Daten (SD) sind ein ↑MTM-Bausteinsystem auf der hierarchischen Ebene der ↑Bewegungsfolgen und zur Modellierung von ↑Prozessen konzipiert, die durch den ↑Prozesstyp 2 repräsentiert werden. Es besteht aus Bewegungsfolgen, denen in Abhängigkeit von ↑Zeiteinflussgrößen ↑MTM-Normzeitwerte zugeordnet sind.

Standardvorgang (standard operation)
Standardvorgänge sind von ↑MTM beispielhaft für betriebliche Anwendungsgebiete zusammengestellte, aggregierte ↑Prozessbausteine. Sie sollen besonders häufig vorkommende ↑Verrichtungen (z. B. Festspannen, Reinigen, Kommissionieren) abdecken und werden durch mindestens einen Objekt- und einen Verrichtungsbegriff benannt (z. B. Festspannen mit Schraubzwinge, Reinigen mit Druckluft). Sie sind Grundlage für die Entwicklung betrieblicher ↑MTM-Bausteinsysteme.

Standardvorgangs-Ebene (level of standard operations)
Standardvorgangs-Ebenen sind die Hierarchieebenen des ↑MTM-Prozessbausteinsystems, in denen aus ↑MTM-Bausteinsystemen gebildete ↑Standardvorgänge eingeordnet sind. Es gibt drei Standardvorgangs-Ebenen: ↑Vorgangsschritt, ↑Vorgangsfolge und ↑Arbeitsvorgang.

Statistische Genauigkeit von Prozessbausteinen (statistical accuracy of process building blocks)
Die statistische Genauigkeit von ↑Prozessbausteinen ist ein Maßstab für die Abweichung zwischen der benötigten Zeit für die Erfüllung der mit ↑MTM-Prozessbausteinen repräsentierten ↑Aufgaben und den dafür ausgewiesenen ↑MTM-Normzeitwerten. Diese Abweichung wird auch als Systemabweichung von ↑MTM-1 bezeichnet. Daneben gibt es Angaben zur statistischen Genauigkeit gegenüber anderen ↑MTM-Bausteinsystemen, die als deren Systemabweichung gegenüber MTM-1 bezeichnet wird

Stelle (position; job)
Als Stelle wird die kleinste ↑Organisationseinheit bezeichnet, der mindestens eine Person als ↑Aufgabenträger zugeordnet ist und der ↑Aufgaben, ↑Kompetenzen und ↑Verantwortungen übertragen werden.

Stellenbeschreibung (job description)
Als Stellenbeschreibung wird eine Dokumentation bezeichnet, der die hierarchische Eingliederung einer ↑Stelle in die Organisationsstruktur sowie mindestens die zu erfüllenden ↑Aufgaben, Stellvertretungen, ↑Kompetenzen und ↑Verantwortungen zu entnehmen sind.

Steuerungstätigkeit (control activity, control job)
Unter Steuerungstätigkeit versteht man eine Arbeitsform, bei der eine Produktionsanlage oder ein ↑Arbeitsmittel im Hinblick auf ein vorgegebenes Arbeitsprogramm oder eine optimale Nutzung bedient werden. Die ↑Tätigkeit ist gekennzeichnet durch wechselnde Aufmerksamkeit, hohe Konzentration auf das Arbeitsobjekt und Verantwortungsdruck.

Strategie (strategy)
Als Strategien werden Festlegungen bezeichnet, wie man eigene ↑Ressourcen und Potenziale unter Nutzung eigener Stärken einsetzen will, um längerfristig im ↑Unternehmen eine gewollte Richtung zu entwickeln und Erfolgspotenziale nachhaltig durch Ausnutzung von Wettbewerbsvorteilen zu generieren.

Stückliste (parts list)
Eine Stückliste ist ein formal durch den Verwendungszweck (z. B. Strukturstückliste, Baukastenstückliste, Grund- und Plus-Minus-Stückliste) bestimmtes vollständiges Verzeichnis aller einem Produkt oder einer Baugruppe zugehörigen Gegenstände, üblicherweise unter Angabe von Benennung, Sachnummer, Menge und Art. ↑Verwendungsnachweis

Stückzeit (time per piece; piece time; time per unit)
Die Stückzeit ist der Quotient aus ↑Auftragszeit und Soll-Produktionsmenge.

Systeme vorbestimmter Zeiten (predetermined motion time systems)
Systeme vorbestimmter Zeiten (SvZ) ist die früher verbreitete Bezeichnung für ↑MTM-Bausteinsysteme und die Bausteinsysteme anderer Systemverbreiter,

wie z. B. Work-Factor. Da heute das ↑MTM-Prozessbausteinsystem als einziges System vorbestimmter Zeiten praktische Bedeutung hat, wurde die Bezeichnung zunehmend unüblich.

T

Tagesrhythmik, circardian (circadian rhythm)
Unter circardianer (biologischer) Tagesrhythmik versteht man den Tagesgang der physiologischen ↑Leistungsbereitschaft. In der ergotropen-Phase eines 24-Stunden-Tages ist der ↑Mensch auf Leistungshergabe, in der trophotropen Phasen ist er auf Ruhe und ↑Erholung eingestellt. Circadiane Rhythmen sind keine unveränderbaren Naturgesetze, sondern Leistungsmodulationen des Menschen, die von natürlichen und künstlichen Zeitgebern sowie ↑Arbeits-schwere und Arbeitsschwierigkeit kontrolliert bzw. synchronisiert werden.

Tätigkeit (activity)
Als Tätigkeit wird die Beschreibung der Ausführung einer Aktion durch eine ↑Ressource bezeichnet, unter Angabe mindestens eines ↑Objekts und einer ↑Verrichtung. Eine Tätigkeit bezeichnet Geschehenes, wogegen eine ↑Aufgabe Gewolltes bezeichnet.

Tätigkeiten, einförmige, monotone (monotonous activities)
Unter einförmigen, monotonen Tätigkeit versteht man solche, bei denen sich gleiche ↑Ablaufabschnitte regelmäßig wiederholen und die ↑Tätigkeit bei geringer körperlicher ↑Beanspruchung in einer insgesamt reizarmen Umgebung erfolgt. Der ↑Arbeitsablauf schließt jedoch Nebentätigkeiten aus.

Tätigkeit, geistige (mental activity)
Als geistige Tätigkeit wird das selbständige Erfassen und Durchdringen von Zusammenhängen, das Vergleichen und Beurteilen von Sachverhalten sowie das Ableiten allgemeiner Schlüsse oder Urteile bezeichnet. Unter geistiger Tätigkeit (i. e. S.) versteht man ↑Aktivitäten, die das Erzeugen von Information zum Inhalt haben (also z. B. Konstruieren, Diktieren, Produktdesign).

Tätigkeit, manuelle (manual activity)
Tätigkeit von Hand.

Tätigkeitszeit (working time)
Die ↑Zeitart Tätigkeitszeit des ↑Menschen tt entspricht der Summe der ↑Sollzeiten für die ↑Ablaufabschnitte der ↑Ablaufarten ↑Haupttätigkeit MH und Nebentätigkeit MN und die Mengeneinheit 1.

Tätigkeitsanalyse (job analysis, work analysis, task analysis)
Unter Tätigkeitsanalyse versteht man die Zerlegung von ↑Arbeitssystem, ↑Aufgaben, ↑Anforderungen und / oder Handlungen in ihre Elemente mit dem Ziel der Dokumentation, ↑Arbeitsbewertung, ↑Arbeitsgestaltung und Personalselektion.

Taktausgleich (line balancing loss, takt loss)
Der Taktausgleich gibt an, wie viel Prozent des Kapazitätsangebots einer ↑Fertigungslinie nicht ausgeschöpft ist.

Taktung (line balancing)
Durch Taktung werden die einzelnen Zykluszeiten von hintereinander geschalteten ↑Arbeitssystemen aufeinander abgestimmt. Dazu müssen die ↑Arbeitsinhalte so angeglichen werden, dass es weder zu größeren Leerlaufzeiten noch zu Mitarbeiter- und Maschinenüberlastung kommt.

Taktzeit (cycle time)
Die Taktzeit ist jener Zeitbedarf, der in einer zeitlich gebundenen Ablauffolge für das Erstellen einer definierten Menge zur Verfügung steht.

Tarifvertrag (collective agreement, union agreement)
Der Tarifvertrag ist ein (schriftlicher) Vertrag, der die Rechte und Pflichten der Tarifvertragsparteien regelt (schuldrechtlicher Teil). Der Tarifvertrag enthält weiterhin Rechtsnormen für Arbeitsverträge. Basis des Tarifvertrags ist das Tarifvertragsgesetz.

Team (team)
↑Gruppenarbeit

Telearbeit (telework)
Durch Telearbeit kann der Mitarbeiter seine ↑Arbeitszeit autonom gestalten. Neue Medien unterstützen die Abkoppelung von ↑Arbeitsabläufen am Sitz des ↑Unternehmens.

TiCon® (TiCon®)
Die Software TiCon® (Time Control) dient mit ihren Modulen dem ↑MTM-Anwender als Werkzeug zur ↑Analyse, Strukturierung, ↑Gestaltung, Bewertung und Optimierung von ↑Prozessen, um eine einheitliche, revisionsfähige MTM-Anwendung zu ermöglichen.

TMU (time measurement unit)
Als TMU wird die ↑Zeiteinheit der ↑MTM-↑Prozessbausteine bezeichnet. Eine TMU entspricht 1^{-5} Stunden.

Transferübung (transfer of training, transfer of exercise)
Transferübung bezeichnet den Übungsgrad, den eine Arbeitsperson bei vergleichbaren ↑Tätigkeiten bereits erworben hat und für die neu zu erfüllende ↑Aufgabe mitbringt.

Tryout-Konzept (try out concept)
↑MTM-Planungskonzept

U

UAS (UAS)

UAS (= Universelles Analysiersystem) ist ein ↑MTM-Bausteinsystem auf der hierarchischen Ebene der ↑Grundvorgänge und zur Modellierung von ↑Prozessen konzipiert, die durch den ↑Prozesstyp 2 repräsentiert werden. Es besteht aus Grundvorgängen, denen in Abhängigkeit von ↑Zeiteinflussgrößen ↑MTM-Normzeitwerte zugeordnet sind.

Überkopfarbeit (overhead work)

Die Überkopfarbeit ist eine besonders anstrengende ↑Arbeit oberhalb des Herzens. Sie umfasst ↑statische Haltearbeit und ↑statische Haltungsarbeit. Sie sollte durch entsprechende ↑Arbeitsgestaltung vermieden werden.

Überwachen (supervision, monitoring)

Unter Überwachen versteht man die Anpassung von Ist- an Soll-Werten und die Überprüfung der Regelgüte. Belastungskennzeichen sind hierbei: fortlaufendes Beobachten, gegebenenfalls korrigierendes Eingreifen, große Handlungsbereitschaft bei kleiner Handlungsmöglichkeit.

Übung (practice)

Als Übung wird die Verbesserung der Arbeitsergebnisse eines ↑Menschen über den Zeitverlauf, als Folge wiederholter Aufgabenerfüllungen bezeichnet.

Übungsdauer (training period, learning period)

Unter der Übungsdauer versteht man den Zeitverlauf zwischen Übungsbeginn (beim Zyklus Nr. 1) und Übungsende (beim Zyklus Nr. n).

Übungsgewinn (training effect)

Unter dem Übungsgewinn versteht man die Differenz zwischen ↑End- und Anfangsübung. Der Übungsgewinn wird primär bestimmt durch die ↑Transferübung, die Schwierigkeit der zu erlernenden ↑Arbeitsmethode, die ↑Motivation und Eignung der übenden Person, sowie die angewandte Lern- oder Übungsmethode.

Übungskurve (learning curve)

Mit Hilfe von Übungskurven werden Routinebildungen von Einzelpersonen über den Zeitverlauf durch Verbesserung der neuromuskulären Koordination beschrieben.

Umgebungseinfluss (environmental influence)

Umgebungseinflüsse betreffen die Gesamtheit der physikalisch-chemischen Umwelt, die auf den arbeitenden ↑Menschen leistungsbeeinflussend wirkt.

Umblickfeld (maximum range of vision)

Als Umblickfeld bezeichnet man den Bereich der Umgebung, der mit Kopfbewegungen und Augenbewegungen wahrgenommen werden kann.

Unternehmen (company, enterprise)
Ein Unternehmen ist die rechtliche, wirtschaftliche und soziale Einheit, in der dauerhaft Güter produziert oder Dienstleistungen erbracht werden. Die Firma ist der handelsrechtlich relevante Unternehmensname. Der ↑Betrieb wird als Arbeitsstätte bzw. Produktionsort, also eine Untermenge des Unternehmens gesehen. Diesen Definitionen wird jedoch nicht immer in dieser Weise entsprochen, umgangssprachlich wird Unternehmen, Firma und Betrieb oft synonym verwendet.

V

Validität von Prozessbausteinen (validity of process building blocks)
Als Validität (Gültigkeit) eines ↑Prozessbausteins wird das Ausmaß an Gewährleistung bezeichnet, dass er das abbildet, was er abzubilden vorgibt. Die Validität prägt sich in der ↑Bezugsleistungstreue und in der ↑statistischen Genauigkeit aus.

Verantwortung (responsibility)
Als Verantwortung wird die Verpflichtung einer ↑Stelle oder eines ↑Aufgabenträgers bezeichnet. Die wichtigste Art einer Verantwortung betrifft die Verpflichtung zu einem bestimmten Arbeitsergebnis, was als Ergebnisverantwortung bezeichnet wird.

Verrichtung (execution)
Allgemein steht Verrichten für etwas ausführen. Verrichtung wird auch als Beschreibungsmerkmal einer ↑Aufgabe aufgefasst, dem zu entnehmen ist, worin der Vollzug einer Aktion besteht. Die Verrichtung wird mit Hilfe eines Verbs beschrieben.

Verrichtungsorientierung (task-based execution)
Vorgabe für den Entwurf von ↑Prozessbausteinen unter Beachtung der ↑Einflussgrößen von ↑Verrichtungen. ↑Objektorientierung

Verrichtungsprinzip (work shop structure)
Bei der Anwendung des Verrichtungsprinzips werden ↑Arbeitssysteme mit gleicher oder ähnlicher ↑Arbeitsaufgabe räumlich zusammengefasst (z. B. Dreherei, Montage). Gegensatz: ↑Flussprinzip

Verteilzeit (allowance time)
Die Verteilzeit des ↑Menschen t_v und Betriebsmittel-Verteilzeit t_{vB} entsprechen der Summe der ↑Sollzeiten für die nicht planmäßig auftretenden ↑Ablaufabschnitte der ↑Ablaufarten, zusätzliche ↑Tätigkeit bzw. zusätzliche Nutzung, störungsbedingtes und persönlich bedingtes Unterbrechen. Die Verteilzeit wird unterschieden nach den ↑Zeitarten sachliche Verteilzeit t_s und persönliche Verteilzeit t_p.

Verteilzeitzuschlagssatz (allowance)
Der Verteilzeitzuschlagssatz ist ein Prozentsatz für die ↑Verteilzeit, bezogen auf die ↑Grundzeit t_g. Es werden drei Verteilzeitzuschlagssätze unterschieden, der Verteilzeitzuschlag für persönliche Verteilzeit z_p und für sachliche Verteilzeit z_s und der Gesamtverteilzeitschlag z_v (= $z_p + z_s$).

Vertrauensarbeit (independent record of working hours)
Bei der Vertrauensarbeit verzichtet man auf die Zeiterfassung, da das Führungsverhalten im ↑Unternehmen auf die Eigenverantwortlichkeit der Mitarbeiter abstellt.

Verwendungsnachweis (where-used list)
Ein Verwendungsnachweis enthält alle Teile, Baugruppen, Produkte, einschließlich der Angabe ihrer Mengen, in denen ein Gegenstand verwendet wird (↑Stückliste). Unter ↑TiCon® gibt es auch Verwendungsnachweise für ↑Prozessbausteine.

Vigilanz (vigilance)
Als Vigilanz oder Wachsamkeit wird die ↑Fähigkeit oder Bereitschaft bezeichnet, bei einer Dauerbeobachtungtätigkeit stochastisch auftretende Signale zu erkennen und auf sie zu reagieren.

Vision (vision)
Visionen sind Leit- oder Zukunftsbilder, in denen auf meist hohem Abstraktionsniveau beschrieben wird, wo man hin will, auf welchem elementaren Wollen die ↑Geschäftsstrategie basiert. Mit der Vision drückt man in der griffigsten, kürzesten Form aus, was ein ↑Unternehmen letztlich will.

Visus (visual acuity)
↑Sehschärfe

Vorgabezeit (standard time, target time)
Auf die ↑Ressourcen ↑Mensch oder ↑Arbeits-/Sachmittel bezogene, ↑Grund-, ↑Verteil- und ggf. Erholungszeiten beinhaltende ↑Sollzeit für die Erfüllung einer ↑Aufgabe. Wenn eine Vorgabezeit einen Auftragsbezug hat, bezeichnet man sie als ↑Auftragszeit. Hat sie keinen Auftragsbezug, bezeichnet man sie als ↑Zeit je Einheit (↑Stückzeit). Vorgabezeiten werden auch als ↑Zeitstandards bezeichnet.

Vorgang (operation)
Bei ↑Projekten werden ↑Aufgaben auch als Vorgänge, also als kleinste Planungsaktivitäten bezeichnet.

Vorgangsfolge (operation sequence)
Als Vorgangsfolge bezeichnet man eine Folge von ↑Vorgangsschritten, die bereits zu Teilresultaten führen und bei einem hohen Arbeitsteilungsgrad bereits geschlossene ↑Arbeitsinhalte ausmachen. Kennzeichnend ist, dass sich auf diese

bereits Prüfvorgänge richten können. Vorgangsfolgen repräsentieren die fünfte hierarchische Ebene beim ↑MTM-Prozessbausteinsystem.

Vorgangsschritt (operation step)
Als Vorgangsschritt bezeichnet man eine Folge von ↑Grundvorgängen, die zu einem sichtbaren, am ↑Arbeitsgegenstand auszumachenden ↑Arbeitsfortschritt führt. Da ↑Prozessbausteine in der Größe von Vorgangsschritten häufig wieder zu verwenden sind, hat man sie ab der Vorgangsschritt-Ebene z. T. zu anwendungsspezifischen ↑MTM-Bausteinsystemen (↑Standardvorgänge) zusammengestellt. Vorgangsschritte repräsentieren die vierte hierarchische Ebene beim ↑MTM-Prozessbausteinsystem.

Vorkommnis (occurrance)
Vorkommnisse sind in Form von Handlungen von ↑Menschen oder Operationen von ↑Arbeits-/Sachmitteln auftretende Geschehnisse oder ↑Aktivitäten.

Vorkommnisart (occurrance type)
Die Vorkommnisarten dienen der Unterscheidung von ↑Vorkommnissen nach ihrer Planbarkeit, Prognostizierbarkeit, Vorhersehbarkeit in planmäßig und nicht planmäßig auftretende Vorkommnisse.

Vorkommniskategorie (occurrance category)
Als Vorkommniskategorien werden die sechs Klassen von ↑Vorkommnissen (mitarbeiterbestimmte, arbeitsmittelbestimmte, kundenbestimmte, institutionenbestimmte, setzungsbestimmte und privatsphärenbestimmte Vorkommnisse) bezeichnet, die nach jenen Bestimmungsgrößen unterschieden werden, die sie auslösen und ihren Zeitbedarf wesentlich bestimmen.

Vorranggraph (assembly priority chart)
Der Vorranggraph enthält netzplanartig sämtliche zur Herstellung eines Produktes erforderlichen ↑Verrichtungen und ihre Vor- und Nachfolgebeziehungen.

W
Wertesystem (system of values)
Werte sind Ausdruck des eigenen Selbstverständnisses und der unternehmerischen Absichten, also Grundsätzen, zu denen man sich gegenüber definierten Adressatengruppen verpflichtet fühlt. Das Wertesystem enthält jene Unternehmens- und ↑Führungsgrundsätze, zu denen man sich bekennt.

Wertschöpfung (value added)
Aus arbeitswirtschaftlich-organisatorischer Sicht liegt eine Wertschöpfung dann vor, wenn ein Ergebnis erzielt wird, das für einen Leistungsempfänger einen geldwerten Nutzen repräsentiert.

Wertschöpfungsbeitrag (value-adding contribution)
Als Wertschöpfungsbeitrag wird eine anhand standardisierter Kriterien erhobe-

ne relative Nützlichkeit eines ↑Prozesses für einen (internen oder externen) Leistungsempfänger bezeichnet, die durch Kenngrößen, Wertschöpfungsbeitragsanteile oder -faktoren, ausgedrückt wird. Unter ↑TiCon® können Wertschöpfungsbeitragsanteile durch Nutzung von ↑Ablaufindikatoren ermittelt und ausgewiesen werden.

Wertschöpfungsstrategie (value-adding strategy)

Als Wertschöpfungsstrategie werden die sich auf unternehmensinterne Adressaten und wichtige interne ↑Objekte richtende Festlegungen bezeichnet. Richten sie sich auf ↑Ressourcen (z. B. Mitarbeiter, ↑Projekte / Wissen), so bezeichnet man sie als Ressourcenstrategien. Richten sie sich auf Funktionen (z. B. Entwicklung, Produktion), bezeichnet man sie als funktionale ↑Strategien.

Wertstrom (value stream)

Der Wertstrom umfasst den Entwicklungsstrom vom Produktkonzept bis zum Produktionsstart und den Fertigungsstrom vom Rohmaterial bis zum Kunden. Der Wertstrom ist ein dem ↑Arbeitsprozess übergeordneter Begriff.

Wertstromdesign (value stream design)

Mit Wertstromdesign wird ganzheitlich eine Produktionsoptimierung betrieben. Durch Verfolgung des Durchlaufs eines Produktes bzw. einer Produktfamilie vom Wareneingang bis Warenausgang und Visualisierung der einzelnen »Stationen« im Produktionsprozess sollen in moderierter ↑Gruppenarbeit relevante Daten zur Verbesserung des ↑Prozesses erhoben und Verbesserungsmaßnahmen abgeleitet werden.

Wirkraum (effective range)

Wirkraum ist im Sinne von ↑Greifraum zu verstehen (ohne Ortsveränderung können Gegenstände im Wirkraum gegriffen werden).

Wirkungsgrad, mechanischer (mechanical efficiency)

Der mechanische Wirkungsgrad bei körperlicher ↑Arbeit wird definiert durch den Quotienten aus der bei der Arbeit abgegebenen mechanischen Energie und der gleichzeitig insgesamt umgesetzten Energiemenge.

Wirtschaftlichkeit (economic efficiency; profitability)

Nach einem allgemeinen Verständnis (sog. Ökonomisches Prinzip) steht Wirtschaftlichkeit für den Grundsatz, einen bestimmten Erfolg mit geringst möglichem Mitteleinsatz (sog. Minimalprinzip) oder mit einem bestimmten Mitteleinsatz einen größtmöglichen Erfolg (sog. Maximalprinzip) zu erreichen. Ein Vorhaben ist absolut wirtschaftlich, wenn die daraus resultierenden Erträge (bzw. Erlöse) höher als die dadurch bedingten Aufwendungen (bzw. Kosten) sind bzw. der Kapitalwert > 0 ist. Es ist – gegenüber einem oder mehreren alternativen Vorhaben – relativ wirtschaftlich, wenn sein Kapitalwert größer als die Kapitalwerte der Alternativen ist.

Z

Zeit je Einheit (time per unit; unit time)
Die Zeit je Einheit t_e bzw. Betriebsmittelzeit je Einheit t_{eB} sind ↑Vorgabezeiten bzw. ↑Zeitstandards für die Erfüllung einer Auftragsmengeneinheit durch den ↑Menschen bzw. das ↑Betriebsmittel. Sie beinhalten die ↑Grundzeit t_g bzw. Betriebsmittel-Grundzeit t_{gB} und ↑Verteilzeit t_v bzw. Betriebsmittel-Verteilzeit t_{vB} und sind auf die Bezugsmengeneinheiten 1 (↑Stückzeit), 100 oder 1.000 bezogen.

Zeitakkord (piece rate)
Zeitakkord ist eine Entlohnungsform, bei der die Vergütung aus dem Produkt, aus Lohn je ↑Zeiteinheit und ↑Vorgabezeit ermittelt wird.

Zeitart (time category)
Als Zeitart wird eine Kategorie oder Klasse des Arbeitseinsatzes des ↑Menschen, des ↑Arbeits-/Sachmittels oder der Manipulation des ↑Arbeitsgegenstandes unter Verwendung der ↑Arbeitssystem-↑Eingabe bezeichnet, unter dem Gesichtspunkt der Sollzeitbildung.

Zeitartengliederung (classification by time categories)
Als Zeitartengliederung oder Zeitgliederung wird die Darstellung des Algorithmus zur Bestimmung der ↑Auftragszeit T des ↑Menschen, der Belegungszeit T_{bB} des ↑Betriebsmittels und der ↑Durchlaufzeit T_D des ↑Arbeitsgegenstandes bezeichnet. Siehe auch ↑Zeitartensynthese

Zeitartensynthese (synthesis of time categories)
Bei der Zeitartensynthese werden nach festliegenden Algorithmen den Ressourceneinsatz oder die ↑Handhabung des ↑Arbeitsgegenstand beschreibende bzw. qualifizierende ↑Ablaufarten in diese quantifizierende ↑Zeitarten überführt, um ↑Sollzeiten für ↑Prozessbausteine, ↑Vorgabezeiten, ↑Zeitstandards zu bestimmen.

Zeitbaustein (time element)
Zeitbaustein ist die im ↑Industrial Engineering unter dem Fokus der Vorgabezeitermittlung gebräuchliche Bezeichnung für einen ↑MTM-↑Prozessbaustein, wobei der Zusammenhang zwischen definiertem Bausteininhalt und dem zugehörigen Attribut »Zeit« (Grundsatz: »Die Methode bestimmt die Zeit«) betont wird.

Zeiteinflussgröße (influencing factor)
Zeiteinflussgröße sind im statistischen Sinne unabhängige Variable (Parameter), mit denen die Größe einer abhängigen Variablen, der ↑Sollzeit (↑MTM-Normzeitwert), erklärt wird. So ist z. B. der MTM-Normzeitwert für das Hinlangen von drei Zeiteinflussgrößen abhängig, dem ↑Kontrollaufwand, der Bewegungslänge und dem Typ des Bewegungsverlaufs.

Zeiteinheit (time unit)
Als Zeiteinheit wird die Dimensionierung einer ↑Istzeit oder ↑Sollzeit bezeichnet. Beim ↑MTM-Prozessbausteinsystem werden vorrangig die Zeiteinheiten ↑TMU, Sekunde, Minute und Stunde verwendet.

Zeitgrad (actual / target-time ratio per period)
Als Zeitgrad wird der Quotient aus der Summe der Soll-Einsatzzeiten und der Ist-Einsatzzeiten von ↑Menschen in einer Periode bezeichnet.

Zeitklassenschätzen (interval estimate)
Expertenschätzungen können anstelle von Punktschätzungen (z. B. »es dauert 12 Minuten«) auch in Form von Intervallschätzungen (z. B. »es dauert zwischen 10 und 15 Minuten«) durchgeführt werden. Diese Intervallschätztechnik wird als Zeitklassenschätzen bezeichnet. Dabei wird als Schätzwert der Mittelwert jener Zeitklasse verwendet, die durch den Experten ausgedeutet wurde.

Zeitmessung oder Zeitstudie (time study; time measuring)
Mit Hilfe von Zeitmessungen (Zeitaufnahmen) werden ↑Istzeiten erfasst und daraus ↑Sollzeiten abgeleitet. Die Messung erfolgt mit Hilfe einer Stoppuhr oder eines elektronischen Erfassungsgerätes. Die Zeitmessung ist bei arbeitsmittelbestimmten ↑Vorkommnissen eine sinnvolle ↑Ergänzungstechnik.

Zeitstandard (time standard)
Als Zeitstandard wird ein verwendungsfähiger Zeitwert bezeichnet, der für einen ↑Prozessbaustein gilt und für ein ↑Arbeitssystem als ↑Ergebnisstandard (Führungsgrößengeber) zu verwenden ist. Zeitstandards werden auch als ↑Vorgabezeiten bezeichnet.

Ziel, strategisches (strategical goal)
Allgemein wird als Ziel etwas bezeichnet, das man erreichen will. Beim ↑Produktivitätsmanagement wird zwischen Zielen und strategischen Zielen unterschieden. Ein Ziel ist die Beschreibung der Merkmalsausprägungen eines ↑Erfolgsfaktors nach dem Ausmaß (= was?), dem Zeitbezug (= bis wann?) und dem Erfüllungsgrad (= wie viel?). Bei einem strategischen Ziel bezieht sich das auf einen ↑strategischen Erfolgsfaktor.

Zielmanagement (target management)
Unter Zielmanagement wird das Kreieren und Verwenden von ↑Erfolgsfaktoren und ↑Zielen, methodischen Feedbacks und Belohnungen verstanden. Das Zielmanagement ist eine der vier Hauptaufgaben beim ↑Produktivitätsmanagement von ↑Arbeitssystemen.

Zielvereinbarung (target commitment; commitment)
Als Zielvereinbarung wird eine Abmachung, ein Kontrakt, zwischen einem Mitarbeiter bzw. einer Gruppe mit dem Vorgesetzten bezeichnet, in der zu einem oder mehreren ↑Erfolgsfaktoren die ↑Ziele festgelegt sind. Je nach Erfolgsfaktor kann eine Zielvereinbarung durch eine Vorgabe oder durch eine Überein-

kunft entstehen. Beim ↑Produktivitätsmanagement von ↑Arbeitssystemen stehen Zielvereinbarungen im Mittelpunkt des ↑Zielmanagements.

Zufriedenheit (work satisfaction)
Unter Zufriedenheit versteht man jene ↑Gestaltung der ↑Arbeitsaufgabe und der Arbeitsumgebung, die die individuellen Aspekte des ↑Menschen angemessen berücksichtigt und der Persönlichkeitsentwickelung zuträglich ist.

Zulage (bonus)
Die Zulage ist ein Zuschlag auf den ↑Grundlohn, der keinen Einfluss auf den Grundlohn selbst hat (z. B. Lärmzulage).

Zumutbarkeit (reasonability)
Unter der Zumutbarkeit einer ↑Arbeit versteht man die ↑Gestaltung von ↑Arbeitsaufgaben und -umgebung in einer Form, dass sie den Erwartungen der Mehrzahl potentieller Benutzer entsprechen, also kollektiven Konsens ermöglichen.

Zuverlässigkeit (reliability)
Unter Zuverlässigkeit versteht man die Eigenschaft eines ↑Arbeitssystems, eine möglichst hohe Verfügbarkeit zu haben. Eine hohe Verfügbarkeit wird durch Senken von Handlungsfehlern und Fehlhandlungen beim ↑Menschen, durch Qualitätssteigerung bei den technischen Systemkomponenten, gegebenenfalls auch durch deren Redundanz, erreicht.

Zyklografie (film-assisted motion study)
Fotografische Aufzeichnung von Lichtspuren zur ↑Bewegungsanalyse des ↑Menschen. Historisch bedeutsame Entwicklung von Gilbreth.